U1011849

SolidWorks基础教程2020

赵罘 杨晓晋 赵楠 编著

实战案例版

化学工业出版社
·北京·

内容简介

本书针对SolidWorks2020中文版，通过具体的实例详尽地介绍了草图绘制、三维特征建模、装配体设计和工程图设计的功能及使用方法。实例操作步骤翔实、图文并茂，使读者能深入地理解SolidWorks软件中的抽象概念和功能。

本书可作为广大工程技术人员的SolidWorks自学教程和参考书，也可作为理工科高等院校相关专业学生的自学用书。

图书在版编目（CIP）数据

SolidWorks2020基础教程：实战案例版 / 赵罘，杨晓晋，赵楠编著.
—北京：化学工业出版社，2021.4
ISBN 978-7-122-38602-1

Ⅰ. ① S… Ⅱ. ①赵…②杨…③赵… Ⅲ. ①计算机辅助设计 - 应用软件 - 教材 Ⅳ. ① TP391.72

中国版本图书馆 CIP 数据核字（2021）第 035582 号

责任编辑：王 烨 陈 喆　　文字编辑：赵 越
责任校对：李雨晴　　装帧设计：刘丽华

出版发行：化学工业出版社（北京市东城区青年湖南街13号 邮政编码100011）
印 装：三河市延风印装有限公司
787mm×1092mm 1/16 印张33½ 字数793千字 2021年7月北京第1版第1次印刷

购书咨询：010-64518888　　售后服务：010-64518899
网 址：http://www.cip.com.cn
凡购买本书，如有缺损质量问题，本社销售中心负责调换。

定 价：99.00元

前言

SolidWorks软件以参数化特征造型为基础，具有功能强大、易学、易用等特点，极大地提高了机械设计工程师的设计效率和设计质量，并成为主流三维CAD软件市场的标准，是目前优秀的三维CAD软件之一。其新版本中文版SolidWorks2020针对设计中的多项功能进行了大量补充和更新，使设计过程更加便捷。

本书主要内容包括：

① 介绍SolidWorks软件基础知识，包括基本功能和软件的基本操作方法。

② 草图绘制，讲解二维草图的绘制方法和实例。

③ 三维特征建模，讲解三维特征的知识点和实例操作方法。

④ 装配体设计，讲解通过零件建立装配体的方法和过程。

⑤ 图片渲染，讲解通过三维模型生成图片的过程。

⑥ 动画制作，讲解三维动画的制作方法。

⑦ 工程图设计，讲解制作符合国标的工程图的方法和过程。

笔者长期从事SolidWorks专业设计和教学，对SolidWorks有深入的了解，并积累了大量的实际工作经验。笔者精选出多个具有典型特征的实例进行讲解，并提供了独立、完整的设计制作过程，每个实例的操作步骤都有文字说明和图例展示，并提供了视频讲解（可登录化学工业出版社有限公司官网www.cip.com.cn，到“资源下载”区下载视频和源文件，离线学习），方便读者从本书的范例制作过程中尽快熟悉中文版SolidWorks的各项功能，培养实际设计能力。

本书由赵罘、杨晓晋、赵楠编著，刘玲玲、孙东宇、张娜、冯彬、张剑峰、龚堰珏、陶春生、刘玥、张艳婷、刘玢、刘良宝、邓琨为本书编写提供了帮助，一并表示感谢。

本书适用于SolidWorks初、中级用户，可以作为高等院校相关专业学生的自学用书，还适合企业产品开发和技术部门人员使用。

由于水平有限，书中难免会有疏漏和不足之处，恳请广大读者提出宝贵意见。笔者电子邮箱：zhaoffu@163.com。

编著者

如何使用本教程学好SolidWorks

告别看书累，视频更好学

以看视频精讲为主，在实例中学习——对照书中每个实例的文字说明和图例展示，精研每个实例的视频讲解，掌握该实例独立、完整的设计过程。

SolidWorks的学习建议

在学习SolidWorks的过程中，要不断地学习其他相关联的知识，并且多实践，才能较好地掌握SolidWorks软件，下面总结几种学习方法，供读者借鉴。

1. 多用。最好是天天坚持学习和使用SolidWorks软件，通过不断地实践，能掌握SolidWorks的绝大多数功能。

2. 多学。在学习SolidWorks的过程中，要不断地学习其他相关联的知识，如制图、CAD/CAE/CAM原理等方面，对掌握SolidWorks非常有益。

3. 勤上网，多交流。比如加入QQ群、聊天室，浏览SolidWorks技术论坛，很多困难都可以迎刃而解。

目录

01 第1章 SolidWorks基础知识

02 第2章 参考几何体

03 第3章 草图绘制

04 第4章 草图修改

05 第5章 草图标注

06 第6章 3D草图

07 第7章 基体特征

08 第8章 切除特征

09 第9章 高级特征

10 第10章 阵列特征

11

第11章 曲面设计

12

第12章 曲面修改

13

第13章 焊件设计

14

第14章 钣金设计

15 第15章 图片渲染

16 第16章 装配体设计

17 第17章 动画制作

18

第18章 工程图制作

19

第19章 工程图标注

SolidWorks2020

01

第1章

SolidWorks基础知识

本章主要介绍了中文版SolidWorks的特点及其界面、菜单栏的功能以及简单的文件操作等，并讲解了获取帮助信息的方法。

1.1 概述

本章首先对SolidWorks的背景及其主要设计特点进行简单介绍，使读者对该软件有个大致的认识。

1.1.1 背景

20世纪90年代初，国际微型计算机（简称微机）市场发生了根本性的变化，微机性能大幅提高，而价格一路下滑，微机卓越的性能足以运行三维CAD软件。为了填补基于微机平台的三维CAD系统的空白，1993年PTC公司与CV公司成立SolidWorks公司，并于1995年成功推出了SolidWorks软件。在SolidWorks软件的促动下，从1998年开始，国内外陆续推出了相关软件；原来运行在UNIX操作系统的工作站CAD软件，也从1999年开始，将其程序移植到Windows操作系统中。

SolidWorks采用智能化的参变量式设计理念以及Microsoft Windows 图形化用户界面，具有卓越的几何造型和分析功能，操作灵活，运行速度快，设计过程简单、便捷，被业界称为“三维机械设计方案的领先者”，受到了广大用户的青睐，在机械制图和结构设计领域已经成为三维CAD设计的主流软件。利用SolidWorks，设计师和工程师们可以更有效地为产品建模以及模拟整个工程系统，加快产品设计和缩短生产周期，从而完成更加富有创意的产品制造。

1.1.2 软件主要特点

SolidWorks是一款参变量式CAD设计软件。所谓参变量式设计，是将零件尺寸的设计用参数描述，并在设计修改的过程中通过修改参数的数值改变零件的外形。SolidWorks中的参数不仅代表了设计对象的相关外观尺寸，并且具有实质上的物理意义。例如，可以将系统参数（如体积、表面积、重心、三维坐标等）或者用户自己按照设计流程需求所定义的用户定义参数（如密度、厚度等具有设计意义的物理量或者字符）加入设计构思中以表达设计思想。这不仅从根本上改变了设计的理念，而且将设计的便捷性向前推进了一大步。

SolidWorks在3D设计中的特点有：

- SolidWorks 提供了一整套完整的动态界面和鼠标拖动控制。“全动感的”的用户界面减少了设计步骤和多余的属性管理器，从而避免了界面的零乱。
- 崭新的属性管理器用来高效地管理整个设计过程和步骤。属性管理器包含所有的设计数据和参数，而且操作方便、界面直观。
- SolidWorks 提供的AutoCAD模拟器，使得AutoCAD用户可以保持原有的作图习惯，顺利地从二维设计转向三维实体设计。
- 配置管理是SolidWorks软件体系结构中非常独特的一部分，它涉及零件设计、装配设计和工程图。
- 通过eDrawings方便地共享CAD文件。eDrawings是一种极度压缩的、可通过电子邮件发送的、自行解压和浏览的特殊文件。

- SolidWorks 支持Web目录，使得你将设计数据存放在互联网的文件夹中，就像存本地硬盘一样方便。
- SolidWorks 可以动态地查看装配体的所有运动，并且可以对运动的零部件进行动态的干涉检查和间隙检测。
- 用智能零件技术自动完成重复设计。智能零件技术是一种崭新的技术，用来完成诸如将一个标准的螺栓装入螺孔中，而同时按照正确的顺序装配垫片和螺母之类的工作。
- 从三维模型中自动产生工程图，包括视图、尺寸和标注。
- 增强了的详图操作和剖视图，包括生成剖中剖视图、部件的图层支持、熟悉的二维草图功能以及详图中的属性管理员。
- RealView图形显示模式：以高清晰度直观显示设计并进行交流。无需进行渲染，即可对零件、装配体和成品快速进行完全动态的逼真展示。
- 钣金设计工具：可以使用折叠、折弯、法兰、切口、标签、斜接、放样的折弯、绘制的折弯、褶边等工具从头创建钣金零件。
- 焊件设计：绘制框架的布局草图，并选择焊件轮廓，SolidWorks 将自动生成 3D 焊件设计。
- 大型装配体管理工具：使用“轻化”模式可减少打开和处理大型装配体所需的时间。通过 SpeedPak 技术，可以创建装配体的简化版本，从而加快装配体操作和工程图创建的速度。
- 数据转换：方便地导入和使用现有数据以及来自外部源的数据。SolidWorks 提供了支持 DWG、DXF™、Pro/ENGINEER®、IPT（Autodesk Inventor®）、Mechanical Desktop®、Unigraphics®、PAR（Solid Edge®）、CADKEY®、IGES、STEP、Parasolid、SAT（ACIS）、VDA-FS、VRML、STL、TIFF、JPG、Adobe® Illustrator®、Rhinocerous®、IDF 和 HSF（Hoops）格式的转换程序。
- 材料明细表。可以基于设计自动生成完整的材料明细表（BOM），从而节约大量的时间。
- 标准零件库：通过 SolidWorks Toolbox、SolidWorks Design ClipArt 和 3D ContentCentral，可以即时访问标准零件库。
- 照片级渲染：使用 PhotoView 360 来利用 SolidWorks 3D 模型进行演示或虚拟及材质研究。
- 步路系统：可使用 SolidWorks Routing 自动处理和加速管筒、管道、电力电缆、缆束和电力导管的设计过程。

1.1.3 SolidWorks的学习方法

在学习SolidWorks的过程中，要不断地学习其他相关联的知识，并且多实践，才能较好地掌握SolidWorks软件，下面总结的几种学习方法，供读者借鉴。

① 多用。争取天天坚持学习和使用SolidWorks软件，通过不断地实践，能掌握SolidWorks的绝大多数功能。

② 多学。在学SolidWorks的过程中，要不断地学习其他相关联的知识，如制图、CAD/CAE/CAM原理等，对掌握SolidWorks非常有益。

③ 勤上网，多交流。比如加入QQ群、聊天室以及浏览SolidWorks技术论坛，很多困难都可以迎刃而解。

扫码看视频

1.2 用户界面

启动中文版SolidWorks，首先出现启动界面，如图1-1所示，然后进入中文版SolidWorks的用户界面。

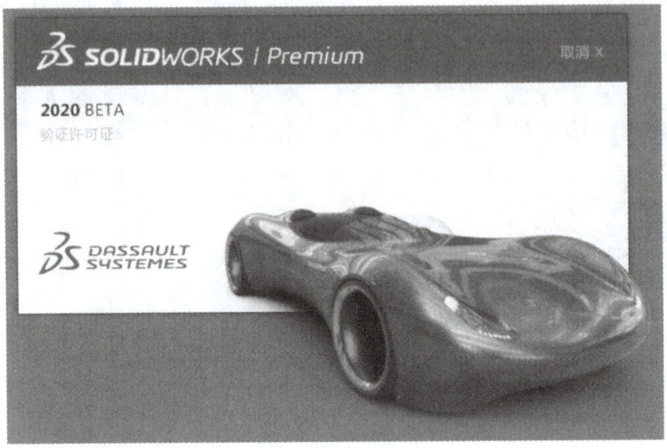

图1-1 启动界面

中文版SolidWorks的用户界面如图1-2所示，它主要由菜单栏、工具栏（包括标准工具栏、应用工具栏等）、管理器窗口、图形区域、状态栏、任务窗口和版本提示7部分组成。

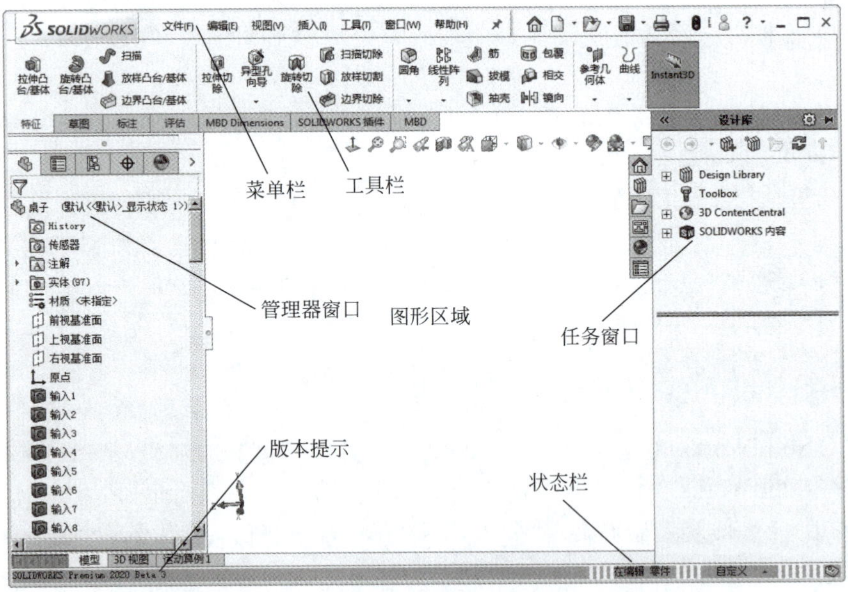

图1-2 用户界面

1.2.1 菜单栏

中文版SolidWorks的菜单栏如图1-3所示，包括【文件】、【编辑】、【视图】、【插入】、【工具】、【窗口】和【帮助】7个菜单。下面分别进行介绍。

图1-3　菜单栏

(1)【文件】菜单

【文件】菜单包括【新建】、【打开】、【保存】和【打印】等命令，如图1-4所示。

(2)【编辑】菜单

【编辑】菜单包括【剪切】、【复制】、【粘贴】、【删除】以及【压缩】、【解除压缩】等命令，如图1-5所示。

(3)【视图】菜单

【视图】菜单包括显示控制的相关命令，如图1-6所示。

图1-4　【文件】菜单

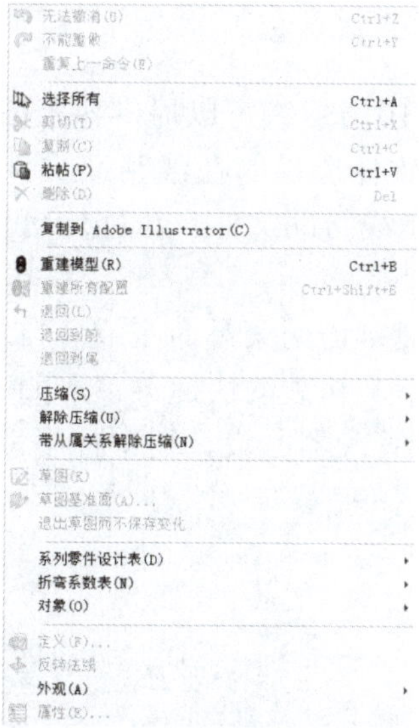

图1-5　【编辑】菜单

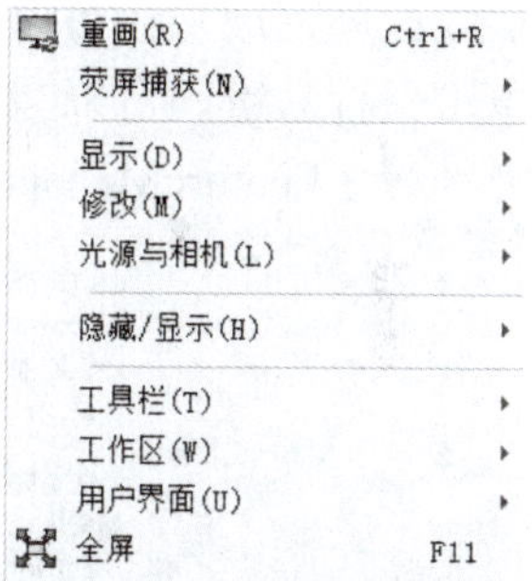

图1-6　【视图】菜单

(4)【插入】菜单

【插入】菜单包括【凸台/基体】、【切除】、【特征】、【阵列/镜向】、【扣合特征】、【曲面】、【钣金】、【模具】等命令，如图1-7所示。

(5)【工具】菜单

【工具】菜单包括多种工具命令，如【草图绘制实体】、【关系】、【尺寸】、【草图设置】、【草图工具】等，如图1-8所示。

(6)【窗口】菜单

【窗口】菜单包括【视口】、【新建窗口】、【层叠】等命令，如图1-9所示。

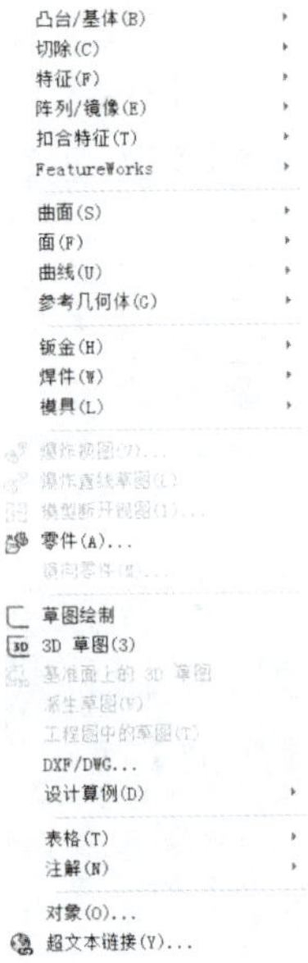

图1-7 【插入】菜单

图1-8 【工具】菜单

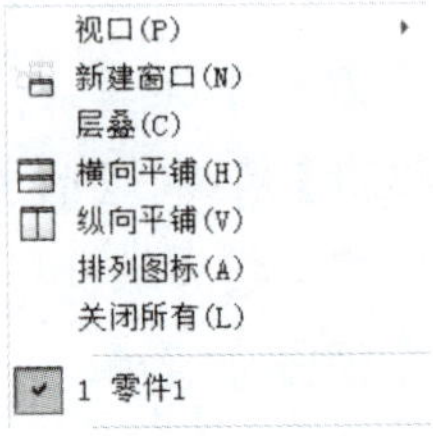

图1-9 【窗口】菜单

（7）【帮助】菜单

【帮助】菜单命令（如图1-10所示）可以提供各种信息查询，例如，【SolidWorks帮助】命令可以展开SolidWorks软件提供的在线帮助文件，【API帮助主题】命令可以展开SolidWorks软件提供的API在线帮助文件，这些均可作为用户学习中文版SolidWorks的参考。

此外，用户还可以通过快捷键访问菜单命令或者自定义菜单命令。在SolidWorks中单击鼠标右键，可以激活与上下文相关的快捷菜单，如图1-11所示。快捷菜单可以在图形区域、FeatureManager（特征管理器）设计树中使用。

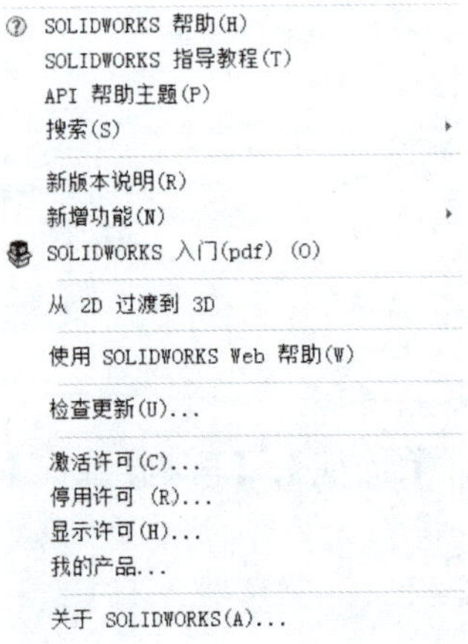

图1-10 【帮助】菜单

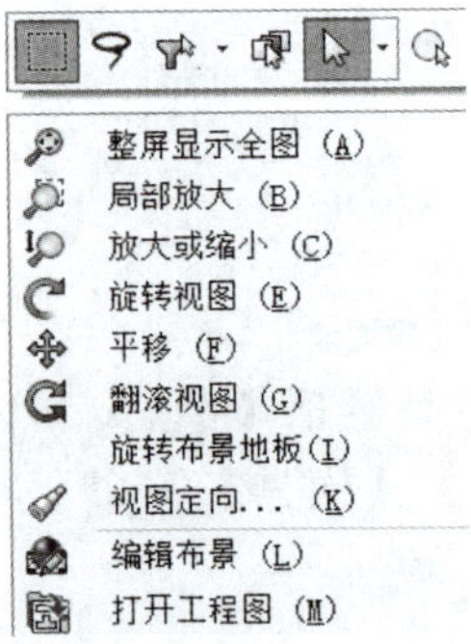

图1-11 快捷菜单

1.2.2 工具栏

工具栏位于菜单栏的下方，一般分为两排：上排一般为【标准】工具栏，如图1-12

所示；下排一般为【CommandManager（命令管理器）】工具栏，如图1-13所示。用户可以根据需要通过【工具】菜单中的【自定义】命令，在【自定义】属性管理器中自行定义工具栏的显示。

图1-12 【标准】工具栏

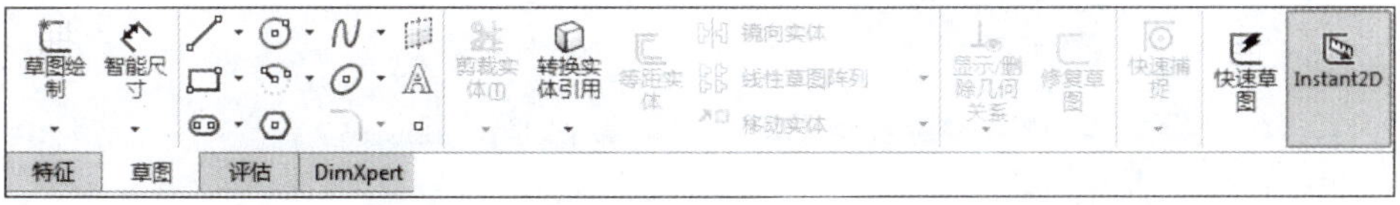

图1-13 【CommandManager】工具栏

1.2.3 状态栏

状态栏显示了正在操作中的对象所处的状态，如图1-14所示。

图1-14 状态栏

状态栏中提供的信息如下：

① 当用户将鼠标指针拖动到工具按钮上或者单击菜单命令时进行简要说明。

② 用户正在对草图或者零件进行更改时，显示（重建模型）图标。

③ 当用户进行草图的相关操作时，显示草图状态及鼠标指针的坐标。

④ 为所选实体进行常规测量，如边线长度等。

⑤ 显示用户正在装配体中编辑的零件的信息。

⑥ 当用户使用【系统选项】属性管理器中的【协作】选项时，显示可以用来访问【重装】属性管理器的图标。

⑦ 当用户选择了【暂停自动重建模型】命令时，显示“重建模型暂停”。

⑧ 显示或者关闭快速提示，可以单击、、、等图标。

⑨ 如果保存通知以分钟进行，显示最近一次保存后至下次保存前之间的时间间隔。

1.2.4 管理器窗口

管理器窗口包括【特征管理器设计树】、【属性管理器】、【ConfigurationManager】（配置管理器）和【DisplayManager】（显示管理器）4个选项卡，其中【特征管理器设计树】和【属性管理器】使用比较普遍，下面进行详细介绍。

（1）【特征管理器设计树】

【特征管理器设计树】可以提供激活零件、装配体或者工程图的大纲视图，使观察零件或者装配体的生成以及检查工程图图纸和视图变得更加容易，如图1-15所示。

【特征管理器设计树】和图形区域为动态链接，可以在任意窗口中选择特征、草图、工程视图和构造几何体。

（2）【属性管理器】

当用户选择在【属性管理器】中所定义的实体或者命令时，弹出相应的属性设置。【属性管理器】可以显示草图、零件或者特征的属性，如图1-16所示。

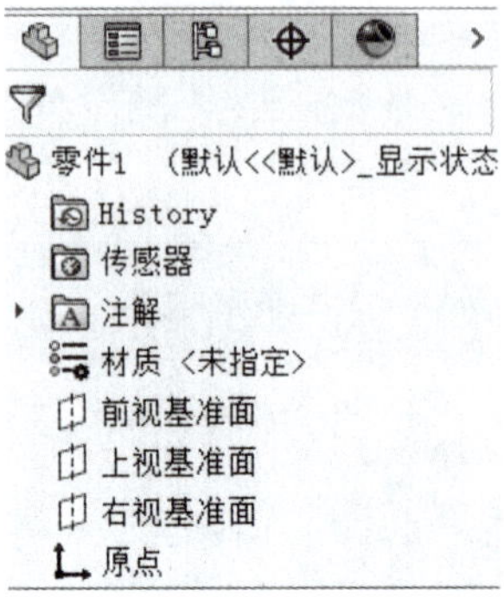

图1-15　特征管理器设计树

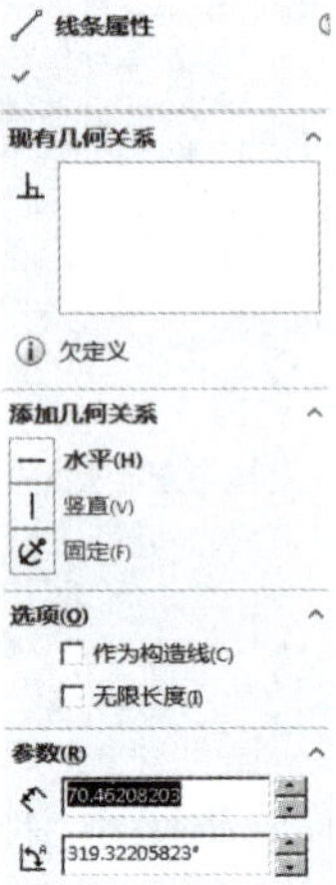

图1-16　属性管理器

1.3　基本操作

本节着重介绍中文版SolidWorks的一些基本操作。

1.3.1　文件的基本操作

文件的基本操作由【文件】菜单下的命令控制。

（1）【新建】命令

选择【文件】|【新建】菜单命令，弹出【新建SolidWorks文件】属性管理器，如图1-17所示。

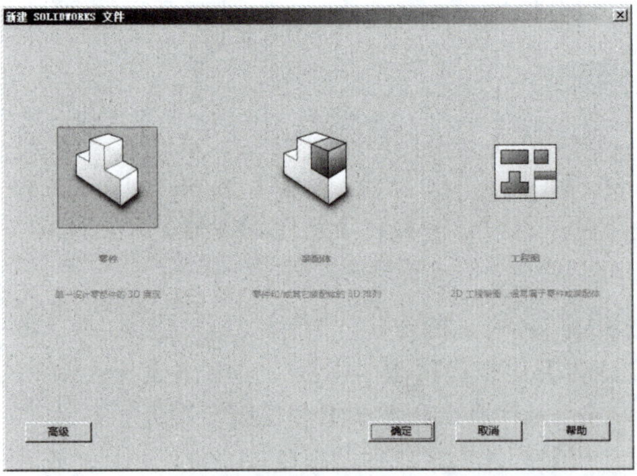

图1-17　【新建SolidWorks文件】属性管理器

（2）【打包】命令

此命令用来在将文件打包后进行保存。选择【文件】|【打包】菜单命令，弹出【打包】属性管理器，如图1-18所示。文件打包可以减少其所占空间，如果是装配体文件，更可以将相关零件打包为一个压缩文件，方便以后使用。

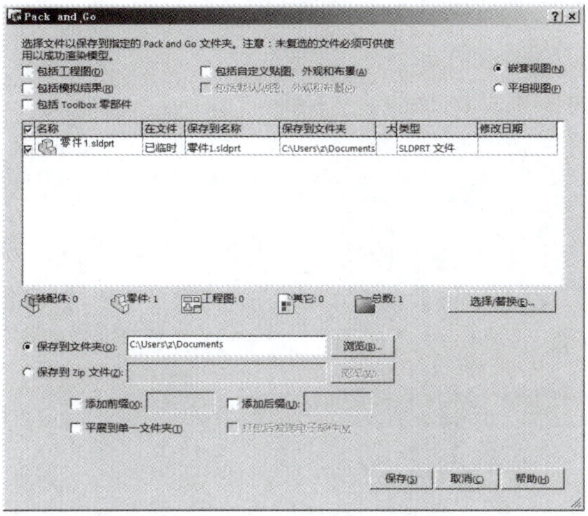

图1-18　【打包】属性管理器

1.3.2　选择的基本操作

在中文版SolidWorks中，为了帮助选择，在鼠标指针指向实体时，实体会高亮显示。鼠标指针形状根据实体类型的不同而改变，由鼠标指针形状可以知道其几何关系和实体类型，如顶点、边线、面、端点、中点、重合、交叉线等几何关系，或者直线、矩形、圆等实体类型。

单击【标准】工具栏中的（选择）按钮，进入选择状态。

（1）选择单个实体

单击图形区域中的实体可将其选中。

（2）选择多个实体

如果需要选择多个实体，在选择第1个实体后，按住键盘上的Ctrl键再次进行选择。

（3）利用鼠标右键进行选择

①【选择环】：使用鼠标右键连续选择相连边线组成的环。

②【选择其他】：选择被其他项目遮住或者隐藏的项目。

③【选择中点】：可以选择实体的中点以生成其他实体，如基准面或者基准轴。

（4）在【特征管理器设计树】中选择

① 在【特征管理器设计树】中单击相应的名称，可以选择模型中的特征、草图、基准面、基准轴等。

② 在选择的同时按住键盘上的Shift键，可以在【特征管理器设计树】中选择多个连续项目。

③ 在选择的同时按住键盘上的Ctrl键，可以在【特征管理器设计树】中选择多个

非连续项目。

（5）在草图或者工程图文件中选择

在草图或者工程图文件中，可以使用【选择】按钮进行以下操作：

① 选择草图实体。

② 拖动草图实体或者端点以改变草图形状。

③ 选择草图实体的边线或者面。

④ 拖动选框以选择多个草图实体。

⑤ 选择尺寸并拖动到新的位置。

（6）使用【选择过滤器】工具栏选择

【选择过滤器】工具栏（如图1-19所示）有助于在图形区域或者工程图图纸区域中选择特定项。例如，【过滤面】只允许面的选择。单击【标准】工具栏中的【切换选择过滤器工具栏】按钮，可使【选择过滤器】工具栏显现。

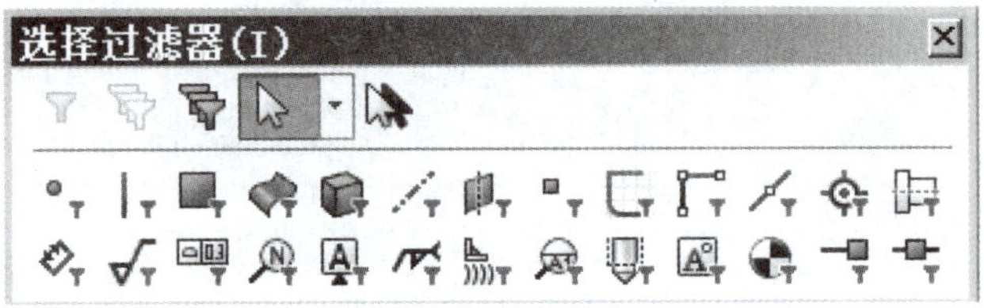

图1-19 【选择过滤器】工具栏

1.3.3 视图的基本操作

在SolidWorks中视图的基本操作包括两个方面：一是以不同的视角观察模型而得到的视角视图；二是模型的显示方式视图。【视图】工具栏如图1-20所示。

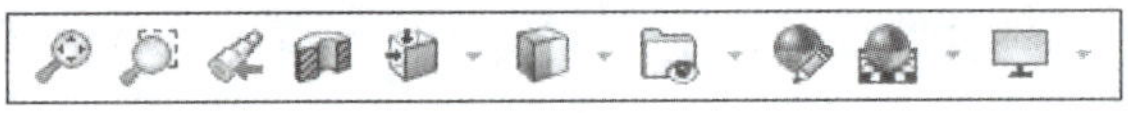

图1-20 【视图】工具栏

（1）视图显示操作

SolidWorks提供了9种视角的视图方向，包括【前视】、【后视】、【左视】、【右视】、【上视】、【下视】、【等轴测】、【上下二等角轴测】和【左右二等角轴测】，如图1-21所示。当在设计过程中选定了模型的任意平面后，为了方便观察和设计，可以选择【正视于】（即与屏幕平行）方向。

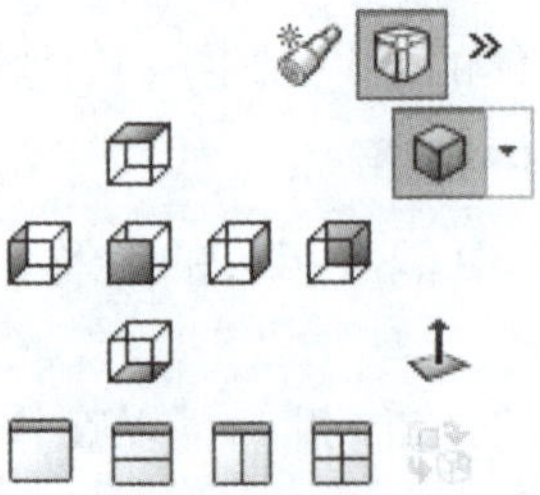

图1-21 视图方向

（2）模型显示操作

可以通过单击【视图】工具栏中的按钮，实现不同方式下的模型显示。SolidWorks提供了以下几种显示方式。

①【线架图】：模型采用线框方式显示，无论隐藏线还是可见线都以相同的实线显示，可见性差，但是显示速度快。

②【隐藏线可见】：实体模型以线框模式显示，隐藏线以灰色线段或者虚线显示。

③【消除隐藏线】：实体模型以线框模式显示，隐藏线不显示。

④【带边线上色】：实体模型以渲染模式显示，效果逼真，但速度较慢。

⑤【上色】：着色显示模型。

⑥【透视图】：采用透视方式显示模型，即真实感视图。

⑦【上色模式中的阴影】：在模型中加入阴影。

⑧【剖面视图】：显示模型的剖面。

1.3.4 鼠标使用方法

鼠标在SolidWorks软件中的应用频率非常高，可以用其实现平移、缩放、旋转、绘制几何图素和创建特征等操作。基于SolidWorks系统的特点，建议读者使用三键滚轮鼠标，在设计时可以有效地提高设计效率。表1-1列出了三键滚轮鼠标的使用方法。

表1-1 三键滚轮鼠标的使用方法

鼠标按键	作　用	操作说明
左键	用于选择菜单命令和实体对象工具按钮，绘制几何图元等	直接单击鼠标左键
滚轮（中键）	放大或缩小	按Shift+中键并上下移动光标，可以放大或缩小视图；直接滚动滚轮，同样可以放大或缩小视图
	平移	按Ctrl+中键并移动光标，可将模型按鼠标移动的方向平移
	旋转	按住鼠标中键不放并移动光标，即可旋转模型
右键	弹出快捷菜单	直接单击鼠标右键

02 第2章 参考几何体

在使用SolidWorks建立三维模型时，有时需要使用到参考几何体，例如参考基准面、参考坐标系、参考基准轴、参考点等。

2.1 参考坐标系

SolidWorks使用带原点的坐标系统。当用户选择基准面或者打开一个草图并选择某一面时，将生成一个新的原点，与基准面或者所选面对齐。原点可以用作草图实体的定位点，并有助于定向轴心透视图。原点有助于CAD数据的输入与输出、电脑辅助制造、质量特征的计算等。

2.1.1 原点

零件原点显示为蓝色，代表零件的（0，0，0）坐标。当草图处于激活状态时，草图原点显示为红色，代表草图的（0，0，0）坐标。可以将尺寸标注和几何关系添加到零件原点中，但不能添加到草图原点中。有如下几种原点。

- ：蓝色，表示零件原点，每个零件文件中均有一个零件原点。
- ：红色，表示草图原点，每个新草图中均有一个草图原点。
- ：表示装配体原点。
- ：表示零件和装配体文件中的视图引导。

2.1.2 参考坐标系的属性设置

单击【参考几何体】工具栏中的【坐标系】按钮（或者选择【插入】|【参考几何体】|【坐标系】菜单命令），在【属性管理器】中弹出【坐标系】属性管理器，如图2-1所示。

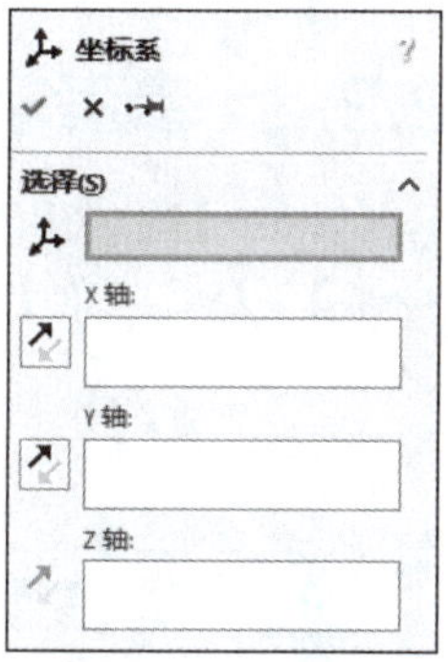

图2-1 【坐标系】属性管理器

① （原点）：定义原点。单击其选择框，在图形区域中选择零件或者装配体中的一个顶点、点、中点或者默认的原点。

②【X轴】、【Y轴】、【Z轴】：定义各轴。单击其选择框，在图形区域中按照以下方法之一定义所选轴的方向。

- 单击顶点、点或者中点，则轴与所选点对齐。
- 单击线性边线或者草图直线，则轴与所选的边线或者直线平行。
- 单击非线性边线或者草图实体，则轴与被选实体上的所选位置对齐。
- 单击平面，则轴与所选面的垂直方向对齐。

③ 【反转轴方向】：单击可反转轴的方向。

2.1.3 修改和显示参考坐标系

（1）将参考坐标系平移到新的位置

在【特征管理器设计树】中，用鼠标右键单击已生成的坐标系的图标，在弹出的菜单中选择【编辑特征】命令，在【属性管理器】中弹出【坐标系】属性管理器，在【选择】选项组中，单击【原点】选择框，在图形区域中单击想将原点平移到的点或者顶点处，单击【确定】按钮，原点被移动到指定的位置上。

（2）切换参考坐标系的显示

要切换坐标系的显示，可以选择【视图】|【坐标系】菜单命令。菜单命令左侧的图标下沉，表示坐标系可见。

2.2 参考基准轴

参考基准轴的用途较多，在生成草图几何体或者圆周阵列时常使用参考基准轴，概括起来为以下3项。

① 基准轴可以作为圆柱体、圆孔、回转体的中心线。

② 作为参考轴，辅助生成圆周阵列等特征。

③ 将基准轴作为同轴度特征的参考轴。

2.2.1 临时轴

每一个圆柱和圆锥面都有一条轴线。临时轴是由模型中的圆锥和圆柱隐含生成的，临时轴常被设置为基准轴。

可以设置隐藏或者显示所有临时轴。选择【视图】|【临时轴】菜单命令，此时菜单命令左侧的图标下沉，如图2-2所示，表示临时轴可见。

2.2.2 参考基准轴的属性设置

单击【参考几何体】工具栏中的【基准轴】按钮，或者选择【插入】|【参考几何体】|【基准轴】菜单命令，在【PropertyManager】中弹出【基准轴】属性管理器，如图2-3所示。

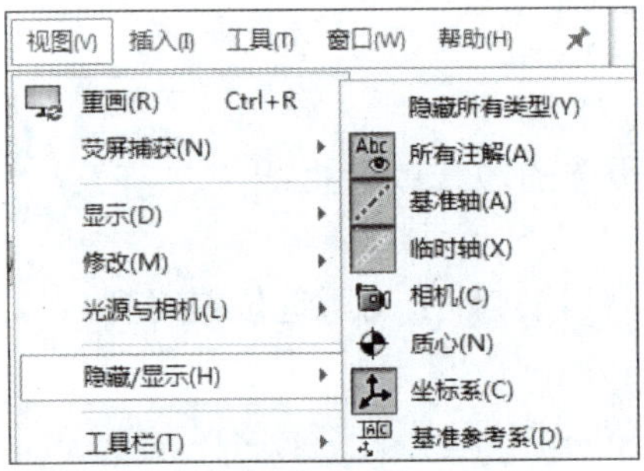

图2-2 选择【临时轴】菜单命令

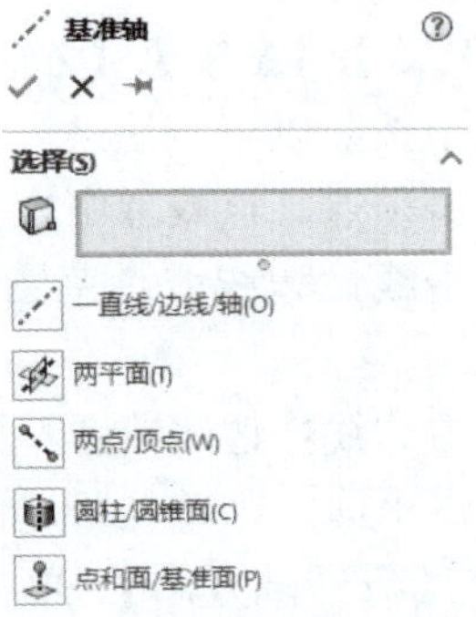

图2-3 【基准轴】属性管理器

在【选择】选项组中进行选择以生成不同类型的基准轴，有如下5个选项。

- 【一直线/边线/轴】：选择一条草图直线或者边线作为基准轴。
- 【两平面】：选择两个平面，利用两个面的交叉线作为基准轴。
- 【两点/顶点】：选择两个顶点、两个点或者中点之间的连线作为基准轴。
- 【圆柱/圆锥面】：选择一个圆柱或者圆锥面，利用其轴线作为基准轴。
- 【点和面/基准面】：选择一个平面，然后选择一个顶点，由此所生成的轴通过所选择的顶点垂直于所选的平面。

2.2.3 显示参考基准轴

选择【视图】|【基准轴】菜单命令，可以看到菜单命令左侧的图标下沉，如图2-4所示，表示基准轴可见（再次选择该命令，该图标恢复为关闭基准轴的显示）。

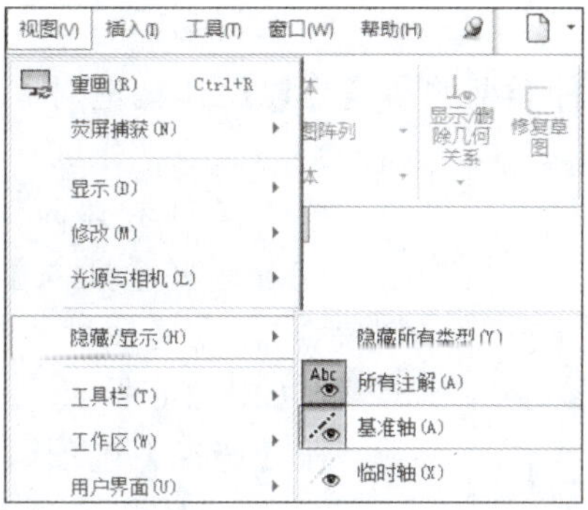

图2-4 选择【基准轴】菜单命令

2.3 参考基准面

在【特征管理器设计树】中默认提供前视、上视及右视基准面，除了默认的基准面外，可以生成参考基准面。

在SolidWorks中，参考基准面的用途很多，总结为以下几项。

- 作为草图绘制平面。
- 作为视图定向参考。
- 作为装配时零件相互配合的参考面。
- 作为尺寸标注的参考。
- 作为模型生成剖面视图的参考面。
- 作为拔模特征的参考面。

参考基准面的属性设置方法为：单击【参考几何体】工具栏中的【基准面】按钮（或者选择【插入】|【参考几何体】|【基准面】菜单命令），在【属性管理器】中弹出【基准面】属性管理器，如图2-5所示。

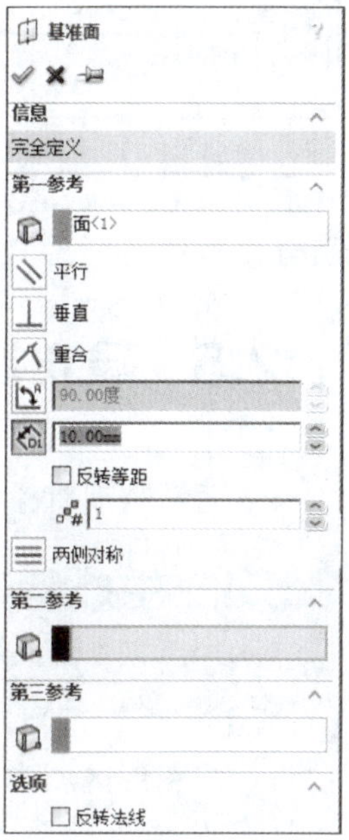

图2-5 【基准面】属性管理器

在【第一参考】选项组中，选择需要生成的基准面类型及项目。主要有如下几种选项。

- 【平行】：通过模型的表面生成一个基准面。
- 【重合】：通过一个点、线和面生成基准面。
- 【两面夹角】：通过一条边线（或者轴线、草图线等）与1个面（或者基准面）以一定夹角生成基准面。
- 【等距距离】：在平行于一个面（或者基准面）的指定距离生成等距基准面。首先选择一个平面（或者基准面），然后设置“距离”数值。

- 【反转】：选择此选项，在相反的方向生成基准面。
- （垂直）：可以生成垂直于一条边线、轴线或者平面的基准面。

2.4 参考点

SolidWorks可以生成多种类型的参考点以用作构造对象，还可以在彼此间已指定距离分割的曲线上生成指定数量的参考点。

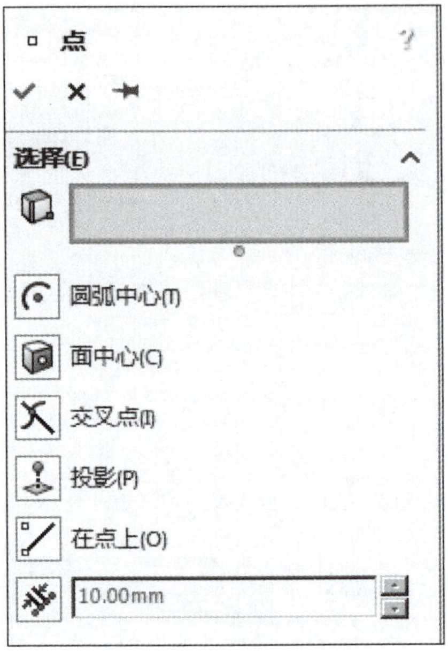

图2-6 【点】属性管理器

单击【参考几何体】工具栏中的（点）按钮（或者选择【插入】|【参考几何体】|【点】菜单命令），在【属性管理器】中弹出【点】属性管理器，如图2-6所示。

在【选择】选项组中包括以下选项。

- 【参考实体】：在图形区域中选择用以生成点的实体。
- 【圆弧中心】：按照选中的圆弧中心来生成点。
- 【面中心】：按照选中的面中心来生成点。
- 【交叉点】：按照交叉的点来生成点。
- 【投影】：按照投影的点来生成点。
- 【在点上】：在某个点上生成点。
- 【沿曲线距离或多个参考点】：沿边线、曲线或者草图线段生成一组参考点，输入距离或者百分比数值即可。

2.5 建立参考几何体范例

扫码看视频

下面结合现有模型，介绍生成参考几何体的具体方法。

2.5.1 生成参考坐标系

① 启动中文版SolidWorks软件，单击【标准】工具栏中的【打开】按钮，弹出【打开】属性管理器，在配套光盘中选择【第1章/范例文件/1.SLDPRT】，单击【打开】按钮，在图形区域中显示出模型，如图2-7所示。

② 生成坐标系。单击【参考几何体】工具栏中的【坐标系】按钮，在【属性管理器】中弹出【坐标系】的属性设置。

③ 定义原点。在图形区域中单击模型上方的一个顶点，则点的名称显示在【原点】选择框中。

④ 定义各轴。单击【X轴】、【Y轴】、【Z轴】选择框，在图形区域中选择线性边线，指示所选轴的方向与所选的边线平行，单击【Z轴】下的【反转Z轴方向】按

钮，反转轴的方向，如图2-8所示，单击✔【确定】按钮，生成坐标系1。

图2-7　打开模型

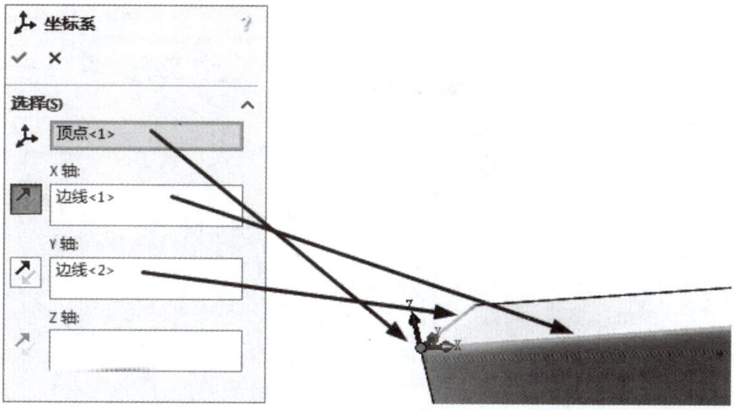

图2-8　生成坐标系

2.5.2　生成参考基准轴

① 单击【参考几何体】工具栏中的【基准轴】按钮，在【属性管理器】中弹出【基准轴】的属性设置。

② 单击【圆柱/圆锥面】按钮，选择模型的曲面，检查【参考实体】选择框中列出的项目，如图2-9所示，单击✔【确定】按钮，生成基准轴1。

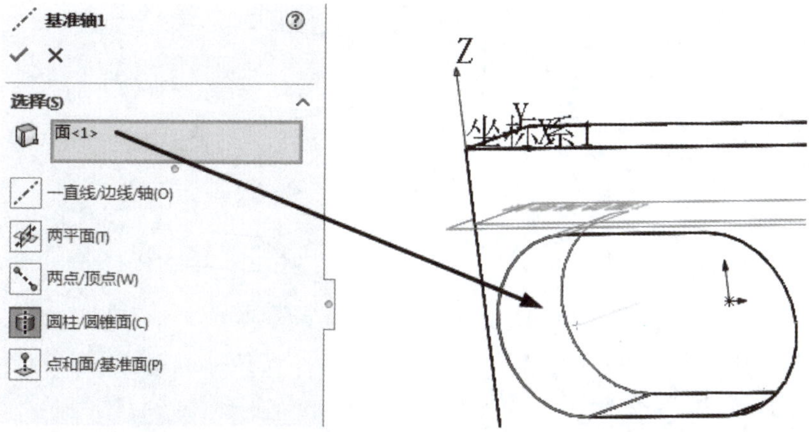

图2-9　生成基准轴

2.5.3　生成参考基准面

① 单击【参考几何体】工具栏中的【基准面】按钮，在【属性管理器】中弹出【基准面】的属性设置。

② 单击【两面夹角】按钮，在图形区域中选择模型的右侧面及其上边线，在【参考实体】选择框中显示出选择的项目名称，设置【角度】数值为“45.00度”，如图2-10所示，在图形区域中显示出新的基准面的预览，单击✔【确定】按钮，生成基准面1。

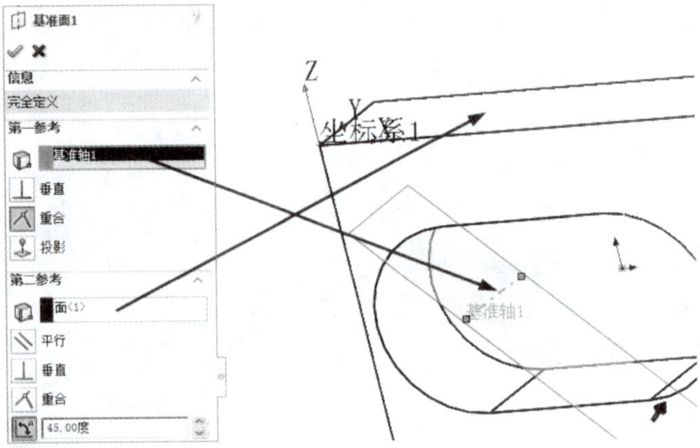

图2-10　生成基准面

2.5.4　生成配合参考

① 执行【插入】|【参考几何体】|【参考配合】菜单命令。

② 弹出【配合参考】属性管理器，在【主要参考实体】选项组中选择圆柱面，如图2-11所示。

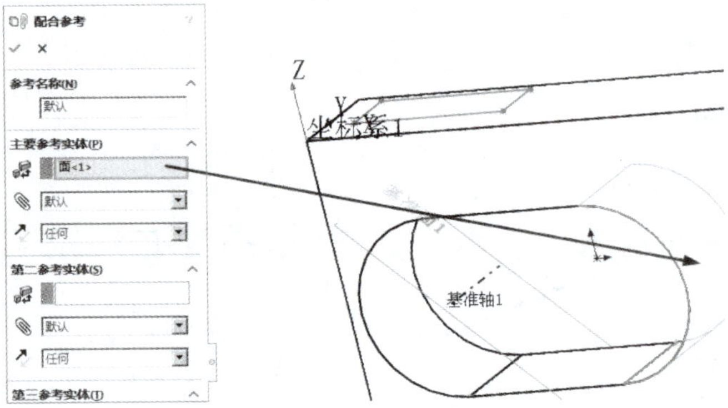

图2-11　【配合参考】属性管理器

③ 单击✓【确定】按钮，生成一个配合参考，在FeatureManager设计树中显示有一个配合参考，如图2-12所示。

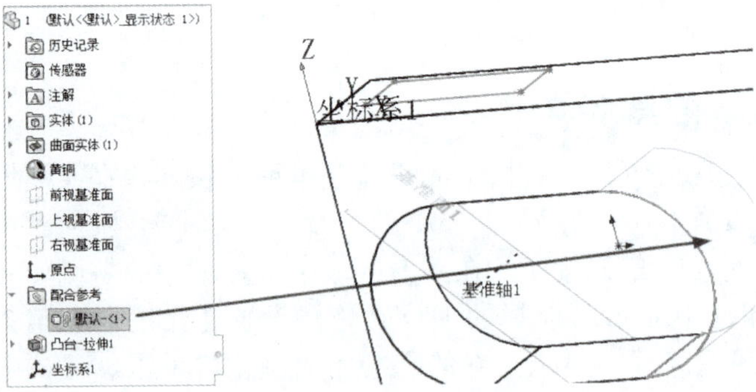

图2-12　生成配合参考

2.5.5 生成网格系统

① 单击前视基准面，选择【插入】|【参考几何体】|【网格系统】菜单命令。

② 在模型的上表面绘制一个草图，如图2-13所示。

③ 单击按钮，退出绘图状态，弹出【网格系统】属性管理器。将【层数】设为“3”，【高度】设为“100mm”，如图2-14所示。

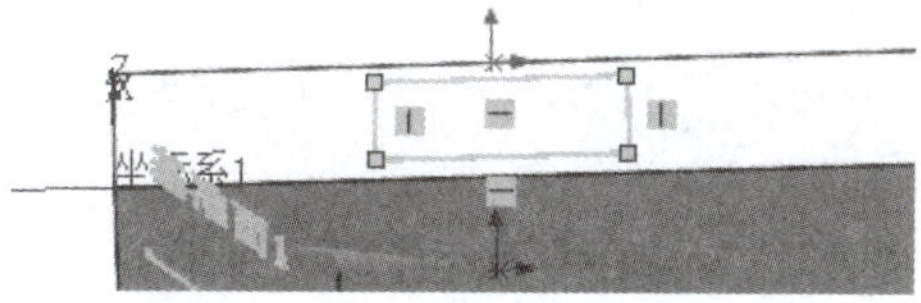

图2-13 绘制草图

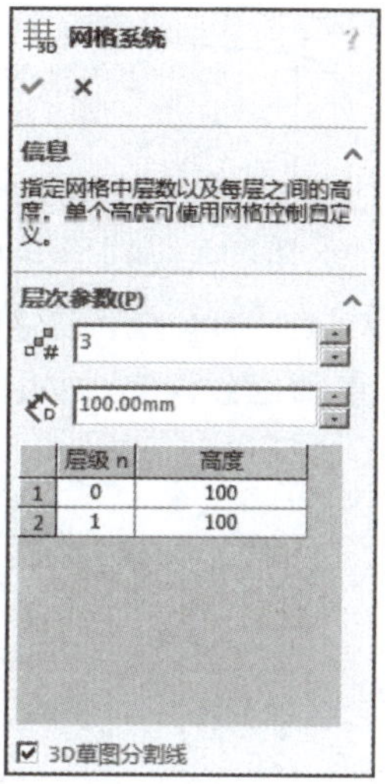

图2-14 【网格系统】属性管理器

④ 单击【确定】按钮，生成一个网格系统，如图2-15所示。

⑤ 在FeatureManager设计树中显示一个网格系统，该文件夹中包含了每一个层次的草图和内容，如图2-16所示。

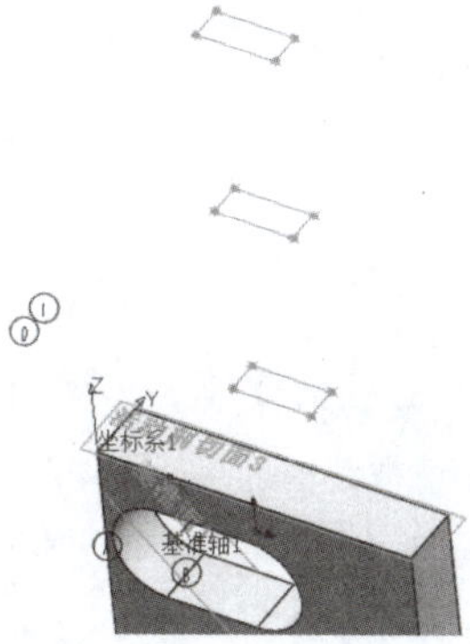

图2-15 生成网格系统

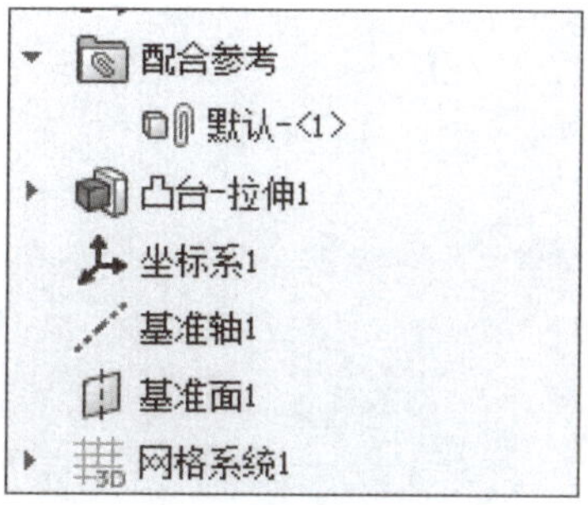

图2-16 【网格系统】文件夹

2.5.6 生成活动剖切面

① 单击【插入】|【参考几何体】|【活动剖切面】菜单命令，系统提示选择一个基准面作为初始基准面，在设计树中选择【上视基准面】。

② 在零件中出现三重轴，拖动三重轴的控标，可以动态生成模型的剖面，如图2-17所示。

③ 活动剖切面文件夹将显示在FeatureManager设计树中，其中存储了所有活动剖切面的信息，如图2-18所示。

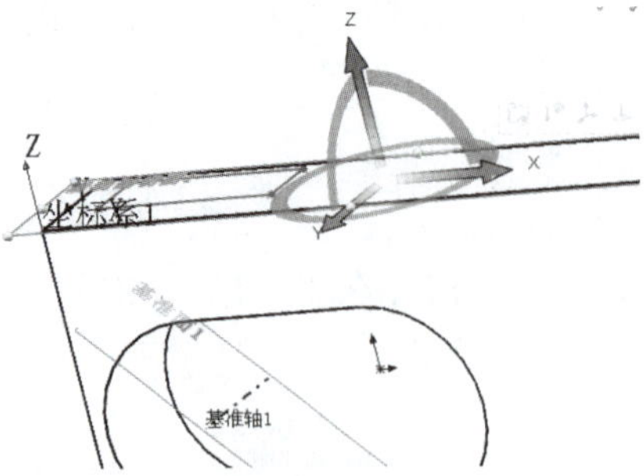

图2-17 显示三重轴

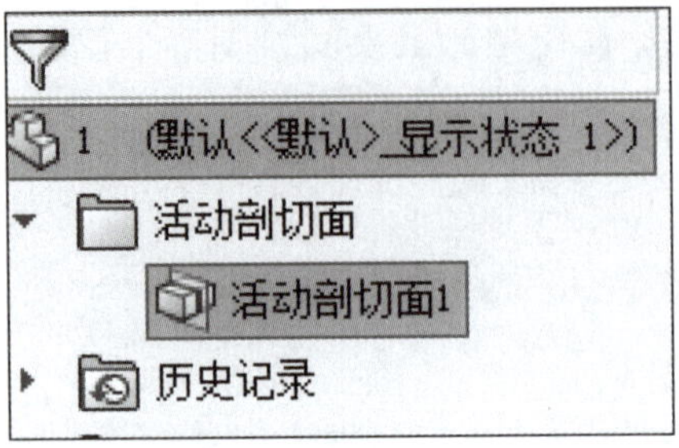

图2-18 增加【活动剖切面】文件夹

④ 单击绘图区的空白区域，活动剖切面即会被取消激活，且该平面的控标消失，基准面三重轴也会消失，如图2-19所示。

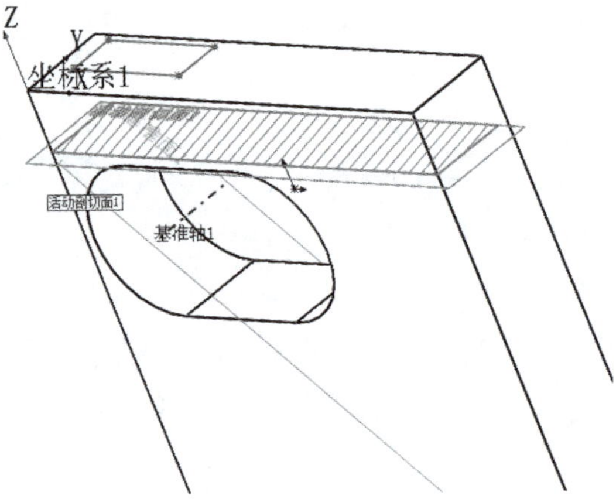

图2-19 生成活动剖切面

03 第3章 草图绘制

在进行SolidWorks零件设计时，绝大多数的特征命令都需要建立相应的草图，因此，草图绘制在SolidWorks三维零件的模型生成中非常重要。SolidWorks的参变量式设计特性也是在草图绘制中通过指定参数而体现的。

3.1 绘制草图基础知识

草图是三维造型设计的基础，是由直线、圆弧、曲线等基本几何元素组成的几何图形，任何模型都是先从草图开始生成的。草图分为二维和三维两种，其中大部分SolidWorks特征都是从二维草图绘制开始的。

3.1.1 图形区域

(1)【草图】工具栏

常用的绘图命令在【草图】工具栏中，如图3-1所示。

图3-1 【草图】工具栏

(2)状态栏

当草图处于激活状态时，在图形区域底部的状态栏中会显示出有关草图状态的帮助信息，如图3-2所示。对状态栏中显示的信息介绍如下。

图3-2 状态栏

① 绘制实体时显示鼠标指针位置的坐标。

② 显示“过定义”“欠定义”或“完全定义”等草图状态。

③ 如果在工作时草图网格线为关闭状态，信息提示正处于草图绘制状态，例如，“正在编辑：草图*n*”（*n*为草图绘制时的标号）。

3.1.2 草图选项

选择【工具】|【选项】菜单命令，弹出【系统选项】属性管理器。选择【草图】选项并进行设置，如图3-3所示，最后单击【确定】按钮。对【系统选项-草图】属性管理器中的选项介绍如下。

①【使用完全定义草图】：草图用来生成特征之前必须完全定义。

②【在零件/装配体草图中显示圆弧中心点】：圆弧中心点显示在草图中。

③【在零件/装配体草图中显示实体点】：草图实体的端点以实心原点的方式显示。该原点的颜色反映草图实体的状态（即黑色为“完全定义”，蓝色为“欠定义”，红色为“过定义”，绿色为“当前所选定的草图”）。

④【提示关闭草图】：如果生成1个具有开环轮廓的草图进行后面的操作，而该草图可以用模型的边线封闭，系统则会弹出提示信息。

⑤【打开新零件时直接打开草图】：新零件窗口在前视基准面中打开，可以直接使用草图绘制图形区域和草图绘制工具。

⑥【尺寸随拖动/移动修改】：可以通过拖动草图实体或者在【移动】、【复制】属性

管理器中移动实体以修改尺寸值，拖动完成后，尺寸会自动更新。

⑦【上色时显示基准面】：在上色模式下编辑草图时，基准面看起来似乎被涂上了颜色。

⑧【显示虚拟交点】：在两个实体的虚拟交点处生成一个草图点。

⑨【以3d在虚拟交点之间所测量的直线长度】：从虚拟交点处测量直线长度，而不是从三维草图中的端点处测量。

⑩【激活样条曲线相切和曲率控标】：为相切和曲率显示样条曲线控标。

⑪【默认显示样条曲线控制多边形】：显示空间中用于操纵对象形状的一系列控制点以操纵样条曲线的形状。

⑫【拖动时的幻影图像】：在拖动草图时显示草图实体原有位置的幻影图像。

⑬【显示曲率梳形图边界曲线】：显示或隐藏随曲率检查梳形图所用的边界曲线。

⑭【在生成实体时启用荧屏上数字输入】：在生成草图绘制实体时使用数字输入字段来指定大小。

⑮【过定义尺寸】选项组：可以设置如下两个选项。

- 【提示设定从动状态】：当一个过定义尺寸被添加到草图中时，会弹出属性管理器询问尺寸是否应为“从动”。
- 【默认为从动】：选择此选项，当一个过定义尺寸被添加到草图中时，尺寸默认为“从动”。

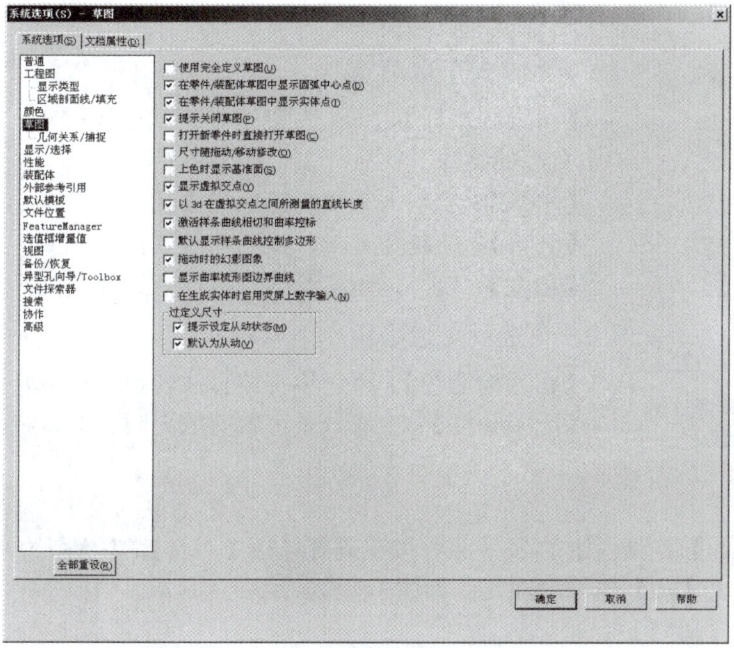

图3-3 【系统选项-草图】属性管理器

3.1.3 绘制草图的流程

绘制草图时的流程很重要，必须考虑先从哪里入手开始绘制复杂的草图、在基准面或者平面上绘制草图时如何选择基准面等因素。绘制草图的大体流程如下。

① 选择基准面或者某一面后，单击【草图】工具栏中的（草图绘制）按钮或者选择【插入】|【草图绘制】菜单命令。

② 选择切入点。在一般情况下，利用一个复杂轮廓草图生成拉伸特征，与利用一个较简单的轮廓草图生成拉伸特征、再添加几个额外的特征，具有相同的结果。

③ 绘制草图实体。使用各种草图绘制工具生成草图实体，如直线、矩形、圆、样条曲线等。

④ 在【属性管理器】中对所绘制的草图进行属性的设置，或者单击【草图】工具栏中的（智能尺寸）按钮和（添加几何关系）按钮，添加尺寸和几何关系。

⑤ 关闭草图。完成草图绘制后检查草图，然后单击【草图】工具栏中的（退出草图）按钮，退出草图绘制状态。

3.2 草图图形元素

下面介绍绘制草图常用的几种几何图形元素的使用方法。

3.2.1 直线

单击【草图】工具栏中的（直线）按钮或者选择【工具】|【草图绘制实体】|【直线】菜单命令，弹出【插入线条】属性管理器，如图3-4所示。

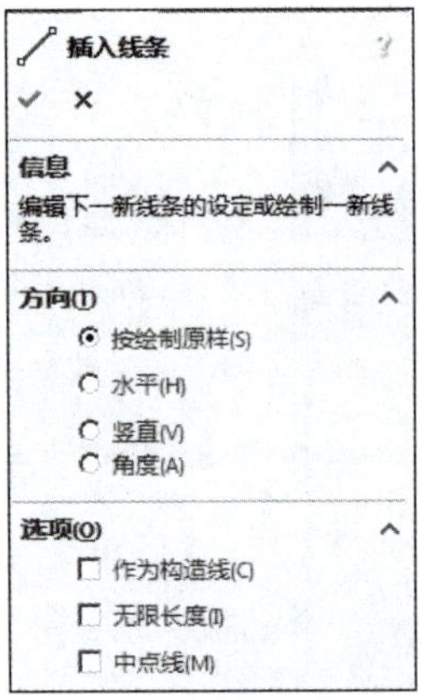

图3-4 【插入线条】属性管理器

主要选项含义如下：

(1)【方向】选项组

【按绘制原样】：单击左键确定直线的第一点，再次单击左键确定直线的终点。

【水平】：绘制水平线，直到释放鼠标。

【竖直】：绘制竖直线，直到释放鼠标。

【角度】：以一定角度绘制直线，直到释放鼠标。

(2)【选项】选项组

【作为构造线】：可以将实体直线转换为构造几何体的直线。

【无限长度】：生成一条可裁剪的无限长的直线。

3.2.2 圆

单击【草图】工具栏中的（圆）按钮或者选择【工具】|【草图绘制实体】|【圆】菜单命令，弹出【圆】属性管理器，如图3-5所示。

主要选项含义如下：

(1)【圆类型】选项组

- ：绘制基于中心的圆。
- ：绘制基于周边的圆。

(2)【参数】选项组

- 【x坐标置中】：设置圆心x坐标。

- 【y坐标置中】：设置圆心y坐标。
- 【半径】：设置圆的半径。

3.2.3 圆弧

单击【草图】工具栏中的【圆弧】按钮或者选择【工具】|【草图绘制实体】|【圆弧】菜单命令，弹出【圆弧】属性管理器，如图3-6所示。

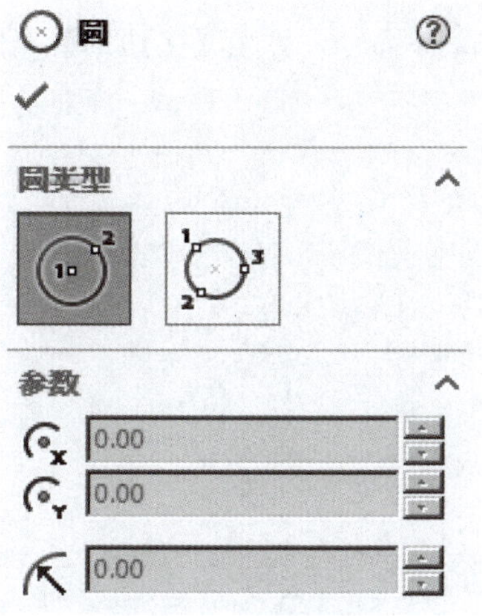

图3-5 【圆】属性管理器

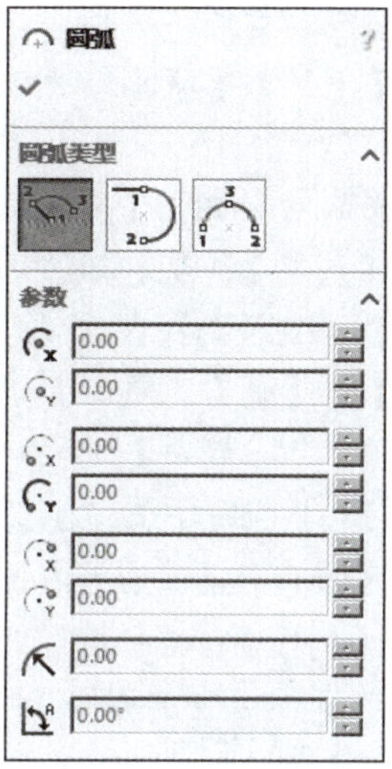

图3-6 【圆弧】属性管理器

主要选项含义如下：

- 【x坐标置中】：设置圆心x坐标。
- 【y坐标置中】：设置圆心y坐标。
- 【开始x坐标】：设置开始点x坐标。
- 【开始y坐标】：设置开始点y坐标。
- 【结束x坐标】：设置结束点x坐标。
- 【结束y坐标】：设置结束点y坐标。
- 【半径】：设置圆弧的半径。
- 【角度】：设置端点到圆心的角度。

3.2.4 矩形

单击【草图】工具栏中的【矩形】按钮或者选择【工具】|【草图绘制实体】|【矩形】菜单命令，弹出【矩形】属性管理器，如图3-7所示。

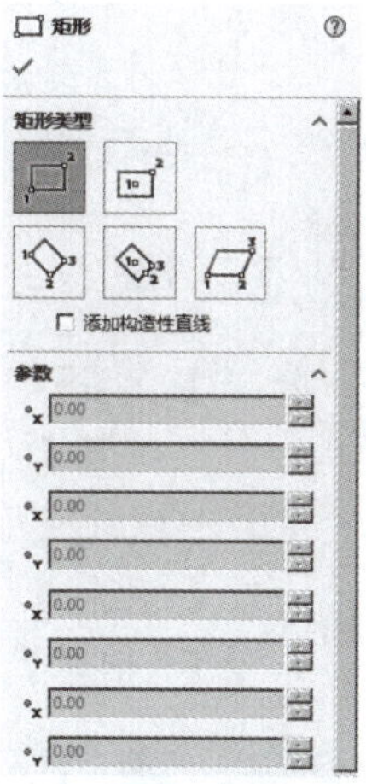

图3-7 【矩形】属性管理器

主要选项含义如下：

（1）【矩形类型】选项组

- 【边角矩形】：绘制标准矩形草图。
- 【中心矩形】：绘制一个包括中心点的矩形。
- 【3点边角矩形】：以所选的角度绘制一个矩形。

- 【3点中心矩形】：以所选的角度绘制带有中心点的矩形。
- 【平行四边形】：绘制标准平行四边形草图。

（2）【参数】选项组

- ：点的x坐标。
- ：点的y坐标。

3.2.5 多边形

选择【工具】|【草图绘制实体】|【多边形】菜单命令，弹出【多边形】属性管理器，如图3-8所示。

主要选项含义如下：

① 【边数】：设定多边形中的边数，多边形可有3～40个边。

- 【内切圆】：在多边形内显示内切圆以定义多边形的大小。
- 【外接圆】：在多边形外显示外接圆以定义多边形的大小。

② 【x坐标置中】：为多边形的中心显示x坐标。

③ 【y坐标置中】：为多边形的中心显示y坐标。

④ 【圆直径】：显示内切圆或外接圆的直径。

⑤ 【角度】：显示旋转角度。

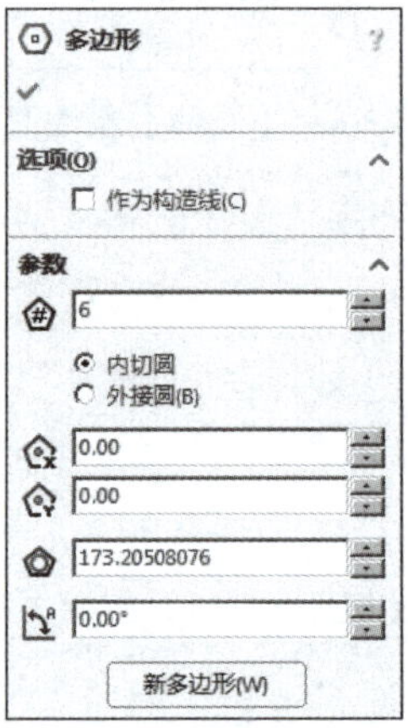

图3-8 【多边形】属性管理器

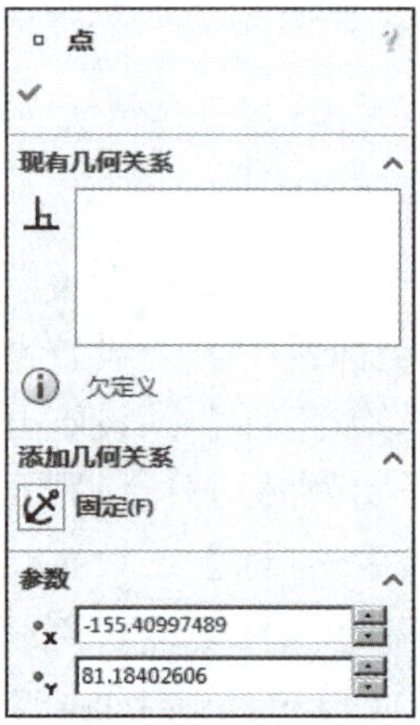

图3-9 【点】属性管理器

3.2.6 点

单击【草图】工具栏中的【点】按钮或者选择【工具】|【草图绘制实体】|【点】菜单命令，弹出【点】属性管理器，如图3-9所示。

主要选项含义如下：

- 【x坐标】：点的x方向坐标。
- 【y坐标】：点的y方向坐标。

3.2.7 槽口

单击【草图】工具栏中的【槽口】按钮或者选择【工具】|【草图绘制实体】|【槽

口】菜单命令，弹出【槽口】属性管理器，如图3-10所示。

主要选项含义如下：

（1）【槽口类型】选项组

- 【直槽口】：用两个端点绘制直槽口。
- 【中心点直槽口】：从中心点绘制直槽口。
- 【3点圆弧槽口】：在圆弧上用3个点绘制圆弧槽口。
- 【中心点圆弧槽口】：用圆弧的中心点和圆弧的两个端点绘制圆弧槽口。
- 【添加尺寸】：显示槽口的长度和圆弧尺寸。
- 【中心到中心】：以两个中心间的长度作为直槽口的长度尺寸。
- 【总长度】：以槽口的总长度作为直槽口的长度尺寸。

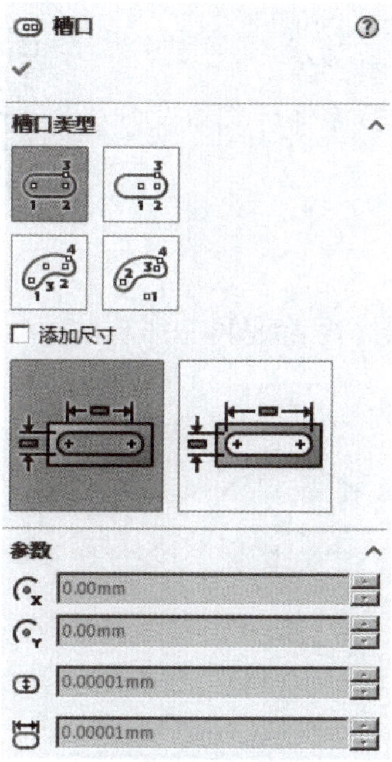

图3-10　【槽口】属性管理器

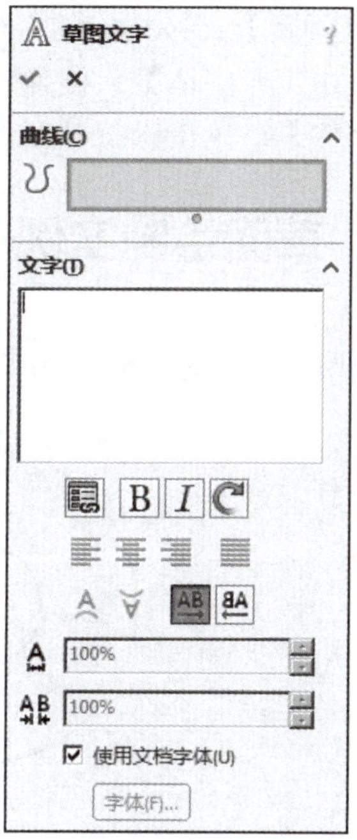

图3-11　【草图文字】属性管理器

（2）【参数】选项组

如果槽口不受几何关系约束，则可指定以下参数的任何适当组合来定义槽口。所有槽口均包括以下几部分。

- ：槽口中心点的 x 坐标。
- ：槽口中心点的 y 坐标。
- ：槽口宽度。
- ：槽口长度。

3.2.8　文字

单击【文字】工具栏中的【文字】按钮或者选择【工具】|【草图绘制实体】|【文字】菜单命令，弹出【草图文字】属性管理器，如图3-11所示。

主要选项含义如下：

（1）【曲线】选项组

【曲线】选项组中只有一个选择框，即【选择边线、曲线、草图及草图段】，所选实体的名称将显示在框中。

（2）【文字】选项组

- 【文字】：在文字框中输入文字。
- B I C【样式】：可选取单个字符或字符组来应用加粗、斜体或旋转。
- 【对齐】：调整文字左对齐、居中、右对齐或两端对齐。
- A ∀ AB BA【反转】：以竖直的正反方向或水平的正反方向来反转文字。
- 【宽度因子】：按指定的百分比均匀加宽每个字符。
- AB【间距】：按指定的百分比更改每个字符之间的间距。
- 【使用文档字体】：消除勾选后可选取另一种字体。
- 【字体】：单击以打开字体属性管理器并选择字体样式和大小。

扫码看视频

3.3 草图绘制实例

下面利用1个具体范例来讲解草图的绘制方法，最终效果如图3-12所示。具体步骤如下：

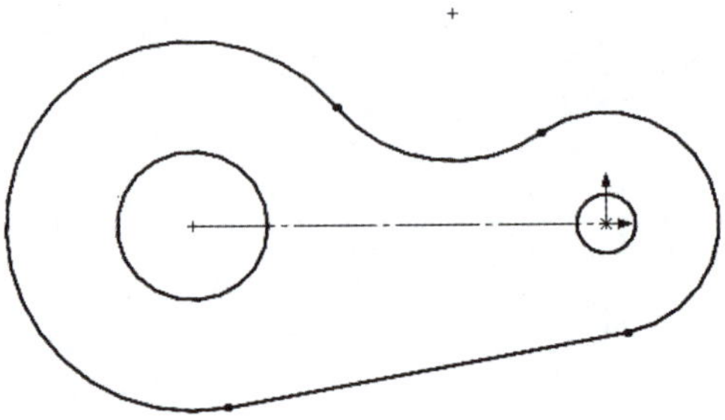

图3-12 草图

3.3.1 进入草图绘制状态

① 启动中文版SolidWorks，单击【标准】工具栏中的文件，单击【新建】按钮，弹出【新建SolidWorks文件】对话框，单击【零件】按钮，单击【确定】按钮，生成新文件。

② 单击【草图】工具栏中的【草图绘制】按钮，进入草图绘制状态。在【特征管理器设计树】中单击【前视基准面】图标，使前视基准面成为草图绘制平面。

3.3.2 绘制草图

① 单击【草图】工具栏中的【直线】命令，在所选前视基准面上，移动鼠标到坐标轴左侧尽量与坐标轴平行，当出现【水平】命令时，单击鼠标左键，再穿过坐标轴向坐标轴右侧方向拖动鼠标，此时应该出现【重合】【水平】两个约束，然后在任意一点处，单击鼠标左键，形成一条直线。再次单击鼠标右键，左键单击【选择】命令，使直线的命令完成。将鼠标挪到刚画好的直线上，单击鼠标左键，选中该直线，在

左侧出现的工具栏中，勾选【选项】下的【作为构造线】，最后，单击【线条属性】下的✓【确认】命令，完成构造线的绘制。如图3-13所示。

图3-13　绘制草图的构造线

② 单击【草图】工具栏中的◎【圆】命令，在构造线的一端，移动鼠标，使其在端点处出现◎的时候，单击鼠标左键作为第一个圆的圆心，向外拖动圆，在任意一点处，再次单击鼠标左键，生成一个圆。再挪动鼠标，勾选左侧工具栏中【圆】命令下的✓确认按钮，使第一个圆的命令完成。如图3-14所示。

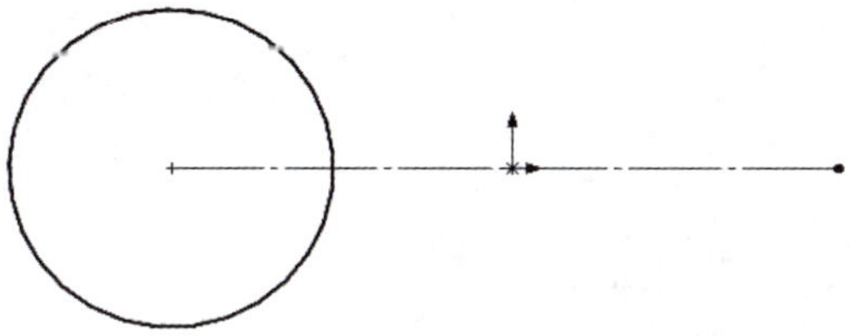

图3-14　绘制草图左侧圆

③ 重复以上步骤，即在构造线的另一端，移动鼠标，使其在端点处出现◎的时候，单击鼠标左键作为第二个圆的圆心，向外拖动圆，在任意一点处，再次单击鼠标左键，生成第二个圆。再挪动鼠标，勾选左侧工具栏中【圆】命令下的✓确认按钮，使第二个圆的命令完成。如图3-15所示。

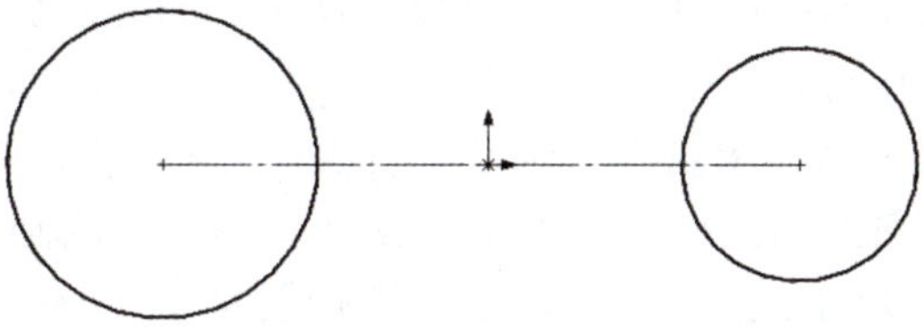

图3-15　画出第二个圆

④ 再次单击【草图】工具栏中的◎【圆】命令，移动鼠标，将鼠标放在左侧所画的第一个圆的圆心处，即构造线的左侧端点处，当出现◎的时候，单击鼠标左键生成第三个圆的圆心，再向外拖动圆，在任意一点处，再次单击鼠标左键，生成第三个圆（注意此时生成的圆最好不要与第一个圆重合，可以画得比第一个圆的半径大些或小些）。再挪动鼠标，勾选左侧工具栏中【圆】命令下的✓确认按钮，使第三个圆的命令完成。如图3-16所示。

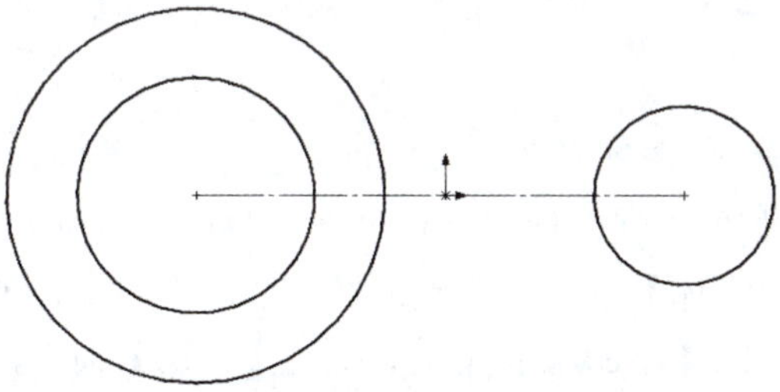

图3-16　画出第三个圆

⑤ 重复以上步骤，即再次单击【草图】工具栏中的 【圆】命令，移动鼠标，将鼠标放在右侧所画的第二个圆的圆心处，也是构造线的右侧端点处。当出现 的时候，单击鼠标左键生成第四个圆的圆心，再向外拖动圆，在任意一点处，再次单击鼠标左键，生成第四个圆（同样的，在这里需要注意，此时生成的圆不要与第二个圆重合，可以画得比第二个圆的半径大些或小些。）。再挪动鼠标，勾选左侧工具栏中【圆】命令下的 确认按钮，使第四个圆的命令完成。如图3-17所示。

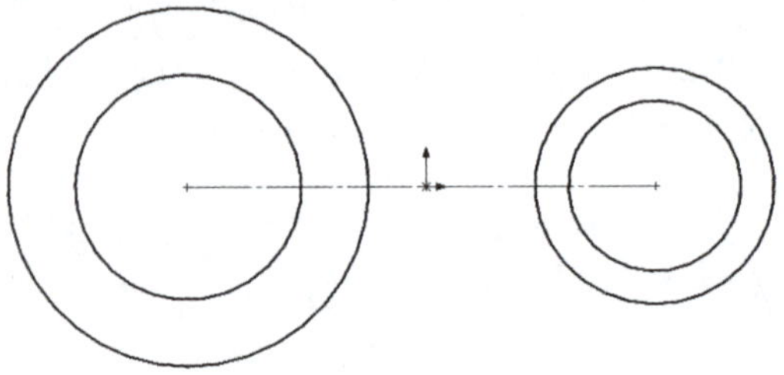

图3-17　画出第四个圆

⑥ 单击【草图】工具栏中的 【直线】命令，移动鼠标，将鼠标放在所画的四个圆的下方，不要使其出现任何约束（即选中该直线时，在其出现的左侧工具栏中，【现有几何关系】下是空白状态无任何约束条件），在四个圆下方任意位置，单击鼠标左键，生成直线的第一个端点，然后再以任意角度拖动鼠标，再次单击鼠标左键，生成一条直线。继续单击鼠标右键，单击【选择】命令，完成该直线的绘制。如图3-18所示。

⑦ 单击【草图】工具栏中的 【圆心/起/终点画弧】命令，在四个圆的上方画圆弧。具体操作步骤为：鼠标左键单击【草图】工具栏中的 【圆心/起/终点画弧】命令，挪动鼠标至左右两侧同心圆的中间靠上位置，然后单击鼠标左键，生成圆心。再向靠近左侧圆的方向拖动鼠标，在适当位置单击鼠标左键，生成圆弧的第一个端点。然后再向右侧圆所在的方向拖动鼠标，再次单击鼠标左键，生成圆弧的第二个端点。此时再单击鼠标右键，在出现的工具栏中，单击【选择】命令，完成圆弧的绘制。如图3-19所示。

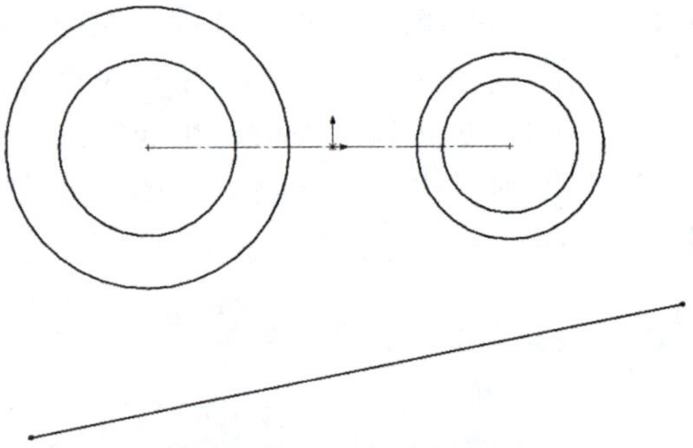

图3-18　画出一条直线

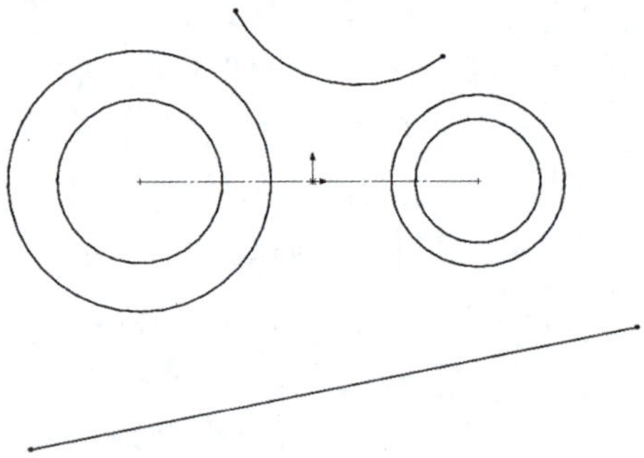

图3-19　画出一个圆弧

⑧ 选中第⑥步中绘制的直线，然后按住Ctrl，鼠标左键选中右侧下边的外圆。在左侧出现的工具栏中的【所选实体】下，能看到所选择的两个对象，即圆和直线。然后再挪动鼠标，选择左侧工具栏下的【添加几何关系】中的【相切】命令，然后再单击左侧工具栏中【属性】下的 【确认】命令，完成第一个圆与直线相切的命令。如图3-20所示。

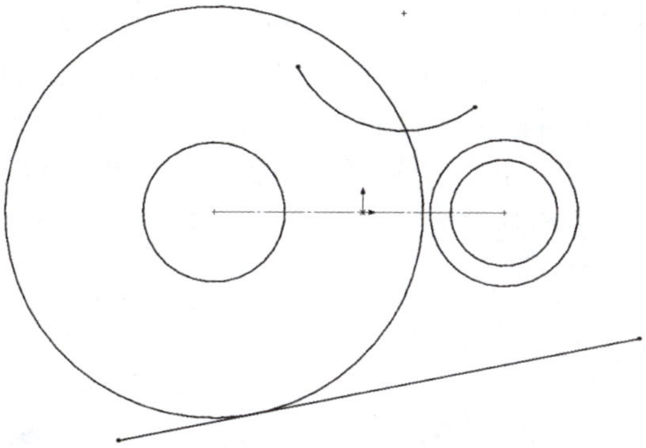

图3-20　完成第一个圆与直线的相切

⑨ 重复以上步骤，选中第⑥步中绘制的直线，然后按住Ctrl，鼠标左键选中左侧下边的外圆。在左侧出现的工具栏中的【所选实体】下，能看到所选择的两个对象，即圆和直线。然后再挪动鼠标，选择左侧工具栏下的【添加几何关系】中的【相切】命令，然后再单击左侧工具栏中【属性】下的✔【确认】命令，这样就可以完成第二个圆与直线相切的命令。如图3-21所示。

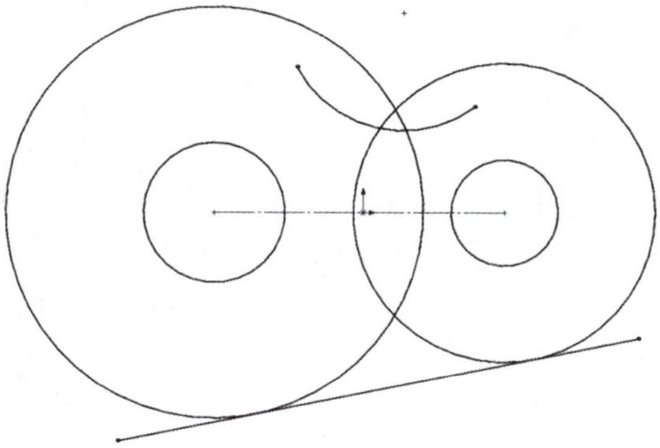

图3-21　完成第二个圆与直线的相切

⑩ 选中第⑦步中绘制的圆弧，然后按住Ctrl，鼠标左键选中下边的外圆，左侧出现工具栏，在【所选实体】中，能看到所选择的两个对象，即圆和圆弧。然后再挪动鼠标，在【添加几何关系】中单击鼠标左键，选择【相切】命令，在【属性】下，单击✔【确认】命令，完成第一个圆与圆弧的相切命令。如图3-22所示。

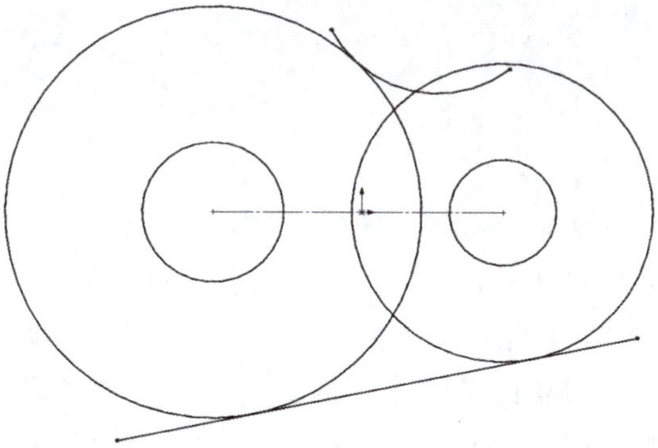

图3-22　完成第一个圆与圆弧的相切

⑪ 最后，再重复以上步骤，完成圆弧与圆的第二个相切命令。具体步骤如下：选中第⑦步中绘制的圆弧，然后按住Ctrl，鼠标左键选择左侧下边的外圆，左侧出现工具栏，在【所选实体】中，能看到所选择的两个对象，即圆和圆弧。然后再挪动鼠标，在【添加几何关系】中单击鼠标左键，选择【相切】命令，在左侧工具栏中的【属性】下，单击【确认】按钮，草图绘制完成。如图3-23所示。

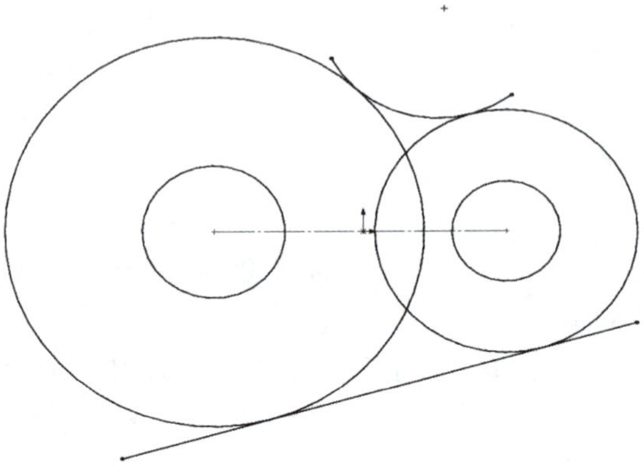

图3-23　完成草图

3.3.3　标注尺寸

① 单击【尺寸/几何关系】工具栏中的【智能尺寸】按钮，标注各个尺寸。具体操作如下：单击鼠标左键【尺寸/几何关系】工具栏中的【智能尺寸】按钮，左侧出现工具栏，鼠标左键单击所选择的对象，出现修改按钮，再单击【确认】按钮，即能标上相对应的尺寸，然后再在左侧【尺寸】工具栏下单击【确认】按钮，即能完成尺寸标注。当所选对象变成黑色时，即该尺寸已被固定，尺寸已经标注好，如图3-24所示。

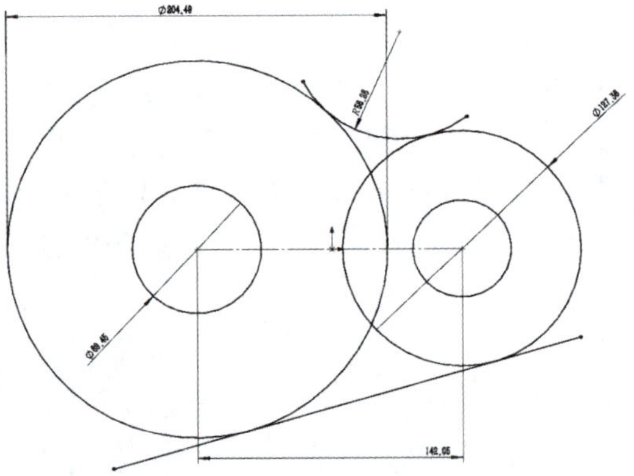

图3-24　标注尺寸

② 为了使整个草图的尺寸都定义，可以先单击右侧的圆心，再按住Ctrl，单击坐标原点，左侧出现工具栏，在【所选实体】中，能看到所选择的两个对象，即两个点，选择【重合】命令。在左侧工具栏中的【属性】下，单击【确认】按钮，完成坐标轴与右侧两圆的圆心重合的命令。再单击坐标原点，在左侧出现的工具栏中，单击【添加

几何关系】中的【固定】命令，完成圆心位置的固定。

③ 单击【尺寸/几何关系】工具栏中的【智能尺寸】按钮，将各个尺寸更改为合适的尺寸。具体步骤为：双击鼠标左键选择草图的尺寸，在左侧弹出的工具栏对话框中，选择【主要值】下的第2行数值，输入所需要的尺寸。然后重复以上步骤，修改尺寸数值，将所有尺寸改为合适尺寸，修改后的效果如图3-25所示。

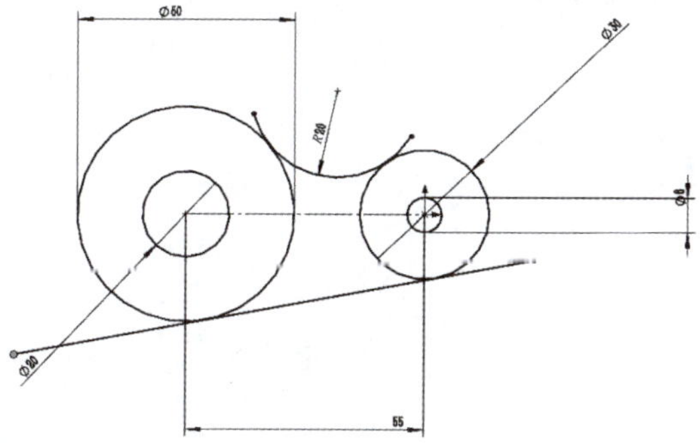

图3-25 修改尺寸后的效果

3.3.4 裁剪草图

① 选择【草图】工具栏中的【裁剪实体】按钮，将多余的圆弧裁剪。具体步骤如下：挪动鼠标单击鼠标左键，选择【草图】工具栏中的【裁剪实体】按钮，按住鼠标左键，然后选择要裁剪的线段，拖动鼠标，即能裁剪掉需要裁剪的线段，最后单击【确认】按钮，完成裁剪命令，裁剪完成后的效果如图3-26所示。

② 至此，草图范例绘制完成。

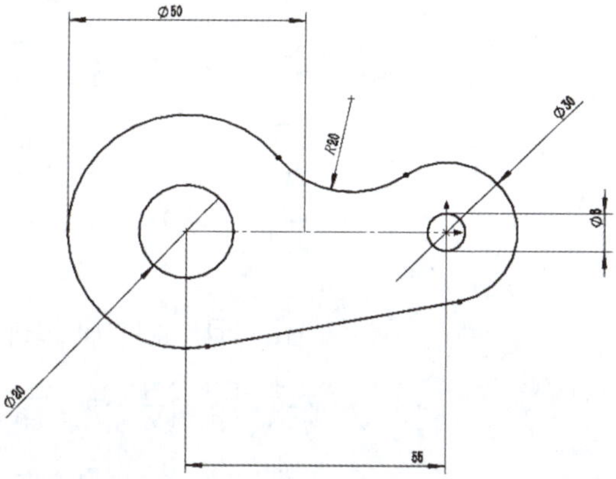

图3-26 裁剪后的效果

04 第4章 草图修改

在SolidWorks的草图绘制中，在草图绘制完毕后，往往还需要特定的功能对所绘制的草图进行草图编辑，才能基本满足设计者对草图的需求。常用的草图修改命令有等距实体、剪裁实体、延伸实体、分割实体等。

4.1 等距实体

SolidWorks中的等距实体特征是将所选择的实体按照相同的距离生成新的实体。

单击【草图】菜单栏中的【等距实体】按钮，或者单击【工具】|【草图工具】|【等距实体】菜单命令，即可进入【等距实体】的草图编辑页面。

（1）属性设置

在单击【等距实体】按钮后，页面左侧会出现【等距实体】属性管理器，如图4-1所示。

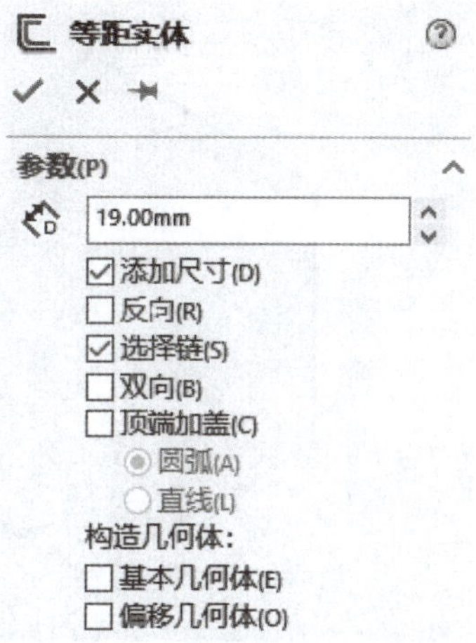

图4-1 【等距实体】属性管理器

【参数】选项组选项含义如下：

- 【等距距离】：设定数值以特定距离来等距草图实体。若想观阅动态预览，按住鼠标键并在图形区域中拖动指针。当您释放鼠标键时，草图实体完成。
- ☑添加尺寸(D)【添加尺寸】：为等距的草图添加所要求的等距距离。
- ☐反向(R)【反向】：更改单向等距的方向。勾选该选项时沿着与默认方向相反的方向等距，取消勾选时沿着默认方向等距。
- ☑选择链(S)【选择链】：生成所有连续草图实体的等距。
- ☐双向(B)【双向】：在双向生成等距实体。
- ☐顶端加盖(C) ◉圆弧(A) ○直线(L)【顶端加盖】：勾选此选项，并取消勾选【双向】特征时，可以将原草图实体与新的等距实体之间添加【顶端盖】特征，【顶端加盖】中可以选择【圆弧】特征或【直线】特征；在勾选【双向】特征时，可以将前后新的等距实体之间添加【顶端盖】特征，单向【顶端加盖】如图4-2所示，双向【顶端加盖】如图4-3所示。

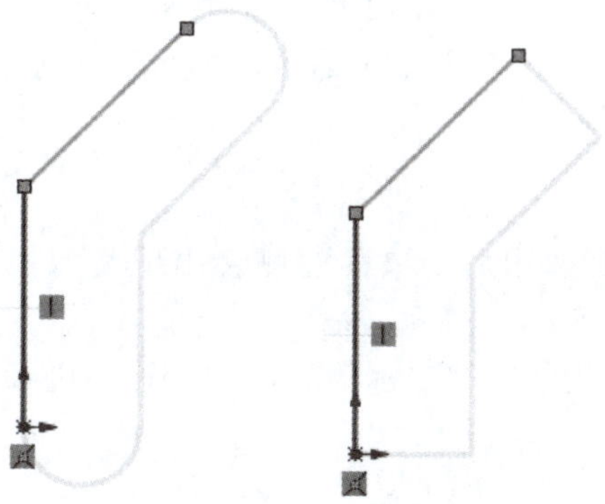

图4-2 单向【顶端加盖】

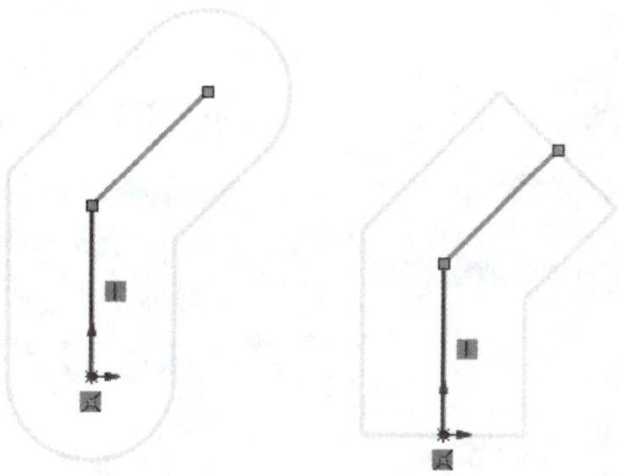

图4-3 双向【顶端加盖】

- 构造几何体: ☐基本几何体(E) ☐偏移几何体(O)【构造几何体】：选择构造几何体中的基本几何体的命令时，会将原来的基础几何体虚化，偏移几何体会作为实体，而选择偏移几何体则会相反。同时两个都打钩的时候，都变构造线。

（2）等距草图实体的步骤和方法

① 单击【草图】菜单栏中的【等距实体】按钮，或者单击【工具】|【草图工具】|【等距实体】菜单命令，即可进入【等距实体】的草图编辑页面。

② 单击【等距实体】命令后，会弹出【等距实体】属性管理器。

③ 在绘图区域点击如图4-4所示的图形，在【等距距离】输入框中输入20.00mm，勾选【双向】选项，其他保持系统默认不变。

④ 单击【等距实体】特征的【确定】按钮，完成【等距实体】的图形绘制，如图4-5所示。

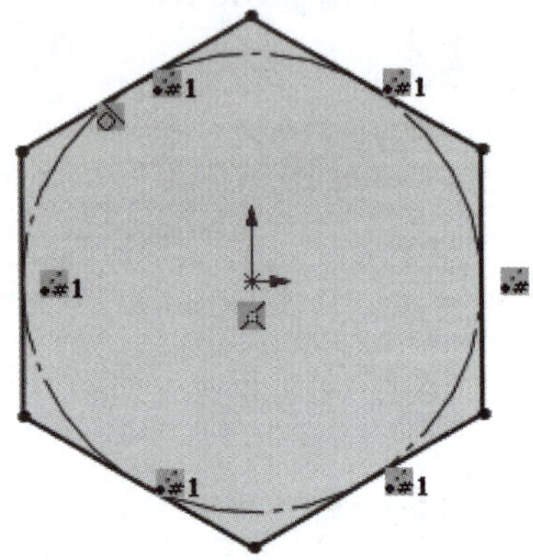

图4-4　等距实体前的图形

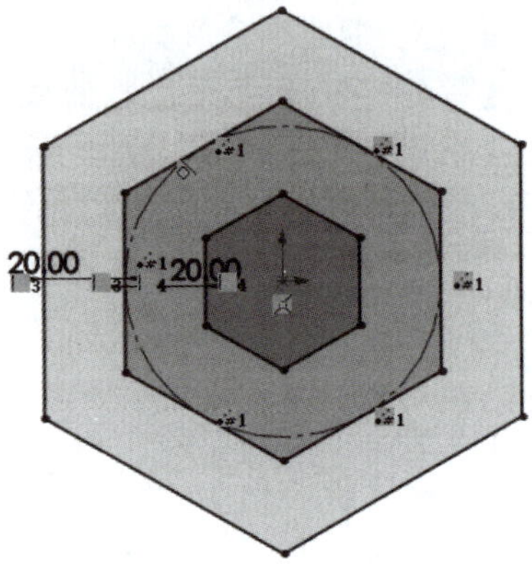

图4-5　等距实体后的图形

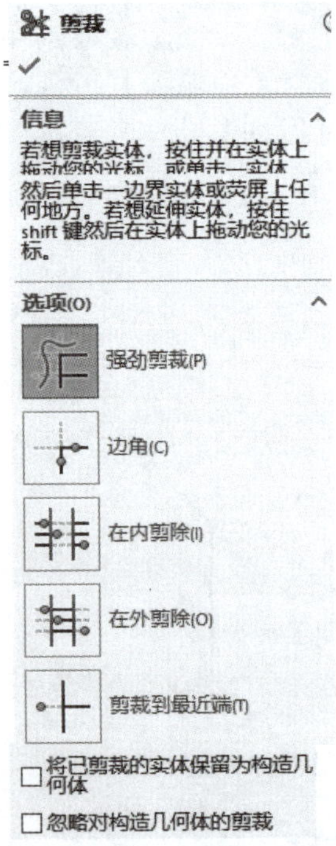

图4-6　【剪裁】属性管理器

4.2　剪裁实体

SolidWorks中的剪裁实体特征是按照设计的需求将草图不需要的部分剪裁去掉。

单击【草图】菜单栏中的【剪裁】按钮，或者单击【工具】|【草图工具】|【剪裁】菜单命令，即可进入【剪裁】的草图编辑页面。

（1）属性设置

在单击【剪裁】按钮后，页面左侧会出现【剪裁】属性管理器，如图4-6所示。

【信息】选项组剪裁操作的提示信息，用于辅助进行剪裁功能。

【选项】选项组选项含义如下：

- 【强劲剪裁】：通过拖动鼠标指针，剪裁单一草图实体或剪裁一个或多个草图实体到最近的交叉实体。
- 【边角】：剪裁两个草图实体，直到它们以虚拟边界交叉。

- 【在内剪除】：选择两个相关边界实体，剪裁位于两个边界实体内的草图实体。
- 【在外剪除】：选择两个相关边界实体，剪裁位于两个边界实体外的草图实体。
- 【剪裁到最近端】：将草图实体剪裁到最近的交叉实体。
- □将已剪裁的实体保留为构造几何体【将已剪裁的实体保留为构造几何体】：将剪裁实体转换为构造几何体。
- □忽略对构造几何体的剪裁【忽略对构造几何体的剪裁】：剪裁实体使构造几何体不受影响。

（2）剪裁草图实体的步骤和方法

① 单击【草图】菜单栏中的【剪裁】按钮，或者单击【工具】|【草图工具】|【剪裁】菜单命令，即可进入【剪裁】的草图编辑页面。

② 单击【剪裁】命令后，会弹出【剪裁】属性管理器。

③ 在绘图区域用鼠标划过如图4-7所示的图形的多余边线。

④ 用鼠标将多余边线划过之后，如图4-8所示。

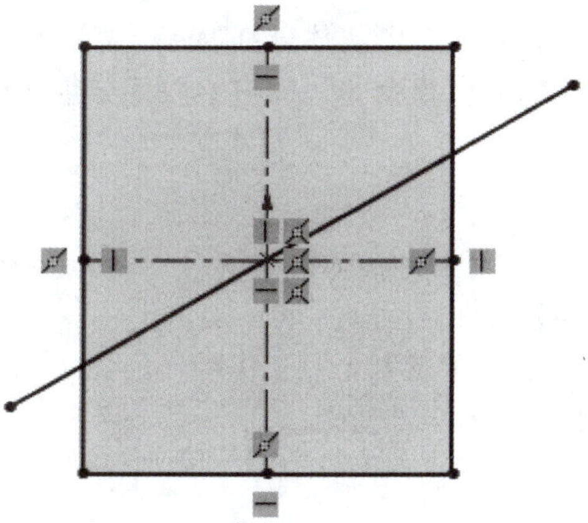

图4-7 剪裁实体前的图形

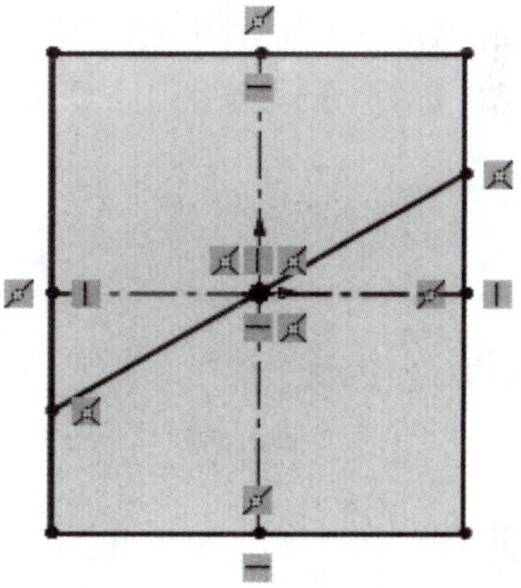

图4-8 剪裁实体后的图形

4.3 延伸实体

SolidWorks中的延伸草图实体特征是将一个草图实体延伸到另一个草图实体。

单击【草图】菜单栏中的【剪裁】下拉箭头中的【延伸】按钮，或者单击【工具】|【草图工具】|【延伸】菜单命令，即可进入【延伸】的草图编辑页面。

延伸草图实体的步骤和方法如下：

① 单击【草图】菜单栏中的【延伸】按钮，或者单击【工具】|【草图工具】|【延伸】菜单命令，即可进入【延伸】的草图编辑页面。

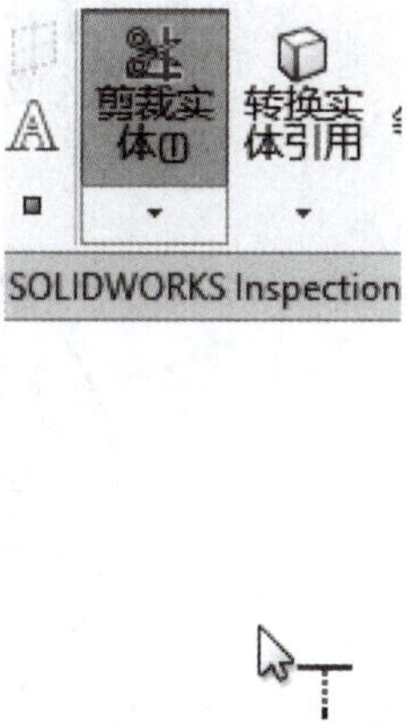

图4-9 【延伸】图标样式

② 单击【延伸】命令后，会显示【延伸】的图标样式，如图4-9所示。

③ 在绘图区域用鼠标单击如图4-10所示的右下角直线。

④ 用鼠标单击之后，如图4-11所示。

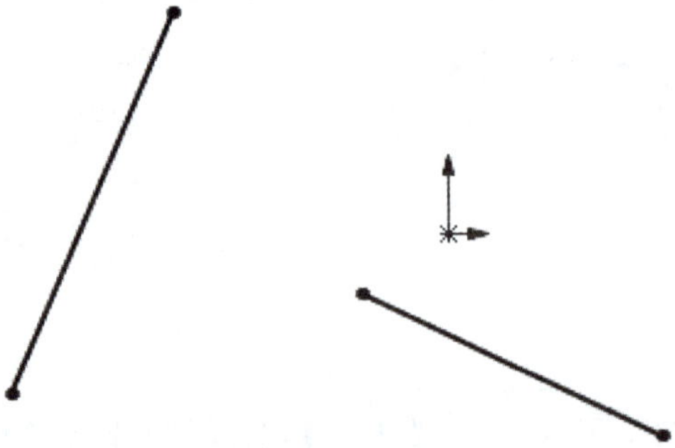

图4-10 延伸实体前的图形

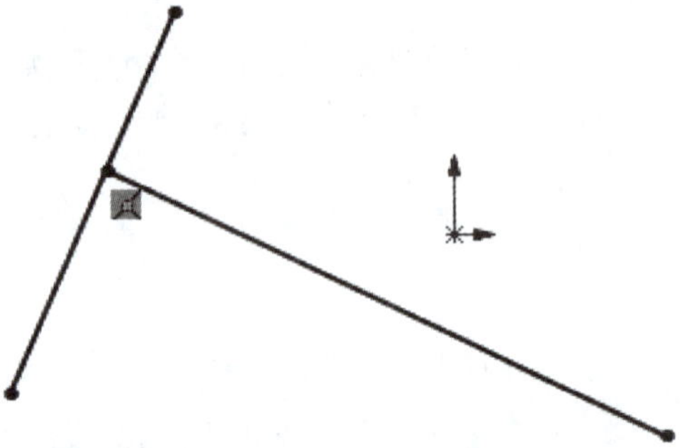

图4-11 延伸实体后的图形

4.4 分割实体

SolidWorks中的分割草图实体特征是将一连续的草图实体分割为两个草图实体。

单击【工具】|【草图工具】|【分割实体】菜单命令，即可进入【分割实体】的草图编辑页面。

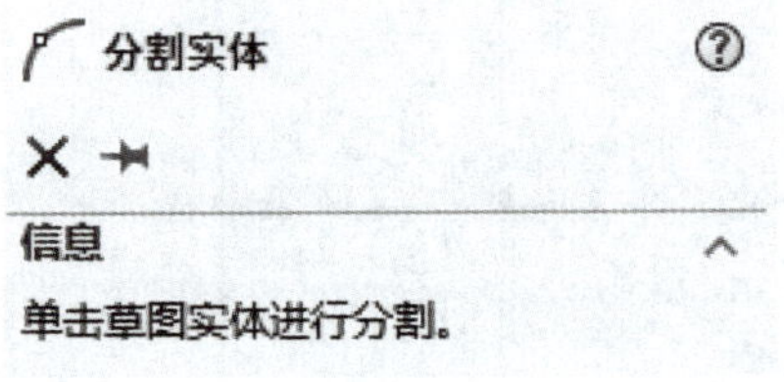

图4-12 【分割实体】属性管理器

（1）属性设置

在单击【分割实体】按钮后，页面左侧会出现【分割实体】属性管理器，如图4-12所示。

【信息】选项组为分割实体操作的提示信息，用于辅助进行分割实体功能。

（2）分割实体的步骤和方法

① 单击【工具】|【草图工具】|【分割实体】菜单命令，即可进入【分割实体】的草图编辑页面。

② 单击【分割实体】命令后，会弹出【分割实体】属性管理器。

③ 在绘图区域用鼠标单击如图4-13所示图形的边线。

④ 用鼠标单击之后，如图4-14所示。

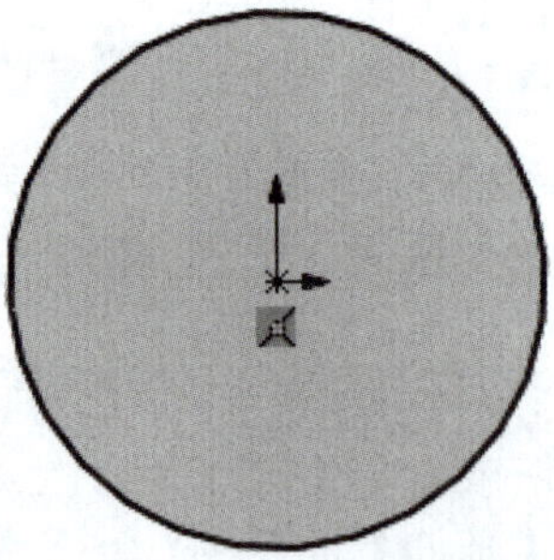

图4-13 分割实体前的图形

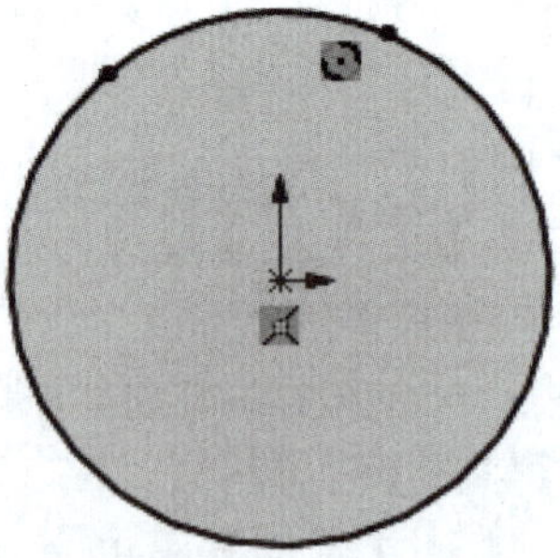

图4-14 分割实体后的图形

4.5 转折线

SolidWorks中的转折线特征是将直线进行转折。转折线自动限定于与原始草图直线垂直或平行。

单击【工具】|【草图工具】|【转折线】菜单命令，即可进入【转折线】的草图编辑页面。

（1）属性设置

在单击【转折线】按钮后，页面左侧会出现【转折线】属性管理器，如图4-15所示。

【信息】选项组为转折线操作的提示信息，用于辅助进行转折线功能。

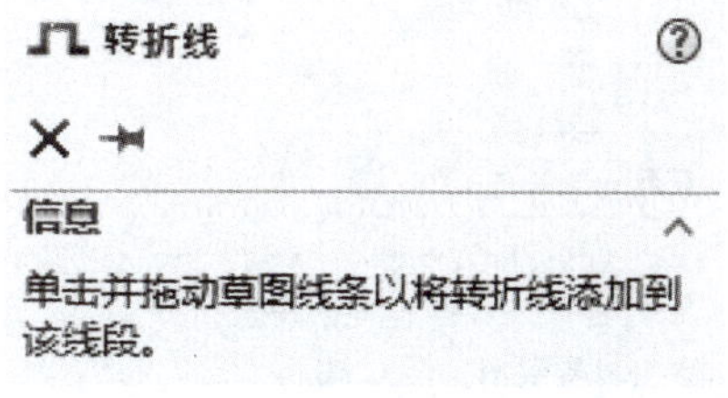

图4-15 【转折线】属性管理器

（2）转折线的步骤和方法

① 单击【工具】|【草图工具】|【转折线】菜单命令，即可进入【转折线】的草图编辑页面。

② 单击【转折线】命令后，会弹出【转折线】属性管理器。

③ 在绘图区域用鼠标单击如图4-16所示图形的一条边线。

④ 用鼠标单击之后，移动鼠标来预览转折的宽度和深度，完成后如图4-17所示。

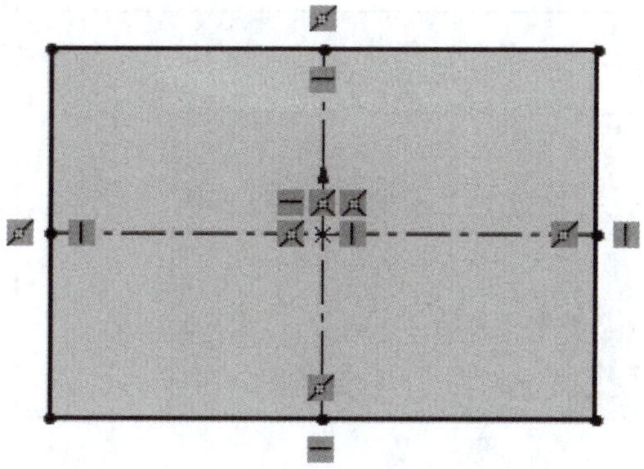

图4-16 转折线前的图形

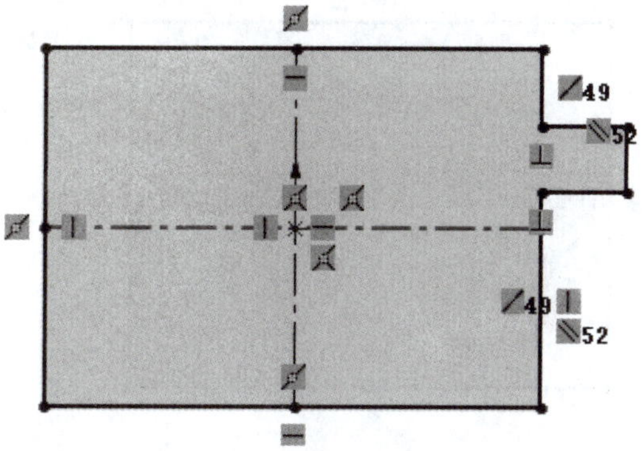

图4-17 转折线后的图形

4.6 缩放比例

SolidWorks中的缩放比例特征是将图形按照一定比例进行缩放。

单击【工具】|【草图工具】|【缩放比例】菜单命令，即可进入【缩放比例】的草图编辑页面。

（1）属性设置

在单击【缩放比例】按钮后，页面左侧会出现【缩放比例】属性管理器，如图4-18所示。

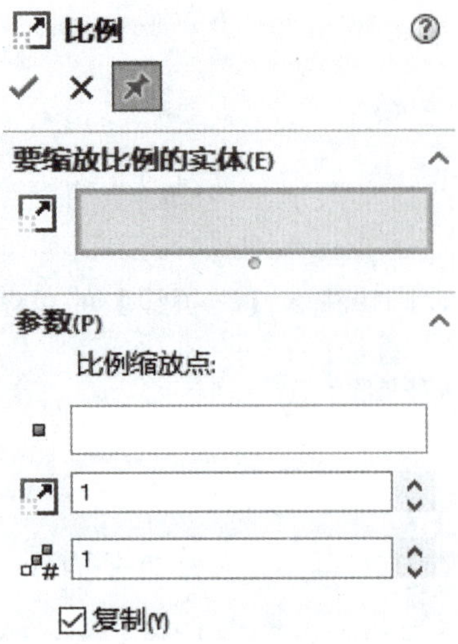

图4-18 【缩放比例】属性管理器

【要缩放比例的实体】选项组：选择需要缩放的实体特征。

【参数】选项组选项含义如下：

- 【基准点】：选择要进行缩放的比例缩放点。
- 【比例因子】：输入要进行缩放的比例。
- 【份数】：选择要缩放的个数，只有勾选【复制】特征，才有【份数】选项。
- 复制(M) 【复制】：对缩放的特征进行复制。

（2）缩放比例的步骤和方法

① 单击【工具】|【草图工具】|【缩放比例】菜单命令，即可进入【缩放比例】的草图编辑页面。

② 单击【缩放比例】命令后，会弹出【缩放比例】属性管理器。

③ 在绘图区域用鼠标全部选择如图4-19所示的图形。

④ 在【比例因子】中输入“2”，勾选【复制】选项，在【份数】中输入“3”，完成后如图4-20所示。

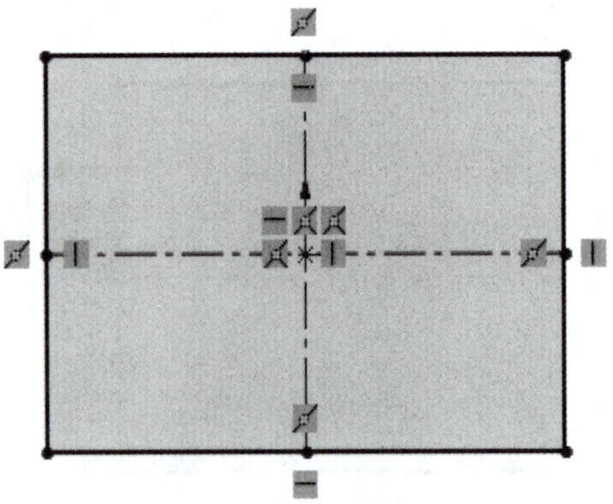

图4-19 缩放比例前的图形

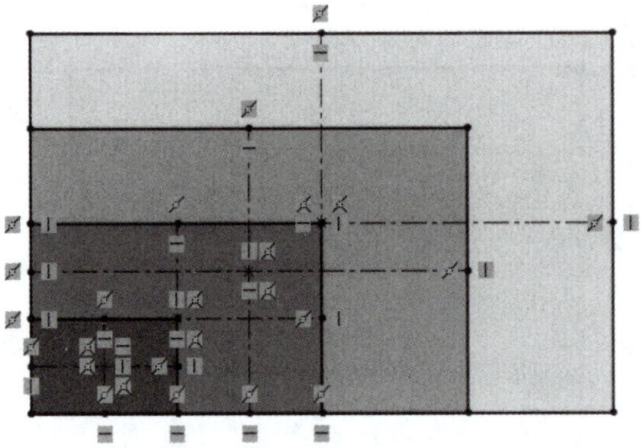

图4-20 缩放比例后的图形

4.7 复制

SolidWorks中的复制特征是将原图形按照一定的距离和位置（通过点到点）进行复制。

（1）属性设置

在单击【复制】按钮后，页面左侧会出现【复制】属性管理器，如图4-21所示。

【要复制的实体】选项组：选择需要复制的草图实体特征。

【参数】选项组选项含义如下：

- 【Δx】：在x方向复制的距离。
- 【Δy】：在y方向复制的距离。
- 【重复】：重复进行复制。

（2）复制的步骤和方法

① 单击【工具】|【草图工具】|【复制】菜单命令，即可进入【复制】的草图编辑页面。

② 单击【复制】命令后，会弹出【复制】属性管理器。

③ 在绘图区域用鼠标全部选择如图4-22所示的图形。

④ 在【Δx】中输入200，在【Δy】中输入300，完成后如图4-23所示。

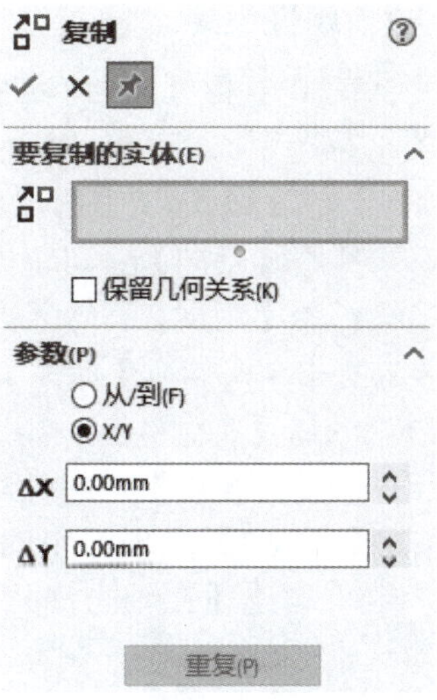

图4-21　【复制】属性管理器

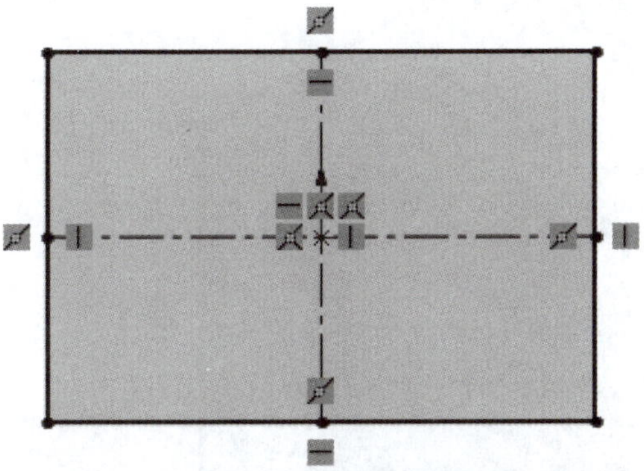
图4-22　复制前的图形

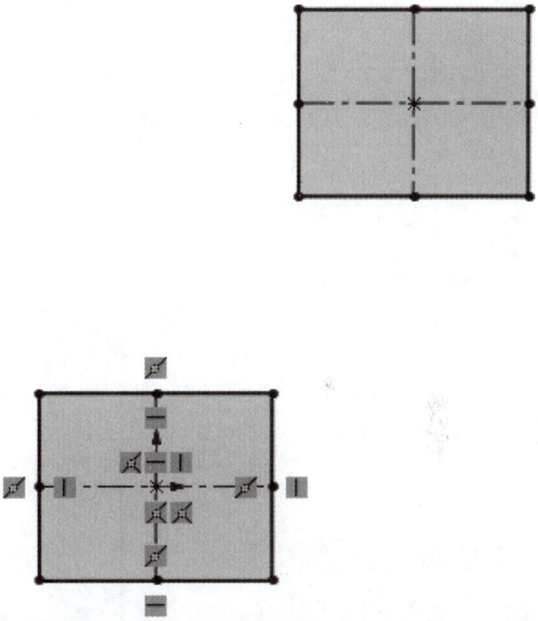
图4-23　复制后的图形

4.8　线性阵列草图实体

SolidWorks中的线性阵列草图是将草图实体沿着一个或者两个轴复制生成多个排列图形。

单击【草图】菜单栏中的【线性阵列】按钮，或者单击【工具】|【草图工具】|【线性阵列】菜单命令，即可进入【线性阵列】的草图编辑页面。

（1）属性设置

在单击【线性阵列】按钮后，页面左侧会出现【线性阵列】属性管理器，如图4-24所示。

【方向1】选项组选项含义如下：

- 【反向】：可以改变线性阵列的默认排列方向。
- 【距离】：输入所要阵列的距离。
- 标注X间距(D)【标注×间距】：在完成线性阵列后，在草图上会自动标注尺寸。
- 【实例数】：经过线性阵列的草图所需的个数。
- 【角度】：线性阵列的方向与所设置轴的夹角。

【方向2】选项组中的各个参数与【方向1】选项组相同，用来设置方向2的各个参数，勾选【在轴之间标注角度】选项，将会自动标注方向1和方向2的尺寸，取消勾选则不标注。

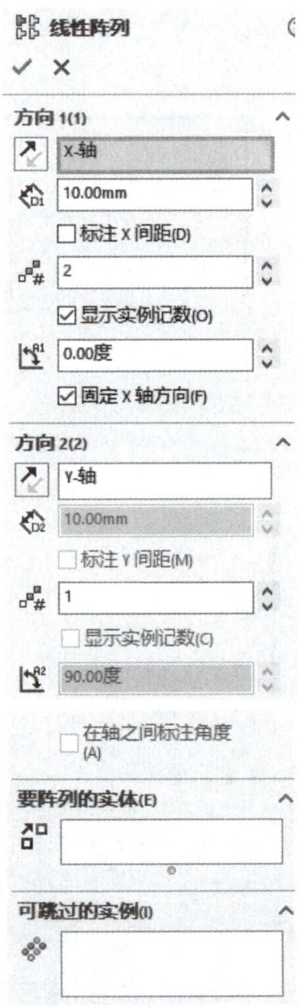

图4-24 【线性阵列】属性管理器

（2）线性阵列草图实体的步骤和方法

① 单击【草图】菜单栏中的【线性阵列】按钮，或者单击【工具】|【草图工具】|【线性阵列】菜单命令，即可进入【线性阵列】的草图编辑页面。

② 单击【线性阵列】命令后，会弹出【线性阵列】属性管理器。在【线性阵列】属性管理器中的【要阵列的实体】选择框中选择绘图区域中如图4-25所示的图形。

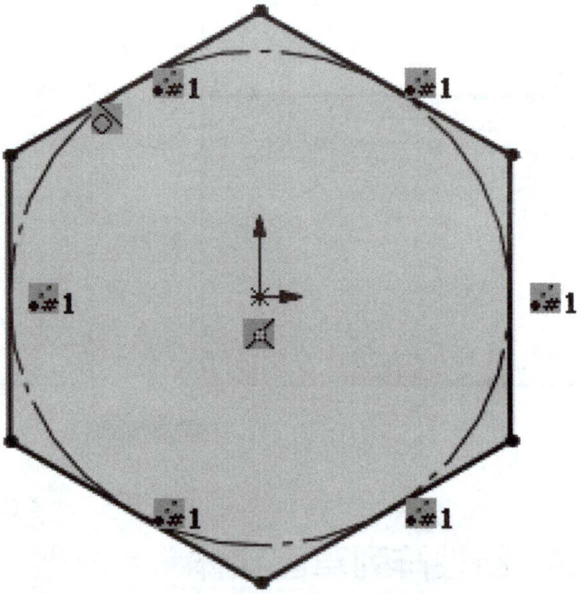

图4-25 线性阵列前的图形

③ 其他设置如图4-26所示。

④ 单击【线性阵列】属性管理器中的【确定】按钮，完成【线性阵列】的图形绘制，如图4-27所示。

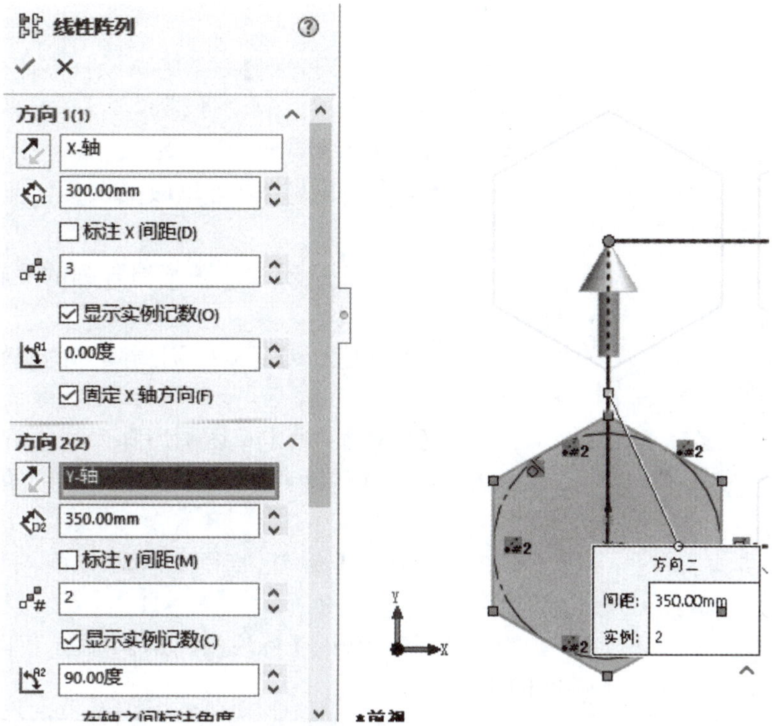

图4-26　线性阵列设置

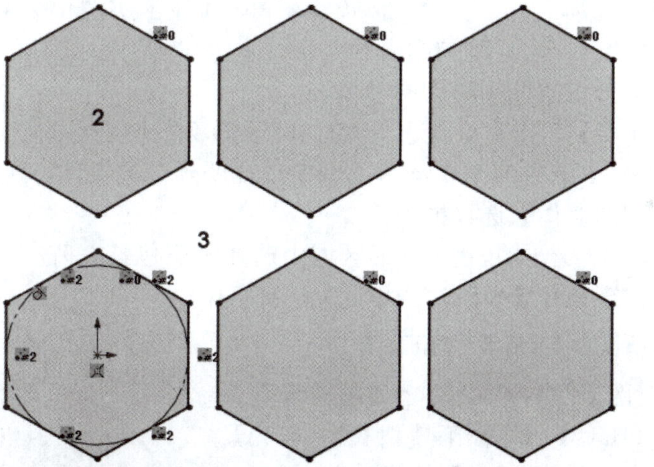

图4-27　线性阵列后的图形

4.9　圆周阵列草图实体

SolidWorks中的圆周阵列草图是将草图实体沿着一个指定大小的圆弧进行圆周阵列，所生成的多个图形。

单击【草图】菜单栏中的【圆周阵列】按钮，或者单击【工具】|【草图工具】|【圆周阵列】菜单命令，即可进入【圆周阵列】的草图编辑页面。

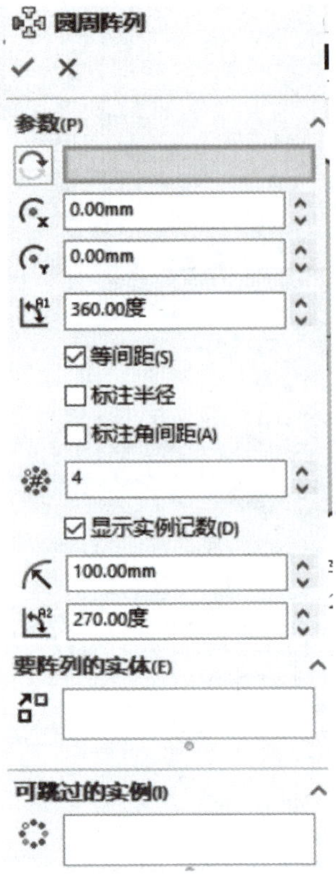

图4-28 【圆周阵列】属性管理器

（1）属性设置

在单击【圆周阵列】按钮后，页面左侧会出现【圆周阵列】属性管理器，如图4-28所示。

【参数】选项组选项含义如下：

- 【反向旋转】：可以改变圆周阵列的默认排列方向。
- 【中心点*x*】：草图圆周阵列的旋转中心*x*的坐标点。
- 【中心点*y*】：草图圆周阵列的旋转中心*y*的坐标点。
- 【间距】：设定草图圆周阵列的总角度值。
- 等间距(S)【等间距】：草图圆周阵列的角度间距为相同的。
- 标注半径【标注半径】：显示草图圆周阵列的半径。
- 标注角间距(A)【标注角间距】：显示草图圆周阵列之间的角度尺寸。
- 【实例数】：经过圆周阵列的草图所需的个数。
- 显示实例记数(D)【显示实例记数】：显示阵列中的实例数。
- 【半径】：设置圆周阵列的半径。
- 【圆弧角度】：指定从所选实体的中心到阵列的中心点或顶点所测量的夹角。

【要阵列的实体】选项组：在图形区域中选择要阵列的实体，所选择的草图实体会出现在【要阵列的实体】选择框中。

【可跳过的实例】选项组：在图形区域中选择不想包括在阵列图形中的草图实体，所选择的实体会出现在【要跳过的单元】选择框中。

（2）圆周阵列草图实体的步骤和方法

① 单击【草图】菜单栏中的【圆周阵列】按钮，或者单击【工具】|【草图工具】|【圆周阵列】菜单命令，即可进入【圆周阵列】的草图编辑页面。

② 单击【圆周阵列】命令后，会弹出【圆周阵列】属性管理器。在【圆周阵列】属性管理器中的【要阵列的实体】选择框中选择绘图区域中如图4-29所示的图形。

③ 其他设置如图4-30所示。

④ 单击【圆周阵列】属性管理器中的【确定】按钮，完成【圆周阵列】的图形绘制，如图4-31所示。

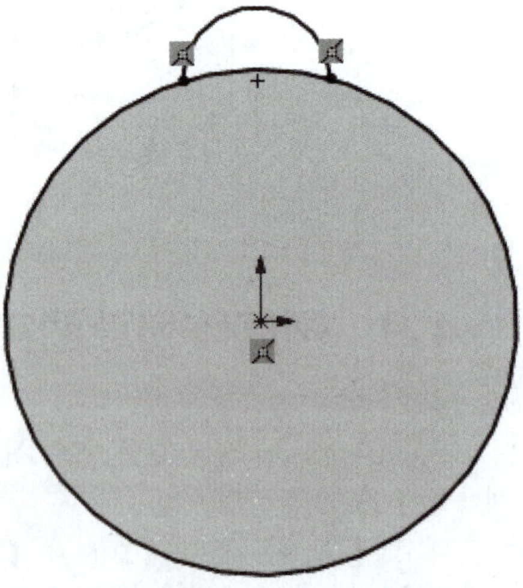

图4-29 圆周阵列前的图形

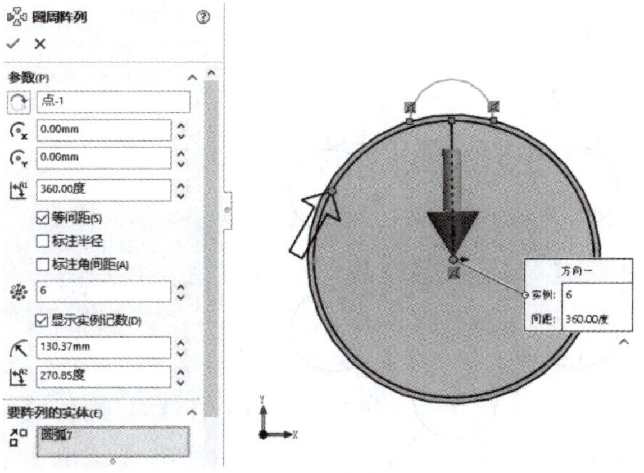

图4-30　圆周阵列设置

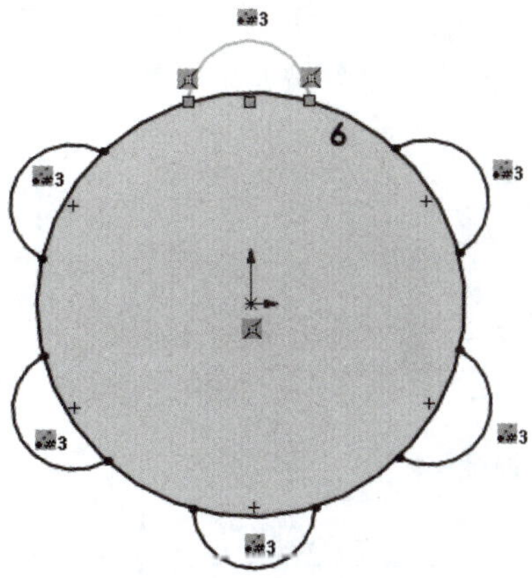

图4-31　圆周阵列后的图形

4.10　移动和复制

使用【移动】命令可以将实体移动一定距离，或者以实体上某一点为基准，将实体移至已有的草图点。使用【移动】命令的方法如下。

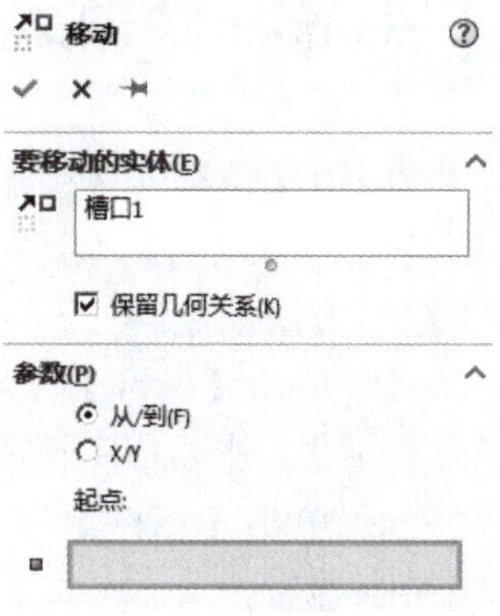

图4-32　移动草图

① 选择要移动的草图。

② 选择【工具】|【草图绘制工具】|【移动】菜单命令，弹出【移动】属性管理器。在【参数】选项组中，单击【从/到】单选按钮，再单击【起点】中的（基准点）选择框，在图形区域中选择移动的起点，然后拖动鼠标指针定义草图实体要移到的位置，如图4-32所示。也可以单击【X/Y】单选按钮，然后设置【Δ*x*】和【Δ*y*】数值以定义草图实体移动的位置，其含义如下。

【Δ*x*】：表示开始点和结束点*x*坐标之间的偏移。

【Δ*y*】：表示开始点和结束点*y*坐标之间的偏移。

③ 如果单击【重复】按钮，将按照相同距离继续修改草图实体的位置，单击【确定】按钮，草图实体被移动。

【复制】命令的使用方法与【移动】相同，在此不再赘述。

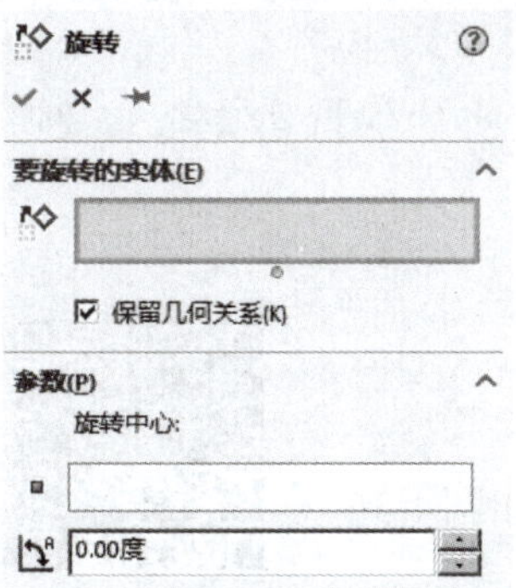

图4-33　【旋转】属性管理器

4.11　旋转

使用【旋转】命令可以使实体沿旋转中心旋转一定角度。使用【旋转】命令的方法如下。

① 选择要旋转的草图。选择【工具】|【草图绘制工具】|【旋转】菜单命令。

② 弹出【旋转】属性管理器。在【参数】选项组中，单击【旋转中心】中的【基准点】选择框，然后在图形区域中单击鼠标左键以放置旋转中心。在【基准点】选择框中显示【旋转所定义的点】，如图4-33所示。

③ 在【角度】数值框中设置旋转角度，或者将鼠标指针在图形区域中任意拖动，单击【确定】按钮，草图实体被旋转。

4.12 按比例缩放

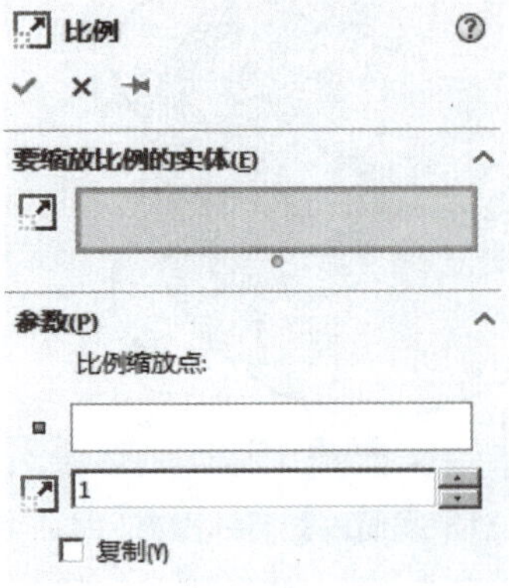

图4-34 【比例】属性管理器

使用【按比例缩放】命令可以将实体放大或缩小一定的倍数，或者生成一系列尺寸成等比例的实体。使用【按比例缩放】命令的方法如下。

① 选择要按比例缩放的草图。选择【工具】|【草图绘制工具】|【缩放比例】菜单命令，弹出【比例】属性管理器，如图4-34所示。

② 在【比例缩放点】中选取基准点，在【比例因子】中设定比例大小，并设置数值，可以将草图按比例缩放并复制。

③ 单击【确定】按钮，草图实体被成比例缩放。

4.13 转换实体引用

使用【转换实体引用】命令可以将其他特征上的边线投影到草图平面上，此边线可以是作为等距的模型边线，也可以是作为等距的外部草图实体。使用【转换实体引用】命令的方法如下。

① 单击【标准】工具栏中的【选择】按钮，在图形区域中选择模型面或者边线、环、曲线、外部草图轮廓线、一组边线、一组曲线等。

② 单击【草图】工具栏中的【草图绘制】按钮，进入草图绘制状态。

③ 单击【草图】工具栏中的【转换实体引用】按钮或者选择【工具】|【草图绘制工具】|【转换实体引用】菜单命令，将模型面转换为草图实体，如图4-35所示。

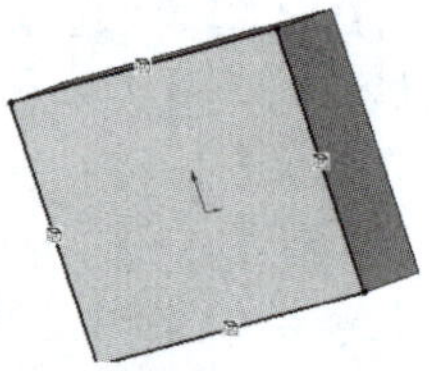
图4-35 将模型面转换为草图实体

【转换实体引用】命令将自动建立以下几何关系。

- 在新的草图曲线和草图实体之间的边线上建立几何关系，如果草图实体更改，曲线也会随之更新。
- 在草图实体的端点上生成内部固定几何关系，使草图实体保持“完全定义”状态。

4.14 草图绘制实例

下面利用1个具体范例来讲解草图的绘制方法，最终效果如图4-36所示。具体步骤如下。

扫码看视频

4.14.1 进入草图绘制状态

① 启动中文版SolidWorks，单击【标准】工具栏中的【新建】按钮，弹出【新建SolidWorks文件】对话框，单击【零件】按钮，单击【确定】按钮，生成新文件。

② 单击【草图】工具栏中的【草图绘制】按钮，进入草图绘制状态。在【特征管理器设计树】中单击【前视基准面】图标，使前视基准面成为草图绘制平面。

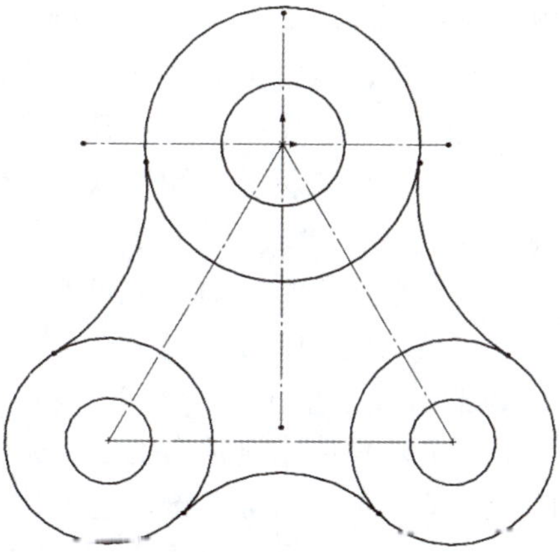

图4-36 草图

4.14.2 绘制草图

① 单击【草图】工具栏中的【圆】按钮，在所选【前视基准面】上，选中坐标原点单击鼠标左键，再向任意方向拖动鼠标，在任意一点处，单击鼠标左键，形成一个圆。再次单击鼠标右键，左键单击【选择】按钮，使圆的命令完成，如图4-37所示。

② 单击【草图】工具栏中的【圆】按钮，在上一个圆的圆心处单击鼠标左键作为圆心，重复以上步骤。即向任意方向拖动鼠标，在任意一点处，单击鼠标左键，形成一个圆。再次单击鼠标右键，单击左键【选择】按钮，使圆的命令完成，如图4-38所示。

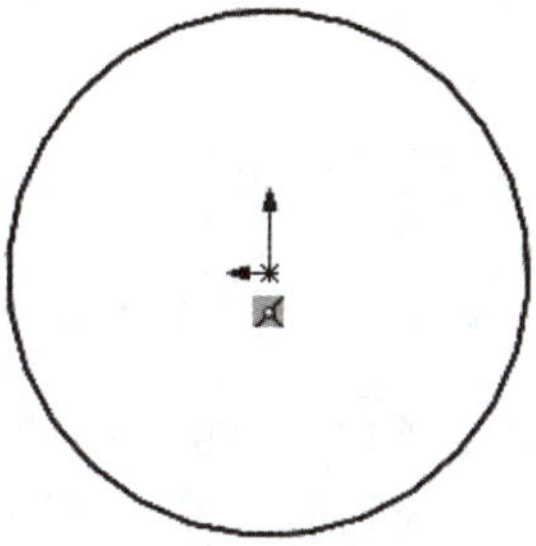

图4-37 绘制圆形草图

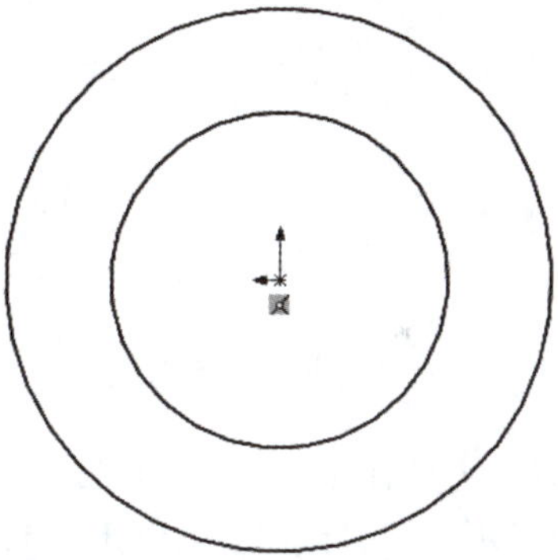

图4-38 绘制圆形草图

③ 单击【草图】工具栏中的【直线】命令，移动鼠标，将鼠标放在圆心处，出现的时候，单击鼠标左键，使其在圆心处生成第一点。然后将鼠标拖动到两圆的任意一外侧，再次单击鼠标左键，绘制完成直线的另外一端。再单击鼠标右键，单击【选择】键完成该直线的绘制。将鼠标挪到刚画好的直线上，单击鼠标左键，选中该直线，再单击鼠标左键选择右侧任务栏中的【添加几何关系】中的【水平】，在【现有几何关系】中出现水平关系，再用鼠标左键单击【选项】下的【作为构造线】，最后，单击【线条属性】下的【确认】按钮，完成第一条构造线绘制。重复以上步骤，完成另外一端过圆心的第二条构造线绘制。再次单击【草图】工具栏中的【直线】命令，移动鼠标，将鼠标放在圆心处，出现的时候，单击鼠标左键，使其在圆心处生成一点。沿着圆没有构造线的竖直边一侧拖动鼠标，使所画的直线经过圆心，穿过两个圆，再次

第04章 草图修改

单击鼠标左键，形成一个穿过圆心的直线。再单击鼠标右键，单击【选择】键，完成该直线的绘制。将鼠标挪到刚画好的直线上，单击鼠标左键，选中该直线，单击鼠标左键选择左侧任务栏中的【添加几何关系】中的【竖直】，在【现有几何关系】中出现竖直关系，再用鼠标左键单击【选项】下的【作为构造线】，最后，单击【线条属性】下的【确认】按钮，完成第三条构造线绘制。重复以上步骤，完成另外一端过圆心的第四条构造线绘制，如图4-39所示。

④ 单击【草图】工具栏中的【直线】命令，移动鼠标，将鼠标放在圆心处，出现的时候，单击鼠标左键，再以向下一定角度拖拽直线，使其穿过两圆，再次单击鼠标左键，再单击鼠标右键，单击【选择】键，完成该直线的绘制。将鼠标挪到刚画好的直线上，单击鼠标左键，选中该直线，用鼠标左键单击【选项】下的【作为构造线】，最后，单击【线条属性】下的【确认】按钮，完成倾斜的第一条构造线的绘制。重复以上步骤，完成另一边倾斜的第二条构造线的绘制。最后重复以上步骤，再画一条连接这两条倾斜的构造线的直线，使它水平，并选择作为构造线，如图4-40所示。

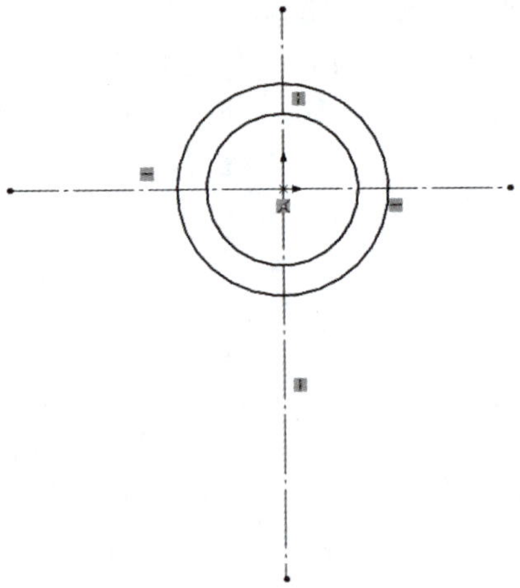

图4-39 画出竖直的两条构造线

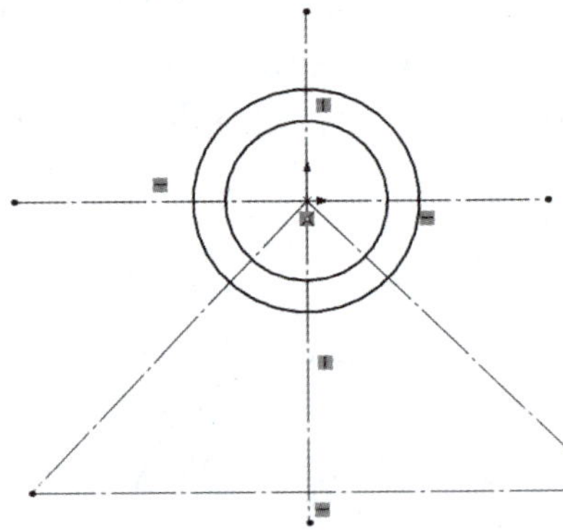

图4-40 画出另外三条构造线

⑤ 单击【草图】工具栏中的【圆】按钮，将鼠标挪到左下两条构造线的交点处，直到出现的标识时，单击鼠标左键，生成圆心，再向外拖拽圆，再次单击左键完成绘制第一个圆。重复以上步骤完成绘制第二个圆。即将鼠标挪到左下两条构造线的交点处，直到出现的标识时，单击鼠标左键，生成圆心，再向外拖拽鼠标，再次单击左键，生成第二个圆。再单击鼠标右键，单击【选择】键，完成该圆的绘制。最好第二个圆不与第一个圆重合，如图4-41所示。

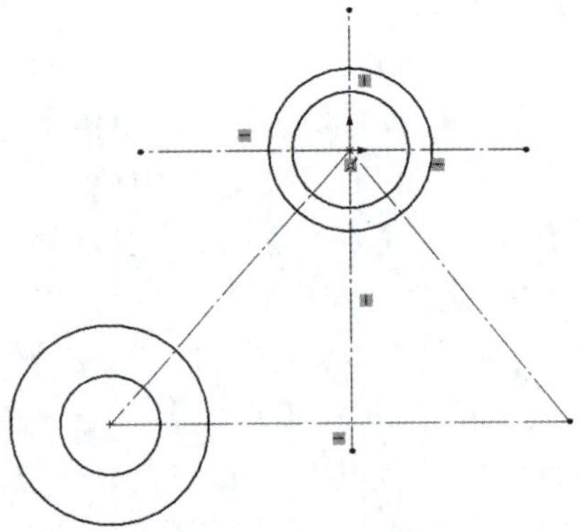

图4-41 画出左下两圆

⑥ 单击【草图】工具栏中的【镜像实体】，在左侧出现的工具栏中，选择【选项】下的【要镜像的实体】，依次单击鼠标左键，选中第⑤步中画好的两个左下的圆，在【要镜像的实体】中，看到已经出现选择好的圆。再用鼠标左键选择【选项】下的镜像点，再单击垂直于水平面的构造

线，完成左下两圆的镜像。再移动鼠标到左侧任务栏下，选择【镜像】下的✔【确认】按钮，完成两个圆的镜像命令，如图4-42所示。

⑦ 如果出现镜像过来的右侧两圆的圆心不在构造线中心交点处的情况，则挪动鼠标，使其在两构造线的交点处停下。然后单击鼠标左键，选中该点，再按住鼠标左键不放，挪动该交点，当它与镜像过来的两圆圆心呈现相重合状态时，即出现◎的标识时，松开鼠标左键，完成构造线交点与圆心的重合，如图4-43所示。

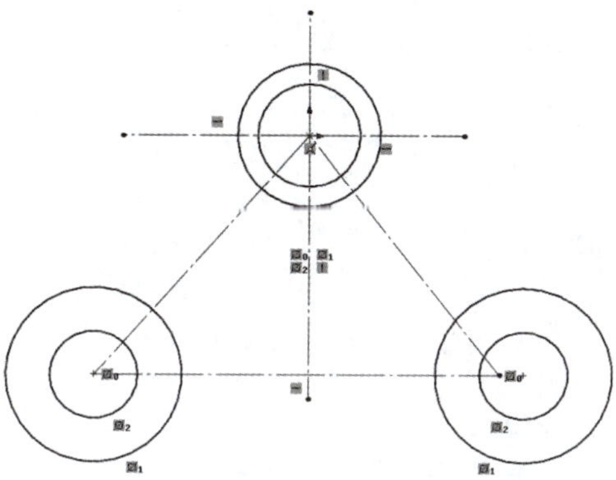

图4-42　镜像两圆

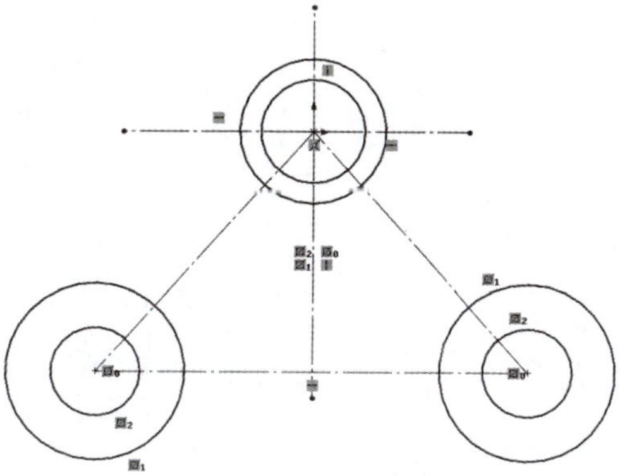

图4-43　构造线中心与镜像圆心重合

⑧ 单击【草图】工具栏中的【圆心/起/终点画弧】按钮，在两平行的圆下画圆弧。具体操作步骤为：鼠标左键单击【草图】工具栏中的【圆心/起/终点画弧】按钮，挪动鼠标，使其在两平行圆下方，并使其与竖直的构造线产生丨标识，然后单击鼠标左键，生成圆弧的第一点。然后挪动鼠标到左侧的两圆弧的外圆处，当出现标识时，再次单击鼠标左键，生成圆弧的第二点。然后再向另外一侧拖动鼠标，使其生成一个圆弧状的形态，尽可能大地穿过另外一侧圆弧，再单击鼠标左键，然后单击鼠标右键，单击出现的【选择】按钮，如图4-44所示。

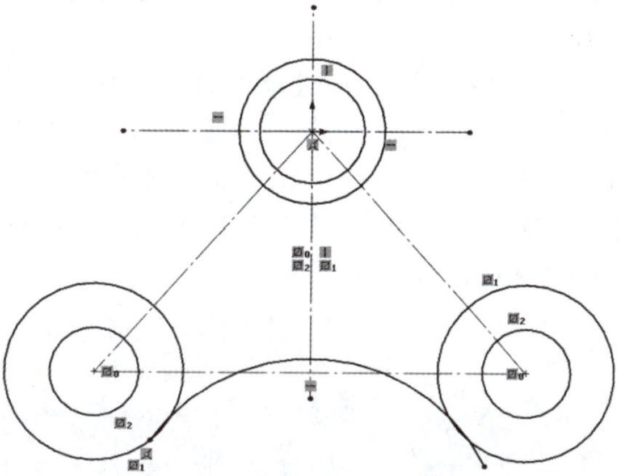

图4-44　完成绘制第一个圆弧

⑨ 单击【草图】工具栏中的【圆心/起/终点画弧】按钮，在任意一侧圆处画圆弧。这里以左侧圆为例。具体操作步骤为：鼠标左键单击【草图】工具栏中的【圆心/起/终点画弧】按钮，挪动鼠标，注意该点不要与任何直线或者圆有任何约束，然后单击鼠标左键，生成圆弧的第一点。再挪动鼠标到左侧两圆弧的外圆处，可以没有任何约束出现，尽量与外圆弧靠近，单击鼠标左键，生成圆弧的第二个点。然后再向上靠近上边两圆的外圆弧，生成第三个点，再单击鼠标左键，然后单击鼠标右键，单击【选择】键，完成左侧第一个圆弧绘制，如图4-45所示。

⑩ 鼠标左键单击第⑨步中所画的圆弧，按住Ctrl，选中左侧下边的外圆，左侧出现工具栏，在【所选实体】中，能看到所选择的两个对象，即圆和圆弧。然后再挪动鼠

标，在【添加几何关系】中单击鼠标左键，选择【相切】命令，在【属性】下，单击✓【确认】按钮。再重复以上步骤，鼠标左键选中该圆弧，按住Ctrl，再用鼠标左键选中上边的外圆，左侧出现工具栏，在【所选实体】中，能看到所选择的两个对象，即圆和圆弧。然后再挪动鼠标，在【添加几何关系】中单击鼠标左键，选择【相切】命令，在【属性】下，单击✓【确认】按钮，如图4-46所示。

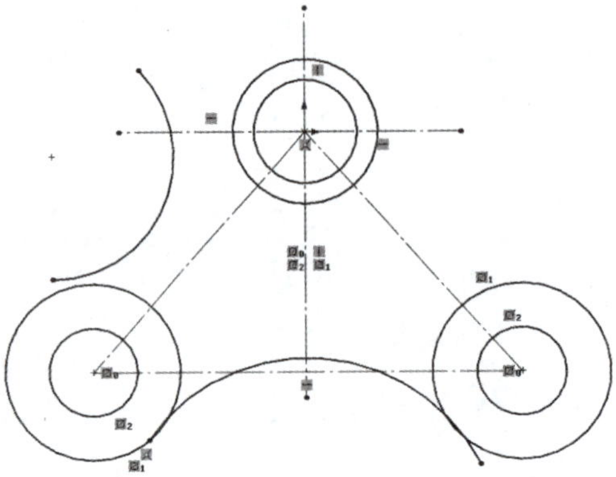

图4-45 完成绘制左侧的第一个圆弧

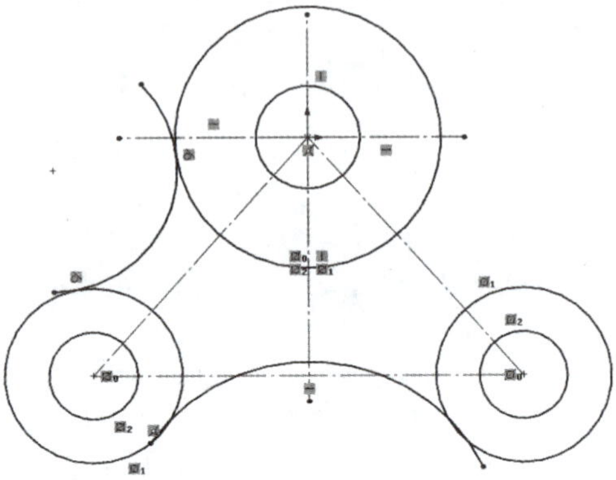

图4-46 完成第一个圆弧的相切

⑪ 单击【草图】工具栏中的【镜像实体】，在左侧出现的工具栏中，选择【选项】下的【要镜像的实体】，单击鼠标左键，选中第⑩步中画好的与两外圆相切的圆弧，在【要镜像的实体】中，看到已经出现选择好的圆弧。再用鼠标左键选择【选项】下的镜像点，再单击竖直的构造线，完成左侧圆弧的镜像。再移动鼠标到左侧任务栏下，选择【镜像】下的✓【确认】按钮，完成左侧圆弧的镜像命令，如图4-47所示。

⑫ 最后，鼠标左键单击第⑪步中所画的圆弧，按住Ctrl，鼠标左键选中右侧下边的外圆,左侧出现工具栏，在【所选实体】中，能看到所选择的两个对象，即圆和圆弧。然后再挪动鼠标，在【添加几何关系】中单击鼠标左键，选择【相切】命令，在【属性】下，单击✓【确认】按钮，然后再重复以上步骤，完成另一端的相切命令，如图4-48所示，草图绘制完成。

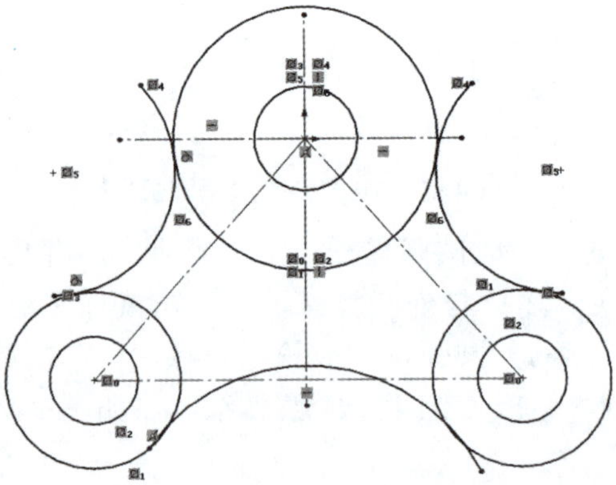

图4-47 完成圆弧的镜像

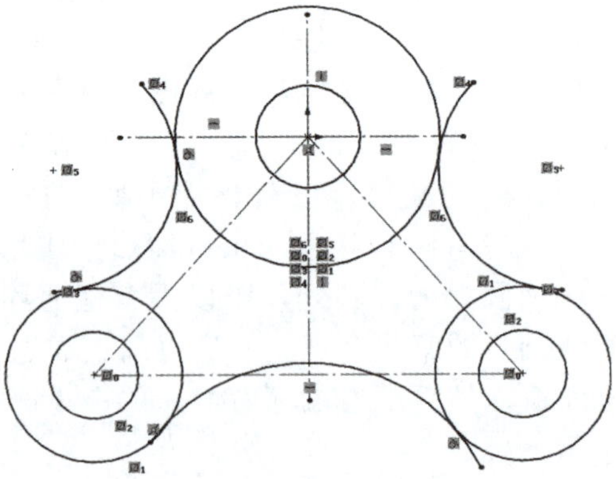

图4-48 完成草图

4.14.3 标注尺寸

① 单击【尺寸/几何关系】工具栏中的 【智能尺寸】按钮，标注各个尺寸。具体操作如下：单击鼠标左键【尺寸/几何关系】工具栏中的 【智能尺寸】按钮，左侧出现工具栏，单击鼠标左键所选择的对象，出现修改按钮，再单击 【确认】按钮，即能标上相对应的尺寸，然后再在左侧【尺寸】工具栏下单击 【确认】按钮，即能完成尺寸标注。当所选对象变成黑色时，即该尺寸已被固定，尺寸已经标注好，如图4-49所示。

② 单击【尺寸/几何关系】工具栏中的 【智能尺寸】按钮，将各个尺寸更改为合适的尺寸。具体步骤为：鼠标左键双击所选择的草图的尺寸，在左侧弹出的工具栏对话框中，选择【主要值】下的第2行数值，输入所需要的尺寸。然后重复以上步骤，修改尺寸数值，将所有尺寸改为合适尺寸，修改后的效果如图4-50所示。

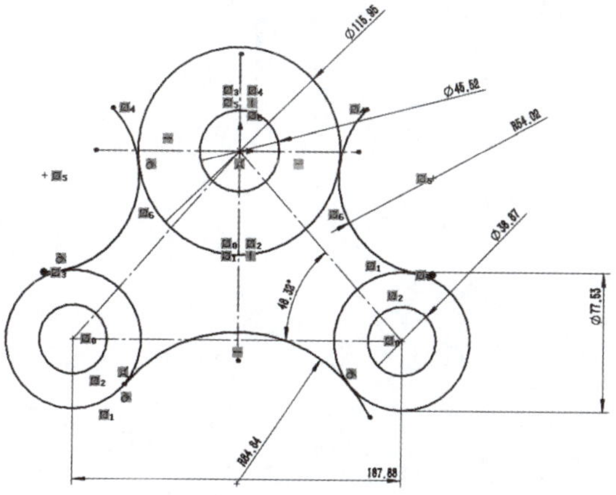

图4-49 标注尺寸

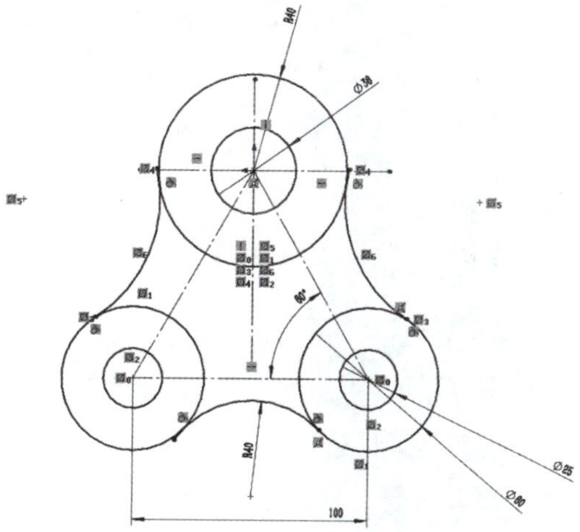

图4-50 修改尺寸后的效果

4.14.4 裁剪草图

① 选择【草图】工具栏中的【裁剪实体】按钮，将多余的圆弧裁剪。具体步骤如下：挪动鼠标单击鼠标左键，选择【草图】工具栏中的【裁剪实体】按钮，按住鼠标左键，然后选择要裁剪的线段，拖动鼠标，即能裁剪掉需要裁剪的线段，最后单击 【确认】按钮，完成裁剪命令，裁剪完成后的效果如图4-51所示。

② 至此，草图的绘制完成。

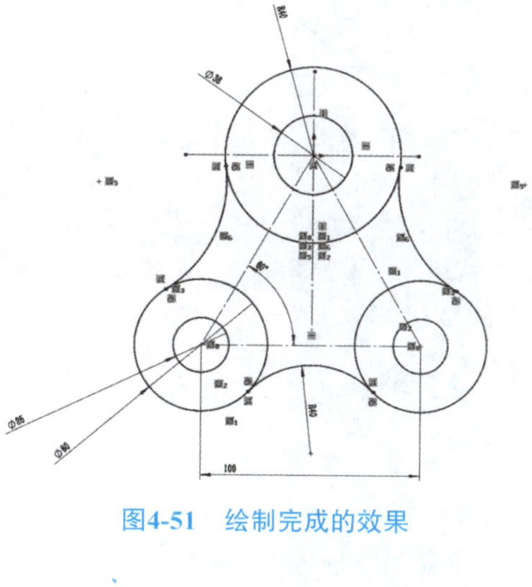

图4-51 绘制完成的效果

第04章 草图修改

05

第5章

草图标注

在SolidWorks的草图绘制完成后，还需要在草图中进行尺寸标注，包括智能尺寸、水平尺寸、竖直尺寸、基准尺寸等。

5.1 智能尺寸

单击【工具】|【尺寸】|【智能尺寸】菜单命令。弹出【智能尺寸】属性管理器，如图5-1所示。

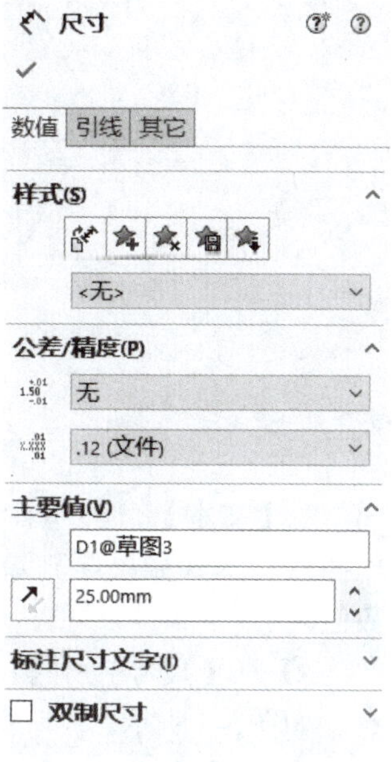

图5-1　智能尺寸属性管理器

【样式】选项组下有以下几个命令。

①【将默认属性应用到所选尺寸】：应用默认的属性。

②【添加或更新样式】：可以创建一个新的样式，给样式命名。

③【删除样式】：将样式删除。

④【保存样式】：将样式保存。

⑤【装入样式】：将保存的样式装入。

【公差/精度】选项组下有以下几个命令。

①【公差类型】：从列表中选择。对应不同的尺寸类型，有不同的选择。分别有基本、双边、限制、对称、最小、最大、套合。

②【单位精度】：从列表中为尺寸值选择小数点后的位数。

【主要值】：为驱动尺寸显示，并可进行更改以改变模型。此选项组下有以下几个命令。

①【名称】：所选尺寸的名称。

②【尺寸值】：所选尺寸的值。

③【反转方向】：更改正负意义之间的尺寸方向。

【标注尺寸文字】：此选项组下有以下几个命令。

①【添加括号】：可带或不带括号而显示从动的尺寸。如图5-2所示。

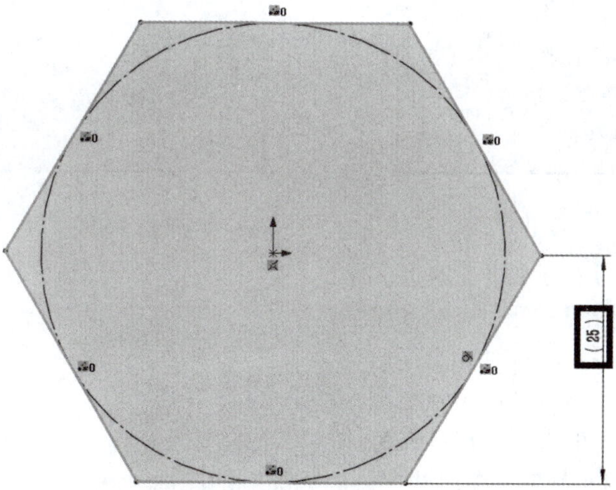

图5-2　添加括号

②【审查尺寸】：如图5-3所示。

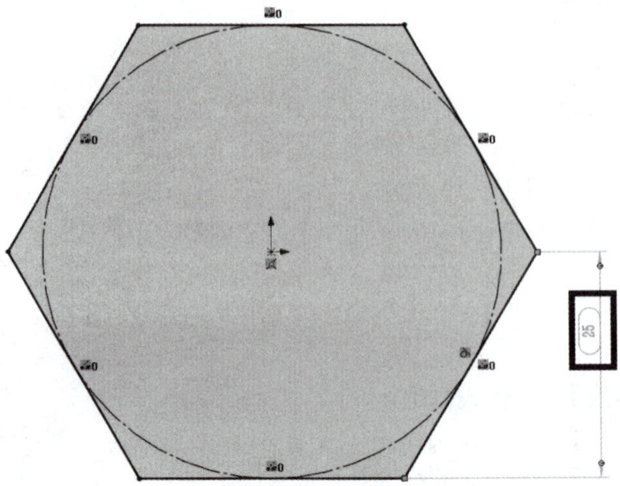

图5-3　审查尺寸

③【文本】：尺寸自动出现在框中，由<DIM>表示。将指针放置在框中的任意位置以插入文本。如果要删除<DIM>，则可通过单击【添加数值（××.××）】来重新插入数值。

④【尺寸置中】：在延伸线之间拖动尺寸文字时，尺寸文字捕捉到延伸线中心点。如图5-4所示。

⑤【等距文字】：使用引线从尺寸线等距尺寸文字。如图5-5所示。

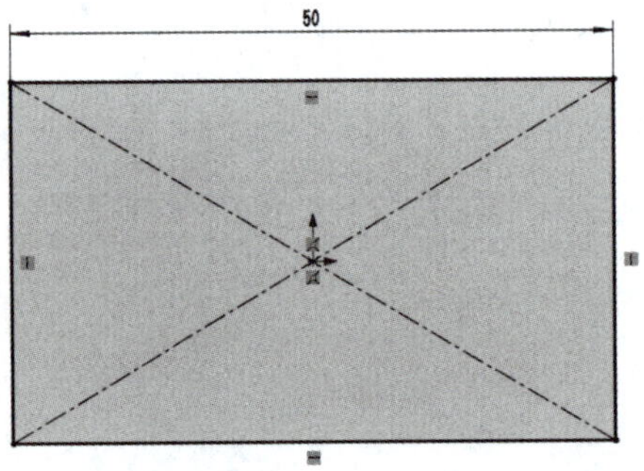

图5-4　尺寸置中

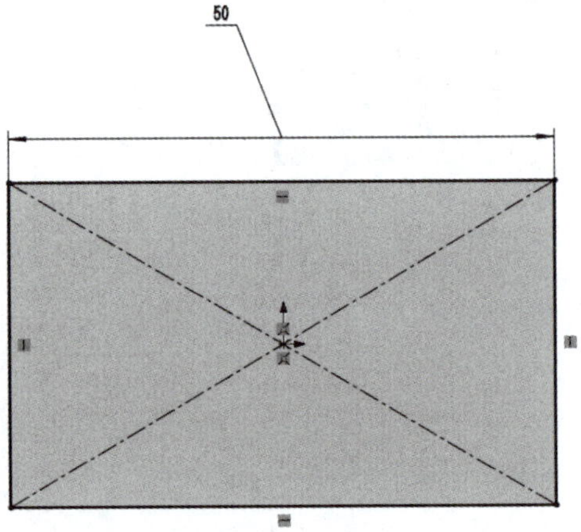

图5-5　等距文字

⑥【左对齐】：可水平左对齐文字。

⑦【中央对齐】：可中央对齐文字。

⑧【右对齐】：可右对齐文字。

⑨ Ø【直径】：单击可在尺寸左侧添加直径的图标。

⑩ °【度数】：单击可在尺寸左侧添加度数的图标。

⑪ ±【加/减】：单击可在尺寸左侧添加加减的图标。

⑫【中心线】：单击可在尺寸左侧添加中心线的图标。

⑬ 【方形】：单击可在尺寸左侧添加方形的图标。

⑭ 【锥形沉头孔】：单击可在尺寸左侧添加锥形沉头孔的图标。

⑮ 【中心线】：单击可在尺寸左侧添加中心线的图标。

⑯ 【深度】：单击可在尺寸左侧添加深度的图标。

⑰ 【更多符合】：单击可在尺寸左侧添加更多其他的图标。

⑱【全部大写】：对于选定的尺寸或孔标注，在图形区域中以全部大写形式显示文本。

【双制尺寸】：指定尺寸以文档的单位系统和双制尺寸单位显示。此选项组下有以下几个命令。

① 【单位精度】：从列表中为尺寸值选择小数点后的位数。

② 【公差精度】：为公差值选择小数点后的位数。

③【将精度与模型相链接】：将次要单位的单位或公差精度的变化设置为与模型之间存在参数化关系。

④【取整添零】：控制每个单个尺寸的向内取整。

⑤【拆分】：选择以使用双制尺寸设置标注，从而显示已折断标注线上方和下方的分割线。

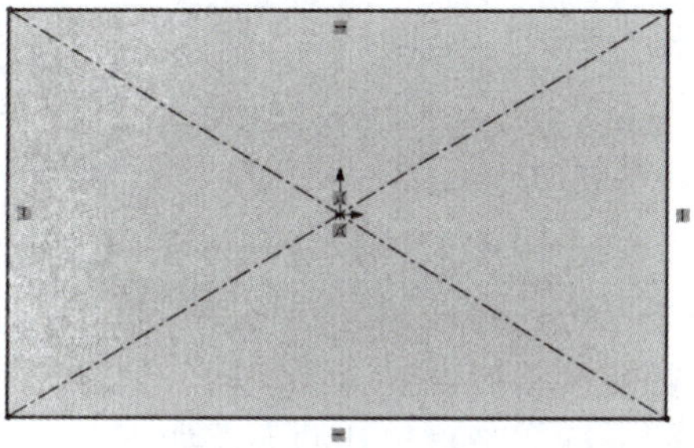

图5-6　绘制草图

标注智能尺寸的方法如下。

① 在前视基准面上绘制一个草图，如图5-6所示。

② 单击【智能尺寸】按钮下的后三角按钮选择 【智能尺寸】命令（或者选择【工具】|【尺寸】|【智能尺寸】菜单命令），单击草图上任意需要编辑尺寸的边，弹出【智能尺寸】属性管理器。在【主要值】选项组中，设置数值参数。【标注尺寸文字】中设置【尺寸置中】，其余为默认设置。智能尺寸的操作工具栏如图5-7所示。

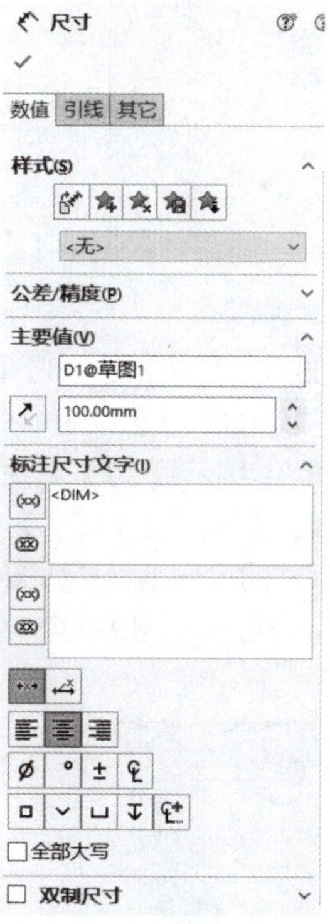

图5-7　智能尺寸操作工具栏

③ 单击 【确定】按钮，生成智能尺寸标注后的草图，如图5-8所示。

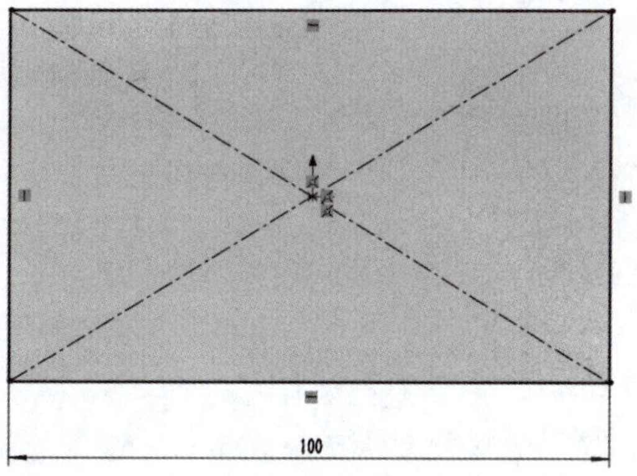

图5-8　智能尺寸标注后的草图

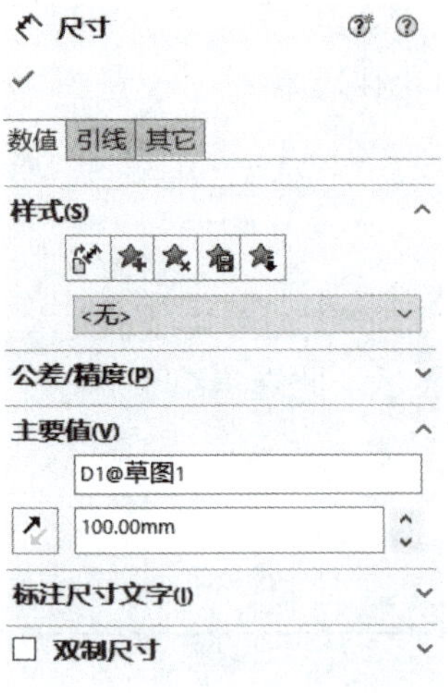

图5-9 【水平尺寸】属性管理器

5.2 水平尺寸

单击【智能尺寸】按钮下的后三角按钮选择 【水平尺寸】命令（或者选择【工具】|【尺寸】|【水平尺寸】菜单命令），单击草图上任意需要编辑尺寸的水平边，向任意方向拖动鼠标，弹出【水平尺寸】属性管理器，如图5-9所示。水平尺寸和智能尺寸的设置属性一样，只是仅可设置草图上的水平距离。水平尺寸的标注方法与智能尺寸类似，故不再以实例进行讲述。

5.3 竖直尺寸

选择【工具】|【尺寸】|【竖直尺寸】菜单命令，单击草图上任意需要编辑尺寸的竖直边，向任意方向拖动鼠标，弹出【竖直尺寸】属性管理器，竖直尺寸和水平尺寸、智能尺寸的设置属性一样，只是仅可设置草图上的竖直距离。

标注竖直尺寸的方法如下。

① 在前视基准面上绘制一个草图，如图5-10所示。

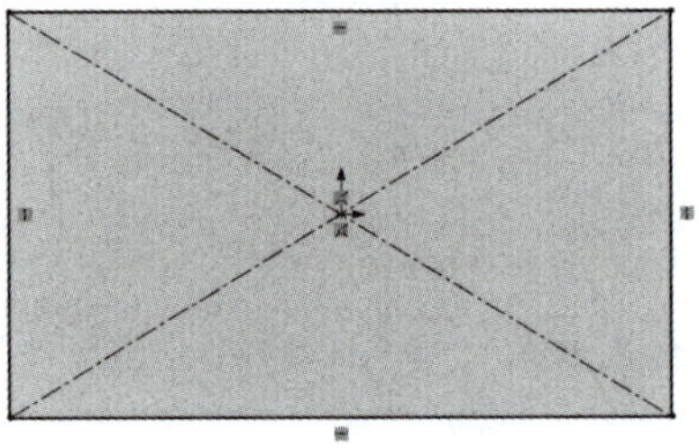

图5-10 绘制草图

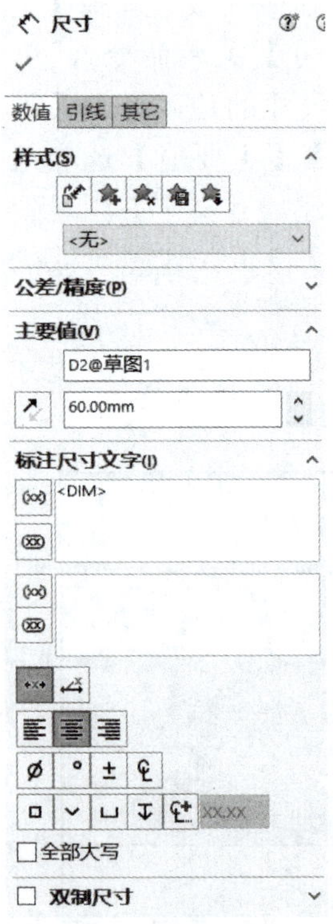

图5-11 竖直尺寸操作工具栏

② 单击【智能尺寸】按钮下的后三角按钮选择 【竖直尺寸】命令（或者选择【工具】|【尺寸】|【竖直尺寸】菜单命令），单击草图上任意需要编辑尺寸的竖直边，弹出【竖直尺寸】属性管理器。在【主要值】选项组中，设置数值参数。【标注尺寸文字】中设置【尺寸置中】，其余为默认设置。竖直尺寸的操作工具栏如图5-11所示。

③ 单击 【确定】按钮，生成竖直尺寸标注后的草图，如图5-12所示。

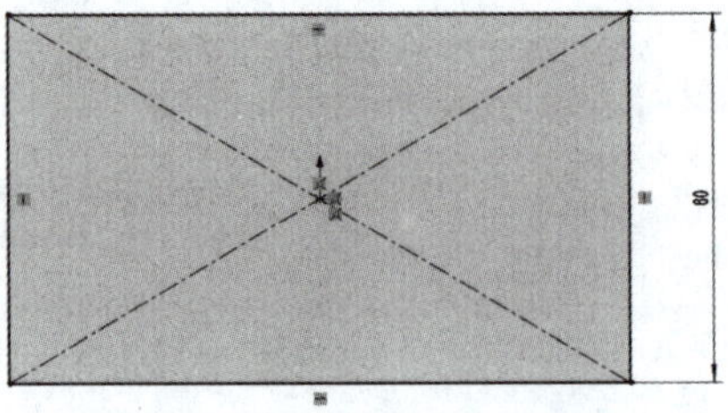

图5-12 竖直尺寸标注后的草图

5.4 基准尺寸

① 基准尺寸为工程图中的参考尺寸。无法更改其数值或将之用来驱动模型。

② 在生成基准尺寸时，以第一个选择内容定义基准位置，然后选择随后位置标注尺寸。所有数值都从初始基准点测量。

标注基准尺寸的方法如下。

① 在前视基准面上绘制一个草图，如图5-13所示。

② 单击【智能尺寸】按钮下的后三角按钮选择【基准尺寸】命令（或者选择【工具】|【尺寸】|【基准尺寸】菜单命令），单击草图上用作基准的边线或顶点，然后单击要标注尺寸的边线或顶点，即能自动生成基准尺寸。

③ 单击【确定】按钮，生成基准尺寸标注后的草图，如图5-14所示。

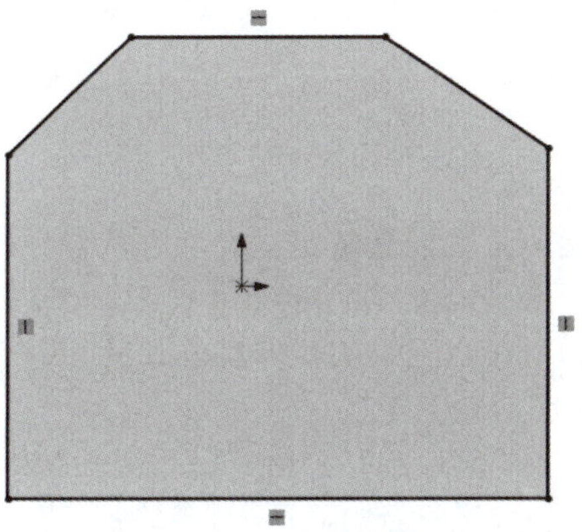

图5-13 绘制草图

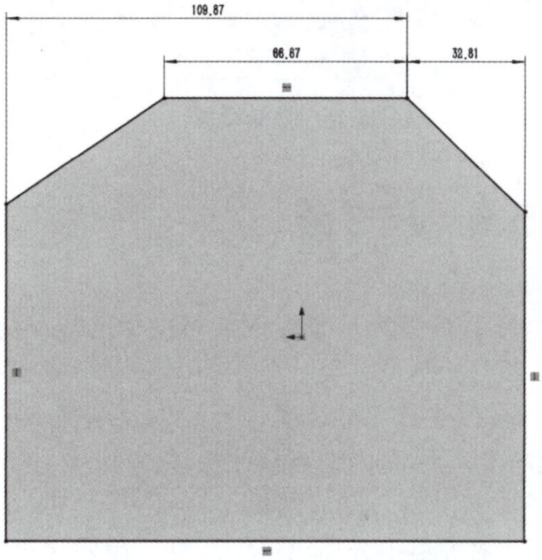

图5-14 基准尺寸标注后的草图

5.5 链尺寸

① 可以创建关联尺寸链，这些尺寸从一个特征测量到下一个特征。

② 可以在工程图中以及零件和装配体中的草图中创建链尺寸。链尺寸是由几何图形驱动的参考尺寸。无法更改其数值或将之用来驱动模型。

③ 创建链尺寸时，第一个选择将定义该链的起始边线。后续的选择将从一个选项测量到下一个选项。可以选择边线、顶点、圆和中点等项目。

标注链尺寸的方法如下。

① 在前视基准面上绘制一个草图，如图5-15所示。

② 单击【智能尺寸】按钮下的后三角按钮选择【链尺寸】命令（或者选择【工具】|【尺寸】|【链尺寸】菜单命令），单击草图上任意边作为起始边线，然后单击要标

注尺寸的顶点，即能自动生成链尺寸。

③ 单击 ✔【确定】按钮，生成链尺寸标注后的草图，如图5-16所示。

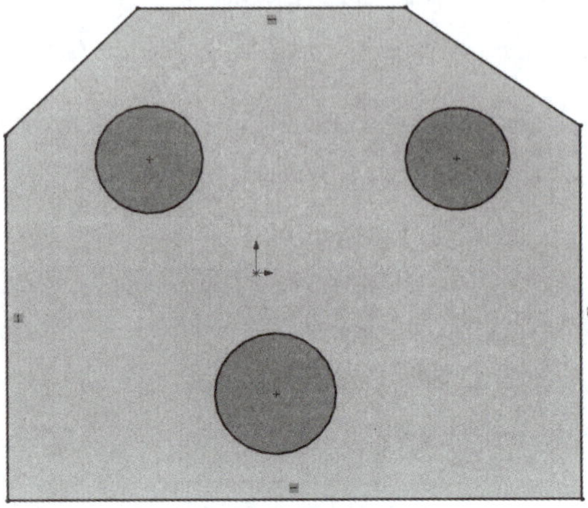

图5-15 绘制草图

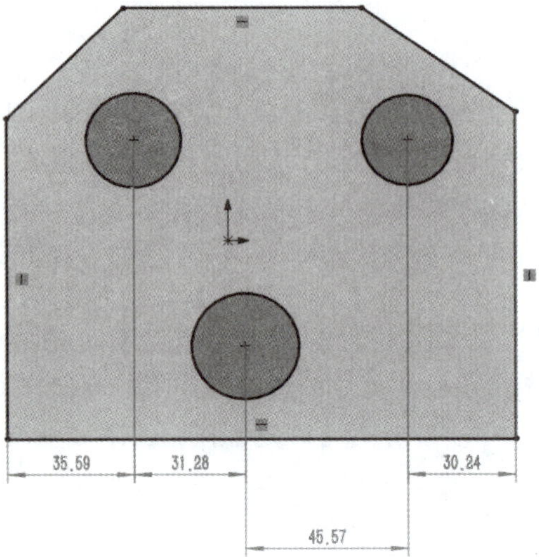

图5-16 链尺寸标注后的草图

5.6 尺寸链

① 尺寸链为从工程图或草图中的零坐标开始测量的尺寸链组。尺寸链从首先选择的轴线开始测量。尺寸链的类型（水平或竖直）由所选点的方位定义。

② 尺寸链可给边线、顶点以及圆弧（中点和最小点及最大点）标注尺寸，也可在添加基准尺寸时为中点标注尺寸。

③ 尺寸链自动成组以保持对齐。当拖动该组中任何尺寸时，所有尺寸会一起移动。如要从对齐组中分离出一个尺寸，用右键单击该尺寸，然后选择解除对齐关系。

④ 当尺寸拖动到新的位置时，所有尺寸链将更新以与新的零值位置匹配。

⑤ 如果相邻的尺寸彼此非常靠近，引线将根据需要自动折弯以防止覆盖文字。当选择一个具有水平折线的尺寸链时，将在折弯处显示拖动控标。可以删除水平折线，或在另一尺寸链中添加水平折线。

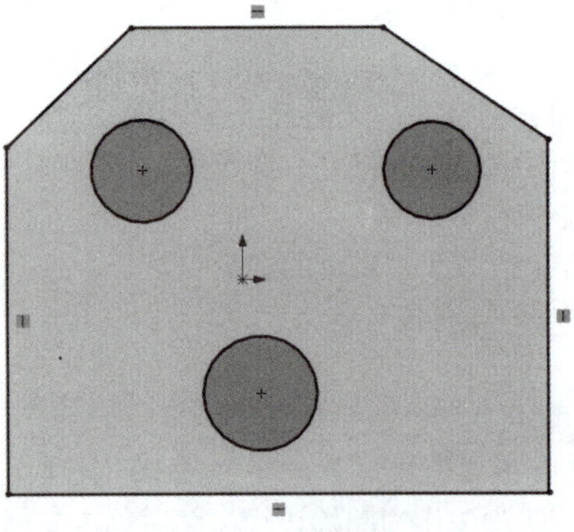

图5-17 绘制草图

添加尺寸链的方法如下。

① 在前视基准面上绘制一个草图，如图5-17所示。

② 单击【智能尺寸】按钮下的后三角按钮选择【尺寸链】命令（或者选择【工具】|【尺寸】|【尺寸链】菜单命令），单击草图上的坐标原点作为基准点，如图5-18所示。然后依次单击三个圆和外侧边，自动生成圆心与坐标原点的距离尺寸和侧边与坐标原点的距离尺寸，具体尺寸修改同智能尺寸。

③ 单击 ✔【确定】按钮，生成尺寸链标注后的草图，如图5-19所示。

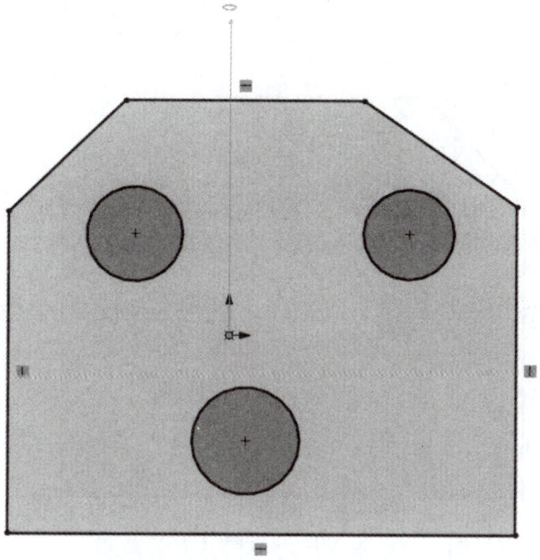

图5-18　选择尺寸链的基准点

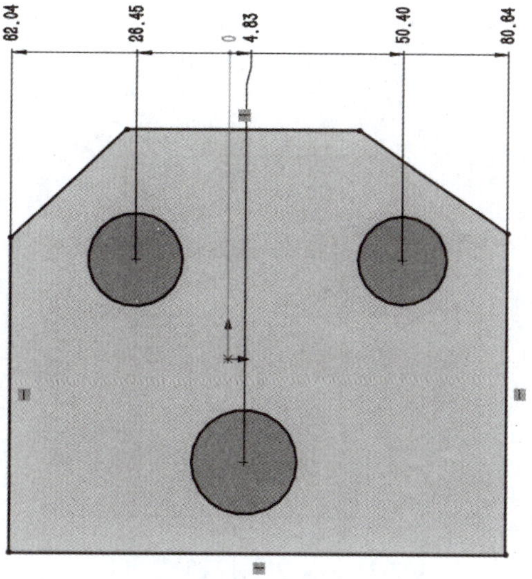

图5-19　尺寸链标注后的草图

5.7　水平尺寸链

选择【工具】|【尺寸】|【水平尺寸链】菜单命令，即可调用水平尺寸链命令。水平尺寸链和尺寸链的设置属性一样，只是仅可生成草图上尺寸链的水平距离。

标注水平尺寸链的方法如下。

① 在前视基准面上绘制一个草图，如图5-20所示。

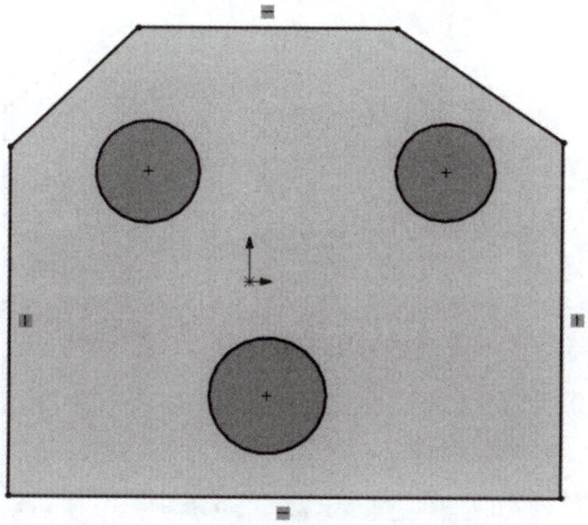

图5-20　绘制草图

② 单击【智能尺寸】按钮下的后三角按钮选择【水平尺寸链】命令（或者选择【工具】|【尺寸】|【水平尺寸链】菜单命令），单击草图上最左侧的竖直边，向外拖动鼠标，使此边作为尺寸链的基准边，如图5-21所示。再分别点击三个上边的顶点，设置数值参数，生成水平尺寸链的各个数值。

③ 单击✓【确定】按钮，生成水平尺寸链标注后的草图，如图5-22所示。

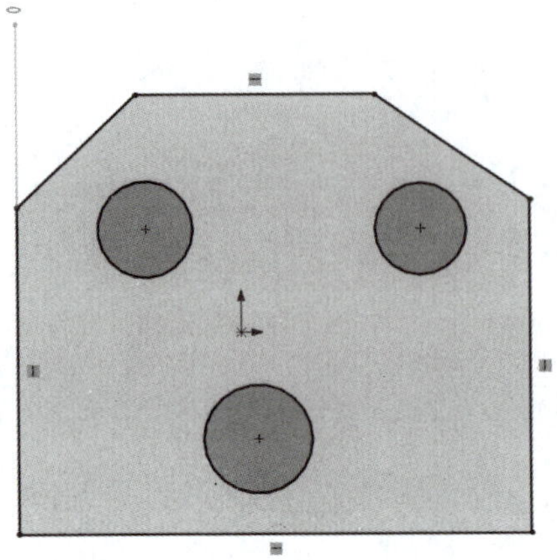

图5-21 水平尺寸链的基准边

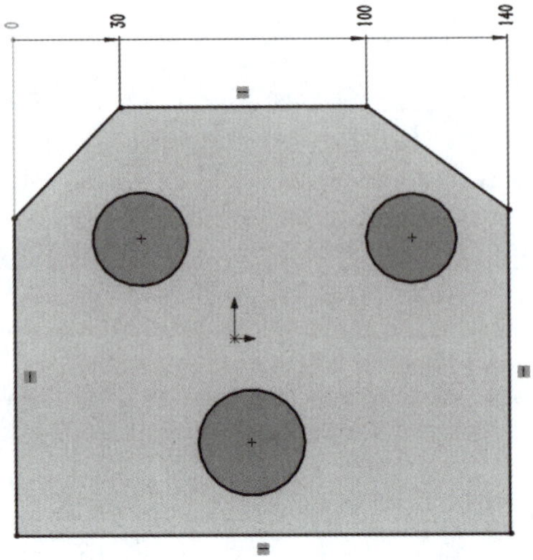

图5-22 水平尺寸链标注后的草图

5.8 竖直尺寸链

选择【工具】|【尺寸】|【竖直尺寸链】菜单命令，即可调用竖直尺寸链命令。竖直尺寸链和尺寸链的设置属性一样，只是仅可生成草图上尺寸链的竖直距离。

标注竖直尺寸链的方法如下。

① 在前视基准面上绘制一个草图，如图5-23所示。

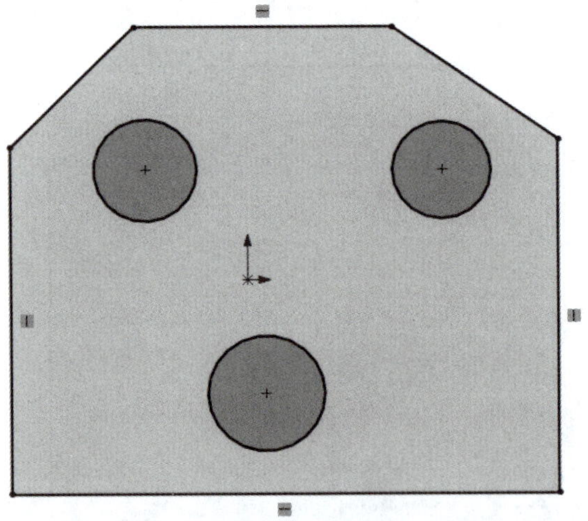

图5-23 绘制草图

② 单击【智能尺寸】按钮下的后三角按钮选择【竖直尺寸链】命令（或者选择【工具】|【尺寸】|【竖直尺寸链】菜单命令），单击草图上最左侧的竖直边，向外拖动鼠标，使此边作为尺寸链的基准边，如图5-24所示。再分别点击上边的顶点、下边的顶点和下边的圆，设置数值参数，生成竖直尺寸链的各个数值。

③ 单击 ✔【确定】按钮，生成竖直尺寸链标注后的草图，如图5-25所示。

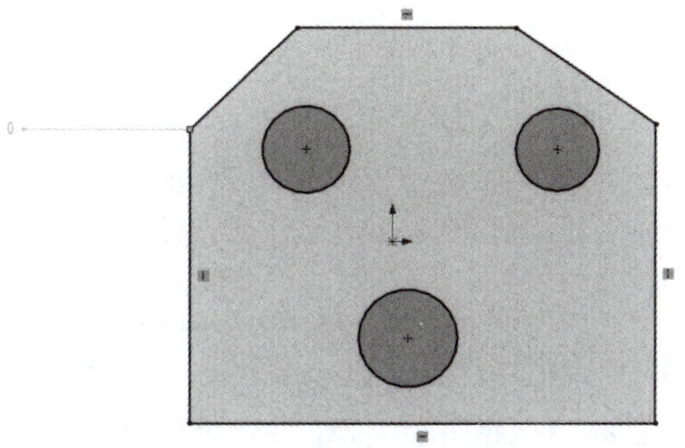

图5-24　竖直尺寸链的基准边

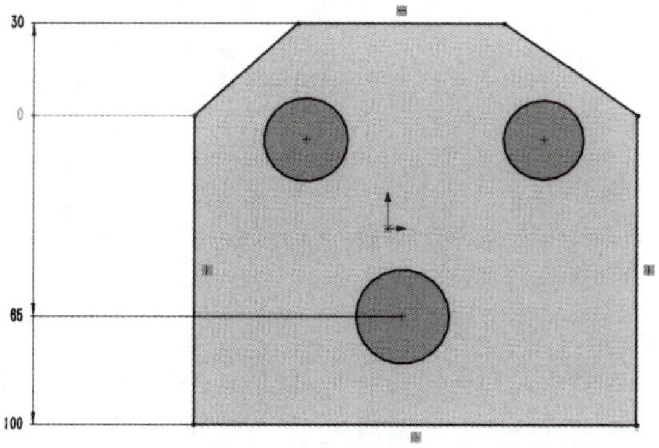

图5-25　竖直尺寸链标注后的草图

5.9　草图绘制实例

扫码看视频

下面利用一个具体范例来讲解草图的绘制方法，最终效果如图5-26所示。具体步骤如下。

5.9.1　进入草图绘制状态

① 启动中文版SolidWorks，单击【标准】工具栏中的文件，单击【新建】按钮，弹出【新建SolidWorks文件】对话框，单击【零件】按钮，单击【确定】命令，生成新文件。

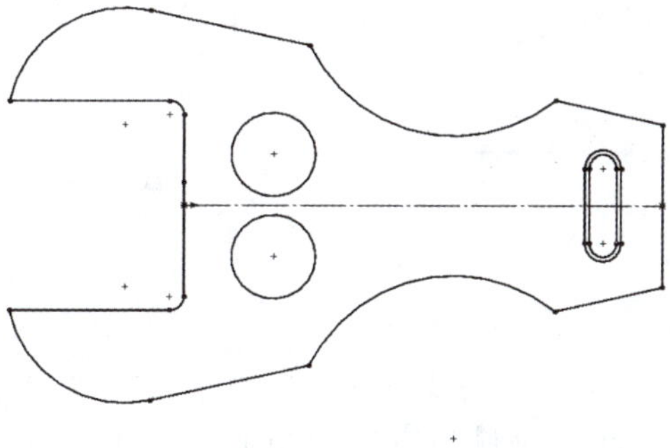

图5-26　草图

② 单击【草图】工具栏中的【草图绘制】按钮，进入草图绘制状态。在【特征管理器设计树】单击【前视基准面】图标，使前视基准面成为草图绘制平面。

5.9.2　绘制草图

① 单击【草图】工具栏中的【直线】命令，在所选【前视基准面】上，移动鼠标到坐标轴左侧尽量与坐标轴平行，当出现【水平】命令时，单击鼠标左键，再穿过坐标轴向坐标轴右侧方向拖动鼠标，此时应该出现【重合】【水平】两个约束，然后在任意一点处，单击鼠标左键，形成一条直线。再次单击鼠标右键，左键单击【选择】命令，使直线的命令完成。将鼠标挪到刚画好的直线上，单击鼠标左键，选中该直线，在左侧出现的工具栏中，勾选【选项】下的【作为构造线】命令，最后，单击【线条属性】下的 ✔【确认】按钮，完成构造线的绘制，如图5-27所示。

图5-27　绘制草图的构造线

② 单击【草图】工具栏中的【直线】命令，在坐标轴的正上方，先画一条与水

平构造线平行的直线。然后挪动鼠标，使其出现 【水平】【竖直】命令时，向下拖动鼠标至坐标原点处，然后点击右键鼠标，勾选【选择】命令完成此直线的绘制，如图5-28所示。

图5-28 绘制草图上的直线段

③ 单击【草图】工具栏中的【直线】命令，在所画的两条直线段上方，画一条足够长的有倾斜角度的直线。再次单击【草图】工具栏中的【直线】命令，挪动鼠标至倾斜线段下端点处，当出现时，单击鼠标生成直线的第一点。然后竖直向下拖动鼠标至构造线，当出现 【重合】【竖直】命令时，右击鼠标，勾选【选择】命令，完成直线命令，如图5-29所示。

④ 单击【草图】工具栏中的【圆】命令，移动鼠标，将鼠标放在所画的倾斜直线下方，且需要在第②步所画直线的竖直线右侧，不要有任何约束。单击鼠标左键生成圆心，然后向外拖动鼠标，画出一个圆，再挪动鼠标，勾选左侧工具栏中【圆】命令下的【确认】按钮，使圆的命令完成，如图5-30所示。

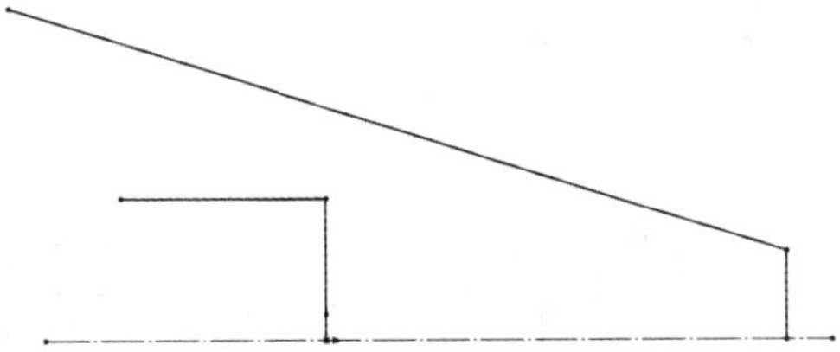

图5-29 绘制草图上的倾斜直线和竖直直线

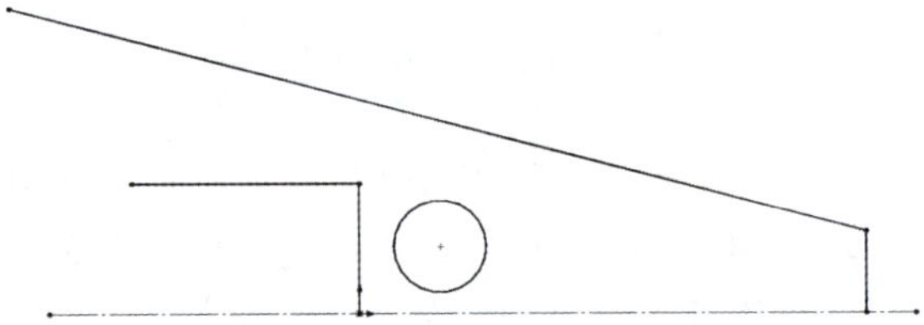

图5-30 绘制草图上的圆

⑤ 单击【草图】工具栏中的【圆心/起/终点画弧】命令，在倾斜直线上方画一个相交于倾斜直线的圆弧。具体操作步骤为：单击鼠标左键选择【草图】工具栏中的【圆心/起/终点画弧】命令，挪动鼠标至所画的倾斜直线上方、靠近右侧竖直线位置，然后单击鼠标左键，生成圆心。再向靠近倾斜直线的左侧方向处拖拽鼠标，在适当位置单击鼠标左键，生成圆弧的第一个端点。然后再向倾斜直线的右侧所在的方向拖动鼠标，使其穿过整个倾斜的直线，再次单击鼠标左键，生成圆弧的第二个端点，完成圆弧的绘制。最后，在左侧的工具栏中，单击圆弧命令下的【关闭对话框】命令，完成第一个圆弧的绘制，如图5-31所示。

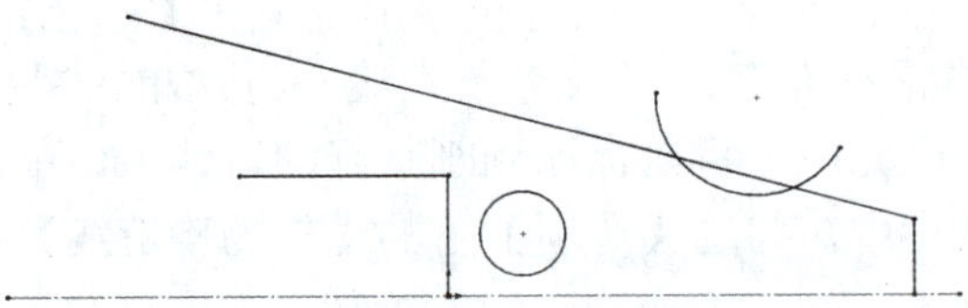

图5-31 绘制草图上的第一个圆弧

⑥ 单击【草图】工具栏中的【圆心/起/终点画弧】命令，在倾斜直线下方与水平直线中间位置生成一个无任何约束地圆弧的圆心，然后再画一个与倾斜直线和水平直线相交的圆弧。具体操作步骤为：单击【草图】工具栏中的【圆心/起/终点画弧】

命令，挪动鼠标至所画的倾斜直线下方与水平直线中间位置处，靠近右侧竖直线位置，无任何约束地生成圆弧的圆心。再向水平直线的方向拖动鼠标，当出现【重合】命令时，单击鼠标左键生成圆弧的第一个端点，使其仅与水平直线只有一个相交命令，无其他约束（为了让后期的图形更加接近于所需要画的图形，可以尽可能地将圆弧的圆心位置选择靠近倾斜直线的位置）。然后再向倾斜直线所在的位置拖动鼠标，当圆弧穿过倾斜直线时，在适当位置单击鼠标左键，生成圆弧的第二个端点，完成圆弧的绘制。最后，在左侧的工具栏中，单击圆弧命令下的【关闭对话框】命令，完成第二个圆弧的绘制，如图5-32所示。

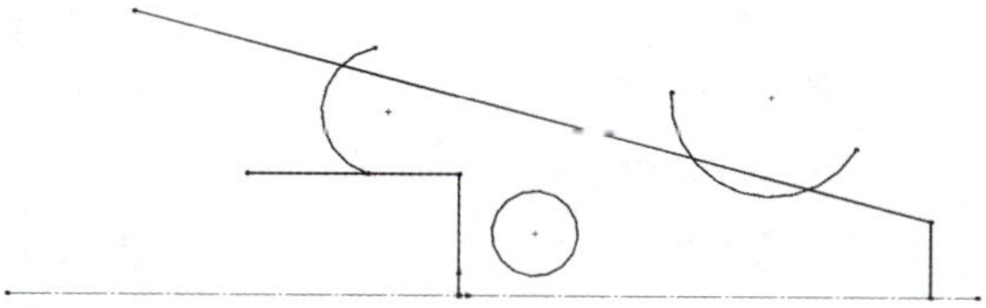

图5-32　绘制草图上的第二个圆弧

⑦ 单击【草图】工具栏中的【绘制圆角】命令，在水平直线与竖直线位置生成一个半径为3mm的圆角。具体操作步骤为：单击【草图】工具栏中的【绘制圆角】命令，挪动鼠标至所画的倾斜直线下方的水平直线与竖直线位置处，选中第一条水平的直线，再选择竖直的直线，则圆角自动生成，然后在左侧工具栏中，在【圆角参数】下【半径】框里输入3mm。然后再选择工具栏中的【确定】命令，关闭绘制圆角命令，完成圆角的绘制，如图5-33所示。

⑧ 单击【草图】工具栏中的【圆】命令，移动鼠标，将鼠标放在所画的倾斜直线右端与竖直直线相交的内侧，画两个半径不一样的圆。具体操作步骤为：单击【草图】工具栏中的【圆】命令，移动鼠标，将鼠标放在所画的倾斜直线右端与竖直直线相交的内侧，不要有任何约束，单击鼠标左键生成圆心，然后向外拖动鼠标，画出第一个圆。然后再次挪动鼠标，在第一个圆的圆心处，当出现【同心】命令时，单击鼠标左键生成圆心，然后向外拖动鼠标，画出第二个圆，并且与第一个圆半径不一样，且不穿过水平构造线。然后再勾选左侧工具栏中【圆】命令下的【确认】按钮，关闭绘制圆的命令，完成圆环的绘制，如图5-34所示。

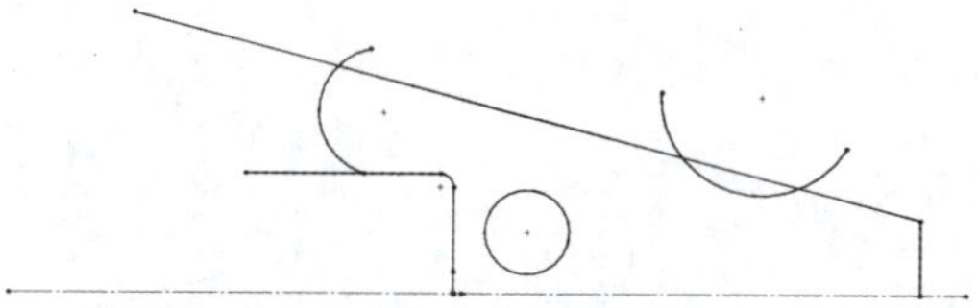

图5-33　绘制3mm的倒角

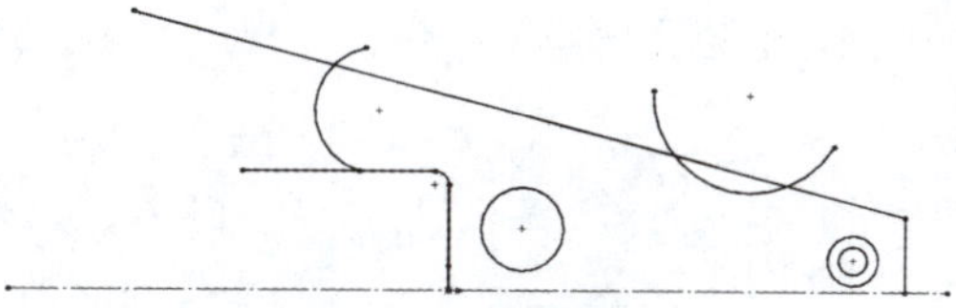

图5-34　绘制圆环

⑨ 单击【草图】工具栏中的【镜像实体】命令，在左侧出现的工具栏中，选择【选项】下的【要镜像的实体】，依次单击鼠标左键，选中前面所有画好的图形，在【要镜像的实体】中，看到已经出现选择好的直线、圆、圆弧和倒角，然后再用鼠标左键选择【选项】下的镜像点，再单击水平的构造线，将所有的直线、圆、圆弧和倒角镜像到水平构造线的另一面。再移动鼠标到左侧任务栏下，选择【镜像】下的【确认】按钮，完成所有的直线、圆、圆弧和倒角的镜像命令，如图5-35所示。

⑩ 单击【草图】工具栏中的【直线】命令，移动鼠标，将鼠标放在右侧所画的两个圆，即圆环的附近，当出现【重合】【水平】两个约束时，单击鼠标生成直线的第一点，然后拖动鼠标穿过构造线，到构造线的另外一端，与所对应的圆相交处，生成直线的第二个点，即当出现【重合】【水平】【竖直】【相切】约束时，再次单击鼠标生成直线，然后在左侧工具栏中，选择线条属性下的【确认】按钮，完成第一条直线的绘制，如图5-36所示。

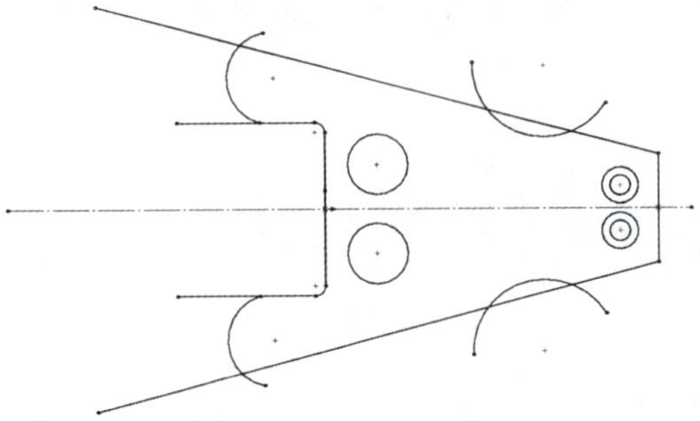

图5-35　完成草图10个对象的镜像

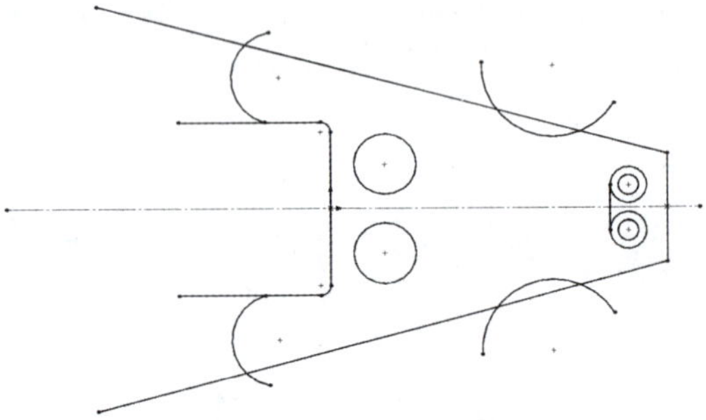

图5-36　完成草图第一条直线的绘制

⑪ 单击【草图】工具栏中的【直线】命令，移动鼠标，重复以上步骤，画出剩下三条直线。具体操作步骤为：单击【草图】工具栏中的【直线】命令，移动鼠标，将鼠标放在右侧所画的两个圆，即圆环的附近，当出现【重合】【水平】两个约束时，单击鼠标生成直线的第一点，然后拖动鼠标穿过构造线，到构造线的另外一端，与所对应的圆相交处，生成直线的第二个点，即当出现【重合】【水平】【竖直】【相切】约束时，再次单击鼠标生成直线，然后在左侧工具栏中，选择线条属性下的【确认】按钮，完成第二条直线的绘制。然后重复以上步骤两次，即可完成另外两条直线的绘制，如图5-37所示。

⑫ 单击第⑥步中所画的圆弧，按住Ctrl，选中倾斜的直线，在左侧出现的工具栏中的【所选实体】下，能看到所选择的两个对象，即圆弧和直线。然后再挪动鼠标，在【添加几何关系】中单击选择【相切】命令，在【属性】下，单击【确认】按钮。若出现所画的圆弧与倾斜直线不再相交的情况，可以用鼠标选中圆弧上未与倾斜直线相交的点，然后向倾斜直线方向拖动该点，使之与圆弧相交。至此，草图的绘制完成，如图5-38所示。

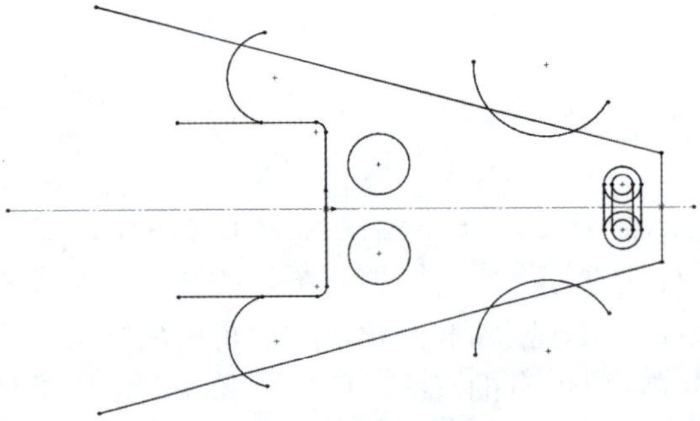

图5-37　画出另外三条直线

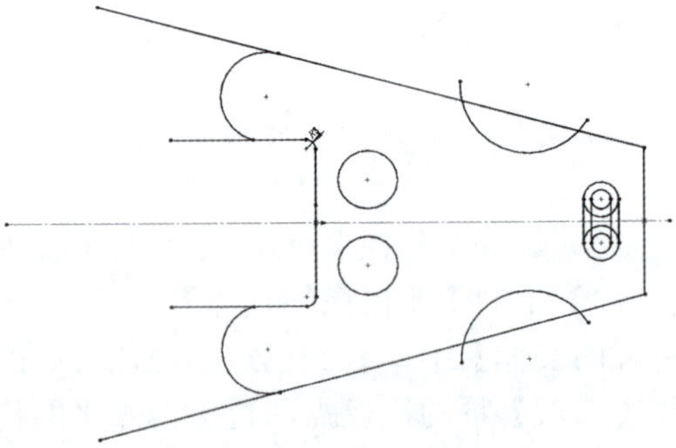

图5-38　完成草图绘制

5.9.3 标注尺寸

① 单击【尺寸/几何关系】工具栏中的 【智能尺寸】按钮，标注各个尺寸。具体操作如下：单击鼠标左键【尺寸/几何关系】工具栏中的 【智能尺寸】按钮，选择草图中最右侧的水平直线，在操作界面上出现的尺寸对话框中，输入尺寸35mm，勾选 【保存当前的数值并退出此对话框】。再单击鼠标选中水平的两条直线，在操作界面上出现的尺寸对话框中输入尺寸45mm，勾选 【保存当前的数值并退出此对话框】。单击鼠标选中两条平行的竖直直线，在操作界面上出现的尺寸对话框中输入尺寸103mm，勾选 【保存当前的数值并退出此对话框】。最后选中倾斜的一条直线，然后再选中另外一条直线，在操作界面上出现的尺寸对话框中，输入角度25°，勾选 【保存当前的数值并退出此对话框】。最后选择左侧【尺寸】工具栏下的 【确认】按钮，完成这四处的尺寸标注，如图5-39所示。

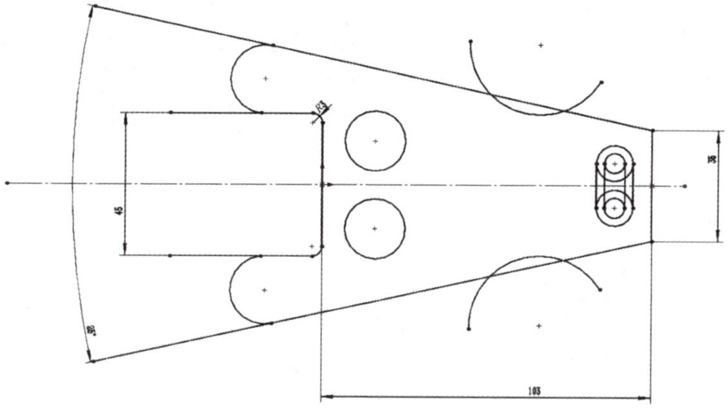

图5-39 标注四个尺寸

② 继续标注尺寸，单击【尺寸/几何关系】工具栏中的 【智能尺寸】按钮，将剩下各个尺寸更改为合适的尺寸。具体步骤为：单击【尺寸/几何关系】工具栏中的 【智能尺寸】按钮，选中与左侧竖直直线靠近的圆，在操作界面上出现的尺寸对话框中输入尺寸直径18mm，勾选 【保存当前的数值并退出此对话框】。然后，选中圆环所在的两圆中的一个圆，在操作界面上出现的尺寸对话框中，输入尺寸直径6mm，勾选 【保存当前的数值并退出此对话框】。再选中圆环中的另外一个圆，在操作界面上出现的尺寸对话框中输入尺寸直径8mm，勾选 【保存当前的数值并退出此对话框】。最后选择左侧【尺寸】工具栏下的 【确认】按钮，完成这三处圆的尺寸标注，如图5-40所示。

③ 继续标注尺寸，单击【尺寸/几何关系】工具栏中的 【智能尺寸】按钮，将剩下各个尺寸更改为合适的尺寸。具体步骤为：单击【尺寸/几何关系】工具栏中的 【智能尺寸】按钮，选中与倾斜直线相切并与水平直线相交的圆弧，在操作界面上出现的尺寸对话框中输入尺寸半径25mm，勾选 【保存当前的数值并退出此对话框】。然后，单击鼠标选中与倾斜直线相交于两点的圆弧，在操作界面上出现的尺寸对话框中输入尺寸半径35mm，勾选 【保存当前的数值并退出此对话框】。最后选择左侧【尺寸】工具栏下的 【确认】按钮，完成这两处的尺寸标注，如图5-41所示。

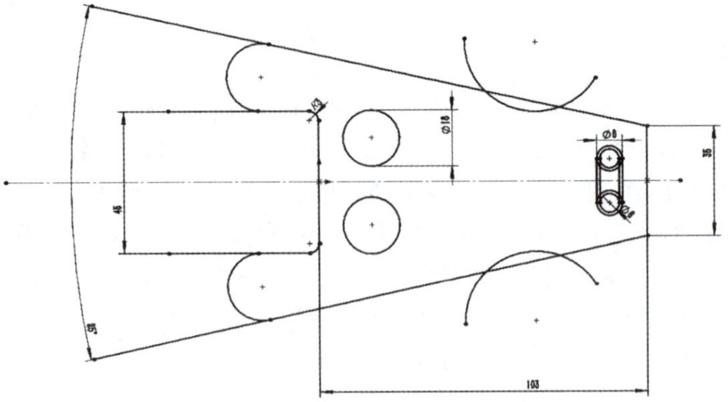

图5-40 标注三个圆的尺寸

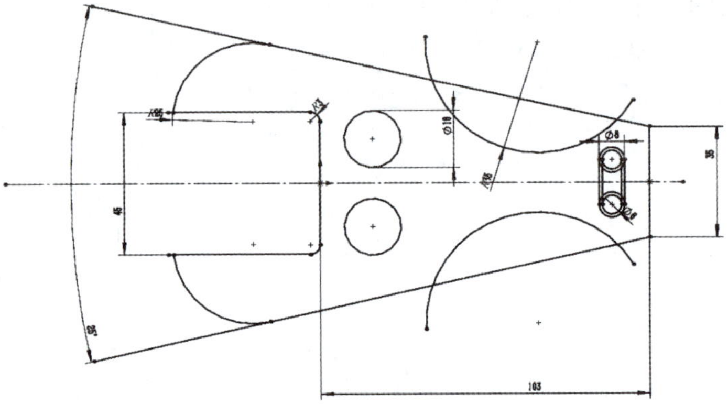

图5-41 标注两个圆弧的尺寸

④ 继续标注尺寸，调整各个图形之间的距离，完成草图的水平尺寸标注。具体步骤为：单击【尺寸/几何关系】工具栏中的【智能尺寸】按钮，选中最右侧的竖直直线和圆环的圆心，在操作界面上出现的尺寸对话框中输入尺寸距离13mm，勾选【保存当前的数值并退出此对话框】。然后，单击鼠标选中与倾斜直线相交的圆弧的圆心和左侧竖直的直线，在操作界面上出现的尺寸对话框中输入尺寸距离58mm，勾选【保存当前的数值并退出此对话框】。单击鼠标选中左侧竖直直线旁边的圆的圆心和左侧竖直的直线，在操作界面上出现的尺寸对话框中输入尺寸距离19mm，勾选【保存当前的数值并退出此对话框】。最后，选择左侧【尺寸】工具栏下的【确认】按钮，完成这三处的尺寸标注，如图5-42所示。

⑤ 最后，标注镜像点之间的尺寸，调整各个图形之间的距离，完成草图的尺寸标注。具体步骤为：单击【尺寸/几何关系】工具栏中的【智能尺寸】按钮，再单击选中右侧圆环的圆心和另外一侧镜像过来的圆环的圆心，在操作界面上出现的尺寸对话框中输入尺寸距离16mm，勾选【保存当前的数值并退出此对话框】。单击鼠标选中与倾斜直线相交的圆弧的圆心和另外一侧镜像过来的圆弧的圆心，在操作界面上出现的尺寸对话框中输入尺寸距离103mm，勾选【保存当前的数值并退出此对话框】。再单击鼠标选中与左侧竖直直线靠近的圆的圆心和另外一侧镜像过来的圆的圆心，在操作界面上出现的尺寸对话框中输入尺寸距离22mm，勾选【保存当前的数值并退出此对

话框】。最后，单击鼠标选中与倾斜直线相切并与水平直线相交的圆弧的圆心和另外一侧镜像过来的圆弧的圆心，在操作界面上出现的尺寸对话框中输入尺寸距离35mm，勾选 ✔【保存当前的数值并退出此对话框】。然后，选择左侧【尺寸】工具栏下的 ✔【确认】按钮，完成这四处的尺寸标注，如图5-43所示。

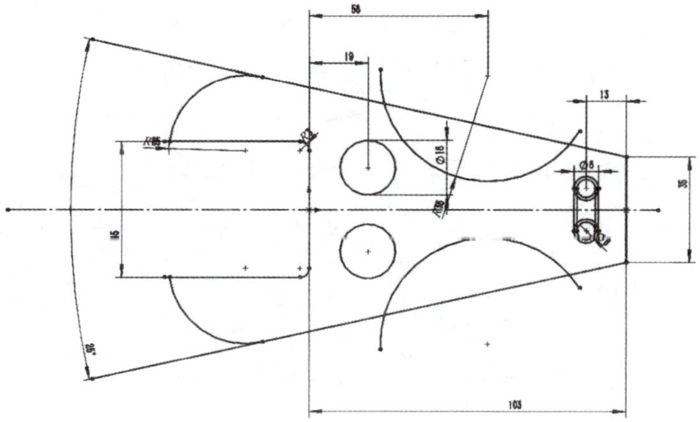

图5-42　标注三个水平距离的尺寸

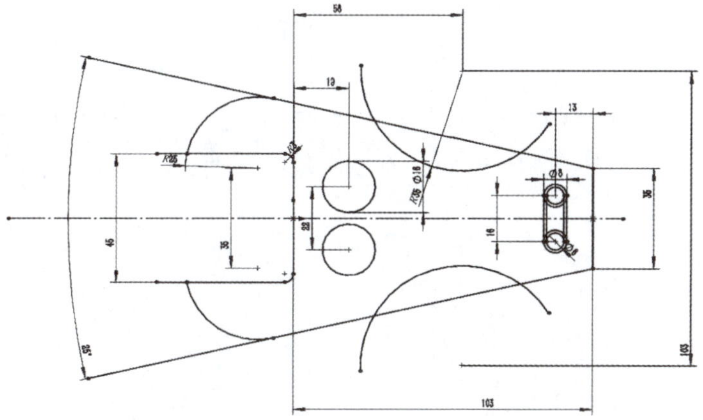

图5-43　完成镜像点距离的尺寸标注

⑥ 最后，若所画的任何直线都不在坐标轴原点位置处，则可以将任意一条直线画在坐标轴原点处，并将其固定。具体操作步骤为：可以先单击左侧的竖直直线，再按住Ctrl，单击坐标原点的点，左侧出现工具栏，在【所选实体】中，能看到所选择的两个对象，即直线和点（坐标原点），选择重合命令。在左侧工具栏中的【属性】下，单击 ✔【确认】按钮，完成坐标轴与左侧竖直直线重合的命令。再单击坐标原点，在左侧出现的工具栏中，单击【添加几何关系】中的【固定】命令，完成草图位置的固定。

5.9.4　裁剪草图

① 选择【草图】工具栏中的【裁剪实体】按钮，将多余的线段和圆弧裁剪。具体步骤如下：挪动鼠标单击选择【草图】工具栏中的【裁剪实体】按钮，然后选择要裁剪

的线段，按住鼠标左键，拖动鼠标，即能裁剪掉需要裁剪的线段。然后再拖动鼠标到与倾斜直线相交的圆弧上，裁剪掉多余的圆弧。最后单击 ✔【确认】按钮，完成裁剪命令，裁剪完成后的效果如图5-44所示。

② 至此，草图绘制完成。

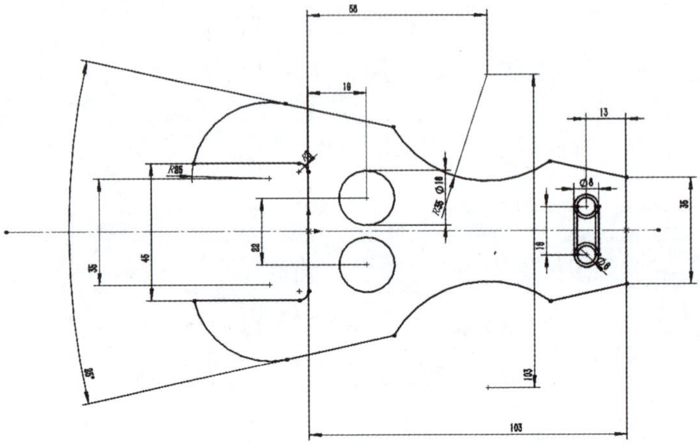

图5-44　裁剪后的效果

SolidWorks2020

06

第6章

3D草图

在SolidWorks的草图绘制中，有一类特殊的草图——3D草图。这种草图不在一个平面上，而是一个空间曲线。3D草图的主要特征包括3D直线、3D圆、3D样条曲线等。

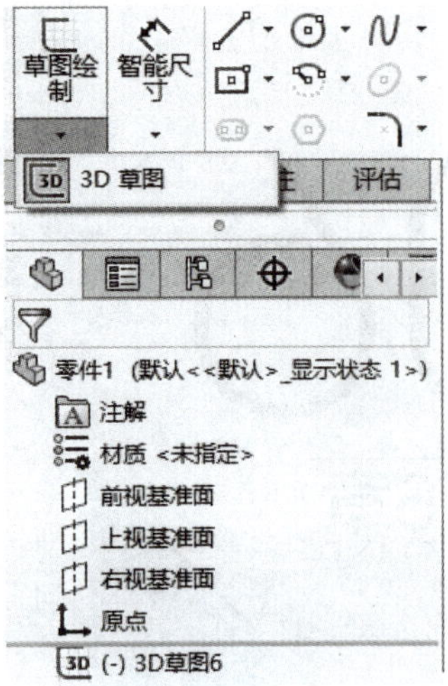

图6-1　【3D草图】页面

6.1　3D空间坐标系

在SolidWorks的3D草图绘制页面中，不会像通常在SolidWorks建立草图时，需要先指定草图所在的平面，在单击【草图】|【草图绘制】|【3D草图】时，系统会直接进入到草图绘制的界面中。如图6-1所示。

在3D草图的绘制页面中，SolidWorks为用户提供了3D空间坐标系，可帮助用户在数个基准面上建立草图时锁定方位。当在3D草图中使用命令在所选坐标系上定义草图的第一个点时，3D空间坐标系就会显现出来，如图6-2所示。

当使用【直线】特征在3D草图页面中连续绘制直线时，系统会在用户所需要的基准面上绘制3D草图，使其成为一个3D立体草图，而不是平时所建立的普通平面草图，如图6-3所示。

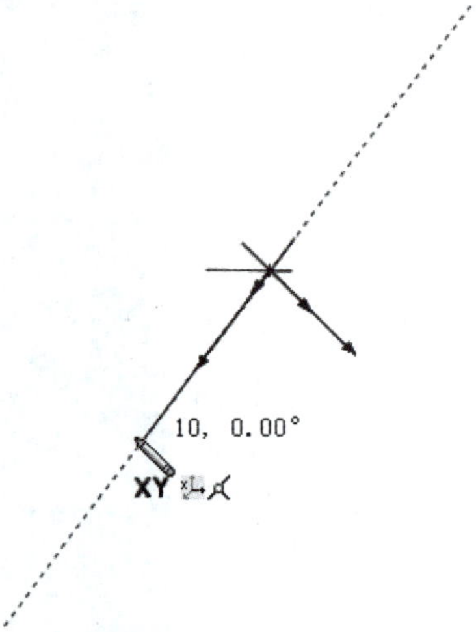

图6-2　3D空间坐标系

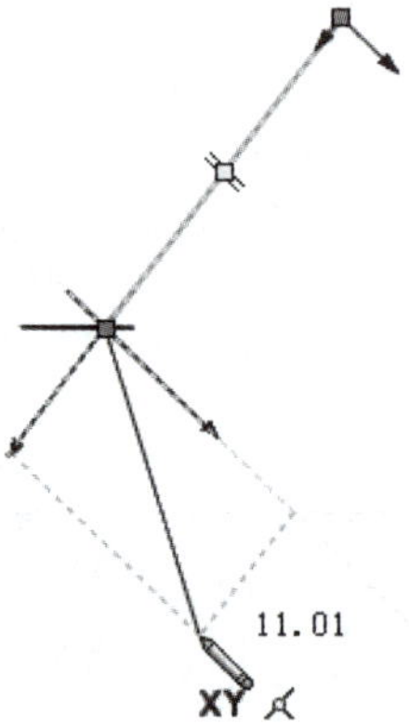

图6-3　选择空间坐标系

6.2　3D直线

在菜单栏中单击【插入】|【3D草图】菜单命令，或者在操作面板中单击【草图】|【草图绘制】下拉箭头|【3D草图】按钮，进入到3D草图绘制页面，然后单击【直线】按钮，即可在3D草图页面中绘制3D直线。

(1) 属性设置

在单击【直线】按钮后，并在3D草图中绘制后，页面左侧会出现【线条属性】属性管理器，如图6-4所示。

【现有几何关系】选项组选项含义如下：

- 【几何关系】：设置有关系的特征或自身存在某种关系。

【添加几何关系】选项组选项含义如下：

- 【沿X】：设置线条的方向为沿x方向。
- 【沿Y】：设置线条的方向为沿y方向。
- 【沿Z】：设置线条的方向为沿z方向。
- 【固定】：设置线条为固定。

【选项】选项组选项含义如下：

- □作为构造线(C)【作为构造线】：将直线变成为辅助线，或者直接绘制辅助线。
- □无限长度(I)【无限长度】：绘制无限长度的直线。

【参数】选项组选项含义如下：

- 【长度】：设定直线的长度。

【额外参数】选项组选项含义如下：

- 【开始x坐标】：设置x起始点坐标。
- 【开始y坐标】：设置y起始点坐标。
- 【开始z坐标】：设置z起始点坐标。
- 【结束x坐标】：设置x终止点坐标。
- 【结束y坐标】：设置y终止点坐标。
- 【结束z坐标】：设置z终止点坐标。
- ΔX【Δx】：x终止点和x起始点的差值。
- ΔY【Δy】：y终止点和y起始点的差值。
- ΔZ【Δz】：z终止点和z起始点的差值。

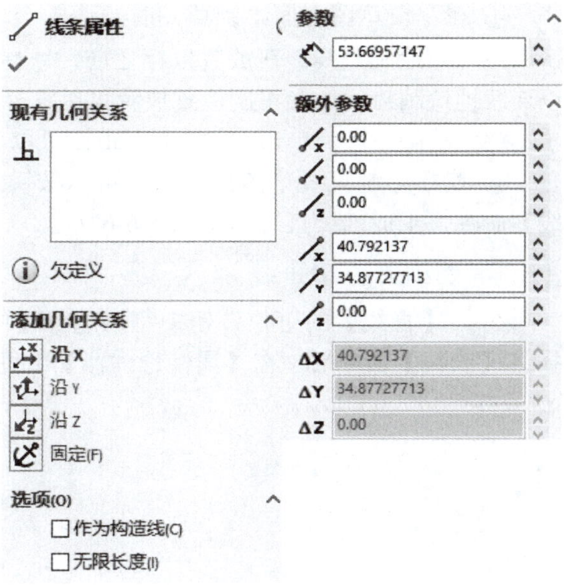

图6-4 【线条属性】属性管理器

（2）生成3D直线的步骤和方法

① 在菜单栏中单击【插入】|【3D草图】菜单命令，或者在操作面板中单击【草图】|【草图绘制】下拉箭头|【3D草图】按钮。

② 进入3D草图绘制页面后，在菜单栏中单击【工具】|【草图绘制实体】|【直线】按钮，或者直接单击【直线】按钮，即可在3D草图页面中绘制3D直线。

③ 单击【直线】命令后，会弹出【插入线条】属性管理器，如图6-5所示。

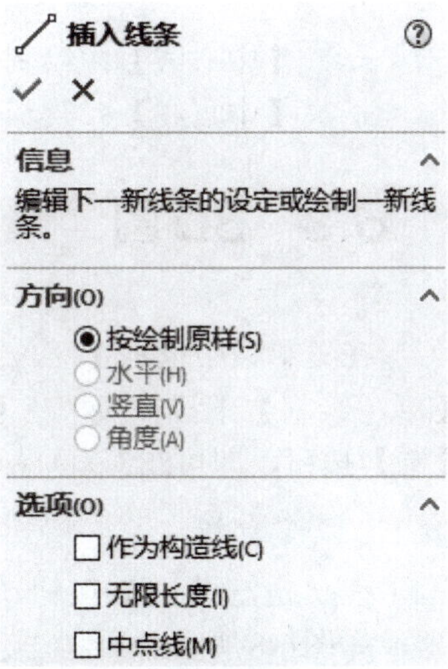

图6-5 【插入线条】属性管理器

④ 在空白草图页面绘制草图时，通常会以原点为绘制草图的起点，在图形区域单击原点开始绘制直线。在放置鼠标之前，鼠标指针会变成图形。【直线】命令可以连续地绘制直线，在不同位置放置可以选择不同的坐标系平面，根据鼠标指针的提示，连续绘制草图。单击键盘中的Tab键可以改变基准面。

⑤ 连续绘制直线草图结束后，可以按键盘中的Esc键或者双击鼠标左键退出【直线】命令，生成连续直线草图如图6-6所示。

（3）其他相关的3D直线

在【直线】的下拉按钮中可以选择【中心线】特征和【中点线】特征，或者选择【直线】命令后，在【属性管理器】中进行选择，如图6-7所示。

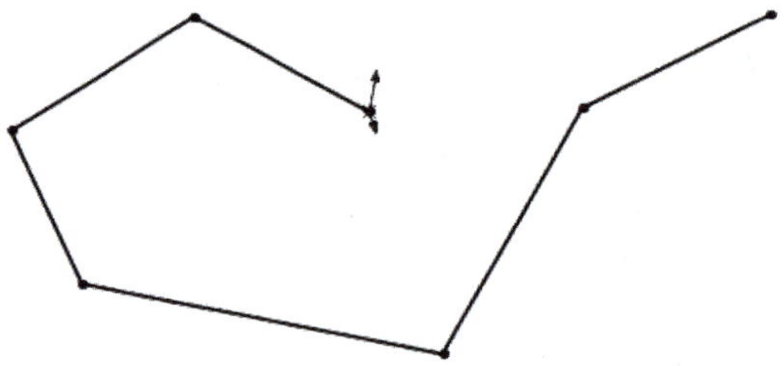

图6-6　3D直线

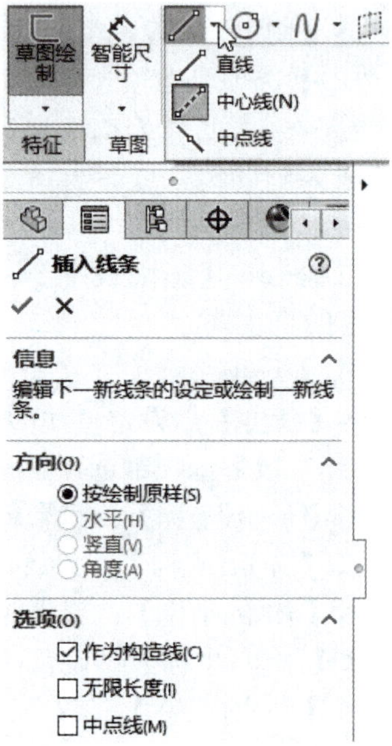

图6-7　其他相关直线

- 【中心线】：绘制的直线为构造线。
- 【中点线】：绘制的直线为从中心向两侧延伸。

6.3　3D圆

在菜单栏中单击【插入】|【3D草图】菜单命令，或者在操作面板中单击【草图】|【草图绘制】下拉箭头|【3D草图】按钮，进入到3D草图绘制页面中，然后单击【圆】按钮，即可在3D草图页面中绘制3D圆。

（1）属性设置

在单击【圆】按钮，并在3D草图中绘制后，页面左侧会出现【圆】属性管理器，如图6-8所示。

【现有几何关系】选项组选项含义如下：

• 【几何关系】：设置有关系的特征或自身存在某种关系。

【添加几何关系】选项组选项含义如下：

• 【固定】：设置圆为固定。

【选项】选项组选项含义如下：

• □作为构造线(C)【作为构造线】：将圆变成为辅助线，或者直接绘制辅助线。

【参数】选项组选项含义如下：

• 【x坐标中】：设置圆中心点的x坐标。
• 【y坐标中】：设置圆中心点的y坐标。
• 【z坐标中】：设置圆中心点的z坐标。
• 【半径】：设置圆的半径。

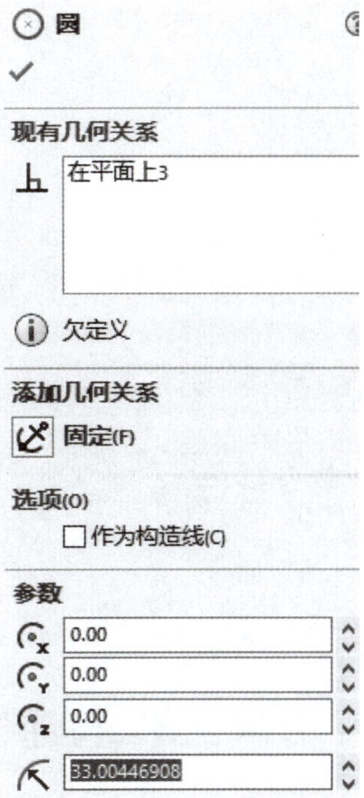

图6-8 【圆】属性管理器

（2）生成3D圆的步骤和方法

① 在菜单栏中单击【插入】|【3D草图】菜单命令，或者在操作面板中单击【草图】|【草图绘制】下拉箭头|【3D草图】按钮。

② 进入3D草图绘制页面后，在菜单栏中单击【工具】|【草图绘制实体】|【圆】按钮，或者直接单击【圆】按钮，即可在3D草图页面中绘制3D圆。

③ 单击【圆】命令后，会弹出【圆】属性管理器，如图6-9所示。

④ 在空白草图页面绘制草图时，通常会以原点为绘制草图的起点，在图形区域单击原点开始绘制圆。在放置鼠标之前，鼠标指针会变成图形，从中可以确定草图所在平面。单击键盘中的Tab键可以改变基准面。

⑤ 绘制一个圆形后可以更改平面继续绘制圆形，生成3D圆草图如图6-10所示。

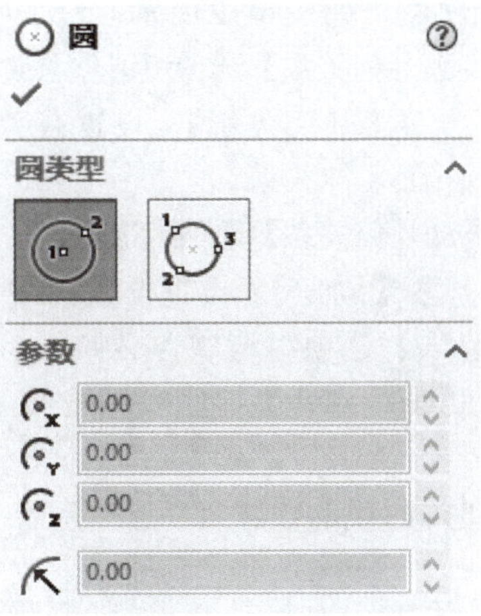

图6-9 【圆】属性管理器

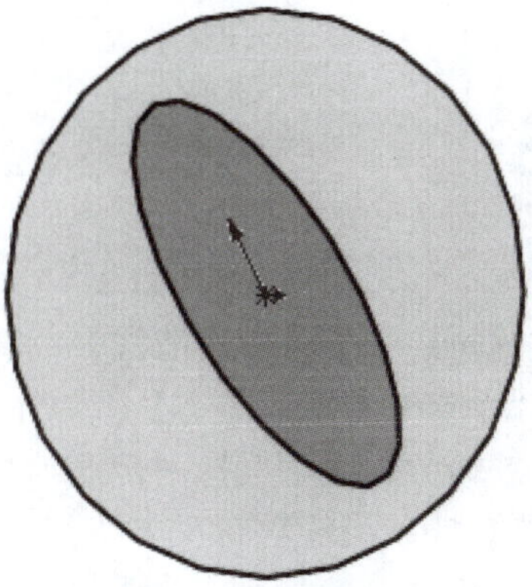

图6-10 3D圆形

（3）其他相关的3D圆形

在【圆】的下拉按钮中可以选择【周边圆】特征，或者选择【圆】命令后，在【属性管理器】中进行选择，如图6-11所示。

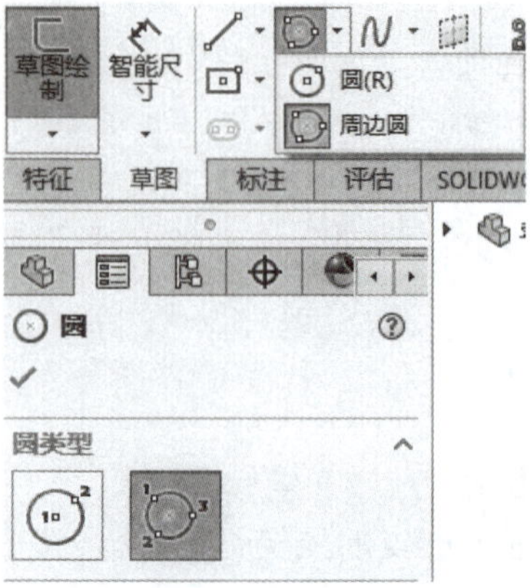

图6-11 其他相关圆

【周边圆】：以圆上的三个点定位圆。

6.4 3D样条曲线

在菜单栏中单击【插入】|【3D草图】菜单命令，或者在操作面板中单击【草图】|【草图绘制】下拉箭头|【3D草图】按钮，进入到3D草图绘制页面中，然后单击【样条曲线】按钮，即可在3D草图页面中绘制3D样条曲线。

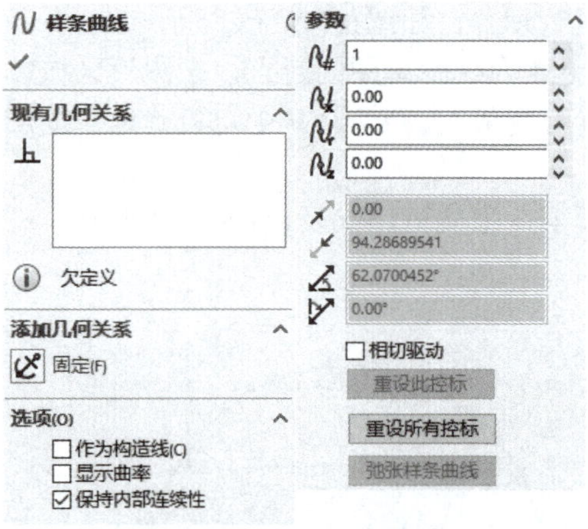

图6-12 【样条曲线】属性管理器

（1）属性设置

在单击【样条曲线】按钮，并在3D草图中绘制后，页面左侧会出现【样条曲线】属性管理器，如图6-12所示。

【现有几何关系】选项组选项含义如下：

- 【几何关系】：设置有关系的特征或自身存在某种关系。

【添加几何关系】选项组选项含义如下：

- 【固定】：设置样条曲线为固定。

【选项】选项组选项含义如下：

- 作为构造线(C)【作为构造线】：将圆变成为辅助线，或者直接绘制辅助线。
- 显示曲率【显示曲率】：显示曲率树状图。
- 保持内部连续性【保持内部连续性】：保持样条曲线的连续性。

【参数】选项组选项含义如下：

- 【样条曲线控制点数】：设置样条曲线的控制点数。
- 【x坐标】：样条曲线点的x坐标。
- 【y坐标】：样条曲线点的y坐标。
- 【z坐标】：样条曲线点的z坐标。

- 【相切重量1】：通过修改样条曲线点处的样条曲线曲率度数来控制左相切向量。
- 【相切重量2】：通过修改样条曲线点处的样条曲线曲率度数来控制右相切向量。
- 【相切径向方向】：通过修改相对于x轴、y轴或z轴的样条曲线倾斜角度来控制相切方向。
- 【相切极坐标方向】：控制样条曲线点垂足方向上向量的提升角度。
- 相切驱动【相切驱动】：使用相切重量、相切径向方向和相切极坐标方向来激活样条曲线的控制。
- 重设此控标【重设此控标】：将所选样条曲线控标重返到初始状态。
- 重设所有控标【重设所有控标】：将所有样条曲线控标重返到初始状态。
- 弛张样条曲线【弛张样条曲线】：当首先绘制样条曲线并显示控制多边形时，可拖动控制多边形上的任何节点来改变其形状。

（2）生成3D样条曲线的步骤和方法

① 在菜单栏中单击【插入】|【3D草图】菜单命令，或者在操作面板中单击【草图】|【草图绘制】下拉箭头|【3D草图】按钮。

② 进入3D草图绘制页面后，在菜单栏中单击【工具】|【草图绘制实体】|【样条曲线】按钮，或者直接单击【样条曲线】按钮，即可在3D草图页面中绘制3D样条曲线。

③ 单击【样条曲线】命令后，会弹出【样条曲线】属性管理器，如图6-13所示。

④ 在空白草图页面绘制草图时，通常会以原点为绘制草图的起点，在图形区域单击原点开始绘制样条曲线。在放置鼠标之前，鼠标指针会变成图形，从中可以确定草图所在平面。【样条曲线】命令可以连续地绘制样条曲线，在不同位置放置可以选择不同的坐标系平面，根据鼠标指针的提示，连续绘制草图。单击键盘中的Tab键可以改变基准面。

⑤ 连续绘制样条曲线草图结束后，可以按键盘中的Esc键或者双击鼠标左键退出【样条曲线】命令，生成连续样条曲线草图如图6-14所示。

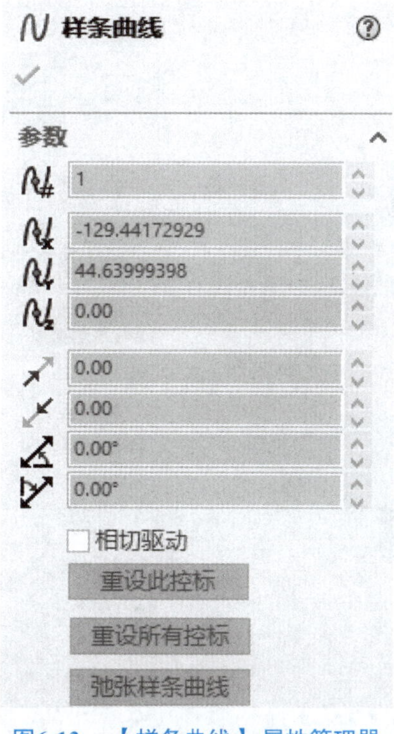

图6-13 【样条曲线】属性管理器

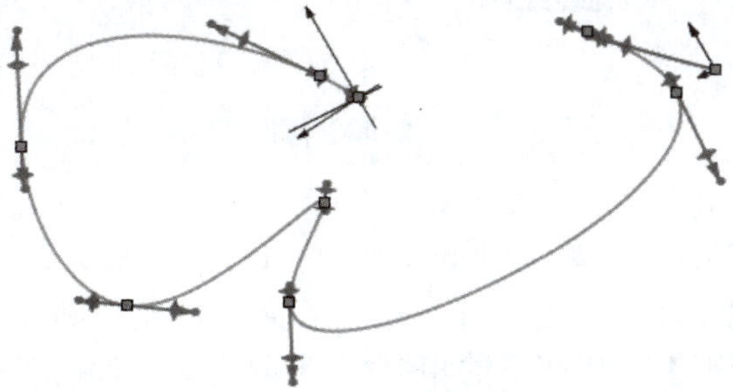
图6-14 3D样条曲线

6.5　3D矩形

在菜单栏中单击【插入】|【3D草图】菜单命令，或者在操作面板中单击【草图】|【草图绘制】下拉箭头 |【3D草图】按钮，进入到3D草图绘制页面中，然后单击【矩形】按钮，即可在3D草图页面中绘制3D矩形。

（1）属性设置

在单击【矩形】按钮，并在3D草图中绘制后，页面左侧会出现【矩形】属性管理器，如图6-15所示。

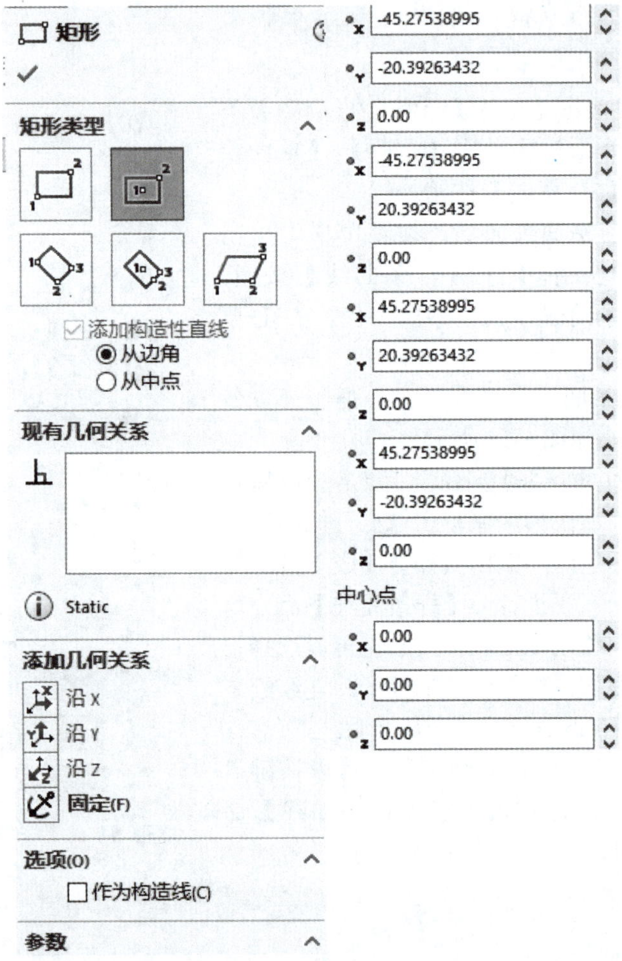

图6-15　【矩形】属性管理器

【矩形类型】选项组选项含义如下：

- 【边角矩形】：用矩形的对角点创建矩形。
- 【中心矩形】：用矩形的中心点和一个角点创建矩形。
- 【3点边角矩形】：用矩形的相邻3个点创建矩形。
- 【3点中心矩形】：用矩形的中心点、一个边的中点和一个角点创建矩形。

- 【平行四边形】：用平行四边形的3个点创建一个平行四边形。

在创建矩形时，系统已经默认选中了【添加构造性直线】选项 添加构造性直线，【构造性直线】特征分为【从边角】和【从中点】两个选项，【从边角】和【从中点】的效果图分别如图6-16和图6-17所示。

- 从边角【从边角】：新建的矩形的构造性直线为从边角类型。
- 从中点【从中点】：新建的矩形的构造性直线为从中点类型。

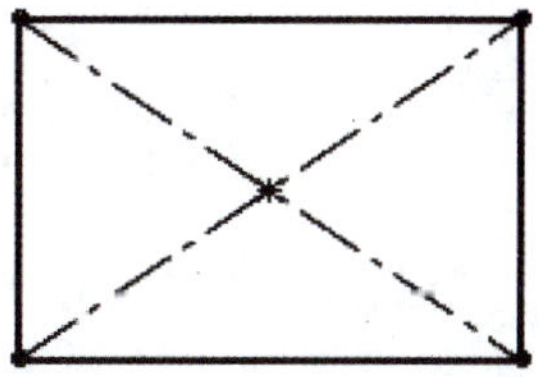

图6-16 【从边角】构造性直线

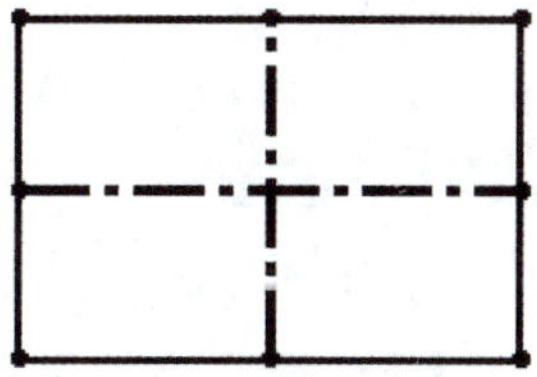

图6-17 【从中点】构造性直线

【现有几何关系】选项组选项含义如下：

- 【几何关系】：设置有关系的特征或自身存在某种关系。

【添加几何关系】选项组选项含义如下：

- 【沿x】：设置线条的方向为沿x方向。
- 【沿y】：设置线条的方向为沿y方向。
- 【沿z】：设置线条的方向为沿z方向。
- 【固定】：设置矩形为固定。

【选项】选项组选项含义如下：

- 作为构造线(C)【作为构造线】：将矩形变为辅助线，或者直接绘制辅助线。

【参数】选项组选项含义如下：

- 【x坐标】：设置矩形第一个点的x坐标。
- 【y 坐标】：设置矩形第一个点的y坐标。
- 【z坐标】：设置矩形第一个点的z坐标。
- 【x坐标】：设置矩形第二个点的x坐标。
- 【y 坐标】：设置矩形第二个点的y坐标。
- 【z坐标】：设置矩形第二个点的z坐标。
- 【x坐标】：设置矩形第三个点的x坐标。
- 【y 坐标】：设置矩形第三个点的y坐标。
- 【z坐标】：设置矩形第三个点的z坐标。
- 【x坐标】：设置矩形第四个点的x坐标。
- 【y 坐标】：设置矩形第四个点的y坐标。
- 【z坐标】：设置矩形第四个点的z坐标。
- 【中心点x坐标】：设置矩形中心点的x坐标。
- 【中心点y坐标】：设置矩形中心点的y坐标。
- 【中心点z坐标】：设置矩形中心点的z坐标。

（2）生成3D矩形的步骤和方法

① 在菜单栏中单击【插入】|【3D草图】菜单命令，或者在操作面板中单击【草

图】|【草图绘制】下拉箭头|【3D草图】按钮。

② 进入3D草图绘制页面后，在菜单栏中单击【工具】|【草图绘制实体】|【矩形】按钮，或者直接单击【矩形】按钮，即可在3D草图页面中绘制3D矩形。

③ 单击【矩形】命令后，会弹出【矩形】属性管理器，在空白草图页面绘制草图时，通常会以原点为绘制草图的起点，在图形区域单击原点开始绘制样条曲线。在放置鼠标之前，鼠标指针会变成图形，从中可以确定草图所在平面。单击键盘中的Tab键可以改变基准面。

④ 在不同平面上绘制好的3D矩形如图6-18所示。

（3）其他相关的3D矩形

在【矩形】的下拉按钮中可以选择【边角矩形】、【中心矩形】、【3点边角矩形】、【3点中心矩形】或【平行四边形】特征，或者选择【矩形】命令后，在【属性管理器】中进行选择，如图6-19所示。各类型矩形在“（1）属性设置”中已介绍，此处不再赘述。

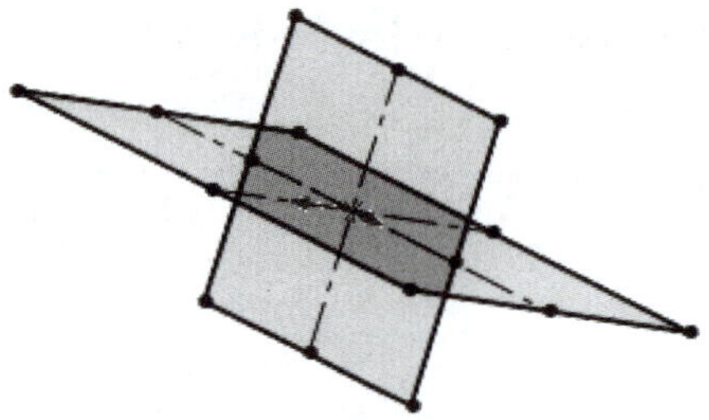

图6-18 3D矩形

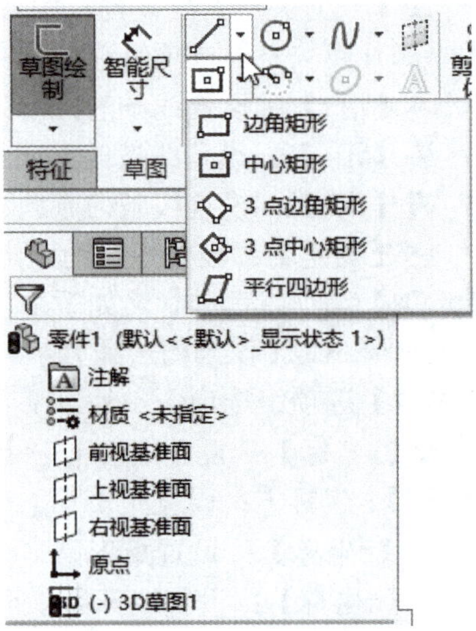

图6-19 其他相关矩形

6.6 3D圆弧

在菜单栏中单击【插入】|【3D草图】菜单命令，或者在操作面板中单击【草图】|【草图绘制】下拉箭头|【3D草图】按钮，进入到3D草图绘制页面中，然后单击【圆弧】按钮，即可在3D草图页面中绘制3D圆弧。

（1）属性设置

在单击【圆弧】按钮，并在3D草图中绘制后，页面左侧会出现【圆弧】属性管理器，如图6-20所示。

【现有几何关系】选项组选项含义如下：

- 【几何关系】：设置有关系的特征或自身存在某种关系。

【添加几何关系】选项组选项含义如下：

- 【固定】：设置圆弧为固定。

【选项】选项组选项含义如下：

- □作为构造线(C)【作为构造线】：将圆弧变成为辅助线，或者直接绘制辅助线。

【参数】选项组选项含义如下：

- 【x坐标中】：设置圆弧中心点的x坐标。
- 【y坐标中】：设置圆弧中心点的y坐标。
- 【z坐标中】：设置圆弧中心点的z坐标。
- 【开始x坐标】：设置圆弧开始点的x坐标。
- 【开始y坐标】：设置圆弧开始点的y坐标。
- 【开始z坐标】：设置圆弧开始点的z坐标。
- 【结束x坐标】：设置圆弧结束点的x坐标。
- 【结束y坐标】：设置圆弧结束点的y坐标。
- 【结束z坐标】：设置圆弧结束点的y坐标。
- 【半径】：设置圆弧的半径。
- 【角度】：设置圆弧的张开角度。

（2）生成3D圆弧的步骤和方法

①在菜单栏中单击【插入】|【3D草图】菜单命令，或者在操作面板中单击【草图】|【草图绘制】下拉箭头|【3D草图】按钮。

②进入3D草图绘制页面后，在菜单栏中单击【工具】|【草图绘制实体】|【圆弧】按钮，或者直接单击【圆弧】按钮，即可在3D草图页面中绘制3D圆弧。

③单击【圆弧】命令后，会弹出【圆弧】属性管理器，如图6-21所示。

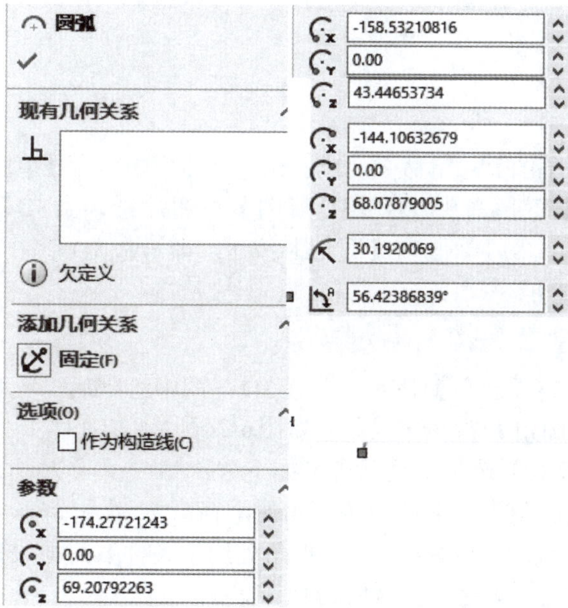

图6-20　【圆弧】属性管理器

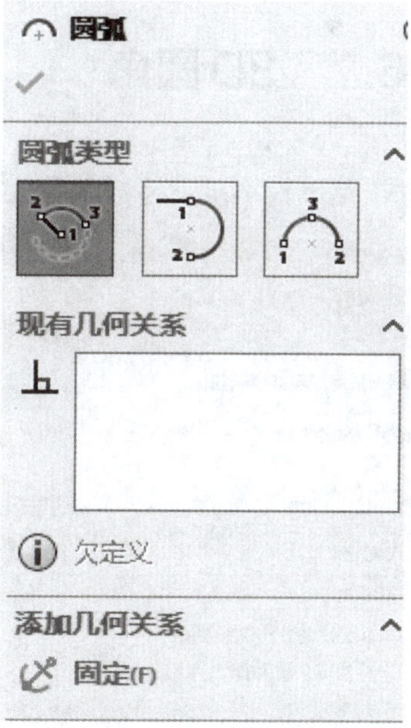

图6-21　【圆弧】属性管理器

④ 在空白草图页面绘制草图时，通常会以原点为绘制草图的起点，在图形区域单击原点开始绘制圆弧。在放置鼠标之前，鼠标指针会变成图形，从中可以确定草图所在平面。单击键盘中的Tab键可以改变基准面。

⑤ 绘制一个圆弧后可以更改平面继续绘制圆弧，生成3D圆弧草图如图6-22所示。

（3）其他相关的3D圆弧

在【圆弧】的下拉按钮中可以选择【圆心/起/终点画弧】、【切线弧】和【3点圆弧】特征，或者选择【圆弧】命令后，在【属性管理器】中进行选择，如图6-23所示。

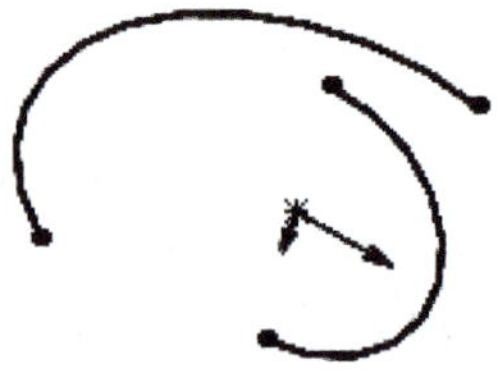
图6-22 3D圆弧

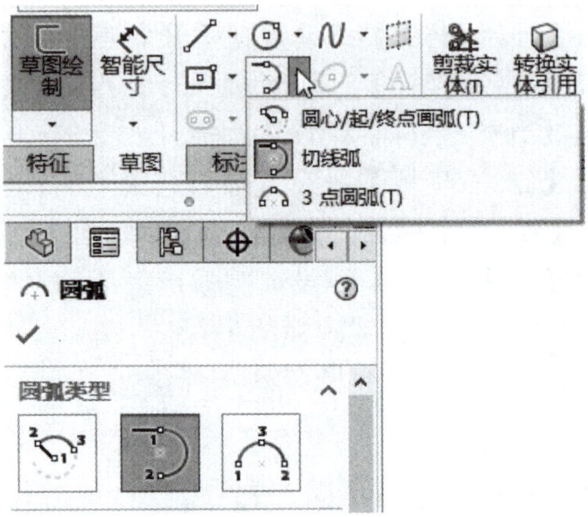

图6-23 其他相关圆弧

- 【圆心/起/终点画弧】：用圆弧的中心点、起始点和终点画圆弧。
- 【切线弧】：用圆弧的起始点和与终止点的相切线画圆弧。
- 【3点圆弧】：使用圆弧边上的3个点来绘制圆弧。

6.7 3D圆角

在菜单栏中单击【插入】|【3D草图】菜单命令，或者在操作面板中单击【草图】|【草图绘制】下拉箭头|【3D草图】按钮，进入到3D草图绘制页面中，然后单击【圆角】按钮，即可在3D草图页面中绘制3D圆角。

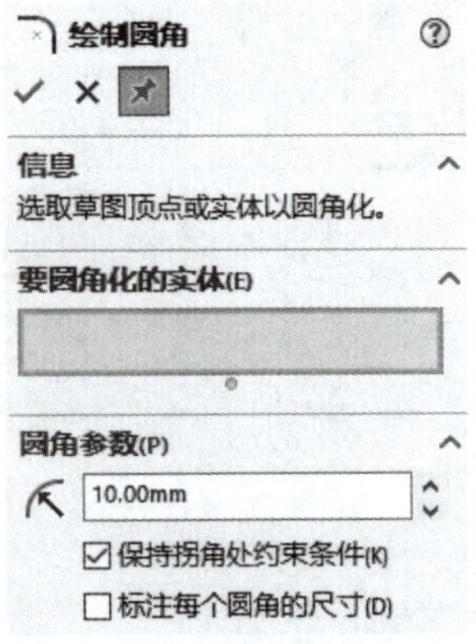

图6-24 【圆角】属性管理器

（1）属性设置

在单击【圆角】按钮，并在3D草图中绘制后，页面左侧会出现【圆角】属性管理器，如图6-24所示。

【圆角参数】选项组选项含义如下：

- 【圆角半径】：设置圆角的半径。
- 保持拐角处约束条件(K)【保持拐角处约束条件】：如果顶点具有尺寸或几何关系，勾选时将保留虚拟交点。
- 标注每个圆角的尺寸(D)【标注每个圆角的尺寸】：将尺寸添

加到每一个圆角。

（2）生成3D圆角的步骤和方法

① 在菜单栏中单击【插入】|【3D草图】菜单命令，或者在操作面板中单击【草图】|【草图绘制】下拉箭头|【3D草图】按钮。

② 进入3D草图绘制页面后，在菜单栏中单击【工具】|【草图工具】|【圆角】按钮，或者直接单击【圆角】按钮，即可在3D草图页面中绘制3D圆角。

③ 单击【圆角】命令后，会弹出【圆角】属性管理器。

④ 选择圆角需要的特征，在3D直线的图形中进行3D圆角绘制前后如图6-25和图6-26所示。

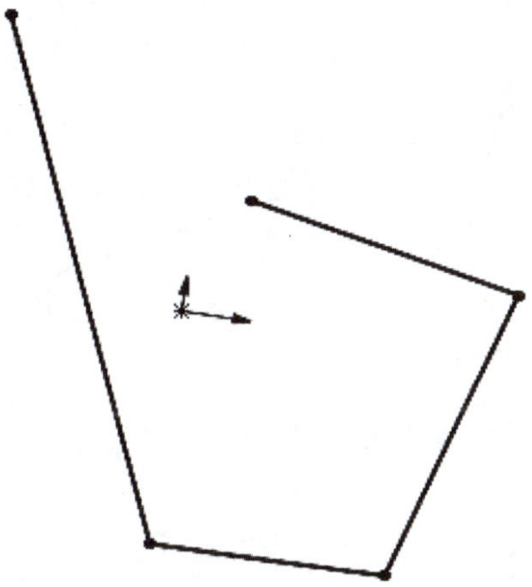

图6-25　3D直线

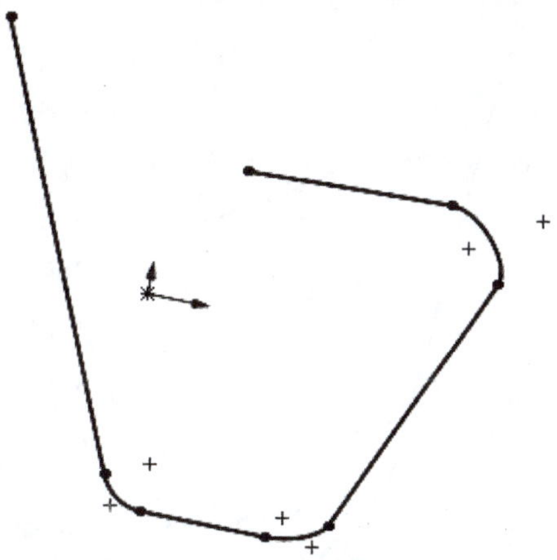

图6-26　3D圆角

6.8　3D倒角

在菜单栏中单击【插入】|【3D草图】菜单命令，或者在操作面板中单击【草图】|【草图绘制】下拉箭头|【3D草图】按钮，进入到3D草图绘制页面中，然后单击【圆角】下拉箭头的【倒角】按钮，即可在3D草图页面中绘制3D倒角。

（1）属性设置

在单击【倒角】按钮，并在3D草图中绘制后，页面左侧会出现【倒角】属性管理器，如图6-27所示。

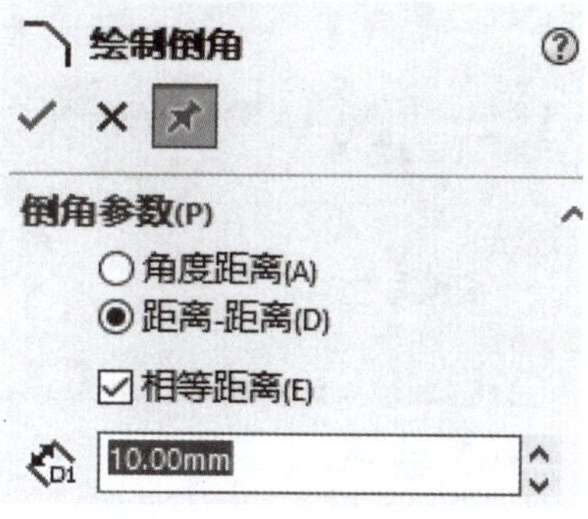

图6-27　【倒角】属性管理器

【倒角参数】选项组选项含义如下：

- 角度距离(A)【角度距离】：以角度和距离的方式绘制倒角。
- 距离-距离(D)【距离-距离】：以距离和距离的方式绘制倒角。
- 相等距离(E)【相等距离】：勾选该选项则倒角两侧边为相同距离；取消勾选则可以分别设置倒角两侧的距离。

- 【距离】：设置倒角的距离。

（2）生成3D倒角的步骤和方法

① 在菜单栏中单击【插入】|【3D草图】菜单命令，或者在操作面板中单击【草图】|【草图绘制】下拉箭头|【3D草图】按钮。

② 进入3D草图绘制页面后，在菜单栏中单击【工具】|【草图工具】|【倒角】按钮，或者直接单击【倒角】按钮，即可在3D草图页面中绘制3D圆角。

③ 单击【倒角】命令后，会弹出【倒角】属性管理器。

④ 选择倒角需要的特征，在3D直线的图形中进行3D倒角绘制前后如图6-28和图6-29所示。

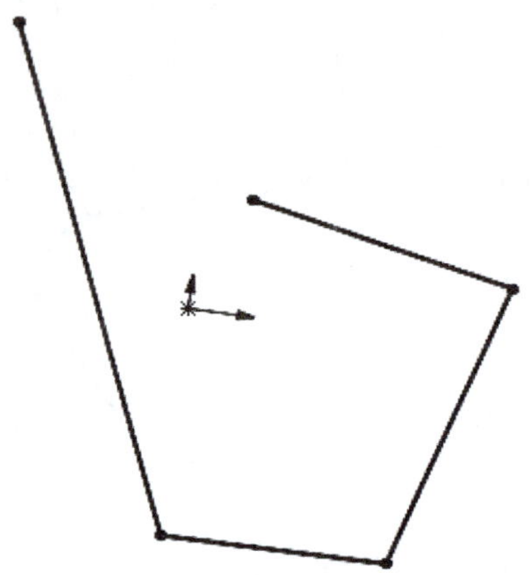

图6-28　3D直线

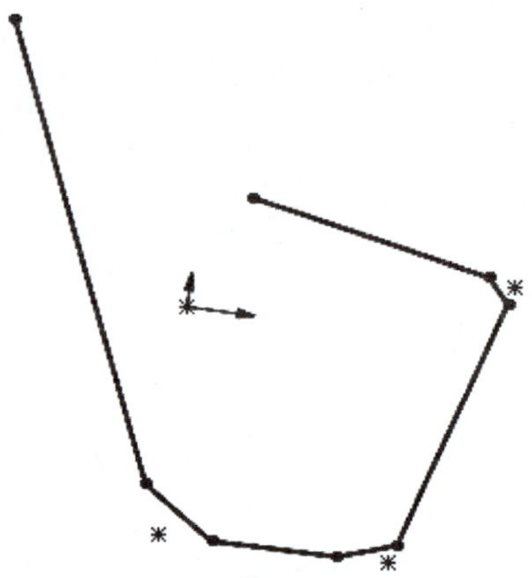

图6-29　3D倒角

6.9　镜向3D实体

在菜单栏中单击【插入】|【3D草图】菜单命令，或者在操作面板中单击【草图】|【草图绘制】下拉箭头|【3D草图】按钮，进入到3D草图绘制页面中，然后单击【镜向】按钮，即可在3D草图页面中进行镜向。

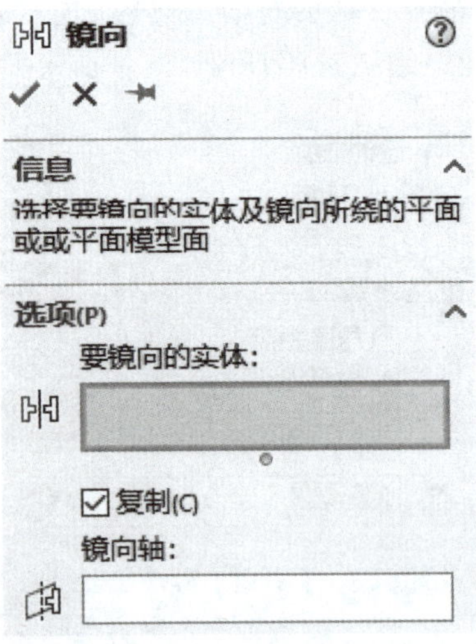

图6-30　【镜向】属性管理器

（1）属性设置

在单击【镜向】按钮，并在3D草图中绘制后，页面左侧会出现【镜向】属性管理器，如图6-30所示。

【选项】选项组选项含义如下：

- 【要镜向的实体】：选择需要镜向的草图实体。
- 【复制】：勾选该选项，镜向特征完成后将保留原草图；取消勾选该选项，镜向特征完成后删除原草图。
- 【镜向轴】：在3D草图中选择的镜向轴为平

面或平面实体。

（2）镜向的步骤和方法

①在菜单栏中单击【插入】|【3D草图】菜单命令，或者在操作面板中单击【草图】|【草图绘制】下拉箭头|【3D草图】按钮。

②进入3D草图绘制页面后，在菜单栏中单击【工具】|【草图工具】|【镜向】按钮，或者直接单击【镜向】按钮，即可在3D草图页面中进行3D镜向。

③单击【镜向】命令后，会弹出【镜向】属性管理器。

④选择进行镜向需要的草图特征，3D图形中进行3D镜向特征前后如图6-31和图6-32所示。

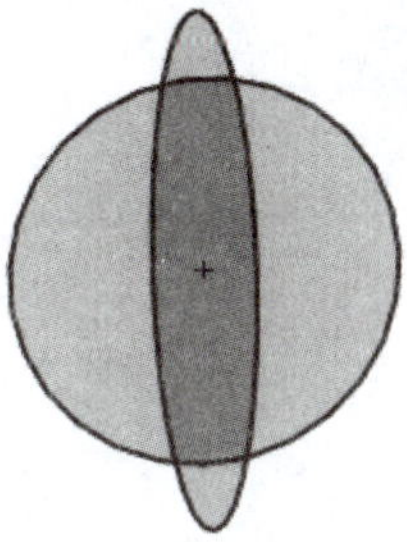

图6-31　3D镜向前

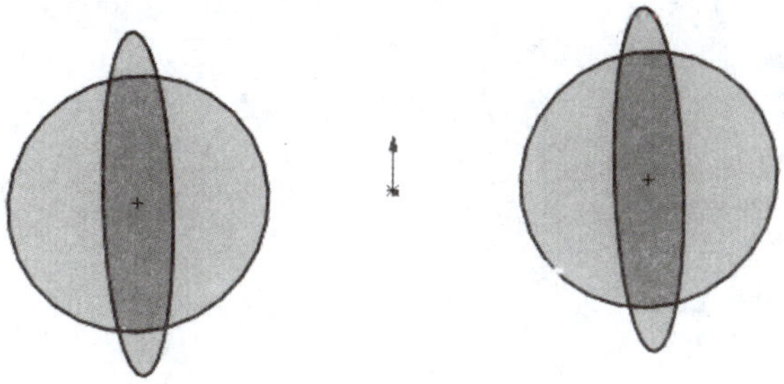

图6-32　3D镜向后

6.10　移动3D实体

在菜单栏中单击【插入】|【3D草图】菜单命令，或者在操作面板中单击【草图】|【草图绘制】下拉箭头|【3D草图】按钮，进入到3D草图绘制页面中，然后单击【移动】按钮，即可在3D草图页面中进行移动。

（1）属性设置

在单击【移动】按钮，并在3D草图中绘制后，页面左侧会出现【3D移动】属性管理器，如图6-33所示。

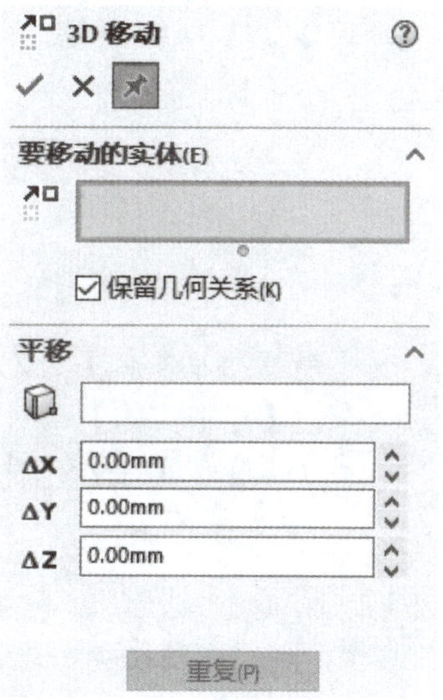

图6-33　【3D移动】属性管理器

各选项含义如下：

- 【要移动的实体】：选择需要移动的草图实体。
- 保留几何关系(K)【保留几何关系】：勾选该选项，则移动时会遵循所建立的几何关系。
- ΔX【Δx】：在x的方向所移动的距离。
- ΔY【Δy】：在y的方向所移动的距离。
- ΔZ【Δz】：在z的方向所移动的距离。
- 重复(P)【重复】：重复进行移动。

（2）移动的步骤和方法

①在菜单栏中单击【插入】|【3D草图】菜单命令，或者在操作面板中单击【草

图】|【草图绘制】下拉箭头 | 【3D草图】按钮。

② 进入3D草图绘制页面后，在菜单栏中单击【工具】|【草图工具】|【移动】按钮，或者直接单击【移动】按钮，即可在3D草图页面中进行3D移动。

③ 单击【移动】命令后，会弹出【移动】属性管理器。

④ 选择进行移动需要的草图特征，3D图形中进行3D移动前后如图6-34和图6-35所示。

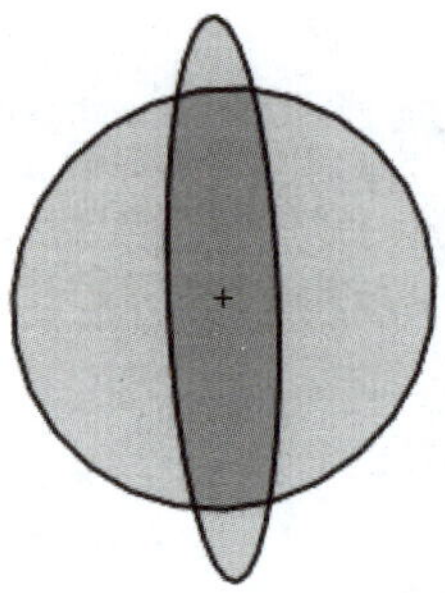

图6-34　3D移动前

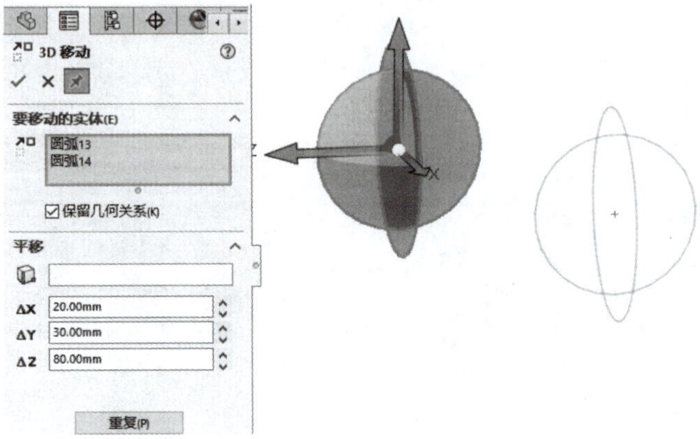

图6-35　3D移动后

（3）其他相关的3D移动

在【移动】的下拉按钮可以选择【移动实体】、【复制实体】和【旋转实体】特征，如图6-36所示。

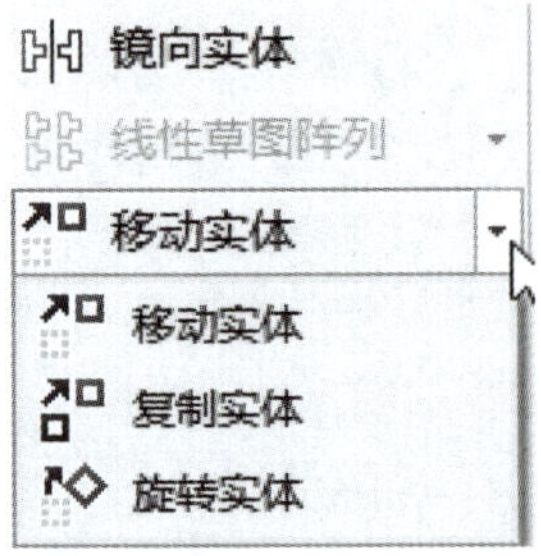

图6-36　其他相关的3D移动

- 【移动实体】：对3D草图进行移动操作。
- 【复制实体】：对3D草图进行复制操作。
- 【旋转实体】：对3D草图进行旋转操作。

07 第7章 基体特征

三维建模是SolidWorks软件的三大功能之一，它可以通过拉伸凸台、旋转凸台、扫描等特征来构建三维实体模型。由于三维实体建模能唯一、准确、完整地表达物体的形状，且容易理解和实现，因而被广泛应用于设计和制造中。

7.1 拉伸凸台/基体特征

选择【插入】|【凸台/基体】|【拉伸】菜单命令或者单击【特征】工具栏中的【拉伸凸台/基体】按钮，弹出【凸台-拉伸】属性管理器，如图7-1所示。

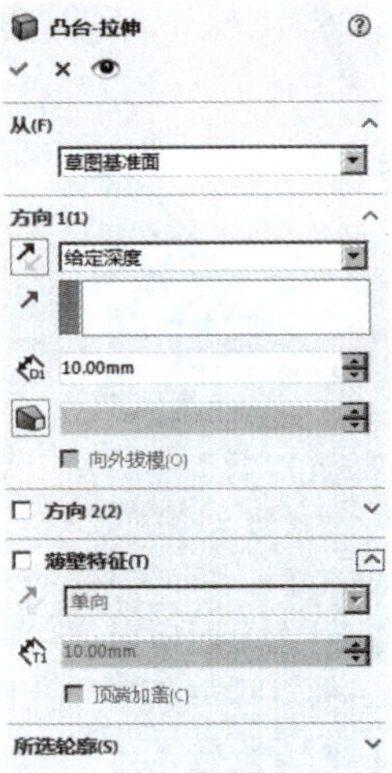

图7-1 【凸台-拉伸】属性管理器

主要选项含义如下。

(1)【方向1】选项组

①【终止条件】下拉选框：设置特征拉伸的终止条件。单击【反向】按钮，可以沿预览中所示的相反方向拉伸特征。

- 【给定深度】：设置给定的【深度】数值以终止拉伸。
- 【成形到一顶点】：拉伸到图形区域中的顶点处。
- 【成形到一面】：拉伸到1个面或者基准面处。
- 【到离指定面指定的距离】：拉伸到在图形区域中选择的1个面或者基准面处，然后设置【等距距离】数值。
- 【成形到实体】：拉伸到在图形区域中所选择的实体或者曲面实体处。
- 【两侧对称】：设置【深度】数值，按照所在平面的两侧对称距离生成拉伸特征。

②【拉伸方向】：在图形区域中选择方向向量，并以垂直于草图轮廓的方向拉伸草图。

③【拔模开/关】：可以设置【拔模角度】数值，如果有必要，选择【向外拔模】选项。

(2)【薄壁特征】选项组

该选项组中的参数可以控制拉伸的【厚度】数值。“类型”下拉选框：定义【薄壁特征】拉伸的类型，有如下选项。

- “单向”：以同一【厚度】数值，沿一个方向拉伸草图。
- “两侧对称”：以同一【厚度】数值，沿相反方向拉伸草图。
- “双向”：以不同【方向1厚度】、【方向2厚度】数值，沿相反方向拉伸草图。

7.2 旋转凸台/基体特征

选择【插入】|【凸台/基体】|【旋转】菜单命令或者单击【特征】工具栏中的【旋转凸台/基体】按钮，弹出【旋转】属性管理器，如图7-2所示。

主要选项含义如下。

(1)【旋转参数】选项组

①【旋转轴】：旋转草图实体所围绕的轴，此轴可以为中心线、直线或者边线。

②【旋转类型】下拉选框：从草图基准面中定义旋转方向。

- 【给定深度】：以单一方向按照设置的距离生成旋转。
- 【成形到一顶点】：从草图基准面旋转到指定顶点。
- 【成形到一面】：从草图基准面旋转到指定曲面。
- 【到离指定面指定的距离】：从草图基准面旋转到指定曲面的指定等距面处。
- 【两侧对称】：从草图基准面以顺时针和逆时针方向旋转相同角度。

③【反向】：单击该按钮，反转旋转方向。

④【角度】：设置旋转角度，默认的角度为“360.00度”，角度以顺时针方向从所选草图开始测量。

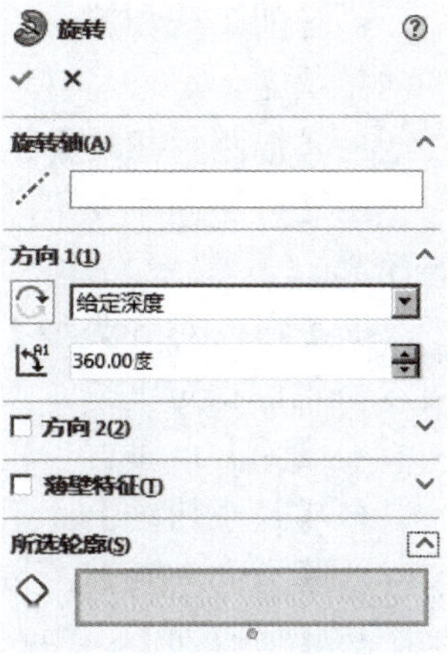

图7-2　【旋转】属性管理器

（2）【所选轮廓】选项组

在使用多轮廓生成旋转特征时使用此选项。单击【所选轮廓】选择框，拖动鼠标指针，在图形区域中选择适当轮廓，此时显示出旋转特征的预览，可以选择任何轮廓生成单一或者多实体零件，单击【确定】按钮，生成旋转特征。

7.3　扫描特征

选择【插入】|【凸台/基体】|【扫描】菜单命令或者单击【特征】工具栏中的【扫描】按钮，弹出【扫描】属性管理器，如图7-3所示。

主要选项含义如下。

（1）【轮廓和路径】选项组

①【轮廓】：设置用来生成扫描的草图轮廓。

②【路径】：用于设置轮廓扫描的路径。

（2）【引导线】选项组

①【引导线】：在轮廓沿路径扫描时加以引导以生成特征。

②【上移】、【下移】：调整引导线的顺序。

③【合并平滑的面】：改进带引导线扫描的性能。

④【显示截面】：显示扫描的截面。

（3）【选项】选项组

①【方向/扭转控制】：控制轮廓沿路径扫描的方向。

- 【随路径变化】：轮廓相对于路径时刻保持同一角度。
- 【保持法向不变】：使轮廓总是与起始轮廓保持平行。
- 【随路径和第一引导线变化】：中间轮廓的扭转由路径到第一条引导线的向量决定，在所有中间轮廓的草图基准面中，该向量与水平方向之间的角度保持不变。

图7-3　【扫描】属性管理器

- 【随第一和第二引导线变化】：中间轮廓的扭转由第一条引导线到第二条引导线的向量决定。
- 【沿路径扭转】：沿路径扭转轮廓。
- 【以法向不变沿路径扭转】：在沿路径扭转时，保持与开始轮廓平行而沿路径扭转轮廓。

②【路径对齐类型】：当路径上出现少许波动或者不均匀波动使轮廓不能对齐时，可以将轮廓稳定下来。

- 【无】：垂直于轮廓而对齐轮廓，不进行纠正。
- 【最小扭转】：阻止轮廓在随路径变化时自我相交。
- 【方向向量】：按照选择的向量方向对齐轮廓。
- 【所有面】：当路径包括相邻面时，使扫描轮廓在几何关系可能的情况下与相邻面相切。

③【合并切面】：如果扫描轮廓具有相切线段，可以使所产生的扫描中的相应曲面相切，保持相切的面可以是基准面、圆柱面或者锥面。

④【显示预览】：显示扫描的上色预览。

⑤【合并结果】：将多个实体合并成一个实体。

⑥【与结束端面对齐】：将扫描轮廓延伸到路径所遇到的最后一个面。

7.4 放样特征

选择【插入】|【凸台/基体】|【放样】菜单命令或者单击【特征】工具栏中的【放样】按钮，弹出【放样】属性管理器，如图7-4所示。

主要选项含义如下。

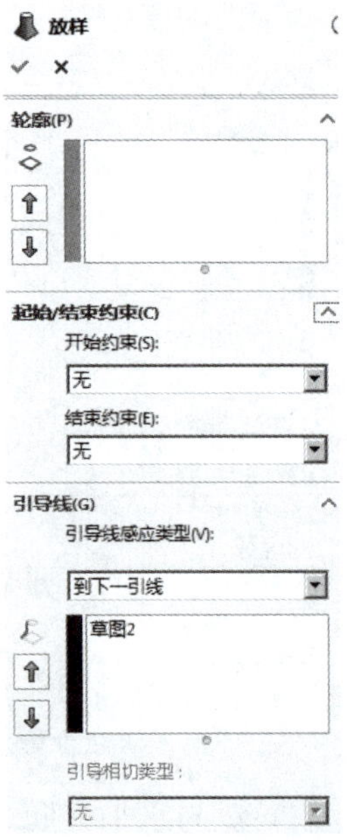

图7-4 【放样】属性管理器

（1）【轮廓】选项组

①【轮廓】：生成放样的轮廓。

②【上移】、【下移】：调整轮廓的顺序。

（2）【起始/结束约束】选项组

①【开始约束】、【结束约束】：应用约束以控制开始和结束轮廓的相切。

- 【无】：不应用相切约束。
- 【方向向量】：根据所选的方向向量应用相切约束。
- 【垂直于轮廓】：应用在垂直于开始或结束轮廓处的相切约束。

②【拔模角度】：为起始或者结束轮廓应用拔模角度。

③【起始/结束处相切长度】：控制对放样的影响量。

④【应用到所有】：显示1个为整个轮廓控制所有约束的控标。

（3）【引导线】选项组

①【引导线感应类型】：控制引导线对放样的影响力。

- 【到下一引线】：只将引导线延伸到下一引导线。
- 【到下一尖角】：只将引导线延伸到下一尖角。
- 【到下一边线】：只将引导线延伸到下一边线。
- 【整体】：将引导线影响力延伸到整个放样。

②【引导线】：选择引导线来控制放样。

③【上移】、【下移】：调整引导线的顺序。

④【边线<n>-相切】：控制放样与引导线相交处的相切关系（n为所选引导线标号）。

- 【无】：不应用相切约束。
- 【方向向量】：根据所选的方向向量应用相切约束。
- 【与面相切】：在相邻面之间生成更平滑的过渡。

⑤【方向向量】：根据所选的方向向量应用相切约束。

⑥【拔模角度】：只要几何关系成立，就将拔模角度沿引导线应用到放样。

7.5 锥齿轮建模实例

本实例将生成1个锥齿轮模型，如图7-5所示。

建模思路分析：

① 轮齿部分是轴对称结构，要用圆周阵列特征来实现。

② 单独一个轮齿前后截面不在同一位置，可以用放样特征来实现。

③ 花键部分是轴对称结构，用圆周阵列来实现。

④ 最后的圆柱部分用旋转特征来完成。如图7-6所示。

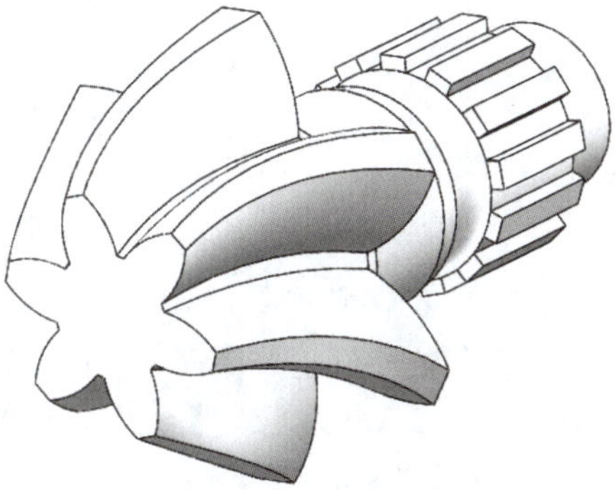

图7-5　锥齿轮模型

扫码看视频

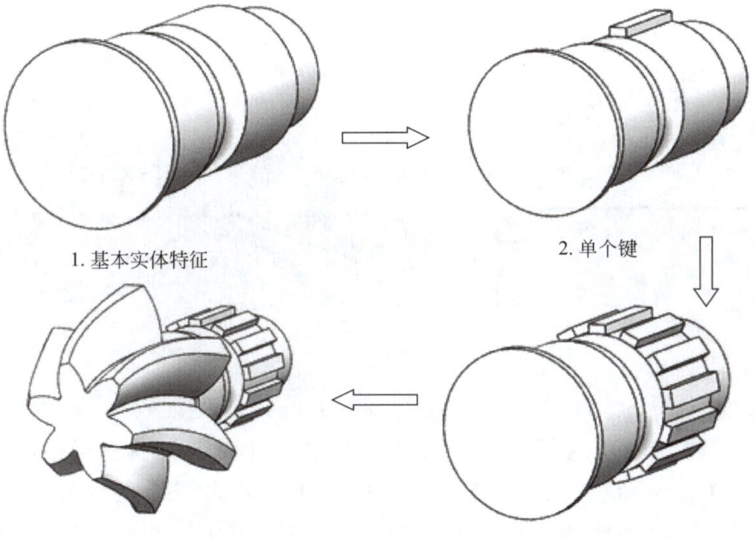

图7-6　建模过程

具体步骤如下。

7.5.1 轮毂部分

① 单击【特征管理器设计树】中的【前视基准面】图标，使其成为草图绘制平面。单击【标准视图】工具栏中的【正视于】按钮，并单击【草图】工具栏中的【草图绘制】按钮，进入草图绘制状态。使用【草图】工具栏中的【直线】、【圆弧】、【智能尺寸】工具，绘制如图7-7所示的草图。单击【退出草图】按钮，退出草图绘制状态。

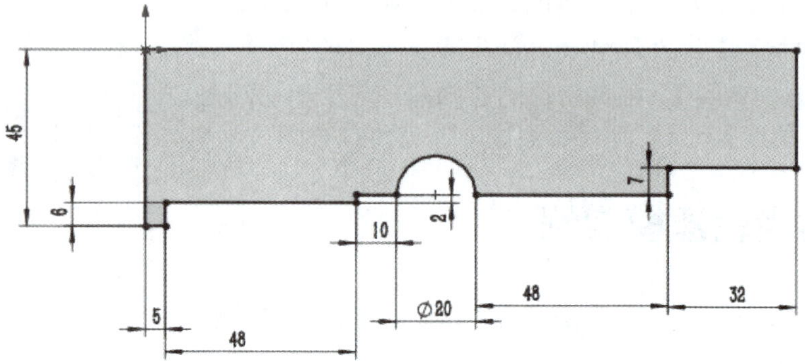

图7-7 绘制草图并标注尺寸

② 单击【特征】工具栏中的【旋转凸台/基体】按钮，弹出【旋转】属性管理器。在【旋转参数】选项组中，单击【旋转轴】选择框，在图形区域中选择草图中的“直线12”，设置【终止条件】为【给定深度】，【角度】为“360.00度”，单击【确定】按钮，生成旋转特征，如图7-8所示。

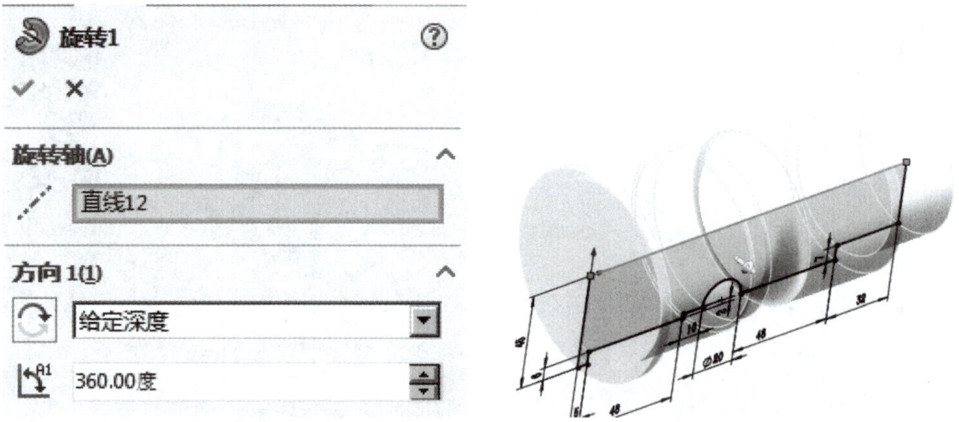

图7-8 生成旋转特征

③ 单击【特征管理器设计树】中的【前视基准面】图标，使其成为草图绘制平面。单击【标准视图】工具栏中的【正视于】按钮，并单击【草图】工具栏中的【草图绘制】按钮，进入草图绘制状态。使用【草图】工具栏中的【直线】、【中心线】、【智能尺寸】工具，绘制如图7-9所示的草图。单击【退出草图】按钮，退出草图绘制状态。

技术要点：完全定义的草图将会以黑色显示所有的实体，若有欠定义的实体则以蓝色显示。

④ 单击【特征】工具栏中的【拉伸凸台/基体】按钮，弹出【凸台-拉伸】属性设置。在【方向1】选项组中，设置【终止条件】为【给定深度】，【深度】为“48.00mm”，单击【确定】按钮，生成拉伸特征，如图7-10所示。

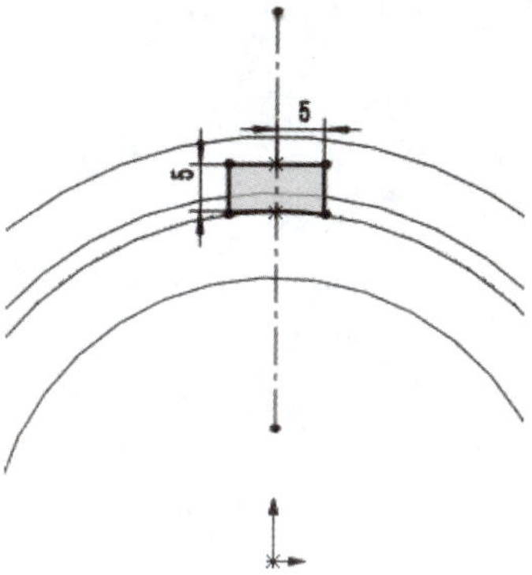

图7-9　绘制草图并标注尺寸

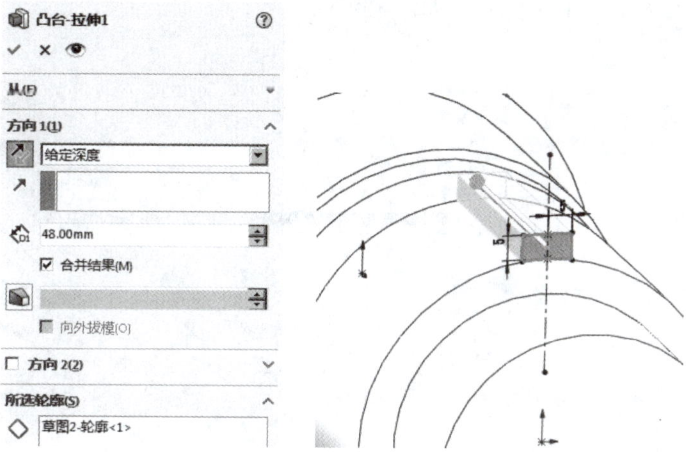

图7-10　拉伸特征

⑤ 单击【特征】工具栏中的【圆周阵列】按钮，弹出【圆周阵列】属性管理器。在【方向1】选项组中，单击【阵列轴】选择框，选择“边线<1>”，设置【实例数】为“13”，选择【等间距】选项；在【特征和面】选项组中，单击【要阵列的特征】选择框，在图形区域中选择“凸台-拉伸1”，单击【确定】按钮，生成特征圆周阵列，如图7-11所示。

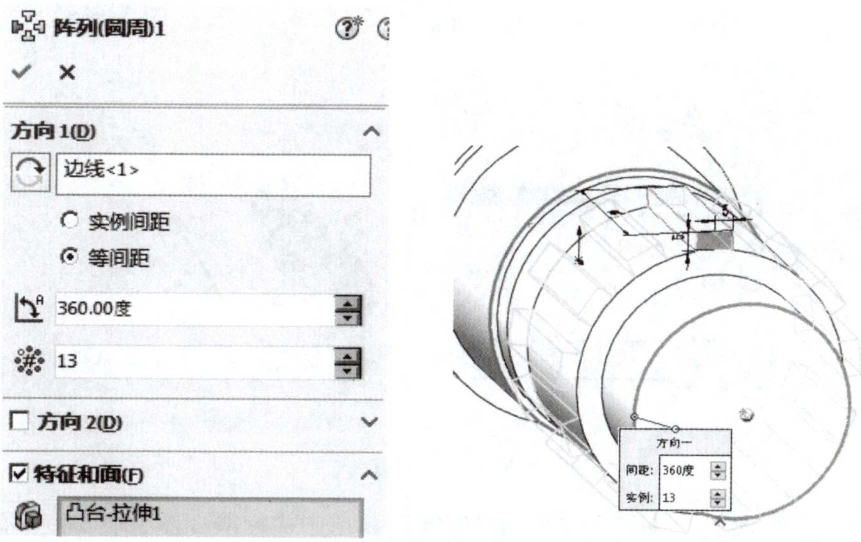

图7-11　生成特征圆周阵列

技术要点：使用方向键可以旋转模型。按 Ctrl键加上方向键可以移动模型。按 Alt键加上方向键可以将模型沿顺时针或逆时针方向旋转。

⑥ 单击【参考几何体】工具栏中的【基准面】按钮，弹出【基准面】属性管理器。在【第一参考】中，在图形区域中选择“面<1>”，单击【距离】按钮，在文本栏中输入“45.00mm”，如图7-12所示，在图形区域中显示出新建基准面的预览，单击✔【确定】按钮，生成基准面。

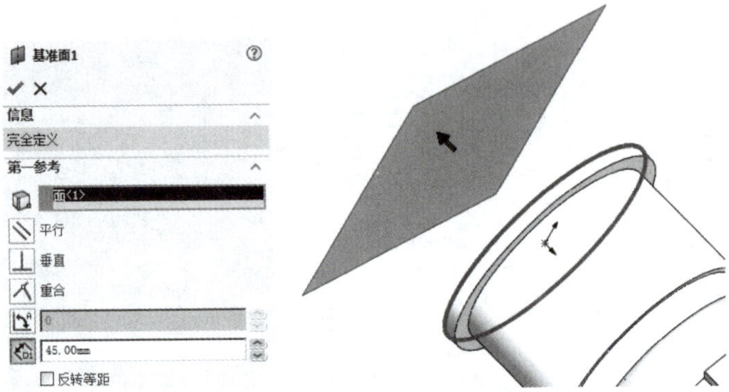

图7-12　生成基准面

7.5.2　轮齿部分

① 单击【参考几何体】工具栏中的【基准面】按钮，弹出【基准面】属性管理器。在【第一参考】中，在图形区域中选择“基准面1”，单击【距离】按钮，在文本栏中输入“40.00mm”，如图7-13所示，在图形区域中显示出新建基准面的预览，单击✔【确定】按钮，生成基准面。

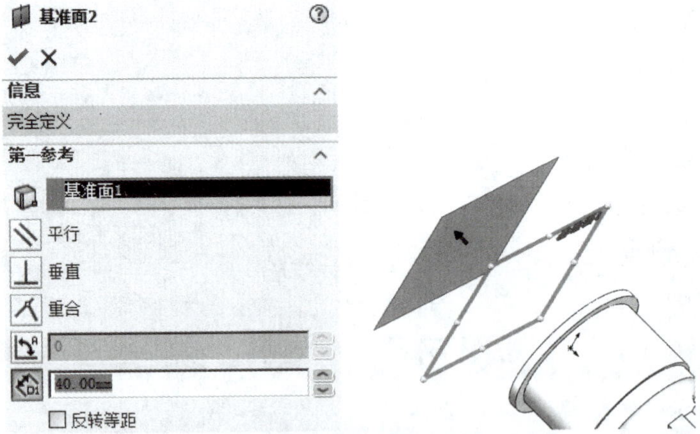

图7-13　生成基准面

② 单击圆柱端面，使其成为草图绘制平面。单击【标准视图】工具栏中的【正视于】按钮，并单击【草图】工具栏中的【草图绘制】按钮，进入草图绘制状态。

使用【草图】工具栏中的【直线】、【圆弧】、【智能尺寸】工具，绘制如图7-14所示的草图。单击【退出草图】按钮，退出草图绘制状态。

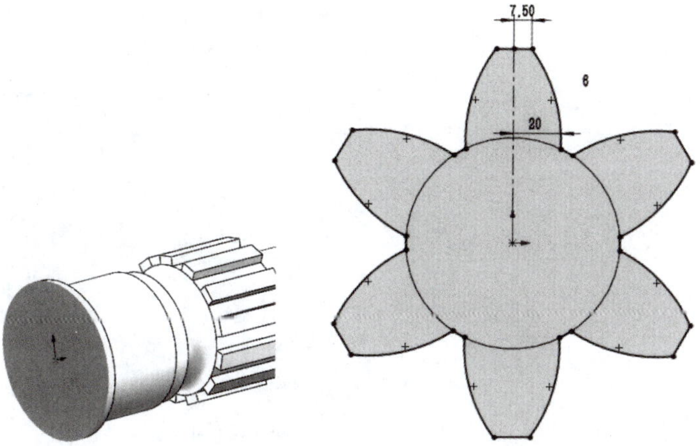

图7-14 绘制草图并标注尺寸

③ 单击【特征管理器设计树】中的【基准面1】图标，使其成为草图绘制平面。单击【标准视图】工具栏中的【正视于】按钮，并单击【草图】工具栏中的【草图绘制】按钮，进入草图绘制状态。使用【草图】工具栏中的【直线】、【圆弧】、【智能尺寸】工具，绘制如图7-15所示的草图。单击【退出草图】按钮，退出草图绘制状态。

④ 单击【特征管理器设计树】中的【基准面2】图标，使其成为草图绘制平面。单击【标准视图】工具栏中的【正视于】按钮，并单击【草图】工具栏中的【草图绘制】按钮，进入草图绘制状态。使用【草图】工具栏中的【直线】、【圆弧】、【智能尺寸】工具，绘制如图7-16所示的草图。单击【退出草图】按钮，退出草图绘制状态。

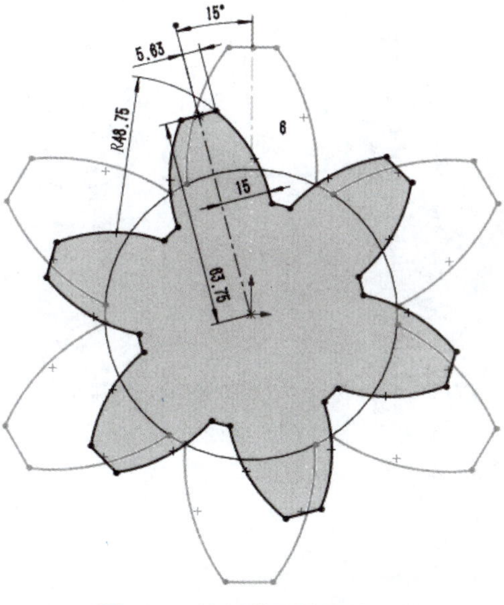

图7-15 绘制草图并标注尺寸

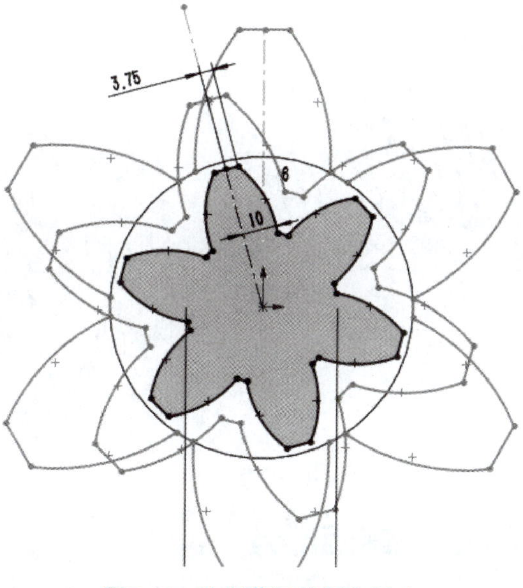

图7-16 绘制草图并标注尺寸

⑤ 选择【插入】|【凸台/基体】|【放样】菜单命令，弹出【放样】属性管理器。在【轮廓】选项组中，在图形区域中选择3个草图，单击【确定】按钮，如图7-17所示，生成放样特征。

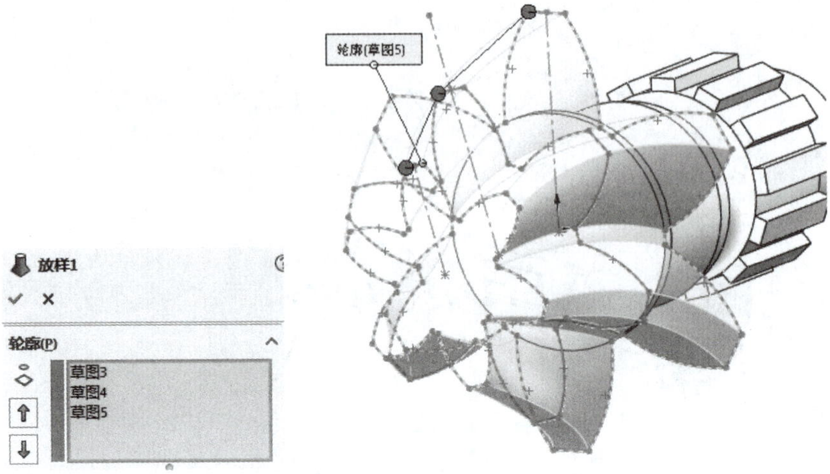

图7-17　生成放样特征

7.6　弹簧建模实例

扫码看视频

本实例将生成一个弹簧模型，如图7-18所示。

建模思路分析：

① 弹簧属于标准的螺旋结构，要用螺旋线特征来实现。

② 此弹簧的螺距不等，可以用几个螺旋线叠加的方式来实现。

③ 弹簧的端部可以用圆顶特征和切除特征来完成。如图7-19所示。

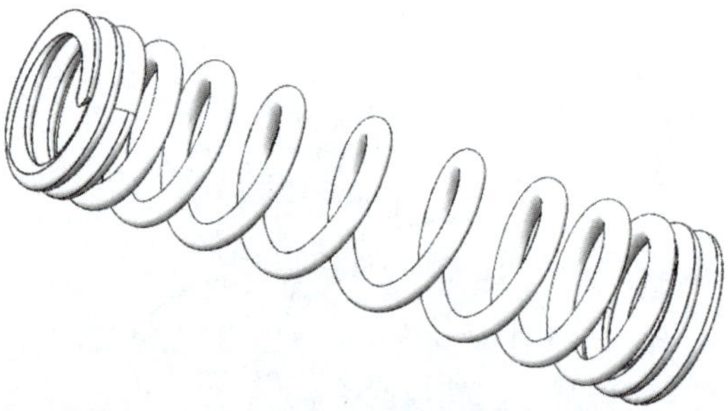

图7-18　弹簧模型

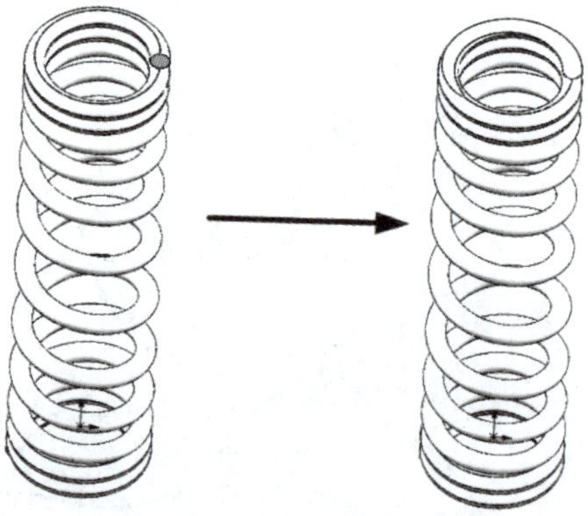

图7-19　建模过程

具体步骤如下。

7.6.1　螺旋部分

① 单击【特征管理器设计树】中的【前视基准面】图标，使其成为草图绘制平面。

单击【标准视图】工具栏中的【正视于】按钮，并单击【草图】工具栏中的【草图绘制】按钮，进入草图绘制状态。使用【草图】工具栏中的【圆】、【智能尺寸】工具，绘制如图7-20所示的草图。单击【退出草图】按钮，退出草图绘制状态。

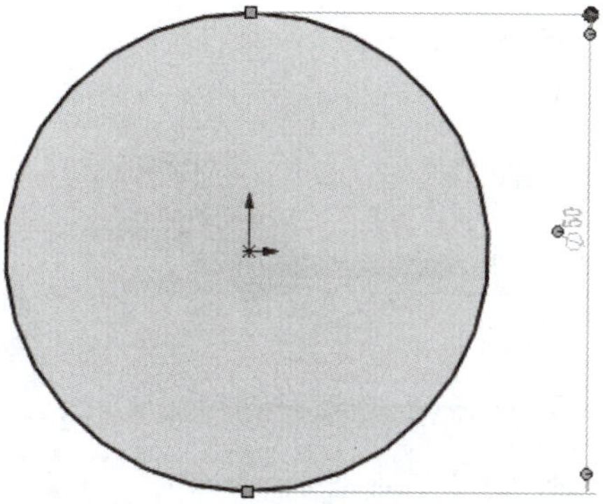

图7-20　绘制草图并标注尺寸

② 单击【插入】|【曲线】|【螺旋线/涡状线】按钮，弹出【螺旋线/涡状线】属性设置。在【定义方式】选项组中，选择【螺距和圈数】；在【参数】选项组中，勾选【可变螺距】选项，并输入数据；不勾选【反向】；设置【起始角度】为“270.00度”；勾选【顺时针】选项，如图7-21所示。

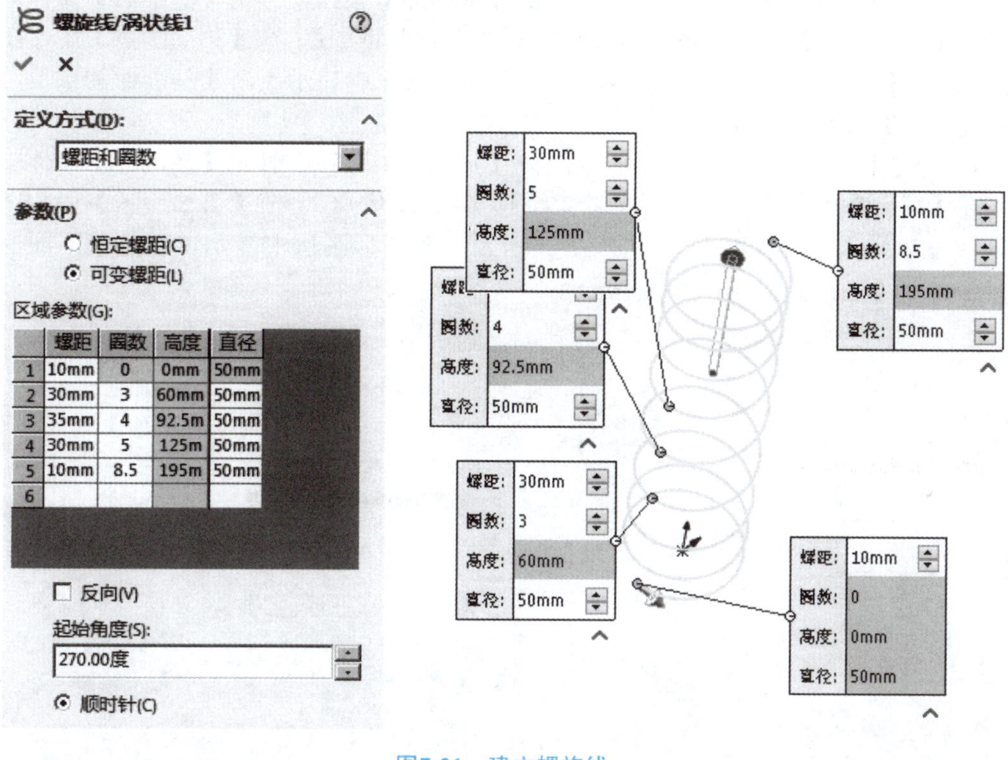

图7-21　建立螺旋线

③ 单击【参考几何体】工具栏中的【基准面】按钮，弹出【基准面】属性管理器。在【第一参考】中，在图形区域中选择“点<1>”；在【第二参考】中，在图形区域中选择“前视基准面”，如图7-22所示，在图形区域中显示出新建基准面的预览，单击【确定】按钮，生成基准面。

④ 单击【参考几何体】工具栏中的【基准面】按钮，弹出【基准面】属性管理器。在【第一参考】中，在图形区域中选择“点<1>”；在【第二参考】中，在图形区域中选择“前视基准面”，如图7-23所示，在图形区域中显示出新建基准面的预览，单击【确定】按钮，生成基准面。

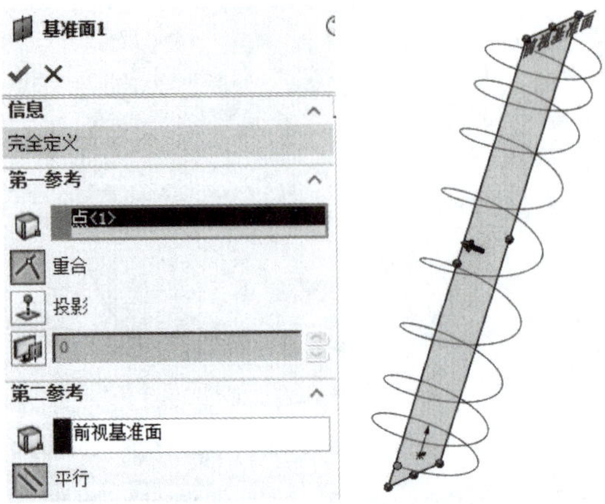

图7-22 生成基准面

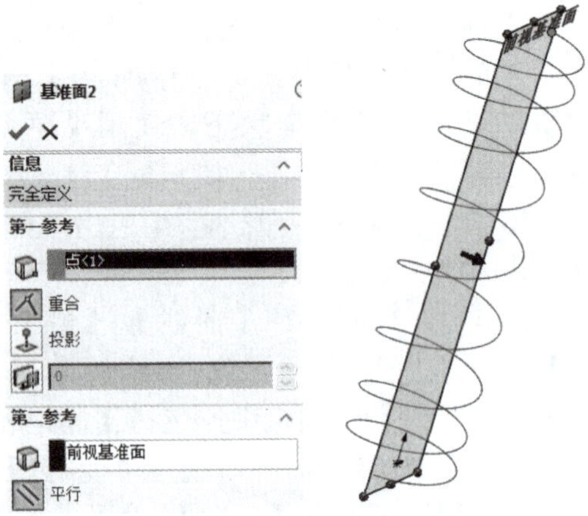

图7-23 生成基准面

⑤ 单击【参考几何体】工具栏中的【基准面】按钮，弹出【基准面】属性管理器。在【第一参考】中，在图形区域中选择“上视基准面”；在【第二参考】中，在图形区域中选择“点<1>”，如图7-24所示，在图形区域中显示出新建基准面的预览，单击【确定】按钮，生成基准面。

⑥ 单击【参考几何体】工具栏中的【基准面】按钮，弹出【基准面】属性管理器。在【第一参考】中，在图形区域中选择“点1@原点”；在【第二参考】中，在图形区域中选择“上视基准面”，如图7-25所示，在图形区域中显示出新建基准面的预览，单击【确定】按钮，生成基准面。

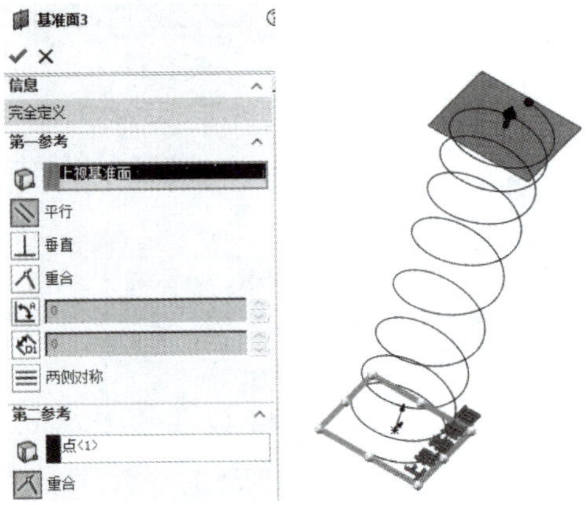

图7-24 生成基准面

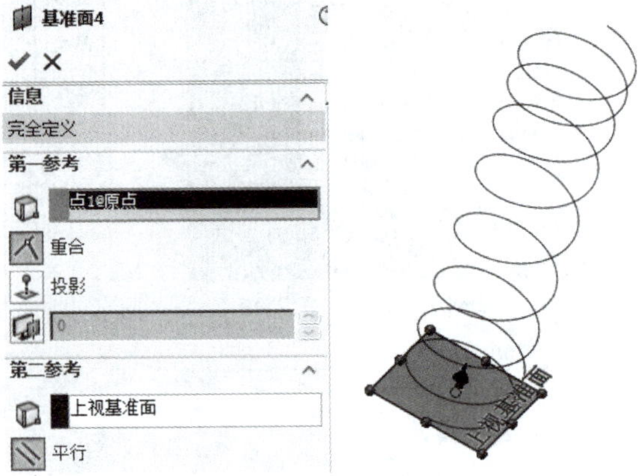

图7-25 生成基准面

⑦ 单击【特征管理器设计树】中的【前视基准面】图标，使其成为草图绘制平面。单击【标准视图】工具栏中的【正视于】按钮，并单击【草图】工具栏中的【草图绘制】按钮，进入草图绘制状态。使用【草图】工具栏中的【圆】、【智能尺寸】工具，绘制如图7-26所示的草图。单击【退出草图】按钮，退出草图绘制状态。

⑧ 单击【插入】|【曲线】|【螺旋线/涡状线】按钮，弹出【螺旋线/涡状线】属性设置。在【定义方式】选项组中，选择【螺距和圈数】；在【参数】选项组中，勾选【恒定螺距】选项，并输入数据；设置【起始角度】为“90.00度”；勾选【顺时针】选

项，如图7-27所示。

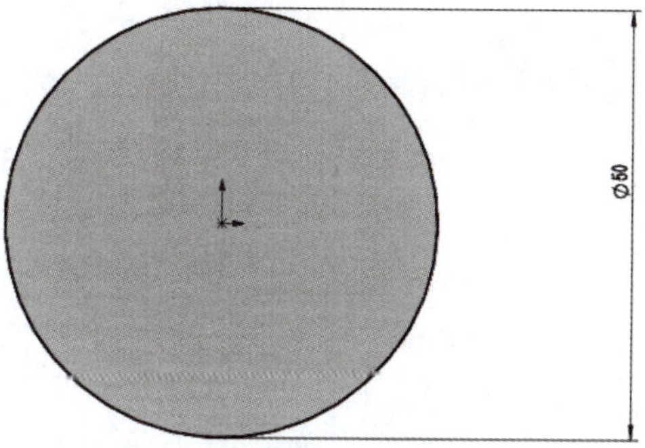

图7-26　绘制草图并标注尺寸

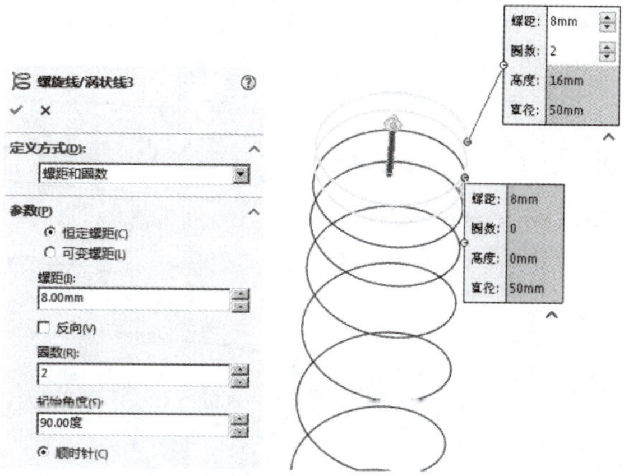

图7-27　建立螺旋线

⑨ 单击【特征管理器设计树】中的【前视基准面】图标，使其成为草图绘制平面。单击【标准视图】工具栏中的【正视于】按钮，并单击【草图】工具栏中的【草图绘制】按钮，进入草图绘制状态。使用【草图】工具栏中的【圆】、【智能尺寸】工具，绘制如图7-28所示的草图。单击【退出草图】按钮，退出草图绘制状态。

⑩ 单击【插入】|【曲线】|【螺旋线/涡状线】按钮，弹出【螺旋线/涡状线】属性设置。在【定义方式】选项组中，选择【螺距和圈数】；在【参数】选项组中，勾选【恒定螺距】选项，在【螺距】中输入“8.00mm”，在【圈数】中输入“2”，设置【起始角度】为“270.00度”，如图7-29所示。

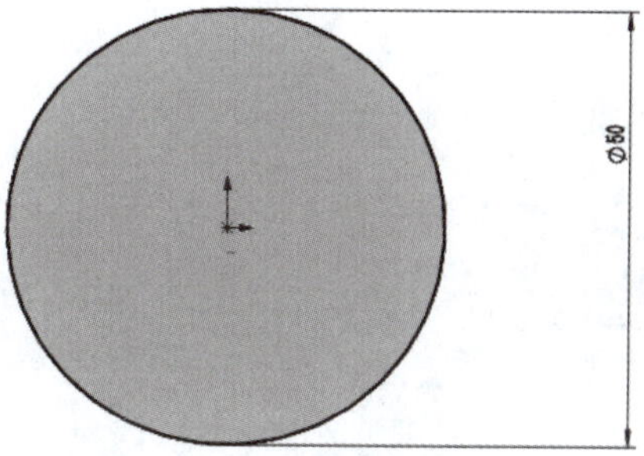

图7-28　绘制草图并标注尺寸

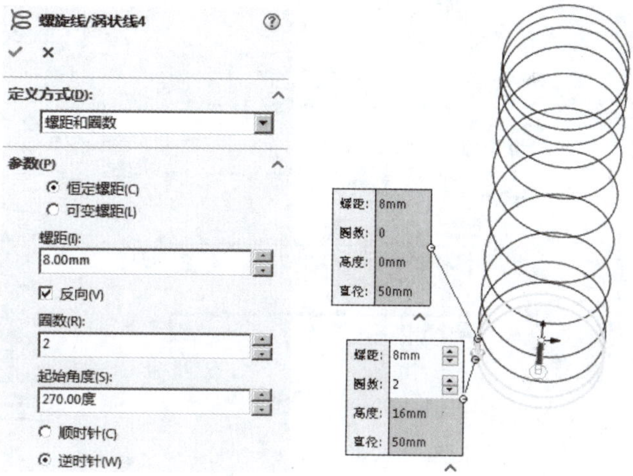

图7-29　建立螺旋线

⑪ 单击【特征管理器设计树】中的【前视基准面】图标，使其成为草图绘制平面。单击【标准视图】工具栏中的【正视于】按钮，并单击【草图】工具栏中的【草图绘制】按钮，进入草图绘制状态。使用【草图】工具栏中的【圆】、【智能尺寸】工具，绘制如图7-30所示的草图。单击【退出草图】按钮，退出草

图绘制状态。

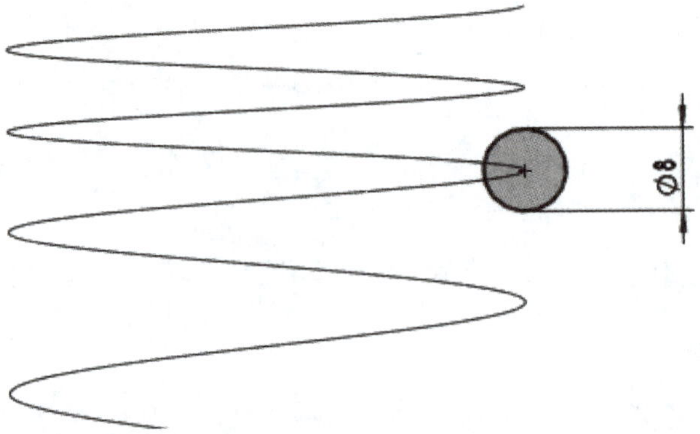

图7-30　绘制草图并标注尺寸

⑫ 选择【插入】|【凸台/基体】|【扫描】菜单命令，弹出【扫描】属性管理器。在【轮廓和路径】选项组中，单击【轮廓】按钮，在图形区域中选择草图中的“草图10”，单击【路径】按钮，在图形区域中选择草图中的“螺旋线/涡状线1”；在【选项】选项组中，设置【轮廓方位】为【随路径变化】，单击【确定】按钮，如图7-31所示。

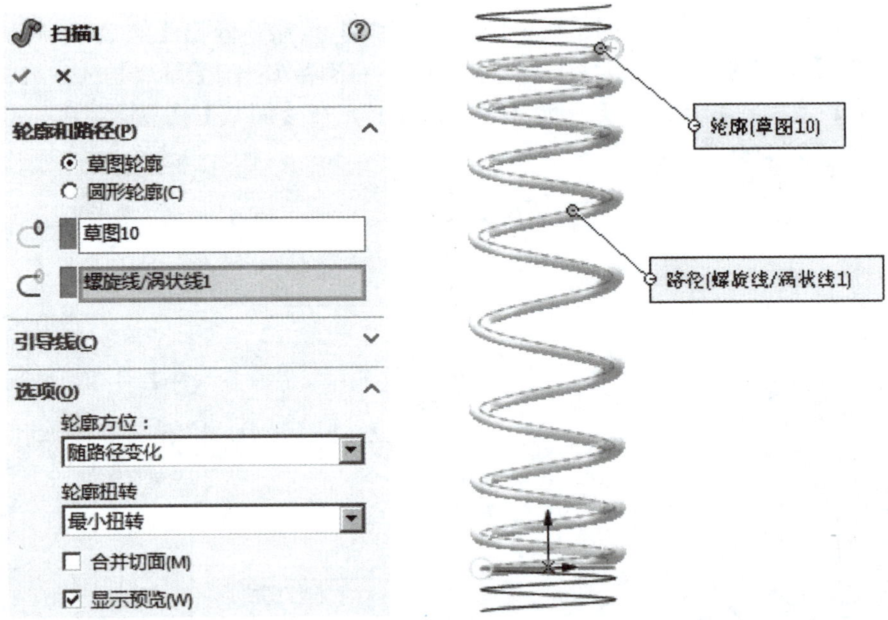

图7-31　扫描特征

⑬ 单击【特征管理器设计树】中的【前视基准面】图标，使其成为草图绘制平面。单击【标准视图】工具栏中的【正视于】按钮，并单击【草图】工具栏中的【草图绘制】按钮，进入草图绘制状态。使用【草图】工具栏中的【圆】、【智能尺寸】工具，绘制如图7-32所示的草图。单击【退出草图】按钮，退出草图绘制状态。

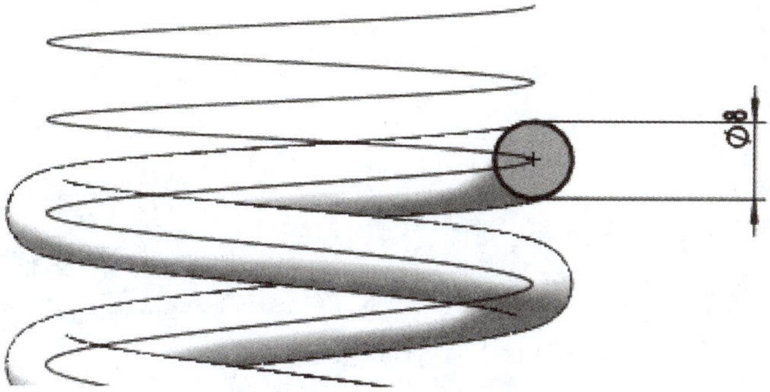

图7-32　绘制草图并标注尺寸

⑭ 选择【插入】|【凸台/基体】|【扫描】菜单命令，弹出【扫描】属性管理器。在【轮廓和路径】选项组中，单击【轮廓】按钮，在图形区域中选择草图中的“草图11”，单击【路径】按钮，在图形区域中选择草图中的螺旋线，单击【确定】按钮，如图7-33所示。

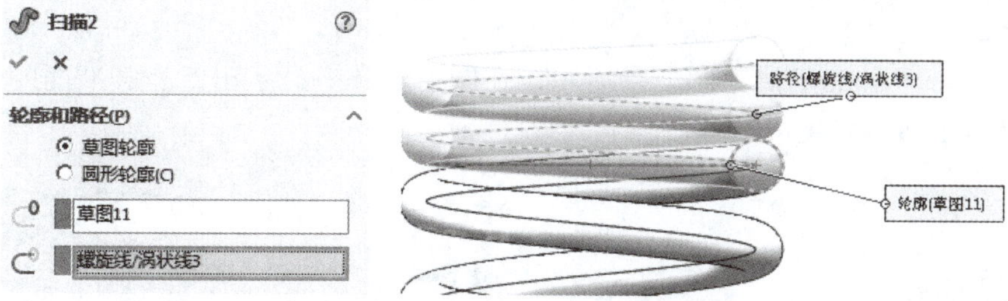

图7-33　扫描特征

⑮ 单击【特征管理器设计树】中的【前视基准面】图标，使其成为草图绘制平面。单击【标准视图】工具栏中的【正视于】按钮，并单击【草图】工具栏中的【草图绘制】按钮，进入草图绘制状态。使用【草图】工具栏中的【圆】、【智能尺寸】工具，绘制如图7-34所示的草图。单击【退出草图】按钮，退出草图绘制状态。

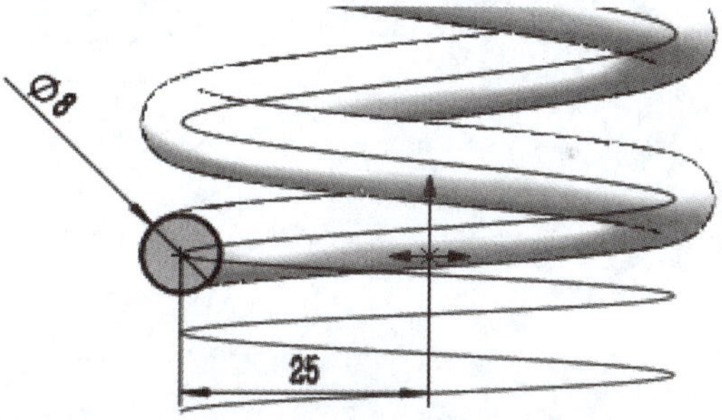

图7-34　绘制草图并标注尺寸

⑯ 选择【插入】|【凸台/基体】|【扫描】菜单命令，弹出【扫描】属性管理器。在【轮廓和路径】选项组中，单击【轮廓】按钮，在图形区域中选择草图中的“草图12”，单击【路径】按钮，在图形区域中选择草图中的螺旋线；在【选项】选项组中，设置【轮廓方位】为【随路径变化】，单击【确定】按钮，如图7-35所示。

⑰ 单击【参考几何体】工具栏中的【基准面】按钮，弹出【基准面】属性管理器。在【第一参考】中，在图形区域中选择“基准面3”，单击【距离】按钮，在文本栏中输入“15.00mm”，如图7-36所示，在图形区域中显示出新建基准面的预览，单击【确定】按钮，生成基准面。

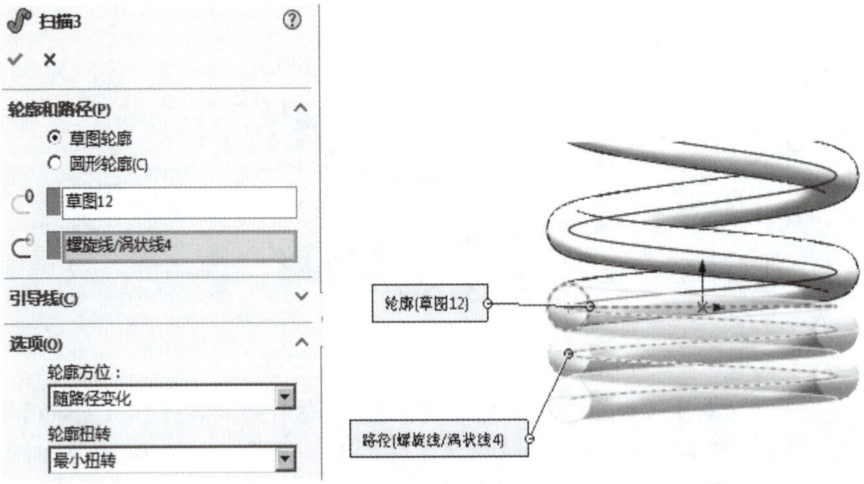

图7-35 扫描特征

⑱ 单击【参考几何体】工具栏中的【基准面】按钮，弹出【基准面】属性管理器。在【第一参考】中，在图形区域中选择“基准面4”，单击【距离】按钮，在文本栏中输入“15.00mm”，如图7-37所示，在图形区域中显示出新建基准面的预览，单击【确定】按钮，生成基准面。

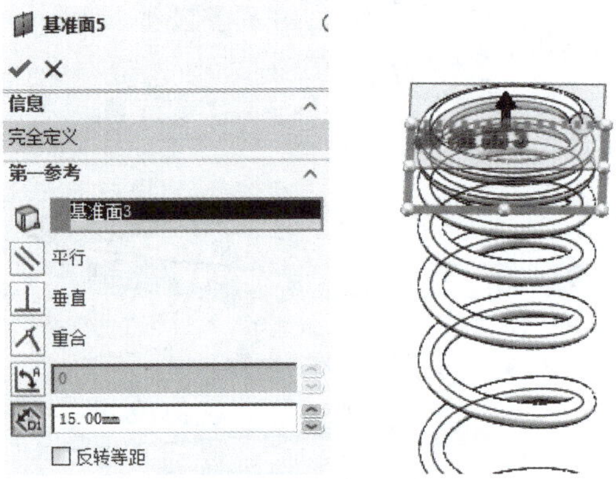

图7-36 生成基准面

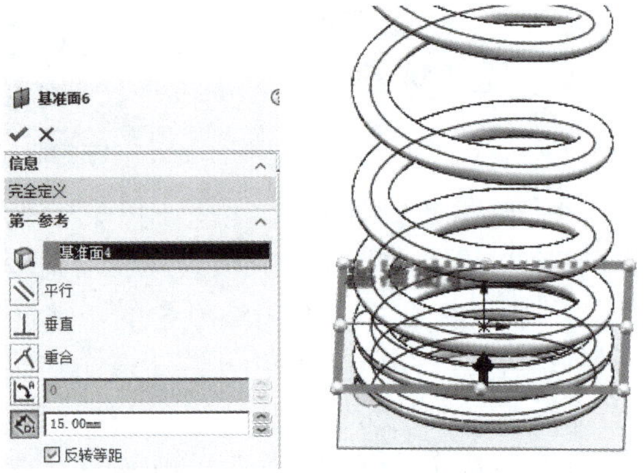

图7-37 生成基准面

7.6.2 辅助部分

① 单击端面的表面，使其处于被选择状态。选择【插入】|【特征】|【圆顶】菜单命令，弹出【圆顶】属性管理器。在【参数】选项组中的【到圆顶的面】选择框中选择工“面<1>”，设置【距离】为“3.50mm”，单击【确定】按钮，生成圆顶特征，如图7-38所示。

② 单击端面的表面，使其处于被选择状态。选择【插入】|【特征】|【圆顶】菜单命令，弹出【圆顶】属性管理器。在【参数】选项组中的【到圆顶的面】选择框中选择“面<1>”，设置【距离】为“3.50mm”，单击【确定】按钮，生成圆顶特征，如图7-39所示。

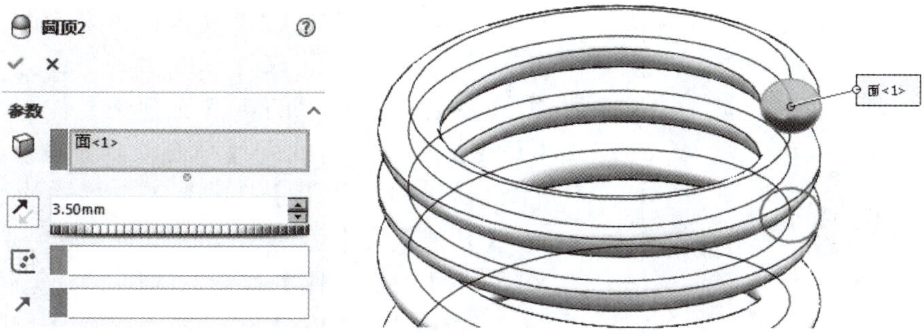

图7-38　生成圆顶特征

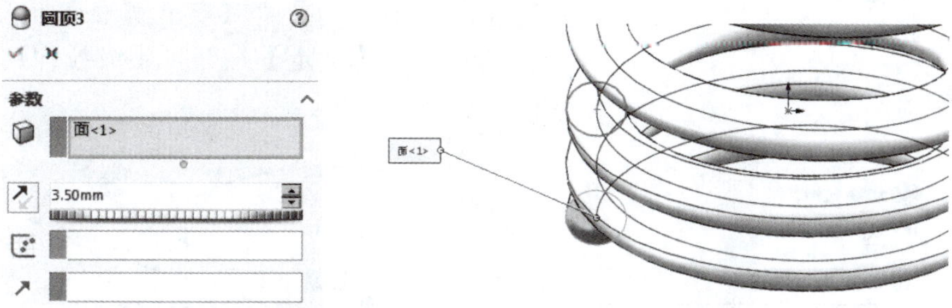

图7-39　生成圆顶特征

③ 单击【特征管理器设计树】中的【前视基准面】图标，使其成为草图绘制平面。单击【标准视图】工具栏中的【正视于】按钮，并单击【草图】工具栏中的【草图绘制】按钮，进入草图绘制状态。使用【草图】工具栏中的【圆】、【智能尺寸】工具，绘制如图7-40所示的草图。单击【退出草图】按钮，退出草图绘制状态。

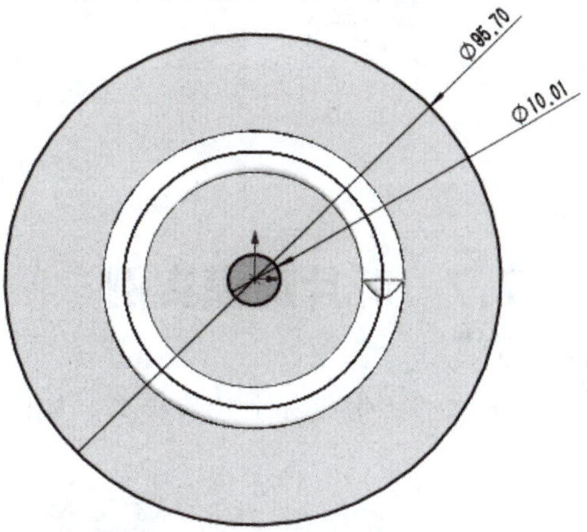

图7-40　绘制草图并标注尺寸

④ 单击【特征】工具栏中的【切除-拉伸】按钮，弹出【切除-拉伸】属性管理器。在【方向1】选项组中，设置【终止条件】为【完全贯穿】，单击【确定】按钮，生成拉伸切除特征，如图7-41所示。

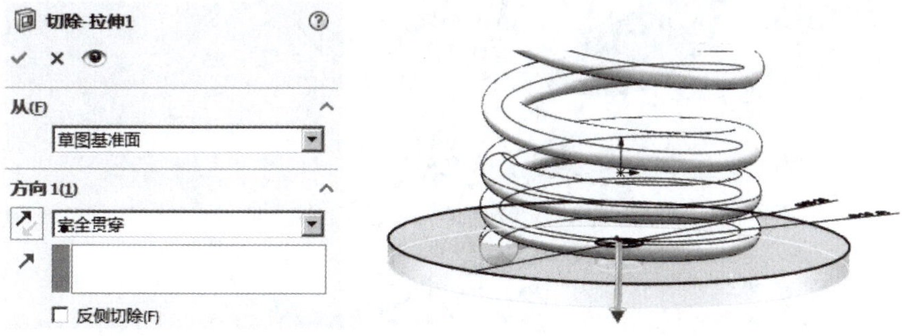

图7-41　拉伸切除特征

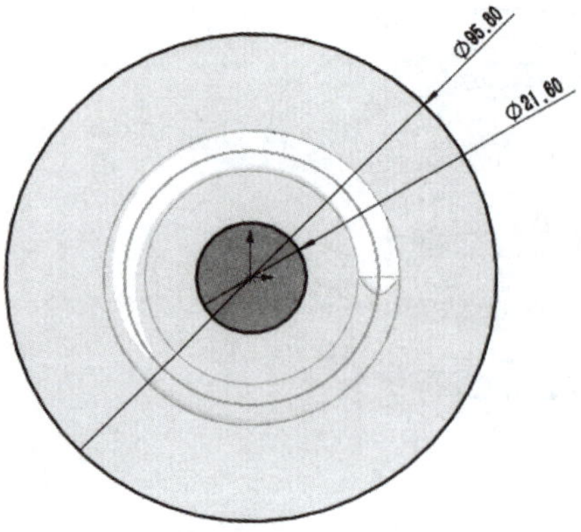

图7-42 绘制草图并标注尺寸

⑤ 单击【特征管理器设计树】中的【前视基准面】图标，使其成为草图绘制平面。单击【标准视图】工具栏中的【正视于】按钮，并单击【草图】工具栏中的【草图绘制】按钮，进入草图绘制状态。使用【草图】工具栏中的【圆】、【智能尺寸】工具，绘制如图7-42所示的草图。单击【退出草图】按钮，退出草图绘制状态。

⑥ 单击【特征】工具栏中的【切除-拉伸】按钮，弹出【切除-拉伸】属性管理器。在【方向1】选项组中，设置【终止条件】为【完全贯穿】，单击【确定】按钮，生成拉伸切除特征，如图7-43所示。

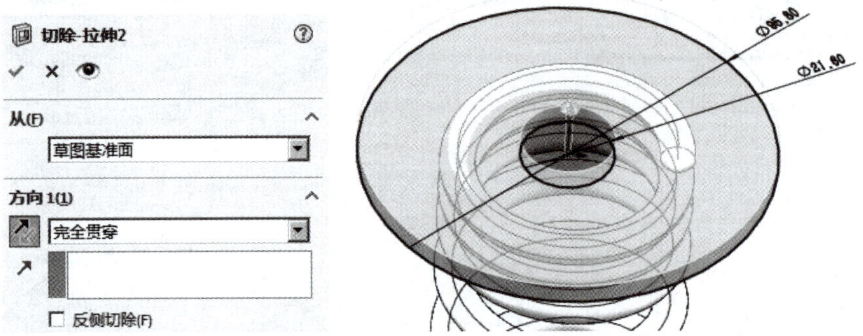

图7-43 拉伸切除特征

7.7 叶片建模实例

本实例将生成一个叶片模型，如图7-44所示。

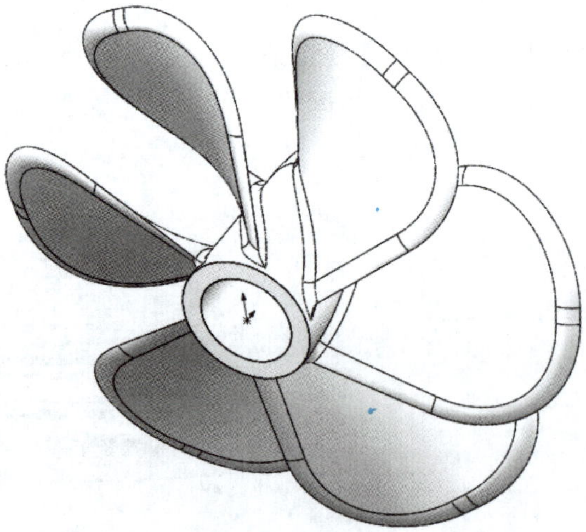

图7-44 叶片模型

建模思路分析：

① 叶片是轴对称结构，要用圆周阵列特征来实现。

② 单独的一个叶片是个曲面形状，可以用放样特征来实现。

③ 中间的圆柱部分用旋转特征和切除特征来完成。

④ 最后的边缘部分用圆角特征来完成。如图7-45所示。

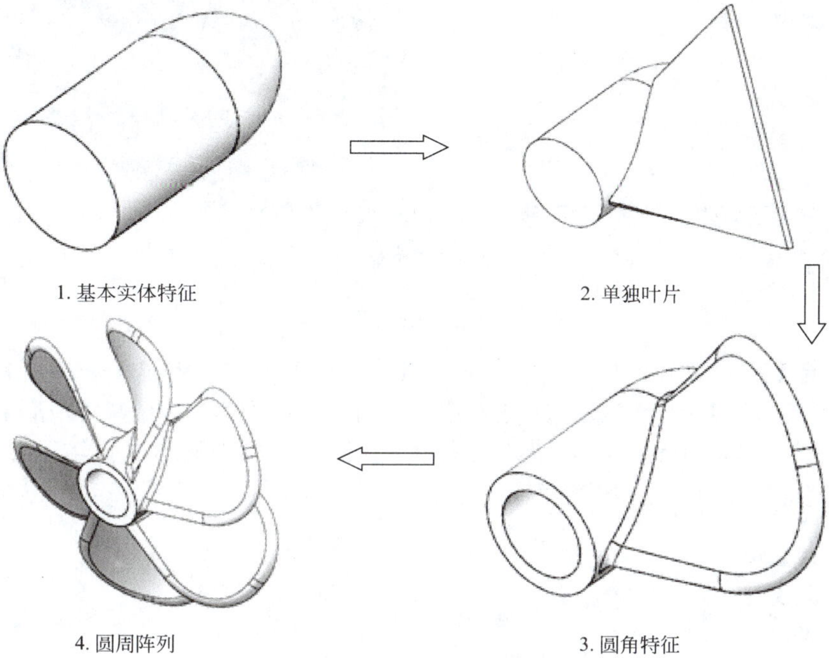

图7-45　建模过程

具体步骤如下。

7.7.1　主体部分

① 单击【特征管理器设计树】中的【前视基准面】图标，使其成为草图绘制平面。单击【标准视图】工具栏中的【正视于】按钮，并单击【草图】工具栏中的【草图绘制】按钮，进入草图绘制状态。使用【草图】工具栏中的【直线】、【样条曲线】、【智能尺寸】工具，绘制如图7-46所示的草图。单击【退出草图】按钮，退出草图绘制状态。

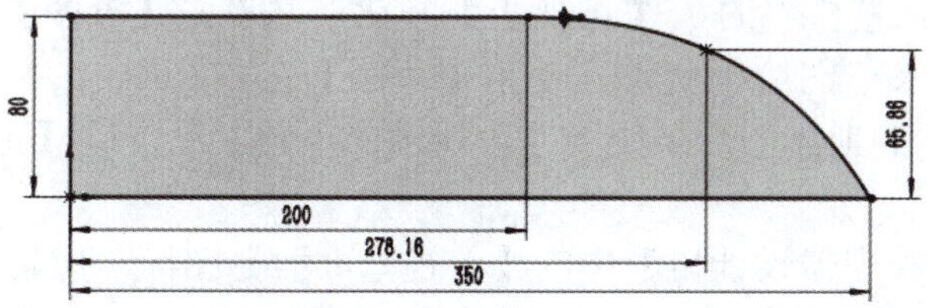

图7-46　绘制草图并标注尺寸

② 单击【特征】工具栏中的【旋转凸台/基体】按钮，弹出【旋转】属性管理器。在【旋转参数】选项组中，单击【旋转轴】选择框，在图形区域中选择草图中

的“直线3”，设置【终止条件】为【给定深度】，【角度】为“360.00度”，单击【确定】按钮，生成旋转特征，如图7-47所示。

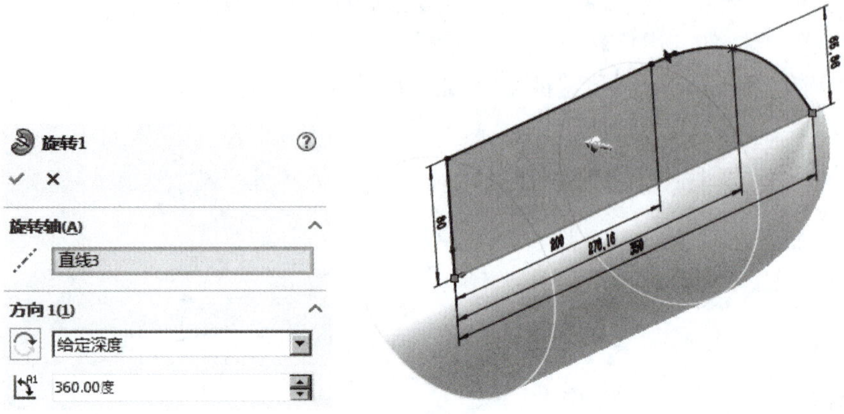

图7-47 生成旋转特征

③ 单击【参考几何体】工具栏中的【基准面】按钮，弹出【基准面】属性管理器。在【第一参考】中，在图形区域中选择“前视基准面”，单击【距离】按钮，在文本栏中输入“360.00mm”，如图7-48所示，在图形区域中显示出新建基准面的预览，单击【确定】按钮，生成基准面。

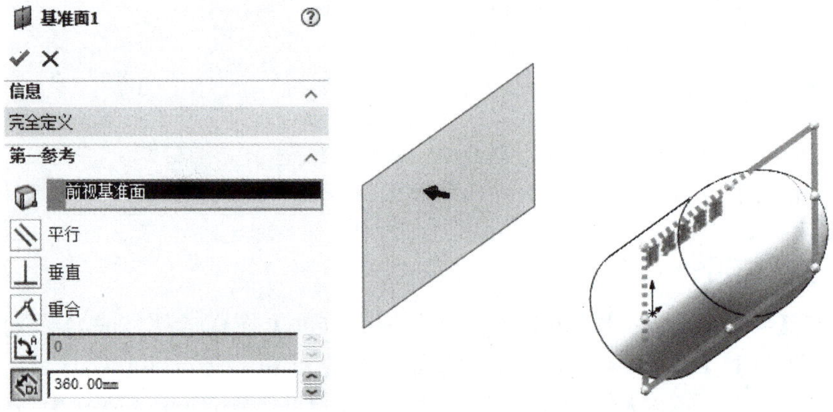

图7-48 生成基准面

④ 单击【特征管理器设计树】中的【前视基准面】图标，使其成为草图绘制平面。单击【标准视图】工具栏中的【正视于】按钮，并单击【草图】工具栏中的【草图绘制】按钮，进入草图绘制状态。使用【草图】工具栏中的【直线】、【中心线】、【智能尺寸】工具，绘制如图7-49所示的草图。单击【退出草图】按钮，退出草图绘制状态。

⑤ 单击【特征管理器设计树】中的【前视基准面】图标，使其成为草图绘制平面。单击【标准视图】工具栏中的【正视于】按钮，并单击【草图】工具栏中的【草图绘制】按钮，进入草图绘制状态。使用【草图】工具栏中的【直线】、【中心线】、【智能尺寸】工具，绘制如图7-50所示的草图。单击【退出草图】按钮，退出草图绘制状态。

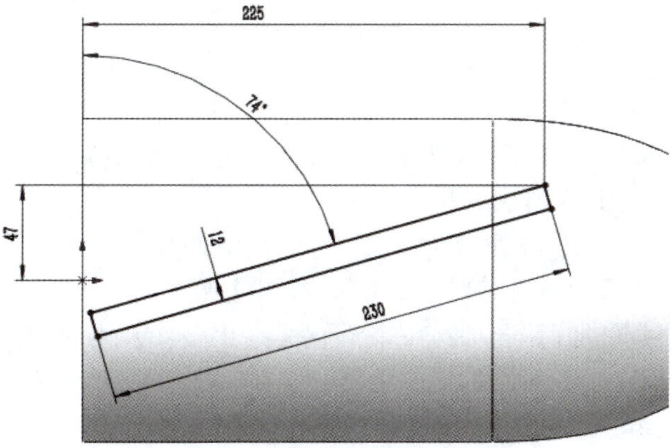

图7-49　绘制草图并标注尺寸

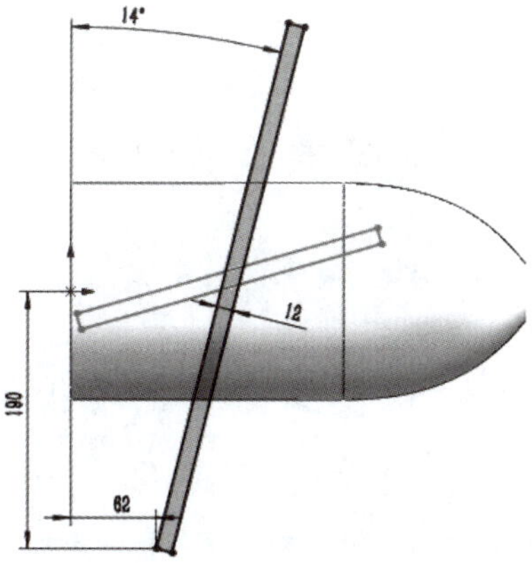

图7-50　绘制草图并标注尺寸

⑥ 选择【插入】|【凸台/基体】|【放样】菜单命令，弹出【放样】属性管理器。在【轮廓】选项组中，在图形区域中选择2个草图单击【确定】按钮，如图7-51所示，生成放样特征。

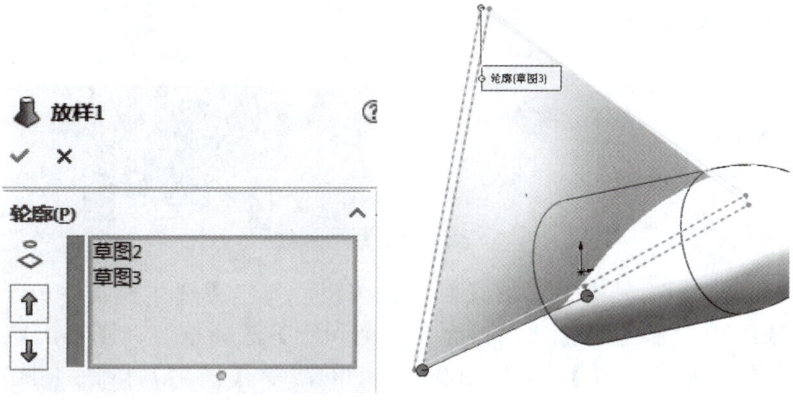

图7-51　生成放样特征

⑦ 单击【特征】工具栏中的【圆角】按钮，弹出【圆角】属性管理器。在【圆角项目】选项组中，单击【边线、面、特征和环】选择框，在图形区域中选择模型的2条边线，设置【半径】为“135.00mm”，单击【确定】按钮，生成圆角特征，如图7-52所示。

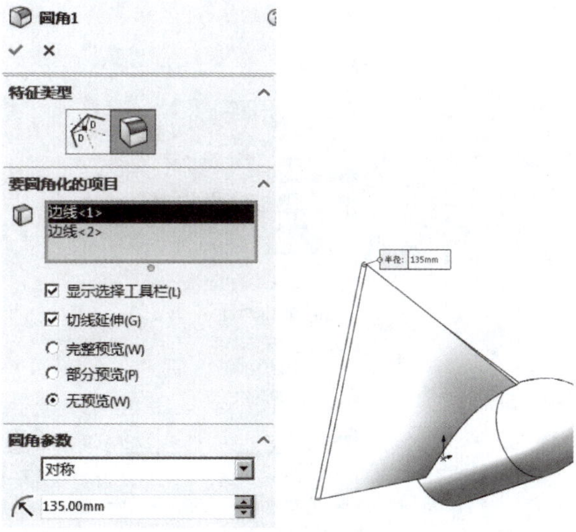

图7-52　生成圆角特征

7.7.2　辅助部分

① 单击【特征管理器设计树】中的【前视基准面】图标，使其成为草图绘制平面。单击【标准视图】工具栏中的【正视于】按钮，并

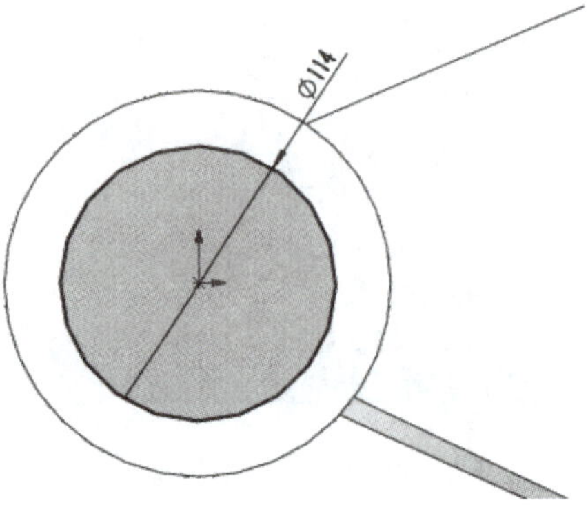

图7-53 绘制草图并标注尺寸

单击【草图】工具栏中的【草图绘制】按钮，进入草图绘制状态。使用【草图】工具栏中的【圆】、【智能尺寸】工具，绘制如图7-53所示的草图。单击【退出草图】按钮，退出草图绘制状态。

② 单击【特征】工具栏中的【切除-拉伸】按钮，弹出【切除-拉伸】属性管理器。在【方向1】选项组中，设置【终止条件】为【给定深度】，【深度】为“210mm”，单击【确定】按钮，生成拉伸切除特征，如图7-54所示。

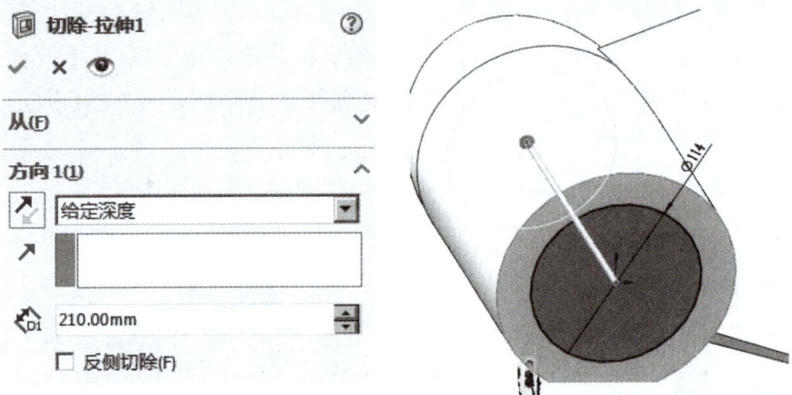

图7-54 拉伸切除特征

③ 单击【特征】工具栏中的【圆角】按钮，弹出【圆角】属性管理器。在【圆角项目】选项组中，单击【边线、面、特征和环】选择框，在图形区域中选择模型的1条边线，设置【半径】为“30.00mm”，单击【确定】按钮，生成圆角特征，如图7-55所示。

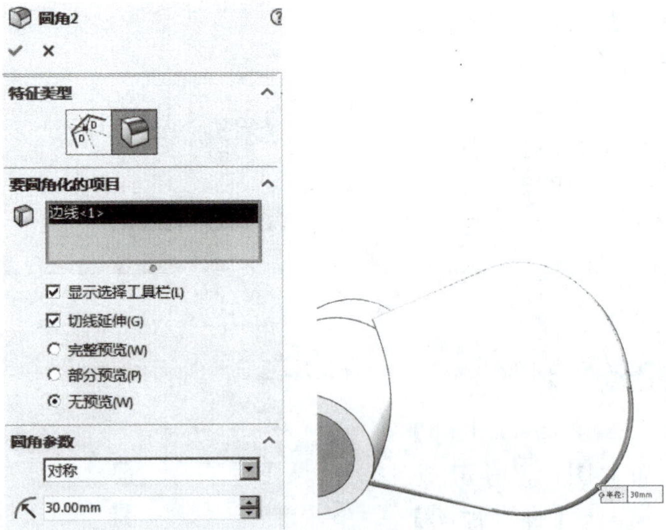

图7-55 生成圆角特征

④ 单击【特征】工具栏中的【圆角】按钮，弹出【圆角】属性管理器。在【圆角项目】选项组中，单击【边线、面、特征和环】选择框，在图形区域中选择模型的2条边线，设置【半径】为“10.00mm”，单击【确定】按钮，生成圆角特征，如图7-56所示。

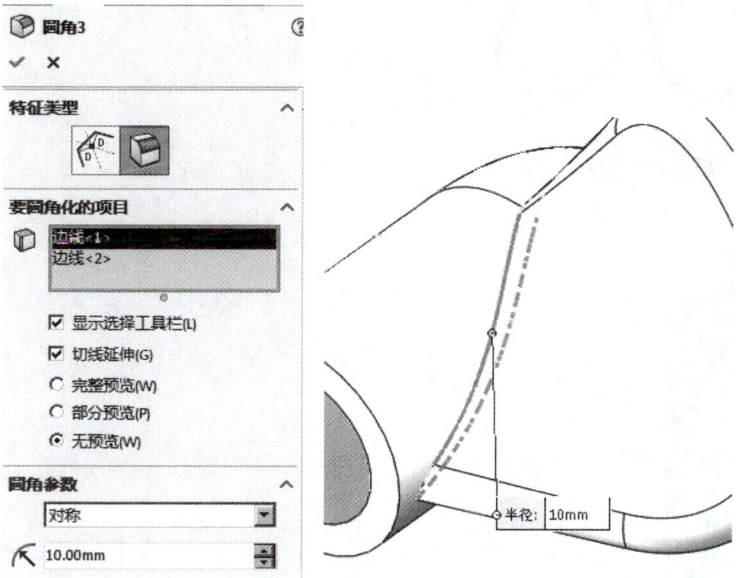

图7-56　生成圆角特征

⑤ 单击【特征】工具栏中的【圆周阵列】按钮，弹出【阵列（圆周）】属性管理器。在【方向1】选项组中，单击【阵列轴】选择框，选择“边线<1>”，设置【实例数】为“6”，选择【等间距】选项；在【实体】选项组中，单击【要阵列的实体】选择框，在图形区域中选择“圆角3”，单击【确定】按钮，生成特征圆周阵列，如图7-57所示。

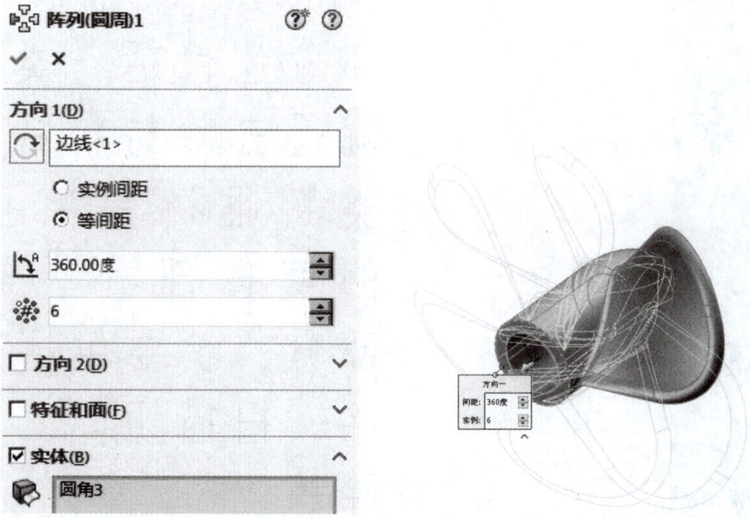

图7-57　生成圆周阵列

08 第8章 切除特征

SolidWorks的实体建模部分还包括一类特征，就是去除材料特征。这类特征就是将已建好的实体部分去除掉一部分，主要包括拉伸切除、扫描切除、旋转切除等。

8.1 拉伸切除特征

SolidWorks中的拉伸切除特征是将已有的实体特征按照一定规律进行拉伸切除。

单击【特征】菜单栏中的【拉伸切除】按钮，或者单击【插入】|【切除】|【拉伸】菜单命令，即可进入【切除-拉伸】的特征编辑页面。

8.1.1 属性设置

在单击【拉伸切除】按钮后，页面左侧会出现【切除-拉伸】属性管理器，详见以下特征组图示。

（1）【从】选项组

该选项组是用来设置切除特征的【开始条件】，可以从中选择【草图基准面】、【曲面/面/基准面】、【顶点】和【等距】，如图8-1所示。

- 【草图基准面】：以草图所在的基准面作为开始切除的基础。
- 【曲面/面/基准面】：以曲面、面、基准面中的一个作为开始切除的基础。
- 【顶点】：以选择的顶点作为开始切除的基础。
- 【等距】：以与当前的草图基准面等距的基准面作为切除的基础，其中【等距距离】可以手动输入。

（2）【方向1】选项组

该选项组是用来设置切除特征其中一个方向的参数，如图8-2所示。

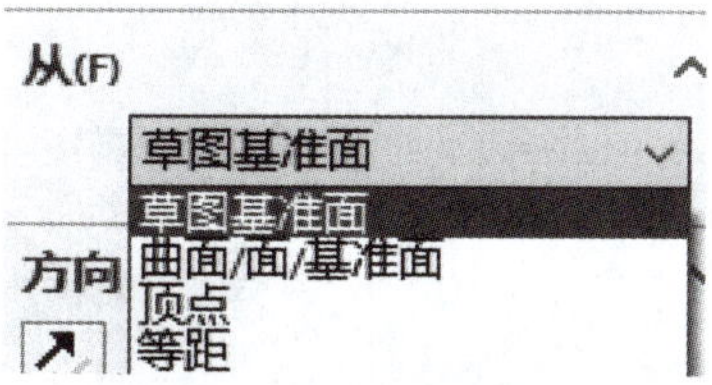

图8-1 【从】选项组

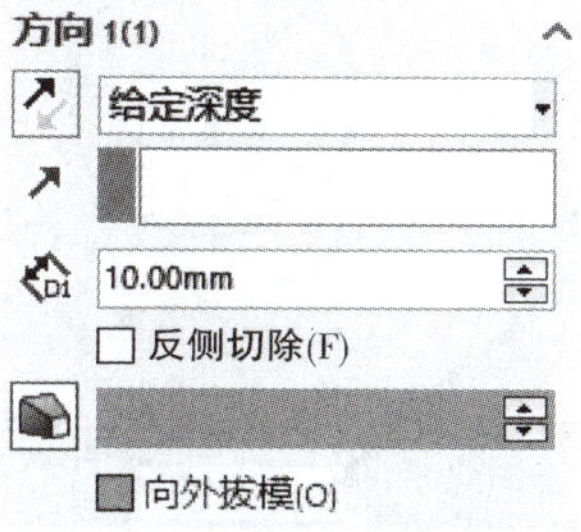

图8-2 【方向1】选项组

①【终止条件】：该选项用来设置切除特征的终止条件，如图8-3所示。其中【反向】命令可以设置切除特征的方向，单击后其切除方向与预设的方向相反。

- 【给定深度】：选择其选项后，会出现【深度】选项，在其中手动输入切除深度数值以完成切除特征。
- 【完全贯穿】：选择其选项后，会将图形区域中的实体完全贯穿切除，其中为沿着一个方向贯穿切除。
- 【完全贯穿-两者】：选择其选项后，会将图形区域中的实体两侧全部贯穿切除。

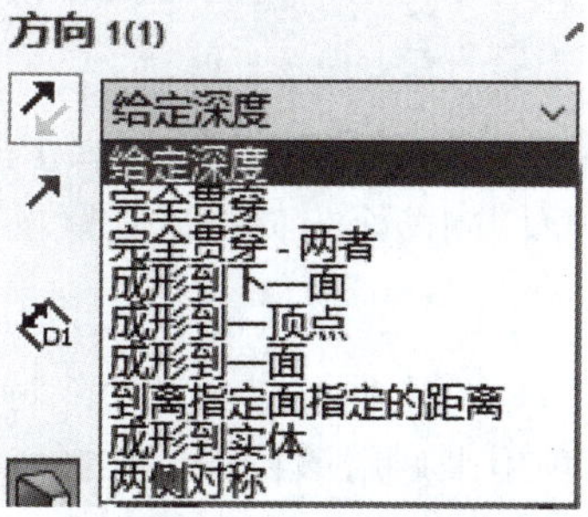

图8-3 【终止条件】选项

- 【成形到下一面】：选择其选项后，会将切除特征一直进行到捕捉的下一个面为止。
- 【成形到一顶点】：选择其选项后，会出现【顶点】选项，选择指定的顶点以完成切除特征。
- 【成形到一面】：选择其选项后，会出现【面】选项，选择指定的面以完成切除特征。
- 【到离指定面指定的距离】：选择其选项后，会出现【面】和【等距距离】选项，选择指定的面并且输入等距数值以完成切除特征。
- 【成形到实体】：选择其选项后，会出现【实体/曲面实体】选项，选择指定的实体/曲面实体以完成切除特征。
- 【两侧对称】：选择其选项后，会出现【深度】选项，在其中手动输入拉深深度数值以完成切除特征。

② 【拉伸方向】：在图形区域中选择方向向量，选择后会以选择的方向进行切除特征。

③ □反侧切除(F)【反侧切除】：勾选此选项为移除轮廓外的所有部分，取消勾选为移除轮廓内的所有部分，切除之前的图形如图8-4所示，勾选【反侧切除】选项后切除后的图形如图8-5所示。

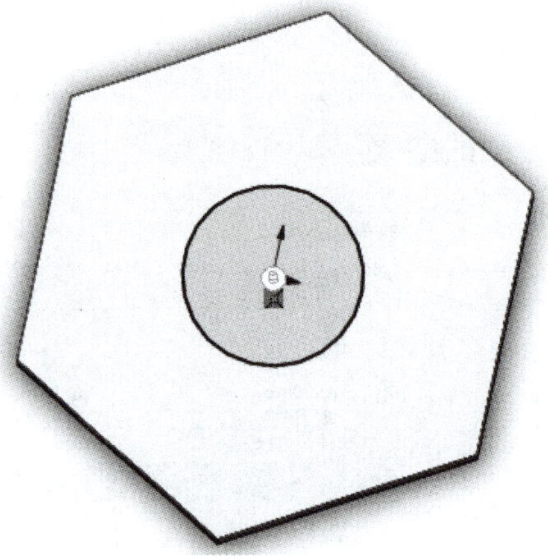

图8-4　切除前的图形

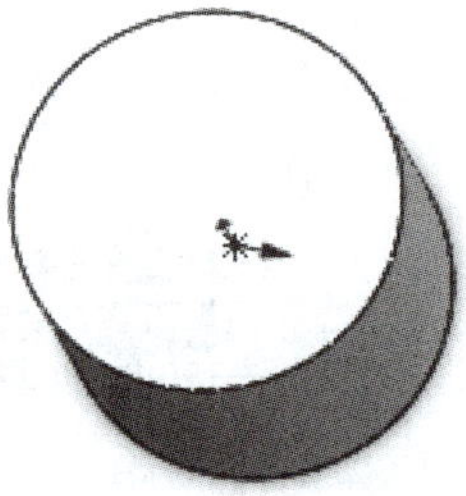

图8-5　切除后的图形

④ 【拔模开/关】：可以设置【拔模角度】数值，草图会沿着一定的拔模角度进行切除特征，勾选【向外拔模】选项，则会向着相反的角度进行拔模。

（3）【方向2】选项组

该选项组与【方向1】选项组的设置基本相同，在勾选【方向2】选项后，可启动草图向两个方向同时切除的选项，如图8-6所示。

（4）【薄壁特征】选项组

该选项组用来使切除特征所成的图形为存在一定厚度的实体，勾选【薄壁特征】选项用来启用该特征，如图8-7所示。

【类型】选项用来设置薄壁切除特征的类型，如图8-8所示。其中【反向】命令可以用来设置所成薄壁特征的厚度方向，单击后其厚度方向与预设的方向相反。只有选择【单向】选项，才会激活【反向】命令。

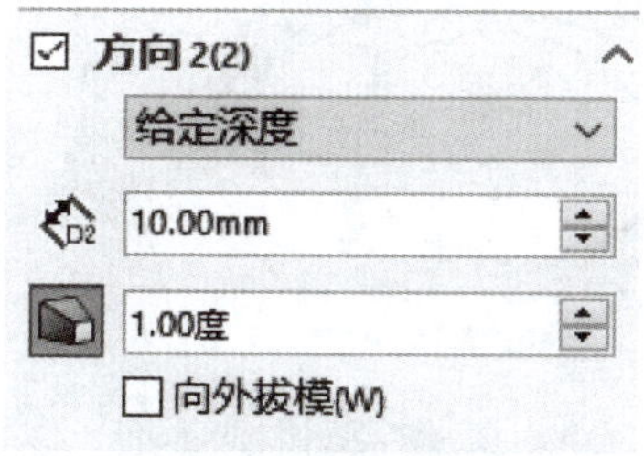

图8-6 【方向2】选项组

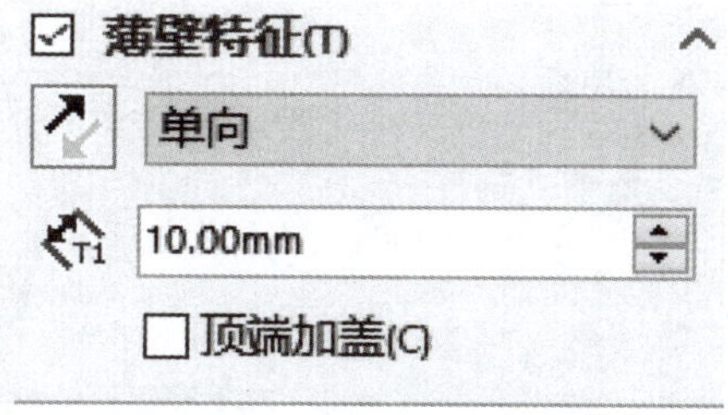

图8-7 【薄壁特征】选项组

- 【单向】：选择其选项后，会出现【厚度】选项，在其中手动输入厚度数值以完成薄壁切除特征，其厚度方向会沿着一个方向。
- 【两侧对称】：选择其选项后，会出现【厚度】选项，在其中手动输入厚度数值以完成薄壁切除特征，其厚度方向会沿着两个方向。
- 【双向】：选择其选项后，会出现【厚度1】和【厚度2】两个选项，在其中手动输入厚度数值以完成薄壁切除特征，其厚度方向会沿着两个方向，并且厚度的数值会有所不同。

（5）【所选轮廓】选项组

◇【所选轮廓】选项可以选中图形区域中的部分草图参与拉伸特征，而非全部草图，选择后的草图会出现在【所选轮廓】选项中，如图8-9所示。

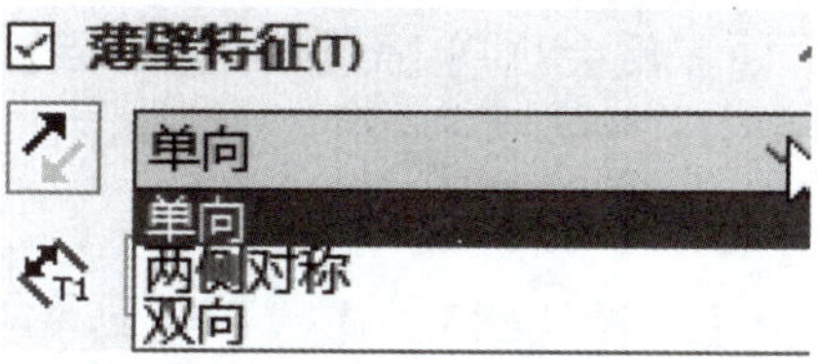

图8-8 【类型】选项

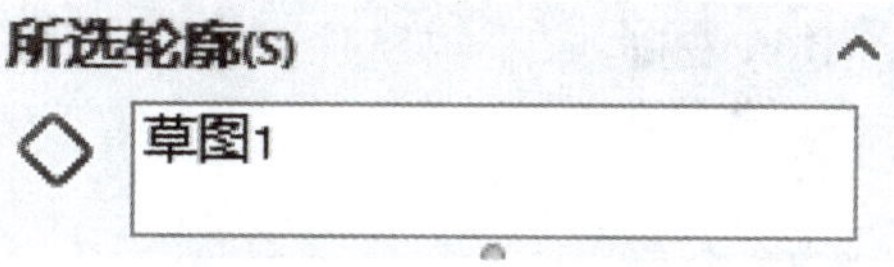

图8-9 【所选轮廓】选项组

8.1.2 拉伸切除特征的步骤和方法

① 在一个已经存在的实体上绘制一个如图8-10所示的草图。

② 单击【特征】菜单栏中的【拉伸切除】按钮，或者单击【插入】|【切除】|【拉伸】菜单命令，即可进入【切除-拉伸】的特征编辑页面，【切除-拉伸】的设置如图8-11所示。

③ 单击【切除-拉伸】特征的✔【确定】按钮，完成【切除-拉伸】特征，如图8-12所示。

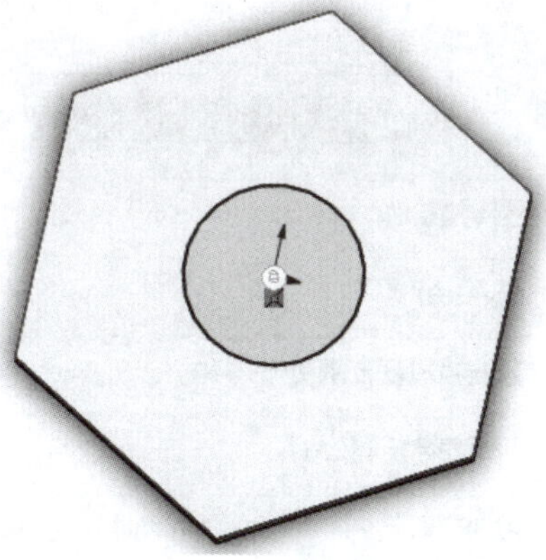

图8-10 绘制草图

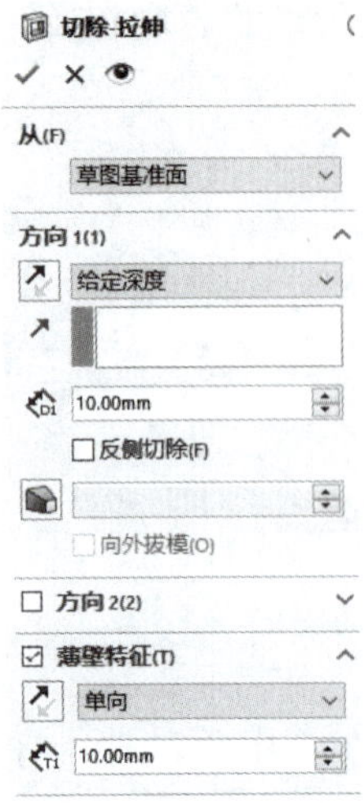

图8-11 【切除-拉伸】特征

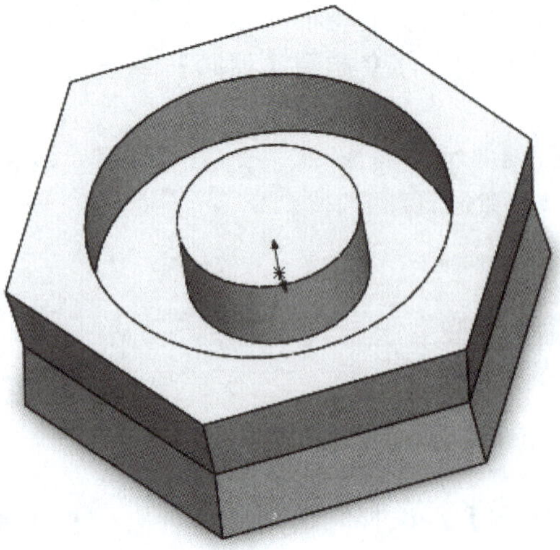

图8-12 【切除-拉伸】特征所成实体

8.2 扫描切除特征

SolidWorks中的扫描切除特征是在已有的实体特征中，将轮廓沿着一条路径进行移动，而形成凹槽的特征。

单击【插入】|【切除】|【扫描】菜单命令，即可进入【切除-扫描】的特征编辑页面。

8.2.1 属性设置

在单击【插入】|【切除】|【扫描】按钮后，页面左侧会出现【切除-扫描】属性管理器，如图8-13所示。

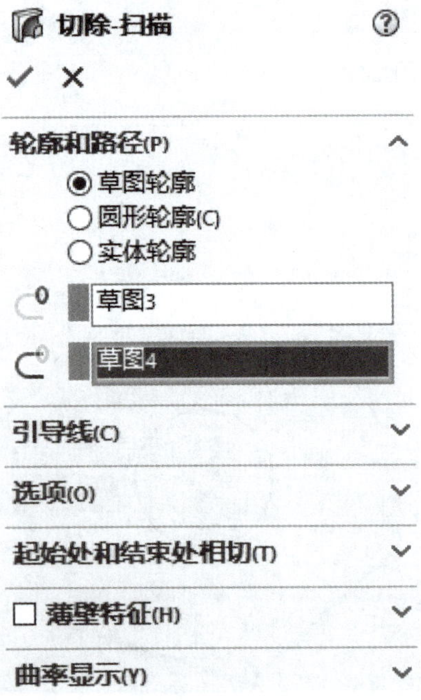

图8-13 【切除-扫描】属性管理器

(1)【轮廓和路径】选项组

- 【草图轮廓】：设置【切除-扫描】特征的轮廓为草图轮廓，需要选择一幅草图作为扫描轮廓。
- 【圆形轮廓】：设置【切除-扫描】特征的轮廓为圆形轮廓。
- 【实体轮廓】：设置【切除-扫描】特征的轮廓为实体轮廓。
- 【轮廓】：当选择【草图轮廓】选项时，则在此选项中选择一幅草图轮廓作为扫描切除的轮廓。
- 【路径】：设置扫描切除轮廓扫描所遵循的路径。

(2)【引导线】选项组

该选项组是用来设置扫描切除时所遵循的引导

线，如图8-14所示。

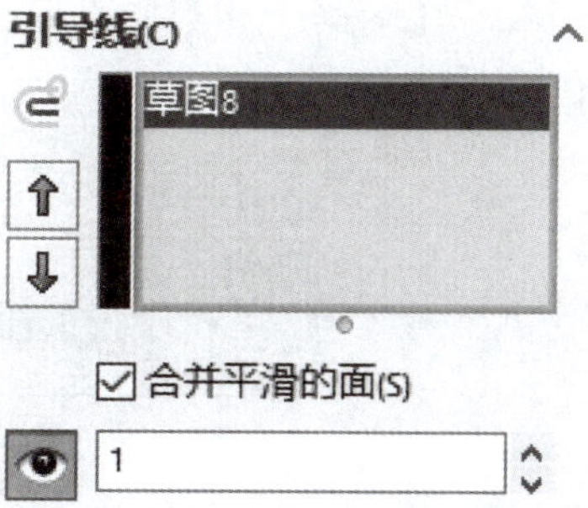

图8-14 【引导线】选项组

- 【引导线】：设置【切除-扫描】时所选择的引导线。
- 【上移】：当选择多条引导线时，可以将其中一条引导线向上移动。
- 【下移】：当选择多条引导线时，可以将其中一条引导线向下移动。
- ☑合并平滑的面(S) 【合并平滑的面】：勾选该选项，则可以消除以改进引导线扫描的性能，并能在引导线或路径不是曲率连续的所有点处分割扫描。
- 【显示截面】：可以对扫描时所形成的界面进行显示，并可以在后面的输入栏中输入所想显示的截面数量。

当进行【切除-扫描】时可以不选择引导线，也可以选择引导线，当不使用引导线时的效果如图8-15所示，当使用引导线时的效果如图8-16所示。

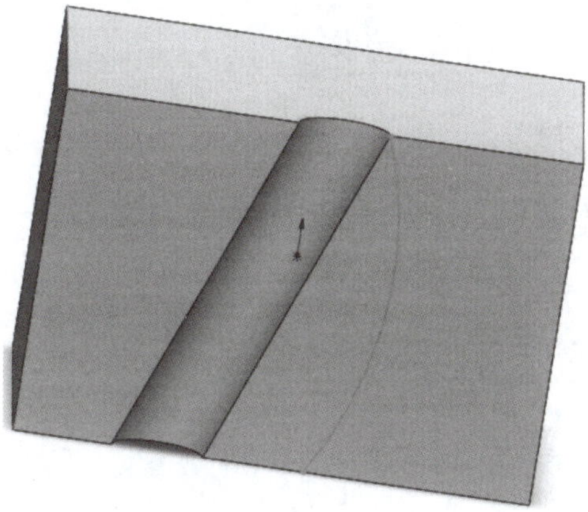
图8-15 不使用【引导线】的效果图

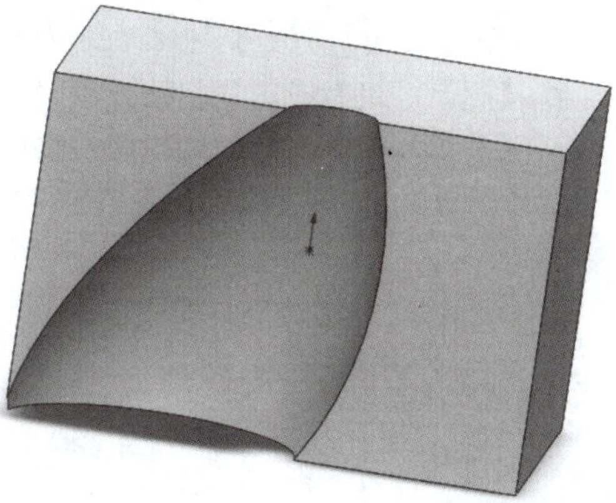
图8-16 使用【引导线】的效果图

（3）【选项】选项组

该选项组可对扫描切除的一些情况进行设置，如图8-17所示。

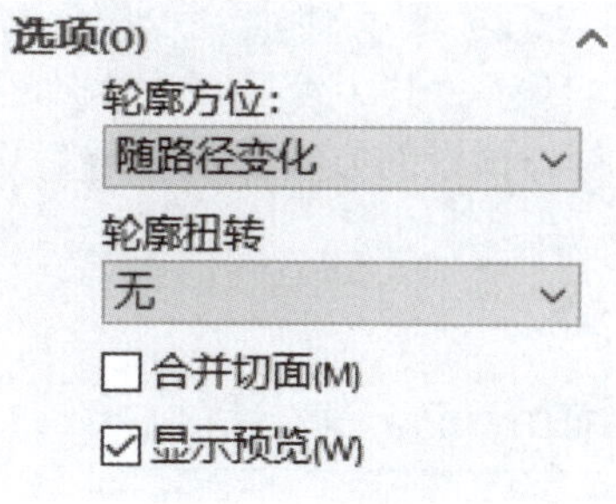

图8-17 【选项】选项组

①【轮廓方位】：控制轮廓在沿轮径扫描时的方向，如图8-18所示。

- 【随路径变化】：截面相对于路径时刻处于同一角度。
- 【保持法线不变】：截面时刻与开始截面平行。

②【轮廓扭转】：沿路径应用扭转，如图8-19所示。

- 【无】：垂直于轮廓而对齐轮廓，不进行纠正。此选项只限定于2D路径。
- 【随路径和第一引导线变化】：阻止轮廓在随路径变化时自我相交，此选项只限定于3D路径。

• 【随第一和第二引导线变化】：中间截面的扭转由第一条引导线到第二条引导线的向量决定。

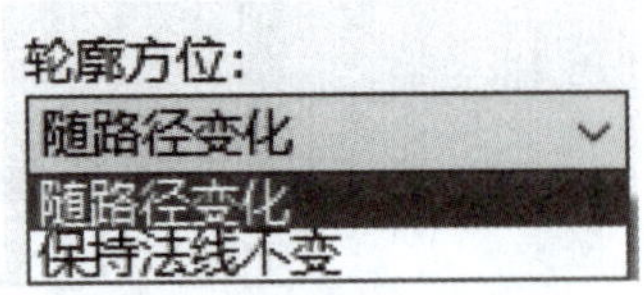

图8-18 【轮廓方位】选项

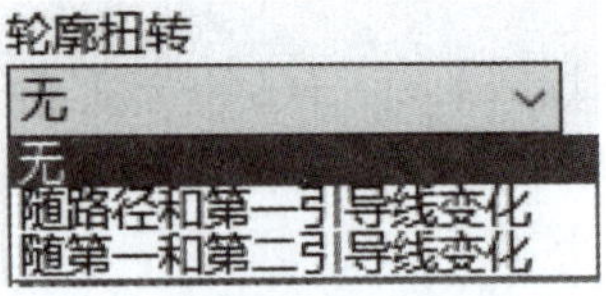

图8-19 【轮廓扭转】选项

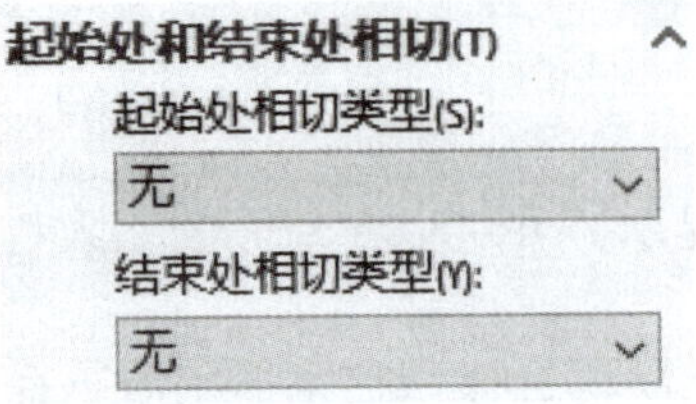

图8-20 【起始处和结束处相切】选项组

③ □合并切面(M)【合并切面】：如果扫描轮廓具有相切线段，可使所产生的扫描中的相应曲面相切。

④ ☑显示预览(W)【显示预览】：显示扫描的上色预览。消除选择以只显示轮廓和路径。

(4)【起始处和结束处相切】选项组

该选项组用于设置起始处相切类型和结束处相切类型，如图8-20所示。

①【起始处相切类型】：设置起始处的相切类型，如图8-21所示。

• 【无】：没有应用到起始处相切。
• 【路径相切】：起始处相切为垂直于开始点路径而生成扫描。

②【结束处相切类型】：设置结束处的相切类型，如图8-22所示。

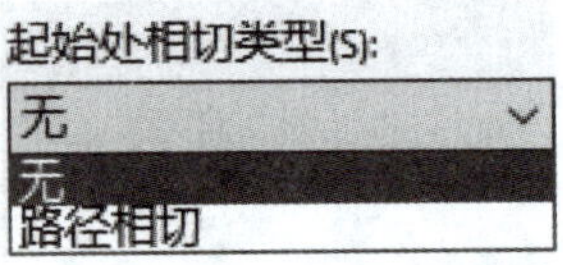

图8-21 【起始处相切类型】选项

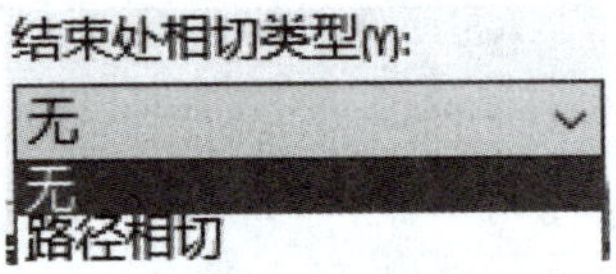

图8-22 【结束处相切类型】选项

• 【无】：没有应用到结束处相切。
• 【路径相切】：结束处相切为垂直于开始点路径而生成扫描。

(5)【薄壁特征】选项组

该选项组用来使切除特征所成的图形为存在一定厚度的实体，勾选【薄壁特征】选项用来启用该特征，如图8-23所示。

【类型】选项用来设置薄壁切除特征的类型，如图8-24所示。其中【反向】命令可以用来设置所成薄壁特征的厚度方向，单击后其厚度方向与预设的方向相反。只有选择【单向】选项，才会激活【反向】命令。

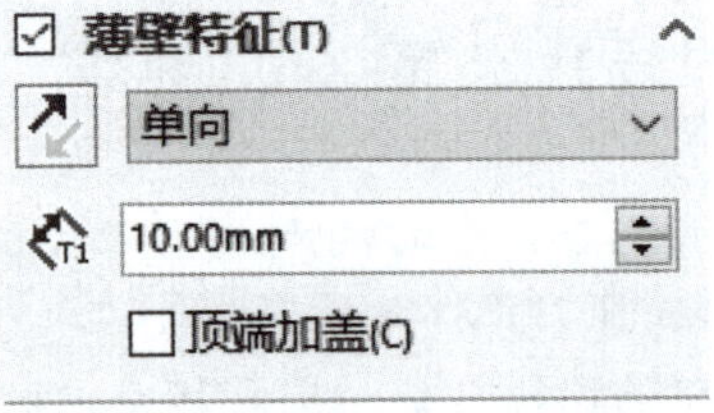

图8-23 【薄壁特征】选项组

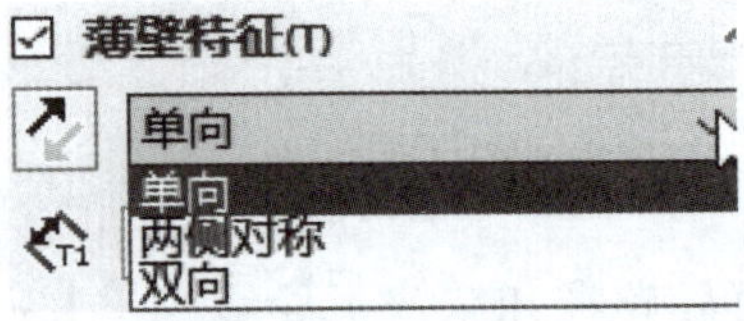

图8-24 【类型】选项

- 【单向】：选择其选项后，会出现 【厚度】选项，在其中手动输入厚度数值以完成薄壁切除特征，其厚度方向会沿着一个方向。
- 【两侧对称】：选择其选项后，会出现 【厚度】选项，在其中手动输入厚度数值以完成薄壁切除特征，其厚度方向会沿着两个方向。
- 【双向】：选择其选项后，会出现 【厚度1】和 【厚度2】两个选项，在其中手动输入厚度数值以完成薄壁切除特征，其厚度方向会沿着两个方向，并且厚度的数值会有所不同。

（6）【曲率显示】选项组

在【曲率显示】选项组中可以对扫描时的一些曲率相关参数进行设置，如图8-25所示。

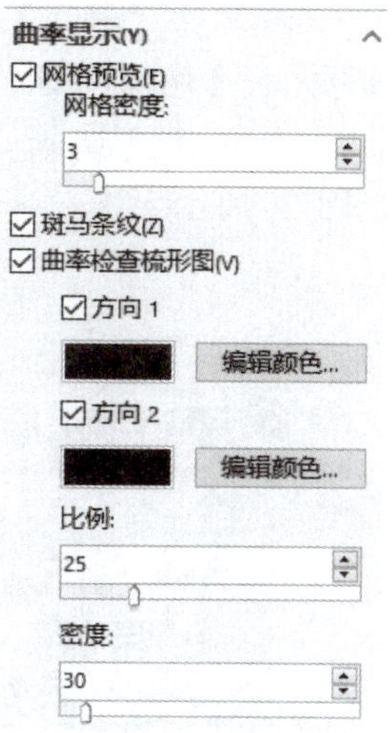

图8-25 【曲率显示】选项组

- 网格预览(E) 【网格预览】：在已选面上应用预览网格，以更好地直观显示曲面。
- 网格密度: 【网格密度】：当选择网格预览时可以输入该参数调整网格的行数。
- 斑马条纹(Z) 【斑马条纹】：显示斑马条纹，以便更容易看到曲面褶皱或缺陷。
- 曲率检查梳形图(V) 【曲率检查梳形图】：激活曲率检查梳形图显示。
- 方向 1 【方向1】：切换沿方向 1 的曲率检查梳形图显示。
- 方向 2 【方向2】：切换沿方向 2的曲率检查梳形图显示。
- 编辑颜色...：编辑【方向1】和【方向2】的显示颜色。
- 比例: 【比例】：调整曲率检查梳形图的大小。
- 密度: 【密度】：调整曲率检查梳形图的显示行数。

8.2.2 扫描切除特征的步骤和方法

① 在一个已经存在的实体上表面绘制一个如图8-26所示的草图。

② 在其前表面绘制一个如图8-27所示的草图。

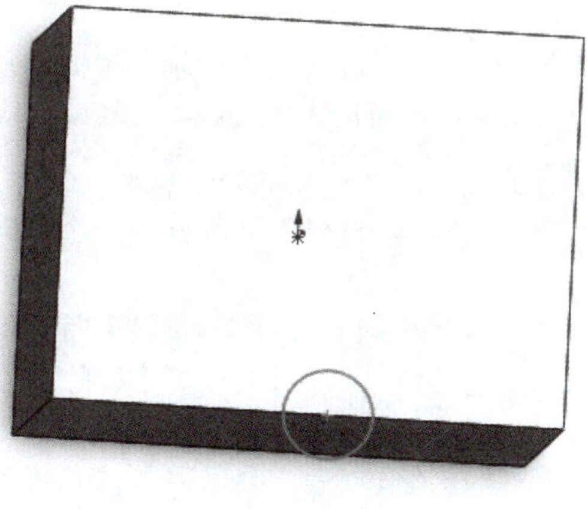

图8-26 绘制草图

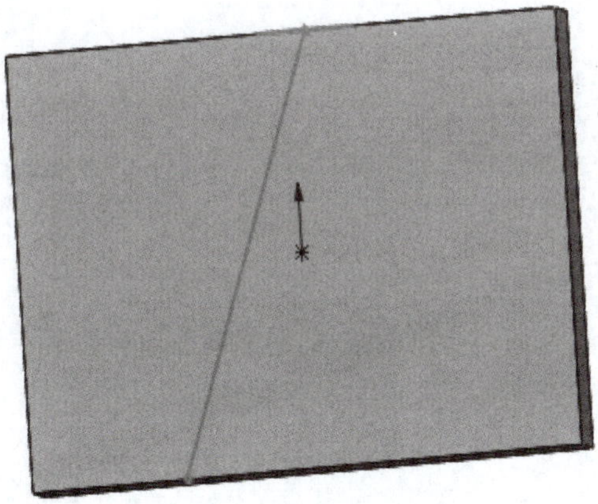

图8-27 绘制草图

③ 单击【插入】|【切除】|【扫描】按钮后，即可进入【切除-扫描】的特征编辑页面，【切除-扫描】的设置如图8-28所示。

④ 单击【切除-扫描】特征的【确定】按钮，完成【切除-扫描】特征，如图8-29所示。

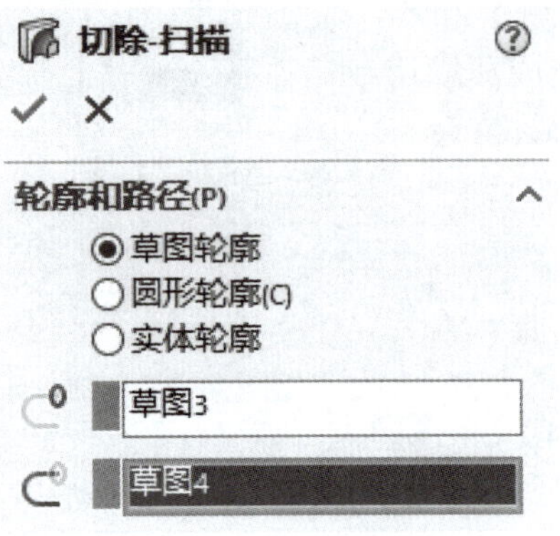

图8-28 【切除-扫描】特征

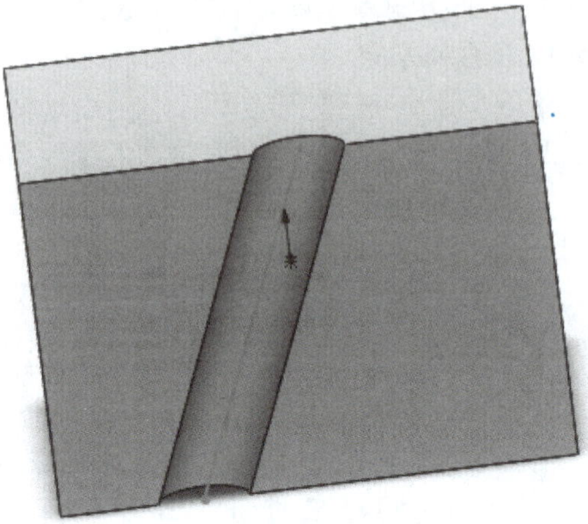

图8-29 【切除-扫描】特征所成实体

8.3 旋转切除特征

SolidWorks中的旋转切除特征是将轮廓按照指定的轴旋转成实体图形的旋转功能。

单击【特征】菜单栏中的【旋转切除】按钮，或者单击【插入】|【切除】|【旋转】菜单命令，即可进入【切除-旋转】的特征编辑页面。

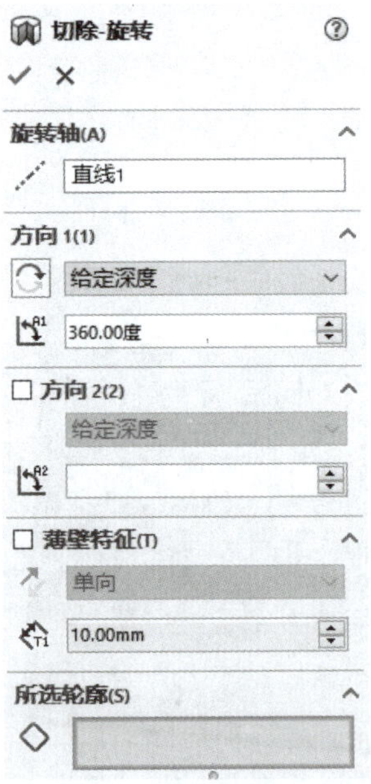

图8-30 【切除-旋转】属性管理器

8.3.1 属性设置

在单击【旋转切除】按钮后，页面左侧会出现【切除-旋转】属性管理器，如图8-30所示。

（1）【旋转轴】选项组

【旋转轴】：选择一特征旋转所绕的轴。根据用户所生成的旋转特征的类型，此轴可能为中心线、直线或边线。

（2）【方向1】选项组

该选项组用来设置【切除-旋转】特征其中一个方向的参数。

【终止条件】：该选项用来设置【曲面-旋转】特征的终止条件。其中【反向】命令可以用来设置【切除-旋转】特征的方向，单击后其旋转方向与预设的方向相反。

- 【给定深度】：选择该选项后，会出现【角度】选项，在其中手动输入旋转角度数值以完成【切除-旋转】特征。

- 【成形到一顶点】：选择该选项后，会出现【顶点】选项，选择指定的顶点以完成【切除-旋转】特征。
- 【成形到一面】：选择该选项后，会出现【面】选项，选择指定的面以完成【切除-旋转】特征。
- 【到离指定面指定的距离】：选择该选项后，会出现【面】和【等距距离】选项，选择指定的面并且输入等距数值以完成【切除-旋转】特征，单击【反向等距】命令，使等距的方向与预设的方向相反。
- 【两侧对称】：选择该选项后，会出现【角度】选项，在其中手动输入旋转角度数值以完成【切除-旋转】特征。

（3）【方向2】选项组

该选项组与【方向1】选项组的设置基本相同，在勾选【方向2】选项后，可启动草图向两个方向同时旋转的选项。

（4）【薄壁特征】选项组

该选项组用来使切除特征所成的图形为存在一定厚度的实体，勾选【薄壁特征】选项用来启用该特征。

【类型】：该选项用来设置薄壁切除特征的类型。其中【反向】命令可以设置所成薄壁特征的厚度方向，单击后其厚度方向与预设的方向相反。只有选择【单向】选项，才会激活【反向】命令。

- 【单向】：选择其选项后，会出现【厚度】选项，在其中手动输入厚度数值以完成薄壁切除特征，其厚度方向会沿着一个方向。
- 【两侧对称】：选择其选项后，会出现【厚度】选项，在其中手动输入厚度数值以完成薄壁切除特征，其厚度方向会沿着两个方向。
- 【双向】：选择其选项后，会出现【厚度1】和【厚度2】两个选项，在其中手动输入厚度数值以完成薄壁切除特征，其厚度方向会沿着两个方向，并且厚度的数值会有所不同。

（5）【所选轮廓】选项组

◇【所选轮廓】：可以选中图形区域中的部分草图参与旋转特征，而非全部草图，选择后的草图会出现在【所选轮廓】选项中。

8.3.2 旋转切除特征的步骤和方法

① 单击【草图】|【草图绘制】菜单命令，在已有图形上绘制如图8-31所示的图形。

② 单击【特征】菜单栏中的【旋转切除】按钮，或者单击【插入】|【切除】|【旋转切除】菜单命令，即可进入【切除-旋转】的特征编辑页面，【切除-旋转】的设置如图8-32所示。

③ 单击【切除-旋转】特征的✓【确定】按钮，完成【切除-旋转】特征，如图8-33所示。

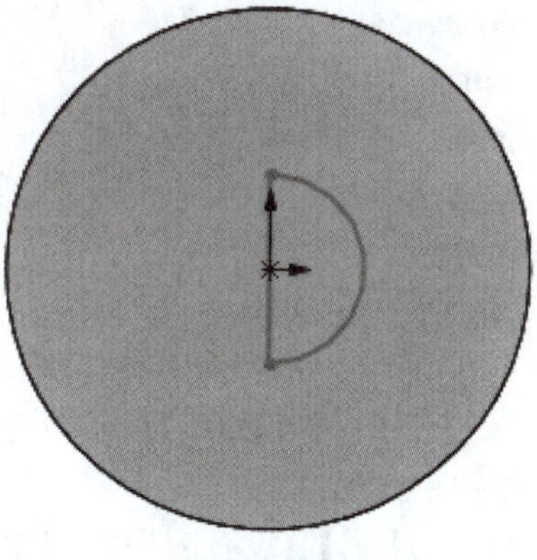

图8-31 【曲面-旋转】的草图

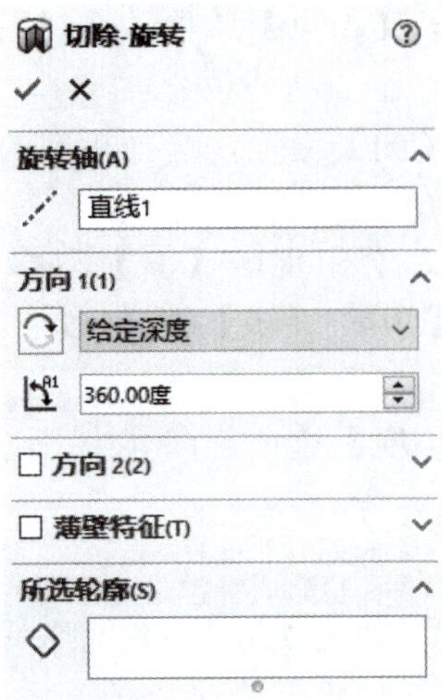

图8-32 【切除-旋转】特征

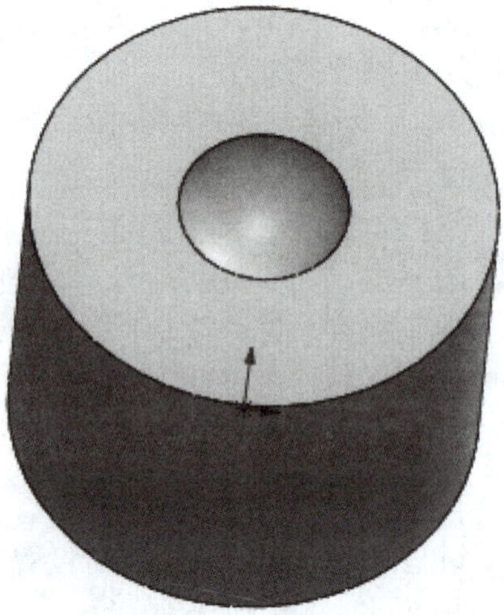

图8-33 【切除-旋转】特征所成实体

8.4 放样切除特征

SolidWorks中的放样切除特征是在已有的实体特征中，可以使用两个或者多个轮廓生成放样，第一个轮廓和最后一个轮廓可以是点，而中间的不可以是点。

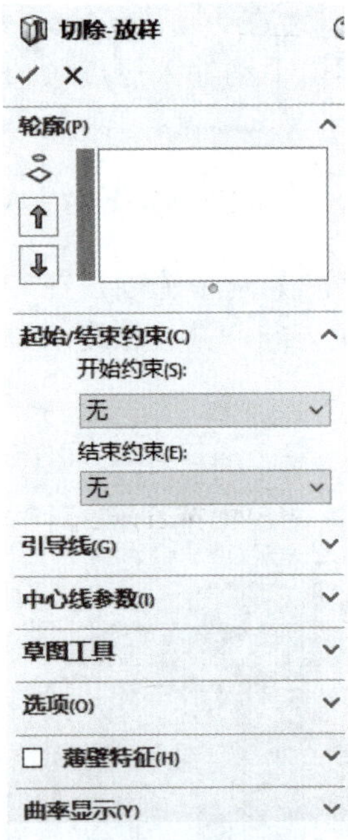

图8-34 【切除-放样】属性管理器

单击【插入】|【切除】|【放样】菜单命令，即可进入【切除放样】的特征编辑页面。

8.4.1 属性设置

在单击【插入】|【切除】|【放样】按钮后，页面左侧会出现【切除-放样】属性管理器，如图8-34所示。

（1）【轮廓】选项组

- 【轮廓】：设置【切除-放样】特征轮廓的草图轮廓。选择要连接的草图轮廓、面或边线。放样根据轮廓选择的顺序而生成。
- 【上移】：调整轮廓的顺序，可以将其中一个轮廓向上移动。
- 【下移】：调整轮廓的顺序，可以将其中一个轮廓向下移动。

（2）【起始/结束约束】选项组

【开始约束】和【结束约束】的选项相同，应用约束以控制开始和结束轮廓的相切，如图8-35所示。

①【无】：没有应用相切的约束（曲率为零）。

②【方向向量】：指定向量，使得实体与此向量相切。选择【方向向量】，会弹出

【方向向量】选项，如图8-36所示。

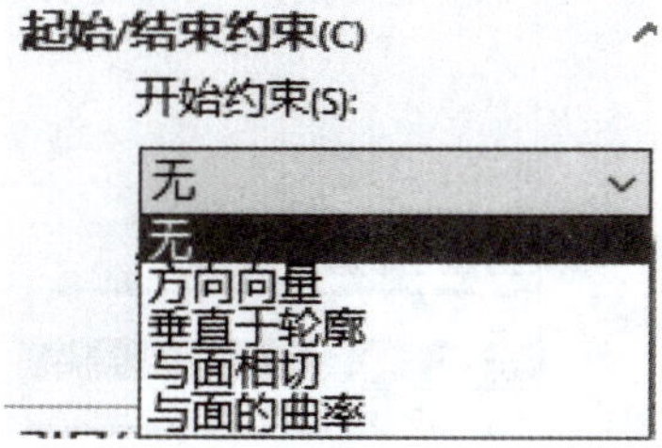

图8-35 【起始/结束约束】选项组

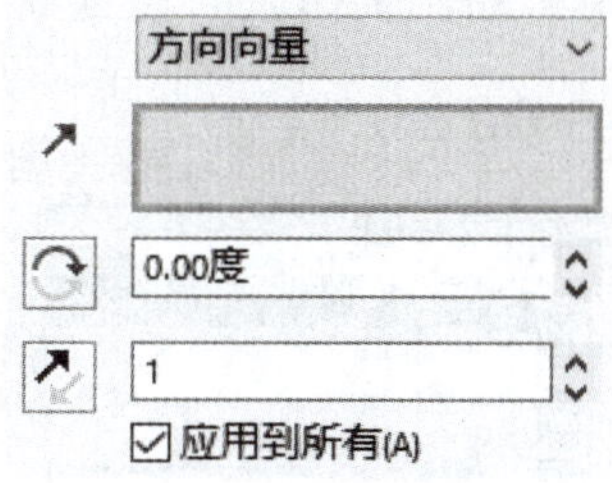

图8-36 【方向向量】选项

- 【方向向量】：选择方向向量。
- 【拔模角度】：设置方向向量的拔模角度，单击【反向】可使其向相反方向拔模。
- 【起始或结束处相切长度】：设置起始处或者结束处的相切长度，单击【反转相切方向】可使其反转方向。
- 【应用到所有】：将方向向量应用到所有。

③【垂直于轮廓】：应用垂直于开始或结束轮廓的相切约束。选择【垂直于轮廓】，会弹出【垂直于轮廓】选项，如图8-37所示。

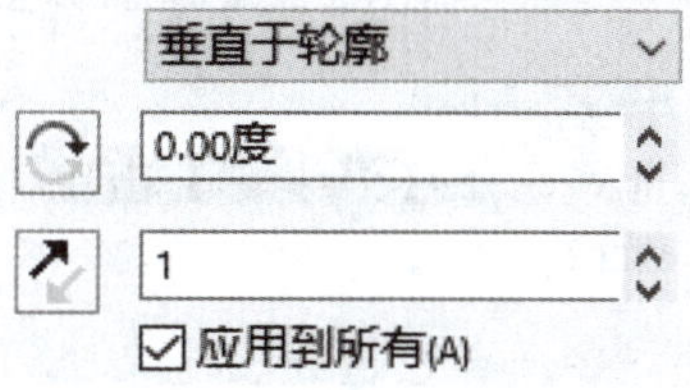

图8-37 【垂直于轮廓】选项

- 【拔模角度】：设置拔模角度，单击【反向】可使其向相反方向拔模。
- 【起始或结束处相切长度】：设置起始处或者结束处的相切长度，单击【反转相切方向】可使其反转方向。
- 【应用到所有】：将垂直于轮廓应用到所有。

④【与面相切】：使相邻面在所选开始或结束轮廓处相切。只有在把放样特征附加到现有的几何体中才能应用。

⑤【与面的曲率】：在所选开始或结束轮廓处应用平滑、具有美感的曲率连续放样。只有在把放样特征附加到现有的几何体中才能应用。

（3）【引导线】选项组

该选项组是用来设置放样切除时所遵循的引导线，如图8-38所示。

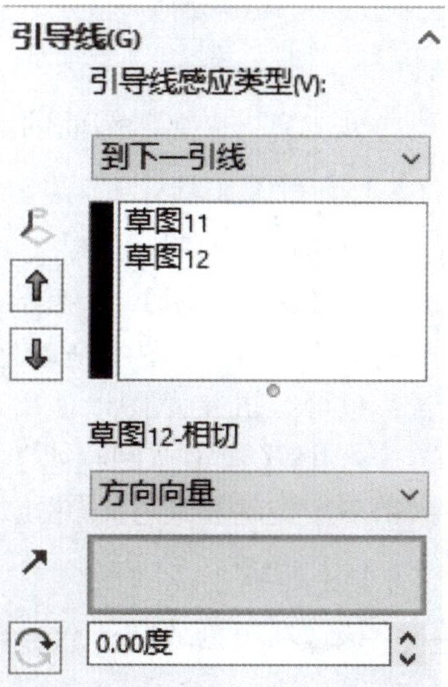

图8-38 【引导线】选项组

①【引导线感应类型】:该选项用于控制引导线对放样的影响力，在【引导线】中设置【切除-扫描】时所选择的引导线。当选择多条引导线时，单击【上移】可以将其中一条引导线向上移动。单击【下移】可以将其中一条引导线向下移动。如图8-39所示。

- 【到下一引线】：只将引导线感应延伸到下一引导线。
- 【到下一尖角】：只将引导线感应延伸到下一尖角。尖角为轮廓的硬边角。任何两个相互之间没有共同相切或曲率关系的连续草图实体定义为尖角。

②【引导线相切类型】:该选项用于控制放样与引导线相遇处的相切。如图8-40所示。

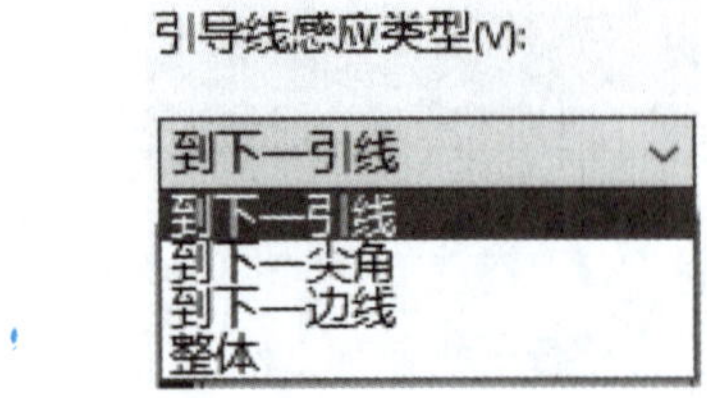

图8-39 【引导线感应类型】选项

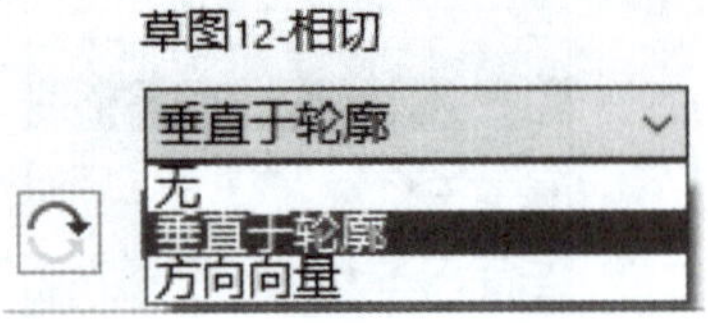

图8-40 【引导线感应类型】选项

- 【无】：没有应用相切约束。
- 【垂直于轮廓】：垂直于引导线的基准面应用相切约束。选择该选项后要设定拔模角度。单击【反向】可以切换拔模的方向。

【方向向量】：指定向量，使得实体与此向量相切。选择【方向向量】，然后设置拔模角度。单击【反向】可以切换拔模的方向。

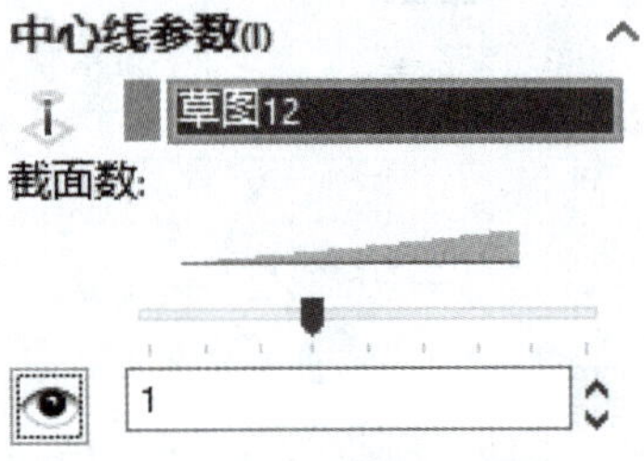

图8-41 【中心线参数】选项组

(4)【中心线参数】选项组

该选项组是用使用中心线引导放样形状，如图8-41所示。

- 【中心线】：在图形区域中选择一幅草图作为中心线。中心线可与引导线同时存在。
- 【截面数】：在轮廓之间并绕中心线添加截面。移动滑杆来调整截面数。
- 【显示截面】：单击【显示】以显示截面数。单击箭头来显示截面的数量。

(5)【草图工具】选项组

该选项组为草图绘制工具，如图8-42所示。

- 【拖动草图】：激活拖动模式。当需要编辑放样特征时，可从任何已为放样定义了轮廓线的3D 草图中拖动任何3D草图线段、点或基准面。3D 草图在拖动时会进行更新。也可编辑3D草图以使用尺寸标注工具来标注轮廓线的尺寸。
- 【撤销草图拖动】：撤销先前的草图拖动并将预览返回到其先前状态。也可撤销多个拖动和尺寸编辑。

(6)【选项】选项组

该选项组为放样的一些设置，如图8-43所示。

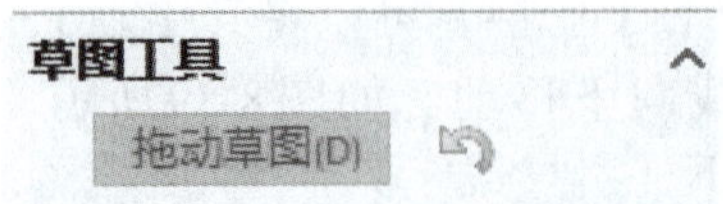

图8-42 【草图绘制工具】选项组

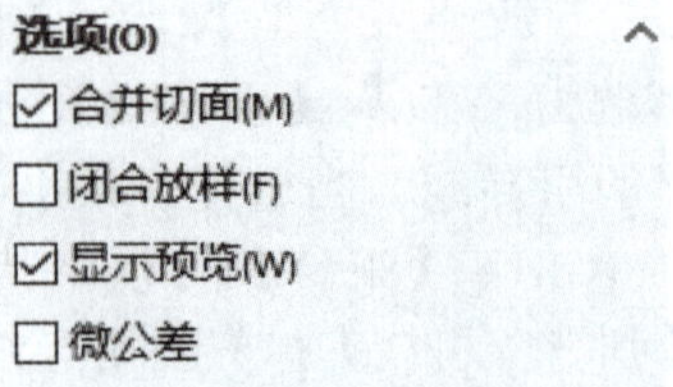

图8-43 【选项】选项组

- 【合并切面】：如果对应的放样线段相切，则使在所生成的放样中的对应曲面保持相切。
- 【闭合放样】：沿放样方向生成一闭合实体。此选项会自动连接最后一个和第一个草图。
- 【显示预览】：显示放样的上色预览。
- 【微公差】：使用微小的几何图形为零件创建放样。严格容差适用于边缘较小的零件。

（7）【薄壁特征】选项组

该选项组用来使放样切除特征所生成的图形为存在一定厚度的实体，勾选【薄壁特征】选项用来启用该特征，如图8-44所示。

【类型】：该选项用来设置薄壁切除特征的类型，如图8-45所示。其中【反向】命令可以设置所成薄壁特征的厚度方向，单击后其厚度方向与预设的方向相反。只有选择【单向】选项，才会激活【反向】命令。

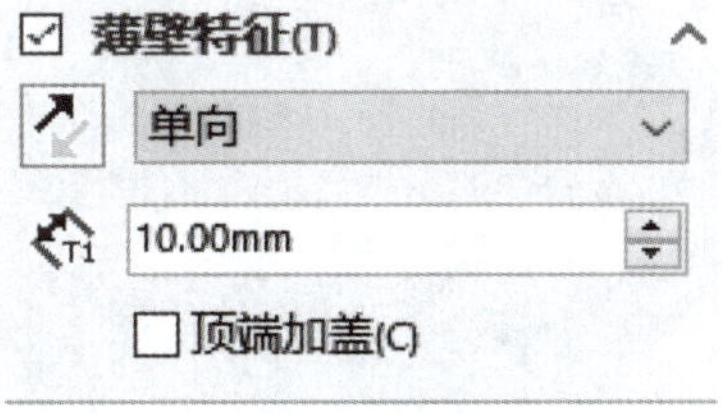

图8-44 【薄壁特征】选项组

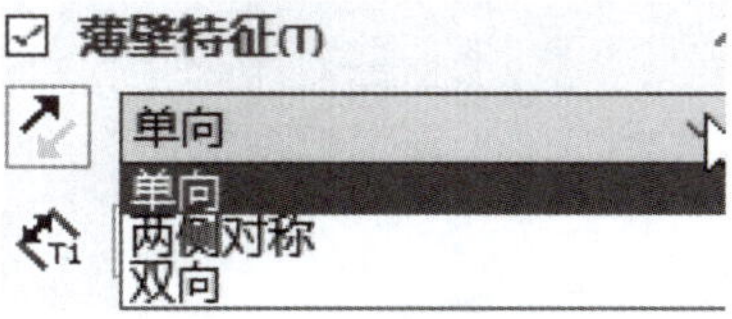

图8-45 【类型】选项

- 【单向】：选择该选项后，会出现【厚度】选项，在其中手动输入厚度数值以完成薄壁切除特征，其厚度方向会沿着一个方向。
- 【两侧对称】：选择该选项后，会出现【厚度】选项，在其中手动输入厚度数值以完成薄壁切除特征，其厚度方向会沿着两个方向。
- 【双向】：选择该选项后，会出现【厚度1】和【厚度2】两个选项，在其中手动输入厚度数值以完成薄壁切除特征，其厚度方向会沿着两个方向，并且厚度的数值会有所不同。

（8）【曲率显示】选项组

在【曲率显示】选项组中可以对扫描时的一些曲率相关参数进行设置，如图8-46所示。

- ☑网格预览(E)【网格预览】：在已选面上应用预览网格，以更好地直观显示曲面。
- 网格密度:【网格密度】：当选择网格预览时可以输入该参数调整网格的行数。
- ☑斑马条纹(Z)【斑马条纹】：显示斑马条纹，以便更容易看到曲面褶皱或缺陷。
- ☑曲率检查梳形图(V)【曲率检查梳形图】：激活

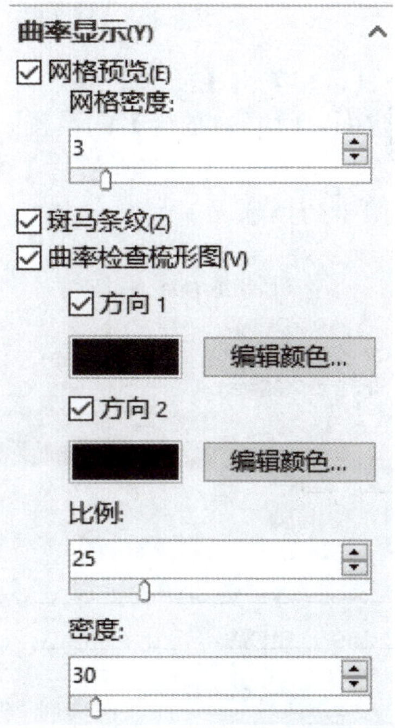

图8-46 【曲率显示】选项组

曲率检查梳形图显示。

- ☑方向1【方向1】：切换沿方向1的曲率检查梳形图显示。
- ☑方向2【方向2】：切换沿方向2的曲率检查梳形图显示。
- 编辑颜色...：编辑【方向1】和【方向2】的显示颜色。
- 比例：【比例】：调整曲率检查梳形图的大小。
- 密度：【密度】：调整曲率检查梳形图的显示行数。

8.4.2 放样切除特征的步骤和方法

① 在一个已经存在的实体上表面绘制一个如图8-47所示的草图。

② 在其下表面绘制一个如图8-48所示的草图。

图8-47 绘制草图

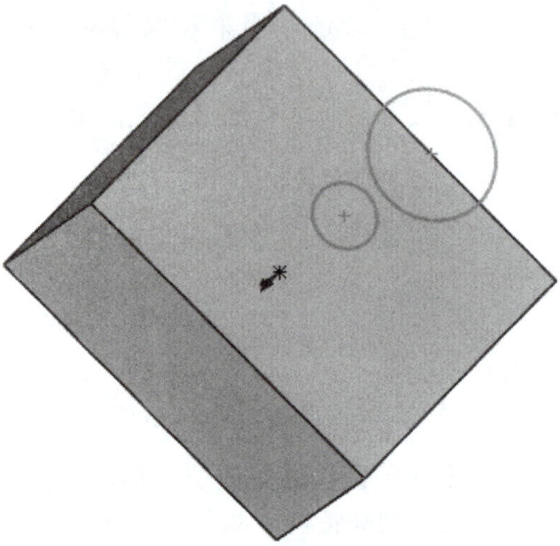

图8-48 绘制草图

③ 单击【插入】|【切除】|【放样】按钮后，即可进入【切除-放样】特征编辑页面，【切除-放样】的设置如图8-49所示。

④ 单击【切除-放样】特征的✓【确定】按钮，完成【切除-放样】特征，如图8-50所示。

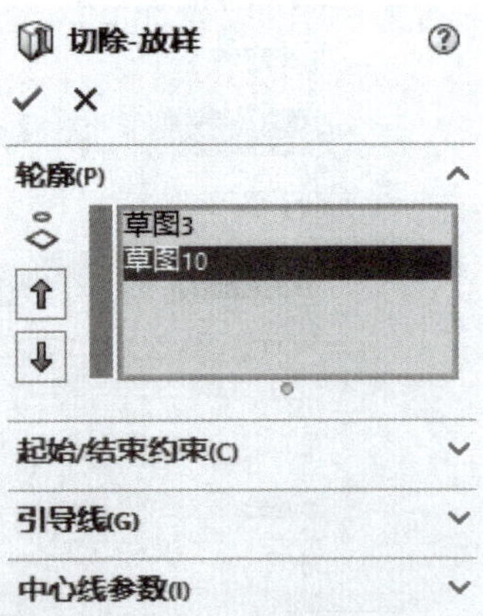

图8-49 【切除-放样】特征

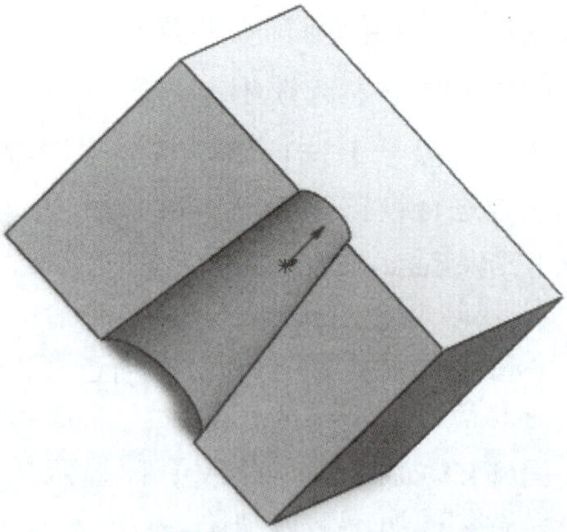

图8-50 【切除-放样】特征所成实体

8.5 加厚切除特征

SolidWorks中的加厚切除特征是在已有的实体特征中，通过加厚切除一个或多个相邻曲面来生成实体特征。

单击【插入】|【切除】|【加厚】菜单命令，即可进入【切除-加厚】的特征编辑页面。

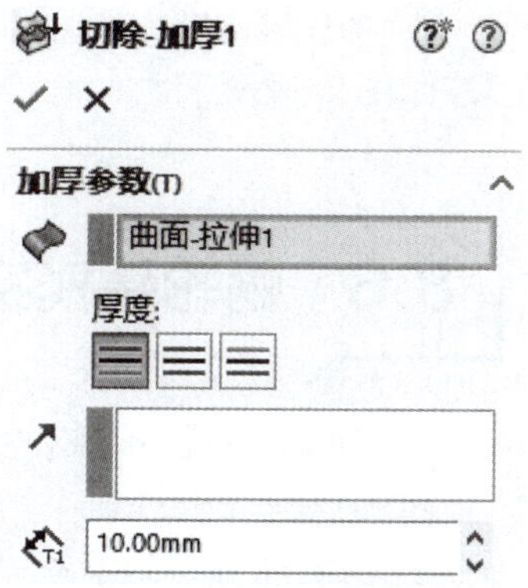

图8-51 【切除-加厚】属性管理器

8.5.1 属性设置

在单击【插入】|【切除】|【加厚】按钮后，页面左侧会出现【切除-加厚】属性管理器，如图8-51所示。

【加厚参数】选项组：

① 【要加厚的曲面】：选择图形区域中已经建好的需要加厚的曲面。

②【厚度】：在厚度中可以选择三个选项。

- 【加厚侧边1】：向一个侧边进行加厚切除。
- 【加厚两侧】：向两侧进行加厚切除。
- 【加厚侧边2】向另一个侧边进行加厚切除。

③ 【厚度方向】：选择加厚切除的厚度方向。

④ 【厚度】：输入加厚切除的厚度值。

图8-52 切除加厚原始图形

8.5.2 加厚切除特征的步骤和方法

① 单击【插入】|【切除】|【加厚】按钮后，即可进入【切除-加厚】特征编辑页面，在【切除-加厚】的【要加厚的曲面】中选择如图8-52所示的曲面，【切除-加厚】的其他设置如图8-53所示。

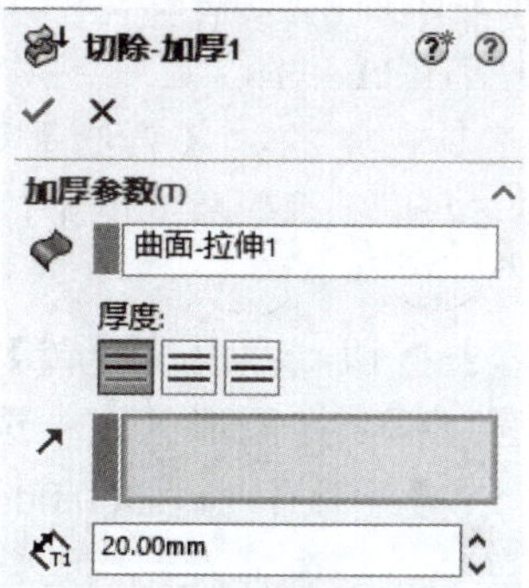

图8-53 【切除-加厚】特征

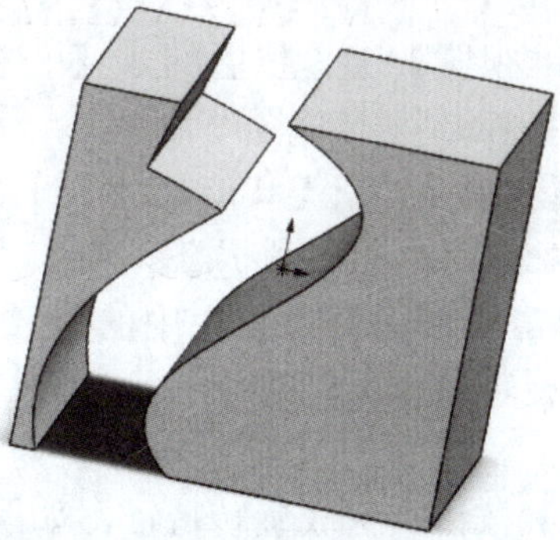
图8-54 【切除-加厚】特征所成实体

② 单击【切除-加厚】特征编辑界面的✓【确定】按钮，完成【切除-加厚】特征，如图8-54所示。

扫码看视频

8.6 蜗轮建模实例

本实例将生成一个蜗轮模型，如图8-55所示。

建模思路分析：

① 轮齿部分是轴对称结构，要用圆周阵列特征来实现。

② 单独一个轮齿形状复杂，可以用曲面切除特征来实现。

③ 中间的轮毂部分可以用旋转特征来完成。如图8-56所示。

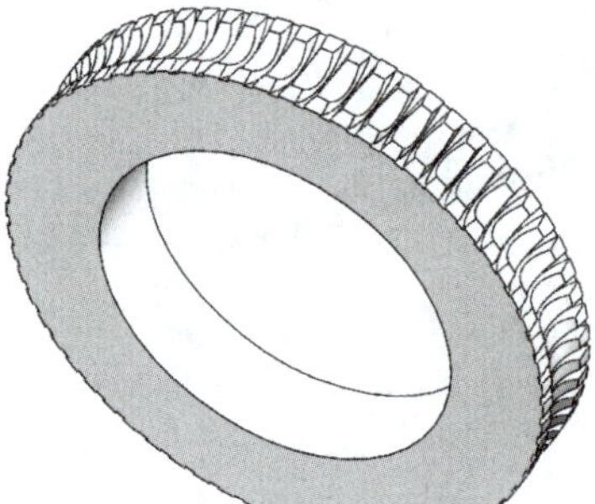

图8-55 蜗轮模型

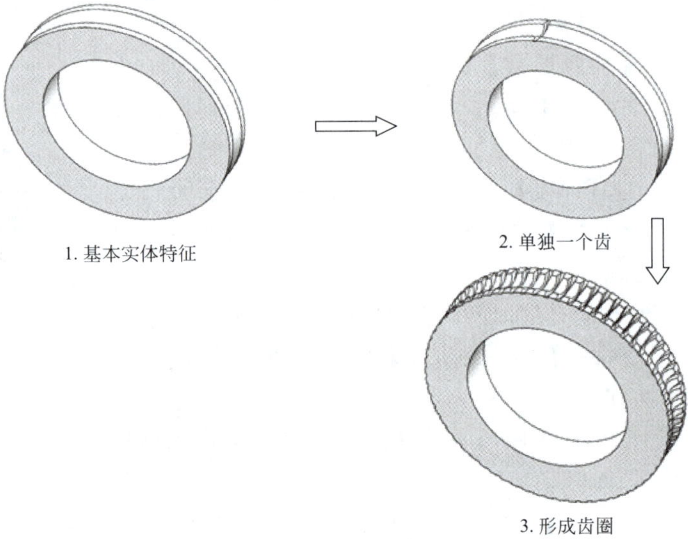

图8-56 建模过程

具体步骤如下。

8.6.1 轮毂部分

① 单击【特征管理器设计树】中的【前视基准面】图标，使其成为草图绘制平面。单击【标准视图】工具栏中的【正视于】按钮，并单击【草图】工具栏中的【草图绘制】按钮，进入草图绘制状态。使用【草图】工具栏中的【直线】、【中心线】、【圆弧】、【智能尺寸】工具，绘制如图8-57所示的草图。单击【退出草图】按钮，退出草图绘制状态。

② 单击【特征】工具栏中的【旋转凸台/基体】按钮，弹出【旋转】属性管理器。在【旋转参数】选项组中，单击【旋转轴】选择框，在图形区域中选择草图中的“直线2”，设置【终止条件】为【给定深度】，【角度】为“360.00度”，单击✓【确定】按钮，生成旋转特征，如图8-58所示。

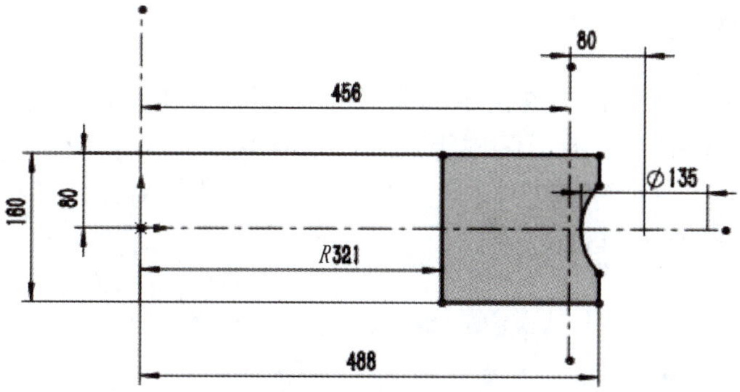

图8-57　绘制草图并标注尺寸

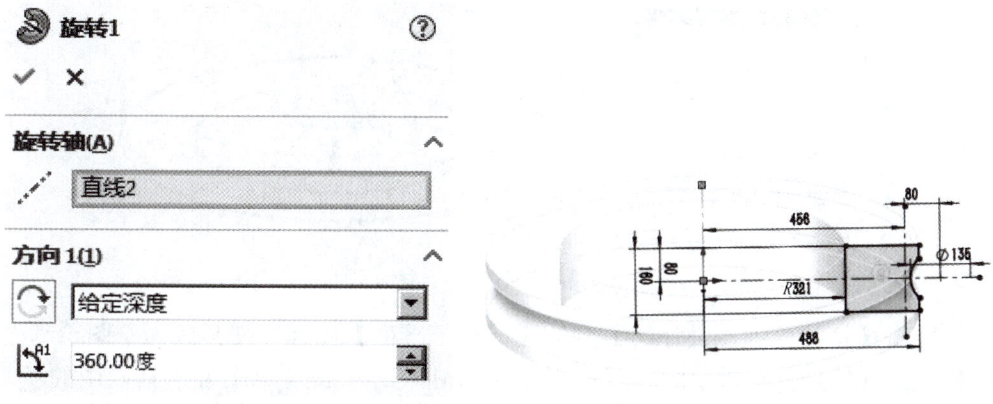

图8-58　生成旋转特征

③ 单击【参考几何体】工具栏中的【基准面】按钮，弹出【基准面】属性管理器。在【第一参考】中，在图形区域中选择“面<1>”，单击【距离】按钮，在文本栏中输入“2.50mm”，如图8-59所示，在图形区域中显示出新建基准面的预览，单击【确定】按钮，生成基准面。

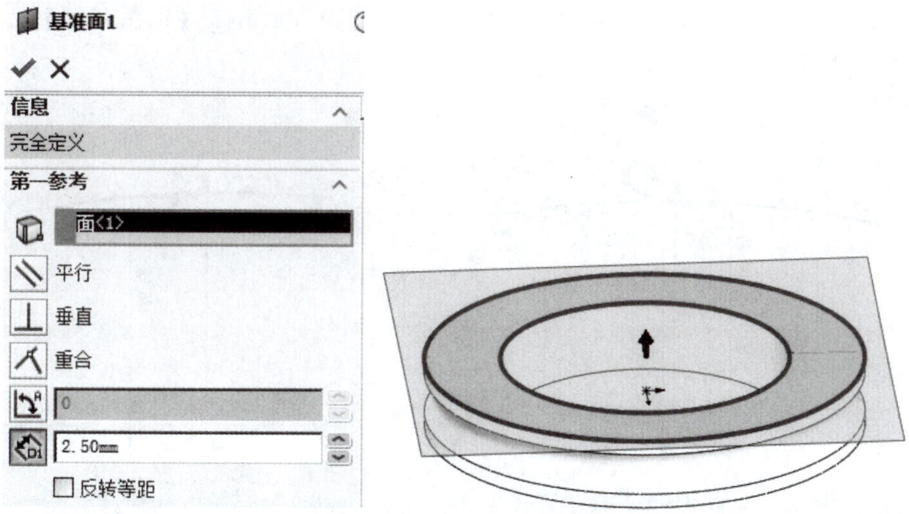

图8-59　生成基准面

8.6.2 轮齿部分

① 单击【参考几何体】工具栏中的【基准面】按钮，弹出【基准面】属性管理器。在【第一参考】中，在图形区域中选择“面<1>”，单击【距离】按钮，在文本栏中输入“2.50mm”，如图8-60所示，在图形区域中显示出新建基准面的预览，单击✓【确定】按钮，生成基准面。

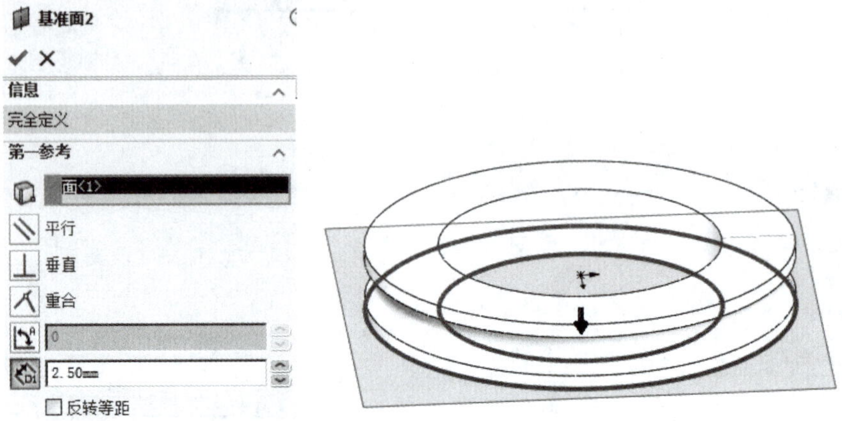

图8-60 生成基准面

② 单击【特征管理器设计树】中的【前视基准面】图标，使其成为草图绘制平面。单击【标准视图】工具栏中的【正视于】按钮，并单击【草图】工具栏中的【草图绘制】按钮，进入草图绘制状态。使用【草图】工具栏中的【直线】、【中心线】、【智能尺寸】工具，绘制如图8-61所示的草图。单击【退出草图】按钮，退出草图绘制状态。

③ 单击【特征管理器设计树】中的【前视基准面】图标，使其成为草图绘制平面。单击【标准视图】工具栏中的【正视于】按钮，并单击【草图】工具栏中的【草图绘制】按钮，进入草图绘制状态。使用【草图】工具栏中的【直线】、【中心线】、【智能尺寸】工具，绘制如图8-62所示的草图。单击【退出草图】按钮，退出草图绘制状态。

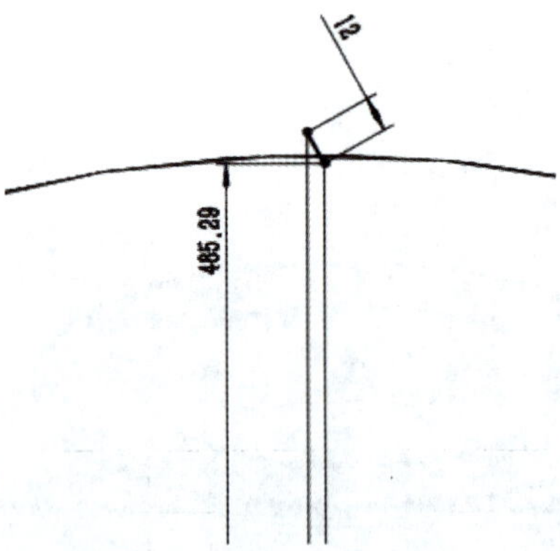

图8-61 绘制草图并标注尺寸

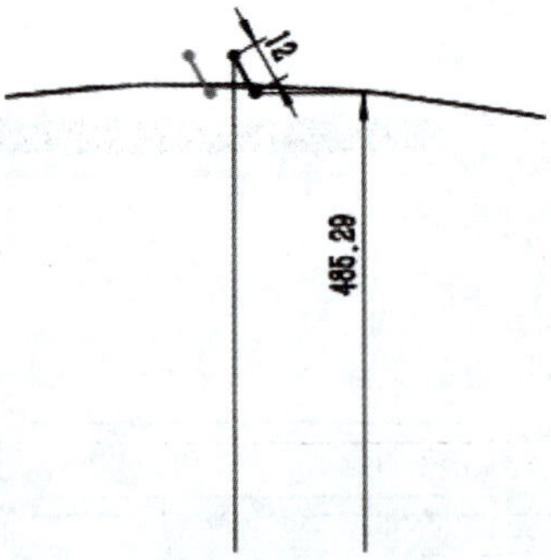

图8-62 绘制草图并标注尺寸

④ 单击【参考几何体】工具栏中的【基准面】按钮，弹出【基准面】属性管理

器。在【第一参考】中，在图形区域中选择“上视基准面”；在【第二参考】中，在图形区域中选择“点2@草图2”，如图8-63所示，在图形区域中显示出新建基准面的预览，单击✔【确定】按钮，生成基准面。

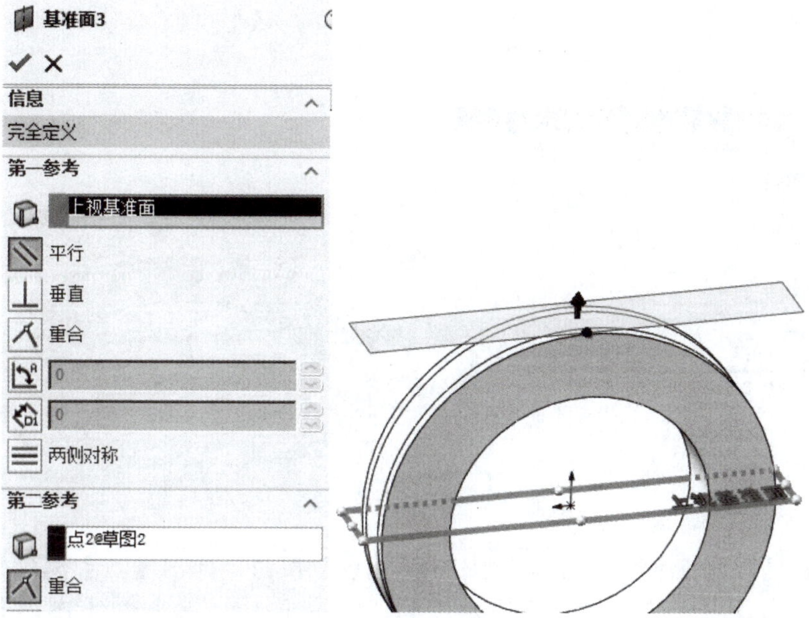

图8-63　生成基准面

⑤ 单击【特征管理器设计树】中的【前视基准面】图标，使其成为草图绘制平面。单击【标准视图】工具栏中的【正视于】按钮，并单击【草图】工具栏中的【草图绘制】按钮，进入草图绘制状态。使用【草图】工具栏中的【圆弧】、【智能尺寸】工具，绘制如图8-64所示的草图。单击【退出草图】按钮，退出草图绘制状态。

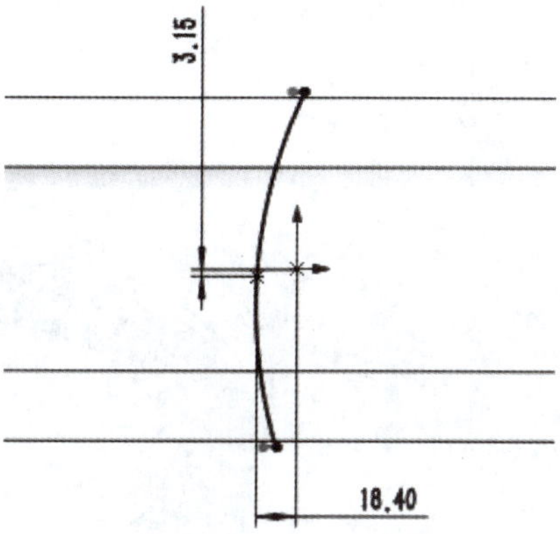

图8-64　绘制草图并标注尺寸

⑥ 单击【参考几何体】工具栏中的【基准面】按钮，弹出【基准面】属性管理器。在【第一参考】中，在图形区域中选择“上视基准面”，单击【距离】按钮，在文本栏中输入“460mm”，如图8-65所示，在图形区域中显示出新建基准面的预览，单击✔【确定】按钮，生成基准面。

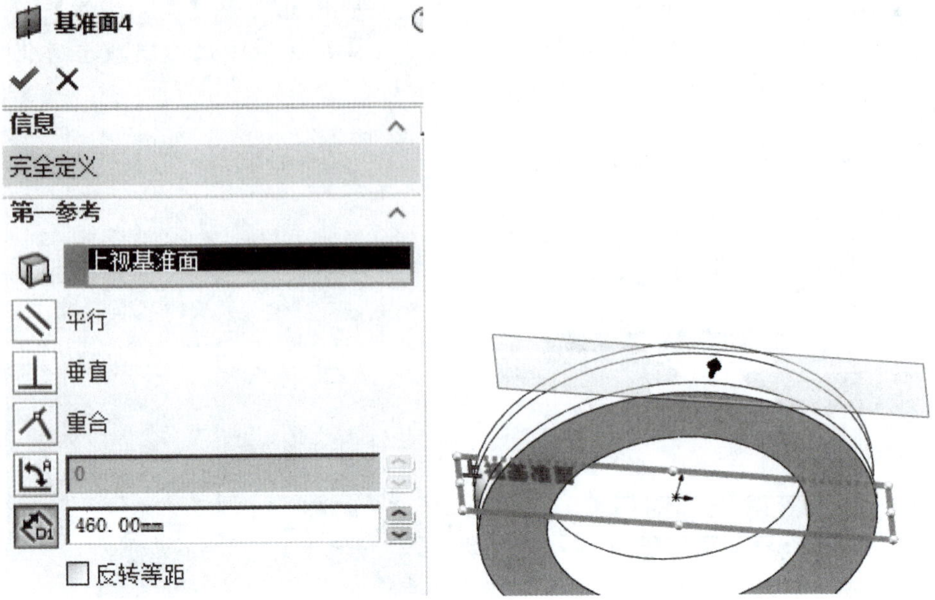

图8-65 生成基准面

⑦ 单击【参考几何体】工具栏中的【点】按钮，弹出【点】属性管理器。在【参考实体】中选择“点1@原点”和“基准面4”，单击【投影】按钮，如图8-66所示，在图形区域中显示出新建基准点的预览，单击【确定】按钮，生成基准点。

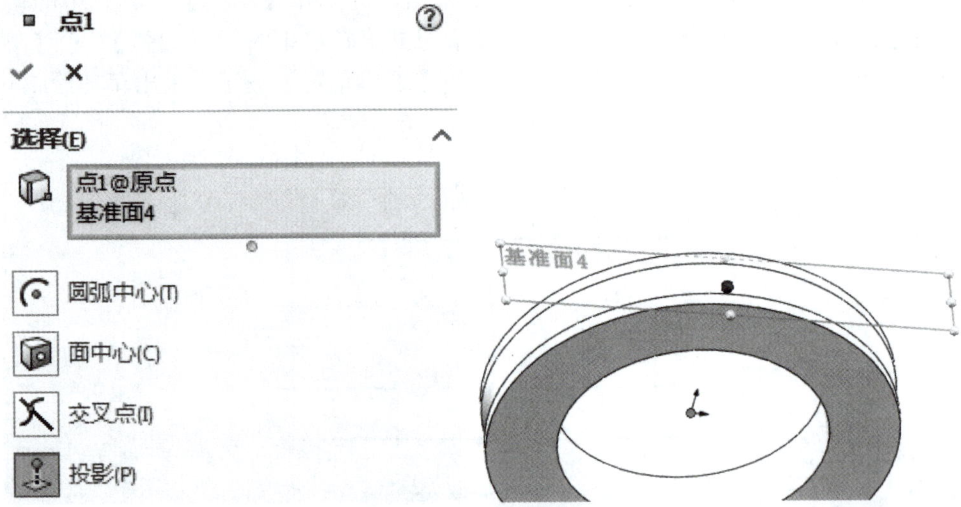

图8-66 生成基准点

⑧ 单击【草图】工具栏中的【3D草图】按钮，进入草图绘制状态。使用【草图】工具栏中的【直线】、【中心线】、【智能尺寸】工具，绘制如图8-67所示的草图。单击【退出草图】按钮，退出草图绘制状态。

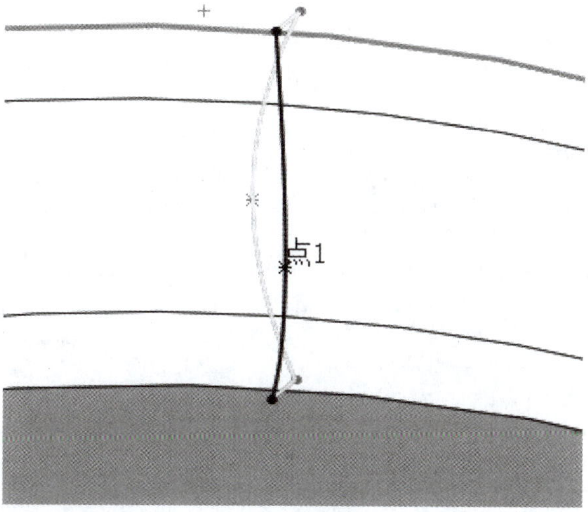

图8-67　绘制草图并标注尺寸

⑨ 单击【曲面】工具栏中的【放样曲面】按钮，在【轮廓】中选择2个草图，单击【确定】按钮。如图8-68所示。

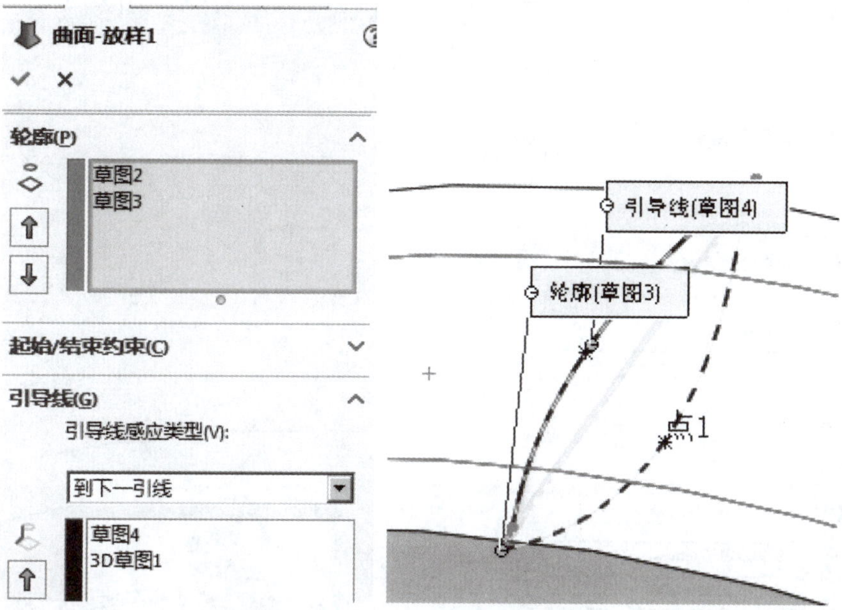

图8-68　生成放样特征

⑩ 选择【插入】|【特征】|【移动/复制】菜单命令，弹出【移动/复制】属性管理器。单击【要移动实体】选择框，在图形区域中选择“曲面-放样1”，如图8-69所示，单击【确定】按钮，生成移动实体特征。

⑪ 选择【插入】|【特征】|【移动/复制】菜单命令，弹出【移动/复制】属性管理器。单击【要移动实体】选择框，在图形区域中选择“实体-移动/复制2”，如图8-70所示，单击【确定】按钮，生成移动实体特征。

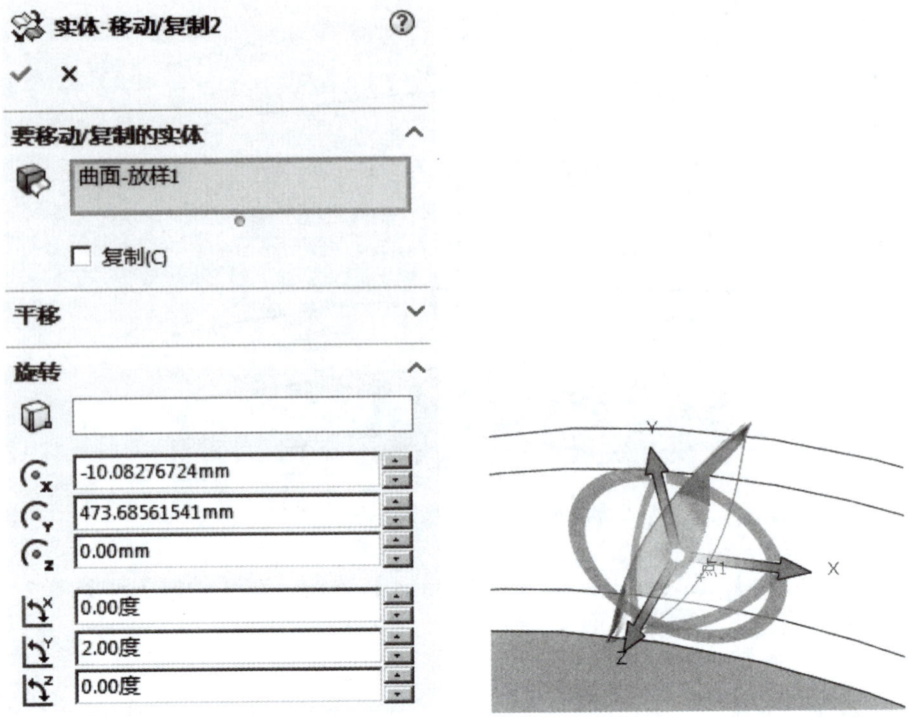

图8-69　生成移动实体特征

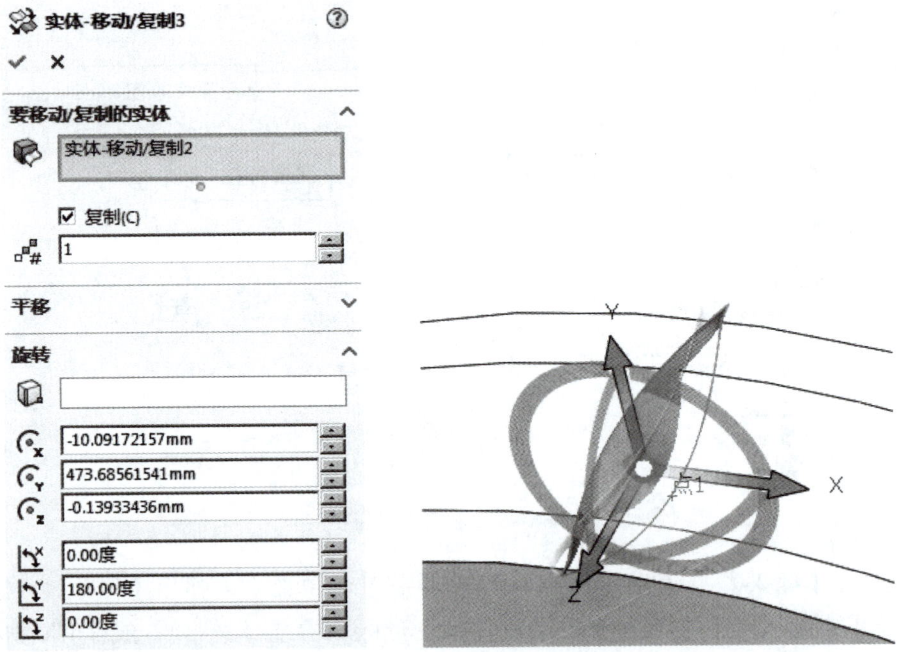

图8-70　生成移动实体特征

⑫ 选择【插入】|【特征】|【移动/复制】菜单命令，弹出【移动/复制】属性管理器。单击【要移动实体】选择框，在图形区域中选择“实体-移动/复制3”，如图8-71所示，单击【确定】按钮，生成移动实体特征。

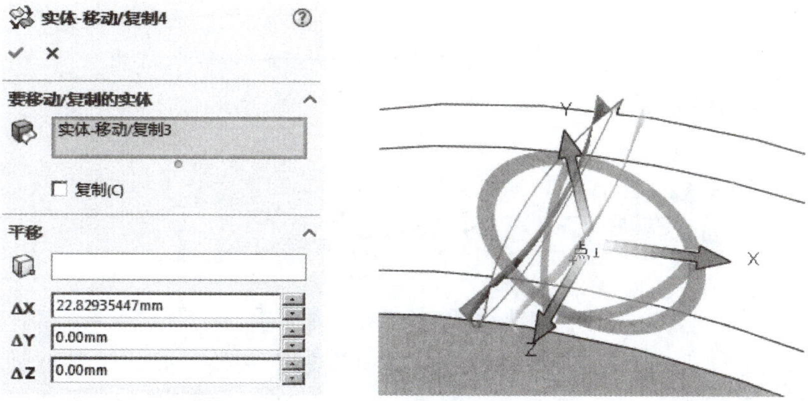

图8-71　生成移动实体特征

⑬ 单击【曲面】工具栏中的【放样曲面】按钮，在【轮廓】中选择“边线<1>”和“边线<2>”，单击【确定】按钮。如图8-72所示。

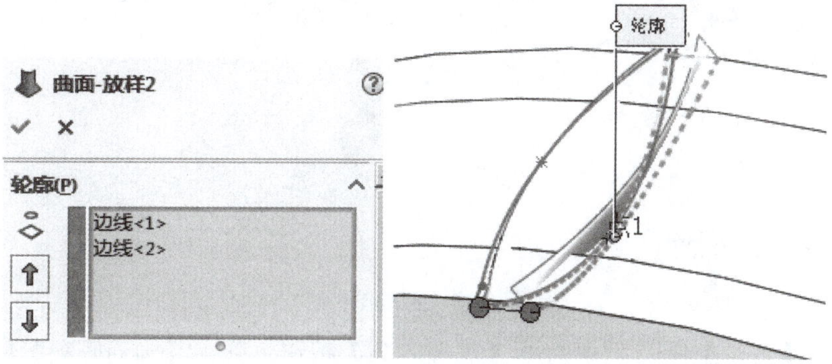

图8-72　放样曲面

⑭ 单击【曲面】工具栏中的【缝合曲面】按钮，弹出【曲面缝合】属性管理器。单击【选择】选择框，在图形区域中选择3个曲面，如图8-73所示，单击【确定】按钮，生成缝合曲面特征。

图8-73　缝合曲面

⑮ 单击【插入】|【切除】|【使用曲面】菜单命令，弹出【使用曲面切除】属性管理器。在【曲面切除参数】选项组中，选择“曲面-缝合2”，如图8-74所示，单击【确定】按钮，生成使用曲面切除特征。

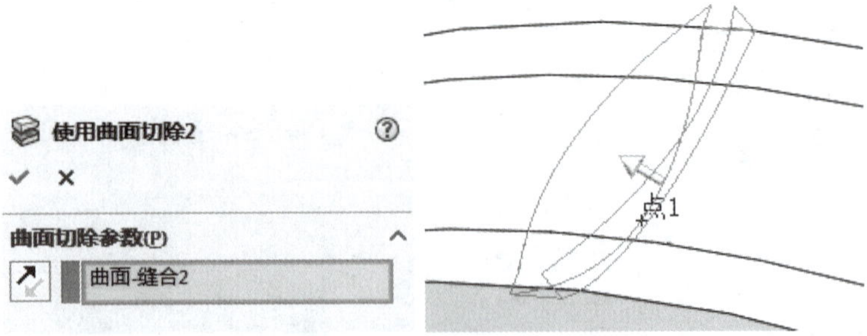

图8-74　使用曲面切除特征

⑯ 单击【参考几何体】工具栏中的【基准轴】按钮，弹出【基准轴】属性管理器。在【参考实体】选择框中选择这“面<1>”，单击【圆柱/圆锥面】按钮，单击【确定】按钮，生成基准轴1，如图8-75所示。

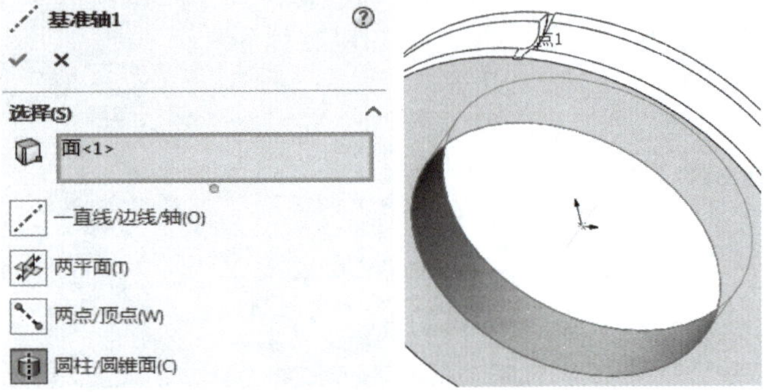

图8-75　基准轴特征

⑰ 单击【特征】工具栏中的【圆周阵列】按钮，弹出【圆周阵列】属性管理器。在【方向1】选项组中，单击【阵列轴】选择框，选择“基准轴1”，设置【实例数】为“65”，选择【等间距】选项；在【特征和面】选项组中，单击【要阵列的特征】选择框，在图形区域中选择“使用曲面切除2”，单击【确定】按钮，生成圆周阵列特征，如图8-76所示。

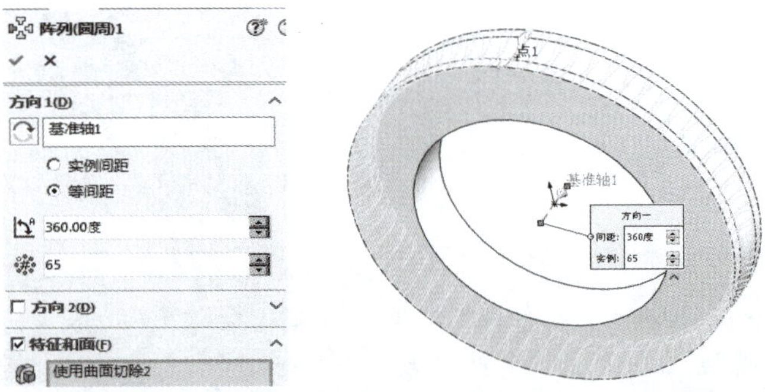

图8-76　生成圆周阵列特征

8.7　减速器箱体建模实例

扫码看实例

09 第9章 高级特征

SolidWorks的实体建模部分还包括一类特征，这类特征不需要草图，而是直接修改现有的三维模型，包括孔特征、圆角特征、倒角特征、抽壳特征等。

9.1 孔特征

单击【特征】工具栏中的【异型孔向导】按钮或者选择【插入】|【特征】|【孔】|【向导】菜单命令，弹出【孔规格】属性管理器，如图9-1所示。

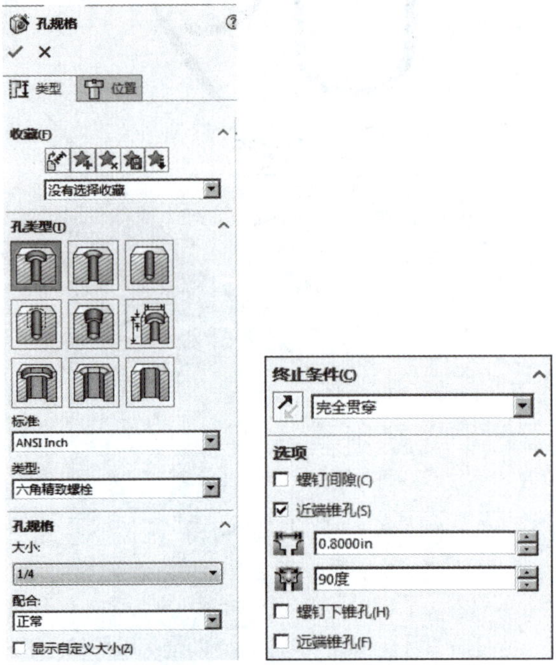

图9-1 【孔规格】属性管理器

主要选项含义如下：

①【孔类型】选项组会根据孔类型而有所不同，孔类型包括【柱孔】、【锥孔】、【孔】、【螺纹孔】、【管螺纹孔】、【旧制孔】、【柱孔槽口】、【锥孔槽口】、【槽口】。

- 【标准】：选择孔的标准，如“ANSI Inch”或者“JIS”等。
- 【类型】：选择孔的类型。

②【孔规格】选项组具体如下。

- 【大小】：为螺纹件选择尺寸大小。
- 【配合】：为扣件选择配合形式。

③【截面尺寸】选项组中，双击任一数值可以进行编辑。

④【终止条件】选项组参数根据孔类型的变化而有所不同。

- 【给定深度】：将特征延伸一个指定距离。
- 【完全贯穿】：将特征延伸贯穿所有的几何体。
- 【成形到下一面】：将特征延伸到下一个面。
- 【成形到一顶点】：将特征延伸到一个顶点。
- 【成形到一面】：将特征延伸到一个面。
- 【到离指定面指定的距离】：将特征延伸到距离一个面指定距离处。

9.2 圆角特征

选择【插入】|【特征】|【圆角】菜单命令，可以对实体进行圆角操作。

（1）恒定大小

在整个边线上生成具有相同半径的圆角。单击【恒定大小】单选按钮，属性设置如图9-2所示。

主要选项含义如下。

①【圆角项目】选项组：

- 【半径】：设置圆角的半径。
- 【边线、面、特征和环】：在图形区域中选择要进行圆角处理的实体。
- 【多半径圆角】：使用不同半径的3条边线生成圆角。
- 【切线延伸】：将圆角延伸到所有与所选面相切的面。
- 【完整预览】：显示所有边线的圆角预览。
- 【部分预览】：只显示1条边线的圆角预览。
- 【无预览】：可以缩短复杂模型的重建时间。

②【逆转参数】选项组：

- 【距离】：在顶点处设置圆角逆转距离。
- 【逆转顶点】：在图形区域中选择1个或者多个顶点。
- 【逆转距离】：以相应的【距离】数值列举边线数。
- 【设定未指定的】：应用当前的【距离】数值到【逆转距离】下没有指定距离的所有项目。
- 【设定所有】：应用当前的【距离】数值到【逆转距离】下的所有项目。

（2）变半径

生成含可变半径值的圆角，使用控制点帮助定义圆角。单击【变半径】单选按钮，属性设置如图9-3所示。

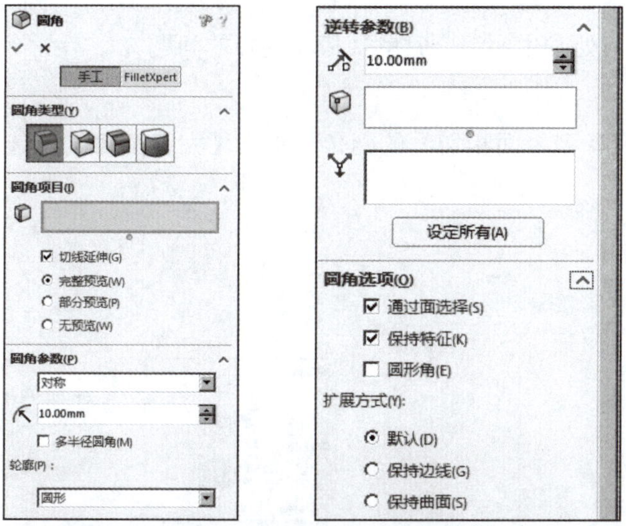

图9-2　单击【恒定大小】单选按钮后的属性设置

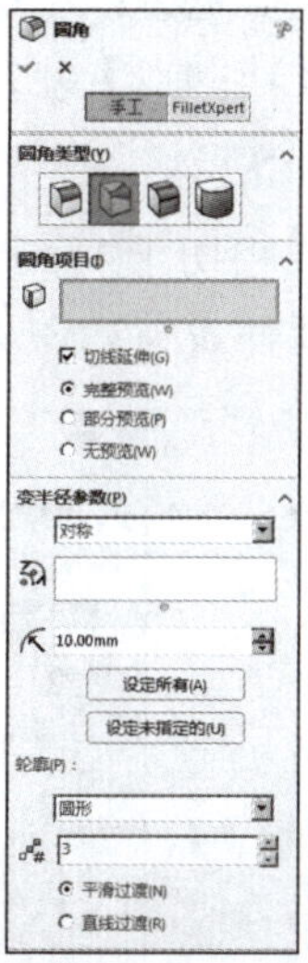

图9-3　单击【变半径】单选按钮后的属性设置

主要选项含义如下。

①【圆角项目】选项组中的5个选项含义与【恒定大小】类型的【圆角项目】相应选项含义相同，不再赘述。

②【变半径参数】选项组：

- 【半径】：设置圆角半径。
- 【附加的半径】：列举在【圆角项目】选项组的【边线、面、特征和环】选择框中选择的边线顶点，并列举在图形区域中选择的控制点。

- 【实例数】：设置边线上的控制点数。
- 【平滑过渡】：当1条圆角边线接合于1个邻近面时，圆角半径从某一半径平滑地转换为另一半径。
- 【直线过渡】：圆角半径从某一半径线性转换为另一半径，但是不将切边与邻近圆角相匹配。

（3）面圆角

面圆角用于混合非相邻、非连续的面。单击【面圆角】单选按钮，属性设置如图9-4所示。

主要选项含义如下。

①【圆角项目】选项组：

- 【半径】：设置圆角半径。
- 【面组1】：在图形区域中选择要混合的第1个面或者第1组面。
- 【面组2】：在图形区域中选择要与【面组1】混合的面。

②【圆角选项】选项组：

- 【通过面选择】：应用通过隐藏边线的面选择边线。
- 【包络控制线】：选择模型上的边线作为决定圆角形状的边界。
- 【曲率连续】：解决不连续问题并在相邻曲面之间生成更平滑的曲率。
- 【等宽】：生成等宽的圆角。
- 【辅助点】：在可能不清楚在何处发生面混合时解决模糊选择的问题。

（4）完整圆角

生成相切于3个相邻面组（1个或者多个面相切）的圆角。单击【完整圆角】单选按钮，属性设置如图9-5所示

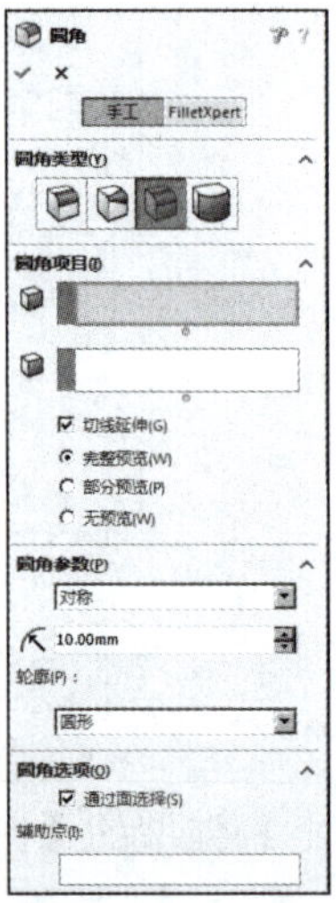

图9-4 单击【面圆角】单选按钮后的属性设置

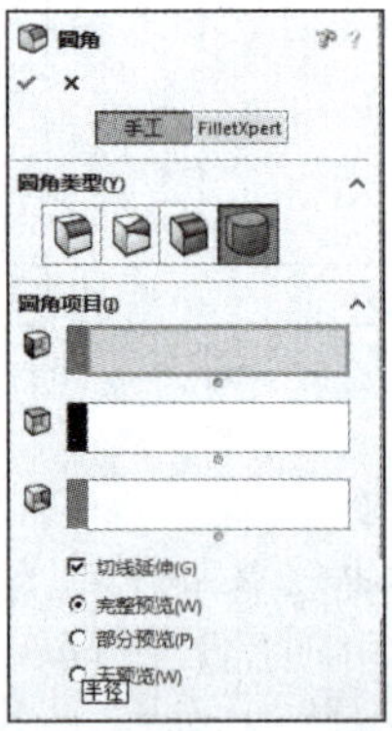

图9-5 单击【完整圆角】单选按钮后的属性设置

其【圆角项目】选项组中有3个选择框。

- 【边侧面组1】：选择第1个边侧面。
- 【中央面组】：选择中央面。

- 【边侧面组2】：选择与【边侧面组1】相反的面组。

9.3 倒角特征

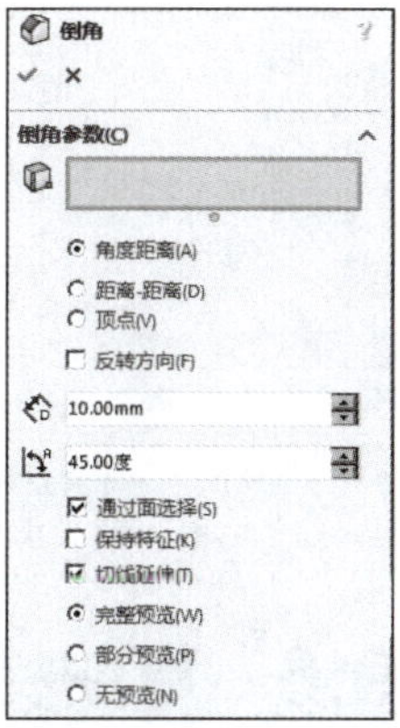

图9-6 【倒角】属性管理器

选择【插入】|【特征】|【倒角】菜单命令，弹出【倒角】属性管理器，如图9-6所示。

主要选项含义如下。

①【边线和面或顶点】：在图形区域中选择需要倒角的实体。

②【角度距离】：在所选倒角边线的一侧输入距离值和角度值。

③【距离-距离】：在所选倒角边线的一侧输入两个距离值。

④【顶点】：在所选顶点的每侧输入3个距离值。

⑤【距离】：边线一侧的倒角距离。

⑥【角度】：倒角的角度。

9.4 抽壳特征

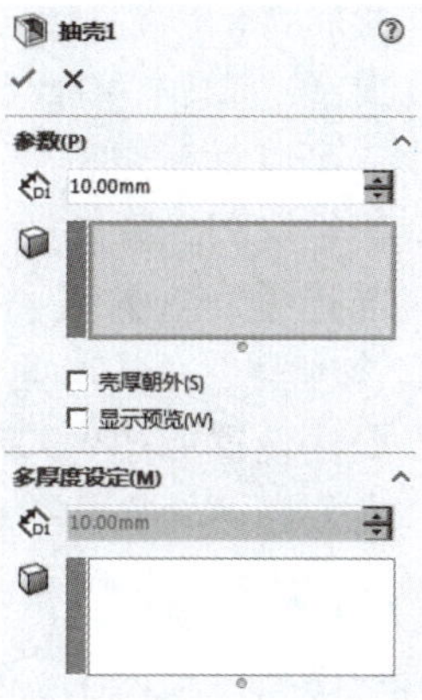

图9-7 【抽壳】属性管理器

选择【插入】|【特征】|【抽壳】菜单命令，弹出【抽壳】属性管理器，如图9-7所示。

主要选项含义如下。

（1）【参数】选项组

- 【厚度】：设置保留面的厚度。
- 【移除的面】：在图形区域中可以选择一个或者多个面。
- 【壳厚朝外】：增加模型的外部尺寸。
- 【显示预览】：显示抽壳特征的预览。

（2）【多厚度设定】选项组

- 【多厚度面】：在图形区域中选择一个面，为所选面设置【多厚度】数值。

9.5 筋特征

选择【插入】|【特征】|【筋】菜单命令或者单击【特征】工具栏中的【筋】按钮，弹出【筋】属性管理器，如图9-8所示。

主要选项含义如下。

①【厚度】：在草图边缘添加筋的厚度。

图9-8 【筋】属性管理器

- 【第一边】：只延伸草图轮廓到草图的一边。
- 【两侧】：均匀延伸草图轮廓到草图的两边。
- 【第二边】：只延伸草图轮廓到草图的另一边。

②【筋厚度】：设置筋的厚度。

③【拉伸方向】：设置筋的拉伸方向。

- 【平行于草图】：平行于草图生成筋拉伸。
- 【垂直于草图】：垂直于草图生成筋拉伸。

④【反转材料方向】：更改拉伸的方向。

⑤【拔模开/关】：添加拔模特征到筋。

⑥【向外拔模】：生成向外拔模角度。

9.6 弯曲特征

弯曲特征以直观的方式对复杂的模型进行变形。

围绕三重轴中的红色X轴（即折弯轴）折弯1个或者多个实体，可以重新定位三重轴的位置和剪裁基准面，控制折弯的角度、位置和界限以改变折弯形状。

选择【插入】|【特征】|【弯曲】菜单命令，弹出【弯曲】属性管理器。在【弯曲输入】选项组中，单击【折弯】单选按钮，属性设置如图9-9所示。

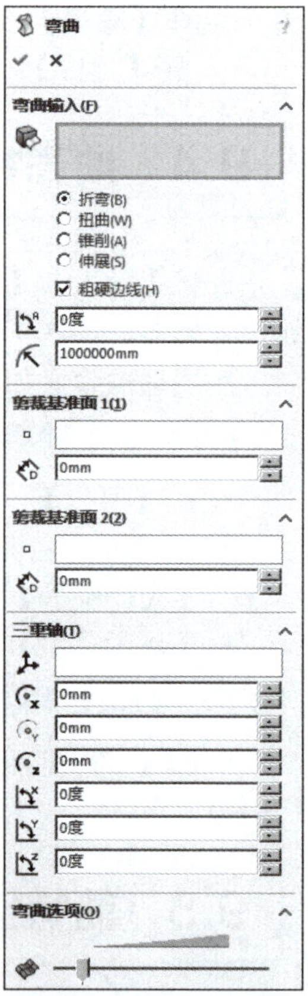

图9-9 选择【折弯】单选按钮

主要选项含义如下。

（1）【弯曲输入】选项组

- 【粗硬边线】：生成如圆锥面、圆柱面以及平面等的分析曲面。
- 【角度】：设置折弯角度，需要配合折弯半径。
- 【半径】：设置折弯半径。

（2）【剪裁基准面1】选项组

- 【为剪裁基准面1选择一参考实体】：将剪裁基准面1的原点锁定到模型上的所选点。
- 【基准面1剪裁距离】：沿三重轴的剪裁基准面轴从实体的外部界限移动到剪裁基准面上的距离。

（3）【剪裁基准面2】选项组

该选项组的属性设置与【剪裁基准面1】选项组基本相同，在此不再赘述。

（4）【三重轴】选项组

使用如下参数来设置三重轴的位置和方向。

- 【为枢轴三重轴参考选择一坐标系特征】：将三重轴的位置和方向锁定到坐标系上。

- 【X旋转原点】、【Y旋转原点】、【Z旋转原点】：沿指定轴移动三重轴位置。
- 【X旋转角度】、【Y旋转角度】、【Z旋转角度】：围绕指定轴旋转三重轴，此角度表示围绕零部件坐标系的旋转角度。

(5)【弯曲选项】选项组

该选项组中只有1个选项，即【弯曲精度】，用于控制曲面品质。

9.7 压凹特征

压凹特征是通过使用厚度和间隙而生成的特征，其应用包括封装、冲印、铸模以及机器的压入配合等。根据所选实体类型，指定目标实体和工具实体之间的间隙数值，并为压凹特征指定厚度数值。

选择【插入】|【特征】|【压凹】菜单命令，弹出【压凹】属性管理器，如图9-10所示。

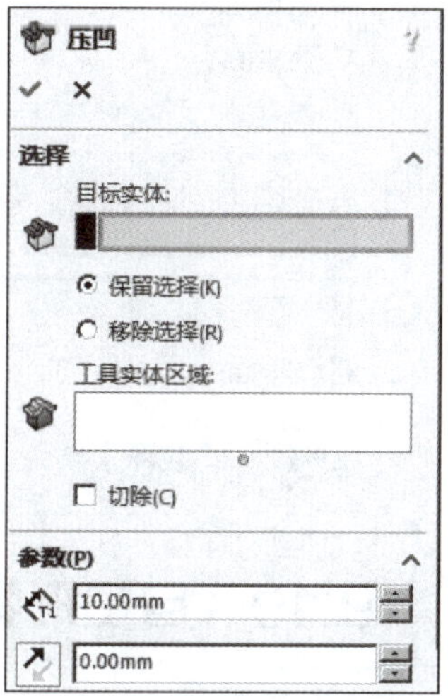

图9-10 【压凹】属性管理器

主要选项含义如下。

(1)【选择】选项组

- 【目标实体】：选择要压凹的实体或者曲面实体。
- 【工具实体区域】：选择一个或者多个实体（或者曲面实体）。
- 【保留选择】、【移除选择】：选择要保留或者移除的模型边界。
- 【切除】：移除目标实体的交叉区域，即使没有厚度，仍会存在间隙。

(2)【参数】选项组

- 【厚度】：确定压凹特征的厚度。
- 【间隙】：确定目标实体和工具实体之间的间隙。

9.8 圆顶特征

圆顶特征可以在同一模型上同时生成一个或者多个圆顶。

选择【插入】|【特征】|【圆顶】菜单命令，弹出【圆顶】属性管理器，如图9-11所示。

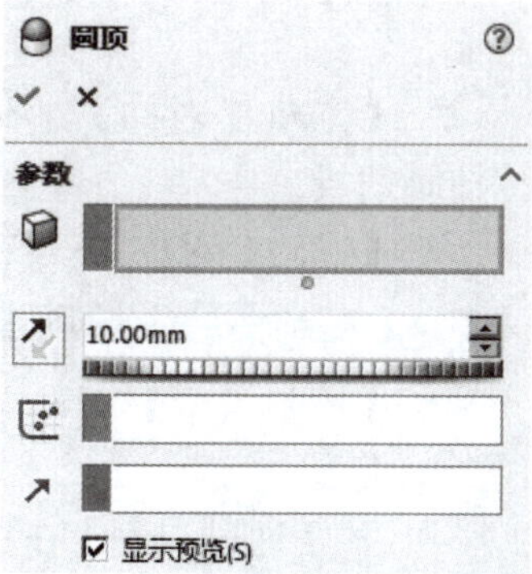

图9-11 【圆顶】属性管理器

主要选项含义如下。

- 【到圆顶的面】：选择一个或者多个平面或者非平面。

• 【反向】：单击该按钮，可以生成凹陷圆顶。

• 【约束点或草图】：选择一个点或者草图，通过对其形状进行约束以控制圆顶。

• 【方向】：从图形区域选择方向向量，可以使用线性边线或者由两个草图点所生成的向量作为方向向量。

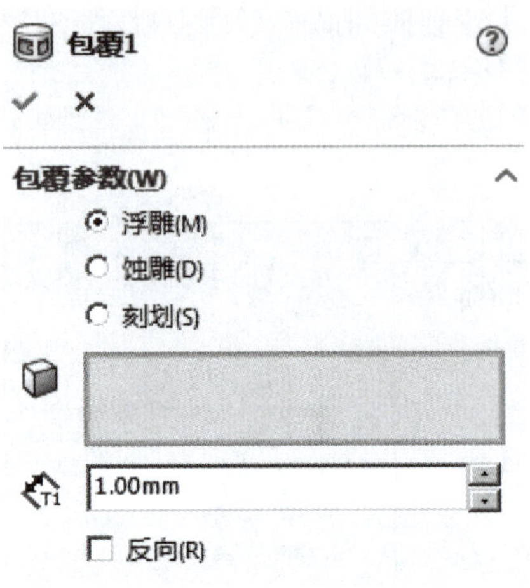

图9-12 【包覆】属性管理器

9.9 包覆特征

包覆特征可将草图包覆到平面或非平面上。

选择【插入】|【特征】|【包覆】菜单命令，弹出【包覆】属性管理器，如图9-12所示。

在【包覆参数】选项组中，具体含义如下。

• 【包覆草图的面】：选择一个或者多个平面或非平面。

• 【包覆高度】：设置包覆的高度。

9.10 自由形特征

自由形特征用于修改曲面或实体面。每次只能修改一个面，该面可以有任意条边线。

选择【插入】|【特征】|【自由形】菜单命令，弹出【自由形】属性管理器，如图9-13所示。

主要选项含义如下。

（1）【面设置】选项组

• 【到变形的面】：选择一个或者多个平面或非平面。

• 【方向1对称】：在一个方向添加穿过面对称线的对称控制曲线。

• 【方向2对称】：在第二个方向添加对称控制曲线。

（2）【控制曲线】选项组

• 【控制类型】：设定可用于沿控制曲线添加的控制点的控制类型。

- 【通过点】：在控制曲线上使用控制点。
- 【控制多边形】：在控制曲线上使用控制多边形。
- 【添加曲线】：将指针移到所选的面上，单击可添

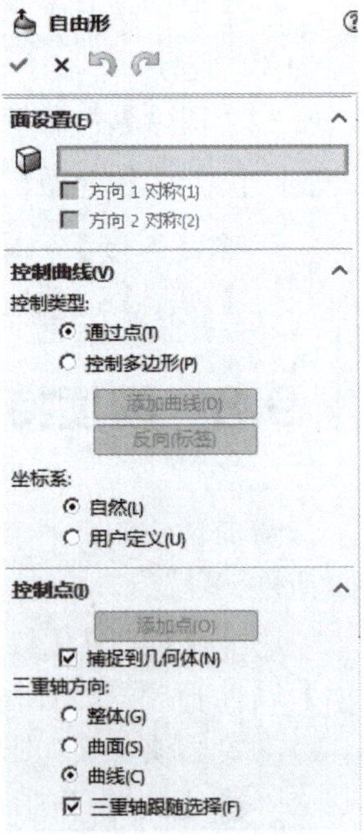

图9-13 【自由形】属性管理器

加控制曲线。

- 【反向（标签）】：反转控制曲线的方向。
- 【坐标系】：控制曲线所用的坐标系。
  - 【自然】：使用缺省的坐标系。
  - 【用户定义】：使用用户建立的坐标系。

（3）【控制点】选项组

- 【添加点】：切换【添加点】模式，在该模式中可添加点到控制曲线。
- 【捕捉到几何体】：在移动控制点以修改面时将点捕捉到几何体。
- 【三重轴方向】：可用于精确移动控制点的三重轴的方向。
- 【整体】：定向三重轴以匹配零件的轴。
- 【曲面】：在拖动之前使三重轴垂直于曲面。
- 【曲线】：使三重轴与控制曲线上3个点生成的垂直线方向平行。
- 【三重轴跟随选择】：将三重轴移到当前选择的控制点。

9.11 水瓶建模实例

扫码看视频

本实例将生成一个水瓶模型，如图9-14所示。

建模思路分析：

① 瓶身形状复杂，要用放样特征来实现。

② 瓶身是中空结构，可以用抽壳特征来实现。

③ 瓶嘴上的螺纹部分用螺旋线阵列来实现。

④ 瓶盖部分用拉伸切除特征来完成。如图9-15所示。

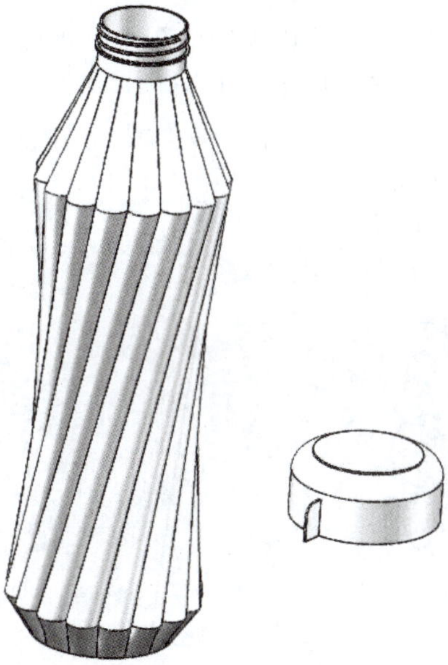

图9-14 水瓶模型

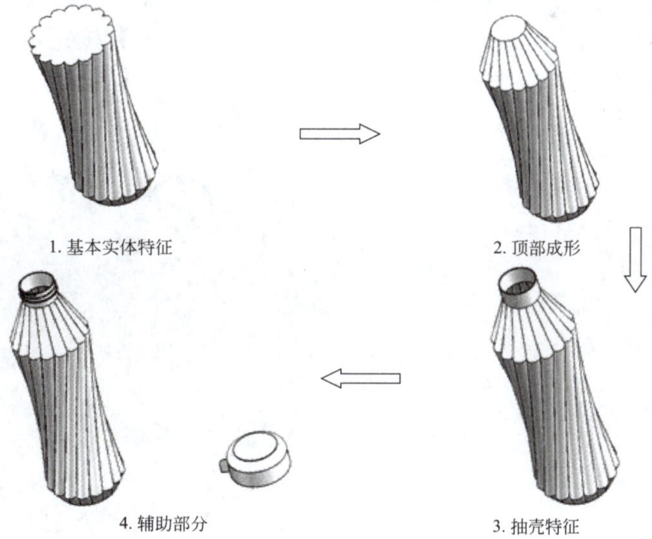

图9-15 建模过程

具体步骤如下。

9.11.1 主体部分

① 单击【参考几何体】工具栏中的【基准面】按钮，弹出【基准面】属性管理器。在【第一参考】中，在图形区域中选择上视基准面，单击【距离】按钮，在文本栏中输入“220.00mm”，如图9-16所示，在图形区域中显示出新建基准面的预览，单击✔【确定】按钮，生成基准面。

② 单击【特征管理器设计树】中的【前视基准面】图标，使其成为草图绘制平面。单击【标准视图】工具栏中的【正视于】按钮，并单击【草图】工具栏中的【草图绘制】按钮，进入草图绘制状态。使用【草图】工具栏中的【圆弧】、【智能尺寸】工具，绘制如图9-17所示的草图。单击【退出草图】按钮，退出草图绘制状态。

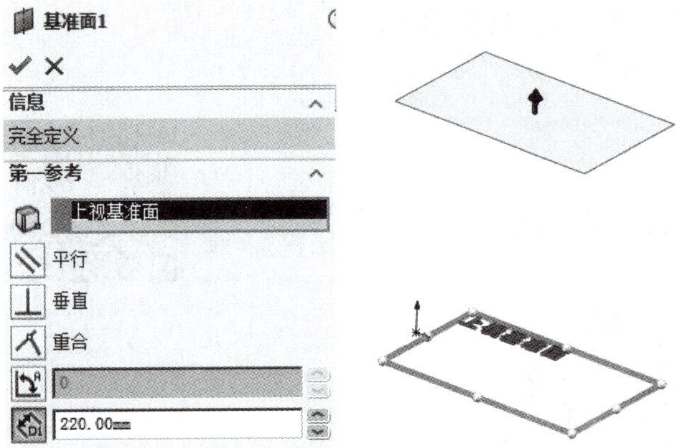

图9-16 生成基准面

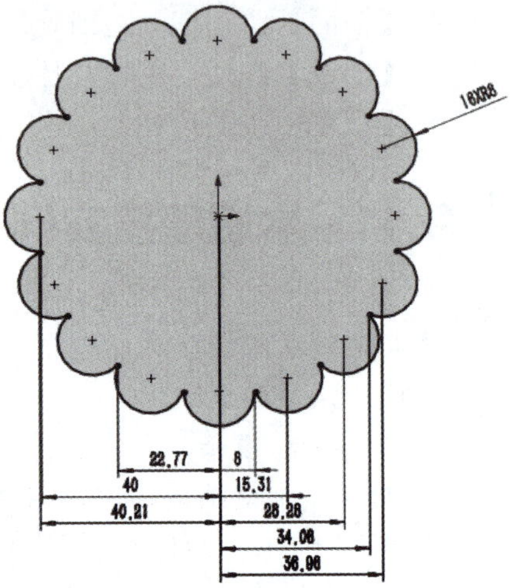

图9-17 绘制草图并标注尺寸

③ 单击【特征管理器设计树】中的【前视基准面】图标，使其成为草图绘制平面。单击【标准视图】工具栏中的【正视于】按钮，并单击【草图】工具栏中的【草图绘制】按钮，进入草图绘制状态。使用【草图】工具栏中的【转换实体引用】，绘制如图9-18所示的草图。单击【退出草图】按钮，退出草图绘制状态。

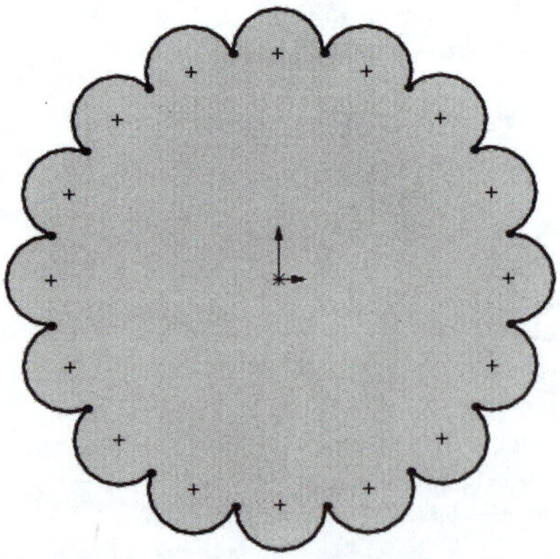

图9-18 绘制草图并标注尺寸

④ 选择【插入】|【凸台/基体】|【放样】菜单命令，弹出【放样】属性管理

器。在◇【轮廓】选项组中，在图形区域中选择草图2和草图1，单击✔【确定】按钮，如图9-19所示，生成放样特征。

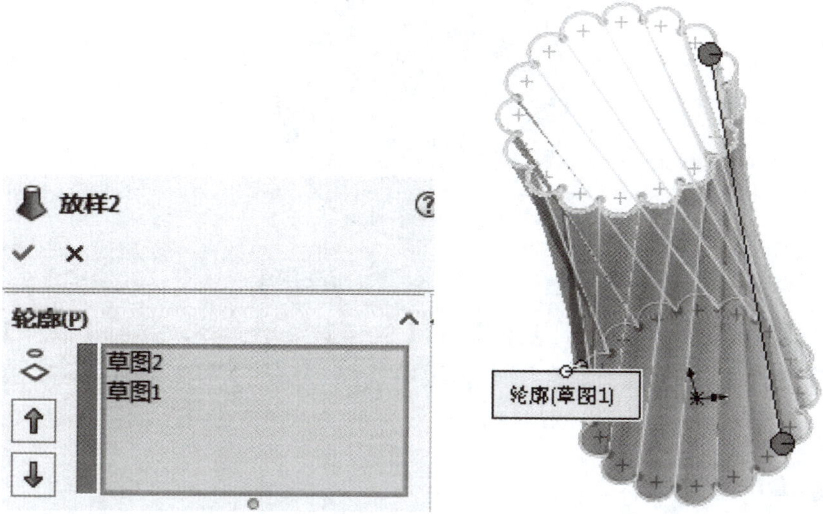

图9-19　生成放样特征

⑤ 单击【参考几何体】工具栏中的【基准面】按钮，弹出【基准面】属性管理器。在【第一参考】中，在图形区域中选择"面<1>"，单击【距离】按钮，在文本栏中输入"20.00mm"，如图9-20所示，在图形区域中显示出新建基准面的预览，单击✔【确定】按钮，生成基准面。

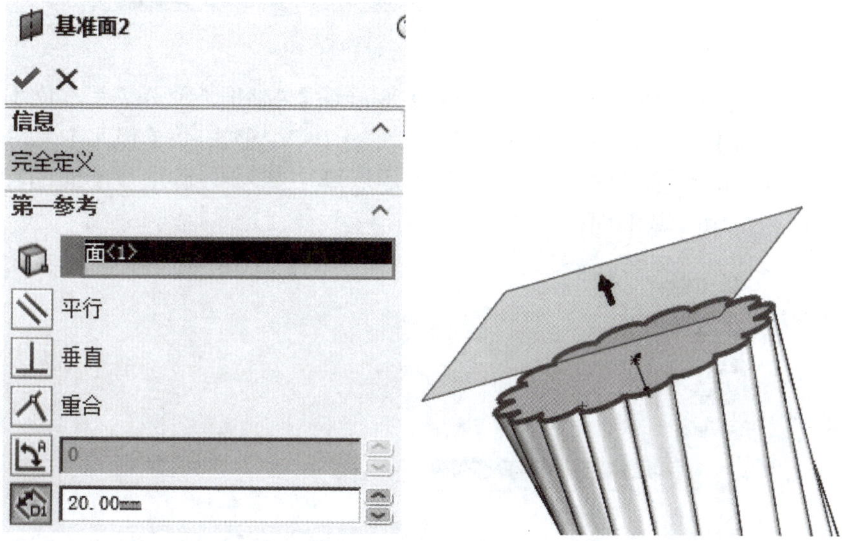

图9-20　生成基准面

⑥ 单击【特征管理器设计树】中的【前视基准面】图标，使其成为草图绘制平面。单击【标准视图】工具栏中的【正视于】按钮，并单击【草图】工具栏中的【草图绘制】按钮，进入草图绘制状态。使用【草图】工具栏中的【圆】、【智能尺寸】工具，绘制如图9-21所示的草图。单击【退出草图】按钮，退出草图绘制状态。

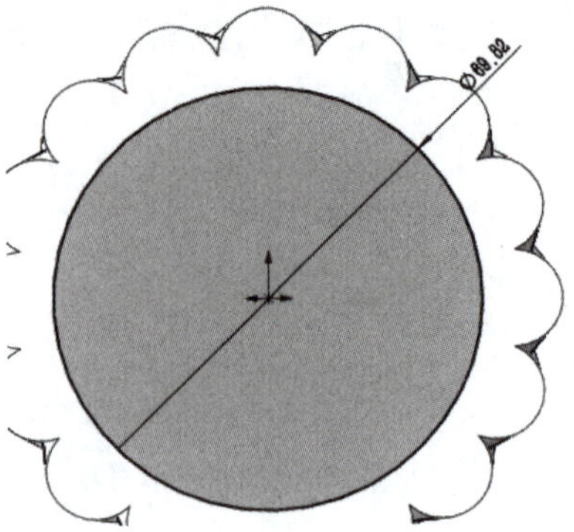

图9-21　绘制草图并标注尺寸

⑦ 选择【插入】｜【凸台/基体】｜【放样】菜单命令，弹出【放样】属性管理器。在【轮廓】选项组中，在图形区域中选择“草图3”和“面<1>”，单击✓【确定】按钮，如图9-22所示，生成放样特征。

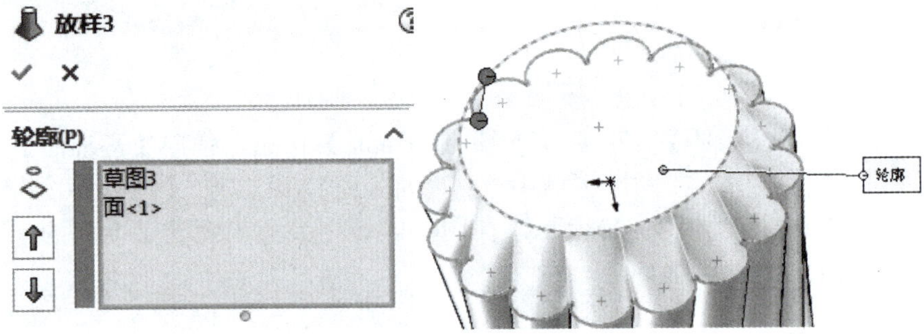

图9-22　生成放样特征

⑧ 单击【参考几何体】工具栏中的【基准面】按钮，弹出【基准面】属性管理器。在【第一参考】中，在图形区域中选择“面<1>”，单击【距离】按钮，在文本栏中输入“60.00mm”，如图9-23所示，在图形区域中显示出新建基准面的预览，单击✓【确定】按钮，生成基准面。

图9-23　生成基准面

⑨ 单击【特征管理器设计树】中的【前视基准面】图标，使其成为草图绘制平面。单击【标准视图】工具栏中的【正视于】按钮，并单击【草图】工具栏中的【草图绘制】按钮，进入草图绘制状态。使用【草图】工具栏中的【圆】、【智能尺寸】工具，绘制如图9-24所示的草图。单击【退出草图】按钮，退出草图绘制状态。

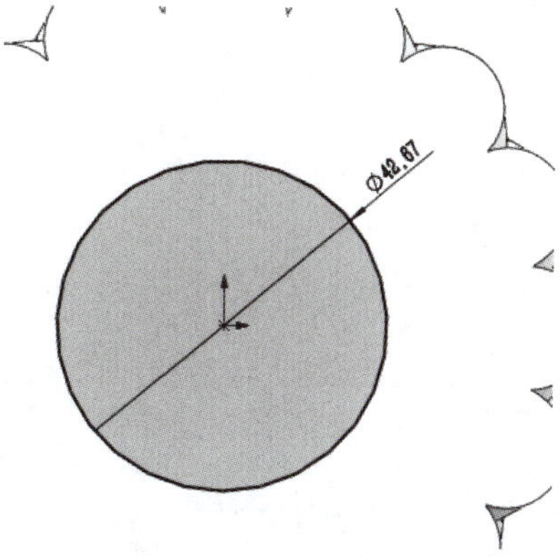

图9-24　绘制草图并标注尺寸

⑩ 选择【插入】|【凸台/基体】|【放样】菜单命令，弹出【放样】属性管理器。在【轮廓】选项组中，在图形区域中选择“草图4”和“面<1>”，单击【确定】按钮，如图9-25所示，生成放样特征。

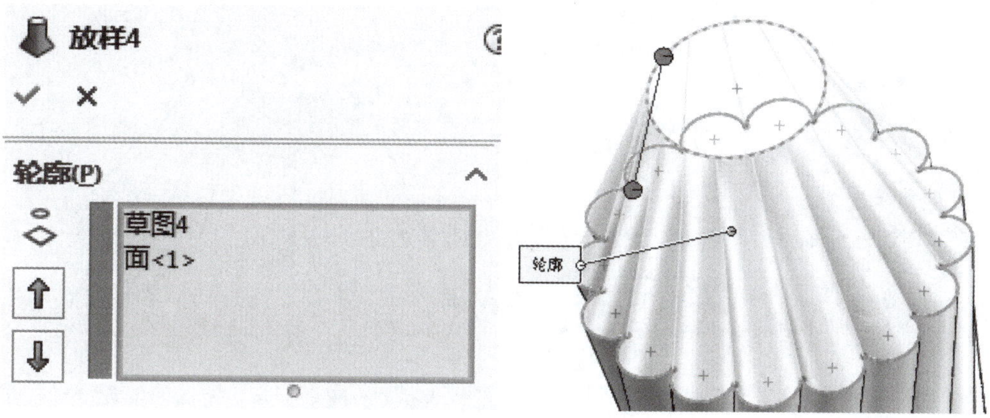

图9-25　生成放样特征

⑪ 单击【特征管理器设计树】中的【前视基准面】图标，使其成为草图绘制平面。单击【标准视图】工具栏中的【正视于】按钮，并单击【草图】工具栏中的【草图绘制】按钮，进入草图绘制状态。使用【草图】工具栏中的【圆】、【智能尺寸】工具，绘制如图9-26所示的草图。单击【退出草图】按钮，退出草图绘制状态。

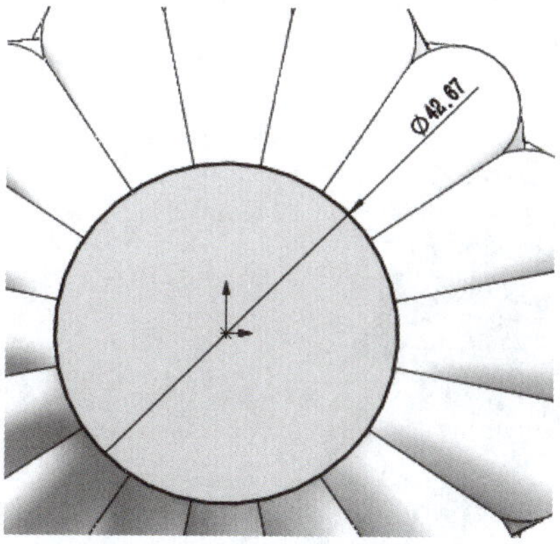

图9-26　绘制草图并标注尺寸

⑫ 单击【特征】工具栏中的【拉伸凸台/基体】按钮，弹出【凸台-拉伸】属性设置。在【方向1】选项组中，设置【终止条件】为【给定深度】，【深度】为“22.00mm”，单击【确定】按钮，生成拉伸特征，如图9-27所示。

⑬ 选择【插入】|【特征】|【抽壳】菜单命令，弹出【抽壳】属性管理器。在【参数】选项组中，设置【厚度】为“1.00mm”，在【移除的面】选项中，选择绘图区中“面<1>”，单击【确定】按钮，生成抽壳特征，如图9-28所示。

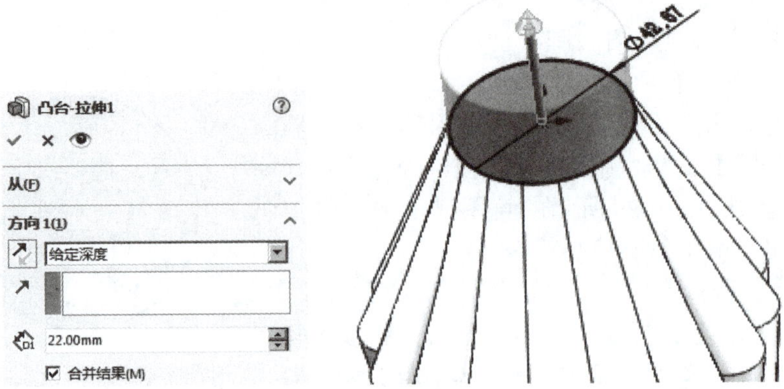

图9-27　拉伸特征

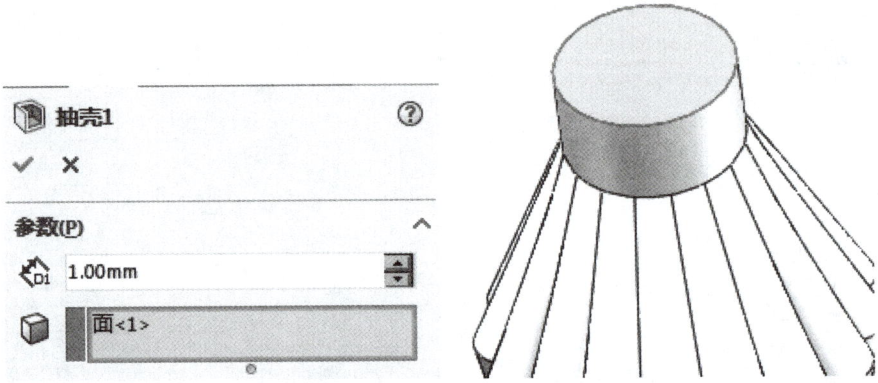

图9-28　生成抽壳特征

⑭ 单击【参考几何体】工具栏中的【基准面】按钮，弹出【基准面】属性管理器。在【第一参考】中，在图形区域中选择“面<1>”，单击【距离】按钮，在文本栏中输入“2.00mm”，如图9-29所示，在图形区域中显示出新建基准面的预览，单击【确定】按钮，生成基准面。

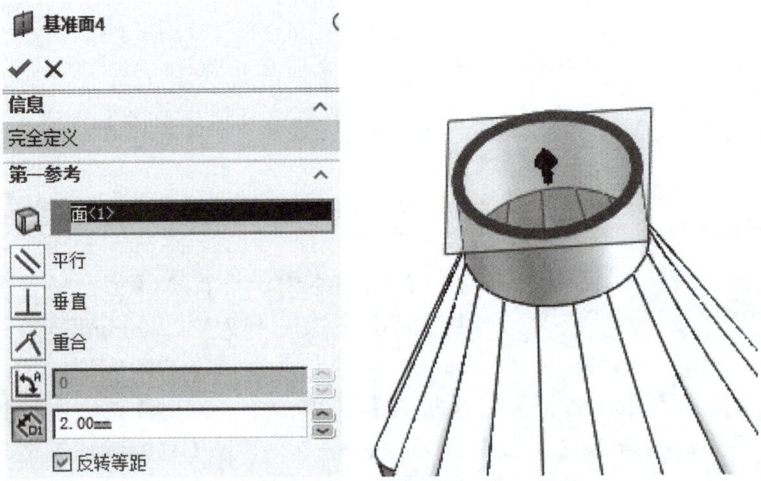

图9-29　生成基准面

9.11.2 辅助部分

① 单击【特征管理器设计树】中的【前视基准面】图标，使其成为草图绘制平面。单击【标准视图】工具栏中的【正视于】按钮，并单击【草图】工具栏中的【草图绘制】按钮，进入草图绘制状态。使用【草图】工具栏中的【圆】、【智能尺寸】工具，绘制如图9-30所示的草图。单击【退出草图】按钮，退出草图绘制状态。

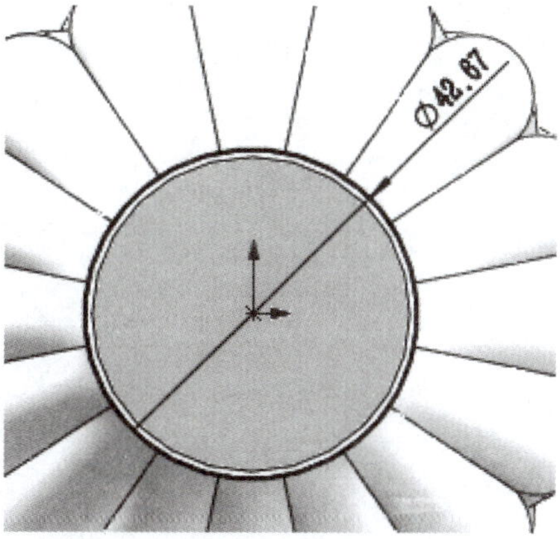

图9-30 绘制草图并标注尺寸

② 单击【插入】|【曲线】|【螺旋线/涡状线】按钮，弹出【螺旋线/涡状线】属性设置。在【定义方式】选项组中，选择【螺距和圈数】；在【参数】选项组中，勾选【恒定螺距】，并输入数据；勾选【反向】；设置【起始角度】为“0.00度”；勾选【顺时针】，如图9-31所示。

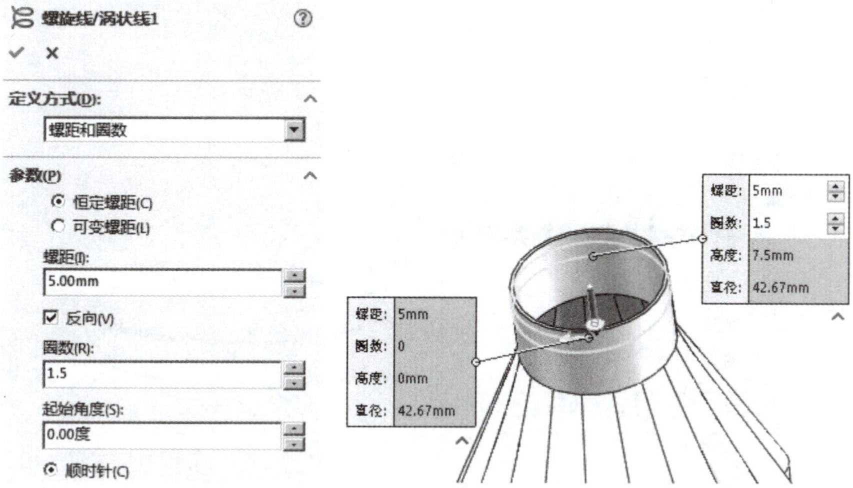

图9-31 建立螺旋线

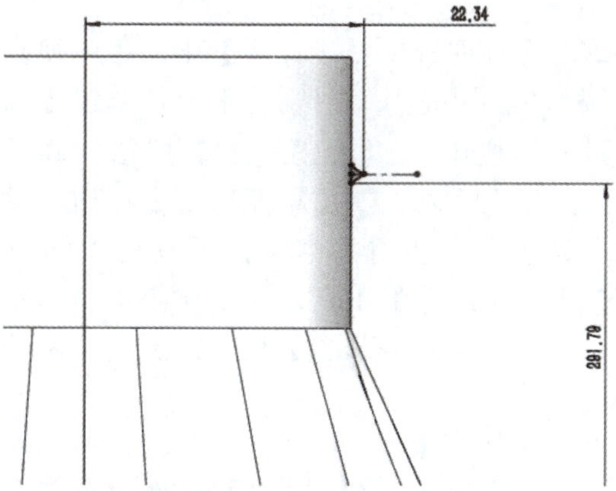

图9-32 绘制草图并标注尺寸

③ 单击【特征管理器设计树】中的【前视基准面】图标，使其成为草图绘制平面。单击【标准视图】工具栏中的【正视于】按钮，并单击【草图】工具栏中的【草图绘制】按钮，进入草图绘制状态。使用【草图】工具栏中的【直线】、【中心线】、【智能尺寸】工具，绘制如图9-32所示的草图。单击【退出草图】按钮，退出草图绘制状态。

④ 选择【插入】|【凸台/基体】|【扫描】菜单命令，弹出【扫描】属性管

理器。在【轮廓和路径】选项组中，单击【轮廓】按钮，在图形区域中选择“草图8”，单击【路径】按钮，在图形区域中选择草图中的螺旋线，单击【确定】按钮，如图9-33所示。

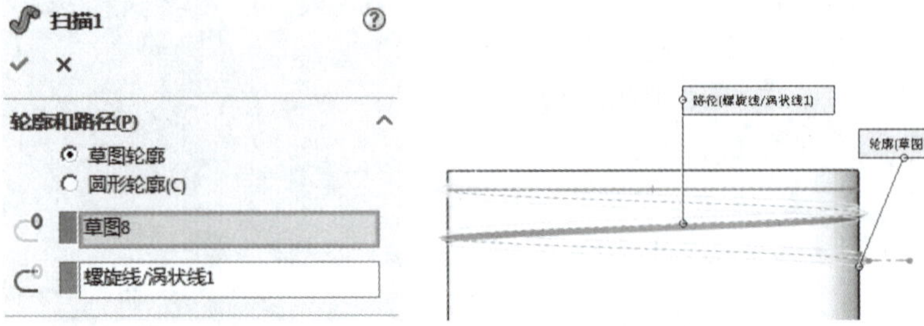

图9-33　扫描特征

⑤ 单击【参考几何体】工具栏中的【基准面】按钮，弹出【基准面】属性管理器。在【第一参考】中，在图形区域中选择“面<1>”，单击【距离】按钮，在文本栏中输入“13.00mm”，如图9-34所示，在图形区域中显示出新建基准面的预览，单击【确定】按钮，生成基准面。

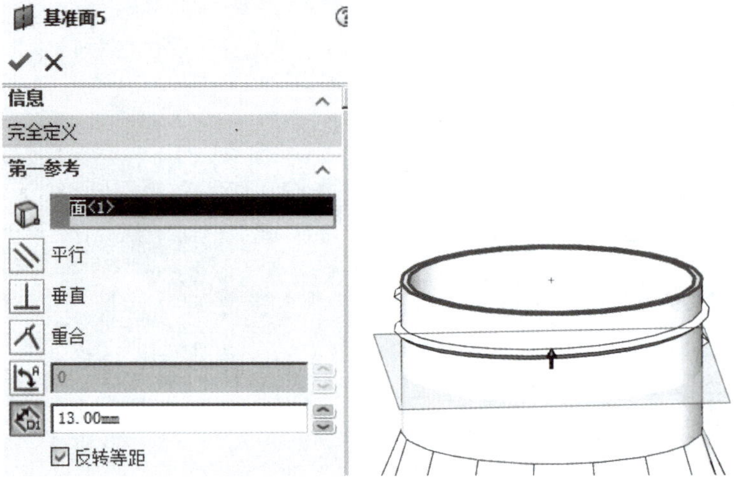

图9-34　生成基准面

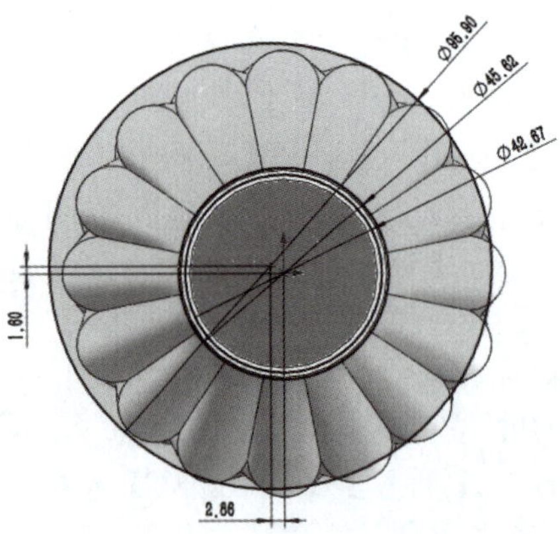

图9-35　绘制草图并标注尺寸

⑥ 单击【特征管理器设计树】中的【前视基准面】图标，使其成为草图绘制平面。单击【标准视图】工具栏中的【正视于】按钮，并单击【草图】工具栏中的【草图绘制】按钮，进入草图绘制状态。使用【草图】工具栏中的【圆】、【智能尺寸】工具，绘制如图9-35所示的草图。单击【退出草图】按钮，退出草图绘制状态。

⑦ 单击【特征】工具栏中的【拉伸凸台/基体】按钮，弹出【凸台-拉伸】属性设置。在【方向1】选项组中，设置【终止条件】为【给

定深度】，【深度】为“1.00mm”，单击【确定】按钮，生成拉伸特征，如图9-36所示。

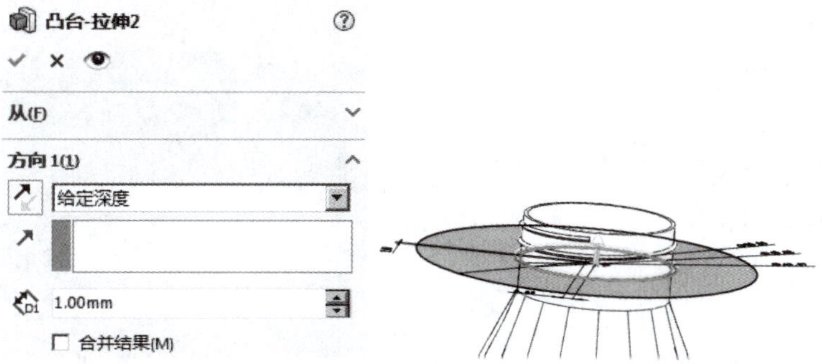

图9-36　拉伸特征

⑧ 单击【特征管理器设计树】中的【前视基准面】图标，使其成为草图绘制平面。单击【标准视图】工具栏中的【正视于】按钮，并单击【草图】工具栏中的【草图绘制】按钮，进入草图绘制状态。使用【草图】工具栏中的【直线】、【智能尺寸】工具，绘制如图9-37所示的草图。单击【退出草图】按钮，退出草图绘制状态。

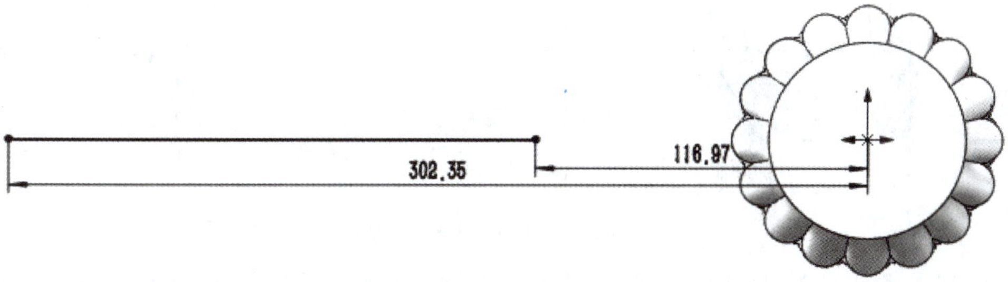

图9-37　绘制草图并标注尺寸

⑨ 单击【特征管理器设计树】中的【前视基准面】图标，使其成为草图绘制平面。单击【标准视图】工具栏中的【正视于】按钮，并单击【草图】工具栏中的【草图绘制】按钮，进入草图绘制状态。使用【草图】工具栏中的【直线】、【中心线】、【圆弧】、【智能尺寸】工具，绘制如图9-38所示的草图。单击【退出草图】按钮，退出草图绘制状态。

⑩ 单击【特征】工具栏中的【旋转凸台/基体】按钮，弹出【旋转】属性管理器。在【旋转参数】选项组中，单击【旋转轴】选择框，在图形区域中选择草图中的“直线1”，设置【终止条件】为【给定深度】，【角度】为“360.00度”，单击【确定】按钮，生成旋转特征，如图9-39所示。

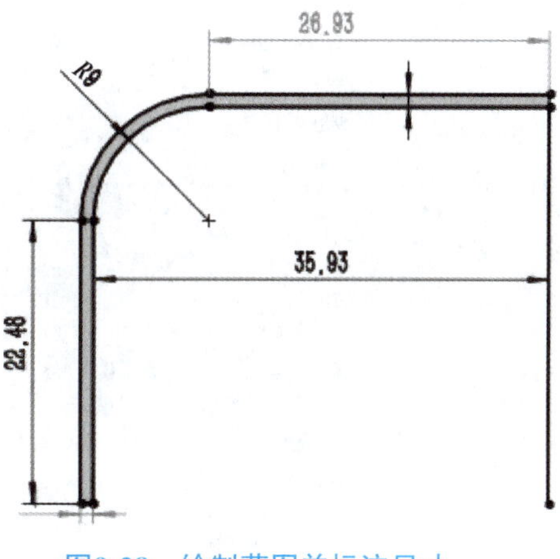

图9-38　绘制草图并标注尺寸

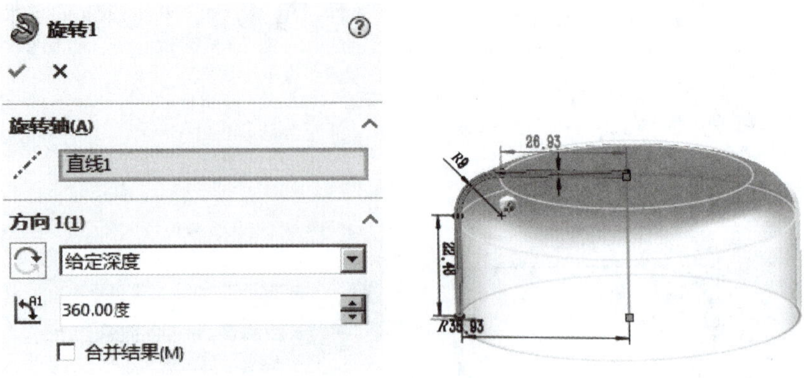

图9-39 生成旋转特征

⑪ 单击【特征管理器设计树】中的【前视基准面】图标，使其成为草图绘制平面。单击【标准视图】工具栏中的【正视于】按钮，并单击【草图】工具栏中的【草图绘制】按钮，进入草图绘制状态。使用【草图】工具栏中的【直线】、【中心线】、【圆弧】、【智能尺寸】工具，绘制如图9-40所示的草图。单击【退出草图】按钮，退出草图绘制状态。

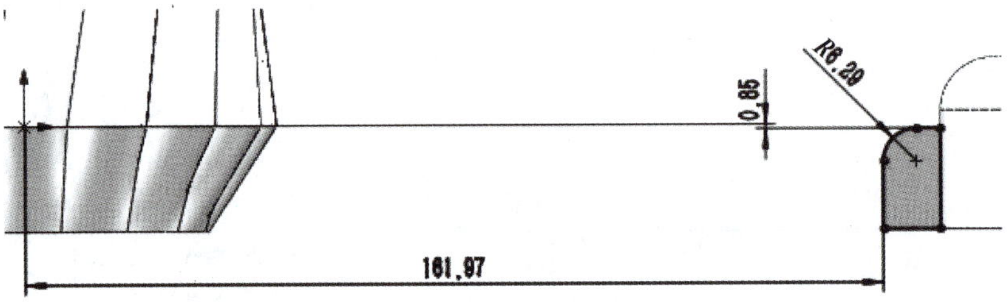

图9-40 绘制草图并标注尺寸

⑫ 单击【特征】工具栏中的【拉伸凸台/基体】按钮，弹出【凸台-拉伸】属性设置。在【方向1】选项组中，设置【终止条件】为【两侧对称】，【深度】为“1.00mm”，单击【确定】按钮，生成拉伸特征，如图9-41所示。

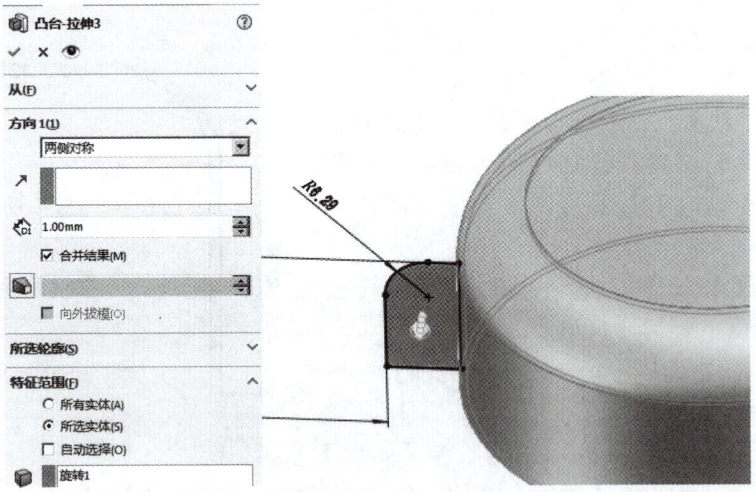

图9-41 拉伸特征

⑬ 单击【特征管理器设计树】中的【前视基准面】图标，使其成为草图绘制平面。单击【标准视图】工具栏中的【正视于】按钮，并单击【草图】工具栏中的【草图绘制】按钮，进入草图绘制状态。使用【草图】工具栏中的【圆】、【智能尺寸】工具，绘制如图9-42所示的草图。单击【退出草图】按钮，退出草图绘制状态。

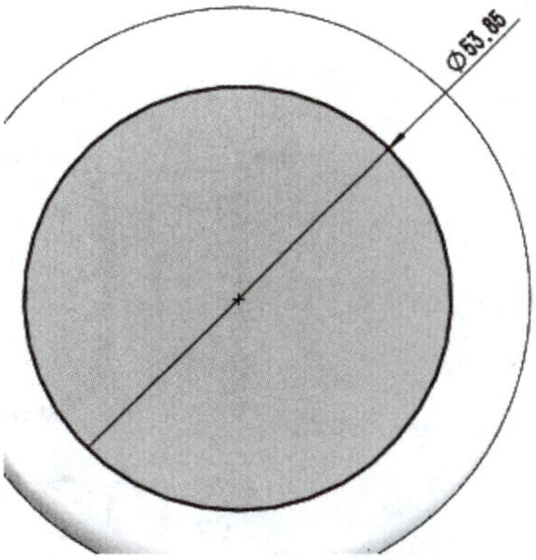

图9-42　绘制草图并标注尺寸

⑭ 单击【特征】工具栏中的【拉伸凸台/基体】按钮，弹出【凸台-拉伸】属性设置。在【方向1】选项组中，设置【终止条件】为【给定深度】，【深度】为“1.00mm”，单击【确定】按钮，生成拉伸特征，如图9-43所示。

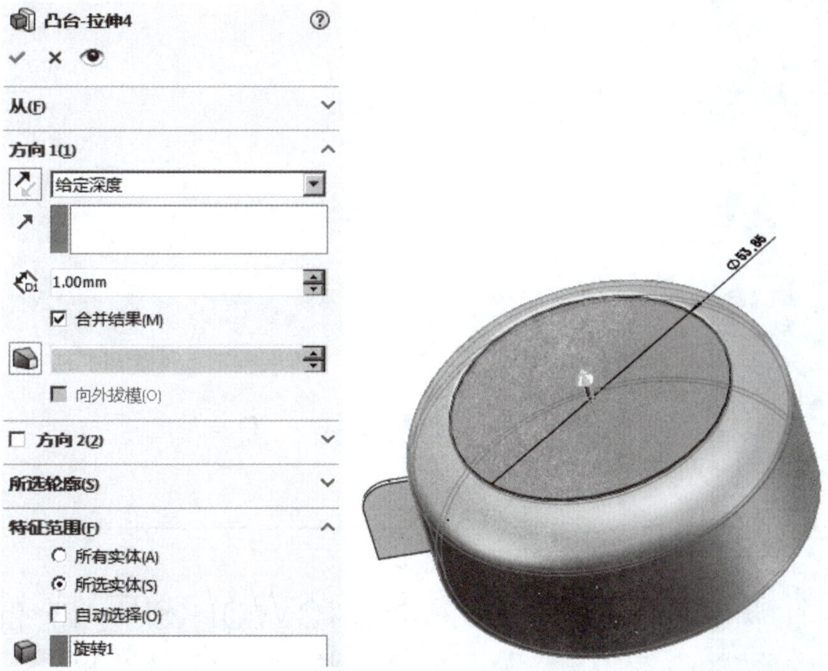

图9-43　拉伸特征

9.12　握力器实例

扫码看实例

10

第10章

阵列特征

SolidWorks中特征阵列是将特征按照一定规律进行阵列，阵列特征包括线性阵列、圆周阵列、镜向、曲线驱动的阵列、草图驱动的阵列和表格驱动的阵列等。

选择【插入】|【阵列/镜向】菜单命令，可以弹出【阵列和镜向】菜单命令，如图10-1所示。

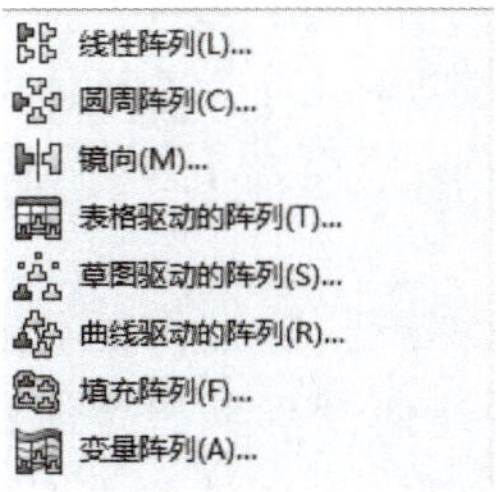

图10-1　【阵列和镜向】菜单命令

10.1　线性阵列特征

SolidWorks中的线性阵列特征可以沿一条或两条直线路径以线性阵列的方式，生成一个或多个特征的多个实例。

单击【特征】菜单栏中的【线性阵列】按钮，或者单击【插入】|【阵列/镜向】|【线性阵列】菜单命令，即可进入【线性阵列】的特征编辑页面。

图10-2　【线性阵列】属性管理器

10.1.1　线性阵列属性设置

在单击【线性阵列】按钮后，页面左侧会出现【线性阵列】属性管理器，如图10-2所示。

（1）【方向1】选项组

该选项组为所选线性阵列的第一个方向，当选择【间距与实例数】选项时，显示选项如图10-3所示；当选择【到参考】选项时，显示选项如图10-4所示。

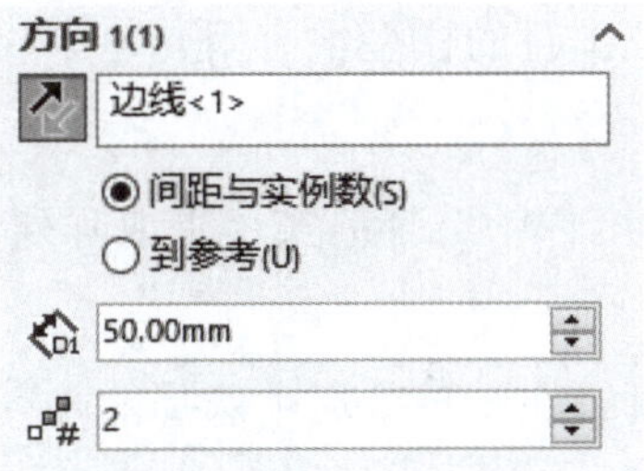

图10-3　【间距与实例数】选项

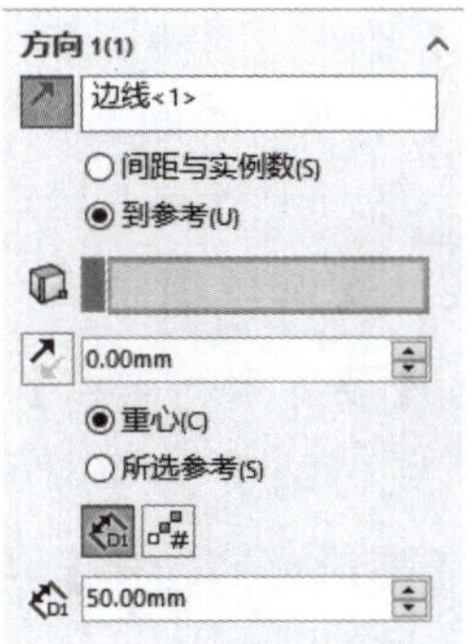

图10-4　【到参考】选项

- 【间距与实例数】：根据实例和实例数选项来进行线性阵列特征。
- 【到参考】：根据线性阵列的到参考选项来设置线性阵列。
- 【阵列方向】：选择线性边线、直线、轴、尺寸、平面的面和曲面、圆锥面和曲面、圆形边线和参考平面。单击反转方向【反向】来反转阵列方向。

- 【间距】：设置线性阵列的间距。
- 【实例数】：设定线性阵列的实例数。
- 【参考几何体】：设定控制阵列的参考几何图形。
- 【偏移距离】：从参考几何图形设定上一个阵列实例的距离。单击反转方向【反向】来反转偏移方向。
- 【重心】：计算从参考几何图形到阵列特征重心的偏移距离。
- 【所选参考】：计算从参考几何图形到选定源特征几何图形参考的偏移距离。
- 【设置间距】：设置线性阵列到所选参考几何体和间距来确定线性阵列。
- 【设置实例数】：设置线性阵列到所选参考几何体和实例数来确定线性阵列。

（2）【方向2】选项组

该选项组与【方向1】选项组的设置相同，为线性阵列的第二个方向，通常的线性阵列方向都需要两个，如图10-5所示。

【方向2】选项组只比【方向1】选项组多了一个【只阵列源】选项。

- 【只阵列源】：只使用源特征而不复制【方向1】选项组的阵列实例在【方向2】选项组中生成的线性阵列。

（3）【特征和面】选项组

设置【要阵列的特征】和【要阵列的面】，如图10-6所示。

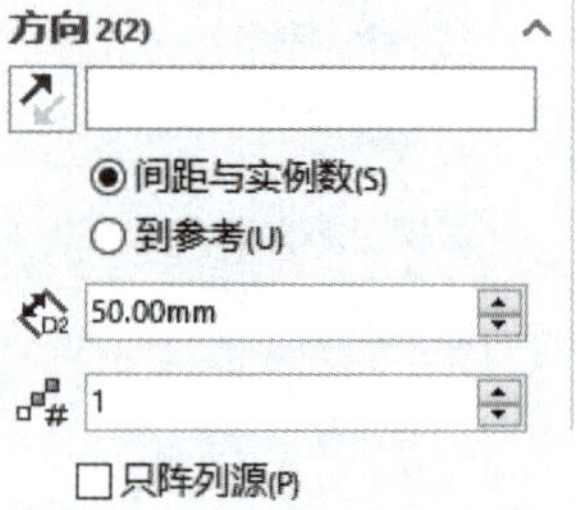

图10-5 【方向2】选项组

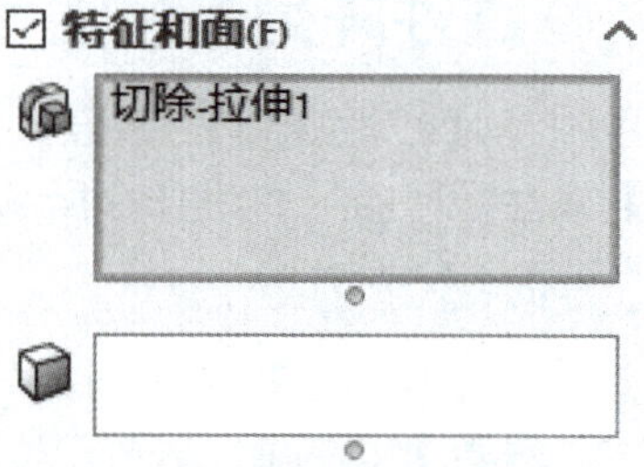

图10-6 【特征和面】选项组

- 【要阵列的特征】：通过使用所选择的特征作为源特征来生成阵列。
- 【要阵列的面】：通过使用构成特征的面生成阵列。在图形区域中选择特征的所有面。这对于只输入构成特征的面而不是特征本身的模型很有用。

（4）【实体】选项组

- 【要阵列的实体】：通过使用在多实体零件中选择的实体生成阵列。

（5）【可跳过的实例】选项组

- 【要跳过的实例】：在生成阵列时可以跳过在图形区域中选择的阵列实例。

（6）【选项】选项组

该选项组包括【随形变化】、【几何体阵列】和【延伸现象属性】选项，如图10-7所示。

- 【随形变化】：允许重复时执行阵列更改。
- 【几何体阵列】：通过只使用特征的几何体（面和边线）来生成阵列，而不阵列和求解特征的每个实例。

- 【延伸现象属性】：将 SolidWorks 的颜色、纹理和装饰螺纹数据延伸给所有阵列实例。
- 【完整预览】：完整预览阵列特征。
- 【部分预览】：部分预览阵列特征。

（7）【变化的实例】选项组

该选项组如图10-8所示，具体含义如下。

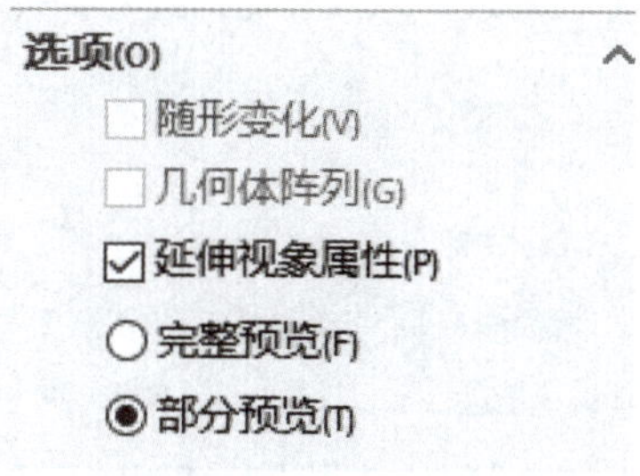

图10-7 【选项】选项组

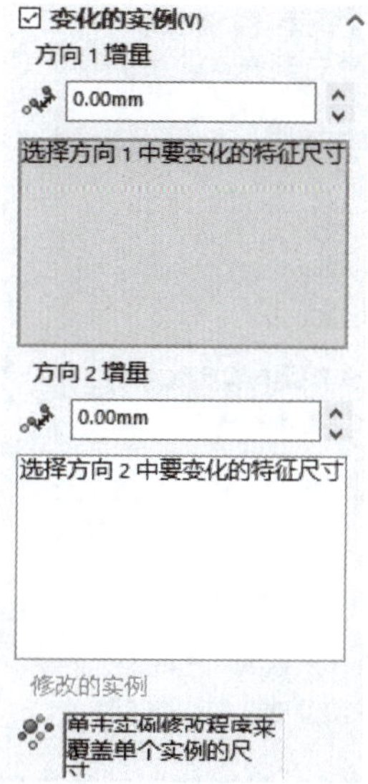

图10-8 【变化的实例】选项组

- 【方向1间距增量】：选择方向1中要变化的特征尺寸，并设置方向1的间距增量。
- 【方向2间距增量】：选择方向2中要变化的特征尺寸，并设置方向2的间距增量。
- 【已修改的实例】：设置线性阵列中已经修改的实例。

10.1.2 线性阵列特征的步骤和方法

① 单击【特征】菜单栏中的【线性阵列】按钮，或者单击【插入】|【阵列/镜向】|【线性阵列】菜单命令，进入【线性阵列】特征编辑页面，在【阵列的特征】选项中选择如图10-9所示的凹槽，其他设置如图10-10所示。

图10-9 线性阵列前的图形

② 单击【线性阵列】特征编辑页面的✓【确定】按钮，完成【线性阵列】特征，如图10-11所示。

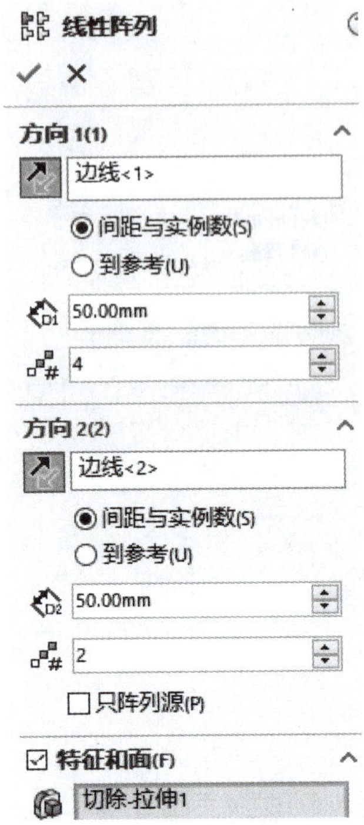

图10-10 线性阵列前的设置

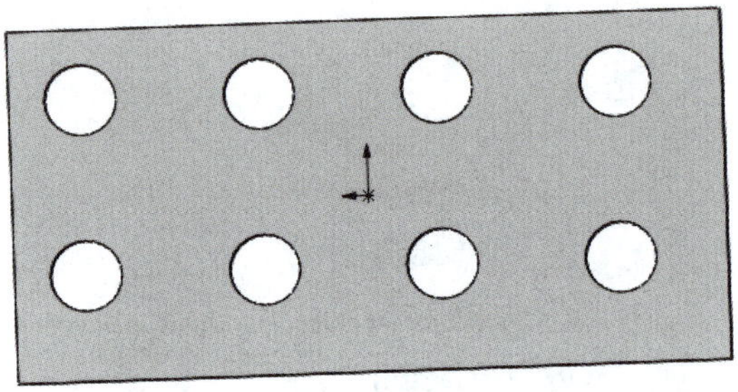

图10-11 【线性阵列】特征所成实体

10.2 圆周阵列特征

SolidWorks中的圆周阵列特征可以绕一轴心阵列一个或多个特征。

单击【特征】菜单栏中的【圆周阵列】按钮，或者单击【插入】|【阵列/镜向】|【圆周阵列】菜单命令，即可进入【圆周阵列】的特征编辑页面。

10.2.1 圆周阵列属性设置

在单击【圆周阵列】按钮后，页面左侧会出现【圆周阵列】属性管理器，如图10-12所示。

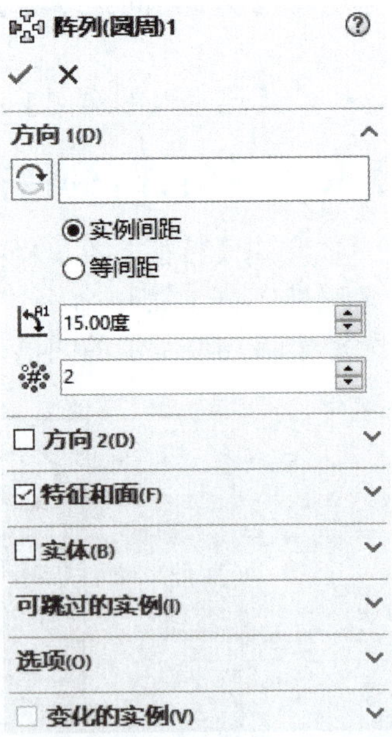

图10-12 【圆周阵列】属性管理器

（1）【方向1】选项组

- 【阵列轴】：在图形区域中选择轴、模型边线或者角度尺寸，作为生成圆周阵列所围绕的轴。单击反转方向【反向】来反转阵列方向。
- 【实例间距】：按照所设定的角度来进行圆周阵列特征。

- 【等间距】：在总角度中等间距地进行圆周阵列特征。
- 【角度】：指定每个实例之间的角度。
- 【特征数】：指定源特征的特征数。

（2）【方向2】选项组

该选项组与【方向1】选项组的设置相同，为圆周阵列的第二个方向，如图10-13所示。

【方向2】选项组只比【方向1】选项组多了一个【对称】选项。

【对称】：从源特征创建对称阵列。

（3）【特征和面】选项组

设置【要阵列的特征】和【要阵列的面】，如图10-14所示。

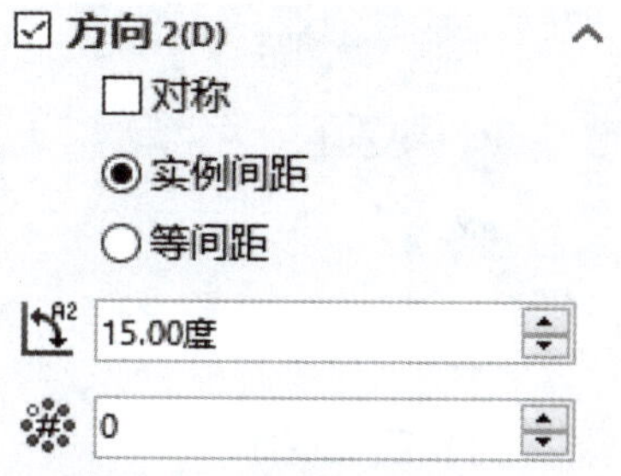

图10-13 【方向2】选项组

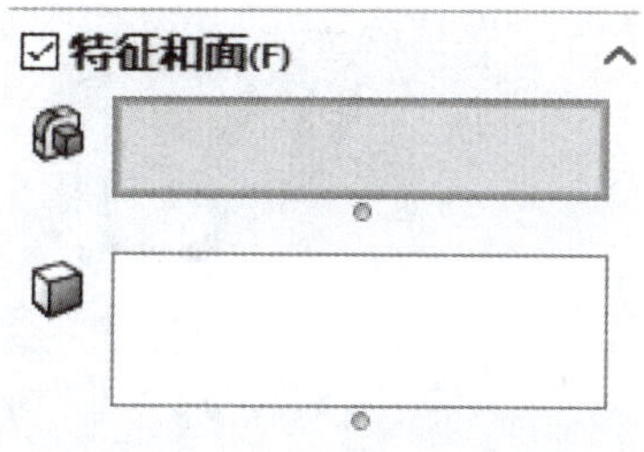

图10-14 【特征和面】选项组

- 【要阵列的特征】：通过使用所选择的特征作为源特征来生成阵列。
- 【要阵列的面】：通过使用构成特征的面生成阵列。在图形区域中选择特征的所有面。这对于只输入构成特征的面而不是特征本身的模型很有用。

（4）【实体】选项组

【要阵列的实体】：通过使用在多实体零件中选择的实体生成阵列。

（5）【可跳过的实例】选项组

【要跳过的实例】：在生成阵列时可以跳过在图形区域中选择的阵列实例。

（6）【选项】选项组

该选项组包括【随形变化】、【几何体阵列】和【延伸视象属性】选项，如图10-15所示。

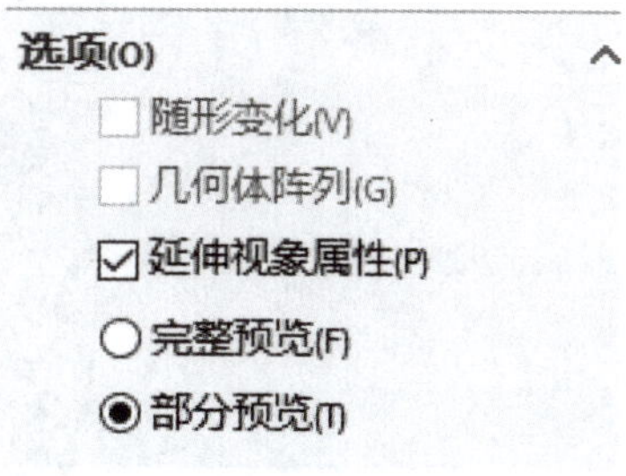

图10-15 【选项】选项组

- 【随形变化】：允许重复时执行阵列更改。
- 【几何体阵列】：通过只使用特征的几何体（面和边线）来生成阵列，而不阵列和求解特征的每个实例。
- 【延伸视象属性】：将SolidWorks的颜色、纹理和装饰螺纹数据延伸给所有阵列实例。
- 【完整预览】：完整预览阵列特征。
- 【部分预览】：部分预览阵列特征。

10.2.2 圆周阵列特征的步骤和方法

① 单击【特征】菜单栏中的【圆周阵列】按钮，或者单击【插入】|【阵列/镜向】|【圆周阵列】菜单命令，进入【圆周阵列】特征编辑页面，在【阵列的特征】选项中选择如图10-16所示的小凸台，【阵列轴】选择大圆边线，其他设置如图10-17所示。

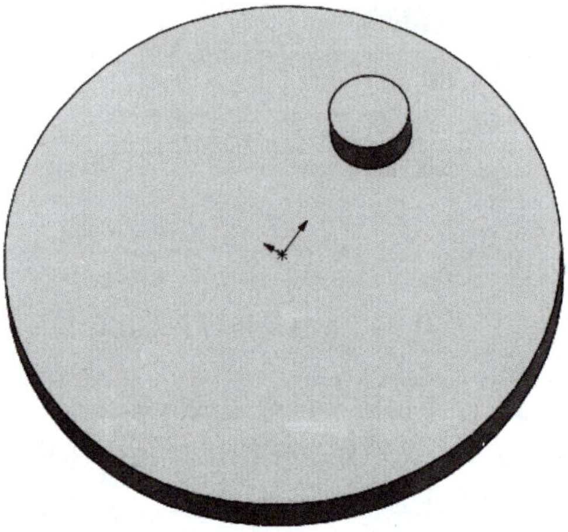

图10-16 圆周阵列前的图形

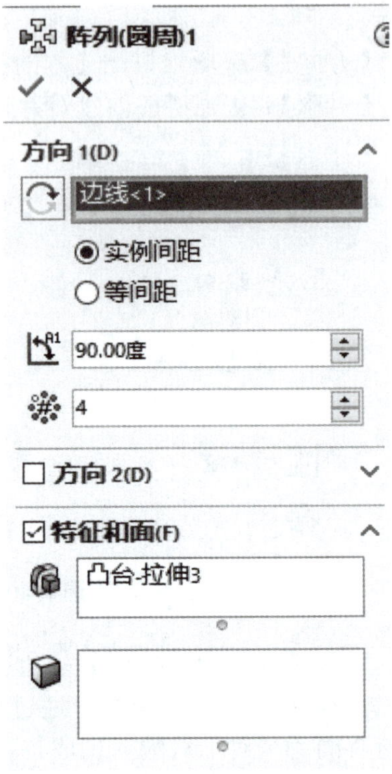

图10-17 圆周阵列前的设置

② 单击【圆周阵列】特征编辑页面的✓【确定】按钮，完成【圆周阵列】特征，如图10-18所示。

图10-18 【圆周阵列】特征所成实体

10.3 镜向特征

SolidWorks中的镜向特征可以将一个或多个特征以指定的平面进行镜向。

单击【特征】菜单栏中的【镜向特征】按钮，或者单击【插入】|【阵列/镜向】|【镜向特征】菜单命令，即可进入【镜向】特征编辑页面。

10.3.1 镜向特征属性设置

在单击【镜向特征】按钮后，页面左侧会出现【镜向】属性管理器，如图10-19所示。

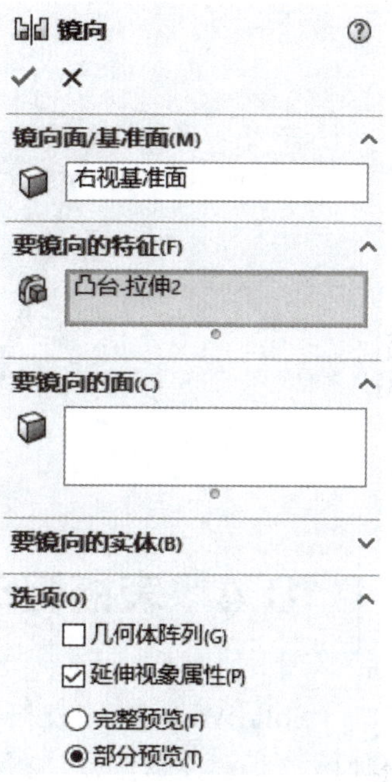

图10-19 【镜向】属性管理器

(1)【镜向面/基准面】选项组

在图形区域中选择一个面或基准面作为镜向面。

(2)【要镜向的特征】选项组

单击模型中一个或者多个特征，也可以在【Feature Manager设计树】中选择要镜向的特征。

(3)【要镜向的面】选项组

在图形区域中单击要构成镜向特征的面，此选项的参数仅仅对于在输入的过程中仅包括特征的面而不包括特征本身的零件很有用。

(4)【要镜向的实体】选项组

单击一个或者多个要镜向的实体和曲面实体。

(5)【选项】选项组

- 【几何体阵列】：仅镜向特征的几何体（面和边线），而非求解整个特征。
- 【延伸视象属性】：合并源项目和镜向的项目，如颜色、纹理和装饰螺纹数据的视象属性数据。
- 【完整预览】：对镜向特征进行完整预览。
- 【部分预览】：对镜向特征进行部分预览。

10.3.2 镜向特征的步骤和方法

① 单击【特征】菜单栏中的【镜向特征】按钮，或者单击【插入】|【阵列/镜向】|【镜向特征】菜单命令，进入【镜向】特征编辑页面，在【镜向面/基准面】选项中选择【右视基准面】选项，在【要镜向的特征】选项中选择如图10-20所示的凸台。

② 单击【镜向】特征编辑页面的【确定】按钮，完成【镜向】特征，如图10-21所示。

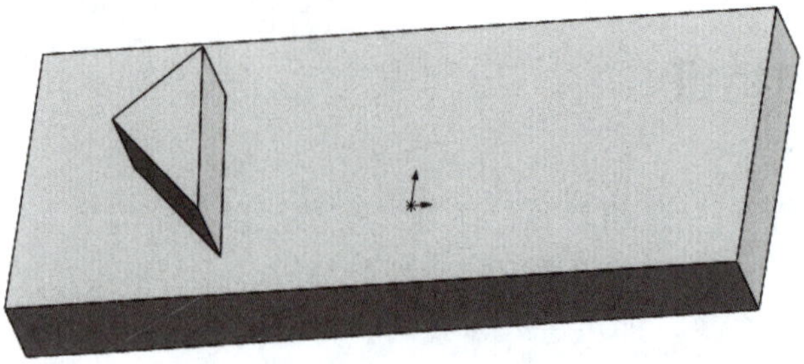

图10-20　镜向前的图形

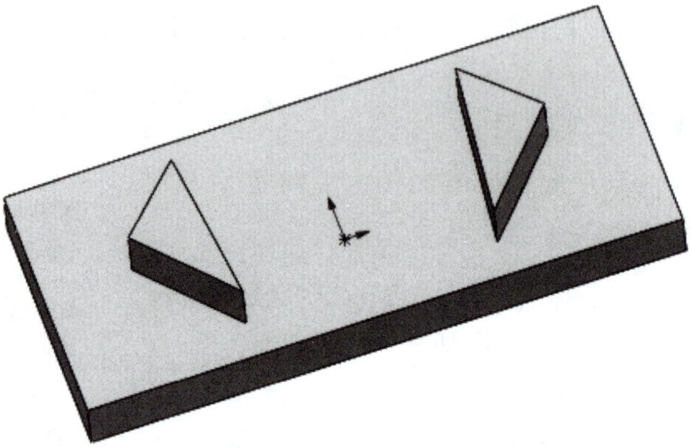

图10-21　镜向后的图形

10.4　表格驱动的阵列特征

SolidWorks中的表格驱动的阵列特征可以使用x和y坐标对指定的源特征进行阵列。

单击【特征】菜单栏中的【表格驱动的阵列】按钮，或者单击【插入】|【阵列/镜向】|【表格驱动的阵列】菜单命令，即可进入【由表格驱动的阵列】特征编辑页面。

10.4.1　表格驱动阵列属性设置

在单击【表格驱动的阵列】按钮后，页面左侧会出现【由表格驱动的阵列】属性管理器，如图10-22所示。

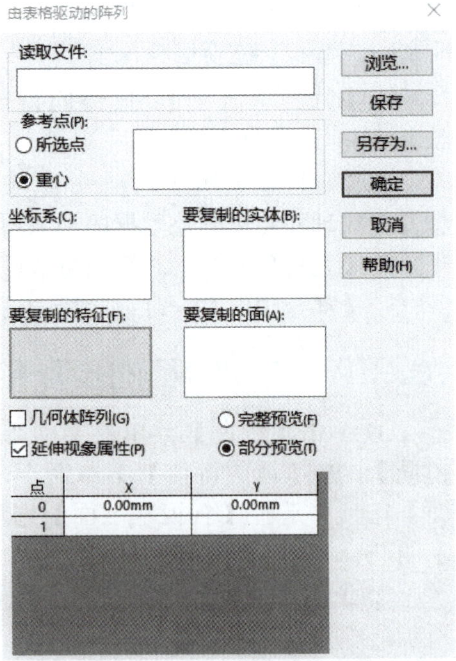

图10-22　【由表格驱动的阵列】属性管理器

（1）【读取文件】选项组

输入带x、y坐标的阵列表或文字文件。

（2）【参考点】选项组

指定在放置阵列实例时x、y坐标所适用的点。

- 【所选点】：将参考点设定到所选顶点或草图点。
- 【重心】：将参考点设定到源特征的重心。
- 【坐标系】：设置用来生成表格阵列的坐标系，包括原点。
- 【要复制的实体】：根据多实体零件生成阵列，可以选择多个实体。
- 【要复制的特征】：根据特征生成阵列，可以选择多个特征。
- 【要复制的面】：根据构成特征的面生成阵列，选择图形区域中的所有面。
- 【几何体阵列】：只使用对特征的几何体（面和边线）来生成阵列，而不阵列和求解特征的每个实例。
- 【延伸视象属性】：将SolidWorks的颜色、纹理和装饰螺纹数据延伸给所有阵列实例。
- 【完整预览】：对阵列特征进行完整预览。
- 【部分预览】：对阵列特征进行部分预览。

（3）【*x-y*坐标表】选项组

用*x*、*y*坐标为阵列实例生成位置点。

10.4.2 表格驱动的阵列特征的步骤和方法

① 单击【特征】菜单栏中的【表格驱动的阵列】按钮，或者单击【插入】|【阵列/镜向】|【表格驱动的阵列】菜单命令，进入【由表格驱动的阵列】特征编辑页面，在【要复制的特征】选项中选择如图10-23所示的小凸台，其他设置如图10-24所示。

图10-23 表格驱动的阵列前的图形

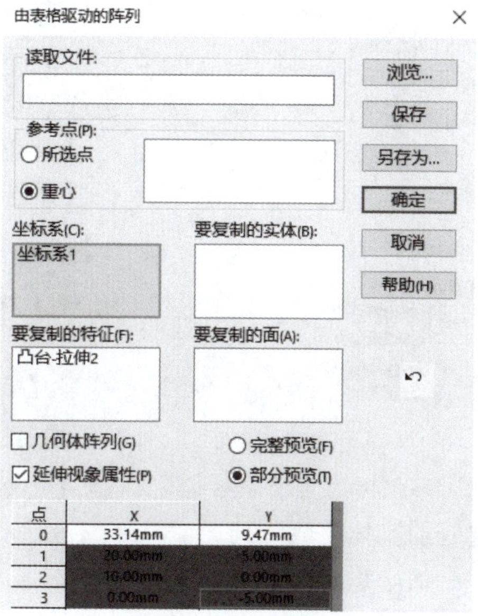

图10-24 表格驱动的阵列的设置

② 单击【表格驱动的阵列】特征编辑页面的✔【确定】按钮，完成【表格驱动的阵列】特征，如图10-25所示。

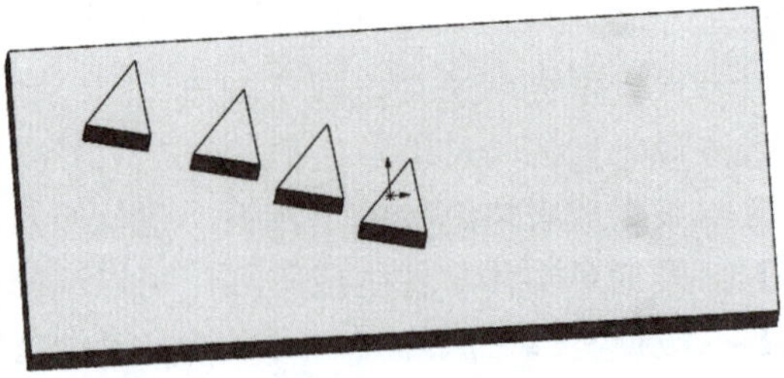

图10-25　表格驱动的阵列特征所成实体

10.5　草图驱动的阵列特征

SolidWorks中的草图驱动的阵列特征可以通过草图的特征点对源特征进行阵列。

单击【特征】菜单栏中的【草图驱动的阵列】按钮，或者单击【插入】|【阵列/镜向】|【草图驱动的阵列】菜单命令，即可进入【由草图驱动的阵列】特征编辑页面。

10.5.1　草图驱动阵列属性设置

在单击【草图驱动的阵列】按钮后，页面左侧会出现【由草图驱动的阵列】属性管理器，如图10-26所示。

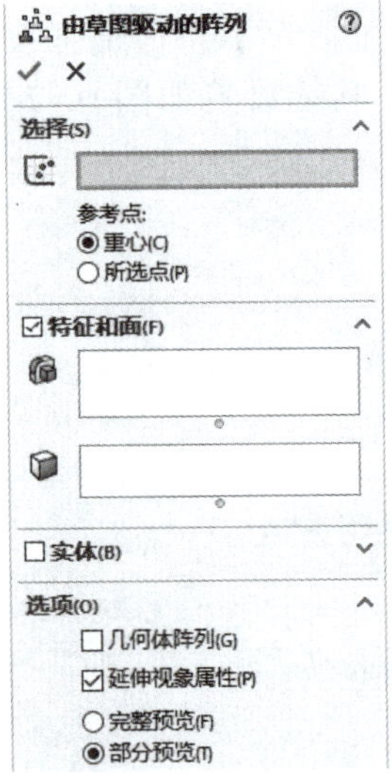

图10-26　【由草图驱动的阵列】属性管理器

(1)【选择】选项组

【参考草图】：在【Feature Manager设计树】中选择所绘制的草图。

(2)【参考点】选项组

进行草图驱动阵列时所参考的点。

- 【重心】：将参考点设定到源特征的重心。
- 【所选点】：将参考点设定到所选顶点或草图点。

(3)【特征和面】选项组

- 【要阵列的特征】：选择草图驱动的阵列所要阵列的特征。
- 【要阵列的面】：选择草图驱动的阵列所要阵列的面。

(4)【实体】选项组

【要阵列的实体/曲面实体】：通过使用在多实体零件中选择的实体生成阵列。

(5)【选项】选项组

- 【延伸视象属性】：将SolidWorks的颜色、纹理和装饰螺纹数据延伸给所有阵列实例。
- 【完整预览】：完整预览阵列特征。
- 【部分预览】：部分预览阵列特征。

10.5.2　草图驱动的阵列特征的步骤和方法

① 单击【特征】菜单栏中的【草图驱动的阵列】按钮，或者单击【插入】|【阵列/镜向】|【草图驱动的阵列】菜单命令，进入【由草图驱动的阵列】特征编辑页面，设置如图10-27所示。

② 单击【由草图驱动的阵列】特征编辑页面的✓【确定】按钮，完成【草图驱动的阵列】特征，如图10-28所示。

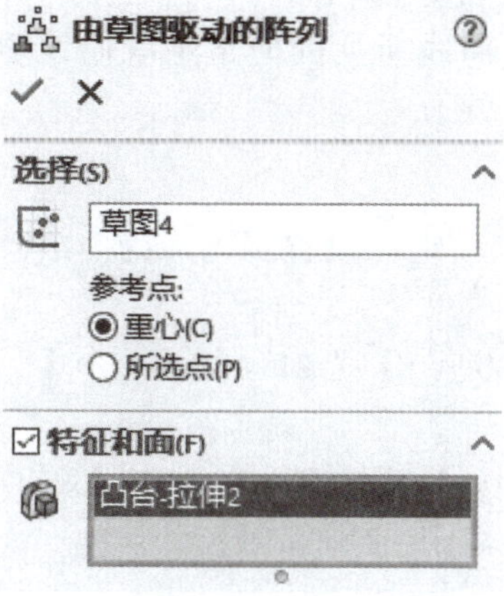

图10-27　草图驱动的阵列的设置

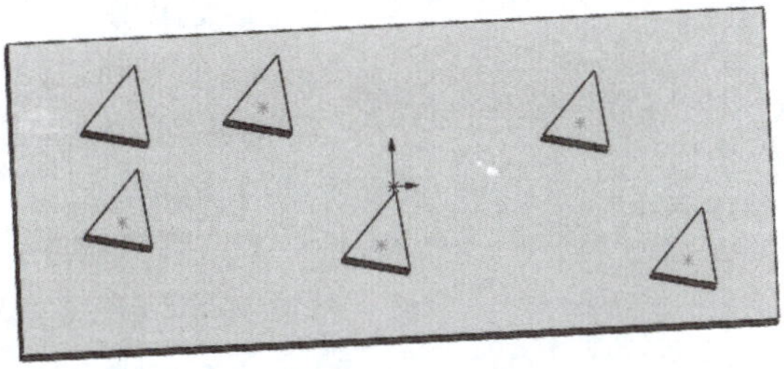

图10-28　草图驱动的阵列特征所成实体

10.6　曲线驱动的阵列特征

SolidWorks中的草图驱动的阵列特征可以通过曲线对源特征进行阵列。

单击【特征】菜单栏中的【曲线驱动的阵列】按钮，或者单击【插入】|【阵列/镜向】|【曲线驱动的阵列】菜单命令，即可进入【曲线驱动的阵列】特征编辑页面。

10.6.1　曲线驱动阵列属性设置

在单击【曲线驱动的阵列】按钮后，页面左侧会出现【曲线驱动的阵列】属性管理器，如图10-29所示。

（1）【方向1】选项组

①【阵列方向】：选择一曲线、边线、草图实体，或从Feature Manager选择一草图作为阵列的路径。单击【反向】来反转阵列方向。

②【实例数】：设定阵列的实例数。

③【等间距】：设定每个阵列实例之间的间距为等间距。

④【间距】：沿曲线为阵列实例之间的距离设定一数值。曲线与要阵列的特征之间的距离垂直于曲线而测量。

⑤【曲线方法】：

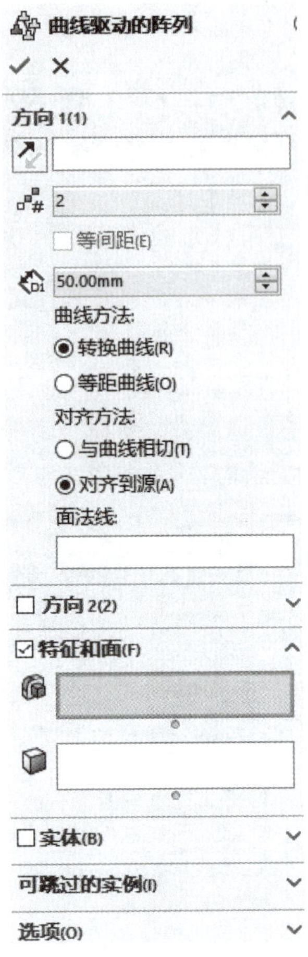

图10-29 【曲线驱动的阵列】属性管理器

- 【转换曲线】：为每个实例保留从所选曲线原点到源特征的距离；
- 【等距曲线】：每个实例从所选曲线原点到源特征的垂直距离均得以保留。

⑥【对齐方法】：

- 【与曲线相切】：对齐为阵列方向所选择的与曲线相切每个实例；
- 【对齐到源】：与源特征的方向对齐。

⑦【面法线】：选取 3D 曲线所处的面来生成曲线驱动的阵列（此选项只针对3D曲线）。

（2）【方向2】选项组

该选项组与【方向1】选项组的设置相同，为曲线阵列的第二个方向。

【方向2】选项组只比【方向1】选项组多了一个【只阵列源】选项。

【只阵列源】：只使用源特征而不复制【方向1】选项组的阵列实例在【方向2】选项组中生成的阵列。

（3）【特征和面】选项组

- 【要阵列的特征】：选择曲线驱动的阵列所要阵列的特征。
- 【要阵列的面】：选择曲线驱动的阵列所要阵列的面。

（4）【实体】选项组

【要阵列的实体/曲面实体】：通过使用在多实体零件中选择的实体生成阵列。

（5）【可跳过的实例】选项组

【要跳过的实例】：在生成阵列时可以跳过在图形区域中选择的阵列实例。

（6）【选项】选项组

- 【随形变化】：允许重复时执行阵列更改。
- 【几何体阵列】：通过只使用特征的几何体（面和边线）来生成阵列，而不阵列和求解特征的每个实例。
- 【延伸视象属性】：将 SolidWorks 的颜色、纹理和装饰螺纹数据延伸给所有阵列实例。
- 【完整预览】：完整预览阵列特征。
- 【部分预览】：部分预览阵列特征。

10.6.2 曲线驱动的阵列特征的步骤和方法

① 单击【特征】菜单栏中的【曲线驱动的阵列】按钮，或者单击【插入】|【阵列/镜向】|【曲线驱动的阵列】菜单命令，进入【曲线驱动的阵列】特征编辑页面，

设置如图10-30所示。

② 单击【曲线驱动的阵列】特征编辑页面的✓【确定】按钮，完成【曲线驱动的阵列】特征，如图10-31所示。

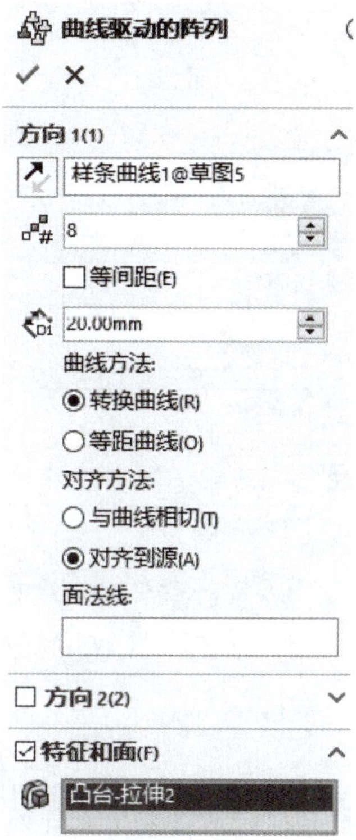

图10-30 曲线驱动的阵列的设置

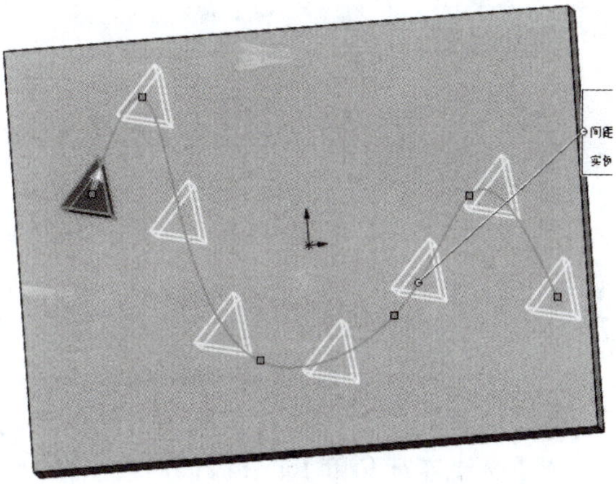

图10-31 曲线驱动的阵列特征所成实体

10.7 填充阵列特征

SolidWorks中的填充阵列特征是通过特定形状阵列布局进行阵列。

单击【特征】菜单栏中的【填充阵列】按钮，或者单击【插入】|【阵列/镜向】|【填充阵列】菜单命令，即可进入【填充阵列】特征编辑页面。

10.7.1 填充阵列属性设置

在单击【填充阵列】按钮后，页面左侧会出现【填充阵列】属性管理器，如图10-32所示。

(1)【填充边界】选项组

【选择面或共平面上的草图、平面曲线】：定义要使用阵列填充的区域。

(2)【阵列布局】选项组

确定填充边界内实例的布局阵列。选择可自定义形状进行阵列，或对特征进行阵列。阵列实例以源特征中心呈同轴心分布。

① 【穿孔】选项。【穿孔】选项为钣金穿孔式阵列生成网格。单击【穿孔】选项后。界面显示如图10-33所示。

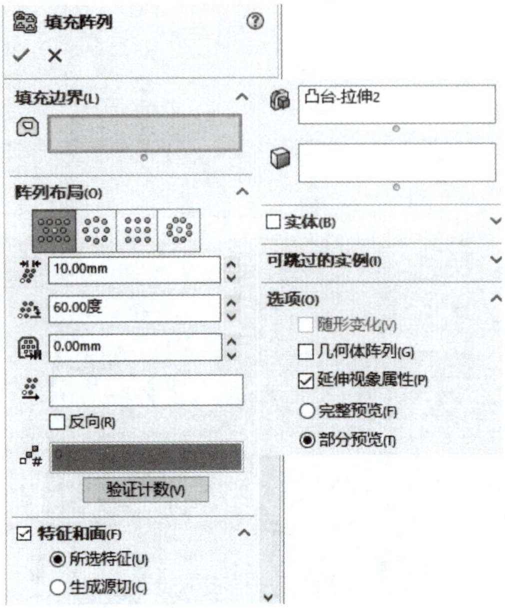

图10-32 【填充阵列】属性管理器

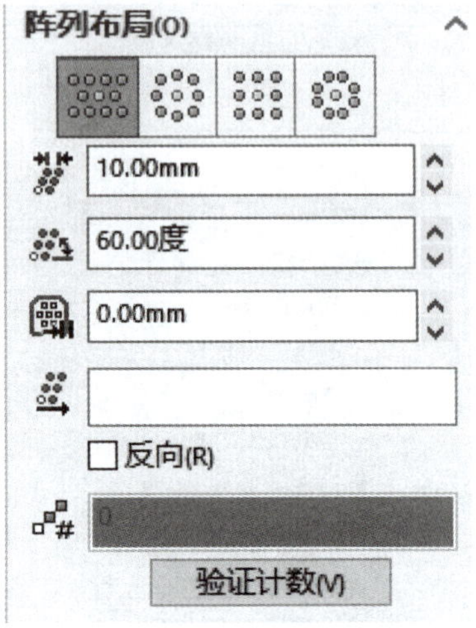

图10-33 【穿孔】选项

- 【实例间距】：设置实例中心间的距离。
- 【交错连续角度】：设置各实例行之间的交错断续角度，起始点位于阵列方向所使用的向量处。
- 【边距】：设置填充边界与最近端实例之间的边距，可以将边距的数值设置为零。
- 【阵列方向】：设置方向参考。如果未指定方向参考，系统将使用最合适的参考。
- 【实例计数】：可根据用户的规格计算阵列中的实例数。但是此数量无法编辑。
- 【验证计数】：验证实例数计数的每个实例都会影响模型几何图形。

② 【圆形】选项。【圆形】选项为圆形阵列。单击【圆形】选项后。界面显示如图10-34所示。

- 【环间距】：设置实例环间的距离。
- 【目标间距】：设定每个环内实例间距离来填充区域。
- 【每环的实例】：使用实例数来填充区域。
- 【实例间距】：设定每个环内实例中心间的距离。
- 【实例数】：设定每环的实例数。
- 【边距】：设置填充边界与最近端实例之间的边距，可以将边距的数值设置为零。
- 【阵列方向】：设置方向参考。如果未指定方向参考，系统将使用最合适的参考。

- 【实例计数】： 可根据用户的规格计算阵列中的实例数。但是此数量无法编辑。
- 【验证计数】：验证实例数计数的每个实例都会影响模型几何图形。

③ 【方形】选项。【方形】选项为方形阵列。单击【方行】选项后。界面显示如图10-35所示。

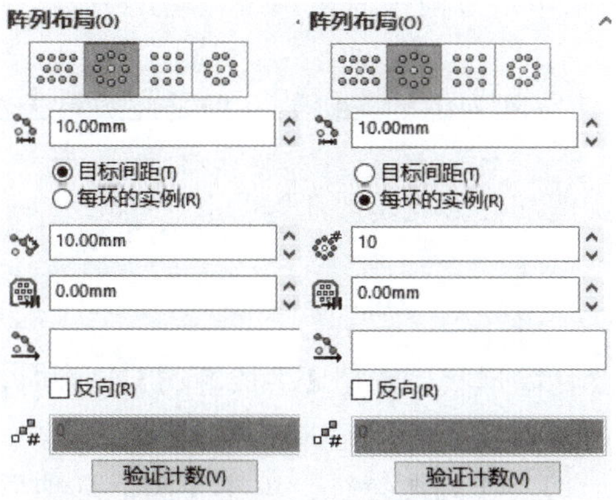

图10-34 【圆形】选项

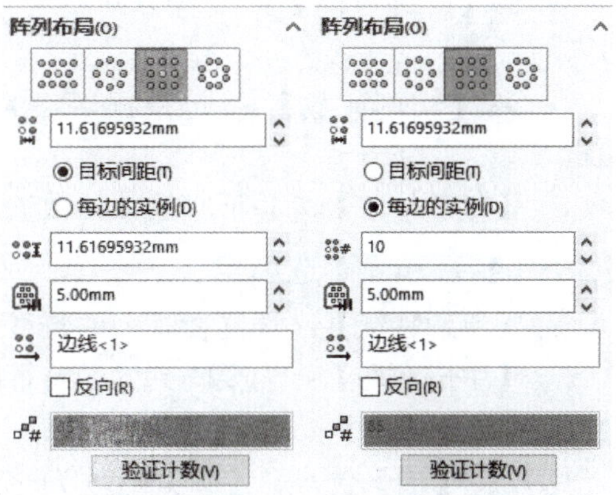

图10-35 【方形】选项

- 【环间距】：设置实例环间的距离。
- 【目标间距】： 设定每个环内实例间距离来填充区域。
- 【每边的实例】：使用实例数来填充区域。
- 【实例间距】：设定每个环内实例中心间的距离。
- 【实例数】：设定每个方形的实例数。
- 【边距】：设置填充边界与最近端实例之间的边距，可以将边距的数值设置为零。
- 【阵列方向】：设置方向参考。如果未指定方向参考，系统将使用最合适的参考。
- 【实例计数】：可根据用户的规格计算阵列中的实例数。但是此数量无法编辑。
- 【验证计数】：验证实例数计数的每个实例都会影响模型几何图形。

④ 【多边形】选项。【多边形】选项为多变形阵列。单击【多边形】选项后。界面显示如图10-36所示。

- 【环间距】：设置实例环间的距离。
- 【多边形边】：设定阵列中的边数。
- 【目标间距】：设定每个环内实例间距

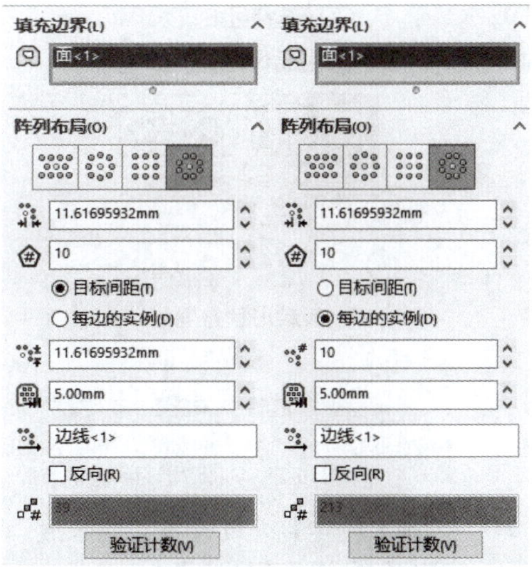

图10-36 【多边形】选项

离来填充区域。

- 【每边的实例】：使用实例数来填充区域。
- 【实例间距】：设定每个环内实例中心间的距离。
- 【实例数】：设定每个多边形的实例数。
- 【边距】：设置填充边界与最近端实例之间的边距，可以将边距的数值设置为零。
- 【阵列方向】：设置方向参考。如果未指定方向参考，系统将使用最合适的参考。
- 【实例计数】：可根据用户的规格计算阵列中的实例数。但是此数量无法编辑。
- 【验证计数】：验证实例数计数的每个实例都会影响模型几何图形。

（3）【特征和面】选项组

- 【所选特征】：选择要阵列的特征。
- 【生成源切】：为要阵列的源特征自定义切除形状，选择【生成源切】选项时，会出现4钟切除形状。

① 【圆】选项。【圆】选项为生成圆形切割作为源特征。单击【圆】选项后。界面显示如图10-37所示。

- 【直径】：设置圆的直径。
- 【顶点或草图点】：将源特征的中心定位在所选顶点或草图点，并生成以该点为起始点的阵列。如果将此框留空，阵列将位于填充边界面上的中心位置。
- 【反转形状方向】：围绕在填充边界中所选择的面反转源特征的方向。
- 【要阵列的面】：选择要阵列的面。

② 【方形】选项。【方形】选项为生成方形切割作为源特征。单击【方形】选项后。界面显示如图10-38所示。

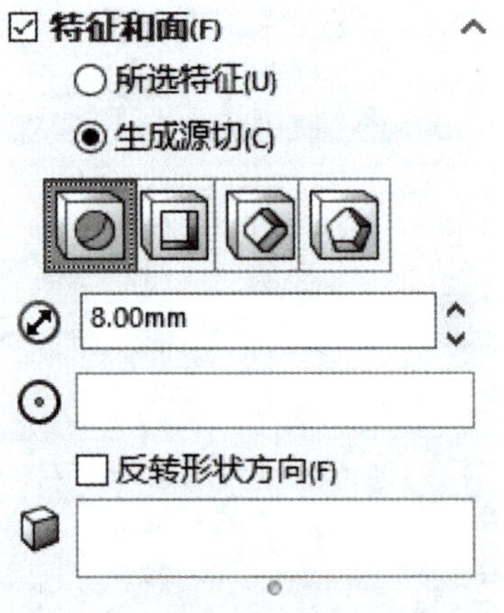

图10-37 【圆】选项

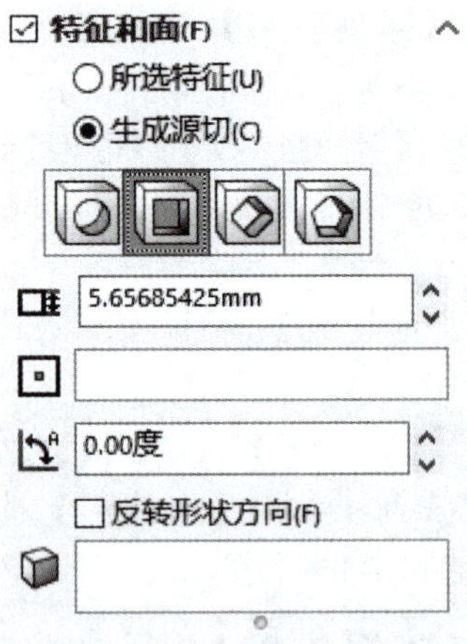

图10-38 【方形】选项

- 【尺寸】：设置各边的长度。
- 【顶点或草图点】：将源特征的中心定位在所选顶点或草图点，并生成以该点为起始点的阵列。如果将此框留空，阵列将位于填充边界面上的中心位置。

- 【旋转】：逆时针旋转每个实例。
- 【反转形状方向】：围绕在填充边界中所选择的面反转源特征的方向。
- 【要阵列的面】：选择要阵列的面。

③ 【菱形】选项。【菱形】选项为生成菱形切割作为源特征。单击【菱形】选项后。界面显示如图10-39所示。

- 【尺寸】：设置各边的长度。
- 【对角】：设置对角线长度。
- 【顶点或草图点】：将源特征的中心定位在所选顶点或草图点，并生成以该点为起始点的阵列。如果将此框留空，阵列将位于填充边界面上的中心位置。
- 【旋转】：逆时针旋转每个实例。
- 【反转形状方向】：围绕在填充边界中所选择的面反转源特征的方向。
- 【要阵列的面】：选择要阵列的面。

④ 【多边形】选项。【多边形】选项为生成多边形切割作为源特征。单击【多边形】选项后。界面显示如图10-40所示。

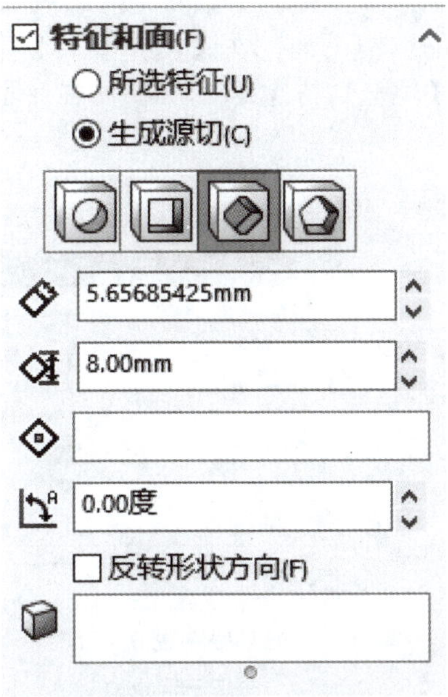

图10-39 【菱形】选项

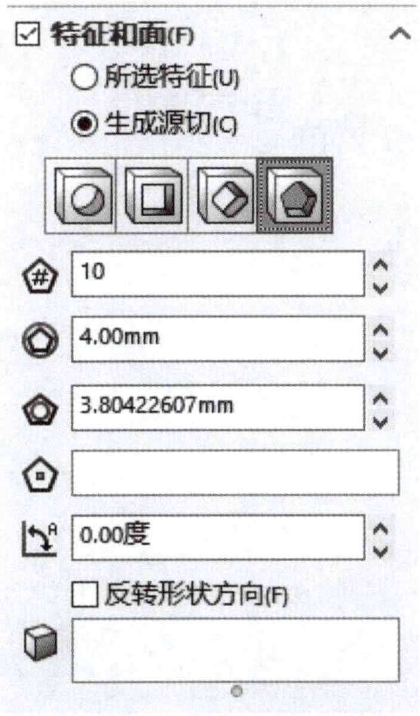

图10-40 【多边形】选项

- 【多边形边】：设置多边形的边数。
- 【外径】：设置外径大小。
- 【内径】：设置内径大小。
- 【顶点或草图点】：将源特征的中心定位在所选顶点或草图点，并生成以该点为起始点的阵列。如果将此框留空，阵列将位于填充边界面上的中心位置。
- 【旋转】：逆时针旋转每个实例。
- 【反转形状方向】：围绕在填充边界中所选择的面反转源特征的方向。
- 【要阵列的面】：选择要阵列的面。

（4）【实体】选项组

- 【要阵列的实体】：通过使用在多实体零件中选择的实体生成阵列。

（5）【可跳过的实例】选项组

- 【要跳过的实例】：在生成阵列时可以跳过在图形区域中选择的阵列实例。

（6）【选项】选项组

- 【随形变化】：允许重复时执行阵列更改。
- 【几何体阵列】：通过只使用特征的几何体（面和边线）来生成阵列，而不阵列和求解特征的每个实例。
- 【延伸视象属性】：将 SolidWorks 的颜色、纹理和装饰螺纹数据延伸给所有阵列实例。
- 【完整预览】：完整预览阵列特征。
- 【部分预览】：部分预览阵列特征。

10.7.2 填充阵列特征的步骤和方法

① 单击【特征】菜单栏中的【填充阵列】按钮，或者单击【插入】|【阵列/镜向】|【填充阵列】菜单命令，进入【填充阵列】特征编辑页面，在【填充阵列】中【要阵列的特征】选项组选择如图10-41所示的凹槽，【填充边界】选择凹槽所在平面，其他设置如图10-42所示。

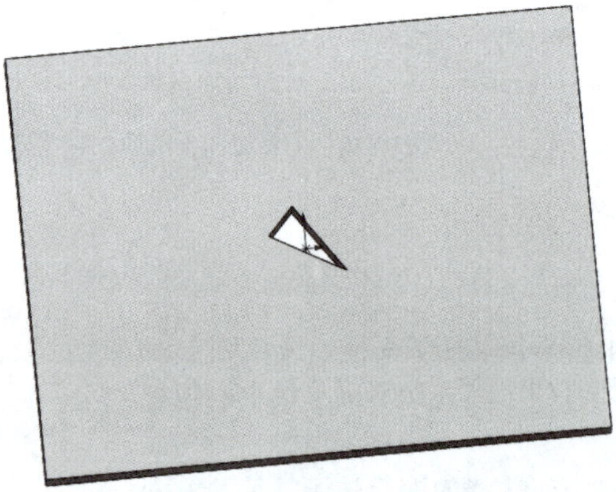

图10-41 填充阵列前的图形

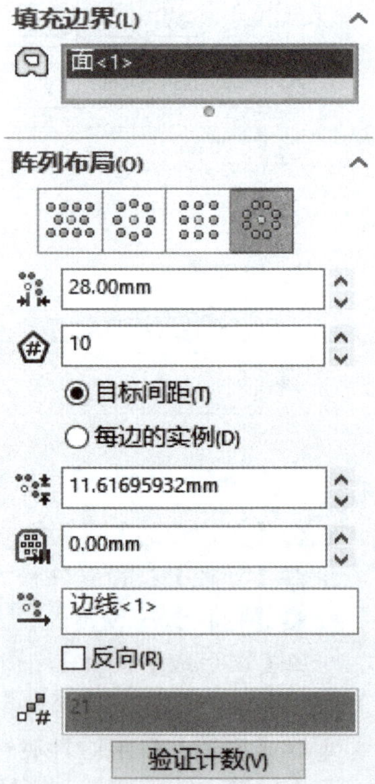

图10-42 填充阵列的设置

② 单击【填充阵列】特征编辑页面的✓【确定】按钮，完成【填充阵列】特征，如图10-43所示。

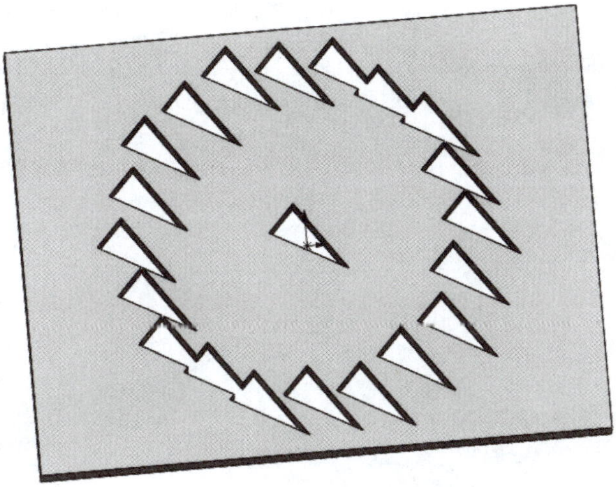

图10-43　填充阵列特征所成实体

10.8　收纳盆实例

本实例将生成一个收纳盆模型，如图10-44所示。

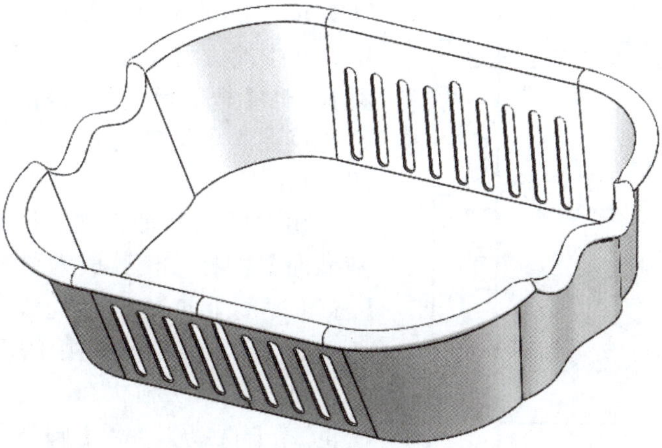

图10-44　收纳盆模型

建模思路分析：

① 收纳盆各边基本一致，要用扫描特征来实现。

② 孔的部分可以用切除特征来实现。

③ 多孔的部分用线性阵列来实现。

④ 两侧把手部分结构复杂，可以用变形特征来完成。如图10-45所示。

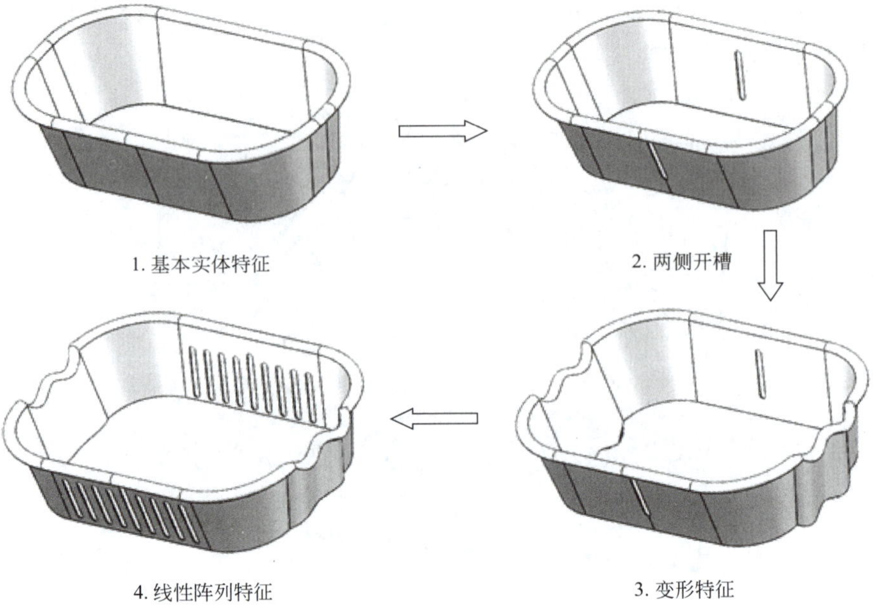

图10-45 建模过程

具体步骤如下。

10.8.1 主体部分

① 单击【特征管理器设计树】中的【前视基准面】图标，使其成为草图绘制平面。单击【标准视图】工具栏中的【正视于】按钮，并单击【草图】工具栏中的【草图绘制】按钮，进入草图绘制状态。使用【草图】工具栏中的【直线】、【中心线】、【圆弧】、【智能尺寸】工具，绘制如图10-46所示的草图。单击【退出草图】按钮，退出草图绘制状态。

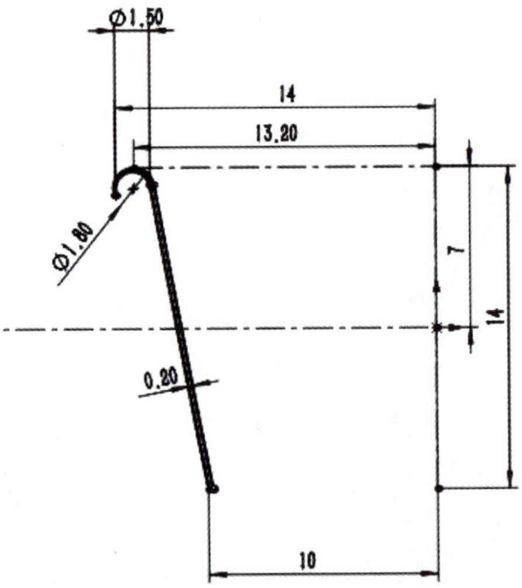

图10-46 绘制草图并标注尺寸

② 单击【特征管理器设计树】中的【前视基准面】图标，使其成为草图绘制平面。单击【标准视图】工具栏中的【正视于】按钮，并单击【草图】工具栏中的【草图绘制】按钮，进入草图绘制状态。使用【草图】工具栏中的【直线】、【圆弧】、【中心线】、【智能尺寸】工具，绘制如图10-47所示的草图。单击【退出草图】按钮，退出草图绘制状态。

③ 选择【插入】|【凸台/基体】|【扫描】菜单命令，弹出【扫描】属性管理器。在【轮廓和路径】选项组中，单击【轮廓】按钮，在图形区域中选择“草图1”，单击【路径】按钮，在图形区域中选择“草图2”，单击【确定】按钮，如图10-48所示。

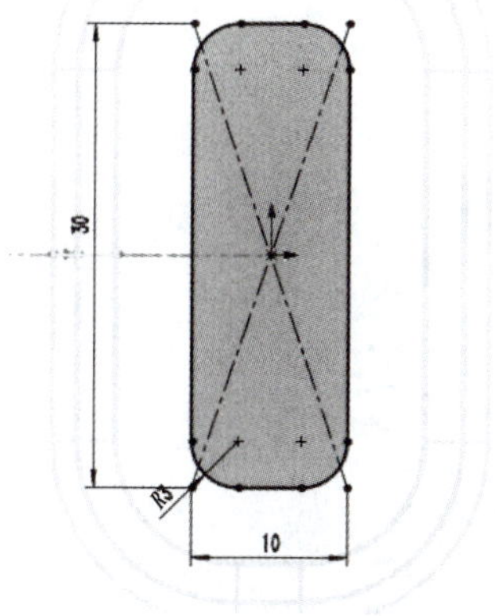

图10-47　绘制草图并标注尺寸

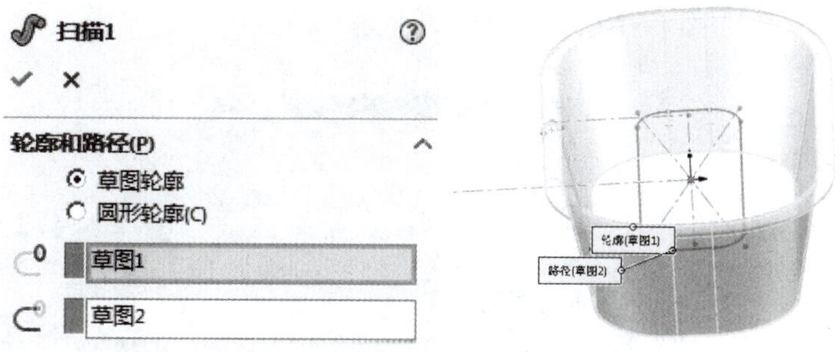

图10-48　扫描特征

④ 单击【特征管理器设计树】中的【前视基准面】图标，使其成为草图绘制平面。单击【标准视图】工具栏中的【正视于】按钮，并单击【草图】工具栏中的【草图绘制】按钮，进入草图绘制状态。使用【草图】工具栏中的【槽口】、【智能尺寸】工具，绘制如图10-49所示的草图。单击【退出草图】按钮，退出草图绘制状态。

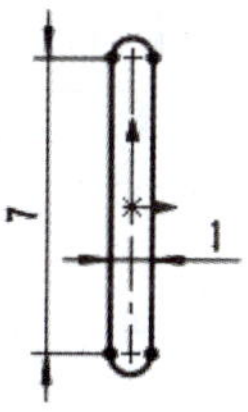

图10-49　绘制草图并标注尺寸

⑤ 单击【特征】工具栏中的【切除-拉伸】按钮，弹出【切除-拉伸】属性管理器。在【方向1】选项组中，设置【终止条件】为【两侧对称】，单击【确定】按钮，生成拉伸切除特征，如图10-50所示。

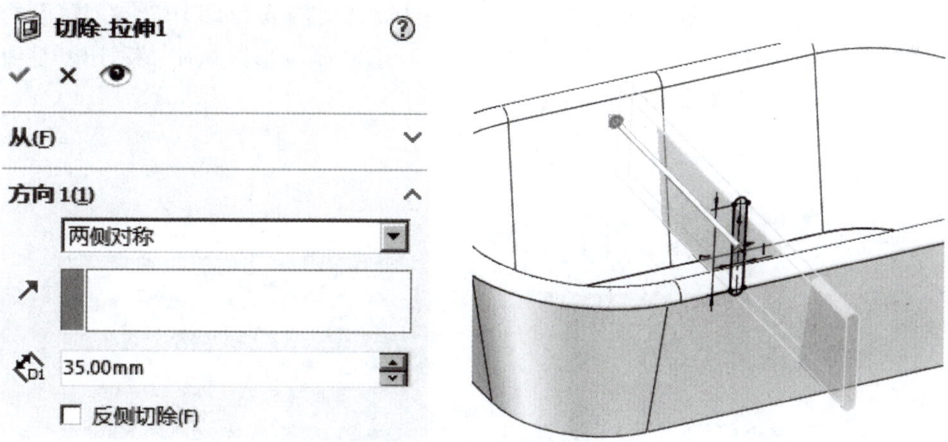

图10-50　拉伸切除特征

⑥ 单击【参考几何体】工具栏中的【基准面】按钮，弹出【基准面】属性管理器。在【第一参考】中，在图形区域中选择“前视基准面”，单击【距离】按钮，在文本栏中输入“25.00mm”，如图10-51所示，在图形区域中显示出新建基准面的预览，单击【确定】按钮，生成基准面。

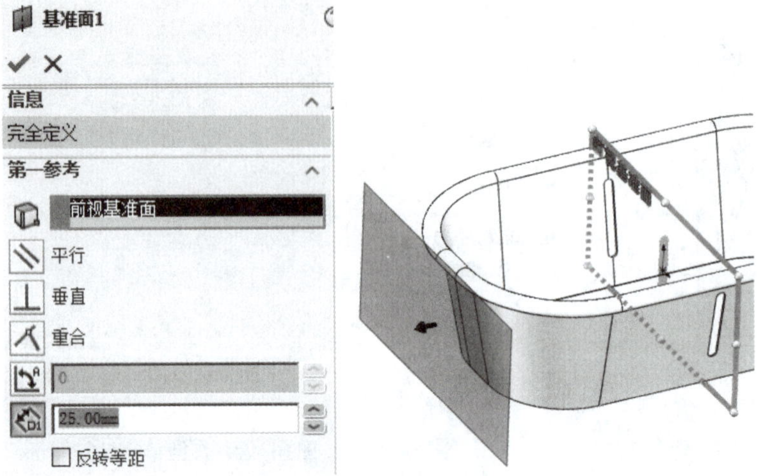

图10-51 生成基准面

⑦ 单击【特征管理器设计树】中的【前视基准面】图标，使其成为草图绘制平面。单击【标准视图】工具栏中的【正视于】按钮，并单击【草图】工具栏中的【草图绘制】按钮，进入草图绘制状态。使用【草图】工具栏中的【直线】、【中心线】、【智能尺寸】工具，绘制如图10-52所示的草图。单击【退出草图】按钮，退出草图绘制状态。

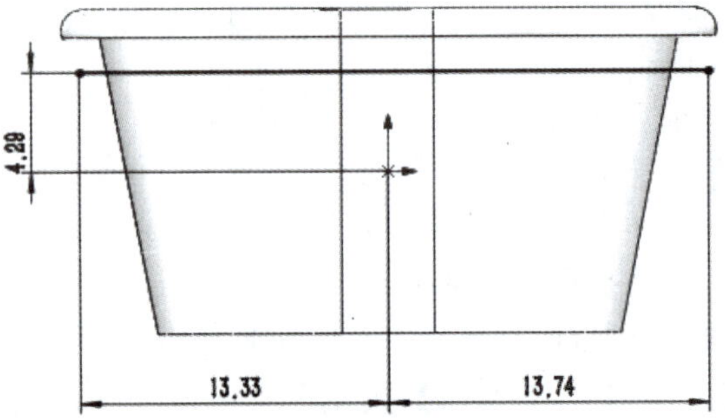

图10-52 绘制草图并标注尺寸

⑧ 单击【参考几何体】工具栏中的【基准面】按钮，弹出【基准面】属性管理器。在【第一参考】中，在图形区域中选择“直线1@草图10”，在【第二参考】中，在图形区域中选择“基准面1”，如图10-53所示，在图形区域中显示出新建基准面的预览，单击【确定】按钮，生成基准面。

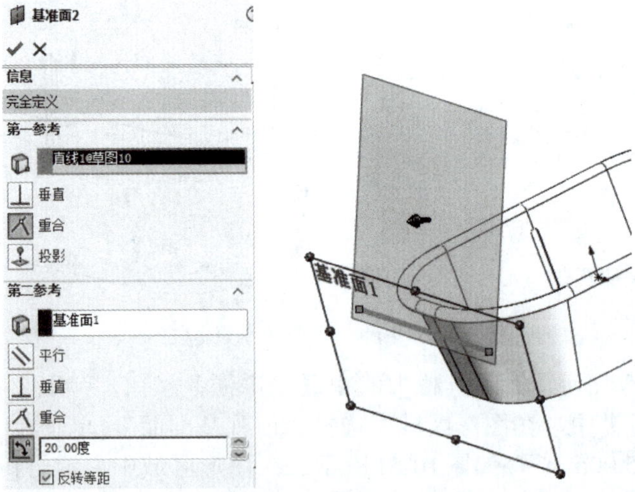

图10-53 生成基准面

10.8.2 辅助部分

① 单击【特征管理器设计树】中的【前视基准面】图标，使其成为草图绘制平面。单击【标准视图】工具栏中的⊥【正视于】按钮，并单击【草图】工具栏中的【草图绘制】按钮，进入草图绘制状态。使用【草图】工具栏中的【样条曲线】、【智能尺寸】工具，绘制如图10-54所示的草图。单击【退出草图】按钮，退出草图绘制状态。

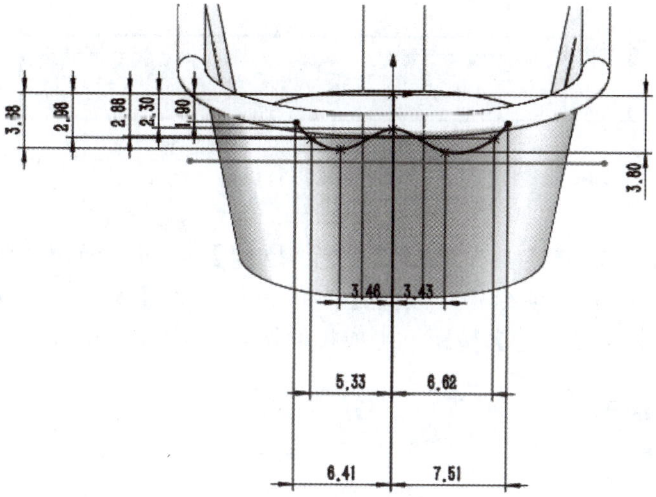

图10-54 绘制草图并标注尺寸

② 单击【特征】工具栏中的【变形】按钮，弹出【变形】属性管理器。在【变形类型】选项组中勾选【曲线到曲线】选项，在【初始曲线】中选择“边线<1>”，在【目标曲线】中选择样条“曲线1@草图11”，单击✔【确定】按钮，生成变形特征，如图10-55所示。

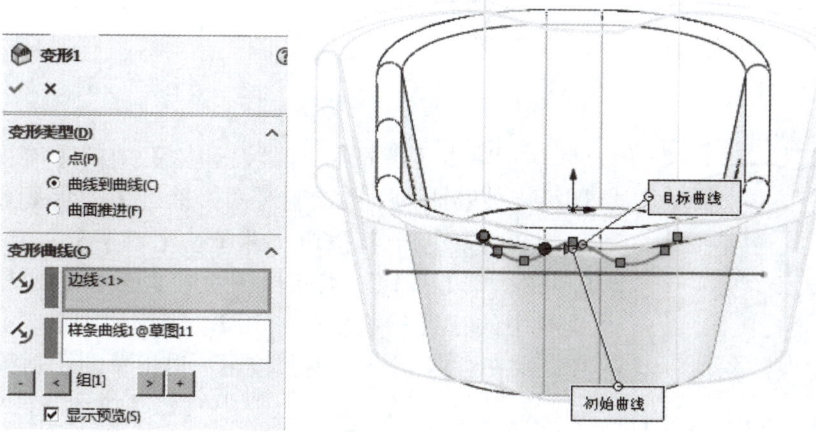

图10-55 变形特征

③ 单击【特征管理器设计树】中的【前视基准面】图标，使其成为草图绘制平面。单击【标准视图】工具栏中的⊥【正视于】按钮，并单击【草图】工具栏中的【草

图绘制】按钮，进入草图绘制状态。使用【草图】工具栏中的【直线】、【中心线】、【智能尺寸】工具，绘制如图10-56所示的草图。单击【退出草图】按钮，退出草图绘制状态。

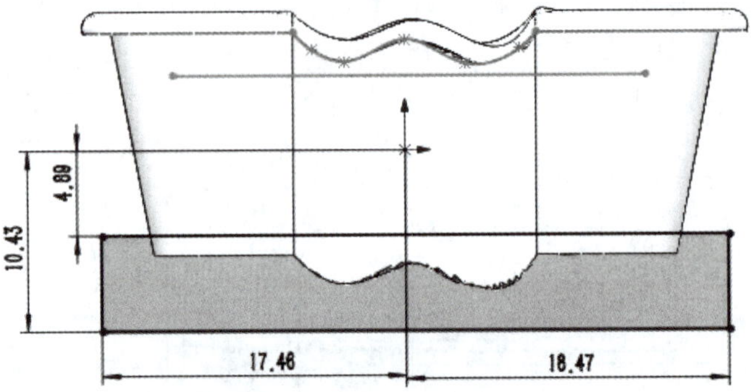

图10-56　绘制草图并标注尺寸

④ 单击【特征】工具栏中的【切除-拉伸】按钮，弹出【切除-拉伸】属性管理器。在【方向1】选项组中，设置【终止条件】为【两侧对称】，【深度】为“100.00mm”，单击【确定】按钮，生成拉伸切除特征，如图10-57所示。

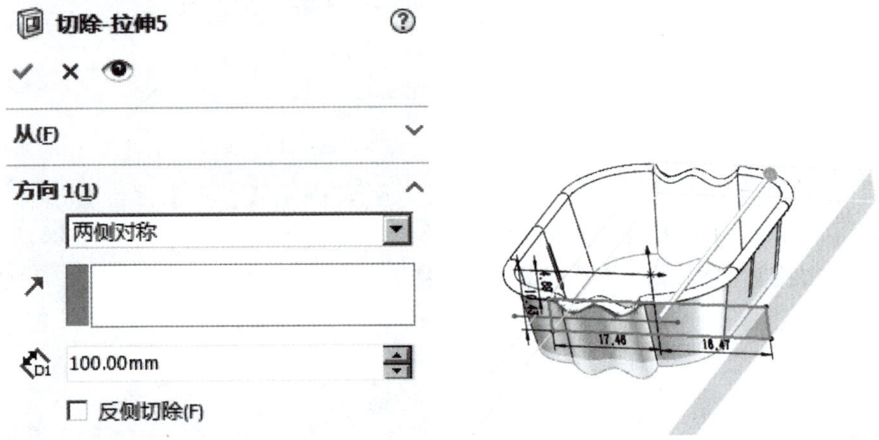

图10-57　拉伸切除特征

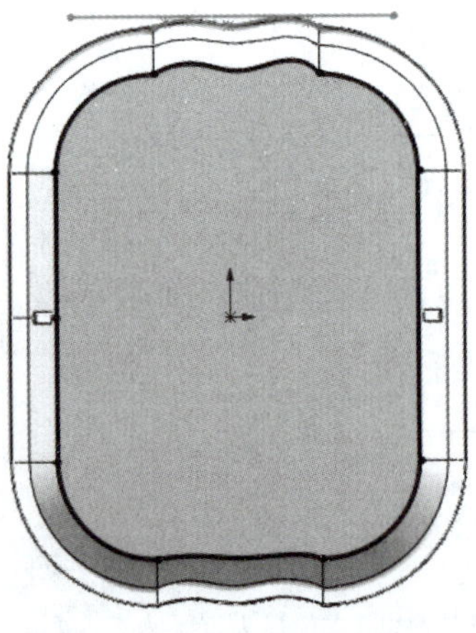

图10-58　绘制草图并标注尺寸

⑤ 单击【特征管理器设计树】中的【前视基准面】图标，使其成为草图绘制平面。单击【标准视图】工具栏中的【正视于】按钮，并单击【草图】工具栏中的【草图绘制】按钮，进入草图绘制状态。使用【草图】工具栏中的【转换实体引用】，绘制如图10-58所示的草图。单击【退出草图】按钮，退出草图绘制状态。

⑥ 单击【特征】工具栏中的【拉伸凸台/基体】按钮，弹出【凸台-拉伸】属性管理器。在【方向1】选项组中，设置【终止条件】为【给定深度】，【深度】为“0.50mm”，单击【确定】按钮，生成拉伸特征，如图10-59所示。

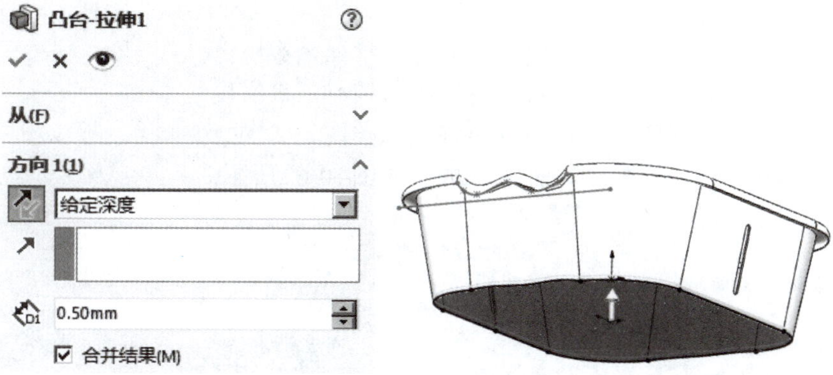

图10-59　拉伸特征

⑦ 单击【特征】工具栏中的【线性阵列】按钮，【属性管理器】中弹出【线性阵列】属性管理器。在【方向1】选项组中，【阵列方向】选择“边线<1>”，设置【间距】为“2.50mm”，设置【实例数】为“5”。在【方向2】选项组中，【阵列方向】选择“边线<2>”，设置【间距】为“2.50mm”，设置【实例数】为“5”。在【要阵列的特征】选项组中，选择“切除-拉伸1”。单击【确定】按钮，生成线性阵列特征。如图10-60所示。

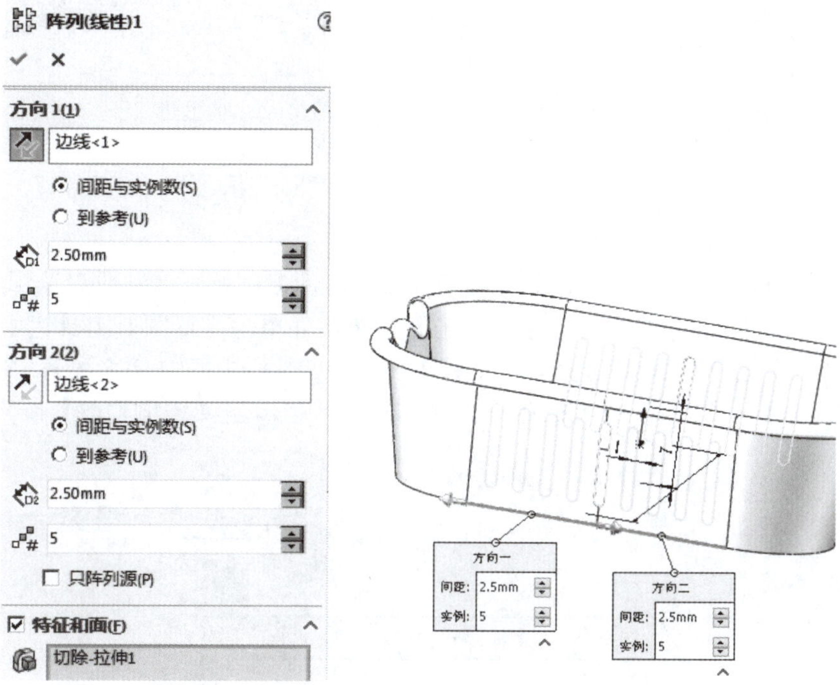

图10-60　线性阵列特征

10.9　纸篓实例

本实例将生成一个纸篓模型，如图10-61所示。

扫码看视频

建模思路分析：

① 纸篓模型是轴对称结构，要用圆周阵列特征来实现。

② 中间的筋部分截面尺寸一致，可以用扫描特征来实现。

③ 底部形状是轴对称结构，用旋转阵列来实现。

④ 顶部形状简单，用拉伸特征来完成。如图10-62所示。

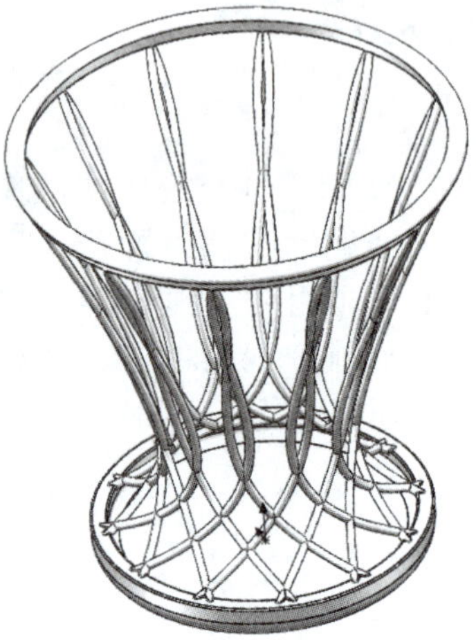

图10-61　纸篓模型

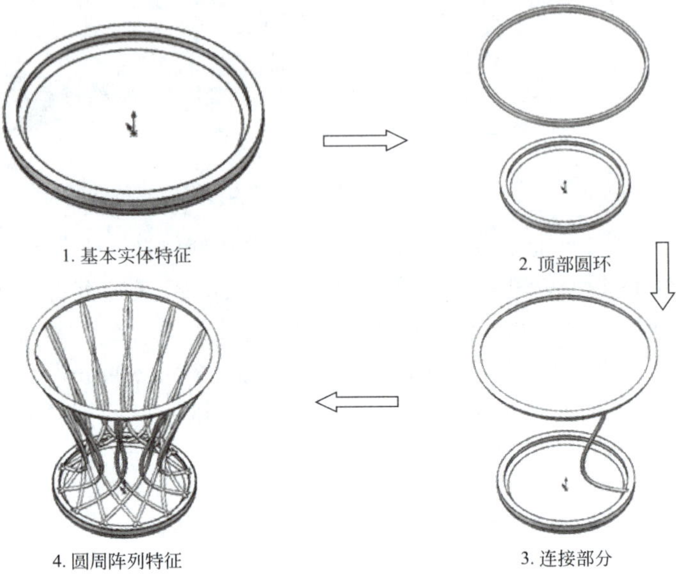

图10-62　建模过程

具体步骤如下。

10.9.1　上下部分

① 单击【特征管理器设计树】中的【前视基准面】图标，使其成为草图绘制平面。单击【标准视图】工具栏中的【正视于】按钮，并单击【草图】工具栏中的【草图绘制】按钮，进入草图绘制状态。使用【草图】工具栏中的【直线】、【圆弧】、【智能尺寸】工具，绘制如图10-63所示的草图。单击【退出草图】按钮，退出草图绘制状态。

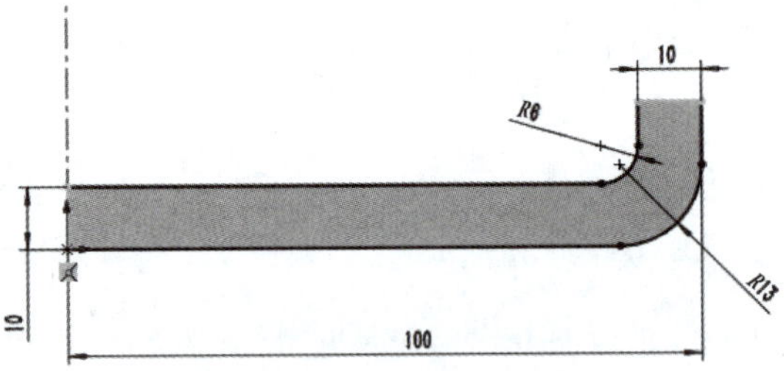

图10-63　绘制草图并标注尺寸

② 单击【特征】工具栏中的【旋转凸台/基体】按钮，弹出【旋转】属性管理器。在【旋转参数】选项组中，单击【旋转轴】选择框，在图形区域中选择草图中的“直线9”，设置【终止条件】为【给定深度】，【角度】为“360.00度”，单击

【确定】按钮，生成旋转特征，如图10-64所示。

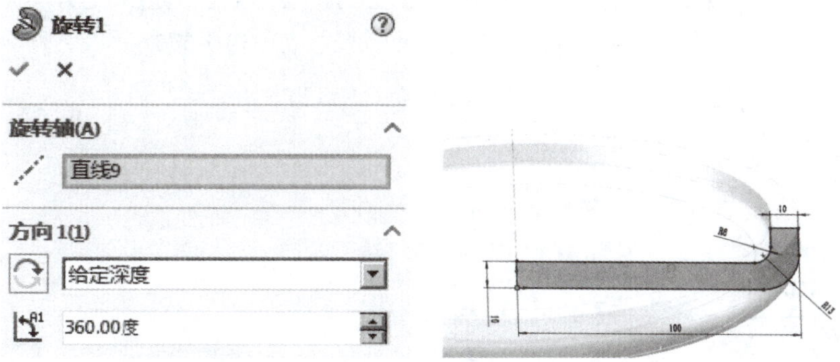

图10-64　生成旋转特征

③ 单击【参考几何体】工具栏中的【基准面】按钮，弹出【基准面】属性管理器。在【第一参考】中，在图形区域中选择“面<1>”，单击【距离】按钮，在文本栏中输入“250.00mm”，如图10-65所示，在图形区域中显示出新建基准面的预览，单击【确定】按钮，生成基准面。

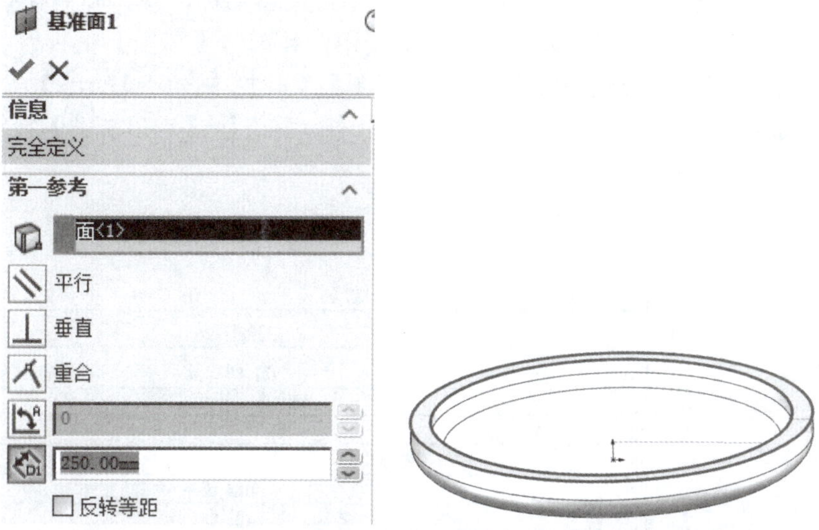

图10-65　生成基准面

④ 单击【特征管理器设计树】中的【前视基准面】图标，使其成为草图绘制平面。单击【标准视图】工具栏中的【正视于】按钮，并单击【草图】工具栏中的【草图绘制】按钮，进入草图绘制状态。使用【草图】工具栏中的【圆】、【智能尺寸】工具，绘制如图10-66所示的草图。单击【退出草图】按钮，退出草图绘制状态。

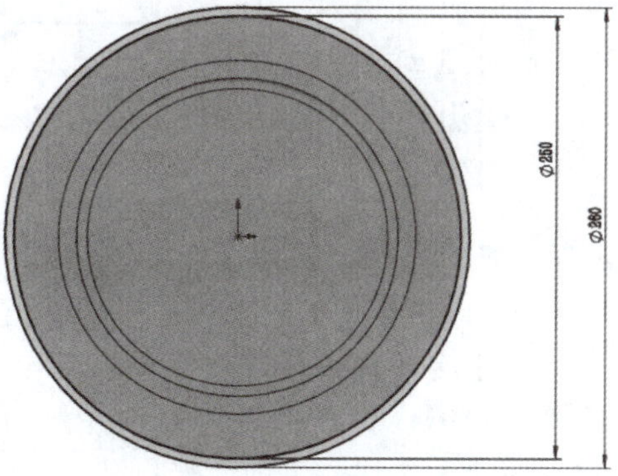

图10-66　绘制草图并标注尺寸

⑤ 单击【特征】工具栏中的【拉伸凸台/基体】按钮，弹出【凸台-拉伸】属性设置。在【方向1】选项组中，设置【终止条件】为【给定深度】，【深度】为“10.00mm”，单击【确定】按钮，生成拉伸特征，如图10-67所示。

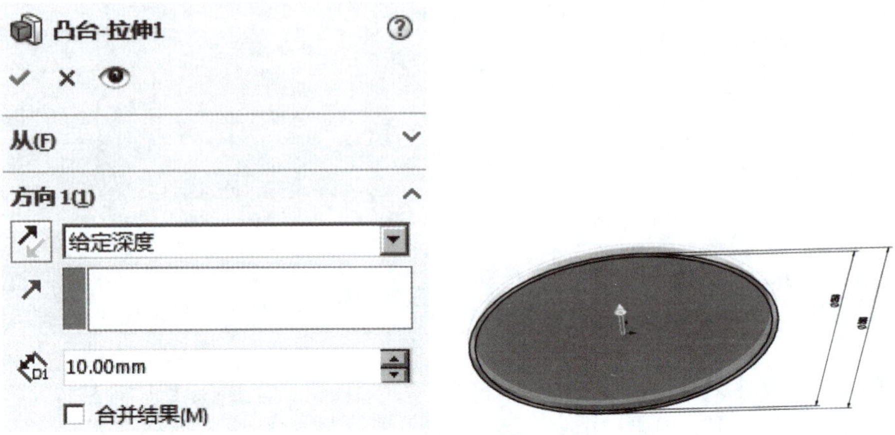

图10-67　拉伸特征

⑥ 单击【特征管理器设计树】中的【前视基准面】图标，使其成为草图绘制平面。单击【标准视图】工具栏中的【正视于】按钮，并单击【草图】工具栏中的【草图绘制】按钮，进入草图绘制状态。使用【草图】工具栏中的【直线】、【圆弧】、【智能尺寸】工具，绘制如图10-68所示的草图。单击【退出草图】按钮，退出草图绘制状态。

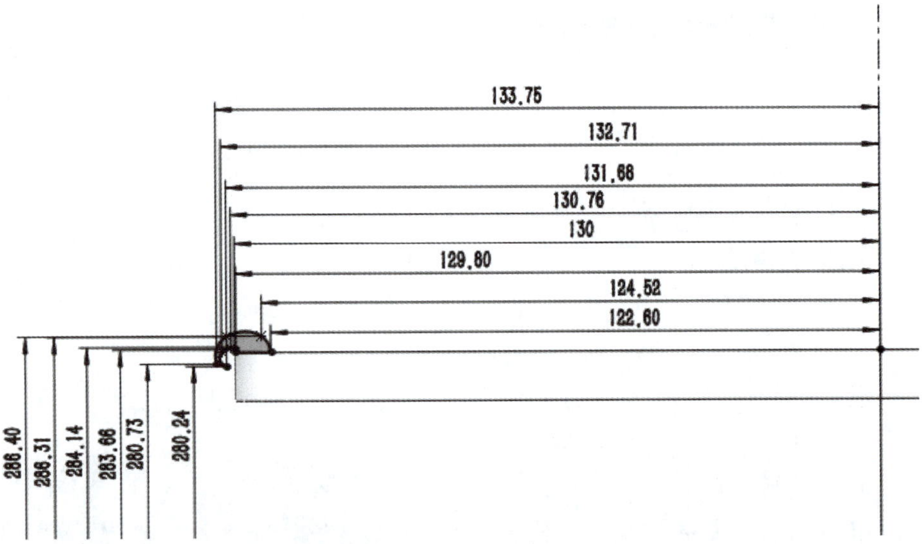

图10-68　绘制草图并标注尺寸

⑦ 单击【特征】工具栏中的【旋转凸台/基体】按钮，弹出【旋转】属性管理器。在【旋转参数】选项组中，单击【旋转轴】选择框，在图形区域中选择草图中的“直线9”，设置【终止条件】为【给定深度】，【角度】为“360.00度”，单击【确定】按钮，生成旋转特征，如图10-69所示。

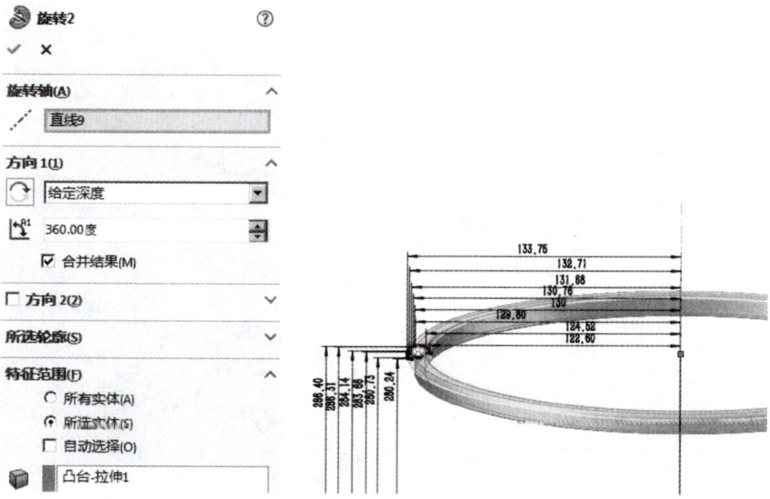

图10-69 生成旋转特征

10.9.2 中间连接部分

① 单击【特征管理器设计树】中的【前视基准面】图标，使其成为草图绘制平面。单击【标准视图】工具栏中的【正视于】按钮，并单击【草图】工具栏中的【草图绘制】按钮，进入草图绘制状态。使用【草图】工具栏中的【圆】、【智能尺寸】工具，绘制如图10-70所示的草图。单击【退出草图】按钮，退出草图绘制状态。

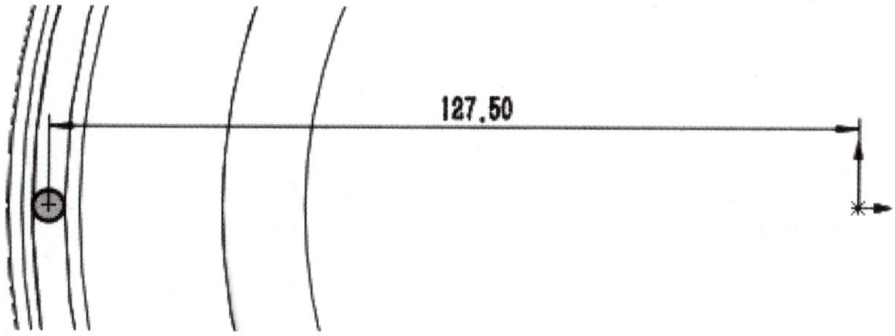

图10-70 绘制草图并标注尺寸

② 单击【草图】工具栏中的【3D草图】按钮，进入草图绘制状态。使用【草图】工具栏中的【直线】、【中心线】、【智能尺寸】工具，绘制如图10-71所示的草图。单击【退出草图】按钮，退出草图绘制状态。

③ 选择【插入】|【凸台/基体】|【扫描】菜单命令，弹出【扫描】属性管理器。在【轮廓和路径】选项组中，单击【轮廓】按钮，在图形区域中选择草图中的“草图4”，单击【路径】按钮，在图形区域中选择“3D草图”，在【选项】选项组中，设置【轮廓方位】为【随路径变化】，单击【确定】按钮，如图10-72所示。

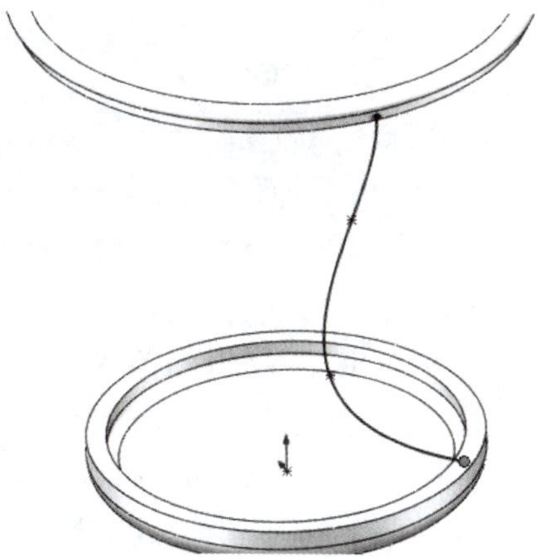

图10-71 绘制草图并标注尺寸

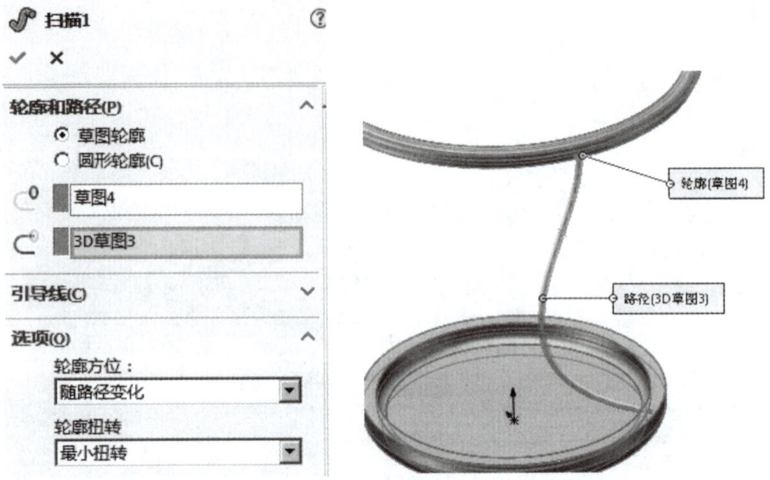

图10-72　扫描特征

④ 单击【特征】工具栏中的【圆周阵列】按钮，弹出【圆周阵列】属性管理器。在【方向1】选项组中，单击【阵列轴】选择框，选择“边线<1>”，设置【实例数】为“12”，选择【等间距】选项；在【特征和面】选项组中，单击【要阵列的特征】选择框，在图形区域中选择“扫描1”，单击【确定】按钮，生成圆周阵列特征，如图10-73所示。

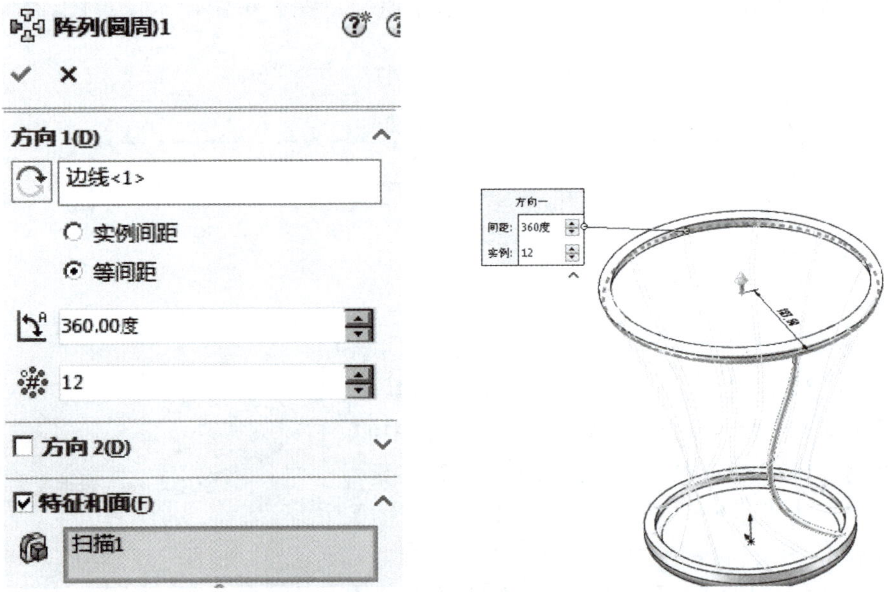

图10-73　生成圆周阵列特征

⑤ 单击【特征】工具栏中的【镜向】按钮，弹出【镜向】属性管理器。在【镜向面/基准面】选项组中，单击【镜向面/基准面】选择框，在绘图区中选择“前视基准面”；在【要镜向的特征】选项组中，单击【要镜向的特征】选择框，在绘图区中选择“阵列（圆周）1”特征，单击【确定】按钮，生成镜向特征，如图10-74所示。

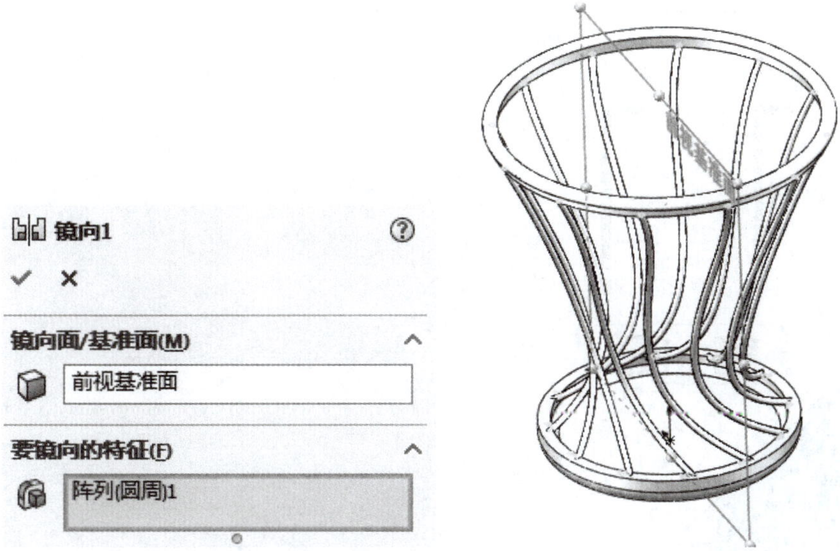

图10-74　生成镜向特征

⑥ 单击【特征】工具栏中的【圆角】按钮，弹出【圆角】属性管理器。在【圆角项目】选项组中，单击【边线、面、特征和环】选择框，在图形区域中选择模型的3个面，设置【半径】为“1.00mm”，单击【确定】按钮，生成圆角特征，如图10-75所示。

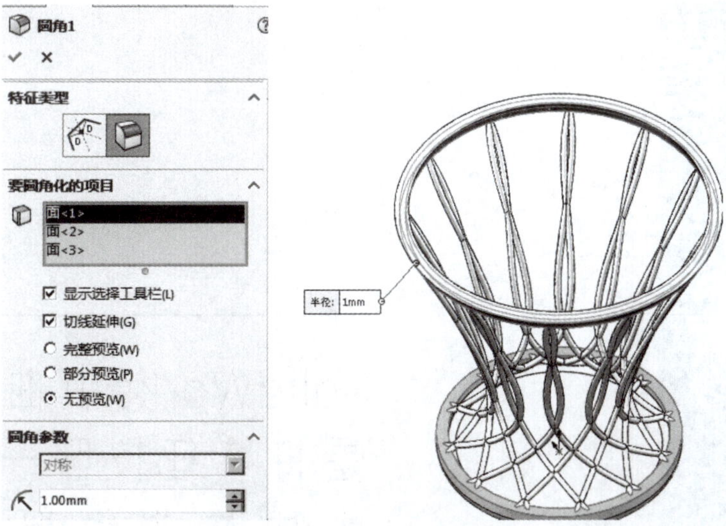

图10-75　生成圆角特征

11
第11章
曲面设计

SolidWorks中曲面特征是将特征按照一定规律生成与曲线相关的实体，曲面特征包括拉伸曲面、旋转曲面、扫描曲面、放样曲面等。

选择【插入】|【曲面】菜单命令，可显示多种与【曲面】相关的命令，如图11-1所示。

图11-1　【曲面】相关命令

11.1　拉伸曲面特征

SolidWorks中的拉伸曲面特征是将轮廓拉伸成曲面。

单击【曲面】菜单栏中的【拉伸曲面】按钮，或者单击【插入】|【曲面】|【拉伸曲面】菜单命令，即可进入【曲面-拉伸】特征编辑页面。

11.1.1　属性设置

在单击【拉伸曲面】按钮后，页面左侧会出现【曲面-拉伸】属性管理器，如图11-2所示。

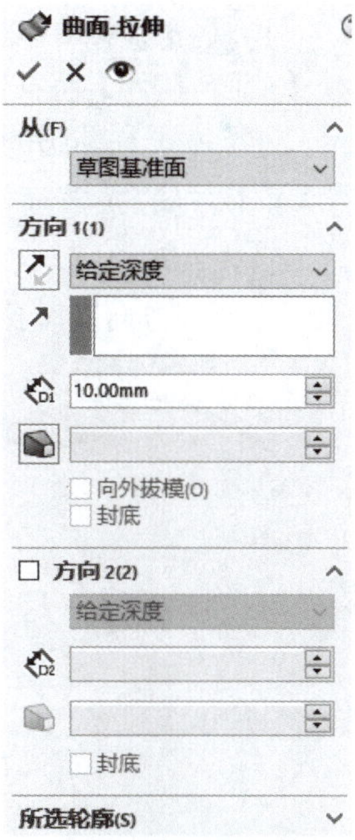

图11-2　【曲面-拉伸】属性管理器

（1）【从】选项组

该选项组用来设置【曲面-拉伸】特征的【开始条件】。

- 【草图基准面】：从草图所在的基准面作为开始拉伸的基础。
- 【曲面/面/基准面】：选择曲面/面/基准面中的一个作为开始切除的基础。

- 【顶点】：将选择的顶点作为开始拉伸的基础。
- 【等距】：将与当前的草图基准面等距的基准面作为拉伸的基础，其中【等距距离】可以手动输入。

（2）【方向1】选项组

该选项组用来设置【曲面-拉伸】特征其中一个方向的参数。

①【终止条件】：该选项用来设置【曲面-拉伸】特征的终止条件。其中【反向】命令可以设置【曲面-拉伸】特征的方向，单击后其拉伸方向与预设的方向相反。

- 【给定深度】：选择该选项后，会出现【深度】选项，在其中手动输入切除深度数值以完成【曲面-拉伸】特征。
- 【成形到一顶点】：选择该选项后，会出现【顶点】选项，选择指定的顶点以完成【曲面-拉伸】特征。
- 【成形到一面】：选择该选项后，会出现【面】选项，选择指定的面以完成【曲面-拉伸】特征。
- 【到离指定面指定的距离】：选择该选项后，会出现【面】和【等距距离】选项，选择指定的面并且输入等距数值以完成【曲面-拉伸】特征。单击【反向等距】命令，使等距的方向与预设的方向相反。
- 【成形到实体】：选择该选项后，会出现【实体/曲面实体】选项，选择指定的实体/曲面实体以完成【曲面-拉伸】特征。
- 【两侧对称】：选择该选项后，会出现【深度】选项，在其中手动输入拉深深度数值以完成【曲面-拉伸】特征。

②【拉伸方向】：在图形区域中选择方向向量，选择后会以选择的方向进行【曲面-拉伸】特征。

③【拔模开/关】：可以设置【拔模角度】数值，草图会沿着一定的拔模角度进行【曲面-拉伸】特征，勾选【向外拔模】选项，则会向着相反的角度进行拔模。

④【封底】：将所生成的曲面拉伸方向的底面封闭。

（3）【方向2】选项组

该选项组与【方向1】选项组的设置基本相同，在勾选【方向2】选项后，可启动草图向两个方向同时拉伸的选项。

（4）【所选轮廓】选项组

◇【所选轮廓】：可以选中图形区域中的部分草图参与拉伸特征，而非全部草图，选择后的草图会出现在【所选轮廓】选项中。

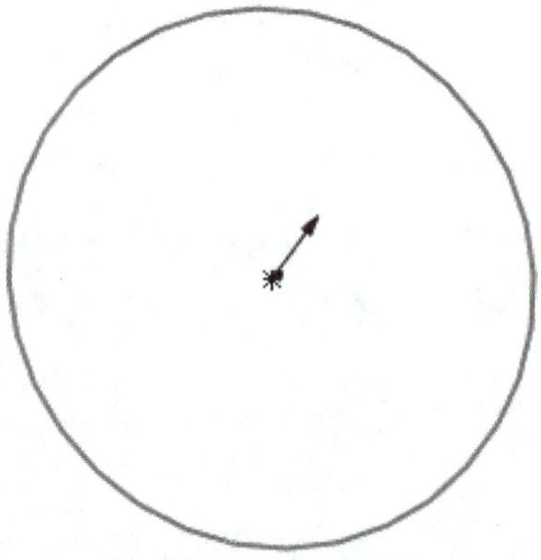

图11-3 【曲面-拉伸】的草图

11.1.2 曲面拉伸特征的步骤和方法

① 单击【草图】|【草图绘制】菜单命令，在【前视基准面】绘制一个圆形，如图11-3所示。

② 单击【曲面】菜单栏中的【拉伸曲面】按钮，或者单击【插入】|【曲面】|【拉伸曲面】菜单命令，即可进入【曲面-拉伸】特征编辑页面，

【曲面-拉伸】的设置如图11-4所示。

③ 单击【曲面-拉伸】特征的✓【确定】按钮，完成【曲面-拉伸】特征，如图11-5所示。

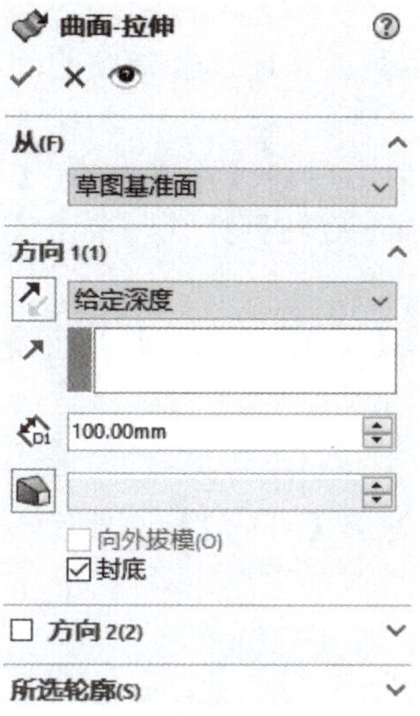

图11-4 【曲面-拉伸】特征

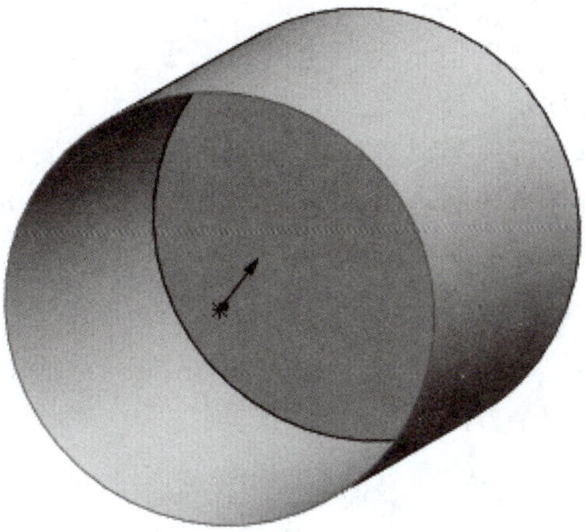

图11-5 【曲面-拉伸】特征所成曲面

11.2 旋转曲面特征

SolidWorks中的旋转曲面特征是将轮廓按照指定的轴旋转形成曲面图形。

单击【曲面】菜单栏中的【旋转曲面】按钮，或者单击【插入】|【曲面】|【旋转曲面】菜单命令，即可进入【曲面-旋转】特征编辑页面。

11.2.1 属性设置

在单击【旋转曲面】按钮后，页面左侧会出现【曲面-旋转】属性管理器，如图11-6所示。

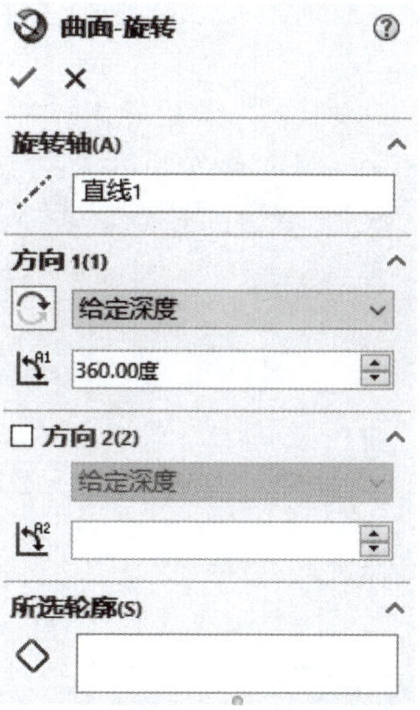

图11-6 【曲面-旋转】属性管理器

(1)【旋转轴】选项组

【旋转轴】：选择特征旋转所绕的轴。根据用户所生成的旋转特征的类型，此轴可能为中心线、直线或一边线。

(2)【方向1】选项组

该选项组用来设置【曲面-旋转】特征其中一个方向的参数。

【终止条件】：该选项用来设置【曲面-旋转】特征的终止条件。其中【反向】命令可以用来设置【曲面-旋转】特征的方向，单击后其旋转方向与预设的方向相反。

• 【给定深度】：选择该选项后，会出现【角度】选项，在其中手动输入旋转角度数值以完成【曲面-旋转】特征。

• 【成形到一顶点】：选择该选项后，会出现【顶点】选项，选择指定的顶点以完成【曲面-旋转】特征。

• 【成形到一面】：选择该选项后，会出现【面】选项，选择指定的面以完成【曲面-旋转】特征。

• 【到离指定面指定的距离】：选择该选项后，会出现【面】和【等距距离】选项，选择指定的面并且输入等距数值以完成【曲面-旋转】特征，单击【反向等距】命令，使等距的方向与预设的方向相反。

• 【两侧对称】：选择该选项后，会出现【角度】选项，在其中手动输入旋转角度数值以完成【曲面-旋转】特征。

（3）【方向2】选项组

该选项组与【方向1】选项组的设置基本相同，在勾选【方向2】选项后，可启动草图向两个方向同时旋转的选项。

（4）【所选轮廓】选项组

◇【所选轮廓】：可以选中图形区域中的部分草图而非全部草图参与旋转特征，选择后的草图会出现在【所选轮廓】选项中。

11.2.2 曲面旋转特征的步骤和方法

① 单击【草图】|【草图绘制】菜单命令，在【前视基准面】绘制图形，如图11-7所示。

② 单击【曲面】菜单栏中的【旋转曲面】按钮，或者单击【插入】|【曲面】|【旋转曲面】菜单命令，即可进入【曲面-旋转】特征编辑页面，【曲面-旋转】的设置如图11-8所示。

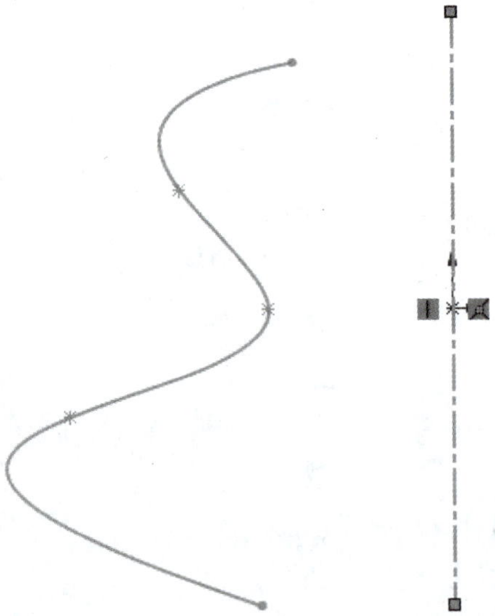

图11-7 【曲面-旋转】的草图

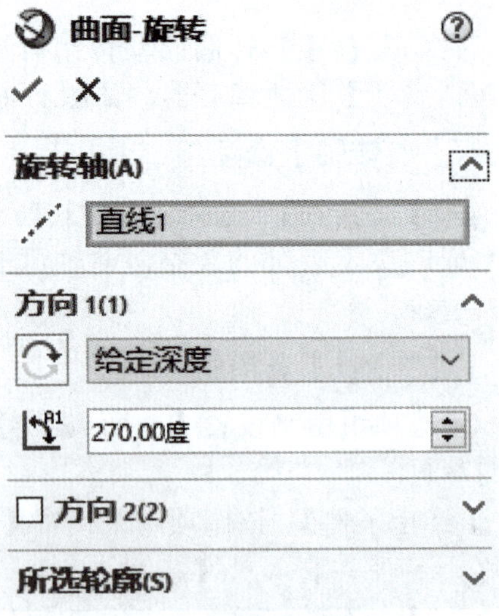

图11-8 【曲面-旋转】特征

③ 单击【曲面-旋转】特征的✓【确定】按钮，完成【曲面-旋转】特征，如图11-9所示。

图11-9 【曲面-旋转】特征所成曲面

11.3 扫描曲面特征

SolidWorks中的扫描曲面特征是将轮廓沿着一条路径进行移动而形成曲面的特征。

单击【曲面】菜单栏中的【扫描曲面】按钮，单击【插入】|【曲面】|【扫描曲面】菜单命令，即可进入【曲面-扫描】特征编辑页面。

11.3.1 属性设置

在单击【扫描曲面】按钮后，页面左侧会出现【曲面-扫描】属性管理器，如图11-10所示。

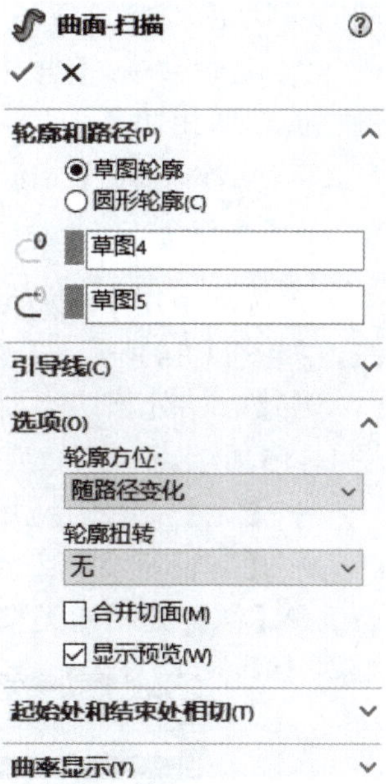

图11-10 【曲面-扫描】属性管理器

（1）【轮廓和路径】选项组

- 草图轮廓【草图轮廓】：设置【曲面-扫描】特征的轮廓为草图轮廓，需要选择一草图作为扫描轮廓。
- 圆形轮廓(C)【圆形轮廓】：设置【曲面-扫描】特征的轮廓为圆形轮廓。
- 【轮廓】：当选择【草图轮廓】选项时，在此选项中选择一草图轮廓作为【曲面-扫描】的轮廓。
- 【路径】：设置【曲面-扫描】轮廓扫描所遵循的路径。

（2）【引导线】选项组

该选项组用来设置【曲面-扫描】时所遵循的引导线，如图11-11所示。

- 【引导线】：设置【曲面-扫描】时所选择的引导线。
- 【上移】：当选择多条引导线时，可以将其中一条

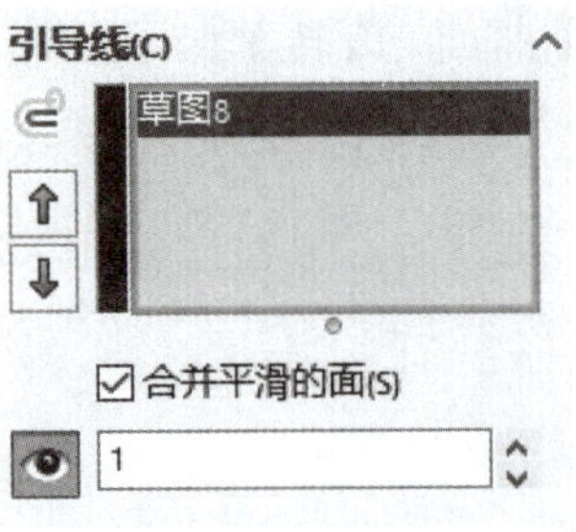

图11-11 【引导线】选项组

引导线向上移动。

- 【下移】：当选择多条引导线时，可以将其中一条引导线向下移动。
- ☑合并平滑的面(S) 【合并平滑的面】：勾选该选项，则可以消除以改进引导线扫描的性能，并能在引导线或路径不是曲率连续的所有点处分割扫描。
- 【显示截面】：可以对扫描时所形成的界面进行显示，并可以在后面的输入栏中输入所想显示的截面数量。

（3）【选项】选项组

该选项组可对【曲面-扫描】的一些情况进行设置。

①【轮廓方位】：控制轮廓在沿轮径扫描时的方向，如图11-12所示。

- 【随路径变化】：截面相对于路径时刻处于同一角度。
- 【保持法线不变】：截面时刻与开始截面平行。

②【轮廓扭转】：沿路径应用扭转，如图11-13所示。

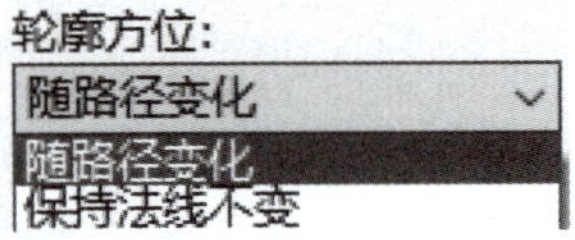

图11-12 【轮廓方位】选项

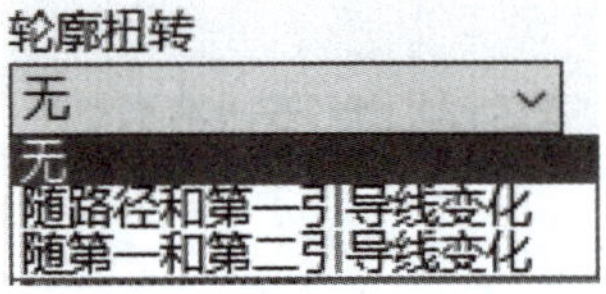

图11-13 【轮廓扭转】选项

- 【无】：垂直于轮廓而对齐轮廓，不进行纠正。
- 【随路径和第一引导线变化】：阻止轮廓在随路径变化时自我相交。
- 【随第一和第二引导线变化】：中间截面的扭转由第一条引导线到第二条引导线的向量决定。

③ ☐合并切面(M) 【合并切面】：如果扫描轮廓具有相切线段，则可使所产生的扫描中的相应曲面相切。

④ ☑显示预览(W) 【显示预览】：显示扫描的上色预览。消除选择以只显示轮廓和路径。

（4）【起始处和结束处相切】选项组

该选项组用于设置起始处相切类型和结束处相切类型，如图11-14所示。

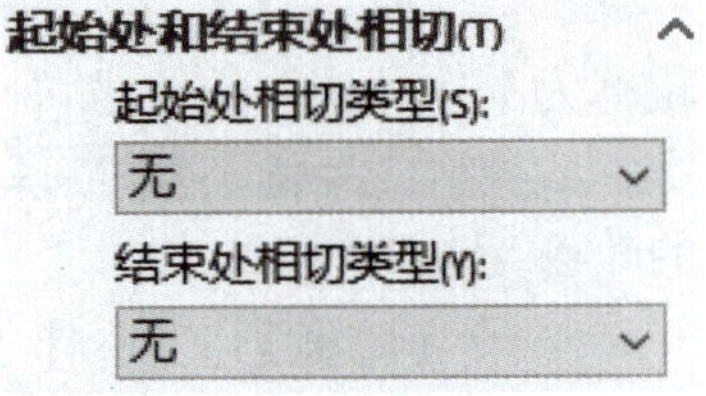

图11-14 【选项】选项组

①【起始处相切类型】：设置起始处的相切类型，如图11-15所示。

- 【无】：没有应用到起始处相切。
- 【路径相切】：起始处相切为垂直于开始点路径而生成扫描。

②【结束处相切类型】：设置结束处的相切类型，如图11-16所示。

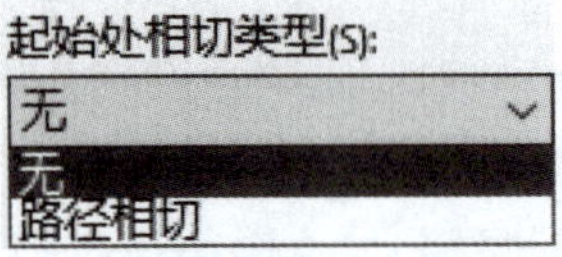

图11-15 【起始处相切类型】选项

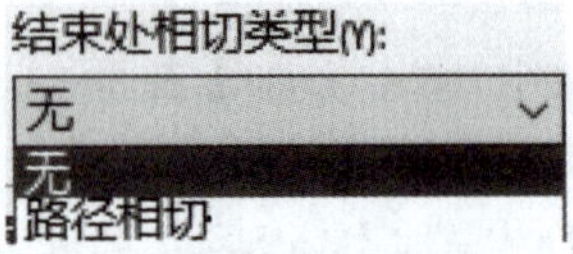

图11-16 【结束处相切类型】选项

- 【无】：没有应用到结束处相切。
- 【路径相切】：结束处相切为垂直于开始点路径而生成扫描。

（5）【曲率显示】选项组

在【曲率显示】选项组中可以对扫描时的一些与曲率相关的参数进行设置，如图11-17所示。

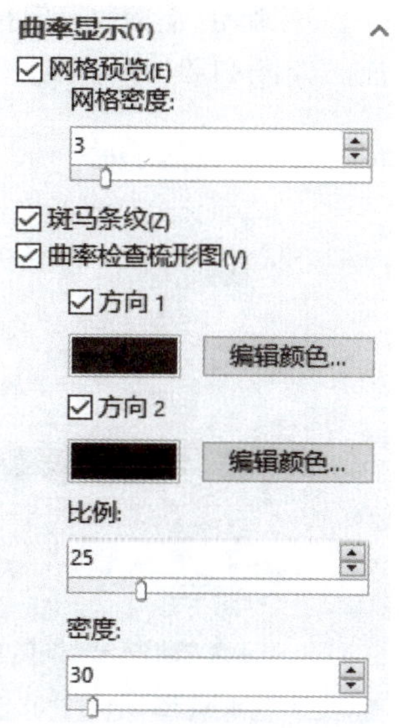

图11-17 【曲率显示】选项组

- ☑网格预览(E)【网格预览】：在已选面上应用预览网格，以更好地直观显示曲面。
- 网格密度:【网格密度】：当选择网格预览时可以输入该参数，以调整网格的行数。
- ☑斑马条纹(Z)【斑马条纹】：显示斑马条纹，以便更容易看到曲面褶皱或缺陷。
- ☑曲率检查梳形图(V)【曲率检查梳形图】：激活曲率检查梳形图显示。
- ☑方向1【方向1】：切换沿方向 1 的曲率检查梳形图显示。
- ☑方向2【方向2】：切换沿方向 2的曲率检查梳形图显示。
- 编辑颜色...：编辑【方向1】和【方向2】的显示颜色。
- 比例:【比例】：调整曲率检查梳形图的大小。
- 密度:【密度】：调整曲率检查梳形图的显示行数。

11.3.2 扫描曲面特征的步骤和方法

① 在【前视基准面】中绘制一个如图11-18所示的直线。

② 在【右视基准面】中绘制一个如图11-19所示的曲线。

图11-18 绘制草图

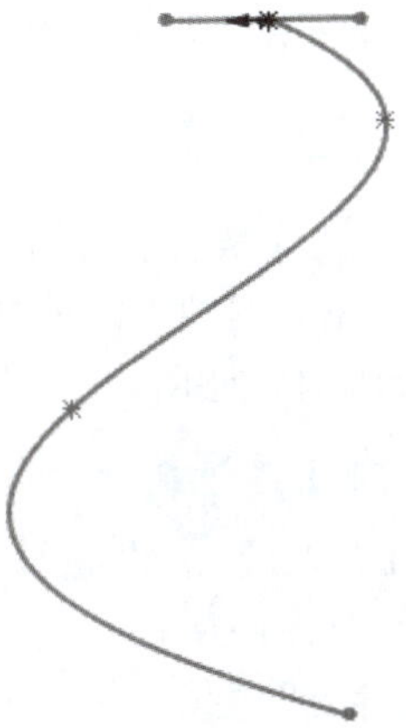

图11-19 绘制草图

③ 单击【曲面】菜单栏中的【扫描曲面】按钮，或者单击【插入】|【曲面】|【扫描曲面】按钮，即可进入【曲面-扫描】特征编辑页面，【曲面-扫描】的设置如图11-20所示。

④ 单击【曲面-扫描】特征编辑页面的✓【确定】按钮，完成【曲面-扫描】特征，如图11-21所示。

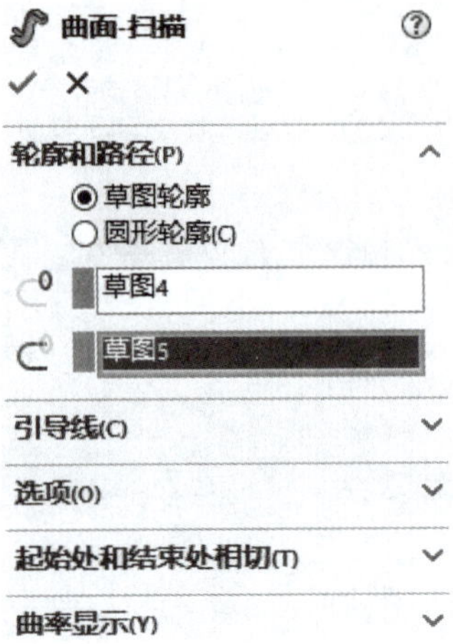

图11-20 【曲面-扫描】特征

图11-21 【曲面-扫描】特征所成曲面

11.4 放样曲面特征

SolidWorks中的放样曲面特征是将两个或多个轮廓平滑地连成曲面的特征。

单击【曲面】菜单栏中的【放样曲面】按钮，或者单击【插入】|【曲面】|【放样曲面】菜单命令，即可进入【曲面-放样】特征编辑页面。

11.4.1 属性设置

在单击【放样曲面】按钮后，页面左侧会出现【曲面-放样】属性管理器，如图11-22所示。

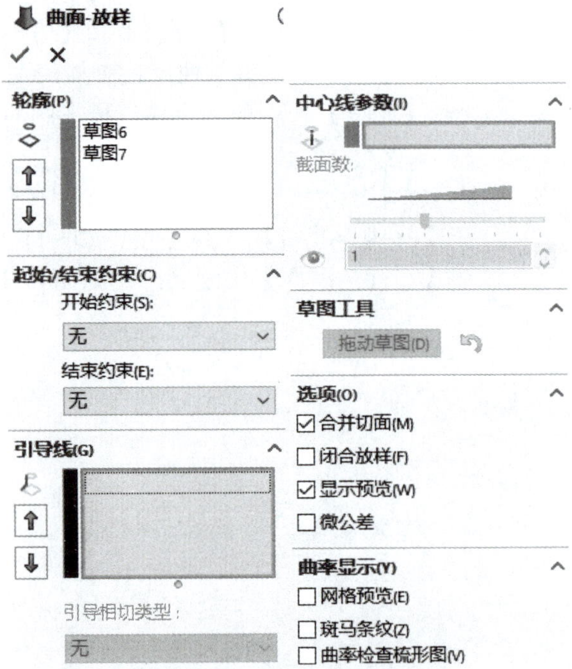

图11-22 【曲面-放样】属性管理器

(1)【轮廓】选项组

- 【轮廓】：设置【曲面-放样】特征的草图轮廓。选择要连接的草图轮廓、面或边线。
- 【上移】：调整轮廓的顺序，可以将其中一个轮廓向上移动。
- 【下移】：调整轮廓的顺序，可以将其中一个轮廓向下移动。

(2)【起始/结束约束】选项组

【开始约束】和【结束约束】的选项相同，应用约束以控制开始和结束轮廓的相切，如图11-23所示。

①【无】：没有应用相切的约束（曲率为零）。

②【方向向量】：指定向量，使得实体与此向量相切。选择【方向向量】，会弹出【方向向量】选项，如图11-24所示。

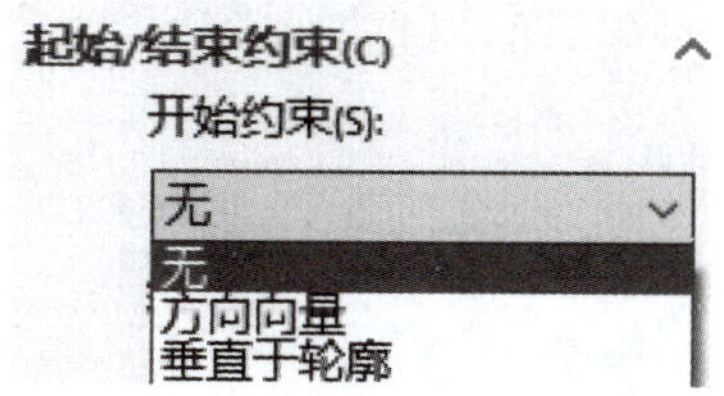

图11-23 【起始/结束约束】选项组

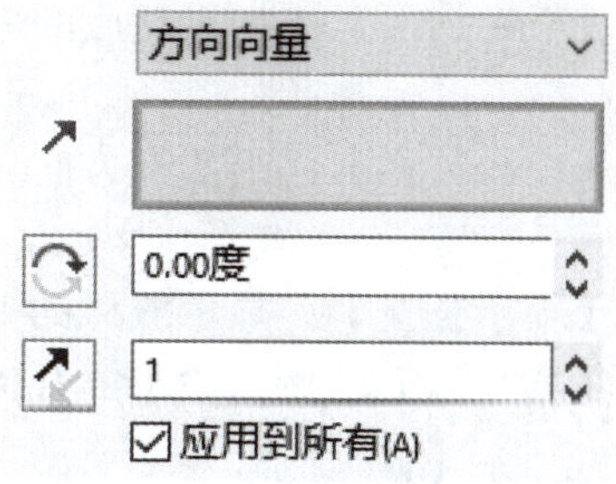

图11-24 【方向向量】选项

- 【方向向量】：选择方向向量。
- 【拔模角度】：设置方向向量的拔模角度，单击【反向】可使其向相反方向拔模。
- 【起始或结束处相切长度】：设置起始处或者结束处的相切长度，单击【反转相切方向】可使其反转方向。
- 【应用到所有】：将方向向量应用到所有。

③【垂直于轮廓】：应用垂直于开始或结束轮廓的相切约束。选择【垂直于轮廓】，会弹出【垂直于轮廓】选项，如图11-25所示。

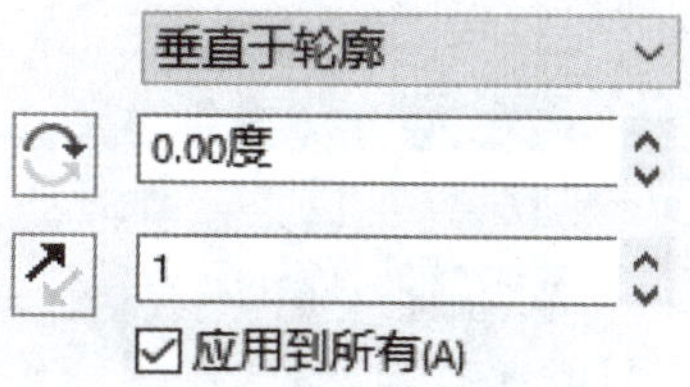

图11-25 【垂直于轮廓】选项

（3）【引导线】选项组

该选项组用来设置放样切除时所遵循的引导线。

- 【引导线】：设置【切除-扫描】时所选择的引导线。
- 【上移】：当选择多条引导线时，可以将其中一条引导线向上移动。
- 【下移】：当选择多条引导线时，可以将其中一条引导线向下移动。
- 【引导线相切类型】:该选项用于控制放样与引导线相遇处的相切。

（4）【中心线参数】选项组

该选项组用于使用中心线引导放样形状。

- 【中心线】：在图形区域中选择一草图作为中心线。中心线可与引导线同时存在。
- 【截面数】：在轮廓之间并绕中心线添加截面。移动滑杆来调整截面数。
- 【显示截面】：单击【显示】以显示截面数。单击箭头来显示截面的数量。

（5）【草图工具】选项组

该选项组为草图绘制工具。

- 【拖动草图】：激活拖动模式。当需要编辑放样特征时，可从任何已为放样定义了轮廓线的3D 草图中拖动任何3D草图线段、点或基准面。3D 草图在拖动时会进行更新。也可编辑3D草图以使用尺寸标注工具来标注轮廓线的尺寸。

- 【撤销草图拖动】：撤销先前的草图拖动并将预览返回到其先前状态。也可撤销多个拖动尺寸编辑。

（6）【选项】选项组

- 【合并切面】：如果对应的放样线段相切，则使所生成的放样中的对应曲面保持相切。
- 【闭合放样】：沿放样方向生成一闭合实体。此选项会自动连接最后一个和第一个草图。
- 【显示预览】：显示放样的上色预览。
- 【微公差】：使用微小的几何图形为零件创建放样。

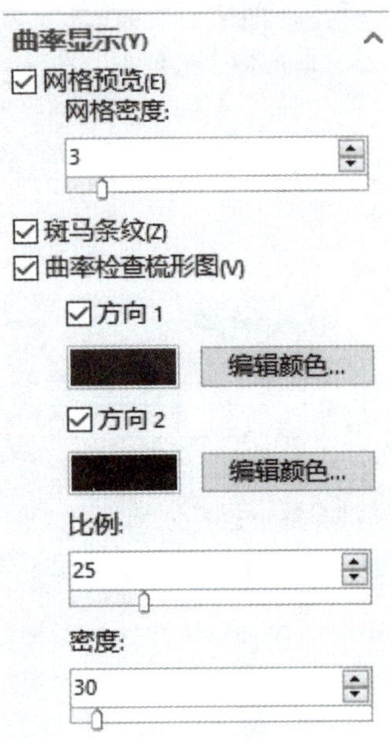

图11-26 【曲率显示】选项组

（7）【曲率显示】选项组

在【曲率显示】选项组中可以对放样时的一些与曲率相关的参数进行设置，如图11-26所示。

- 网格预览(E)【网格预览】：在已选面上应用预览网格，以更好地直观显示曲面。
- 网格密度:【网格密度】：当选择网格预览时可以输入该参数，以调整网格的行数。
- 斑马条纹(Z)【斑马条纹】：显示斑马条纹，以便更容易看到曲面褶皱或缺陷。
- 曲率检查梳形图(M)【曲率检查梳形图】：激活曲率检查梳形图显示。
- 方向1【方向1】：切换沿方向 1 的曲率检查梳形图显示。
- 方向2【方向2】：切换沿方向 2的曲率检查梳形图显示。
- 编辑颜色...：编辑【方向1】和【方向2】的显示颜色。
- 比例:【比例】：调整曲率检查梳形图的大小。
- 密度:【密度】：调整曲率检查梳形图的显示行数。

11.4.2 放样曲面特征的步骤和方法

① 在【前视基准面】绘制一个如图11-27所示的直线。

② 单击【参考几何体】工具栏中的【基准面】按钮，弹出【基准面】属性管理器，根据需要进行设置，如图11-28所示，在【前视基准面】左侧生成基准面1。

③ 建好【基准面1】，如图11-29所示。

④ 在【基准面1】绘制一个如图11-30所

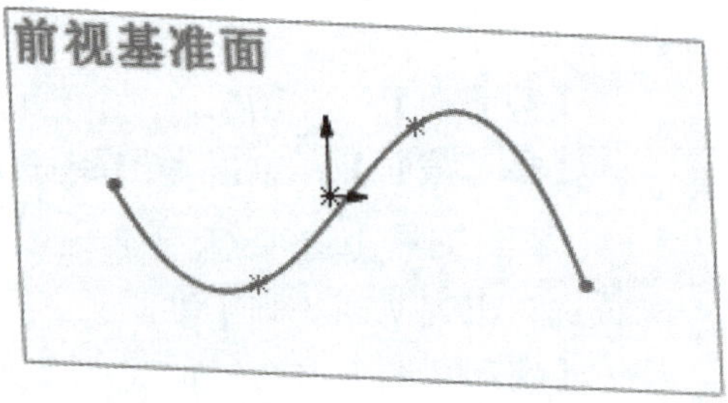

图11-27 绘制草图

示的曲线。

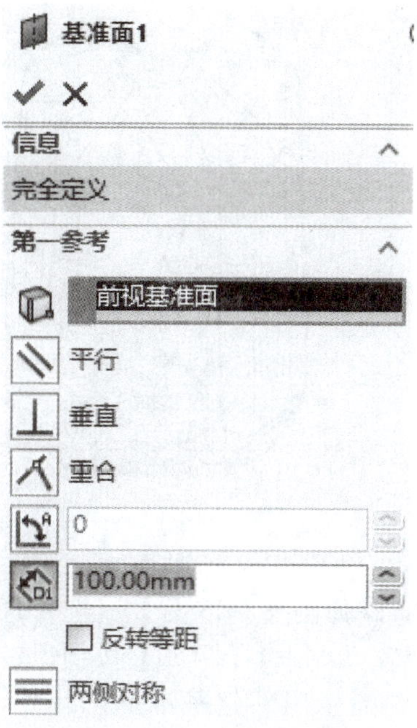

图11-28 【基准面】属性管理器

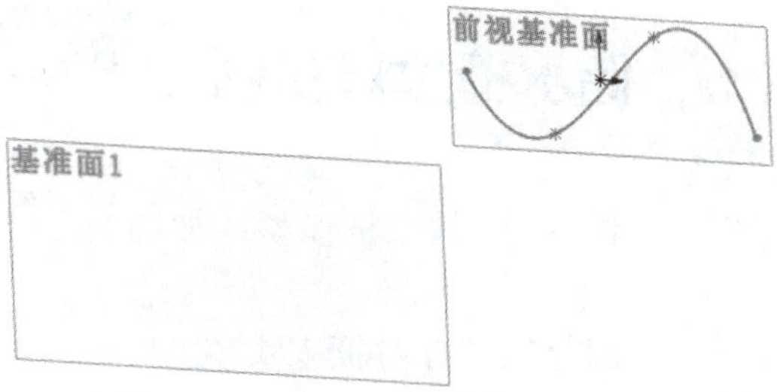

图11-29 【基准面1】

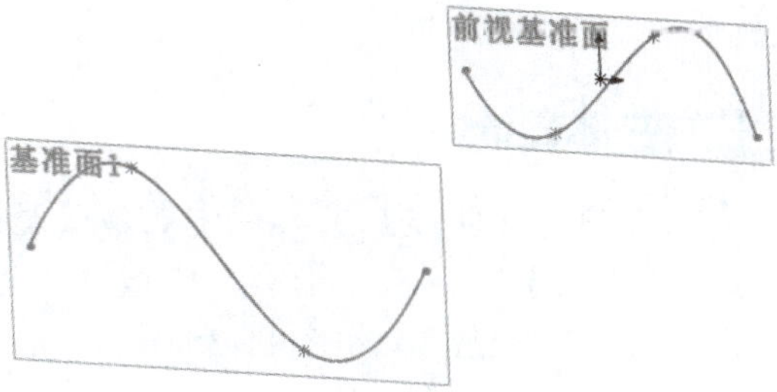

图11-30 绘制草图

⑤ 单击【曲面】菜单栏中的【放样曲面】按钮，或者单击【插入】|【曲面】|【放样曲面】按钮，即可进入【曲面-放样】的特征编辑页面，【曲面-放样】的设置如图11-31所示。

⑥ 单击【曲面-放样】特征编辑页面的✓【确定】按钮，完成【曲面-放样】特征，如图11-32所示。

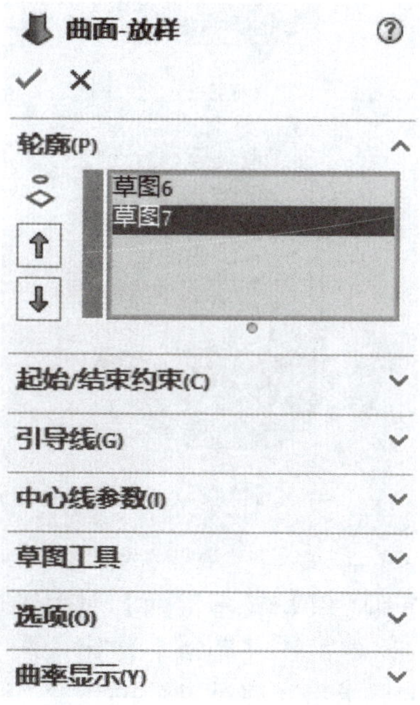

图11-31 【曲面-放样】特征

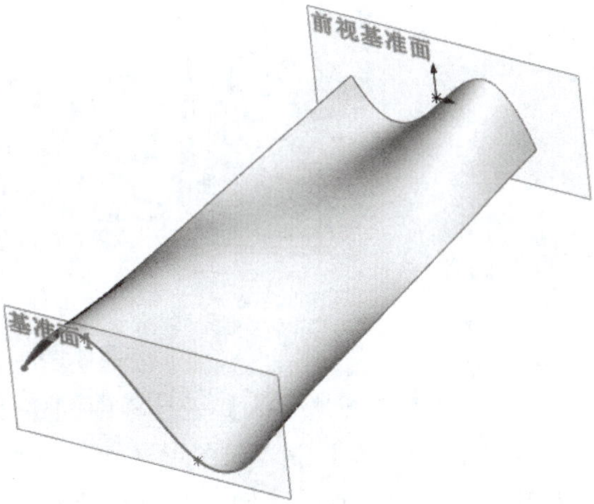

图11-32 【曲面-放样】特征所成曲面

11.5 储水桶建模实例

扫码看视频

本实例将生成一个储水桶模型，如图11-33所示。

建模思路分析：

① 外轮廓部分用拉伸特征来实现。

② 中间的部分可以用拉伸和圆角特征来实现。

③ 螺纹部分用螺旋线特征来实现，如图11-34所示。

具体步骤如下。

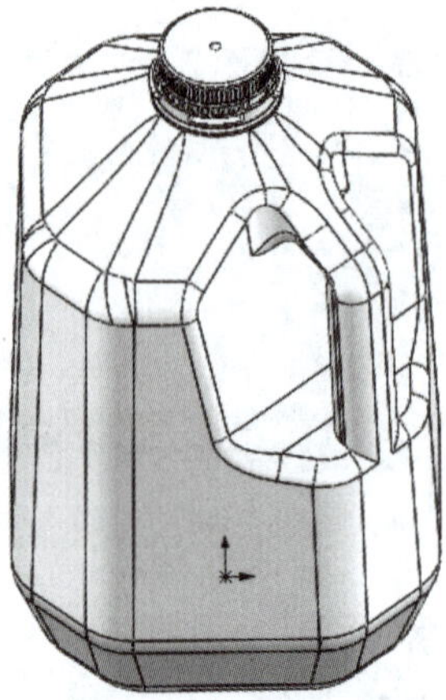

图11-33 储水桶模型

11.5.1 主体部分

① 单击【参考几何体】工具栏中的【基准面】按钮，弹出【基准面】属性管理器。在【第一参考】中，在图形区域中选择“上视基准面”，单击【距离】按钮，在文本栏中输入“7.75mm”，如图11-35所示，在图形区域中显示出新建基准面的预览，单击【确定】按钮，生成基准面。

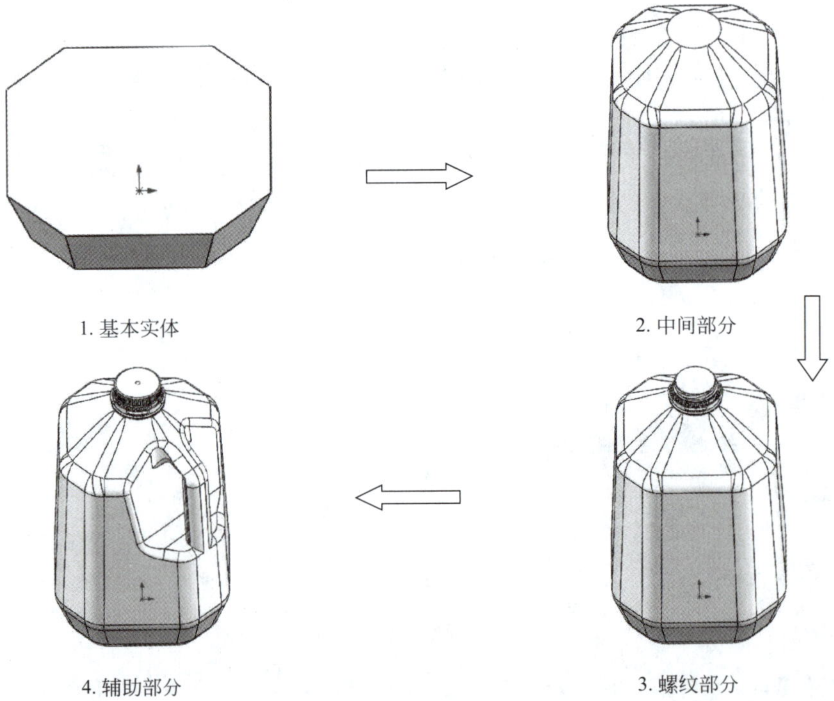

图11-34 建模过程

② 单击【参考几何体】工具栏中的【基准面】按钮，弹出【基准面】属性管理器。在【第一参考】中，在图形区域中选择“基准面1”，单击【距离】按钮，在文本栏中输入“1.50mm”，如图11-36所示，在图形区域中显示出新建基准面的预览，单击【确定】按钮，生成基准面。

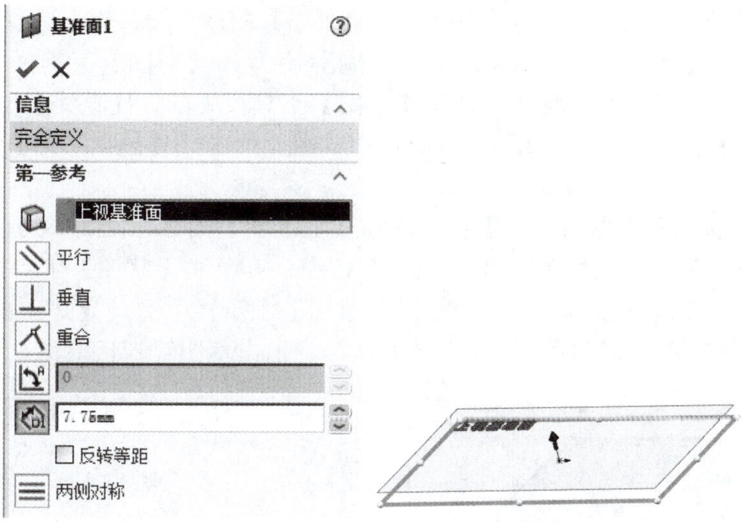

图11-35　生成基准面

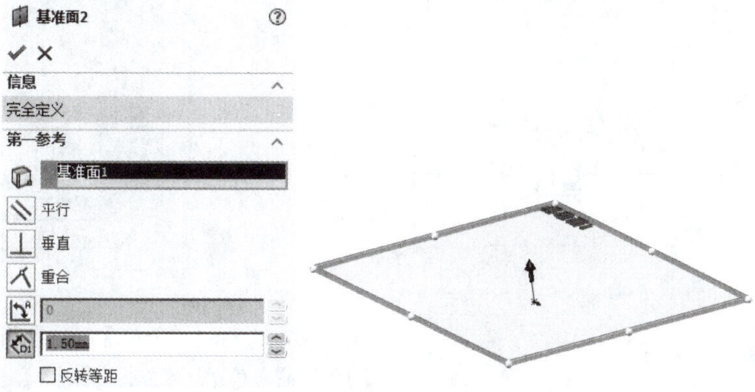

图11-36　生成基准面

③ 单击【参考几何体】工具栏中的【基准面】按钮，弹出【基准面】属性管理器。在【第一参考】中，在图形区域中选择“上视基准面”，单击【距离】按钮，在文本栏中输入“1.50mm”，如图11-37所示，在图形区域中显示出新建基准面的预览，单击【确定】按钮，生成基准面。

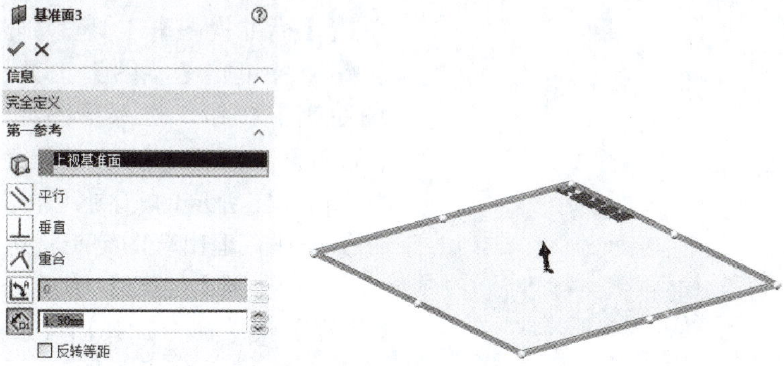

图11-37　生成基准面

④ 单击【特征管理器设计树】中的【基准面3】图标，使其成为草图绘制平面。单击【标准视图】工具栏中的【正视于】按钮，并单击【草图】工具栏中的【草图绘制】按钮，进入草图绘制状态。使用【草图】工具栏中的【直线】、【中心线】、【智能尺寸】工具，绘制如图11-38所示的草图。单击【退出草图】按钮，退出草图绘制状态。

⑤ 单击【特征管理器设计树】中的【前视基准面】图标，使其成为草图绘制平面。单击【标准视图】工具栏中的【正视于】按钮，并单击【草图】工具栏中的【草图绘制】按钮，进入草图绘制状态。使用【草图】工具栏中的【等距曲线】，绘制如图11-39所示的草图。单击【退出草图】按钮，退出草图绘制状态。

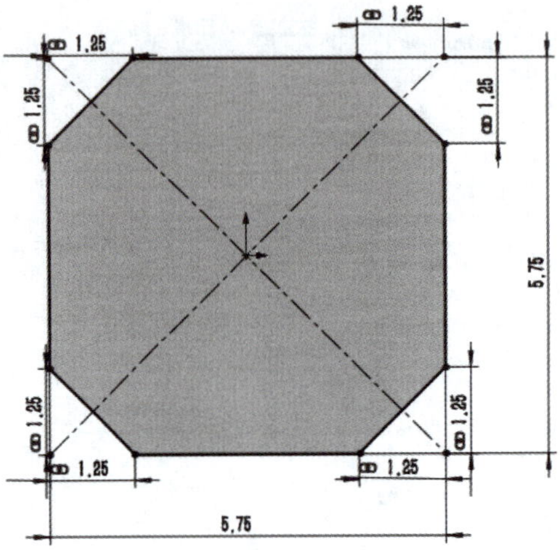

图11-38 绘制草图并标注尺寸

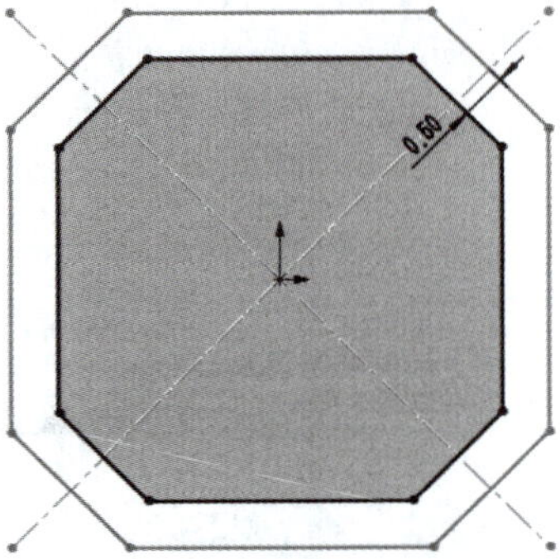

图11-39 绘制草图并标注尺寸

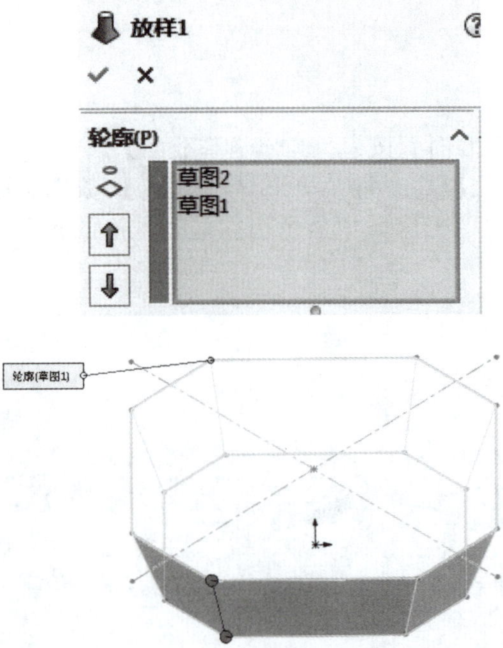

图11-40 生成放样特征

⑥ 选择【插入】|【凸台/基体】|【放样】菜单命令，弹出【放样】属性管理器。在【轮廓】选项组中，在图形区域中选择“草图2”和“草图1”，单击【确定】按钮，如图11-40所示，生成放样特征。

⑦ 单击【特征管理器设计树】中的【基准面1】图标，使其成为草图绘制平面。单击【标准视图】工具栏中的【正视于】按钮，并单击【草图】工具栏中的【草图绘制】按钮，进入草图绘制状态。使用【草图】工具栏中的【等距曲线】，绘制如图11-41所示的草图。单击【退出草图】按钮，退出草图绘制状态。

⑧ 选择【插入】|【凸台/基体】|【放样】菜单命令，弹出【放样】属性管理器。在【轮廓】选项组中，在图形区域

中选择2个草图，单击✔【确定】按钮，如图11-42所示，生成放样特征。

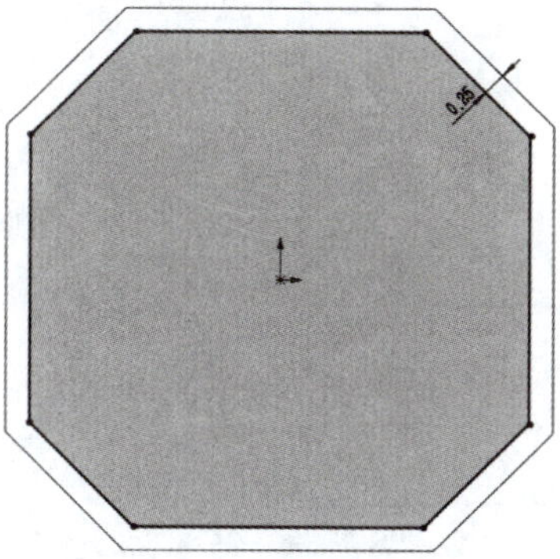

图11-41　绘制草图并标注尺寸

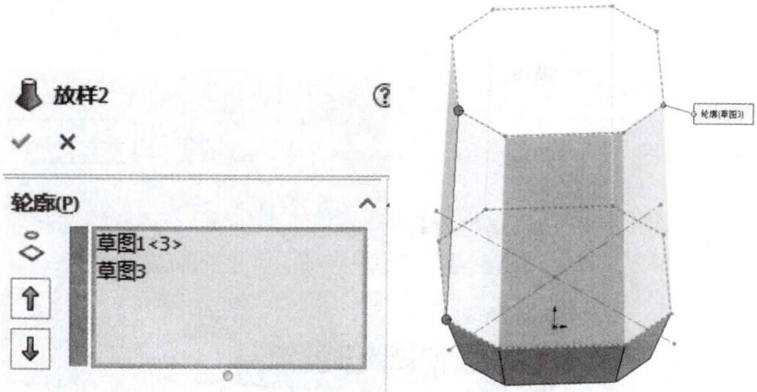

图11-42　生成放样特征

⑨ 单击【特征管理器设计树】中的【基准面2】图标，使其成为草图绘制平面。单击【标准视图】工具栏中的【正视于】按钮，并单击【草图】工具栏中的【草图绘制】按钮，进入草图绘制状态。使用【草图】工具栏中的【圆】、【智能尺寸】工具，绘制如图11-43所示的草图。单击【退出草图】按钮，退出草图绘制状态。

⑩ 选择【插入】|【凸台/基体】|【放样】菜单命令，弹出【放样】属性管理器。在【轮廓】选项组中，在图形区域中选择2个草图，单击✔【确定】按钮，如图11-44所示，生成放样特征。

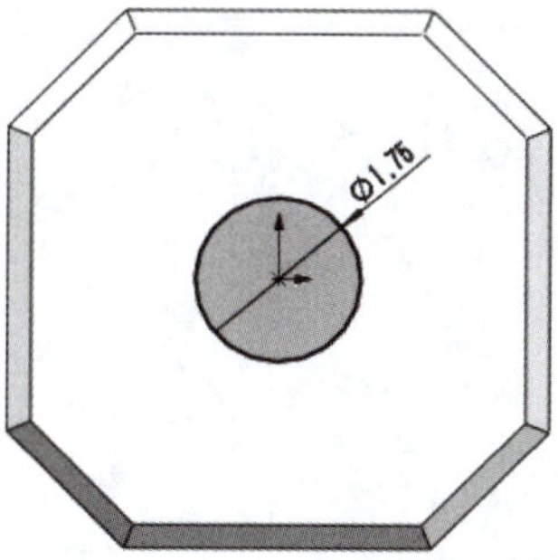

图11-43　绘制草图并标注尺寸

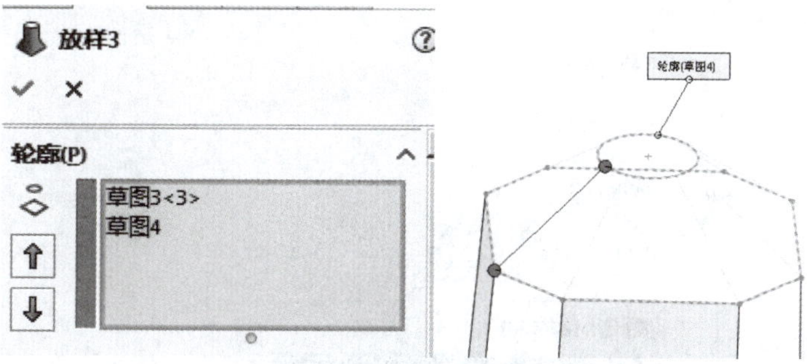

图11-44　生成放样特征

⑪ 单击【特征】工具栏中的【圆角】按钮，弹出【圆角】属性管理器。在【圆角项目】选项组中，单击【边线、面、特征和环】选择框，在图形区域中选择模型的外侧边线，设置【半径】为“0.90mm”，单击✔【确定】按钮，生成圆角特征，如图11-45所示。

⑫ 单击【特征】工具栏中的【圆角】按钮，弹出【圆角】属性管理器。在【圆角项目】选项组中，单击【边线、面、特征和环】选择框，在图形区域中选择模型的1条边线，设置【半径】为“0.75mm”，单击✔【确定】按钮，生成圆角特征，如图11-46所示。

⑬ 单击【特征】工具栏中的【圆角】按钮，弹出【圆角】属性管理器。在【圆角项目】选项组中，单击【边线、面、特征和环】选择框，在图形区域中选择模型

的1条边线，设置【半径】为“0.75mm”，单击【确定】按钮，生成圆角特征，如图11-47所示。

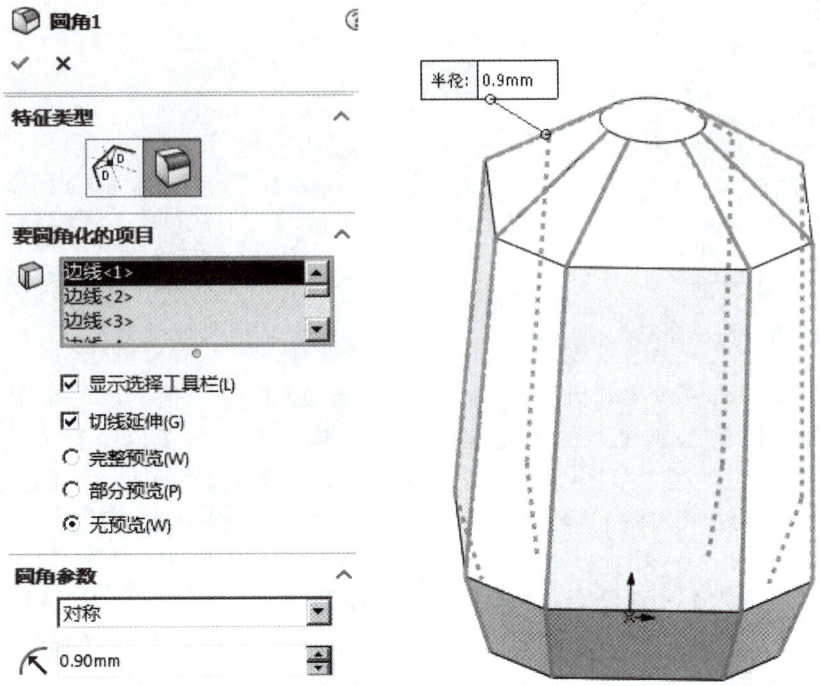

图11-45　生成圆角特征

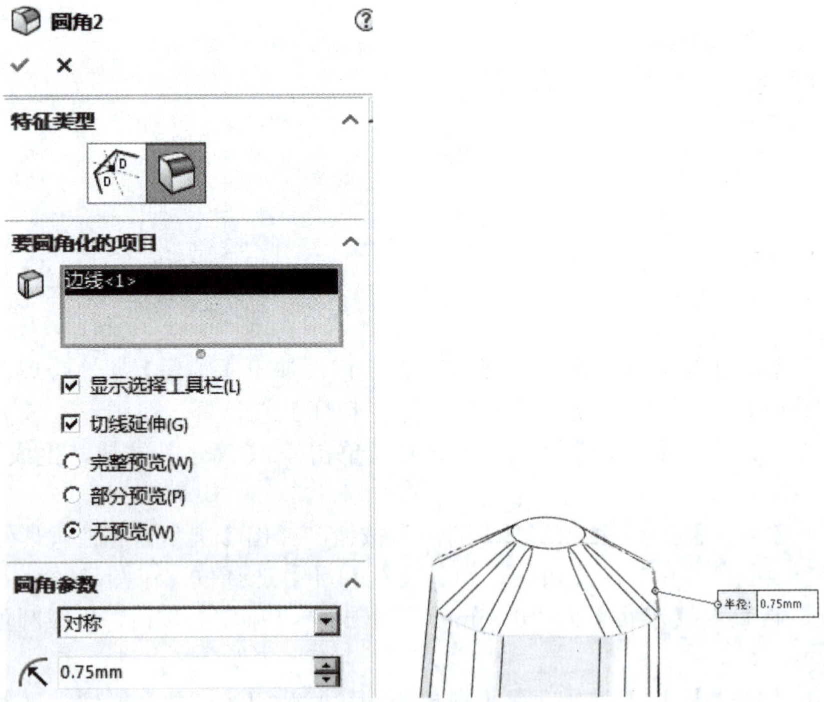

图11-46　生成圆角特征

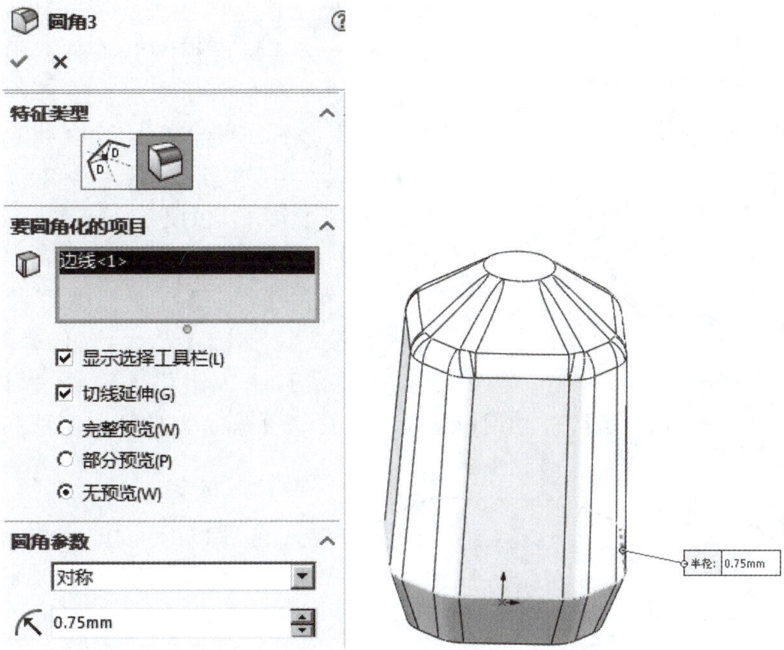

图11-47　生成圆角特征

⑭ 单击【特征】工具栏中的【圆角】按钮，弹出【圆角】属性管理器。在【圆角项目】选项组中，单击【边线、面、特征和环】选择框，在图形区域中选择模型的1条边线，设置【半径】为“0.60mm”，单击【确定】按钮，生成圆角特征，如图11-48所示。

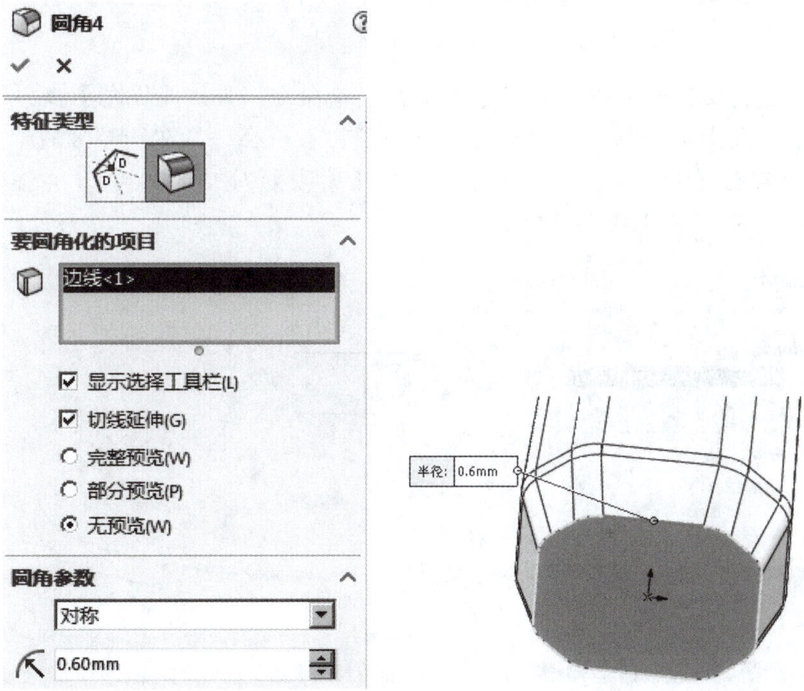

图11-48　生成圆角特征

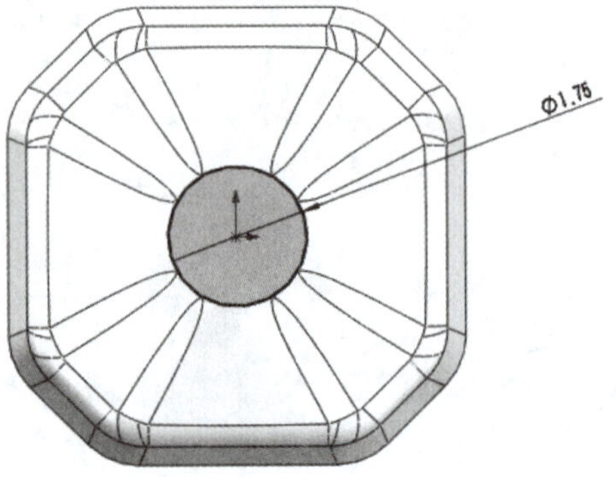

图11-49 绘制草图并标注尺寸

⑮ 单击模型的上表面，使其成为草图绘制平面。单击【标准视图】工具栏中的【正视于】按钮，并单击【草图】工具栏中的【草图绘制】按钮，进入草图绘制状态。使用【草图】工具栏中的【圆】、【智能尺寸】工具，绘制如图11-49所示的草图。单击【退出草图】按钮，退出草图绘制状态。

⑯ 单击【特征】工具栏中的【拉伸凸台/基体】按钮，弹出【凸台-拉伸】属性管理器。在【方向1】选项组中，设置【终止条件】为【给定深度】，【深度】为“0.10mm”，单击【确定】按钮，生成拉伸特征，如图11-50所示。

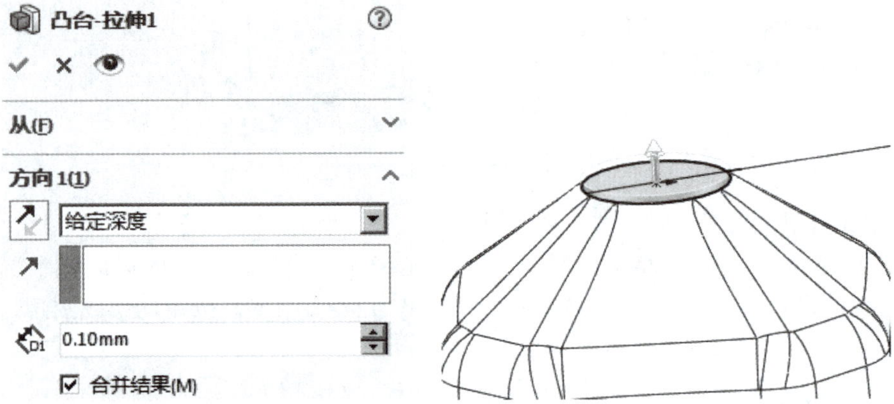

图11-50 拉伸特征

⑰ 选择【插入】|【特征】|【倒角】菜单命令，弹出【倒角】属性管理器。在【倒角参数】选项组中，单击【边线和面或顶点】选择框，在绘图区域中选择模型的1条边线，设置【距离】为“0.05mm”，【角度】为“45.00度”，单击【确定】按钮，生成倒角特征，如图11-51所示。

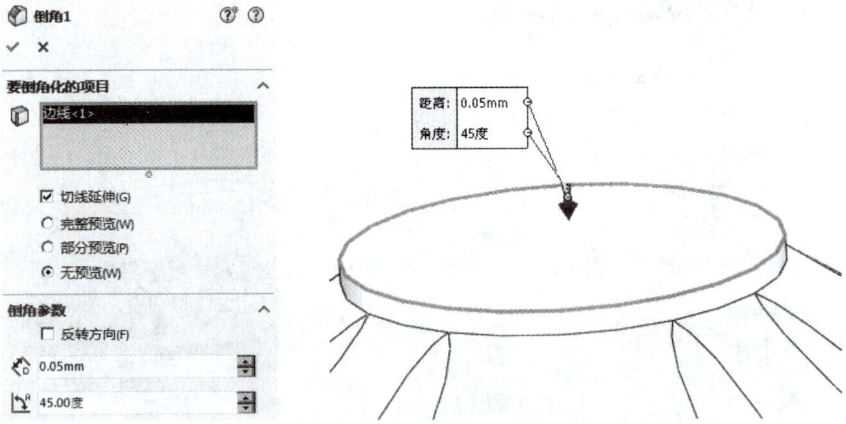

图11-51 生成倒角特征

⑱ 单击零件的上表面，使其成为草图绘制平面。单击【标准视图】工具栏中的【正视于】按钮，并单击【草图】工具栏中的【草图绘制】按钮，进入草图绘制状态。使用【草图】工具栏中的【转换实体引用】，绘制如图11-52所示的草图。单击【退出草图】按钮，退出草图绘制状态。

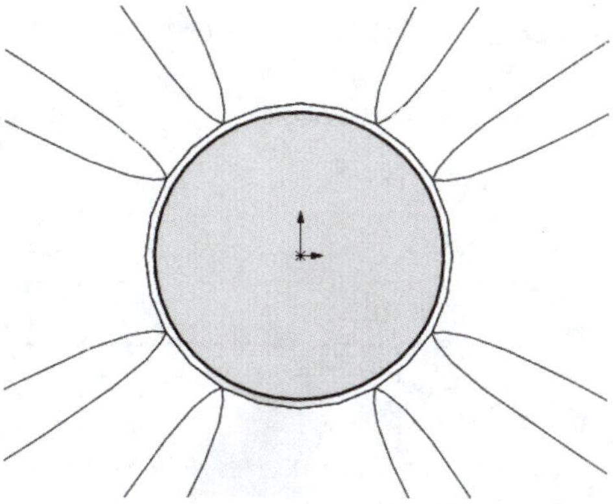

图11-52　绘制草图并标注尺寸

⑲ 单击【特征】工具栏中的【拉伸凸台/基体】按钮，弹出【凸台-拉伸】属性管理器。在【方向1】选项组中，设置【终止条件】为【给定深度】，【深度】为“0.20mm”，单击【确定】按钮，生成拉伸特征，如图11-53所示。

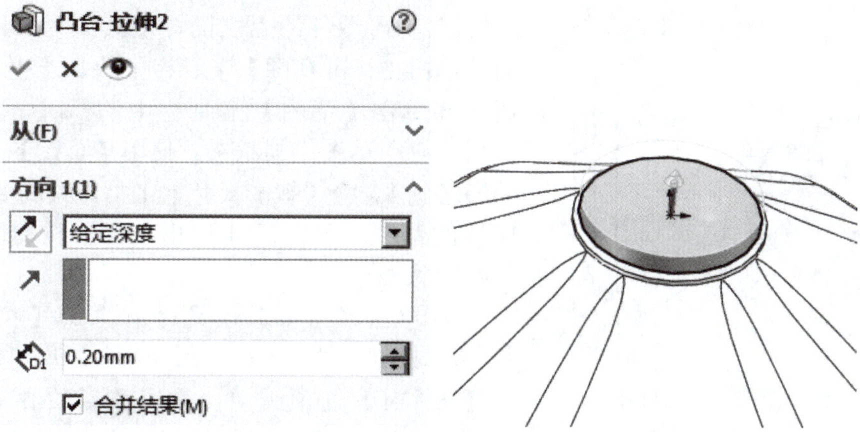

图11-53　拉伸特征

11.5.2　辅助部分

① 单击零件的上表面，使其成为草图绘制平面。单击【标准视图】工具栏中的【正视于】按钮，并单击【草图】工具栏中的【草图绘制】按钮，进入草图绘制状态。使用【草图】工具栏中的【直线】、【圆弧】、【中心线】、【智能尺寸】工具，绘制如图11-54所示的草图。单击【退出草图】按钮，退出草图绘制状态。

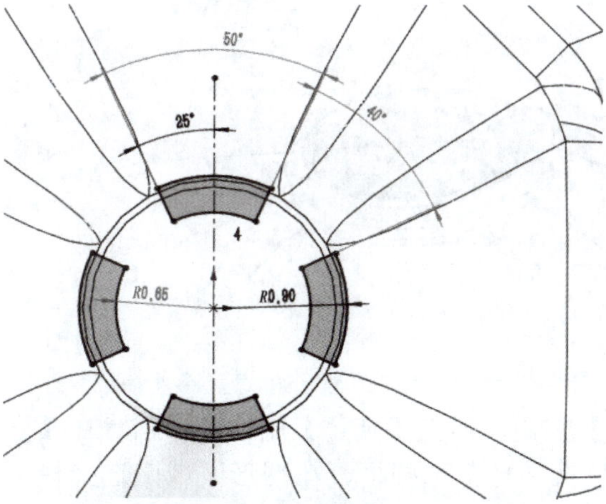

图11-54　绘制草图并标注尺寸

② 单击【特征】工具栏中的【拉伸凸台/基体】按钮，弹出【凸台-拉伸】属性管理器。在【方向1】选项组中，设置【终止条件】为【给定深度】，【深度】为“0.10mm”，单击

✔【确定】按钮，生成拉伸特征，如图11-55所示。

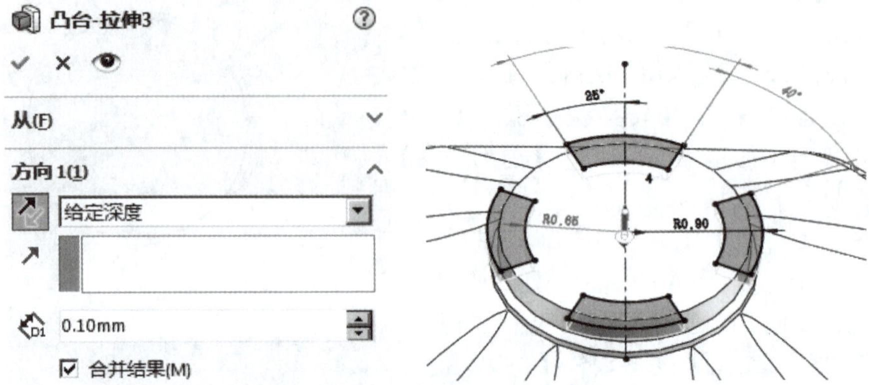

图11-55　拉伸特征

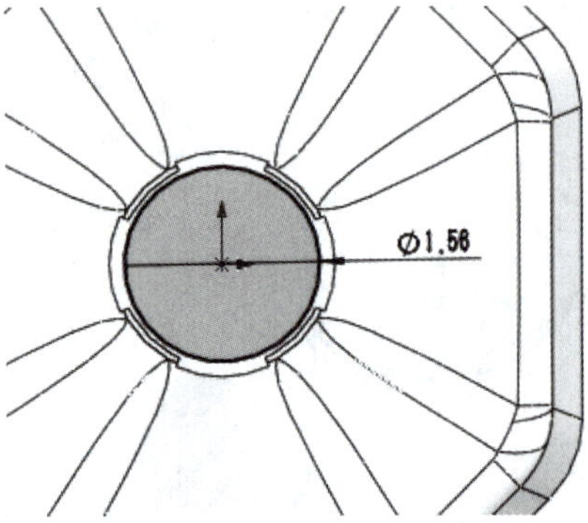

图11-56　绘制草图并标注尺寸

③ 单击零件的上表面，使其成为草图绘制平面。单击【标准视图】工具栏中的【正视于】按钮，并单击【草图】工具栏中的【草图绘制】按钮，进入草图绘制状态。使用【草图】工具栏中的【圆】、【智能尺寸】工具，绘制如图11-56所示的草图。单击【退出草图】按钮，退出草图绘制状态。

④ 单击【特征】工具栏中的【拉伸凸台/基体】按钮，弹出【凸台-拉伸】属性管理器。在【方向1】选项组中，设置【终止条件】为【给定深度】，【深度】为“0.15mm”，单击✔【确定】按钮，生成拉伸特征，如图11-57所示。

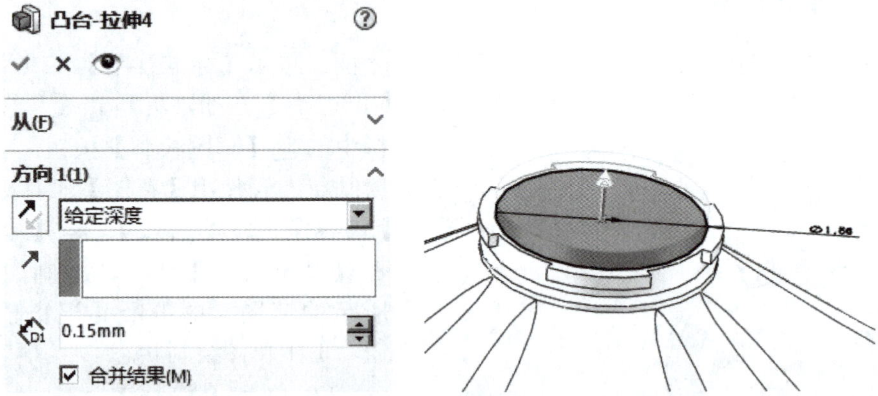

图11-57　拉伸特征

⑤ 单击【特征】工具栏中的【圆角】按钮，弹出【圆角】属性管理器。在【圆角项目】选项组中，单击【边线、面、特征和环】选择框，在图形区域中选择模型的4个面，设置【半径】为“0.05mm”，单击✔【确定】按钮，生成圆角特征，如

图 11-58 所示。

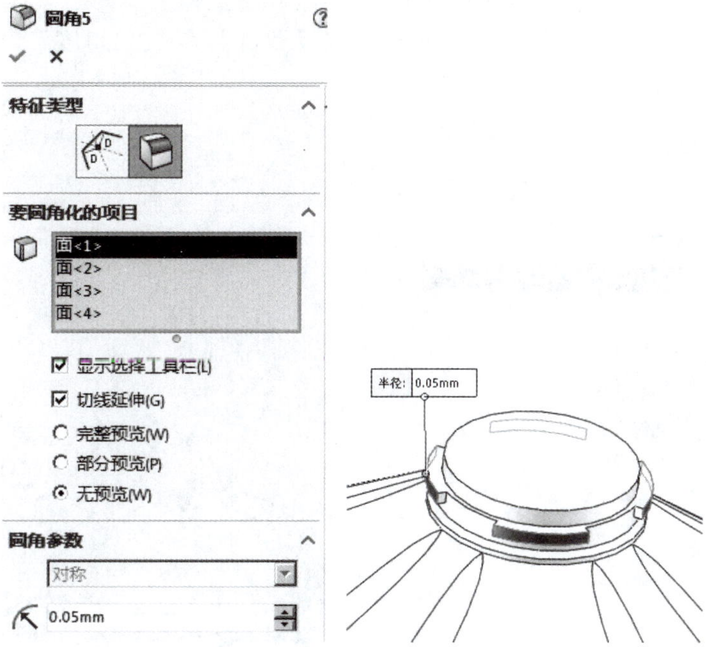

图11-58　生成圆角特征

⑥ 单击【特征】工具栏中的【圆角】按钮，弹出【圆角】属性管理器。在【圆角项目】选项组中，单击【边线、面、特征和环】选择框，在图形区域中选择模型的8条边线，设置【半径】为“0.05mm”，单击【确定】按钮，生成圆角特征，如图 11-59 所示。

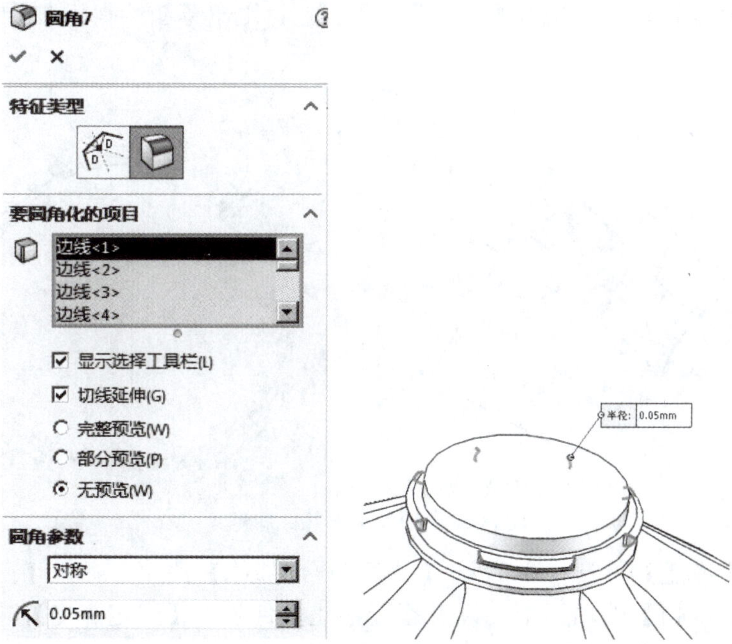

图11-59　生成圆角特征

⑦ 选择【插入】|【特征】|【倒角】菜单命令，弹出【倒角】属性管理器。在【倒角参数】选项组中，单击【边线和面或顶点】选择框，在绘图区域中选择模型的1条边线，设置【距离】为“0.035mm”，【角度】为“30.00度”，单击【确定】按钮，生成倒角特征，如图11-60所示。

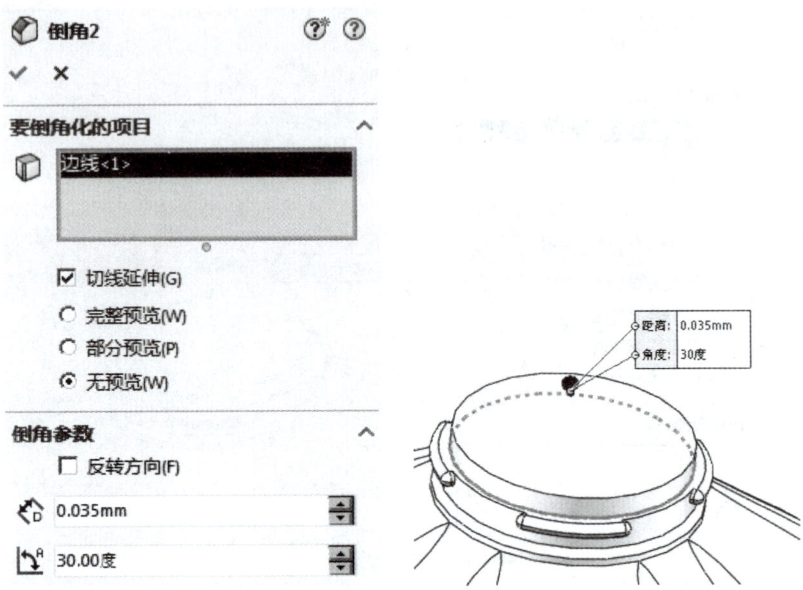

图11-60 生成倒角特征

⑧ 单击零件的上表面，使其成为草图绘制平面。单击【标准视图】工具栏中的【正视于】按钮，并单击【草图】工具栏中的【草图绘制】按钮，进入草图绘制状态。使用【草图】工具栏中的【直线】、【中心线】、【智能尺寸】工具，绘制如图11-61所示的草图。单击【退出草图】按钮，退出草图绘制状态。

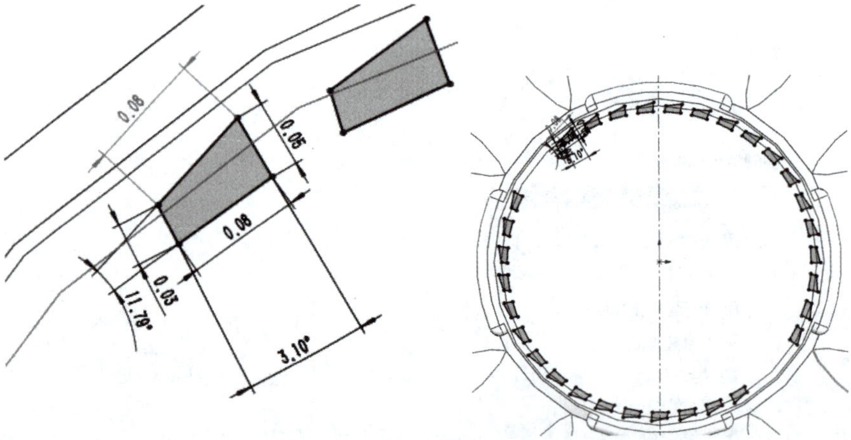

图11-61 绘制草图并标注尺寸

⑨ 单击【特征】工具栏中的【拉伸凸台/基体】按钮，弹出【凸台-拉伸】属性设置。在【方向1】选项组中，设置【终止条件】为【给定深度】，【深度】为“0.15mm”，单击【确定】按钮，生成拉伸特征，如图11-62所示。

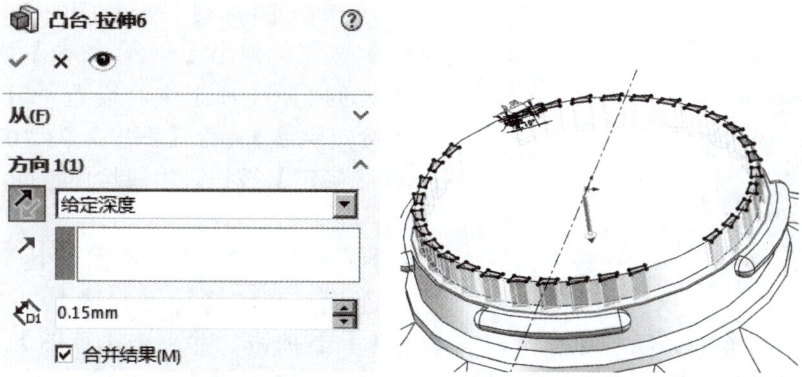

图11-62　拉伸特征

⑩ 单击零件的上表面，使其成为草图绘制平面。单击【标准视图】工具栏中的【正视于】按钮，并单击【草图】工具栏中的【草图绘制】按钮，进入草图绘制状态。使用【草图】工具栏中的【圆】、【智能尺寸】工具，绘制如图11-63所示的草图。单击【退出草图】按钮，退出草图绘制状态。

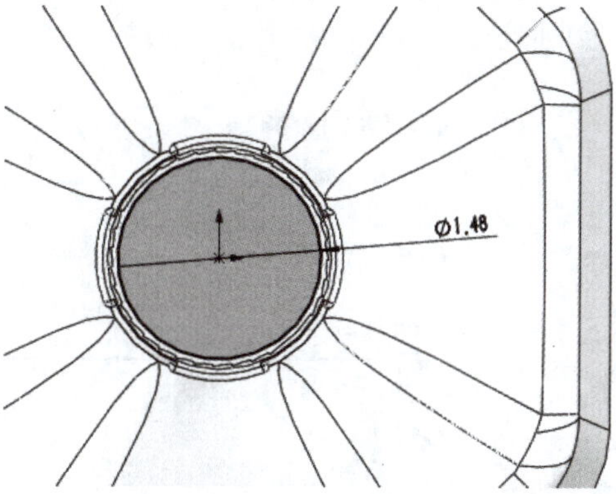

图11-63　绘制草图并标注尺寸

⑪ 单击【特征】工具栏中的【拉伸凸台/基体】按钮，弹出【凸台-拉伸】属性管理器。在【方向1】选项组中，设置【终止条件】为【给定深度】，【深度】为“0.05mm”，单击【确定】按钮，生成拉伸特征，如图11-64所示。

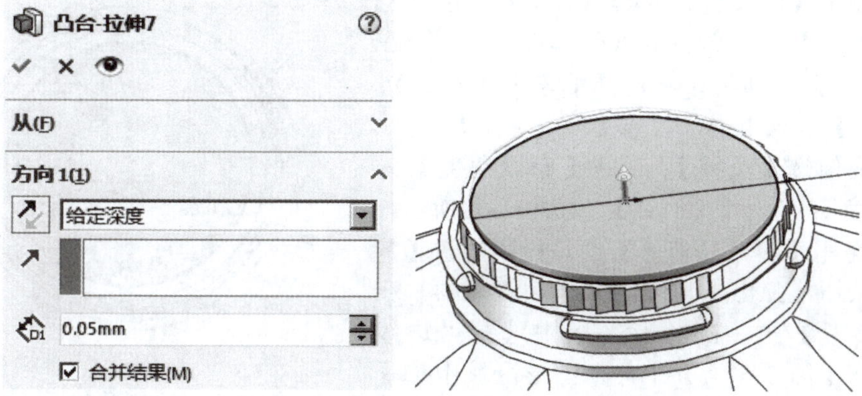

图11-64　拉伸特征

⑫ 单击零件的上表面，使其成为草图绘制平面。单击【标准视图】工具栏中的【正视于】按钮，并单击【草图】工具栏中的【草图绘制】按钮，进入草图绘制状态。使用【草图】工具栏中的【圆】、【智能尺寸】工具，绘制如图11-65所示的草图。单击【退出草图】按钮，退出草图绘制状态。

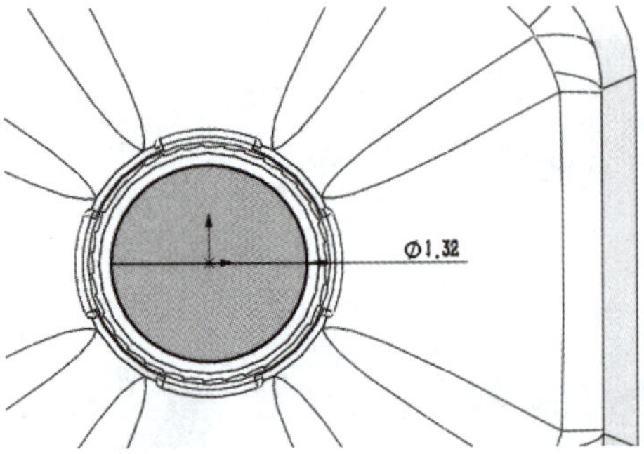

图11-65　绘制草图并标注尺寸

⑬ 单击【特征】工具栏中的【拉伸凸台/基体】按钮，弹出【凸台-拉伸】属性管理器。在【方向1】选项组中，设置【终止条件】为【给定深度】，【深度】为“0.25mm”，单击【确定】按钮，生成拉伸特征，如图11-66所示。

⑭ 单击零件的上表面，使其成为草图绘制平面。单击【标准视图】工具栏中的【正视于】按钮，并单击【草图】工具栏中的【草图绘制】按钮，进入草图绘制状态。使用【草图】工具栏中的【圆】、【智能尺寸】工具，绘制如图11-67所示的草图。单击【退出草图】按钮，退出草图绘制状态。

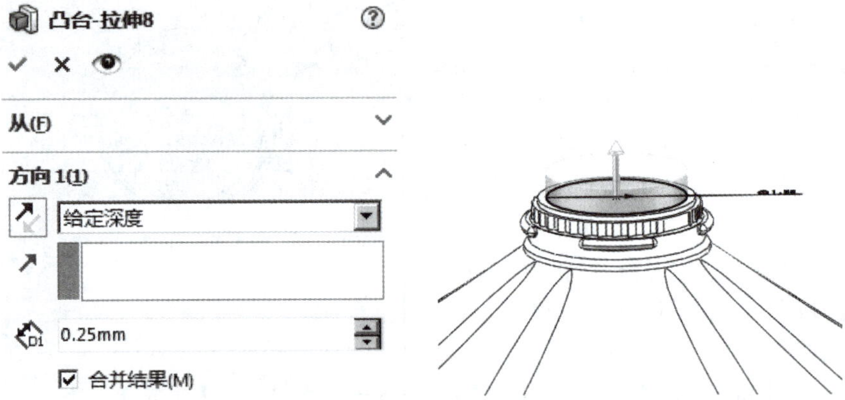

图11-66　拉伸特征

⑮ 单击【插入】|【曲线】|【螺旋线/涡状线】按钮，弹出【螺旋线/涡状线】属性管理器。在【定义方式】选项组中，选择【螺距和圈数】；在【参数】选项组中，勾选【恒定螺距】，并输入数据；勾选【反向】；设置【起始角度】为“263.00度”；勾选【顺时针】，如图11-68所示。

⑯ 单击【参考几何体】工具栏中的【基准面】按钮，弹出【基准面】属性管理器。在【第一参考】中，在图形区域中选择“边线<1>”；在【第二参考】中，在图形区域中选择“点<1>”，如图11-69所示，在图形区域中显示出新建基准面的预览，单击【确定】按钮，生成基准面。

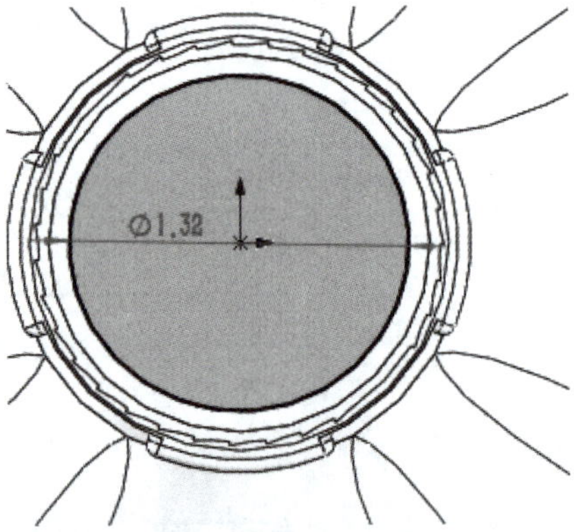

图11-67　绘制草图并标注尺寸

⑰ 单击【特征管理器设计树】中的【基准面6】图标，使其成为草图绘制平面。单击【标准视图】工具栏中的【正视于】按钮，并单击【草图】工具栏中的【草图绘制】按钮，进入草图绘制状态。使用【草图】工具栏中的【圆】、【智能尺寸】工具，绘制如图11-70所示的草图。单击【退出草图】按钮，退出草图绘制状态。

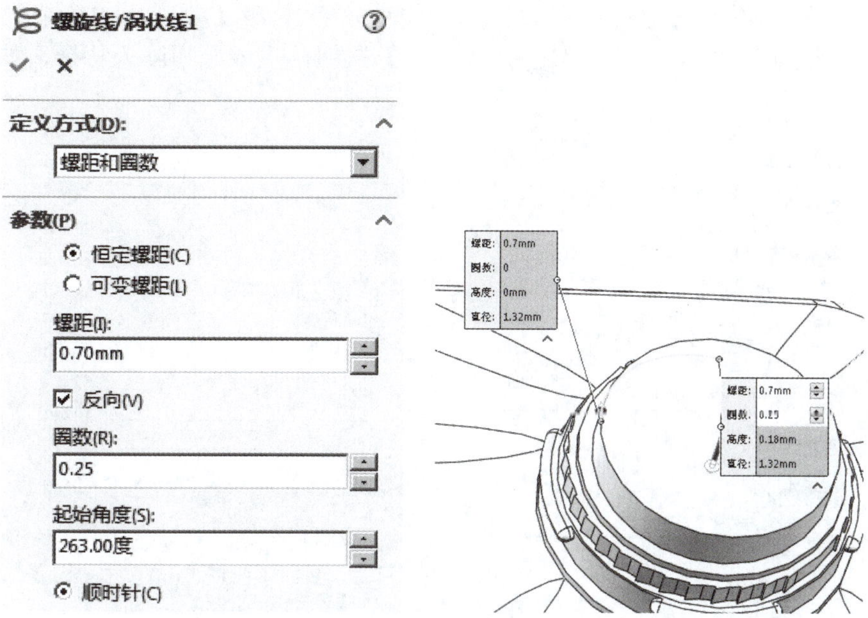

图11-68　建立螺旋线

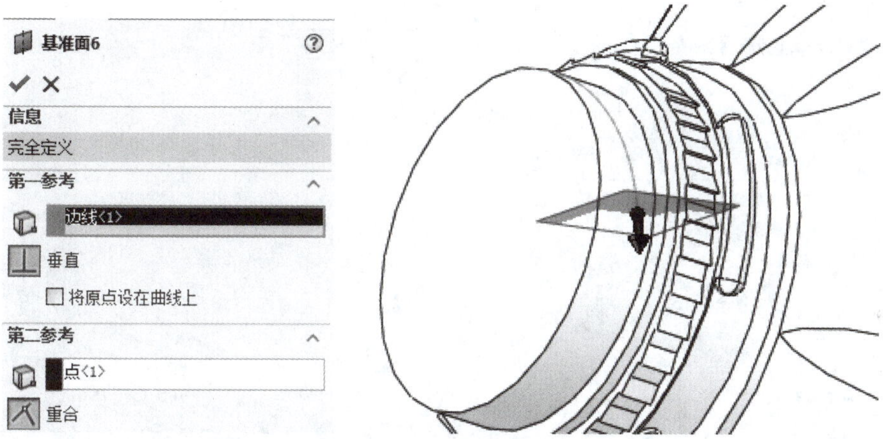

图11-69　生成基准面

⑱ 选择【插入】|【凸台/基体】|【扫描】菜单命令，弹出【扫描】属性管理器。在【轮廓和路径】选项组中，单击【轮廓】按钮，在图形区域中选择“草图15”，单击【路径】按钮，在图形区域中选择草图中的螺旋线；在【选项】选项组中，设置【轮廓方位】为【随路径变化】，单击【确定】按钮，如图11-71所示。

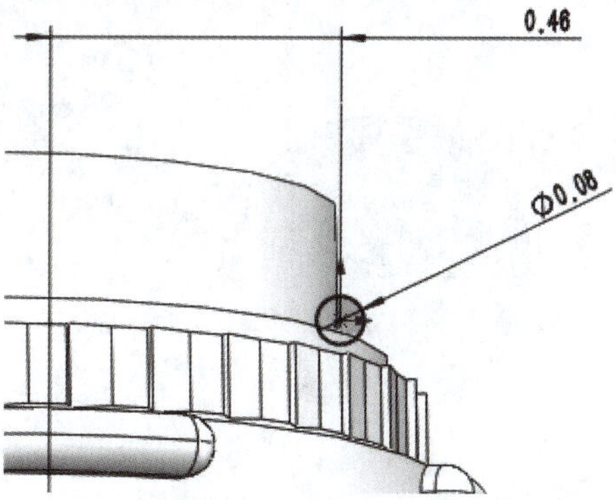

图11-70　绘制草图并标注尺寸

⑲ 单击【特征】工具栏中的【圆周阵列】按钮，弹出【圆周阵列】属性管理器。在【方向1】选项组中，单击【阵列轴】选择框，选择“边线<1>”，设置【实例数】为“5”，选

择【等间距】选项；在【特征和面】选项组中，单击【要阵列的特征】选择框，在图形区域中选择“扫描1”，单击【确定】按钮，生成圆周阵列特征，如图11-72所示。

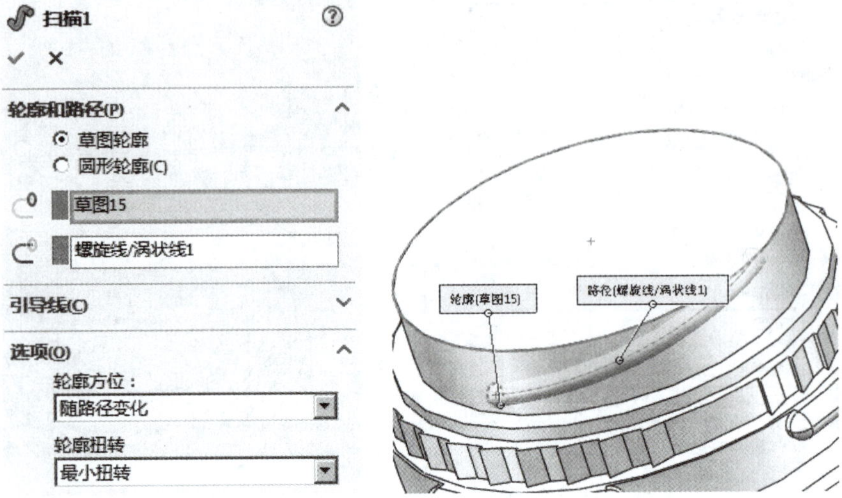

图11-71　扫描特征

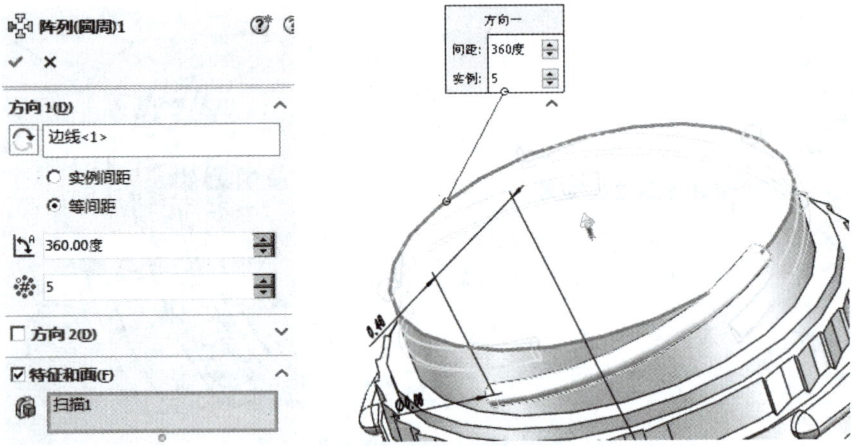

图11-72　生成圆周阵列特征

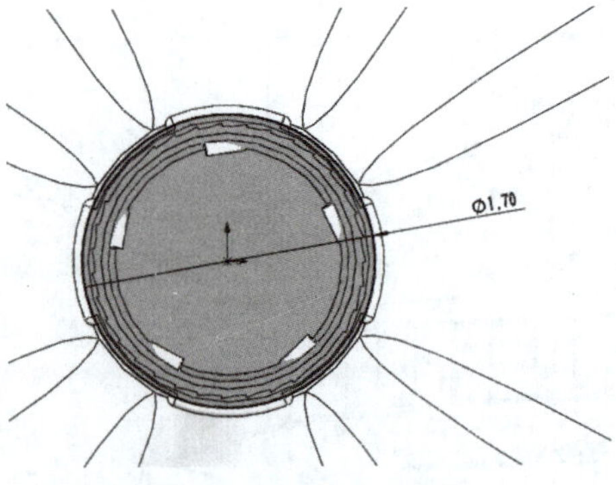

图11-73　绘制草图并标注尺寸

⑳ 单击零件的上表面，使其成为草图绘制平面。单击【标准视图】工具栏中的【正视于】按钮，并单击【草图】工具栏中的【草图绘制】按钮，进入草图绘制状态。使用【草图】工具栏中的【圆】、【智能尺寸】工具，绘制如图11-73所示的草图。单击【退出草图】按钮，退出草图绘制状态。

㉑ 单击【特征】工具栏中的【切除-拉伸】按钮，弹出【切除-拉伸】属性管理器。在【方向1】选项组中，设置【终止条件】为

【给定深度】，【深度】为“1.25mm”，单击【确定】按钮，生成拉伸切除特征，如图11-74所示。

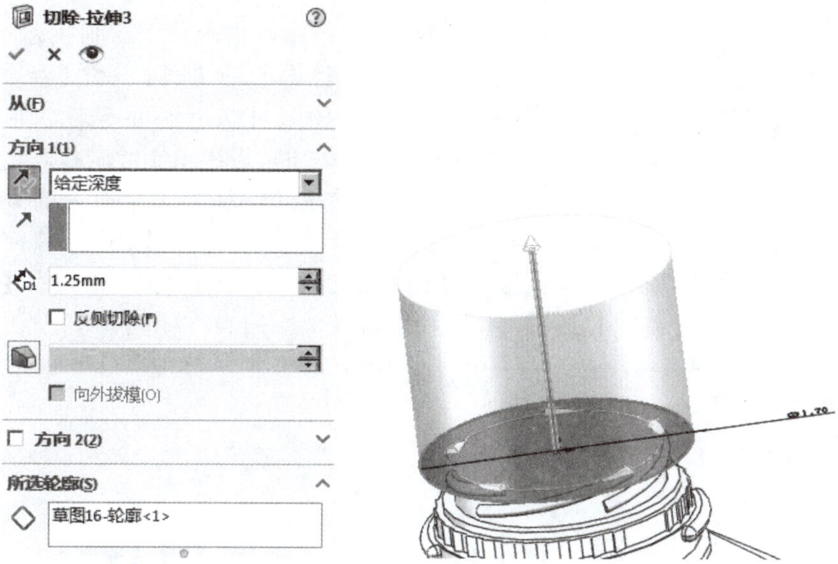

图11-74 拉伸切除特征

㉒ 单击【特征】工具栏中的【圆角】按钮，弹出【圆角】属性管理器。在【圆角项目】选项组中，单击【边线、面、特征和环】选择框，在图形区域中选择模型的10条边线，设置【半径】为“0.03mm”，单击【确定】按钮，生成圆角特征，如图11-75所示。

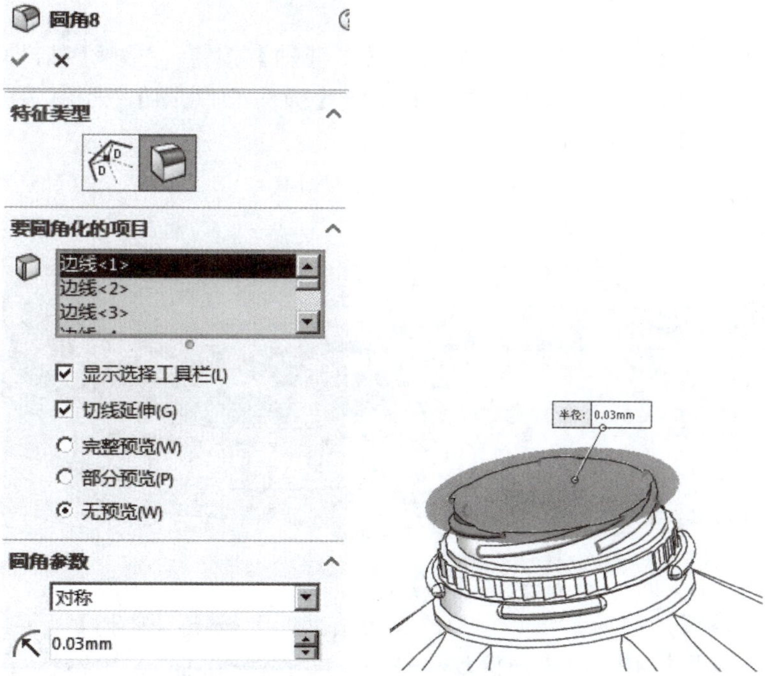

图11-75 生成圆角特征

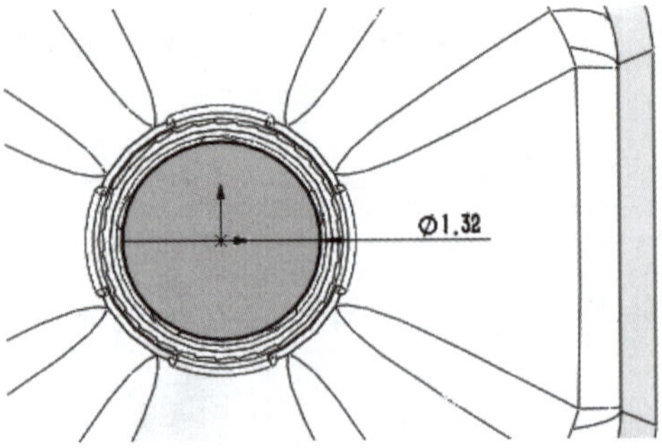

图11-76 绘制草图并标注尺寸

㉓ 单击零件的上表面，使其成为草图绘制平面。单击【标准视图】工具栏中的【正视于】按钮，并单击【草图】工具栏中的【草图绘制】按钮，进入草图绘制状态。使用【草图】工具栏中的【圆】、【智能尺寸】工具，绘制如图11-76所示的草图。单击【退出草图】按钮，退出草图绘制状态。

㉔ 单击【特征】工具栏中的【拉伸凸台/基体】按钮，弹出【凸台-拉伸】属性管理器。在【方向1】选项组中，设置【终止条件】为【给定深度】，【深度】为“0.025mm”，单击【确定】按钮，生成拉伸特征，如图11-77所示。

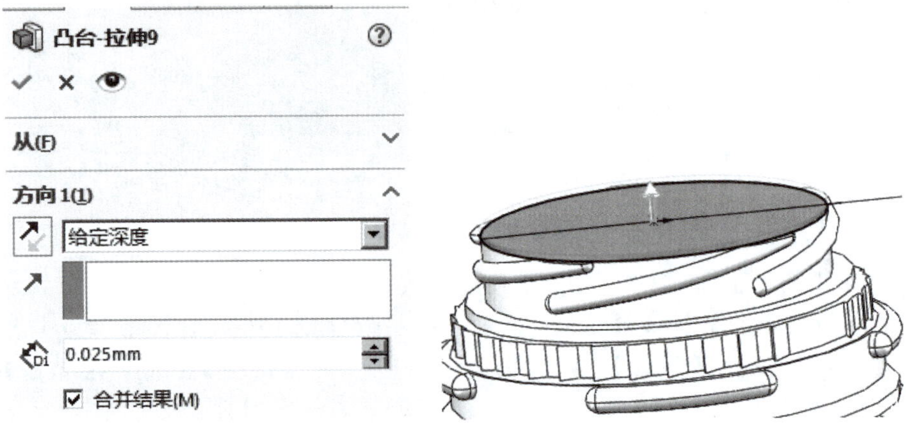

图11-77 拉伸特征

㉕ 单击【参考几何体】工具栏中的【基准轴】按钮，弹出【基准轴】属性管理器。在【参考实体】中选择圆柱面，单击【圆柱/圆锥面】按钮，单击【确定】按钮，生成基准轴1，如图11-78所示。

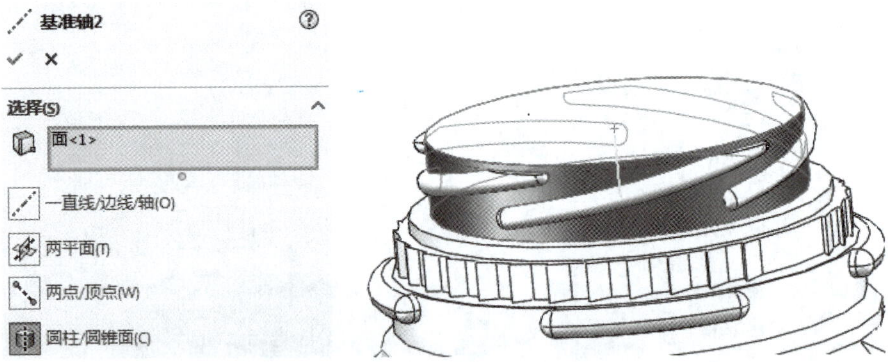

图11-78 基准轴特征

㉖ 单击【参考几何体】工具栏中的【基准面】按钮，弹出【基准面】属性管理器。在【第一参考】中，在图形区域中选择“前视基准面”，单击【角度】按钮，在文本栏中输入“45.00度”；在【第二参考】中，在图形区域中选择“基准轴2”，如

图11-79所示，在图形区域中显示出新建基准面的预览，单击✔【确定】按钮，生成基准面。

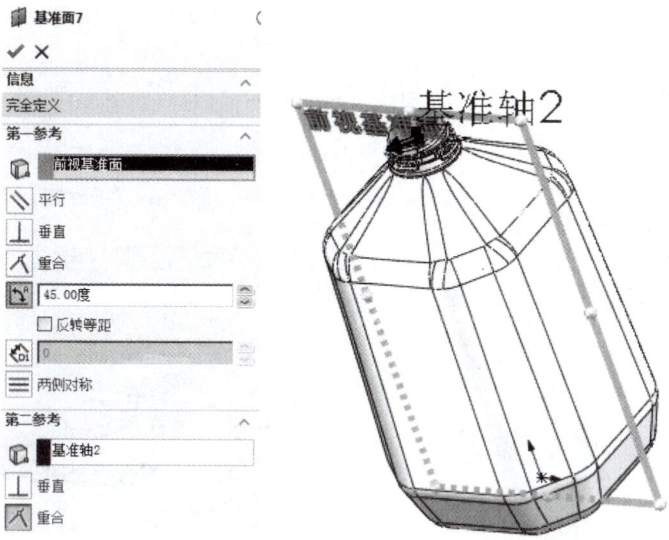

图11-79　生成基准面

㉗ 单击【特征管理器设计树】中的【基准面7】图标，使其成为草图绘制平面。单击【标准视图】工具栏中的【正视于】按钮，并单击【草图】工具栏中的【草图绘制】按钮，进入草图绘制状态。使用【草图】工具栏中的【直线】、【中心线】、【智能尺寸】工具，绘制如图11-80所示的草图。单击【退出草图】按钮，退出草图绘制状态。

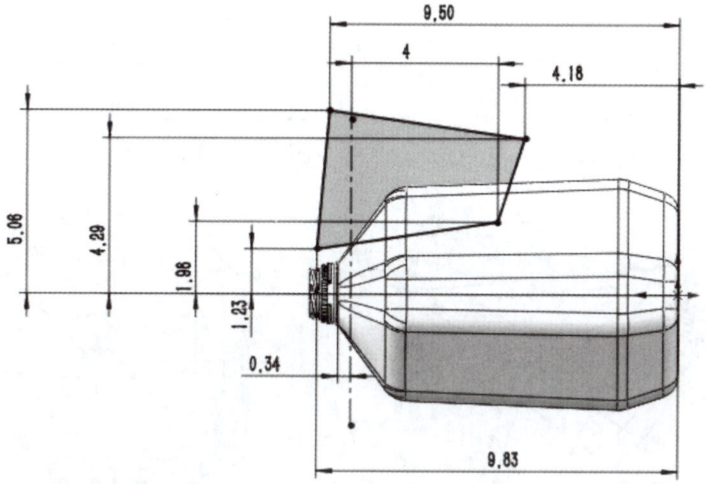

图11-80　绘制草图并标注尺寸

㉘ 单击【曲面】工具栏中的【拉伸曲面】按钮，弹出【曲面-拉伸】属性管理器，在【方向1】选项组中，设置【终止条件】为【给定深度】，【深度】为“6.00mm”；在【方向2】选项组中，设置【终止条件】为【给定深度】，【深度】为“6.00mm”，如图11-81所示，单击✔【确定】按钮。

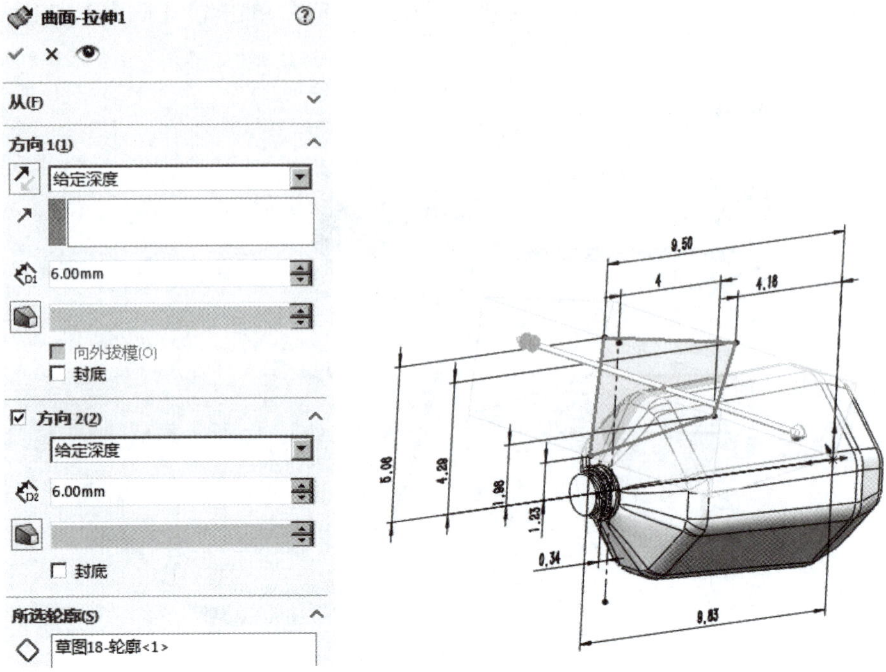

图11-81 生成曲面拉伸特征

㉙ 单击和上一个草图中直线重合的平面，使其成为草图绘制平面。单击【标准视图】工具栏中的【正视于】按钮，并单击【草图】工具栏中的【草图绘制】按钮，进入草图绘制状态。使用【草图】工具栏中的【直线】、【中心线】、【智能尺寸】工具，绘制如图11-82所示的草图。单击【退出草图】按钮，退出草图绘制状态。

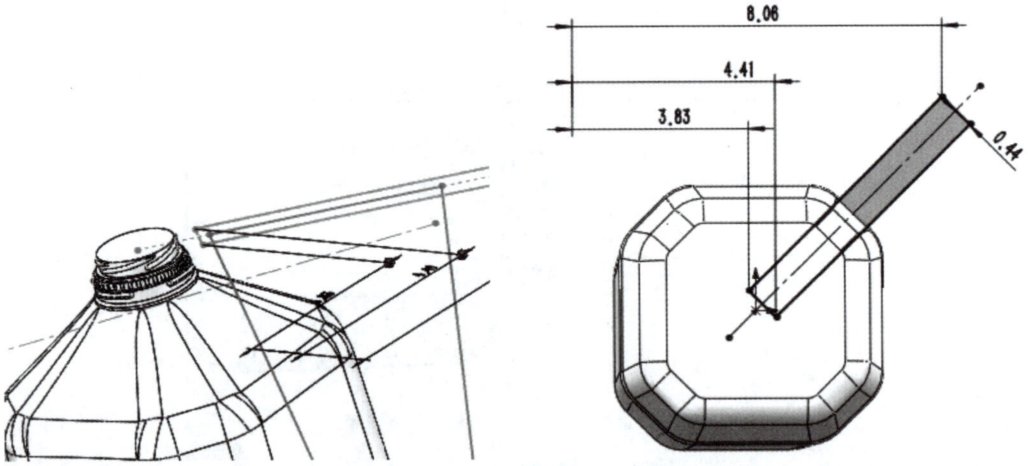

图11-82 绘制草图并标注尺寸

㉚ 单击【曲面】工具栏中的【拉伸曲面】按钮，弹出【拉伸曲面】属性管理器，在【方向1】选项组中，设置【终止条件】为【给定深度】，【深度】为“6.00mm”，如图11-83所示，单击【确定】按钮。

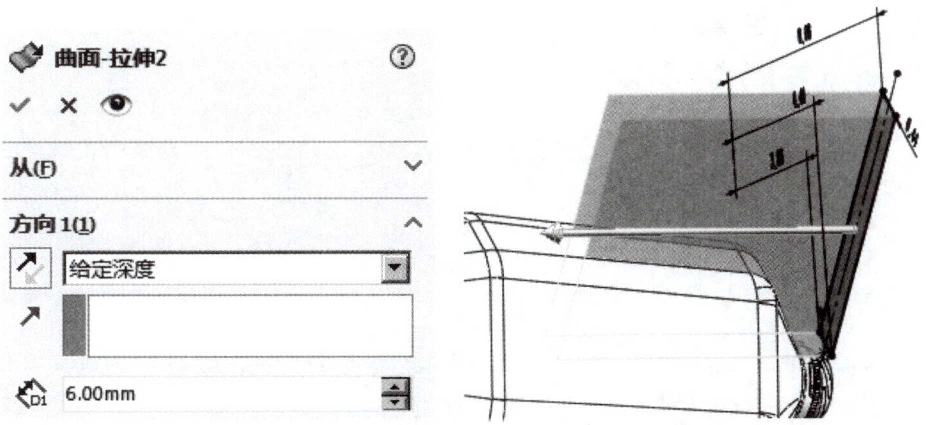

图11-83　生成曲面拉伸特征

㉛ 单击【插入】|【特征】|【分割】菜单命令，弹出【分割】属性管理器。在【剪裁工具】选项组中，选择【裁剪曲面】为“曲面-拉伸1”，在【目标实体】选项组中，勾选【选定的实体】选项，并选择“凸台-拉伸9”，如图11-84所示，单击【确定】按钮，生成分割特征。

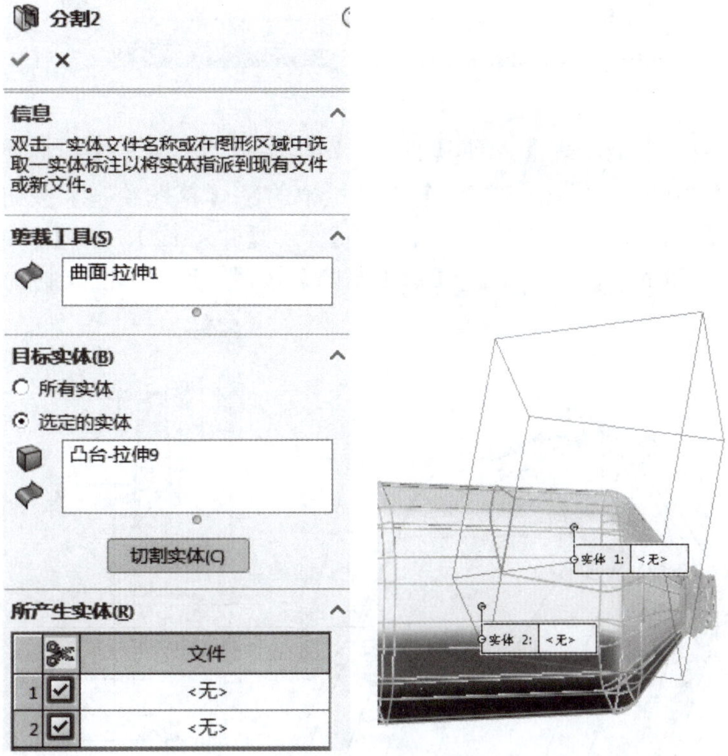

图11-84　分割特征

㉜ 单击【插入】|【特征】|【分割】菜单命令，弹出【分割】属性管理器。在【剪裁工具】选项组中，选择【裁剪曲面】为“曲面-拉伸2”，在【目标实体】选项组中，勾选【选定的实体】选项，并选择“分割2[1]”，如图11-85所示，单击【确定】按钮，生成分割特征。

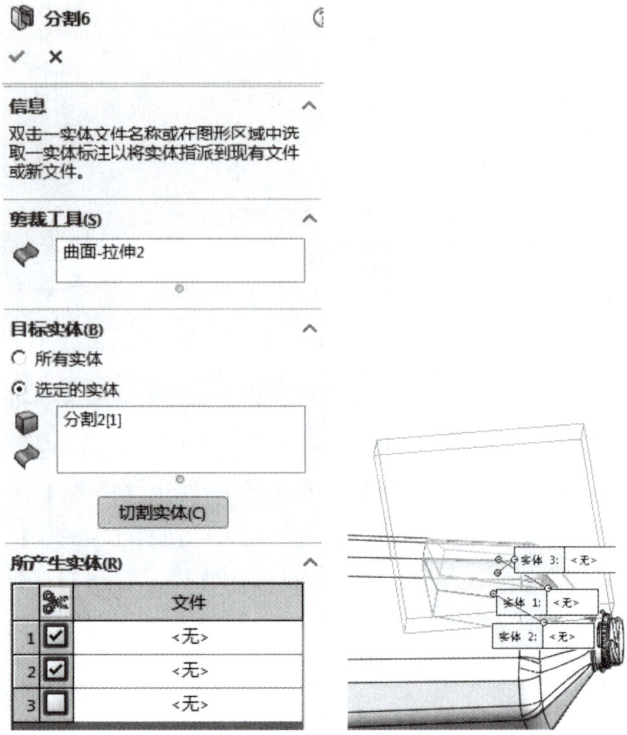

图11-85　分割特征

㉝ 单击模型中手柄的表面，使其成为草图绘制平面。单击【标准视图】工具栏中的【正视于】按钮，并单击【草图】工具栏中的【草图绘制】按钮，进入草图绘制状态。使用【草图】工具栏中的【直线】、【中心线】、【智能尺寸】工具，绘制如图11-86所示的草图。单击【退出草图】按钮，退出草图绘制状态。

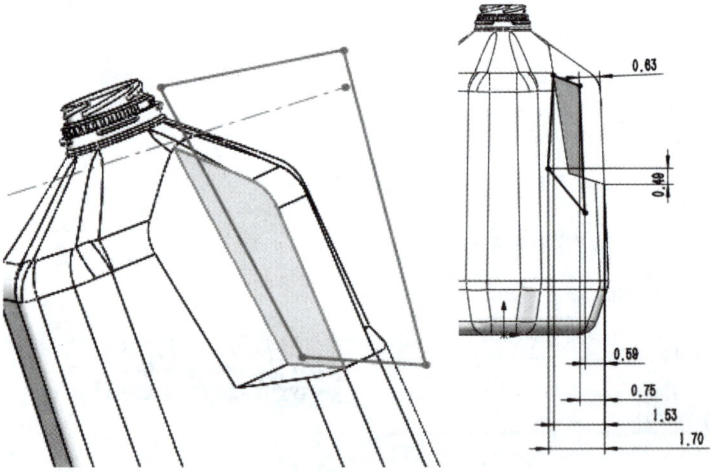

图11-86　绘制草图并标注尺寸

㉞ 单击【特征】工具栏中的【切除-拉伸】按钮，弹出【切除-拉伸】属性管理器。在【方向1】选项组中，设置【终止条件】为【成形到下一面】，单击【确定】按钮，生成拉伸切除特征，如图11-87所示。

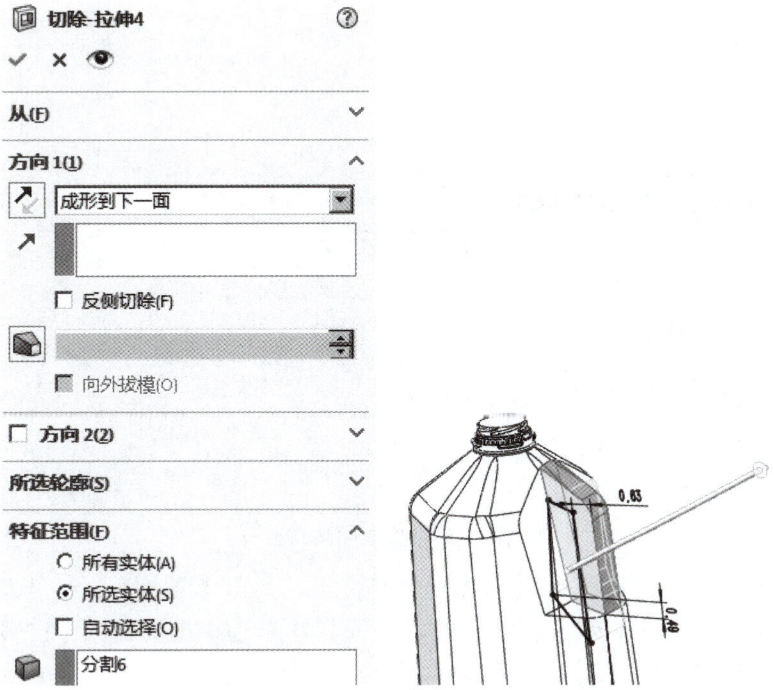

图11-87　拉伸切除特征

㉟ 单击【插入】|【特征】|【组合】菜单命令，弹出【组合】属性管理器。在【操作类型】选项组中，勾选【添加】；在【要组合的实体】中选择“分割2[2]”和“切除-拉伸4”，如图11-88所示，单击✔【确定】按钮，生成组合特征。

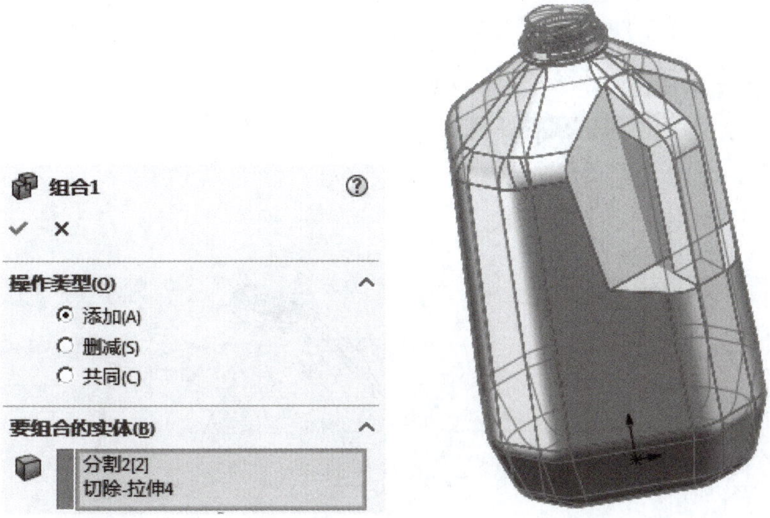

图11-88　组合特征

㊱ 单击【特征】工具栏中的【圆角】按钮，弹出【圆角】属性管理器。在【圆角项目】选项组中，单击【边线、面、特征和环】选择框，在图形区域中选择模型的2条边线，设置【半径】为“0.50mm”，单击✔【确定】按钮，生成圆角特征，如图11-89所示。

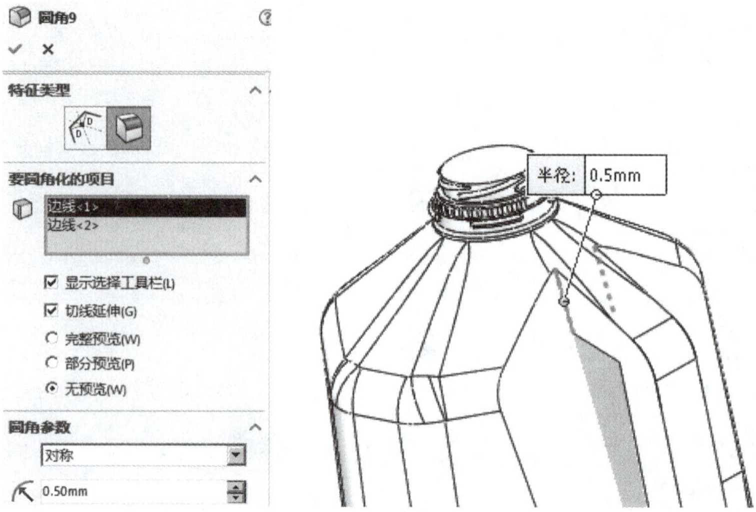

图11-89　生成圆角特征

㊲ 单击【特征】工具栏中的【圆角】按钮，弹出【圆角】属性管理器。在【圆角项目】选项组中，单击【边线、面、特征和环】选择框，在图形区域中选择模型的1条边线，设置【半径】为“0.20mm”，单击【确定】按钮，生成圆角特征，如图11-90所示。

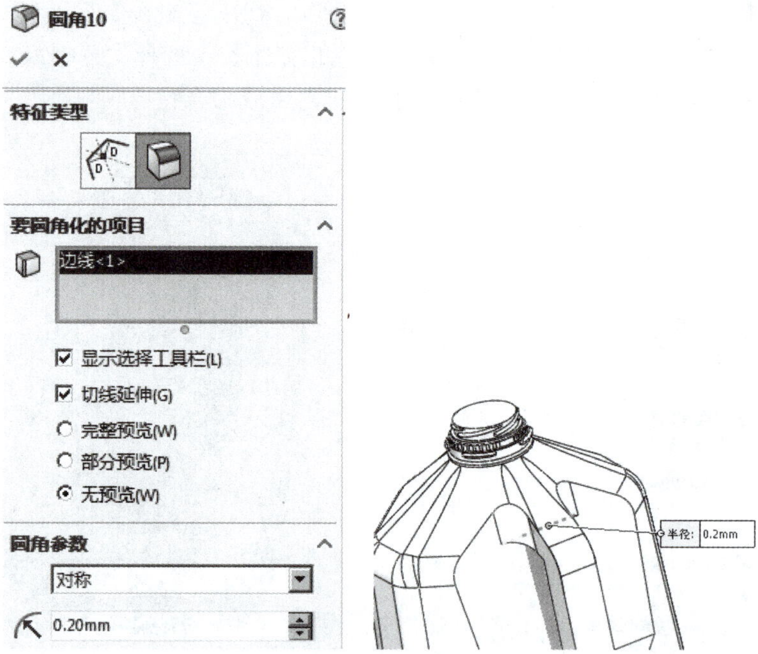

图11-90　生成圆角特征

㊳ 单击【特征】工具栏中的【圆角】按钮，弹出【圆角】属性管理器。在【圆角项目】选项组中，单击【边线、面、特征和环】选择框，在图形区域中选择模型的1条边线，设置【半径】为“0.60mm”，单击【确定】按钮，生成圆角特征，如图11-91所示。

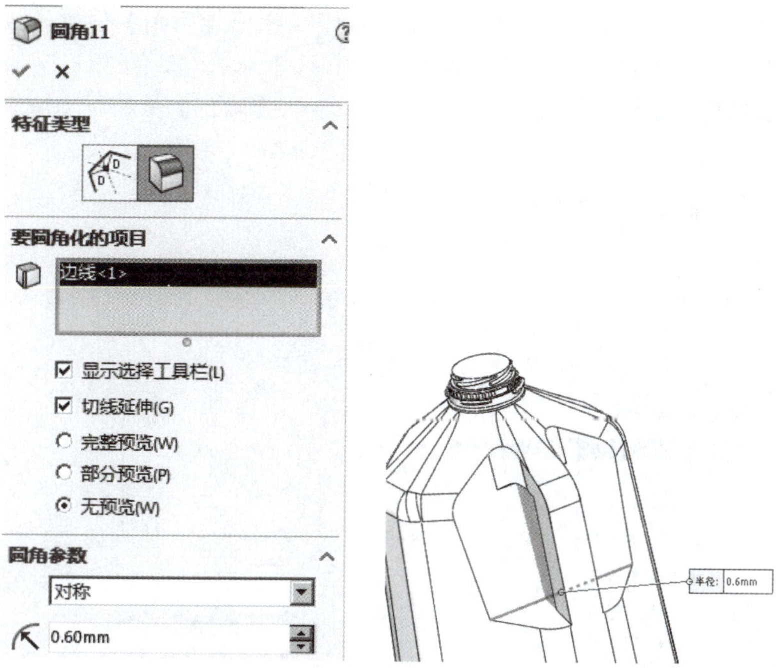

图11-91　生成圆角特征

㊴ 单击【特征】工具栏中的【圆角】按钮，弹出【圆角】属性管理器。在【圆角项目】选项组中，单击【边线、面、特征和环】选择框，在图形区域中选择模型的2条边线，设置【半径】为“0.30mm”，单击【确定】按钮，生成圆角特征，如图11-92所示。

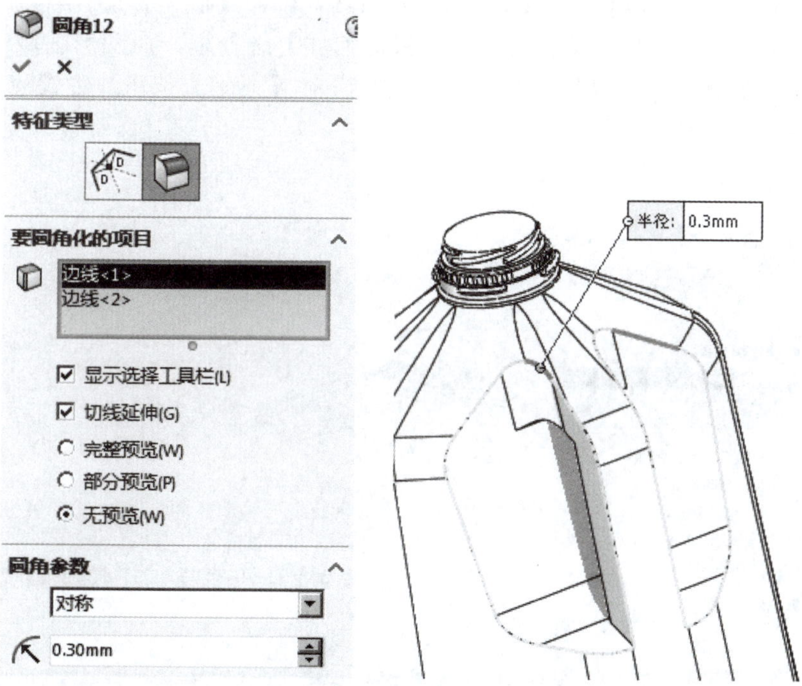

图11-92　生成圆角特征

㊵ 单击【特征】工具栏中的【圆角】按钮，弹出【圆角】属性管理器。在【圆角项目】选项组中，单击【边线、面、特征和环】选择框，在图形区域中选择模型的2条边线，设置【半径】为“0.30mm”，单击【确定】按钮，生成圆角特征，如图11-93所示。

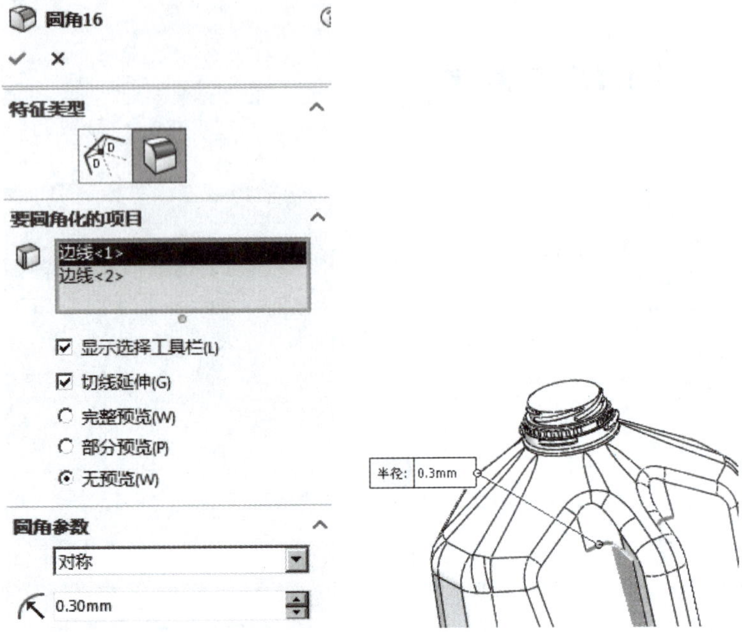

图11-93 生成圆角特征

㊶ 单击【特征】工具栏中的【圆角】按钮，弹出【圆角】属性管理器。在【圆角项目】选项组中，单击【边线、面、特征和环】选择框，在图形区域中选择模型的2条边线，设置【半径】为“0.25mm”，单击【确定】按钮，生成圆角特征，如图11-94所示。

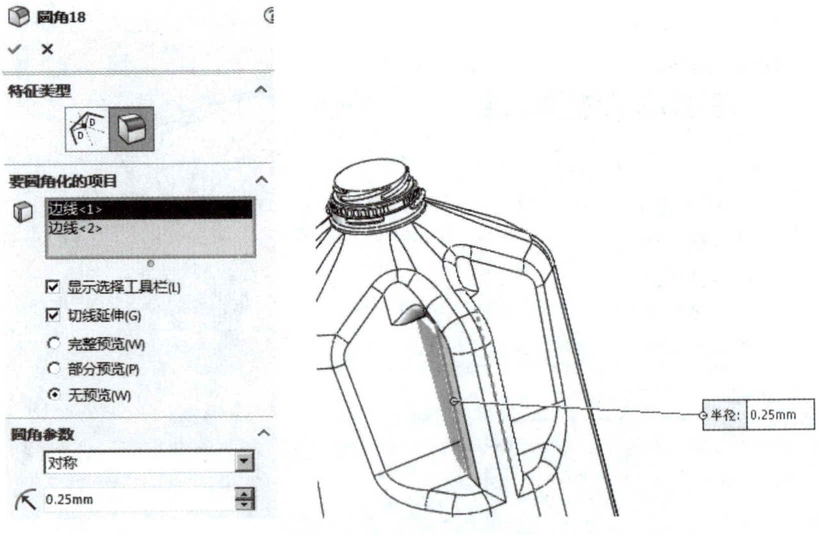

图11-94 生成圆角特征

㊷ 单击【特征】工具栏中的【圆角】按钮，弹出【圆角】属性管理器。在【圆角项目】选项组中，单击【边线、面、特征和环】选择框，在图形区域中选择模型的1条边线，设置【半径】为“0.25mm”，单击【确定】按钮，生成圆角特征，如图11-95所示。

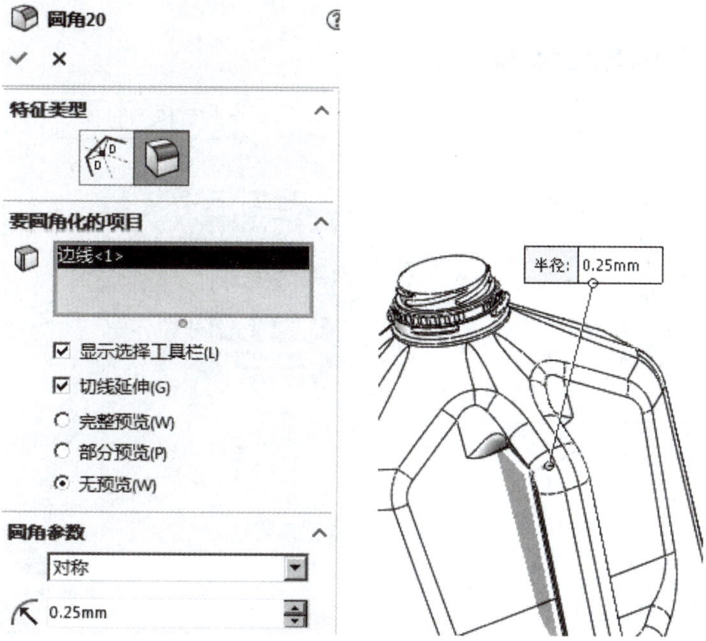

图11-95 生成圆角特征

㊸ 选择【插入】|【特征】|【抽壳】菜单命令，弹出【抽壳】属性管理器。在【参数】选项组中，设置【厚度】为“0.01mm”，在【移除的面】选项中，选择绘图区中模型的顶面，单击【确定】按钮，生成抽壳特征，如图11-96所示。

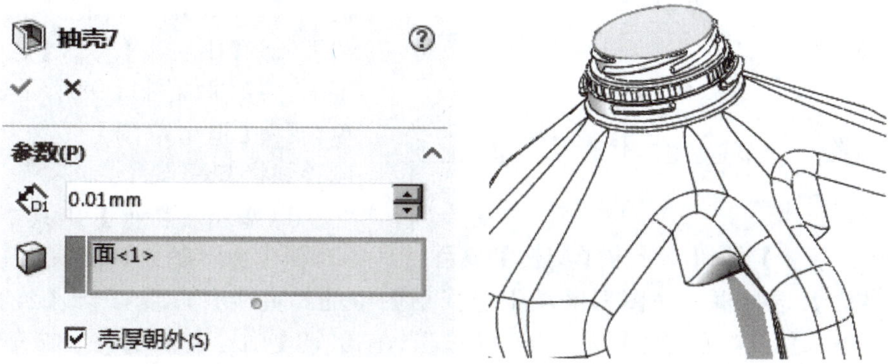

图11-96 生成抽壳特征

㊹ 单击【特征】工具栏中的【圆角】按钮，弹出【圆角】属性管理器。在【圆角项目】选项组中，单击【边线、面、特征和环】选择框，在图形区域中选择模型的7条边线，设置【半径】为“0.005mm”，单击【确定】按钮，生成圆角特征，如图11-97所示。

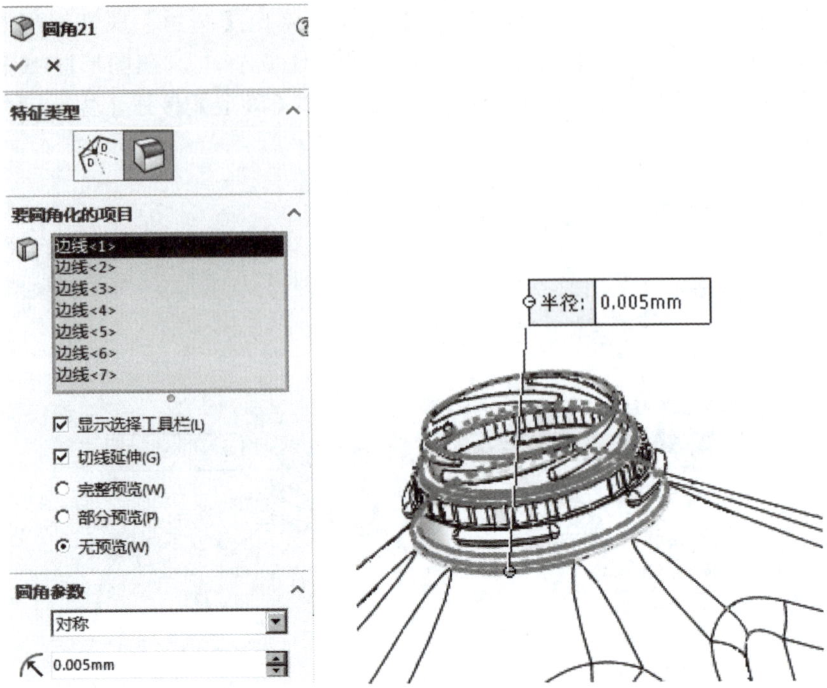

图11-97　生成圆角特征

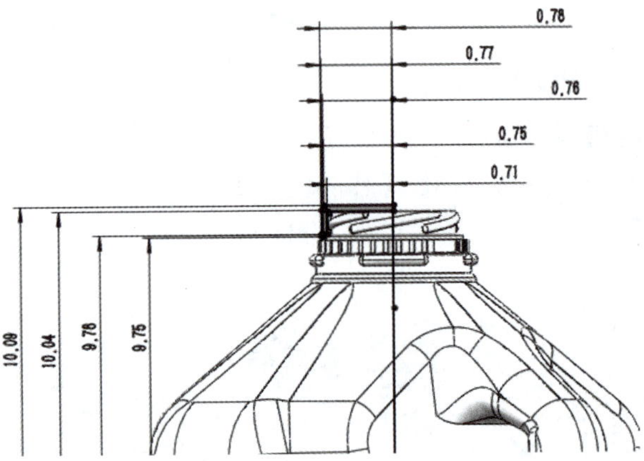

图11-98　绘制草图并标注尺寸

㊺ 单击【特征管理器设计树】中的【前视基准面】图标，使其成为草图绘制平面。单击【标准视图】工具栏中的【正视于】按钮，并单击【草图】工具栏中的【草图绘制】按钮，进入草图绘制状态。使用【草图】工具栏中的【直线】、【中心线】、【智能尺寸】工具，绘制如图11-98所示的草图。单击【退出草图】按钮，退出草图绘制状态。

㊻ 单击【特征】工具栏中的【旋转凸台/基体】按钮，弹出【旋转】属性管理器。在【旋转参数】选项组中，单击【旋转轴】选择框，在图形区域中选择草图中的“直线1”，设置【终止条件】为【给定深度】，【角度】为“360.00度”，单击【确定】按钮，生成旋转特征，如图11-99所示。

㊼ 单击【特征】工具栏中的【圆角】按钮，弹出【圆角】属性管理器。在【圆角项目】选项组中，单击【边线、面、特征和环】选择框，在图形区域中选择模型的2条边线，设置【半径】为“0.05mm”，单击【确定】按钮，生成圆角特征，如图11-100所示。

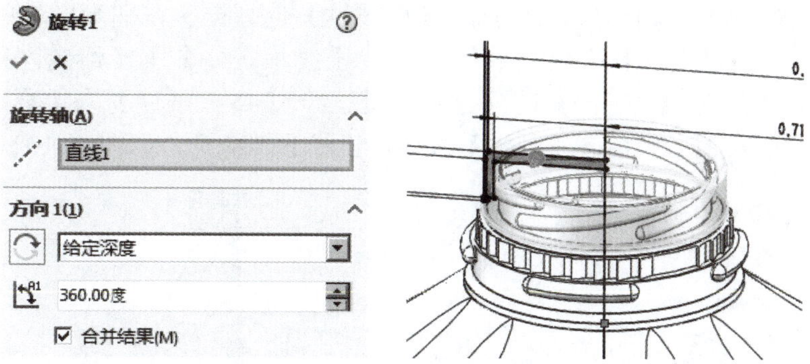

图11-99 生成旋转特征

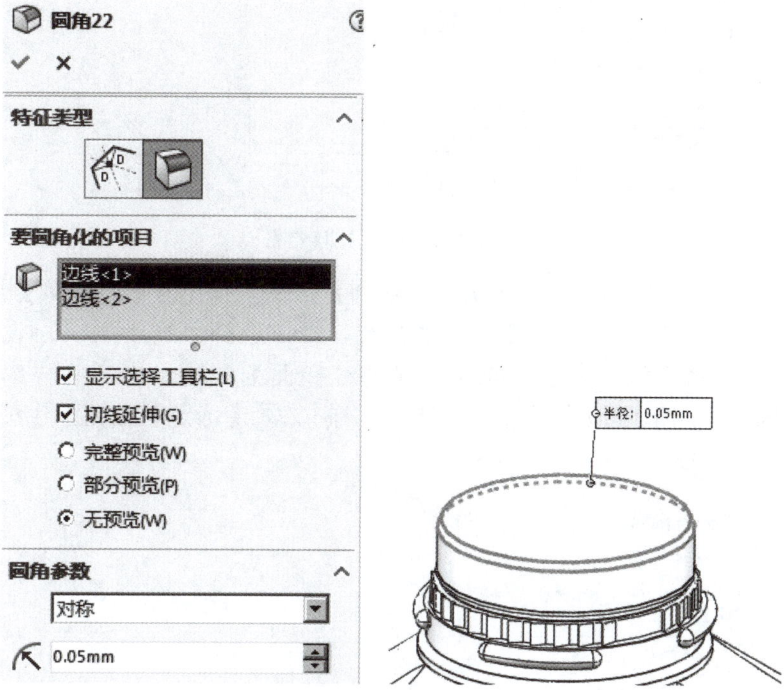

图11-100 生成圆角特征

㊽ 单击【特征管理器设计树】中的【前视基准面】图标，使其成为草图绘制平面。单击【标准视图】工具栏中的 【正视于】按钮，并单击【草图】工具栏中的 【草图绘制】按钮，进入草图绘制状态。使用【草图】工具栏中的 【直线】、 【中心线】、 【智能尺寸】工具，绘制如图11-101所示的草图。单击 【退出草图】按钮，退出草图绘制状态。

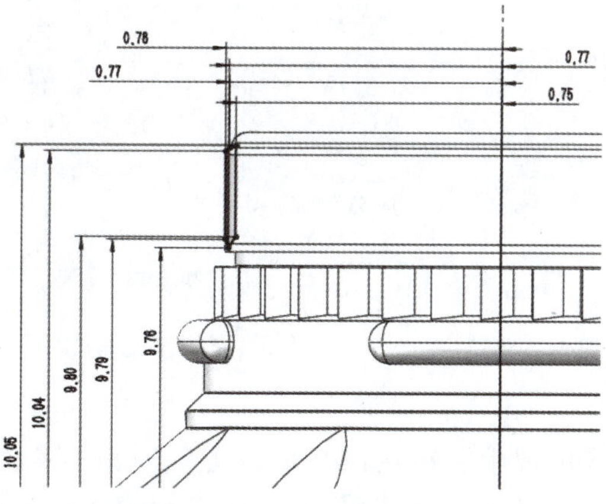

图11-101 绘制草图并标注尺寸

㊾ 单击【特征】工具栏中的 【旋转凸台/基体】按钮，弹出【旋转】属性管理

器。在【旋转参数】选项组中，单击【旋转轴】选择框，在图形区域中选择草图中的“直线1”，在【方向1】选项组中，设置【终止条件】为【给定深度】，【角度】为“5.00度”；在【方向2】选项组中，设置【终止条件】为【给定深度】，【角度】为“5.00度”，单击【确定】按钮，生成旋转特征，如图11-102所示。

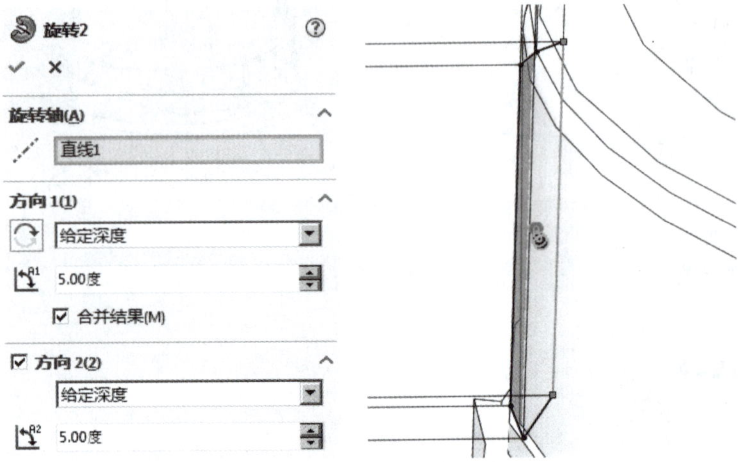

图11-102　生成旋转特征

㊿ 单击【特征】工具栏中的【圆周阵列】按钮，弹出【圆周阵列】属性管理器。在【方向1】选项组中，单击【阵列轴】选择框，选择“边线<1>”，设置【实例数】为“75”，选择【等间距】选项；在【特征和面】选项组中，单击【要阵列的特征】选择框，在图形区域中选择“旋转2”，单击【确定】按钮，生成圆周阵列特征，如图11-103所示。

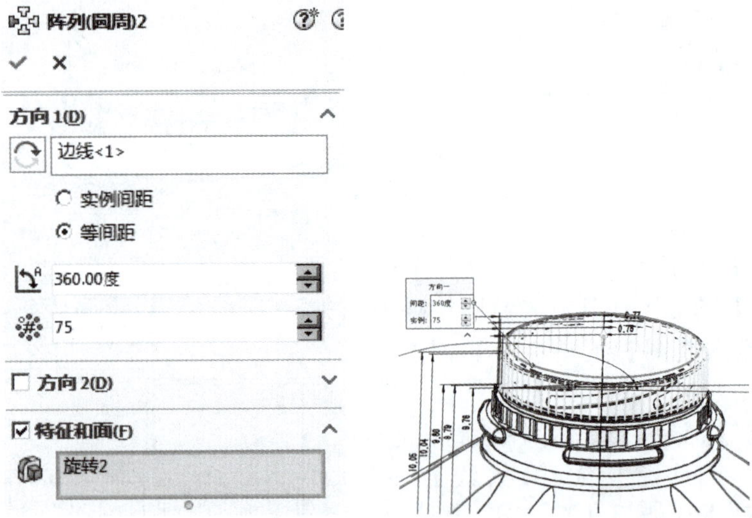

图11-103　生成圆周阵列特征

51 单击模型的上表面，使其成为草图绘制平面。单击【标准视图】工具栏中的【正视于】按钮，并单击【草图】工具栏中的【草图绘制】按钮，进入草图绘制状态。使用【草图】工具栏中的【圆】、【智能尺寸】工具，绘制如图11-104所示的草图。单击【退出草图】按钮，退出草图绘制状态。

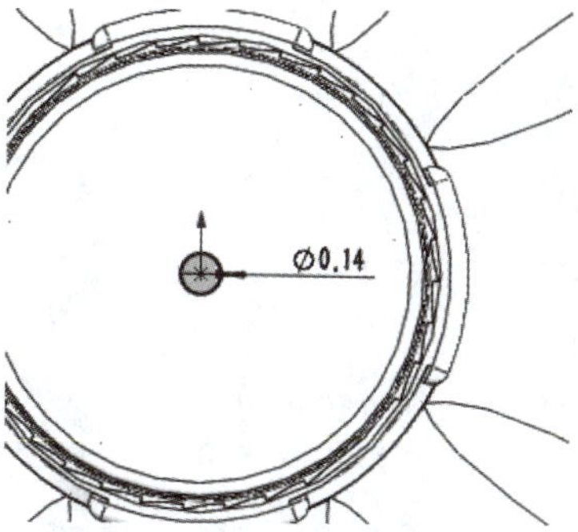

图11-104　绘制草图并标注尺寸

52 单击【特征】工具栏中的【切除-拉伸】按钮，弹出【切除-拉伸】属性管理器。在【方向1】选项组中，设置【终止条件】为【给定深度】，【深度】为“0.005mm”，单击【确定】按钮，生成拉伸切除特征，如图11-105所示。

53 单击【特征】工具栏中的【圆角】按钮，弹出【圆角】属性管理器。在【圆角项目】选项组中，单击【边线、面、特征和环】选择框，在图形区域中选择模型的1条边线和1个面，设置【半径】为“0.002mm”，单击【确定】按钮，生成圆角特征，如图11-106所示。

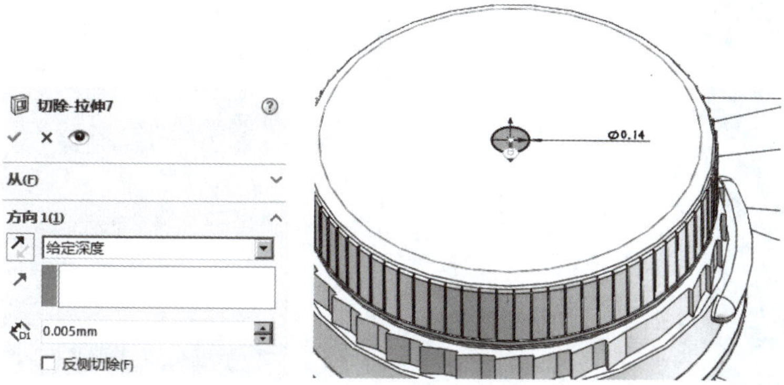

图11-105　拉伸切除特征

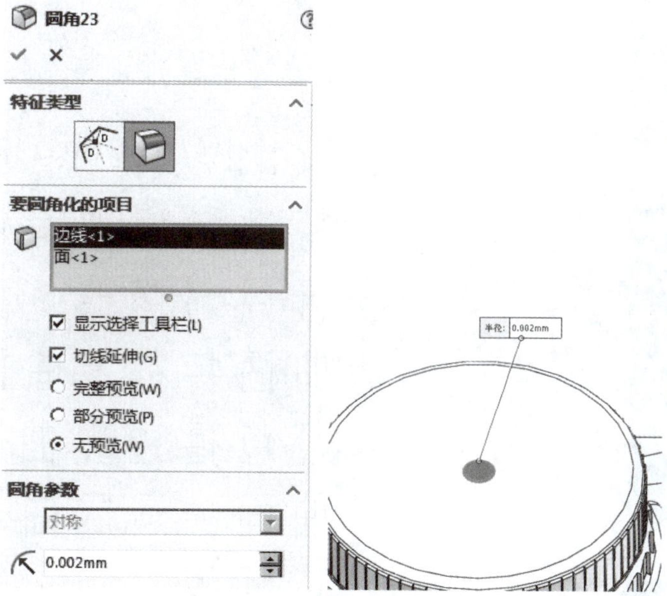

图11-106　生成圆角特征

12 第12章 曲面修改

SolidWorks中曲面修改特征是将现有的曲面进行局部修改，生成新的曲面特征。曲面修改特征包括边界曲面、等距曲面、延展曲面、中面特征等。

12.1 边界曲面特征

SolidWorks中的边界曲面特征能在多个边界之间形成曲面。

单击【曲面】菜单栏中的【边界曲面】按钮，或单击【插入】|【曲面】|【边界曲面】菜单命令，即可进入【曲面-边界】的特征编辑页面。

12.1.1 属性设置

在单击【边界曲面】按钮后，页面左侧会出现【边界-曲面】属性管理器，如图12-1所示。

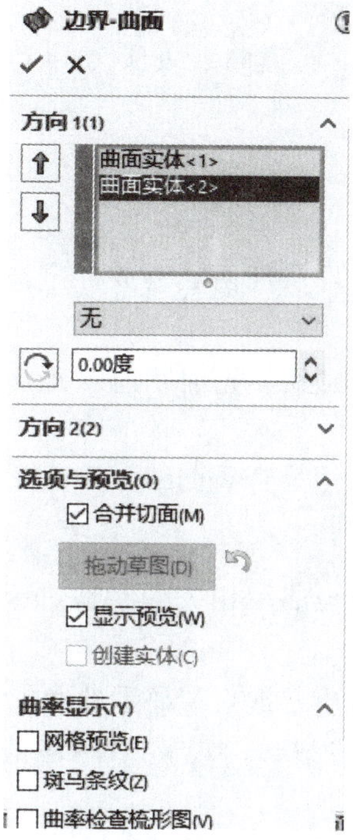

图12-1 【边界-曲面】属性管理器

(1)【方向1】选项组

该选项组用来设置【边界-曲面】特征其中一个方向的参数。

①【曲线】用于选择【边界-曲面】特征中的曲面，所选择曲线放置在【曲线】选项中。

- 【上移】：调整曲线的顺序，可以将其中一个曲线向上移动。
- 【下移】：调整曲线的顺序，可以将其中一个曲线向下移动。

②【相切类型】选项。在该选项中选择曲线的相切类型，【相切类型】中可以选择【无】、【方向向量】和【垂直于轮廓】选项，如图12-2所示。

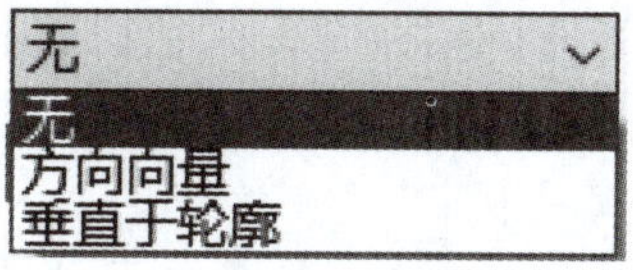

图12-2 【相切类型】选项组

a.【无】：没有应用相切的约束（曲率为零）。

b.【方向向量】：根据方向向量的所选实体而应用相切约束。选择【方向向量】，会弹出【方向向量】选项，如图12-3所示。

- 【对齐方式】：其中可以选择【与下一截面对齐】和【与截面垂直对齐】选项。
- 【方向向量】：选择方向向量。
- 【拔模角度】：设置方向向量的拔模角度，单击【反向】可使其向相反方向拔模。
- 【相切长度】：设置相切长度，单击【反转相切方向】可使其反转方向。
- 【应用到所有】：将方向向量应用到所有。

c.【垂直于轮廓】：应用垂直于轮廓相切约束。选择【垂直于轮廓】，会弹出【垂直于轮廓】选项，其选项与【方向向量】相同，如图12-4所示。

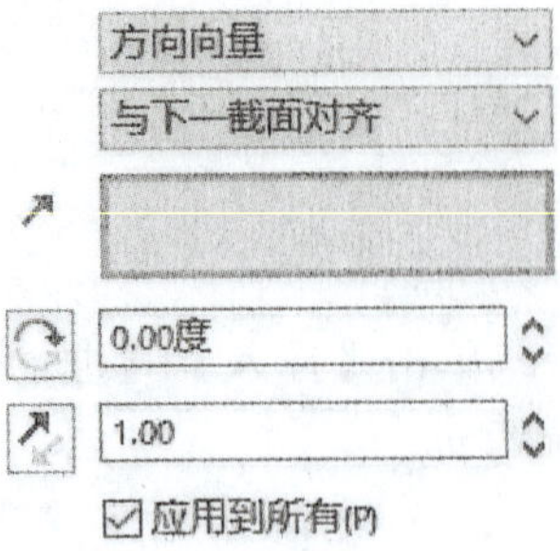

图12-3 【方向向量】选项

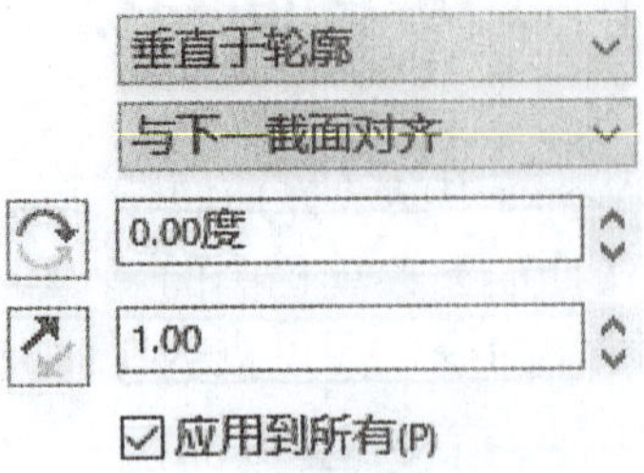

图12-4 【垂直于轮廓】选项

（2）【方向2】选项组

该选项组与【方向1】相同。两个方向可以相互交换，无论选择曲线为【方向1】还是【方向2】，都可以获得相同的结果。

（3）【选项与预览】选项组

- 【合并切面】：如果对应的放样线段相切，则使所生成的放样中的对应曲面保持相切。
- 【拖动草图】：激活拖动模式。当需要编辑放样特征时，可从任何已为放样定义了轮廓线的3D 草图中拖动任何3D草图线段、点或基准面。
- 【撤销草图拖动】：撤销先前的草图拖动并将预览返回到其先前状态。也可撤销多个拖动尺寸编辑。
- 【显示预览】：显示边界特征的上色预览。清除此选项以便只查看曲线。

（4）【曲率显示】选项组

在【曲率显示】选项组中可以对【边界-曲面】特征的一些与曲率相关的参数进行设置。

- 网格预览(E)【网格预览】：在已选面上应用预览网格，以更好地直观显示曲面。
- 网格密度：【网格密度】：当选择网格预览时可以输入该参数，以调整网格的行数。
- 斑马条纹(Z)【斑马条纹】：显示斑马条纹，以便更容易看到曲面褶皱或缺陷。
- 曲率检查梳形图(V)【曲率检查梳形图】：激活曲率检查梳形图显示。
- 方向1【方向1】：切换沿方向 1 的曲率检查梳形图显示。
- 方向2【方向2】：切换沿方向 2的曲率检查梳形图显示。
- 编辑颜色...：编辑【方向1】和【方向2】的显示颜色。
- 比例：【比例】：调整曲率检查梳形图的大小。
- 密度：【密度】：调整曲率检查梳形图的显示行数。

12.1.2 边界曲面特征的步骤和方法

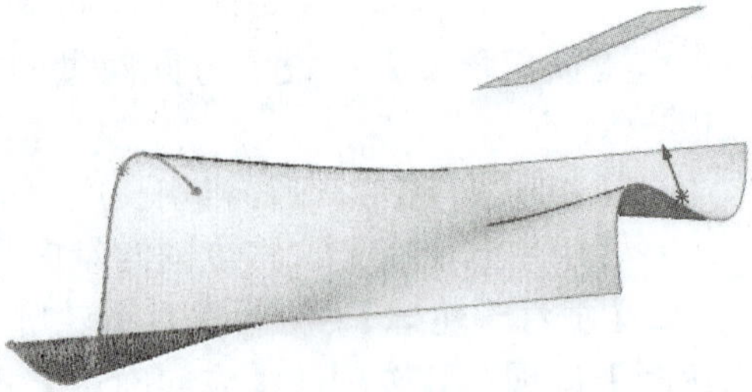

图12-5 绘制曲面

① 在两个基准面生成如图12-5所示的两个曲面。

② 单击【曲面】菜单栏中的【边界曲面】按钮，或者单击【插入】|【曲面】|【边界曲面】按钮，即可进入【边界-曲面】特征编辑页面，【边界-曲面】的设置如图12-6所示。

③ 单击【边界-曲面】特征编辑页面的【确定】按钮，完成【边界-曲面】特征，如图12-7所示。

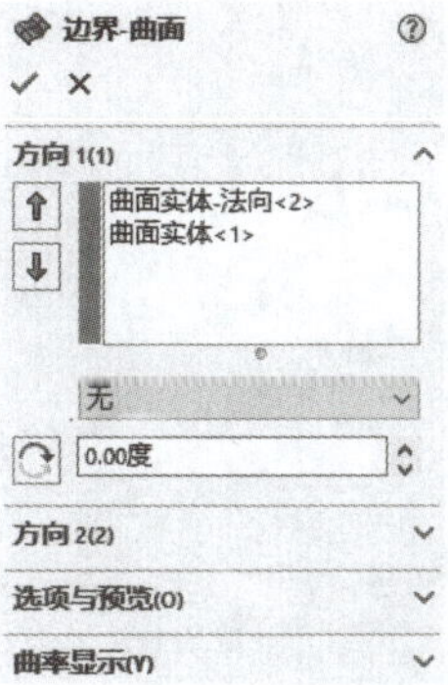

图12-6 【边界-曲面】特征

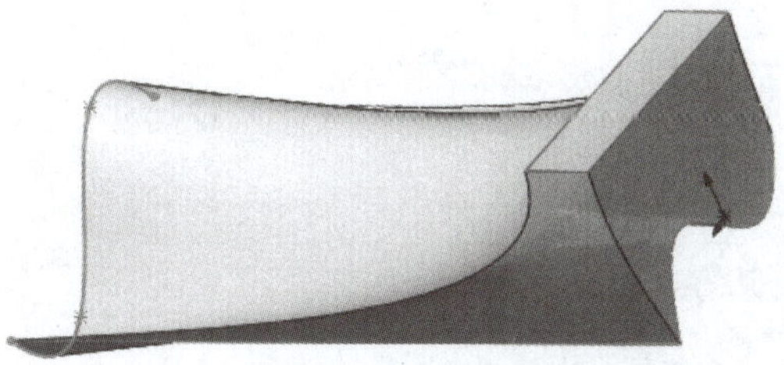

图12-7 【边界-曲面】特征所成曲面

12.2 平面区域特征

SolidWorks中的平面区域特征可从非相交闭合草图、一组闭合边线、多条共有平面分型线或一对平面实体（如曲线或边线）生成平面区域。

单击【曲面】菜单栏中的【平面区域】按钮，或单击【插入】|【曲面】|【平面区域】菜单命令，即可进入【平面区域】特征编辑页面。

12.2.1 属性设置

在单击【平面区域】按钮后，页面左侧会出现【平面】属性管理器，如图12-8所示。

- 【边界实体】：选择图形区域中的【交界实体】。

12.2.2 平面区域特征的步骤和方法

① 生成一个如图12-9所示的实体。

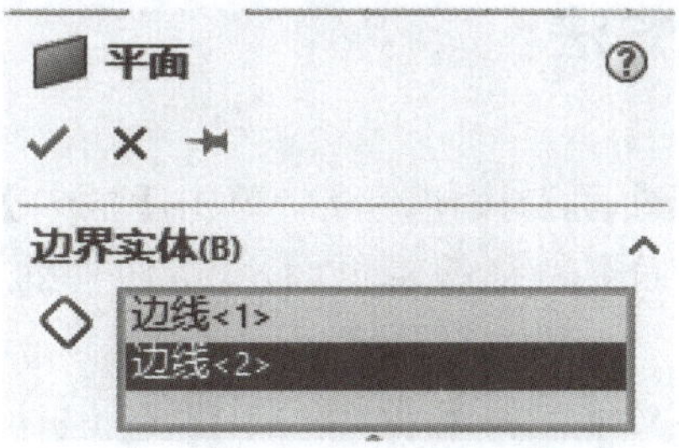

图12-8 【平面】属性管理器

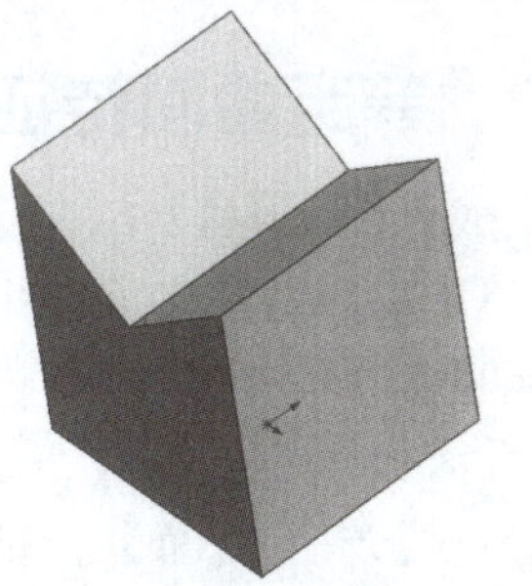

图12-9 绘制实体

② 单击【曲面】菜单栏中的【平面区域】按钮，或者单击【插入】|【曲面】|【平面区域】按钮，即可进入【平面】特征编辑页面，选择实体图形上面的两条边线，【平面】的设置如图12-10所示。

③ 单击【平面】特征编辑页面的【确定】按钮，完成【平面区域】特征，如图12-11所示。

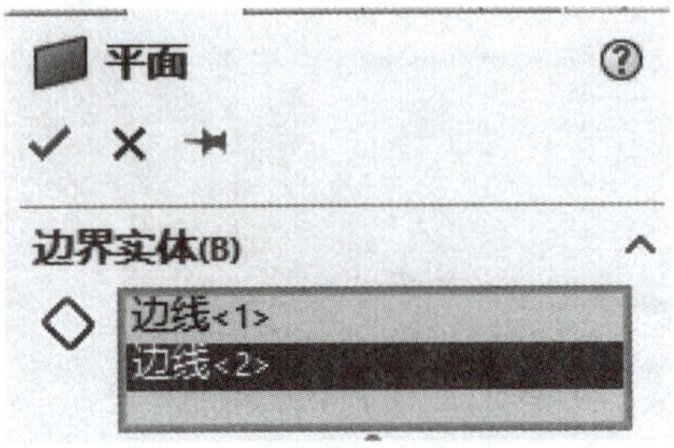

图12-10 【平面区域】特征

图12-11 【平面区域】特征所成平面

12.3 等距曲面特征

SolidWorks中的等距曲面特征可使已经存在的曲面以指定距离生成另一个曲面。该曲面既可以是模型的轮廓面，也可以是绘制的曲面。

单击【曲面】菜单栏中的【等距曲面】按钮，或者单击【插入】|【曲面】|【等距曲面】菜单命令，即可进入【等距曲面】特征编辑页面。

12.3.1 属性设置

在单击【等距曲面】按钮后，页面左侧会出现【等距曲面】属性管理器，如图12-12所示。

- 【要等距的曲面或面】：在图形区域中选择要等距的曲面或者平面。
- 【等距距离】：可以键入等距距离数值。单击【反向】可以改变等距的方向。

12.3.2 等距曲面特征的步骤和方法

① 生成一个如图12-13所示的曲面。

② 单击【曲面】菜单栏中的【等距曲面】按钮，或者单击【插入】|【曲面】|【等距曲面】按钮，即可进入【等距曲面】特征编辑页面，【等距曲面】的设置如图12-14所示。

③ 单击【等距曲面】特征编辑页面的【确定】按钮，完成【等距曲面】特征，如图12-15所示。

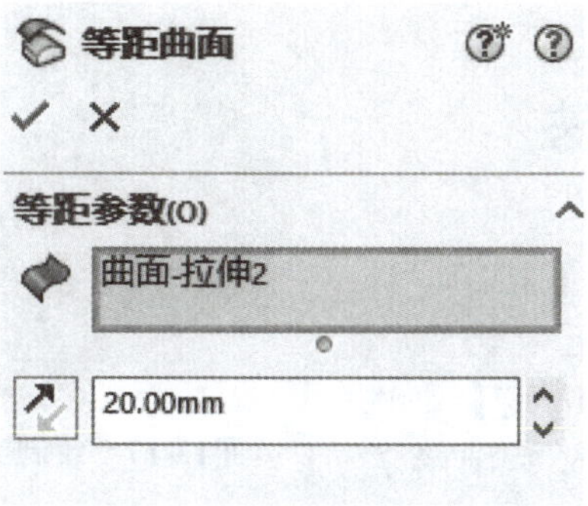

图12-12 【等距曲面】属性管理器

图12-13 绘制曲面

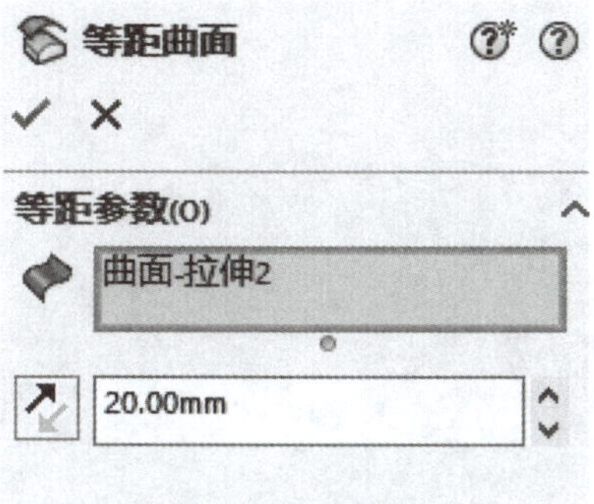

图12-14 【等距曲面】特征

图12-15 【等距曲面】特征所成曲面

12.4 延展曲面特征

SolidWorks中的延展曲面特征可通过沿所选平面方向延展实体或者沿曲面的边线而生成曲面。

单击【插入】|【曲面】|【延展曲面】菜单命令，即可进入【延展曲面】特征编辑页面。

12.4.1 属性设置

在单击【延展曲面】按钮后，页面左侧会出现【延展曲面】属性管理器，如图12-16所示。

- 【延展方向参考】：选择一个与想使曲面延展的方向平行的面或基准面。单击【反转延展方向】可以改变曲面延展的方向。
- 【要延展的边线】：在图形区域中选择一条边线或一组连续边线。
- 【沿切面延伸】：使曲面沿模型中的相切面继续延展。

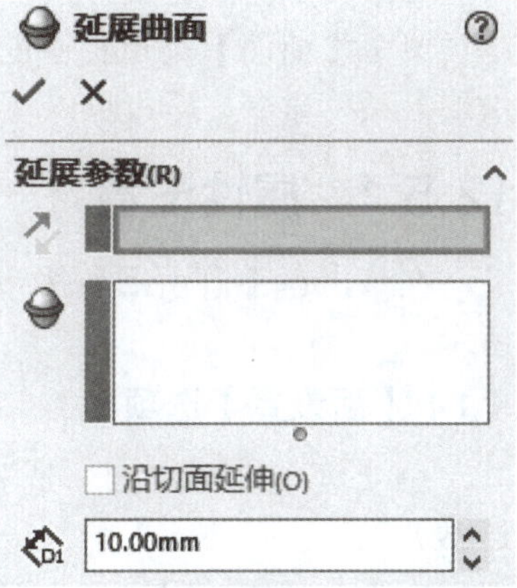

图12-16 【沿展曲面】属性管理器

- 【延展距离】：设置延展曲面的宽度。

12.4.2 延展曲面特征的步骤和方法

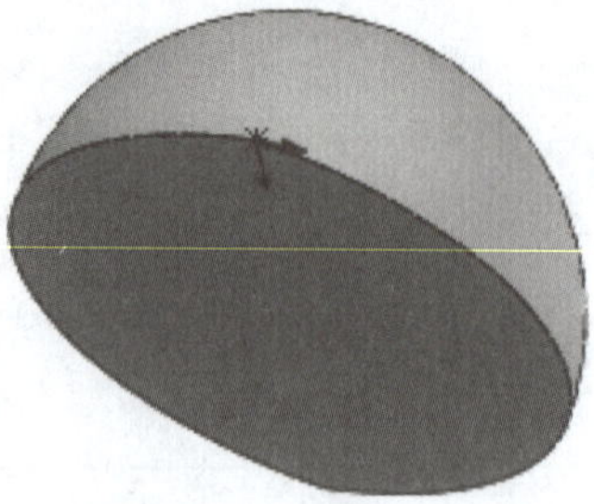

图12-17 绘制实体

① 生成一个如图12-17所示的实体。

② 单击【插入】|【曲面】|【延展曲面】按钮，即可进入【延展曲面】特征编辑页面，在【延展方向参考】中选择拱形图形的底面，在【要延展的边线】中选择拱形的两条连续圆弧线，在【延展距离】中输入“10.00mm”，【延展曲面】的设置如图12-18所示。

③ 单击【延展曲面】特征编辑页面的✔【确定】按钮，完成【延展曲面】特征，如图12-19所示。

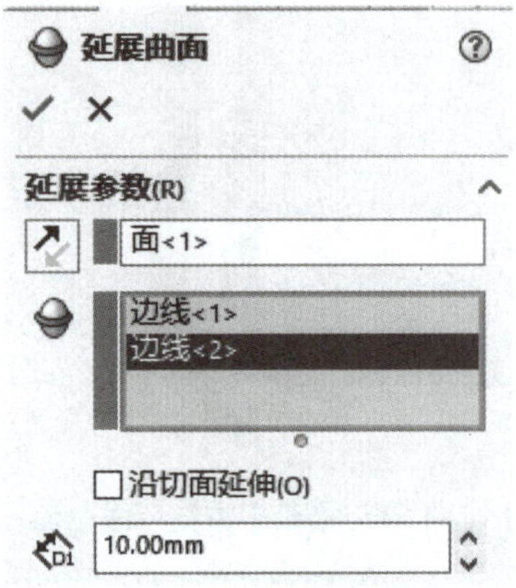

图12-18 【延展曲面】特征

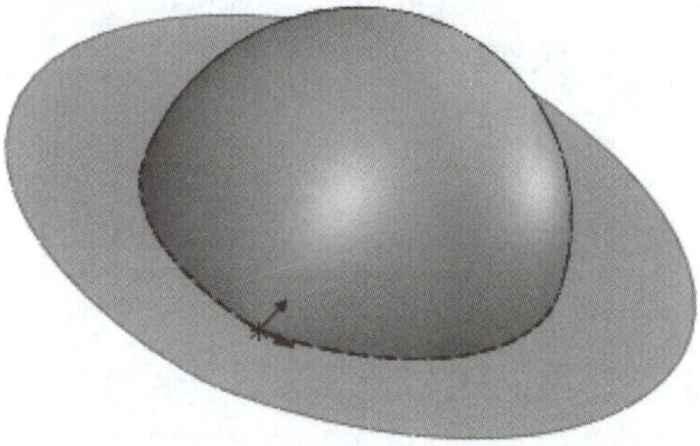

图12-19 【延展曲面】特征所成曲面

12.5 自由形特征

SolidWorks中的自由形特征可根据需要柔性自由地生成特性，在自由形特征中一次只能修改一个面，而面可具有任何边数。

单击【曲面】菜单栏中的【自由形】按钮，或者单击【插入】|【曲面】|【自由形】菜单命令，即可进入【自由形】特征编辑页面。

12.5.1 属性设置

在单击【自由形】按钮后，页面左侧会出现【自由形】属性管理器，如图12-20所示。

（1）【面设置】选项组

【要变形的面】：选择一个面以作为自由形特征进行修改，面可具有任何边数。

- 【方向1对称】：在一个方向添加穿过面对称线的对称控制曲线。
- 【方向2对称】：可在第二个方向添加对称控制曲线。

(2)【控制曲线】选项组

设定可用于沿控制曲线添加的控制点的控制类型。

- 【通过点】：在控制曲线上使用控制点，拖动控制点以修改面。
- 【控制多边形】：在控制曲线上使用控制多边形，拖动控制多边形以修改面。
- 【添加曲线】切换“添加曲线”模式，在该模式中，将指针移到所选的面上，然后单击以添加控制曲线。
- 【反向（标签）】：反转新控制曲线的方向。单击标签可切换方向。

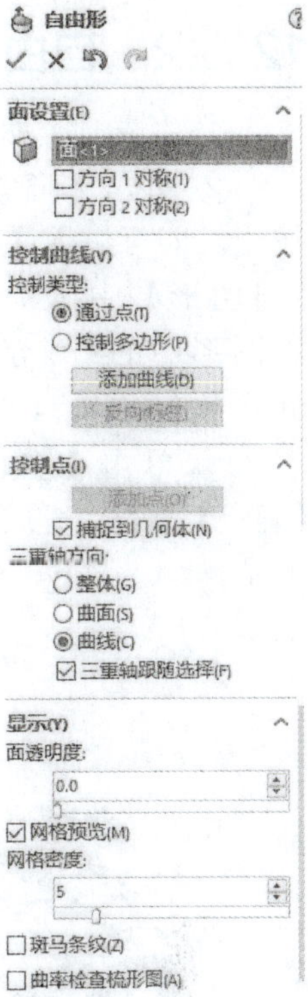

图12-20 【自由形】属性管理器

(3)【控制点】选项组

- 【添加点】：切换“添加点”模式，在该模式中添加点到控制曲线。
- 【捕捉到几何体】：在移动控制点以修改面时将点（例如参考曲线上的点）捕捉到几何体。三重轴的中心在捕捉到几何体时会改变颜色。
- 【三重轴方向】：控制可用于精确移动控制点的三重轴的方向。
- 【三重轴跟随选择】：将三重轴移到当前选择的控制点。清除此选项后，当选择其他控制点时，三重轴会保持在当前的控制点。

(4)【显示】选项组

- 【面透明度】：设定值以调整所选面的透明度。
- 【网格预览】：显示可用于帮助放置控制点的网格。
- 【网格密度】：调整网格的密度（行数）。
- 【斑马条纹】：显示斑马条纹。

(5)【曲率检查梳形图】选项组

勾选【曲率检查梳形图】后，将显示【曲率检查梳形图】的相关设置，如图12-21所示。

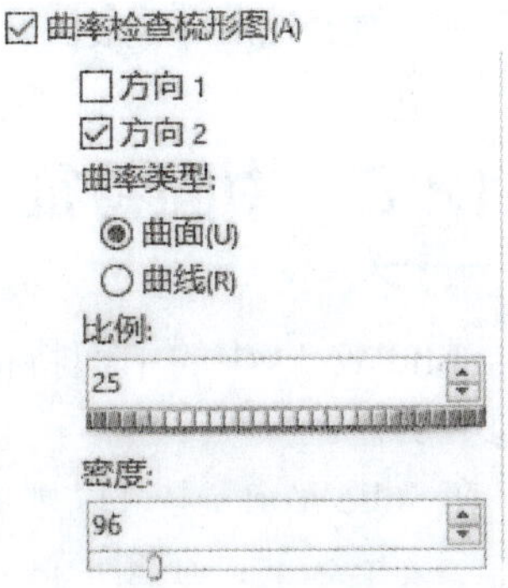

图12-21 【曲率检查梳形图】的相关设置

- 【方向1】：显示一个方向的曲率检查梳形图。
- 【方向2】：显示两个方向的曲率检查梳形图。
- 【曲率类型】：可以选择【曲面】沿垂直于曲面的曲线显示曲面的曲率；或【曲线】仅显示曲线的曲率。
- 【比例】：调整曲率检查梳形图的大小。
- 【密度】：调整曲率检查梳形图的显示密度（行数）。

12.5.2 自由形特征的步骤和方法

① 生成一个如图12-22所示的矩形。

② 单击【插入】|【曲面】|【自由形】按钮，即可进入【自由形】特征编辑页面，在【自由形】中选实体的上表面为自由变形面，将图形中的一个点的设置更改为【可移动】，并向上拖动此点，如图12-23所示。

③ 单击【自由形】特征编辑页面的✓【确定】按钮，完成【自由形】特征，如图12-24所示。

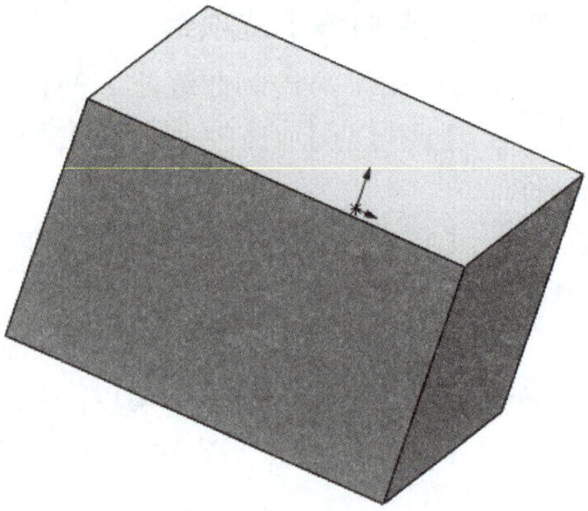

图12-22 绘制实体

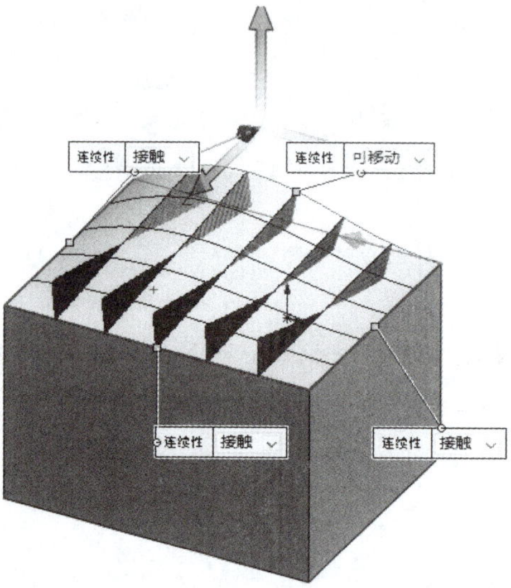

图12-23 【延展曲面】特征

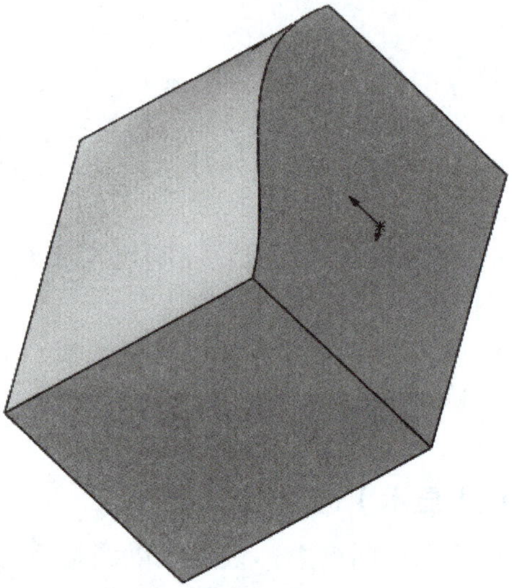

图12-24 【自由形】特征所成曲面

12.6 中面特征

SolidWorks中的中面特征可以在实体上合适的所选双对面之间生成中面。面必须属于同一实体。

在SolidWorks中可以生成以下中面。

- 【单选】：在图形区域中选择单个等距面生成中面。
- 【多选】：在图形区域中选择多个等距面生成中面。
- 【所有】：单击【中面】属性设置中的【查找双对面】按钮，系统会自动选择模型上所有合适的等距面以生成所有等距面的中面。

单击【插入】|【曲面】|【中面】菜单命令，即可进入【中面】特征编辑页面。

12.6.1 属性设置

在单击【中面】按钮后，页面左侧会出现【中面】属性管理器，如图12-25所示。

（1）【选择】选项组

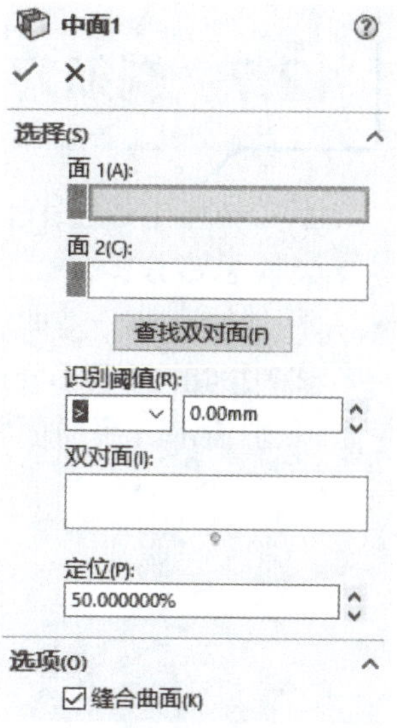

图12-25　【中面】属性管理器

- 【面1】：选择生成中面的其中一个面。
- 【面2】：选择生成中面的另一个面。
- 【查找双对面】：单击此按钮，系统会自动查找模型中合适的双对面，并自动过滤不合适的双对面。
- 【双对面】：添加双对面。
- 【识别阈值】：由【阈值运算符】和【阈值厚度】两部分组成，【阈值运算符】为数学操作符，【阈值厚度】为壁厚度数值。
- 【定位】：设置生成中面的位置。系统默认的位置为从【面1】开始的50%位置处。

（2）【选项】选项组

- 【缝合曲面】：将中面和临近面缝合；若取消选择此选项，则保留单个曲面。

12.6.2　中面特征的步骤和方法

① 生成一个如图12-26所示的实体。

② 单击【插入】|【曲面】|【中面】按钮，即可进入【中面】特征编辑页面，在【中面】中单击【查找双对面】选项，其他设置如图12-27所示。

③ 单击【中面】特征的✓【确定】按钮，完成【中面】特征，将原图形隐藏后，如图12-28所示。

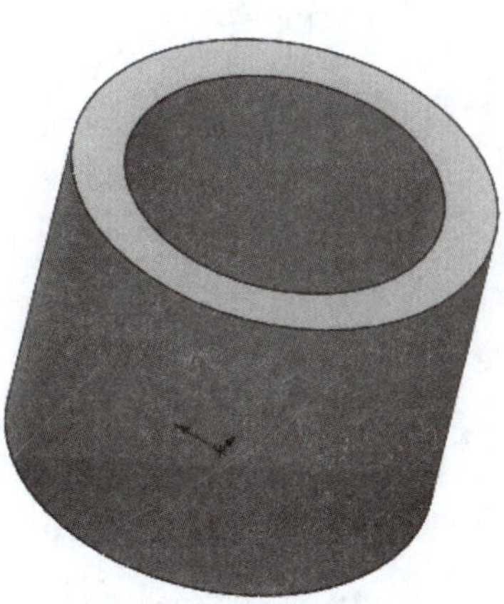

图12-26　绘制实体

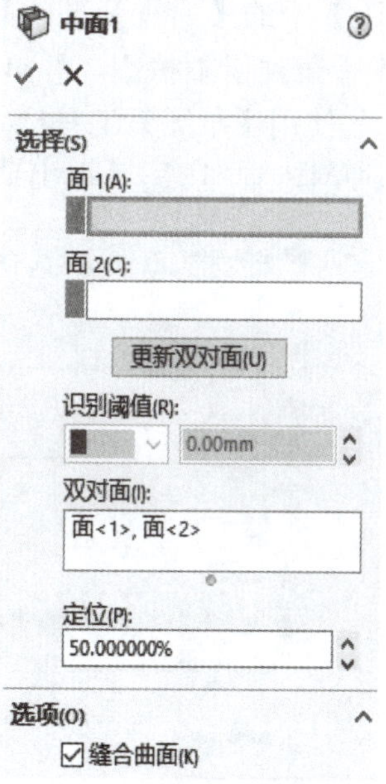

图12-27　【中面】特征

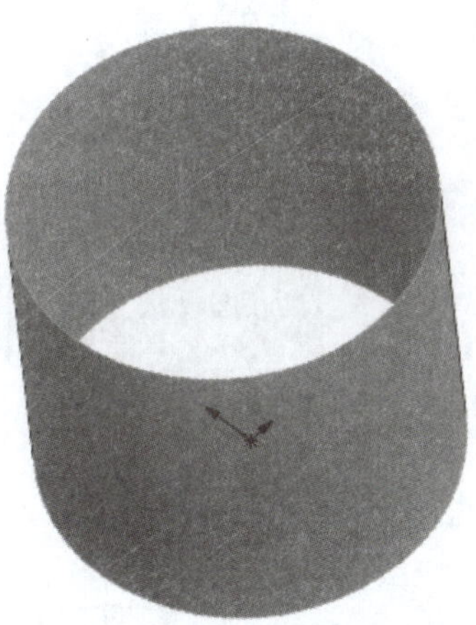

图12-28　【中面】特征所成曲面

12.7 剃须刀

本实例将生成一个剃须刀模型，如图12-29所示。

建模思路分析：

① 外轮廓部分是曲线轮廓，要用曲面特征来实现。

② 中间的凹槽部分可以用拉伸切除特征来实现。

③ 端盖部分用曲面特征来实现。如图12-30所示。

图12-29　剃须刀模型

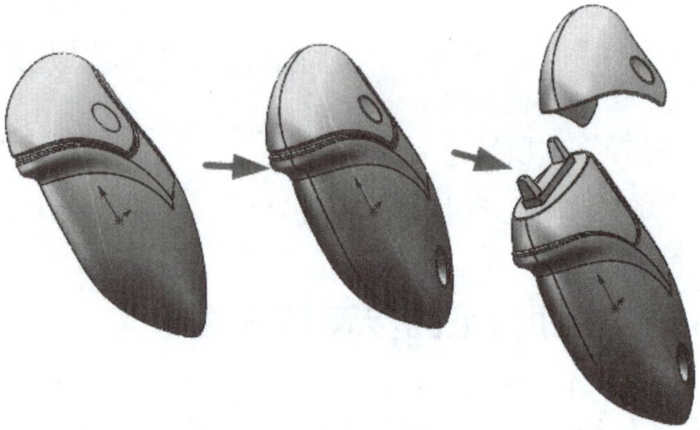

图12-30　建模过程

具体步骤如下。

12.7.1 主体部分

① 单击【特征管理器设计树】中的【前视基准面】图标，使其成为草图绘制平面。单击【标准视图】工具栏中的【正视于】按钮，并单击【草图】工具栏中的【草图绘制】按钮，进入草图绘制状态。使用【草图】工具栏中的【样条曲线】、【智能尺寸】工具，绘制如图12-31所示的草图。单击【退出草图】按钮，退出草图绘制状态。

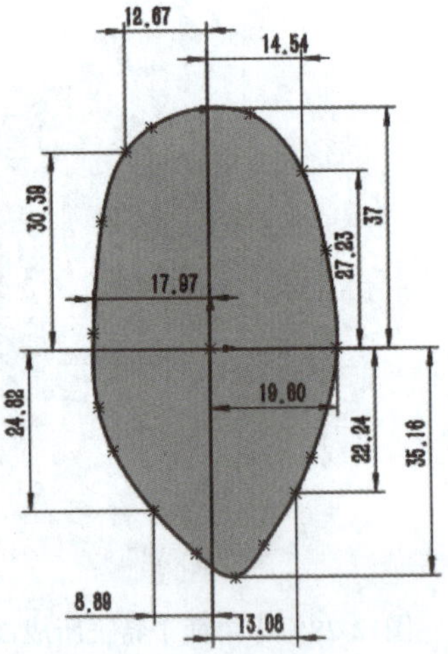

图12-31　绘制草图并标注尺寸

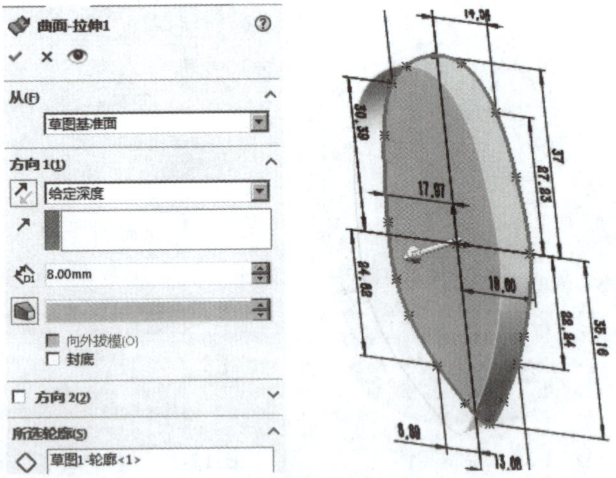

图12-32　生成曲面拉伸特征

② 单击【曲面】工具栏中的【拉伸曲面】按钮，弹出【曲面-拉伸】属性管理器，在【方向1】选项组中，设置【终止条件】为【给定深度】，【深度】为“8.00mm”，如图12-32所示，单击【确定】按钮。

③ 单击【曲面】工具栏中的【填充曲面】按钮，在【修补边界】中选择“边线<1>相切-S0-边界”，单击【确定】按钮。如图12-33所示。

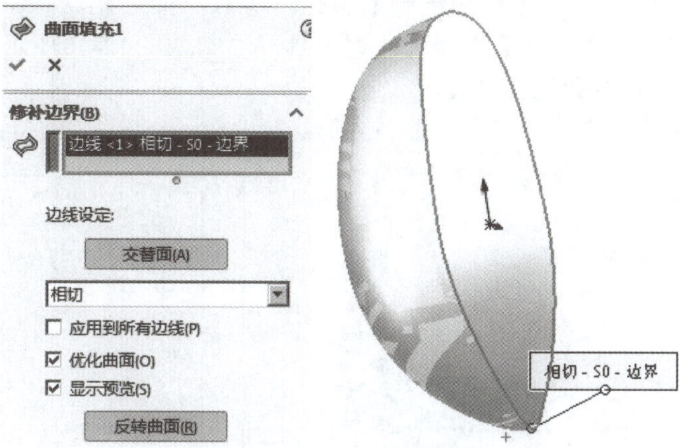

图12-33 填充曲面

④ 单击【特征管理器设计树】中的【前视基准面】图标，使其成为草图绘制平面。单击【草图】工具栏中的【草图绘制】按钮，进入草图绘制状态。使用【草图】工具栏中的【样条曲线】、【智能尺寸】工具，绘制如图12-34所示的草图。单击【退出草图】按钮，退出草图绘制状态。

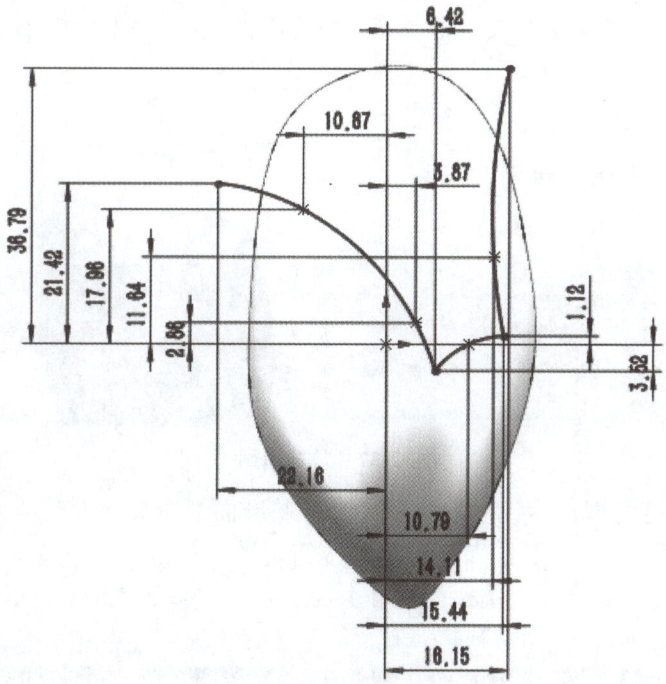

图12-34 绘制草图并标注尺寸

⑤ 单击【曲面】工具栏中的【剪裁曲面】按钮，弹出【曲面-剪裁】属性管理器。在【选择】选项组中，在【裁剪工具】里选择绘图区中“草图2”，勾选【保留选择】选项，在【保留的部分】选择“曲面填充1-剪裁1”，如图12-35所示，单击【确定】按钮，生成剪裁曲面特征。

⑥ 单击【特征管理器设计树】中的【前视基准面】图标，使其成为草图绘制平面。单击【草图】工具栏中的【草图绘制】按钮，进入草图绘制状态。使用【草图】工具栏中的【样条曲线】、【智能尺寸】工具，绘制如图12-36所示的草图。单击【退出草图】按钮，退出草图绘制状态。

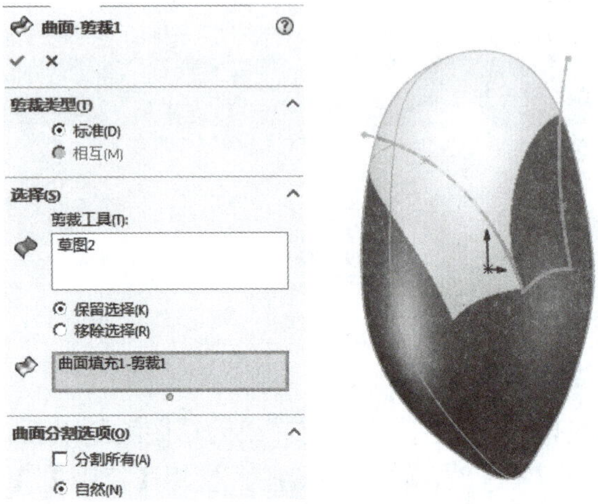

图12-35 生成剪裁曲面特征

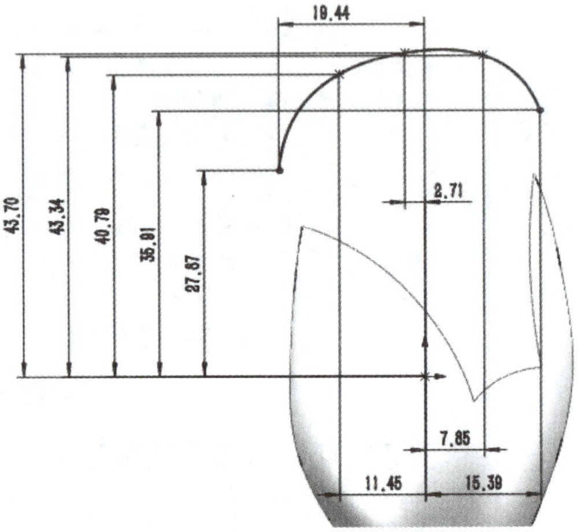

图12-36 绘制草图并标注尺寸

⑦ 单击【曲面】工具栏中的【放样曲面】按钮，在【轮廓】中选择“草图3”和“边线<1>”，单击【确定】按钮生成曲面放样特征，如图12-37所示。

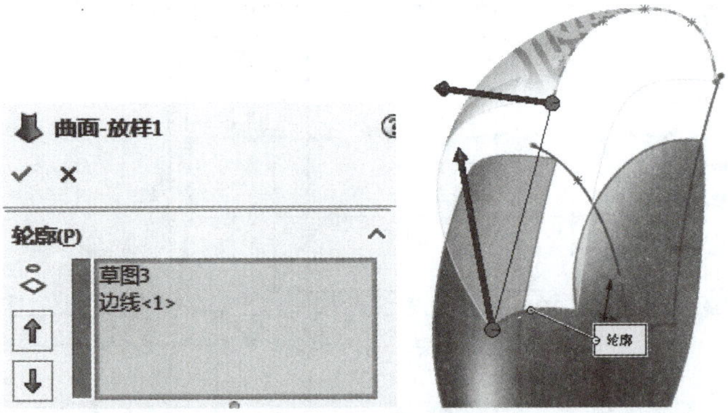

图12-37 放样曲面

⑧ 单击【特征管理器设计树】中的【前视基准面】图标，使其成为草图绘制平面。单击【草图】工具栏中的【草图绘制】按钮，进入草图绘制状态。使用【草图】工具栏中的【样条曲线】、【智能尺寸】工具，绘制如图12-38所示的草图。单击【退出草图】按钮，退出草图绘制状态。

⑨ 单击【曲面】工具栏中的【剪裁曲面】按钮，弹出【曲面-剪裁】属性管理器。在【选择】选项组中，在【剪裁工具】里选择绘图区中“草图4”，勾选【保留

选择】选项，在【保留的部分】选择“曲面-放样1-剪裁2”，如图12-39所示，单击【确定】按钮，生成剪裁曲面特征。

⑩ 单击【特征管理器设计树】中的【前视基准面】图标，使其成为草图绘制平面。单击【草图】工具栏中的【草图绘制】按钮，进入草图绘制状态。使用【草图】工具栏中的【样条曲线】、【智能尺寸】工具，绘制如图12-40所示的草图。单击【退出草图】按钮，退出草图绘制状态。

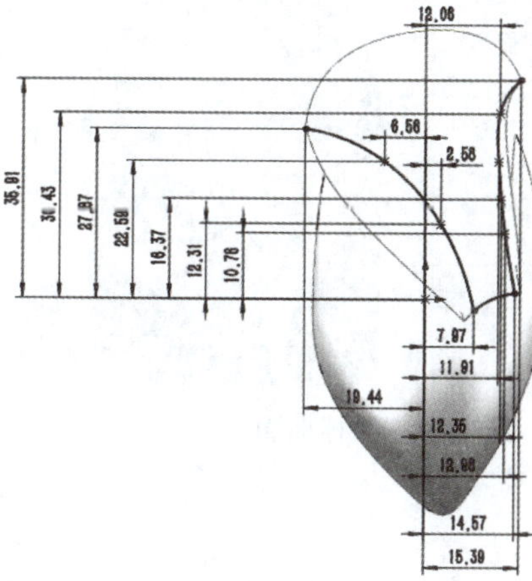

图12-38　绘制草图并标注尺寸

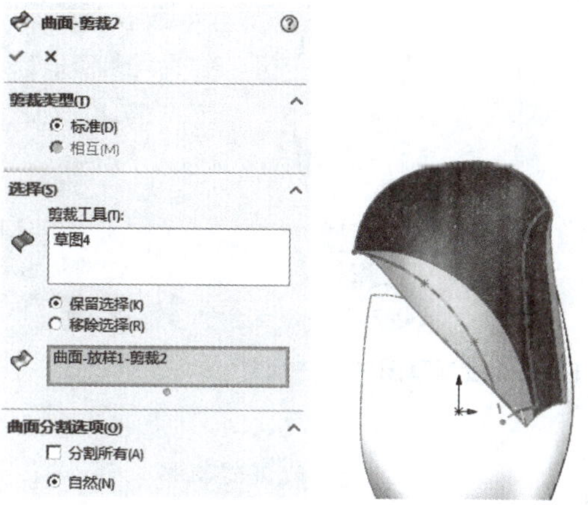

图12-39　生成剪裁曲面特征

⑪ 单击【曲面】工具栏中的【放样曲面】按钮，在【轮廓】中选择“边线<1>”和“边线<2>”，在【引导线】中选择“草图5”“边线<3>”，单击【确定】按钮，如图12-41所示。

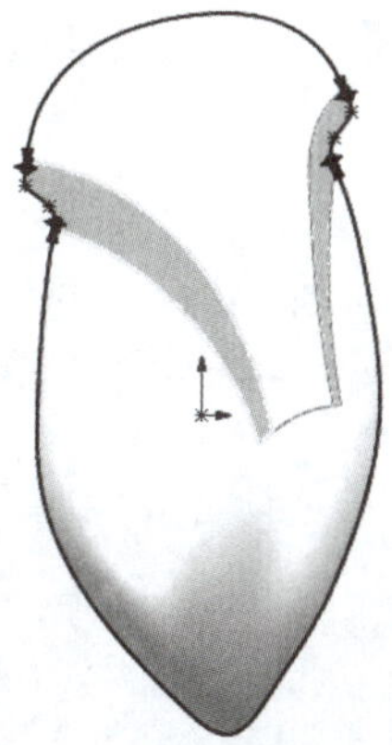
图12-40　绘制草图并标注尺寸

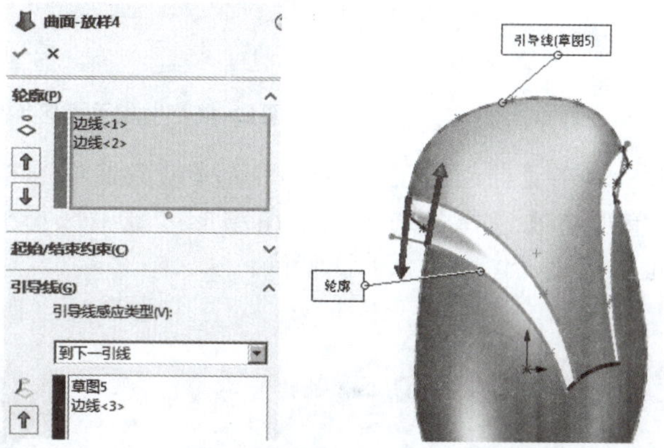

图12-41　放样曲面

⑫ 单击【特征管理器设计树】中的【前视基准面】图标，使其成为草图绘制平面。单击【草图】工具栏中的【草图绘制】按钮，进入草图绘制状态。使用【草图】工具栏中的【样条曲线】、【智能尺寸】工具，绘制如图12-42所示的草图。单击【退出草图】按钮，退出草图绘制状态。

⑬ 单击【曲面】工具栏中的【放样曲面】按钮，在【轮廓】中选择“边线<1>”和“边线<2>”，在【引导线】中选择“草图5<4>”“边线<3>”，单击【确定】按钮，如图12-43所示。

⑭ 单击【曲面】工具栏中的【平面区域】按钮，弹出【平面区域】属性管理器。单击◇【边界实体】选择框，在图形区域中选择4条边线，如图12-44所示，单击✔【确定】按钮，生成平面区域特征。

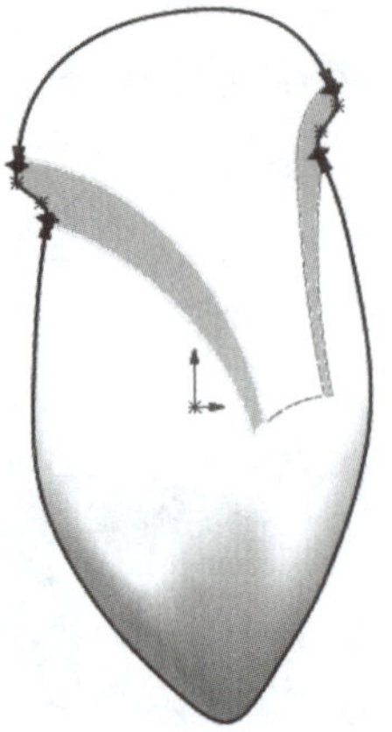

图12-42 绘制草图并标注尺寸

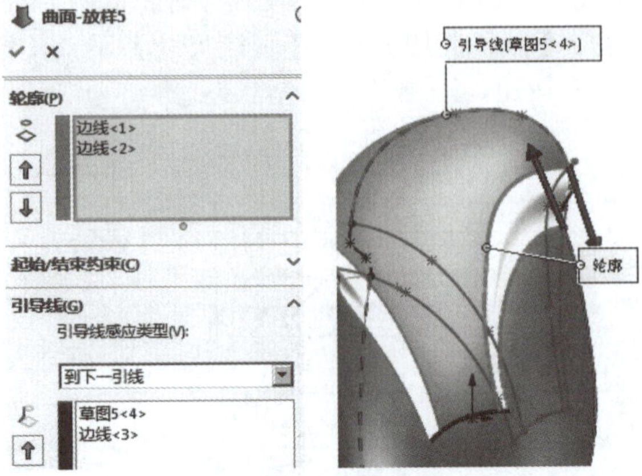

图12-43 放样曲面

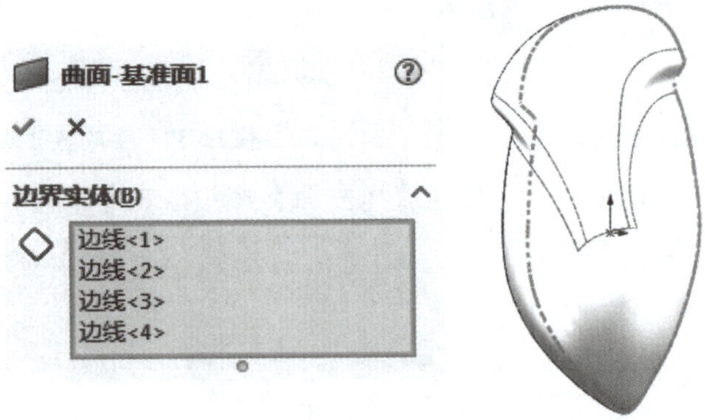

图12-44 生成平面区域特征

⑮ 单击【曲面】工具栏中的【缝合曲面】按钮，弹出【曲面-缝合】属性管理器。单击【选择】选择框，在图形区域中选择5个曲面，如图12-45所示，单击✔【确定】按钮，生成缝合曲面特征。

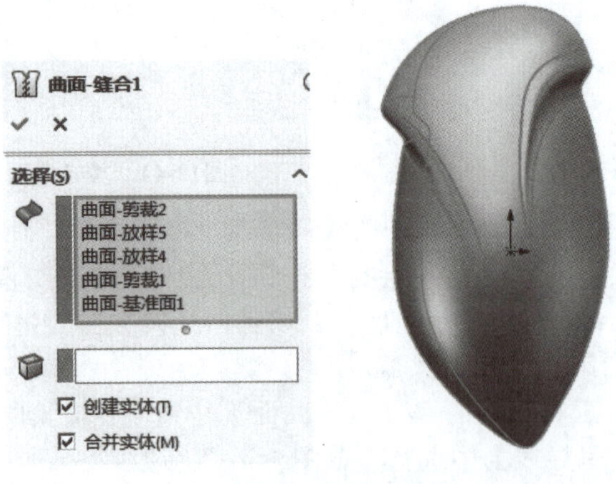

图12-45 缝合曲面

⑯ 单击【曲面】工具栏中的【等距曲面】按钮，在【要等距的面】中选择“面<1>”，在【等距距离】中输入“0.00mm”，单击【确定】按钮，如图12-46所示。

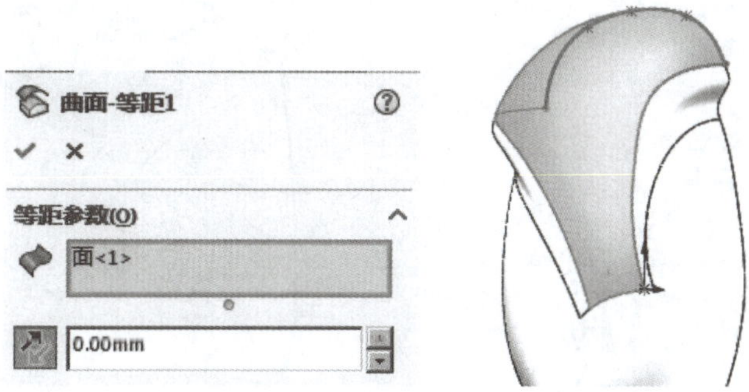

图12-46　等距曲面

12.7.2　辅助部分

① 单击【特征管理器设计树】中的【前视基准面】图标，使其成为草图绘制平面。单击【草图】工具栏中的【草图绘制】按钮，进入草图绘制状态。使用【草图】工具栏中的【样条曲线】、【智能尺寸】工具，绘制如图12-47所示的草图。单击【退出草图】按钮，退出草图绘制状态。

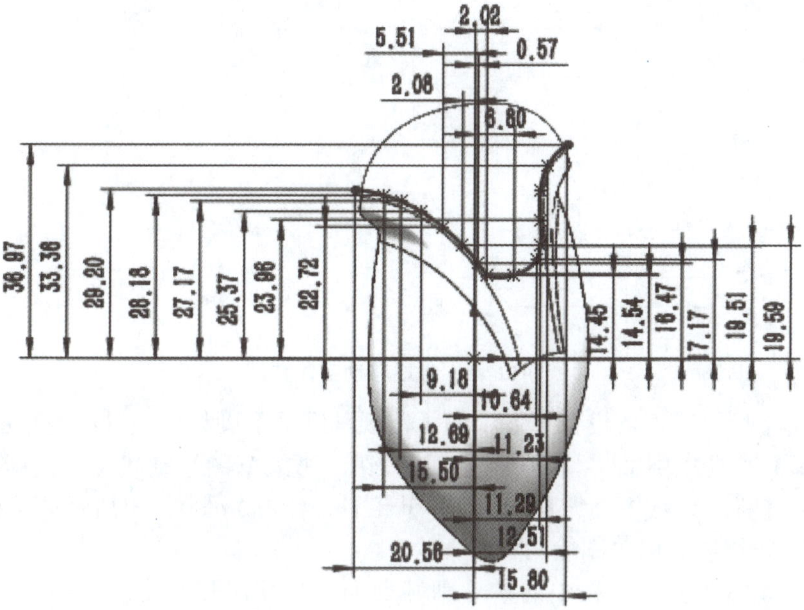

图12-47　绘制草图并标注尺寸

② 单击【曲面】工具栏中的【剪裁曲面】按钮，弹出【曲面-剪裁】属性管理器。在【选择】选项组中，在【剪裁工具】里选择绘图区中“草图6”，勾选【保留选择】选项，在【保留的部分】选择“曲面-等距1-剪裁1”，如图12-48所示，单击【确定】按钮，生成剪裁曲面特征。

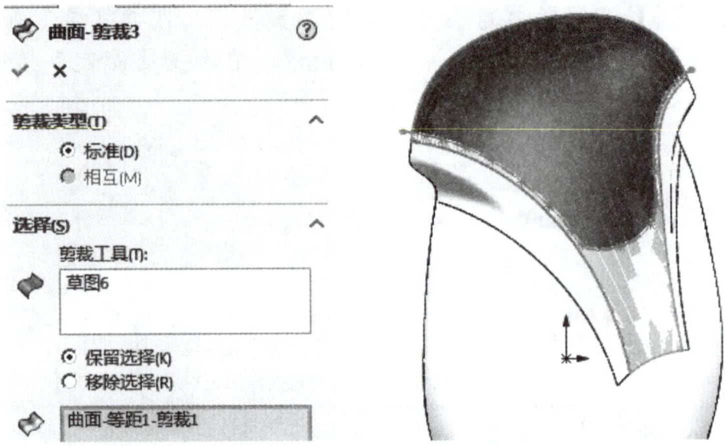

图12-48　生成剪裁曲面特征

③ 裁选择【插入】|【特征】|【移动/复制】菜单命令，弹出【移动/复制】属性管理器。单击【要移动实体】选择框，在图形区域中选择“曲面-剪裁3”，如图12-49所示，单击【确定】按钮，生成移动实体特征。

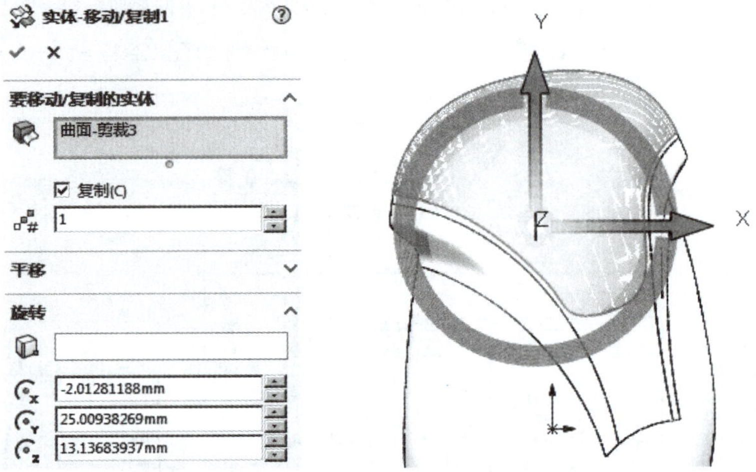

图12-49　生成移动实体特征

④ 单击【特征管理器设计树】中的【前视基准面】图标，使其成为草图绘制平面。单击【草图】工具栏中的【草图绘制】按钮，进入草图绘制状态。使用【草图】工具栏中的【样条曲线】、【智能尺寸】工具，绘制如图12-50所示的草图。单击【退出草图】按钮，退出草图绘制状态。

⑤ 单击【曲面】工具栏中的【剪裁曲面】按钮，弹出【曲面-剪裁】属性管理器。在【选择】选项组中，在【剪裁工具】里选择绘图区中“草图7”，勾选【保留选择】选项，在【保留的部分】选择“实体-移动/复制1-剪裁0”，如图12-51所示，单击【确定】按钮，生成剪裁曲面特征。

⑥ 单击下拉菜单【插入】|【凸台/基体】|【加厚】按钮，在【加厚参数】选项组中，在【要加厚的曲面】中选择“曲面-剪裁3”，在【厚度】中输入“0.80mm”，单击【确定】按钮，加厚曲面，如图12-52所示。

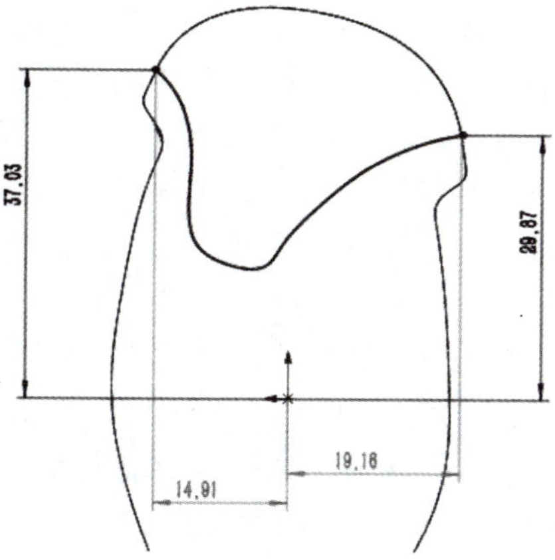

图12-50　绘制草图并标注尺寸

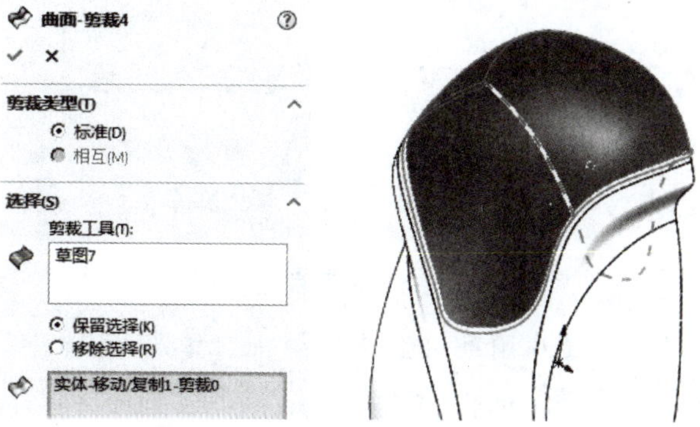

图12-51　生成裁剪曲面特征

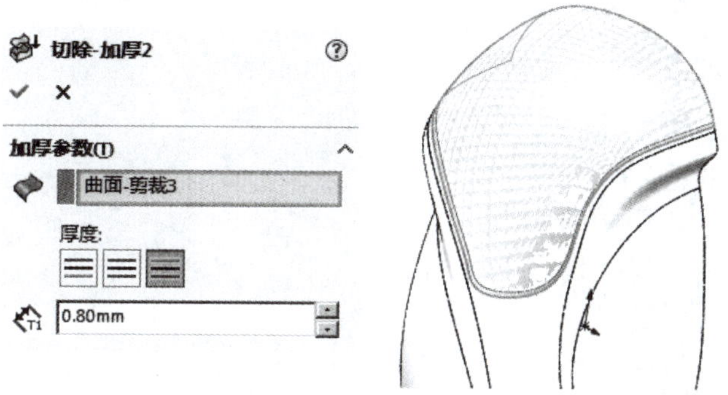

图12-52　加厚曲面

⑦ 单击【特征】工具栏中的【圆角】按钮，弹出【圆角】属性管理器。在【圆角项目】选项组中，单击【边线、面、特征和环】选择框，在图形区域中选择模型的1条边线，设置【半径】为“0.50mm”，单击【确定】按钮，生成圆角特征，如图12-53所示。

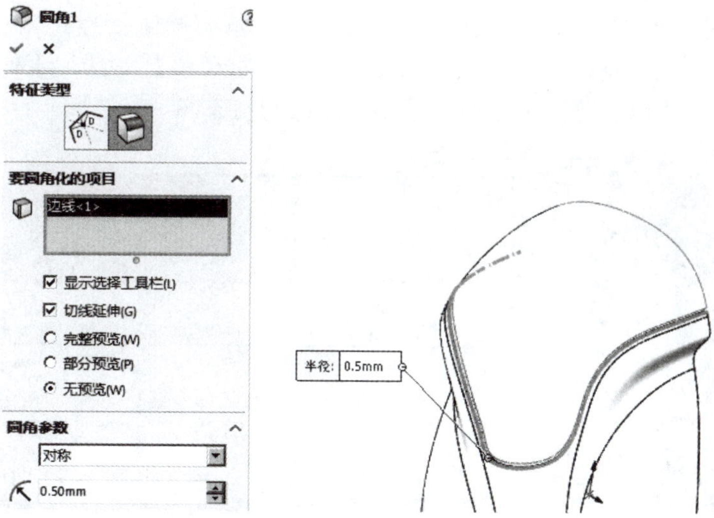

图12-53　生成圆角特征

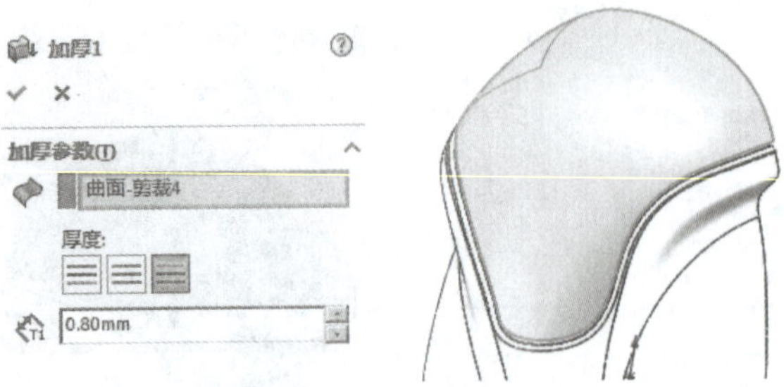

图12-54 加厚曲面

⑧ 单击下拉菜单【插入】|【凸台/基体】|【加厚】按钮，在【加厚参数】选项组中，在【要加厚的曲面】中选择“曲面-剪裁4”，在【厚度】中输入“0.80mm”，单击【确定】按钮，加厚曲面，如图12-54所示。

⑨ 单击【特征】工具栏中的【圆角】按钮，弹出【圆角】属性管理器。在【圆角项目】选项组中，单击【边线、面、特征和环】选择框，在图形区域中选择模型的一条边线，设置【半径】为“0.50mm”，单击【确定】按钮，生成圆角特征，如图12-55所示。

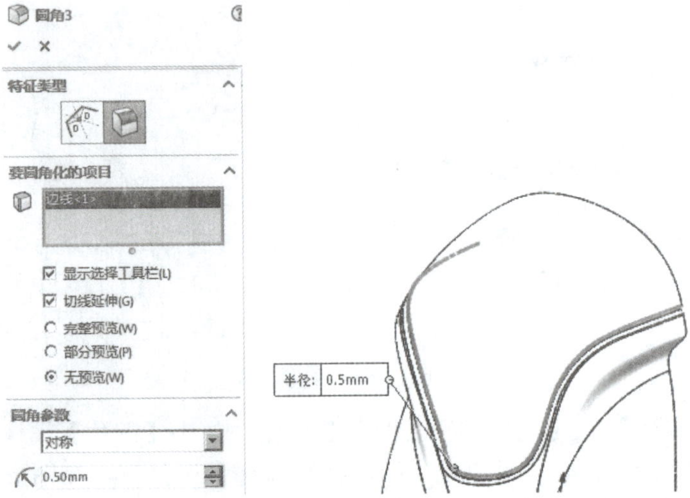

图12-55 生成圆角特征

⑩ 单击模型的底面，使其成为草图绘制平面。单击【标准视图】工具栏中的【正视于】按钮，并单击【草图】工具栏中的【草图绘制】按钮，进入草图绘制状态。使用【草图】工具栏中的【直线】、【智能尺寸】工具，绘制如图12-56所示的草图。单击【退出草图】按钮，退出草图绘制状态。

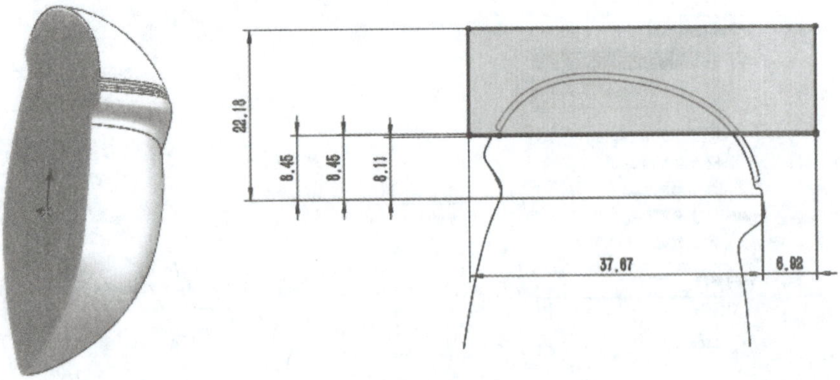

图12-56 绘制草图并标注尺寸

⑪ 单击【特征】工具栏中的【切除-拉伸】按钮，弹出【切除-拉伸】属性管理器。在【方向1】和【方向2】选项组中，设置【终止条件】为【完全贯穿】，单击【确定】按钮，生成拉伸切除特征，如图12-57所示。

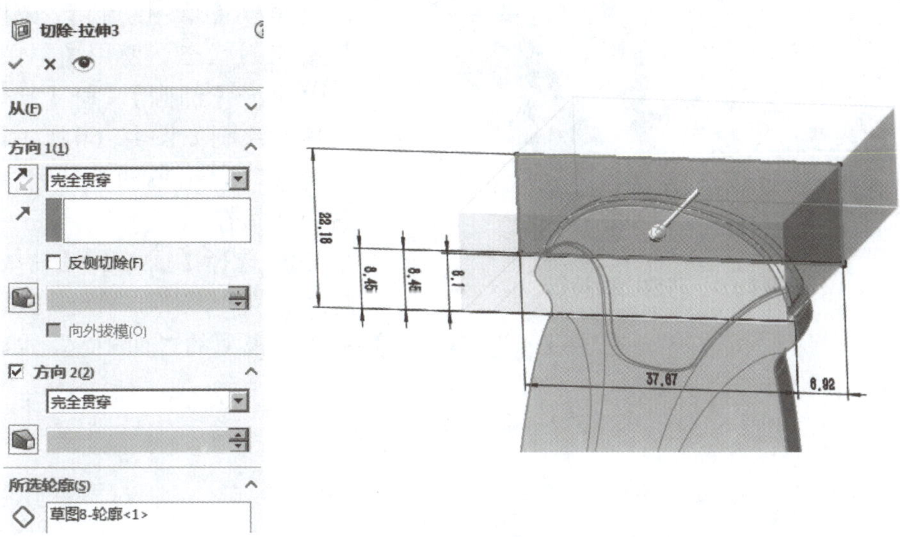

图12-57　拉伸切除特征

⑫ 单击【特征】工具栏中的【圆角】按钮，弹出【圆角】属性管理器。在【圆角项目】选项组中，单击【边线、面、特征和环】选择框，在图形区域中选择模型的一条边线，设置【半径】为“0.50mm”，单击【确定】按钮，生成圆角特征，如图12-58所示。

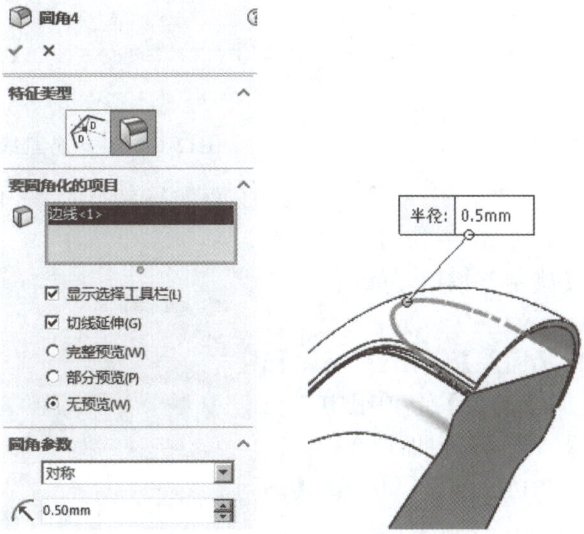

图12-58　生成圆角特征

⑬ 单击【插入】|【特征】|【缩放比例】菜单命令，弹出【缩放比例】属性管理器。在【要缩放比例的实体】中选择“圆角4”和“圆角3”，在【比例缩放点】中选择【原点】，在【Z】中输入“0.5”，如图12-59所示，单击【确定】按钮，生成缩放

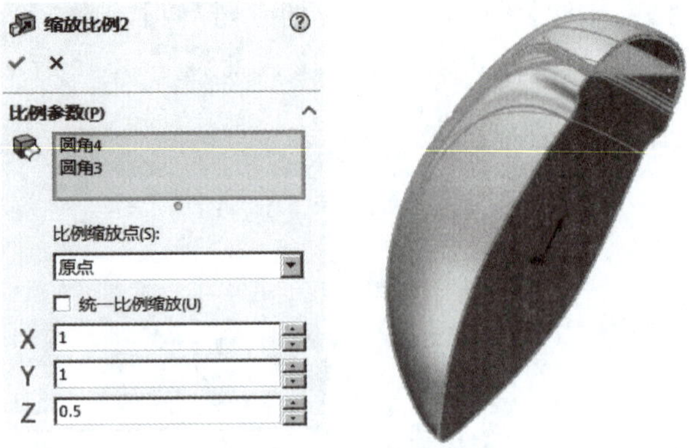

图12-59 缩放比例特征

比例特征。

⑭ 单击模型的底面，使其成为草图绘制平面。单击【草图】工具栏中的【草图绘制】按钮，进入草图绘制状态。使用【草图】工具栏中的【椭圆】、【智能尺寸】工具，绘制如图12-60所示的草图。单击【退出草图】按钮，退出草图绘制状态。

⑮ 选择【插入】|【曲线】|【分割线】菜单命令，在【要投影的草图】中选择为“草图9”，在【要投影的面】中选择模型的“面<1>”，如图12-61所示，单击【确定】按钮。

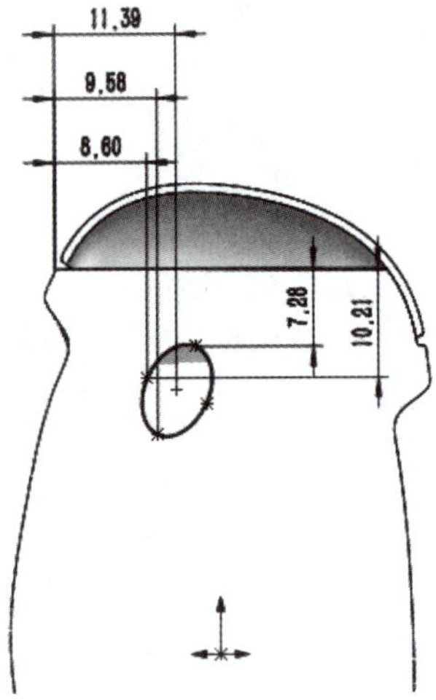

图12-60 绘制草图并标注尺寸

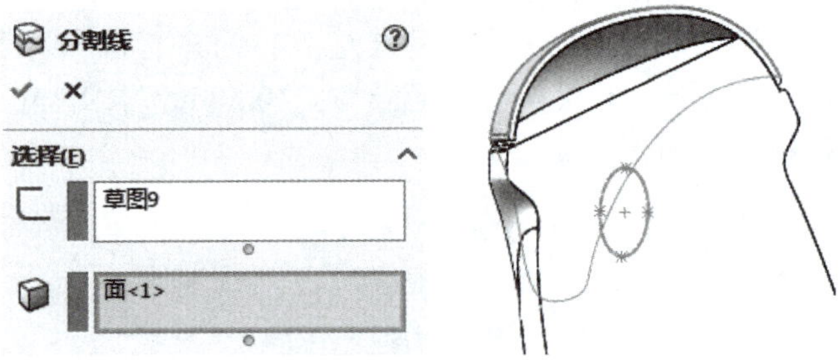

图12-61 生成分割线特征

⑯ 单击【曲面】工具栏中的【等距曲面】按钮，在【要等距的面】中选择“面<1>”，在【等距距离】中输入“0.00mm”，单击【确定】按钮。如图12-62所示。

⑰ 单击下拉菜单【插入】|【凸台/基体】|【加厚】按钮，在【加厚参数】选项组中，在【要加厚的曲面】中选择“曲面-等距2”，在【厚度】中输入“0.10mm”，单击【确定】按钮，加厚曲面，如图12-63所示。

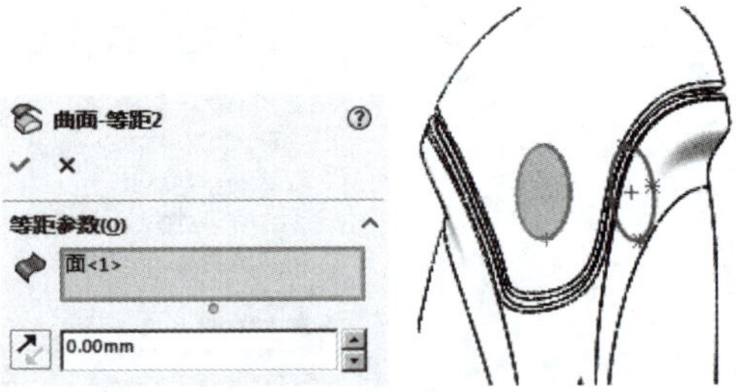

图12-62 等距曲面

⑱ 选择【插入】|【特征】|【倒角】菜单命令，弹出【倒角】属性管理器。在【倒角参数】选项组中，单击【边线和面或顶点】选择框，在绘图区域中选择“边线<1>”，设置【距离1】为“0.40mm”，【距离2】为“0.10mm”，单击【确定】按钮，生成倒角特征，如图12-64所示。

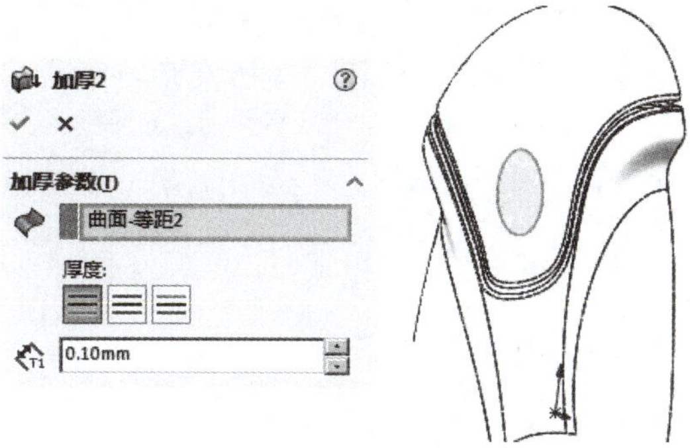

图12-63　加厚曲面

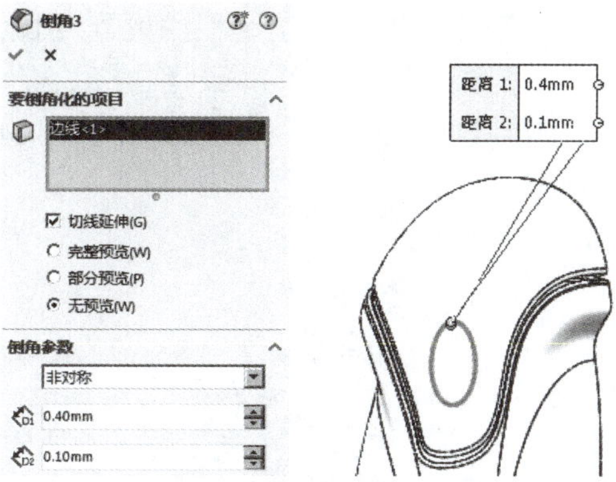

图12-64　生成倒角特征

⑲ 单击【曲面】工具栏中的【填充曲面】按钮，在【修补边界】中选择“边线<1>相切-S0-边界”，单击【确定】按钮，如图12-65所示。

⑳ 单击【曲面】工具栏中的【延伸曲面】按钮，在【所选面】中选择绘图区中的“面<1>”，在【终止条件】选项组中，勾选【距离】按钮，并设置【距离】为“1.00mm”，单击【确定】按钮，如图12-66所示。

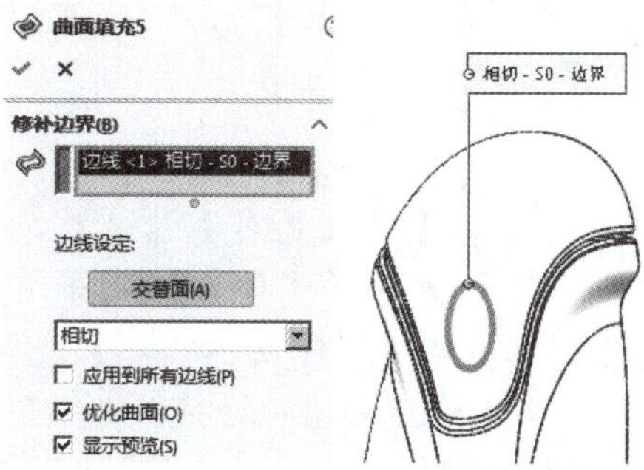

图12-65　填充曲面

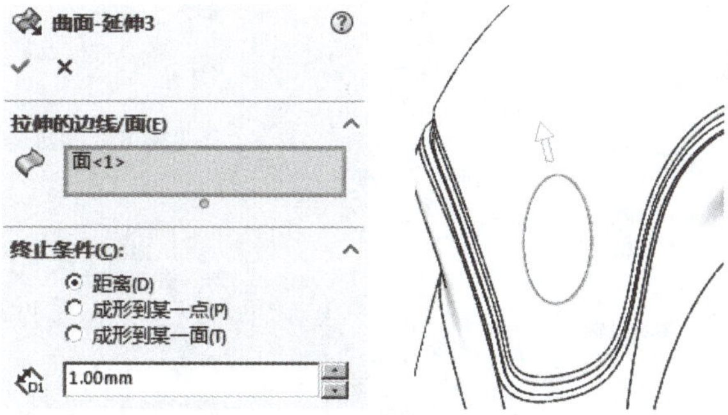

图12-66　延伸曲面

㉑ 单击【插入】|【切除】|【使用曲面】菜单命令，弹出【使用曲面切除】属性管理器。在【曲面切除参数】选项组中，选择“曲面-延伸3”，在【特征范围】中勾选【所选实体】，选择“分割线1”，如图12-67所示，单击【确定】按钮，生成使用曲面切除特征。

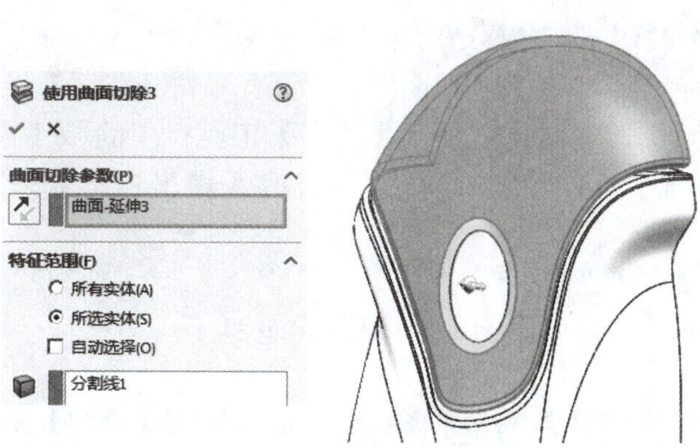

图12-67　使用曲面切除特征

㉒ 单击【特征】工具栏中的【圆角】按钮，弹出【圆角】属性管理器。在【圆角项目】选项组中，单击【边线、面、特征和环】选择框，在图形区域中选择模型的1条边线，设置【半径】为“0.10mm”，单击【确定】按钮，生成圆角特征，如图12-68所示。

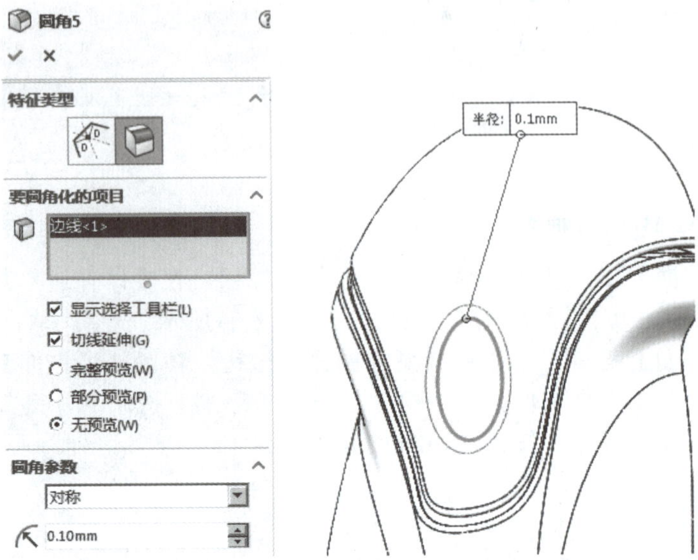

图12-68　生成圆角特征

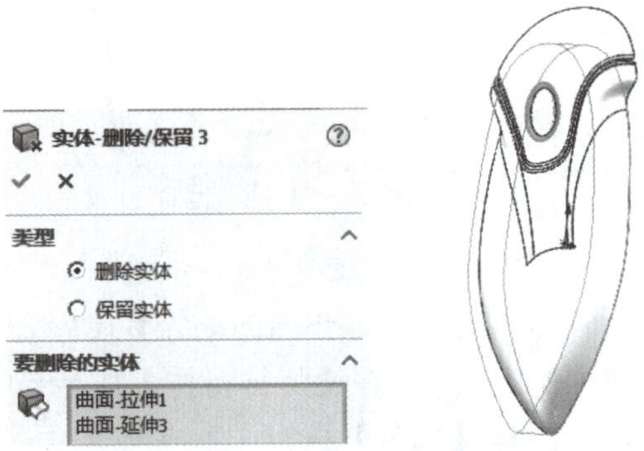

图12-69　生成移动实体特征

㉓ 选择【插入】|【特征】|【移动/复制】菜单命令，弹出【实体-删除/保留】属性管理器。单击【要删除的实体】选择框，在图形区域中选择曲面-拉伸1和曲面-延伸3，如图12-69所示，单击【确定】按钮，生成移动实体特征。

㉔ 选择【插入】|【特征】|【移动/复制】菜单命令，弹出【实体-删除/保留】属性管理器。单击【要删除的实体】选择框，在图形区域中选择圆角5，如图12-70所示，单击【确定】按钮，生成移动实体特征。

㉕ 单击模型的底面，使其成为草图绘制平面。单击【草图】工具栏中的【草图绘制】按钮，进入草图绘制状态。使用【草图】工具栏中的【椭圆】、【智能尺寸】工具，绘制如图12-71所示的草图。单击【退出草图】按钮，退出草图绘制状态。

㉖ 选择【插入】|【曲线】|【分割线】菜单命令，在【要投影的草图】中选择刚刚绘制的草图，在【要投影的面】中选择 “面<1>”，如图12-72所示，单击【确定】按钮。

㉗ 单击模型的底面，使其成为草图绘制平面。单击【草图】工具栏中的【草图绘制】按钮，进入草图绘制状态。使用【草图】工具栏中的【圆】、【智能尺寸】

工具，绘制如图12-73所示的草图。单击【退出草图】按钮，退出草图绘制状态。

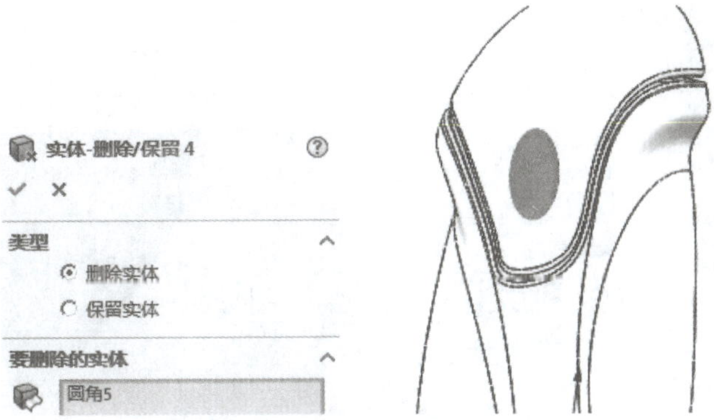

图12-70　生成移动实体特征

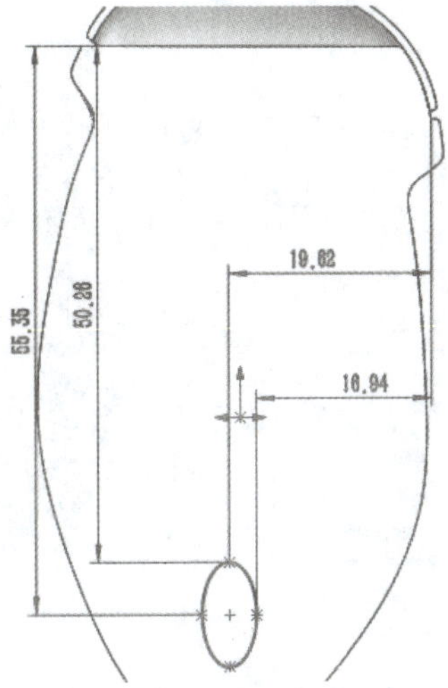

图12-71　绘制草图并标注尺寸

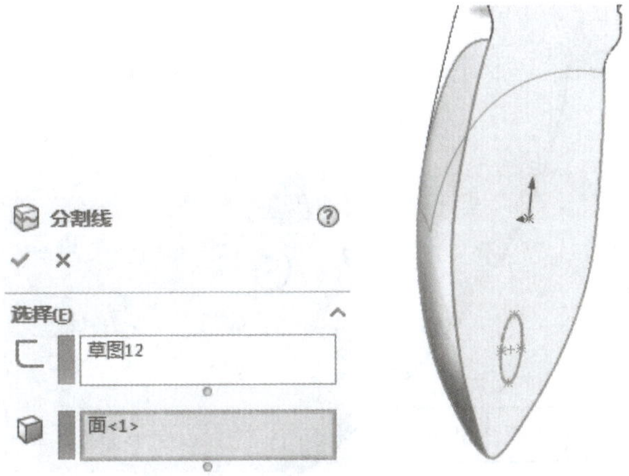

图12-72　生成分割线特征

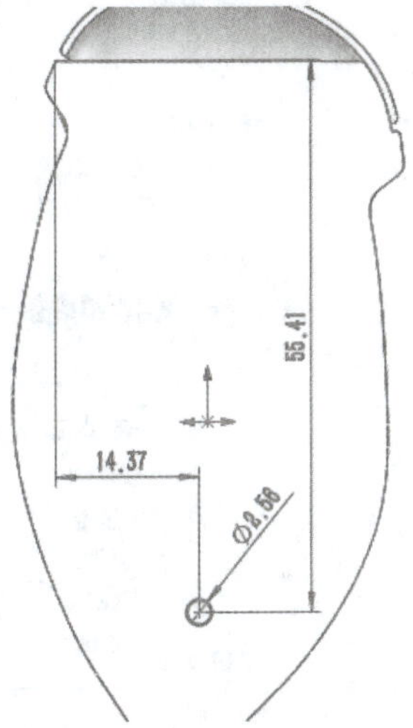

图12-73　绘制草图并标注尺寸

㉘ 单击【特征】工具栏中的【切除-拉伸】按钮，弹出【切除-拉伸】属性管理器。在【方向1】选项组中，设置【终止条件】为【给定深度】，【深度】为“6.00mm”，单击【确定】按钮，生成拉伸切除特征，如图12-74所示。

㉙ 选择【插入】|【凸台/基体】|【放样】菜单命令，弹出【放样】属性管理器。在【轮廓】选项组中，在图形区域中选择“边线<1>”和“边线<2>”，单击【确定】按钮，如图12-75所示，生成放样特征。

㉚ 单击【特征】工具栏中的【圆角】按钮，弹出【圆角】属性管理器。在【圆角项目】选项组中，单击【边线、面、特征和环】选择框，在图形区域中选择模型的一条边线，设置【半径】为“0.50mm”，单击【确定】按钮，生成圆角特征，如图12-76所示。

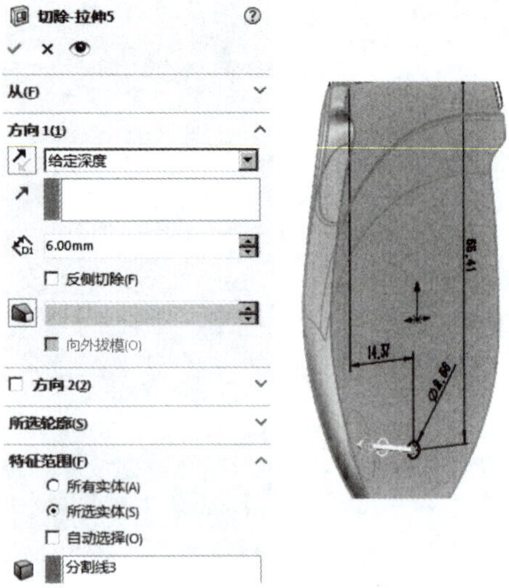

图12-74　拉伸切除特征

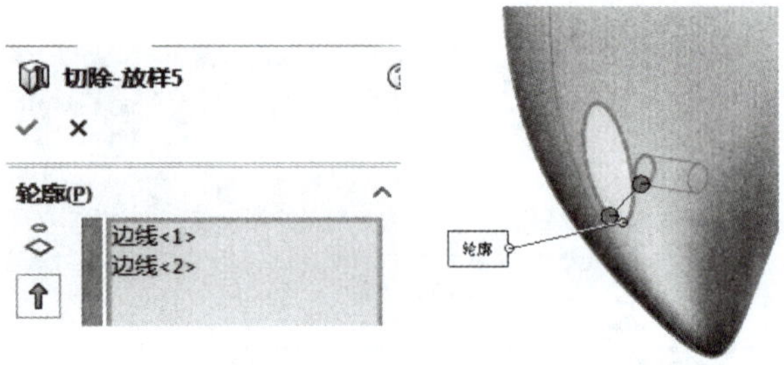

图12-75　生成放样特征

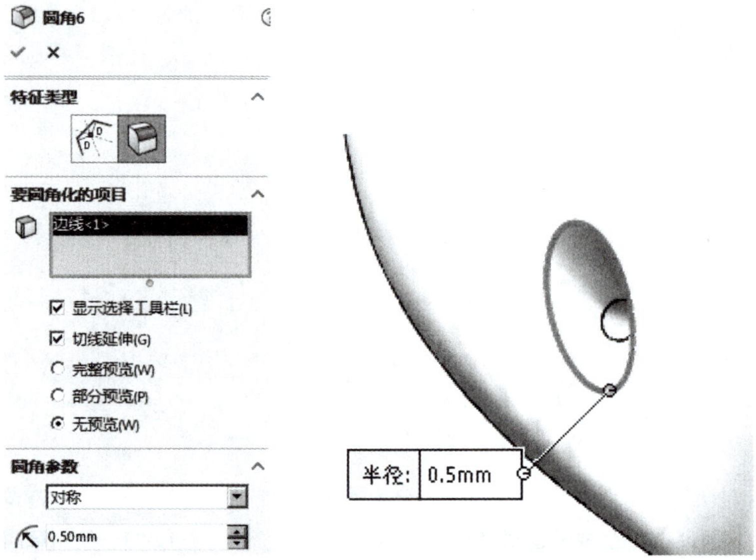

图12-76　生成圆角特征

㉛ 单击【特征】工具栏中的【镜向】按钮，弹出【镜向】属性管理器。在【镜向面/基准面】选项组中，单击【镜向面/基准面】选择框，在绘图区中选择“面<1>”；在【要镜向的实体】选项组中，单击【要镜向的实体】选择框，在绘图区中选择“使用曲面切除3”，单击【确定】按钮，生成镜向特征，如图12-77所示。

㉜ 单击【特征】工具栏中的【镜向】按钮，弹出【镜向】属性管理器。在【镜向面/基准面】选项组中，单击【镜向面/基准面】选择框，在绘图区中选择“面<1>”；在【要镜向的实体】选项组中，单击【要镜向的实体】选择框，在绘图区中选择“圆角6”，单击【确定】按钮，生成镜向特征，如图12-78所示。

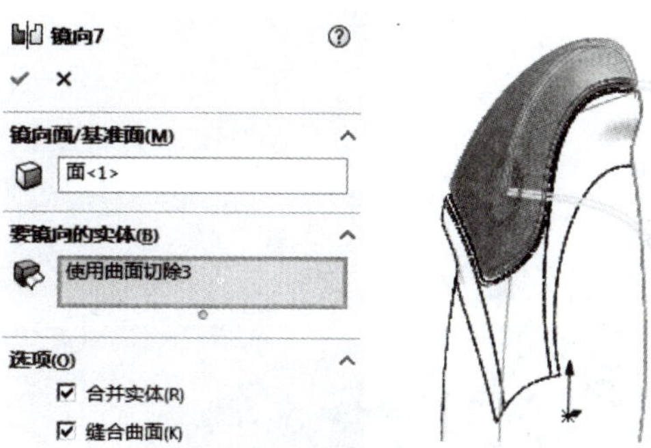

图12-77　生成镜向特征

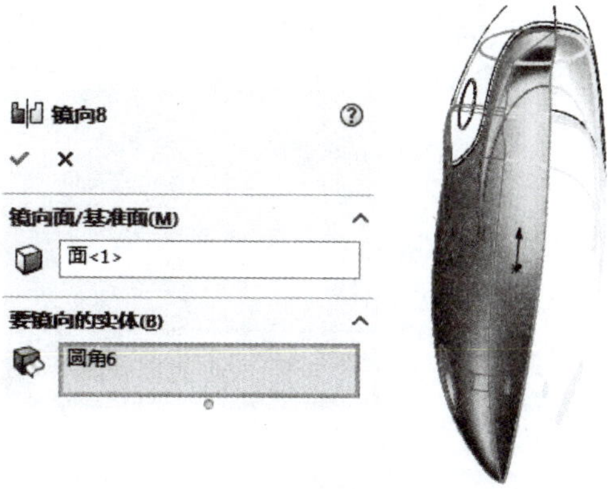

图12-78　生成镜向特征

㉝ 选择【插入】｜【特征】｜【移动/复制】菜单命令，弹出【移动/复制】属性管理器。单击【要移动实体】选择框，在图形区域中选择“镜向7”，如图12-79所示，单击【确定】按钮，生成移动实体特征。

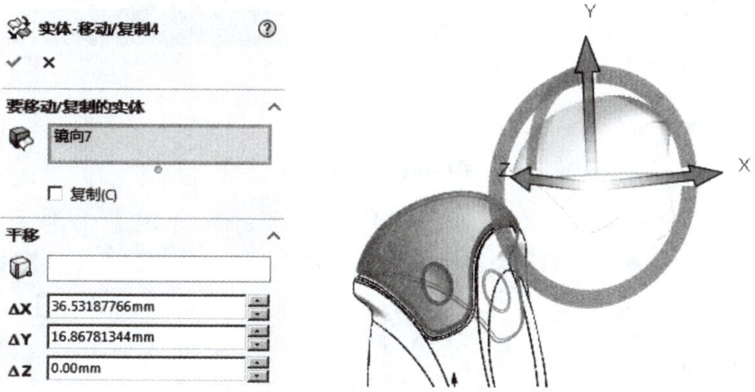

图12-79　生成移动实体特征

㉞ 单击模型的上表面，使其成为草图绘制平面。单击【标准视图】工具栏中的【正视于】按钮，并单击【草图】工具栏中的【草图绘制】按钮，进入草图绘制状态。使用【草图】工具栏中的【直线】、【智能尺寸】工具，绘制如图12-80所示的草图。单击【退出草图】按钮，退出草图绘制状态。

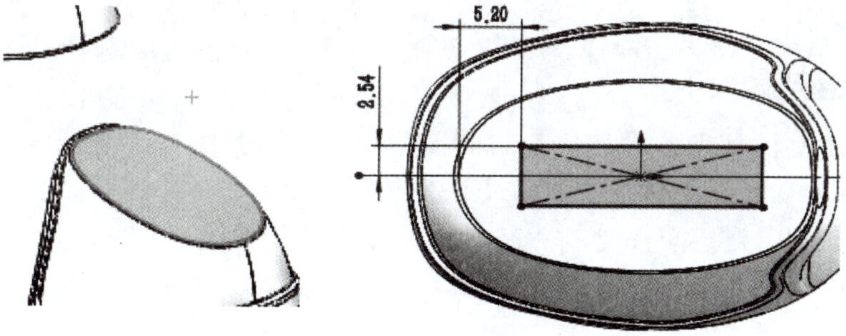

图12-80　绘制草图并标注尺寸

㉟ 单击【特征】工具栏中的【拉伸凸台/基体】按钮，弹出【凸台-拉伸】属性

管理器。在【方向1】选项组中，设置【终止条件】为【给定深度】，【深度】为“2.00mm”，单击【确定】按钮，生成拉伸特征，如图12-81所示。

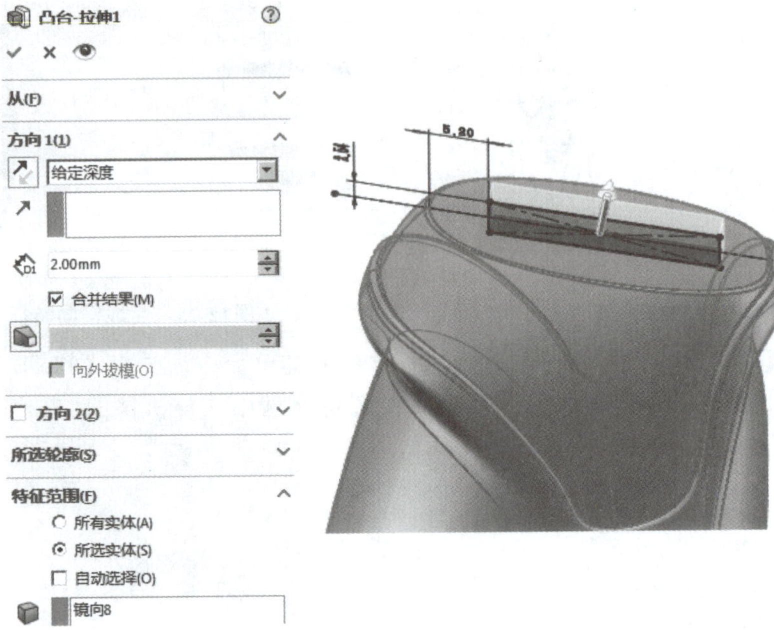

图12-81　拉伸特征

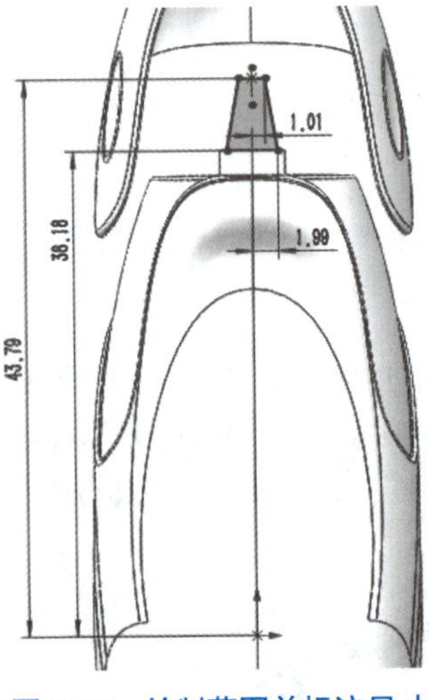

图12-82　绘制草图并标注尺寸

㊱ 单击【特征管理器设计树】中的【右视基准面】图标，使其成为草图绘制平面。单击【标准视图】工具栏中的【正视于】按钮，并单击【草图】工具栏中的【草图绘制】按钮，进入草图绘制状态。使用【草图】工具栏中的【直线】、【智能尺寸】工具，绘制如图12-82所示的草图。单击【退出草图】按钮，退出草图绘制状态。

㊲ 单击【特征】工具栏中的【拉伸凸台/基体】按钮，弹出【凸台-拉伸】属性管理器。在【方向1】选项组中，设置【终止条件】为【成形到一面】，在绘图区中选择“面<1>”；在【方向2】选项组中，设置【终止条件】为【成形到一面】，在绘图区中选择“面<2>”，单击【确定】按钮，生成拉伸特征，如图12-83所示。

㊳ 单击【特征管理器设计树】中的【前视基准面】图标，使其成为草图绘制平面。单击【标准视图】工具栏中的【正视于】按钮，并单击【草图】工具栏中的【草图绘制】按钮，进入草图绘制状态。使用【草图】工具栏中的【直线】、【智能尺寸】工具，绘制如图12-84所示的草图。单击【退出草图】按钮，退出草图绘制状态。

㊴ 单击【特征】工具栏中的【切除-拉伸】按钮，弹出【切除-拉伸】属性管理器。在【方向1】和【方向2】选项组中，设置【终止条件】为【完全贯穿】，单击

【确定】按钮，生成拉伸切除特征，如图12-85所示。

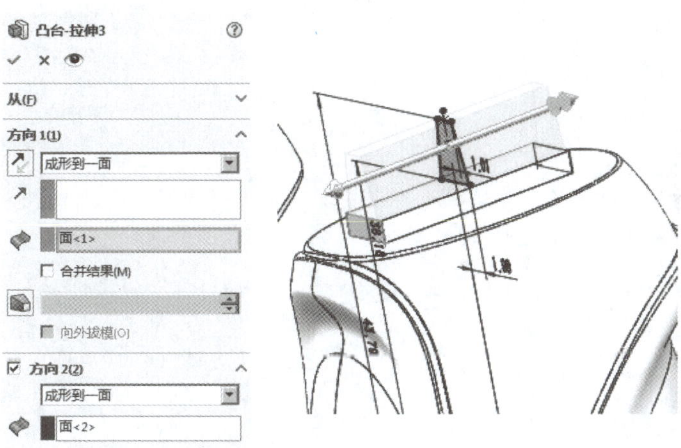

图12-83　拉伸特征

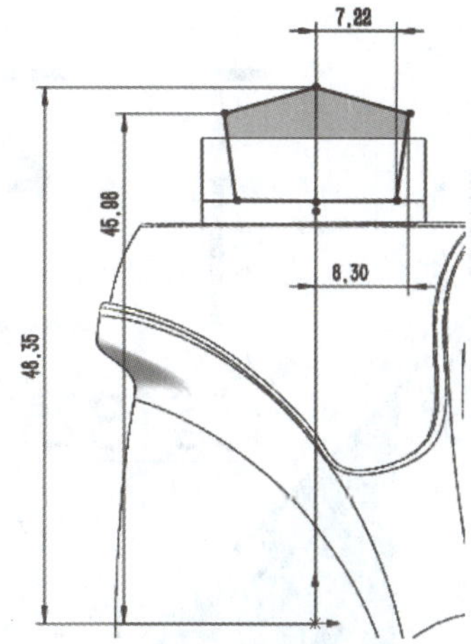

图12-84　绘制草图并标注尺寸

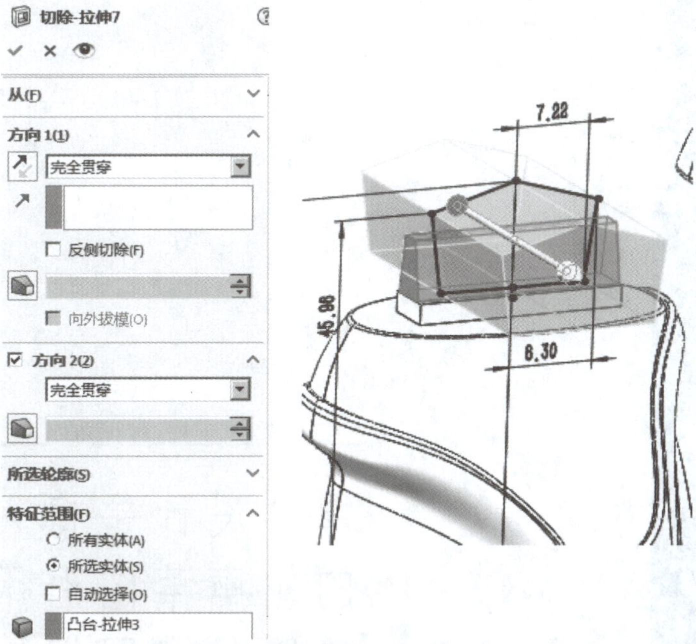

图12-85　拉伸切除特征

13

第13章

焊件设计

焊件设计是将一个标准的轮廓草图沿用户制作的路径草图扫掠形成三维实体的过程。其主要的命令包括结构构件、剪裁/延伸、角撑板、顶端盖等。

13.1 结构构件

13.1.1 结构构件的属性设置

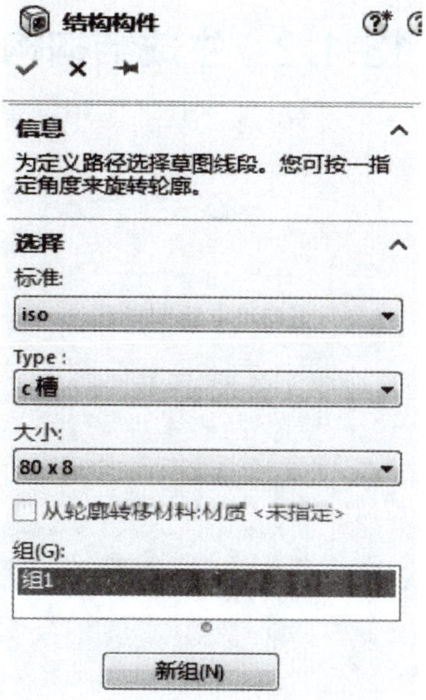

图13-1 【结构构件】属性管理器

单击【插入】|【焊件】|【结构构件】菜单命令，弹出【结构构件】属性管理器，如图13-1所示。

【选择】选项组中包含以下几个选项。

①【标准】：选择iso模式（国际制标准化单位）、ansi-inch模式（英尺单位）或自定义标准。

②【Type】：选择轮廓类型，如角铁或方形管。

样例轮廓类型：角铁（如图13-2所示）、矩形管（如图13-3所示）、管道（如图13-4所示）、C槽（如图13-5所示）、Sb横梁（如图13-6所示）和方形管（如图13-7所示）。

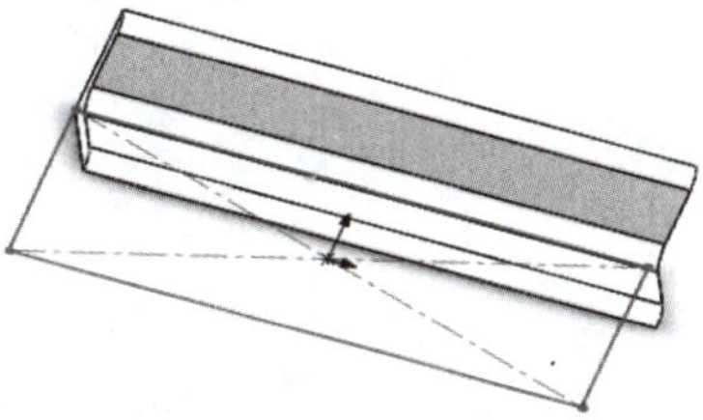

图13-2 角铁

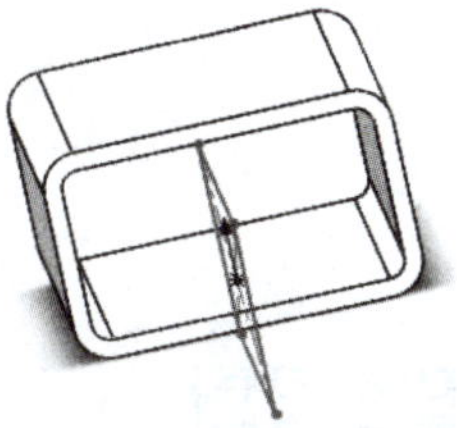

图13-3 矩形管

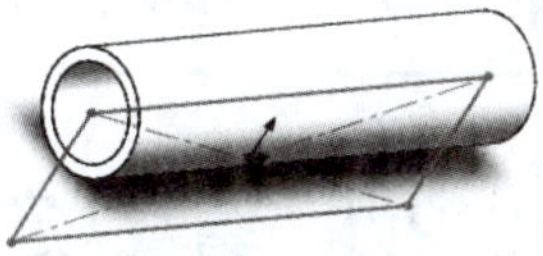

图13-4 管道

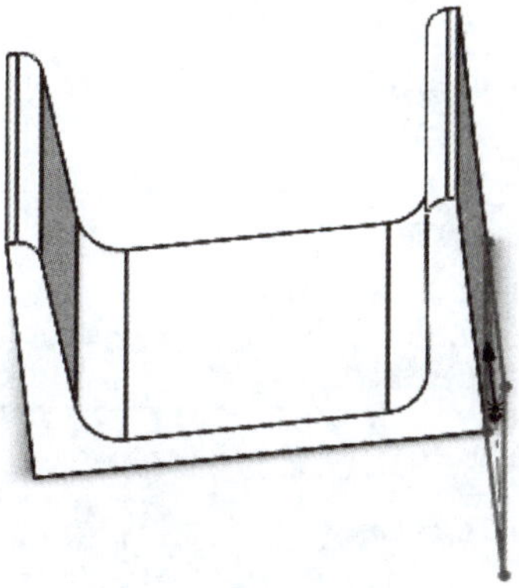

图13-5 C槽

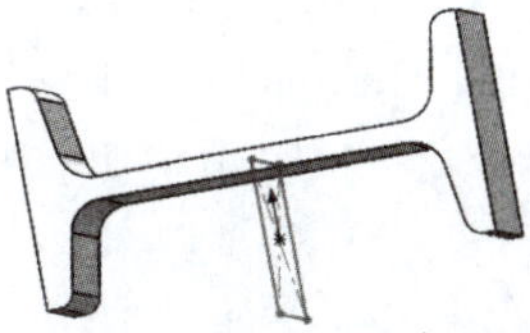

图13-6 Sb横梁

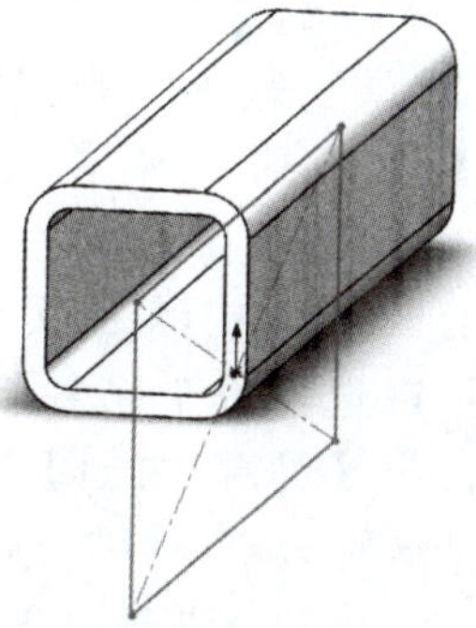

图13-7 方形管

③【大小】：选择轮廓的大小，例如80×80×5。大小列表按数字大小由大到小进行排序，以便处理包含大量标准大小零部件的库。

④【合并圆弧段实体】：将圆弧段实体与结构构件中的相邻实体合并。

⑤【从轮廓转移材料】：转移选定库轮廓的材料属性。

⑥【组】：在设定下选择要配置的组。

⑦【新组】：在此结构构件中生成一个新组。

13.1.2 生成结构构件的方法

① 在前视基准面上绘制草图，如图13-8所示。

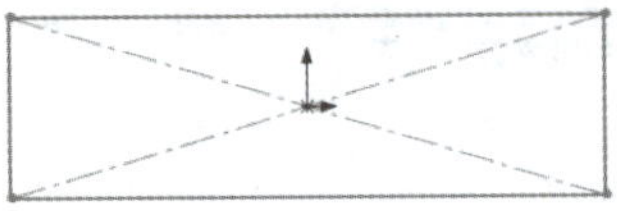

图13-8 绘制草图

② 单击【焊件】工具栏中的【结构构件】按钮（或者选择【插入】|【焊件】|【结构构件】菜单命令），弹出【结构构件】属性管理器。在【选择】选项组中，设置【标准】、【类型】和【大小】参数，单击【组】选择框，在图形区域中选择一组草图实体，如图13-9所示。

③ 单击【确定】按钮，生成结构构件，如图13-10所示。

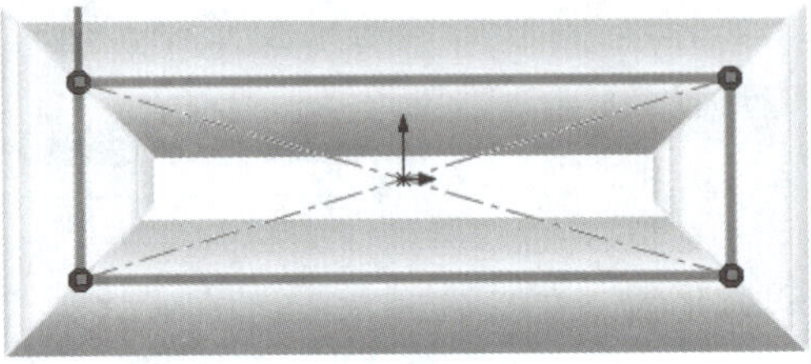

图13-9 结构构件的预览

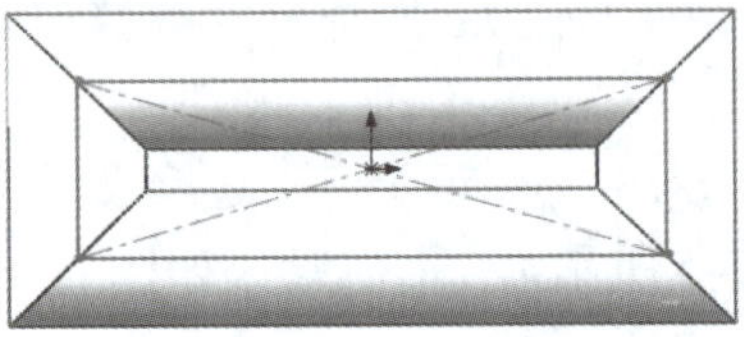

图13-10 结构构件的预览

13.2 剪裁/延伸

13.2.1 剪裁/延伸的属性设置

单击【插入】|【焊件】|【剪裁/延伸】菜单命令，弹出【剪裁/延伸】属性管理器，如图13-11所示。

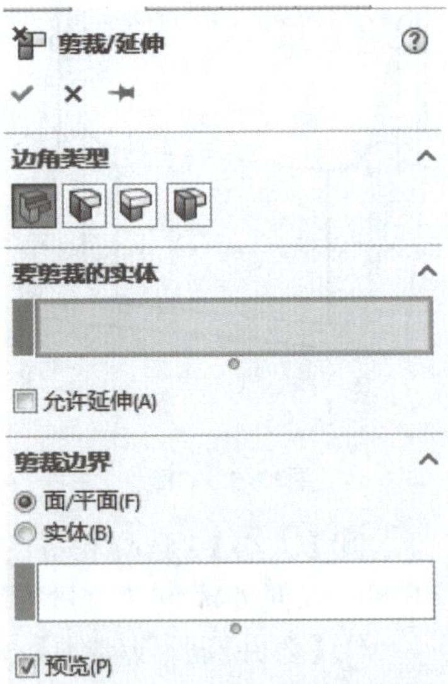

图13-11 【剪裁/延伸】属性管理器

①【边角类型】选项组中包含以下几个选项：【终端剪裁】（如图13-12所示）、【终端斜接】（如图13-13所示）、【终端对接1】（如图13-14所示）、【终端对接2】（如图13-15所示）。

②【要剪裁的实体】：对于【终端剪裁】边角类型，可以选择一个或多个要剪裁的实体。而对于【终端斜接】、【终端对接1】和【终端对接2】边角类型，则只能选择一个要剪裁的实体。

③【允许延伸】：如果线段未到达剪裁边界，则可以将线段延长至其边界，如图13-16所示。

④【剪裁边界】：选取剪裁边界类型。

- 【面/平面】：使用平面作为剪裁边界。
- 【实体】：使用实体作为裁剪边界。
- 【面/实体】：对于【终端剪裁】边角类型，选择剪裁所相对的一个或多个相邻面。

对于【终端斜接】、【终端对接1】及【终端对接2】边角类型，选择剪裁所相对的一个相邻线段。如图13-17所示。

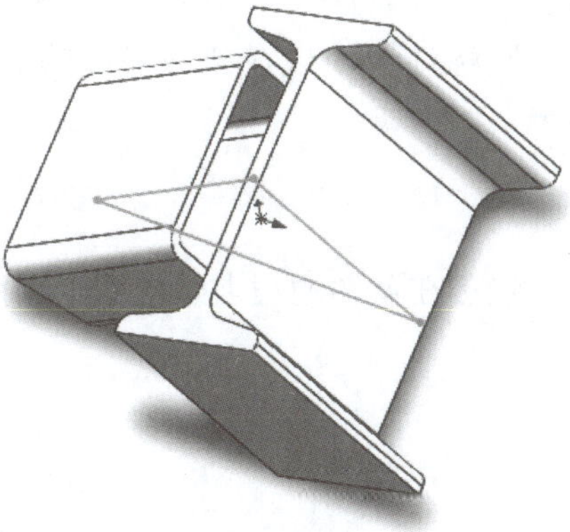

图13-12　终端剪裁

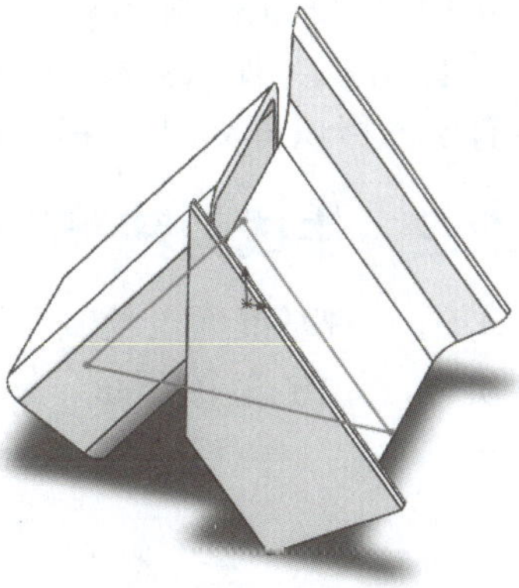

图13-13　终端斜接

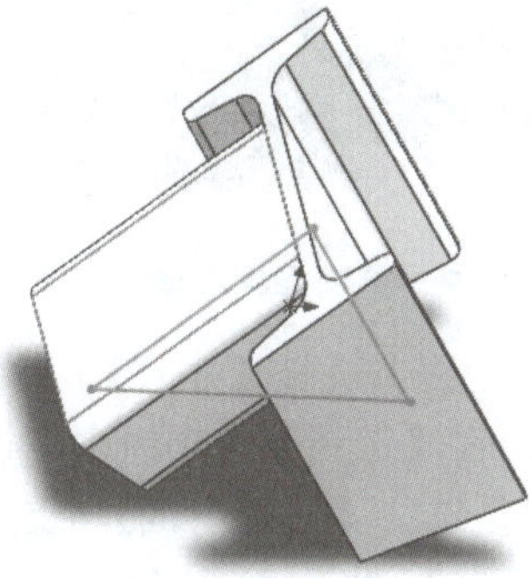

图13-14　终端对接1

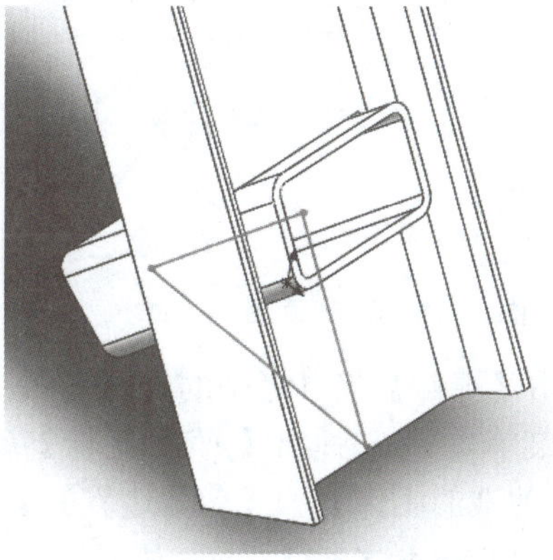

图13-15　终端对接2

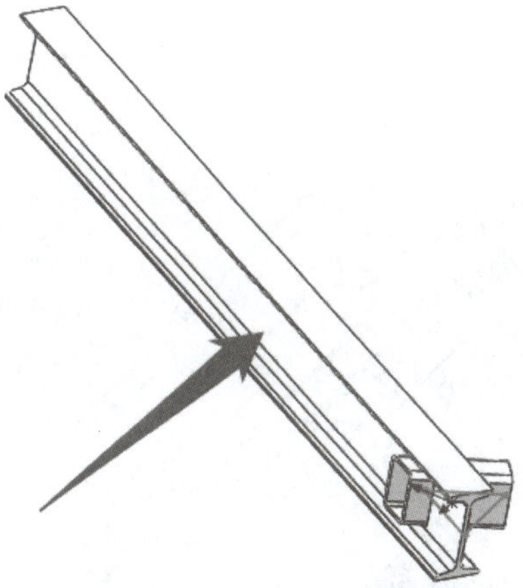

图13-16　允许延伸

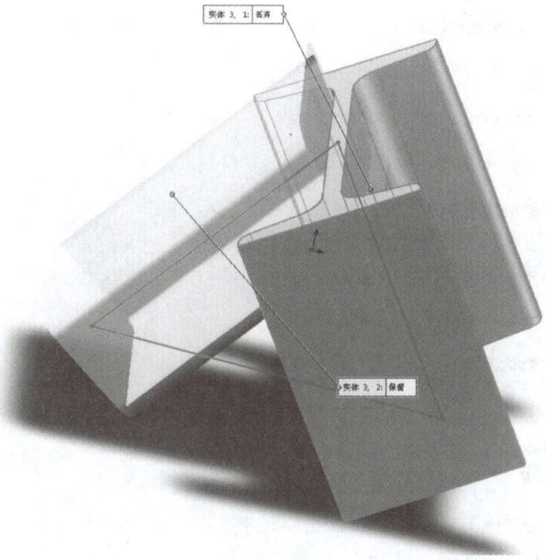

图13-17　剪裁边界

⑤【预览】：选择在图形区域中预览剪裁。

⑥【允许延伸】：允许结构构件进行延伸或剪裁。

⑦【实体之间的简单切除】：使结构构件与平面接触面相平齐。

⑧【实体之间的封顶切除】：将结构构件剪裁到接触实体。

⑨【焊接缝隙】：输入焊接剪裁缝隙，以留出焊缝空间。

⑩【标注】：如果剪裁边界使项目与剪裁相交，则标注会出现在剪裁线段的旁边，并带有实体标识符，用于保留和放弃线段的切换标记。

13.2.2 生成剪裁/延伸的方法

① 在前视基准面上绘制草图，如图13-18所示。然后在草图的边上画出两个相交的焊件实体，如图13-19所示。

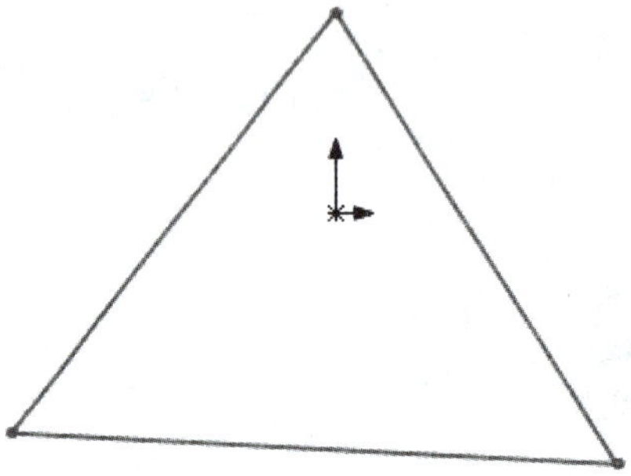

图13-18 绘制草图

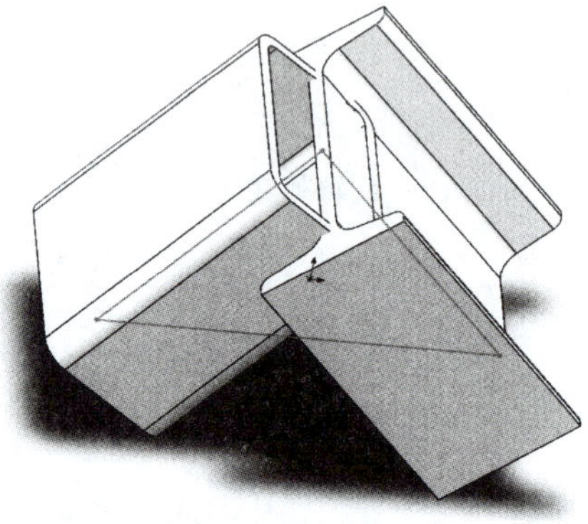

图13-19 绘制焊件实体

② 单击【焊件】工具栏中的【剪裁/延伸】按钮（或者选择【插入】|【焊件】|【剪裁/延伸】菜单命令），弹出【剪裁/延伸】属性管理器。在【选择】选项组中，设置【边角类型】、【要剪裁的实体】和【剪裁边界】参数。边角类型选择【终端剪裁】，要剪裁的实体选择【矩形管60×40×3.2】，剪裁边界选择【Sb横梁80×6】。操作工具栏如图13-20所示。

③ 单击【确定】按钮，生成剪裁后的实体，如图13-21所示。

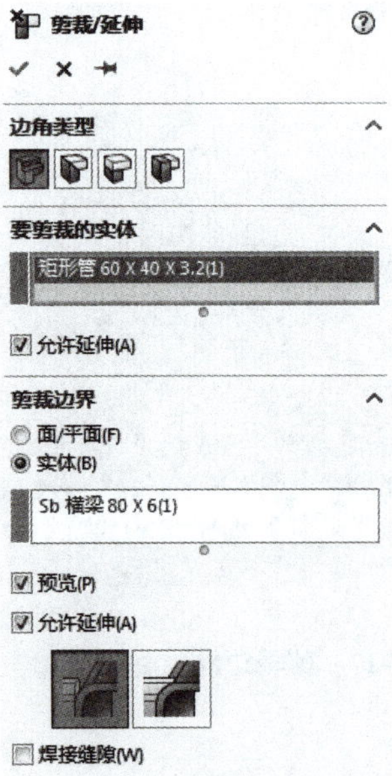

图13-20 操作工具栏

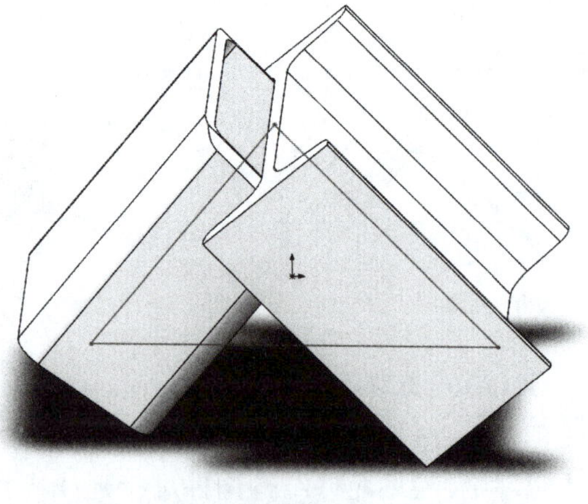

图13-21 剪裁后的实体

13.3 角撑板

13.3.1 角撑板的属性设置

单击【插入】|【焊件】|【角撑板】菜单命令，弹出【角撑板】属性管理器，如图13-22所示。

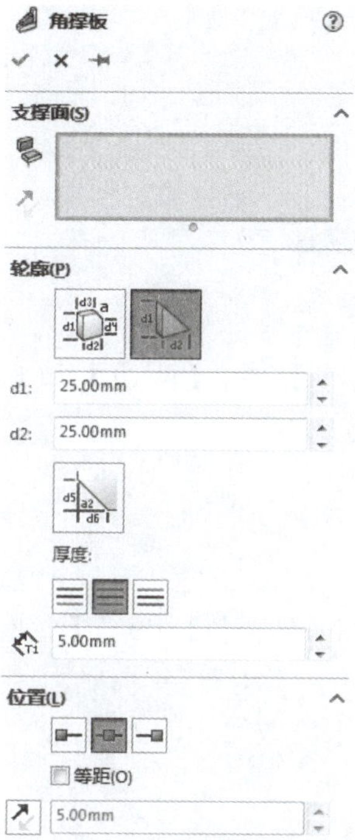

图13-22 【角撑板】属性管理器

【支撑面】选项组中包含以下两个选项：

① 【选择面】：从两个交叉结构构件中选择相邻平面。

② 【反转轮廓 D1 和 D2 参数】：反转轮廓距离1 和轮廓距离2 之间的数值。

【轮廓】选项组中包含以下几个选项：

① 【三角形轮廓】：生成三角形角撑板，为轮廓距离d1和轮廓距离d2设定数值。如图13-23所示。

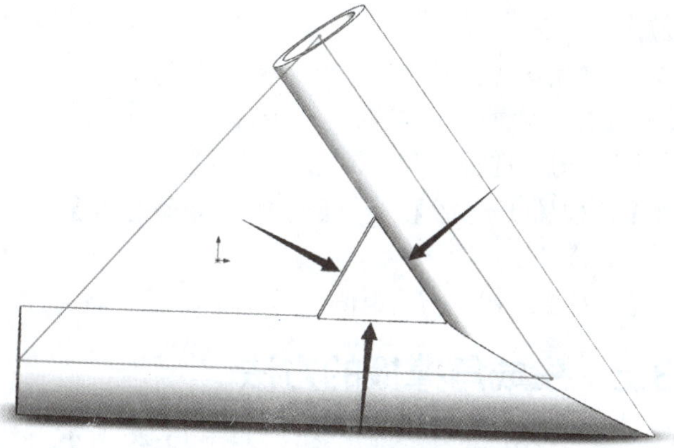

图13-23 三角形角撑板

② 【多边形轮廓】：生成多边形角撑板，为轮廓距离1、轮廓距离2 、轮廓距离3 及a1 设定数值。如图13-24所示。

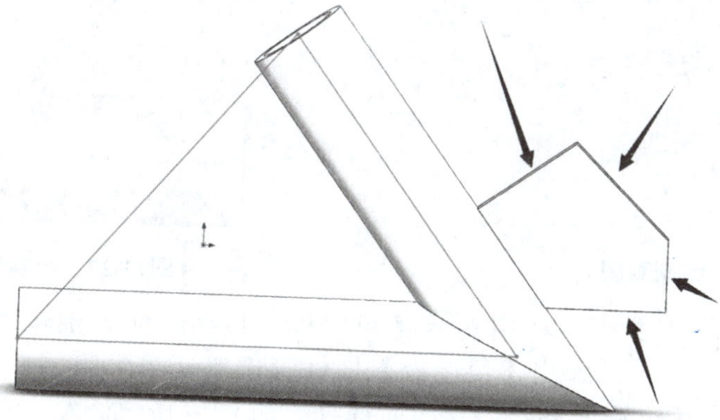

图13-24 多边形角撑板

③【倒角】：单击来生成倒角，以便为角撑板下的焊缝留出空间。如图13-25所示。

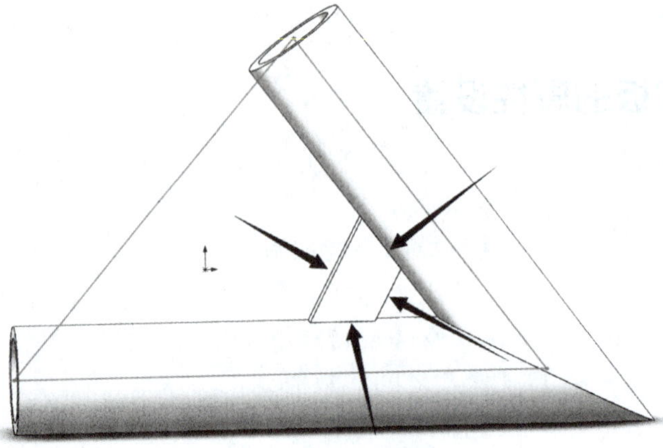

图13-25 三角形角撑板的倒角

④【厚度】：选择在何处应用角撑板厚度，分别有【内边】、【两边】和【外边】。

⑤【角撑板厚度】：给角撑板的厚度设定一个值。

【位置】选项组中包含以下几个选项：

①【位置】：选择在何处定位角撑板轮廓。

②【在位置下选择】：【轮廓定位于起点】、【轮廓定位于中点】和【轮廓定位于端点】。

③【偏移】：指定一等距值。可以单击【反转等距方向】来更改等距的方向。

13.3.2 生成角撑板的方法

① 在前视基准面上绘制草图，如图13-26所示。然后在草图的边上画出两个相交的焊件实体，如图13-27所示。

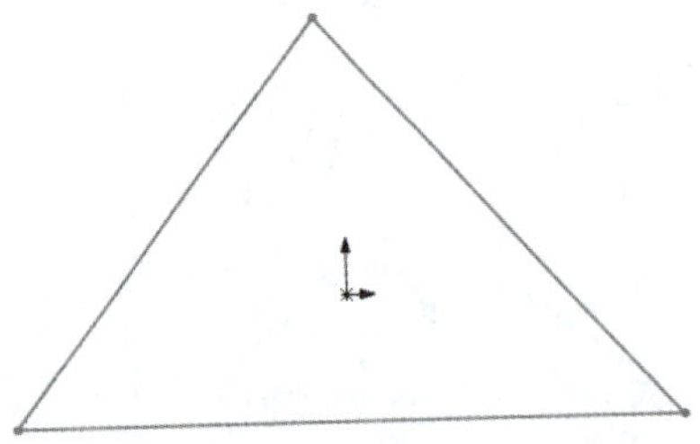

图13-26 绘制草图

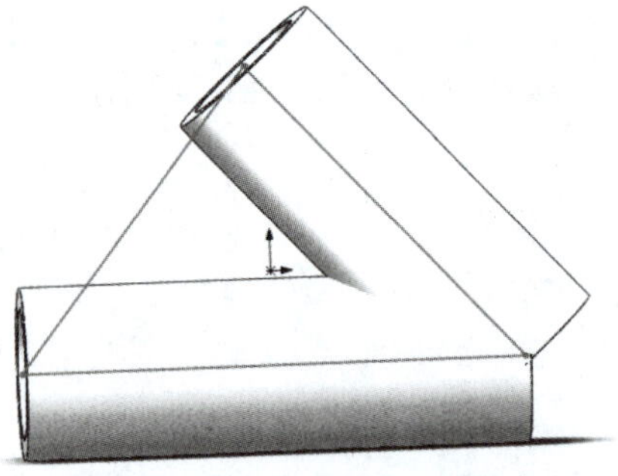

图13-27 绘制焊件实体

② 单击【焊件】工具栏中的【角撑板】按钮（或者选择【插入】|【焊件】|【角撑板】菜单命令），弹出【角撑板】属性管理器。在左侧工具栏中，设置【支撑面】、【轮廓】和【位置】参数。支撑面选择“面1”和“面2”，轮廓选择【三角形轮廓】，d1设置为“25mm”，d2设置为“25mm”。【倒角】d5设置为“12.5mm”，d6设

置为“12.5mm”。【厚度】选择【内边】。【角撑板厚度】设置为“5mm”。【位置】勾选【等距】;【反转等距方向】设置为“5mm”。操作工具栏如图13-28所示。

③ 单击✓【确定】按钮，生成角撑板的实体，如图13-29所示。

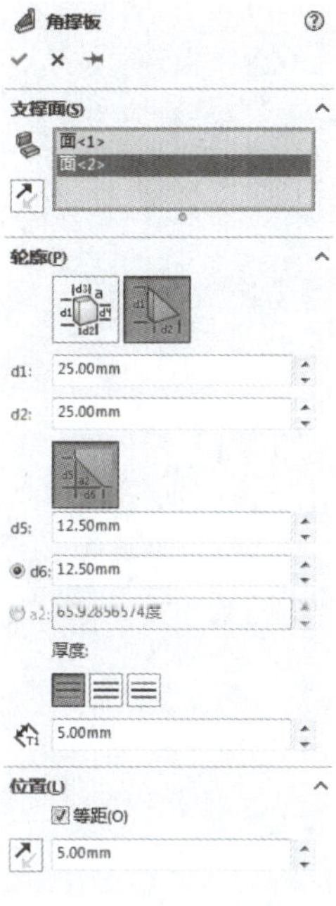

图13-28 操作工具栏

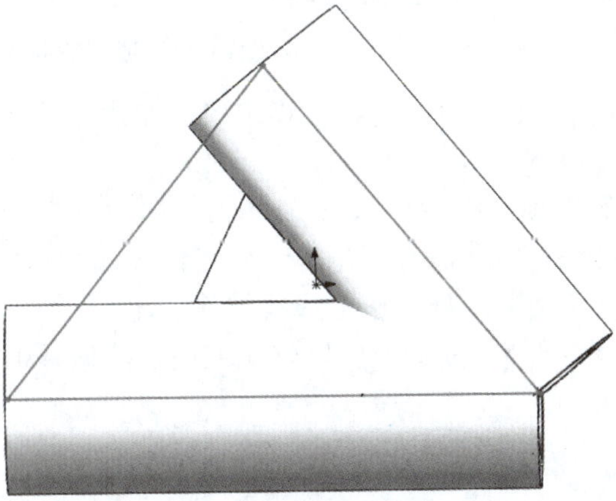

图13-29 角撑板的实体

13.4 顶端盖

13.4.1 顶端盖的属性设置

单击【插入】|【焊件】|【顶端盖】菜单命令，弹出【顶端盖】属性管理器，如图13-30所示。

图13-30 顶端盖属性管理器

【参数】选项组中包含以下四个选项：

① 【面】：选取一个或多个轮廓面。

②【厚度方向】：设定顶端盖的方向。

- 【向外】：从结构向外延伸，这会增加结构的总长度。如图13-31所示。

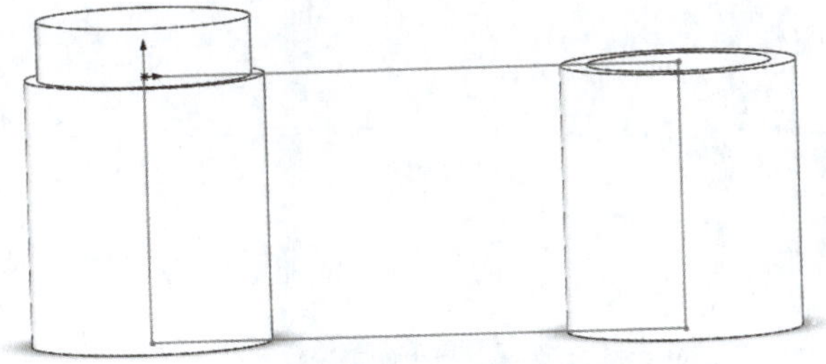

图13-31 顶端盖向外

- 【向内】：向结构内延伸，保留结构原始的总长度。如图13-32所示。

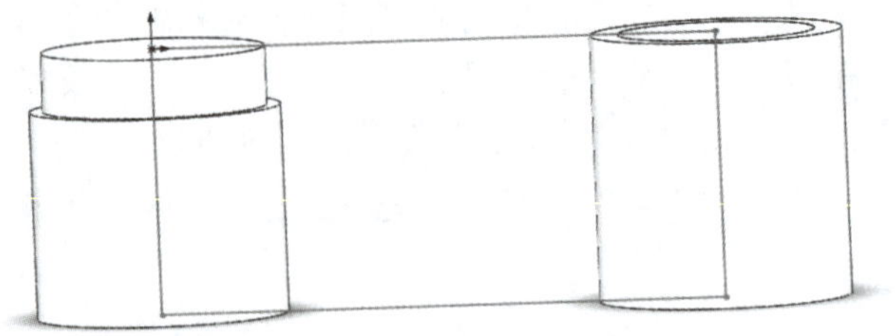

图13-32　顶端盖向内

- 【内部】：将顶端盖以指定的等距距离放在结构构件内部。如图13-33所示。

③【厚度】：设定盖的厚度。

【等距】选项组中包含以下三个选项：

①【偏移】：顶端盖等距是指结构构件边线到顶端盖边线之间的距离。

②【等距值】：选择以指定边线偏移值。

③【反向】：反转应用厚度比率或边线偏移值的方向。如图13-34所示。

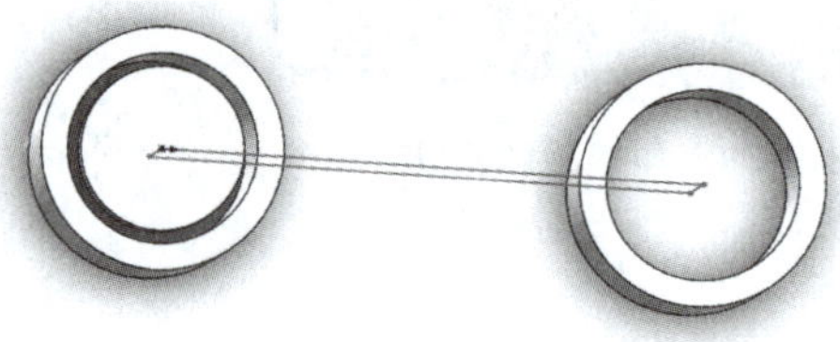

图13-33　顶端盖内部

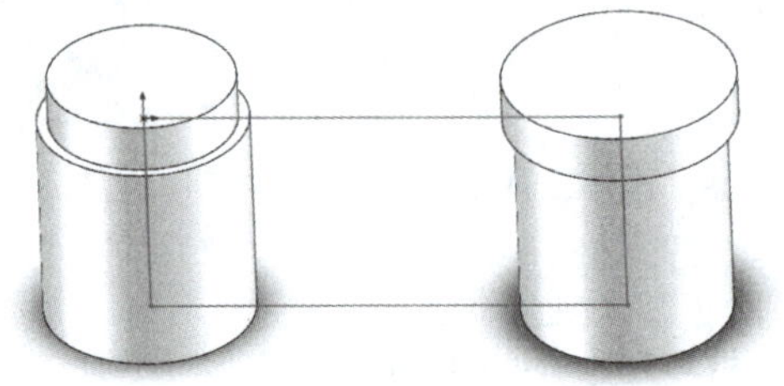

图13-34　默认方向（左）和反转方向（右）

【边角处理】选项组中包含以下几个选项：

①【倒角】：给顶盖的边角添加倒角。如图13-35所示。

②【圆角】：给顶盖的边角添加圆角。如图13-36所示。

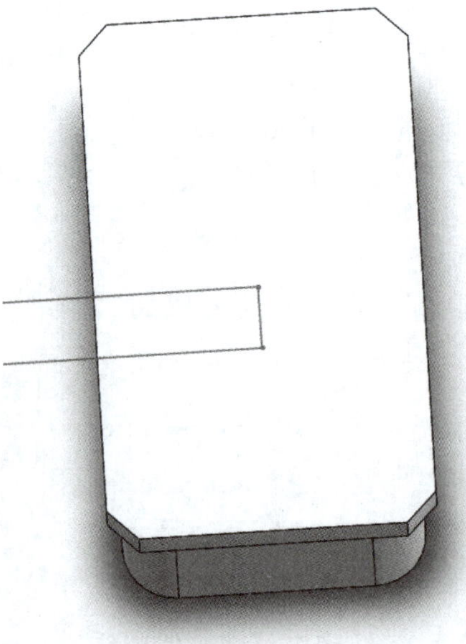

图13-35　给顶盖的边角添加倒角

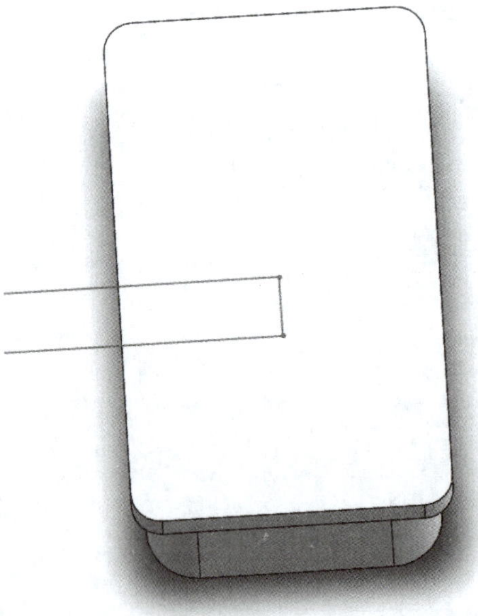

图13-36　给顶盖的边角添加圆角

③【圆角半径】：给圆角设定半径。

13.4.2 生成顶端盖的方法

① 在前视基准面上绘制草图，如图13-37所示。然后在草图的边上画出一个焊件实体，如图13-38所示。

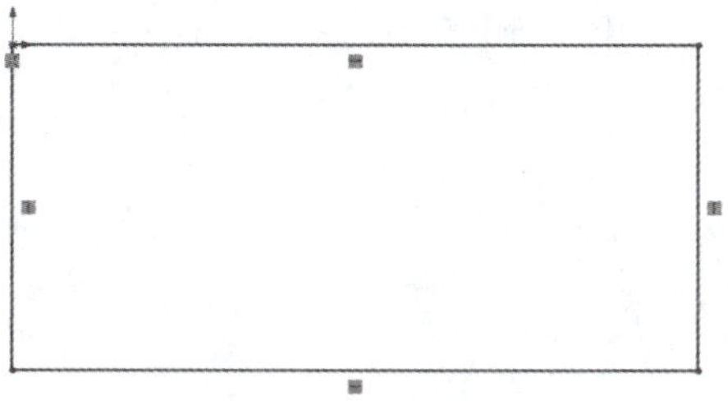

图13-37 绘制草图

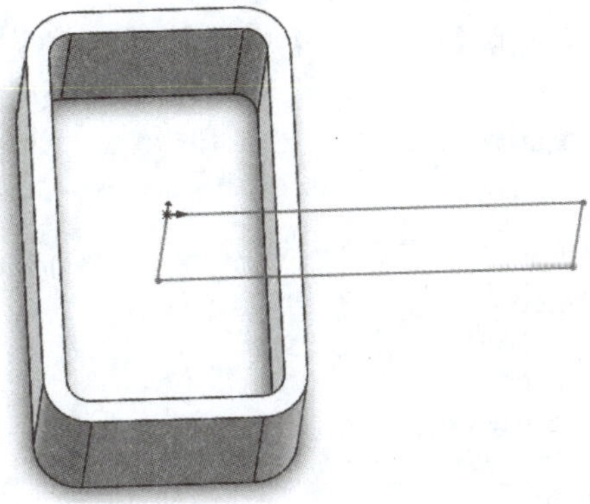

图13-38 绘制焊件实体

② 单击【焊件】工具栏中的【顶端盖】按钮（或者选择【插入】|【焊件】|【顶端盖】菜单命令），弹出【顶端盖】属性管理器。在左侧工具栏中，设置【参数】、【等距】和【边角距离】参数。【参数】选择“面1”，【厚度方向】选择【向外】，【厚度】设置为“5mm”。【等距】选择【厚度比率】，【反向】设置为“0.5mm”。【边角处理】选择【圆角】，输入距离“3mm”。操作工具栏如图13-39所示。

③ 单击【确定】按钮，生成顶端盖的实体，如图13-40所示。

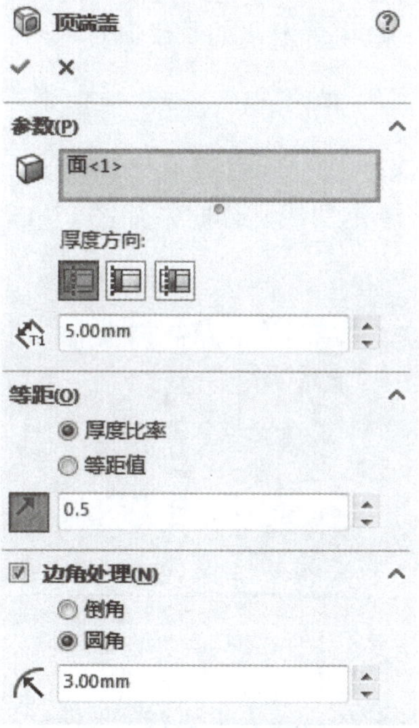

图13-39 操作工具栏

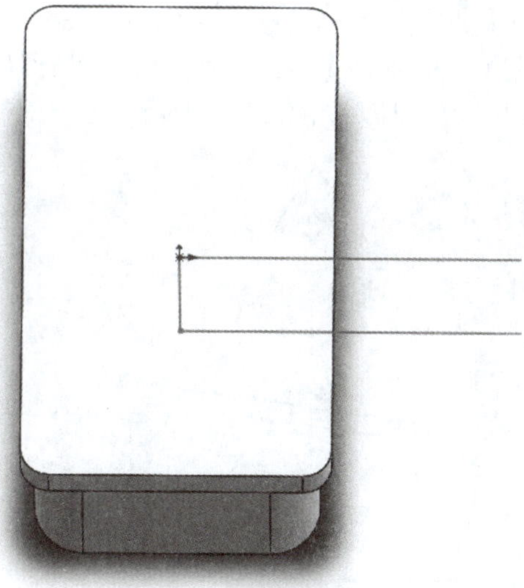

图13-40 顶端盖的实体

13.5 圆角焊缝

13.5.1 圆角焊缝的属性设置

单击【插入】|【焊件】|【圆角焊缝】菜单命令，弹出【圆角焊缝】属性管理器，如图13-41所示。

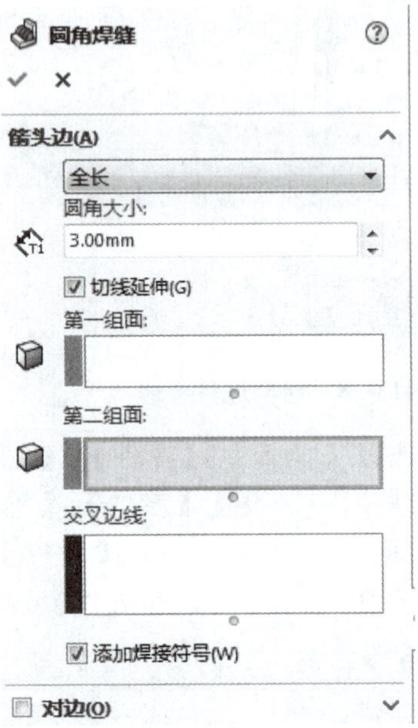

图13-41 【圆角焊缝】属性管理器

【箭头边】选项组中包含以下几个选项：

① 焊缝类型：全长（如图13-42所示）、间歇（如图13-43所示）、交错（如图13-44所示）。

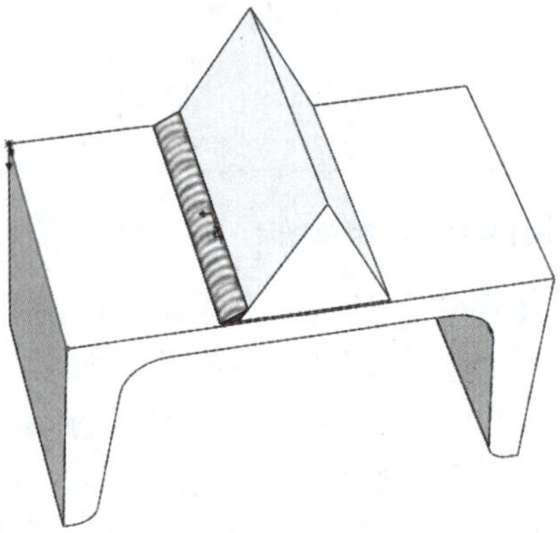

图13-42 全长

② 【圆角大小】：圆角焊缝的支柱长度。

③【焊缝长度】：每个焊缝段的长度。

④【俯仰】：每个焊缝起点之间的距离。

⑤【完全穿透】：将焊缝应用到完整深度。

⑥【部分穿透】：将焊缝应用到在穿透中输入的深度。

⑦【切线延伸】：将所选的轨迹进行切线延伸。选定切线延伸时，如图13-45所示。清除切线延伸时，如图13-46所示。

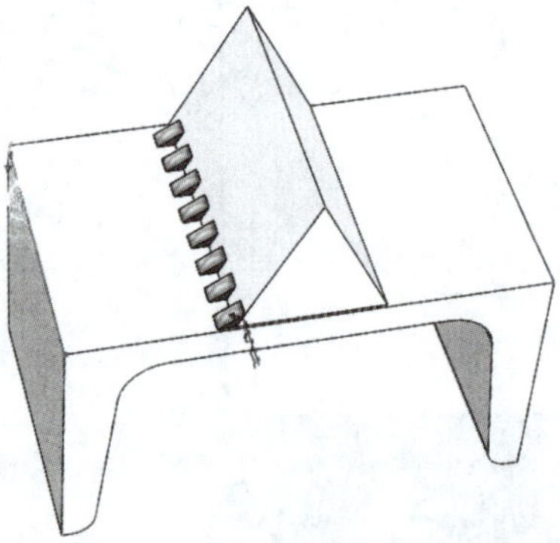

图13-43 间歇

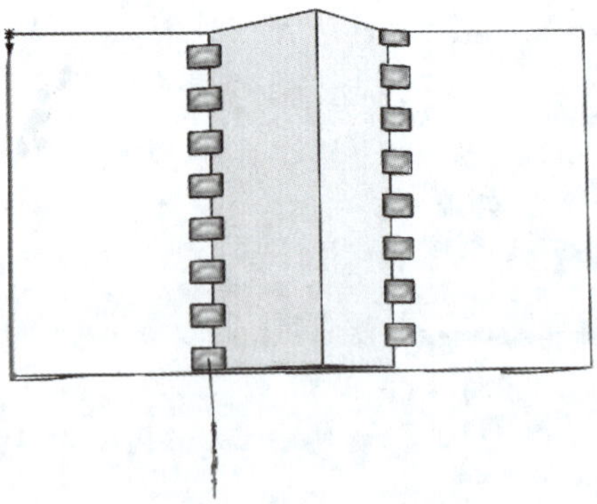

图13-44 交错

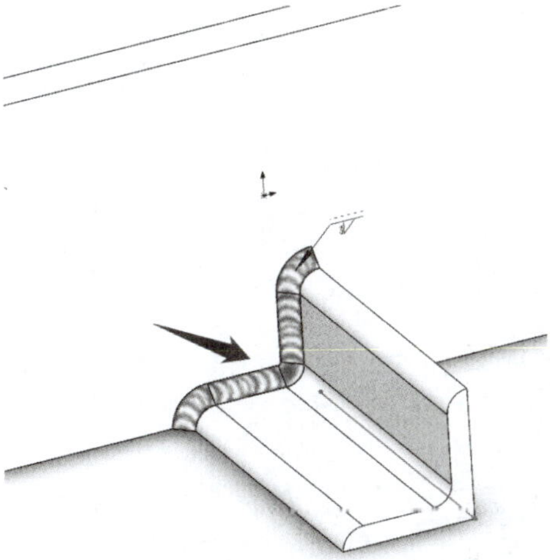

图13-45　选定切线延伸

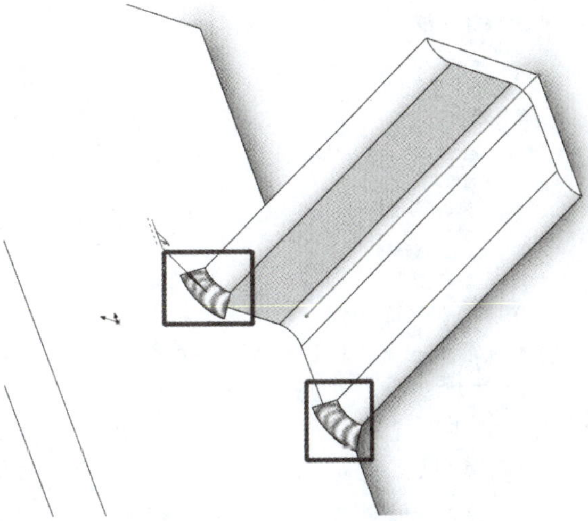

图13-46　清除切线延伸

⑧ 【第一组面】：选取一个或多个平面。

⑨ 【第二组面】：选取一个或多个与第一个面组交叉的平面。

⑩【交叉边线】：高亮显示【第一组面】和【第二组面】交叉处的边线。

【对边】：选取对边为全长和间歇类型应用其他设定。

13.5.2　生成圆角焊缝的方法

① 在前视基准面上绘制草图，如图13-47所示。然后在草图的边上画出相交的焊件实体，如图13-48所示。

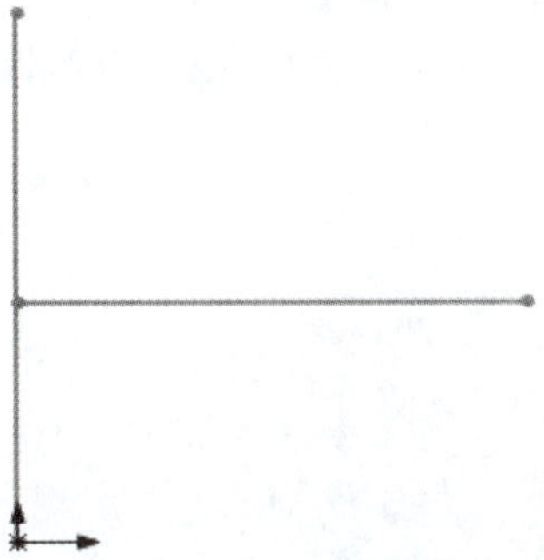

图13-47　绘制草图

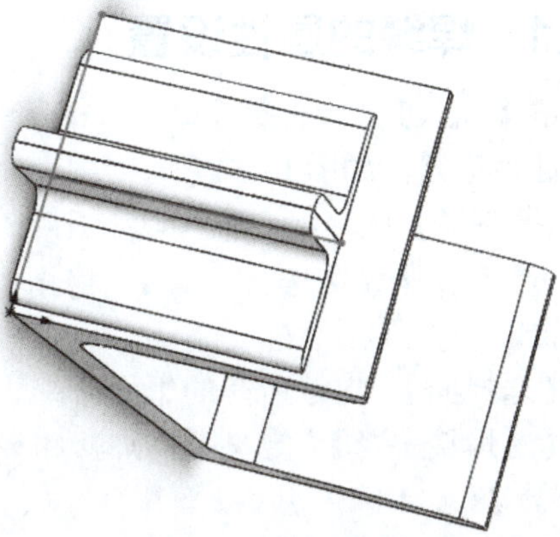

图13-48　绘制焊件实体

② 单击【焊件】工具栏中的【圆角焊缝】按钮（或者选择【插入】|【焊件】|【圆角焊缝】菜单命令），弹出【圆角焊缝】属性管理器。在左侧工具栏中，设置【箭头边】和【对边】参数。【箭头边】选择【全长】，【圆角大小】：3mm。勾选【切线延伸】，【第一组面】选择“面1”“面2”“面3”“面4”，【第二组面】选择“面5”。操作工具栏如图13-49所示。

③ 单击【确定】按钮，生成圆角焊缝的实体，如图13-50所示。

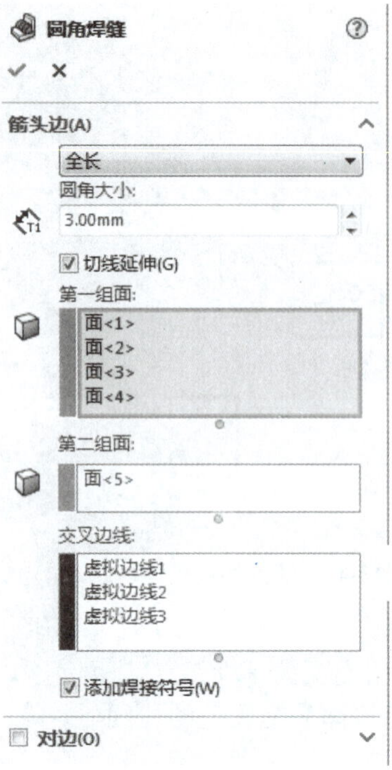

图13-49　操作工具栏

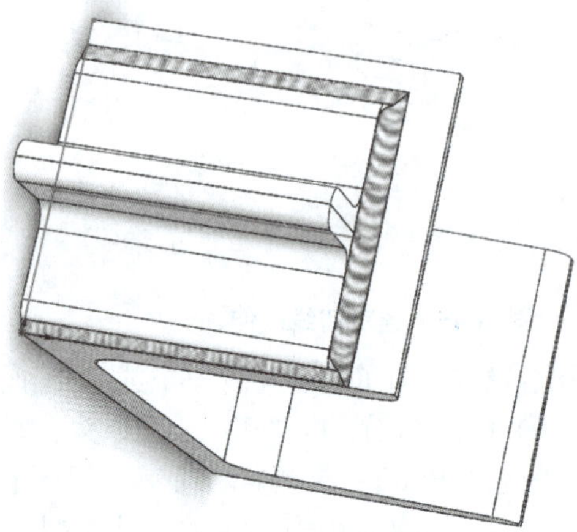

图13-50　圆角焊缝的实体

13.6　焊缝

13.6.1　焊缝的属性设置

单击【插入】|【焊件】|【焊缝】菜单命令，弹出【焊缝】属性管理器，如图13-51所示。

【焊接路径】选项组中包含以下几个选项：

① 【智能焊接选择工具】：将指针拖到要应用焊缝的位置。

②【选择面】：焊缝所在的平面。

③【新焊接路径】：定义新的焊接路径。

【设定】选项组中包含以下几个选项：

①【焊接选择】：选择要焊接的是几何体还是焊接路径。

②【焊接几何体】：提供两个选择框，焊缝起始点和焊缝终止点。

③【焊接路径】：提供单个选择框，选择要焊接的面和边线。

④ 【焊缝起始点】：要焊接单实体中的焊接起点。

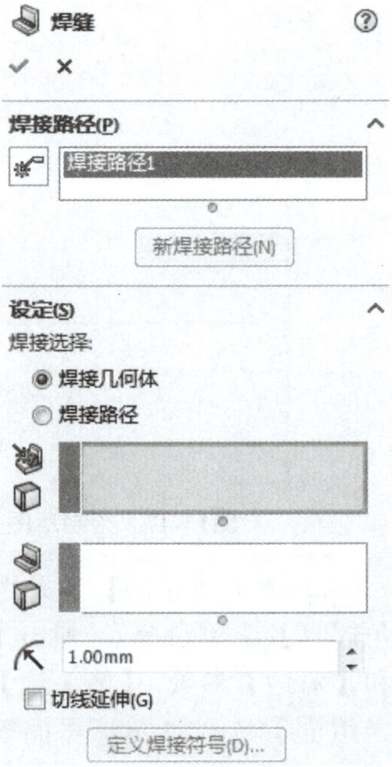

图13-51　【焊缝】属性管理器

⑤ 【选择面或边线】：选择焊缝起始点和终止点的面或边线。

⑥ 【焊缝终止点】：与焊缝起始点所选的实体连接。

⑦【焊缝大小】：设定焊缝的厚度。

⑧【切线延伸】：将焊缝应用到与所选面或边线相切的所有边线。类型有选择（如图13-52所示）、两边（如图13-53所示）和全周（如图13-54所示）。

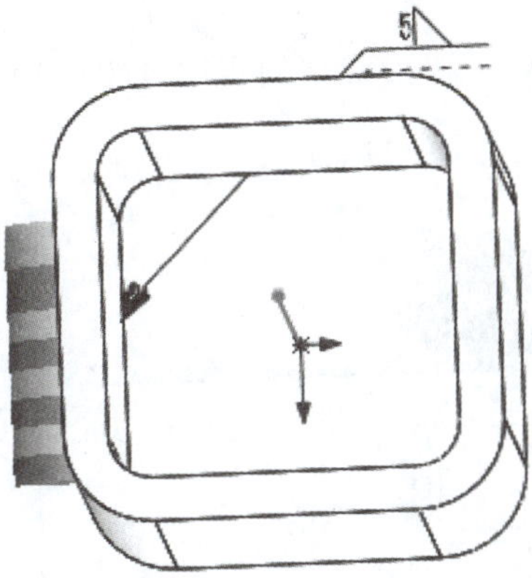

图13-52　仅按所选择的边界进行焊缝

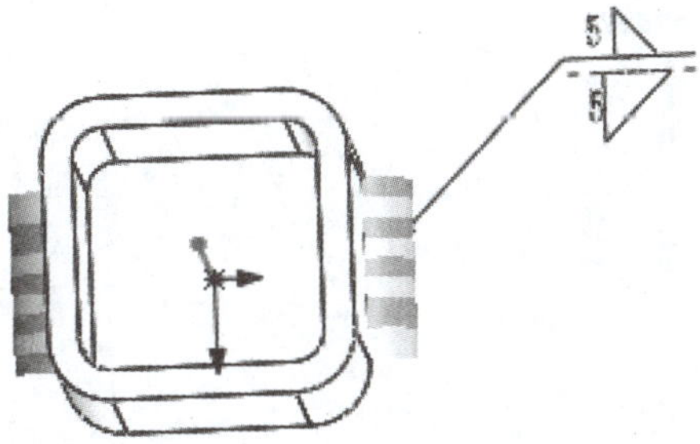

图13-53　按所选择的边界两边进行焊缝

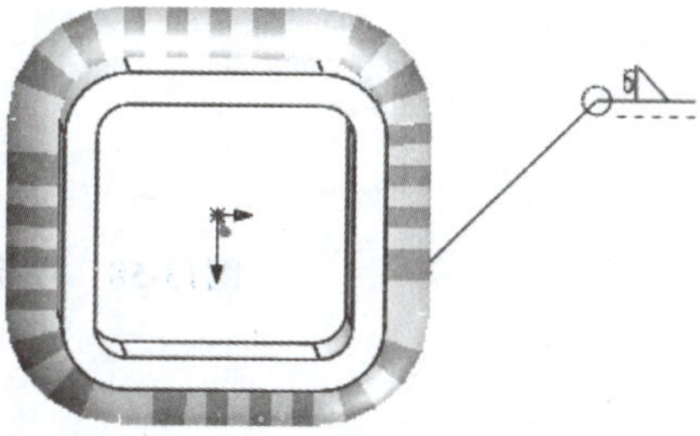

图13-54　按所选择的边界全周进行焊缝

⑨【定义焊接符号】：将焊接符号附加到激活的焊缝中。

13.6.2　生成焊缝的方法

① 在前视基准面上绘制草图，如图13-55所示。然后拉伸草图生成实体，再在草图上画一个焊件，如图13-56所示。

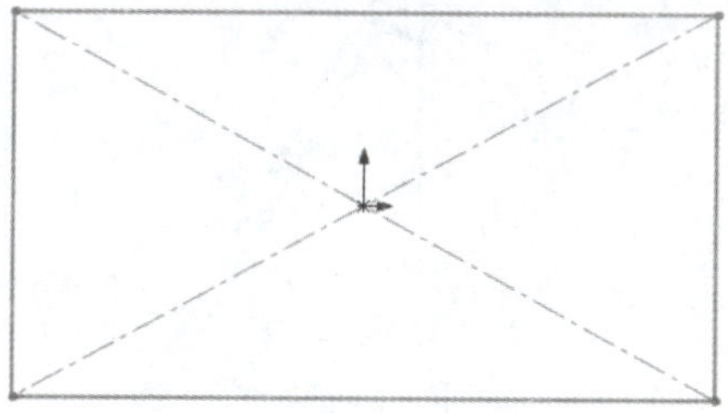

图13-55　绘制草图

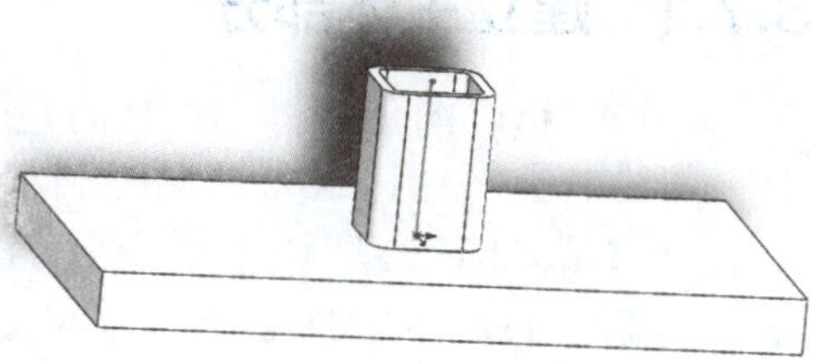

图13-56　绘制焊件实体

② 单击【焊件】工具栏中的 【焊缝】按钮（或者选择【插入】|【焊件】|【焊缝】

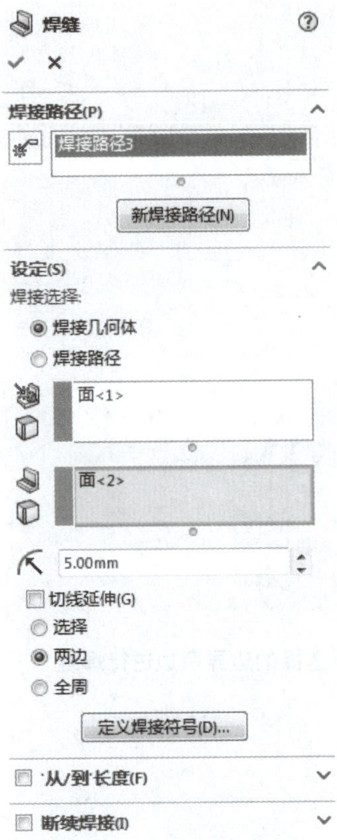

图13-57 操作工具栏

菜单命令），弹出【焊缝】属性管理器。在左侧工具栏中，设置【焊接路径】和【设定】参数。【焊接路径】为“焊接路径3”，【焊接选择】：焊接几何体。【焊接起始点】选择“面1”。【焊接终止点】选择“面2”。【焊缝大小】：5mm。选择【切线延伸】下的【两边】。操作工具栏如图13-57所示。

③ 单击✓【确定】按钮，生成焊缝的实体，如图13-58所示。

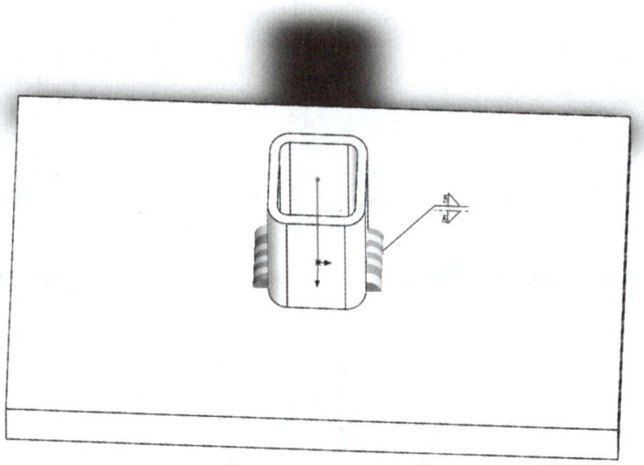

图13-58 焊缝的实体

扫码看视频

13.7 健身架建模实例

本实例通过焊件建模的方法来完成健身架模型的建立，模型如图13-59所示。

具体步骤如下。

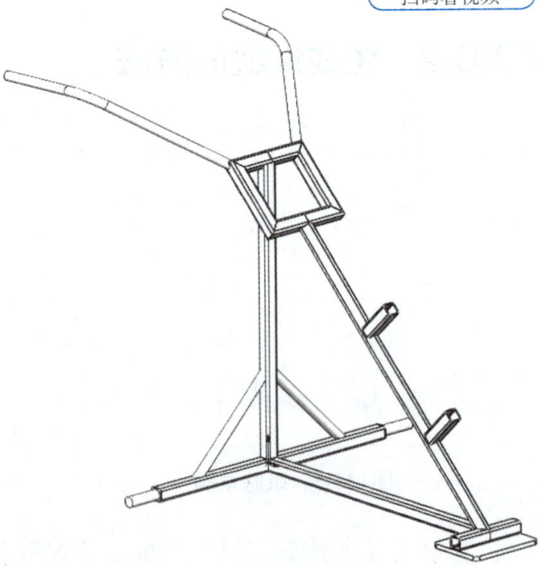

图13-59 健身架模型

13.7.1 建立主体部分

① 单击【草图】工具栏中的【3D草图绘制】按钮，进入草图绘制状态。使用【草图】工具栏中的【直线】、【中心线】、【智能尺寸】工具，绘制如图13-60所示的草图。单击【退出草图】按钮，退出草图绘制状态。

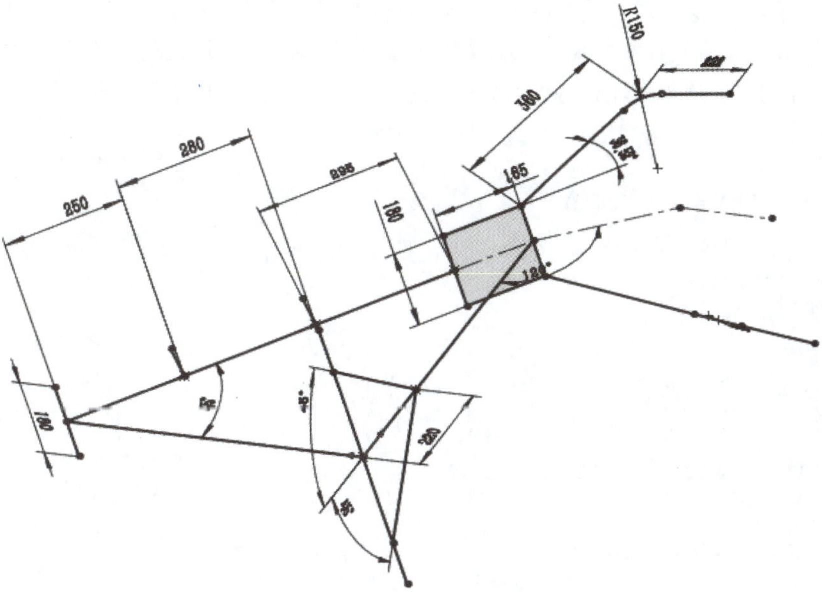

图13-60　绘制草图并标注尺寸

② 单击【焊件】工具栏中的 【结构构件】按钮，弹出【结构构件】属性管理器。在【标准】中选择“iso”，在【Type】中选择方形管，在【大小】中选择“30×30×2.6”；在【路径线段】中选择8条直线，单击 【确定】按钮，生成独立实体的结构构件，如图13-61所示。

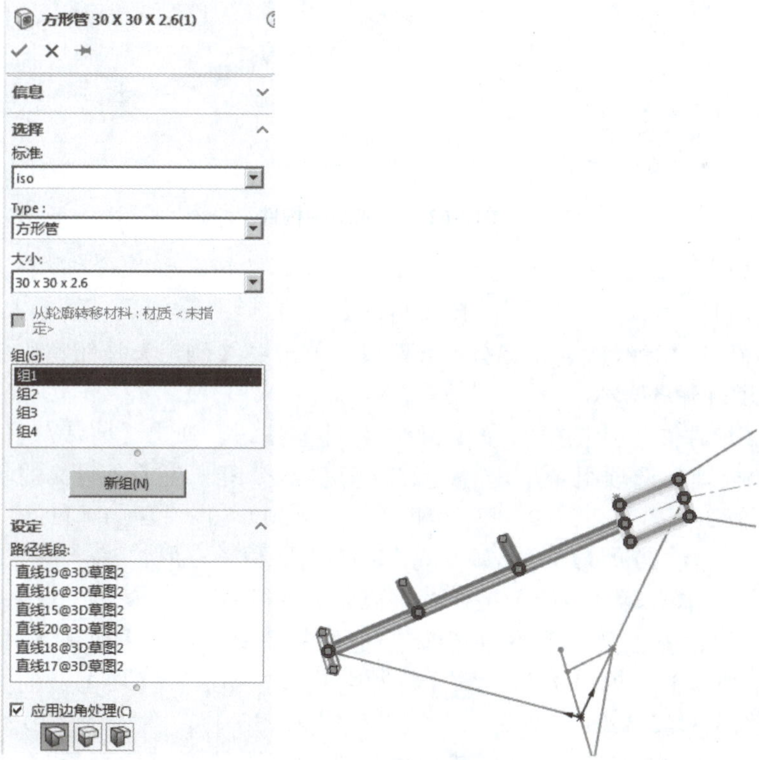

图13-61　生成结构构件

③ 单击【焊件】工具栏中的【结构构件】按钮，弹出【结构构件】属性管理器。在【标准】中选择“iso”，在【Type】中选择“方形管”，在【大小】中选择“30×30×2.6”；在【路径线段】中选择3条直线，单击【确定】按钮，生成独立实体的结构构件，如图13-62所示。

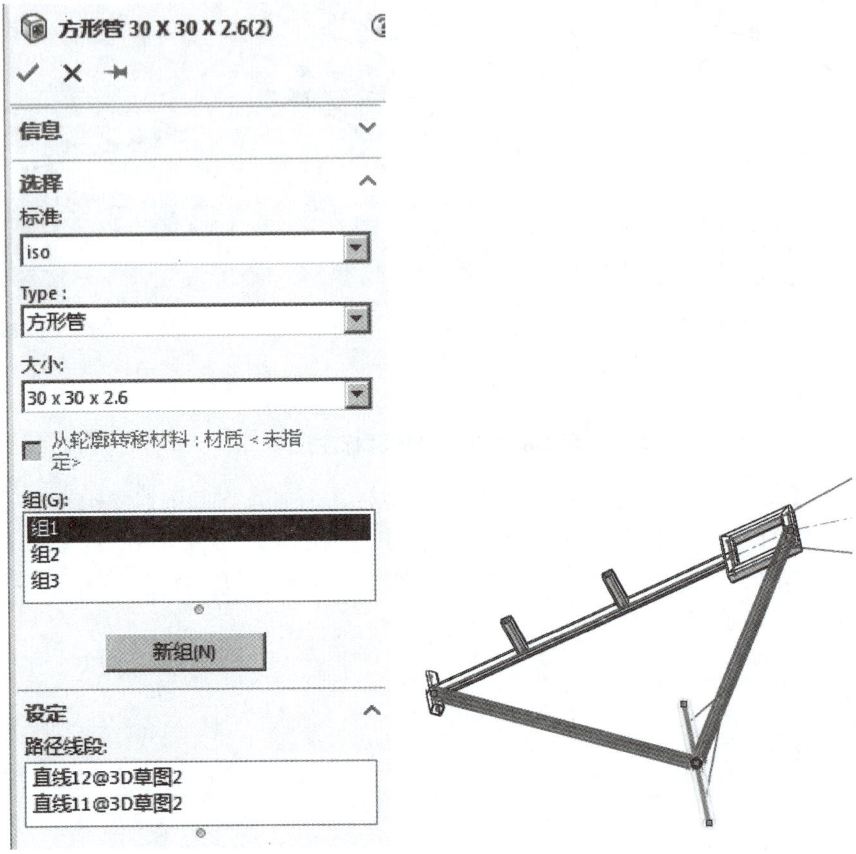

图13-62 生成结构构件

④ 单击【焊件】工具栏中的【结构构件】按钮，弹出【结构构件】属性管理器。在【标准】中选择“iso”，在【Type】中选择“管道”，在【大小】中选择“21.3×2.3”；在【路径线段】中选择8条直线，单击【确定】按钮，生成独立实体的结构构件，如图13-63所示。

⑤ 单击【焊件】工具栏中的【剪裁/延伸】按钮，弹出【剪裁/延伸】属性管理器。在【边角处理】选项组中单击【终端剪裁】按钮；在【要剪裁的实体】选项组中选择“方形管30×30×2.6（2）[3]”和“方形管30×30×2.6（1）[11]”；在【剪裁边界】选项组中选择“方形管30×30×2.6（1）[10]”和“方形管30×30×2.6（1）[9]”，如图13-64所示，单击【确定】按钮，生成剪裁特征。

⑥ 单击【焊件】工具栏中的【剪裁/延伸】按钮，弹出【剪裁/延伸】属性管理器。在【边角处理】选项组中单击【终端剪裁】按钮；在【要剪裁的实体】选项组中选择“管道21.3×2.3（1）[2]”“管道21.3×2.3（1）[1]”“方形管30×30×2.6（2）[4]”和“剪裁/延伸1[1]”；在“剪裁边界”选项组中选择“方形管30×30×2.6（2）

[1]”和“方形管30×30×2.6（2）[2]”，如图13-65所示，单击✔【确定】按钮，生成剪裁特征。

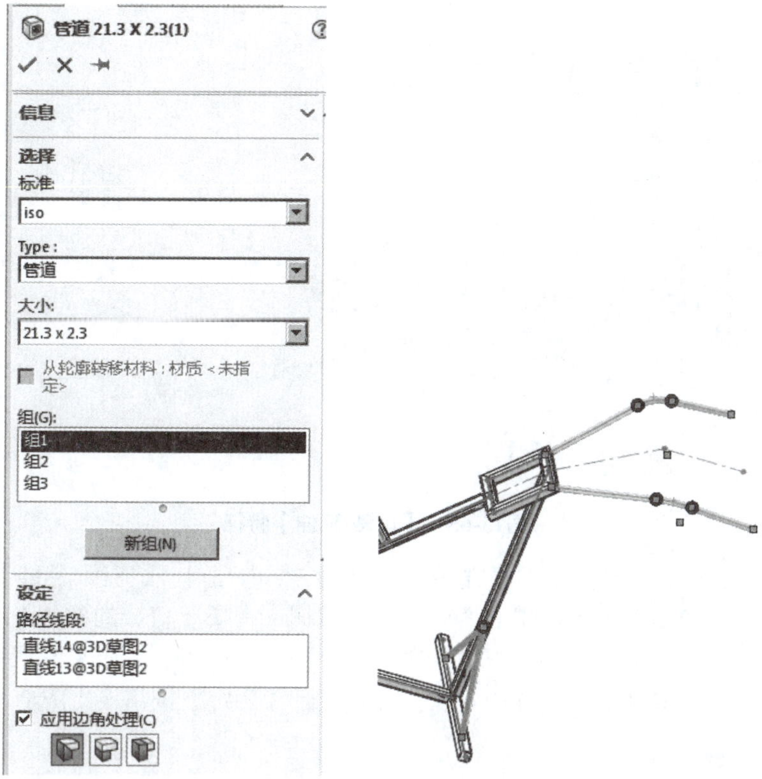

图13-63　生成结构构件

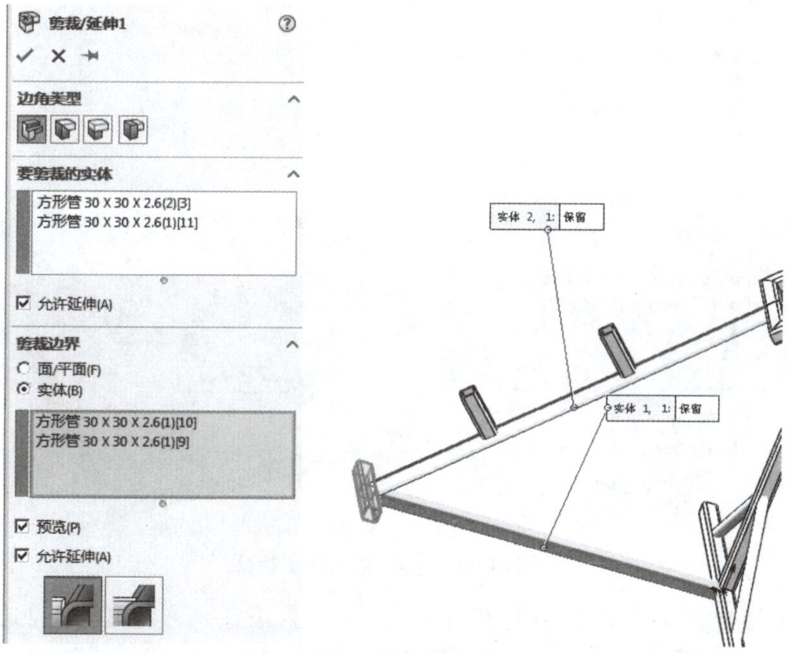

图13-64　【剪裁/延伸】特征

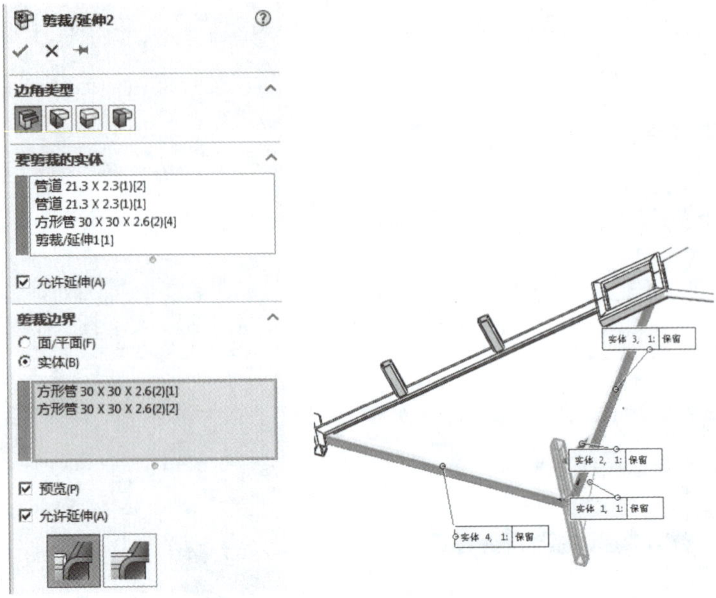

图13-65 【剪裁/延伸】特征

⑦ 单击【焊件】工具栏中的【剪裁/延伸】按钮，弹出【剪裁/延伸】属性管理器。在【边角处理】选项组中单击【终端剪裁】按钮；在【要剪裁的实体】选项组中选择“方形管30×30×2.6（1）[7]”和“方形管30×30×2.6（1）[8]”；在【剪裁边界】选项组中选择“剪裁/延伸1[2]”，如图13-66所示，单击【确定】按钮，生成剪裁特征。

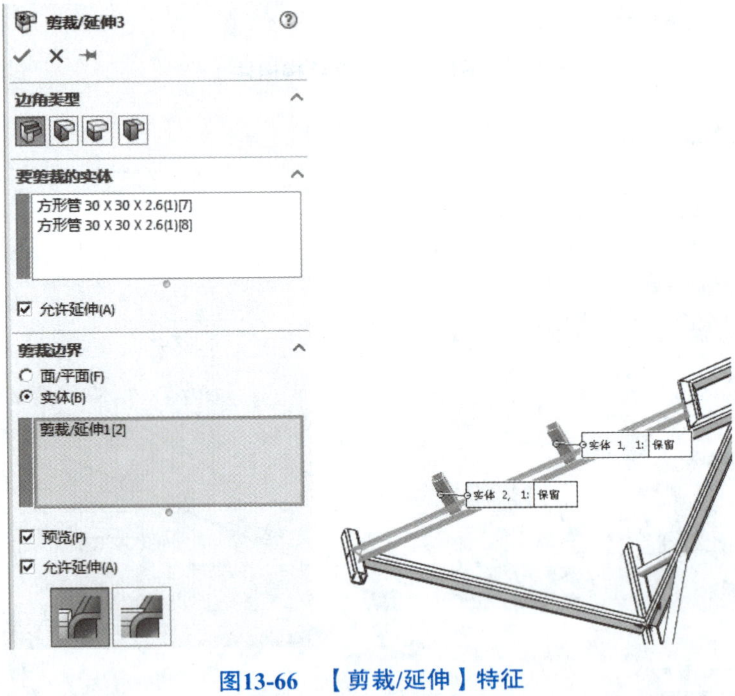

图13-66 【剪裁/延伸】特征

⑧ 单击【焊件】工具栏中的【剪裁/延伸】按钮，弹出【剪裁/延伸】属性管理器。在【边角处理】选项组中单击【终端剪裁】按钮；在【要剪裁的实体】选项

组中选择“管道21.3×2.3（1）[6]”和“管道21.3×2.3（1）[3]”；在【剪裁边界】选项组中选择“方形管30×30×2.6（1）[1]”“方形管30×30×2.6（1）[2]”“方形管30×30×2.6（1）[3]”和“方形管30×30×2.6（1）[4]”，如图13-67所示，单击✔【确定】按钮，生成剪裁特征。

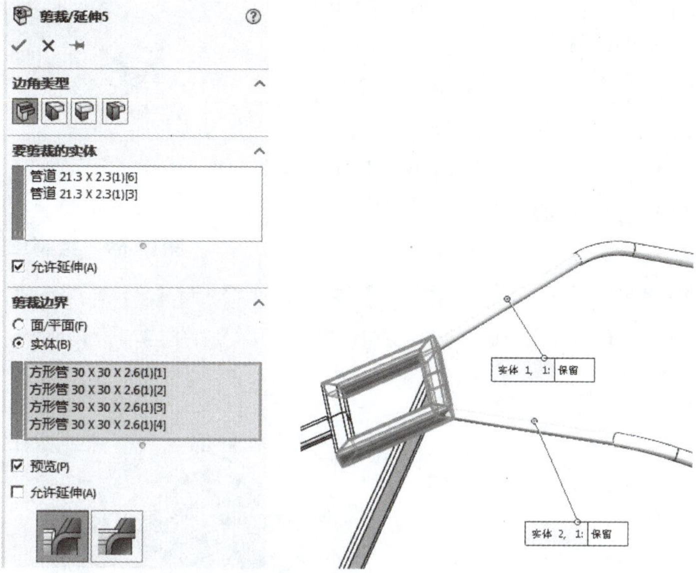

图13-67 【剪裁/延伸】特征

⑨ 单击【焊件】工具栏中的【剪裁/延伸】按钮，弹出【剪裁/延伸】属性管理器。在【边角处理】选项组中单击【终端剪裁】按钮；在【要剪裁的实体】选项组中选择“剪裁/延伸1[2]”；在【剪裁边界】选项组中选择“方形管30×30×2.6（1）[5]”和“方形管30×30×2.6（1）[6]”，如图13-68所示，单击✔【确定】按钮，生成剪裁特征。

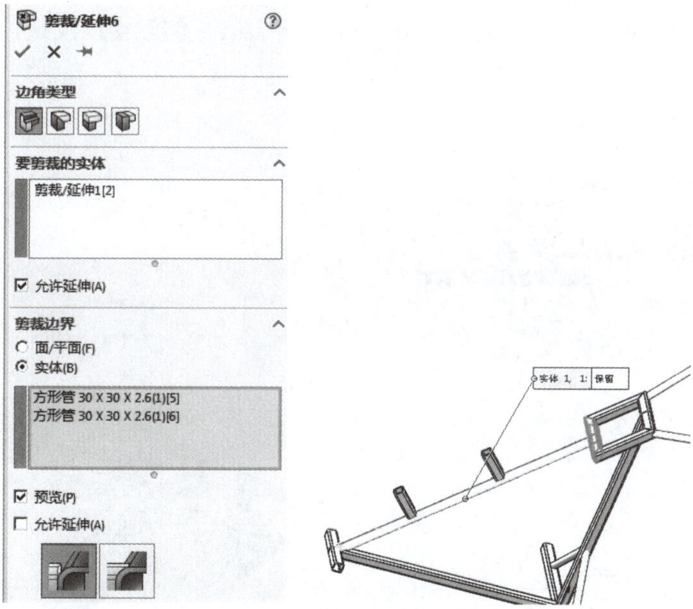

图13-68 【剪裁/延伸】特征

13.7.2 建立辅助部分

① 单击模型的下表面，使其成为草图绘制平面。单击【标准视图】工具栏中的【正视于】按钮，并单击【草图】工具栏中的【草图绘制】按钮，进入草图绘制状态。使用【草图】工具栏中的【直线】、【中心线】、【智能尺寸】工具，绘制如图13-69所示的草图。单击【退出草图】按钮，退出草图绘制状态。

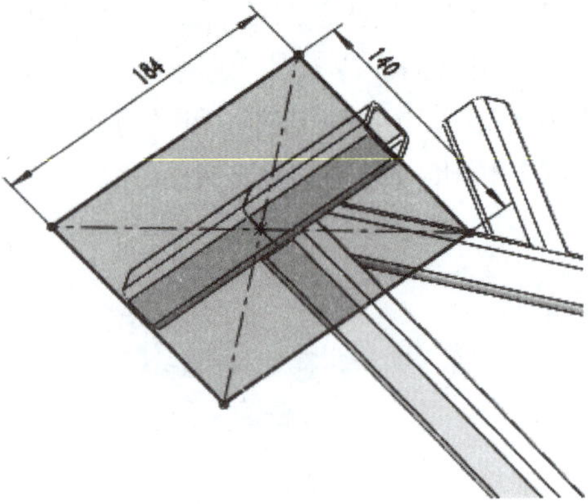

图13-69 绘制草图并标注尺寸

② 单击【特征】工具栏中的【拉伸凸台/基体】按钮，弹出【凸台-拉伸】属性管理器。在【方向1】选项组中，设置【终止条件】为【给定深度】，【深度】为“10.00mm”，单击【确定】按钮，生成拉伸特征，如图13-70所示。

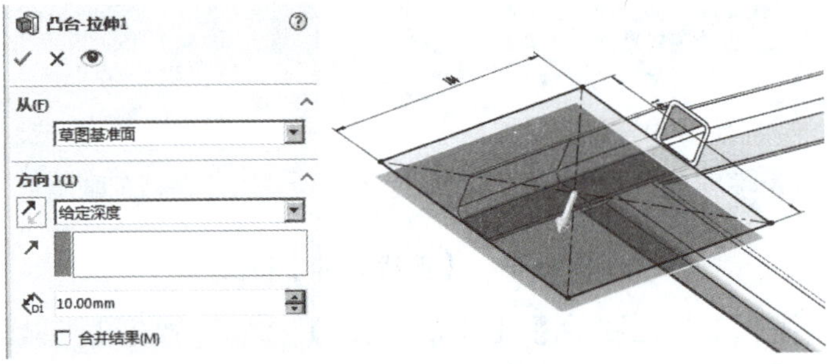

图13-70 拉伸特征

③ 单击【特征】工具栏中的【圆角】按钮，弹出【圆角】属性管理器。在【圆角项目】选项组中，单击【边线、面、特征和环】选择框，在图形区域中选择模型的4条边线，设置【半径】为“10.00mm”，单击【确定】按钮，生成圆角特征，如图13-71所示。

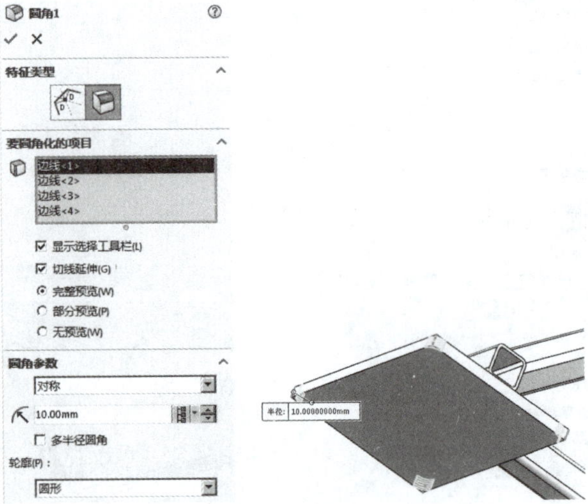

图13-71 生成圆角特征

④ 单击【焊件】工具栏中的【顶端盖】按钮，弹出【顶端盖】属性管理器。在【参数】选项组中单击【面】选择框，在图形区域中选择结构件的端面，设置【厚度】为“3.00mm”；在【等距】选项组中，选择【等距值】选项，设置距离为“0.75mm”；选择【圆角】选项，设置【圆角半径】为“3.00mm”，如图13-72所示，单击【确定】按钮，生成顶端盖特征。

⑤ 单击模型的端面，使其成为草图绘制平面。单击【标准视图】工具栏中的【正视于】按钮，并单击【草图】工具栏中的【草图绘制】按钮，进入草图绘制状态。使用【草图】工具栏中的【圆】、【智能尺寸】工具，绘制如图13-73所示的草图。单击【退出草图】按钮，退出草图绘制状态。

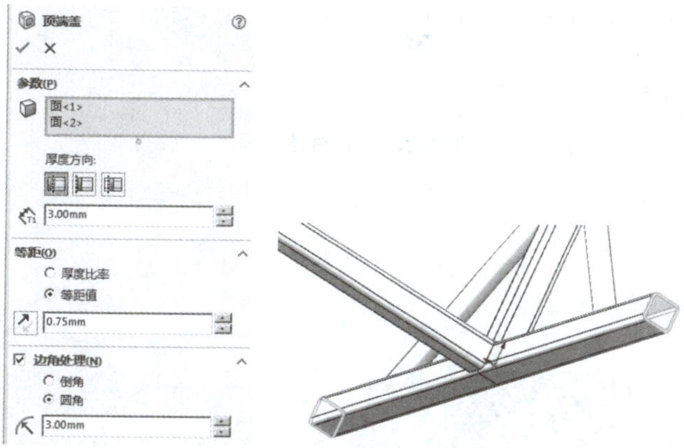

图13-72　顶端盖特征

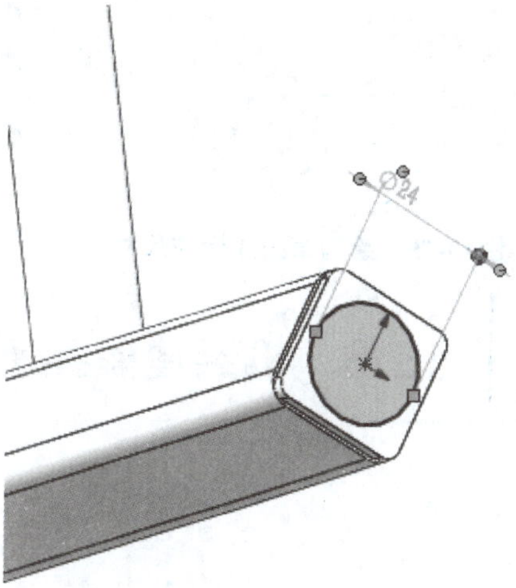

图13-73　绘制草图并标注尺寸

⑥ 单击【特征】工具栏中的【拉伸凸台/基体】按钮，弹出【凸台-拉伸】属性管理器。在【方向1】选项组中，设置【终止条件】为【给定深度】，【深度】为“80.00mm”，单击【确定】按钮，生成拉伸特征，如图13-74所示。

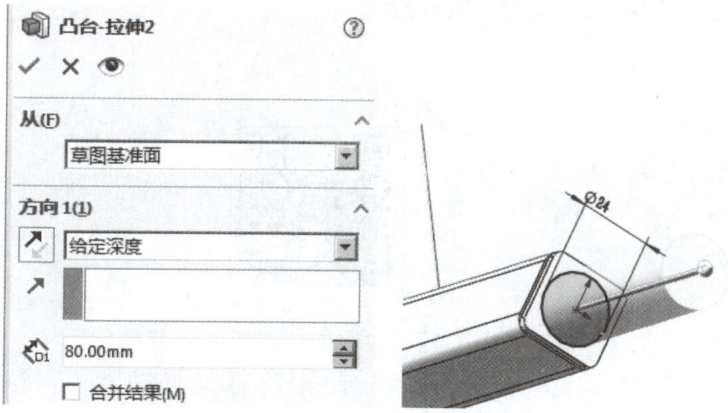

图13-74　拉伸特征

⑦ 单击模型的端面，使其成为草图绘制平面。单击【标准视图】工具栏中的【正视于】按钮，并单击【草图】工具栏中的【草图绘制】按钮，进入草图绘制状态。使用【草图】工具栏中的【圆】、【智能尺寸】工具，绘制如图13-75所示的

草图。单击【退出草图】按钮，退出草图绘制状态。

⑧ 单击【特征】工具栏中的【拉伸凸台/基体】按钮，弹出【凸台-拉伸】属性管理器。在【方向1】选项组中，设置【终止条件】为【给定深度】，【深度】为“80.00mm”，单击【确定】按钮，生成拉伸特征，如图13-76所示。

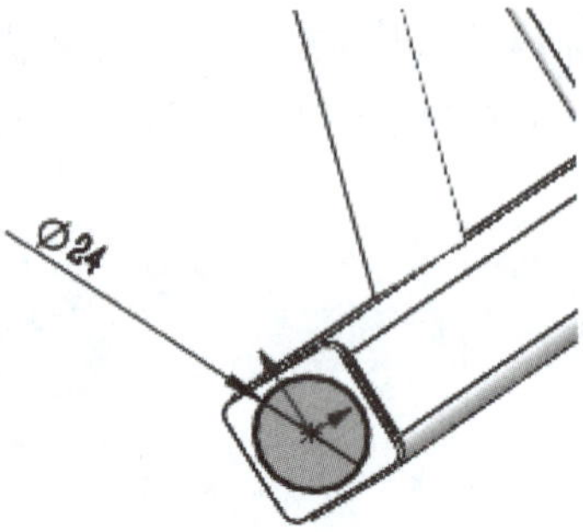

图13-75　绘制草图并标注尺寸

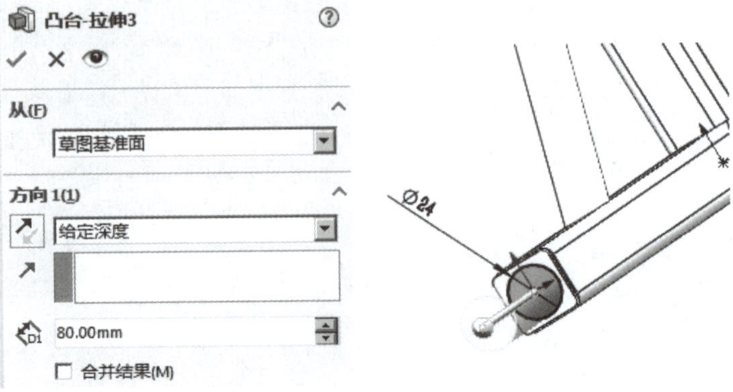

图13-76　拉伸特征

13.8　机架建模实例

扫码看实例

13.9　自行车车架建模实例

扫码看实例

14 第14章 钣金设计

钣金设计是用钣金特有的命令建立等厚度的三维实体的过程。其常用的命令有基体法兰、边线法兰、斜接法兰、扫描法兰等。

14.1 基体法兰

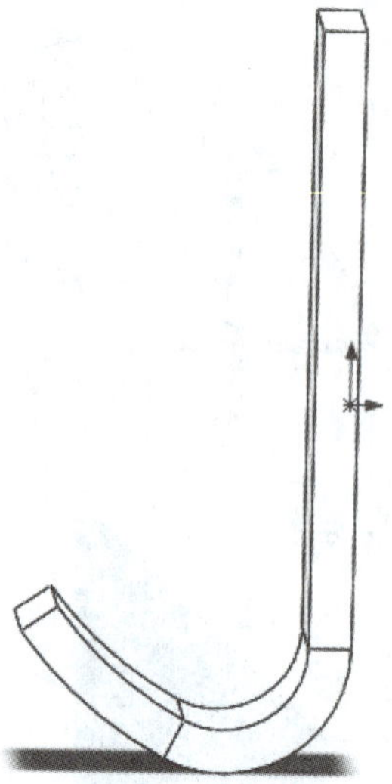

图14-1 单一开环

基体法兰是从草图生成的。草图可以是以下任何一种轮廓：

单一开环：单一开环轮廓可用于拉伸、旋转、剖面、路径、引导线以及钣金。典型的开环轮廓以直线或其他草图实体绘制。如图14-1所示。

单一闭环：单一闭环轮廓可用于拉伸、旋转、剖面、路径、引导线以及钣金。典型的单一闭环轮廓是用圆、方形、闭环样条曲线以及其他封闭的几何形状绘制的。如图14-2所示。

多个连通闭环：多重封闭轮廓可用于拉伸、旋转以及钣金。如果有一个以上的轮廓，其中一个轮廓必须包含其他轮廓。典型的多重封闭轮廓是用圆、矩形以及其他封闭的几何形状绘制的。如图14-3所示。

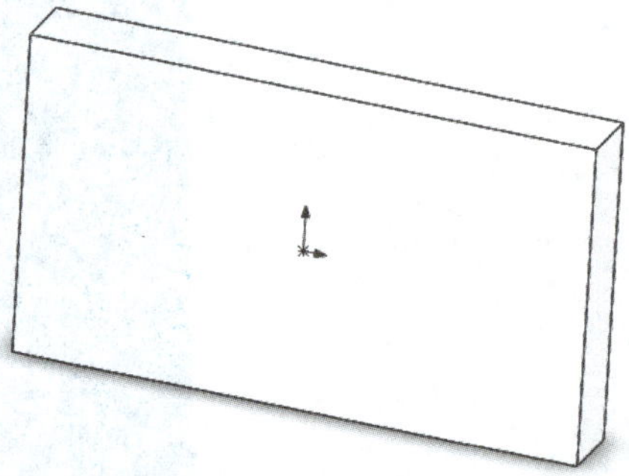

图14-2 单一闭环

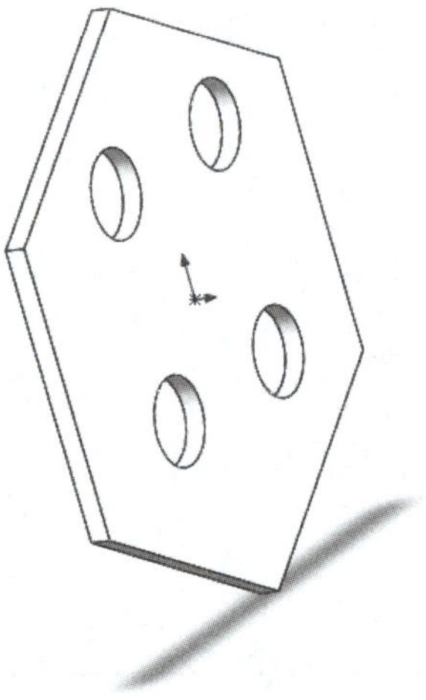

图14-3 多个连通闭环

14.1.1 基体法兰的属性设置

单击【插入】|【钣金】|【基体法兰】菜单命令。弹出【信息】对话框，选择一基准面绘制草图。然后单击【退出草图绘制】命令，弹出【基体法兰】属性管理器，如图14-4所示。

【钣金规格】选项组下勾选【使用规格表】命令，可以选择一个规格表。

【钣金参数】：【厚度】可以设定数值以指定钣金厚度；【反向】以反向加厚草图。

【折弯系数】：K因子、折弯系数或折弯扣除，输入一个值。可以通过折弯系数表来定义。

【自动切释放槽】：选择释放槽类型。选择【使用释放槽比例】，并且为比率设定数值。清除【使用释放槽比例】并为【释放槽宽度】和【释放槽深度】设置值。

14.1.2 生成基体法兰的方法

① 单击【钣金】工具栏中的【基体法兰】按钮（或者选择【插入】|【钣金】|【基体法兰】菜单命令），在前视基准面上绘制草图，如图14-5所示。

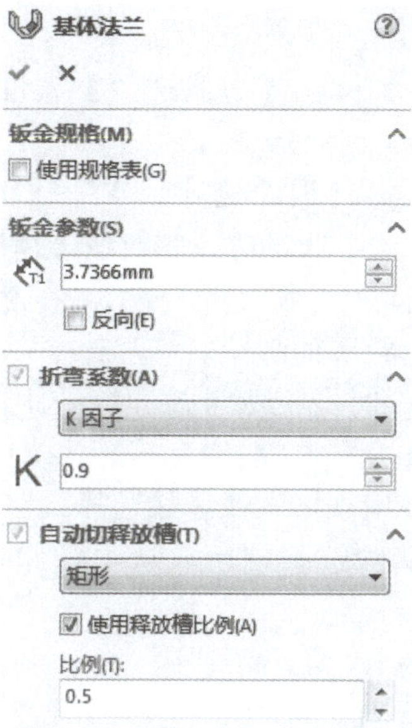

图14-4 【基体法兰】属性管理器

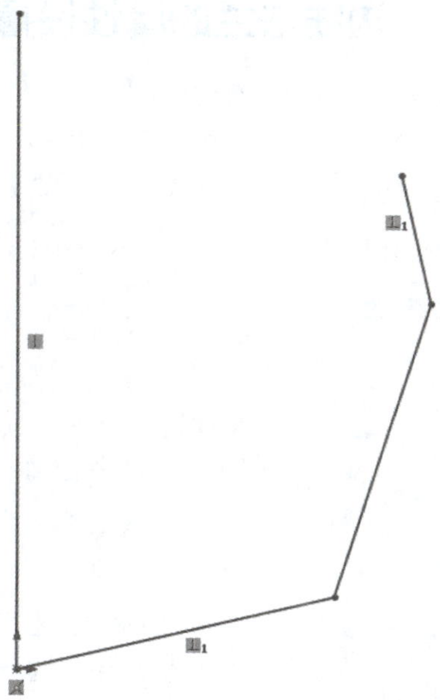

图14-5 绘制草图

② 单击【退出草图绘制】按钮，进入【基体法兰】属性管理器。分别设置【方向】、【钣金规格】、【钣金参数】、【折弯系数】和【自动切释放槽】，如图14-6所示。

③ 单击【确定】按钮，生成基体法兰，如图14-7所示。

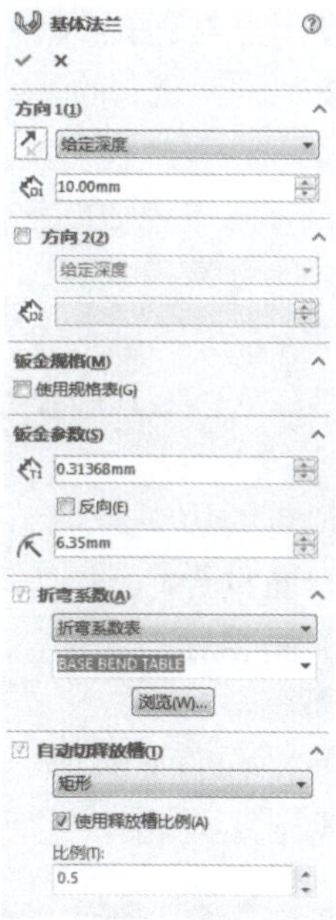

图14-6 基体法兰的设置界面

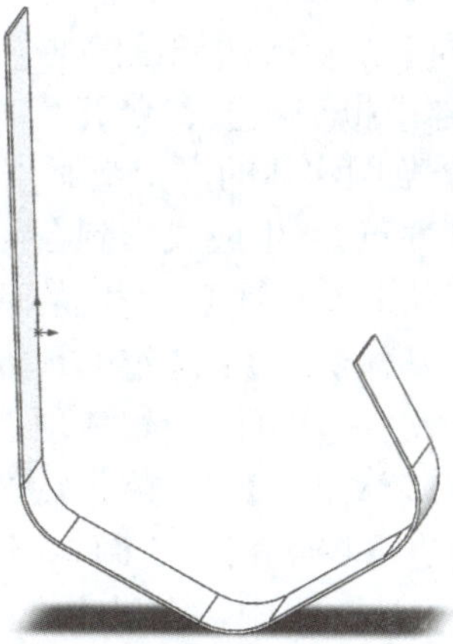

图14-7 基体法兰的实体

14.2 边线法兰

14.2.1 边线法兰的属性设置

单击【插入】|【钣金】|【边线法兰】菜单命令。弹出【边线法兰】属性管理器。如图14-8所示。

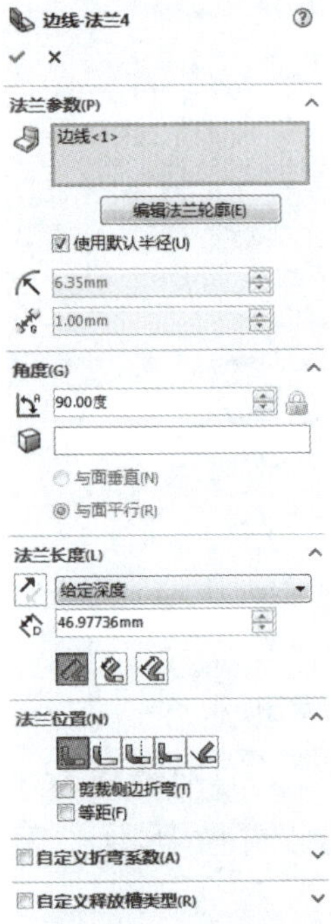

图14-8 边线法兰属性管理器

【法兰参数】选项组中包含以下几个选项：

①【边线】：在图形区域中选择边线。要在多体钣金零件中合并实体，只选取一条边线。

②【编辑法兰轮廓】：编辑轮廓的草图。

③【使用默认半径】：选中时，折弯半径和缝隙距离均无法使用。

④【使用规格表】：选择使用规格表或清除选择。

⑤【折弯半径】：在清除选择使用默认半径和使用规格表后，可通过此选项设定值。

⑥【缝隙距离】：设定一个值。

【角度】选项组中包含以下几个选项：

①【法兰角度】：设定一个值。成形到边线并合并选择法兰长度以便合并多实体零件中的两个实体，则角度会锁定。单击解除锁定角度并将之更改。

②【选择面】：选取一个面为法兰角度设定平行或垂直几何关系。

③【与面垂直】：将边线法兰设定为与选择面中的面垂直。

④【与面平行】：将边线法兰设定为与选择面中的面平行。

【法兰长度】选项组中包含以下几个选项：

①【长度终止条件】：给定深度。根据所指定的长度和方向生成边线法兰。

- 【长度】：设置法兰的长度。
- 【反向】：更改边线法兰的方向。
- 【外部虚拟交点】、【内部虚拟交点】、【双弯曲】：设定测量原点，虚拟交点在两个草图实体的虚拟交叉点处生成一草图点。

②【成形到顶点】：生成成形到在图形区域中所选的顶点的边线。

③【垂直于法兰基准面】：选定的顶点与边线法兰的端面重合。

④【平行于基体法兰】：选定的顶点穿过与基体法兰的面平行的平面。

⑤【垂直于法兰基准面】：红色顶点与边线法兰的端面重合。

⑥【平行于基体法兰】：红色顶点穿过与基体法兰的面平行的平面。

⑦【成形到边线并合并】：在多体零件中，将选定的边线与另一实体中的平行边线合并。

【法兰位置】选项组中包含以下几个选项：

①【材料在内】、【材料在外】、【折弯向外】、【虚拟交点的折弯】、

【与折弯相切】：对所有法兰长度选项和大于90的折弯均有效。

②【剪裁侧边折弯】：当斜接法兰折弯接触现有折弯时，多余的材料将显示。

③【偏移】：选择法兰与钣金实体的偏移。

④【等距终止条件】：为等距终止条件选择项目。

⑤ 【反转方向】：更改等距的方向。

⑥ 【等距距离】：设定一个值。

【自定义折弯系数】：选择以便设定折弯系数类型并为折弯系数设定数值。

【自定义释放槽类型】：选取自定义释放槽类型以添加释放槽切除，然后选择释放槽切除的类型。

14.2.2　生成边线法兰的方法

① 在前视基准面上绘制一个基体法兰，如图14-9所示。

② 单击【钣金】工具栏中的【边线法兰】按钮（或者选择【插入】|【钣金】|【边线法兰】菜单命令），弹出【边线法兰】属性管理器。在【选择】选项组中，选择基体法兰的任意一边线，设置【法兰参数】、【角度】、【法兰长度】和【法兰位置】参数。操作工具栏，其中【自定义折弯系数】和【自定义释放槽类型】不做选择。如图14-10所示。

③ 单击【确定】按钮，生成边线法兰的实体，如图14-11所示。

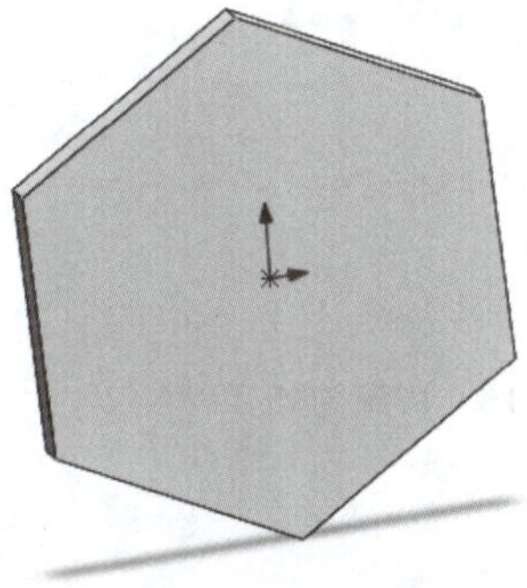

图14-9　绘制草图

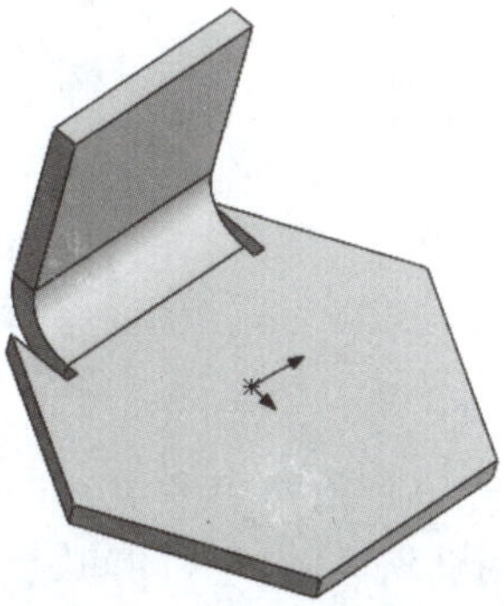

图14-11　边线法兰的实体

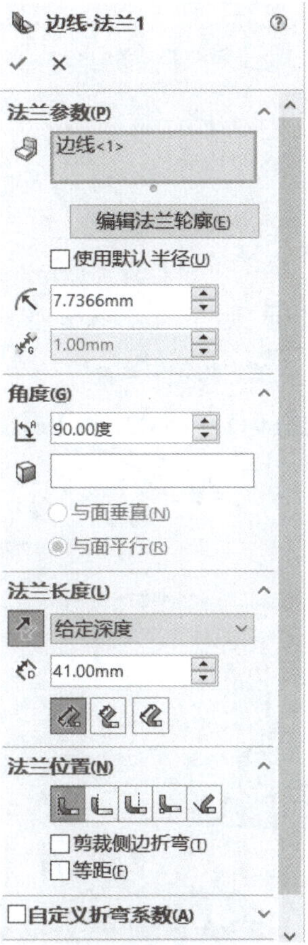

图14-10　边线法兰的设置界面

14.3　斜接法兰

14.3.1　斜接法兰的属性设置

单击【插入】|【钣金】|【斜接法兰】菜单命令。弹出【信息】对话框，选择一基准面绘制草图。然后单击【退出草图绘制】命令，弹出【斜接法兰】属性管理器，如图14-12所示。

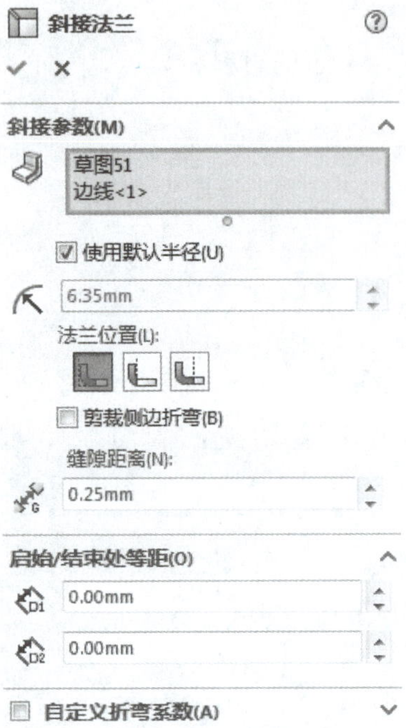

图14-12 【斜接法兰】属性管理器

【斜接参数】选项组中包含以下几个选项：

①【沿边线】：显示所绘制的边线，图形区域中还有斜接法兰的预览。

②【默认半径】：如想使用默认折弯半径以外的选择，消除【使用默认半径】然后设定折弯半径。

③【法兰位置】：有材料在内（如图14-13所示）、材料在外（如图14-14所示）或折弯向外（如图14-15所示）。

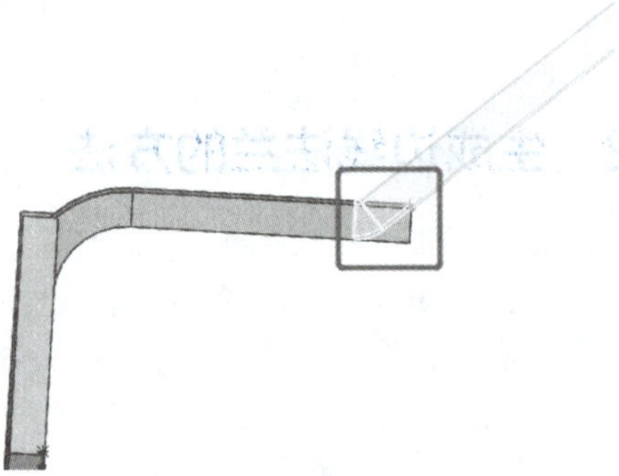

图14-13 材料在内

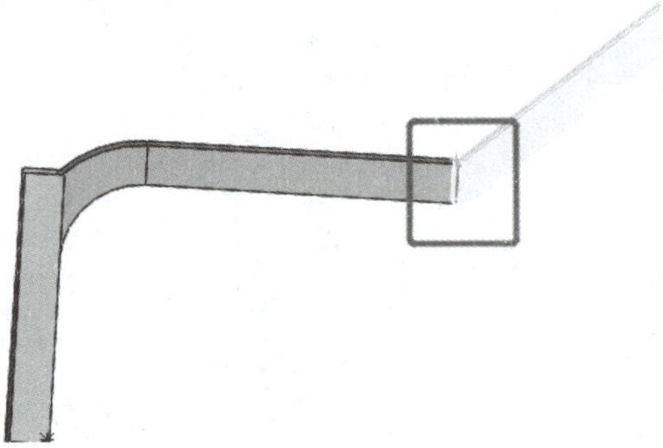

图14-14 材料在外

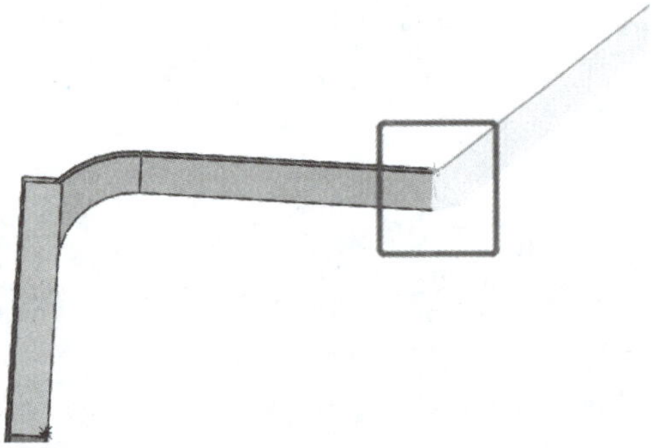

图14-15 折弯向外

④【剪裁侧边折弯】：移除临近折弯中多余的材料。

⑤【缝隙距离】：使用默认间隙以外的间隙。

【启始/结束处等距】选项组中包含以下几个选项：

①【开始等距距离】：为开始轮廓距离设定数值。

②【结束等距距离】：为结束轮廓距离设定数值。

③【自定义释放槽类型】：矩形、撕裂形或矩圆形。

【自定义折弯系数】：使用默认折弯系数以外的其他项，设定一折弯系数类型和数值。

14.3.2 生成斜接法兰的方法

①点击【钣金】工具栏中的【斜接法兰】按钮（或者选择【插入】|【钣金】|【斜接法兰】菜单命令），在上例所画边线法兰的视图上绘制斜接法兰的草图，如图14-16所示。

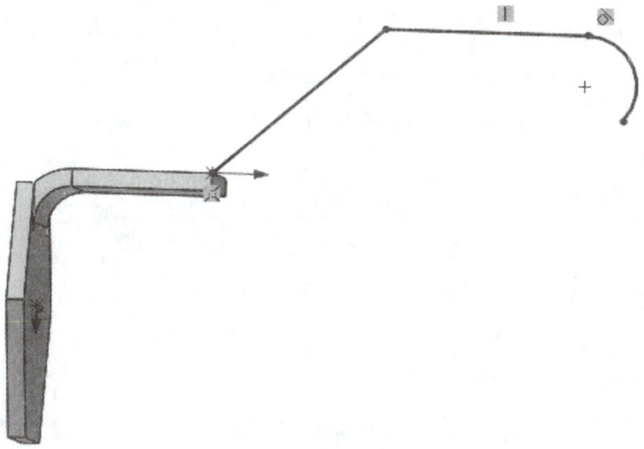

图14-16　绘制草图

② 单击【退出草图绘制】按钮，进入【斜接法兰】属性管理器。分别设置【斜接参数】、【启始/结束处等距】和【自定义折弯系数】，具体设置如图14-17所示。

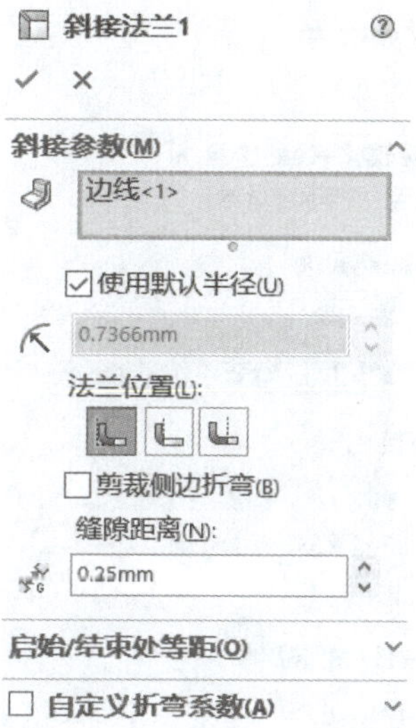

图14-17　斜接法兰的设置界面

③ 单击✓【确定】按钮，生成斜接法兰的实体，如图14-18所示。

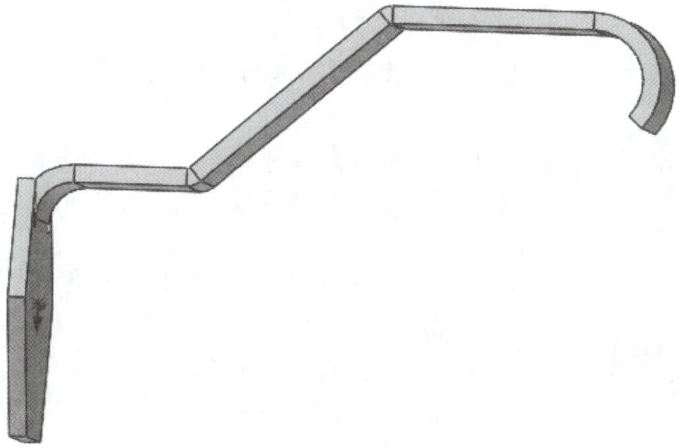

图14-18　斜接法兰的实体

14.4　扫描法兰

14.4.1　扫描法兰的属性设置

先画好两个草图，然后单击【插入】|【钣金】|【扫描法兰】菜单命令，弹出【扫描法兰】属性管理器。如图14-19所示。

【轮廓和路径】选项组中包含以下几个选项：

① 【轮廓】：设定用来生成扫描的开环非相交轮廓草图。

② 和 【路径】：设定轮廓扫描的路径。

路径要求：

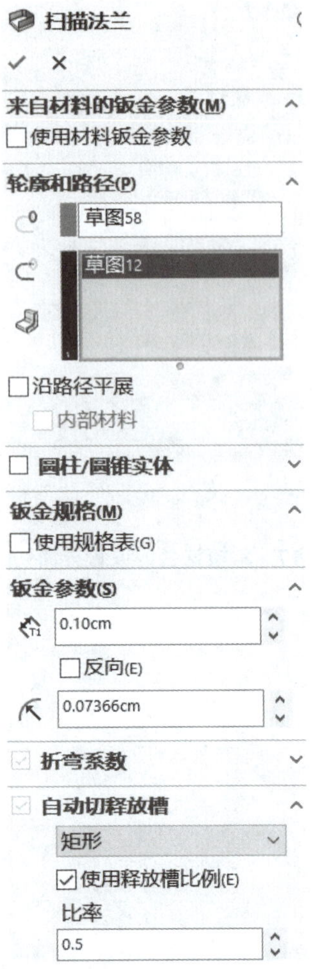

图14-19 【扫描法兰】属性管理器

- 路径可以是开环或闭合、包含在草图中的一组绘制的曲线、一条曲线或一组模型边线。如果路径为草图，则它必须为开环轮廓。如果路径是邻接边线选择，则路径可以为闭合轮廓。
- 路径的起点必须位于轮廓的基准面上。
- 一组草图轮廓线（直线和圆弧）必须在端点处相交（C0-定位连续性）。
- 生成圆形角无需额外的剪裁，即使是圆形角的半径小于生成扫描法兰必需的半径。

③【沿路径平展】：选择后，轮廓会展开。然后，轮廓会与路径的基准面保持平行进行旋转，但路径不会展开。

④【圆柱/圆锥实体】：仅当所选轮廓扫描路径为草图时，该选项才可用。

⑤【钣金规格】：可使用规格表。

【钣金参数】选项组中包含以下几个选项：

①【厚度】：设定材质厚度。

②【反向】：更改应用钣金厚度的方向。

③【折弯半径】：在清除【使用默认半径】时设定数值。

【折弯系数】选项组中包含以下几个选项：

①【覆盖默认参数】：可以更改原始钣金特征中的折弯系数。

②【折弯系数类型】：可以更改原始钣金特征中的折弯系数类型。

【自动切释放槽】选项组中包含以下几个选项：

①【释放槽类型】：设置要添加的释放槽切除类型，如矩形、撕裂形或矩圆形。

②【使用释放槽比例】：如果释放槽类型是矩形或矩圆形，并且选取了使用释放槽比例，则为比例设定一个值。如果清除【使用释放槽比例】，则设定【释放槽宽度】和【释放槽深度】的值。

14.4.2 生成扫描法兰的方法

① 在前视基准面上绘制第一个草图，如图14-20所示。然后在右视基准面上画出第二个草图，如图14-21所示。

② 单击【钣金】工具栏中的【扫描法兰】按钮（或者选择【插入】|【钣金】|【扫描法兰】菜单命令），弹出【扫描法兰】属性管理器。在左侧工具栏中，设置【轮廓】为第二个绘制的草图，【路径】为第一个绘制的草图，其他设置如图14-22所示。

③ 单击【确定】按钮，生成扫描法兰的实体，如图14-23所示。

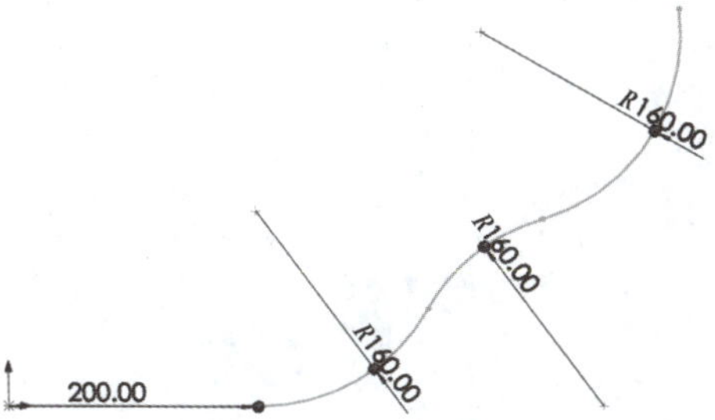

图14-20　绘制草图1

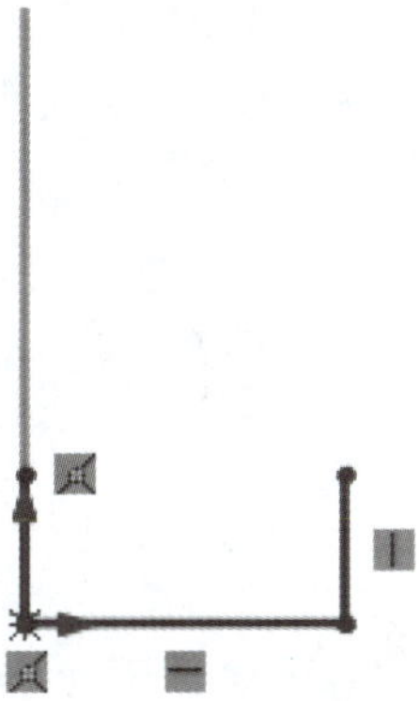

图14-21　绘制草图2

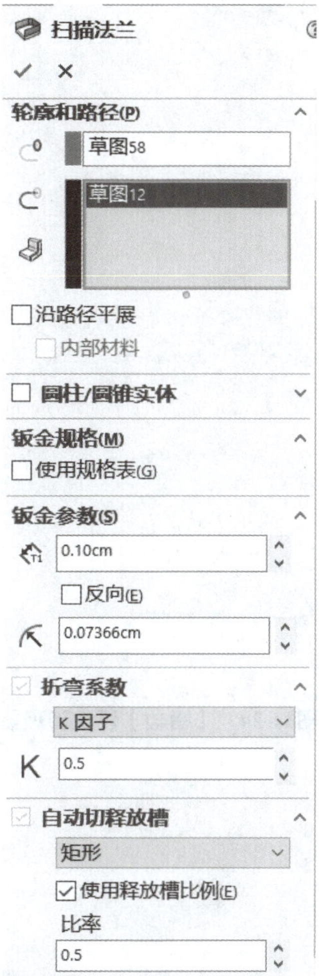

图14-22　扫描法兰的设置界面

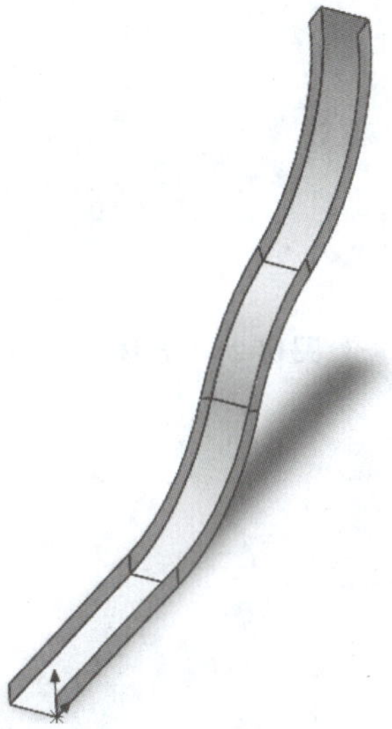

图14-23　扫描法兰的实体

14.5　褶边

14.5.1　褶边的属性设置

单击【插入】|【钣金】|【褶边】菜单命令，弹出【褶边】属性管理器。如图14-24所示。

【边线】：选择要进行褶边处理的边线。

- 【编辑褶边宽度】：用来编辑轮廓的草图。点击【材料在内】和【折弯在外】指定添加材料的位置。

【类型和大小】：选择褶边的类型和大小。

① 类型：

- 【闭合】：如图14-25所示。

- 【开环】：如图14-26所示。
- 【撕裂形】：如图14-27所示。
- 【滚轧】：如图14-28所示。

图14-24 【褶边】属性管理器

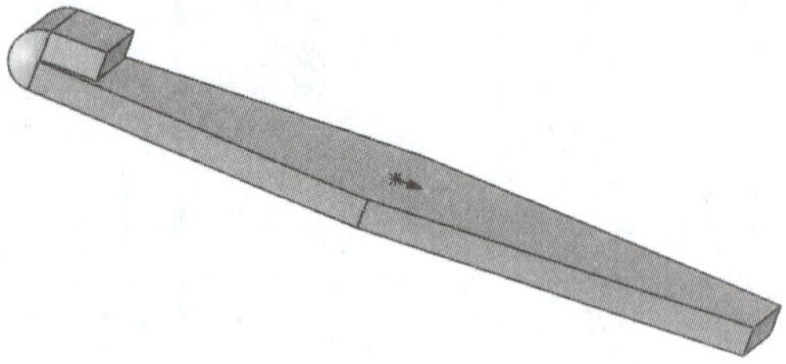

图14-25 闭合

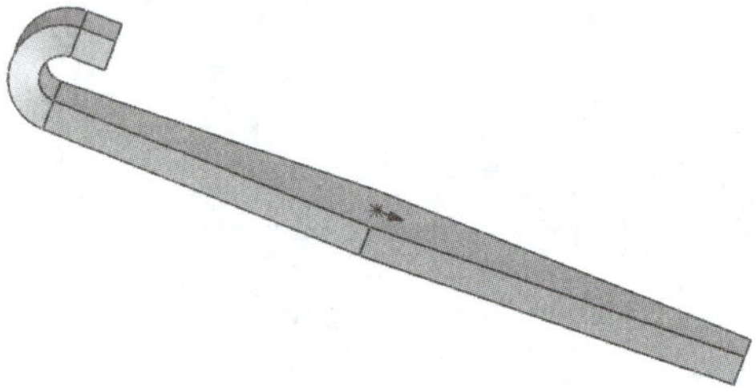

图14-26 开环

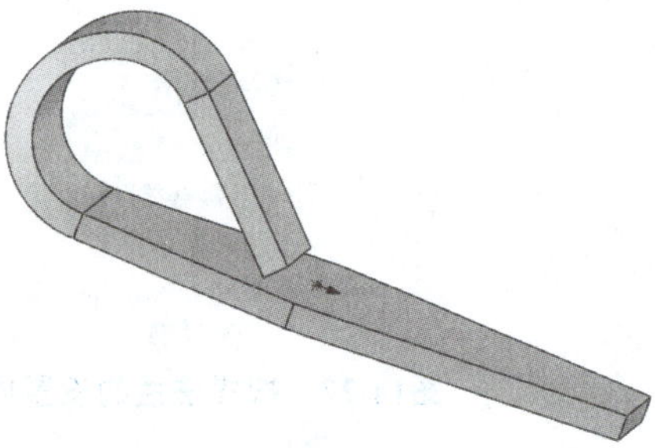

图14-27 撕裂形

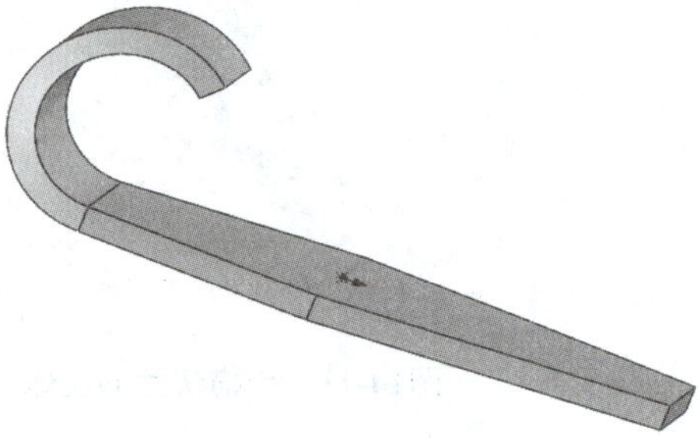

图14-28 滚轧

②【大小】：

- 【长度】：只对于闭合和开环褶边。

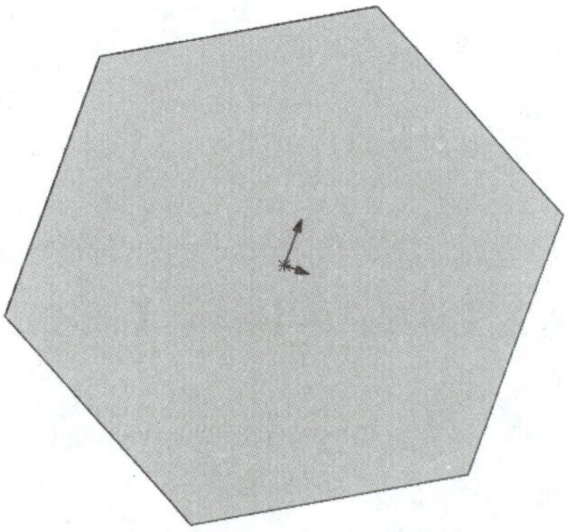

图14-29 钣金实体

- 【间隙距离】：只对于开环褶边。
- 【角度】：只对于撕裂形和滚轧褶边。
- 【半径】：只对于撕裂形和滚轧褶边。

【自定义折弯系数】：使用默认折弯系数以外的其他项。

【自定义释放槽类型】：选择释放槽添加或切除的类型。

14.5.2 生成褶边的方法

① 绘制一个钣金实体，如图14-29所示。

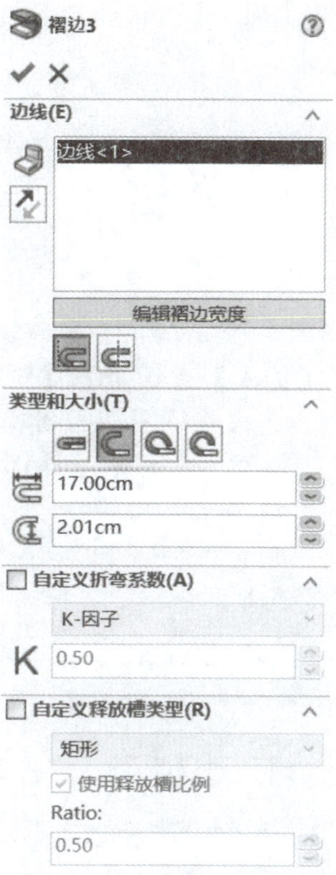

图14-30　褶边的设置界面

② 单击【钣金】工具栏中的【褶边】按钮（或者选择【插入】|【钣金】|【褶边】菜单命令），弹出【褶边】属性管理器。在左侧工具栏中，设置【边线】和【类型大小】等数据，褶边的操作工具栏如图14-30所示。

③ 单击【确定】按钮，生成褶边的实体，如图14-31所示。

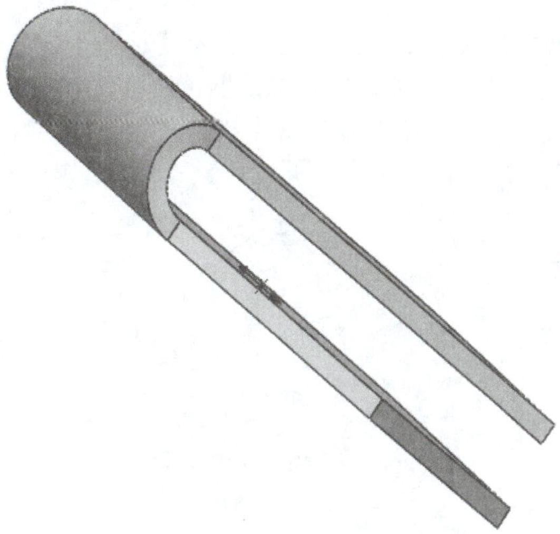

图14-31　褶边的实体

14.6 转折

14.6.1 转折的属性设置

单击【插入】|【钣金】|【转折】菜单命令，弹出【信息】对话框，选择一基准面绘制草图。然后单击【退出草图绘制】命令，弹出【转折】属性管理器。如图14-32所示。

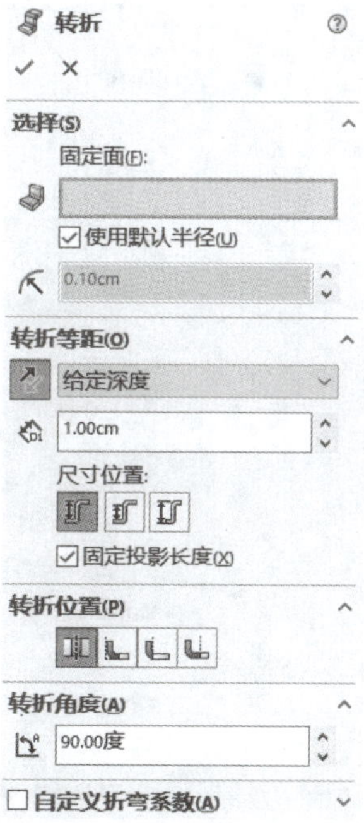

图14-32　【转折】属性管理器

【选择】选项组中包含以下几个选项：

①【固定面】：选择一个要固定的面。

②【折弯半径】：要编辑折弯半径，请消除选择【使用默认半径】和【使用规格表】。

【转折等距】选项组中包含以下几个选项：

①【终止条件】：可以选择【给定深度】、【成形到一顶点】、【成形到一面】和【到离指定面指定的距离】。

②【等距距离】：设置折弯的等距距离。

③【尺寸位置】：分为【外部等距】、【内部等距】和【总尺寸】。

【转折位置】选项组中包含【折弯中心线】、【材料在内】、【材料在外】和【折弯向外】。

【转折角度】：设置转折的角度。

【自定义折弯系数】：使用默认折弯系数以外的其他项，然后设定一折弯系数类型和数值。

14.6.2 生成转折的方法

① 在前视基准面上绘制一个钣金实体，如图14-33所示。

② 单击【钣金】工具栏中的【转折】按钮（或者选择【插入】|【钣金】|【转折】菜单命令），弹出【信息】对话框，选择钣金实体的正面绘制一条直线草图，如图14-34所示。然后单击【退出草图绘制】命令，弹出【转折】属性管理器。在左侧工具栏中，设置【转折等距】和【转折角度】等参数。操作工具栏如图14-35所示。

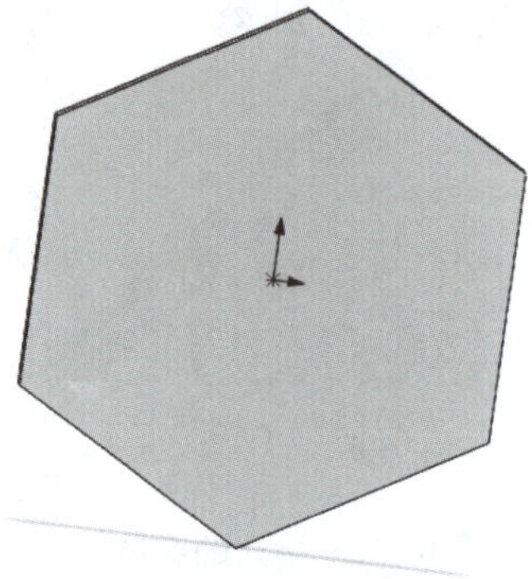

图14-33 绘制钣金实体

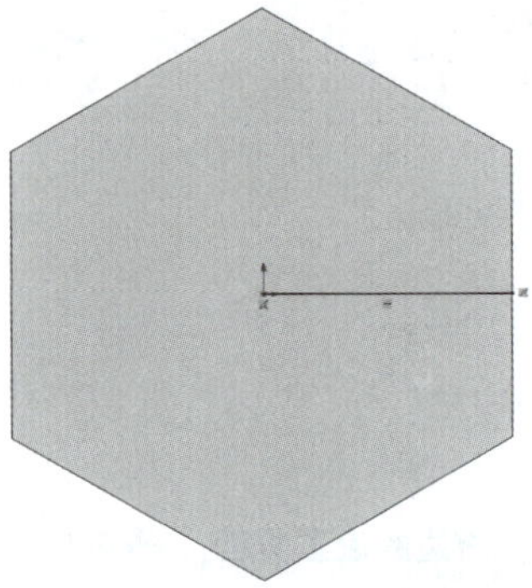

图14-34 绘制草图

③ 单击【确定】按钮，生成转折的实体，如图14-36所示。

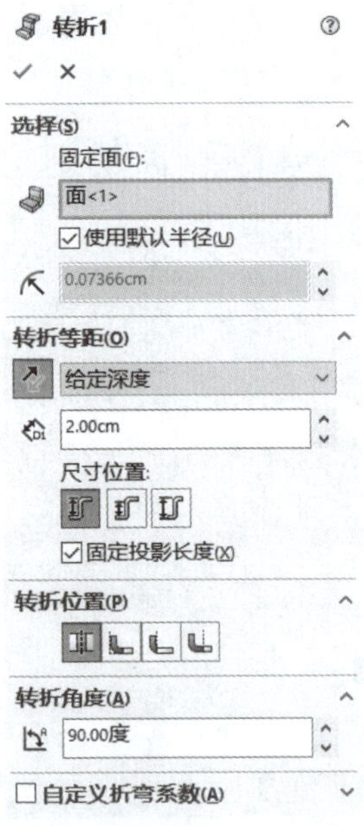

图14-35 转折的设置界面

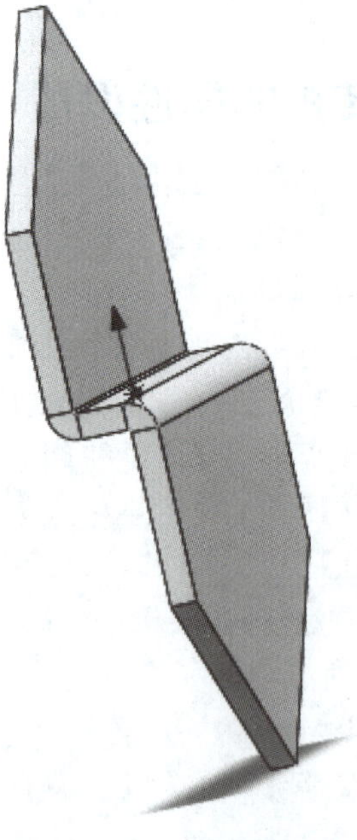

图14-36 转折的实体

14.7 绘制的折弯

14.7.1 绘制的折弯属性设置

单击【插入】|【钣金】|【绘制的折弯】菜单命令，弹出【信息】对话框，选择一基准面绘制草图。然后单击【退出草图绘制】命令，弹出【绘制的折弯】属性管理器，如图14-37所示。

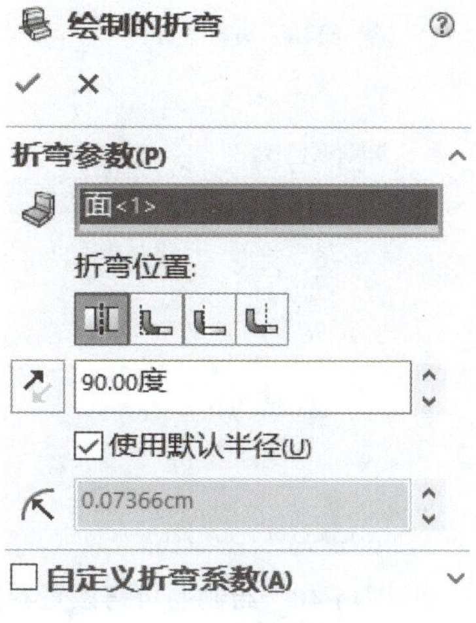

图14-37 【绘制的折弯】属性管理器

【折弯参数】中包含以下几个选项：

①【固定面】：选择一个不因为折弯而移动的面。

②【折弯位置】：有【折弯中心线】、【材料在内】、【材料在外】或【折弯在外】。

③【折弯角度】：设定折弯角度的数值。

④【折弯半径】：使用默认折弯半径以外的其他半径，消除选择【使用默认半径】和【使用规格表】。

【自定义折弯系数】：使用默认折弯系数以外的其他项，设定一折弯系数类型和数值。

14.7.2 生成绘制的折弯的方法

① 在前视基准面上绘制一个钣金实体，如图14-38所示。

② 单击【钣金】工具栏中的【绘制的折弯】按钮（或者选择【插入】|【钣金】|【绘制的折弯】菜单命令），弹出【信息】对话框，选择钣金实体的正面绘制一条直线草图，如图14-39所示。然后单击【退出草图绘制】命令，弹出【绘制的折弯】属性管理器。在左侧工具栏中，设置【固定面】和【折弯角度】等参数。操作工具栏如图14-40所示。

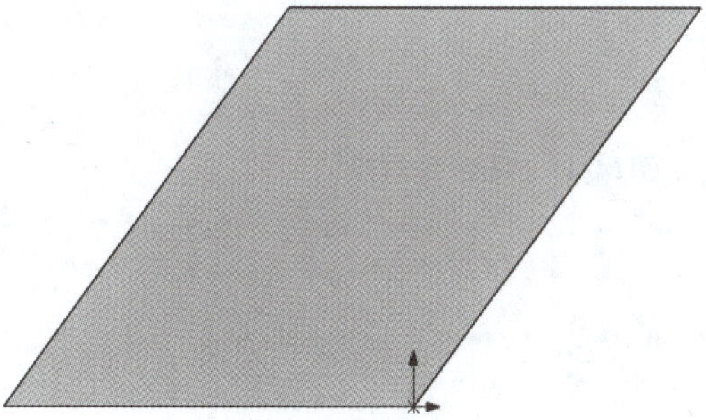

图14-38 绘制钣金实体

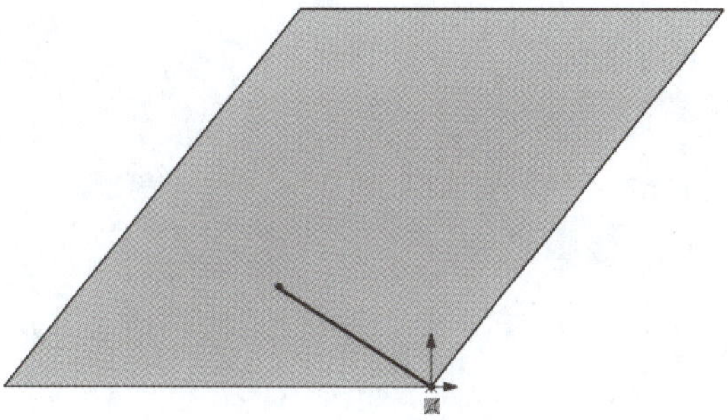

图14-39 绘制草图

③ 单击【确定】按钮，生成绘制的折弯实体，如图14-41所示。

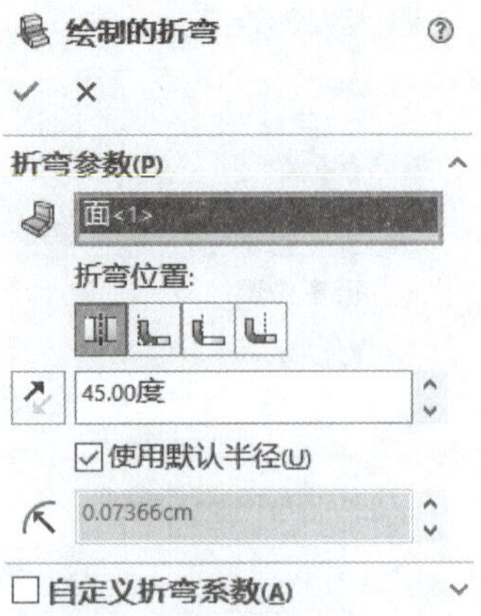

图14-40　绘制的折弯设置界面

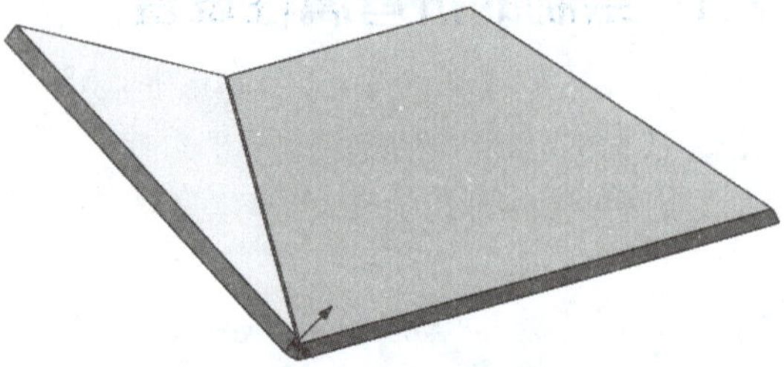

图14-41　绘制的折弯实体

14.8 闭合角

14.8.1 闭合角的属性设置

单击【插入】|【钣金】|【闭合角】菜单命令，弹出【闭合角】属性管理器。如图14-42所示。

【要延伸的面】：可以选择一个或多个平面进行延伸。

【要匹配的面】：选择与要延伸的面相匹配的平面，一般可自动生成。

【边角类型】：【对接】如图14-43所示；【重叠】如图14-44所示。【欠重叠】如图14-45所示。

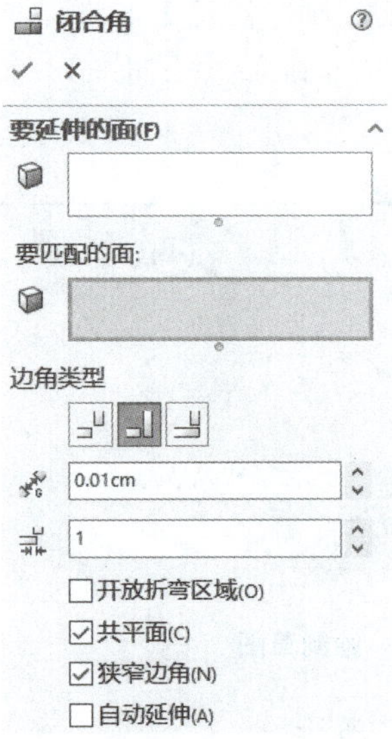

图14-42　【闭合角】属性管理器

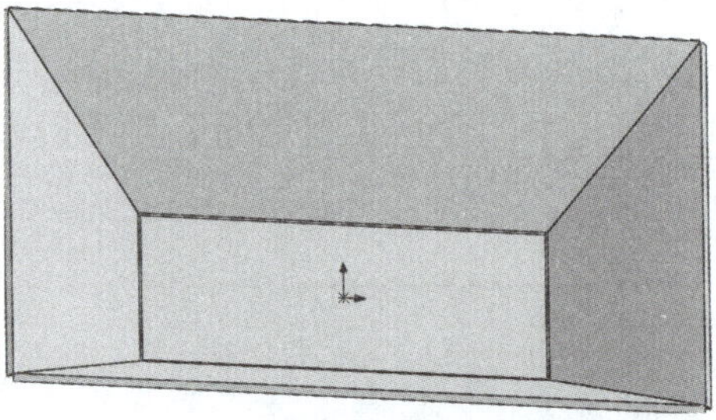

图14-43　闭合角对接

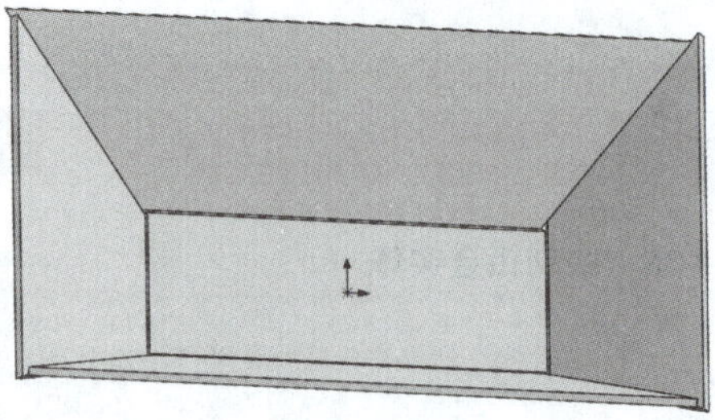

图14-44　闭合角重叠

①【缝隙距离】：设定缝隙的距离。

②【重叠/欠重叠比率】：设定重叠/欠重叠的比率。

③【开放折弯区域】：不剪裁折弯。

④【共平面】：将闭合角对齐到与选定面共平面的所有面。

⑤【狭窄边角】：使用折弯半径的算法缩小折弯区域中的缝隙。

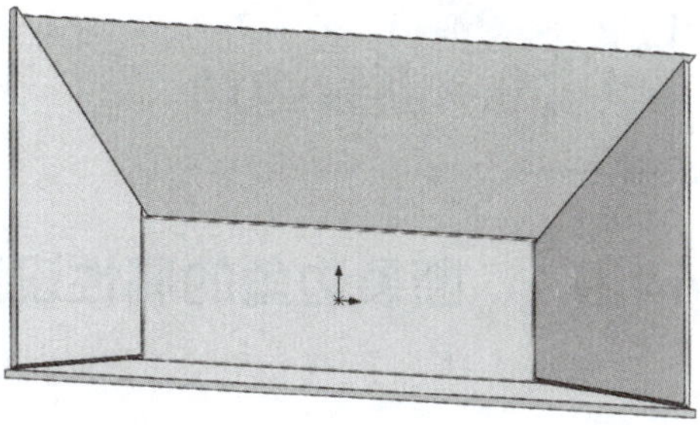

图14-45　闭合角欠重叠

⑥【自动延伸】：根据选中的要拉伸的面自动选择要匹配的面。

14.8.2　生成闭合角的方法

① 在前视基准面上绘制一个钣金实体，如图14-46所示。然后在钣金实体的基础上，绘制四个边线法兰，法兰角度设置为45°，如图14-47所示。

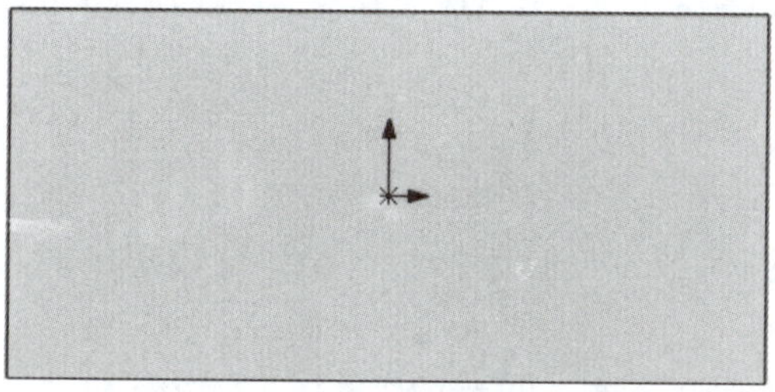

图14-46　绘制钣金实体

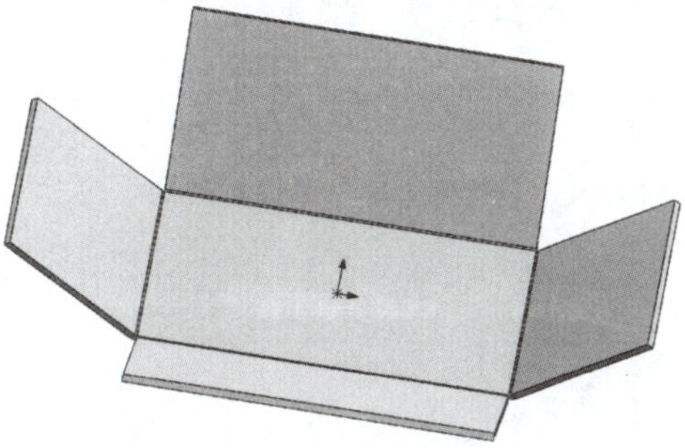

图14-47　绘制边线法兰

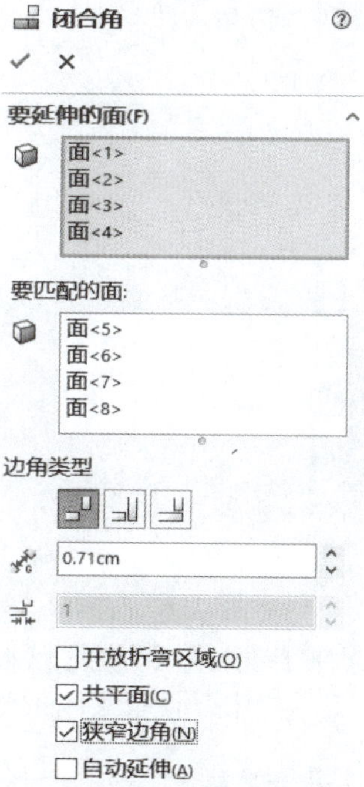

图14-48　闭合角的设置界面

② 单击【钣金】工具栏中的【闭合角】按钮（或者选择【插入】|【钣金】|【闭合角】菜单命令），弹出【闭合角】属性管理器。在左侧工具栏中，设置【要延伸的面】和【边角类型】等参数。操作工具栏如图14-48所示。

③ 单击✓【确定】按钮，生成闭合角的实体，如图14-49所示。

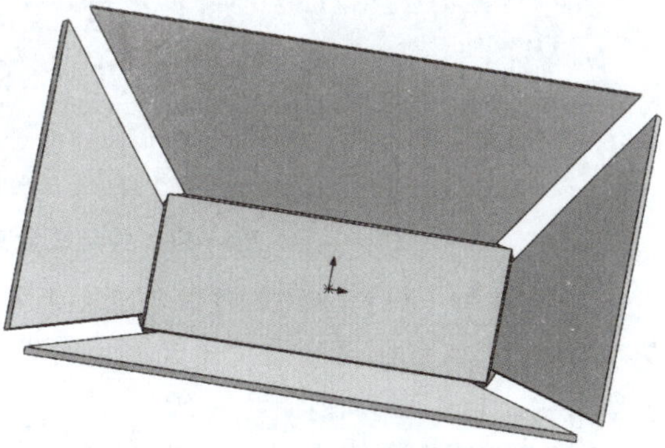

图14-49　闭合角实体

14.9 断裂边角

14.9.1 断裂边角的属性设置

单击【插入】|【钣金】|【断裂边角】菜单命令，弹出【断裂边角】属性管理器。如图14-50所示。

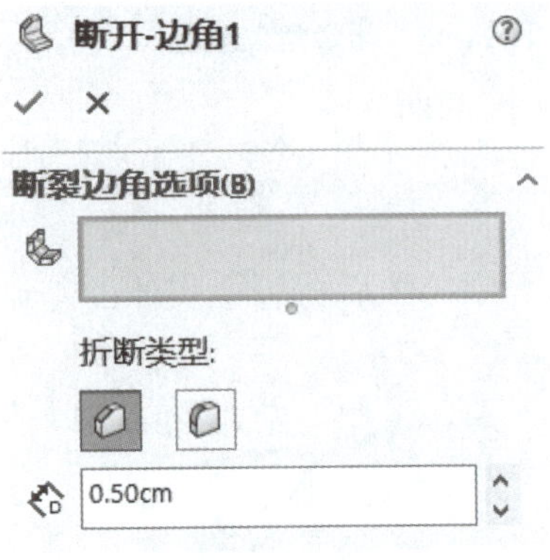

图14-50 【断裂边角】属性管理器

【断裂边角选项】：选项组中包含以下几个选项。

①【边角边线和/或法兰面】：选择与要延伸的面相匹配的平面，一般可自动生成。

②【聚集所有边角】：选择所有边角。

③【仅内部边角】：选择所有边角。

④【断开类型】：倒角，距离，圆角，半径。

【释放槽选项】选项组中包含以下几个选项。

①【边角边线】：选择要应用释放槽切割的边角边线。

②【聚集所有边角】：选择所有边角。

③【释放槽类型】：圆形，方形，折弯腰。

④【在折弯线上置中】：在释放槽设置为圆形或方形时添加相对于折弯线居中的边角切割。

⑤【与厚度的比率】：在半径或侧边长度及钣金厚度之间设定比率。

⑥【与折弯相切】：添加在选取了【在折弯线上置中】时与折弯线相切的边角切割。

⑦【添加圆角边角】：将具有用户定义半径的圆角添加到所选边角边线。

14.9.2 生成断裂边角的方法

① 在前视基准面上绘制一个钣金实体，如图14-51所示。

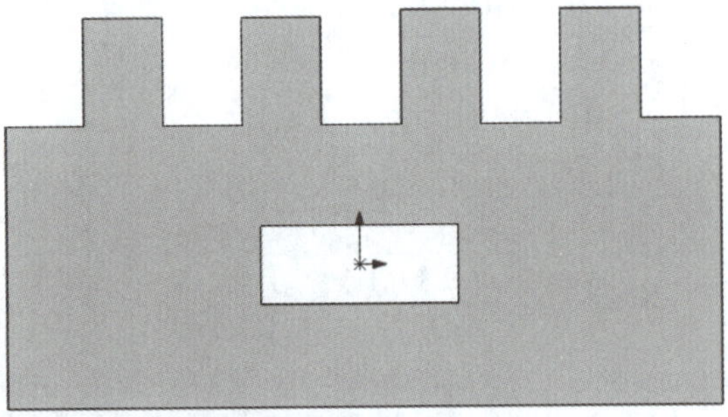

图14-51 绘制钣金实体

② 单击【钣金】工具栏中的【断裂边角】按钮（或者选择【插入】|【钣金】|【断裂边角】菜单命令），弹出【断裂边角】属性管理器。在左侧工具栏中，设置【断裂边角选项】等参数。操作工具栏如图14-52所示。

③ 单击【确定】按钮，生成断裂边角的实体，如图14-53所示。

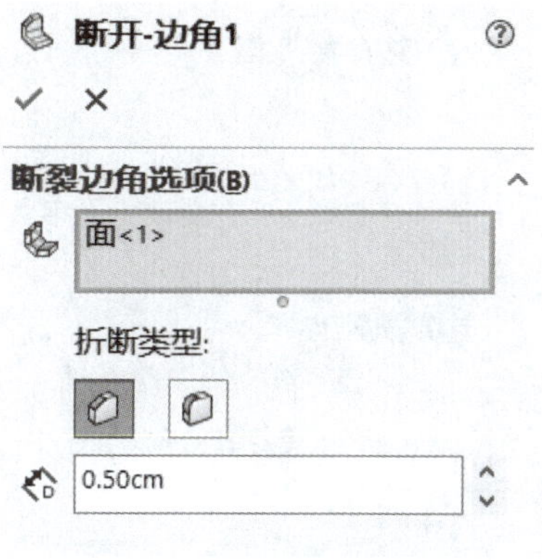

图14-52　断裂边角的设置界面

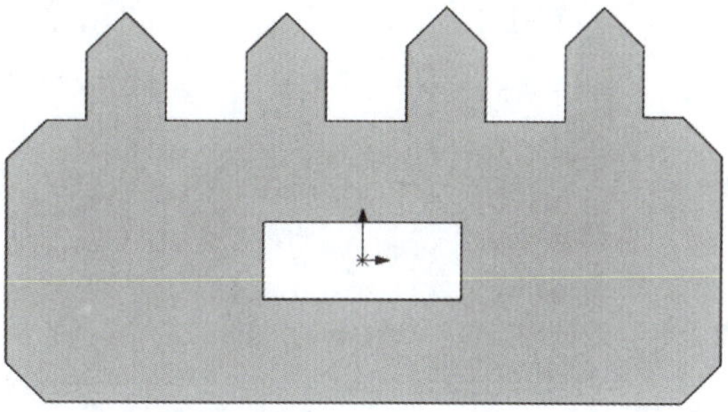
图14-53　断裂边角实体

14.10　角释放

14.10.1　角释放的属性设置

单击【插入】|【钣金】|【角释放】菜单命令，弹出【边角释放槽】属性管理器。如图14-54所示。

【边角类型】有以下两个选项。

①【2折弯边角】：创建两个折弯交汇的边角释放槽。

②【3折弯边角】：创建三个折弯在一个公共点交汇的边角释放槽。模型必须有折弯线完全交汇于一点的三个折弯。

【范围】：可以选择要应用边角释放槽的钣金实体。

【角】：列出可应用边角释放槽的边角。

【定义角】：列出在边角列表中定义所选边角的面。

【新角】：将边角添加到边角列表。

【释放选项】：可以选择释放槽类型并指定哪些选项可用于要应用的释放槽类型。

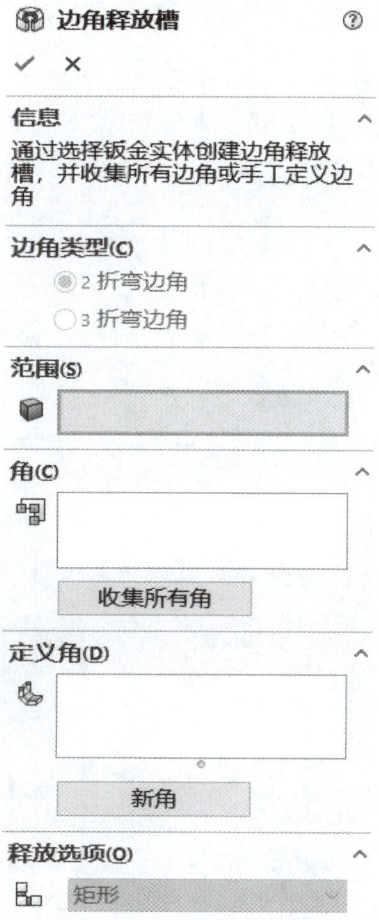

图14-54　【边角释放槽】属性管理器

14.10.2　生成角释放的方法

① 在前视基准面上绘制一个钣金实体，如图14-55所示。然后绘制边线法兰，如图14-56所示。然后绘制闭合角，如图14-57所示。

② 单击【钣金】工具栏中的【角释放】按钮（或者选择【插入】|【钣金】|【角释放】菜单命令），

弹出【边角释放槽】属性管理器。在左侧工具栏中，设置【边角类型】、【范围】、【角】、【定义角】等参数。【边角释放槽】操作工具栏如图14-58所示。

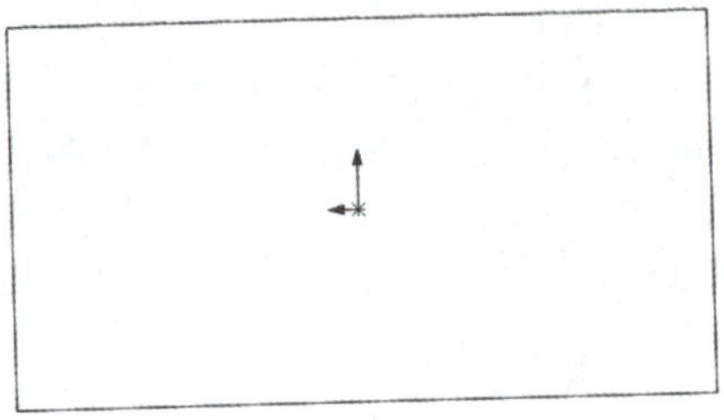

图14-55 绘制钣金实体

图14-56 绘制边线法兰

图14-57 绘制闭合角

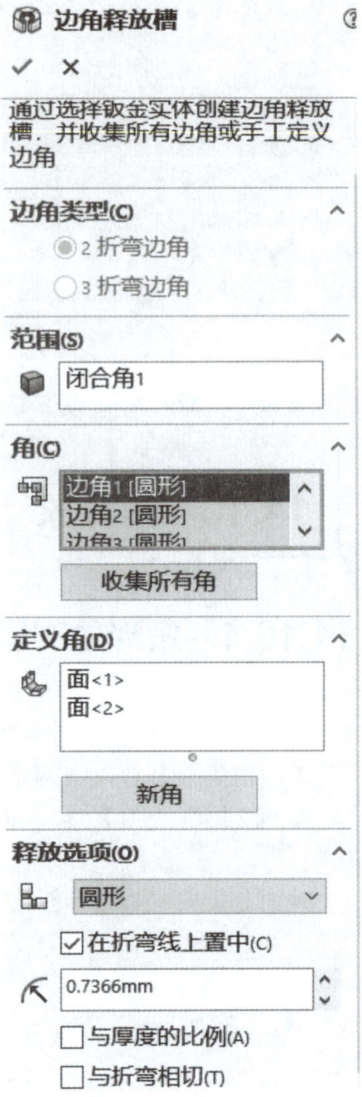

图14-58 角释放的设置界面

③ 单击✓【确定】按钮，生成角释放的实体，如图14-59所示。

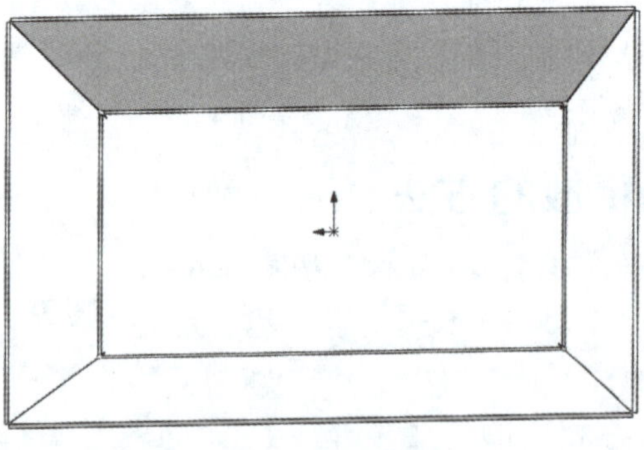

图14-59 角释放实体

14.11 钣金角撑板

14.11.1 钣金角撑板的属性设置

单击【插入】|【钣金】|【钣金角撑板】菜单命令，弹出【钣金角撑板】属性管理器。如图14-60所示。

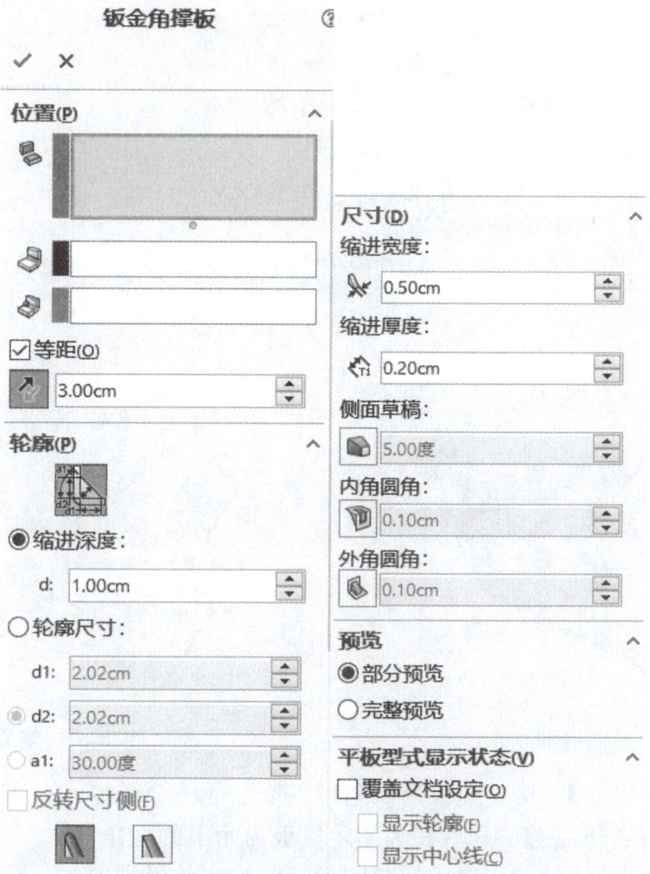

图14-60 【钣金角撑板】属性管理器

【位置】选项组中包含以下几个选项。

①【支撑面】：通过选择圆柱折弯面或两个与圆柱折弯面相邻的平面，指定沿其创建角撑板的折弯。

②【参考线】：设置控制角撑板剖切面方向的线性边线或草图线段。

③【参考点】：设置用于查找角撑板剖切面的草图点、顶点或参考点。

④【偏移】：使角撑板与所选参考点等距。

⑤【反转等距方向】：反转等距方向。

⑥【与参考点的等距距离】：指定等距距离。

【轮廓】：包含用于指定角撑板轮廓形状和尺寸的控件。

①【凹口深度】：使用单一深度尺寸定义对称角撑板轮廓。

②【凹口深度尺寸】：指定压凹工具推进的深度以创建角撑板。

③【轮廓尺寸】：使用角撑板支柱的长度（d1）和高度（d2）或另一支柱的角撑板支柱长度（d1）和角度（a1）定义角撑板轮廓。

④【d1剖面轮廓长度尺寸】：指定从钣金零件内部到x轴上的点的线性值。

⑤【d2剖面轮廓高度尺寸】：指定从钣金零件内部到y轴上的点的线性值。

⑥【a1剖面轮廓角度尺寸】：根据指定的轮廓长度尺寸和角度创建角撑板的剖面轮廓。

⑦【反转尺寸侧】：切换剖面轮廓长度和高度尺寸。

⑧【圆形角撑板】：创建具有圆形边线的角撑板。

⑨【平面角撑板】：创建具有平面边线的角撑板。

【尺寸标注】选项组中包含以下几个选项。

①【凹口宽度】：指定角撑板宽度。

②【凹口厚度】：指定角撑板的壁厚。

③【侧面拔模：开/关】：侧面拔模开如图14-61所示；侧面拔模关如图14-62所示。

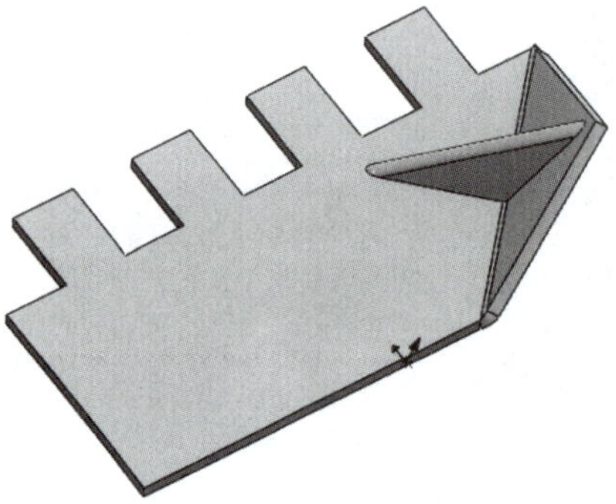

图14-61 侧面拔模开

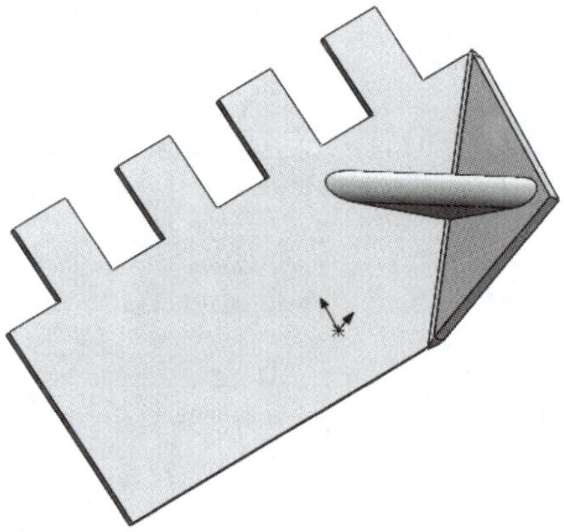

图14-62 侧面拔模关

④【拔模角度尺寸】：指定要应用到角撑板侧面的拔模角度。

⑤【内角圆角：开/关】：开启和关闭角撑板内角上的圆角。

⑥【内角圆角半径尺寸】：启用内角圆角时，指定其半径。

⑦【外角圆角：开/关】：开启和关闭角撑板外角上的圆角。

⑧【外角圆角半径尺寸】：启用外角圆角时，指定其半径。

【预览】：选项组中包含以下几个选项。

①【部分预览】：显示无圆角和凹口的角撑板的预览。

②【完整预览】：显示包含圆角和凹口的角撑板的预览。

【平板型式显示状态】：指定在平板型式中如何显示角撑板。

14.11.2 生成钣金角撑板的方法

① 在前视基准面上绘制一个钣金实体，如图14-63所示。然后绘制一个折弯，如图14-64所示。

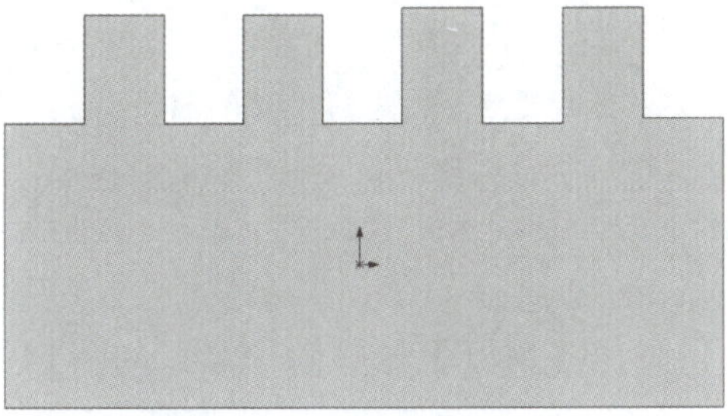

图14-63　绘制钣金实体

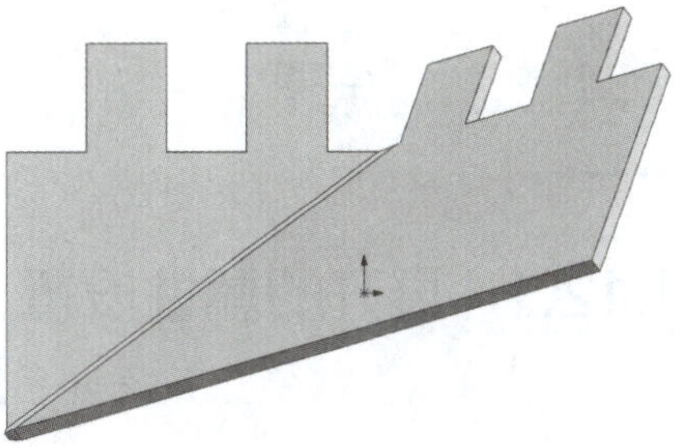

图14-64　绘制折弯

② 单击【钣金】工具栏中的【钣金角撑板】按钮（或者选择【插入】|【钣金】|【钣金角撑板】菜单命令），弹出【钣金角撑板】属性管理器。在左侧工具栏中，设置【位置】、【尺寸】等参数。操作工具栏如图14-65和图14-66所示。

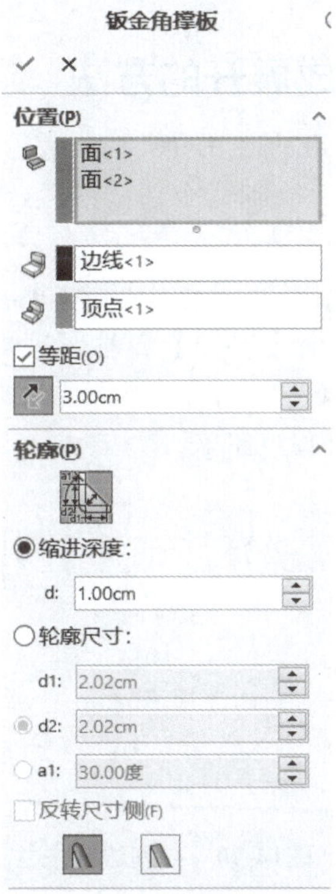

图14-65　角释放的设置界面1

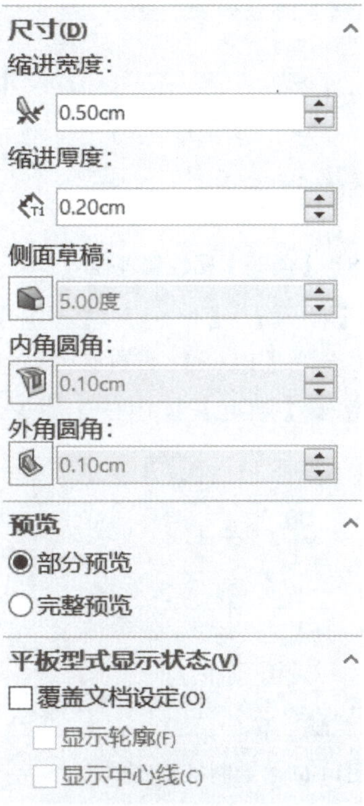

图14-66　角释放的设置界面2

③ 单击【确定】按钮，生成钣金角撑板的实体，如图14-67所示。

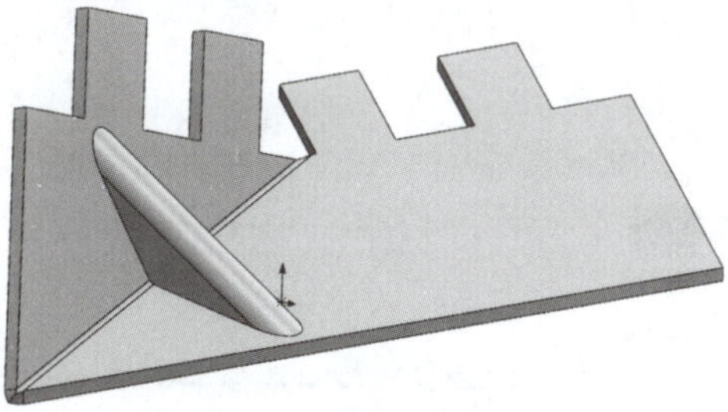

图14-67　钣金角撑板实体

14.12 展开

14.12.1 展开的属性设置

单击【插入】|【钣金】|【展开】菜单命令，弹出【展开】属性管理器。如图14-68所示。

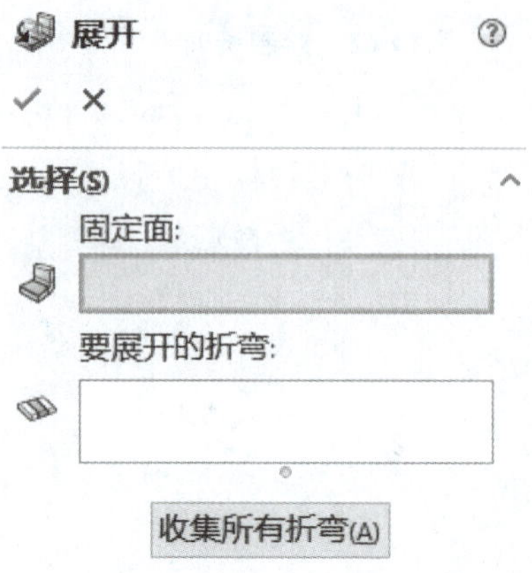

图14-68 【展开】属性管理器

【选择】选项组中包含以下几个选项。

①【固定面】：固定面可为平面的面或线性边线。

②【要展开的折弯】：选择零件中适当的折弯。

14.12.2 生成展开的方法

① 在前视基准面上绘制一个钣金实体，如图14-69所示。然后绘制一个边线法兰，如图14-70所示。

② 单击【钣金】工具栏中的【展开】按钮（或者选择【插入】|【钣金】|【展开】菜单命令），弹出【展开】属性管理器。在左侧工具栏中，设置【选择】下的参数。操作工具栏如图14-71所示。

③ 单击【确定】按钮，生成展开的实体，如图14-72所示。

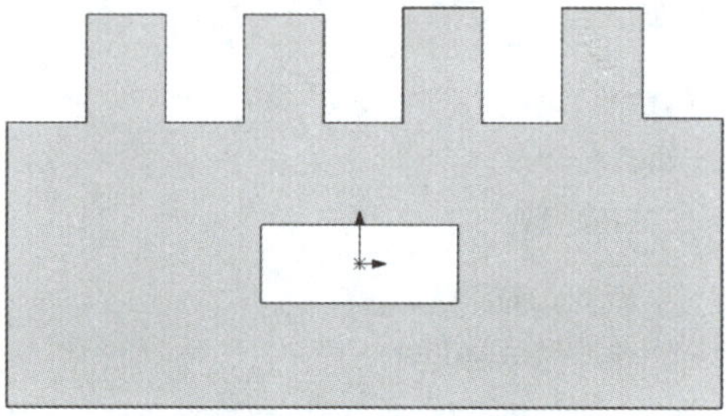

图14-69 绘制钣金实体

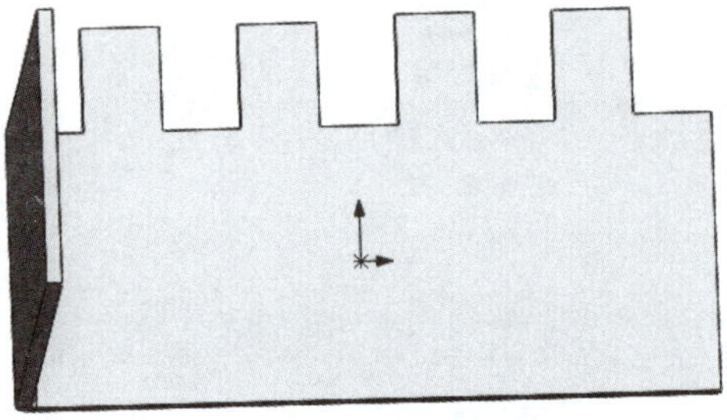

图14-70 绘制边线法兰

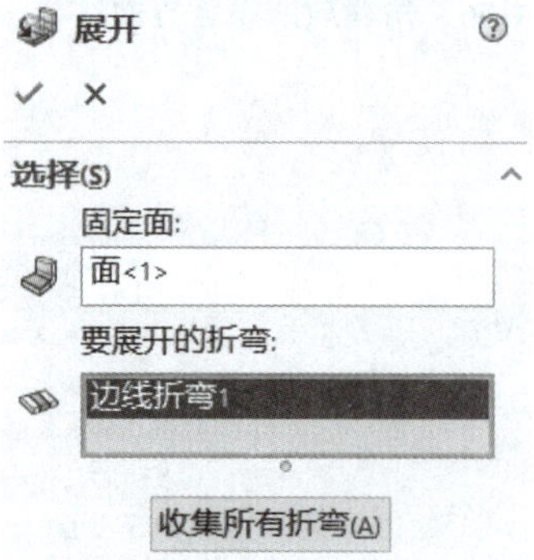

图14-71 展开的设置界面

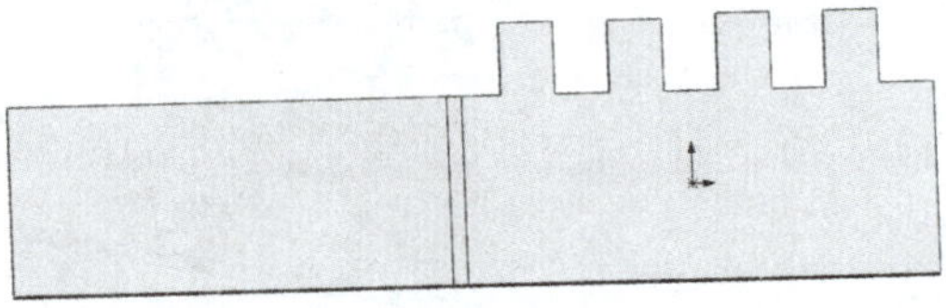

图14-72 展开的实体

14.13 折叠

14.13.1 折叠的属性设置

单击【插入】|【钣金】|【折叠】菜单命令，弹出【折叠】属性管理器。如图14-73所示。

【选择】选项组中包含以下几个选项。

① 【固定面】：在图形区域中，选择一个不因为特征而移动的面作为固定面。

② 【要折叠的折弯】：选择一个或多个折弯作为要折叠的折弯。

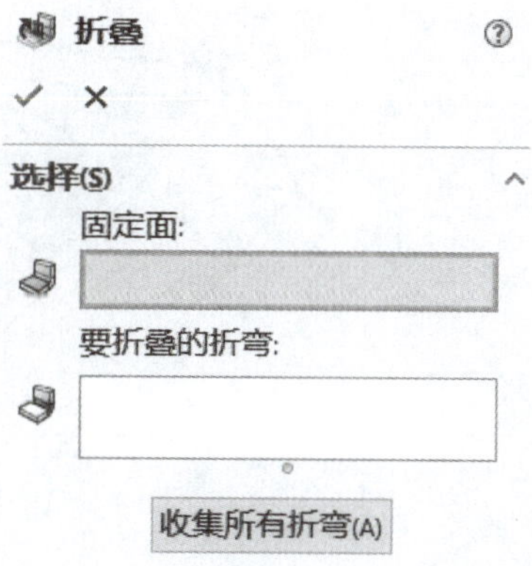

图14-73 【折叠】属性管理器

14.13.2 折叠的方法

① 在图中的展开实体上，继续折叠实例，展开的实体如图14-74所示。

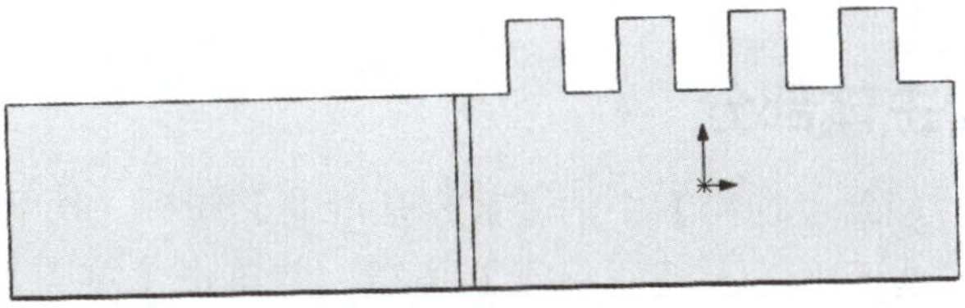

图14-74 绘制展开的实体

② 单击【钣金】工具栏中的【折叠】按钮（或者选择【插入】|【钣金】|【折叠】菜单命令），弹出【折叠】属性管理器。在左侧工具栏中，设置【选择】等参数。操作工具栏如图14-75所示。

③ 单击【确定】按钮，生成折叠的实体，如图14-76所示。

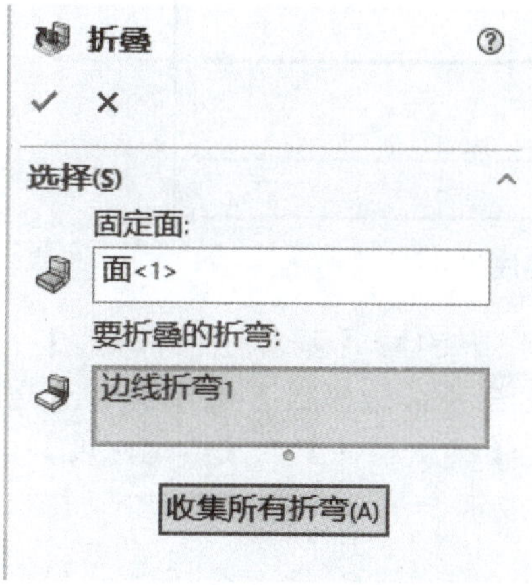

图14-75 折叠的设置界面

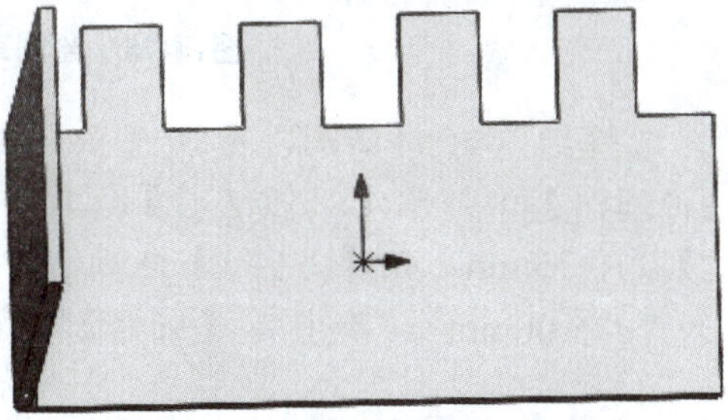

图14-76 折叠实体

14.14 钣金建模实例

扫码看视频

本实例通过钣金建模的方法来完成机壳模型的建立，模型如图14-77所示。

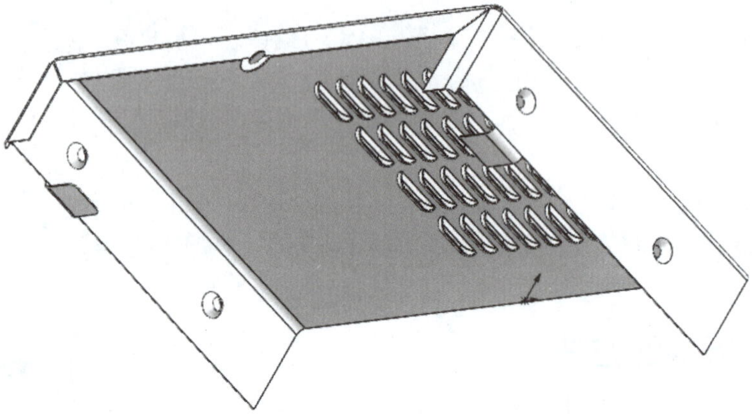

图14-77 钣金模型

具体步骤如下。

14.14.1 建立主体部分

① 单击【特征管理器设计树】中的【前视基准面】图标，使其成为草图绘制平面。单击【标准视图】工具栏中的【正视于】按钮，并单击【草图】工具栏中的【草图绘制】按钮，进入草图绘制状态。使用【草图】工具栏中的【直线】、【智能尺寸】工具，绘制如图14-78所示的草图。单击【退出草图】按钮，退出草图绘制状态。

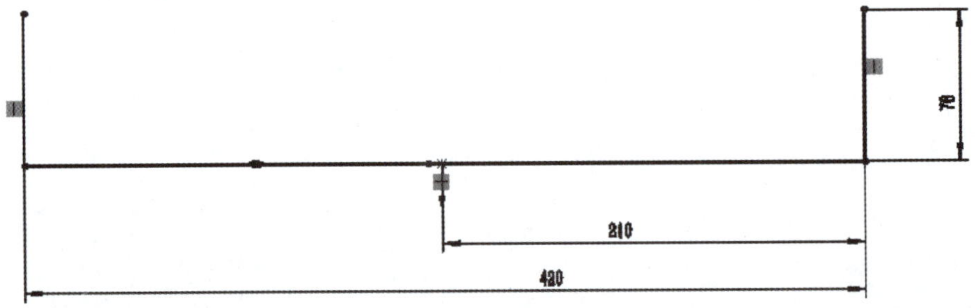

图14-78 绘制草图并标注尺寸

② 选择绘制好的草图，单击【钣金】工具栏中的【基体法兰/薄片】按钮，【属性管理器】中弹出【基体法兰】属性管理器。在【钣金参数】选项组中，设置【厚度】为0.75mm，在【方向1】选项组中，设置【终止条件】为【给定深度】，设置数值为“275.00mm”。单击【确定】按钮，生成钣金的基体法兰特征，如图14-79所示。

③ 单击【钣金】工具栏中的【边线法兰】按钮，【属性管理器】中弹出【边线法兰】属性管理器。在【法兰参数】选项组中，选择如图14-80所示的边线。勾选【使用

默认半径】选项，设置【法兰角度】为“90度”；在【法兰长度】选项组中，设置终止条件为【给定深度】，设置【距离】为“26.00mm”。在【法兰位置】选项组中，设置法兰位置为【材料在内】。单击【确定】按钮，生成钣金边线法兰特征。

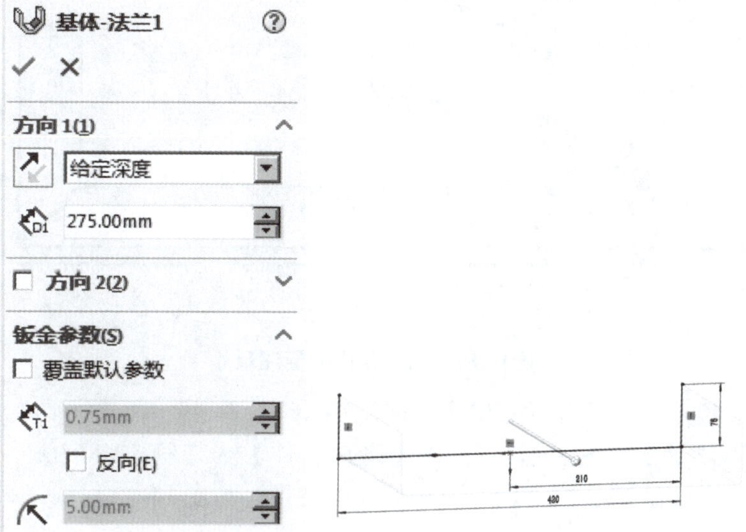

图14-79　生成基体法兰特征

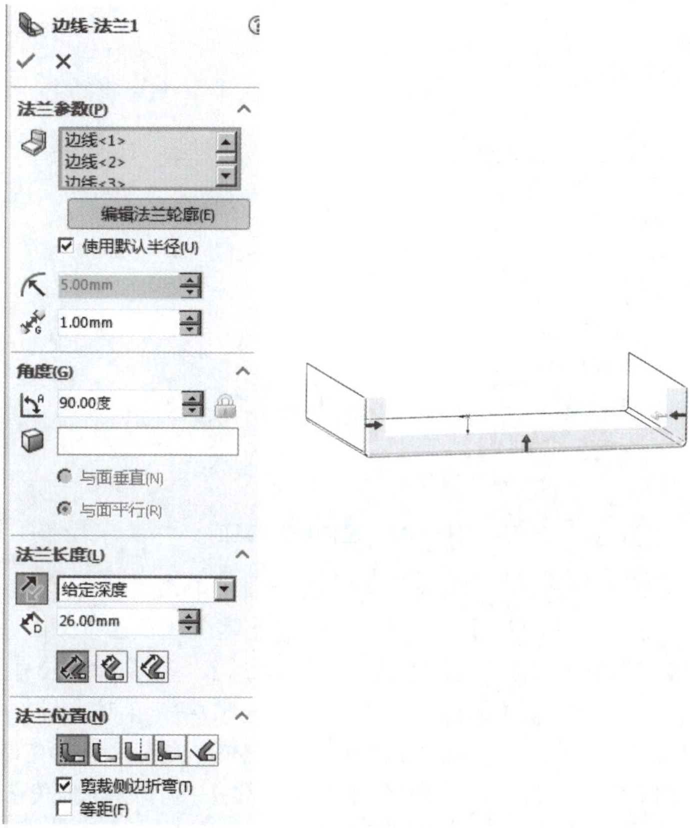

图14-80　生成边线法兰特征

④ 单击零件的前端面，使其成为草图绘制平面。单击【标准视图】工具栏中的【正视于】按钮，并单击【草图】工具栏中的【草图绘制】按钮，进入草图绘制状态。使用【草图】工具栏中的【圆】、【智能尺寸】工具，绘制如图14-81所示的草图。单击【退出草图】按钮，退出草图绘制状态。

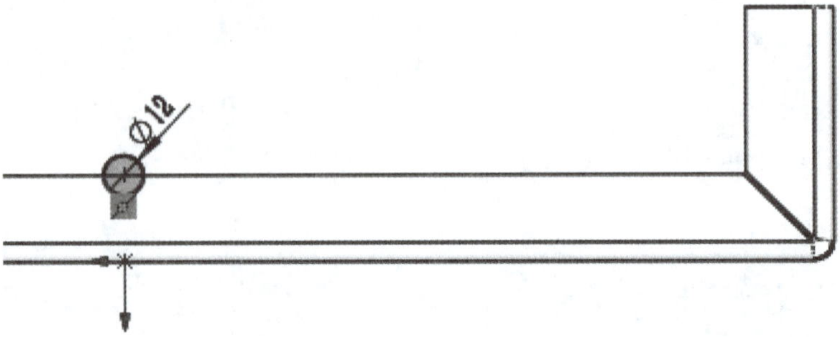

图14-81　绘制草图并标注尺寸

⑤ 单击【特征】工具栏中的【切除-拉伸】按钮，弹出【切除-拉伸】属性管理器。在【方向1】选项组中，设置【终止条件】为【给定深度】，【深度】为"10mm"，单击【确定】按钮，生成拉伸切除特征，如图14-82所示。

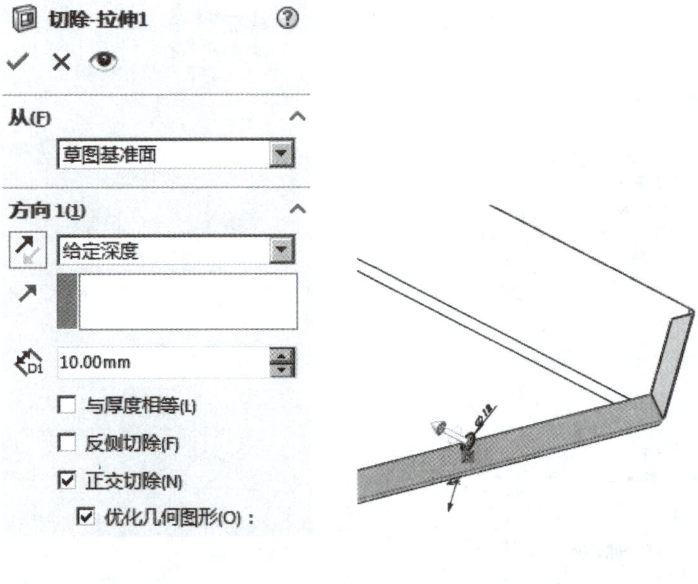

图14-82　拉伸切除特征

⑥ 单击模型的前端面，使其成为草图绘制平面。单击【标准视图】工具栏中的【正视于】按钮，并单击【草图】工具栏中的【草图绘制】按钮，进入草图绘制状态。使用【草图】工具栏中的【直线】、【圆弧】、【智能尺寸】工具，绘制如图14-83所示的草图。单击【退出草图】按钮，退出草图绘制状态。

⑦ 单击【特征】工具栏中的【拉伸凸台/基体】按钮，弹出【凸台-拉伸】属性管理器。在【方向1】选项组中，设置【终止条件】为【给定深度】，【深度】为"0.75mm"，单击【确定】按钮，生成拉伸特征，如图14-84所示。

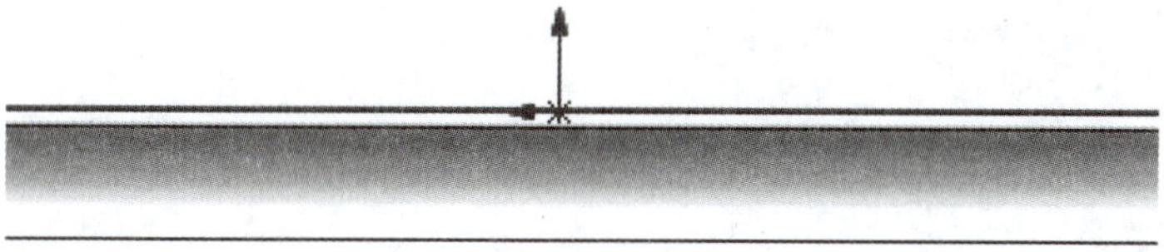

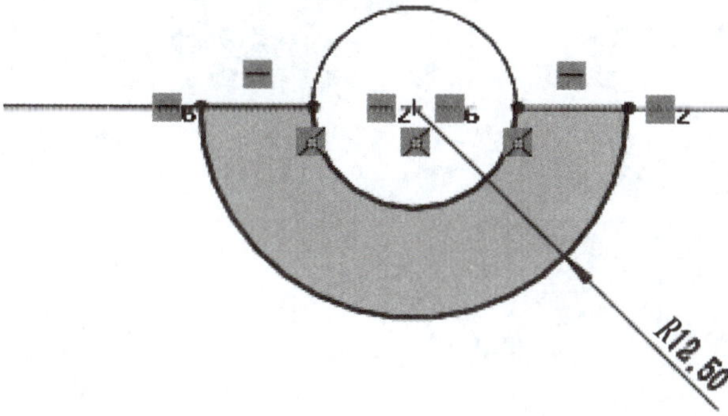

图14-83　绘制草图并标注尺寸

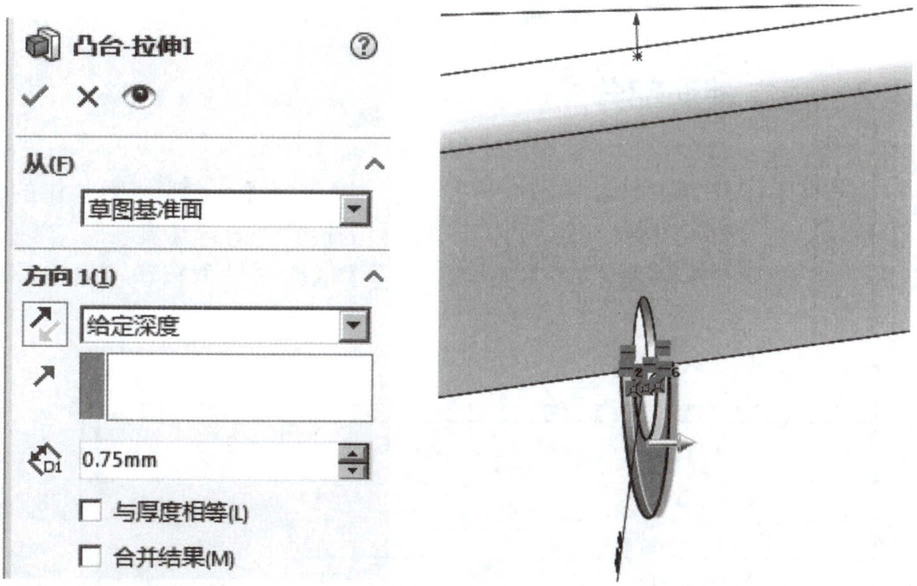

图14-84　拉伸特征

⑧ 单击【钣金】工具栏中的【边线法兰】按钮，【属性管理器】中弹出【边线法兰】属性管理器。在【法兰参数】选项组中，选择如图14-85所示的边线。勾选【使用默认半径】选项，设置【法兰角度】为“90.00度”；在【法兰长度】选项组中，设置终止条件为【给定深度】，设置【距离】为“30.00mm”。在【法兰位置】选项组中，设置法兰位置为【材料在内】。单击【确定】按钮，生成钣金边线法兰特征。

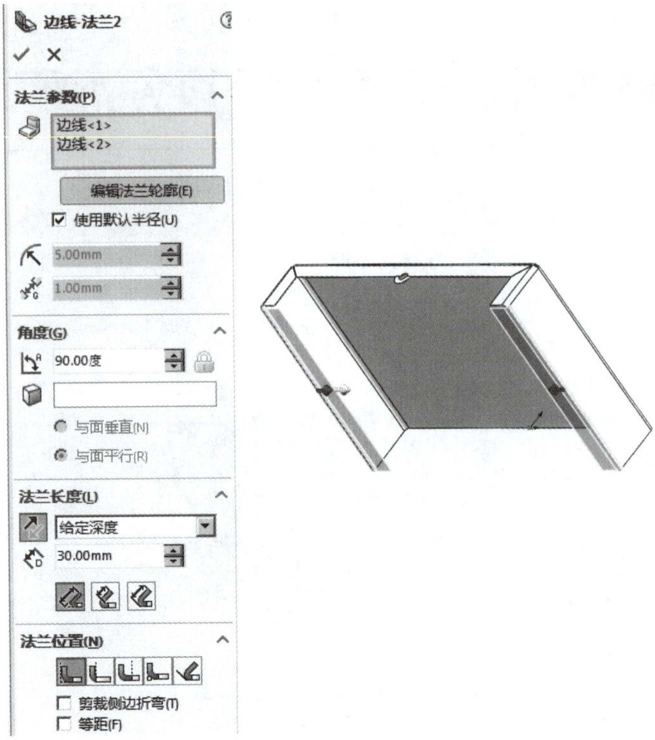

图14-85　生成边线法兰特征

14.14.2　建立辅助部分

① 单击【特征管理器设计树】中的【前视基准面】图标，使其成为草图绘制平面。单击【标准视图】工具栏中的【正视于】按钮，并单击【草图】工具栏中的【草图绘制】按钮，进入草图绘制状态。使用【草图】工具栏中的【直线】、【智能尺寸】工具，绘制如图14-86所示的草图。单击【退出草图】按钮，退出草图绘制状态。

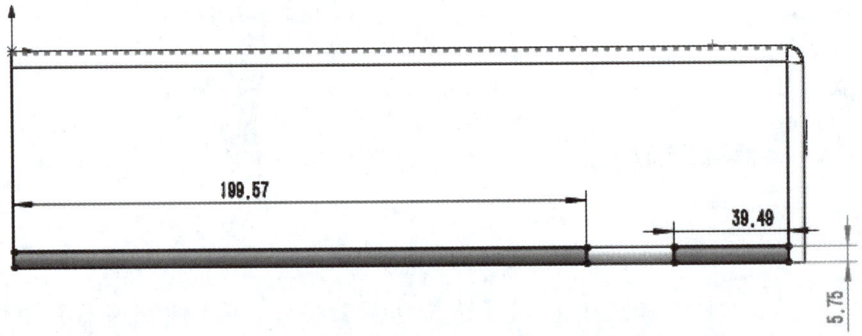

图14-86　绘制草图并标注尺寸

② 单击【特征】工具栏中的【切除-拉伸】按钮，弹出【切除-拉伸】属性管理器。在【方向1】选项组中，设置【终止条件】为【完全贯穿】，单击【确定】按钮，生成拉伸切除特征，如图14-87所示。

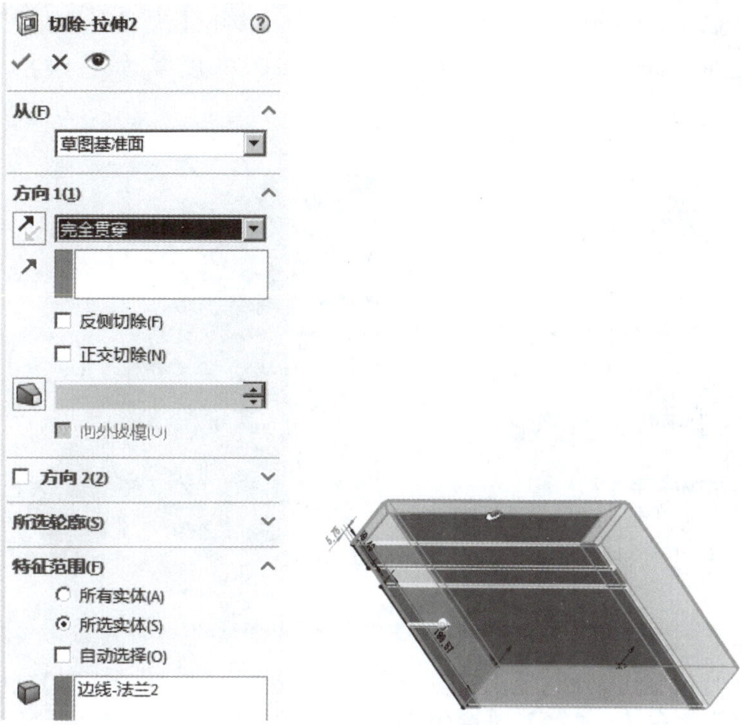

图14-87　拉伸切除特征

③ 单击【特征】工具栏中的【圆角】按钮，弹出【圆角】属性管理器。在【圆角项目】选项组中，单击【边线、面、特征和环】选择框，在图形区域中选择模型的4条边线，设置【半径】为“7.00mm”，单击【确定】按钮，生成圆角特征，如图14-88所示。

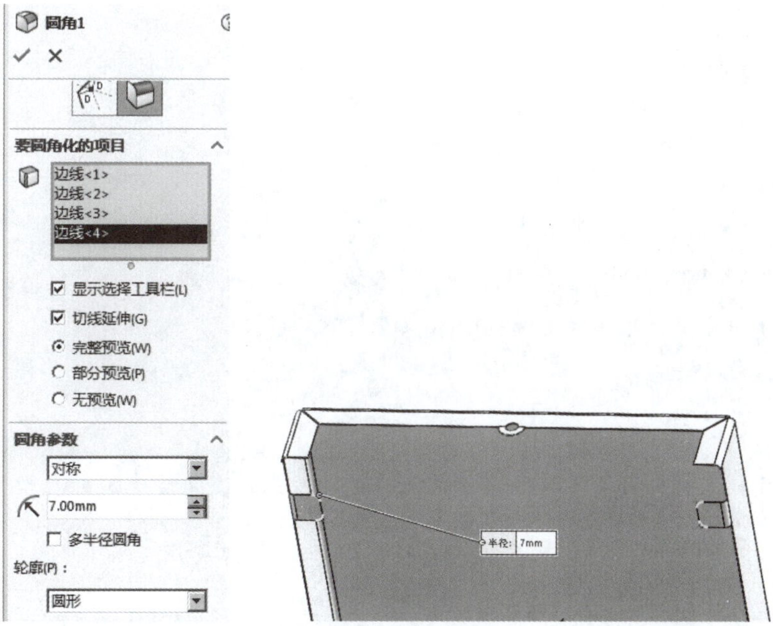

图14-88　生成圆角特征

④ 单击【插入】|【钣金】|【成形工具】按钮，弹出【成形工具】属性管理器。在【方位面】中选择“面<1>”，设置【角度】为“270.00度”，如图14-89所示，单击【确定】按钮，生成成形工具特征。

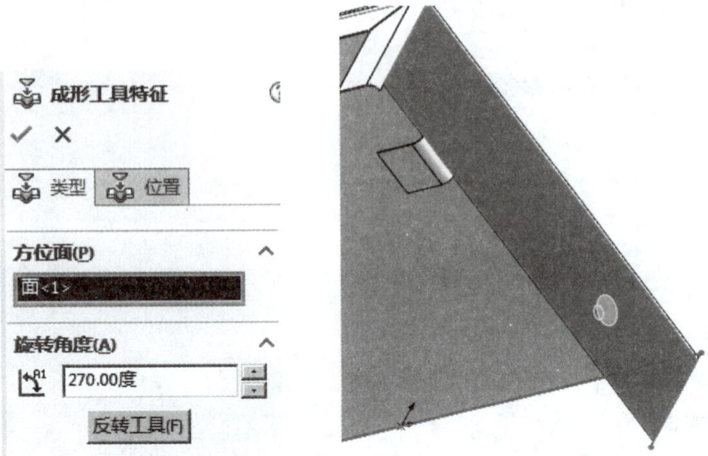

图14-89 生成成形工具特征

⑤ 单击【特征】工具栏中的【线性阵列】按钮，【属性管理器】中弹出【线性阵列】属性管理器。在【方向1】选项组中，【阵列方向】选择【边线1】作为阵列方向，设置【间距】为“150.00mm”，设置【实例数】为“2”。在【要阵列的特征】选项组中，选择上一步骤生成的成形特征作为要阵列的特征。单击【确定】按钮，生成线性阵列特征。如图14-90所示。

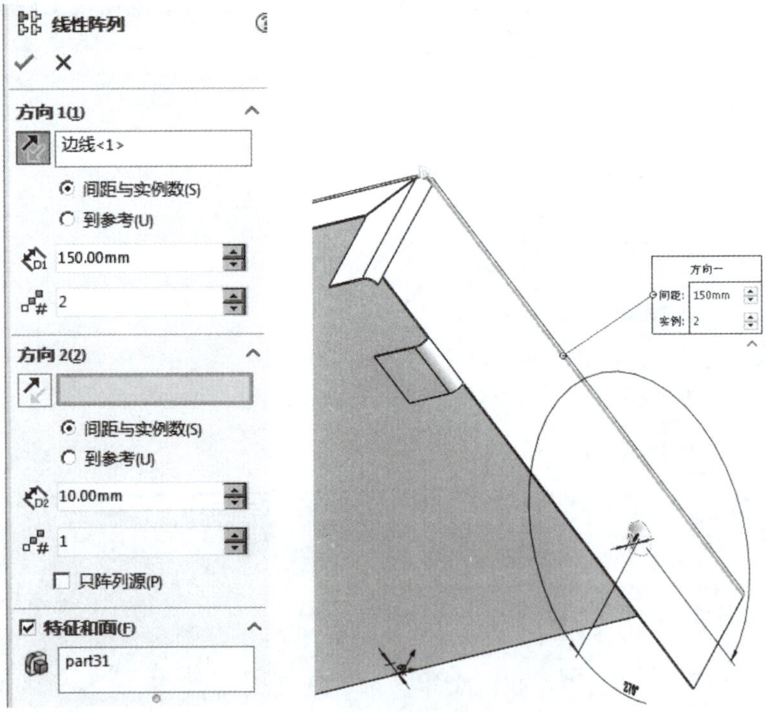

图14-90 线性阵列特征

⑥ 单击【特征】工具栏中的【镜向】按钮，弹出【镜向】属性管理器。在【镜向面/基准面】选项组中，单击【镜向面/基准面】选择框，在绘图区中选择【右视基准面】特征；在【要镜向的特征】选项组中，单击【要镜向的特征】选择框，在绘图区中选择【part31】和【阵列（线性）3】特征，单击【确定】按钮，生成镜向特征，如图14-91所示。

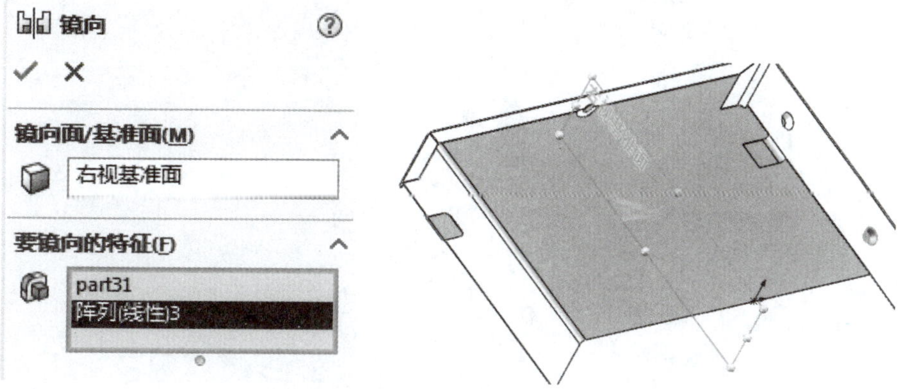

图14-91　生成镜向特征

⑦ 单击【插入】|【钣金】|【成形工具】按钮，弹出【成形工具】属性管理器。在【方位面】中选择“面<1>”，设置【角度】为“270.00度”，如图14-92所示，单击【确定】按钮，生成成形工具特征。

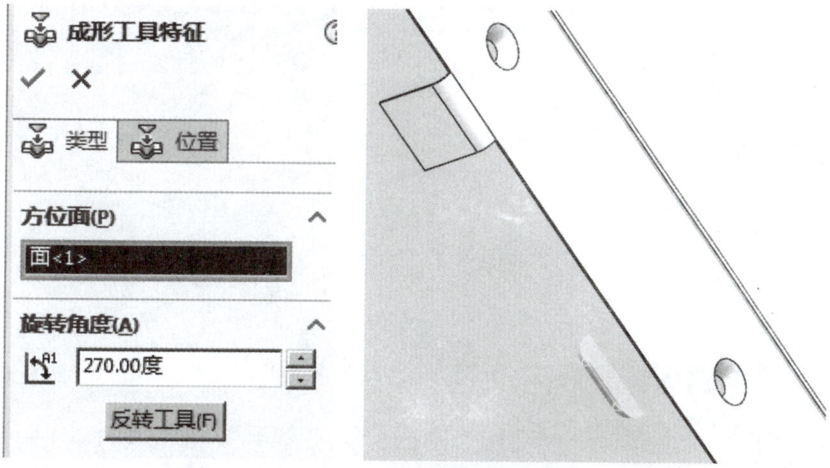

图14-92　生成成形工具特征

⑧ 单击【特征】工具栏中的【线性阵列】按钮，【属性管理器】中弹出【线性阵列】属性管理器。在【方向1】选项组中，【阵列方向】选择【边线<1>】作为阵列方向，设置【间距】为“45.00mm”，设置【实例数】为“4”，利用【反向】按钮调整线性阵列方向。在【方向2】选项组中，【阵列方向】选择【边线<2>】作为阵列方向，设置【间距】为“20.00mm”，设置【实例数】为“8”。在【要阵列的特征】选项组中，选择上一步骤生成的【part42】作为要阵列的特征。选择单击【确定】按钮，生成线性阵列特征。如图14-93所示。

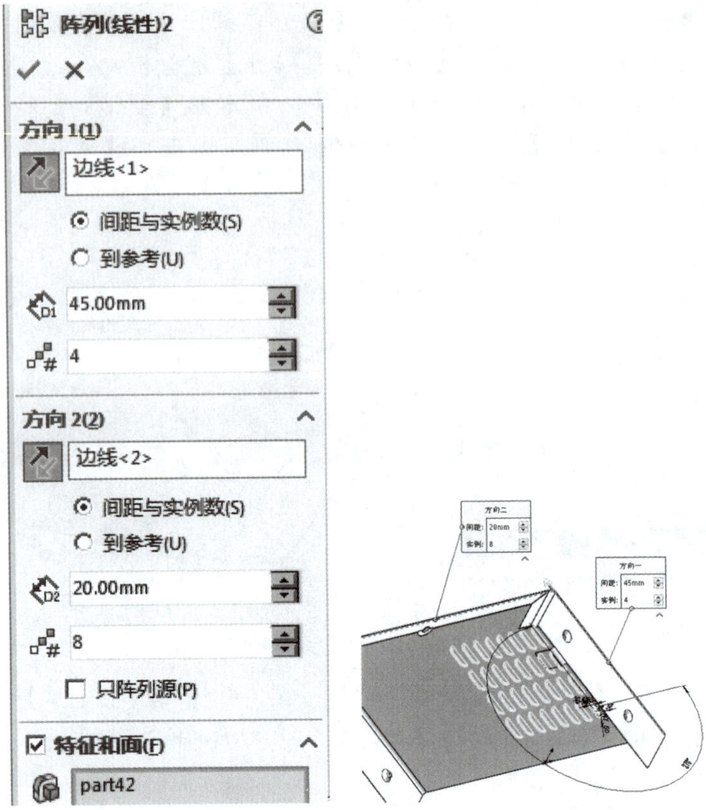

图14-93　线性阵列特征

15 第15章 图片渲染

SolidWorks提供的插件Visualize可以对三维模型进行光线投影处理，并可形成十分逼真的渲染效果图。Visualize可产生SolidWorks模型具有真实感的渲染。渲染的图像组合包括在模型中的外观、光源、布景及贴图，Visualize的工作流程：

① 在模型打开时启动Visualize插件。

② 编辑外观、布景以及贴图。

③ 编辑光源。

④ 进行最终渲染。

⑤ 保存图像。

15.1 SolidWorks Visualize基本介绍

15.1.1 Visualize首页屏幕介绍

在Visualize的首页屏幕里，在左侧的项目区域中包含了【最近的项目】选项、【样本项目】选项和【最近的SolidWorks文档】选项，在其下可显示项目的缩略图，还包含了【新建项目】选项和【打开项目】选项；以及右侧的辅助区域，如图15-1所示。

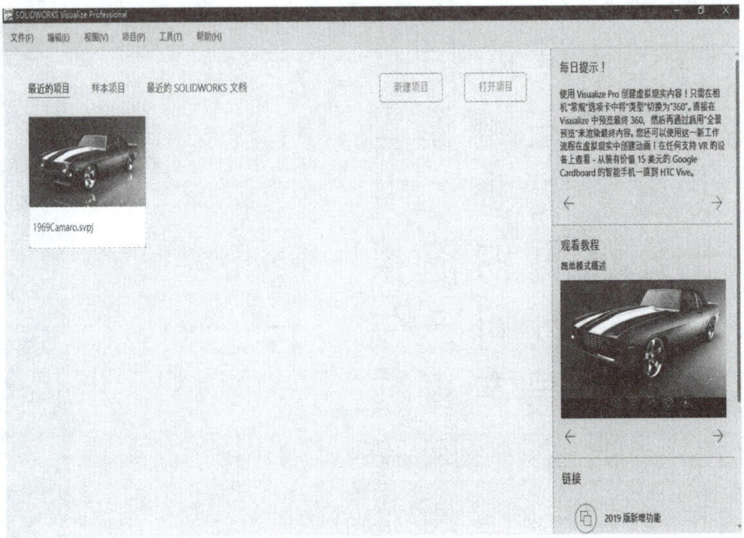

图15-1 首页屏幕

- 【最近的项目】：在其中可以轻松找到最近打开过的SolidWorks Visualize（*.SVPJ）和Bunkspeed（*.BIF）项目的缩略图，通过单击打开项目并执行其他任务。
- 【样本项目】：在其中可以打开SolidWorks Visualize系统自带的项目，可为初学者提供相应的参考。
- 【最近的SolidWorks文档】：在其中可以查看最近打开的SolidWorks装配体和零件（*.SLDASM、*.SDPRT）的缩略图，通过单击缩略图将其打开，将鼠标移至缩略图，在其下方会出现【在文件夹中显示】，单击后可显示其所存在的文件夹界面。
- 【新建项目】：单击可以创建一个新的项目，系统自动弹出新的空白项目环境，如图15-2所示。
- 【打开项目】：在其中可以直接打开先前所做过的*.SVPJ文档。

在辅助区域中可以看到对SolidWorks Visualize有用的提示、观看教程及找到进行操作的链接，比如在线帮助及进入社区论坛，在那里可以分享并讨论渲染。

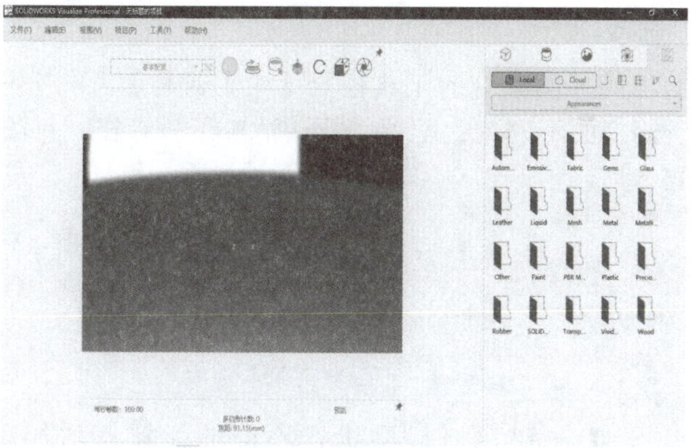

图15-2　空白项目

15.1.2　Visualize项目编辑界面介绍

进入到SolidWorks Visualize项目编辑界面后可以显示如图15-3所示的【正常模式】界面。

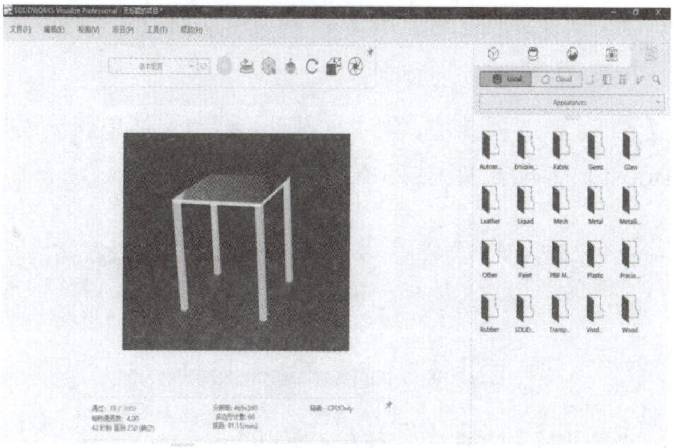

图15-3　【正常模式】界面

单击【视图】|【切换简单模式】按钮可以进入到SolidWorks Visualize【简单模式】界面，如图15-4所示。在【简单模式】界面下，只显示出用户常用的五个命令，使用户更加便捷地使用Visualize软件。

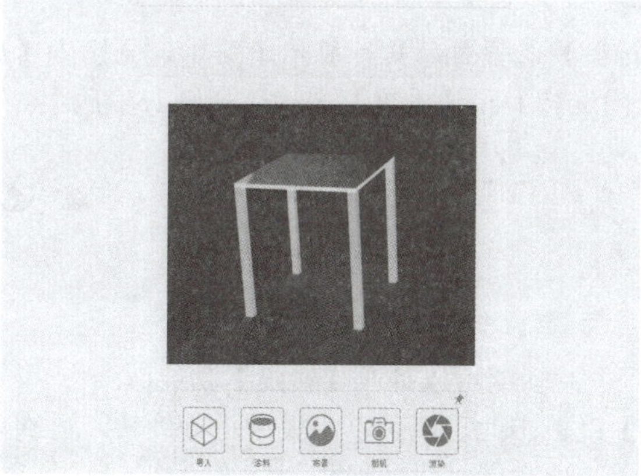

图15-4　【简单模式】界面

（1）【配置菜单】选项组

在【正常模式】下的界面顶端的工具栏为【主工具栏】，单击基本配置右侧的下拉菜单可以选择用户所输入的不同渲染配置，默认情况下只存在一种配置；单击基本配置右侧的菜单，如图15-5所示。

图15-5 【配置菜单】选项

- ＋【添加新项目】：可以对模型进行不同的配置，增加用户对SolidWorks Visualize多样性的选择。
- 【复制当前项目】：可以对该项目的所有配置进行复制，并存在于一个新的项目中。
- 【编辑当前项目的名称】：对当前项目名称进行重命名操作。
- 【锁定当前项目，以防任何更改】：对当前项目的所有配置进行锁定操作。

（2）【渲染器选择】选项组

将鼠标放置在【渲染器选择】选项时，其下显示子菜单，分别为【预览】、【快】、【精确】和【PowerBoost】选项，如图15-6所示。

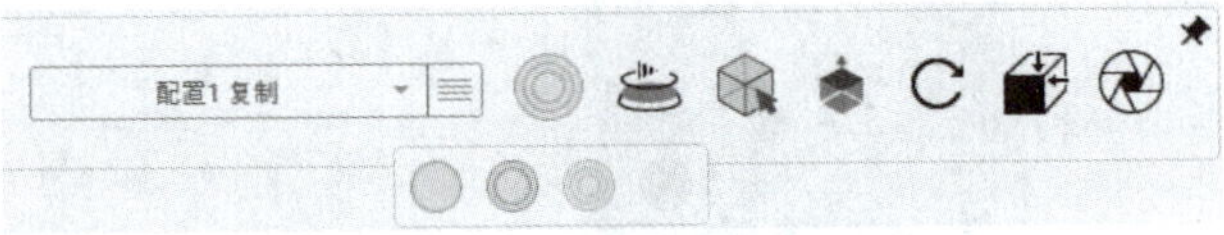

图15-6 【渲染器选择】选项

- 【预览】：速度最快但是效果是最不好的。
- 【快】：速度比【预览】选项慢一些，但是比【预览】选项的质量好一些。
- 【精确】：质量更好，但速度也更慢。
- 【PowerBoost】：需要连接Visualize Boost机或NVIDIA VCA才能启用该功能。

（3）【转盘】选项组

将鼠标放置在【转盘】选项时，其下显示子菜单，分别为【启用】、【播放/暂停】、【更快】、【更慢】、【反向旋转】和【重置】选项，如图15-7所示。

图15-7 【转盘】选项

- 【启用】：单击此功能可以打开【转盘】功能。
- 【播放/暂停】：单击此功能可以将模型进行旋转，再次单击可以暂停。
- 【更快】：单击此功能可以使模型旋转得更快。

- 【更慢】：单击此功能可以使模型旋转得更慢。
- 【反向旋转】：单击此功能可以使模型向相反方向旋转。
- 【重置】：单击此功能可以将模型恢复到初始位置的状态。

（4）【选择工具】选项组

通过【选择工具】可以设置不同的选择模式对模型进行选择，其中含有【模型】、【零件】、【组】和【外观】选项，如图15-8所示。

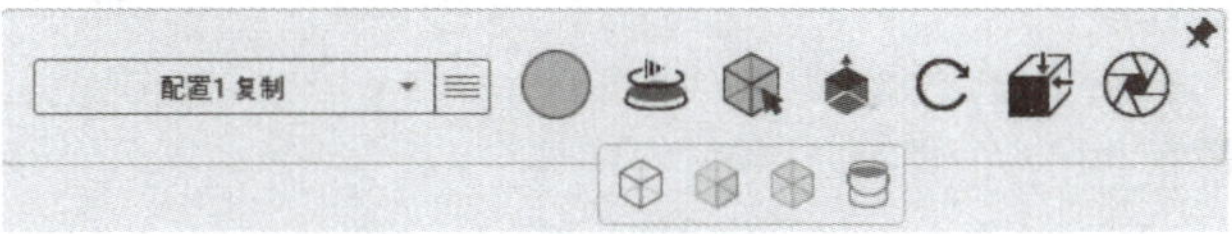

图15-8　【选择工具】选项

- 【模型】：单击此功能可以对图形的模型进行选择。
- 【零件】：单击此功能可以对图形的零件进行选择。
- 【组】：单击此功能可以对图形的组进行选择。
- 【外观】：单击此功能可以对图形的外观进行选择。

（5）【对象操作工具】选项组

通过【对象操作工具】可以对模型进行操作，其中包括【移动】、【缩放】和【枢纽】选项，也可以设置运动是否为绝对运动，如图15-9所示。

图15-9　【对象操作工具】选项

- 【移动】：单击此功能可以显示坐标轴，可以对坐标轴进行移动和旋转。
- 【缩放】：单击此功能可以显示坐标轴，可以对坐标轴进行放大和缩小。
- 【枢纽】：单击此功能可以对坐标轴位置进行调整。

（6）【相机工具】选项组

选择【相机工具】可以对相机的位置进行设置，设置与相机观察点相关的相机行为，也就是相机在布景中聚焦的点，其中包含【旋转】、【平移】、【缩放】、【枢纽】和【观察】，如图15-10所示。

图15-10　【相机工具】选项

- 【旋转】：单击此功能可以对相机进行旋转。
- 【平移】：单击此功能可以对相机进行平移。
- 【缩放】：单击此功能可以对相机进行放大缩小。
- 【枢纽】：单击此功能可以对坐标轴位置进行调整。

- 【观察】：可以使鼠标勾选想要观察的位置。

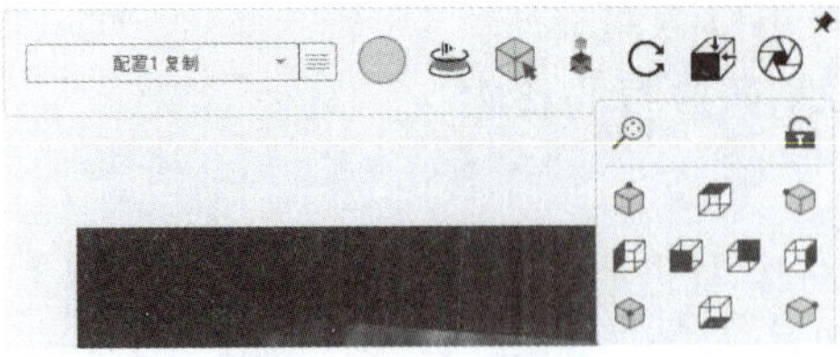

图15-11 【查看预设值】选项

（7）【查看预设值】选项组

使用【查看预设值】功能选择相机视图，其中包含对视图的不同视角进行切换，这与SolidWorks的【视图定向】功能基本完全一致，如图15-11所示。

- 【顶部】：查看视图的顶部。
- 【底部】：查看视图的底部。
- 【左】：查看视图的左侧。
- 【前】：查看视图的前方。
- 【后】：查看视图的后方。
- 【右】：查看视图的右侧。
- 【等轴测1】：从视图的左上顶点观看。
- 【等轴测2】：从视图的左下顶点观看。
- 【等轴测3】：从视图的右上顶点观看。
- 【等轴测4】：从视图的右下顶点观看。
- 【缩放到合适大小】：将视图均匀分布在图形界面中央。
- 【锁定相机】：将视角锁定，不允许更改。

（8）【输出工具】选项组

单击【输出工具】并通过对输出工具的设置，可以输出用户想要的格式，其中包含【图像格式】和【输出模式】等选项，如图15-12所示。

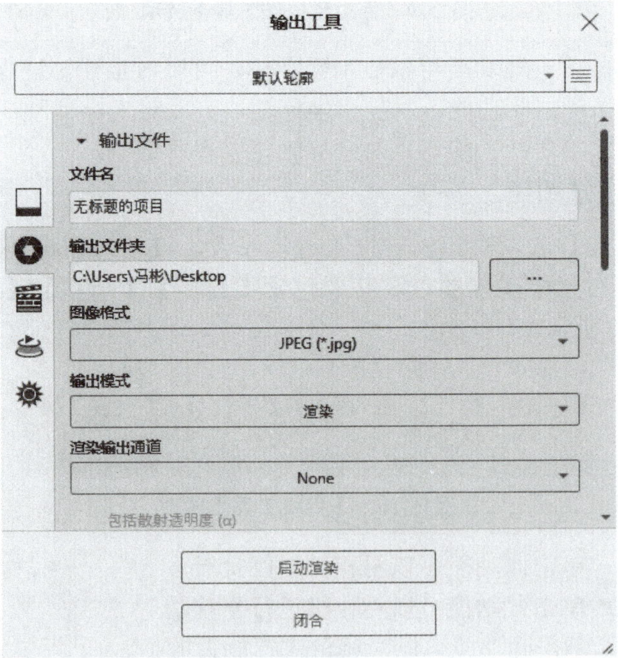

图15-12 【输出工具】选项

15.1.3 导入3D模型

导入模型的方式有很多种，执行以下任意一种操作即可。

- 单击【文件】|【导入】按钮。
- 单击【项目】|【模型】|【导入模型】按钮。
- 在右侧调色板的模型选项卡上，单击＋【添加】|【导入模型】按钮。

在右侧调色板的模型选项卡下方空白区域单击鼠标右键，选择【导入模型】选项。

选择一种操作方式之后，即可弹出【导入】对话框，如图15-13所示。

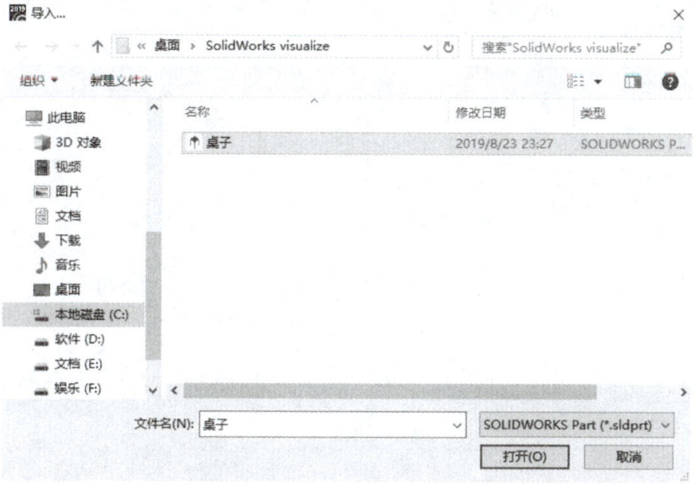

图15-13 【导入】对话框

单击【打开】命令，即可以弹出【导入设置】对话框，如图15-14所示。

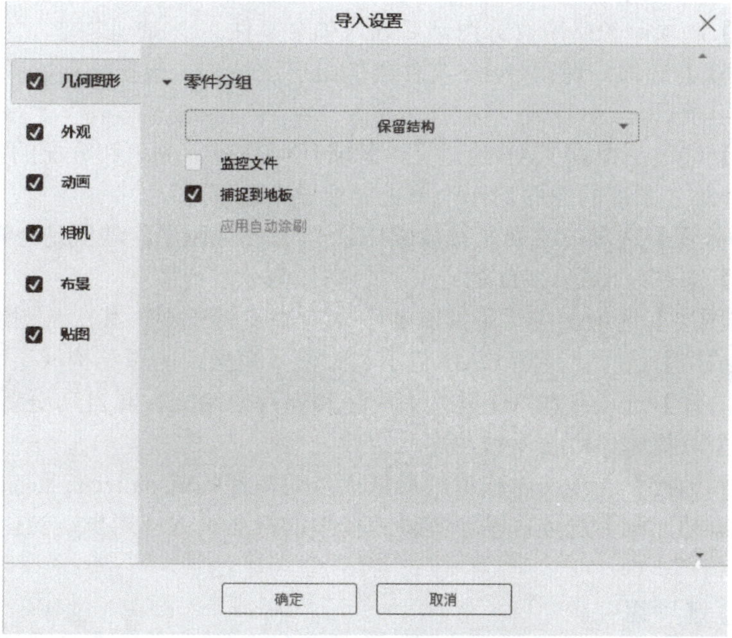

图15-14 【导入设置】对话框

（1）【几何图形】选项组

【几何图形】选项组下可以根据源模型中的图层、外观和分割点将几何图形组成零件。根据需要选择合适的选项，单击【零件分组】下拉菜单即可进行选择，如图15-15所示。此外，也可以对生成的模型进行额外设置。

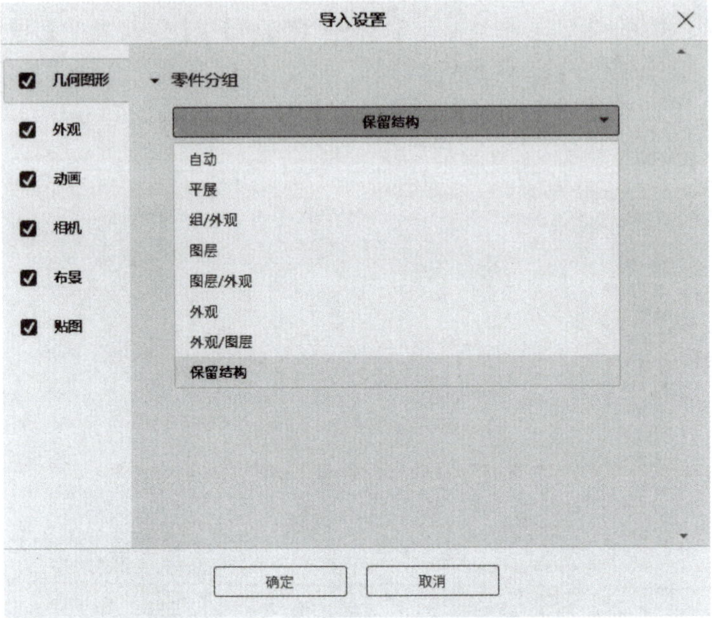

图15-15 【零件分组】选项

- 【自动】选项：在图层/外观、外观/图层和外观之间使用最佳组合以模拟产品在现实生活中的装配方式。
- 【平展】选项：忽略所有分组然后导入单个零件。
- 【组/外观】选项：保留 .wire 文件内的组层次结构，根据外观、颜色和分配的外观细分或小分组项目。
- 【图层】选项：根据 CAD的定义，忽略任何外观、颜色和分配的外观。 所有指派至 CAD 文件每一图层的曲面均作为单一零件导入。
- 【图层/外观】选项：主要是排放顺序。 首先支持图层，其次是外观。
- 【外观】选项：根据 CAD 的定义，忽略任何分组或图层。
- 【外观/图层】选项：主要是排放顺序。 首先支持外观，其次是图层。
- 【保留结构】选项：保留 CAD 包中装配体（模型）的原结构（层次结构）。
- 【监控文件】选项：在 3D 软件中更新和保存原始文件时自动更新模型。软件会在外部更新模型时提醒，可接受或忽略此更改。
- 【捕捉到地板】选项：将模型的最低点自动捕捉到Visualize布景的地板。
- 【应用自动涂刷】选项：基于零件或模型的命名模式应用自动涂刷（也就是说，软件将分配外观）。

（2）【外观】选项组

要导入材料，请选择外观选项卡上的 ☑。 要忽略材料，请清除外观选项卡上的 ☑，如图15-16所示。

- 【忽略纹理参考】选项：忽略源模型中所有与外观关联的纹理。
- 【自动搜索缺少的纹理】选项：在源模型中利用外观搜索缺少的纹理。
- 【手动搜索缺少的纹理】选项：允许在源模型中指定该软件搜索外观参考的纹理位置。
- 【纹理自动搜索路径】选项：纹理自动搜索路径下，单击【添加路径】选项以指定位置。单击【移除路径】选项以移除纹理搜索位置。

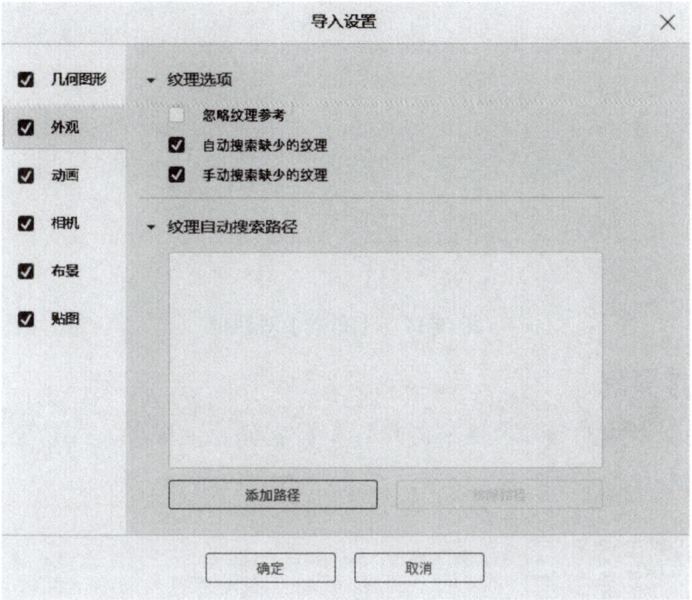

图15-16 【外观】对话框

(3)【动画】选项组

为SolidWorks CAD使用SolidWorks Visualize插件，以在SolidWorks Visualize Professional中导入动画和运动算例。

(4)【相机】选项组

勾选【相机】右侧的☑时，导入源文件中的所有相机。要忽略相机，取消勾选【相机】旁边的☑。

(5)【布景】选项组

勾选【布景】选项组右侧的☑时，该软件允许导入与模型一起保存的环境、背板和照明。要防止导入存储的布景，取消勾选【布景】旁边的☑，如图15-17所示。

- 【环境】选项：勾选【环境】右侧的☑选项时，该软件导入与模型一起存储的环境。要防止导入存储的环境，取消勾选【环境】旁边的☑。
- 【背板】选项：勾选【背板】右侧的☑选项时，该软件导入与模型一起存储的背板。要防止导入存储的背板，取消勾选【背板】旁边的☑。
- 【光源】选项：勾选【光源】右侧的☑选项时，该软件导入与模型一起存储的光源。要防止导入存储的光源，取消勾选【光源】旁边的☑。

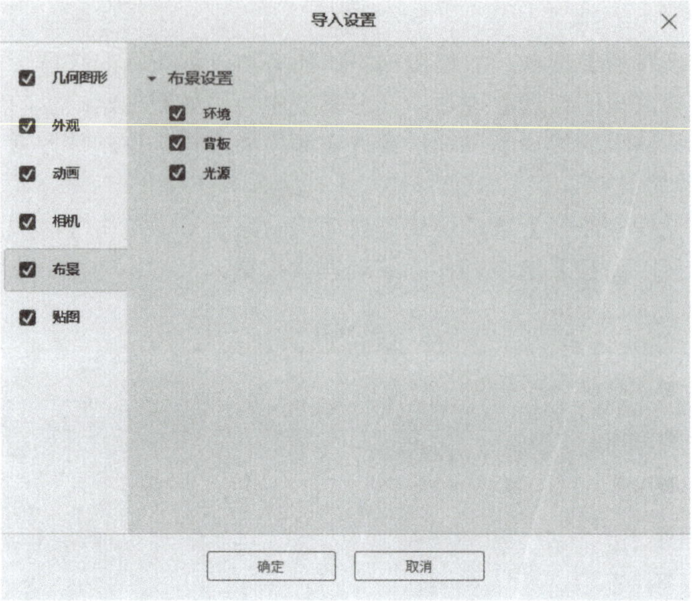

图15-17 【布景】对话框

（6）【贴图】选项组

勾选【贴图】右侧的☑时，导入源文件中一起储存的贴图。要忽略贴图，取消勾选【贴图】旁边的☑。

15.2 外观

15.2.1 Visualize外观库介绍

在任何一个三维制图软件中（包括SolidWorks软件），赋予产品的外观都是至关重要的，尤其是专门应用于渲染工具的三维软件。

赋予材料外观首先要选择外观的材质，Visualize软件中为用户提供了丰富的材质库，进入到Visualize的材质库可以在右侧选取【Appearances】（外观）选项来设置产品的外观，如图15-18所示。

在Visualize软件中赋予产品外观时，可以选择【本地材质库】和【云材质库】，进入【本地材质库】时，可选择【Local】选项，如图15-19所示。

Visualize的【本地材质库】中为用户提供了20类常见的材质，其中每一类材质又包含数个常用选项，基本满足用户的需求。

（1）【Automotive】（汽车的）选项组

【Automotive】（汽车的）选项组包含了与汽车相关的外观，如图15-20所示。

- 【Black Seat Belt】：黑色安全带；
- 【Brake Pad】：刹车片；
- 【Carbon Fiber】：碳纤维；

- 【Classic Radiator Steel】：经典散热钢；
- 【Classic Radiator Steel2】：经典散热钢2；
- 【Oil】：油；
- 【Red Reflector】：红色反射器；
- 【Road】：路；
- 【Sedan Tire Tread】：塞丹轮胎胎面；
- 【Signal Light】：信号灯；
- 【Smooth Carbon Fiber】：平滑碳纤维；
- 【White Reflector】：白色反射器。

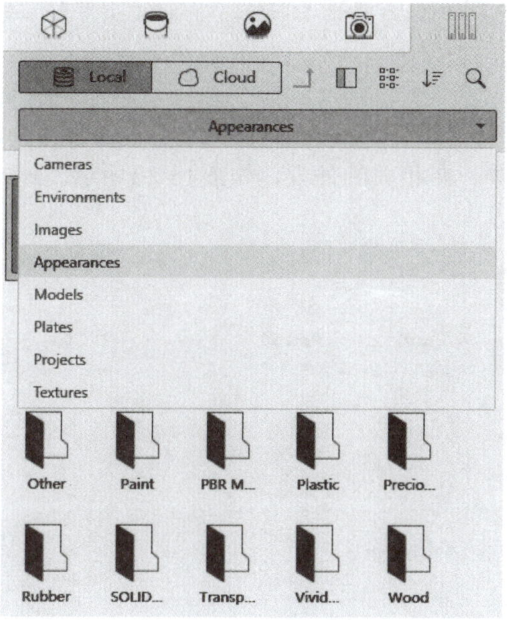

图15-18　材质库

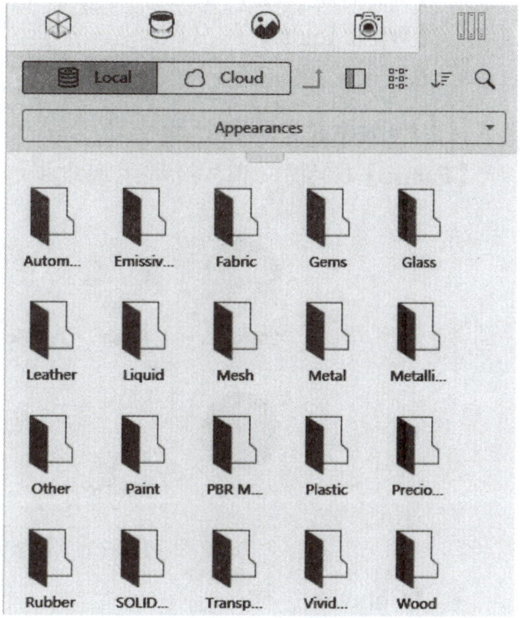

图15-19　本地材质库

（2）【Emissives】（放射性的）选项组

【Emissives】（放射性的）选项组包含了与放射性物质相关的外观，如图15-21所示。

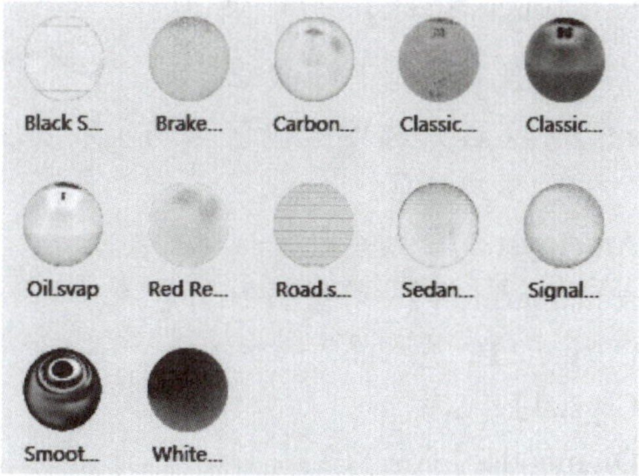

图15-20　【Automotive】（汽车的）

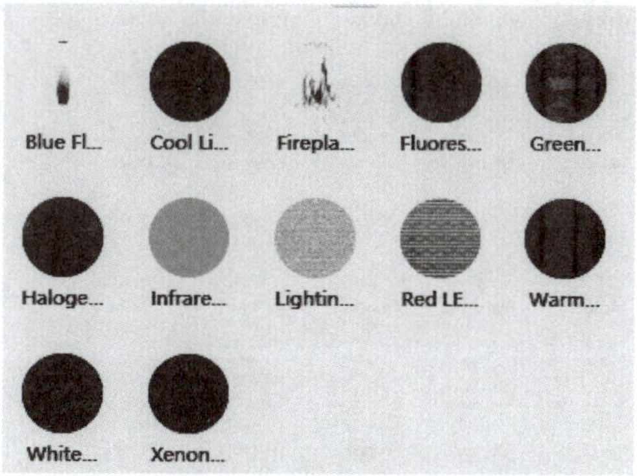

图15-21　【Emissives】（放射性的）

- 【Blue Flame】：蓝色火焰；
- 【Cool Light】：冷光；
- 【Fireplace Fire】：火焰火；
- 【Fluorescent Yellow】：荧光黄色；
- 【Green Lava Lamp】：绿色熔岩灯；
- 【Halogen 2500K】：2500K卤素；
- 【Infrared】：红外线的；
- 【Lighting Mesh】：照明网；
- 【Red LED】：红色LED；
- 【Warm Light】：暖光；
- 【White Light】：白光；
- 【Xenon 8000K】：8000K氙。

（3）【Fabric】（织物、布）选项组

【Fabric】（织物、布）选项组包含了与织物、布相关的外观，如图15-22所示。

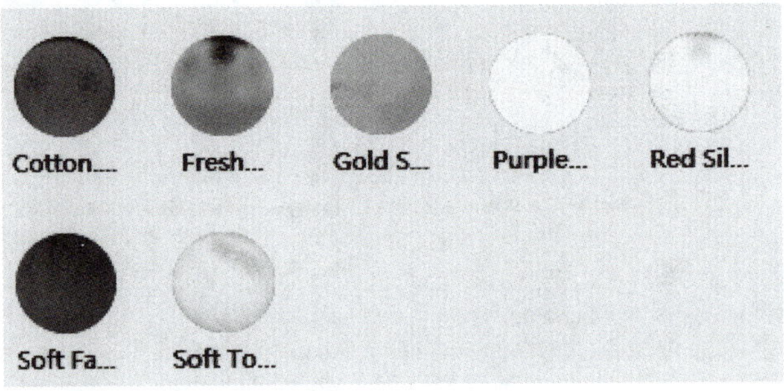

图15-22 【Fabric】（织物、布）

- 【Cotton】：棉；
- 【Fresh Green Silk】：新鲜绿色丝织物；
- 【Gold Satin】：金锻；
- 【Purple Velvet 2】：紫色丝绒2；
- 【Red Silk】：红色丝织物；
- 【Soft Fabric】：软织物；
- 【Soft Touch Black】：软触黑色。

（4）【Gems】（宝石）选项组

【Gems】（宝石）选项组包含了与宝石相关的外观，如图15-23所示。

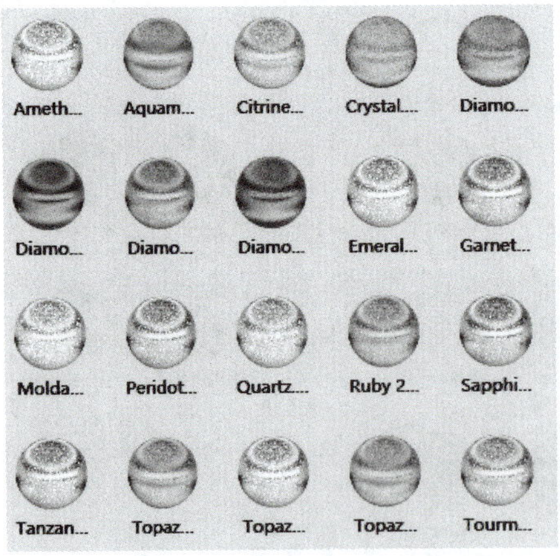

图15-23 【Gems】（宝石）

- 【Amethyst 2】：紫水晶2；
- 【Aquamarine 2】：蓝宝石2；
- 【Citrine 2】：黄水晶2；
- 【Crystal】：水晶；
- 【Diamond 2】：钻石2；
- 【Diamond Blue Treated 2】：钻石蓝处理的2；

- 【Diamond Pink 2】：钻石粉2；
- 【Diamond Yellow】：钻石黄；
- 【Emerald 2】：翡翠2；
- 【Garnet 2】：石榴石2；
- 【Moldavite】：绿玻陨石；
- 【Peridot 2】：橄榄石2；
- 【Quartz】：石英；
- 【Ruby 2】：红宝石2；
- 【Sapphire 2】：蓝宝石2；
- 【Tanzanite 2】：坦桑黝帘石2；
- 【Topaz Blue】：黄玉蓝；
- 【Topaz Orange】：黄玉橘；
- 【Topaz Yellow】：黄玉黄；
- 【Tourmaline】：电气石。

（5）【Glass】（玻璃）选项组

【Glass】（玻璃）选项组包含了与玻璃相关的外观，如图15-24所示。

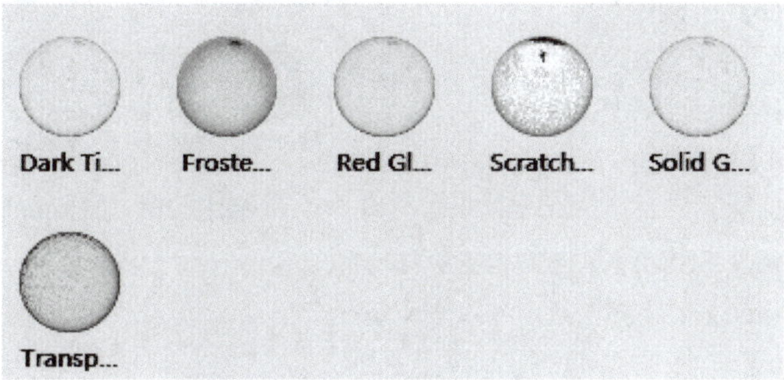

图15-24 【Glass】（玻璃）

- 【Dark Tinted Glass】：深色玻璃；
- 【Frosted Glass】：毛玻璃；
- 【Red Glass】：红玻璃；
- 【Scratched Glass 2】：碎玻璃2；
- 【Solid Glass】：固体玻璃；
- 【Transparent Glass】：透明玻璃。

（6）【Leather】（皮革）选项组

【Leather】（皮革）选项组包含了与皮革相关的外观，如图15-25所示。

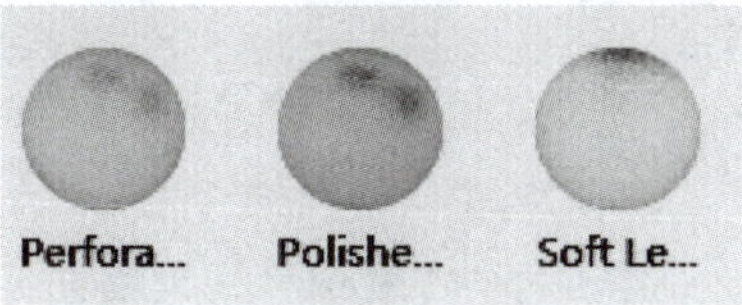

图15-25 【Leather】（皮革）

- 【Perforated Leather】：穿甲革；
- 【Polished Leather】：磨光皮革；
- 【Soft Leather 2】：软皮革2。

（7）【Liquid】（液体）选项组

【Liquid】（液体）选项组包含了与液体相关的外观，如图15-26所示。

- 【Amber Beer SSS】：琥珀啤酒SSS；
- 【Amber Beer】：琥珀啤酒；
- 【Champagne With Bubbles】：气泡香槟；
- 【Cola SSS】：乐可SSS；
- 【Cola】：可乐；
- 【Dark Beer SSS】：黑啤SSS；
- 【Dark Beer】：黑啤；
- 【Heavy Ripple Water】：重波纹水；
- 【Lemonade】：柠檬水；
- 【Light Beer SSS】：淡啤酒SSS；
- 【Light Beer】：淡啤酒；
- 【Milk 2】：牛奶2；
- 【Milk SSS 2】：牛奶SSS 2；
- 【Motor Oil】：汽油；
- 【Oil】：原油；
- 【Orange Juice SSS 2】：橘汁SSS 2；
- 【Orange Juice】：橘汁；
- 【Red Wine】：红葡萄酒；
- 【Slight Ripple Water】：微波纹水；
- 【Soap Bubbles】：肥皂泡；
- 【Still Water 2】：静止的水2；
- 【Whisky SSS】：威士忌SSS；
- 【Whisky】：威士忌；
- 【White Wine】：白葡萄酒。

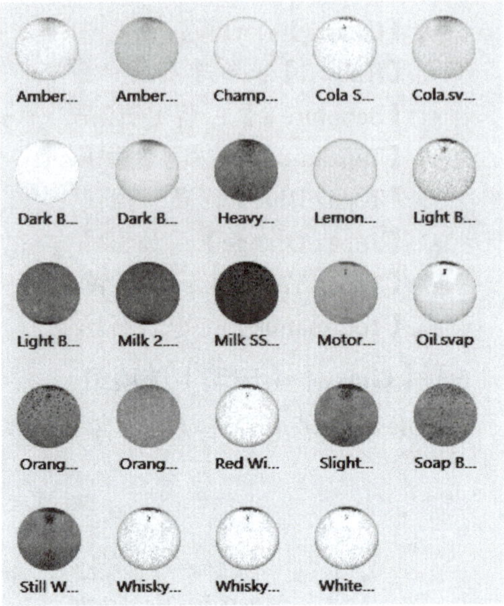

图15-26 【Liquid】（液体）

（8）【Mesh】（网格）选项组

【Mesh】（网格）选项组包含了与网格相关的外观，如图15-27所示。

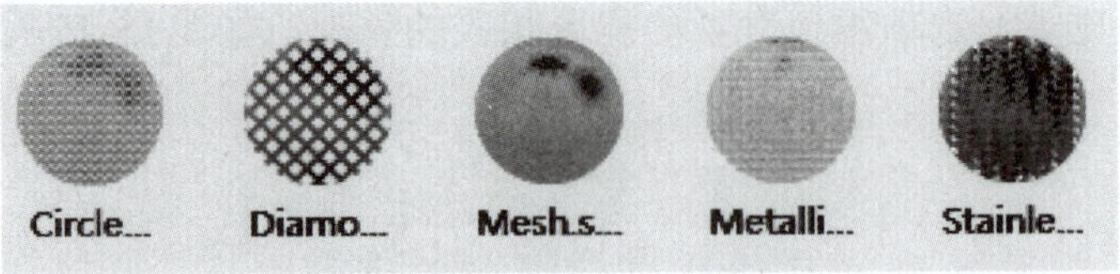

图15-27 【Mesh】（网格）

- 【Circle Chain Mesh】：圆链网；

- 【Diamond Mesh】：钻石网；
- 【Mesh】：网格；
- 【Metallic Rectangular Mesh】：金属矩形网格；
- 【Stainless Braid】：不锈编制网。

（9）【Metal】（金属）选项组

【Metal】（金属）选项组包含了与金属相关的外观，如图15-28所示。

- 【Aluminum 2】：铝2；
- 【Anodized Red】：阳极氧化的红；
- 【Brushed Aluminum 2】：刷过的铝2；
- 【Cast Aluminum 2】：铸铝2；
- 【Chrome 2】：铬2；
- 【Clearcoat Stainless】：不锈钢干净外表面；
- 【Copper Polished】：抛光铜；
- 【Dark Chrome】：深色铬；
- 【Gunmetal】：青铜；
- 【Hammered Silver Metal】：铁锤银金属；
- 【Heat Treated Titanium】：热处理钛；
- 【Magnesium】：镁；
- 【Mercury】：汞；
- 【Sandblasted Aluminum 2】：喷砂铝2；
- 【Scratched Aluminum】：碎铝；
- 【Titanium】：钛。

（10）【Metallic Paint】（金属涂料）选项组

【Metallic Paint】（金属涂料）选项组包含了与金属涂料相关的外观，如图15-29所示。

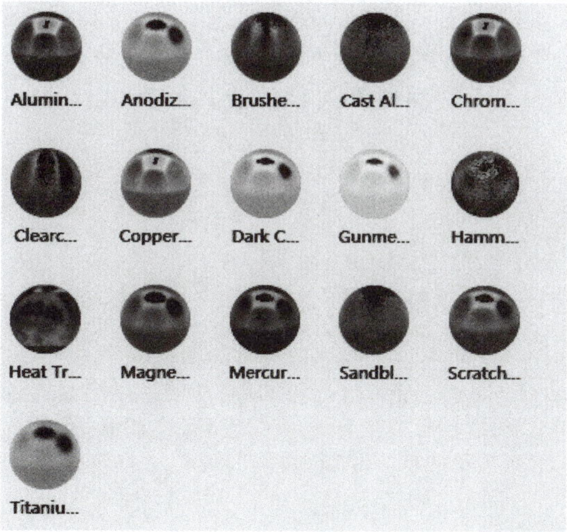

图15-28 【Metal】（金属）

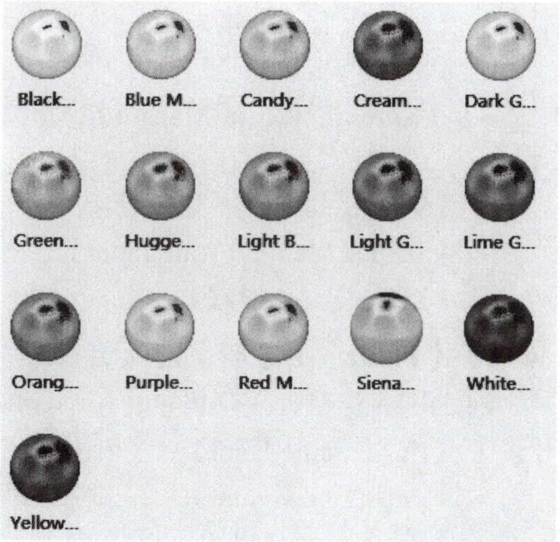

图15-29 【Metallic Paint】（金属涂料）

- 【Black Metallic Paint】：黑色金属涂料；
- 【Blue Metallic Paint】：蓝色金属涂料；
- 【Candy Red Metallic Paint】：糖果红色金属涂料；
- 【Cream Metallic Paint】：奶油金属涂料；
- 【Dark Grey Metallic Paint】：深灰色金属涂料；
- 【Green Metallic Paint】：绿色金属涂料；
- 【Hugger Orange Metallic Paint】：深橘金属涂料；
- 【Light Blue Metallic Paint】：浅蓝色金属材料；
- 【Light Grey Metallic Paint】：浅灰色金属涂料；
- 【Lime Green Metallic Paint】：石灰绿色金属涂料；
- 【Orange Metallic Paint】：橘色金属涂料；
- 【Purple Metallic Paint】：紫色金属涂料；
- 【Red Metallic Paint】：红色金属涂料；
- 【Siena Metallic Paint】：锡耶纳金属涂料；
- 【White Metallic Paint】：白色金属涂料；
- 【Yellow Metallic Paint】：黄色金属涂料。

（11）【Other】（其他）选项组

【Other】（其他）选项组包含了其他外观，如图15-30所示。

- 【3D printed】：3D打印；
- 【Acetate Zebra Purple】：醋酸盐斑马紫色；
- 【Blackout】：断电；
- 【Candle Wax Red SSS】：糖果蜡烛红SSS；
- 【Film】：电影；
- 【Matte Black】：哑光黑；
- 【Matte Clay】：哑光灰；
- 【Matte White】：哑光白；
- 【Smooth White Marble】：光滑白理石；
- 【Soap Bubble】：肥皂泡；
- 【Striped Metallic Wall Paper】：有条纹的金属墙纸；
- 【X Ray】：X射线。

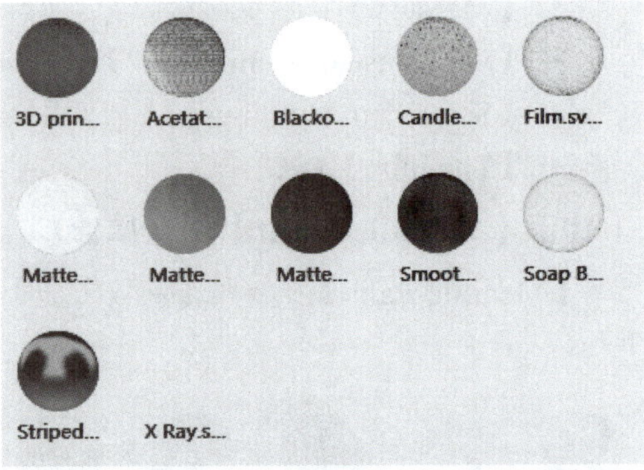

图15-30 【Other】（其他）

（12）【Paint】（涂料）选项组

【Paint】（涂料）选项组包含了与涂料相关的外观，如图15-31所示。

- 【Basic Beige Paint】：基础米色涂料；
- 【Basic Black Paint】：基础黑色涂料；
- 【Basic Blue Dark Paint】：基础蓝色暗涂料；
- 【Basic Blue Light Paint】：基础蓝色亮涂料；

- 【Basic Blue Paint】：基础蓝色涂料；
- 【Basic Cream Paint】：基础奶油涂料；
- 【Basic Dark Grey Paint】：基础暗灰涂料；
- 【Basic Green Lime Paint】：基础绿色石灰涂料；
- 【Basic Green Paint】：基础绿色涂料；
- 【Basic Light Grey Paint】：基础亮灰色涂料；
- 【Basic Orange Paint】：基础橙色涂料；
- 【Basic Purple Paint】：基础紫色涂料；

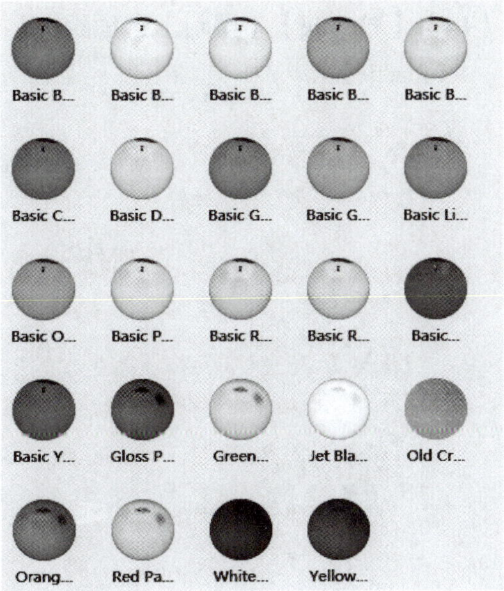

图15-31　【Paint】（涂料）

- 【Basic Red Candy Apple Paint】：基础红色糖苹果涂料；
- 【Basic Red Paint】：基础红色涂料；
- 【Basic White Paint】：基础白色涂料；
- 【Basic Yellow Paint】：基础黄色涂料；
- 【Gloss Paint】：光泽涂料；
- 【Green Paint】：绿色涂料；
- 【Jet Black】：乌黑色；
- 【Old Cracked Grey】：老裂灰；
- 【Orange Paint】：橙色涂料；
- 【Red Paint】：红色涂料；
- 【White Paint】：白色涂料；
- 【Yellow Paint】：黄色涂料。

（13）【PBR Materials】（PBR材料）选项组

【PBR Materials】（PBR材料）选项组包含了与PBR材料相关的外观，如图15-32所示。

- 【Fabric Blue】：织物蓝色；
- 【Fabric Weave】：织物编制；
- 【Metal Brass】：金属黄铜；
- 【Metal Brushed】：金属刷；
- 【Metal Zinc Blue】：金属锌蓝；
- 【Potting Soil】：盆栽土；
- 【Wood Douglas Fir】：花旗松木；
- 【Wood Zebrawoo】：斑马乌木。

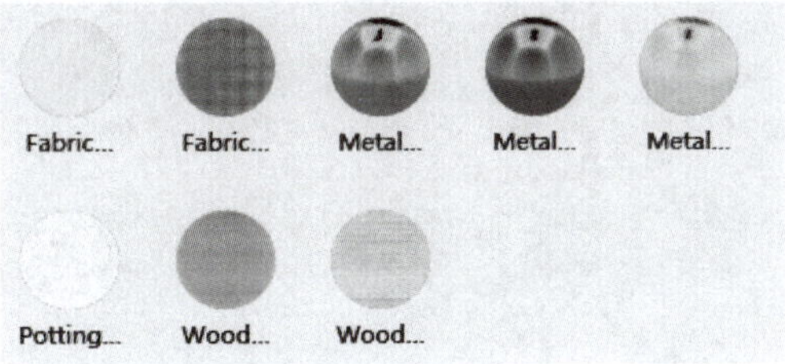

图15-32　【PBR Materials】（PBR材料）

(14)【Plastic】(塑料)选项组

【Plastic】(塑料)选项组包含了与塑料相关的外观，如图15-33所示。

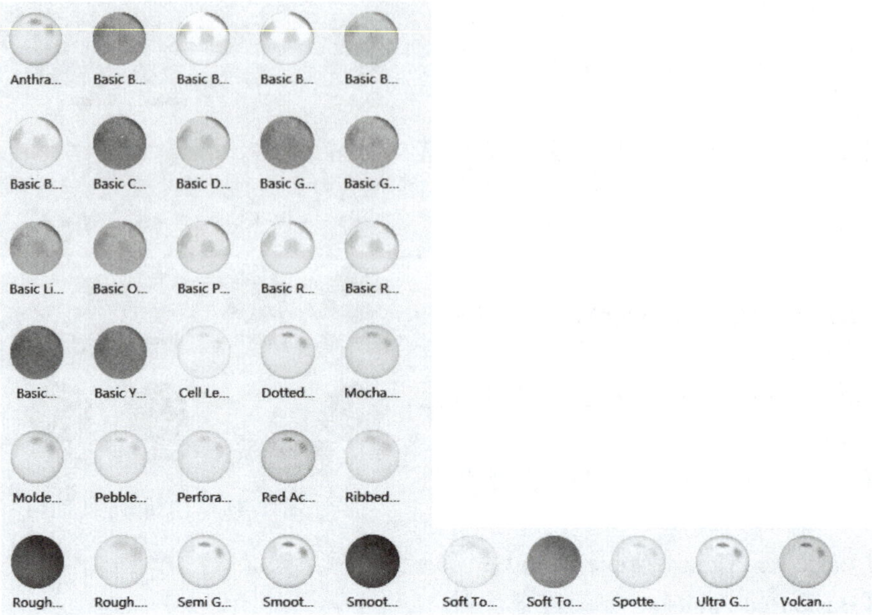

图15-33 【Plastic】(塑料)

- 【Anthracite】：无烟煤；
- 【Basic Beige Plastic】：基础米色塑料；
- 【Basic Black Plastic】：基础黑色塑料；
- 【Basic Blue Dark Plastic】：基础暗蓝色塑料；
- 【Basic Blue Light Plastic】：基础亮蓝色塑料；
- 【Basic Blue Plastic】：基础蓝色塑料；
- 【Basic Cream Plastic】：基础奶油塑料；
- 【Basic Dark Grey Plastic】：基础暗灰色塑料；
- 【Basic Green Lime Plastic】：基础绿色石灰塑料；
- 【Basic Green Plastic】：基础绿色塑料。

(15)【Precious Metal】(珍贵的金属)选项组

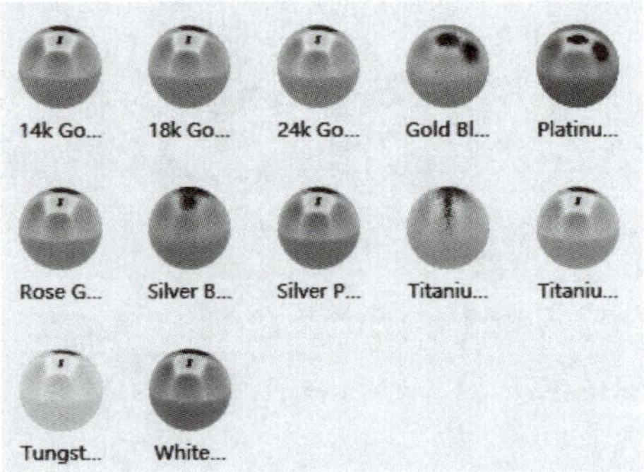

图15-34 【Precious Metal】(珍贵的金属)

【Precious Metal】(珍贵的金属)选项组包含了与珍贵的金属相关的外观，如图15-34所示。

- 【14k Gold 2】：14k金2；
- 【18k Gold 2】：18k金2；
- 【24k Gold 2】：24k金2；
- 【Gold Blasted】：裂金；
- 【Platinum】：铂金；
- 【Rose Gold 2】：玫瑰金2；

- 【Silver Burnished】：亮银；
- 【Silver Polished】：抛光银；
- 【Titanium Brushed】：刷亮钛；
- 【Titanium Polished】：抛光钛；
- 【Tungsten Polished】：抛光钨；
- 【White Gold】：白金。

（16）【Rubber】（橡胶）选项组

【Rubber】（橡胶）选项组包含了与橡胶相关的外观，如图15-35所示。

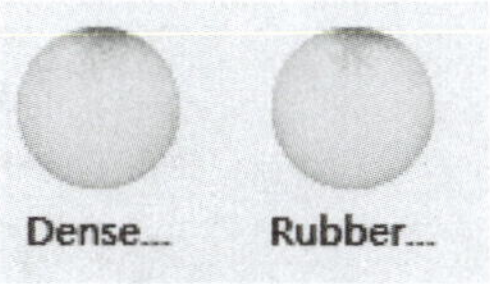

图15-35 【Rubber】（橡胶）

- 【Dense Rubber 2】：稠密橡胶2；
- 【Rubber 2】：橡胶2。

（17）【SolidWorks Appearances】选项组

【SolidWorks Appearances】选项组包含了SolidWork三维软件中内置的外观，如图15-36所示。

- 【Glass】：玻璃；
- 【Metal】：金属；
- 【Paint】：涂料；
- 【Plastic】：塑料；
- 【Rubber】：橡胶；
- 【Wood】：木头。

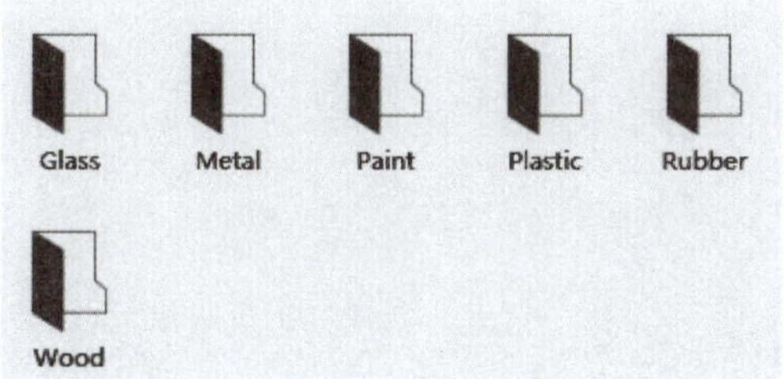

图15-36 【SolidWorks Appearances】

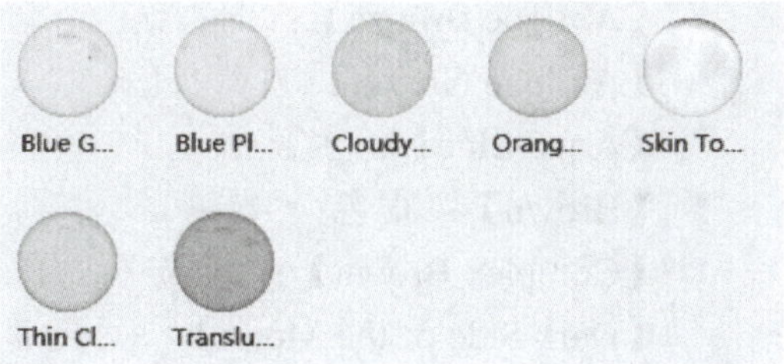

图15-37 【Transparent Plastic】（透明塑料）

（18）【Transparent Plastic】（透明塑料）选项组

【Transparent Plastic】（透明塑料）选项组包含了与透明塑料相关的外观，如图15-37所示。

- 【Blue Gel】：蓝色凝胶；
- 【Blue Plexiglass】：蓝色有机玻璃；
- 【Cloudy Plastic】：云塑料；
- 【Orange Gel】：橙色凝胶；
- 【Skin Tone Translucent】：皮肤色调半透明；
- 【Thin Cloudy Plastic】：薄云塑料；
- 【Translucent Glass】：半透明玻璃。

（19）【Vivid Metallic Paint】（鲜艳的金属涂料）选项组

【Vivid Metallic Paint】（鲜艳的金属涂料）选项组包含了与鲜艳的金属涂料相关的外观，如图15-38所示。

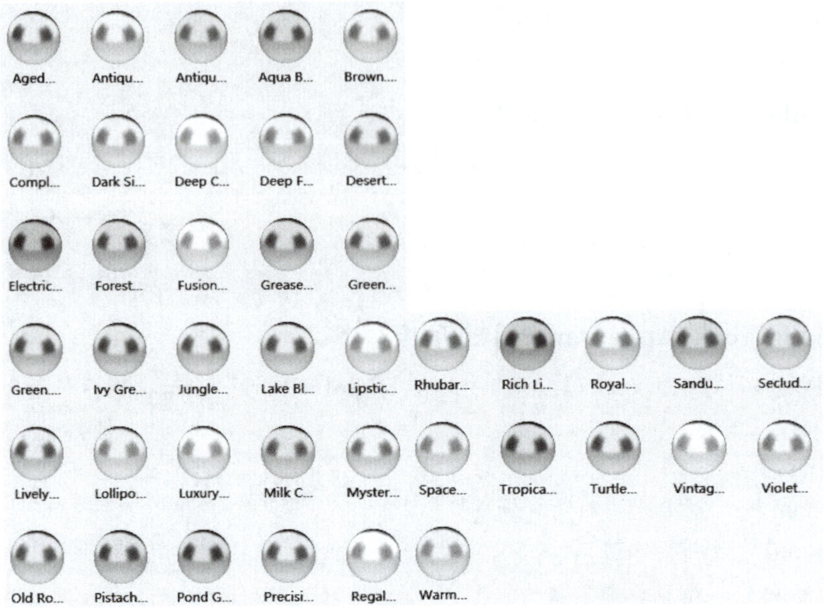

图15-38 【Vivid Metallic Paint】（鲜艳的金属涂料）

- 【Aged Metall】：老金属；
- 【Antique Bronze】：旧青铜；
- 【Antique Grey】：古董灰色；
- 【Aqua Blue】：水蓝；
- 【Brown】：褐色；
- 【Complex Brown】：复褐色；
- 【Dark Side of the Moon】：月亮深色边；
- 【Deep Cherry Red】：深樱桃红色；
- 【Deep Forest Green】：深森林绿；
- 【Desert Earth】：沙漠大地。

……

（20）【Wood】（木材）选项组

【Wood】（木材）选项组包含了与木材相关的外观，如图15-39所示。

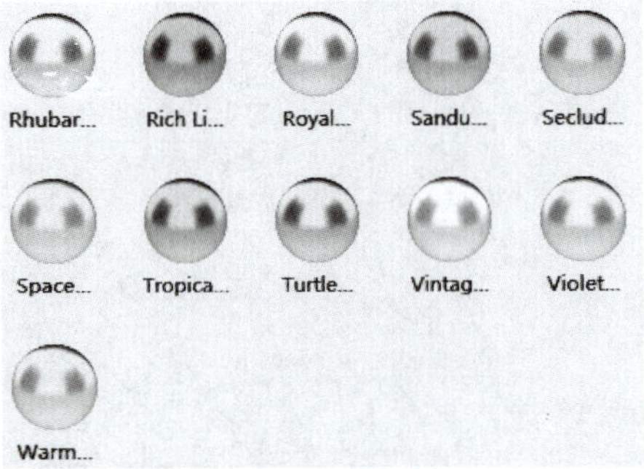

图15-39 【Wood】（木材）

15.2.2 外观的赋予

用户可以根据自身情况，将所需的渲染在本地外观库中找到对应的材料，并在材料选项中找到该材料所需的颜色，通过鼠标将其拖拽到需要渲染的模型面上即可，如图15-40所示。

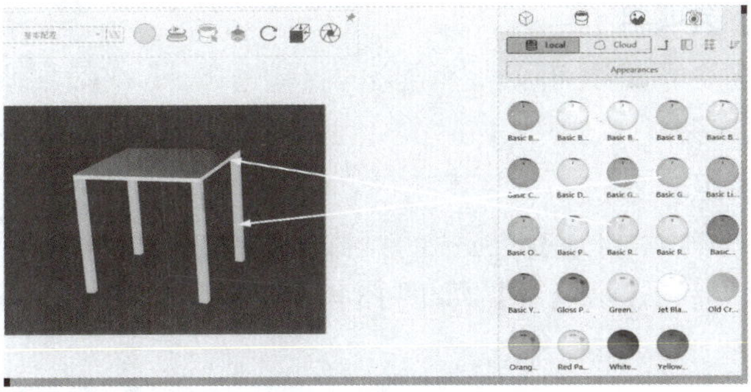

图15-40 外观的赋予

当对模型赋予了外观后，其外观会作为当前使用的外观保存到【外观】当中，可以单击【外观】选项，查看当前模型所用到的材质类型，如图15-41所示。

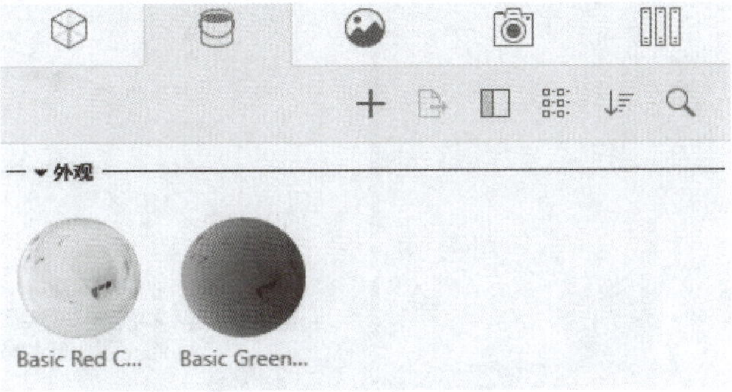

图15-41 【外观】选项

当单击其中一个外观时，会出现该外观的参数编辑框，以【Basic Red Candy Apple Paint】为例，如图15-42所示。可以根据用户的需求，对渲染的外观进行相应的修改，当赋予不同的外观时，其参数也有相应的变化。而且其修改的参数与模型是同步的，会即时地反映到模型，为用户带来实时渲染的便捷。

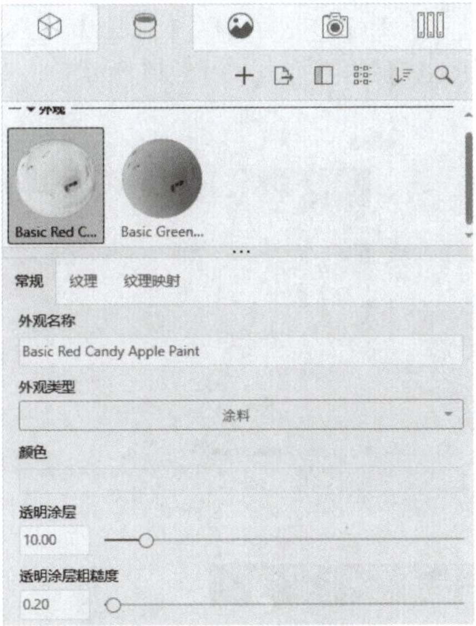

图15-42 外观参数编辑框

（1）【外观名称】选项组

在【外观名称】输入栏中可以对用户所选择的外观赋予自定义的名称，如将系统自带的长名改为【Red】以方便用户查找，如图15-43所示。

图15-43 【外观名称】选项组

（2）【外观类型】选项组

在【外观类型】选项组中可以选择渲染的材料选项，【外观类型】有可供用户选择的常用材料，如图15-44所示。

（3）【颜色】选项组

在【颜色】选项组中可以根据所选的材料，在材料中选择对应的颜色，单击【颜色】下方的颜色条，显示【拾色器】，如图15-45所示。

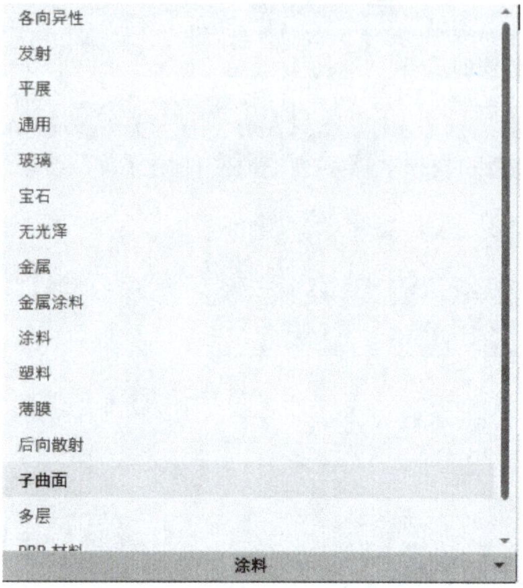

图15-44 【外观类型】选项组

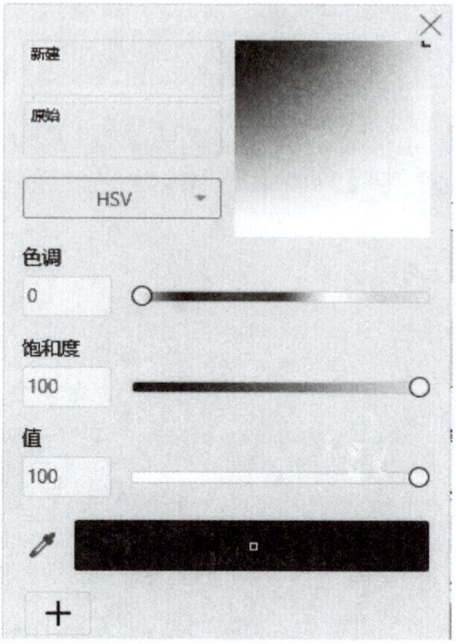

图15-45 【拾色器】

①【新建】：用户所选择的新颜色。

②【原始】：用户未更改颜色的原始颜色。

③【HSV/RGB】：选择设置颜色的方式，其中有HSV和RGB两种方式，在HSV中可根据【色调】、【饱和度】和【值】对颜色进行设置；在RGB中可根据【红色】、【绿色】和【蓝色】对颜色进行设置，如图15-46所示。【RGB】的界面如图15-47所示。

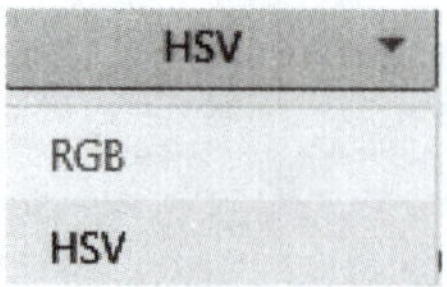

图15-46 【HSV/RGB】

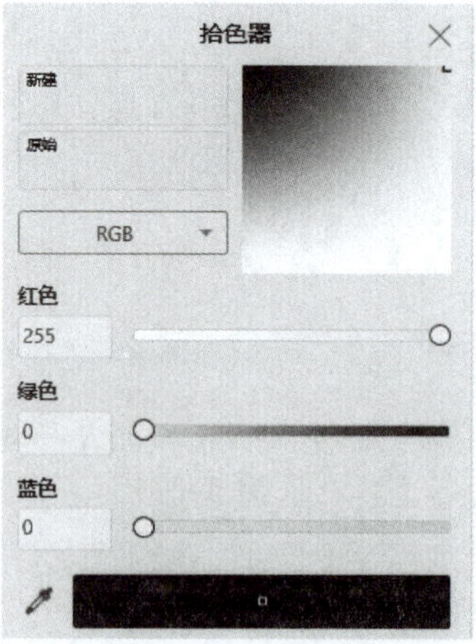

图15-47 【RGB】界面

- 【色调】：在HSV方式中可以设置颜色的色调。
- 【饱和度】：在HSV方式中可以设置颜色的饱和度。
- 【值】：在HSV方式中可以设置颜色的值。
- 【红色】：在RGB方式中可以设置颜色的红色值。
- 【绿色】：在RGB方式中可以设置颜色的绿色值。
- 【蓝色】：在RGB方式中可以设置颜色的蓝色值。
- 【自由选择】：单击【单击并拖动屏幕上的任意位置以选择颜色】可以自由选择用户电脑屏幕的颜色。
- 【收藏颜色】：单击＋【单击以添加收藏夹的颜色】选项可以对所设置的颜色进行收藏。

（4）【透明涂层】选项组

在【透明涂层】中可以对颜色的透明度进行设置，如图15-48所示。

图15-48 【透明图层】

（5）【透明涂层粗糙度】选项组

在【透明涂层粗糙度】中可以对颜色透明度的粗糙度进行设置，如图15-49所示。

图15-49 【透明涂层粗糙度】

15.2.3 贴图的赋予

当鼠标在【外观】空白处单击鼠标右键时，在弹出的选项中单击【新建贴图】|【图像】选项，系统弹出【导入纹理】对话框，如图15-50所示。

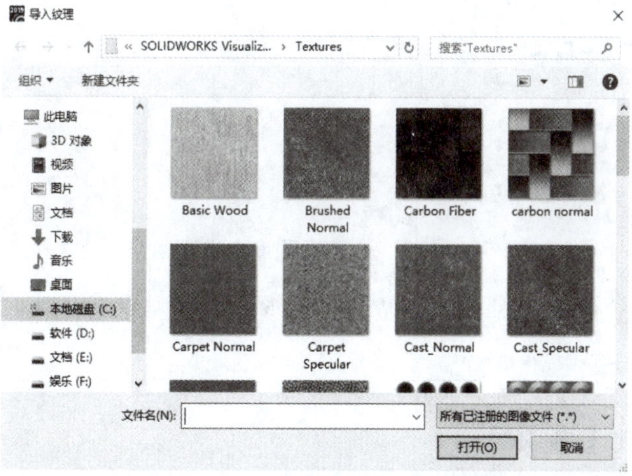

图15-50 【导入纹理】对话框

第15章 图片渲染

选择用户所需要的【贴图】后单击【打开】选项，系统将显示所选的贴图属性，如图15-51所示。

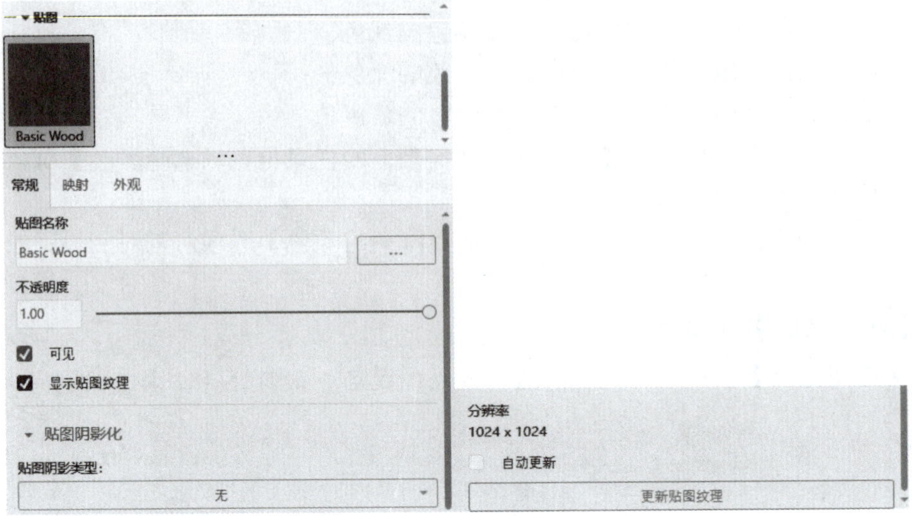

图15-51 【贴图】属性设置

（1）【贴图名称】选项组

在【贴图名称】输入栏中可以对用户所选择的贴图赋予自定义的名称，如将系统自带的长名改为【wood】以方便用户查找，如图15-52所示。

图15-52 【贴图名称】选项组

（2）【不透明度】选项组

在【不透明度】选项组中可以对【贴图】的透明度、可见和显示贴图纹理进行设置，如图15-53所示。

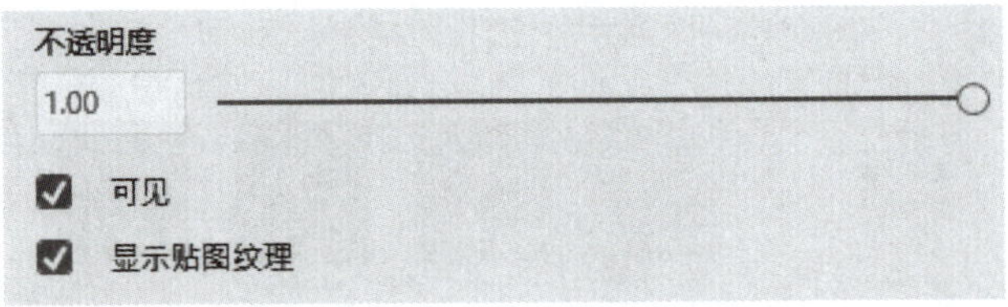

图15-53 【不透明度】选项组

- 【不透明度参数】：对贴图的透明比率参数在0～1的范围内进行设置。
- 【可见】：是否可见贴图。
- 【显示贴图纹理】：显示/隐藏贴图图像。

（3）【贴图阴影化】选项组

在【贴图阴影化】选项组中可以对【贴图】的阴影类型进行设置，如图15-54所示。

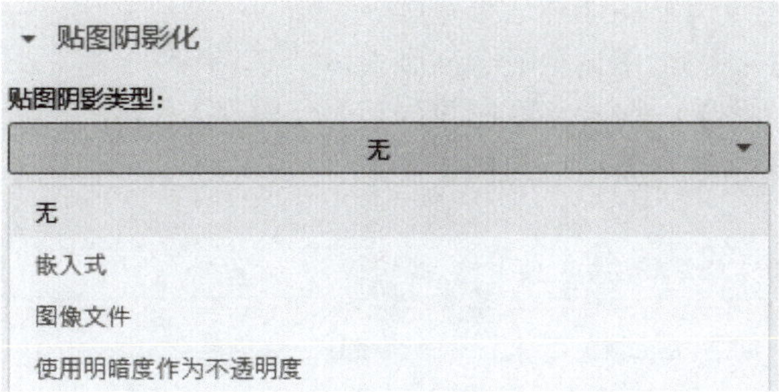

图15-54 【贴图的阴影化】选项组

- 【无】：无阴影应用至贴图图像。
- 【嵌入式】：使用贴图图像的嵌入式通道。
- 【图像文件】：使用单独的图像文件。
- 【使用明暗度作为不透明度】：较亮的区域仍然不透明，而较暗的区域则蒙上阴影。

此外，还有：

- 【自动更新】：自动从磁盘重新加载源文件。
- 【更新贴图纹理】：从磁盘更新贴图纹理。

贴图的赋予与外观颜色的赋予相同，都是将鼠标拖拽至模型相应的位置上，并将贴图赋予到模型上，根据需要对图片进行适当的调整即可。

（4）【映射模式】选项组

在【映射】选项中可以找到【映射模式】选项组，在【映射模式】选项组中可以选择【贴图】的映射模式，如图15-55所示。

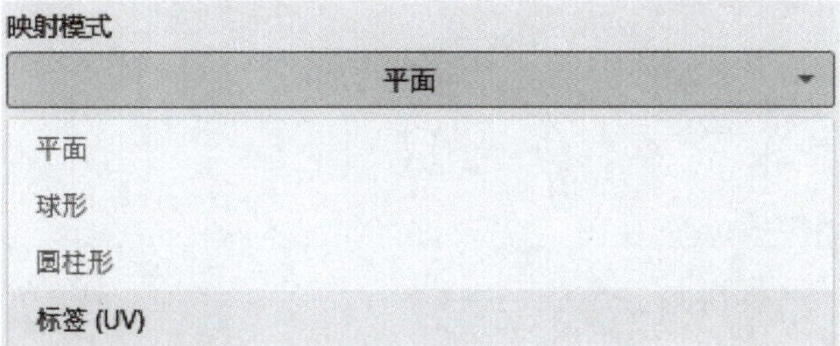

图15-55 【映射模式】选项组

- 【平面】：映射模式为平面。
- 【球形】：映射模式为球形。
- 【圆柱形】：映射模式为圆柱形。
- 【标签】：映射模式为标签。

（5）【调整贴图】选项组

【调整贴图】选项组可对贴图进行调整，如图15-56所示。

- 【水平镜像】：水平镜像贴图。
- 【垂直镜像】：垂直镜像贴图。

- 【适合宽度】：将贴图调至适合宽度。
- 【适合高度】：将贴图调至适合高度。
- 【多个零件贴图】：允许将贴图投影至多个零件上。
- 【全操作器】：使用普通或全操作器。

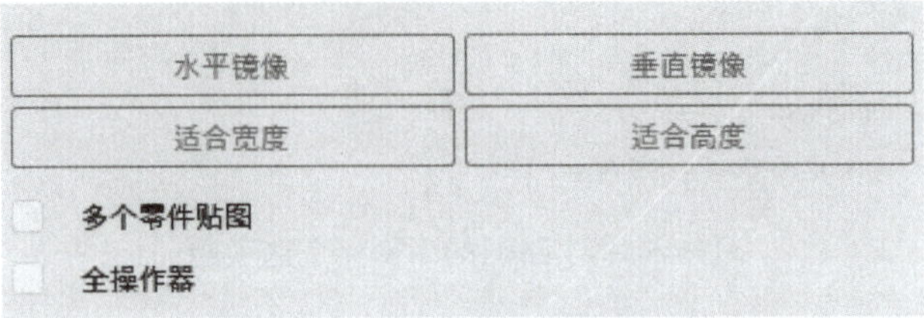

图15-56 【调整贴图】选项组

（6）【基本映射控制】选项组

【基本映射控制】选项组可以对贴图的相关位置属性进行设置，如图15-57所示。

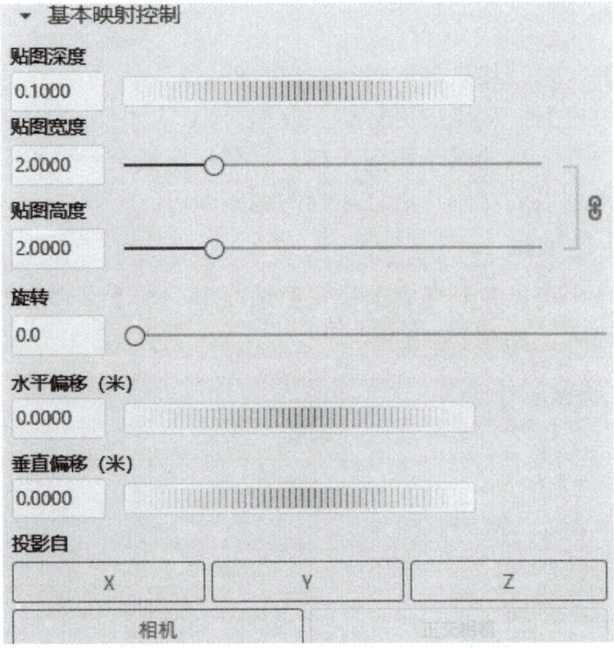

图15-57 【基本映射控制】选项组

- 【贴图深度】：投影贴图的最大深度（米）。
- 【贴图宽度】：贴图宽度。
- 【贴图高度】：贴图高度。
- 【旋转】：旋转。
- 【水平偏移（米）】：调整贴图的水平位置。
- 【垂直偏移（米）】：调整贴图的垂直位置。
- 【X】：投影至x。
- 【Y】：投影至y。

- 【Z】：投影至z。
- 【相机】：投影至相机。
- 【正交相机】：投影至正交相机。

（7）【高级映射控制】选项组

【高级映射控制】选项组可以对贴图的精确坐标位置进行设置，如图15-58所示。

- 【位置XYZ】：对贴图的位置x、y、z进行控制。
- 【旋转XYZ】：对贴图的旋转x、y、z进行控制。
- 【缩放XYZ】：对贴图的缩放x、y、z进行控制。

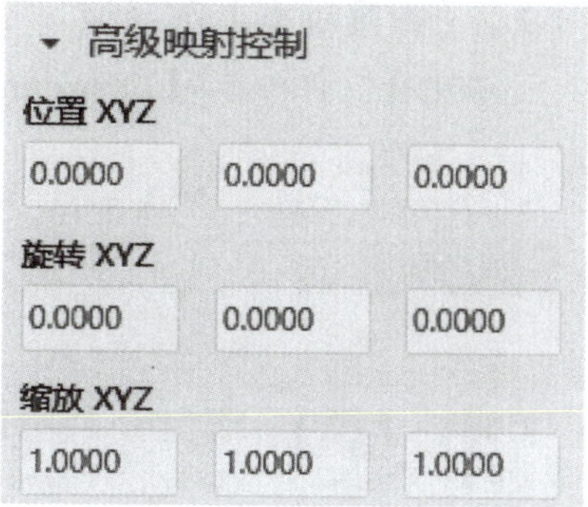

图15-58 【高级映射控制】选项组

15.3 布景

布景是一组 3D 对象，包括渲染时所用的模型、光源和相机。

在 SolidWorks Visualize 中，可以将高动态范围图像（HDRI）用作项目中的光源。Visualize软件将 HDRI映射到球形环境中，像气泡一样包裹住模型。根据图像每个像素的RGB值，HDRI 将光源辐射到布景中。当需要宽对比范围时，此技术可以模拟现实世界中的光源。将HDRI 映射到以世界坐标系原点为中心、半径 25m的球形中。可以旋转、缩放和偏移与全局原点相关的环境球形。

HDRI 是以文件格式存储的2D图像，其亮度值比标准位图图像的范围更宽泛。HDRI通常在基于图像的光源技术中被用作环境映射以创建细微的现实世界光源效果。基于图像的光源是一种将照片参考图像用作环境映射的技术，可以控制3D对象的曲面照明度以创建细微的现实世界光源效果。

15.3.1 加载HDR环境图像

在环境中加载新的HDR 图像以替换旧的 HDR 图像。加载后，布景中的光源更改为使用新 HDR 图像中的光源。环境映射指的是整个包附布景的图像，或者提供可信的背景，或者将现实世界光源或反射数据投射至模型曲面。

（1）【加载 HDR 环境图像】选项组

执行以下操作之一即可加载HDR环境图像：

- 单击【项目】|【布景】|【新建 HDR 环境】选项。
- 右键单击 3D 视窗内部，然后单击【添加】|【新建 HDR 环境】选项。
- 在布景选项卡上，右键单击缩略图窗口内部，然后单击【新建 HDR 环境】选项。
- 在布景选项卡上，单击【添加】按钮，然后单击【新建 HDR 环境】选项。
- 单击【文件库】|【Environments】选项，从 Windows 资源管理器窗口中，可以将 HDR 环境图像拖到 SolidWorks Visualize 3D 视窗。

（2）【布景种类】选项组

单击【文件库】|【Environments】选项，可以看到SolidWorks Visualize系统自带的布景种类，如图15-59所示。

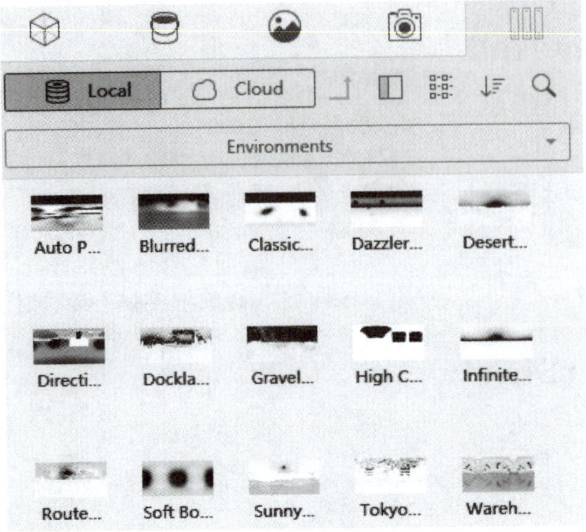

图15-59　布景种类

- 【Auto Photo Studio】：汽车照片工作室；
- 【Blurred Studio】：模糊工作室；
- 【Classic Photo Studio】：经典照片工作室；
- 【Dazzler】：光彩照人的；
- 【Desert Sunset】：沙漠日落；
- 【Directional Light】：定向光；
- 【Docklands Bridge】：码头桥；
- 【Gravel Pit】：采砾坑；
- 【High Contrast Studio】：高对比工作室；
- 【Infinite Tarmac Light】：无限柏油路面光线；
- 【Route 66】：66号公路；
- 【Soft Box Warm and Cool】：软盒子暖寒；
- 【Sunny Driveway】：太阳马路；
- 【Tokyo Atrium】：东京中庭；
- 【Warehouse】：仓库。

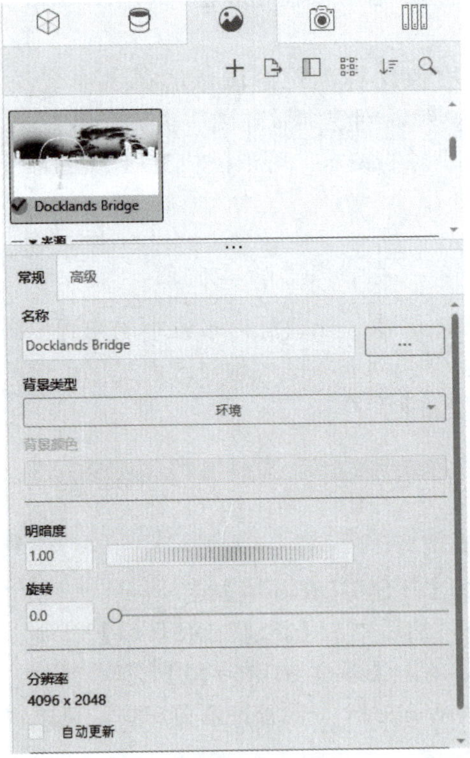

图15-60　【环境】选项

15.3.2　环境的设置

当对模型赋予了环境后，其环境会作为当前使用的环境保存到【布景】中，可以单击【布景】选项，查看当前模型所用到的环境类型，如图15-60所示。

（1）【名称】选项组

在【名称】输入栏中可以对用户所选择的环境赋予自定义的名称，如将系统自带的长名改为【Bridge】以方便用户查找，如图15-61所示。

图15-61　【名称】选项组

（2）【背景类型】选项组

在【背景类型】中可以选择【环境】或

【颜色】选项，如图15-62所示。

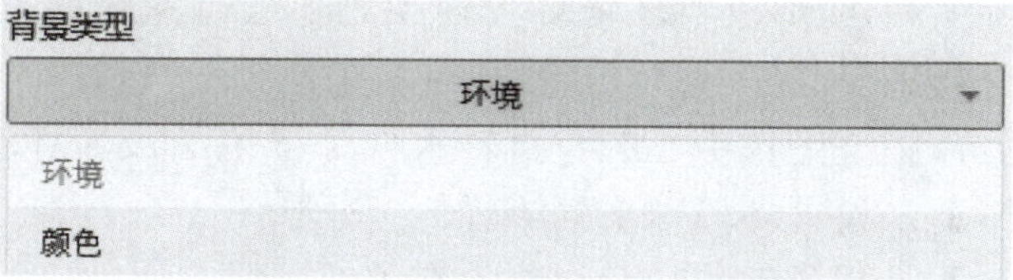

图15-62　【背景类型】选项组

- 【环境】：选择背景的类型是环境。
- 【颜色】：选择背景的类型是颜色。
- 【背景颜色】：选择【背景类型】选项为【颜色】选项时，可以设置【背景颜色】，和先前的颜色设置方法一致。
- 【折射背景】：选择【背景类型】选项为【颜色】选项时设置，强制三维模型折射背景颜色。

（3）【明暗度和旋转】选项组

该选项组可以设置【明暗度】和【旋转】选项，如图15-63所示。

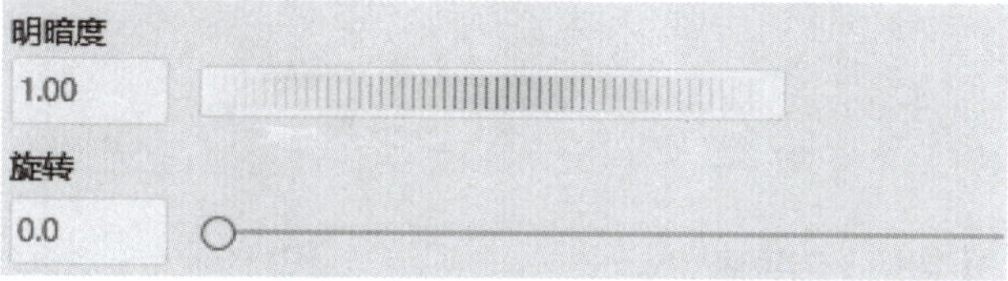

图15-63　【明暗度和旋转】选项组

- 【明暗度】：设置亮度。该值升高，明暗度加大；该值降低，明暗度减小。
- 【旋转】：旋转环境，从而更改环境图像辐射光线的方向。以度数为单位进行旋转。

（4）【色调映射】选项组

该选项组可以设置【明暗度】和【灰度系数】选项，如图15-64所示。

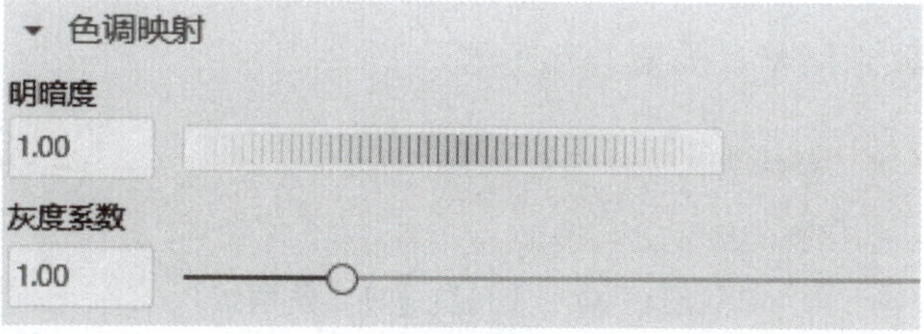

图15-64　【色调映射】选项组

- 【明暗度】：设置亮度。该值升高，明暗度加大；该值降低，明暗度减小。
- 【灰度系数】：设置对比度和明暗度。此值升高，则降低对比度并加大明暗度；此值降低，则增加对比度并减小明暗度。实时进行更改。

（5）【转换】选项组

该选项组可以对环境进行转换，如图15-65所示。

- 【平展地板】：平展环境球面的地板。默认情况下，HDR 图像为球形，且赤道与假想地板水平对应。平展地板将环境球形转换为半球，图像重新映射到所产生的半球，且底部变为可见楼板。
- 【水平翻转】：围绕图像中心的竖直轴水平（左/右）反转环境图像。
- 【大小（米）】：设置环境球形的半径。
- 【高度（米）】：垂直偏移与全局原点有关的环境图像。
- 【旋转】：旋转环境，从而更改环境图像辐射光线的方向，以度数为单位旋转。

（6）【地板效果】选项组

该选项组可以对环境地板进行相关设置，如图15-66所示。

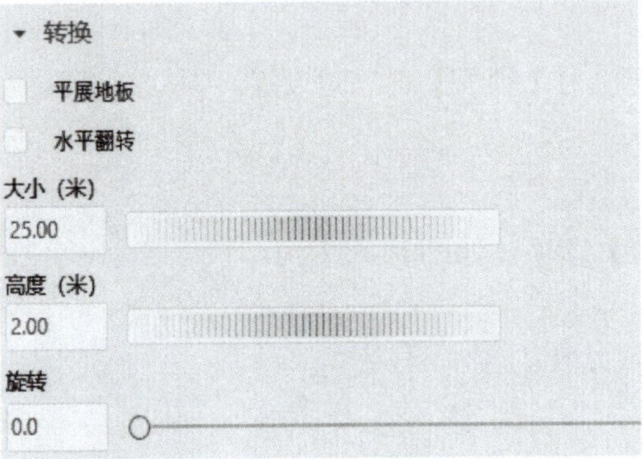

图15-65 【转换】选项组

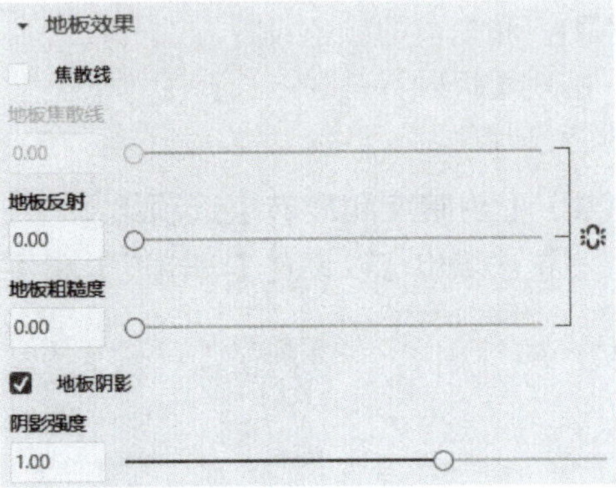

图15-66 【地板效果】选项组

- 【焦散线】：增强的渲染可提供非常详细的焦散线。
- 【地板焦散线】：确定地板焦散线的水平。
- 【地板反射】：增大或减小底面的光泽度。
- 【地板粗糙度】：增大底面的粗糙度。
- 【地板阴影】：切换地板阴影开/关。
- 【阴影强度】：加亮或加深环境地板阴影。

（7）【预览选项】选项组

该选项组可以显示网格，如图15-67所示。

图15-67 【预览选项】选项组

【显示网格】：在 *xz* 平面中显示或隐藏网格。

15.3.3 日光环境的设置

SolidWorks Visualize可以模拟地球上一天中特定位置和时间的光源。所产生的阳光环境不同于 HDR 图像，尽管两者均辐射完整的HDR光源。

新建日光环境与新建普通环境的方法相同，只是选择【新建日光环境】即可，如图15-68所示。

图15-68　新建日光环境

（1）【名称】选项组

在【名称】输入栏中可以对用户所选择的日光环境赋予自定义的名称，如将系统自带的长名改为【Sunlight】以方便用户查找，如图15-69所示。

图15-69　【名称】选项组

（2）【位置、日期和时间】选项组

【位置、日期和时间】选项组可以根据相关设置对阳光照射情况进行设置，如图15-70所示。

- 【地图选取】：可以在地图中选取阳光照射的点。
- 【月】：选择阳光照射的月份。
- 【时间】：选择阳光照射的时间。
- 【将时间设置为现在】：根据当时的时间设置光照情况。
- 【纬度】：设置要模拟的位置的纬度。
- 【经度】：设置要模拟的位置的经度。

（3）【日光】选项组

【日光】选项组可以对阳光的相关细节进行设置，如图15-71所示。

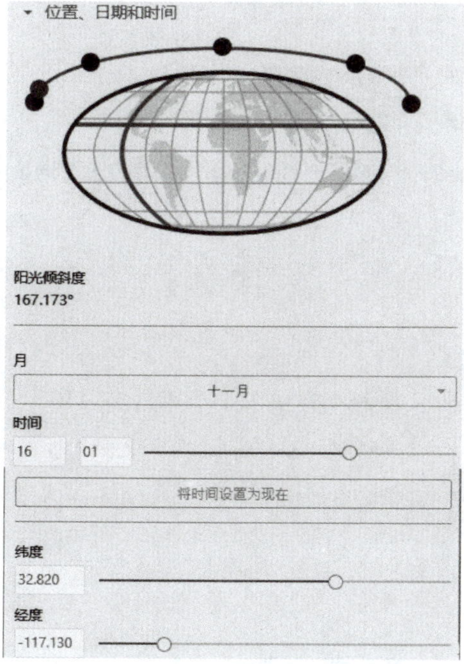

图15-70　【位置、日期和时间】选项组

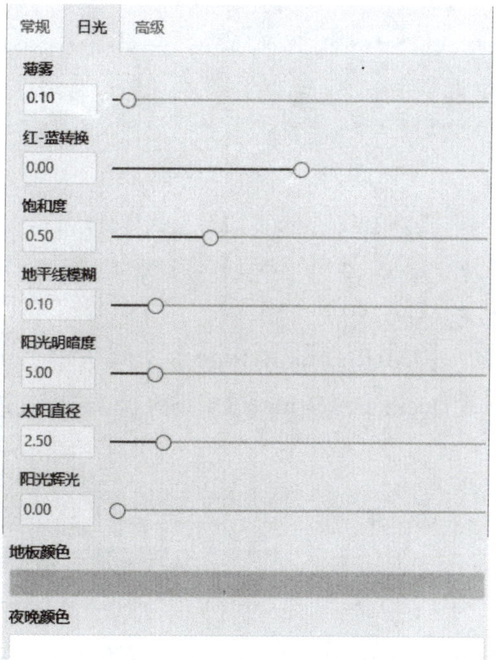

图15-71　【日光】选项组

- 【薄雾】：设置模拟空气中薄雾的数量。
- 【红-蓝转换】：设置与中性太阳光相关的模拟太阳光在白平衡中的红或蓝转换程度。
- 【饱和度】：设置模拟光源的颜色转换（如果有）饱和度。
- 【地平线模糊】：设置为模拟可见性限制而模糊地平线的程度。
- 【阳光明暗度】：设置模拟阳光的强度。
- 【太阳直径】：设置天空中太阳圆面的大小。
- 【阳光辉光】：设置围绕太阳圆面辉光的大小和散射。
- 【地板颜色】：设置地板平面的颜色。
- 【夜晚颜色】：设置夜晚（环境）的颜色。环境光线是一种假设光照级别，代表了3D布景内所有曲面的无线散射反射，确保无直接光照的平面可见。

15.3.4 背板的种类和设置

背板就是背景图像，是一种静态的背景，而不像环境背景那样可以随模型进行旋转。背板可以在项目的背景中加载高分辨率的2D图像。一旦加载，无论将相机移动到何处，背板图像都将保持在背景中。

新建背板与新建普通环境的方法相同，只是选择【新建背板】即可。

也可以单击【文件库】|【Plates】选项，如图15-72所示。

（1）【Desert Sunset】（沙漠日落）选项组

【Desert Sunset】（沙漠日落）中包含了与沙漠日落相关的背板，如图15-73所示。

图15-72　新建日光环境

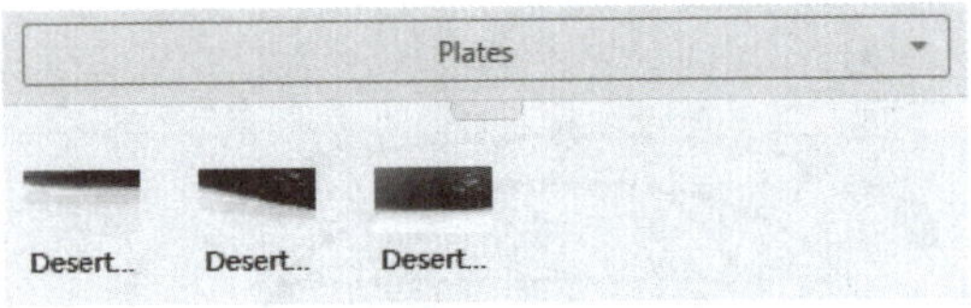

图15-73　【Desert Sunset】（沙漠日落）选项组

- 【Desert Sunset 1】：沙漠日落1；
- 【Desert Sunset 2】：沙漠日落2；
- 【Desert Sunset 3】：沙漠日落3。

（2）【Docklands Bridge】（码头桥）选项组

【Docklands Bridge】（码头桥）中包含了与码头桥相关的背板，如图15-74所示。

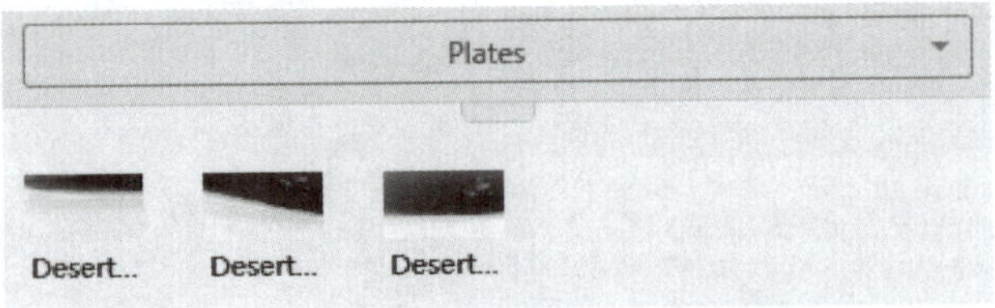

图15-74　【Docklands Bridge】（码头桥）选项组

- 【Docklands Bridge 1】：码头桥1；
- 【Docklands Bridge 2】：码头桥2；
- 【Docklands Bridge 3】：码头桥3；
- 【Docklands Bridge 4】：码头桥4。

（3）【Route 66】（66号公路）选项组

【Route 66】（66号公路）中包含了与66号公路相关的背板，如图15-75所示。

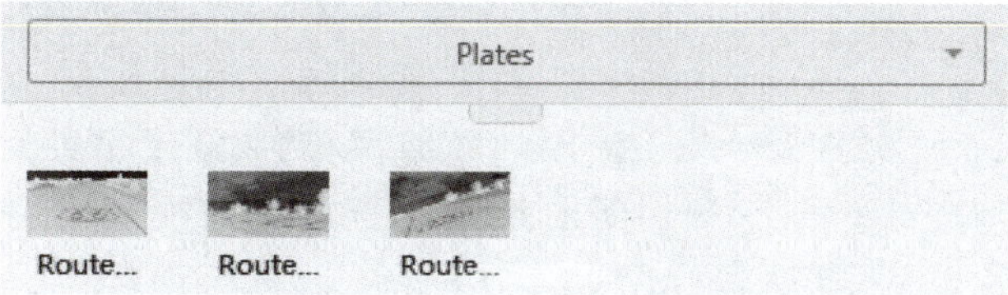

图15-75 【Route 66】（66号公路）选项组

- 【Route 66 Centered】：66号公路中间；
- 【Route 66 Low Angle】：66号公路低角度；
- 【Route 66 Twist】：66号公路扭转。

（4）【Studios】（工作室）选项组

【Studios】（工作室）中包含了与工作室相关的背板，如图15-76所示。

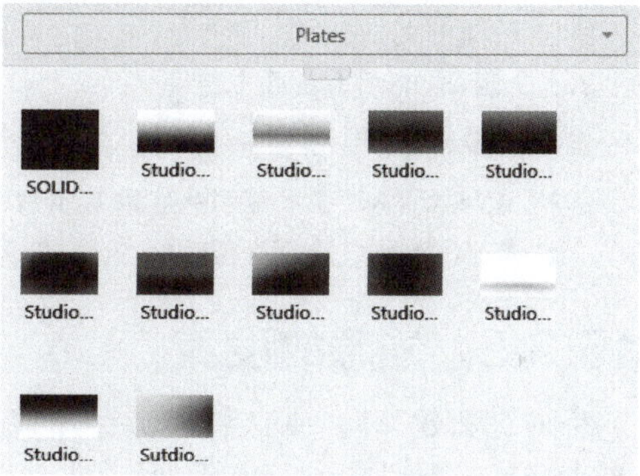

图15-76 【Studios】（工作室）选项组

- 【SolidWorks CAD background】：SolidWorks CAD背景；
- 【Studio Black to White Ramp】：黑向白蔓延工作室；
- 【Studio Dark Grey Ramp】：深灰色蔓延工作室；
- 【Studio Light Grey Ramp】：亮灰色蔓延工作室；
- 【Studio Soft Grey 1】：软灰色工作室1；
- 【Studio Soft Grey 4】：软灰色工作室4；
- 【Studio Soft Grey 9】：软灰色工作室9；
- 【Studio Soft Grey 11】：软灰色工作室11；
- 【Studio Soft Grey 12】：软灰色工作室12；
- 【Studio Spot Floor】：点式楼层工作室；
- 【Studio White to Black Ramp】：白向黑蔓延工作室；
- 【Sutdio Dark Grey 3】：深灰色工作室3。

（5）【Tokyo Atrium】（东京中庭）选项组

【Tokyo Atrium】（东京中庭）中包含了与工作室相关的背板，如图15-77所示。

- 【Tokyo Atrium 1】：东京中庭1；
- 【Tokyo Atrium 2】：东京中庭2；
- 【Tokyo Atrium 3】：东京中庭3。

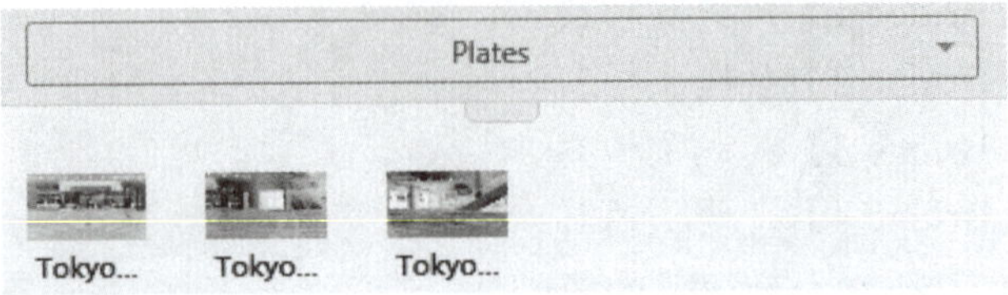

图15-77 【Tokyo Atrium】（东京中庭）选项组

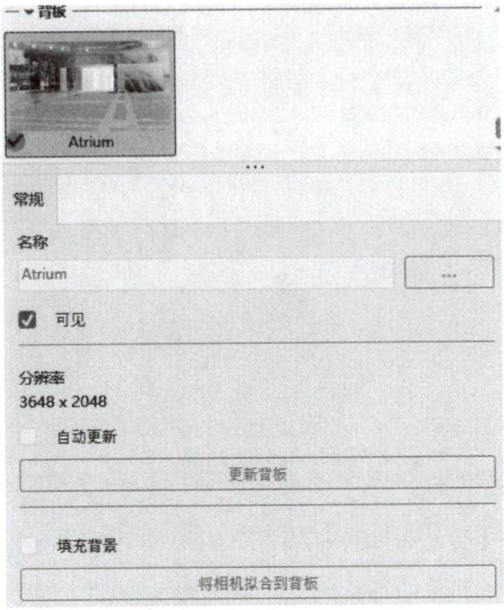

图15-78 【背板】选项

（6）【背板的设置】选项组

当对模型赋予了背板后，其背板会作为当前使用的环境保存到【布景】中，可以单击【布景】选项，查看当前模型所用到的背板类型，如图15-78所示。

- 【名称】：在【名称】输入栏中可以对用户所选择的背板赋予自定义的名称，如将系统自带的长名改为【Atrium】以方便用户查找。
- 【可见】：显示或隐藏背板图像。
- 【分辨率】：（只读）显示背板图像的宽度和高度。
- 【自动更新】：如果在其他软件包中编辑了图像，自动更新背板图像。
- 【更新背板】：如果在其他软件包中编辑了图像，允许手动更新背板图像。
- 【填充背景】：拉伸背板以拟合相机的高度比例设置。
- 【将相机拟合到背板】：调整活动相机的高度比例以与背板相匹配。

15.3.5 光源的设置

通过新建光源，可以对布景里的灯光做补充，可以创建多个光源，但多个光源可以极大降低实时性能并增加渲染时间。

（1）【创建光源】选项组

- 单击【项目】|【布景】|【新建光源】按钮。
- 在调色板的【布景】选项卡上，单击【添加】|【新建光源】按钮。
- 在调色板中，右键单击布景树，然后单击【新建光源】按钮。

（2）【名称】选项组

在【名称】输入栏中可以对用户所选择的光源赋予自定义的名称，如将系统自带的长名改为【光源】以方便用户查找，如图15-79所示。

图15-79 【名称】选项组

（3）【类型】选项组

该选项组可以指定光源类型，如图15-80所示。

- 【区域-球形（点光源）】：设置光源类型为区域-球形（点光源）。
- 【区域-平面】：设置光源类型为区域-平面。
- 【区域-圆盘】：设置光源类型为区域-圆盘。
- 【区域-管筒】：设置光源类型为区域-管筒。
- 【定向光源】：设置光源类型为定向光源。
- 【聚光源】：设置光源类型为区域-聚光源。

此外，还有：

- 【已锁定】：锁定光源无法移动。
- 【已启用】：指定影响布景整体照明的光源。
- 【可见】：使场景中的光源可见或不可见。
- 【明暗度】：指定光源的明暗度。
- 【颜色】：指定光源的颜色。
- 【色温】：以开尔文为单位指定光源温度。

（4）【光线几何图形】选项组

在该选项组中，根据光源的类型有所变化，如图15-81所示。

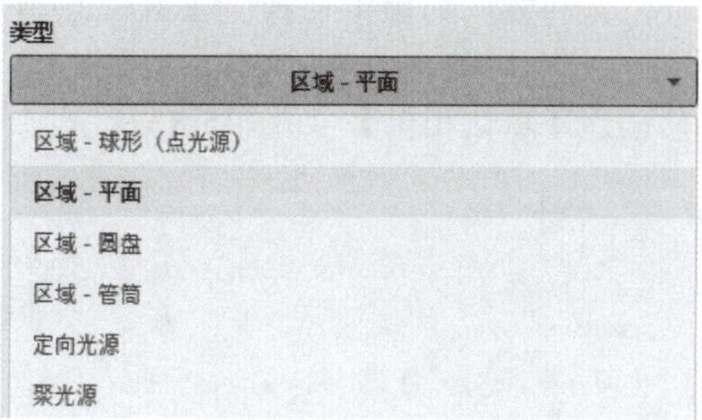

图15-80　【类型】选项组

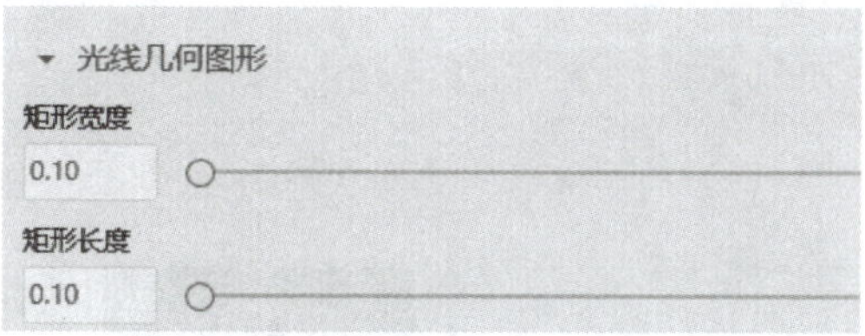

图15-81　【光线几何图形】选项组

- 【球形半径】：当光源类型为【区域-球形（点光源）】时，可以指定光源的半径。
- 【矩形宽度】：当光源类型为【区域-平面】时，可以指定矩形光源的宽度。
- 【矩形长度】：当光源类型为【区域-平面】时，可以指定矩形光源的长度。
- 【光盘半径】：当光源类型为【区域-光盘】时，可以指定矩形光源的半径。
- 【圆柱半径】：当光源类型为【区域-管筒】时，可以指定圆柱的半径。
- 【圆柱长度】：当光源类型为【区域-管筒】时，可以指定圆柱的长度。
- 【聚光源半径】：当光源类型为【聚光源】时，可以指定聚光源的半径。
- 【圆锥角度】：当光源类型为【聚光源】时，可以指定聚光源的圆锥角度。

（5）【转换】选项组

在该选项组中，可以对光源进行一系列转换设置，如图15-82所示。

- 【选取目标】：在模型上定义要将光源照射到的点。

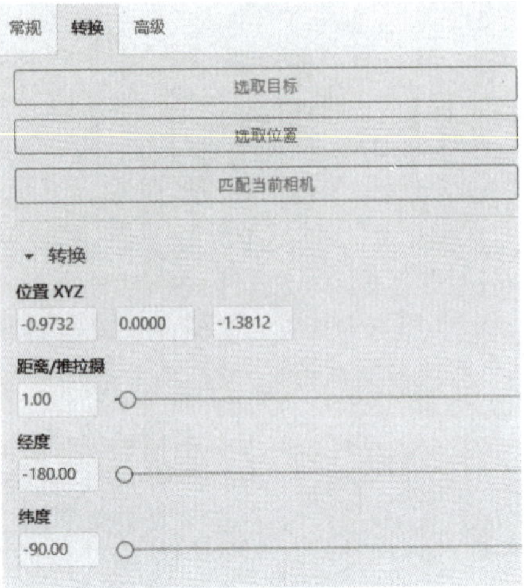

图15-82　【转换】选项组

- 【选取位置】：定义光源的源位置。光源将被放置在选定位置并指向选定曲面的法线方向。
- 【匹配当前相机】：使光源与当前相机的位置和方向匹配。
- 【位置 XYZ】：在3D空间中平移选定的光源。
- 【距离/推拉摄】：确定选定光源和观察点之间的距离。
- 【经度】：围绕观察点旋转选定光源。
- 【纬度】：垂直移动选定光源。
- 【扭转】：在不移动其3D位置的情况下向左或向右倾斜选定光源。
- 【跟随】：指定跟随特定模型的光源。

15.4 相机

SolidWorks Visualize 相机是3D空间中拥有位置和方向的虚拟视窗。在3D布景中，相机代表查看者的眼睛。

打开SolidWorks Visualize，系统为用户自动创建【默认相机】，如图15-83所示。

图15-83　默认相机

但【默认相机】往往不能满足用户的需求，这时需要【新建相机】，单击【添加】选项，即可找到【新建相机】选项，如图15-84所示。

图15-84　新建相机

相机的设置介绍如下：

（1）【常规】选项组

在【常规】选项组中可以对相机的基本操作进行设置，如图15-85所示。

- 【名称】：为【新建相机】重设名称。
- 【已锁定】：锁定相机不能移动。
- 【保持在地板上方】：始终保持相机在地板的上方位置。
- 【高宽比例】：设置相机所呈现出的图片比例。
- 【类型】：设置相机的类型为【正交】、【透视图】或【360】。
- 【透视图】：可以更改相机的视野。
- 【焦距】：可以将相机进行缩放。
- 【启用景深】：启用后可以对【焦距】、【光圈】和【光圈值】进行设置。
- 【焦距】：设置相机和焦点之间的距离。
- 【光圈】：更改焦点的大小。
- 【光圈值（F值）】：光圈和焦距之间的比率。

（2）【转换】选项组

在【转换】选项组中可以对相机的位置等进行设置，如图15-86所示。

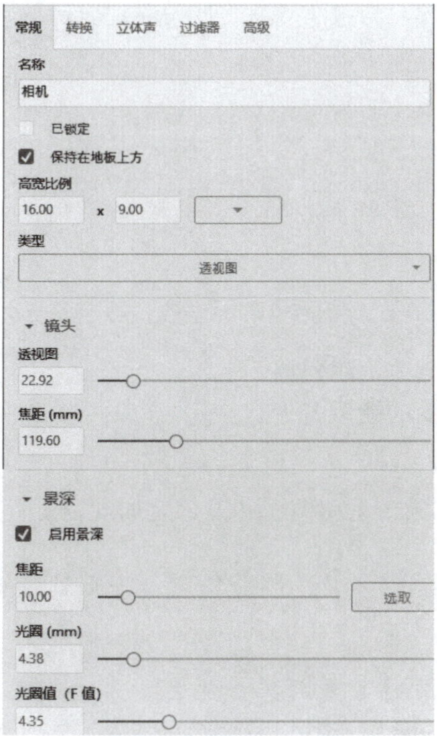

图15-85　【常规】选项组

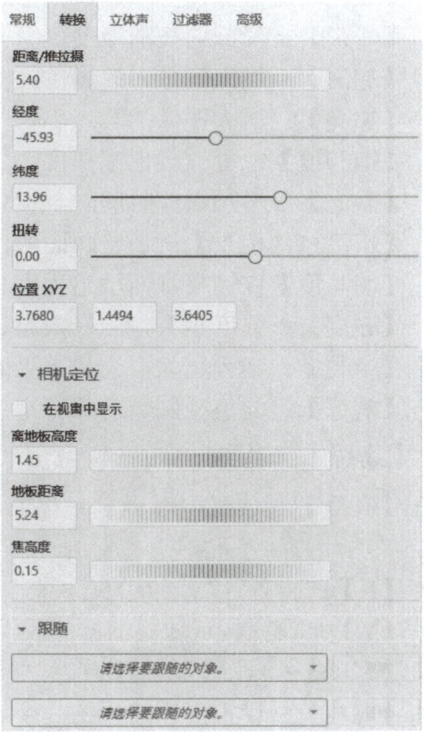

图15-86　【转换】选项组

- 【距离/推拉摄】：调整相机和项目物体中心的距离。
- 【经度】：绕中心点左右旋转相机。

- 【纬度】：调整相机的角度。
- 【扭转】：扭转相机。
- 【位置XYZ】：设置相机的x、y、z坐标位置。
- 【离地板高度】：相机在地面上的高度。
- 【地板距离】：相机和焦点间沿底面的距离。
- 【焦高度】：相机在地面上的高度。
- 【跟随】：选择相机要跟随的对象。

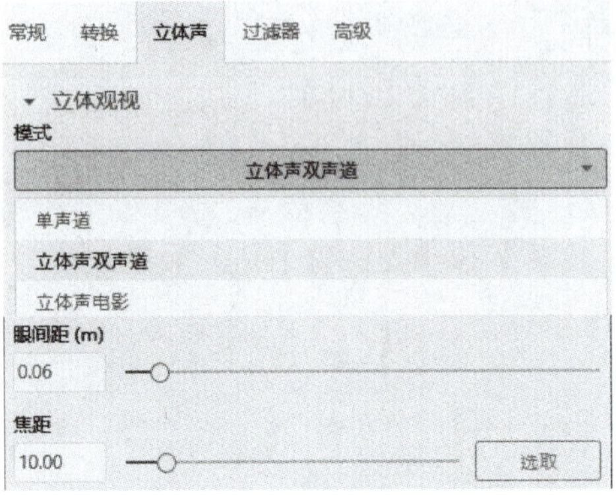

图15-87 【立体观视】选项组

(3)【立体观视】选项组

在【立体观视】选项组中可以对相机的立体效果进行设置，如图15-87所示。

- 【模式】：可以设置相机为【单声道】、【立体声双声道】或【立体声电影】。
- 【眼间距】：设置人的双眼距离。
- 【焦距】：设置相机和焦点之间的距离。

(4)【过滤器】选项组

在【过滤器】选项组中可以对相机的后处理选项和光晕选项进行设置，如图15-88所示。

- 【颜色过滤器】：可以选取任意颜色来改变相机环境颜色。
- 【晕影】：降低边线清晰度。
- 【加深】：加深图像中的黑色区域。
- 【加亮】：增大图像的曝光。
- 【饱和度】：更改颜色饱和度。
- 【曝光】：增加曝光时间。
- 【灰度系数校正】：调整画面灰白程度。
- 【明暗度】：调整画面敏感程度。
- 【强度】：强度越大，光晕效果越亮。
- 【半径】：半径越大，光晕效果的范围越大，越模糊。
- 【阈值】：阈值控制着对象特定部分接受的能量多少。

(5)【高级】选项组

在【高级】选项组中可以对相机的渲染区域、运动模糊和三分叠加规则进行设置，如图15-89所示。

- 【X】：设置区域边界的x位置。
- 【Y】：设置区域边界的y位置。
- 【宽度】：设置区域边界的宽度。
- 【高度】：设置区域边界的高度。
- 【锁定区域】：调整好的区域不允许更改。
- 【锁定区域和相机】：调整好的区域和相机不允许更改。
- 【快门时间】：快门数值越小，模糊程度越大；数值越大，模糊越小。
- 【三分叠加规则】：可以选择叠加规则为【三等分】和【四等分】；这是为了辅

助相机拍摄而存在的。

【网格线颜色】：设置三等分线或四等分线的网格颜色。

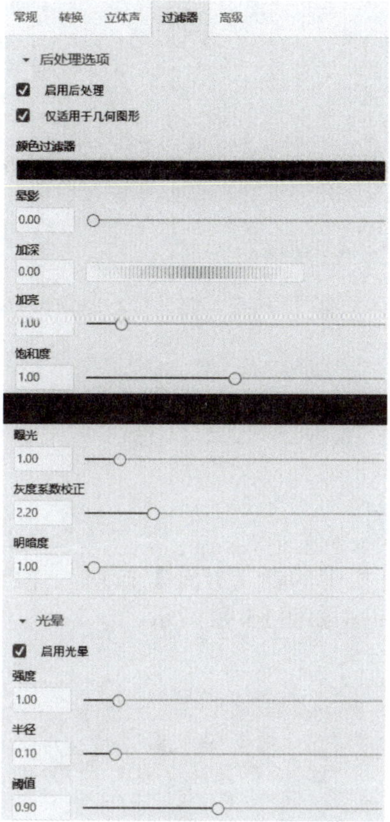

图15-88 【过滤器】选项组

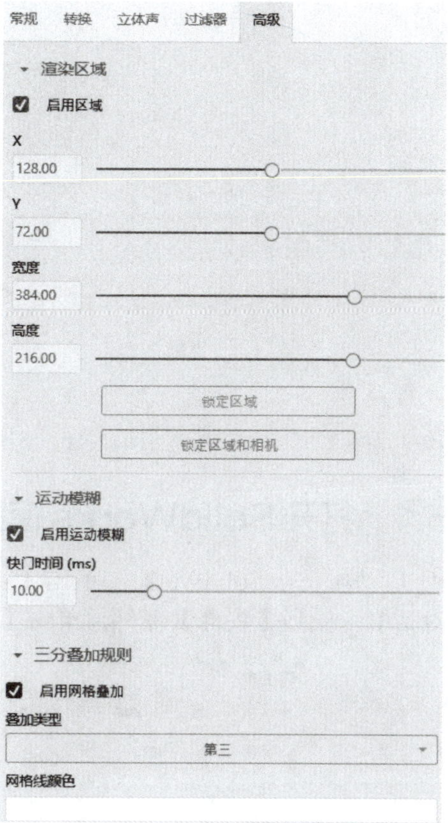

图15-89 【高级】选项组

15.5 皮球外观渲染实例

扫码看视频

本例讲解皮球零件的图片渲染过程，3D模型如图15-90所示。

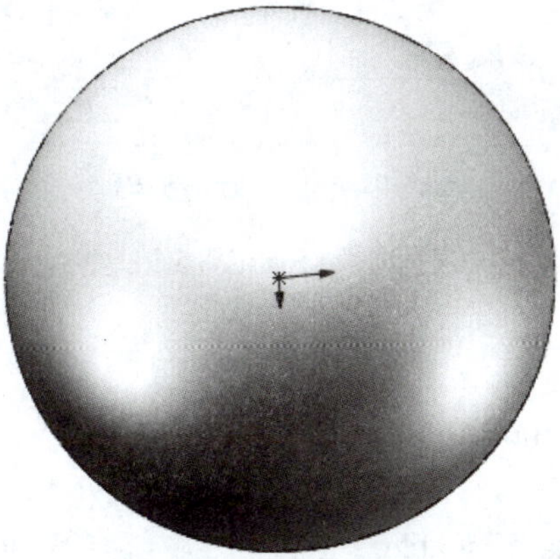

图15-90 零件实体模型

使用SolidWorks Visualize渲染后的皮球零件模型如图15-91所示。

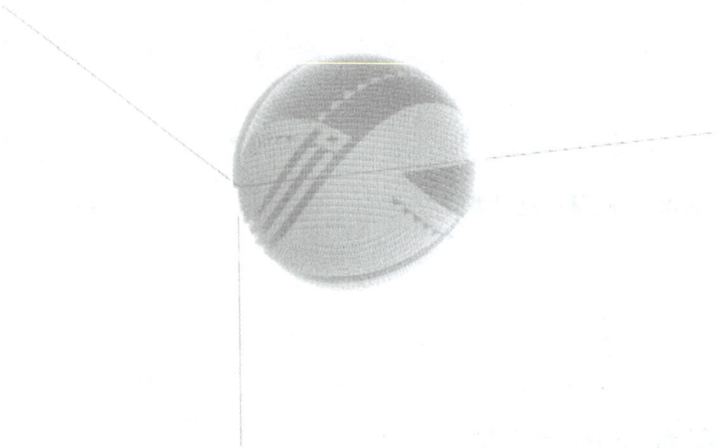

图15-91　渲染后的皮球零件模型

15.5.1　打开SolidWorks模型并导出

① 启动中文版SolidWorks，单击【文件】工具栏中的【打开】按钮，弹出【打开】对话框，找到【皮球】零件，单击【打开】按钮，如图15-92所示。

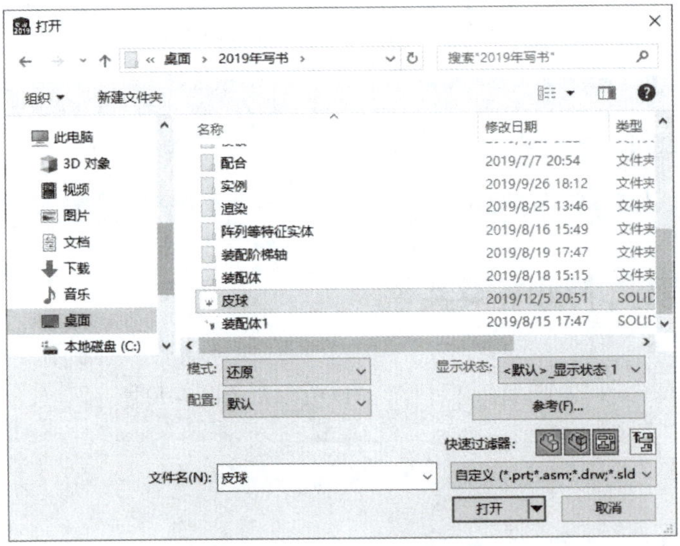

图15-92　【打开】对话框

② 打开【皮球】SolidWorks零件后，SolidWorks会将零件图形显示在图形区域，如图15-93所示。

③ 在SolidWorks软件中单击【工具】|【插件】选项，系统自动弹出【插件】对话框，在【插件】中找到【SolidWorks Visualize】插件，并勾选该插件，单击【确定】选项，如图15-94所示。

④ 添加好【SolidWorks Visualize】插件之后，在SolidWorks软件的上方会显示【SolidWorks Visualize】菜单栏，单击【SolidWorks Visualize】菜单栏，并在其中单击

【简单导出】选项，如图15-95所示。

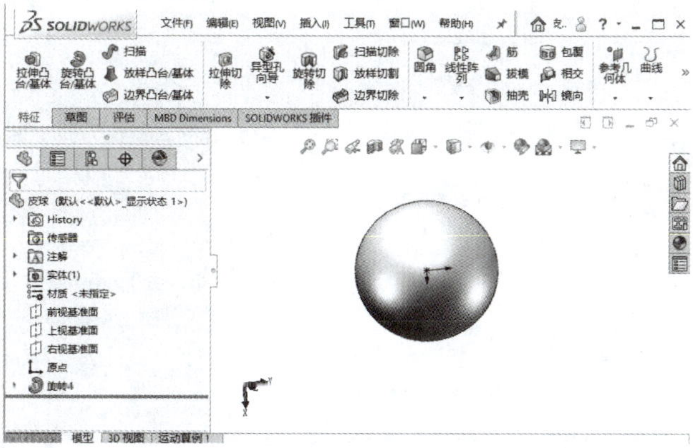

图15-93　【皮球】SolidWorks模型

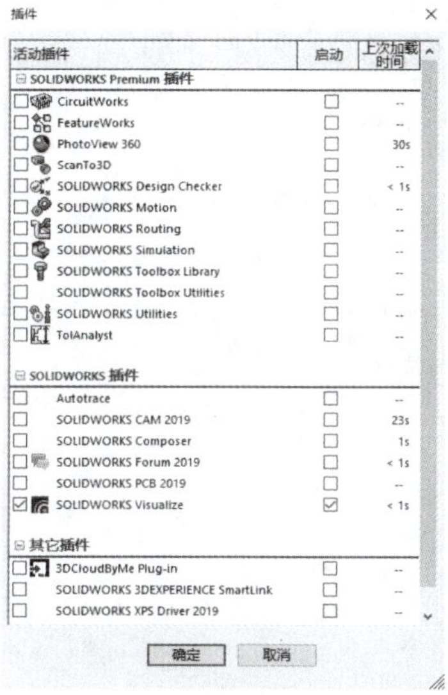

图15-94　SolidWorks插件

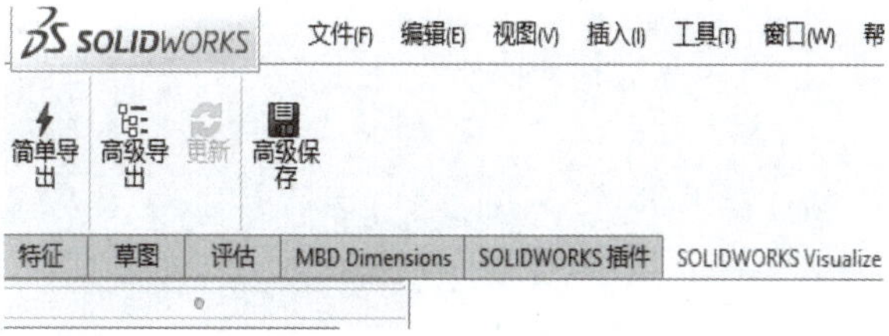

图15-95　【简单导出】

⑤【简单导出】桌子零件模型后，会将由SolidWorks绘制的皮球零件模型显示在SolidWorks Visualize的图形区域，如图15-96所示。

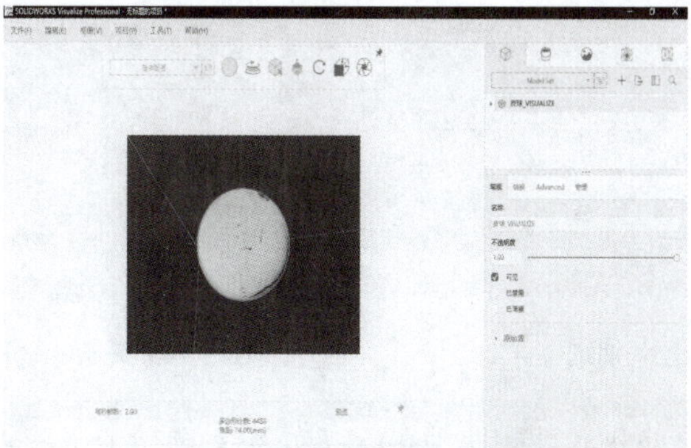

图15-96　【皮球】零件模型显示

⑥ 选择【文件】|【另存为】菜单命令，弹出【保存项目】对话框，在【文件名】文字框中输入【皮球】，单击【保存】按钮，如图15-97所示。

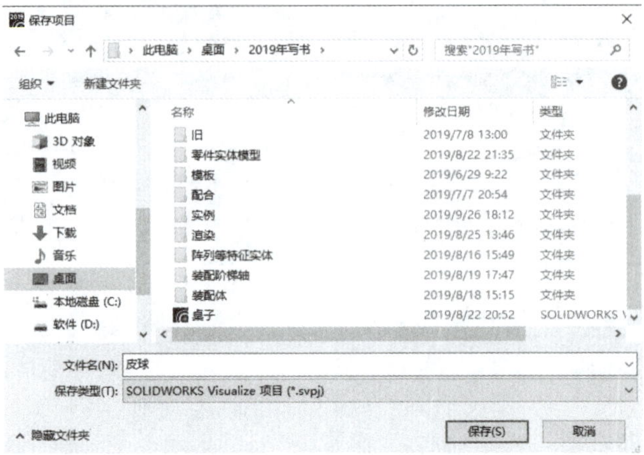

图15-97 【保存项目】窗体

15.5.2 设置模型外观属性

① 在SolidWorks Visualize软件中单击 【外观】选项，在【外观】选项卡中可以看到【皮球】模型原来的外观，如图15-98所示。

② 单击【外观】选项卡中模型的原特征，并单击鼠标右键，选择【编辑】|【删除】选项，可以将【皮球】模型原来的外观删除，如图15-99所示。

图15-98 【外观】选项卡

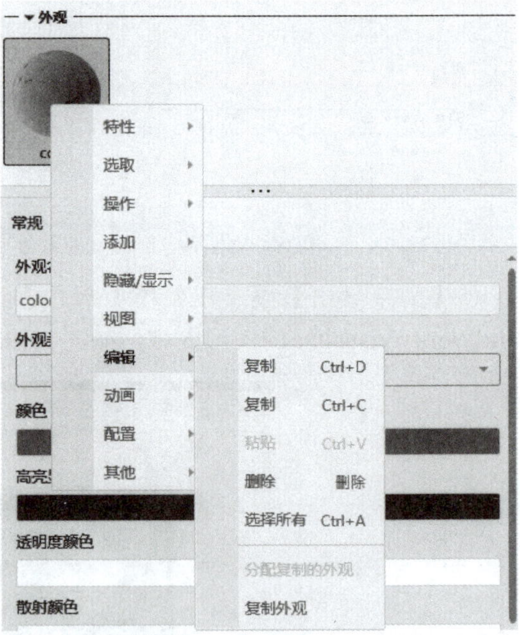

图15-99 清除【皮球】原外观属性

③ 将【皮球】原外观属性删除后，在【外观】选项卡下将消除原来的外观属性，

如图15-100所示。

④ 单击系统自带的【文件库】选项卡，在【文件库】选项卡中包含很多较常见的材质库，在其中选取【Appearances】特征，如图15-101所示。

图15-100　清除【皮球】原外观属性后

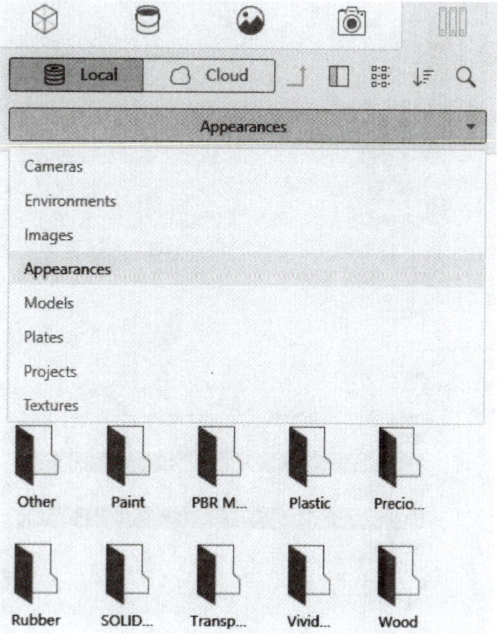

图15-101　【文件库】选项卡

⑤ 在【Appearances】特征下选取【Fabric】(织物）特征，如图15-102所示。

⑥ 在【Fabric】(织物）特征下找到【Soft Fabric】特征，并且用鼠标左键拖动至【皮球】模型上，如图15-103所示。

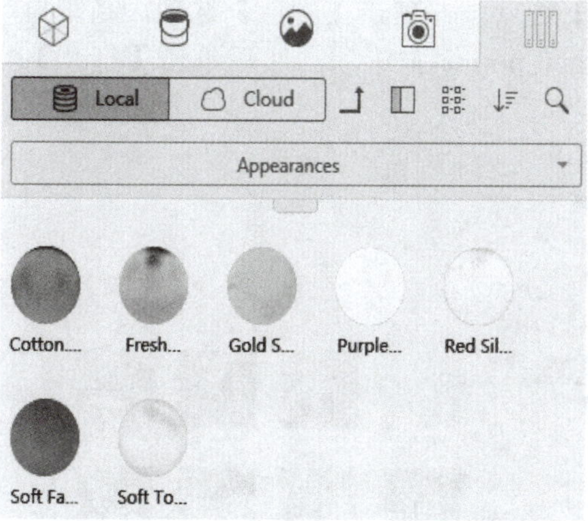

图15-102　【Fabric】(织物）特征卡

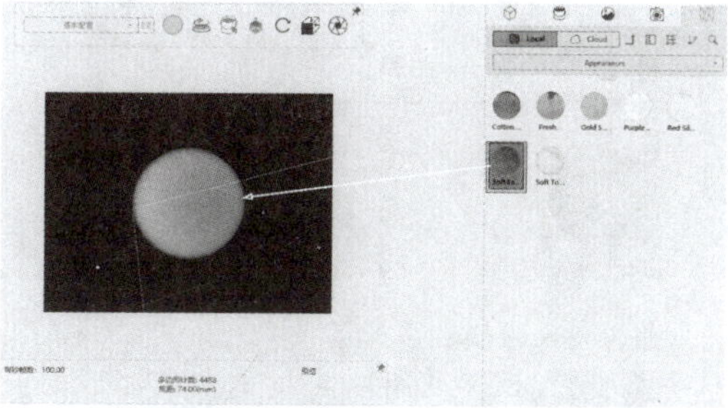

图15-103　【Soft Fabric】特征

⑦ 将【Soft Fabric】特征拖至【皮球】模型上后，单击【外观】选项卡，【Soft Fabric】特征将显示在【皮球】模型的外观上，如图15-104所示。

⑧ 将【皮球】模型赋予了外观属性后，可以同时对其外观进行设置，单击【外观】选项卡下的【常规】选项，设置【IOR】（进入外观的光源的折射指数）值为“1.50”，如图15-105所示。

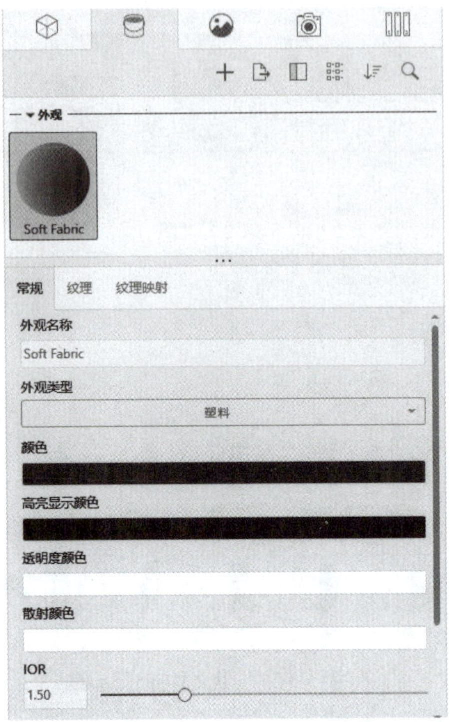

图15-104 【Soft Fabric】特征下的外观选项卡

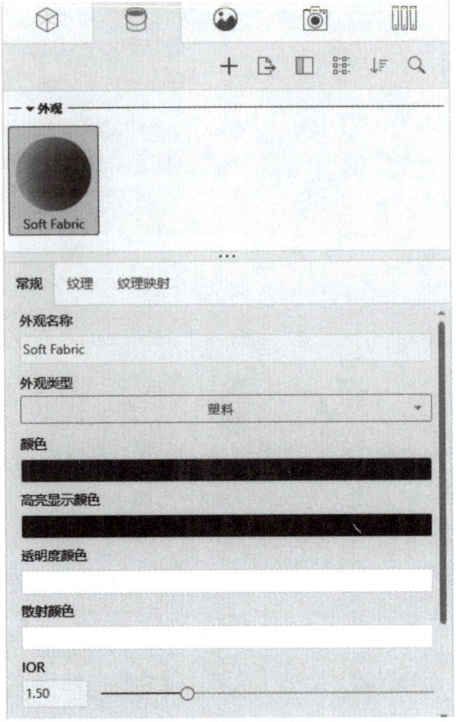

图15-105 设置【常规】外观选项

⑨ 设置完【皮球】模型【外观】选项卡下的【常规】选项后，设置【纹理】选项卡。单击【纹理】选项卡，如图15-106所示。

⑩ 在【纹理】选项卡下勾选【同步纹理】选项，并单击【颜色】选项，系统自动弹出【导入纹理】对话框，在其中选择【carbon normal】选项，然后单击【打开】按钮，如图15-107所示。

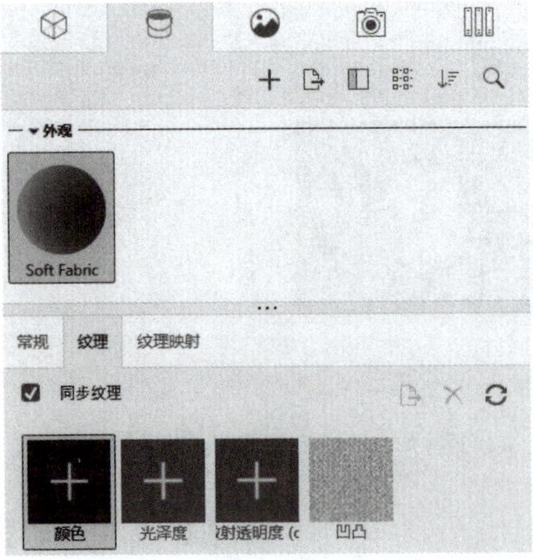

图15-106 设置【纹理】外观选项

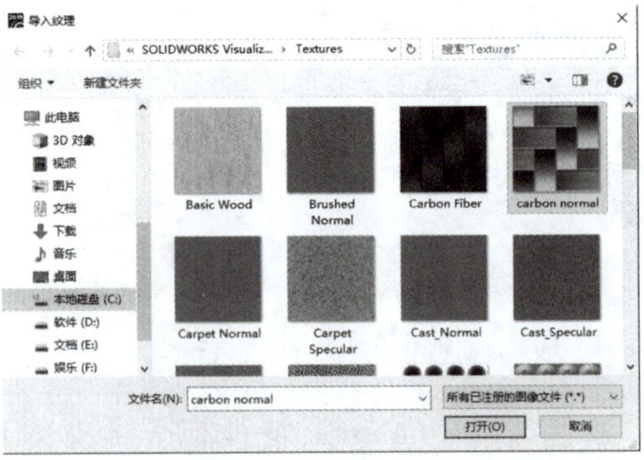

图15-107 【导入纹理】对话框

⑪ 将【carbon normal】纹理赋予到【皮球】模型上后，【纹理】选项卡【颜色】选项中会显示出【carbon normal】纹理，并勾选【启用纹理】选项，取消勾选【混合纹理】选项，如图15-108所示。

⑫ 继续设置【皮球】模型【纹理】选项，在【明暗度】输入栏中输入“3.00”；在【U图块】输入栏中输入“4.00”；在【U移动】输入栏中输入“1.00”；在【V图块】输入栏中输入“4.00”；在【V移动】输入栏中输入“2.00”；勾选【重复U方向】选项和【重复V方向】选项；在【旋转】输入栏中输入“50.00”，如图15-109所示。

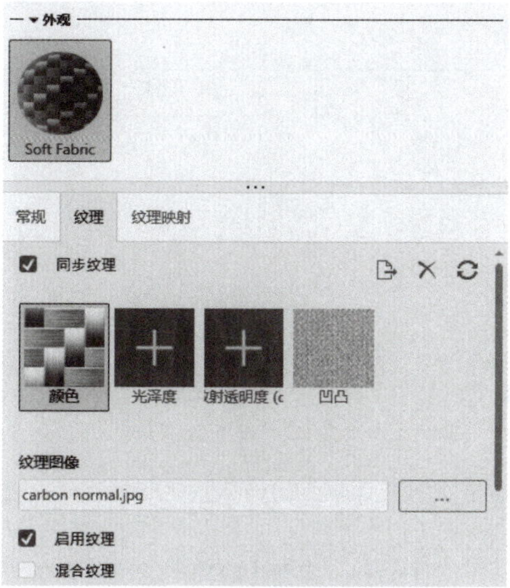

图15-108 设置【纹理】选项

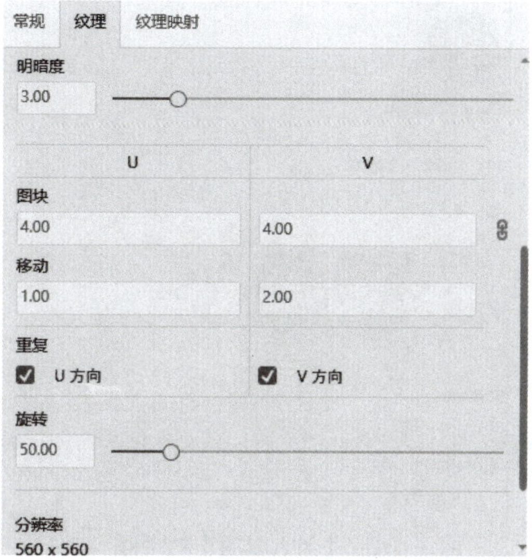

图15-109 设置【纹理】选项

⑬ 设置完【纹理】选项卡的【颜色】选项后，继续设置【光泽度】选项，如图15-110所示。

⑭ 在【纹理】选项卡下勾选【同步纹理】选项，并单击【光泽度】选项，系统自动弹出【导入纹理】对话框，在其中选择【Basic Wood】选项，然后单击【打开】按钮，如图15-111所示。

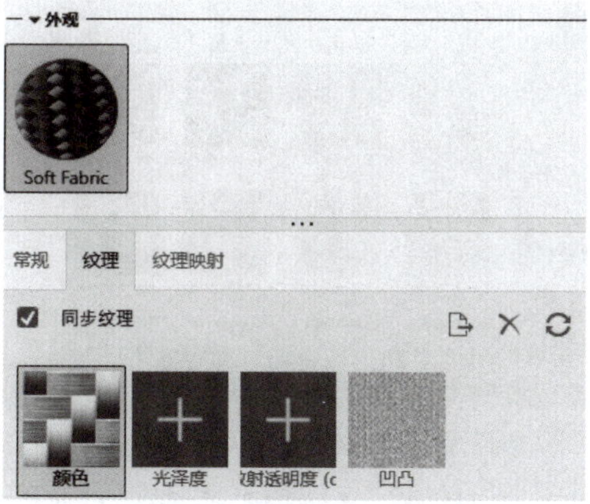

图15-110 设置【光泽度】选项

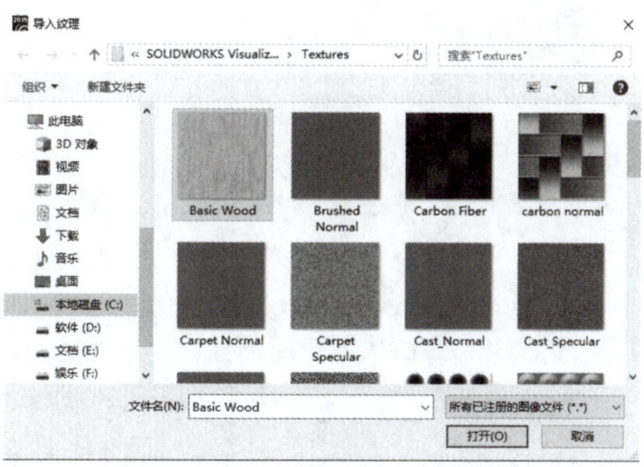

图15-111 【导入纹理】对话框

⑮ 将【Basic Wood】纹理赋予到【皮球】模型上后，【纹理】选项卡【光泽度】选

项中会显示出【Basic Wood】纹理，并勾选【启用纹理】选项，取消勾选【混合纹理】选项，如图15-112所示。

⑯ 继续设置【皮球】模型【纹理】选项，在【明暗度】输入栏中输入“3.00”；在【U图块】输入栏中输入“3.00”；在【U移动】输入栏中输入“2.00”；在【V图块】输入栏中输入“3.00”；在【V移动】输入栏中输入“3.00”；勾选【重复U方向】选项和【重复V方向】选项；在【旋转】输入栏中输入“100.00”，如图15-113所示。

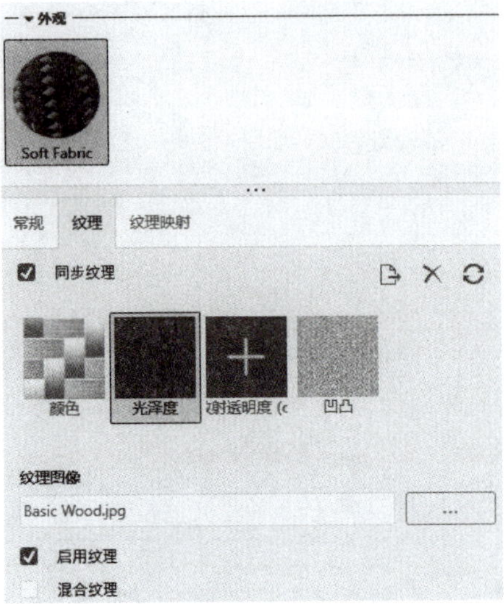

图15-112 【导入纹理】对话框

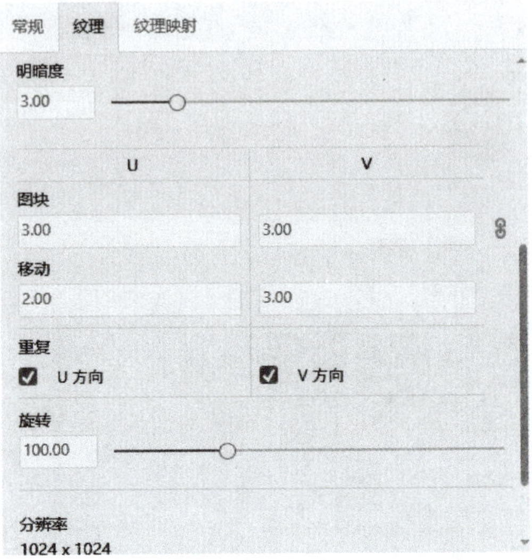

图15-113 设置【纹理】选项

⑰ 设置完【纹理】选项卡的【光泽度】选项后，继续设置【散射透明度】选项，如图15-114所示。

⑱ 在【纹理】选项卡下勾选【同步纹理】选项，并单击【散射透明度】选项，系统自动弹出【导入纹理】对话框，在其中选择【Brushed Normal】选项，然后单击【打开】按钮，如图15-115所示。

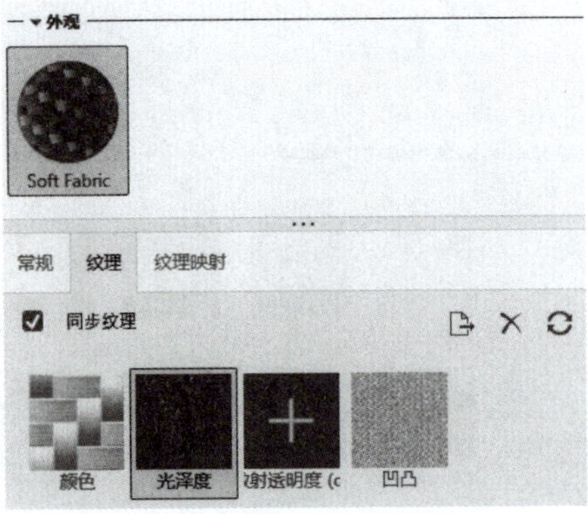

图15-114 设置【散射透明度】选项

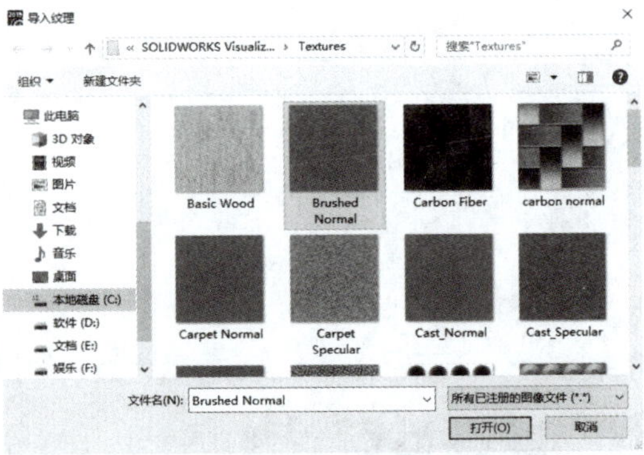

图15-115 【导入纹理】对话框

⑲ 将【Brushed Normal】纹理赋予到【皮球】模型上后，【纹理】选项卡【散射透明度】选项中会显示出【Brushed Normal】纹理，取消勾选【散射透明度】选项，并勾选【启用纹理】选项和【作为散射透明度的明暗度】选项，如图15-116所示。

⑳ 继续设置【皮球】模型【纹理】选项，在【U图块】输入栏中输入“10.00”；在【U移动】输入栏中输入“0.00”；在【V图块】输入栏中输入“10.00”；在【V移动】输入栏中输入“0.00”；勾选【重复U方向】选项和【重复V方向】选项；在【旋转】输入栏中输入“20.00”，如图15-117所示。

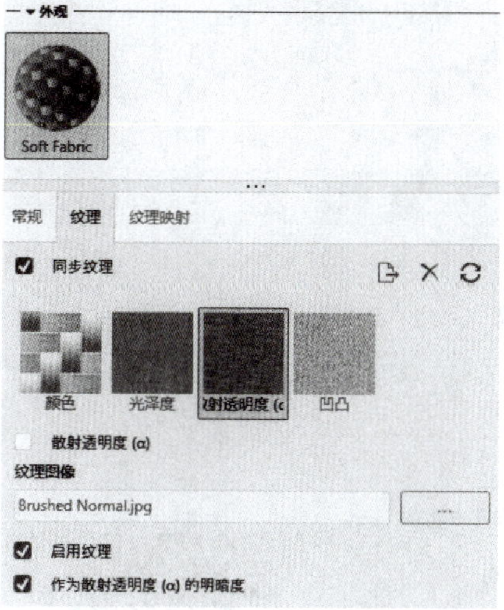

图15-116　设置【纹理】选项

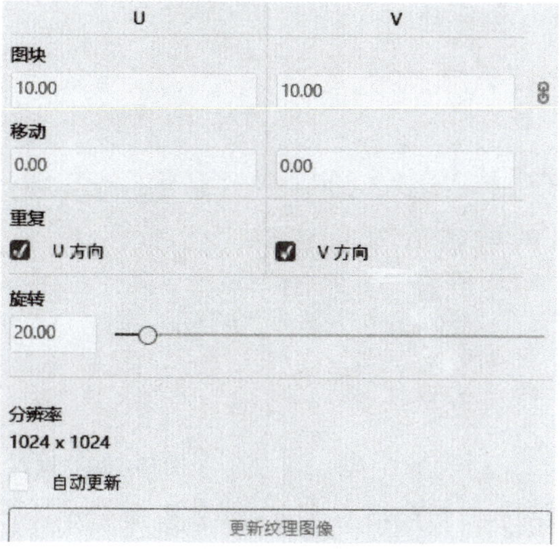

图15-117　设置【纹理】选项

㉑ 设置完【纹理】选项卡的【散射透明度】选项后，继续设置【凹凸】选项，单击【凹凸】选项，勾选【启用纹理】选项，取消勾选【反转凹凸】选项，勾选【视为法线图】选项，在【凹凸强度】输入栏中输入“1.00”，如图15-118所示。

㉒ 继续设置【皮球】模型【纹理】选项，在【U图块】输入栏中输入发“30.00”；在【U移动】输入栏中输入“2.00”；在【V图块】输入栏中输入“30.00”；在【V移动】输入栏中输入“2.00”；勾选【重复U方向】选项和【重复V方向】选项；在【旋转】输入栏中输入“40.00”，如图15-119所示。

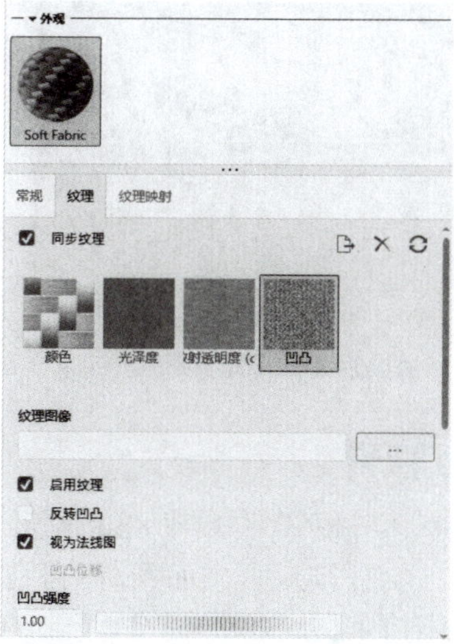

图15-118　设置【凹凸】选项

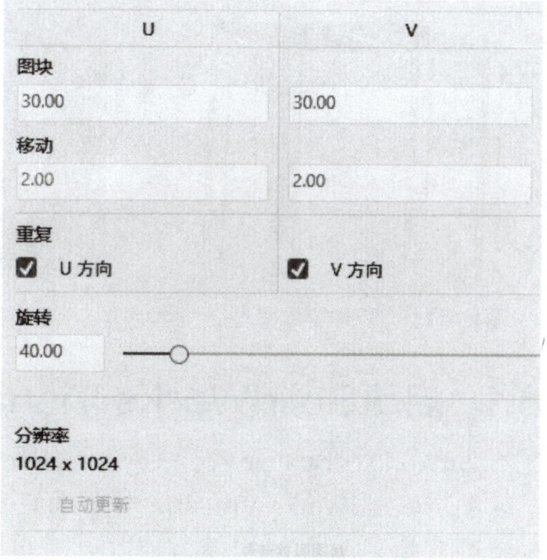

图15-119　设置【纹理】选项

㉓ 设置【外观】选项组中的【纹理映射】选项，在【模式】下拉菜单中选择【UV】选项，如图15-120所示。

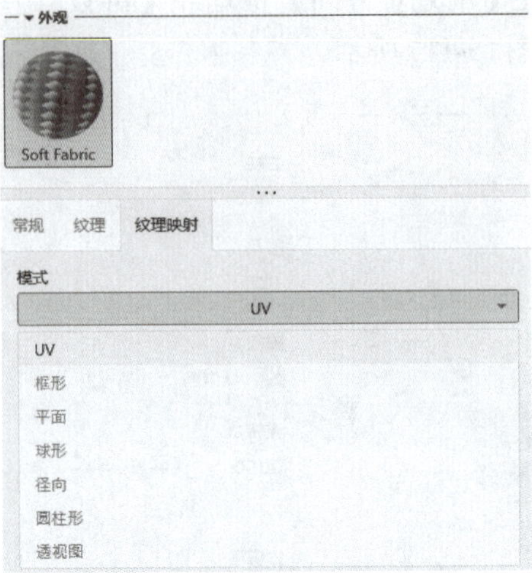

图15-120 设置【UV】选项

至此，皮球模型外观渲染已经绘制完成。

扫码看视频

15.6 桌子外观渲染实例

本例讲解桌子零件的图片渲染过程，桌子模型如图15-121所示。

使用SolidWorks Visualize渲染后的桌子零件模型如图15-122和图15-123所示。

图15-121 零件实体模型

图15-122 渲染后的桌子零件模型1

15.6.1 启动SolidWorks Visualize软件

① SolidWorks Visualize软件是一个独立的程序，可以不依赖于SolidWorks而单独运行，打开SolidWorks Visualize 软件有两种方式：a.直接双击桌面图标可以启动程序；b.通过开始菜单里的快捷方式打开：选择【开始】|【SolidWorks 】|【SolidWorks Visualize 】，打开后的软件界面如图15-124所示。

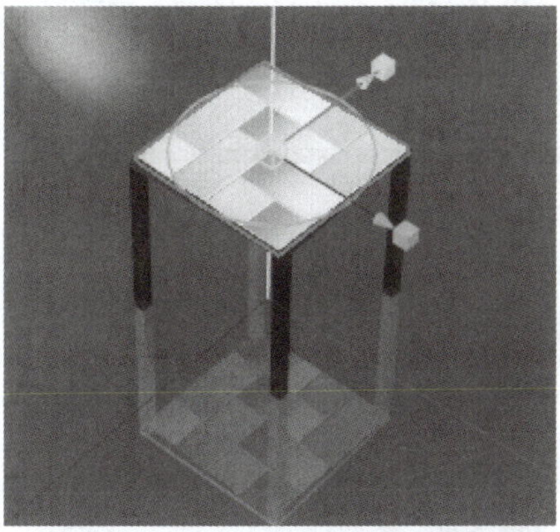

图15-123　渲染后的桌子零件模型2

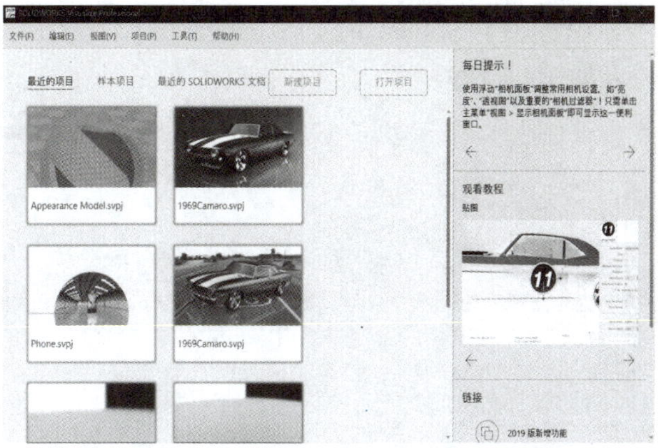

图15-124　SolidWorks Visualize 首页界面

② 在SolidWorks Visualize 软件的首页界面中单击【新建项目】选项，系统将新建一个新的项目，空白项目如图15-125所示。

③ 从SolidWorks Visualize软件中导入模型的方式有三种：a.单击SolidWorks Visualize中的【文件】|【导入】选项；b.单击SolidWorks Visualize中的【项目】|【模型】|【导入模型】选项；c.在SolidWorks Visualize界面右侧【模型】选项卡下方空白区域单击鼠标右键，选择【导入】命令。三种方法均可以弹出【导入】对话框，选择要打开文件的文件夹，在右下角选择要导入模型的格式为【所有文件】或【SolidWorks Part】格式，选择【桌子】选项，最后单击【打开】命令，如图15-126所示。

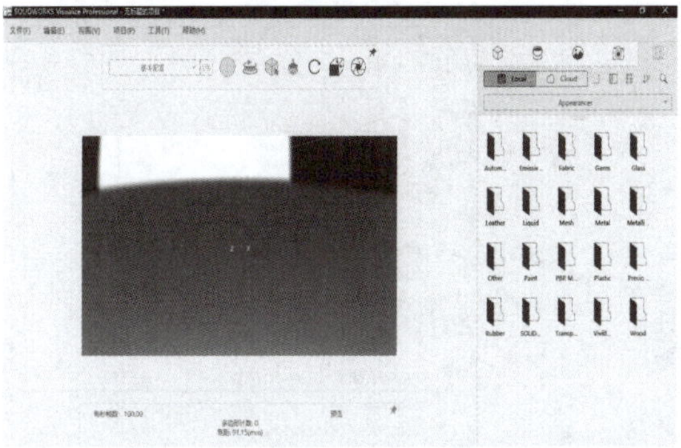

图15-125　SolidWorks Visualize 空白项目

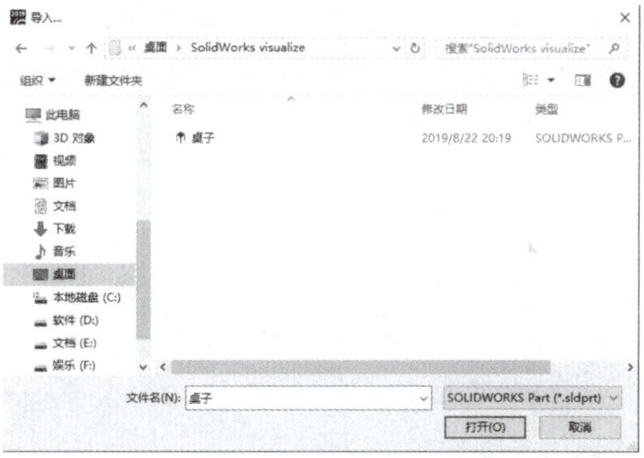

图15-126　【导入】对话框

④ 打开文件之后系统弹出【导入设置】对话框，在【导入设置】对话框中勾选【几何图形】、【外观】、【动画】、【相机】、【布景】和【贴图】选项，其中在【几何图形】中的【零件分组】下拉菜单中选择【保留结构】选项，并勾选【捕捉到地板】选项，单击【确定】按钮，如图15-127所示。

⑤ 打开【桌子】零件模型后，会将由SolidWorks绘制的桌子零件显示在SolidWorks Visualize的图形区域，如图15-128所示。

15.6.2　由SolidWorks软件导出模型

① 除了打开SolidWorks Visualize 软件后导入模型之外，还可以直接在SolidWorks

中导出模型到SolidWorks Visualize中。首先在SolidWorks软件中打开【桌子】零件模型，如图15-129所示。

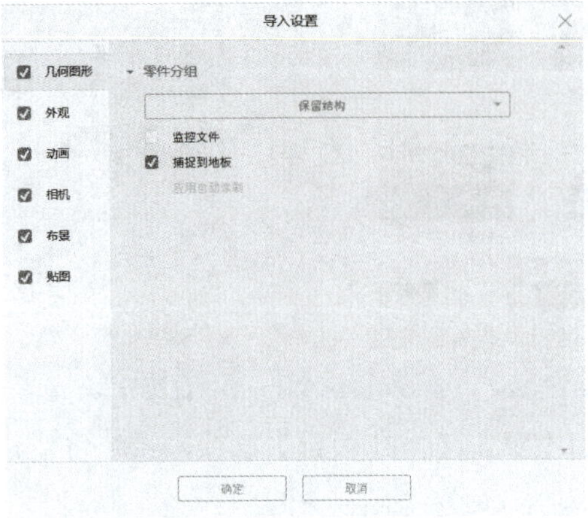

图15-127 【导入设置】对话框

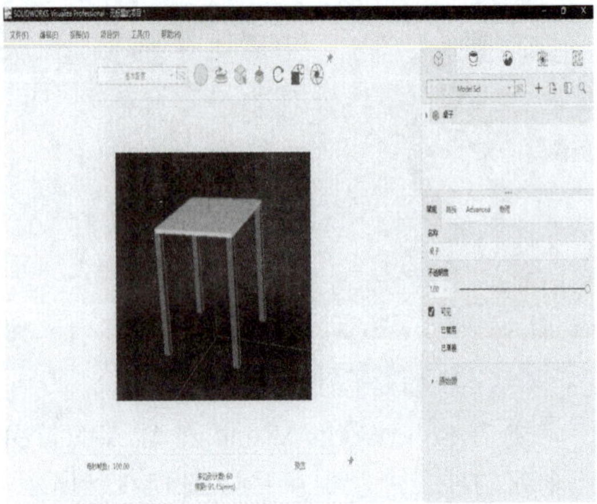

图15-128 【桌子】零件模型显示

② 在SolidWorks软件中单击【工具】|【插件】选项，系统自动弹出【插件】对话框，在【插件】中找到【SolidWorks Visualize】插件，并勾选该插件，单击【确定】选项，如图15-130所示。

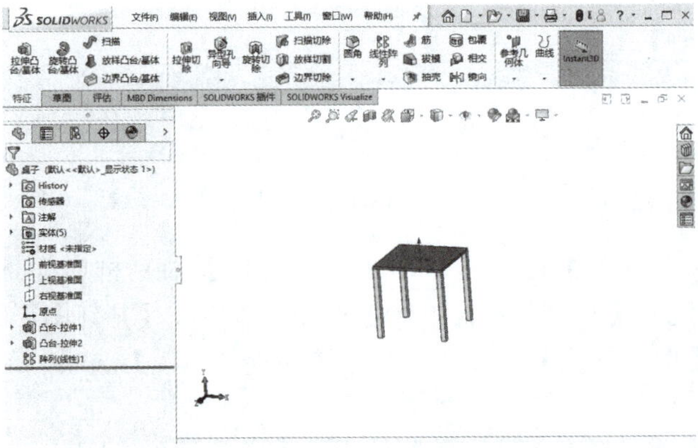

图15-129 SolidWorks模型

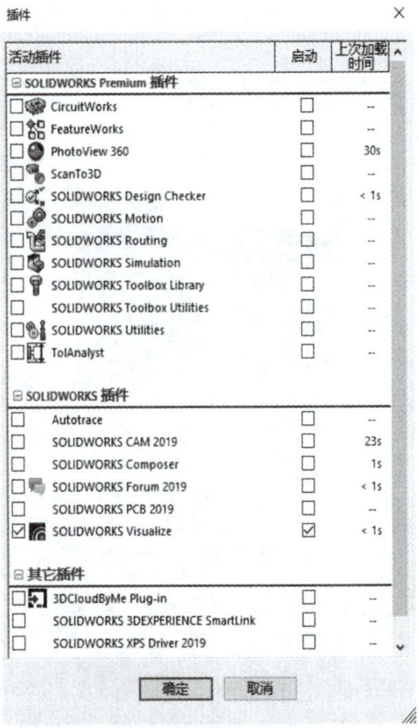

图15-130 SolidWorks插件

③ 添加好【SolidWorks Visualize】插件之后，在SolidWorks软件的上方会显示【SolidWorks Visualize】菜单栏，单击【SolidWorks Visualize】菜单栏，并在其中单击【简单导出】选项，如图15-131所示。

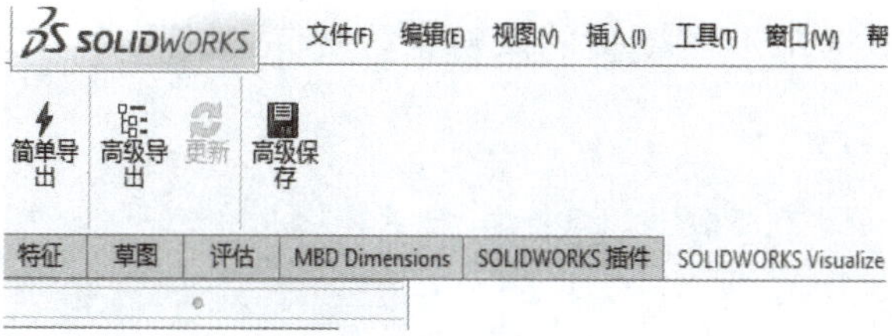

图15-131 【简单导出】

④【简单导出】桌子零件模型后，会将由SolidWorks绘制的桌子零件显示在SolidWorks Visualize的图形区域，如图15-132所示。

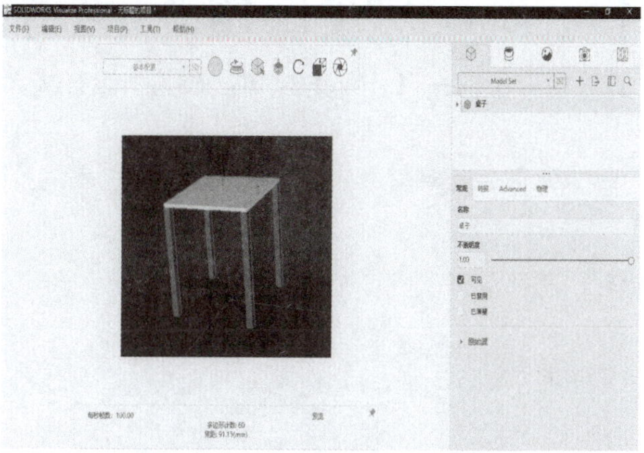

图15-132 【桌子】零件模型显示

⑤ 选择【文件】|【另存为】菜单命令，弹出【保存项目】对话框，在【文件名】文字框中输入【桌子】，单击【保存】按钮，如图15-133所示。

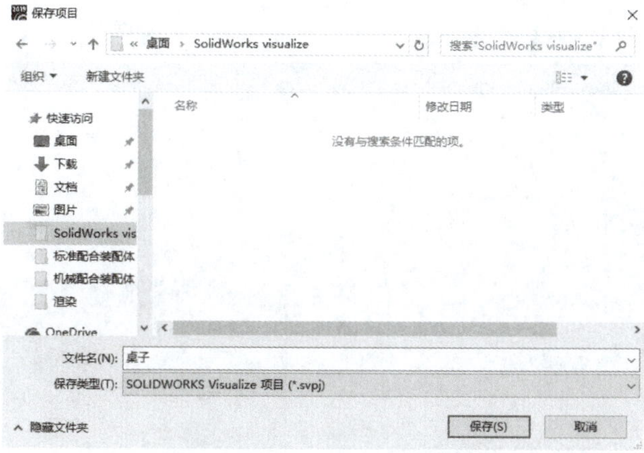

图15-133 保存项目窗体

15.6.3 设置模型材质属性

① 在SolidWorks Visualize软件中单击 【外观】选项，在【外观】选项卡下可以看到【桌子】模型原来的特征，如图15-134所示。

② 单击【外观】选项卡中模型的原特征，并按Delete键将其删除，如图15-135所示。

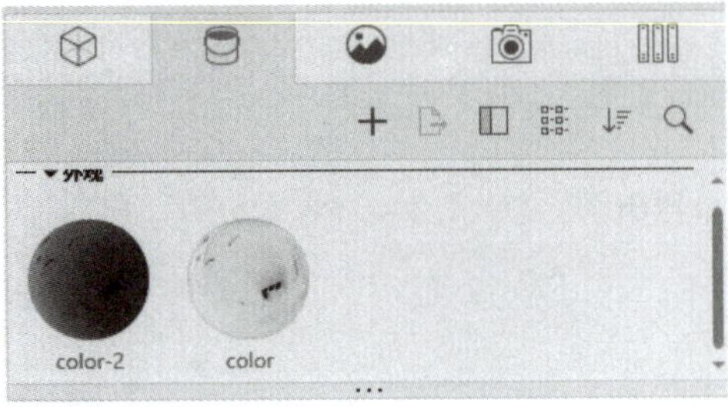

图15-134 【外观】选项卡

图15-135 清除【外观】原特征属性

③ 单击【外观】选项卡下的＋【添加】按钮，在其中选择【新建外观】选项，如图15-136所示。

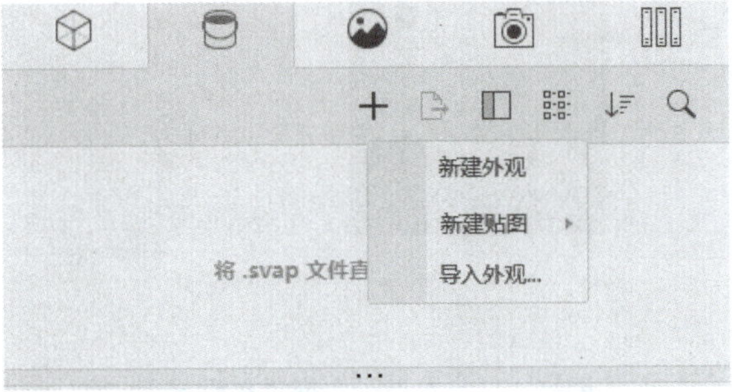

图15-136 选择【新建外观】选项

④ 选择【新建外观】选项后单击【外观】选项，在【常规】中的【外观名称】输入栏中输入桌面，如图15-137所示。

⑤ 在【外观类型】中选择【涂料】选项，如图15-138所示。

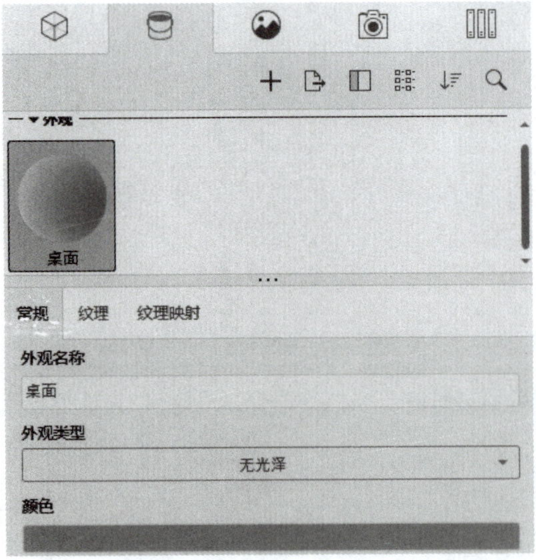

图15-137 输入外观名称

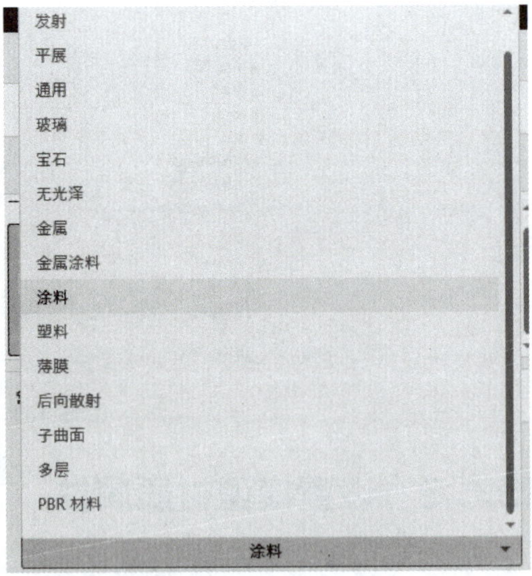

图15-138 选择涂料

⑥ 在【外观类型】中单击【颜色】选项，系统自动弹出【拾色器】对话框，在【拾色器】中选择【HSV】选项，在【色调】输入栏中输入“248”，在【饱和度】输入栏中输入“82”，在【值】输入栏中输入“92”，单击 × 【关闭】选项，如图15-139所示。

⑦ 最后在【常规】选项卡中的【透明涂层】输入栏中输入“10.00”，在【透明涂层粗糙度】输入栏中输入“1.00”，如图15-140所示。

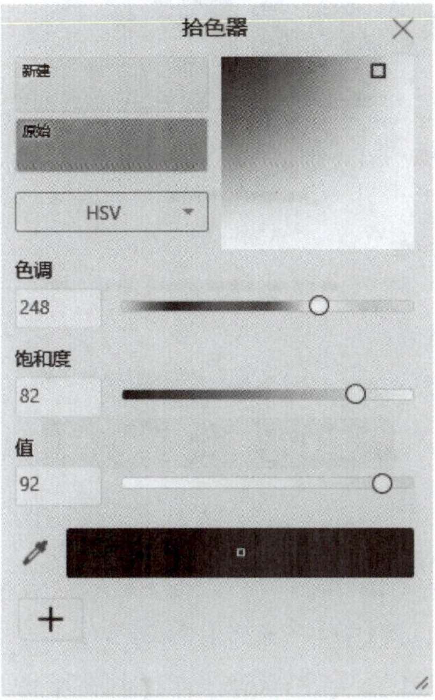

图15-139 设置颜色

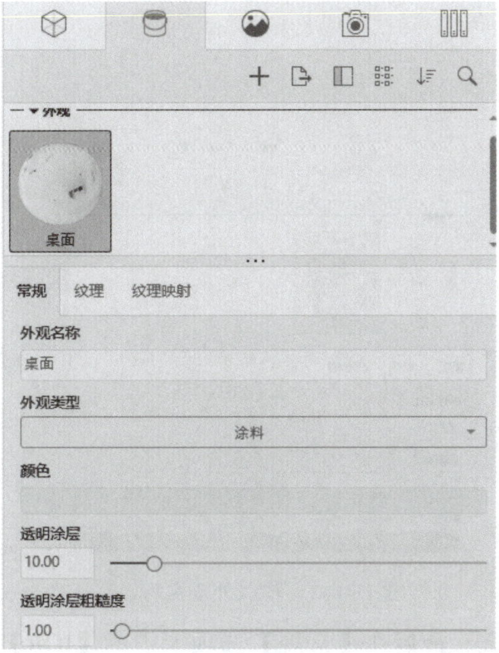

图15-140 设置粗糙度

⑧ 将设置好的【外观】拖入到图形区域的桌子桌面位置，如图15-141所示。

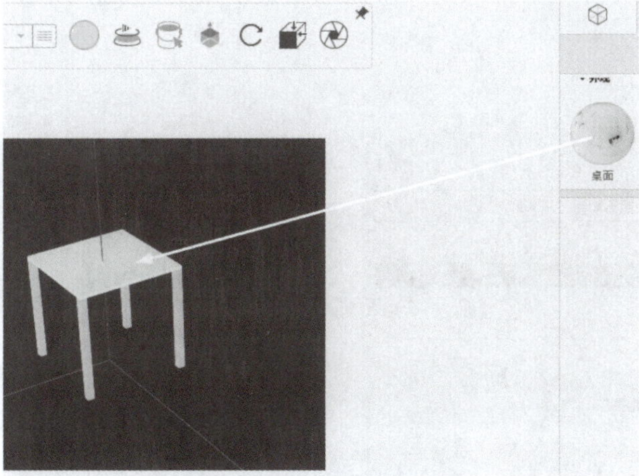

图15-141 拖至图形区域

⑨ 再次单击【外观】选项卡下的＋【添加】按钮，在其中选择【新建外观】选项，在【常规】中的【外观名称】输入栏中输入桌腿，如图15-142所示。

⑩ 在【外观类型】中选择【宝石】选项，在【外观类型】中单击【颜色】选项，系统自动弹出【拾色器】对话框，在【拾色器】中选择【HSV】选项，在【色调】输入栏中输入21，在【饱和度】输入栏中输入66，在【值】输入栏中输入“92”，单击 × 【关闭】选项，如图15-143所示。

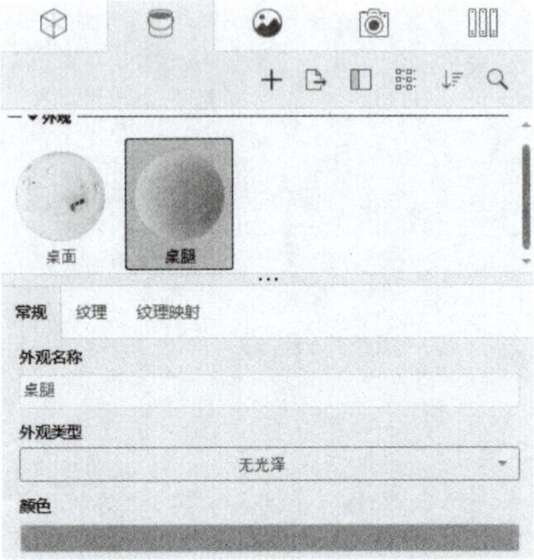

图15-142 输入外观名称

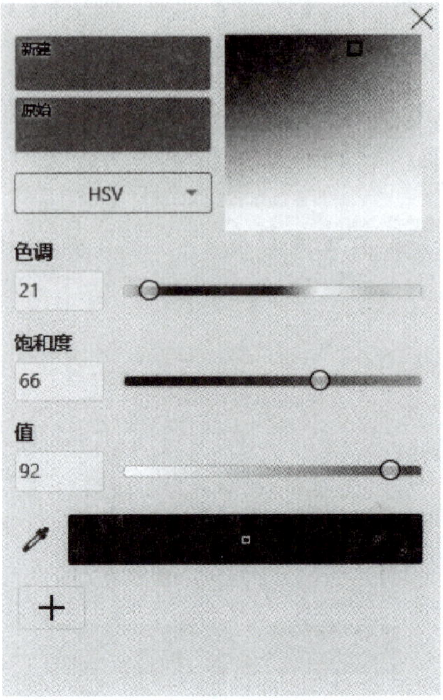

图15-143 选择【外观类型】

⑪ 最后在【常规】选项卡中的【IOR】输入栏中输入“1.50”，在【颜色密度】输入栏中输入“250.00”，在【粗糙度】输入栏中输入“20.00”，在【Abbe】输入栏中输入“0.00”，如图15-144所示。

⑫ 将设置好的【外观】拖入到图形区域的桌子桌腿位置，如图15-145所示。

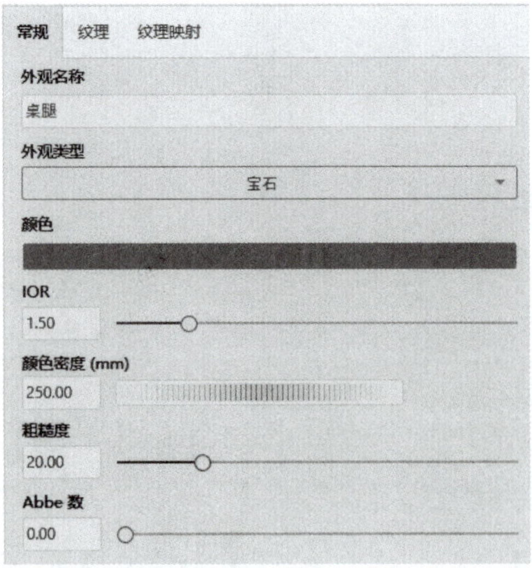

图15-144 设置粗糙度

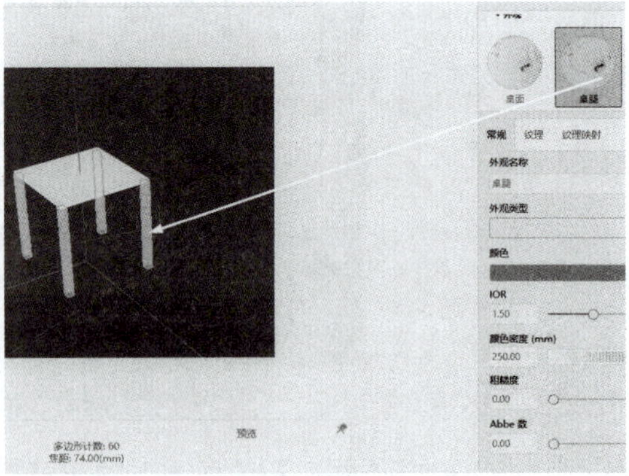

图15-145 拖至图形区域

15.6.4 设置模型环境

① 在SolidWorks Visualize软件中单击 【文件库】选项，在【文件库】选项卡的下拉菜单中选择【Environments】选项，如图15-146所示。

② 在【Environments】选项卡中找到【Docklands Bridge】选项，并用鼠标左键按住拖至图形区域，如图15-147所示。

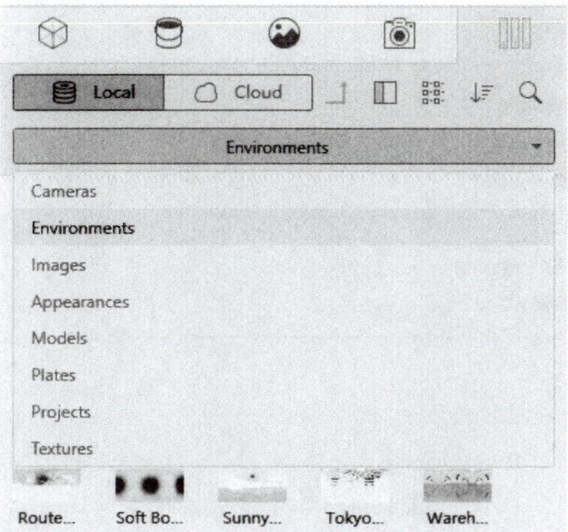

图15-146 【文件库】选项卡

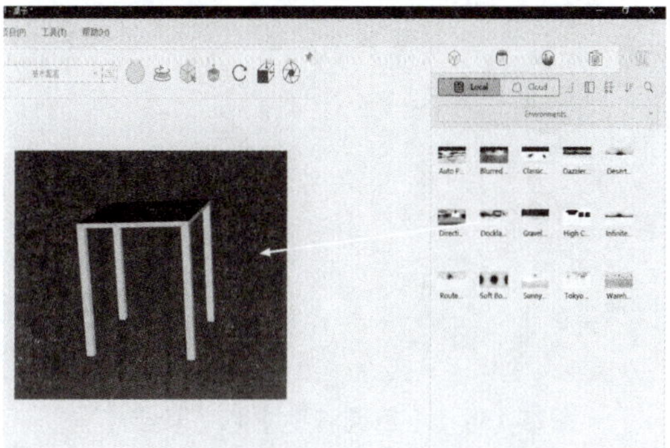

图15-147 拖动环境

③ 将【Docklands Bridge】环境拖至图形区域后，显示如图15-148所示。

④ 用鼠标将桌子模型移至环境的适当位置并适当放大缩小（此功能与SolidWorks的功能完全一致），如图15-149所示。

图15-148 拖动后显示图像

图15-149 移到适当位置显示图像

⑤ 单击【高级】功能选项，在【色调映射】中的【明暗度】输入栏中输入“1.00”，在【灰度系数】输入栏中输入“1.00”，在【转换】选项中勾选【平展地板】选项，在【大小】输入栏中输入“20.00”，在【高度】输入栏中输入“2.00”，在【旋转】输入栏中输入“2.0”，如图15-150所示。

⑥ 继续设置【地板效果】选项，勾选【焦散线】选项，在【地板焦散线】输入栏中输入“0.70”。在【地板反射】输入栏中输入“0.70”，在【地板粗糙度】输入栏中输

入“0.35”，勾选【地板阴影】选项，在【阴影强度】输入栏中输入“1.00”，如图15-151所示。

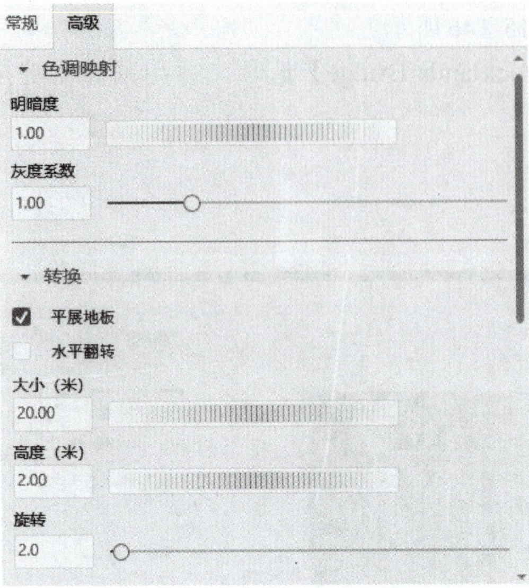

图15-150　【色调映射】和【转换】

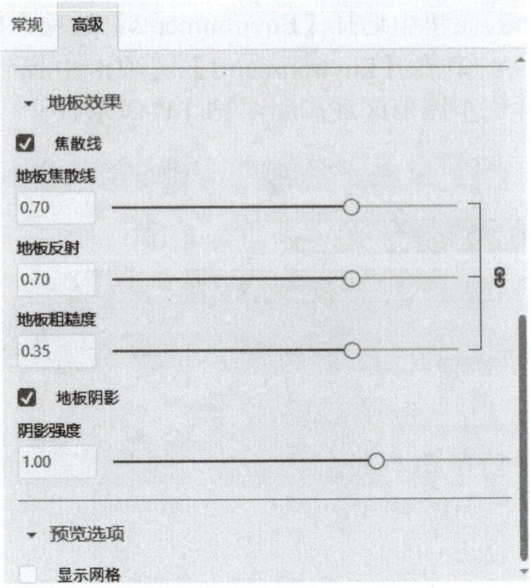

图15-151　【地板效果】

⑦ 设置好的桌子图像如图15-152所示。

15.6.5　设置相机属性

① 在SolidWorks Visualize软件中单击【相机】选项卡，在【相机】选项卡下存在两个相机，其中一个为SolidWorks Visualize中的【默认相机】，还有一个为从SolidWorks模型中导入时的相机，如图15-153所示。

图15-152　设置好的桌子图像

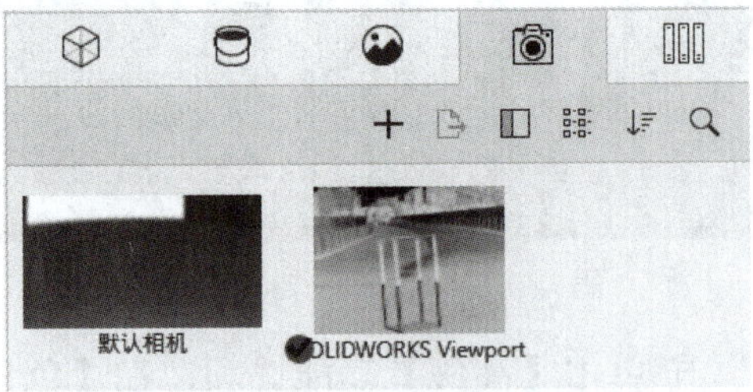

图15-153　【相机】选项卡

② 单击【相机】选项卡下的＋【添加】按钮，在其中选择【新建相机】选项，如图15-154所示。

③ 选择【新建相机】选项后，在图形区域显示新相机的视角，如图15-155所示。

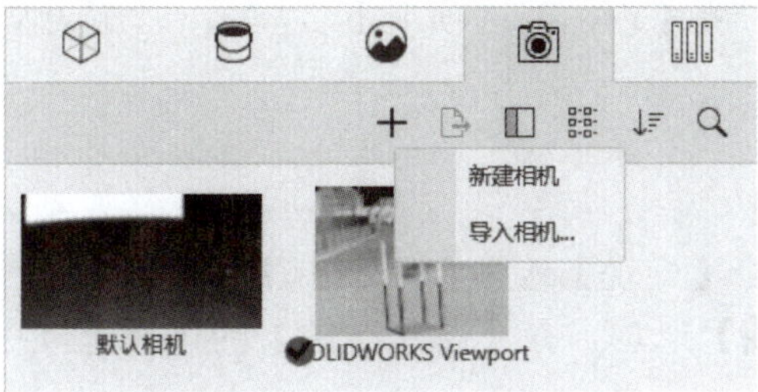

图15-154　选择【新建相机】选项

图15-155　新相机视角

④ 在图形区域上方的菜单栏单击【相机工具】，可以弹出【旋转】、【平移】、【缩放】、【扭转】和【观察】等工具，使用其五个主要工具将新相机的视角进行选择，主要将视角切换全从上至下的视角区域，如图15-156所示。

图15-156　【相机工具】

⑤ 修改后的相机视角如图15-157所示。

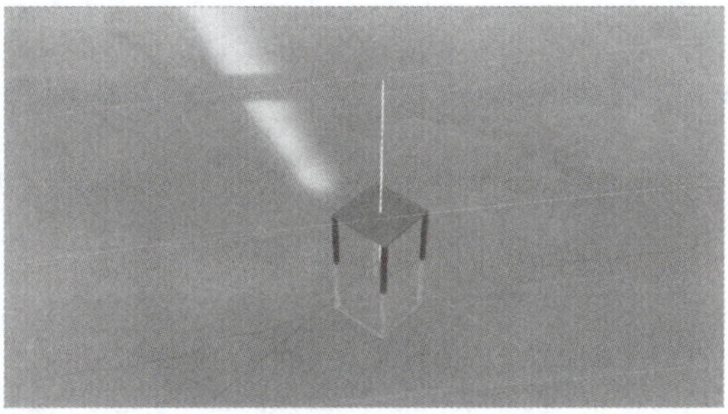

图15-157　修改后的相机视角

⑥ 在SolidWorks Visualize右侧的【常规】选项卡，在【名称】输入栏中输入俯瞰图，勾选【保持在地板上方】选项，在【高宽比例】输入栏中输入“4.00×3.00”，在【类型】下拉菜单中选择【透视图】选项，如图15-158所示。

⑦ 修改后的相机视角如图15-159所示。

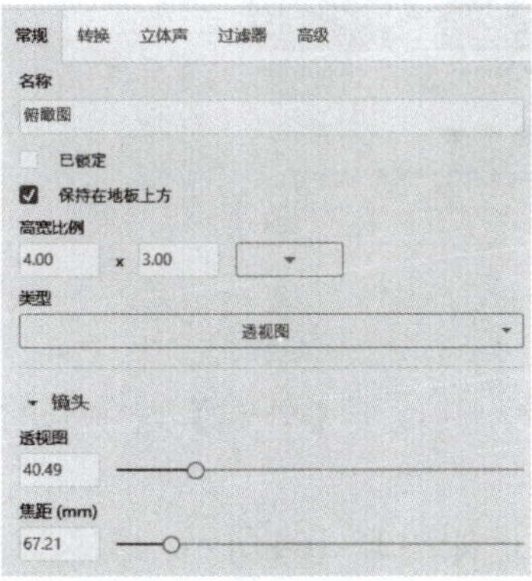

图15-158　【常规】选项卡

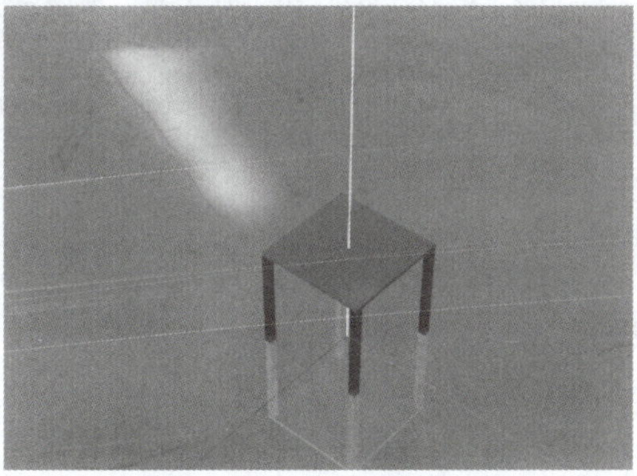

图15-159　修改后的相机视角

⑧ 添加好【俯瞰图】相机视角后，在右侧【相机】选项卡下多显示一个选项，用鼠标双击可进行切换视角，如图15-160所示。

15.6.6 设置贴图

① 在SolidWorks Visualize软件中单击【外观】选项卡，单击【外观】选项卡下的＋【添加】按钮，在其中选择【新建贴图】选项，在【新建贴图】的下级选项中选择【图像】选项，如图15-161所示。

图15-160 双击切换视角

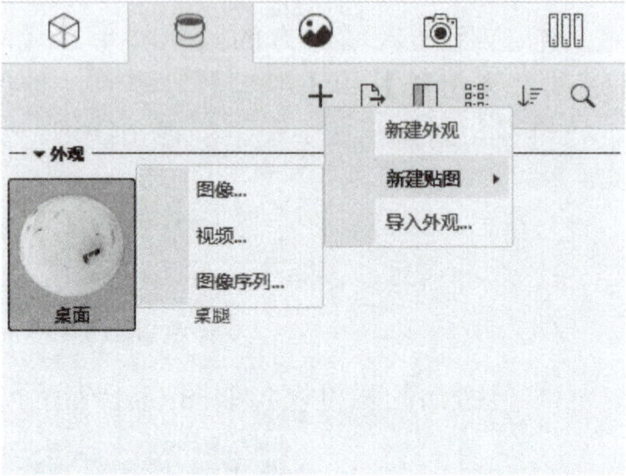

图15-161 选择【新建贴图】选项

② 单击【新建贴图】的【图像】选项后，系统自动弹出【导入纹理】对话框，在其中选择【carbon normal】选项，单击【打开】按钮，如图15-162所示。

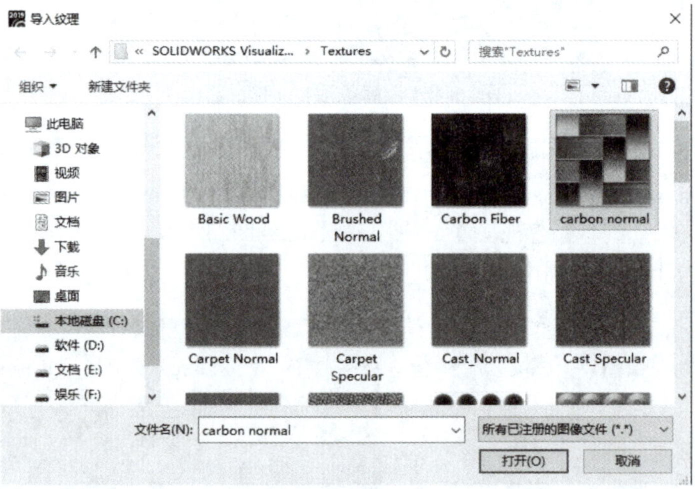

图15-162 【导入纹理】对话框

③ 选择纹理之后，会在右侧显示【贴图】选项卡，其位于【外观】选项卡的下侧，如图15-163所示。

④ 用贴图上的坐标工具，将其贴图摆放于桌面上，如图15-164所示。

至此，桌子模型已经绘制完成。相机1如图15-165所示，相机2如图15-166所示。

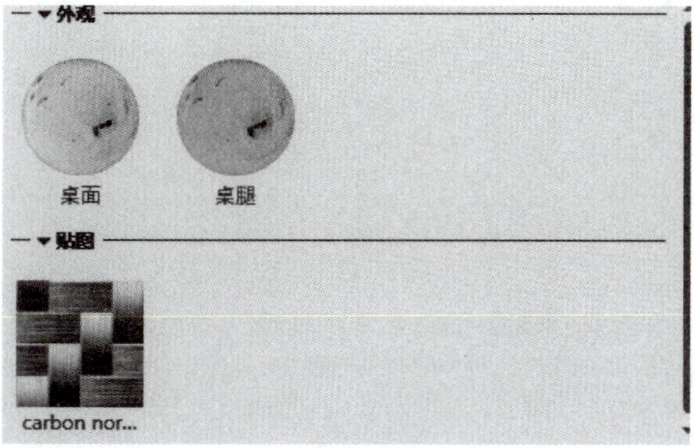

图15-163 【贴图】选项卡

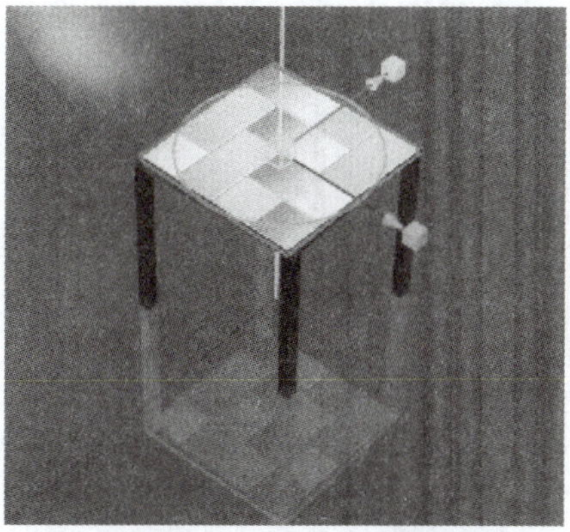
图15-164 摆放贴图

图15-165 相机1

图15-166 相机2

15.7 图片渲染实例

扫码看实例

16 第16章 装配体设计

SolidWorks可以生成由许多零部件所组成的复杂装配体，这些零部件可以是零件也可以是其他装配体（被称为子装配体）。对于大多数操作而言，零件和装配体的行为方式是相同的。当在SolidWorks中打开装配体时，将查找零部件文件以便在装配体中显示，同时零部件中的更改将自动反映在装配体中。

16.1 生成装配体

选择【文件】|【从零件制作装配体】菜单命令，装配体文件会在【插入零部件】属性管理器中显示出来，如图16-1所示。

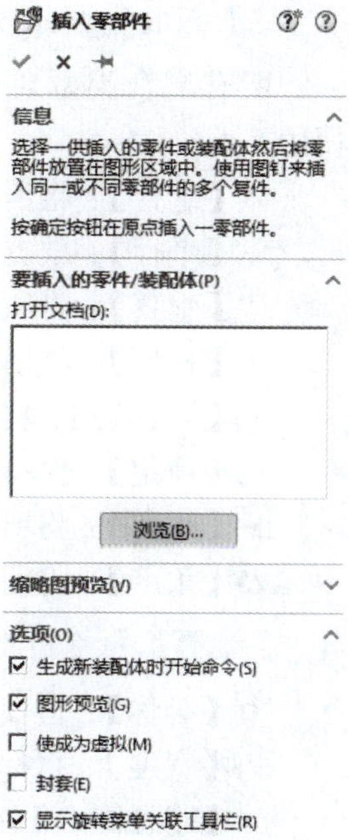

图16-1 【插入零部件】属性管理器

主要选项含义如下。

（1）【要插入的零件/装配体】选项组

通过单击【浏览】按钮打开现有零件文件。

（2）【选项】选项组

- 【生成新装配体时开始命令】：当生成新装配体时，选择以打开此属性设置。
- 【图形预览】：在图形区域中看到所选文件的预览。
- 【使成为虚拟】：将插入的零部件作为虚拟的零部件。

16.2 生成配合

单击装配体工具栏中的【配合】按钮或单击菜单栏中【插入】|【配合】按钮，【配合】属性管理器如图16-2所示。

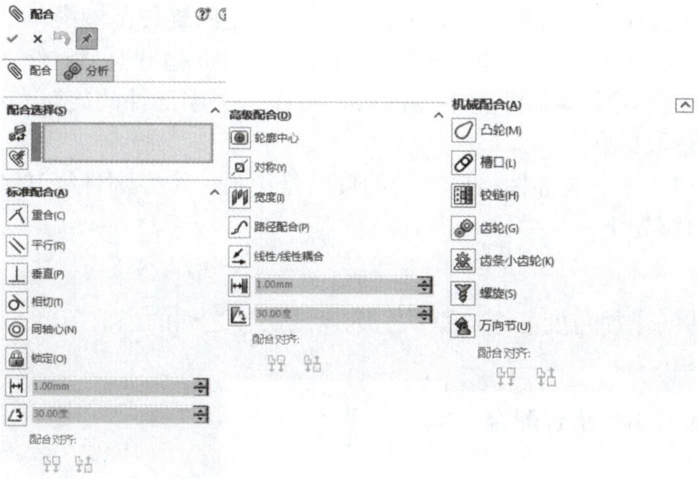

图16-2 【配合】属性管理器

主要选项含义如下。

（1）【配合选择】选项组

【要配合的实体】：选择想配合在一起的面、边线、基准面等。

【多配合模式】：单击以单一操作将多个零部件与一普通参考配合。

（2）【标准配合】选项组

所有配合类型会始终显示在属性管理器中，但只有适用于当前选择的配合才可供使用。

【重合】：将所选面、边线及基准面定位，这样它们共享同一个基准面。

【平行】：放置所选项，这样它们彼此间保持等间距。

【垂直】：将所选项以彼此间 90° 角度而放置。

【相切】：将所选项以彼此间相切放置。

【同轴心】：将所选择零件的中心线对齐。

【锁定】：保持两个零部件之间的相对位置和方向。

【距离】：将所选项以彼此间指定的距离而放置。

【角度】：将所选项以彼此间指定的角度而放置。

（3）【高级配合】选项组

【对称】：迫使两个相同实体绕基准面或平面对称。

【宽度】：将标签置中于凹槽宽度内。

【路径配合】：将零部件上所选的点约束到路径。

【线性/线性耦合】：在一个零部件的平移和另一个零部件的平移之间建立几何关系。

【限制】：允许零部件在距离配合和角度配合的一定数值范围内移动。

（4）【机械配合】选项组

【凸轮】：迫使圆柱、基准面或点与一系列相切的拉伸面重合或相切。

【齿轮】：强迫两个零部件绕所选轴彼此相对而旋转。

【铰链】：将两个零部件之间的移动限制在一定的旋转范围内。

【齿条小齿轮】：一个零件（齿条）的线性平移引起另一个零件（齿轮）的周转。

【螺旋】：将两个零部件约束为同心，还在一个零部件的旋转和另一个零部件的平移之间添加纵倾几何关系。

【万向节】：一个零部件绕自身轴的旋转是由另一个零部件绕其轴的旋转驱动的。

配合类型介绍如下：

（1）角度配合

在两个实体间添加角度配合，默认值为所选实体之间的当前角度。

（2）重合配合

在两个实体间添加重合配合。

（3）同心配合

在两个圆形实体间添加同心配合。

（4）距离配合

在两个实体间添加距离配合，必须在【配合】属性管理器的距离框中输入距离值。

（5）锁定配合

锁定配合保持两个零部件之间的相对位置和方向，零部件相对于对方被完全约束。

（6）平行和垂直配合

在两个圆形实体间添加平行和垂直配合。

（7）相切配合

在两个圆形实体间添加相切配合。

（8）高级配合

① 限制配合。限制配合允许零部件在距离配合和角度配合的一定数值范围内移动，指定一开始距离或角度以及最大值和最小值。

② 线性/线性耦合配合。线性/线性耦合配合在一个零部件的平移和另一个零部件的平移之间建立几何关系。

③ 路径配合。路径配合将零部件上所选的点约束到路径，可以在装配体中选择一个或多个实体来定义路径，可以定义零部件在沿路径经过时的纵倾、偏转和摇摆。

④ 对称配合。对称配合强制使两个相似的实体相对于零部件的基准面或平面或者装配体的基准面对称。

⑤ 宽度配合。宽度配合使标签位于凹槽宽度内的中心。

（9）机械配合

① 凸轮推杆配合。凸轮推杆配合为一相切或重合配合类型。它可允许将圆柱、基准面或点与一系列相切的拉伸曲面相配合。

② 齿轮配合。齿轮配合会强迫两个零部件绕所选轴相对旋转。

③ 铰链配合。铰链配合将两个零部件之间的移动限制在一定的旋转范围内。其效果相当于同时添加同心配合和重合配合，此外还可以限制两个零部件之间的移动角度。

④ 齿条和齿轮配合。通过齿条和小齿轮配合，某个零部件（齿条）的线性平移会引起另一零部件（小齿轮）做圆周旋转，反之亦然。

⑤ 螺旋配合。螺旋配合将两个零部件约束为同心，还在一个零部件的旋转和另一个零部件的平移之间添加纵倾几何关系。

16.3　干涉检查

单击【装配体】工具栏中的【干涉检查】按钮或者选择【工具】|【干涉检查】菜单命令，弹出【干涉检查】属性管理器，如图16-3所示。

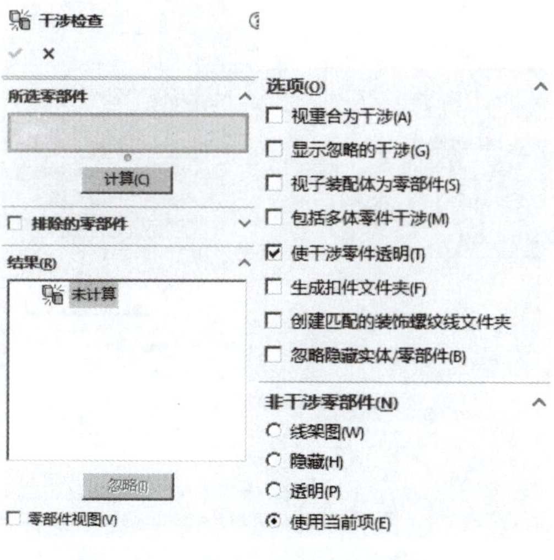

图16-3　【干涉检查】属性管理器

主要选项含义如下。

（1）【所选零部件】选项组

- 【要检查的零部件】：显示为干涉检查所选择的零部件。
- 【计算】：单击此按钮，检查干涉情况。

检测到的干涉显示在【结果】选项组中，干涉的体积数值显示在每个列举项的右侧。

（2）【结果】选项组

- 【忽略】、【解除忽略】：为所选干涉在【忽略】和【解除忽略】模式之间进行转换。
- 【零部件视图】：按照零部件名称而非干涉标号显示干涉。

在【结果】选项组中，可以进行如下操作：

- 选择某干涉，使其在图形区域中以红色高亮显示。
- 展开干涉以显示互相干涉的零部件名称。
- 用鼠标右键单击某干涉，在弹出的快捷菜单中选择【放大所选范围】命令，在图形区域中放大干涉。
- 用鼠标右键单击某干涉，在弹出的快捷菜单中选择【忽略】命令。
- 用鼠标右键单击某忽略的干涉，在弹出的快捷菜单中选择【解除忽略】命令。

（3）【选项】选项组

- 【视重合为干涉】：将重合实体报告为干涉。
- 【显示忽略的干涉】：显示在【结果】选项组中被设置为忽略的干涉。
- 【视子装配体为零部件】：取消选择此选项时，子装配体被看作单一零部件，子装配体零部件之间的干涉将不被报告。
- 【包括多体零件干涉】：报告多实体零件中实体之间的干涉。
- 【使干涉零件透明】：以透明模式显示所选干涉的零部件。
- 【生成扣件文件夹】：将扣件（如螺母和螺栓等）之间的干涉隔离为在【结果】选项组中的单独文件夹。

（4）【非干涉零部件】选项组

以所选模式显示非干涉的零部件，包括【线架图】、【隐藏】、【透明】、【使用当前项】4个选项。

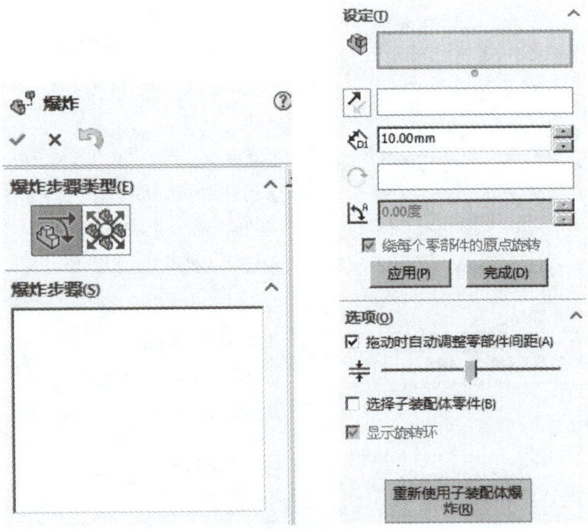

图16-4 【爆炸】属性管理器

16.4 爆炸视图

单击【装配体】工具栏中的【爆炸视图】按钮或者选择【插入】|【爆炸视图】菜单命令，弹出【爆炸】属性管理器，如图16-4所示。

主要选项含义如下。

（1）【爆炸步骤】选项组

【爆炸步骤】选框：爆炸到单一位置的1个或者多个所选零部件。

（2）【设定】选项组

- 【爆炸步骤的零部件】：显示当前爆炸步骤所选的零部件。
- 【爆炸方向】选框：显示当前爆炸步骤所选的方向。
- 【反向】：改变爆炸的方向。
- 【爆炸距离】：设置当前爆炸步骤零部件移动的距离。
- 【应用】：单击以预览对爆炸步骤的更改。
- 【完成】：单击以完成新的或者已经更改的爆炸步骤。

（3）【选项】选项组

- 【拖动时自动调整零部件间距】：沿轴心自动均匀地分布零部件组的间距。
- 【调整零部件链之间的间距】：调整零部件之间的距离。
- 【选择子装配体的零件】：选择此选项，可以选择子装配体的单个零件。
- 【重新使用子装配体爆炸】：使用先前在所选子装配体中定义的爆炸步骤。

16.5 装配体中零部件的压缩状态

根据某段时间内的工作范围，可以指定合适的零部件压缩状态，这样可以减少工作时装入和计算的数据量。装配体的显示和重建速度会更快，也可以更有效地使用系统资源。

16.5.1 压缩状态的种类

装配体零部件共有3种压缩状态。

（1）还原

装配体零部件的正常状态。完全还原的零部件会完全装入内存，可以使用所有功能及模型数据并可以完全访问、选取、参考、编辑、在配合中使用其实体。

（2）压缩

① 可以使用压缩状态暂时将零部件从装配体中移除（而不是删除），零部件不装入内存，也不再是装配体中有功能的部分，用户无法看到压缩的零部件，也无法选择这个零部件的实体。

② 1个压缩的零部件将从内存中移除，所以装入速度、重建模型速度和显示性能均有提高，由于减少了复杂程度，其余的零部件计算速度会更快。

③ 压缩零部件包含的配合关系也被压缩，因此装配体中零部件的位置可能变为“欠定义”，参考压缩零部件的关联特征也可能受影响，当恢复压缩的零部件为完全还原状态时，可能会产生矛盾，所以在生成模型时必须小心使用压缩状态。

（3）轻化

可以在装配体中激活的零部件完全还原或者轻化时装入装配体，零件和子装配体都可以轻化。

① 当零部件完全还原时，其所有模型数据被装入内存。

② 当零部件轻化时，只有部分模型数据被装入内存，其余的模型数据根据需要被装入。

使用轻化零部件，可以显著提高大型装配体的性能，将轻化的零部件装入装配体比将完全还原的零部件装入同一装配体速度更快，因为计算的数据少，包含轻化零部件的装配体重建速度也更快。

零部件的完整模型数据只有在需要时才被装入，所以轻化零部件的效率很高。只有受当前编辑进程中所做更改影响的零部件才被完全还原，可以对轻化零部件不还原而进行多项装配体操作，包括添加（或者移除）配合、干涉检查、边线（或者面）选择、零部件选择、碰撞检查、装配体特征、注解、测量、尺寸、截面属性、装配体参考几何体、质量属性、剖面视图、爆炸视图、高级零部件选择、物理模拟、高级显示（或者隐藏）零部件等。

16.5.2 压缩零件的方法

压缩零件的方法如下：

① 在装配体窗口中，在【特征管理器设计树】中右键单击零部件名称或者在图形区域中选择零部件。

② 在弹出的菜单中选择【压缩】命令，选择的零部件被压缩，在图形区域中该零件被隐藏。

16.6 装配体统计

在装配体窗口中，选择【工具】|【评估】|【性能评估】菜单命令，弹出【性能评估】属性管理器，如图16-5所示。

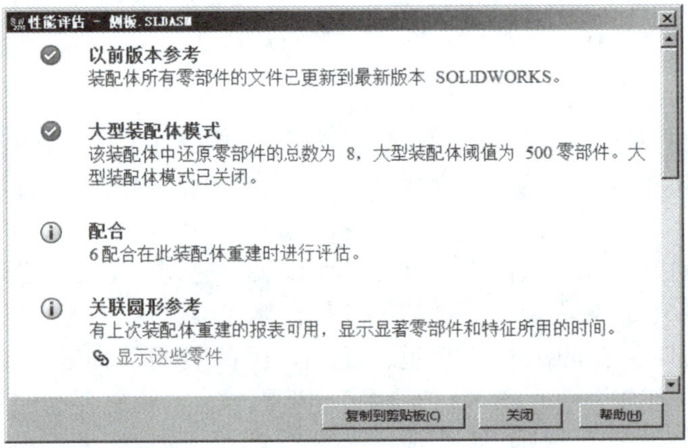

图16-5 【性能评估】属性管理器

扫码看视频

16.7 绞肉机装配实例

本实例通过装配体的建立方法来完成绞肉机模型的装配，装配模型如图16-6所示。

具体步骤如下。

16.7.1 装配机身部分

① 启动中文版SolidWorks，单击【标准】工具栏中的□【新建】按钮，弹出【新建SolidWorks文件】对话框，单击【装配体】按钮，如图16-7所示，单击【确定】按钮。

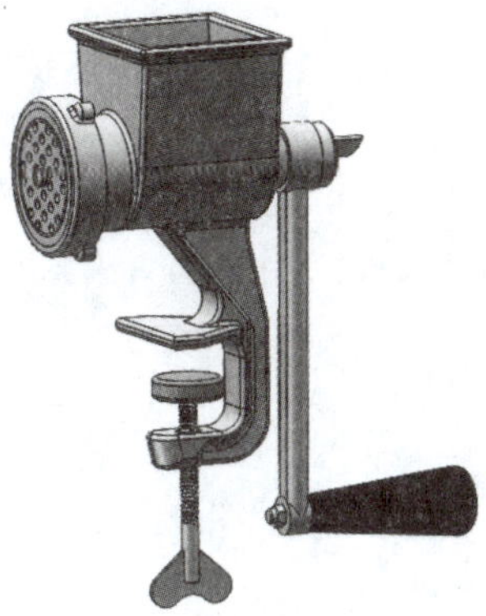

图16-6 绞肉机模型

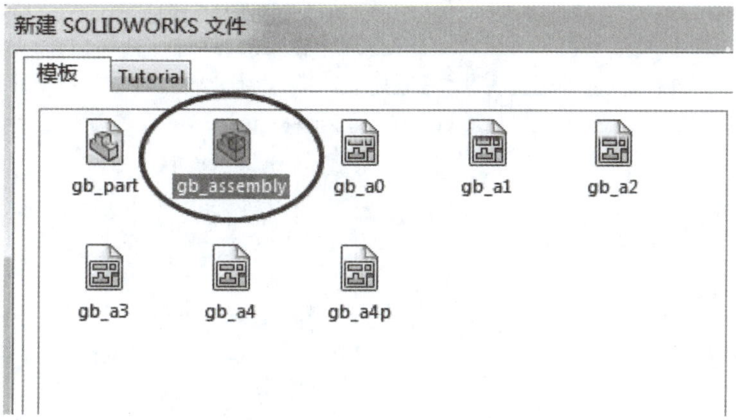

图16-7 新建装配体窗体

② 弹出【开始装配体】对话框，单击【浏览】按钮，选择【机身】零件，单击【打开】按钮，如图16-8所示，单击✓【确定】按钮。

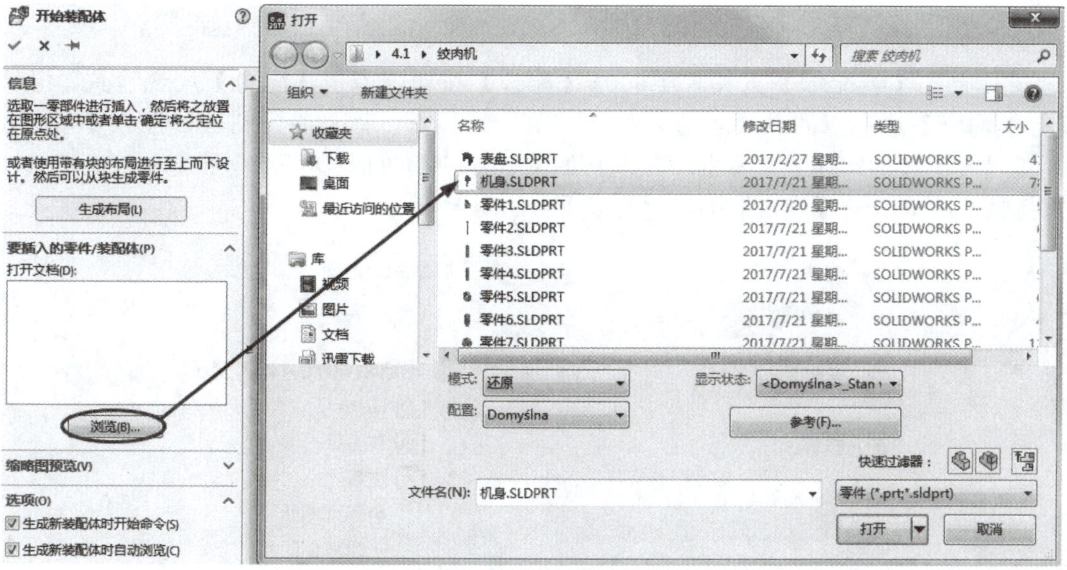

图16-8 插入零件

③ 右击零件【机身】，在快捷菜单中选择【浮动】命令，此时零件由固定状态变为浮动，【机身】前出现“(-)”图标，如图16-9所示。

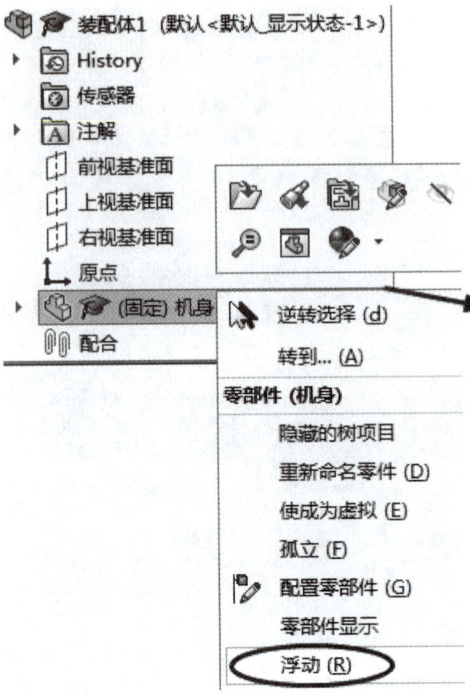

图16-9　浮动基体零件

技术要点：装配体中所放入的第一个零部件会默认成固定。若要移动它，在该零部件上单击右键，并选择浮动选项。

④ 单击【装配体】工具栏中的【配合】按钮，弹出【配合】属性设置。激活【标准配合】选项下的【重合】按钮。单击 ▸ 图标，展开特征树，如图16-10所示，在【要配合的实体】文本框中，选择如图16-11所示的上视基准面和零件底面，其他保持默认，单击【确定】按钮，完成重合的配合。

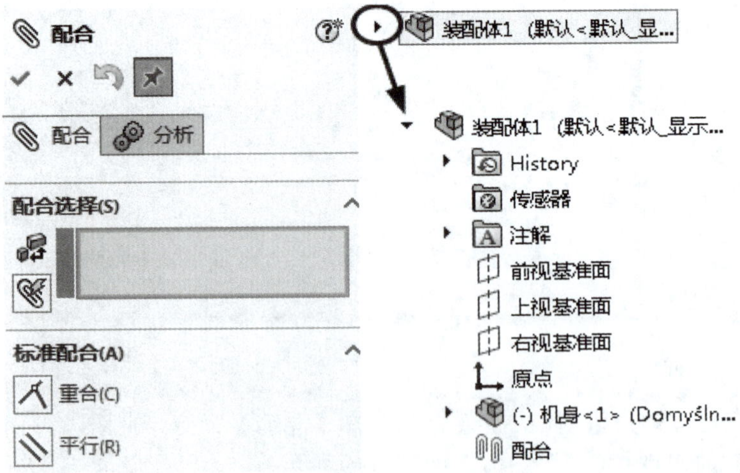

图16-10　展开特征树

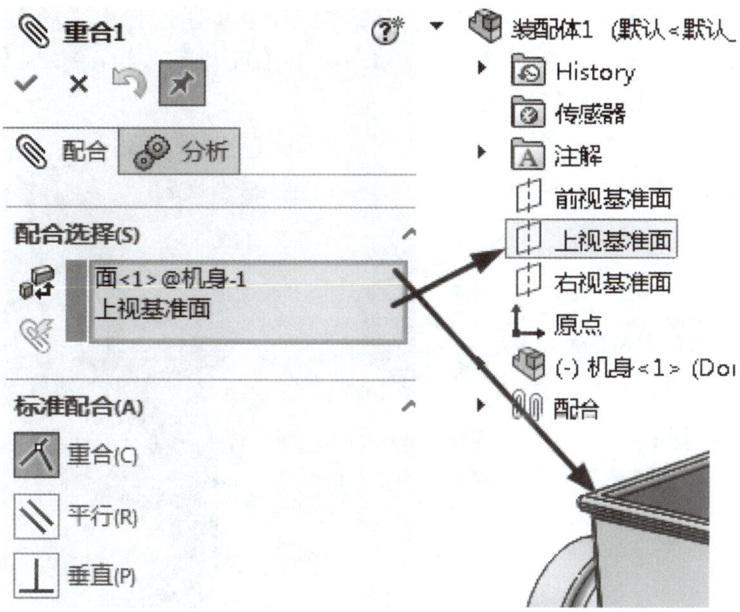

图16-11　重合配合

⑤ 单击【装配体】工具栏中的【插入零部件】按钮，弹出【插入零部件】的属性设置。单击【浏览】按钮，选择子零件【零件15】，单击【打开】按钮，插入【零件15】，在视图区域合适位置单击，如图16-12所示。

⑥ 单击【装配体】工具栏中的【配合】按钮，弹出【配合】属性设置。激活【标准配合】选项下的【重合】按钮。在【要配合的实体】文本框中，选择如图16-13所示的面，其他保持默认，单击【确定】按钮，完成重合的配合。

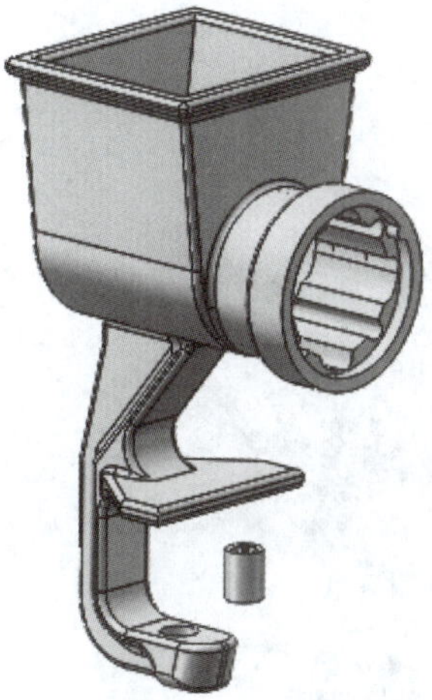

图16-12　插入零件15

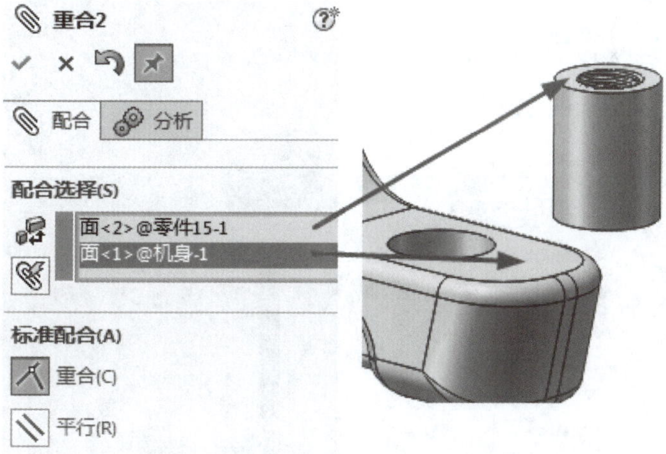

图16-13　重合配合

⑦ 在【配合】的属性设置下，激活【标准配合】选项下的【同轴心】按钮。在【要配合的实体】文本框中，选择如图16-14所示的两个圆形边线，其他保持默认，单击【确定】按钮，完成同轴心的配合。

⑧ 单击【装配体】工具栏中的【插入零部件】按钮，弹出【插入零部件】属性设置。单击【浏览】按钮，选择【零件13】，单击【打开】按钮，插入【零件13】，在视图区域合适位置单击，如图16-15所示。

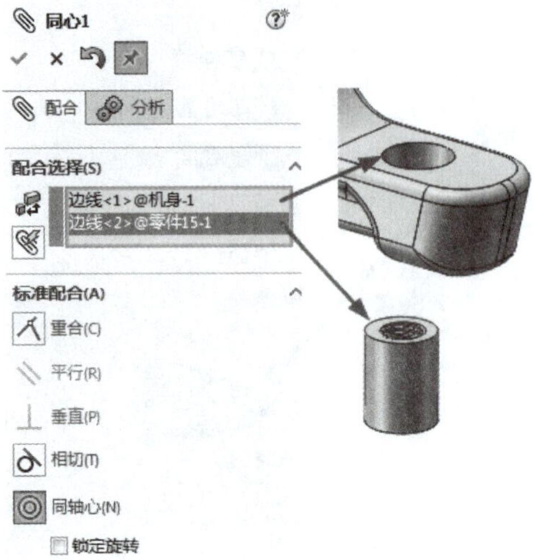

图16-14 同轴心配合

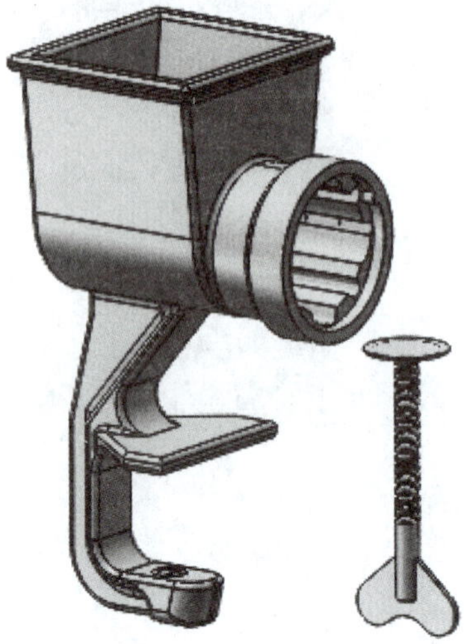

图16-15 插入零件13

⑨ 在【配合】的属性设置下，激活【机械配合】选项下的【螺旋】按钮，选择【圈数/mm】，并在【距离/圈数】文本框中输入“1”。在【要配合的实体】文本框中，选择如图16-16所示的面，其他保持默认，单击【确定】按钮，完成螺旋的配合。

⑩ 单击【装配体】工具栏中的【插入零部件】按钮，弹出【插入零部件】的属性设置。单击【浏览】按钮，选择【零件14】，单击【打开】按钮，插入【零件14】，在视图区域合适位置单击，如图16-17所示。

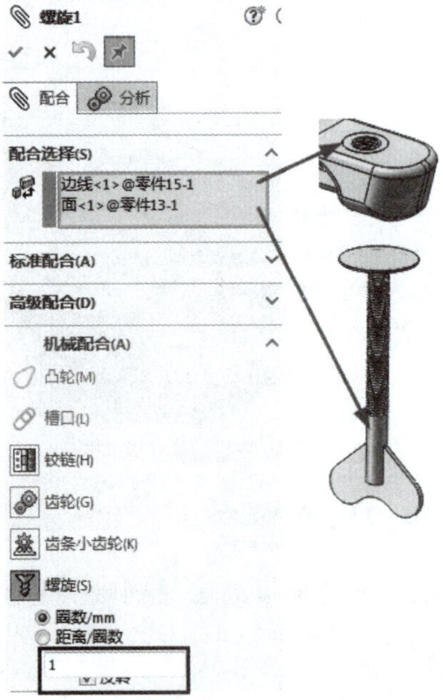

图16-16 螺旋配合

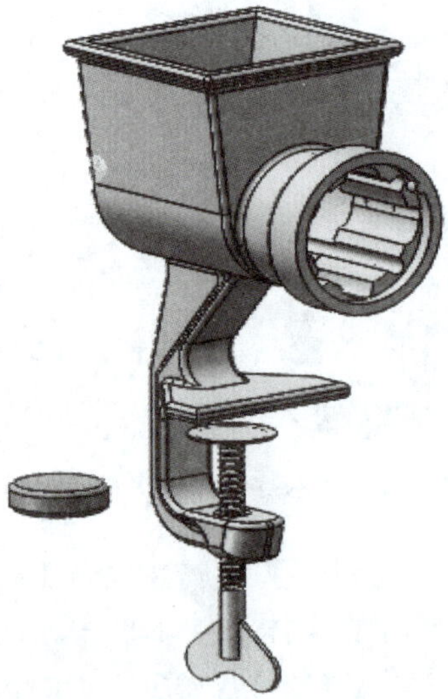

图16-17 插入零件14

⑪ 单击【装配体】工具栏中的【配合】按钮，弹出【配合】属性设置。激活【标准配合】选项下的【重合】按钮。在【要配合的实体】文本框中，选择如图16-18所示的面，其他保持默认，单击【确定】按钮，完成重合的配合。

⑫ 激活【标准配合】选项下的【同轴心】按钮。在【要配合的实体】文本框中，选择如图16-19所示的两个圆形边线，其他保持默认，单击【确定】按钮，完成同轴心的配合。

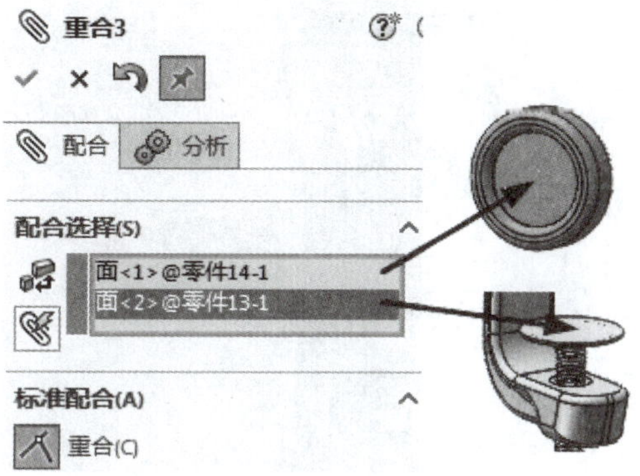

图16-18　重合配合

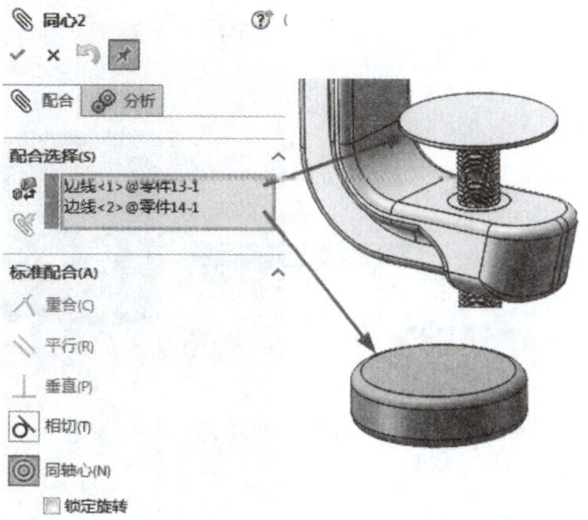

图16-19　同轴心配合

16.7.2　装配辅助部分

① 单击【装配体】工具栏中的【插入零部件】按钮，弹出【插入零部件】属性设置。单击【浏览】按钮，选择子装配体【摇杆】，单击【打开】按钮，插入【摇杆】，在视图区域合适位置单击，如图16-20所示。

② 单击【装配体】工具栏中的【配合】按钮，弹出【配合】属性设置。激活【标准配合】选项下的【重合】按钮。在【要配合的实体】文本框中，选择如图16-21所示的面，其他保持默认，单击【确定】按钮，完成重合的配合。

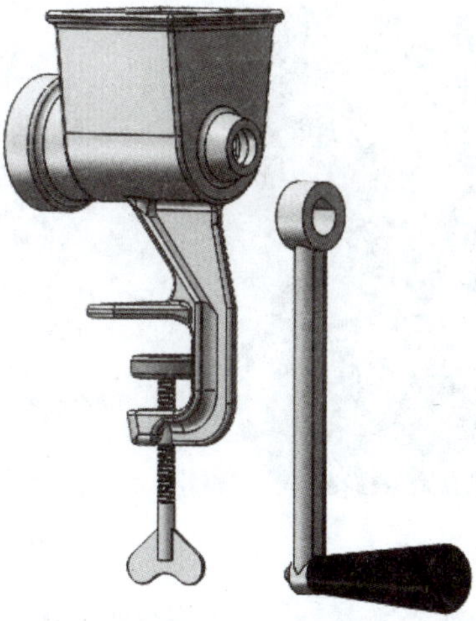

图16-20　插入摇杆

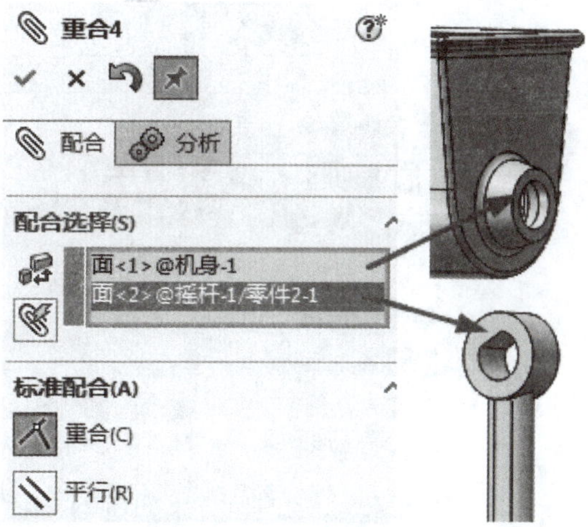

图16-21　重合配合

③ 激活【标准配合】选项下的【同轴心】按钮。在【要配合的实体】文本框中，选择如图16-22所示的两个圆形边线，其他保持默认，单击【确定】按钮，完成同轴心的配合。

④ 单击【装配体】工具栏中的【插入零部件】按钮，弹出【插入零部件】属性设置。单击【浏览】按钮，选择【零件16】，单击【打开】按钮，插入【零件16】，在视图区域合适位置单击，如图16-23所示。

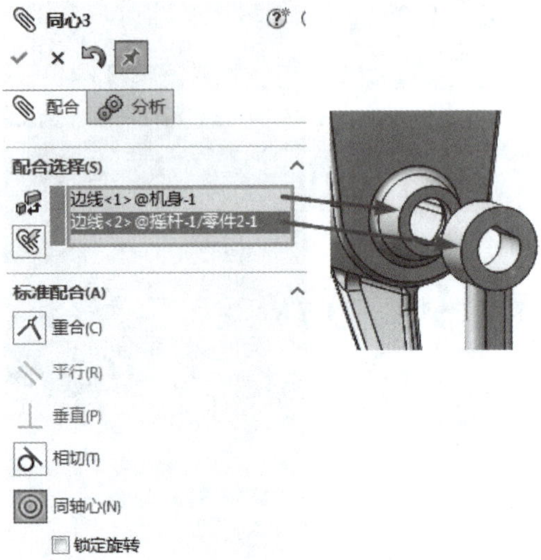

图16-22　同轴心配合

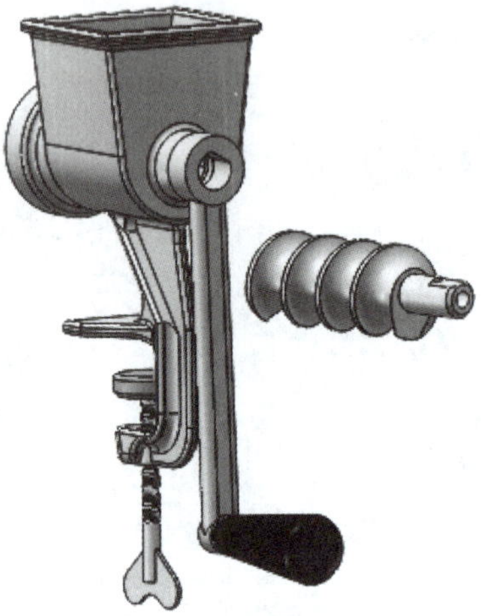

图16-23　插入零件16

⑤ 单击【装配体】工具栏中的【配合】按钮，弹出【配合】属性设置。激活【标准配合】选项下的【重合】按钮。在【要配合的实体】文本框中，选择如图16-24所示的面，其他保持默认，单击【确定】按钮，完成重合的配合。

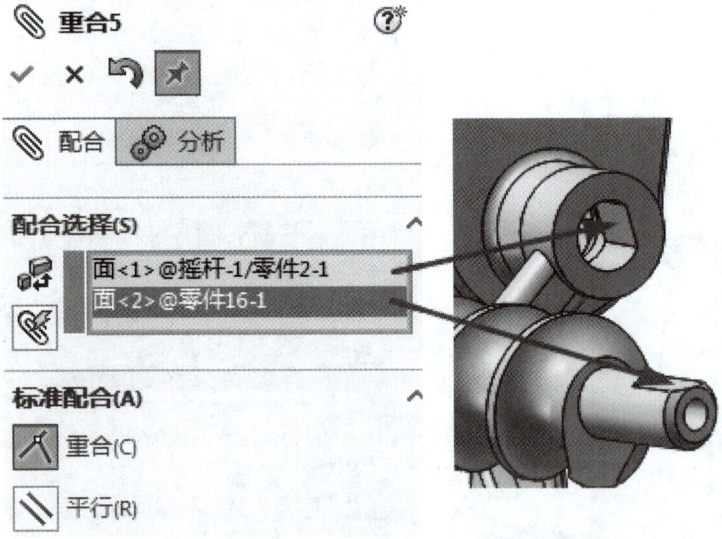

图16-24　重合配合

⑥ 单击【装配体】工具栏中的【配合】按钮，弹出【配合】属性设置。激活

【标准配合】选项下的【重合】按钮。在【要配合的实体】文本框中，选择如图16-25所示的面，其他保持默认，单击【确定】按钮，完成重合的配合。

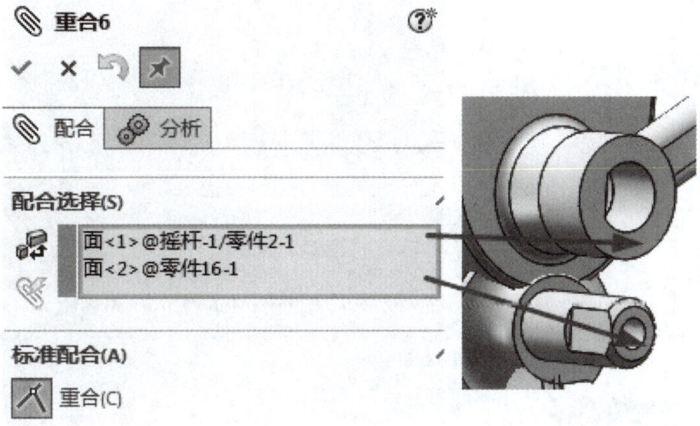

图16-25　重合配合

⑦ 激活【标准配合】选项下的【同轴心】按钮。在【要配合的实体】文本框中，选择如图16-26所示的两个面，其他保持默认，单击【确定】按钮，完成同轴心的配合。

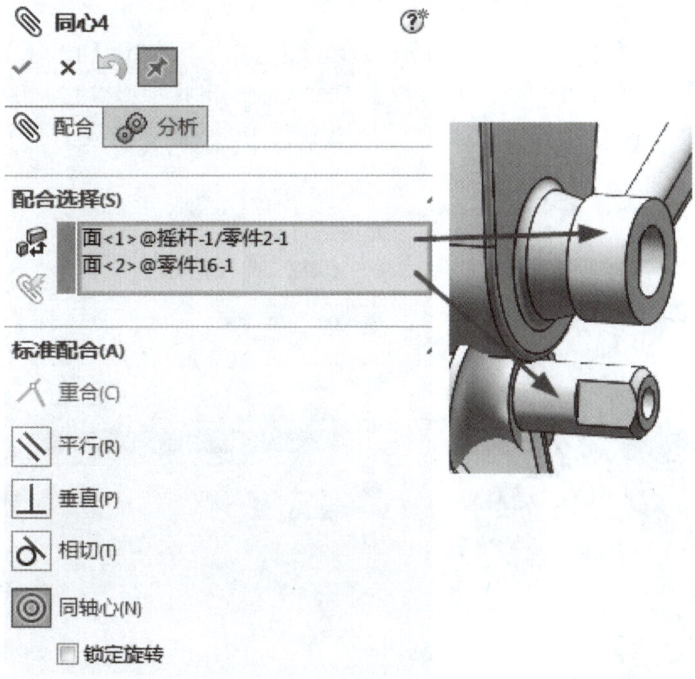

图16-26　同轴心配合

⑧ 单击【装配体】工具栏中的【插入零部件】按钮，弹出【插入零部件】属性设置。单击【浏览】按钮，选择【零件1】，单击【打开】按钮，插入【零件1】，在视图区域合适位置单击，如图16-27所示。

⑨ 单击【装配体】工具栏中的【配合】按钮，弹出【配合】属性设置。激活

【标准配合】选项下的 【重合】按钮。在 【要配合的实体】文本框中，选择如图16-28所示的两个圆形边线，其他保持默认，单击 【确定】按钮，完成重合的配合。

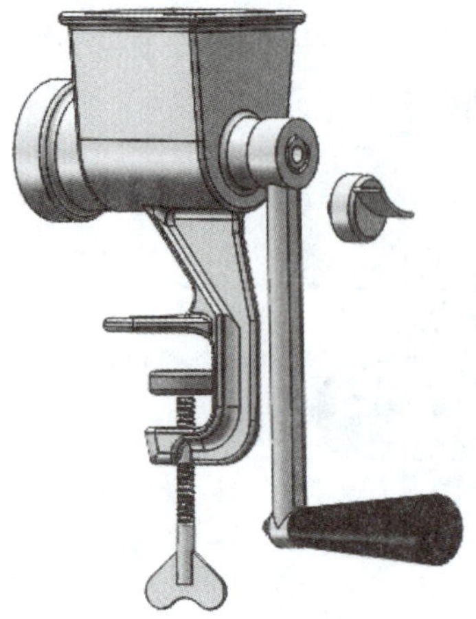

图16-27　插入零件1

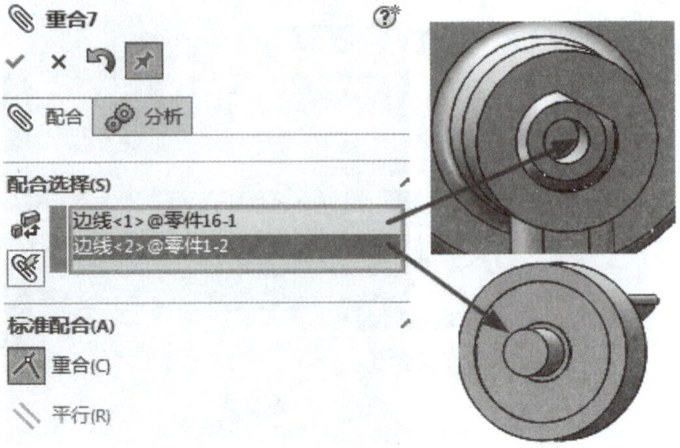

图16-28　重合配合

⑩ 单击【装配体】工具栏中的 【插入零部件】按钮，弹出【插入零部件】属性设置。单击【浏览】按钮，选择【零件7】，单击【打开】按钮，插入【零件7】，在视图区域合适位置单击，如图16-29所示。

⑪ 单击【装配体】工具栏中的 【配合】按钮，弹出【配合】属性设置。激活【标准配合】选项下的 【同轴心】按钮。在 【要配合的实体】文本框中，选择如图16-30所示的两个面，其他保持默认，单击 【确定】按钮，完成同轴心的配合。

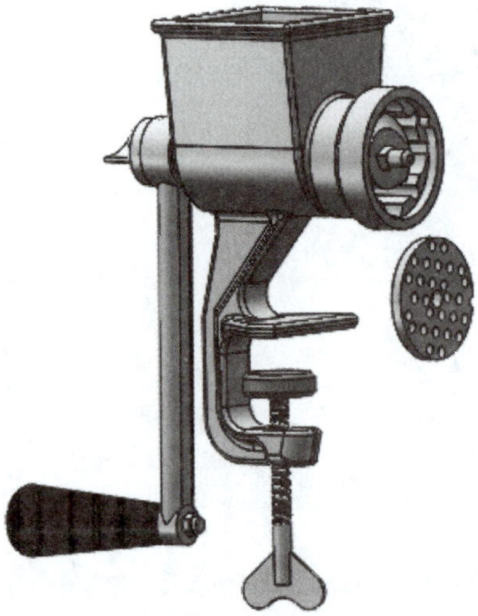

图16-29　插入零件7

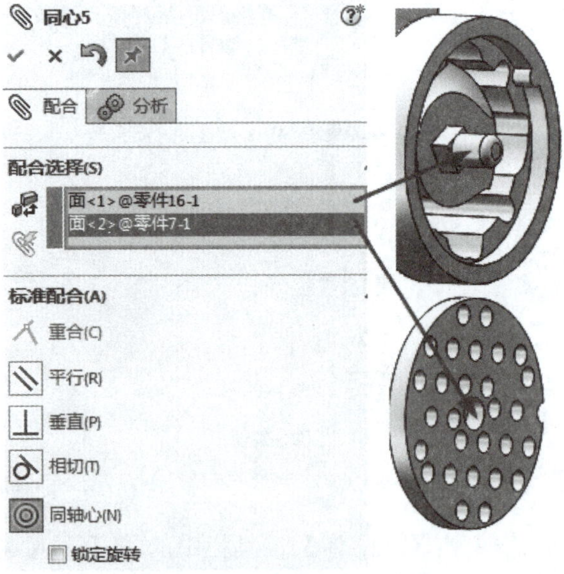

图16-30　同轴心配合

⑫ 激活【标准配合】选项下的 【同轴心】按钮。在 【要配合的实体】文本框

中，选择如图16-31所示的两个面，其他保持默认，单击✔【确定】按钮，完成同轴心的配合。

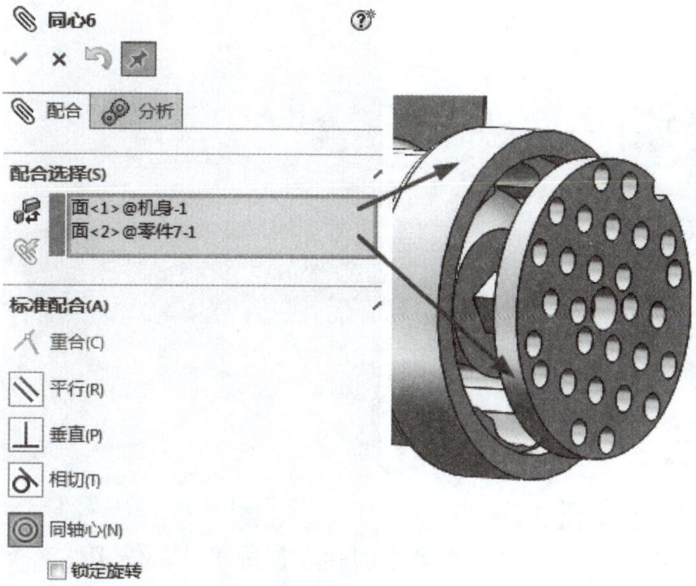

图16-31　同轴心配合

⑬ 激活【标准配合】选项下的【重合】按钮。在【要配合的实体】文本框中，选择如图16-32所示的两个圆弧线，其他保持默认，单击✔【确定】按钮，完成重合的配合。

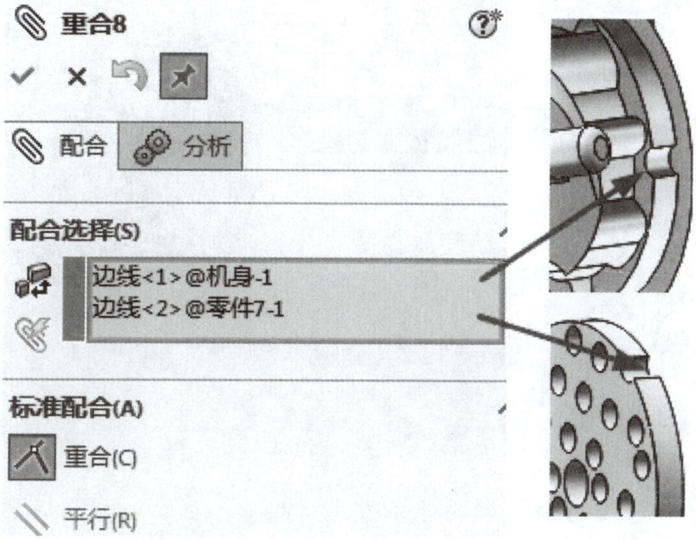

图16-32　重合配合

⑭ 单击【装配体】工具栏中的【插入零部件】按钮，弹出【插入零部件】属性设置。单击【浏览】按钮，选择【零件17】，单击【打开】按钮，插入【零件17】，在视图区域合适位置单击，重复上述步骤，再次插入【零件17】，如图16-33所示。

⑮ 单击【装配体】工具栏中的【配合】按钮，弹出【配合】属性设置。激活【标准配合】选项下的【重合】按钮。在【要配合的实体】文本框中，选择如图16-34所示的两个圆形边线，其他保持默认，单击【确定】按钮，完成重合的配合。

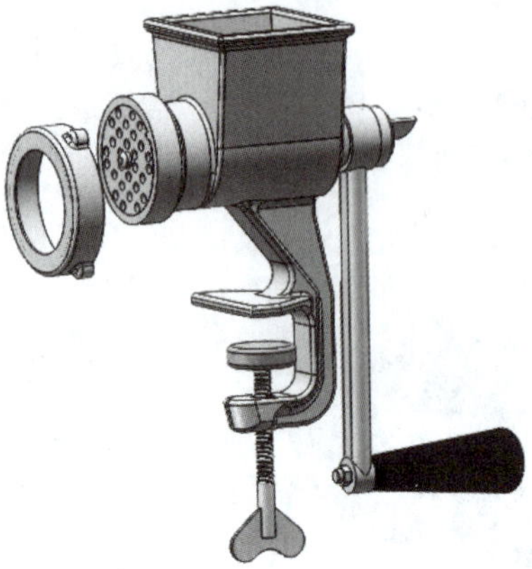
图16-33　插入零件17

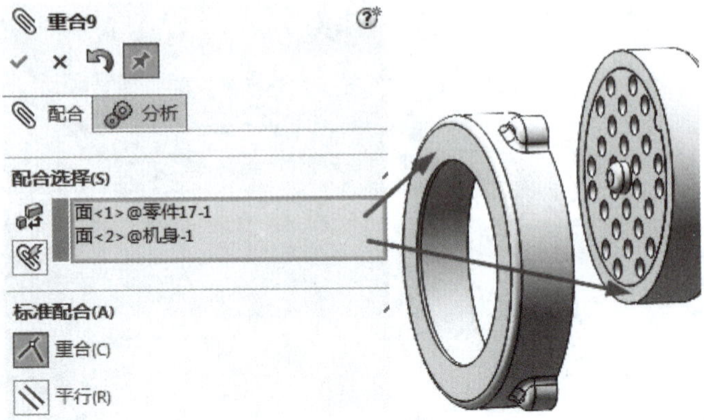

图16-34　重合配合

⑯ 激活【标准配合】选项下的【同轴心】按钮。在【要配合的实体】文本框中，选择如图16-35所示的两个面，其他保持默认，单击【确定】按钮，完成同轴心的配合。

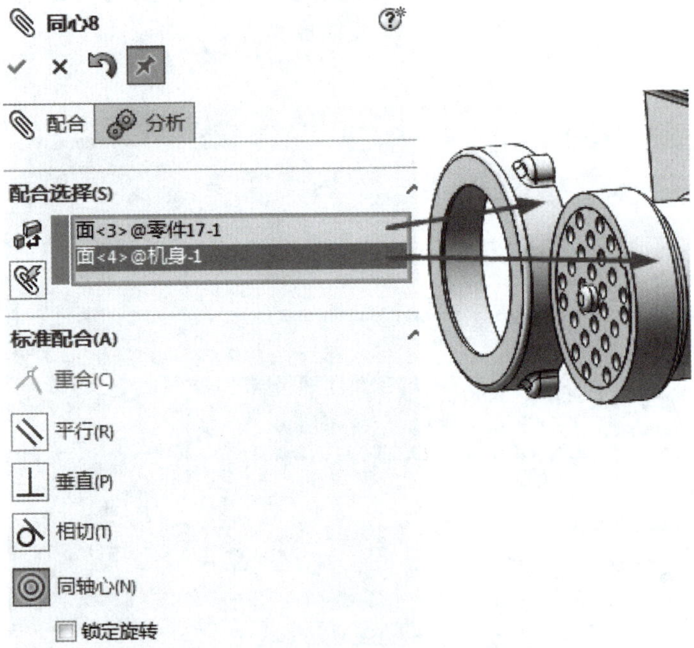

图16-35　同轴心配合

⑰ 现在查看装配体的约束情况，在装配体的特征树中单击【配合】前的图标▶，可以查看如图16-36所示的配合类型。

⑱ 装配体配合完成如图16-37所示。

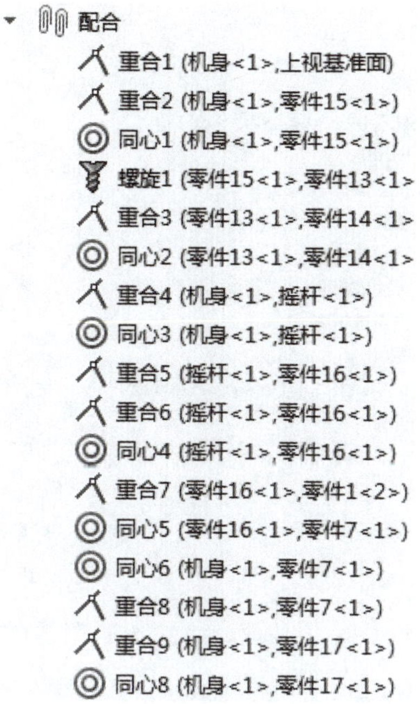

图16-36　查看装配体配合类型

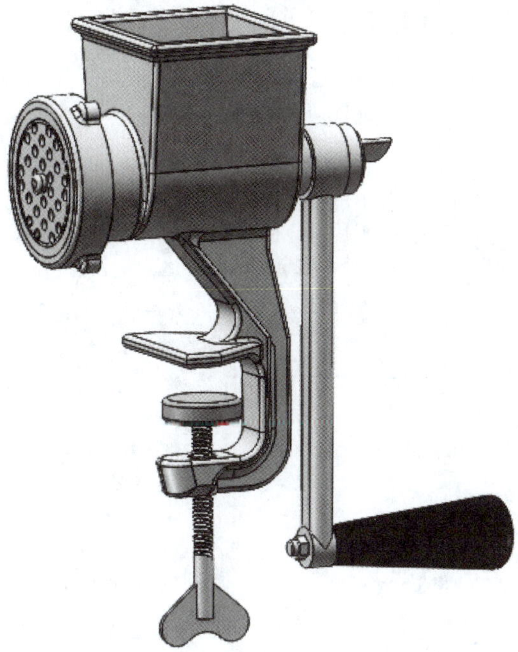

图16-37　完成装配体配合

16.8　虎钳装配体实例

本实例通过装配体的建立方法来完成虎钳模型的装配，装配模型如图16-38所示。

扫码看视频

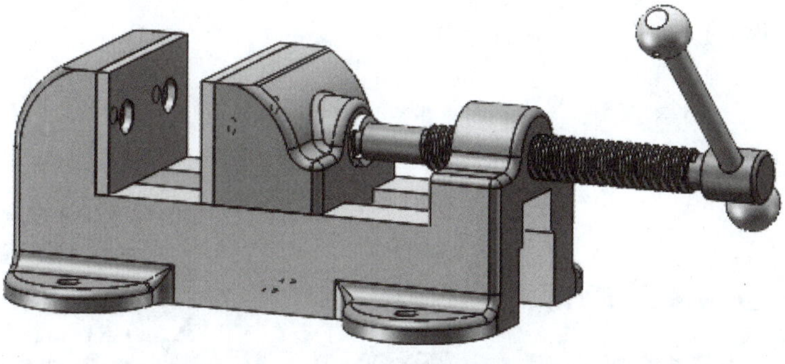

图16-38　装配体模型

具体步骤如下。

16.8.1　装配主体部分

① 启动中文版SolidWorks，单击【标准】工具栏中的【新建】按钮，弹出【新建SolidWorks文件】对话框，单击【装配体】按钮，单击【确定】按钮。

② 弹出【开始装配体】对话框，单击【浏览】按钮，选择【part1】零件，单击【打开】按钮，单击【确定】按钮。

③ 右击单击【part1】，在快捷菜单中选择【浮动】命令，此时零件由固定状态变为

浮动，【part1】前出现“(-)”图标，如图16-39所示。

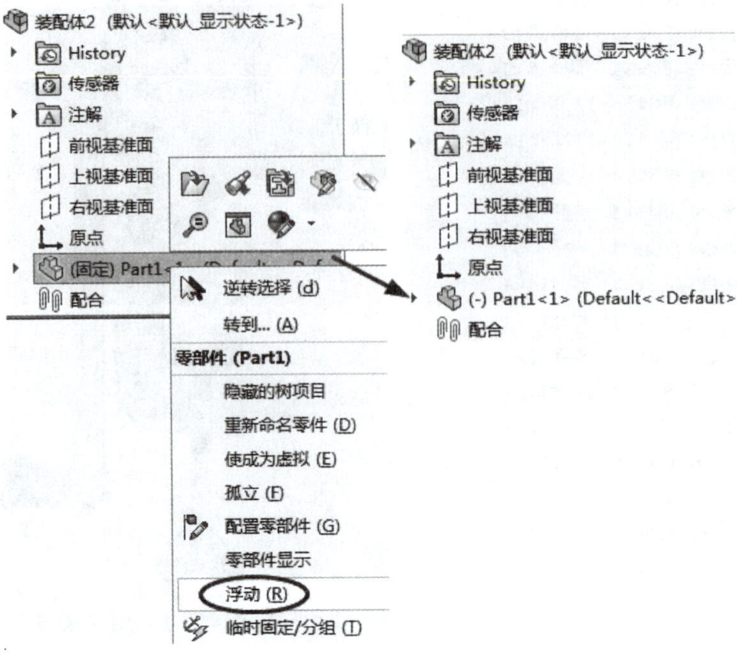

图16-39　浮动基体零件

④ 单击【装配体】工具栏中的【配合】按钮，弹出【配合】属性设置。激活【标准配合】选项下的【重合】按钮。单击图标，展开特征树，如图16-40所示，在【要配合的实体】文本框中，选择如图16-41所示的上视基准面和零件底面，其他保持默认，单击【确定】按钮，完成重合的配合。

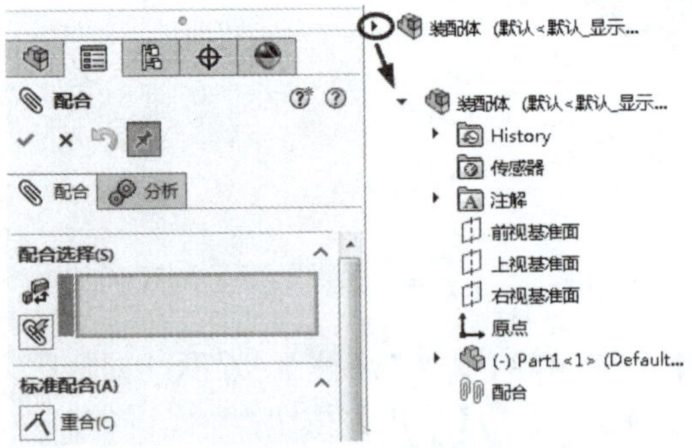

图16-40　展开特征树

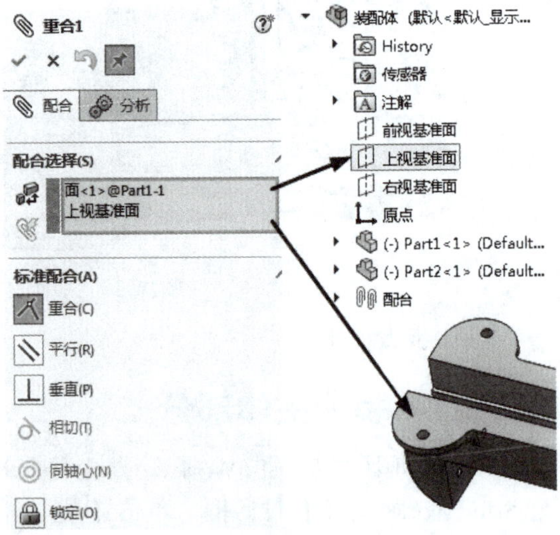

图16-41　重合配合

⑤ 单击【装配体】工具栏中的【插入零部件】按钮，弹出【插入零部件】属

性设置。单击【浏览】按钮，选择子零件【part2】，单击【打开】按钮，插入零件【part2】，在视图区域合适位置单击，如图16-42所示。

⑥ 单击【装配体】工具栏中的【配合】按钮，弹出【配合】属性设置。激活【标准配合】选项下的【重合】按钮。在【要配合的实体】文本框中，选择如图16-43所示的面，其他保持默认，单击【确定】按钮，完成重合的配合。

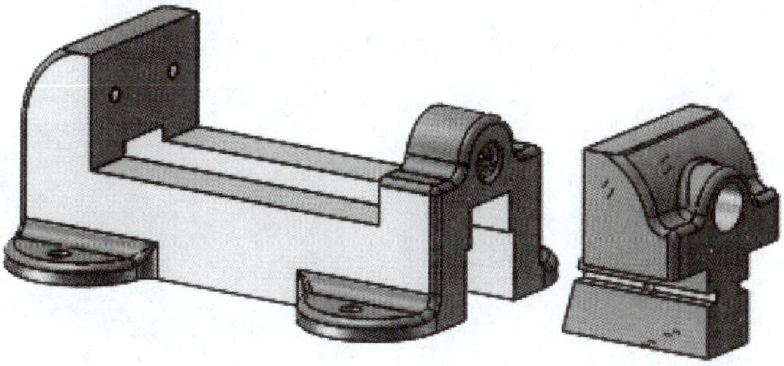

图16-42　插入part2

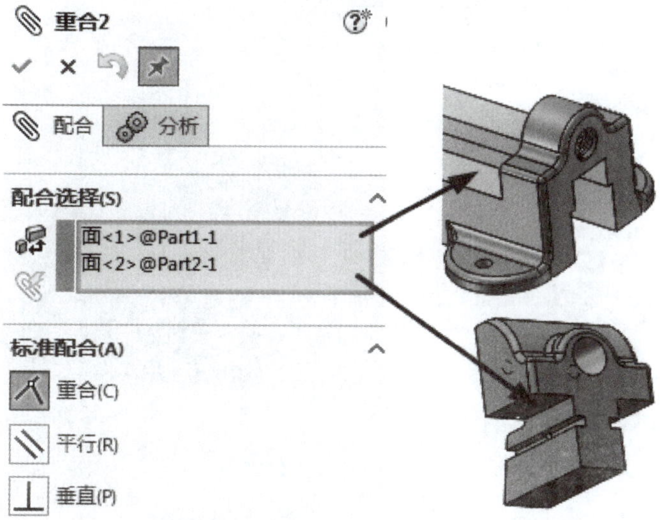

图16-43　重合配合

⑦ 在【配合】的属性设置下，激活【高级配合】选项中的【宽度】按钮，【约束】选择【中心】。在【宽度选择】文本框中，选择如图16-44所示的零件【part1】的两侧面，在【薄片选择】文本框中选择如图16-44所示的零件【part2】的两侧面，其他保持默认，单击【确定】按钮，完成宽度的配合。

⑧ 在【配合】的属性设置下，激活【标准配合】选项中的【平行】按钮，在【要配合的实体】文本框中，选择如图16-45所示的两个面，单击【确定】按钮，完成平行的配合。

⑨ 单击【装配体】工具栏中的【插入零部件】按钮，弹出【插入零部件】属性设置。单击【浏览】按钮，选择零件【part9】，单击【打开】按钮，插入【part9】，在视图区域合适位置单击，如图16-46所示。

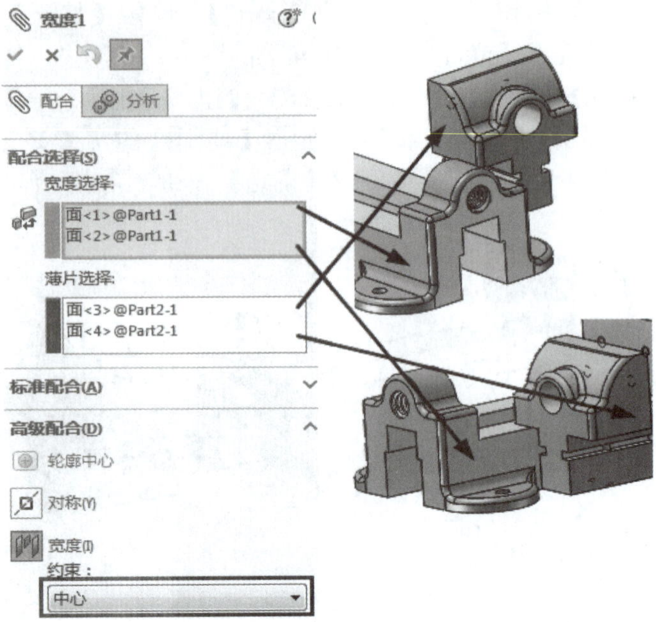

图16-44 宽度配合

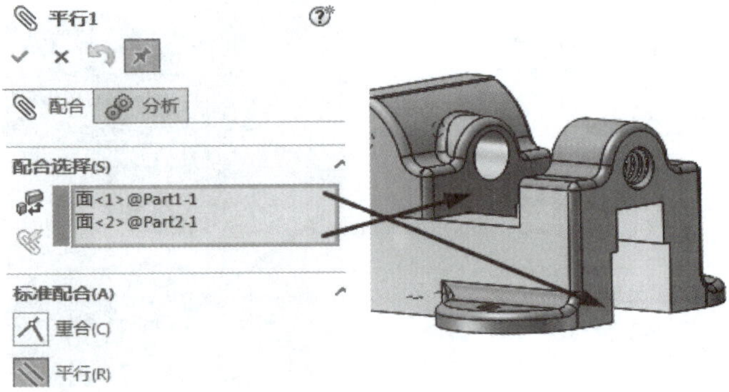

图16-45 平行配合

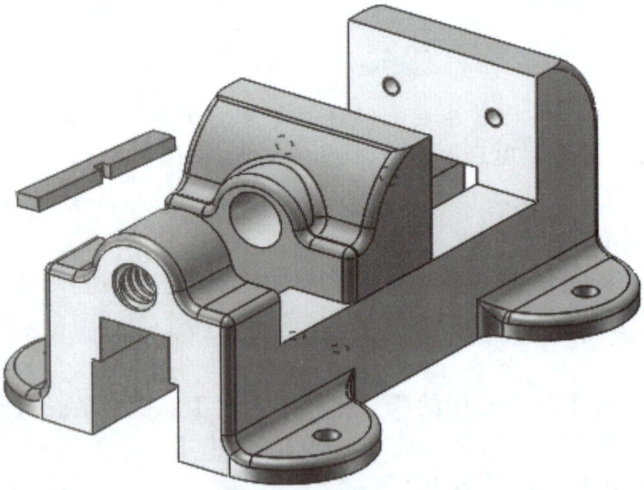

图16-46 插入part9

⑩ 在【配合】的属性设置下，激活【高级配合】选项中的【宽度】按钮，【约束】选择【中心】。在【宽度选择】文本框中，选择如图16-47所示的零件【part9】中间凹槽的两侧面，在【薄片选择】文本框中选择如图16-47所示的零件【part2】的圆弧面，其他保持默认，单击【确定】按钮，完成宽度的配合。

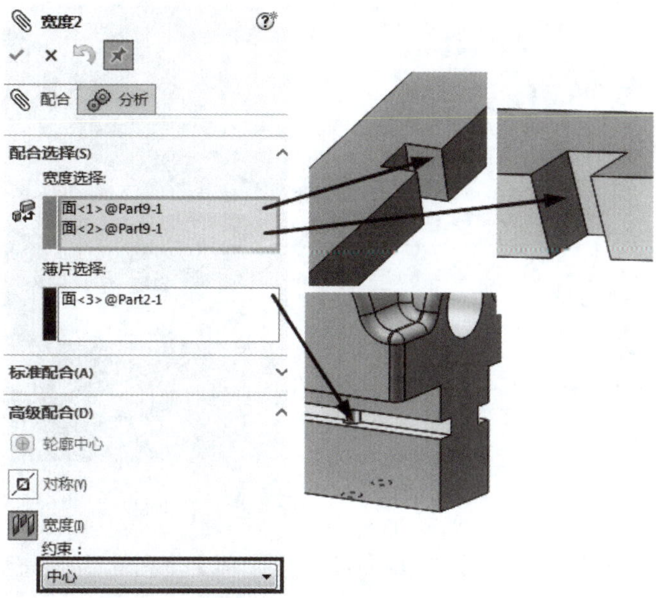

图16-47　宽度配合

⑪ 继续进行约束，激活【标准配合】选项下的【重合】按钮。在【要配合的实体】文本框中，选择如图16-48所示的面，其他保持默认，单击【确定】按钮，完成重合的配合。

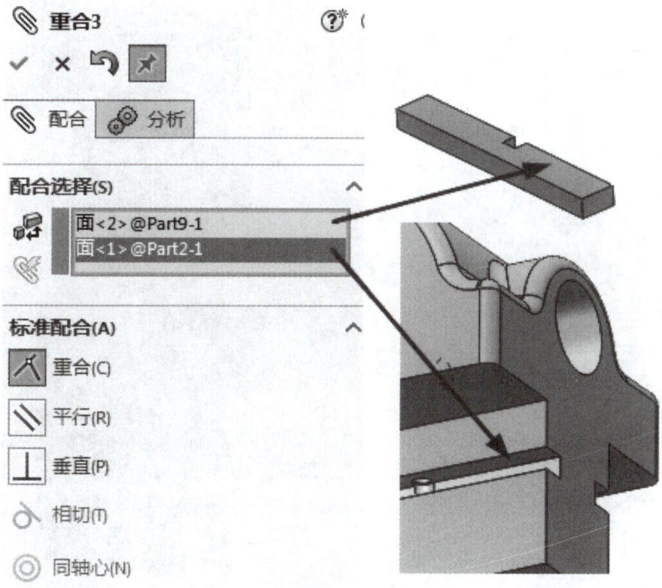

图16-48　重合配合

⑫ 再次点击【标准配合】选项下的【重合】按钮。在【要配合的实体】文本框中，选择如图16-49所示的面，其他保持默认，单击【确定】按钮，完成重合的配合。

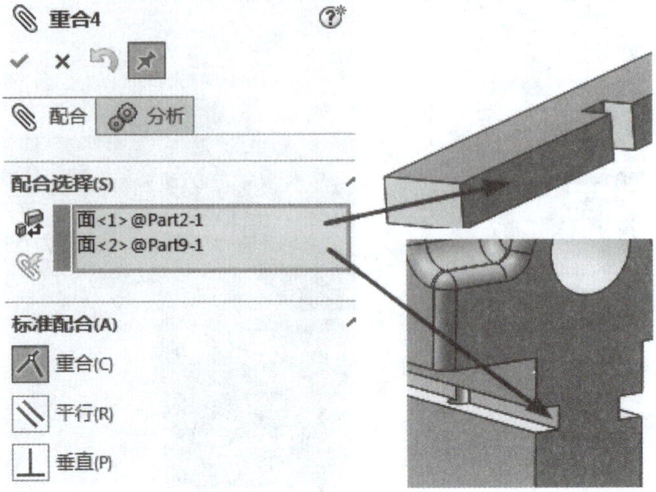

图16-49 重合配合

⑬ 单击【装配体】工具栏中的【参考几何体】下拉按钮，选择【基准面】命令，弹出【基准面】属性设置。在【参考实体】文本框中，选择如图16-50所示的零件【part2】的两侧面，其他保持默认，单击【确定】按钮，生成基准面，如图16-51所示。

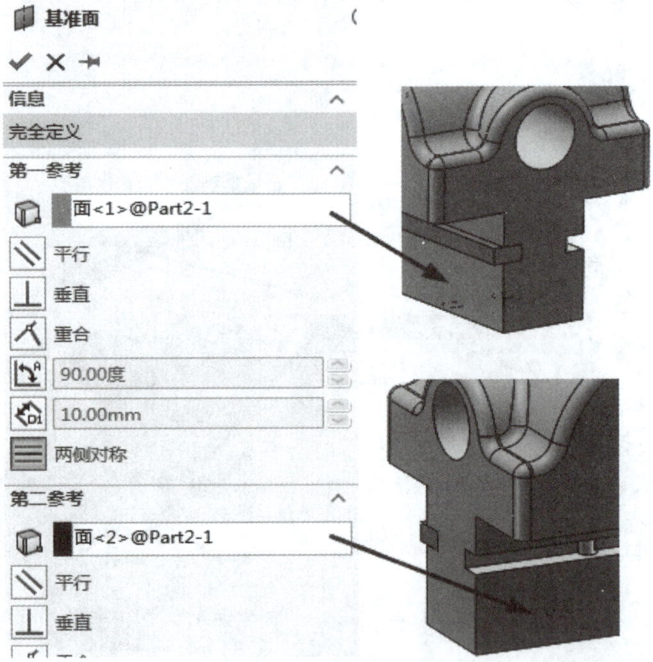

图16-50 建立基准面

⑭ 单击【装配体】工具栏中的【线性零部件阵列】下拉按钮，选择【镜像零部件】命令，弹出【镜像零部件】属性设置。单击图标，展开特征树，在【镜像基准面】文本框中，选择特征树下的【基准面1】，在【要镜像的零件】文本框中选择零件【part9】，如图16-52所示，单击【确定】按钮，完成镜像。

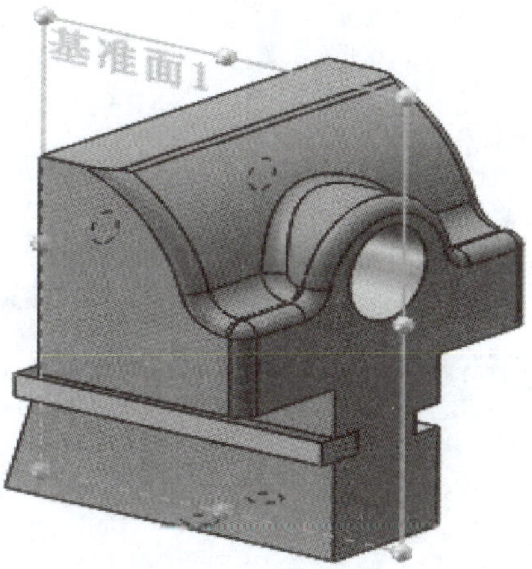

图16-51　基准面1

⑮ 单击【装配体】工具栏中的【插入零部件】按钮，弹出【插入零部件】属性设置。单击【浏览】按钮，选择零件【part4】，单击【打开】按钮，插入【part4】，在视图区域合适位置单击，如图16-53所示。

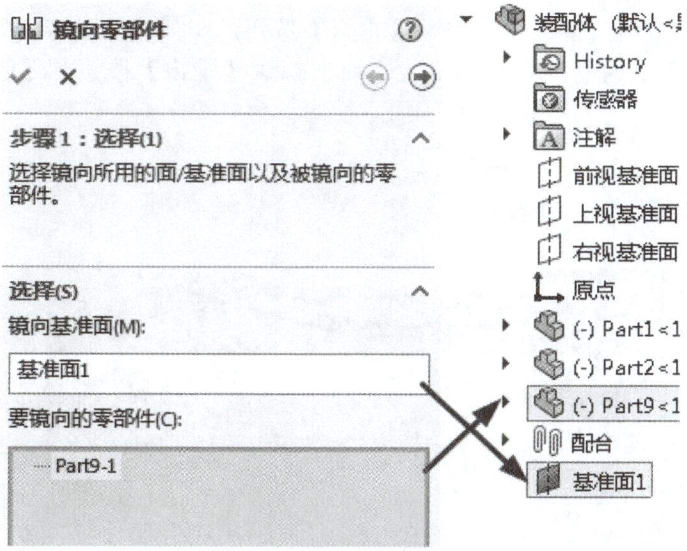

图16-52　完成镜像

图16-53　插入part4

⑯ 单击【装配体】工具栏中的【配合】按钮，弹出【配合】属性设置。激活【标准配合】选项下的【重合】按钮。在【要配合的实体】文本框中，选择如图16-54所示的面，其他保持默认，单击【确定】按钮，完成重合的配合。

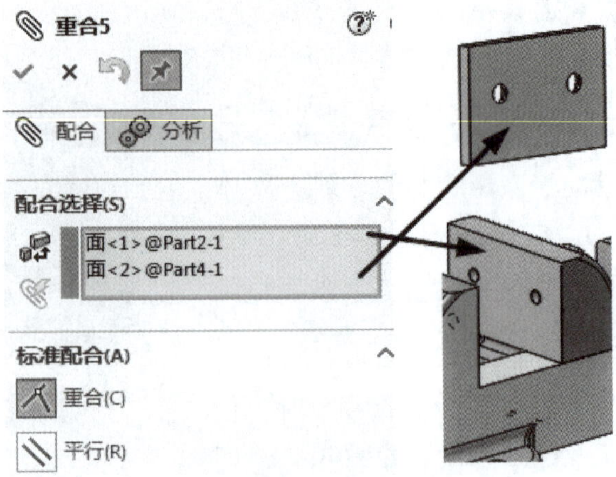

图16-54　重合配合

⑰ 激活【标准配合】选项下的【重合】按钮。在【要配合的实体】文本框中，选择如图16-55所示的面，其他保持默认，单击【确定】按钮，完成重合的配合。

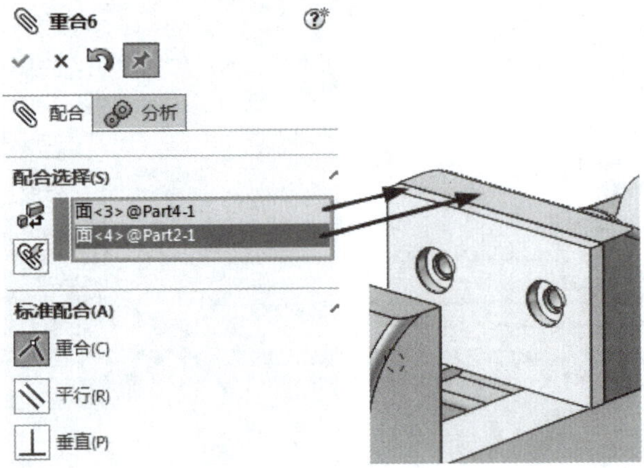

图16-55　重合配合

⑱ 激活【标准配合】选项下的【重合】按钮。在【要配合的实体】文本框中，选择如图16-56所示的面，其他保持默认，单击【确定】按钮，完成重合的配合。

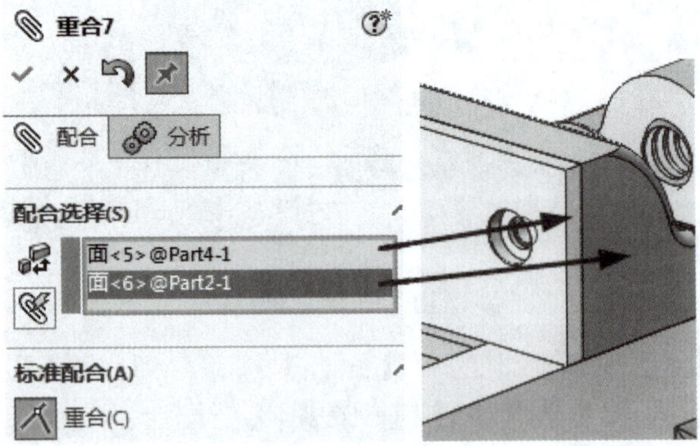

图16-56　重合配合

⑲ 再次插入零件【part4】，将新插入的零件【part4】与零件【part1】按照上述步骤进行配合，配合完成如图16-57所示。

技术要点：在装配体中可以按住Ctrl键，并且在FeatureManager设计树中拖动一个装配体中的零部件到绘图窗口内，如此可以在装配体上生成该零部件的另外一个实例。

⑳ 单击【装配体】工具栏中的【插入零部件】按钮，弹出【插入零部件】属性设置。单击【浏览】按钮，选择零件【part5】，单击【打开】按钮，插入【part5】，在视图区域合适位置单击，如图16-58所示。

图16-57　完成配合

图16-58　插入part5

㉑ 单击【装配体】工具栏中的【配合】按钮，弹出【配合】属性设置。激活【标准配合】选项下的【平行】按钮。在【要配合的实体】文本框中，选择如图16-59所示的面，其他保持默认，单击【确定】按钮，完成平行的配合。

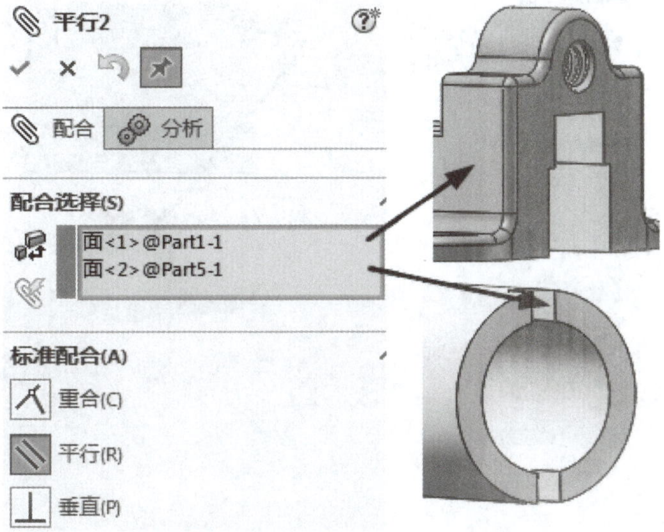

图16-59　平行配合

㉒ 激活【标准配合】选项下的【重合】按钮。在【要配合的实体】文本框中，选择如图16-60所示的面，其他保持默认，单击【确定】按钮，完成重合的配合。

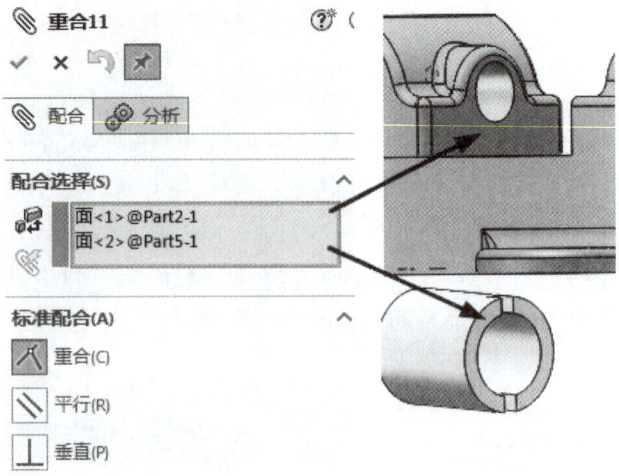

图16-60　重合配合

㉓ 激活【标准配合】选项下的【同轴心】按钮。在【要配合的实体】文本框中，选择如图16-61所示的两个圆形边线，其他保持默认，单击【确定】按钮，完成同轴心的配合。

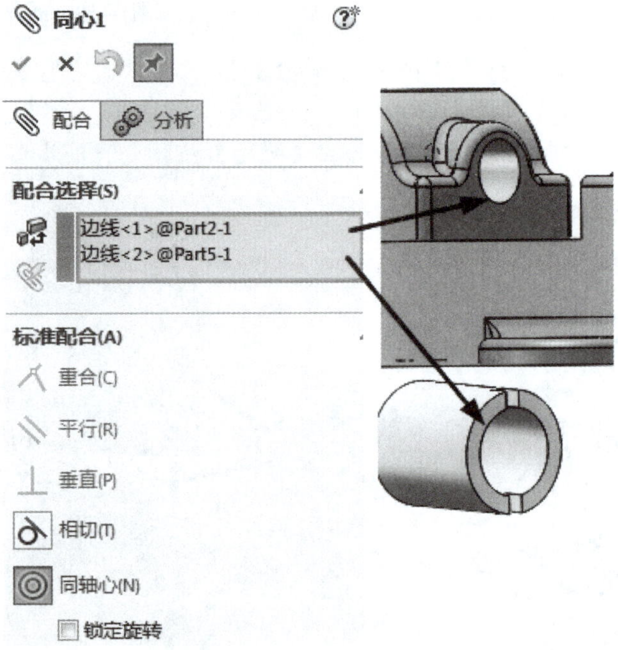

图16-61　同轴心配合

16.8.2　装配辅助部分

① 单击【装配体】工具栏中的【插入零部件】按钮，弹出【插入零部件】属性设置。单击【浏览】按钮，选择零件【part3】，单击【打开】按钮，插入【part3】，在视图区域合适位置单击，如图16-62所示。

图16-62　插入part3

② 单击【装配体】工具栏中的【配合】按钮，弹出【配合】属性设置。激活【标准配合】选项下的【重合】按钮。在【要配合的实体】文本框中，选择如图16-63所示的面，其他保持默认，单击【确定】按钮，完成重合的配合。

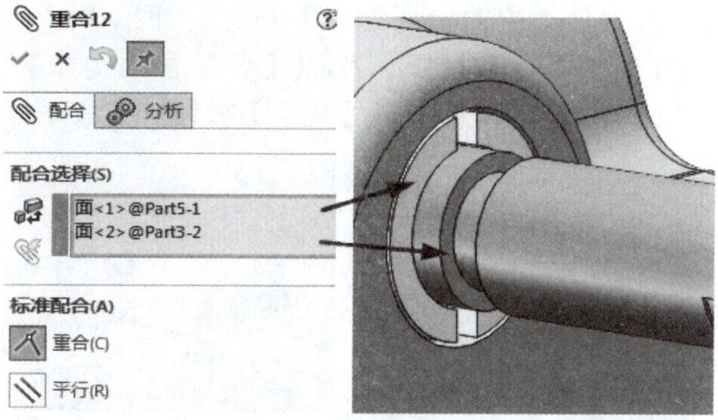

图16-63　重合配合

③ 激活【机械配合】选项下的【螺旋】按钮，选择【距离/圈数】，并在【距离/圈数】文本框中输入“3.5mm”。在【要配合的实体】文本框中，选择如图16-64所示的面，其他保持默认，单击【确定】按钮，完成螺旋的配合。

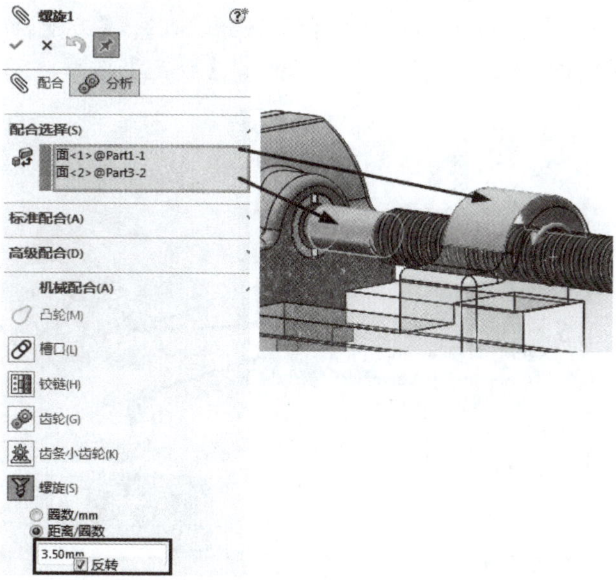

图16-64　螺旋配合

④ 单击【装配体】工具栏中的【插入零部件】按钮，弹出【插入零部件】属性设置。单击【浏览】按钮，选择零件【part7】，单击【打开】按钮，插入【part7】，在视图区域合适位置单击，如图16-65所示。

图16-65 插入part7

⑤ 单击【装配体】工具栏中的【配合】按钮，弹出【配合】属性设置。激活【标准配合】选项下的【平行】按钮。在【要配合的实体】文本框中，选择如图16-66所示的面，其他保持默认，单击【确定】按钮，完成平行的配合。

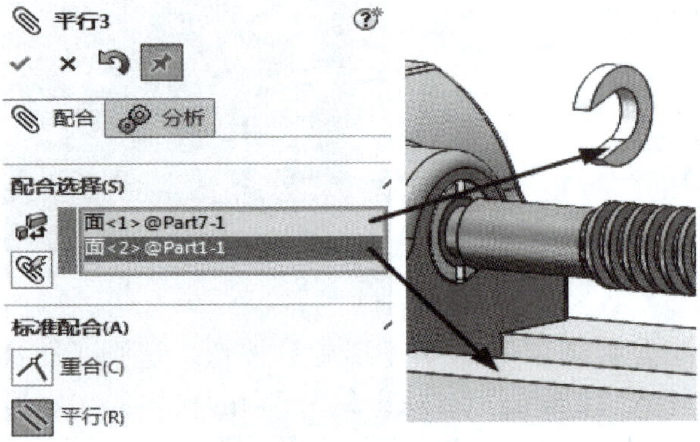

图16-66 平行配合

⑥ 激活【标准配合】选项下的【重合】按钮。在【要配合的实体】文本框中，选择如图16-67所示的面，其他保持默认，单击【确定】按钮，完成重合的配合。

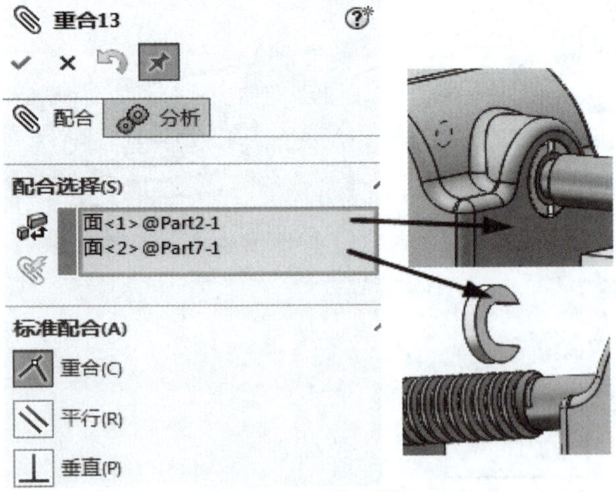

图16-67 重合配合

⑦ 激活【标准配合】选项下的◎【同轴心】按钮。在【要配合的实体】文本框中，选择如图16-68所示的两个圆形边线，其他保持默认，单击✔【确定】按钮，完成同轴心的配合。

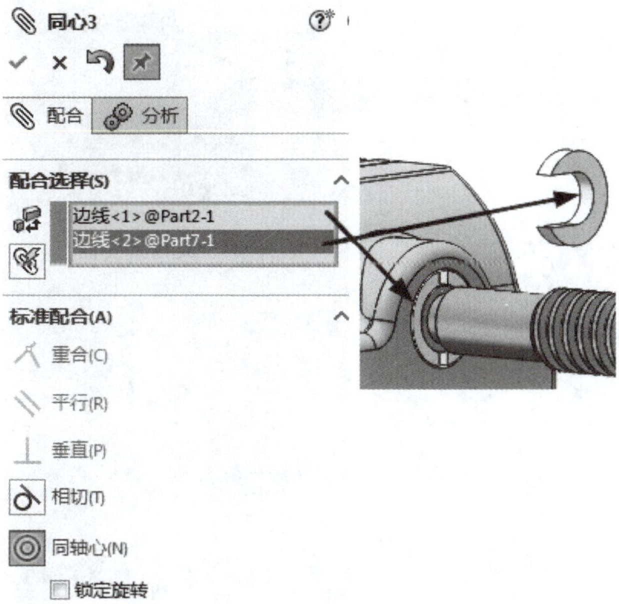

图16-68　同轴心配合

⑧ 单击【装配体】工具栏中的【插入零部件】按钮，弹出【插入零部件】属性设置。单击【浏览】按钮，选择零件【part7】，单击【打开】按钮，插入【part7】，在视图区域合适位置单击，如图16-69所示。

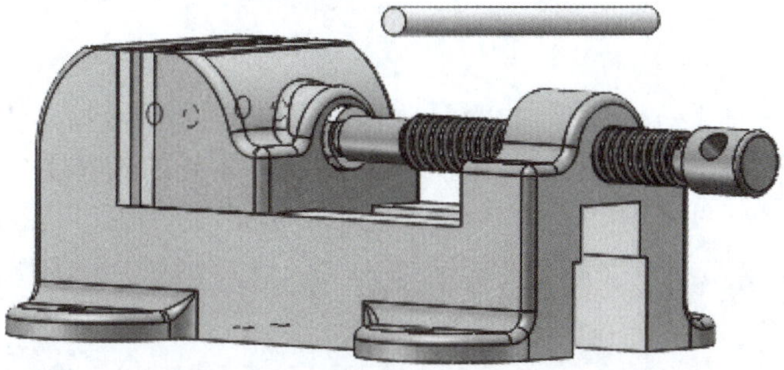

图16-69　插入part7

⑨ 单击【装配体】工具栏中的【配合】按钮，弹出【配合】属性设置。激活【标准配合】选项下的◎【同轴心】按钮。在【要配合的实体】文本框中，选择如图16-70所示的两个面，其他保持默认，单击✔【确定】按钮，完成同轴心的配合。

⑩ 单击【装配体】工具栏中的【插入零部件】按钮，弹出【插入零部件】属性设置。单击【浏览】按钮，选择零件【part8】，单击【打开】按钮，插入【part8】，在视图区域合适位置单击，重复上述步骤，再次插入零件【part8】，如图16-71所示。

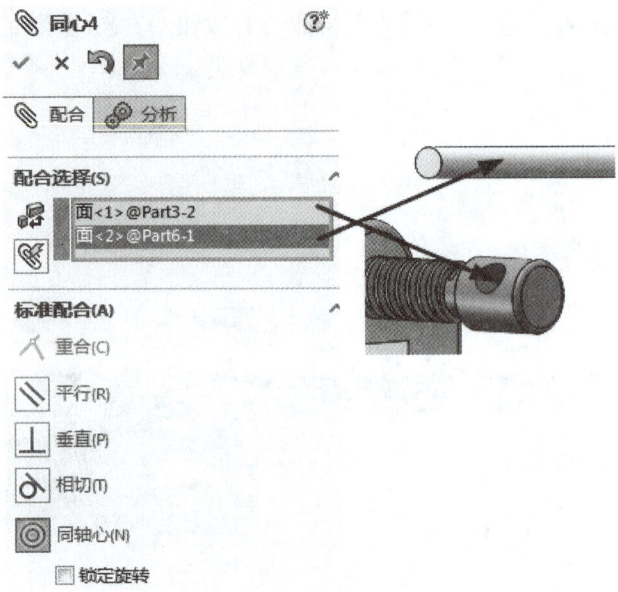

图16-70 同轴心配合

图16-71 插入part8

⑪ 单击【装配体】工具栏中的【配合】按钮，弹出【配合】属性设置。激活【标准配合】选项下的【重合】按钮。在【要配合的实体】文本框中，选择如图16-72所示的两个边线，其他保持默认，单击【确定】按钮，完成重合的配合。

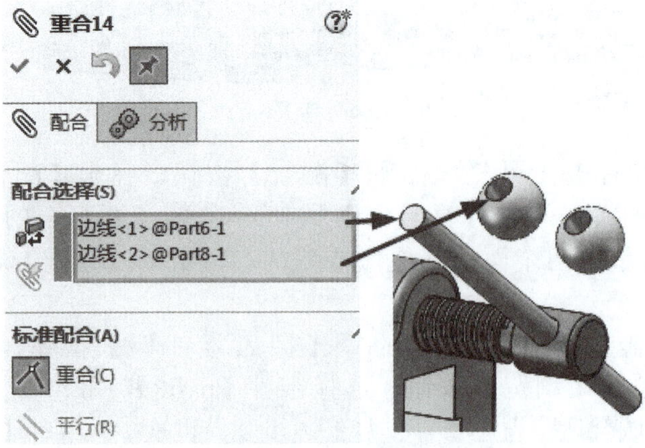

图16-72 重合配合

⑫ 用同样的步骤将零件【part8-2】与零件【part6】的另一端进行重合配合，配合完成如图16-73所示。

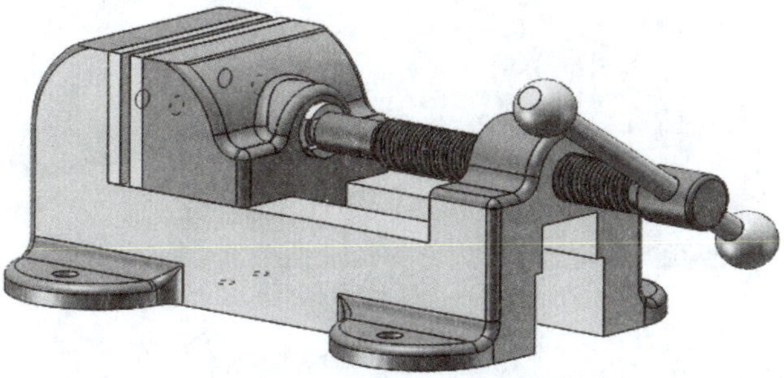

图16-73 完成重合配合

⑬ 激活【标准配合】选项下的【相切】按钮。在【要配合的实体】文本框中，选择如图16-74所示的两个面，单击【确定】按钮，完成相切的配合。

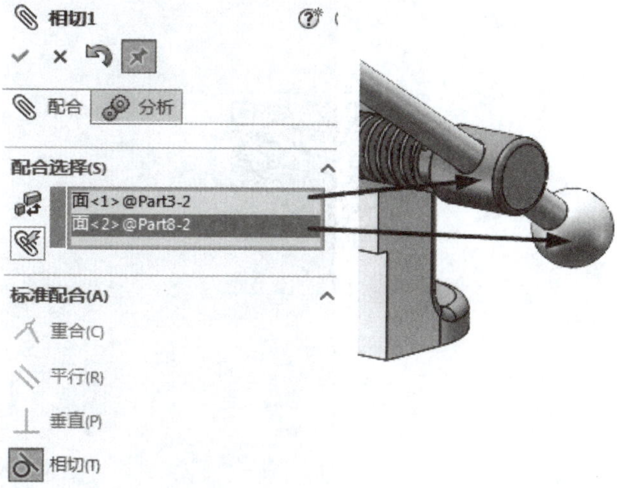

图16-74 相切配合

⑭ 现在查看装配体的约束情况，在装配体的特征树中单击【配合】前的图标▶，可以查看如图16-75所示的配合类型。

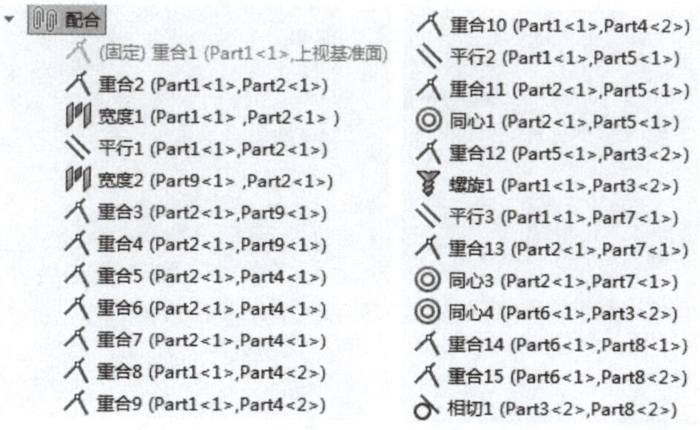

图16-75 查看装配体配合类型

⑮ 装配体配合完成如图16-76所示。

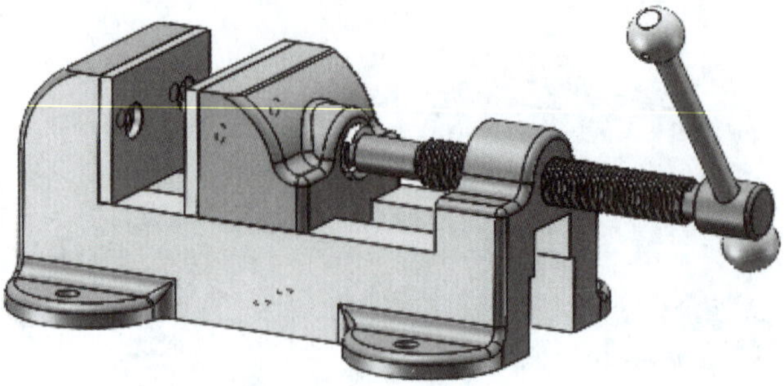

图16-76 完成装配体配合

16.9 内燃机装配实例

扫码看实例

17 第17章 动画制作

SolidWorks动画制作有三种实现方式，装配体运动、物理模拟及3Dvia动画。装配体运动动画是不考虑零部件之间的相互作用的，只跟零部件当前的状态及位置有关。物理模拟动画使用装配体配合、弹簧、引力和马达更逼真模拟物体真实的接触情况，这两种动画方式是通过运动算例功能实现的。3Dvia动画经常用于制作机械零部件安装、拆卸的演示过程，需要使用3Dvia插件才能使用。

17.1 运动算例简介

运动算例是装配体模型运动的图形模拟，并可将诸如光源和相机透视图之类的视觉属性融合到运动算例中。

可从运动算例使用 MotionManager运动管理器，此为基于时间线的界面，包括以下运动算例工具：

① 动画（可在核心 SolidWorks 内使用）：可使用动画来演示装配体的运动，例如，添加马达来驱动装配体一个或多个零件的运动；使用设定键码点在不同时间规定装配体零部件的位置。

② 基本运动（可在核心 SolidWorks 内使用）：可使用基本运动在装配体上模仿马达、弹簧、碰撞以及引力，基本运动在计算运动时考虑到质量。

③ 运动分析（可在 SolidWorks premium 的 SolidWorks Motion 插件中使用）：可使用运动分析模块求解装配体的精确运动（包括力、弹簧、阻尼以及摩擦）。运动分析使用计算能力强大的动力求解器，在计算中考虑到材料属性和质量及惯性。

17.1.1 时间线

时间线是动画的时间界面，它显示在动画【特征管理器设计树】的右侧。当定位时间栏、在图形区域中移动零部件或者更改视像属性时，时间栏会使用键码点和更改栏显示这些更改。

时间线被竖直网格线均分，这些网格线对应于表示时间的数字标记。数字标记从00:00:00开始，其间距取决于窗口的大小。例如，沿时间线可能每隔1s、2s或者5s就会有一个标记，如图17-1所示。

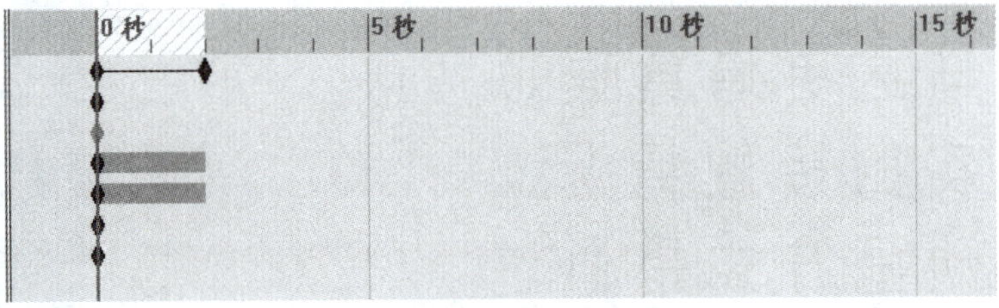

图17-1 时间线

如果需要显示零部件，可以沿时间线单击任意位置，以更新该点的零部件位置。定位时间栏和图形区域中的零部件后，可以通过控制键码点来编辑动画。在时间线区域中用鼠标右键单击，然后在弹出的快捷菜单中进行选择，如图17-2所示。

①【放置键码】：添加新的键码点，并在指针位置添加一组相关联的键码点。

②【动画向导】：可以调出【动画向导】属性管理器。

沿时间线用鼠标右键单击任一键码点，在弹出的快捷菜单中可以选择需要执行的操作，如图17-3所示。

①【剪切】、【删除】：对于00:00:00标记处的键码点不可用。

②【替换键码】：更新所选键码点以反映模型的当前状态。

③【压缩】：将所选键码点及相关键码点从其指定的函数中排除。

④【插值模式】：在播放过程中控制零部件的加速、减速或者视像属性。

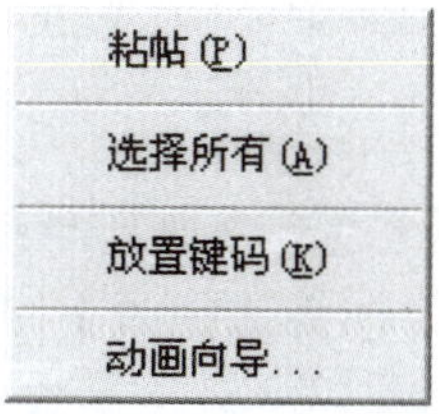

图17-2　选项快捷菜单

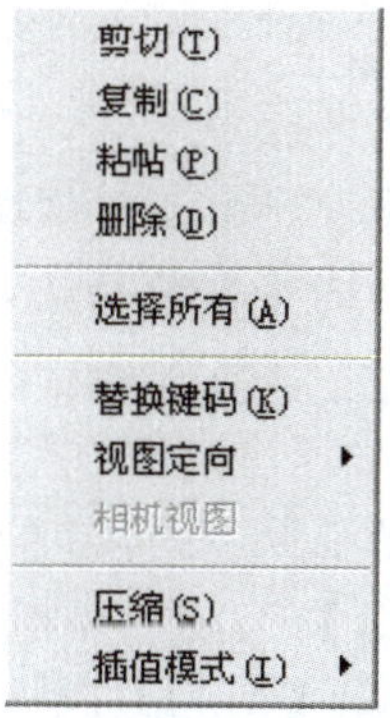

图17-3　操作快捷菜单

17.1.2　键码点和键码属性

每个键码画面在时间线上都包括代表开始运动时间或者结束运动时间的键码点。无论何时定位一个新的键码点，它都会对应于运动或者视像属性的更改。

键码点：对应于所定义的装配体零部件位置、视觉属性或模拟单元状态的实体。

关键帧：键码点之间可以为任何时间长度的区域，此定义为零部件运动或视觉属性发生更改时的关键点。

当将鼠标指针移动至任一键码点上时，零件序号将会显示此键码点的键码属性。如果零部件在动画【特征管理器设计树】中没有展开，则所有的键码属性都会包含在零件序号中，如表17-1所示。

表17-1　键码属性

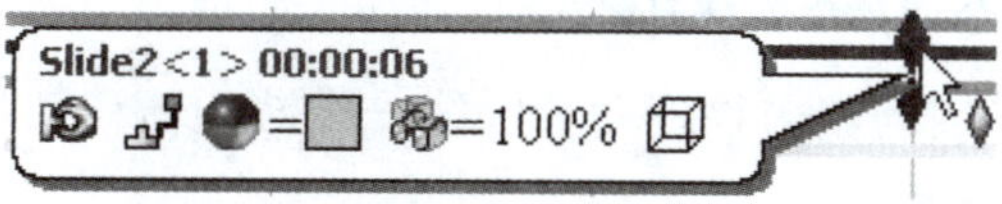

键码属性	描　述
Slide2<1>00:00:06	【特征管理器设计树】中的零部件名称
	移动零部件
	爆炸步骤（运动）
	应用到零部件的颜色
	透明度：表示0%透明度
	零部件显示：上色

17.2 物理模拟动画

物理模拟允许模拟马达、弹簧及引力等在装配体上的效果。物理模拟将模拟成分与SolidWorks工具（如配合和物理动力等）相结合以围绕装配体移动零部件。物理模拟包括引力、线性马达和旋转马达、线性弹簧等。

17.2.1 引力

引力是模拟沿某一方向的万有引力，在零部件自由度之内逼真地移动零部件。

单击【模拟】工具栏中的【引力】按钮（或者选择【插入】|【模拟】|【引力】菜单命令），弹出【引力】属性管理器，如图17-4所示。

①【引力参数】：选择线性边线、平面、基准面或者基准轴作为引力的方向参考。

②（反向）：改变引力的方向。

③“数字”选框：选择此选框，可以设置“数字引力值”，如图17-5所示。

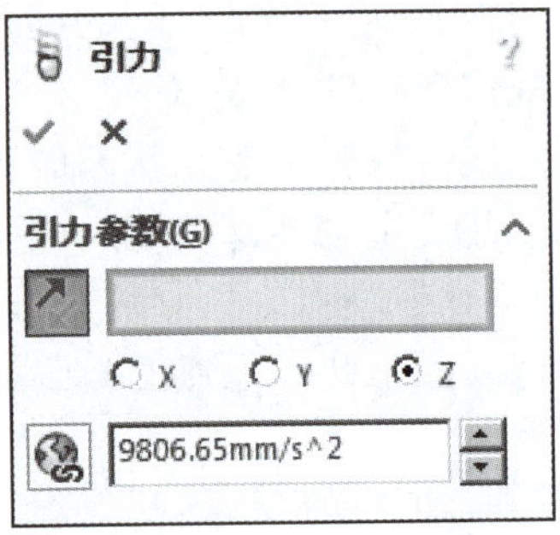

图17-4 【引力】属性管理器

图17-5 选择“数字”选框

17.2.2 线性马达和旋转马达

线性马达和旋转马达为使用物理动力围绕一个装配体移动零部件的模拟成分。

（1）线性马达

单击【模拟】工具栏中的【马达】按钮，弹出【马达】属性管理器，如图17-6所示。

①【参考零件】选框：选择零部件的一个点。

②【反向】：改变线性马达的方向。

③【类型】下拉选框：为线性马达选择类型，包括【等速】、【距离】、【振荡】、【插值】、【表达式】和【伺服马达】。

④【数字】选框：选择此选框，可以设置速度数值。

（2）旋转马达

单击【模拟】工具栏中的【马达】按钮，弹出【马达】属性管理器，如图17-7所示。

【旋转马达】属性管理器与【线性马达】类似，这里不再赘述。

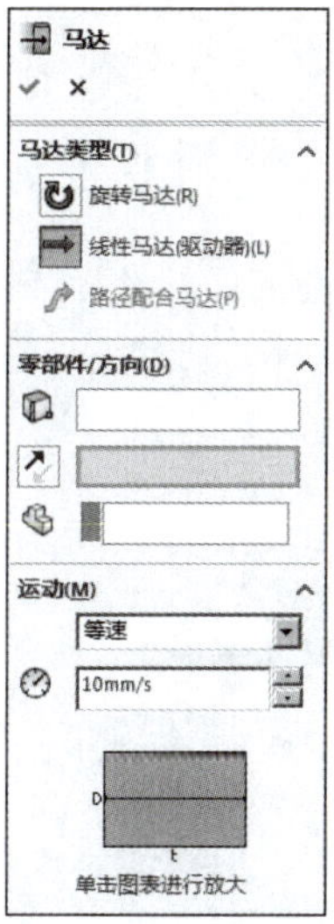

图17-6 【马达】属性管理器

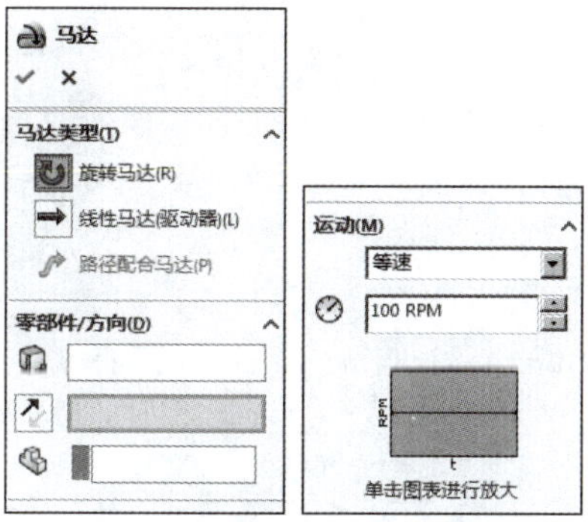

图17-7 【马达】属性管理器

17.2.3 线性弹簧

线性弹簧为使用物理动力围绕一个装配体移动零部件的模拟成分。

单击【模拟】工具栏中的【线性弹簧】按钮（或者选择【插入】|【模拟】|【线性弹簧】菜单命令），弹出【弹簧】属性管理器，如图17-8所示。

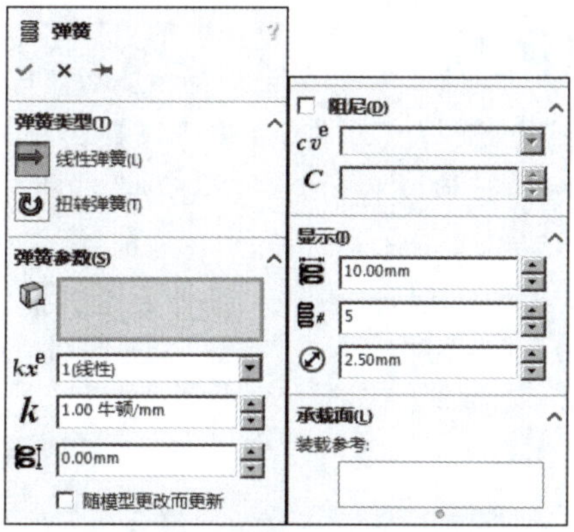

图17-8 【弹簧】属性管理器

（1）【弹簧参数】选项组

- ：为弹簧端点选取两个特征。
- kx^e：根据弹簧的函数表达式选取弹簧力表达式指数。
- k：根据弹簧的函数表达式设定弹簧常数。
- ：设定自由长度，初始距离为当前在图形区域中显示的零件之间的长度。

（2）【阻尼】选项组

- cv^e：选取阻尼力表达式指数。
- C：设定阻尼常数。

17.3 视像动画制作范例

本例将介绍一个零件自动旋转的动画制作过程，如图17-9所示。

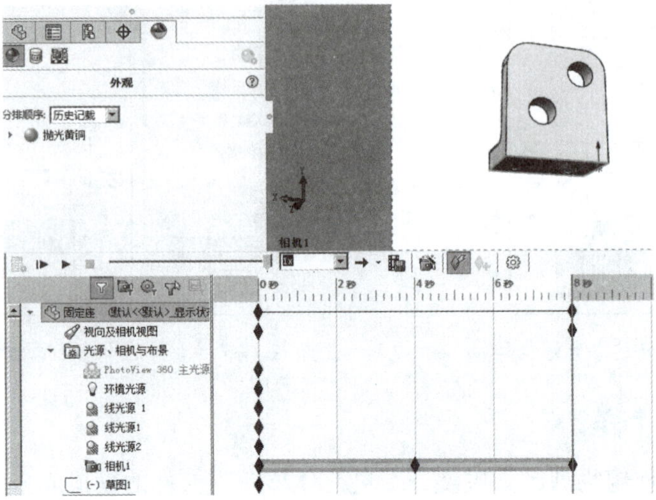

图17-9 零件自动旋转动画范例

具体操作步骤如下所述。

17.3.1 设置相机和布景

① 启动SolidWorks软件，选择【文件】|【打开】菜单命令，在弹出的窗口中选择本书配套资料中的“第17章\范例文件\17.SLDASM”文件，单击屏幕左下角【运动算例1】按钮，如图17-10所示。

② 在显示管理器设计树中，用鼠标右键单击【相机】文件夹，在快捷菜单中选择【添加相机】命令，如图17-11所示。

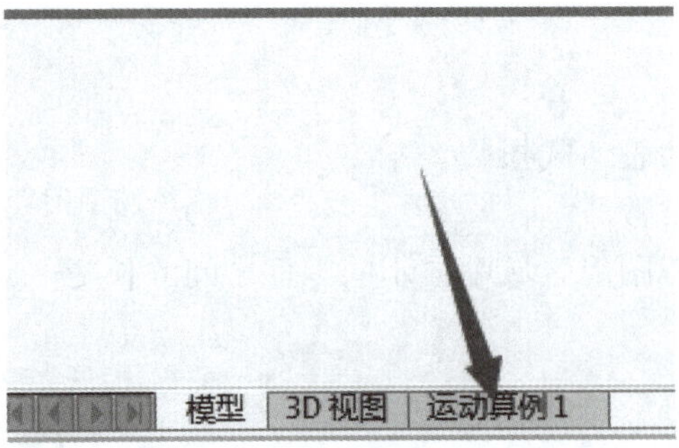

图17-10 打开运动算例

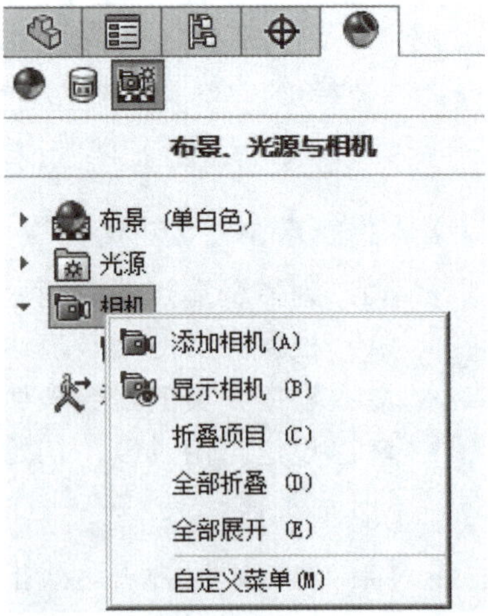

图17-11 添加相机

③ 弹出【相机】属性管理器，图形区域分割成两个视口，相机视图位于右侧。在【相机类型】选项组中，选择【对准目标】选项，勾选【锁定除编辑外的相机位置】选项；在【相机位置】选项组中选择【球形】选项，【离目标的距离】设置为“300mm”，单击✓【确定】按钮，完成相机的设置，如图17-12所示。

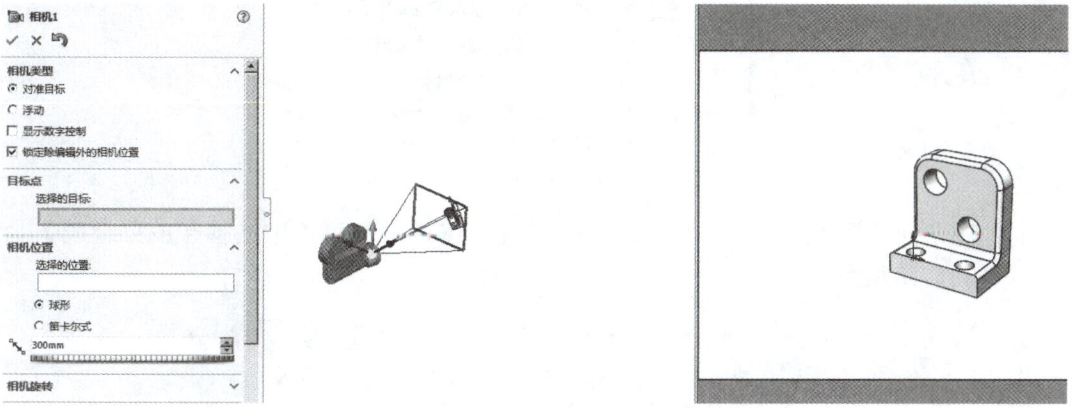

图17-12　界面视图

17.3.2　设置零部件外观

在屏幕左侧的显示属性管理器中单击【打开外观库】按钮，在右侧的任务窗格中选择【金属】|【黄铜】|【抛光黄铜】选项，按住鼠标左键将图片拖到三维模型的表面，单击✓【确认】按钮，完成零部件外观的设置，如图17-13所示。

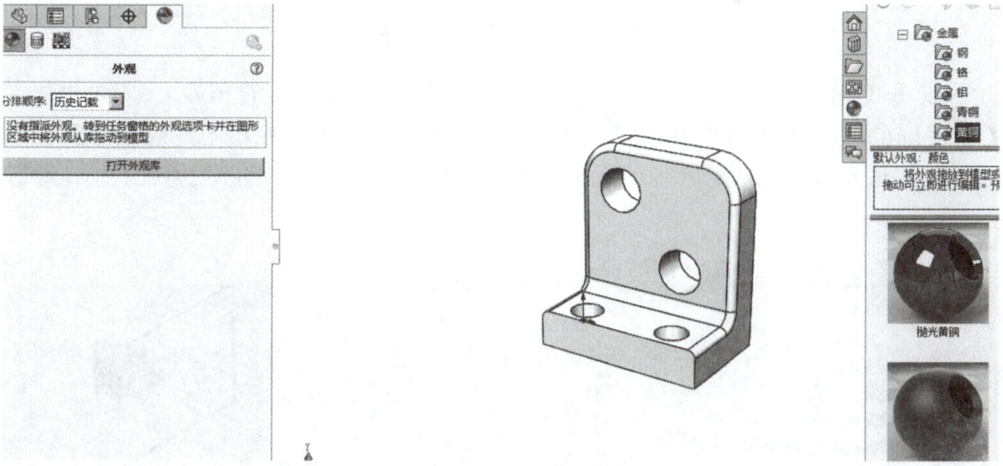

图17-13　设置零部件外观

17.3.3　制作动画

① 在运动算例管理器中，右键单击【视向及相机视图】选项，选择并打开【相机视图】，如图17-14所示。

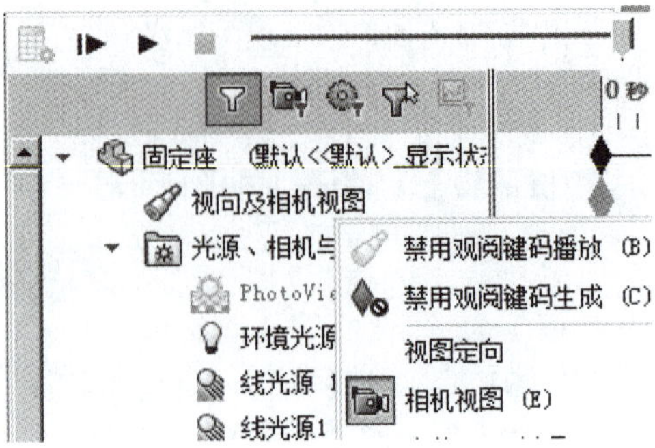

图17-14　打开相机视图

② 将光标放在4秒左右位置处，单击右键，在弹出的菜单中选择【放置键码】命令，如图17-15所示。

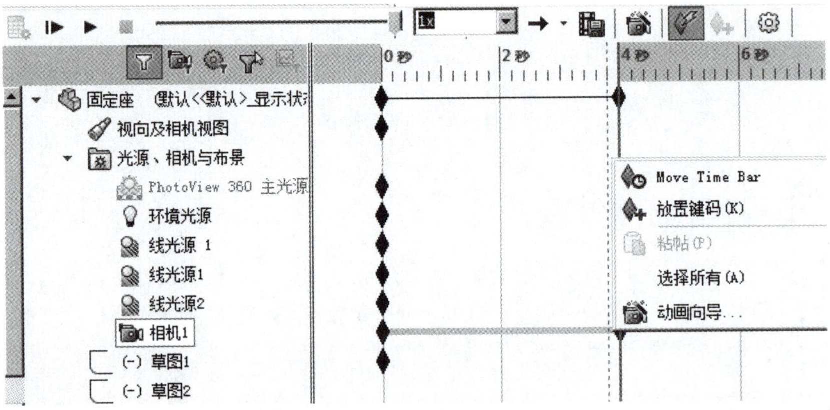

图17-15　4秒的显示位置

③ 双击【相机1】图标，在左边视口中单击摄像机中心的黄点，移动相机位置至【离目标的距离】为“320mm”，单击✔【确认】按钮，相机1关键帧中的更改栏变成米色，表示相机1的视角在0秒到4秒之间从零件的正面移动到了侧面，如图17-16所示。

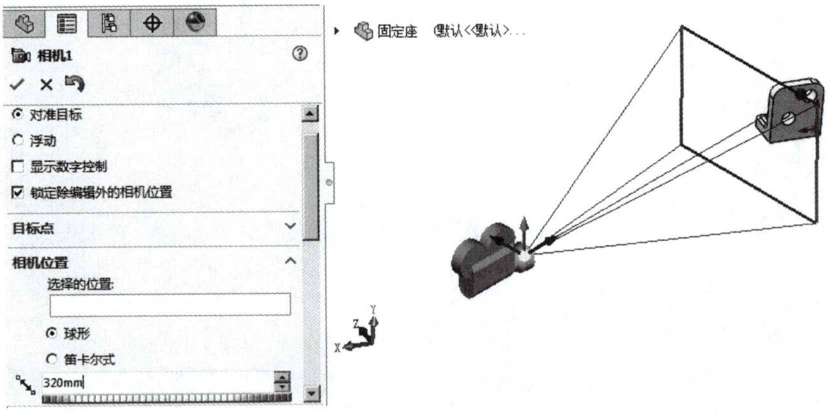

图17-16　前侧观阅时间

④ 此时在相机视图中，装配体已显示至如图17-17所示的位置。

⑤ 将鼠标放在8秒左右处，单击鼠标右键，在弹出的菜单中选择【Move Time Bar】命令，弹出【编辑时间】属性管理器，将时间修改为8秒，如图17-18所示。

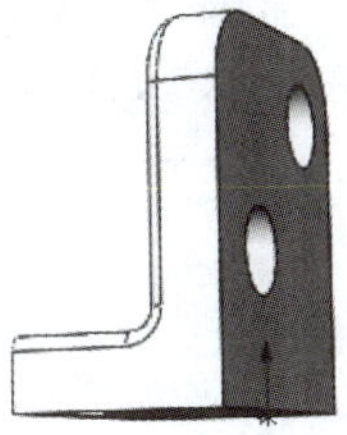

图17-17　4秒的显示位置

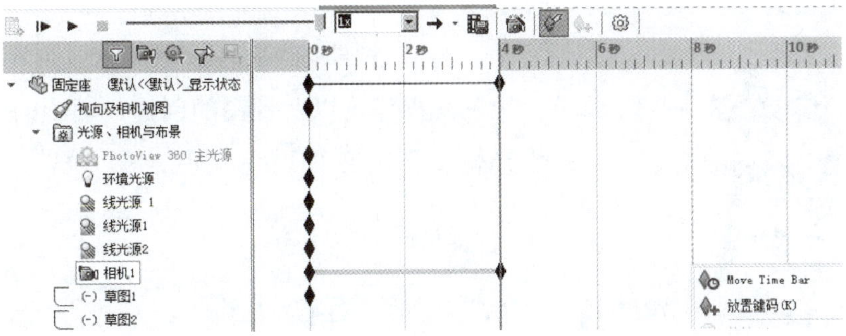

图17-18　放置键码

⑥双击【相机1】图标，在左边视口中单击摄像机中心的黄点，移动相机位置至【离目标的距离】为“320mm”，单击✓【确认】按钮，相机1关键帧中的更改栏变成米色，表示相机1的视角在4秒到8秒之间从零件的侧面移动到了背面，如图17-19所示。

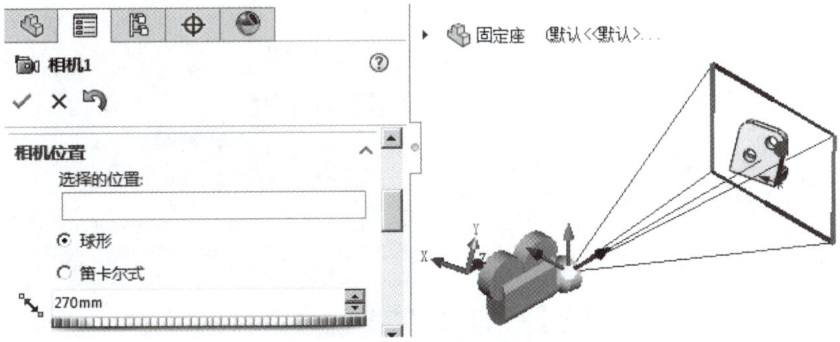

图17-19　设置相机参数

⑦ 此时在相机视图中，零件已显示至如图17-20所示的位置。

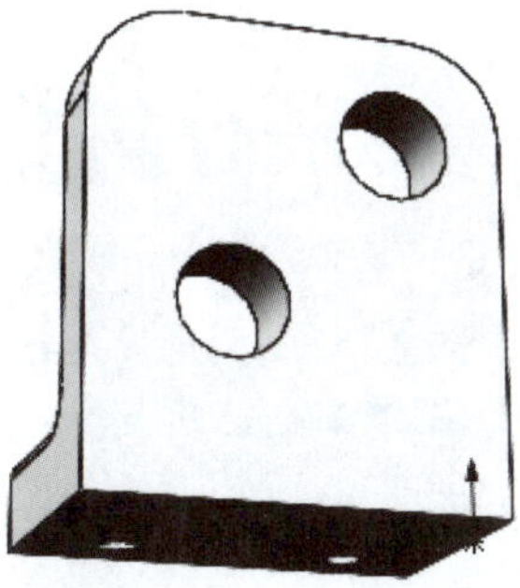

图17-20　8秒的显示位置

17.3.4　播放动画

单击 ▶【播放】按钮，即可播放所生成的动画。

17.4 椅子范例

扫码看视频

图17-21 椅子模型

本例主要是将平移操作、旋转操作、改变不透明度操作等基础操作，以及视图的创建、动画的生成和保存加以结合，以椅子模型为范例，讲述Composer的基础运用，如图17-21所示。

具体步骤如下。

17.4.1 准备工作

① 启动中文版SolidWorks Composer。

a. 单击菜单栏中的【开始】选项，在下拉菜单中选择【打开】。

b. 在弹出的对话框中找到装配体所在文件夹。

c. 在【文件类型】勾选【.sldasm】，即可找到装配体。

d. 双击打开，如图17-22所示。

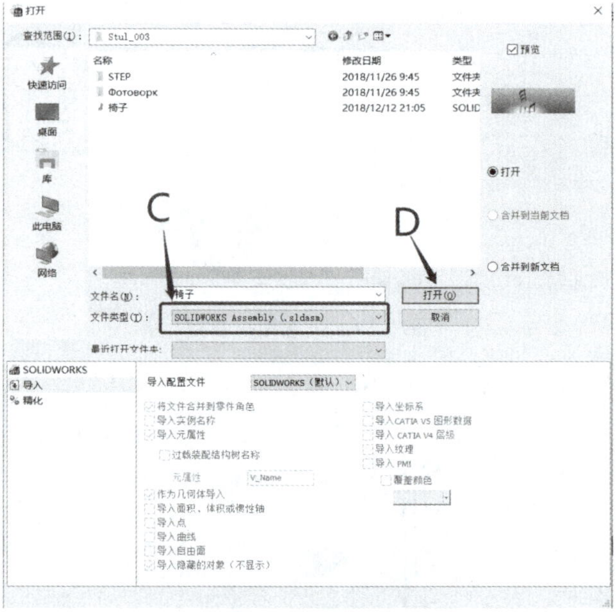

图17-22 打开模型

② 等待软件加载，如图17-23所示。

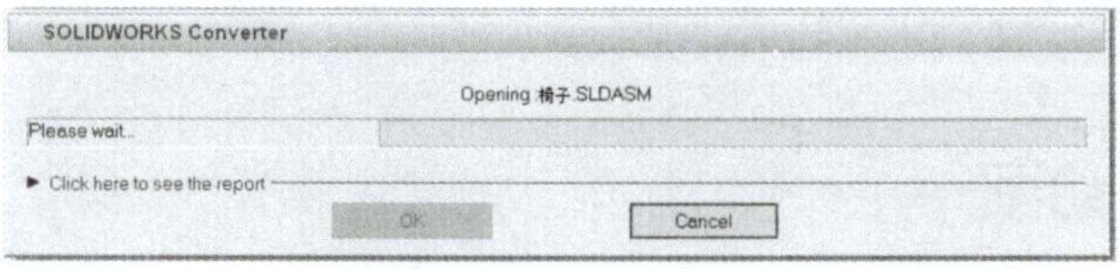

图17-23 软件加载

③ 熟悉装配体，如图17-24所示，操作步骤如下：

a. 在左侧装配窗口的【装配】选项下可以显示导入的椅子装配体。

b. 展开装配结构树，可以显示它的零件。

c. 单击零件即可在右侧的窗口中显示，从而熟悉所有零件。

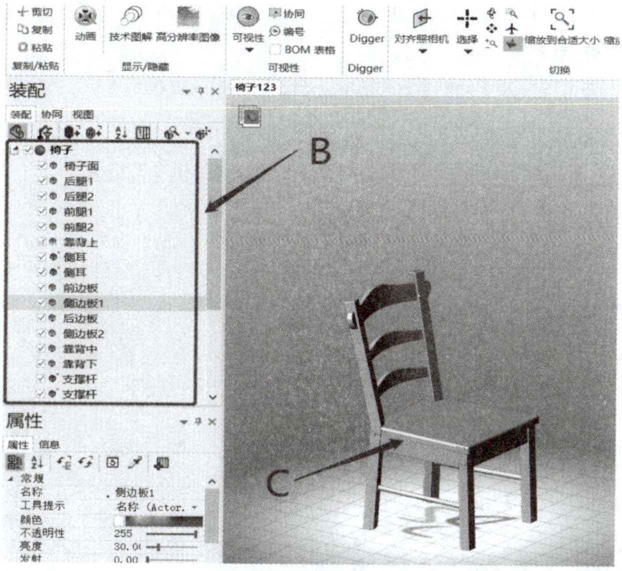

图17-24　装配结构树

17.4.2　视图创建

创建新的视口视图，如图17-25所示，操作步骤如下：

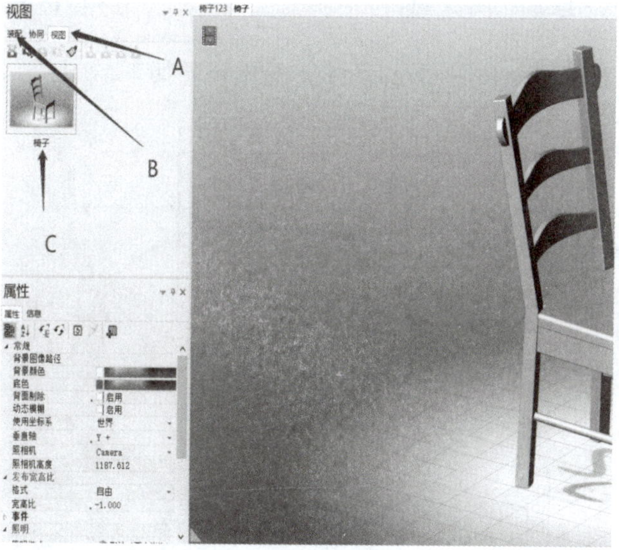

图17-25　新视图的创建

① 单击左侧【视图】窗口下的【视图】选项卡。

② 单击【创建视图】按钮，从而创建了新的椅子视图。

③ 单击名称，【重命名】为椅子。

17.4.3 平移与旋转

① 选择【平移】操作，如图17-26所示，操作步骤如下：

a.在视口中单击选择【靠背上】零件。

b.单击【变换】菜单栏。

c.在【移动】选项卡中选择【平移】按钮。

d.可以发现窗口中选中的零件上出现了空间坐标系。

e.单击【z坐标轴】，从而使零件向后移动，如图17-27所示。

f.按【ESC】键退出操作。

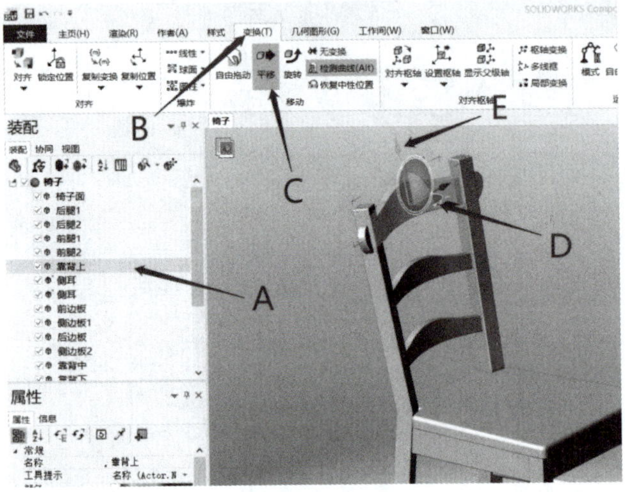

图17-26 零件的平移步骤

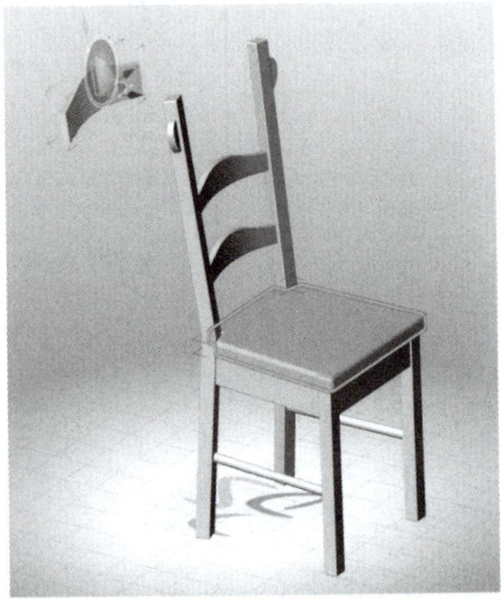

图17-27 零件的平移

② 选择【旋转】操作，如图17-28所示，操作步骤如下：

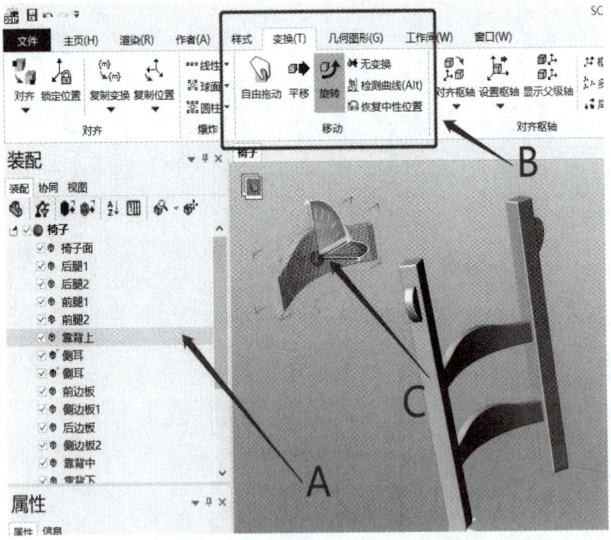

图17-28 零件的旋转步骤

a. 单击选择【装配树】中的【靠背上】。

b. 单击【变换】菜单栏，选择【移动】选项卡，单击【旋转】命令。

c. 在【靠背上】零件中出现的空间坐标系中，选中【YOZ平面】旋转零件，使其旋转到水平位置，如图17-29所示。

d. 按【ESC】键退出操作。

③ 创建新的视图操作，如图17-30所示，操作步骤如下：

a. 单击左侧【视图】下的【视图】选项卡。

b. 单击【创建视图】按钮，从而创建了新的椅子视图。

c.【重命名】为“靠背的旋转和平移”。

图17-29　零件的旋转

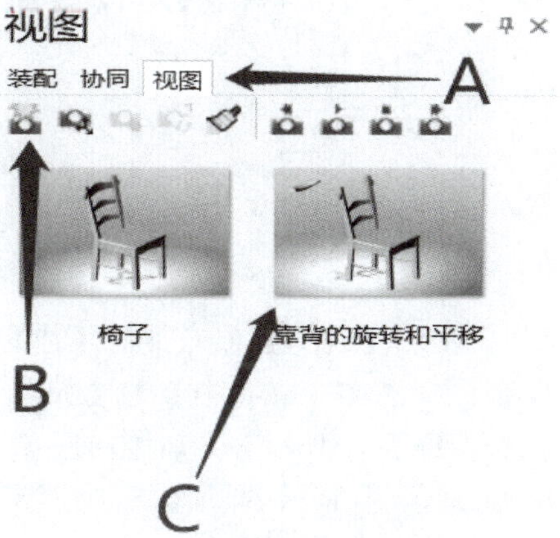

图17-30　新视图的创建

17.4.4　创建选择集

① 创建选择集操作，如图17-31和图17-32所示，操作步骤如下：

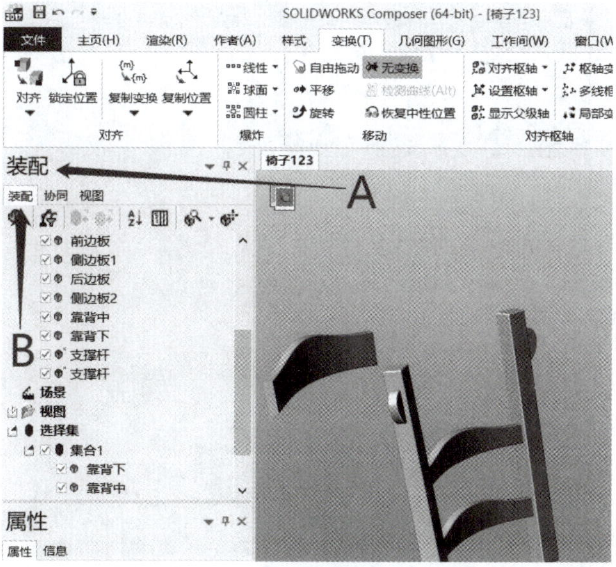

图17-31　选择【装配】选项卡

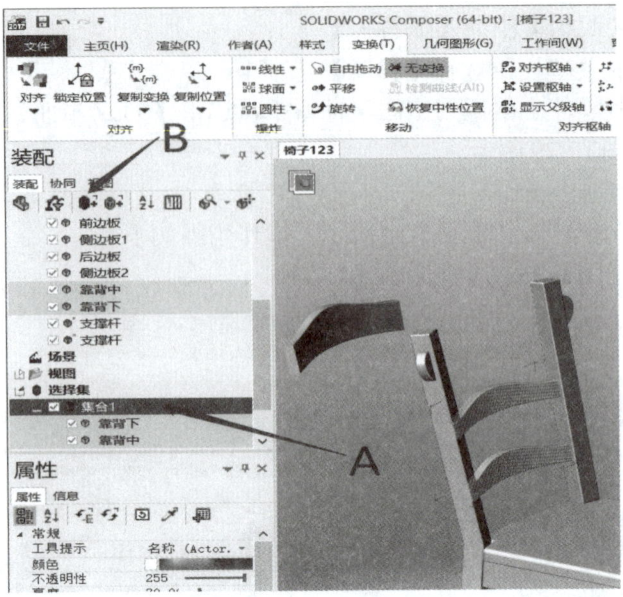

图17-32　创建选择集

a. 选择左侧【装配】窗口下的【装配】选项卡。

b.Ctrl 同时选中【靠背中】和【靠背下】两个零件。

c. 单击 【创建选择集】按钮，单击集合修改集合名为集合1。双击【集合1】即可在展开的集合中显示之前选中的两个零件。

② 对集合1整体进行平移旋转操作，如图17-33所示，操作步骤如下：

a. 选中【集合1】，单击【平移】按钮移动至相同位置。

b. 再单击【旋转】按钮，将其旋转到水平位置，如图17-34所示。

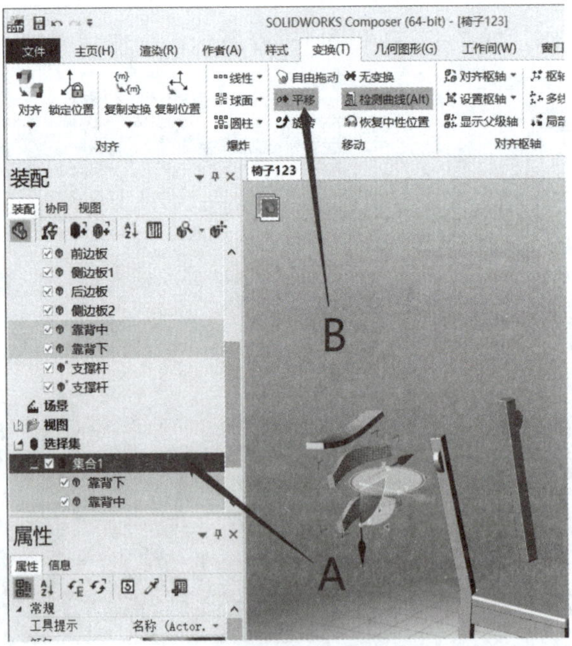

图17-33　集合1的移动

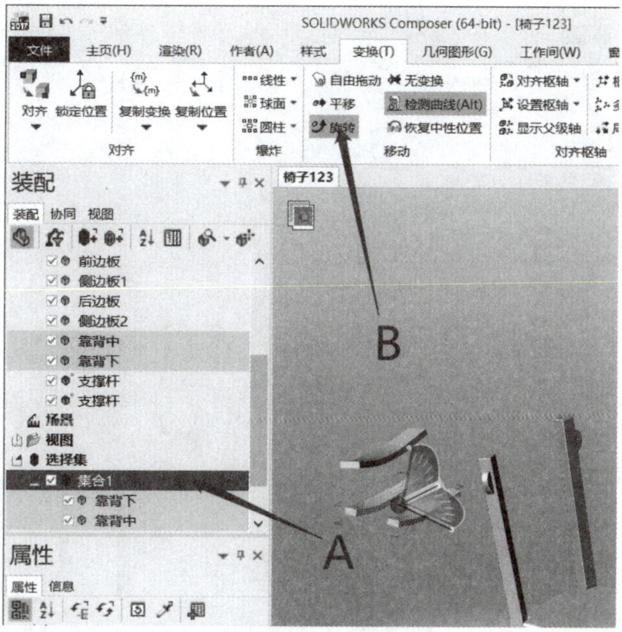

图17-34　集合1的旋转

③ 对视图进行更新，如图17-35所示，操作步骤如下：

a. 单击【视图】选项卡下的【靠背的平移和旋转】。

b. 选择 【更新视图】按钮，即可显示视图发生的变化。

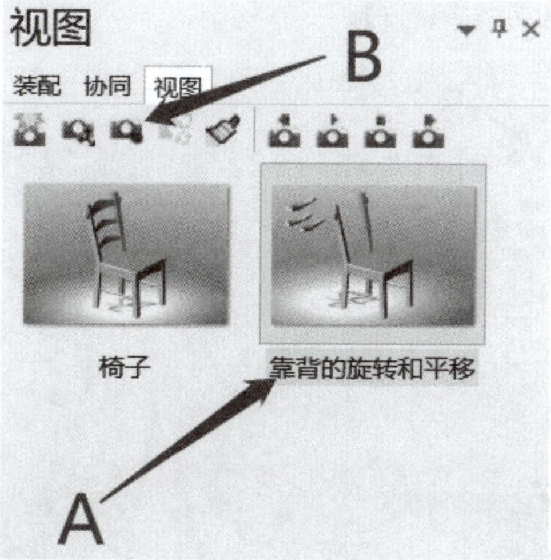

图17-35　更新视图

17.4.5　改变颜色和透明度

① 对选中零件进行颜色的改变，如图17-36所示，操作步骤如下：

a. 选中窗口中的【椅子面】。

b. 在左下角【属性窗口】中【常规】选项组中找到【颜色】选项。

c. 放至紫色处，单击椅子面，则颜色发生了改变。

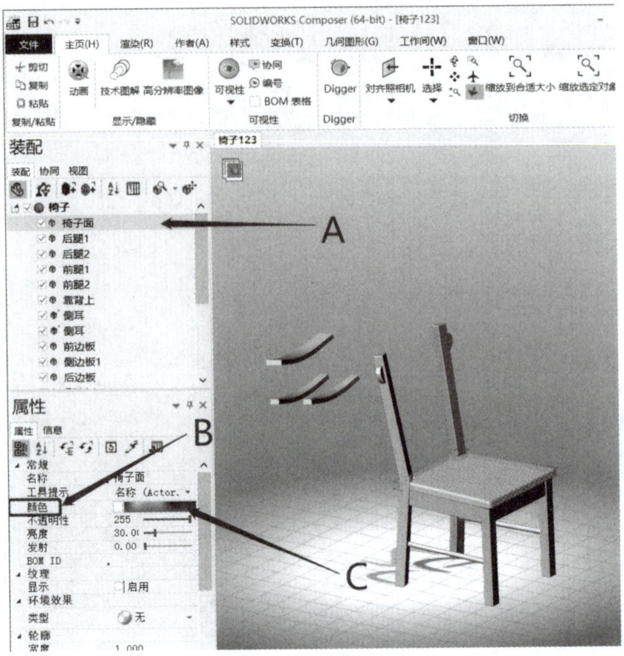

图17-36　改变颜色

② 创建选择集2，如图17-37所示，操作步骤如下：

a.【Ctrl】选中【前边板】、【后边板】、【侧边板1】、【侧边板2】。

b.单击【创建选择集】按钮。

c.命名新的选定对象为【集合2】。

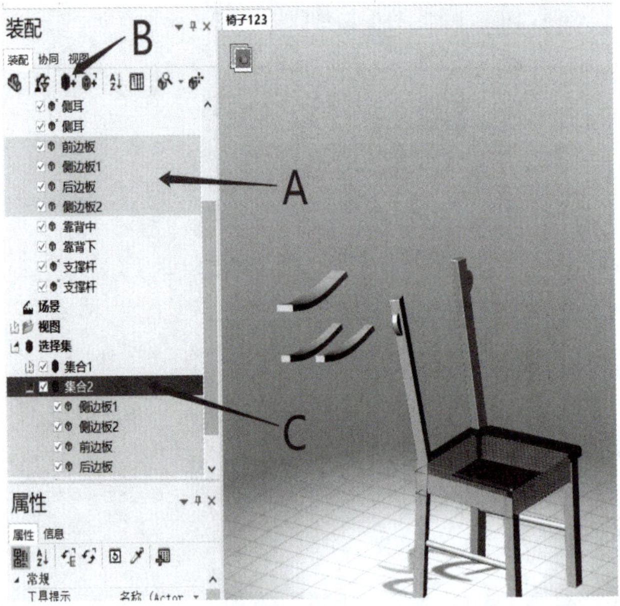

图17-37　集合2的创建

③ 改变不透明度，如图17-38所示，操作步骤如下：

a.按住鼠标滚轮拖动，从而旋转视图。

b. 单击选中【集合2】。

c. 选择【属性】窗口中【常规】选项中的【不透明性】。

d. 将标尺移至最左端，使其完全透明。

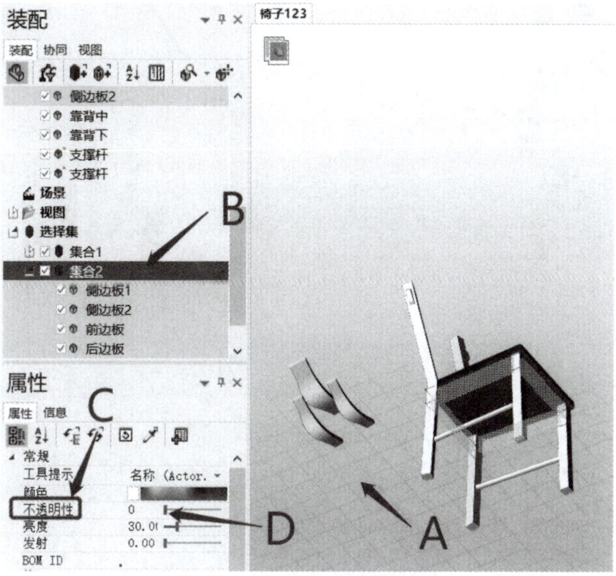

图17-38 透明度的改变

④ 创建新视图，如图17-39所示，操作步骤如下：

a. 单击右侧【装配】下的【视图】选项卡。

b. 单击【创建视图】按钮，从而创建新的视图。

c. 重新命名为“颜色改变”。

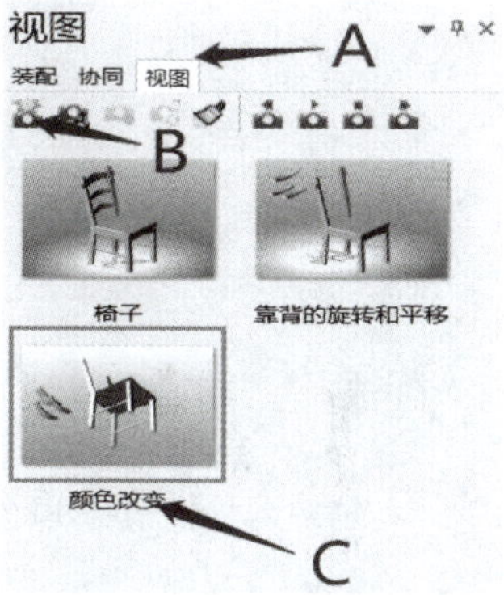

图17-39 新视图的创建

17.4.6 改变视角

① 改变视角，如图17-40所示，操作步骤如下：

a. 在【主页】菜单中找到【切换】选项。

b. 单击【对齐照相机】按钮。

c. 将鼠标放在零件【前腿1】的外侧上即出现一个垂直于选中面的红色箭头。

d. 单击，即可得到正视于该平面的视图，如图17-41所示。

② 再次单击【创建视图】创建新的视图，如图17-42所示。

③ 改变比例，如图17-43所示，操作步骤如下：

a. 选中支撑杆，创建新的选择集并重新命名为集合3。

b. 在【属性】窗口中找到【几何图形】标签。

c. 改变【比例Z】的值为1.1。

④ 进行平移操作，如图17-44所示，操作步骤如下：

a. 选择【变换】菜单下的【移动】选项卡。

b. 单击【平移】按钮，沿y轴移至最下端。

c. 回到【视图】选项卡下单击【创建视图】按钮。

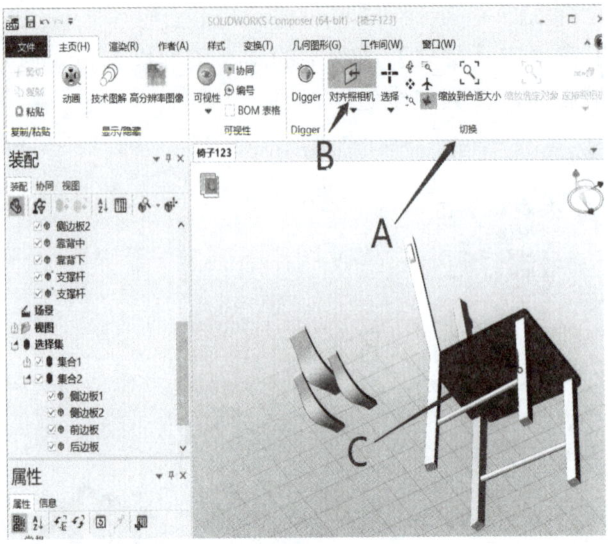

图17-40　视角的切换

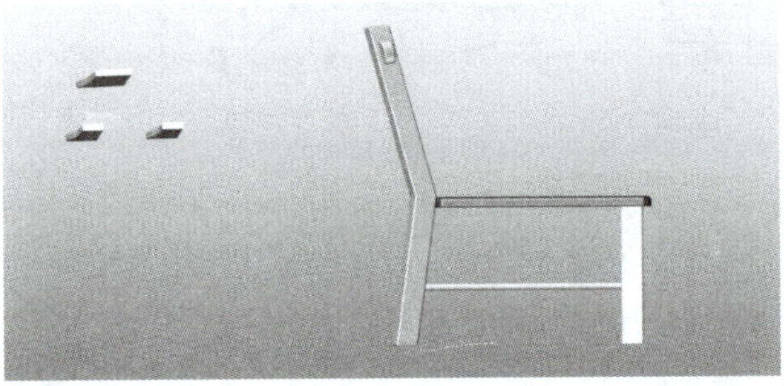
图17-41　正视于视口

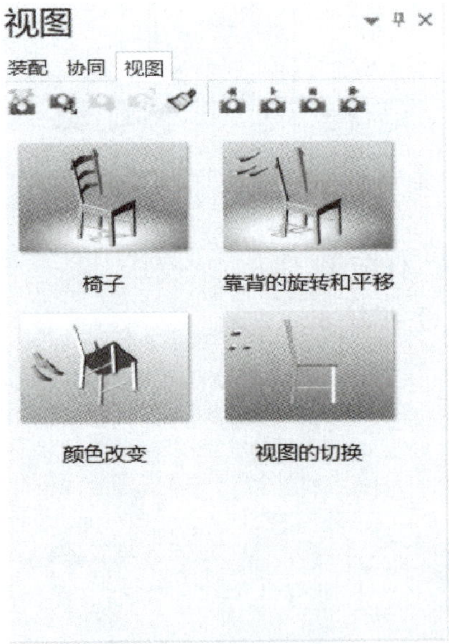

图17-42　新视图的创建

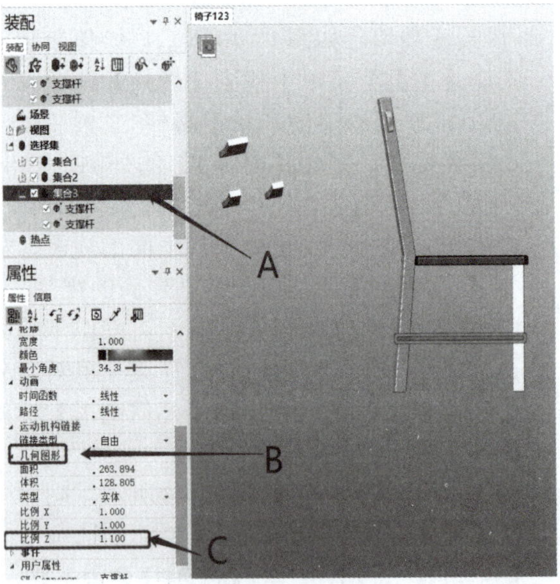

图17-43　改变比例

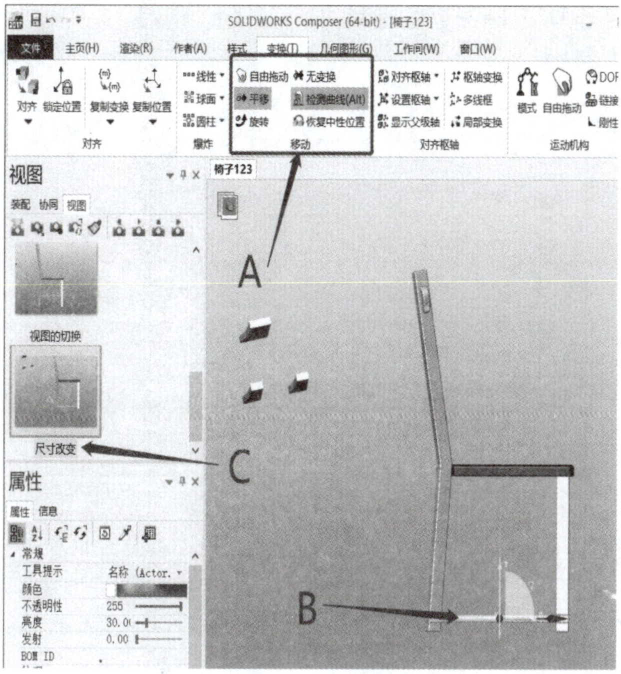

图17-44　平移操作

⑤ 旋转视角，如图17-45所示，操作步骤如下：

a. 按住鼠标滚轮，旋转视图。

b. 选中【尺寸改变】视图。

c. 单击【更新视图】按钮，至此所有视图创建完成。

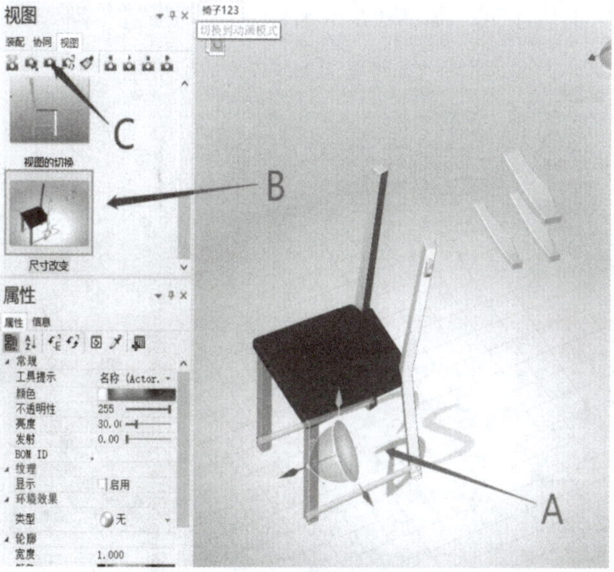

图17-45　视图更新

⑥ 保存文件，如图17-46所示，操作步骤如下：

a. 选择【文件】菜单下的【保存】选项。

b. 在弹出的对话框中选择保存的地址并命名【椅子1】。

c. 单击【保存】按钮。

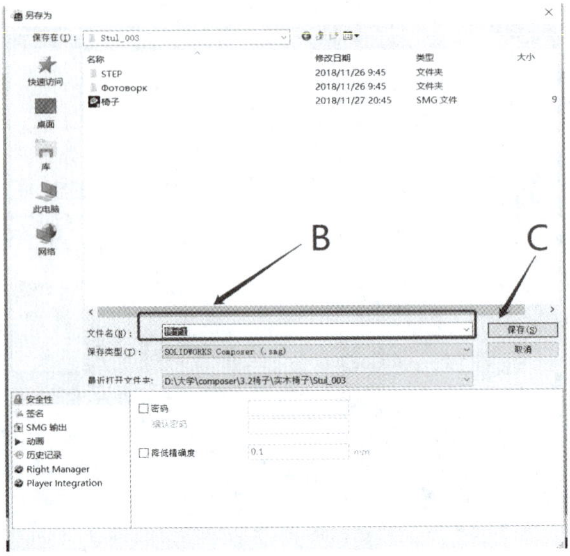

图17-46 保存文件

17.4.7 制作动画

① 制作动画准备操作，如图17-47所示，操作步骤如下：

a. 单击右侧视口左上角的 【切换到动画模式】图标，进行模式切换。

b. 在【窗口】菜单中【显示/隐藏】选项中勾选【时间轴】选项。

c. 时间轴固定在工作区域，如图17-48所示。

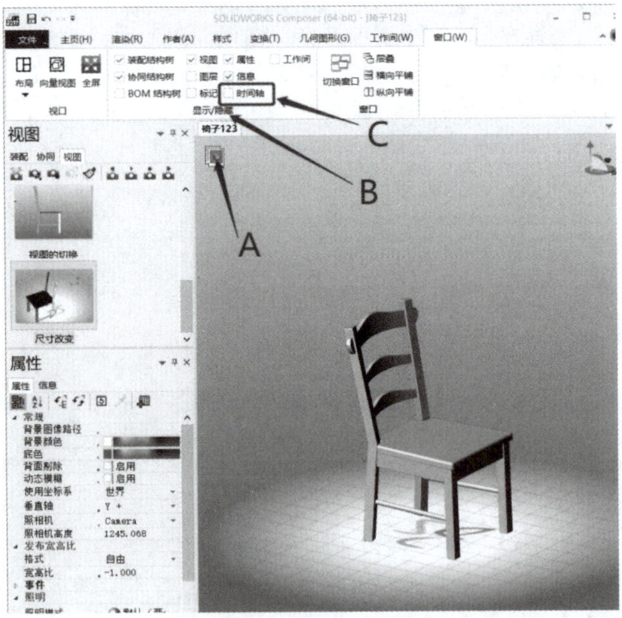

图17-47 调出动画窗口

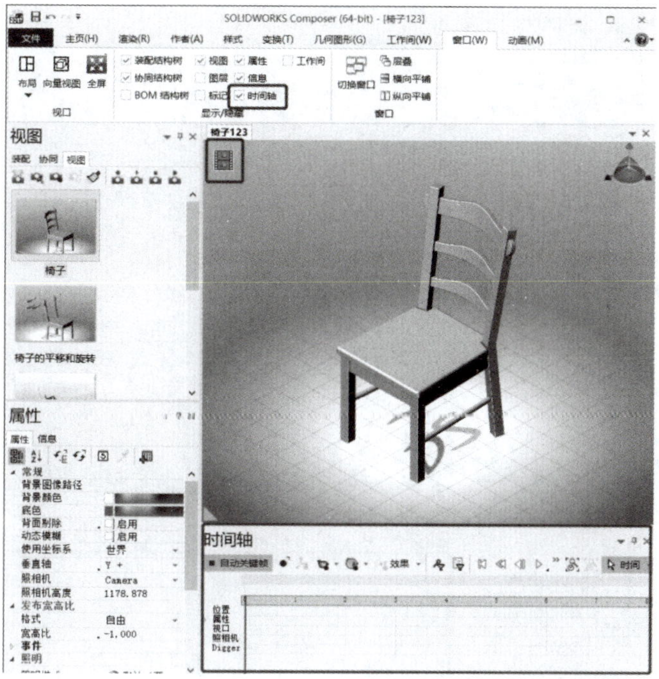

图17-48　动画窗口的固定

② 关键帧导入，如图17-49所示，操作步骤如下：

a. 在【时间轴】窗口中将【时间线】拖至最左端，鼠标左键拖动视图窗口的第一个视图【椅子】并将其移至时间线处。

b. 移动时间线，将第二个视图拖至时间线处，创建第二个动作。继续插入第三个、第四个、第五个视图。

c. 单击 ▷【播放】按钮即可进行动画预览，如图17-50所示。

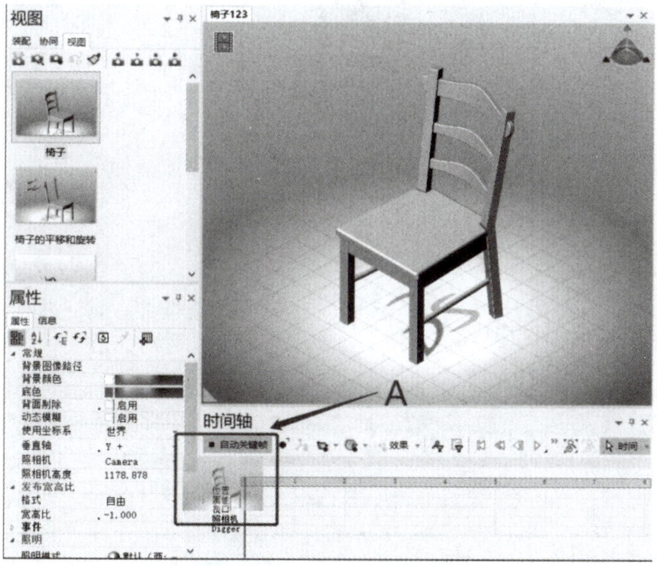

图17-49　关键帧导入

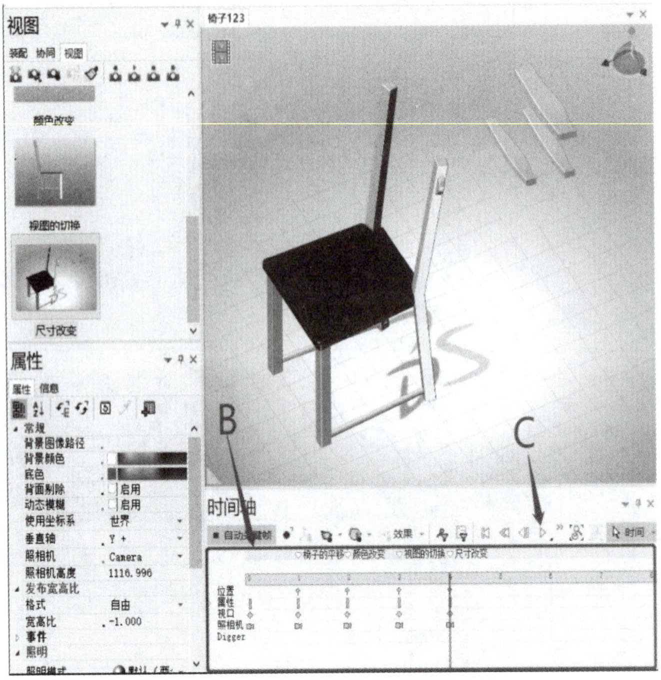

图17-50　时间轴的建立

③ 时间线的拉伸，如图17-51所示，操作步骤如下：

a. 拖动鼠标左键框选时间轴的起始位置至动画结束位置的部分，相应的选中时间码下端会同时产生一条灰色进度条。

b. 将鼠标放置于进度条最右端，鼠标变成“一个方块右侧一个三角”的形状。

c. 拖动鼠标至时间线8.0处，如图17-52所示。

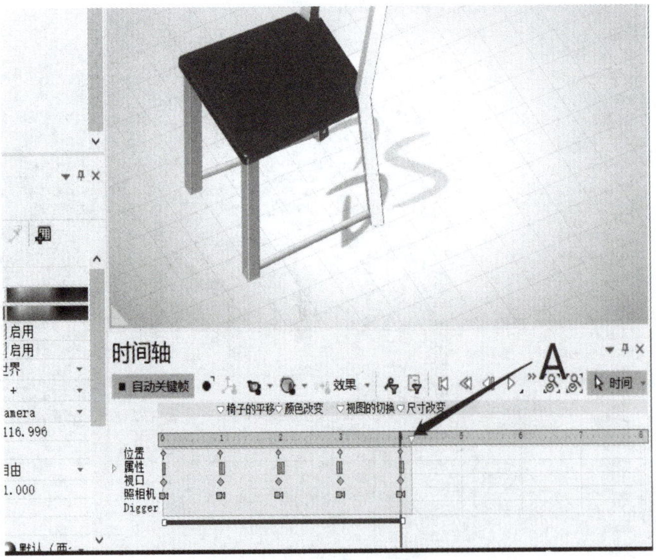

图17-51　时间线的框选

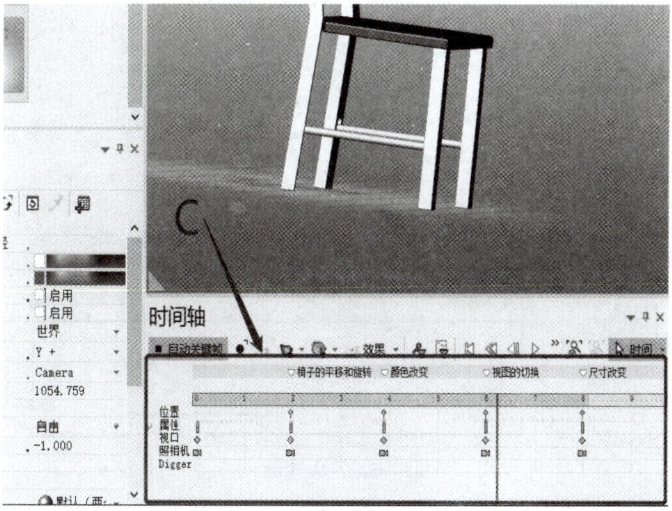

图17-52　时间线的拉伸

④ 复制关键帧，如图17-53所示，操作步骤如下：

a.框选全部关键帧。

b.将鼠标放置于进度条上，图标变成一个方块，左右各有一个三角。

c.按住Ctrl键，同时拖动鼠标，实现复制功能，拖动至10.0秒处。

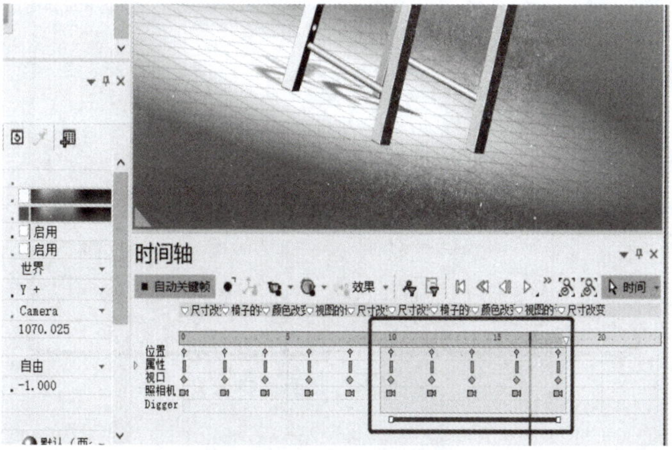

图17-53　时间线的复制

⑤ 反转关键帧，如图17-54所示，操作步骤如下：

a.保持框选状态。

b.单击鼠标右键，选择【反转时间选择】，从而将关键帧反转。

c.单击【播放】按钮，即可显示预览动画。

⑥ 保存动画，如图17-55所示，操作步骤如下：

a.选择【文件】菜单，展开【另存为】选项。

b.单击【avi另存为】，在弹出的对话框中选择保存目录并命名视频为【椅子1】。

c.单击【保存】按钮。

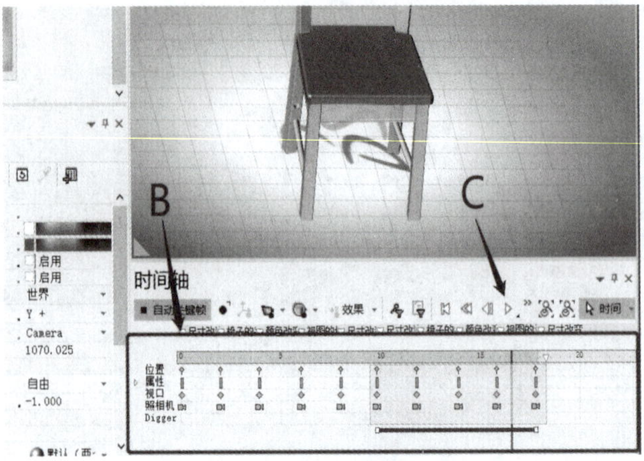

图17-54 反转时间

图17-55 动画保存

扫码看视频

17.5 滑动轴承动画制作范例

本例以滑动轴承模型为动画制作对象，介绍平移操作、旋转操作、改变不透明度操作、建立枢轴等基础操作，模型如图17-56所示。

具体步骤如下。

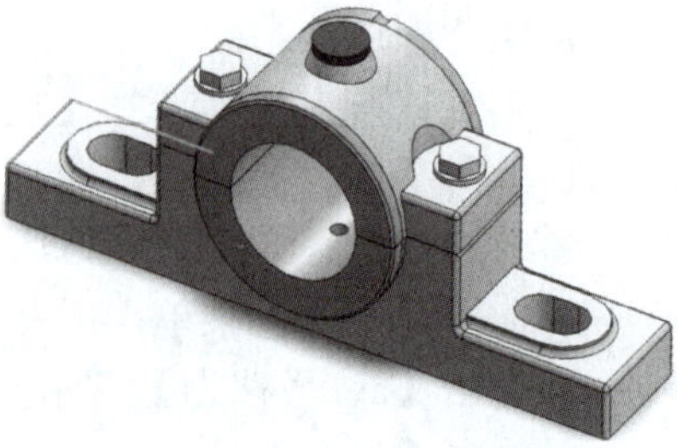

图17-56 滑动轴承模型

17.5.1 准备工作

① 启动中文版SolidWorks。

a. 单击【文件】，选择【打开】，在弹出的对话框中选择【滑动轴承】装配体文件，如图17-57所示。

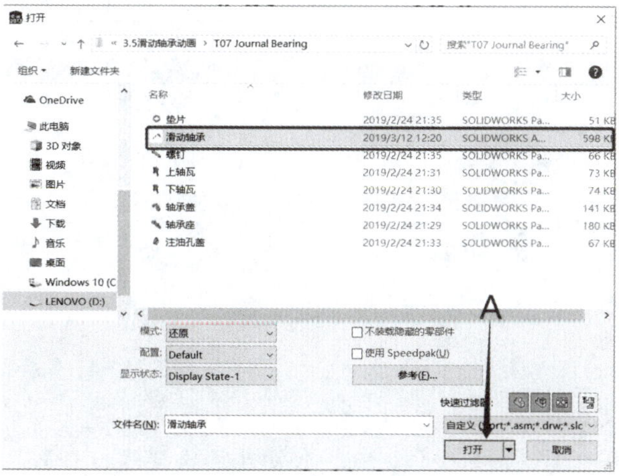

图17-57　打开装配体

b. 单击菜单栏中的【装配体】的 【插入零部件】按钮。

c. 在弹出的窗口中选择装配体所在的路径，双击打开，如图17-58所示。

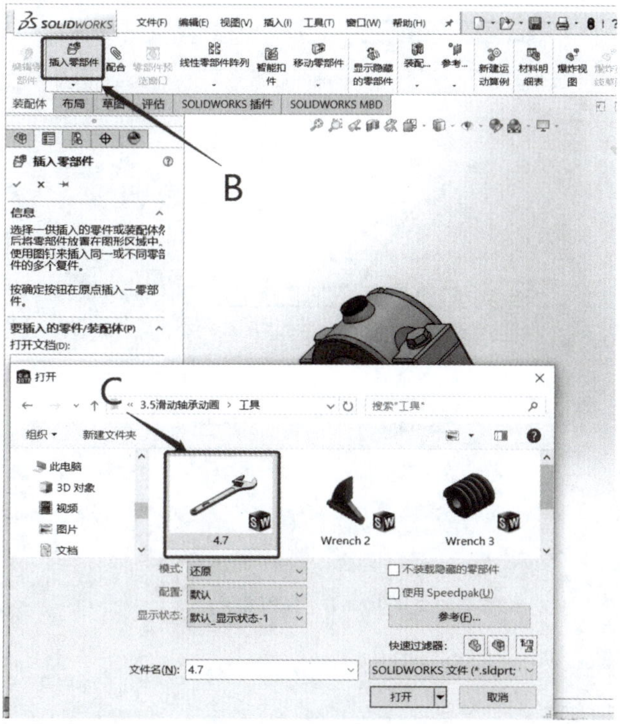

图17-58　完善装配体

d. 待扳手导入装配体后，单击任意位置，放置扳手，如图17-59所示。

② 保存装配体，如图17-60所示，操作步骤如下：

a. 单击菜单栏中的【开始】选项。

b. 选择保存路径。

c. 命名为“轴承装配体”。

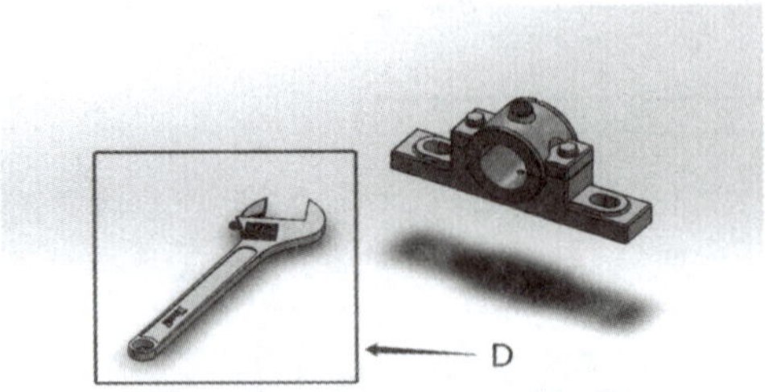

图17-59　打开模型

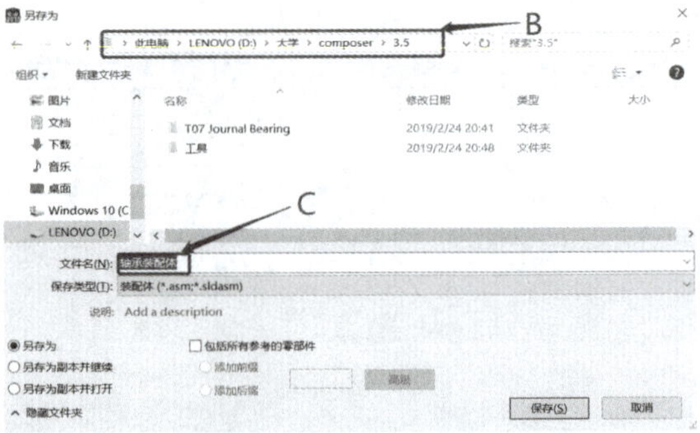

图17-60　保存新建模型

③ 启动中文版SolidWorks Composer。

a. 单击菜单栏中的【开始】选项，在下拉菜单中选择【打开】。

b. 在弹出的对话框中找到装配体所在文件夹。

c. 在【文件类型】中勾选【.sldasm】，即可找到装配体。

d. 双击打开，如图17-61所示。

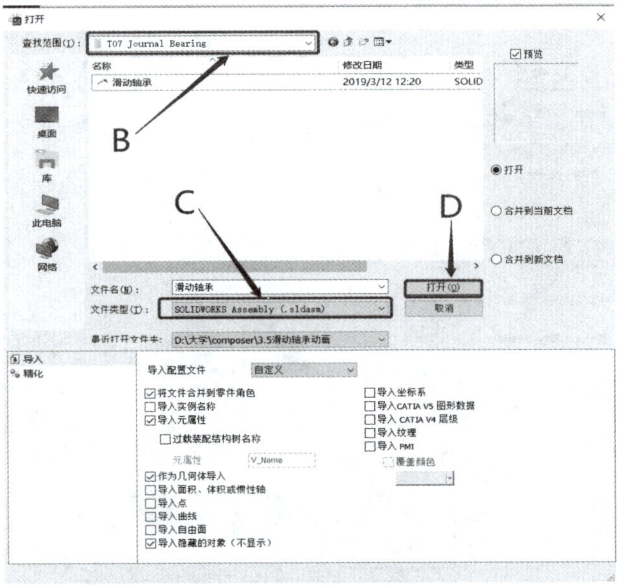

图17-61　打开模型

④ 等待软件加载，如图17-62所示。

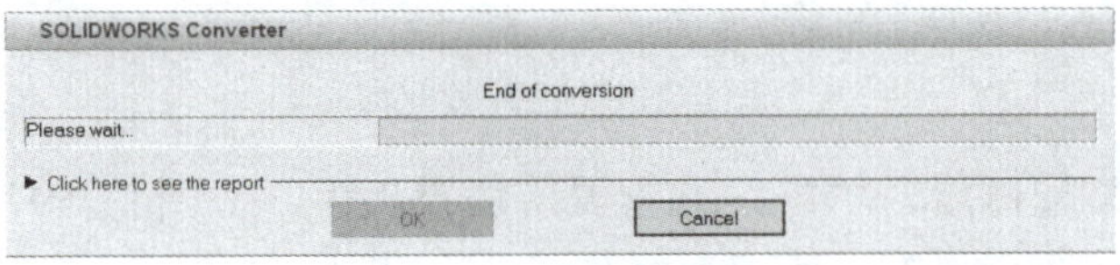

图17-62　软件加载

⑤ 熟悉装配体，如图17-63所示，操作步骤如下：

a. 在左侧装配窗口的【装配】选项下可以显示导入的滑动轴承和扳手的装配体。

b. 展开装配结构树，可以显示它的零件。

c. 单击零件即可在右侧的窗口中显示，从而熟悉所有零件。

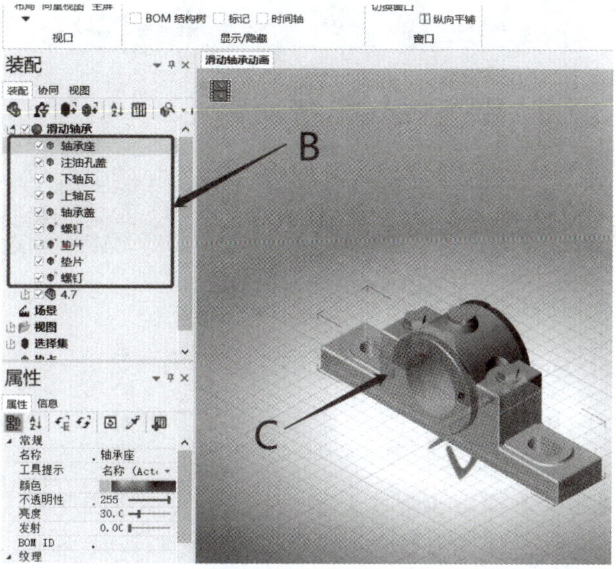

图17-63　零件的显示

17.5.2　空白视图与视图的创建

① 空白视图的创建，如图17-64所示，操作步骤如下：

a. 单击左侧【视图】窗口下的【视图】选项卡。

b. 单击鼠标右键。

c. 选择【创建空视图】，即出现一个空白的视图，如图17-65所示。

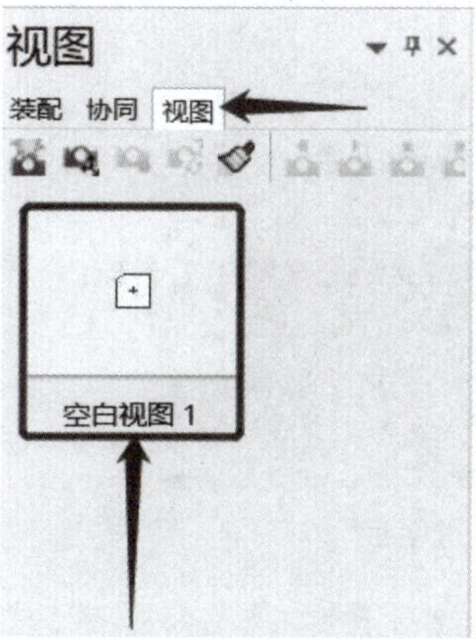

图17-64　空白视图的创建（一）

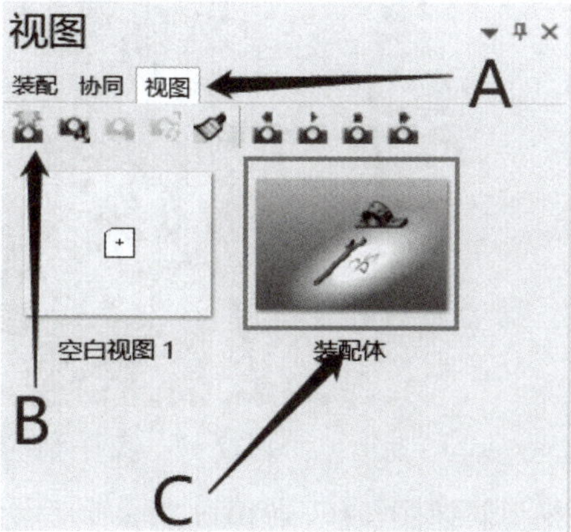

图17-65　空白视图的创建（二）

② 创建新的视口视图，如图17-66所示，操作步骤如下：

a. 单击左侧【视图】窗口下的【视图】选项卡。

b. 单击【创建视图】按钮，从而创建了新的椅子视图。

c. 单击名称，【重命名】为“装配体”。

图17-66　新视图的创建

17.5.3　改变不透明度以及旋转操作

① 改变不透明度的操作，如图17-67所示，操作步骤如下：

a. 选中【4.7】扳手装配体。

b. 在左下角的【属性】窗口【常规】选项中选中【不透明度】。

c. 将拉杆拉至最左端，使其值变为0，扳手消失。

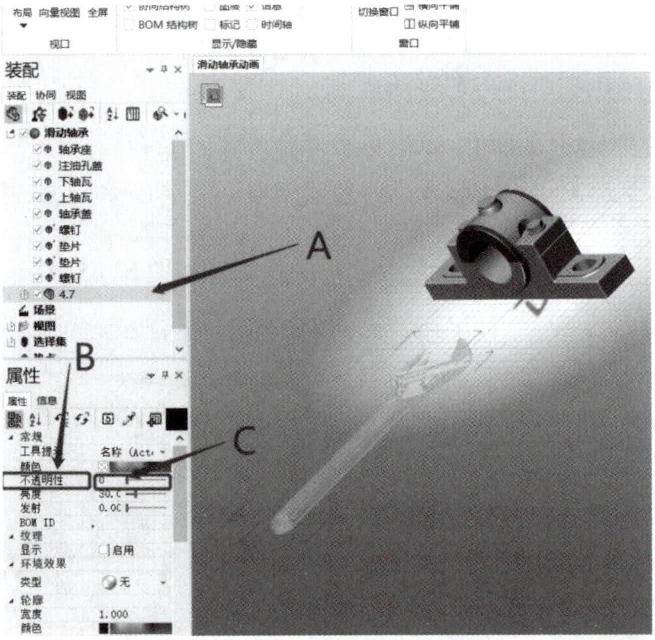

图17-67　选择装配体，改变透明度

② 选择更新视图操作，如图17-68所示，操作步骤如下：

a. 单击左侧【视图】下的【视图】选项卡。

b. 选择【装配体】视图。

c. 单击【更新视图】按钮，从而使原有视图中的扳手消失。

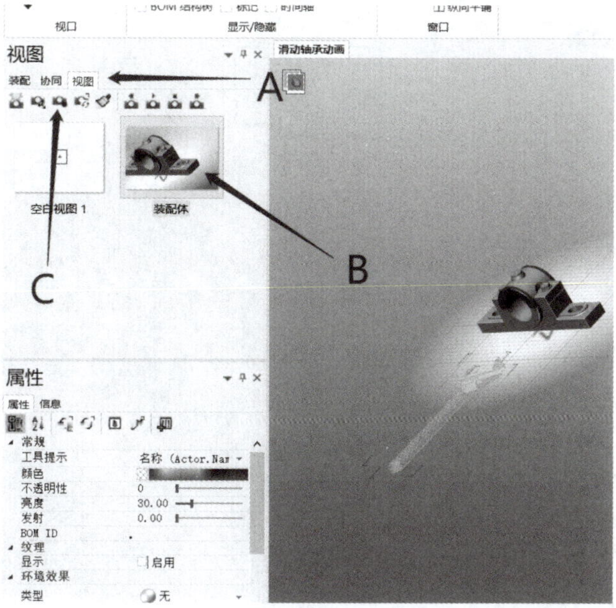

图17-68　更新视图

③ 改变扳手透明度，如图17-69所示，操作步骤如下：

a. 单击【4.7】扳手装配体。

b. 在【属性】窗口选择【常规】中的【不透明度】。

c. 将其值变为最大值255，使扳手在右侧视口显示。

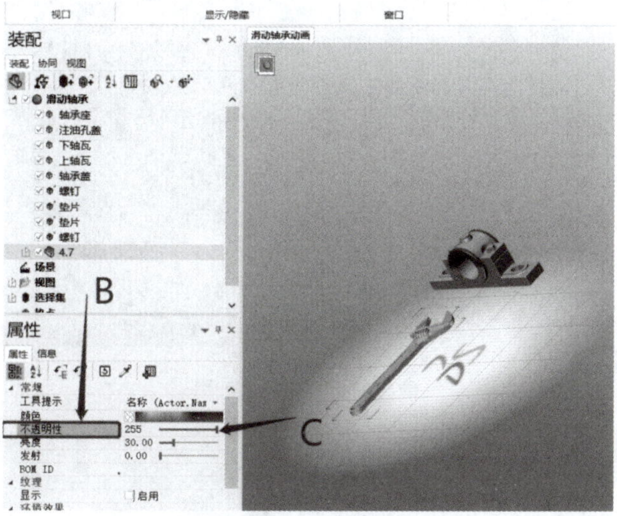

图17-69　扳手的显示

④ 选择【旋转】操作，如图17-70所示，操作步骤如下：

a. 选择【变换】菜单下【移动】选项卡中的旋转【旋转】按钮。

b. 可以发现窗口中选中的零件上出现了空间坐标系。

c. 鼠标放在x轴和z轴所形成的oxz平面上单击。

d. 在左下【属性栏】中输入值“90”，使其旋转90°，如图17-71和如图17-72所示。

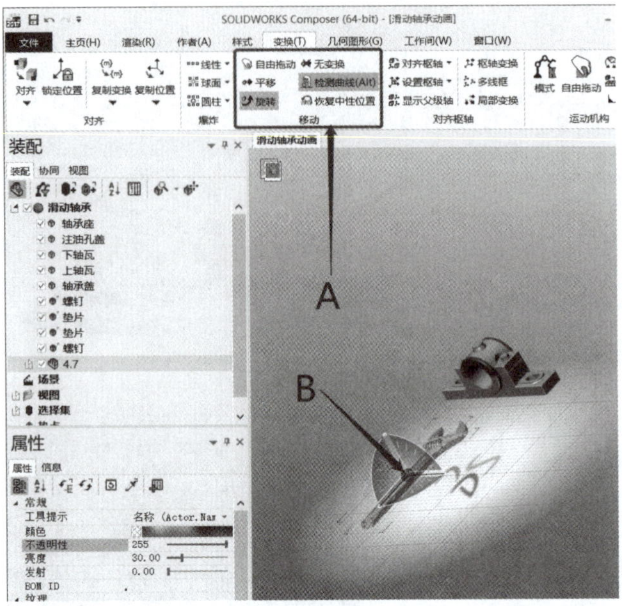

图17-70　扳手的显示

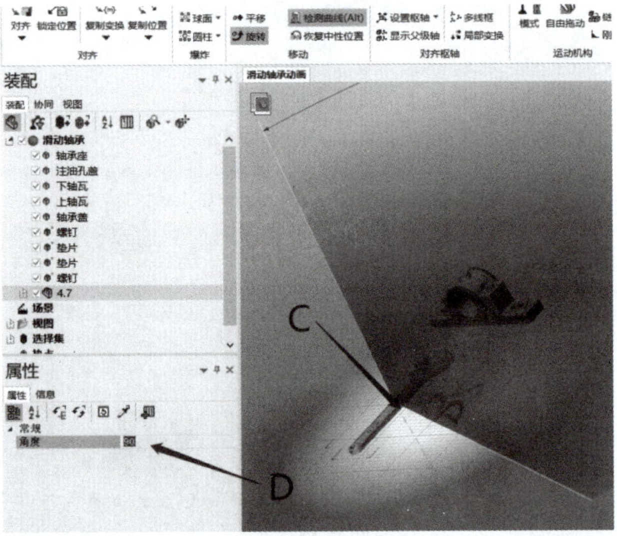

图17-71　扳手的旋转

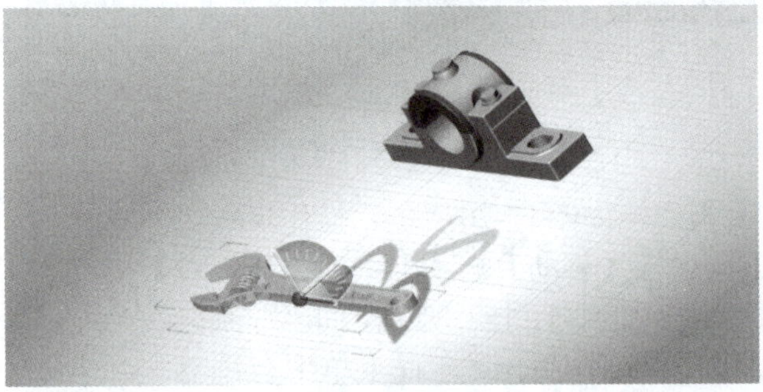

图17-72　零件的旋转

⑤ 调整视角以及自由拖动操作，如图17-73所示，操作步骤如下：

a. 按住鼠标滚轮，调整视角。

b. 选择【变换】菜单下的【移动】选项卡。

c. 选中【扳手】装配体，单击【自由拖动】按钮，将其移动至滑动轴承的螺钉位置。

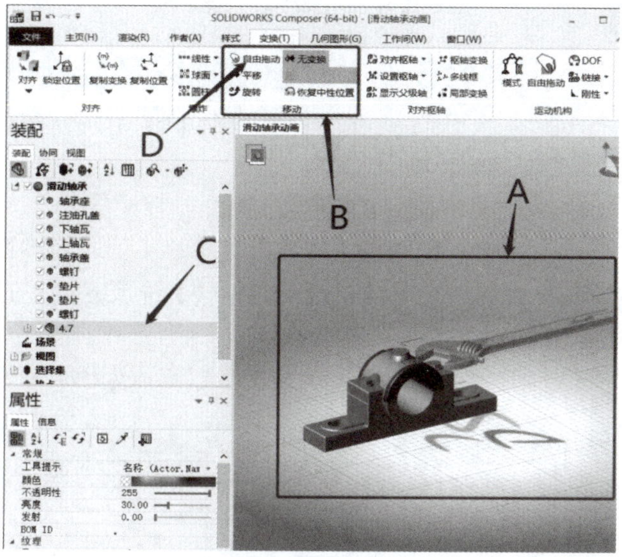

图17-73　零件的平移

⑥ 添加标注操作，如图17-74所示，操作步骤如下：

a. 单击【作者】菜单下的【标记】选项。

b. 选择→箭头【箭头】按钮右侧的展开按钮，选择【圆形箭头】按钮。

c. 在视口中单击确定轴线位置，再次单击确定空间位置。

d. 按Esc退出。

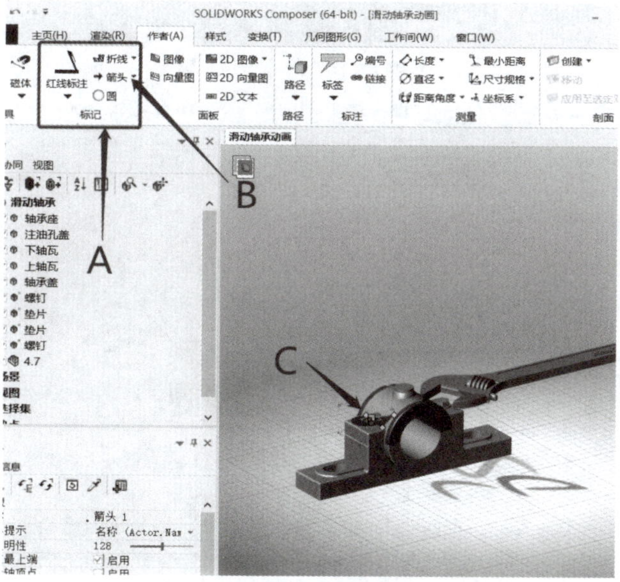

图17-74　标注的添加

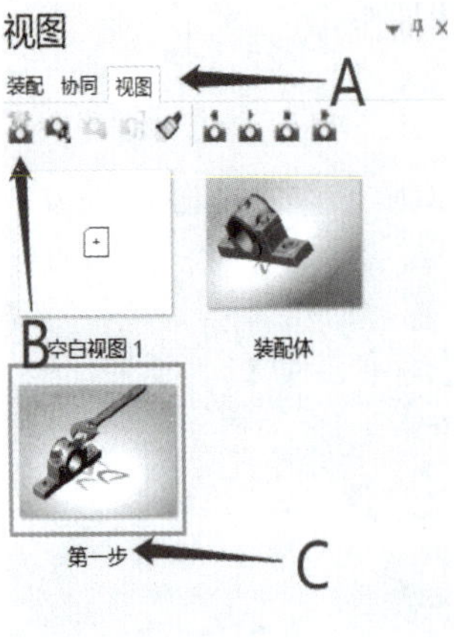

图17-75 新视图的创建

⑦ 选择【创建视图】操作，如图17-75所示，操作步骤如下：

a. 单击左侧【视图】下的【视图】选项卡。

b. 单击【创建视图】按钮，从而创建了新的步骤视图。

c.【重命名】为“第一步”。

17.5.4 设置枢轴以及旋转操作

① 选择【设置枢轴】操作，如图17-76所示，操作步骤如下：

a. 选中扳手装配体。

b. 选择【变换】菜单栏下的【对齐枢轴】选项。

c. 单击【设置枢轴】选项下的【在边界框中心】按钮。

d. 单击【旋转】按钮。

e. 按住Alt键出现红色箭头，单击确定回转中心位置，如图17-77所示。

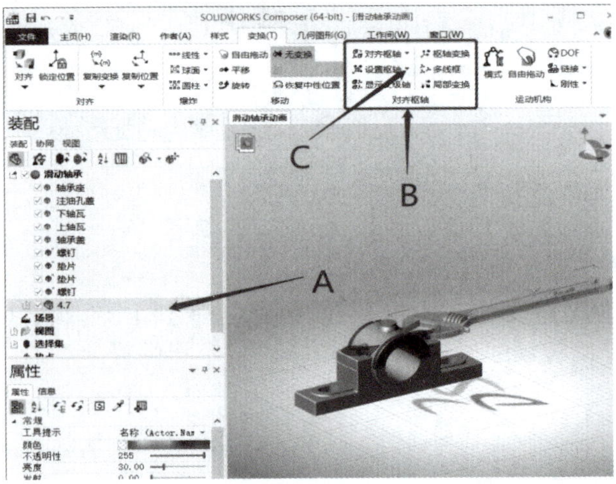

图17-76 设置枢轴

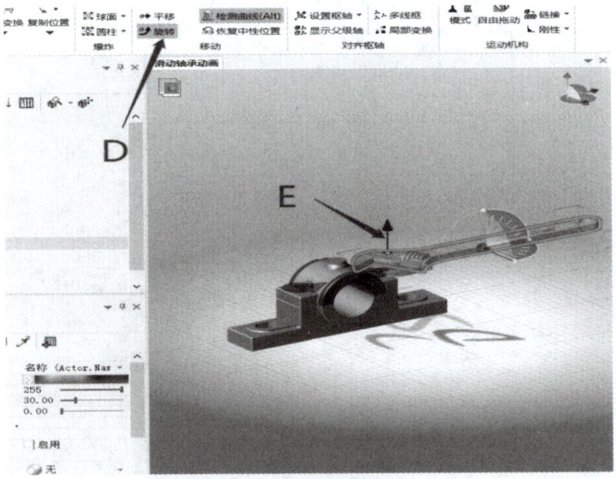

图17-77 确定回转中心位置

f. 拖动鼠标装配体发生旋转，如图17-78所示。

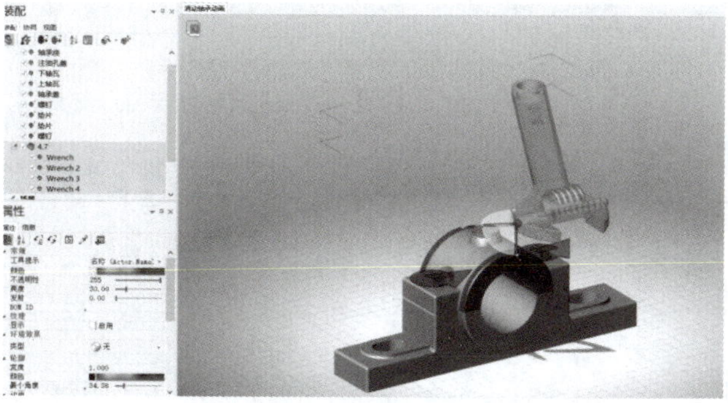

图17-78　回转中心的改变

② 对标注进行旋转操作，如图17-79所示，操作步骤如下：

a. 在左侧【协同】窗口中的【标记】选项中，分别选中两个标注。

b. 单击【旋转】按钮，分别对它们进行旋转，如图17-80所示。

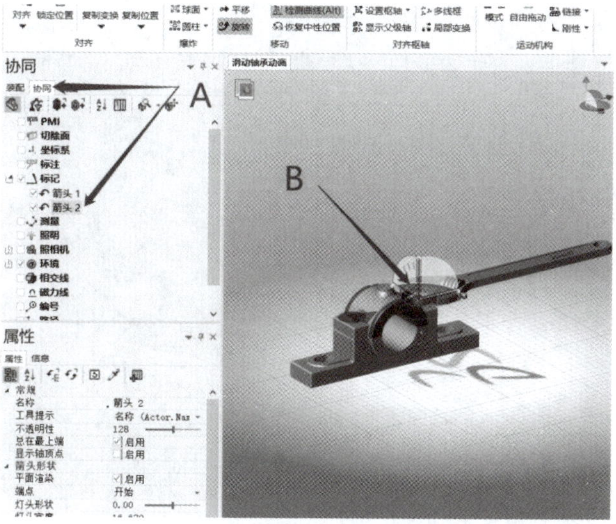

图17-79　标注的旋转操作

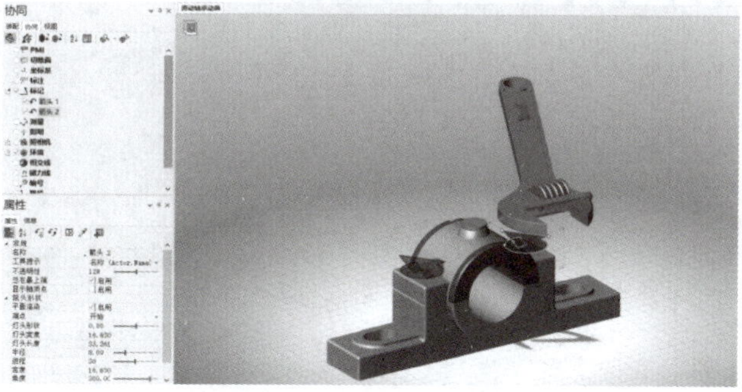

图17-80　标注的旋转

③ 创建新的视图操作，如图17-81所示，操作步骤如下：

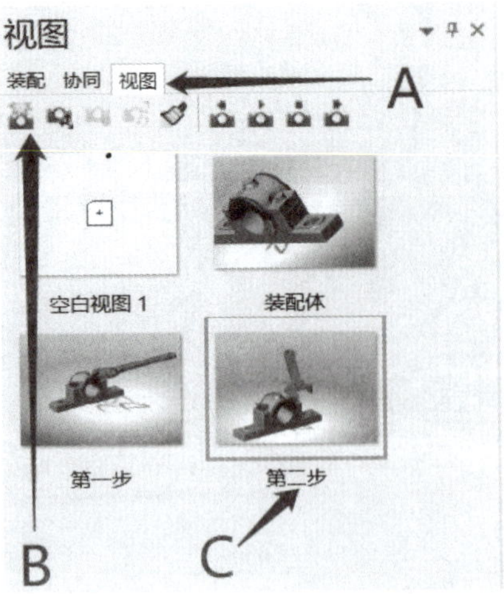

图17-81 新视图的创建

a. 单击左侧【视图】下的【视图】选项卡。

b. 单击【创建视图】按钮，从而创建了新的步骤视图。

c.【重命名】为“第二步”。

17.5.5 设置透明度以及旋转平移操作

① 调整零件和标注的透明度，如图17-82所示，操作步骤如下：

a. 按Ctrl键选中两个圆形箭头标注以及扳手的装配体。

b. 选择左下角【属性】窗口的【常规】选项。

c. 将【不透明度】调整为0，如图17-83所示。

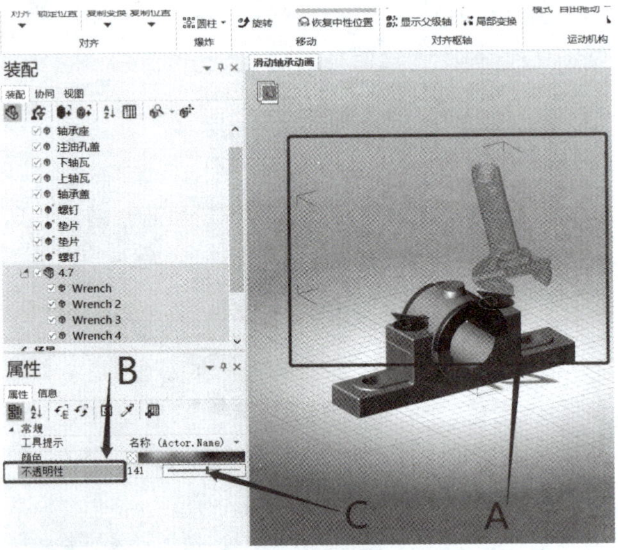

图17-82 透明度的改变

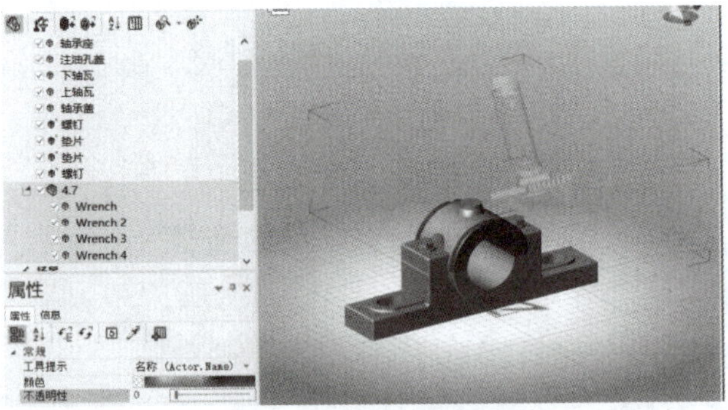

图17-83 不透明度为0

② 选择【旋转】操作，如图17-84所示，操作步骤如下：

a. 选择【主页】菜单栏下的【切换】选项。

b. 单击 对齐照相机【对齐照相机】。

c. 使生成的红色箭头垂直于端面，从而更改视角。

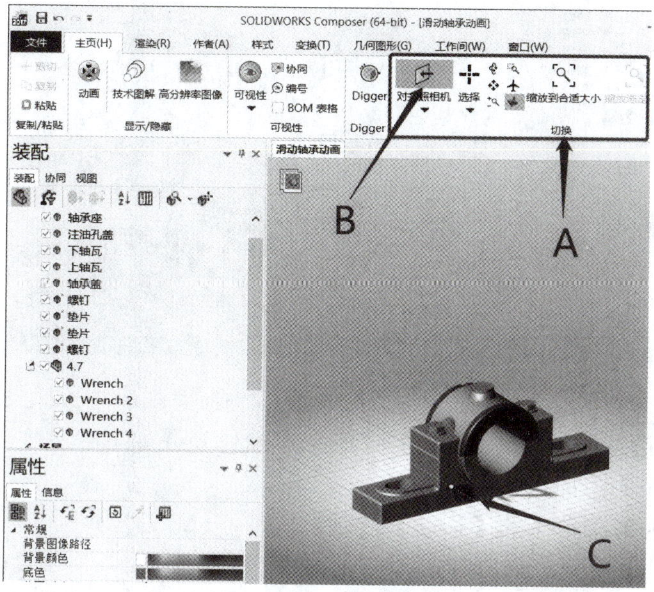

图17-84　改变视角

③ 选择【平移】和不透明度操作，如图17-85所示，操作步骤如下：

a. 按Ctrl键选中两个螺栓和注油孔盖。

b. 单击【变换】菜单下的【移动】选项。

c. 单击【平移】按钮，选择坐标系进行平移。

d. 保持选中状态，选择【属性】|【常规】选项将不透明度降为0，如图17-86所示。

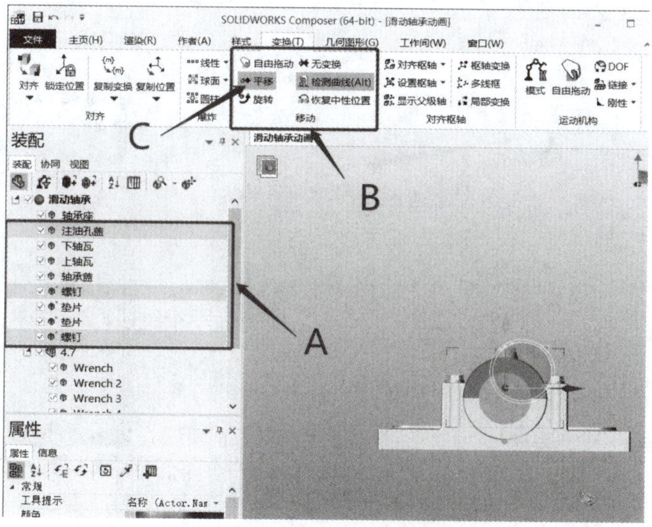

图17-85　透明度的改变

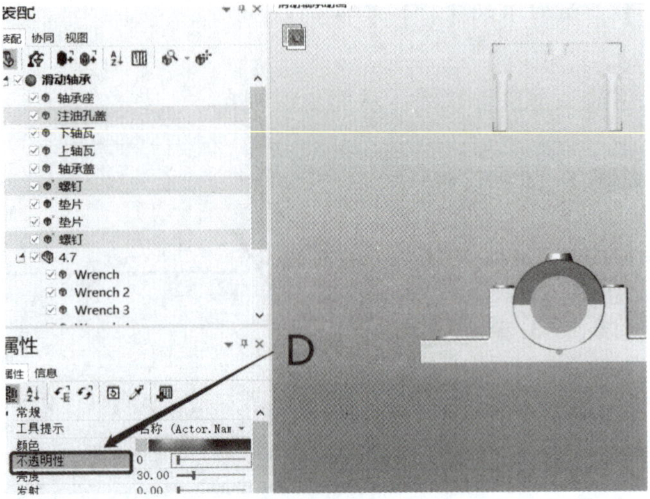

图17-86　降低透明度

④ 平移和不透明度操作，如图17-87所示，操作步骤如下：

a. 按Ctrl键选中两个垫片。

b. 单击【变换】菜单下的【移动】选项。

c. 单击【平移】按钮，选择坐标系进行平移。

d. 保持选中状态，选择【属性】|【常规】选项将不透明度降为0。

⑤ 创建新视图，如图17-88所示，操作步骤如下：

a. 单击左侧【视图】下的【视图】选项卡。

b. 单击【创建视图】按钮，从而创建了新的步骤视图。

c.【重命名】为“第三步”。

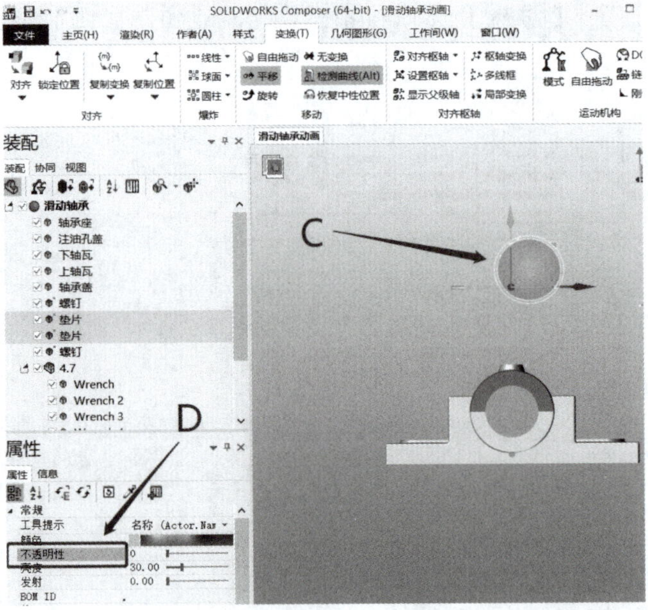

图17-87　平移和不透明度操作

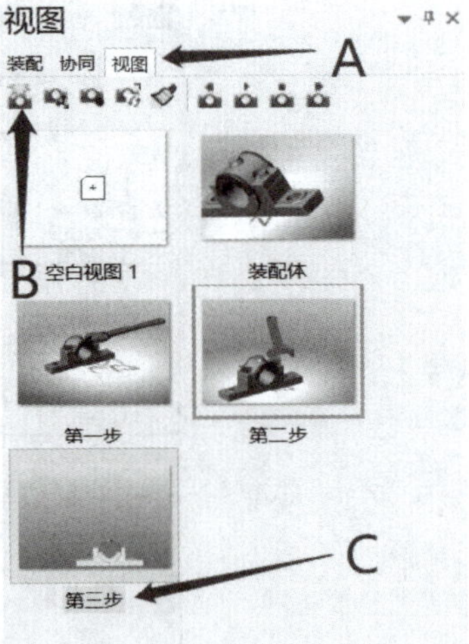

图17-88　新视图的创建

17.5.6 创建选择集以及旋转平移操作

① 创建选择集操作，如图17-89所示，操作步骤如下：

a. 按Ctrl键选中【上轴瓦】、【下轴瓦】、【轴承座】以及【轴承盖】四个零件。

b. 单击 【创建选择集】按钮。

c. 单击集合，修改集合名为集合1。

d. 双击【集合1】即可在展开的集合中显示之前选中的两个零件。

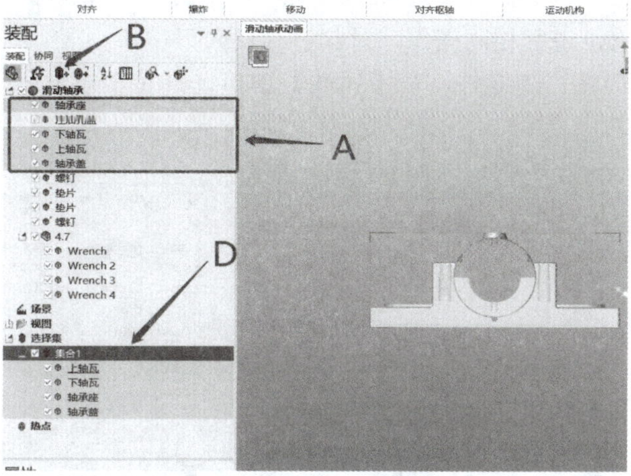

图17-89　创建选择集

② 选择【线性分解】操作，如图17-90所示，操作步骤如下：

a. 单击【变换】菜单下的【爆炸】选项卡。

b. 选择其中的【线性分解】选项，在视口中即出现了一个坐标系。

c. 单击绿色的轴线进行拖动即可实现爆炸效果。

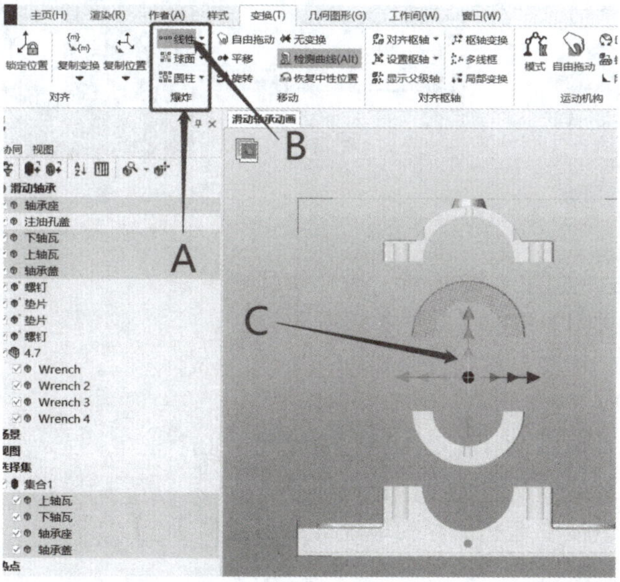

图17-90　线性分解

③ 创建新视图，如图17-91所示，操作步骤如下：

a. 单击左侧【视图】下的【视图】选项卡。

b. 单击【创建视图】按钮，从而创建了新的步骤视图。

c.【重命名】为“第四步”。

④ 选择【平移】操作，如图17-92所示，操作步骤如下：

a. 按住鼠标滚轮，旋转视角。

b. 选择【轴承盖】，在【变换】窗口中选择【移动】选项中的【平移】对其进行平移。

c. 再选中下轴承，进行相同操作，对其进行反向平移。

d. 在视口窗框选住三个零件，在【属性】窗口选择【常规】中的【不透明性】，改变它们的不透明度为0。

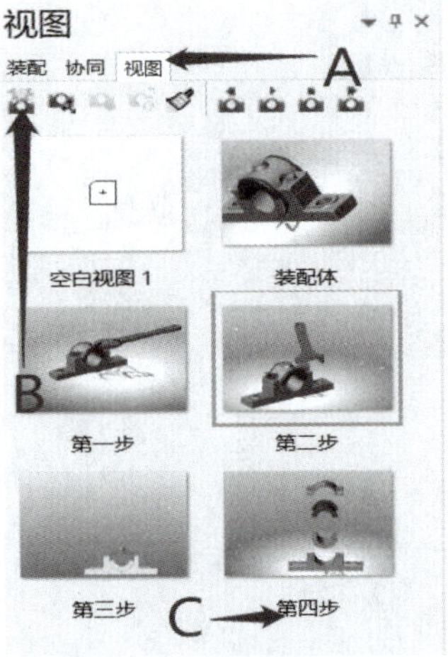

图17-91　新视图的创建

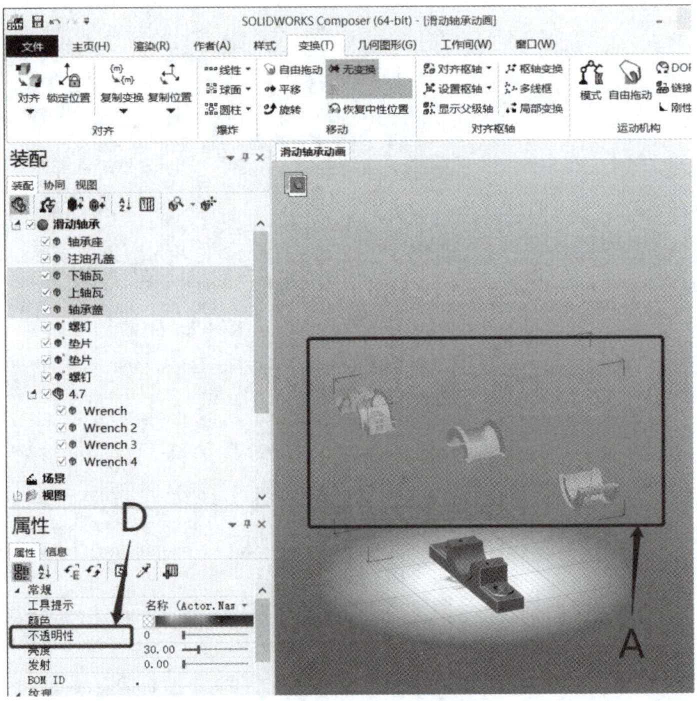

图17-92　透明度的改变

⑤ 创建新视图，如图17-93所示，操作步骤如下：

a. 单击左侧【视图】下的【视图】选项卡。

b. 单击【创建视图】按钮，从而创建了新的步骤视图。

c.【重命名】为“第五步”。

⑥ 保存文件，如图17-94所示，操作步骤如下：

a. 选择【文件】菜单下的【保存】选项。

b. 在弹出的对话框中选择保存的地址并命名【椅子1】。

c. 单击【保存】按钮。

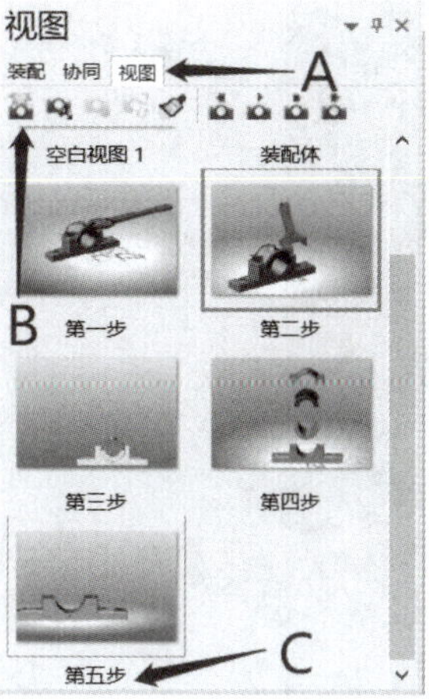

图17-93 新视图的创建

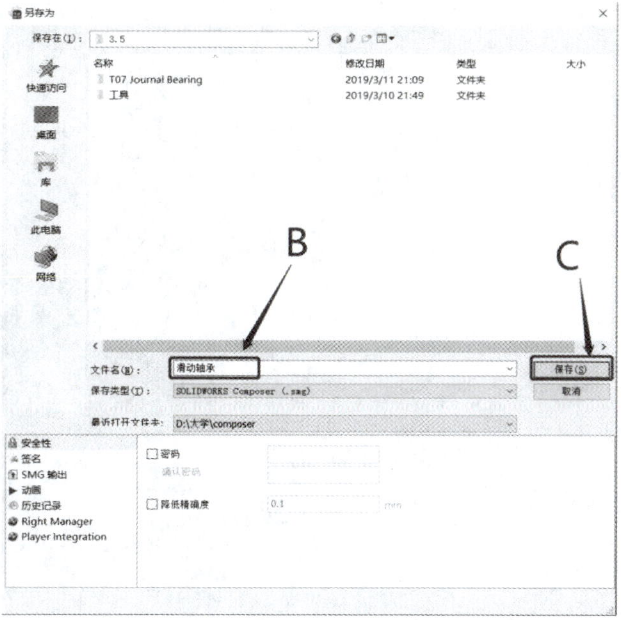

图17-94 保存文件

17.5.7 制作动画

① 制作动画准备操作，如图17-95所示，操作步骤如下：

a. 单击右侧视口左上角的【切换到动画模式】图标，进行模式切换。

b. 在【窗口】菜单中【显示/隐藏】选项中勾选【时间轴】。

c. 时间轴固定在工作区域，如图17-96所示。

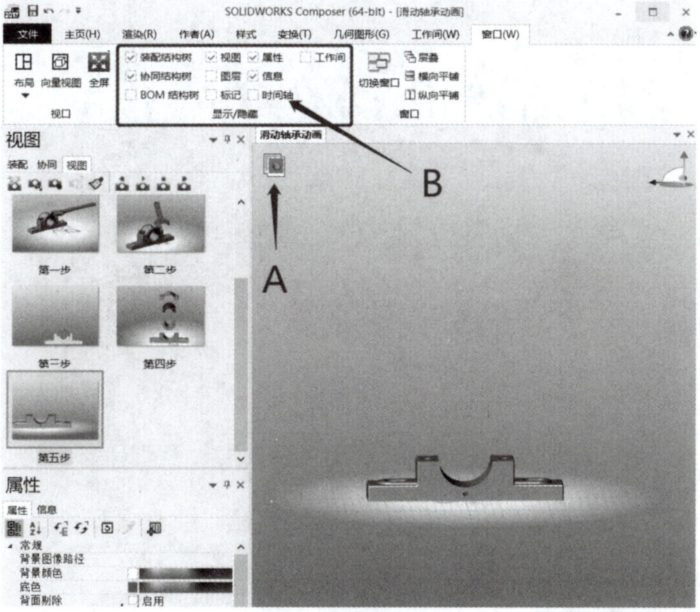

图17-95 调出动画窗口

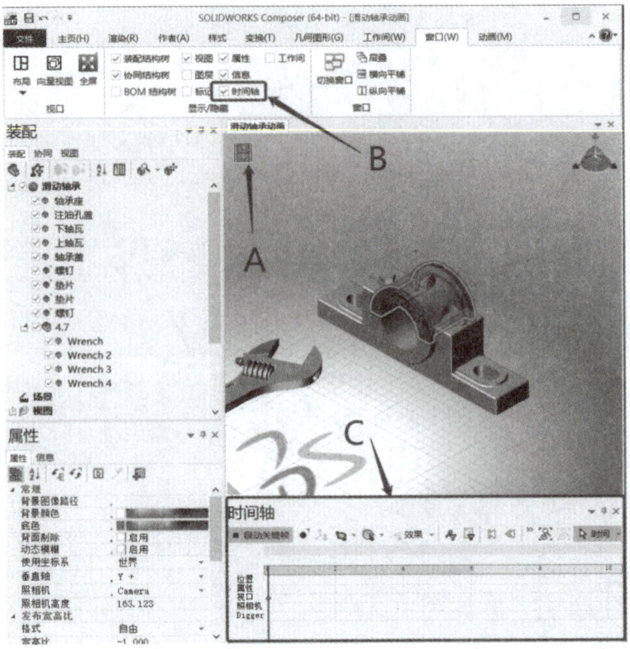

图17-96　动画窗口的固定

② 关键帧导入，如图17-97所示，操作步骤如下：

a.在【时间轴】窗口中将【时间线】拖至最左端，鼠标左键拖动视图窗口的第一个视图【装配体】移至时间线处。

b.移动时间线，将第二个视图拖至时间线处，创建第二个动作。继续插入第三个、第四个、第五个视图。

c.单击 ▷【播放】按钮即可进行动画预览，如图17-98所示。

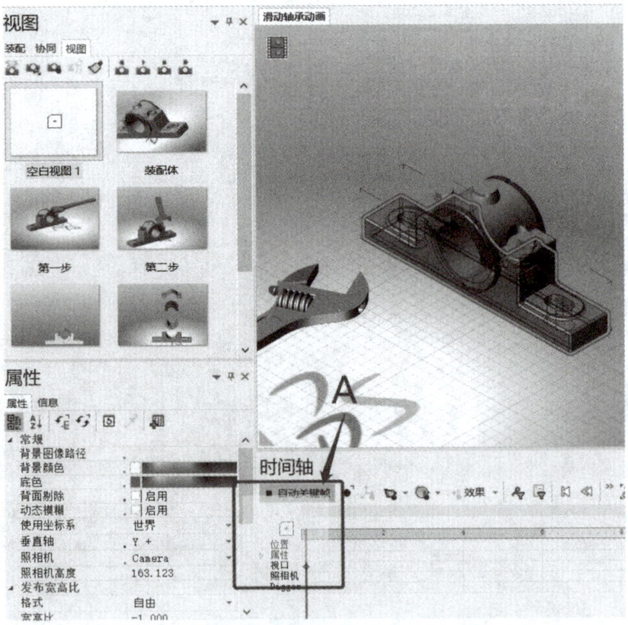

图17-97　关键帧的导入

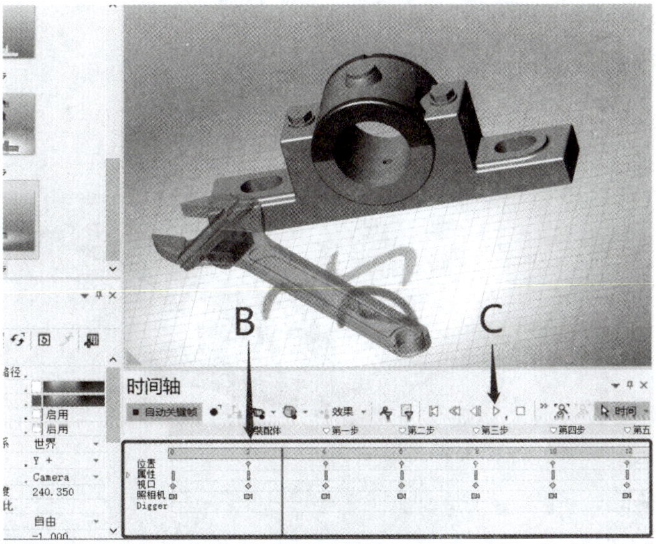

图17-98　时间轴的建立

③ 标注的显示，如图17-99所示，操作步骤如下：

a. 选择左侧的【协同】选项卡。

b. 对【标记】进行勾选。

c. 单击播放按钮，再次进行动画播放，即可发现箭头会在视口当中显示，如图17-100所示。

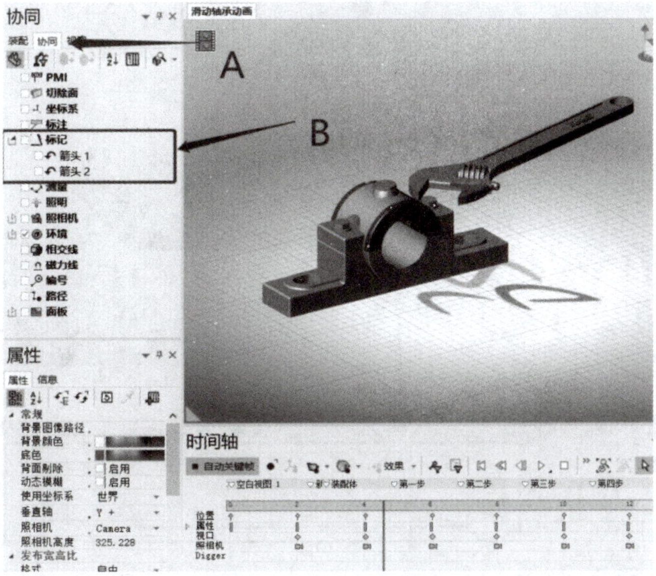

图17-99　对标记进行勾选

④ 时间线的缩短，如图17-101所示，操作步骤如下：

a. 拖动鼠标左键框选从时间轴的起始位置至动画结束位置的部分，相应的选中时间码下端会同时产生一条灰色进度条。

b. 将鼠标放置于进度条最右端，鼠标变成“一个方块右侧一个三角”的形状。

c. 拖动鼠标至时间线8.0秒处，如图17-102所示。

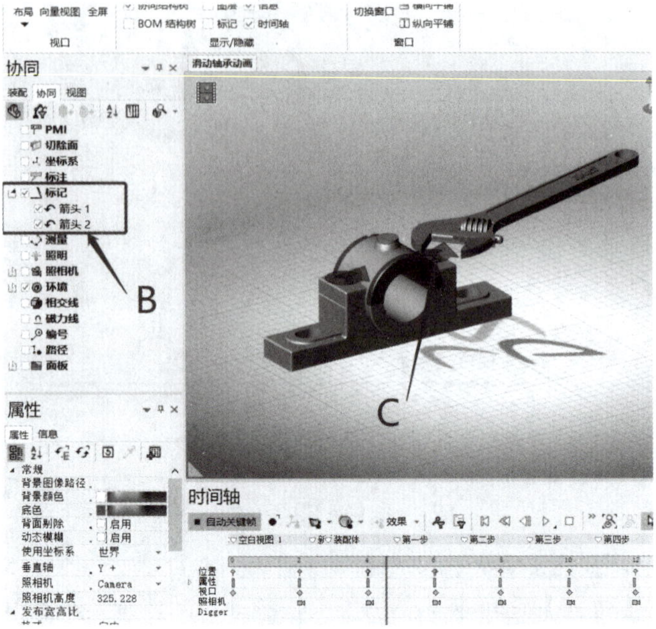

图17-100 标记的显现

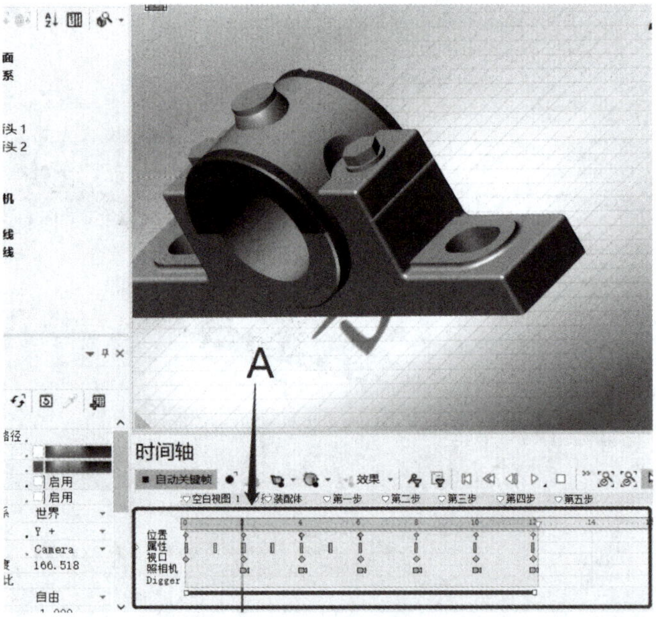

图17-101 选中坐标轴

⑤ 保存动画，如图17-103所示，操作步骤如下：

a. 选择【文件】菜单，展开【另存为】选项。

b. 单击【avi另存为】，在弹出的对话框中选择保存目录并命名视频为【滑动轴承动画】。

c. 单击【保存】按钮。

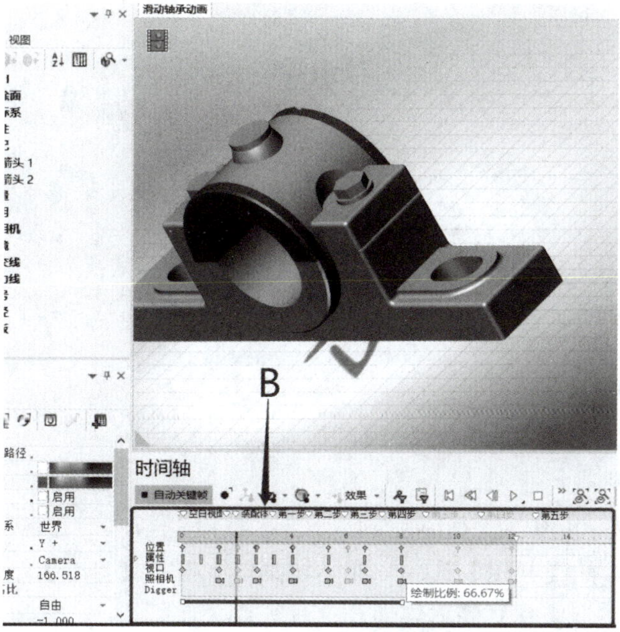

图17-102　时间线的缩短

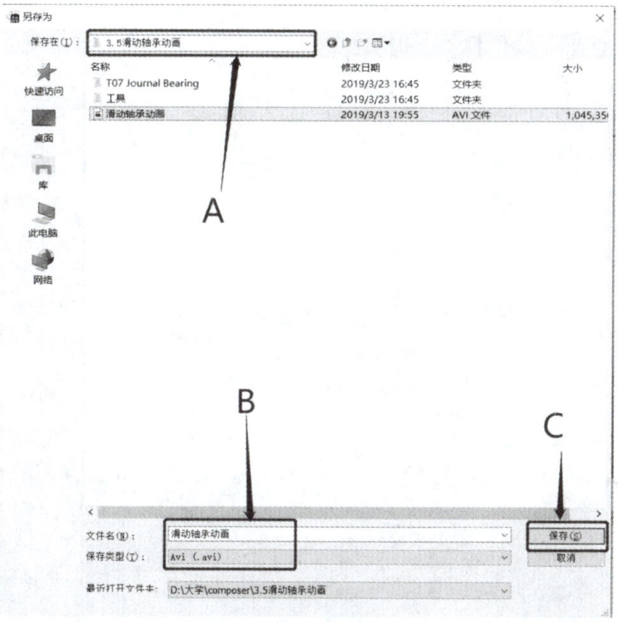

图17-103　动画保存

扫码看视频

17.6　组装动画制作范例

本例以曲柄摇块机构为动画制作对象，介绍安装动画的具体制作方法，机构模型如图17-104所示。

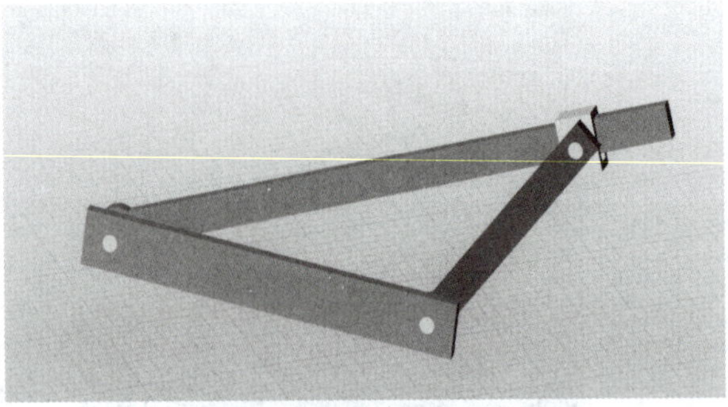

图17-104　机构模型

具体步骤如下。

17.6.1　准备工作

① 启动中文版SolidWorks Composer。

a. 单击菜单栏中的【开始】选项，在下拉菜单中选择【打开】。

b. 在弹出的对话框中找到装配体所在文件夹。

c. 在【文件类型】中勾选【.sldasm】，即可找到装配体。

d. 双击打开，如图17-105所示。

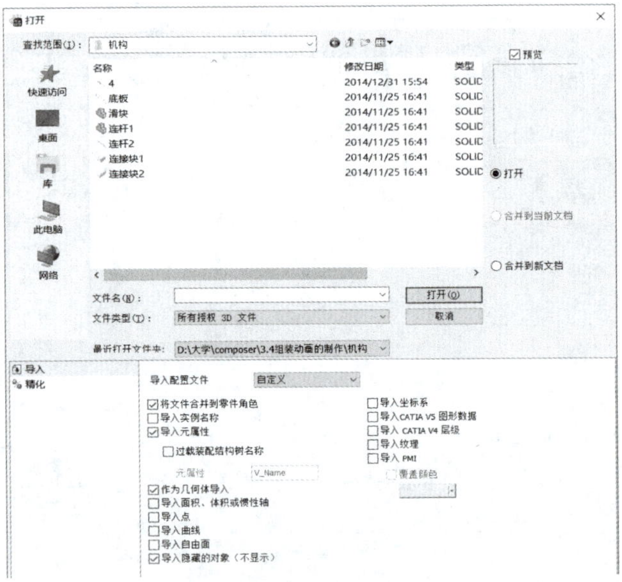

图17-105　打开模型

② 等待软件加载，如图17-106所示。

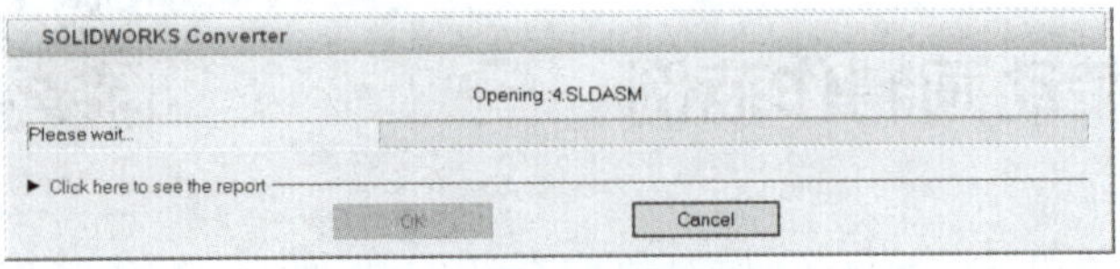

图17-106　软件加载

③ 熟悉装配体，如图17-107所示，操作步骤如下：

a. 在左侧装配窗口的【装配】选项下可以显示导入的摇柄滑块装配体。

b. 展开装配结构树，可以显示它的零件。

c. 单击零件即可在右侧的窗口中显示，从而熟悉所有零件。

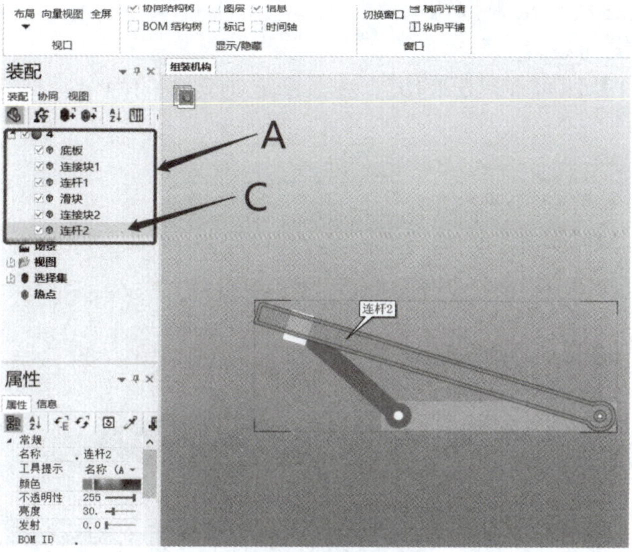

图17-107　装配结构树

17.6.2　视图创建

创建视图，如图17-108所示，操作步骤如下：

① 单击左侧【视图】窗口下的【视图】选项卡。

② 单击【创建视图】按钮，从而创建了第一个视图。

③ 单击名称，命名为【装配体】。

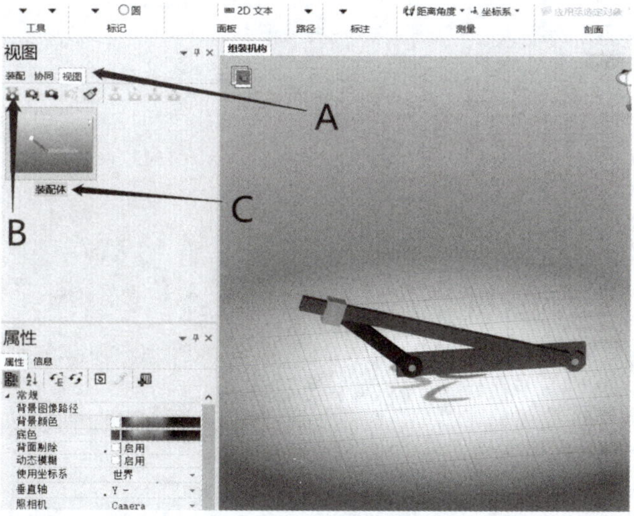

图17-108　新视图的创建

17.6.3 选择集的创建与平移

① 创建选择集，如图17-109所示，操作步骤如下：

a. 按Ctrl键同时选中【连接块1】和【连接块2】两个零件。

b. 单击 【创建选择集】按钮。

c. 命名该选择集为集合1。

d. 双击【集合1】即可在展开的集合中显示之前选中的两个零件。

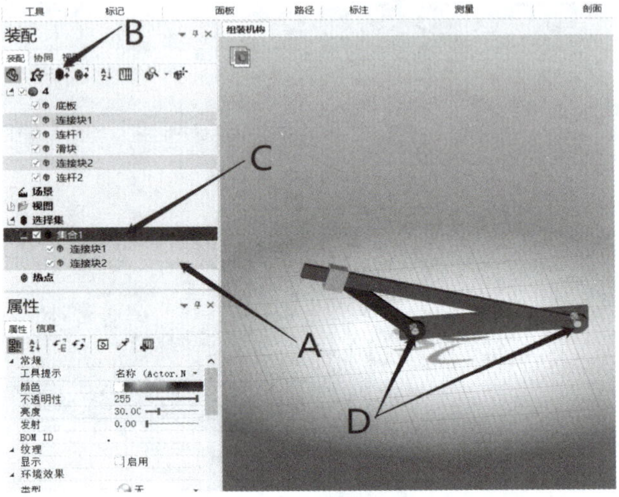

图17-109 选择集的创立

② 选择集的移动，如图17-110所示，操作步骤如下：

a. 选中【集合1】。

b. 在【变换】菜单下【移动】选项卡中选择 【平移】按钮。

c. 可以发现窗口中选中的零件上出现了空间坐标系。

d. 单击蓝色的【Y坐标轴】，在左下属性栏中输入值“150”，如图17-111所示。

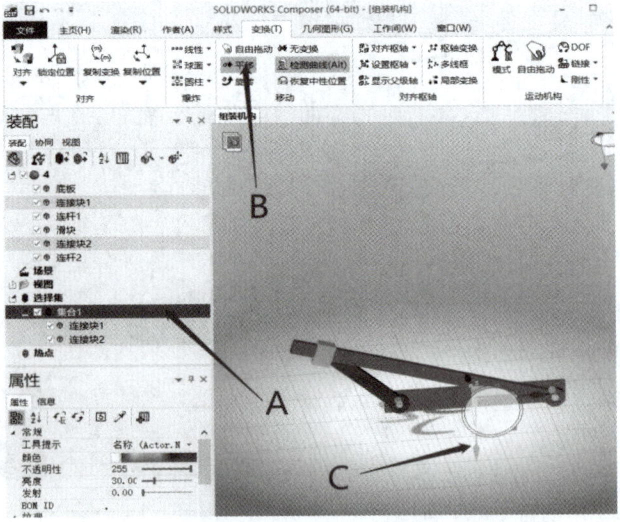

图17-110 零件的平移

③ 创建新视图，如图17-112所示，操作步骤如下：

a. 单击左侧【视图】下的【视图】选项卡。

b. 单击【创建视图】按钮。

c. 从而创建了新的螺母拆卸的视图，并命名为【螺母拆卸】。

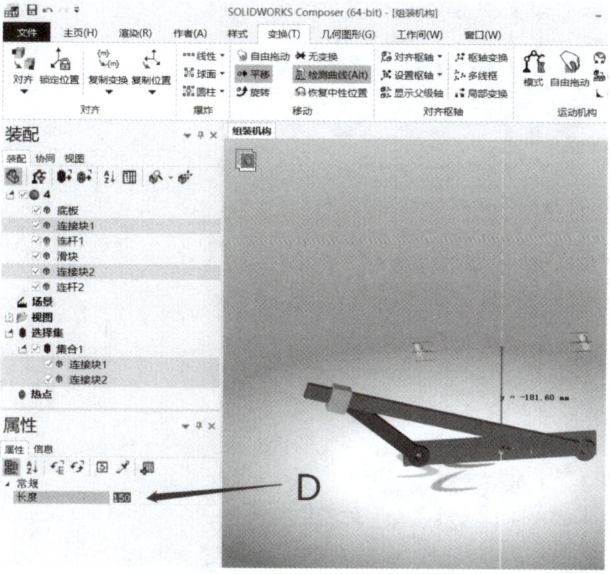

图17-111　平移属性设置

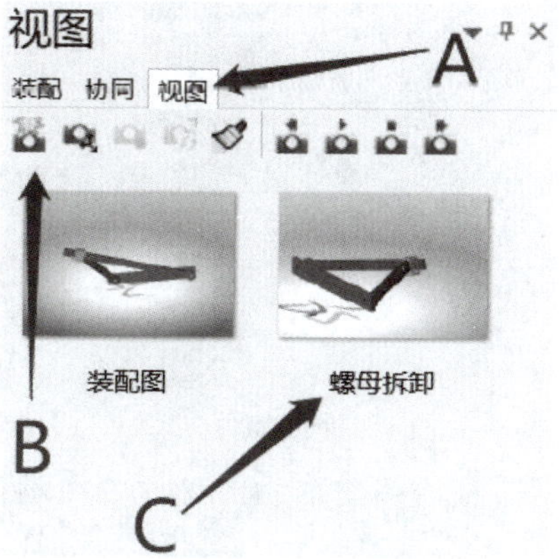

图17-112　新视图的创建

17.6.4　对齐操作与标注的添加

① 对齐照相机操作，如图17-113所示，操作步骤如下：

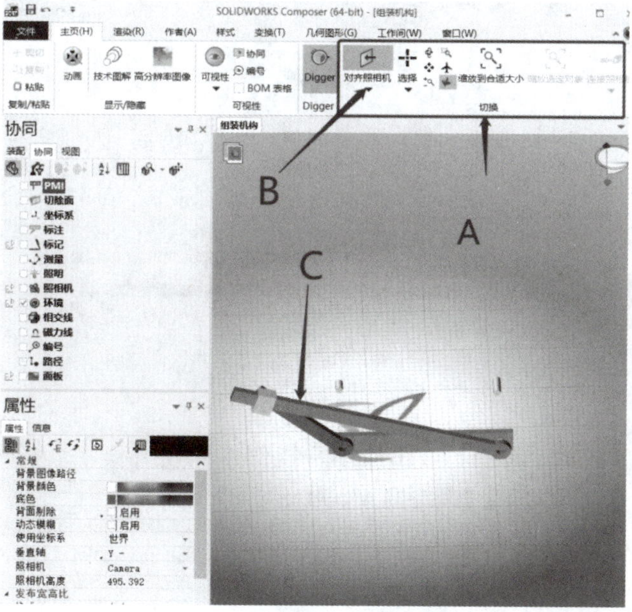

图17-113　选择对齐照相机按钮

a.选择【主页】菜单栏下的【切换】选项卡。

b.单击 对齐照相机【对齐照相机】按钮。

c.选择模型的上平面，如图17-114所示。

d.出现红色箭头，单击【确定】按钮，从而转换成如图17-115所示的视角。

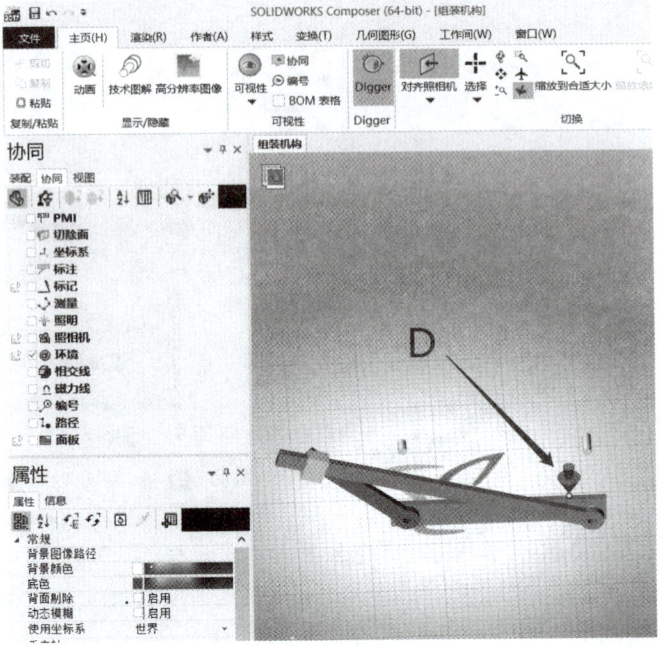

图17-114 对齐操作

图17-115 转换后视角

② 箭头标注的添加，如图17-116所示，操作步骤如下：

a.单击【作者】菜单下的【标记】选项。

b.选择其中的 箭头【箭头】按钮。

c.在视口中画出箭头。

d.按Esc键退出，如图17-117所示。

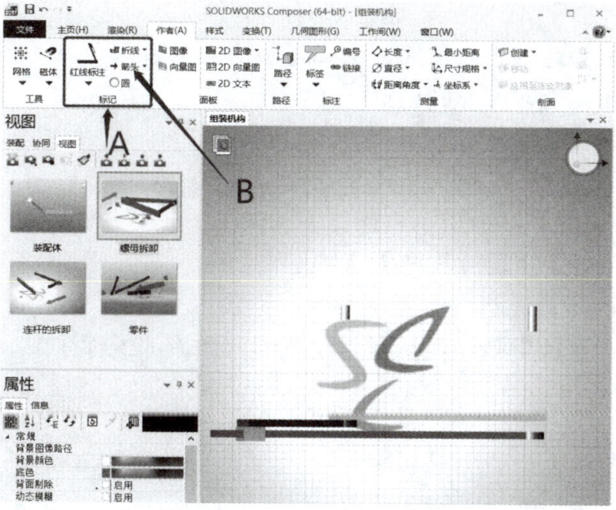

图17-116　箭头标注的添加操作

图17-117　添加标注

③ 圆形箭头的添加，如图17-118所示，操作步骤如下：

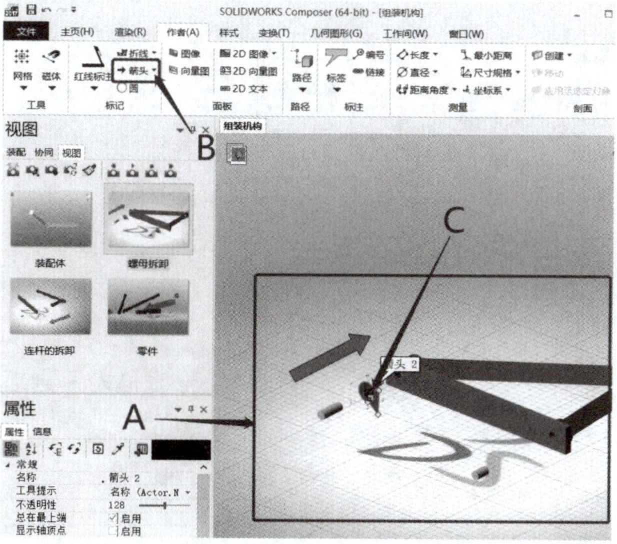

图17-118　圆形箭头标注的添加操作

a. 更改视角。
b. 单击【箭头】旁边的下拉按钮，选择【圆形箭头】。
c. 将鼠标放置在孔处即可形成预览。
d. 再次单击确认位置。
e. 按Esc键退出，如图17-119所示。
④ 更新视图，如图17-120所示，操作步骤如下：
a. 单击左侧【视图】下的【视图】选项卡。
b. 选中【螺母拆卸】视图。
c. 单击【更新视图】按钮，从而为原有的视图添加了标注。

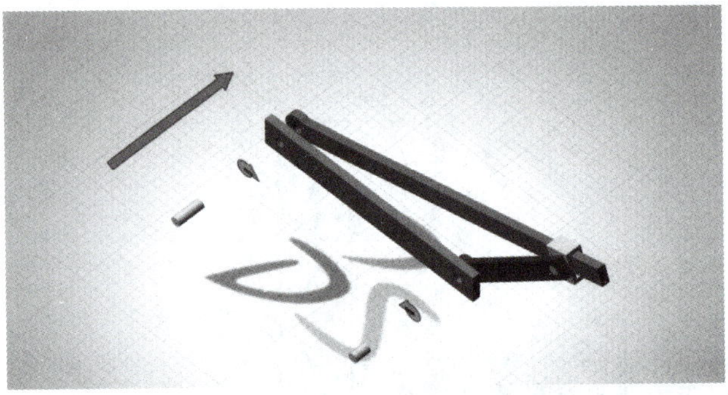

图17-119 箭头标注的添加

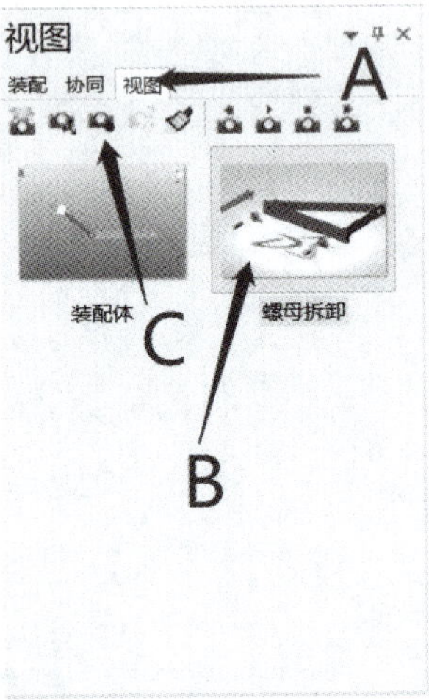

图17-120 更新视图

17.6.5 平移操作与标注的添加

① 多个零件的移动如图17-121所示，操作步骤如下：

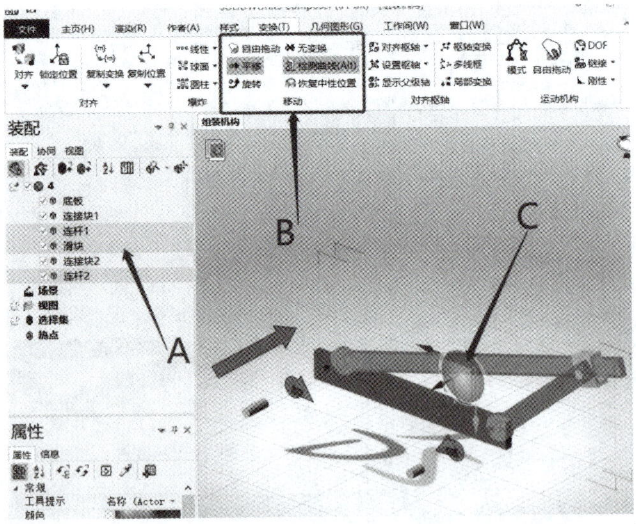

图17-121 多个零件的移动

a. 按Ctrl键同时选中【连杆1】、【滑块】和【连杆2】三个零件。
b. 单击【变换】菜单下的【移动】选项卡。
c. 选择【平移】按钮，单击相应的坐标轴直接进行平移操作，如图17-122所示。

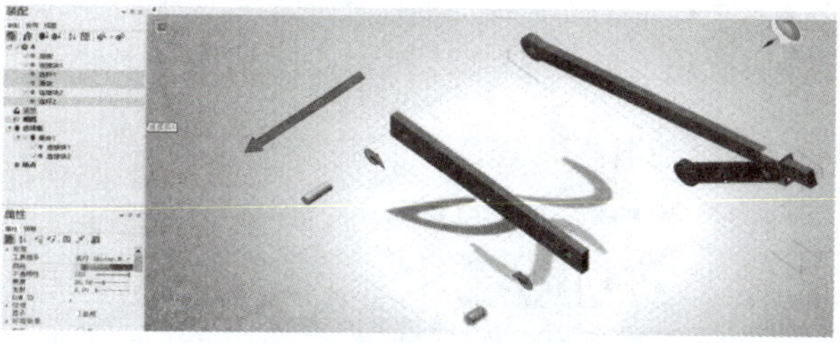

图17-122 连杆的平移

② 对移动零件进行添加标注操作，如图17-123和图17-124所示，操作步骤如下：

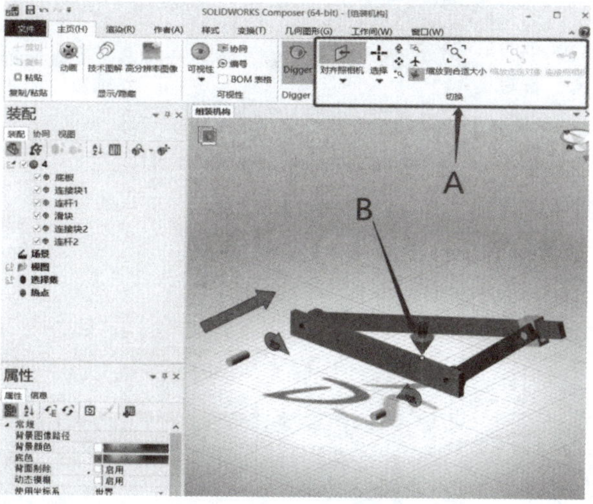

图17-123 切换视角

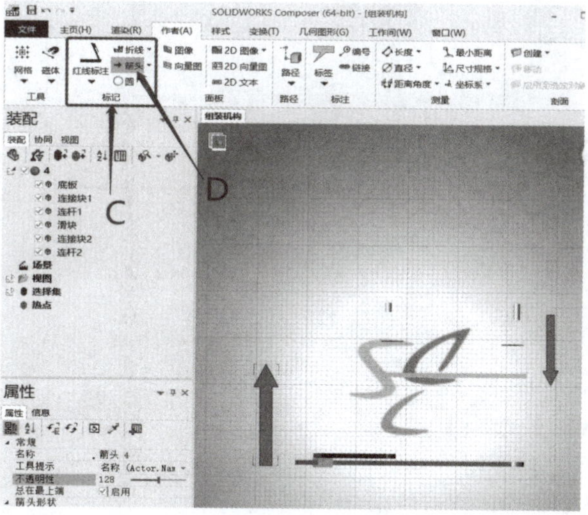

图17-124 添加标注

a. 选择【主页】菜单栏中的【切换】选项。
b. 单击【对齐照相机】按钮，选择模型的上平面。
c. 单击【作者】菜单下【标记】选项中的【箭头】按钮。
d. 在视口中画出箭头。
e. 按住鼠标滚轮切换视角，如图17-125所示。

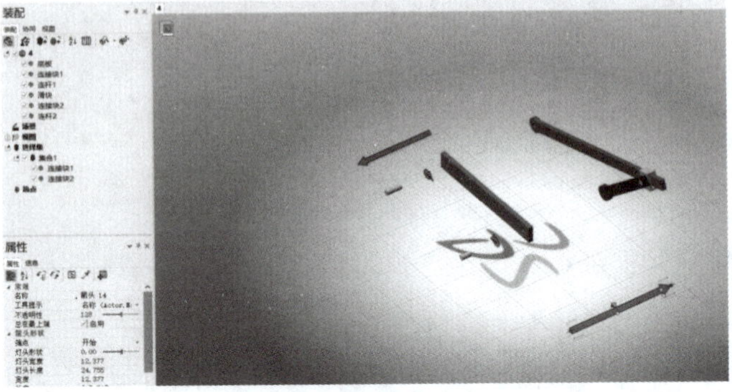

图17-125　切换视角

③ 标注的取消显示操作，如图17-126所示，操作步骤如下：
a. 单击左侧【协同】选项卡，将【标记】展开。
b. 选择【箭头1】、【箭头2】、【箭头3】三个标记。
c. 取消对其的勾选状态，如图17-127所示。

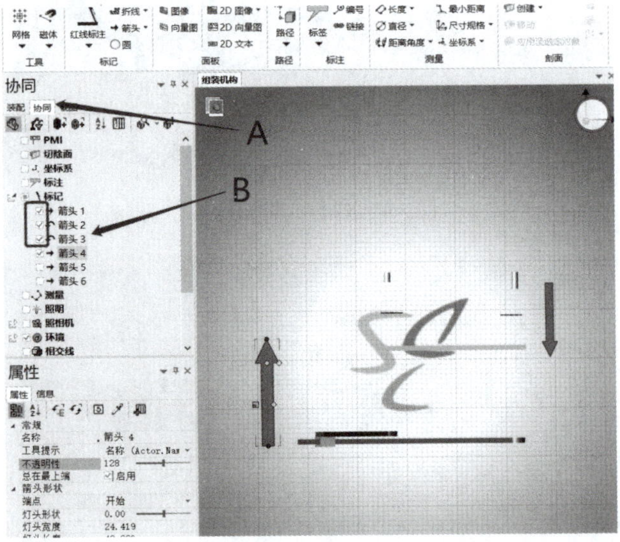

图17-126　选中标注

④ 创建新视图，如图17-128所示，操作步骤如下：
a. 单击左侧【视图】选项卡。
b. 单击【创建视图】按钮，从而创建了新的连杆拆卸视图。
c. 重命名为“连杆拆卸”。

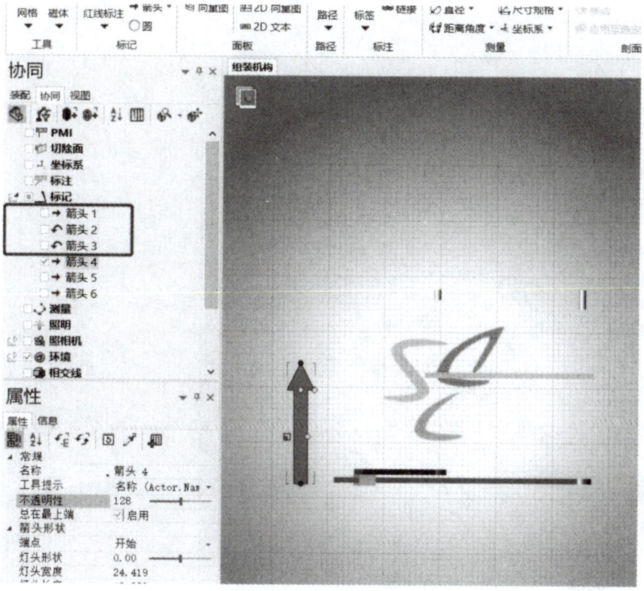

图17-127　取消勾选

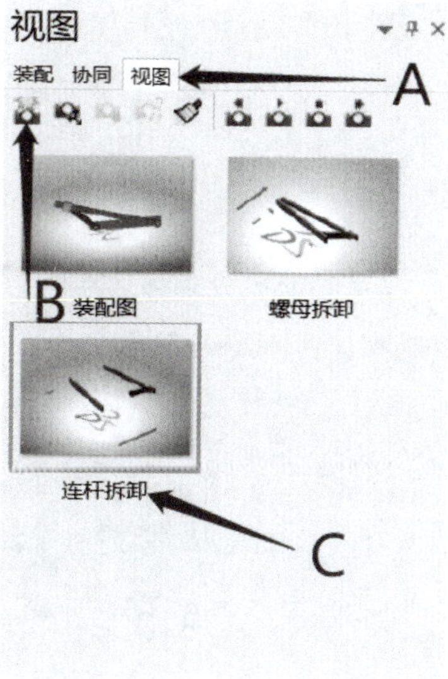

图17-128　新视图的创建

17.6.6　线性分解与标注的添加

① 取消标记，如图17-129所示，操作步骤如下：

a. 在【协同】选项卡选中【标记】。

b. 找到【箭头4】，如图17-130所示。

c. 取消对它的勾选状态。

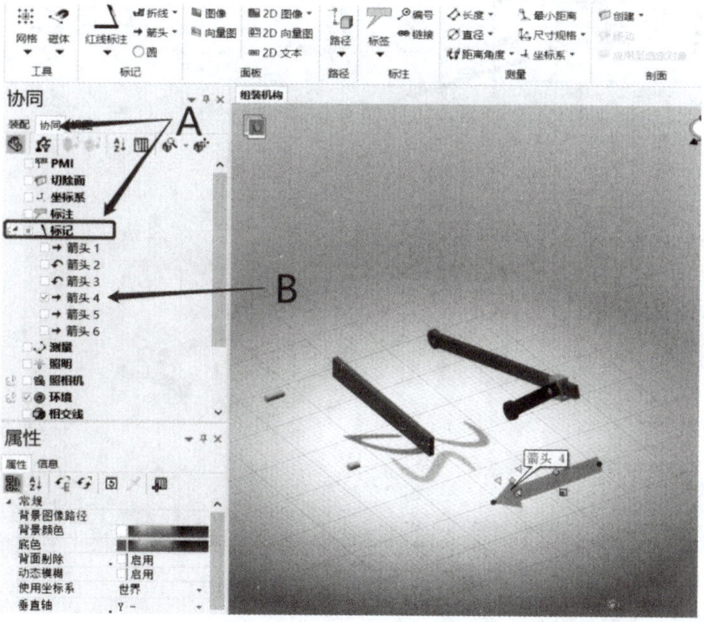

图17-129　标记选择

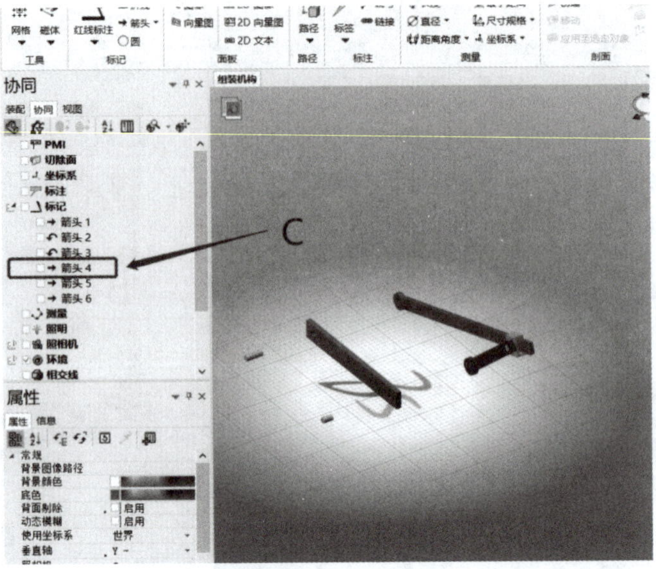

图17-130　取消勾选

② 复制变换，如图17-131所示，操作步骤如下：

a. 选中需要移动的【连杆1】零件。

b. 选择【变换】菜单栏下的【对齐】选项。

c. 单击 【复制变换】命令右侧的下拉三角的【在2个角色之间】。

d. 分别单击【连接块1】和【底板】两个零件，此时可以预览到零件位置发生了变化。

e. 单击【确定】按钮，如图17-132所示。

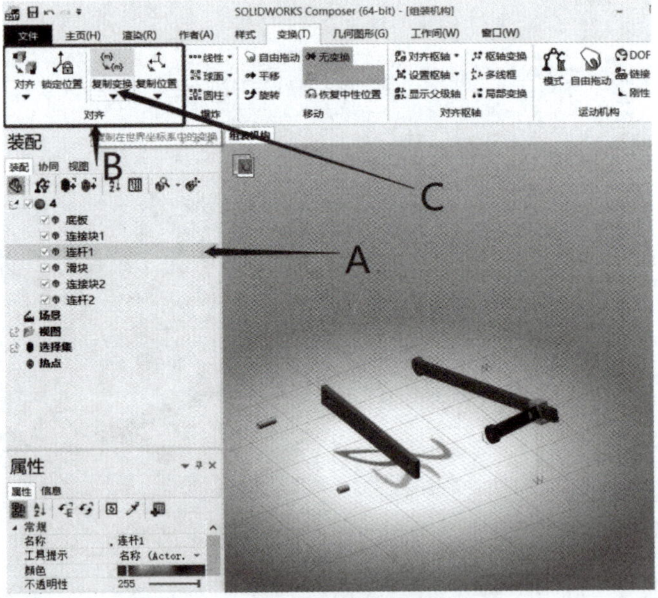

图17-131　复制变换操作步骤

③ 零件的线性分解，如图17-133所示，操作步骤如下：

a. 按Ctrl键同时选中【滑块】和【连杆2】两个零件。

b.单击【变换】菜单下的【爆炸】选项。

c.选择【线性分解】按钮，向红色坐标轴的反方向进行拖动，如图17-134所示。装配体拆解完成。

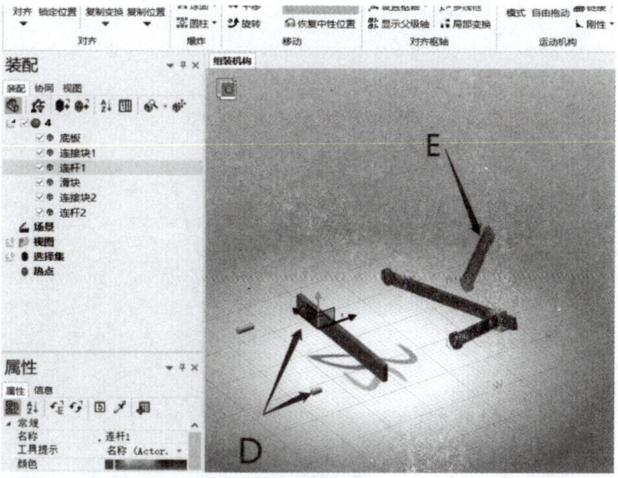

图17-132　复制变换效果

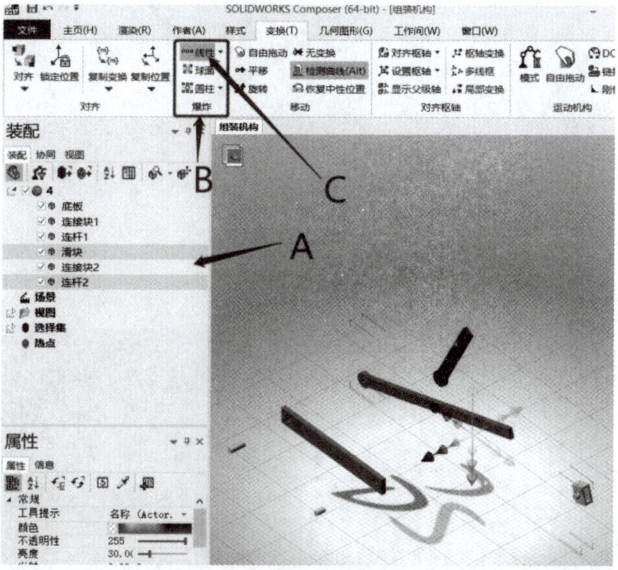

图17-133　线性分解

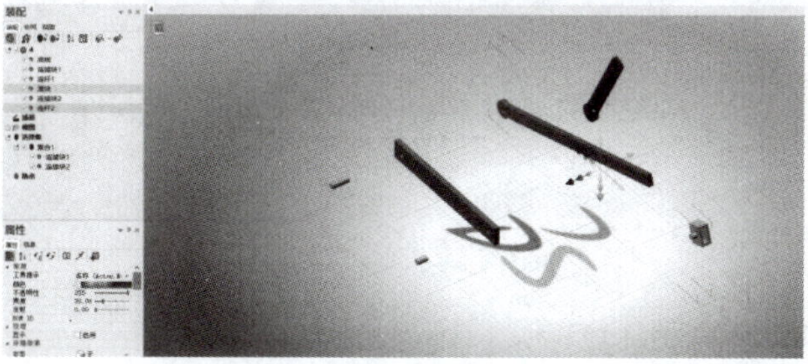

图17-134　零件拆解

④ 进行标注，如图17-135所示，操作步骤如下：

a.单击【对齐照相机】，更改视图方向。

b.选择模型的上平面，出现红色箭头，单击【确定】。

c.单击【箭头】按钮，在视口中画出箭头，为其进行标注的添加，按Esc键退出，如图17-136所示。

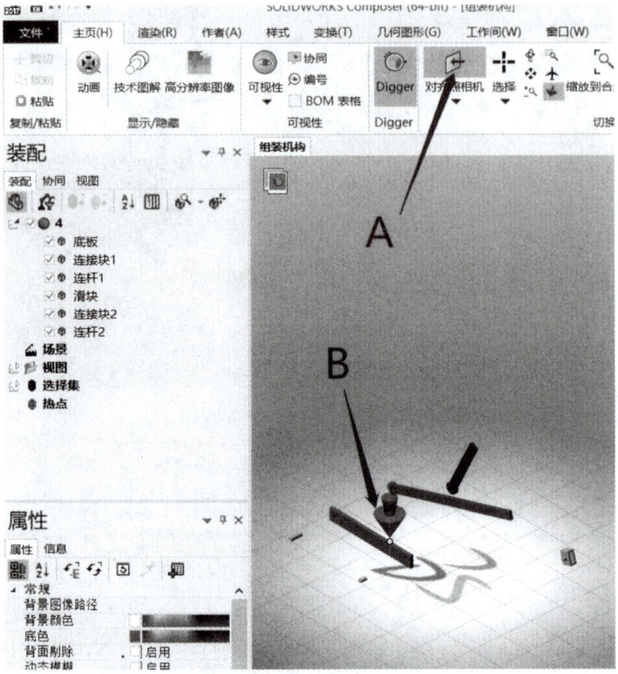

图17-135　更改视图

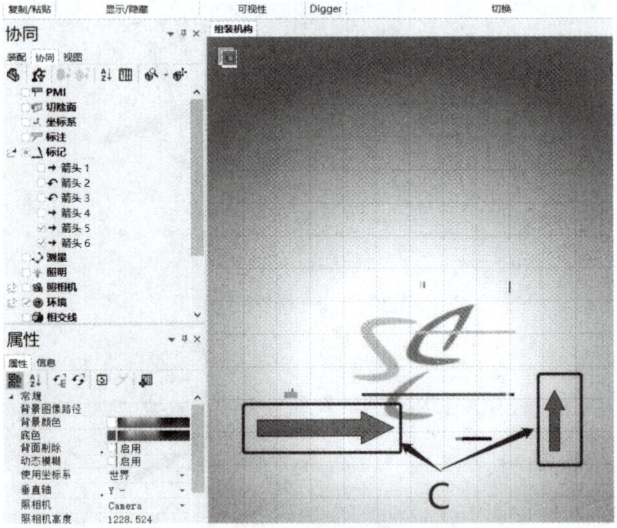

图17-136　添加标记

⑤ 创建新视图，如图17-137所示，操作步骤如下：

a.按住鼠标滚轮，调整视角，如图17-138所示。单击右侧【视图】下的【视图】选项卡。

b.单击【创建视图】按钮，从而创建新的视图。

c.重新命名为“零件”。

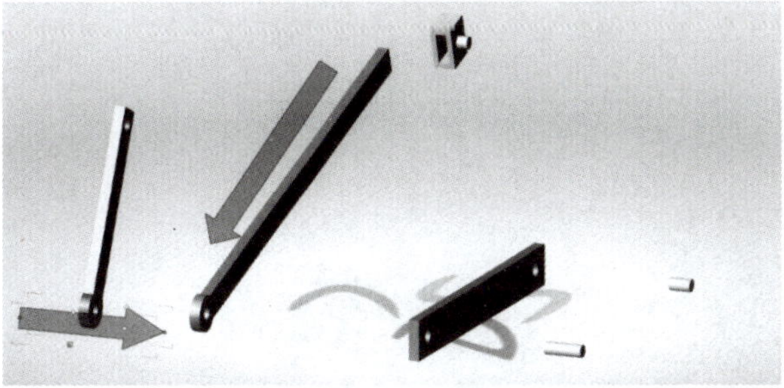

图17-137　旋转视角

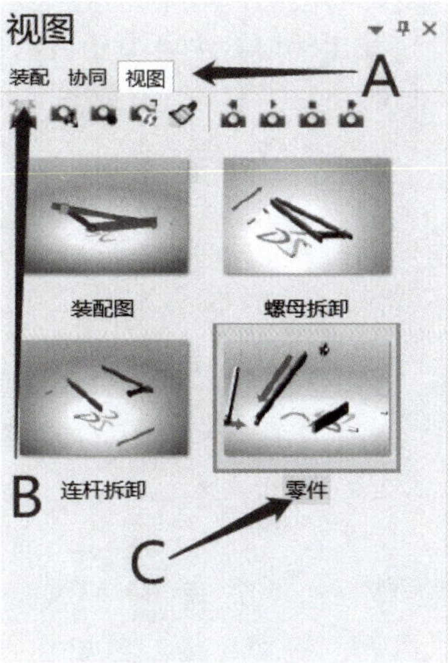

图17-138　新视图的创建

⑥ 保存文件，如图17-139所示，操作步骤如下：

a.选择【文件】菜单下的【保存】选项。

b.在弹出的对话框中选择保存的地址。

c.命名为【组装机构】。

d.单击【保存】即可。

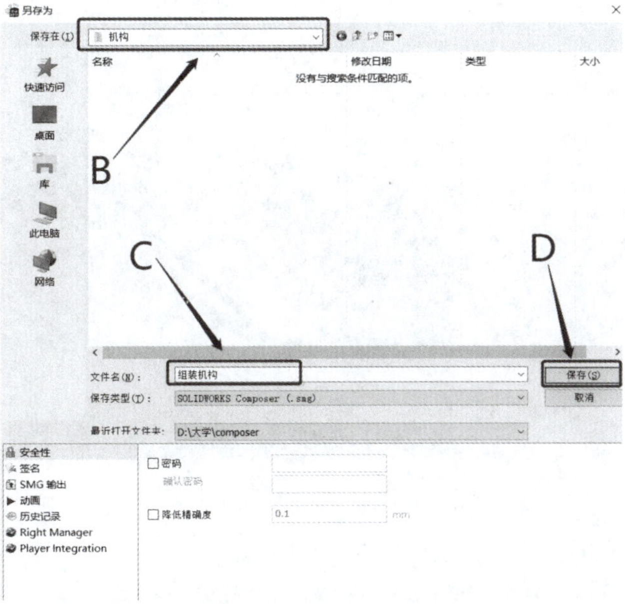

图17-139　保存文件

17.6.7 制作动画

① 制作动画准备操作，如图17-140所示，操作步骤如下：

a. 单击右侧视口左上角的▣【切换到动画模式】图标，进行模式切换。

b. 在【窗口】菜单中【显示/隐藏】选项中勾选【时间轴】。

c. 时间轴固定在工作区域，如图17-141所示。

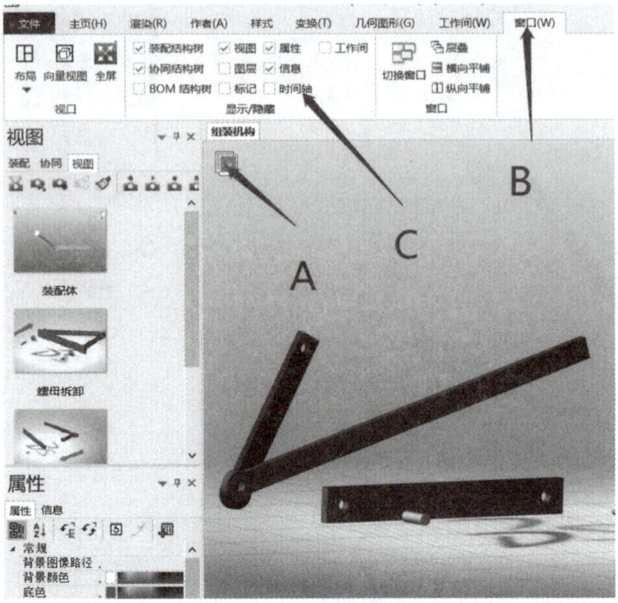

图17-140　调出动画窗口

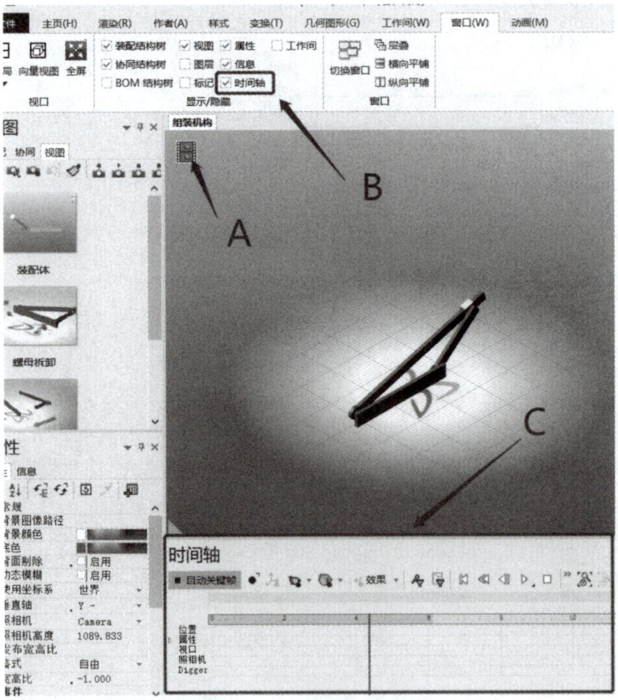

图17-141　动画窗口的固定

② 关键帧导入，如图17-142所示，操作步骤如下：

a.在【时间轴】窗口中将【时间线】拖至最左端，鼠标左键拖动视图窗口的第一个视图【装配体】移至时间线处。

b.移动时间线，将第二个视图拖至时间线处，创建第二个动作。继续插入第三个、第四个、第五个视图。

c.单击 ▷【播放】按钮即可进行动画预览，如图17-143所示。

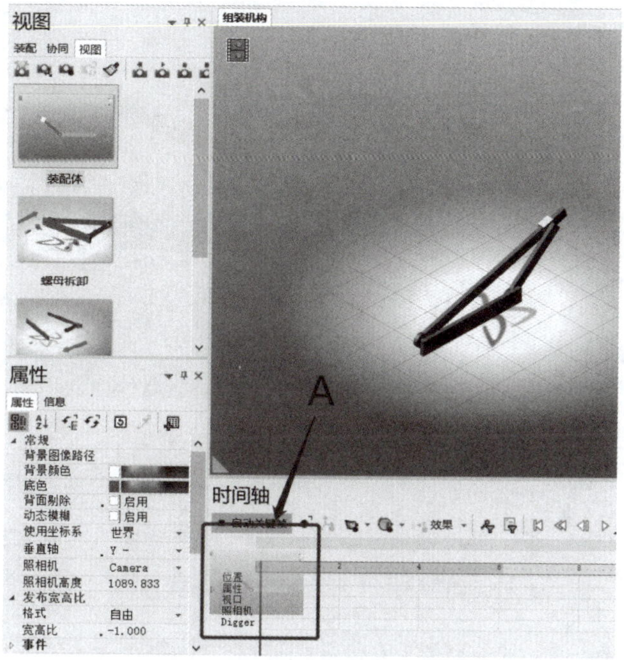

图17-142　关键帧的导入

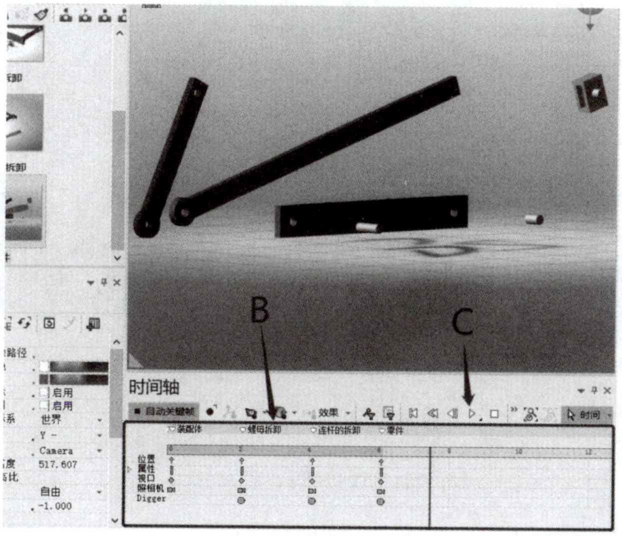

图17-143　时间轴的建立

③ 标注的显示，如图17-144所示，操作步骤如下：

a.选择左侧的【协同】选项卡。

b.对【标记】进行勾选。

c.单击【播放】按钮，再次进行动画播放，即可发现箭头会在视口当中显示，如图17-145所示。

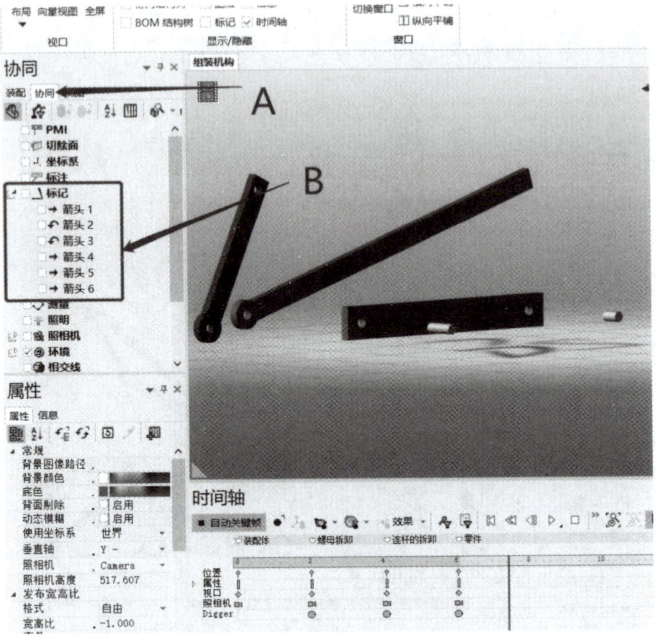

图17-144　对标记进行勾选

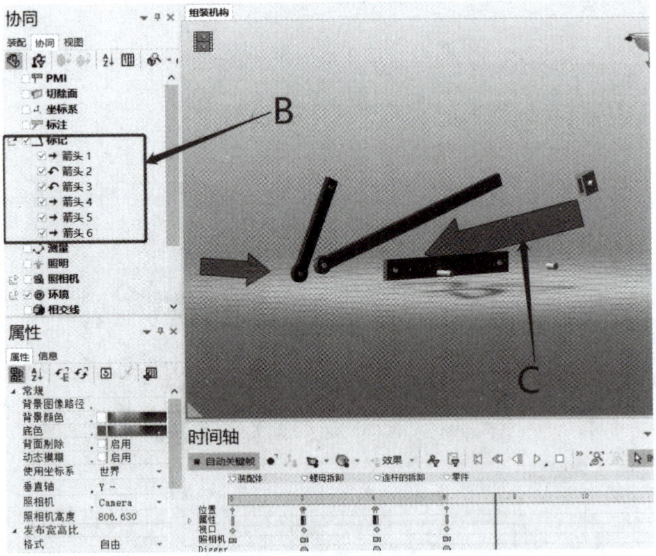

图17-145　标记的显现

④ 反转关键帧，如图17-146所示，操作步骤如下：

a.鼠标框选所有关键帧。

b. 单击鼠标右键，选择【反转时间选择】，从而将关键帧反转。

c. 单击【播放】按钮，即可显示预览动画，如图17-147所示。

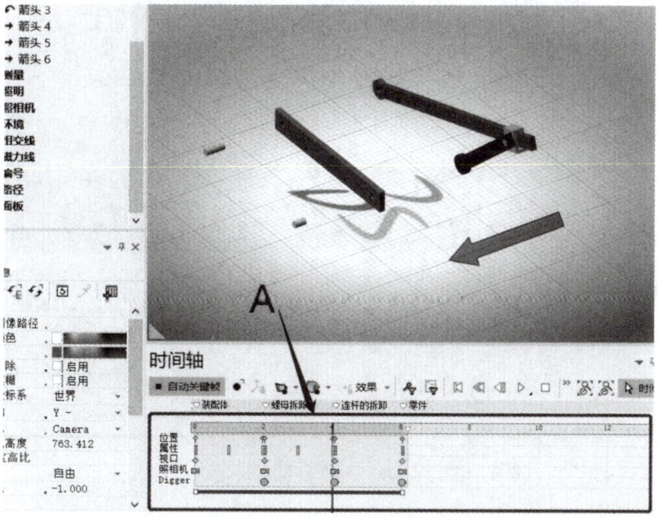

图17-146　框选关键帧

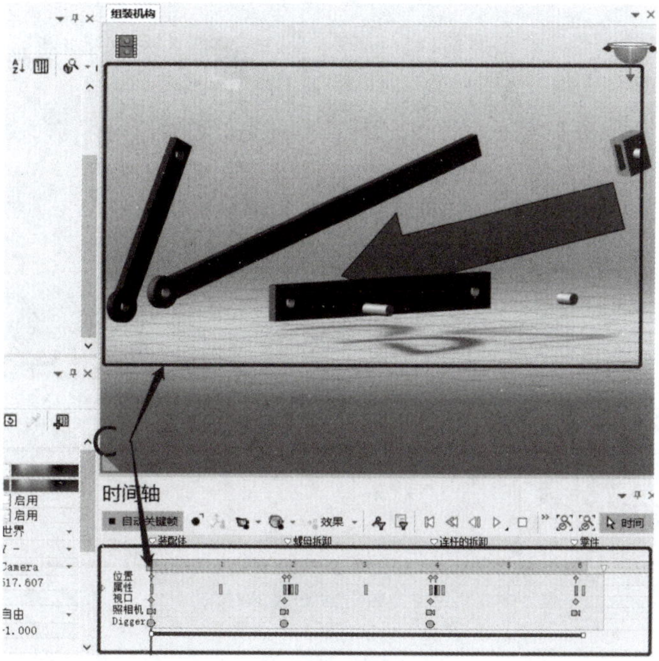

图17-147　时间线的反转

⑤ 时间线的拉伸，如图17-148所示，操作步骤如下：

a. 拖动鼠标左键框选从时间轴的起始位置至动画结束位置的部分，相应的选中时间码下端会同时产生一条灰色进度条。

b. 将鼠标放置于【进度条最右端】，鼠标变成“一个方块右侧一个三角”的形状。

c.拖动鼠标至时间线8.0秒处，如图17-149所示。

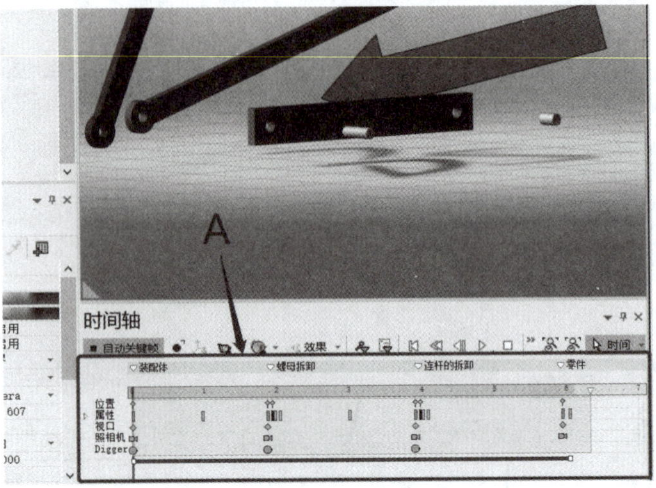

图17-148　时间线的框选

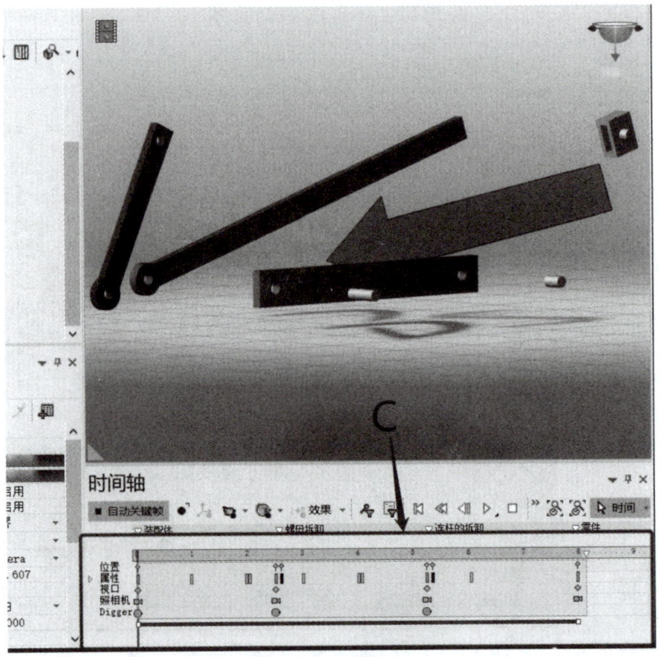

图17-149　时间线的拉伸

⑥ 保存动画，如图17-150所示，操作步骤如下：

a.选择【文件】菜单，展开【另存为】选项。

b.单击【avi另存为】，在弹出的对话框中选择保存目录并命名视频为【组装机构动画的制作】。

c.单击【保存】按钮。

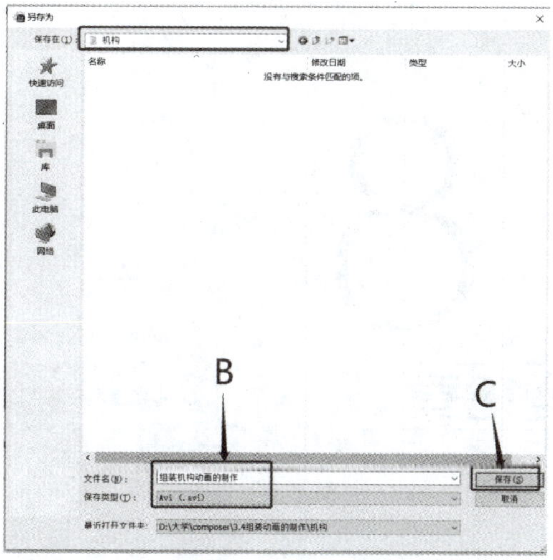

图17-150　动画保存

17.7　摇柄滑块机构范例

扫码看实例

18

第18章

工程图制作

工程图设计是SolidWorks软件的三大功能之一，它可以自动生成产品的各种视图，包括标准三视图、局部视图、剖视图等。

18.1 建立工程图视图

18.1.1 投影视图

（1）投影视图的属性设置

单击【插入】|【工程视图】|【投影视图】菜单命令，弹出【投影视图】属性管理器，如图18-1所示。

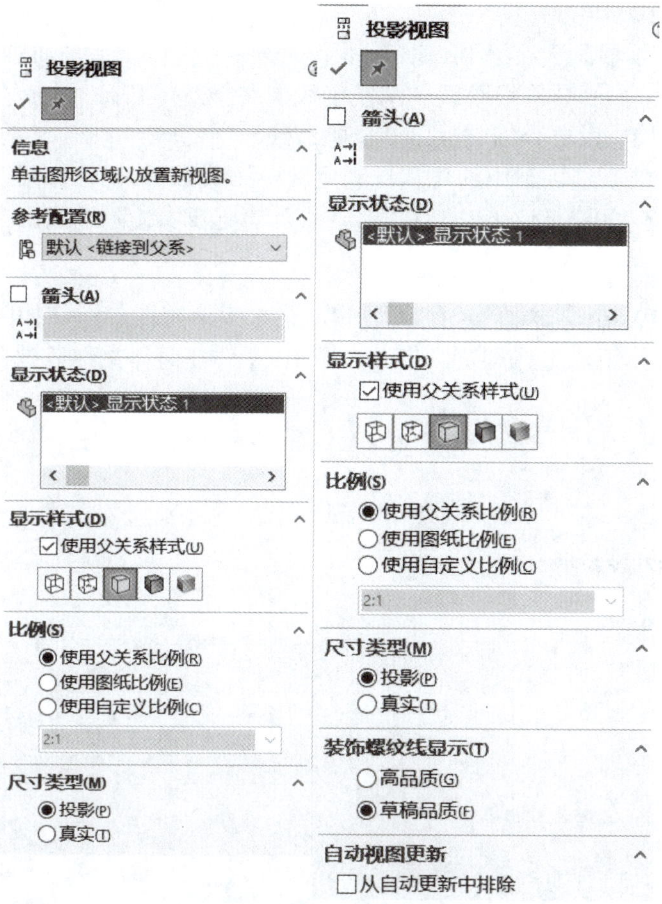

图18-1　投影视图属性管理器

【参考配置】选项组下有以下几个命令。

① 【配置名称】：更改工程图视图配置。

②【选择实体】：可选择多体零件的实体以包括在工程图视图中。

【箭头】选项组下有以下几个命令。

①【箭头】：表示投影的方向。

② 【标号】：键入要随投影视图和其箭头显示的文字。

【显示状态】：仅对于装配体，选择装配体的显示状态以放置在工程图中。

【显示样式】选项组中的【使用父关系样式】：取消选中以选取与父视图不同的样式和品质设定。

【比例】选项组下有以下几个命令。

①【使用父关系比例】：应用为父视图所使用的相同比例。

②【使用图纸比例】：应用为工程图图纸所使用的相同比例。

③【使用自定义比例】：应用选择或定义的比例。 如果选择用户定义，可以在框中以 ×:× 或 ×/× 的格式输入比例。

【尺寸类型】选项组下有以下几个命令。

①【真实】：精确模型值。

②【投影】：2D 尺寸。

【装饰螺纹线显示】选项组下有以下几个命令。

①【高品质】：显示装饰螺纹线中的精确线型字体及剪裁。

②【草稿品质】：以更少细节显示装饰螺纹线。

【自动视图更新】选项组中的【从自动更新中排除】：如果已打开工程图、选定自动视图更新，并且已将更改保存到模型，则会从自动更新中排除选定的工程图视图。

（2）投影视图的方法

① 打开 SolidWorks，选择【工程图】，进入模型视图界面，如图18-2所示。在要插入的零件/装配体下，选择浏览，打开一个3D零件几何体文件，放置在合适位置，如图18-3所示。

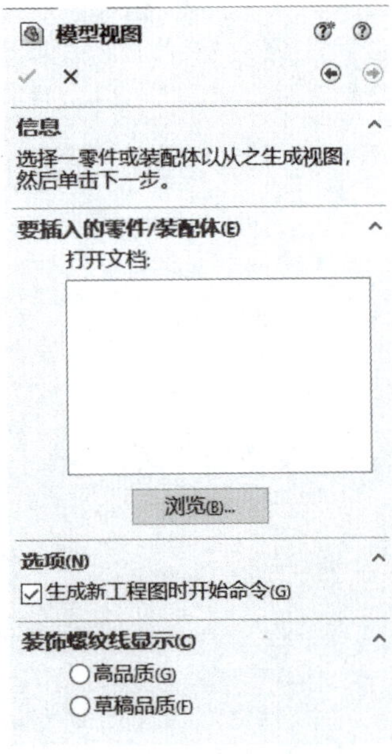

图18-2 【模型视图】属性管理器

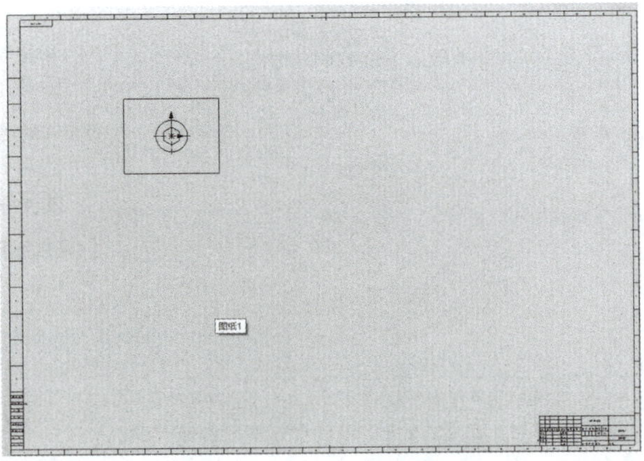

图18-3 打开一个3D零件

② 在左侧属性管理器中出现【投影视图】属性管理器，如图18-4所示。按钮选择零件视图，然后分别向水平位置、竖直位置和右下角45° 角位置拖动鼠标，放置投影

视图。投影视图上的三个视图如图18-5所示。

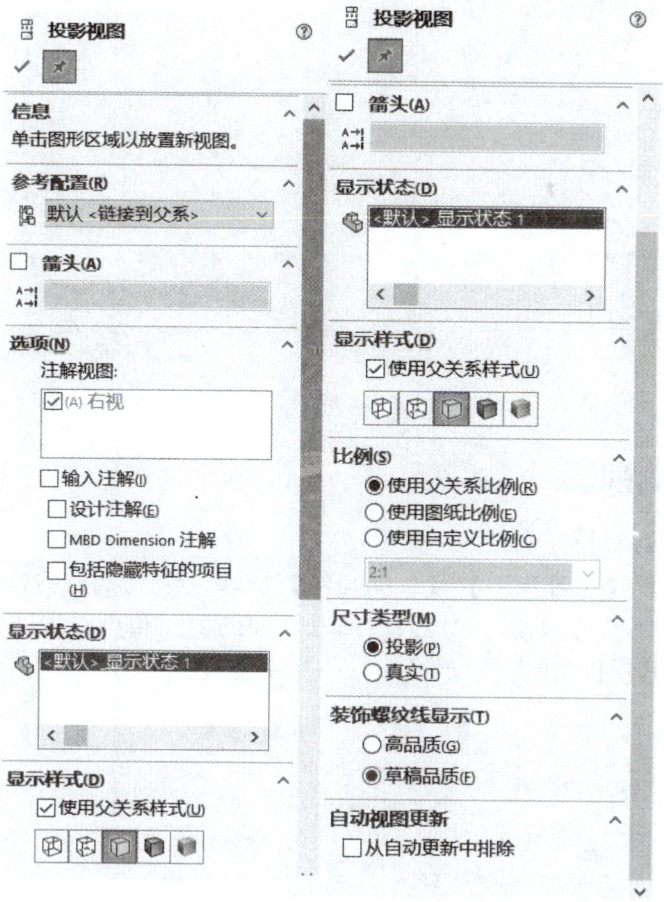

图18-4 【投影视图】操作工具栏

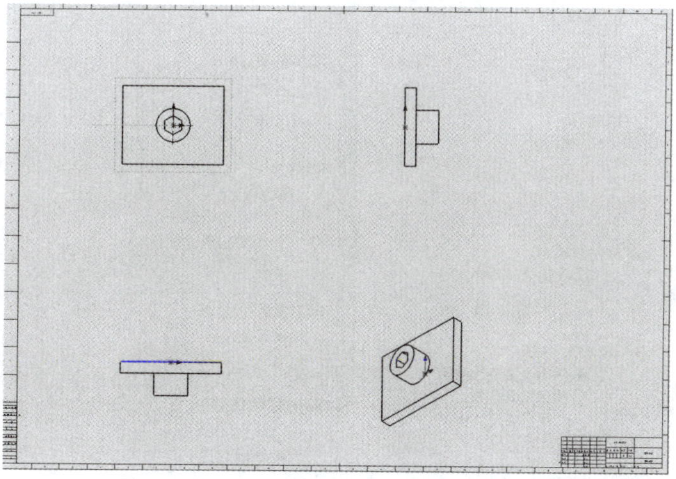

图18-5 投影视图的三视图

③ 单击 ✓【确定】按钮，生成投影完的三个投影视图，如图18-6所示。

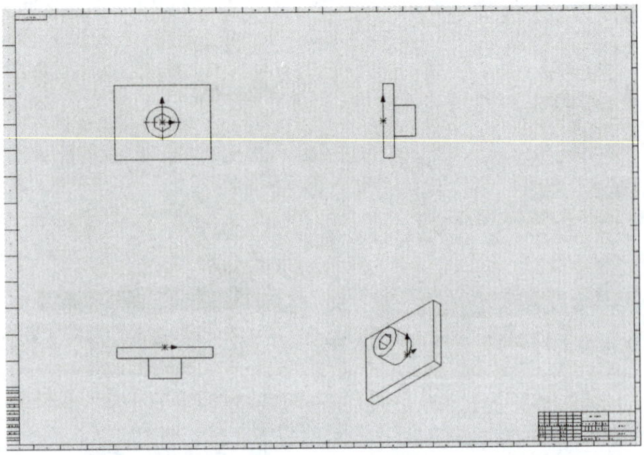

图18-6　投影完成的三个投影视图

18.1.2　辅助视图

（1）辅助视图的属性设置

单击【插入】|【工程视图】|【辅助视图】菜单命令。选择任意一条参考边线，进入【辅助视图】属性管理器，如图18-7所示。辅助视图和投影视图的设置属性一样，故不再重复介绍其项目功能。

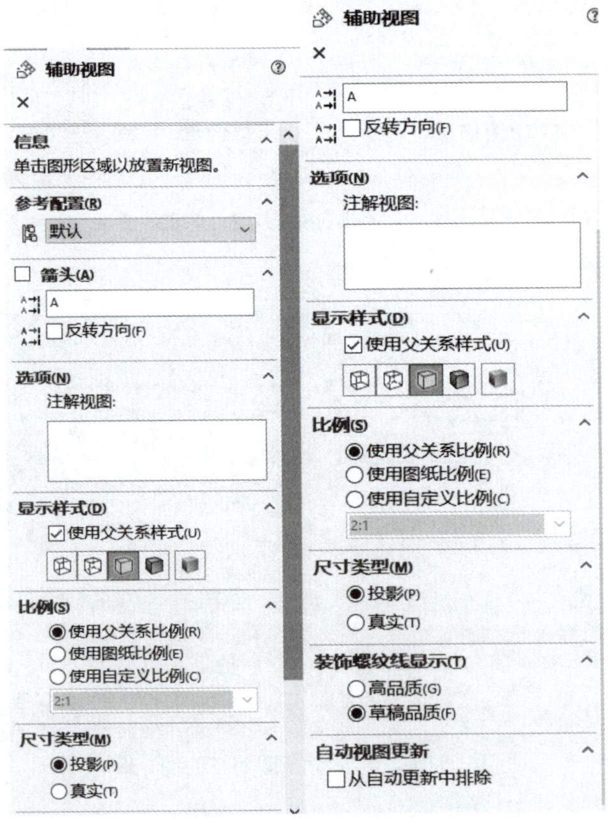

图18-7　【辅助视图】属性管理器

（2）辅助视图的方法

① 单击工程图工具栏上的【辅助视图】（或者选择【插入】|【工程图视图】|【辅助视图】菜单命令），进入辅助视图选择边线页面，如图18-8所示。

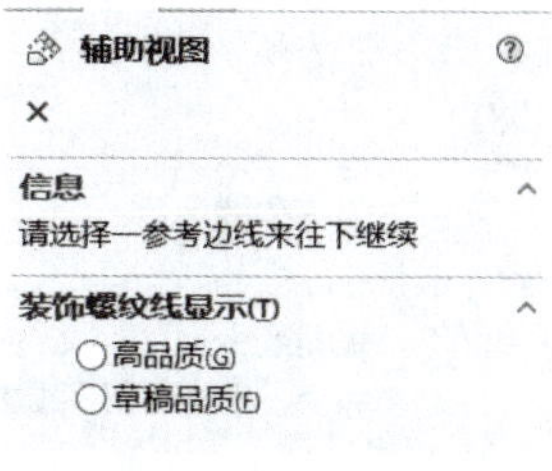

图18-8　辅助视图选择边线

② 选择视图框中的任意一条斜直线，如图18-9所示。然后进入辅助视图操作工具栏页面，在合适位置放置辅助视图，将操作工具栏保持默认设置，如图18-10所示。

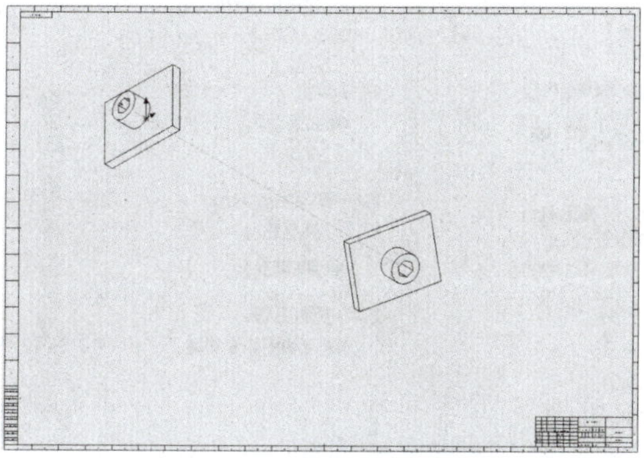

图18-9　选择辅助视图的边线

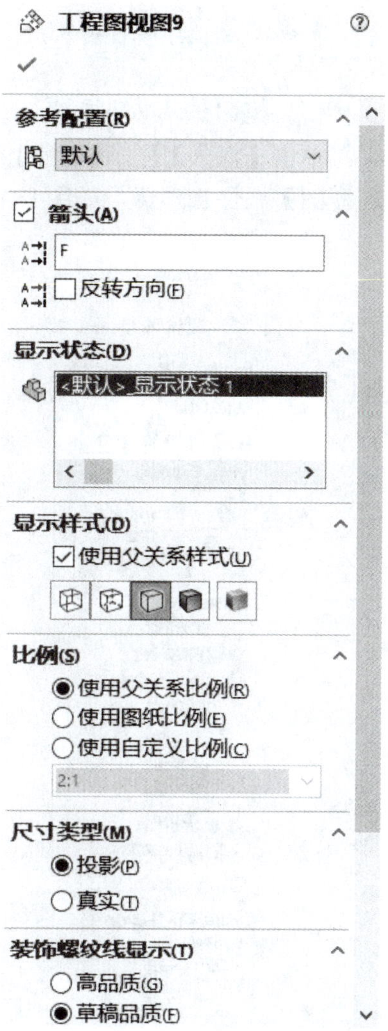

图18-10　辅助视图的操作工具栏

③ 单击【确定】按钮，生成辅助视图，如图18-11所示。

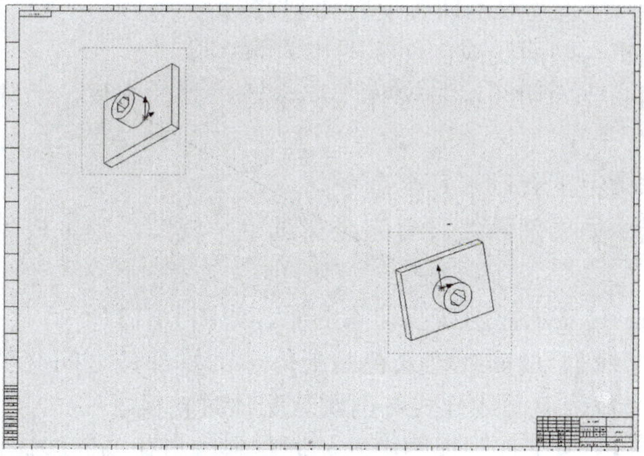

图18-11　生成辅助视图

18.1.3 剖面视图

（1）剖面视图的属性设置

单击【插入】|【工程视图】|【剖面视图】菜单命令。选择任意一条切割线，进入【剖面视图】属性管理器，如图18-12所示。

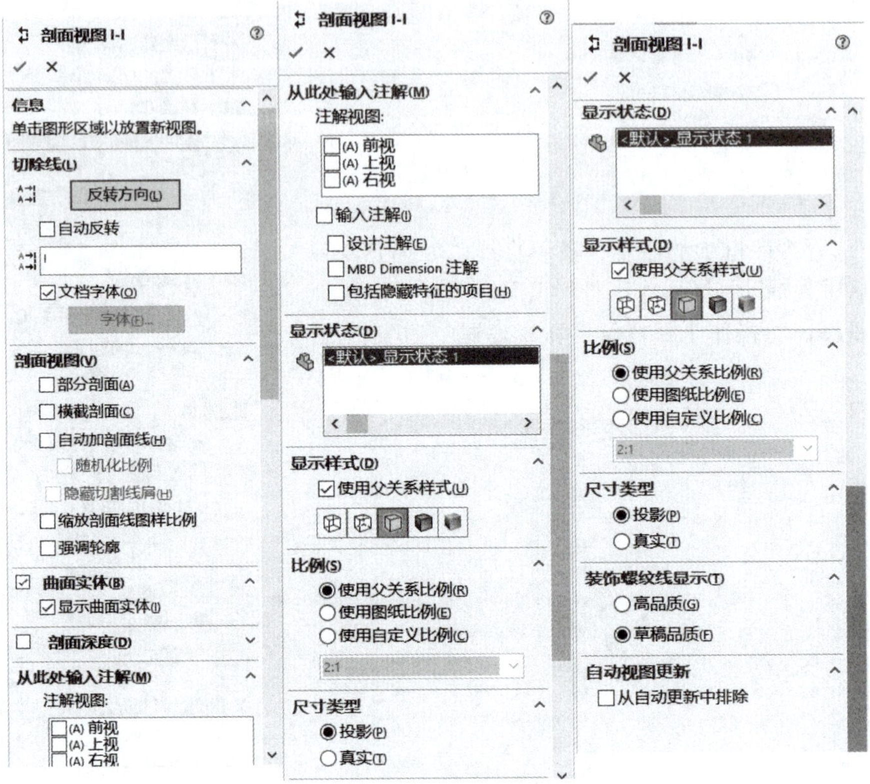

图18-12 【剖面视图】属性管理器

【切除线】选项组下有以下几个命令。

①【反转方向】：可通过双击切线反转切割方向。

②【标号】：编辑与剖面线或剖面视图相关的字母。

③【文档字体】：要为切线标号选择文档字体以外的字体，消除文档字体，然后单击字体。

【剖面视图】选项组下有以下几个命令。

①【部分剖面】：如果剖面线没有完全穿过整个视图，则生成受剖面线长度限制的剖面视图。

②【横截剖面】：只显示被剖切线切除的面。如图18-13所示。

③【自动加剖面线】：剖面线样式在装配体中的零部件之间交替，或在多实体零件的实体和焊件之间交替，剖面线样式在剖切装配体时轮换。

④【随机化比例】：为工程图视图中的相同材料随机化剖面线比例。

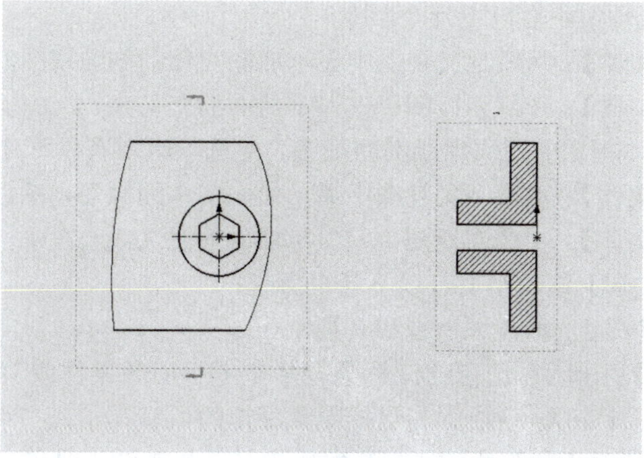

图18-13 横截剖面

⑤【缩放剖面线图样比例】：将视图比例应用于视图内的填充。如图18-14所示。

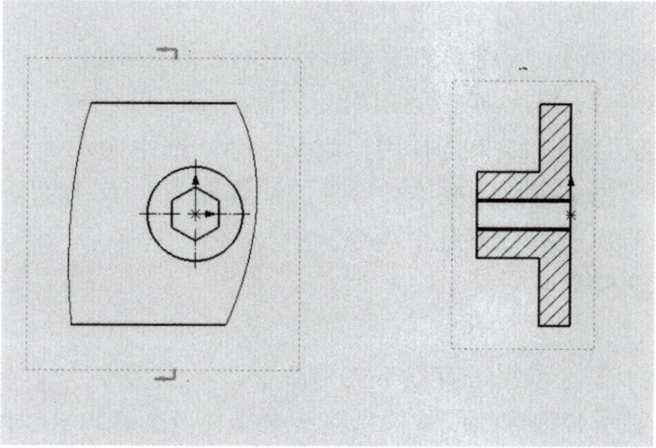

图18-14 缩放剖面线图样比例

⑥【强调轮廓】：强调切除面的轮廓。如图18-15所示。

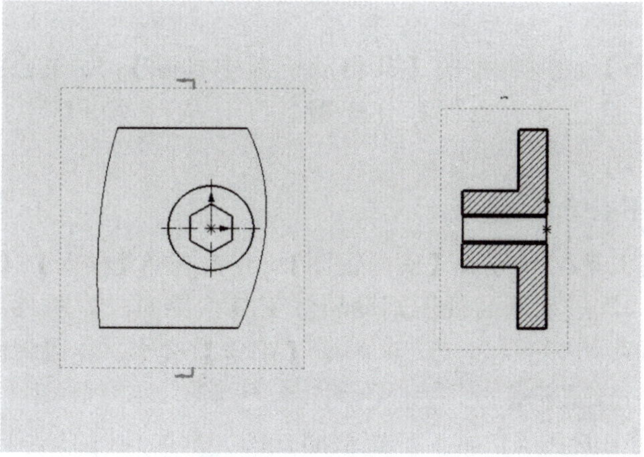

图18-15 强调轮廓

⑦【隐藏切割线肩】仅在视图生成时可用。

【曲面实体】选项组下有以下几个命令。

①【显示曲面实体】：从模型父视图中显示曲面实体的剖面视图。

②【切割曲面实体】：在剖面视图中仅显示曲面的交叉线。

【剖面深度】：以指定的距离生成剖面视图。此选项组下有以下几个命令。

①【显示曲面实体】：从模型父视图中显示曲面实体的剖面视图。

②【切割曲面实体】：在剖面视图中仅显示曲面的交叉线。

【从此处输入注解】选项组下有以下几个命令。

①【注解视图】：可选前视、上视和右视。

②【输入注解】：让所有选定的注解类型从参考引用的零件或装配体文档中进行输入。可选设计注解、DimXpert注解和包括隐藏特征的项目。

【显示状态】：仅对于装配体。选择装配体的显示状态以放置在工程图中。

【显示样式】选项组中的【使用父关系样式】：取消选中以选取与父视图不同的样式和品质设定。

【比例】选项组下有以下几个命令。

①【使用父关系比例】：应用为父视图所使用的相同比例。

②【使用图纸比例】：应用为工程图图纸所使用的相同比例。

③【使用自定义比例】：如果选择用户定义，在下框中输入一个比例，格式为×:×或×/×。选择使用模型文字比例来维护零件的注解视图中使用的几何体。

【尺寸类型】选项组下有以下几个命令。

①【真实】：精确模型值。

②【投影】：2D 尺寸。

【装饰螺纹线显示】选项组下有以下几个命令。

①【高品质】：显示装饰螺纹线中的精确线型字体及剪裁。

②【草稿品质】：以更少细节显示装饰螺纹线。

【视图另存为】：展开视图另存为以将工程视图保存为dxf或dwg文件。拖动点式控标以设置文件的原点，然后单击视图另存为dxf/dwg文件。在【另存为】对话框中设置选项。

【自动视图更新】选项组中的【从自动更新中排除】：如果已打开工程图、选定自动视图更新，并且已将更改保存到模型，则会从自动更新中排除选定的工程图视图。

（2）生成剖面视图的方法

① 单击工程图工具栏上的【剖面视图】（或者选择【插入】|【工程图视图】|【剖面视图】菜单命令），进入剖面视图辅助属性工具栏界面，如图18-16所示。选择切割线，并将其置于视图的合适位置上。单击【确定】按钮，完成剖面视图辅助的命令，进入剖面视图的操作工具栏。

② 选择视图框中的任意位置，放置剖面视图。剖面视图的操作工具栏保持默认设置，切除线命令下的标号为J，如图18-17所示。

③ 单击【确定】按钮，生成剖面视图，如图18-18所示。

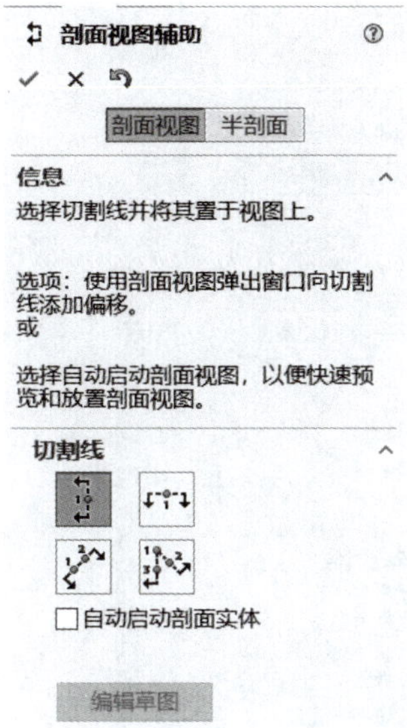

图18-16　【剖面视图辅助】属性管理器

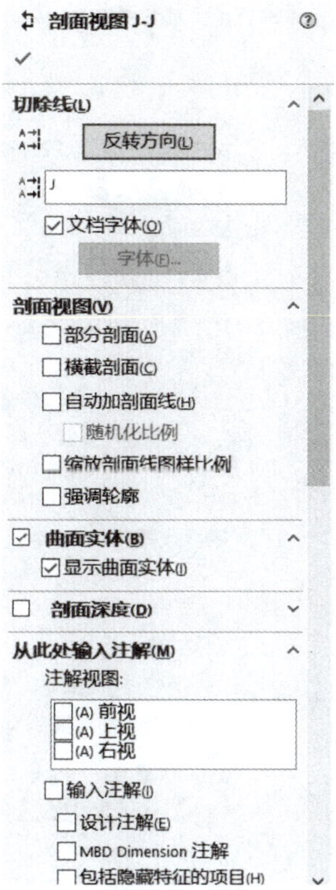

图18-17　剖面视图的操作工具栏

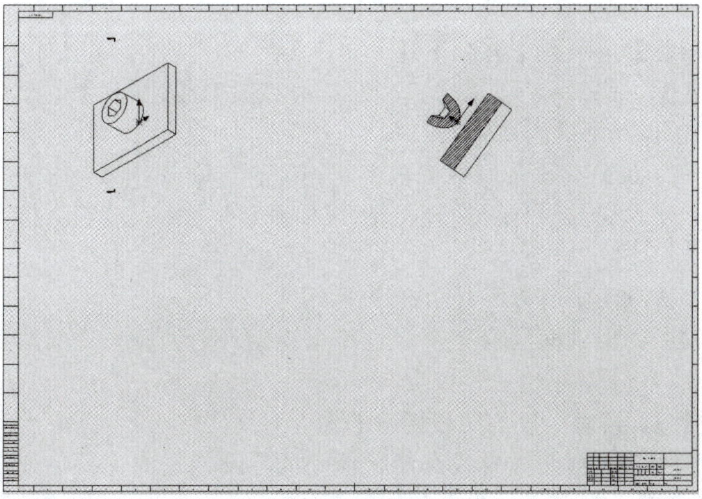

图18-18　生成剖面视图

18.1.4　局部视图

（1）局部视图的属性设置

单击【插入】|【工程视图】|【局部视图】菜单命令。在视图区域绘制一个圆，进入【局部视图】属性管理器，如图18-19所示。

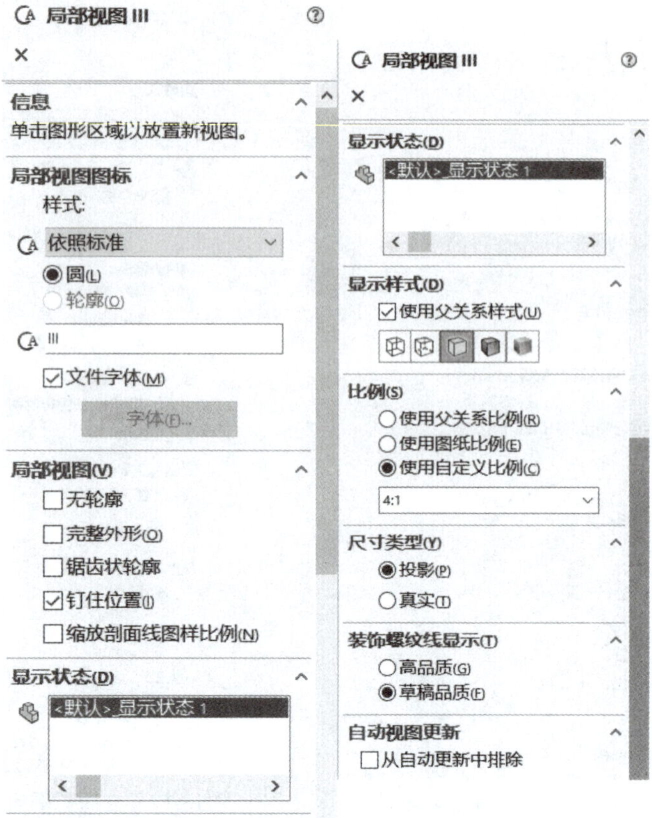

图18-19 【局部视图】属性管理器

【局部视图图标】选项组下有以下几个命令。

①【样式】：选择一种显示样式，然后选择圆形或轮廓。【依照标准】意味着局部圆的样式由当前标绘标准所决定。

②【标号】：编辑与局部圆或局部视图相关的字母。

③【字体】：要为局部圆标号选择文档字体以外的字体，消除文档字体，然后单击字体。

【局部视图】选项组下有以下几个命令。

①【无轮廓】：如果剖面线没完全穿过整个视图，则生成一受剖面线长度限制的剖面视图。

②【完整外形】：只显示被剖切线切除的面。

③【锯齿状轮廓】：剖面线样式在装配体中的零部件之间交替，或在多实体零件的实体和焊件之间交替，剖面线样式在剖切装配体时轮换。

④【钉住位置】：为工程图视图中的相同材料随机化剖面线比例。

⑤【缩放剖面线图样比例】：将视图比例应用于视图内的填充。

【显示状态】：仅对于装配体。选择装配体的显示状态以放置在工程图中。

【显示样式】选项组中的【使用父关系样式】：消除选择以选取与父视图不同的样式和品质设定。

【比例】：为工程图视图选择一比例。

【尺寸类型】：选择推测或真实尺寸。

【装饰螺纹线显示】选项组下有以下几个命令。

①【高品质】：显示装饰螺纹线中的精确线型字体及剪裁。

②【草稿品质】：以更少细节显示装饰螺纹线。

【自动视图更新】选项组中的【从自动更新中排除】：如果已打开工程图、选定自动视图更新，并且已将更改保存到模型，则会从自动更新中排除选定的工程图视图。

（2）生成局部视图的方法

① 单击工程图工具栏上的【局部视图】（或者选择【插入】|【工程图视图】|【局部视图】菜单命令），进入局部视图前期属性工具栏界面，如图18-20所示。选择一点绘制圆，并将其置于视图的合适位置上。然后进入局部视图的操作工具栏。

② 选择视图框中的任意位置，放置局部视图。局部视图的操作工具栏保持默认设置，局部视图图标命令下的标号为Ⅳ，如图18-21所示。

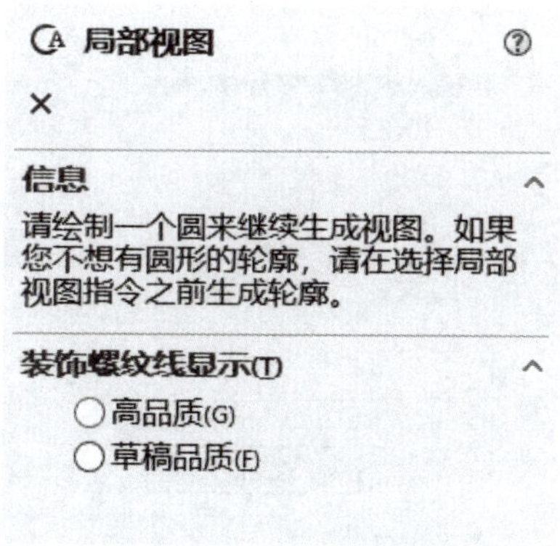

图18-20　局部视图绘制圆的操作工具栏

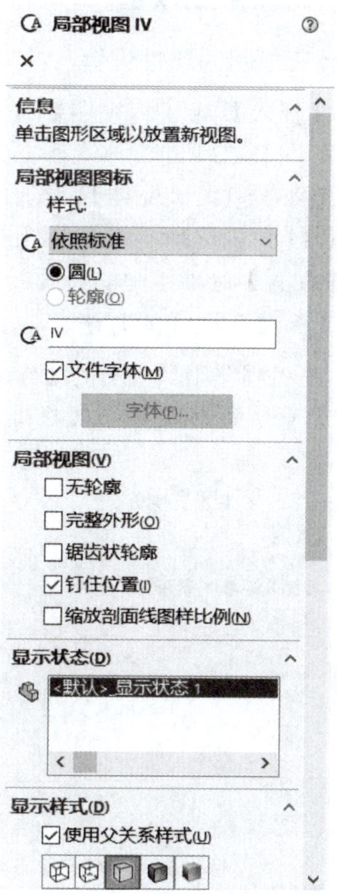

图18-21　局部视图的操作工具栏

③ 单击✓【确认】按钮，生成局部视图，如图18-22所示。

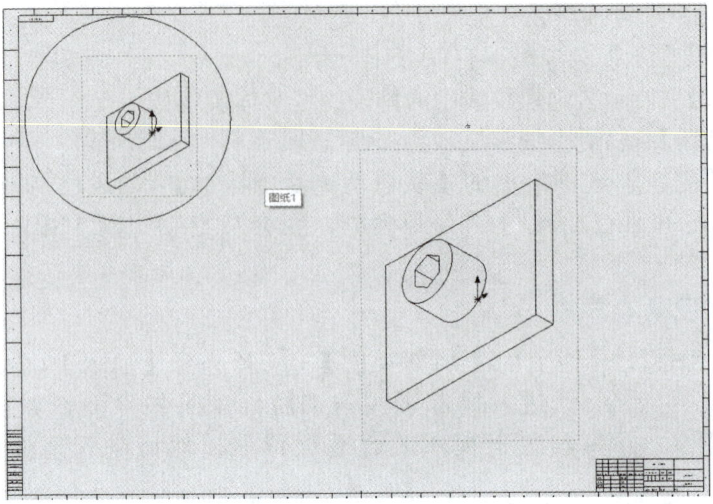

图18-22　生成局部视图

18.1.5　标准三视图

（1）标准三视图的属性设置

单击【插入】|【工程视图】|【标准三视图】菜单命令，进入【标准三视图】属性管理器，如图18-23所示。

【要插入的零件/装配体】：选择要绘制标准三视图的零件。

【浏览】：可以选择零件到视图区域内。

【参考配置】选项组中的 【配置名称】：设置配置的名称。

（2）生成标准三视图的方法

① 单击工程图工具栏上的【标准三视图】（或者选择【插入】|【工程图视图】|【标准三视图】菜单命令），进入【标准三视图】属性管理器，如图18-24所示。

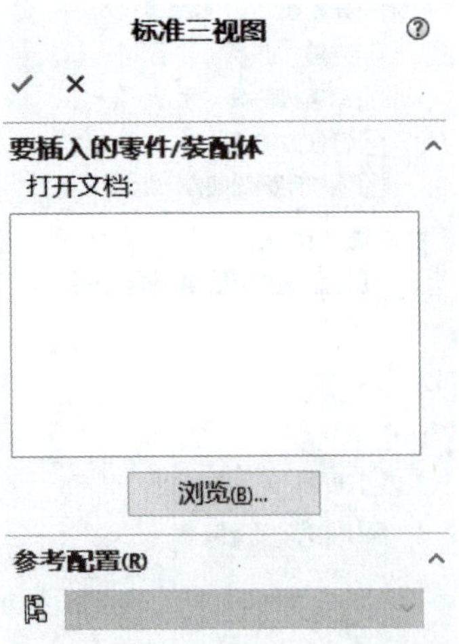

图18-23　【标准三视图】属性管理器

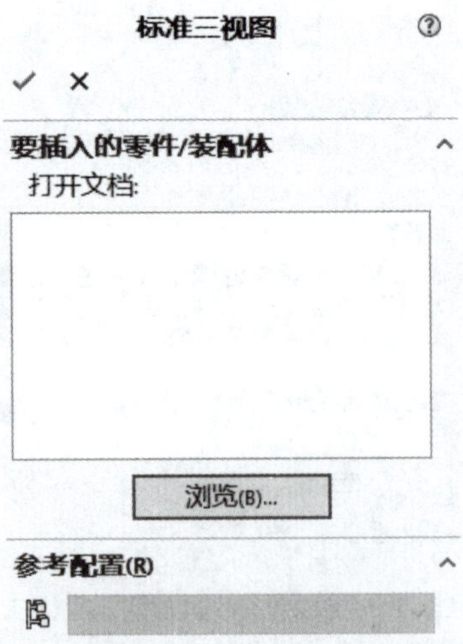

图18-24　【标准三视图】属性管理器

② 单击【浏览】按钮，选择零件图。然后单击【打开】命令，此零件标准三视图自动生成在视图区域，如图18-25所示。

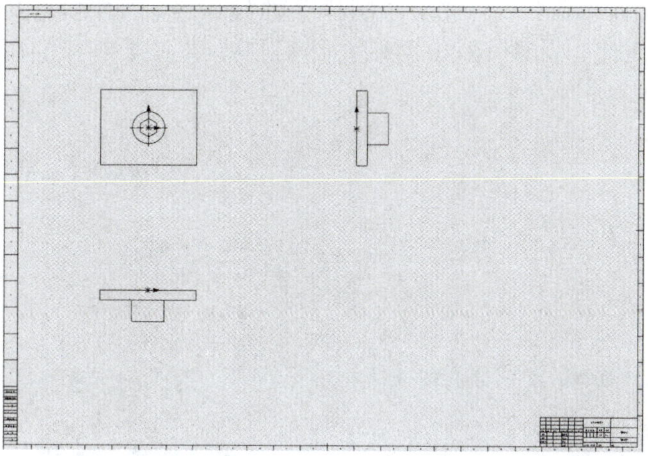

图18-25　生成标准三视图视图

18.1.6　断开的剖视图

（1）断开的剖视图属性设置

单击【插入】|【工程视图】|【断开的剖视图】菜单命令，进入 【样条曲线】操作界面，如图18-26所示。绘制一个封闭的样条曲线，如图18-27所示。然后进入【断开的剖视图】属性管理器，如图18-28所示。

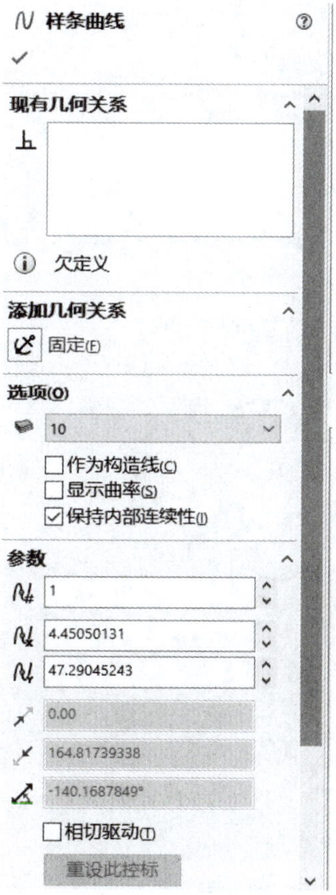

图18-26　【样条曲线】属性管理器

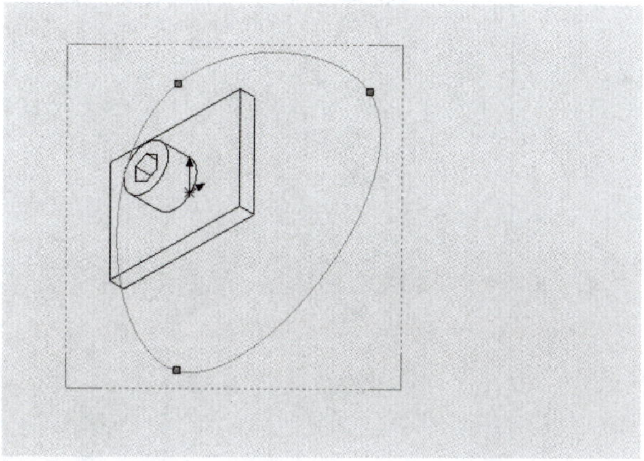

图18-27　绘制一个封闭的样条曲线

【深度】选项组下有以下几个命令。

① 【深度参考】：在同一或相关视图中选择几何体。

② 【深度】：选项组下有以下一个命令。

③【预览】：当被选择时，断开的剖视图在更改深度时将显示。如果工程图中有其他视图，则断裂和深度基准面出现在视图上。

（2）断开的剖视图的方法

① 单击工程图工具栏上的【断开的剖视图】（或者选择【插入】|【工程图视图】|【断开的剖视图】菜单命令），进入绘制样条曲线命令，如图18-29所示，然后绘制一个封闭的样条曲线，如图18-30所示。然后自动进入【断开的剖视图】属性工具栏界面。

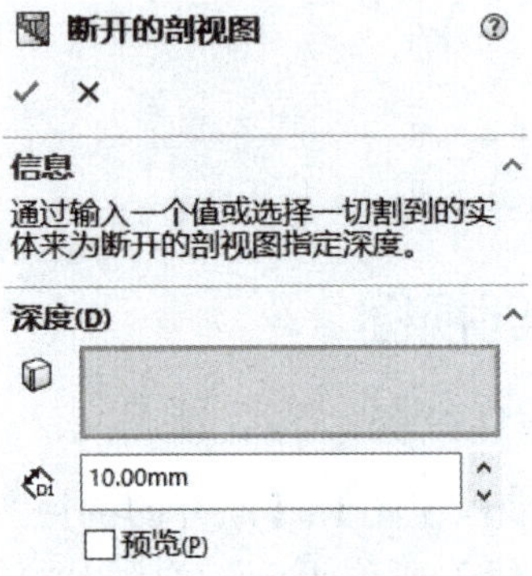

图18-28 【断开的剖视图】属性管理器

图18-29 【样条曲线】的操作工具栏

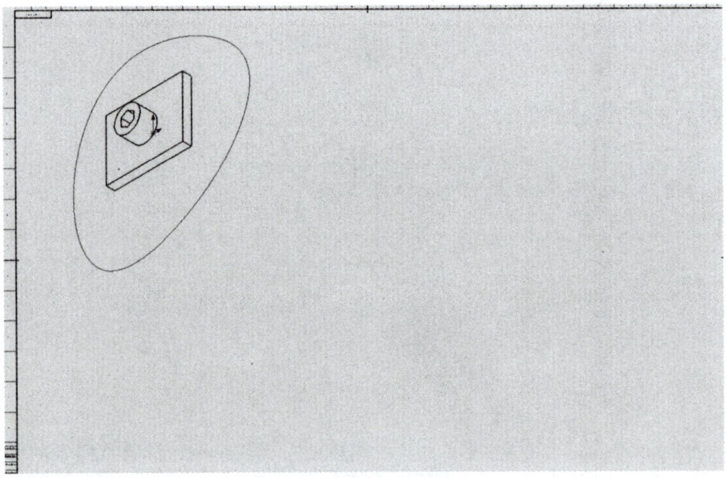

图18-30 封闭的样条曲线

② 单击视图上零件的外圆，如图18-31所示，然后在左侧工具栏深度参考出现边线1命令，断开的剖视图操作工具栏如图18-32所示。

③ 单击 ✓【确定】按钮，生成断开的剖视图，如图18-33所示。

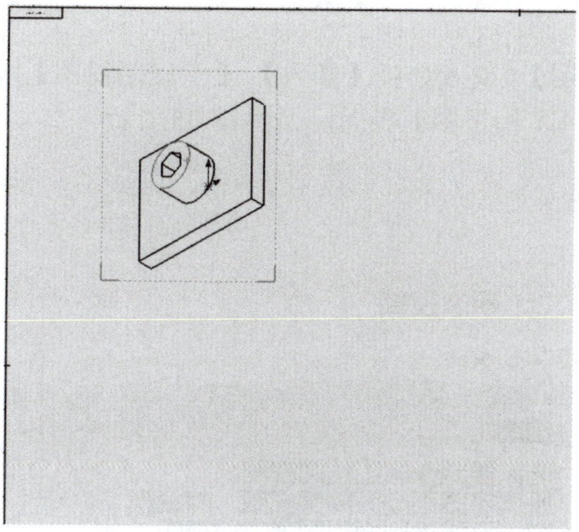

图18-31　选择深度参考

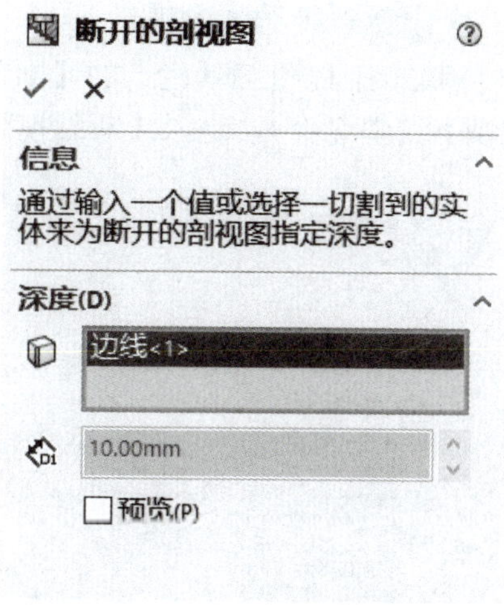

图18-32　【断开的剖视图】操作工具栏

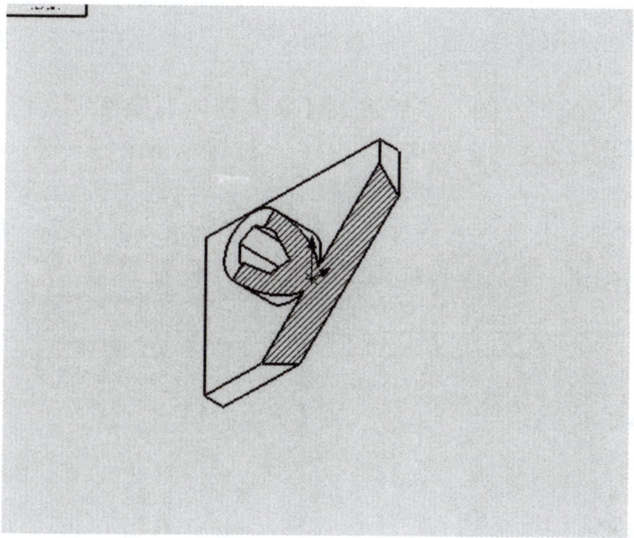

图18-33　断开的剖视图

18.1.7　断裂视图

(1) 断裂视图的属性设置

单击【插入】|【工程视图】|【断裂视图】菜单命令，选择要断开的工程视图，进入【断裂视图】属性管理器，如图18-34所示。

【断裂视图设置】选项组下有以下几个命令。

①【切除方向】：分为【添加竖直折断线】和【添加水平折断线】。

②【缝隙大小】：设定缝隙之间的间距量。

③【折断线样式】：分为【直线切断】、【曲线切断】、【锯齿线切断】、【小锯齿线切断】和【锯齿状切断】。

④【断开草图块】：选择剪裁草图块。

（2）生成断裂视图的方法

① 单击工程图工具栏上的【断裂视图】（或者选择【插入】|【工程图视图】|【断裂视图】菜单命令），进入【断裂视图选择工程视图】界面，如图18-35所示。

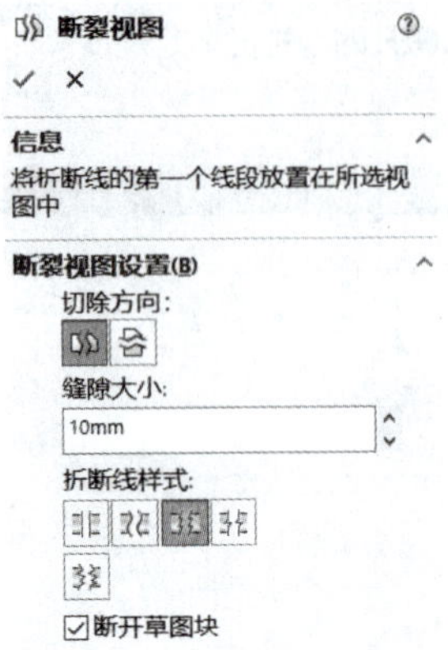

图18-34 【断裂视图】属性管理器

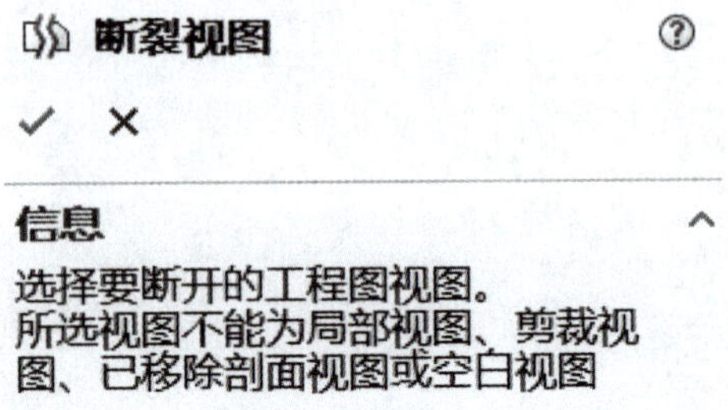

图18-35 【断裂视图选择工程视图】界面

② 选择视图区域的零件图，然后进入【断裂视图】操作工具栏界面，右侧视图区域选择要进行断裂设置的零件，先选中其中一个位置单击鼠标左键，确定断裂视图的位置，如图18-36所示。

③ 然后再单击视图上另一个不与前一个折断线相重合的位置，放置第二条折断线，再单击✓【确定】按钮，生成断裂视图，如图18-37所示。

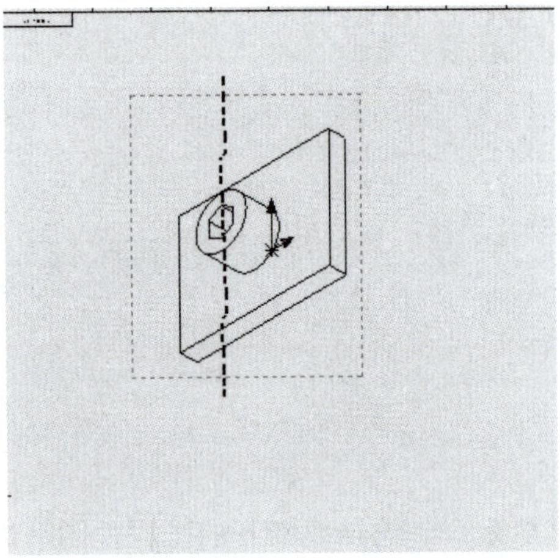

图18-36 断裂视图设置的零件

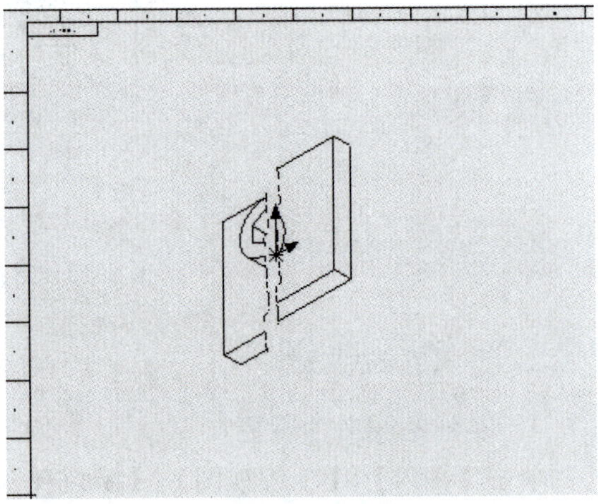

图18-37 断裂视图

18.1.8 剪裁视图

（1）剪裁视图的属性设置

单击【插入】|【工程视图】|【剪裁视图】菜单命令，进入【剪裁视图】属性管理器，如图18-38所示。

【剪裁视图】：去掉封闭草图轮廓以外的视图。

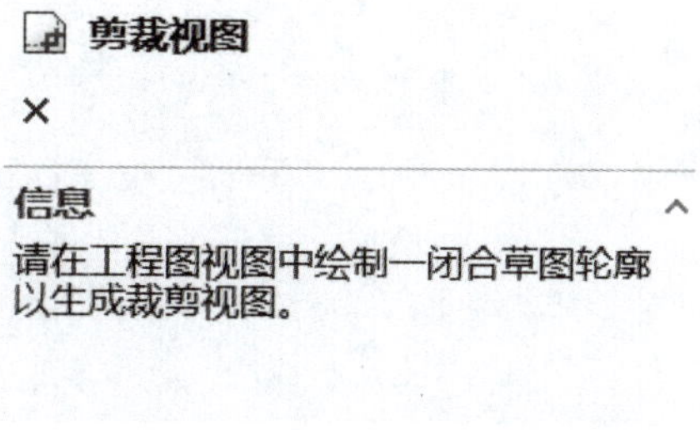

图18-38 【剪裁视图】属性管理器

(2) 生成剪裁视图的方法

① 单击【草图】命令，选择 $\mathcal{N}$【样条曲线】，在视图区域的零件上绘制一个封闭的样条曲线，如图18-39所示。

② 此时，保持右侧工具栏在样条曲线操作工具栏处，然后单击工程图工具栏上的【剪裁视图】(或者选择【插入】|【工程图视图】|【剪裁视图】菜单命令)，此时将自动完成剪裁视图命令，生成剪裁视图，如图18-40所示。

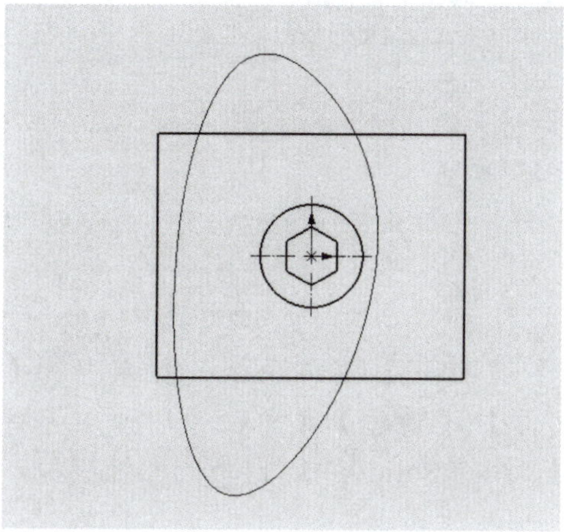

图18-39 剪裁视图的样条曲线

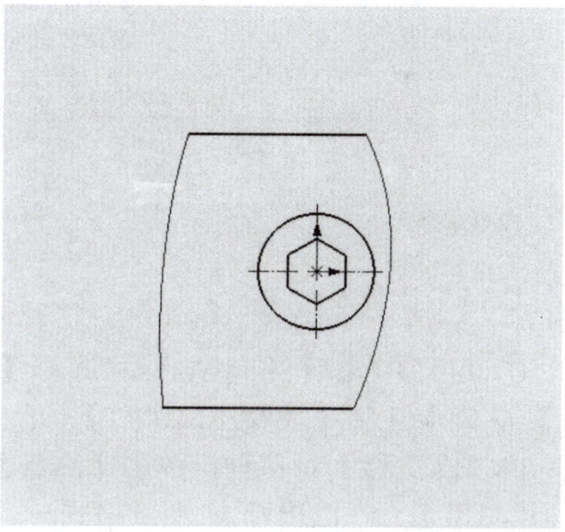

图18-40 剪裁视图

18.2 表架零件图实例

扫码看视频

本例将生成一个表架(如图18-41所示)的零件图，如图18-42所示。

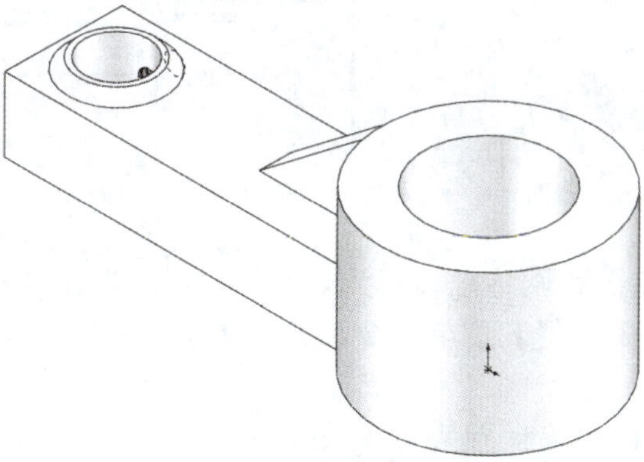

图18-41 表架零件模型

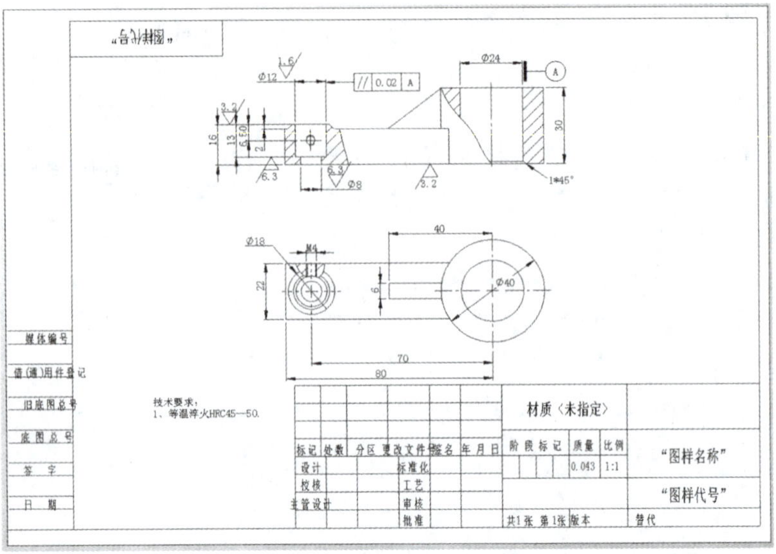

图18-42　表架零件图

具体步骤如下。

18.2.1　打开模型

① 启动中文版SolidWorks，选择【文件】|【打开】菜单命令，在弹出的【打开】窗口中选择【表架.SLDPRT】。单击【文件】|【新建】菜单命令，弹出【新建SolidWorks文件】对话框，单击【高级】按钮，可选SolidWorks自带的图纸模板，如图18-43所示，选取国标A3图纸格式。

② 单击【工具】|【选项】菜单命令，弹出【文档属性】窗口，如图18-44所示，单击【文档属性】选项卡。

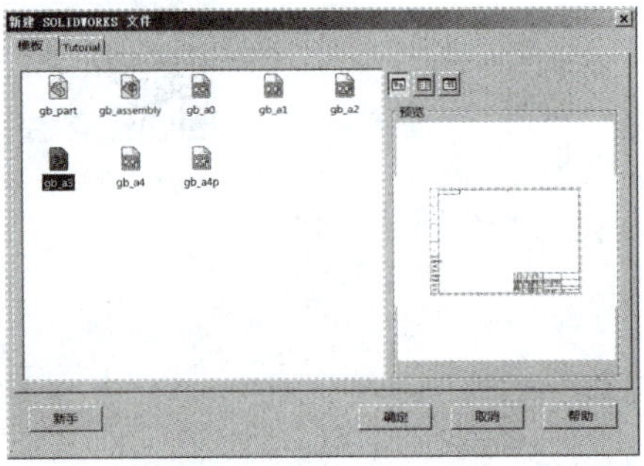

图18-43　【新建SolidWorks文件】对话框

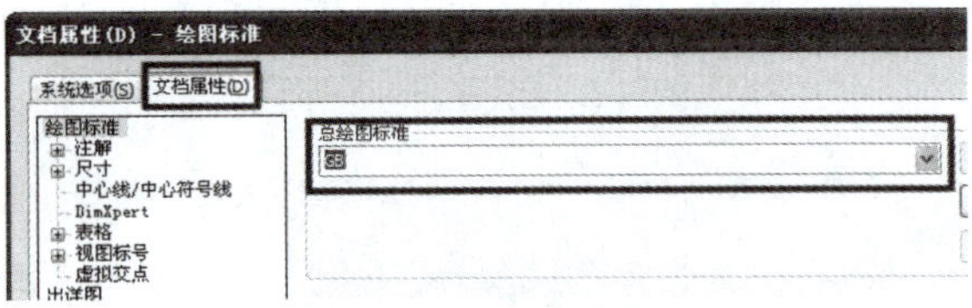

图18-44　文档属性

③ 按照图18-44将总绘图标准设置为GB（国标），单击【确定】按钮。单击【插入】|【工程图视图】|【模型】菜单命令，弹出【模型视图】属性管理器，如图18-45所示。

④ 在打开文档一栏中选择表架，如果打开文档中没有表架，则需要单击【浏览】按钮，选择【表架】文件，如图18-46所示。

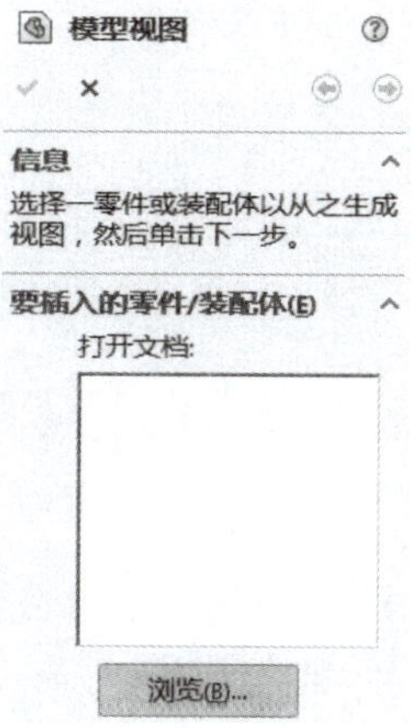

图18-45 【模型视图】属性管理器

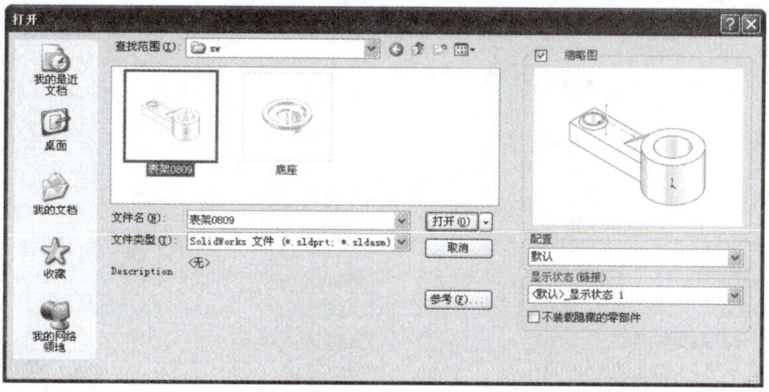

图18-46 【打开】窗口

18.2.2 建立投影视图

① 单击✓【确定】按钮，在弹出的【工程图视图1】属性管理器中，在【方向】选项组内单击【前视】按钮，如图18-47所示，在图纸上选择适当的位置单击，放置视图。

② 放置完前视图后，向下移动鼠标，将自动产生模型的俯视图，单击鼠标放置。插入完模型后，如图18-48所示。

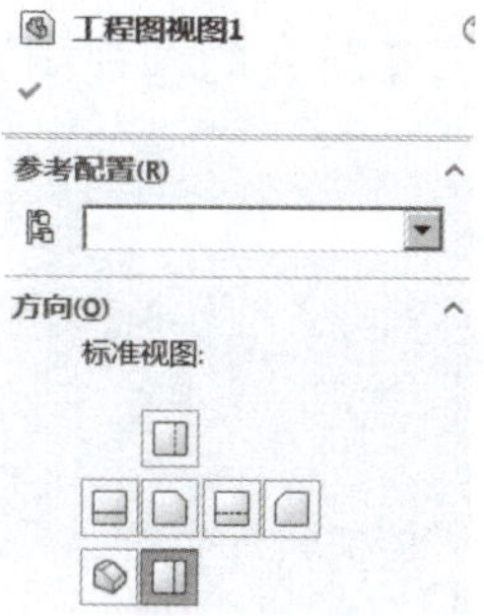

图18-47 确定视图方向

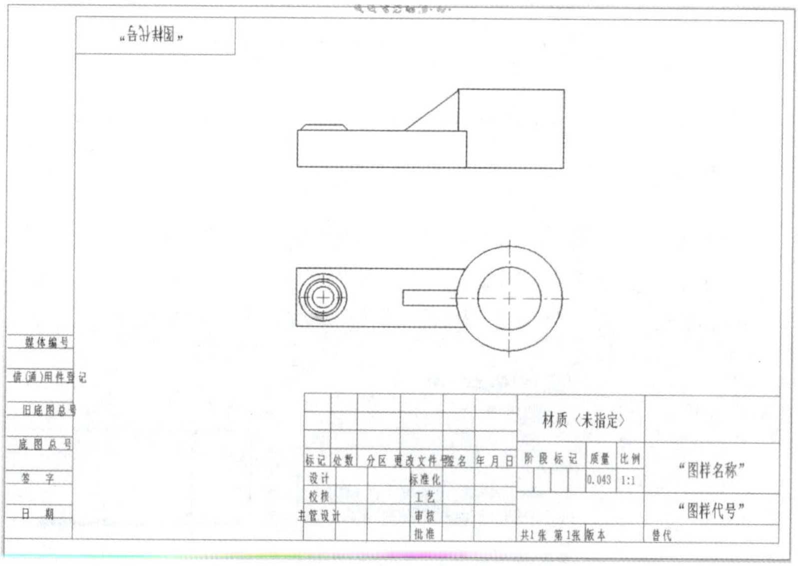

图18-48 模型视图

③ 将实体视图改为工程视图，单击图中的主视图，将弹出【工程图视图1】属性管理器，如图18-49所示。

④ 在【显示样式】选项组中单击【隐藏线可见】按钮。单击✓【确定】按钮，隐藏线可见后的视图如图18-50所示。

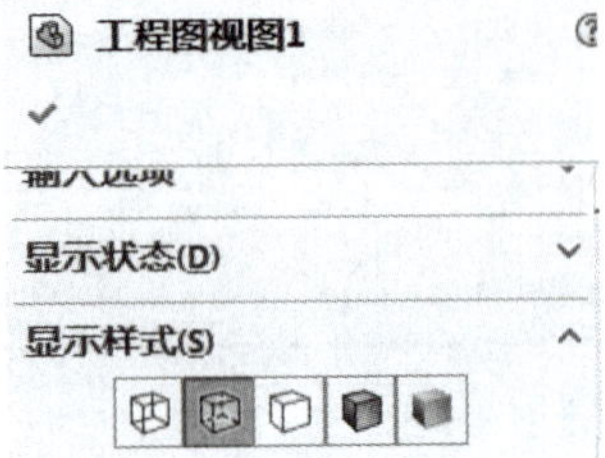

图18-49 【工程图视图】属性管理器

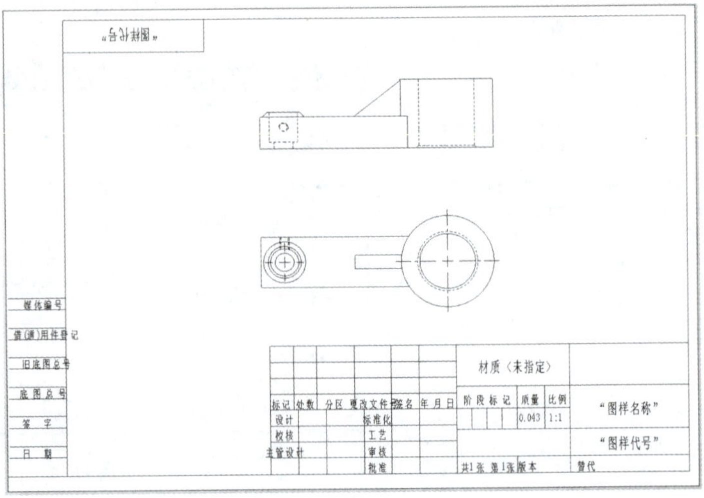

图18-50 隐藏线可见的视图

18.2.3 建立大孔的剖视图

① 单击命令管理器工具栏的【草图】选项卡，在【曲线】下拉菜单中选择【样条曲线】命令，然后绘制一条闭环曲线，如图18-51所示。

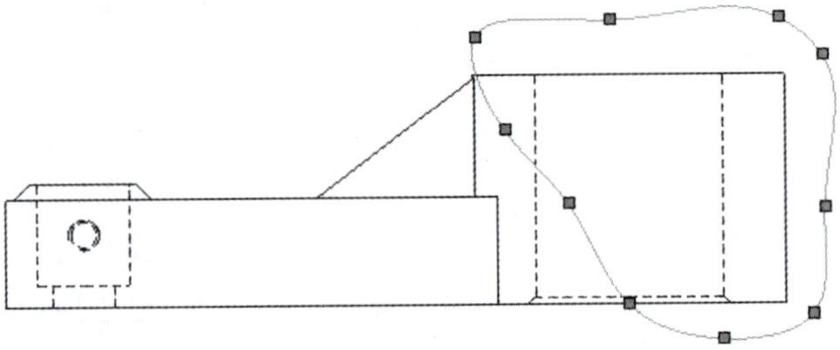

图18-51 样条曲线

② 选择刚刚绘制的闭环曲线，然后单击命令管理器工具栏的【视图布局】选项卡，单击【断开的剖视图】按钮。此时会让用户输入剖切深度，弹出【断开的剖视图】属性管理器。从主视图中选择一条隐藏线，如图18-52所示。

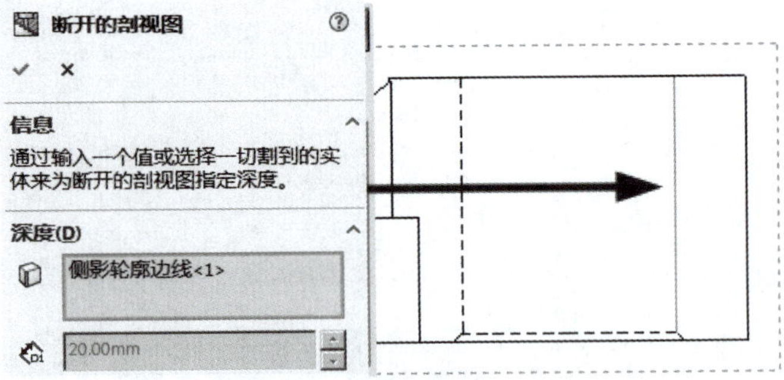

图18-52 确定剖面线深度

③ 单击【确定】按钮，生成的剖切图如图18-53所示。

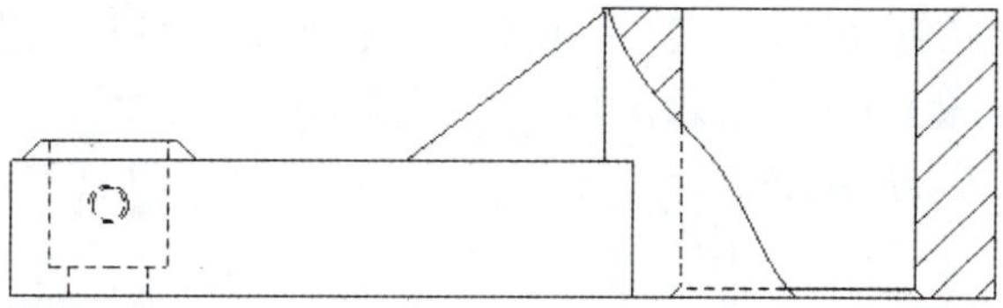

图18-53　剖切图

18.2.4　建立小孔的剖视图

① 单击命令管理器工具栏的【草图】选项卡，在【曲线】下拉菜单中选择【样条曲线】命令，然后绘制一条闭环曲线，如图18-54所示。

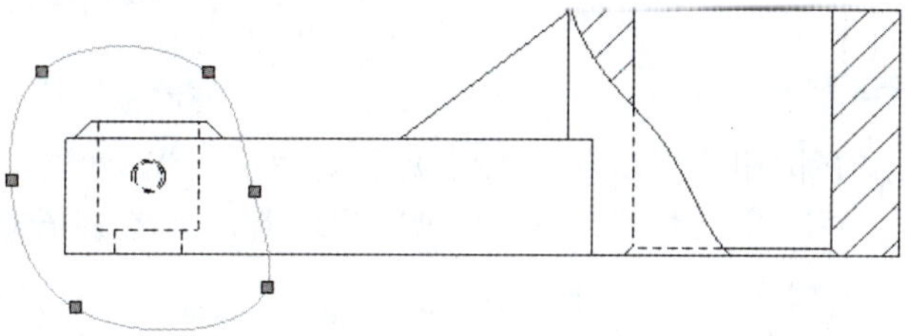

图18-54　样条曲线

② 选择闭环曲线，然后单击命令管理器工具栏的【视图布局】选项卡，单击【断开的剖视图】按钮。此时会让用户输入剖切深度，弹出【断开的剖视图】属性管理器。从主视图中选择一条隐藏线，如图18-55所示。

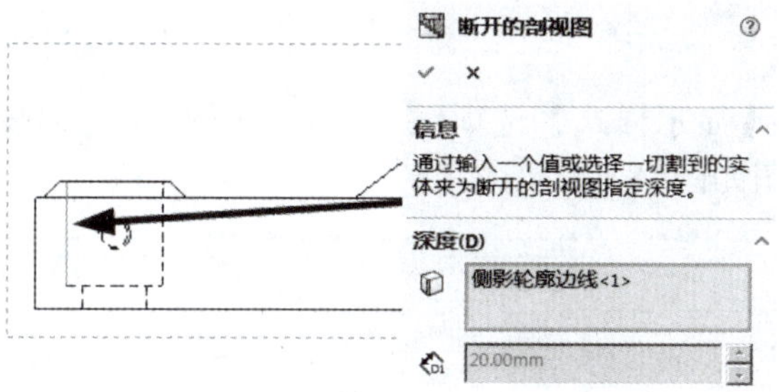

图18-55　设置剖切深度

③ 单击【确定】按钮，生成的剖切图如图18-56所示。

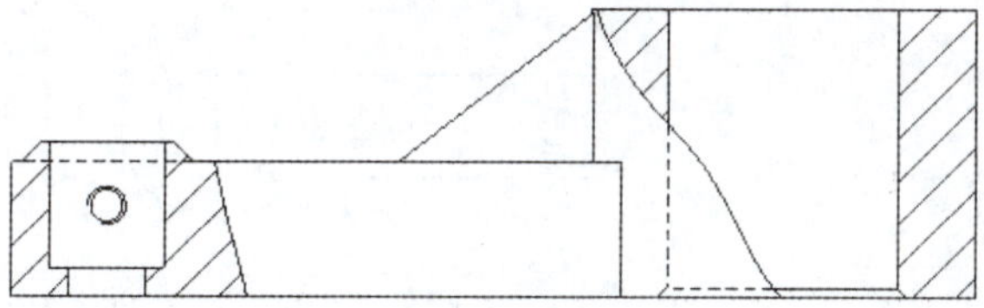

图18-56　生成的剖切图

18.2.5　建立螺纹孔的剖视图

① 单击命令管理器工具栏的【草图】选项卡，在【曲线】下拉菜单中选择【样条曲线】命令，然后绘制一条闭环曲线，如图18-57所示。

②选择刚刚绘制的样条曲线，然后单击命令管理器工具栏的【视图布局】选项卡，单击【断开的剖视图】按钮，弹出【断开的剖视图】属性管理器。从左视图中选择一条隐藏线，确定剖切深度如图18-58所示。

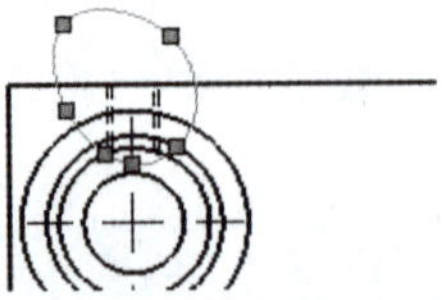

图18-57　绘制样条曲线

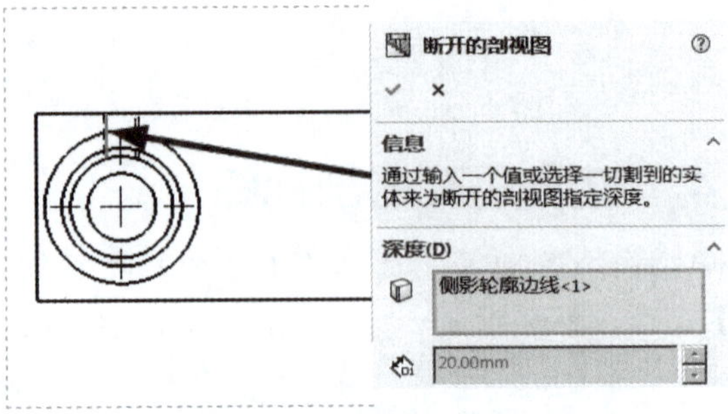

图18-58　设置剖切深度

③单击【确定】按钮，生成如图18-59所示的剖切图。

④单击主视图，弹出【工程图视图1】属性管理器，如图18-60所示。

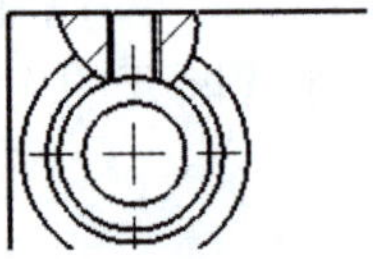

图18-59　剖切图

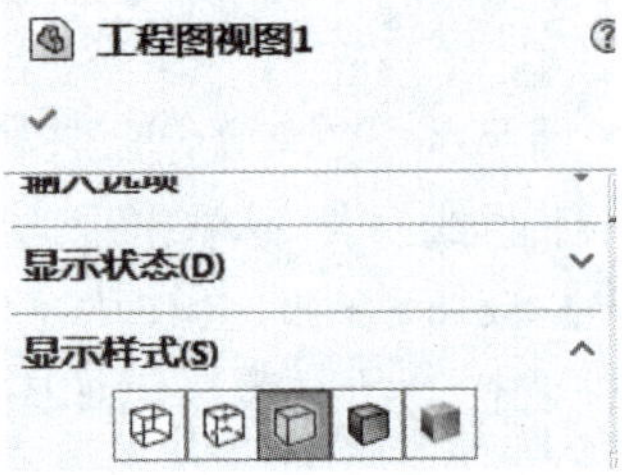

图18-60　【工程图视图1】属性管理器

⑤拖动滑块找到【显示样式】选项组，单击【显出轮廓线】按钮，单击【确定】按钮。最后的视图如图18-61所示。

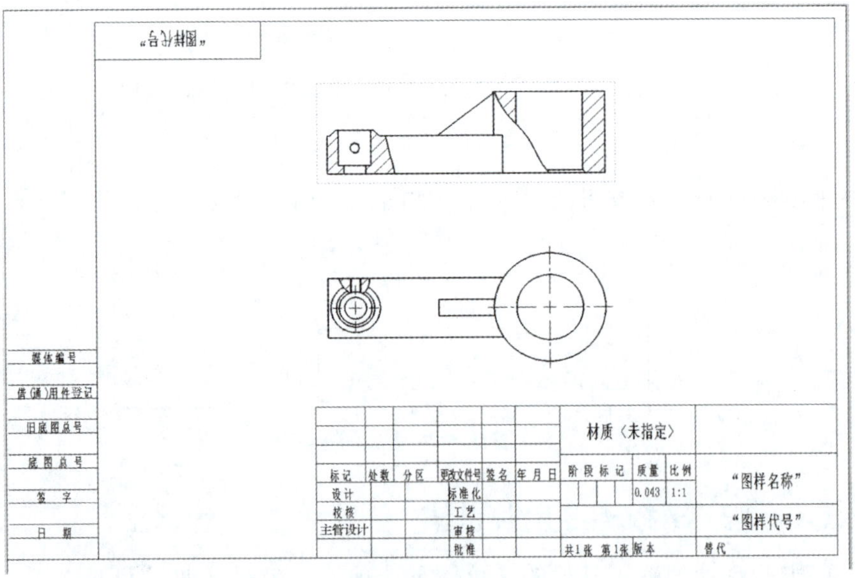

图18-61　消除隐藏线后的视图

18.3 挡板零件图实例

扫码看视频

本例生成一个挡板模型（如图18-62所示）的零件图，如图18-63所示。

图18-62 挡板零件模型

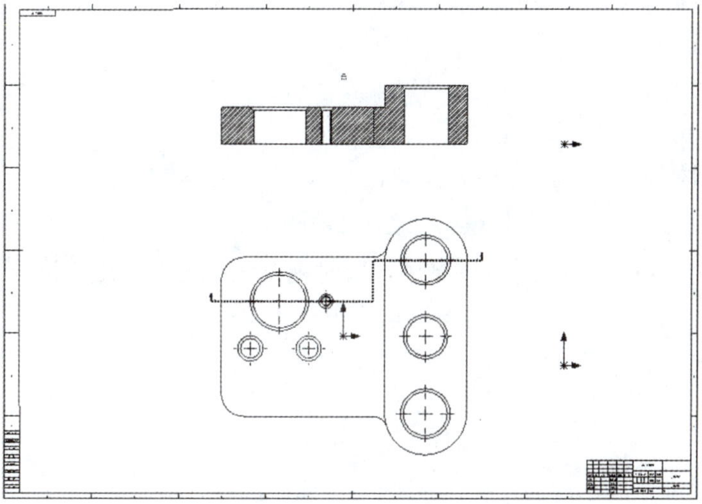

图18-63 挡板零件图

具体步骤如下。

18.3.1 建立主视图

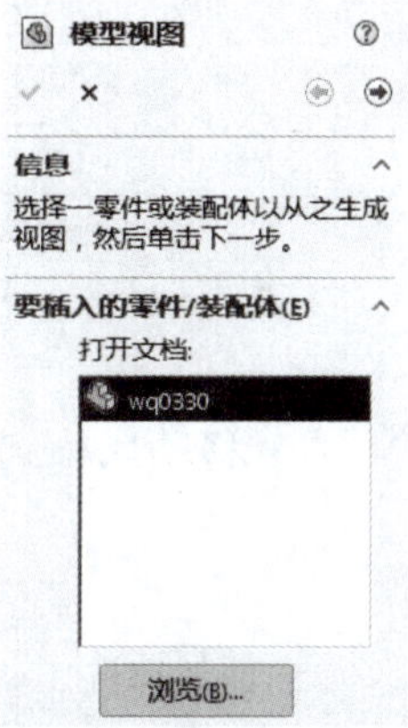

图18-64 【模型视图】属性管理器

① 在生成零件工程图之前，应首先生成挡板零件模型，具体建模过程不再赘述。启动中文版SolidWorks，选择【文件】|【打开】命令，在弹出的【打开】对话框中选择要生成工程图的零件文件。选择【文件】|【新建】，弹出【新建SolidWorks文件】对话框，选择“工程图”，创建一个新的A1（GB）工程图文件。单击【插入】|【工程图视图】|【模型】按钮，属性管理器位置会弹出【模型视图】属性管理器，如图18-64所示。

② 单击 【下一步】按钮，弹出新的【模型视图】属性管理器，通过此对话框可改变视图的【参考配置】、【方向】、【输入选项】、【显示状态】、【选项】、【显示样式】、【比例】、【装饰螺纹线显示】。移动鼠标到图纸中，可看到模型主视图的预览图，如图18-65所示。

③ 视图占图纸中的比例太小，不符合工程图的要求。在【模型视图】对话框中【比例】一栏中选择【使用自定义比例】，在下拉菜单中选择【用户定义】，修改图纸中的比例为5∶1，如图18-66所示。

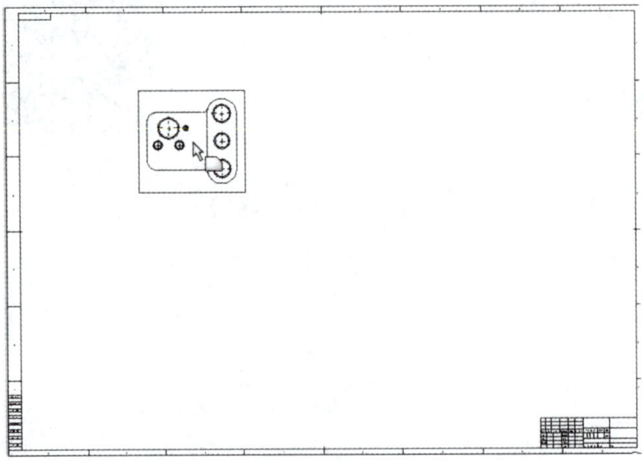

图18-65　主视图的预览

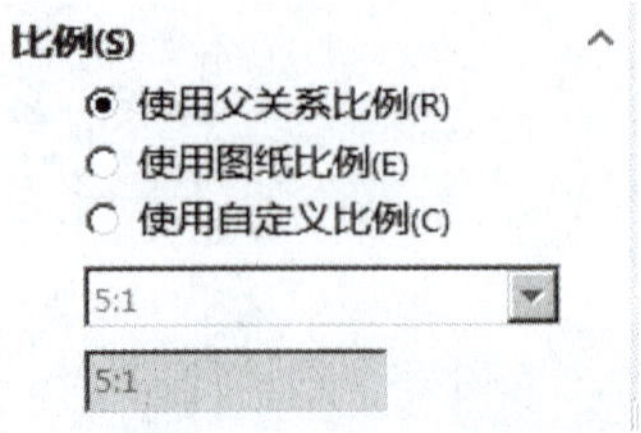

图18-66　修改视图比例

④ 移动鼠标到图纸中，此时视图大小适中，比例符合工程图要求，如图18-67所示。

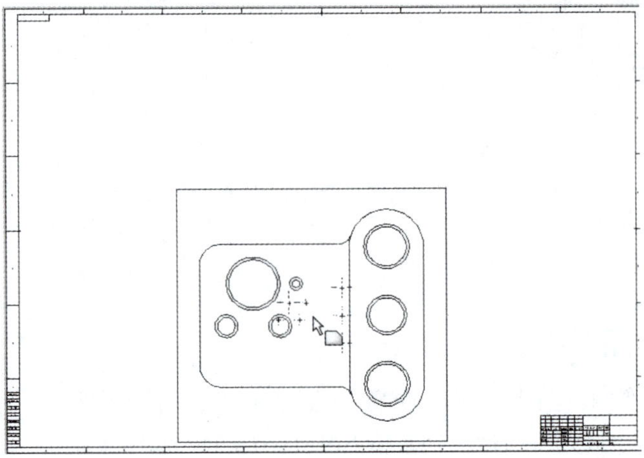

图18-67　修改比例后的预览视图

⑤ 移动鼠标到合适的位置，单击鼠标左键，即可放置主视图，如图18-68所示。

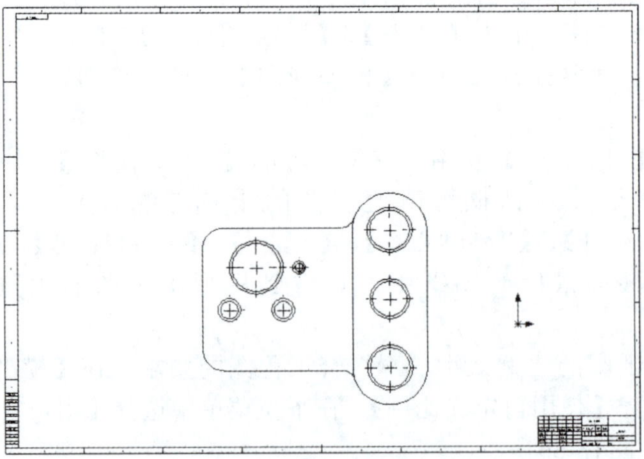

图18-68　初步放置好的主视图

18.3.2 建立视图

① 单击【工程图】工具栏中的 【剖面视图】按钮（或者选择【插入】|【工程视图】|【剖面视图】菜单命令），在【属性管理器】中弹出【剖面视图A-A】（根据生成的剖面视图字母顺序排序）属性管理器，如图18-69所示。

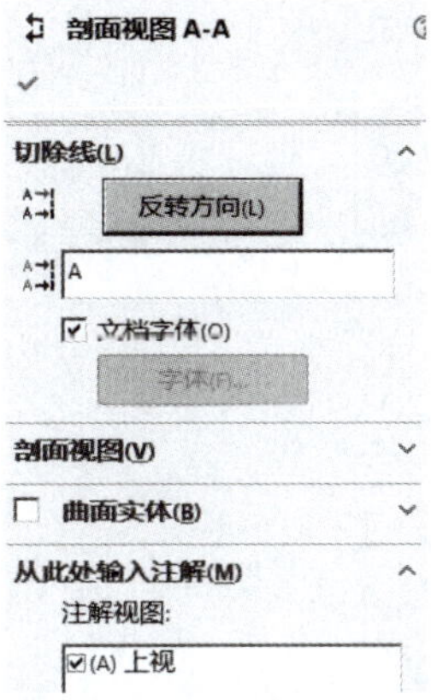

图18-69 【剖面视图A-A】属性管理器

② 移动鼠标，确定剖切线的位置，单击鼠标左键放置视图，如图18-70所示。

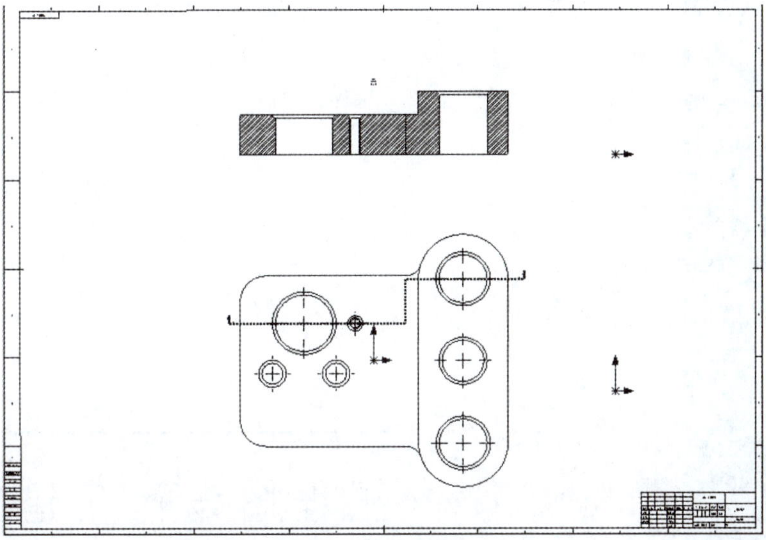

图18-70 放置视图

19

第19章

工程图标注

工程图设计在建立各种视图的基础上，还需要标注多种工程属性注解，包括尺寸标注、公差设定、表面粗糙度等。

19.1 尺寸标注

工程图中的尺寸标注是与模型相关联的，而且模型中的变更将直接反映到工程图中。

（1）模型尺寸

通常在生成每个零件特征时生成尺寸，然后将这些尺寸插入各个工程视图中。

（2）参考尺寸

也可以在工程图文档中添加尺寸，但是这些尺寸是参考尺寸，并且是从动尺寸，不能编辑参考尺寸的数值而更改模型。

（3）颜色

在默认情况下，模型尺寸标注为黑色。

（4）箭头

尺寸被选中时尺寸箭头上出现圆形控标。当单击箭头控标时（如果尺寸有两个控标，可以单击任意一个控标），箭头向外或向内反转。

（5）隐藏和显示尺寸

可使用工程图工具栏上的隐藏/显示注解，或通过视图菜单来隐藏和显示尺寸。

添加尺寸标注的操作步骤如下：

① 单击智能尺寸（尺寸/几何关系工具栏），或选择【工具】|【标注尺寸】|【智能尺寸】菜单命令。

② 单击要标注尺寸的几何体。

③ 单击以放置尺寸。

19.2 注释

单击【注解】工具栏中的A（注释）按钮，或者选择【插入】|【注解】|【注释】菜单命令，弹出【注释】属性管理器，如图19-1所示。

主要选项含义如下。

（1）【样式】选项组

- 【将默认属性应用到所选注释】：将默认类型应用到所选注释中。
- 【添加或更新常用类型】：将常用类型添加到文件中。
- 【删除常用类型】：单击该按钮，可将常用类型删除。

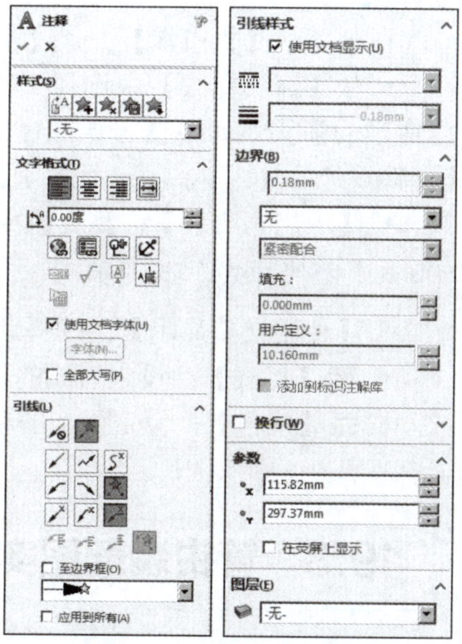

图19-1 【注释】属性管理器

- 【保存常用类型】：单击该按钮，在弹出的【另存为】属性管理器中，选择保存该文件的文件夹，编辑文件名，最后单击【保存】按钮。
- 【装入常用类型】：单击该按钮，在弹出的【打开】属性管理器中选择合适的文件夹，然后选择一个或者多个文件，单击【打开】按钮，装入的常用尺寸出现在【设定当前常用类型】列表中。

(2)【文字格式】选项组

- 【文字对齐方式】：包括【左对齐】、【居中】和【右对齐】。
- 【角度】：设置注释文字的旋转角度。
- 【插入超文本链接】：单击该按钮，可以在注释中包含超文本链接。
- 【链接到属性】：单击该按钮，可以将注释链接到文件属性。
- 【添加符号】：将鼠标指针放置在需要显示符号的【注释】选择框中，单击【添加符号】按钮，弹出【符号】属性管理器，选择一种符号，单击【确定】按钮，符号显示在注释中。
- 【锁定/解除锁定注释】：将注释固定到位。
- 【插入形位公差】：可以在注释中插入形位公差符号。
- 【插入表面粗糙度符号】：可以在注释中插入表面粗糙度符号。
- 【插入基准特征】：可以在注释中插入基准特征符号。
- 【使用文档字体】：选择该选项，使用文件设置的字体。

(3)【引线】选项组

- 单击【引线】、【多转折引线】、【无引线】或者【自动引线】按钮确定是否选择引线。如果单击【自动引线】按钮，在注释到实体时会自动插入引线。
- 单击【引线向左】、【引线向右】、【引线最近】按钮，确定引线的位置。
- 单击【直引线】、【折弯引线】、【下划线引线】按钮，确定引线样式。
- 从【箭头样式】中选择一种箭头样式，如果选择【智能箭头】样式，则应用适当的箭头（如根据出详图标准，将应用到面上、应用到边线上等）到注释中。
- 【应用到所有】：将更改应用到所选注释的所有箭头。

(4)【引线样式】选项组

- 【使用文档显示】：选择此选项可使用文档注释中所配置的样式和线粗。
- 【样式】：设定引线的样式。
- 【线粗】：设定引线的粗细。

19.3 管钳装配图实例

扫码看视频

本例生成一个管钳模型（如图19-2所示）的装配图，如图19-3所示。

图19-2　管钳装配模型

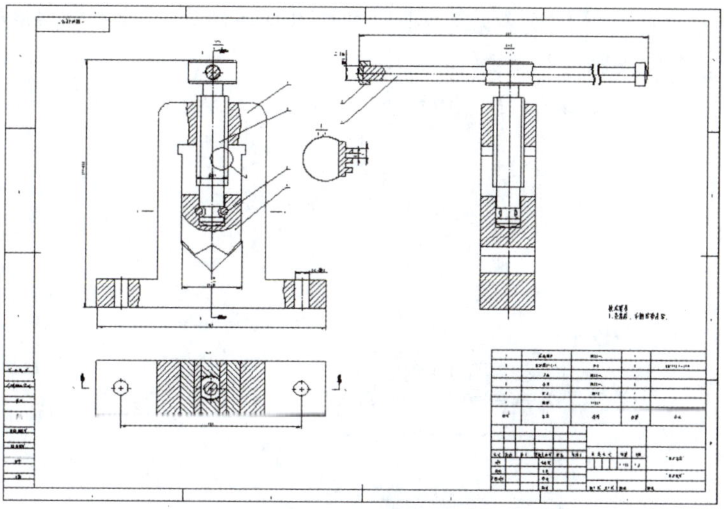

图19-3　管钳装配图

具体步骤如下。

19.3.1　插入视图

（1）插入模型

① 启动中文版SolidWorks，选择【文件】|【打开】命令，在弹出的【打开】对话框中选择要生成工程图的零件文件。选择【文件】|【新建】，弹出【新建SolidWorks文件】对话框，选择“工程图”，创建一个新的A1（GB）工程图文件。单击【插入】|【工程图视图】|【模型】按钮，弹出【模型视图】属性管理器。

② 在【模型视图】属性管理器的【要插入的零件/装配体】选项组中显示已经打开的装配体，单击【信息】上方的【下一步】按钮，如图19-4所示。

③ 在【模型视图】属性管理器的【方向】选项组中单击【上视】按钮添加上视图，如图19-5所示。

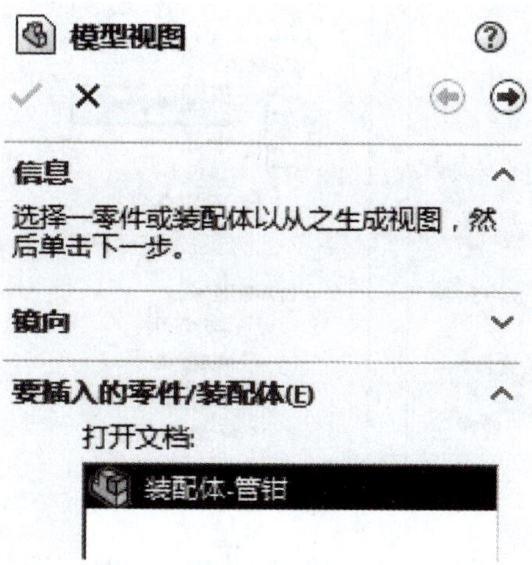

图19-4　【模型视图】属性管理器

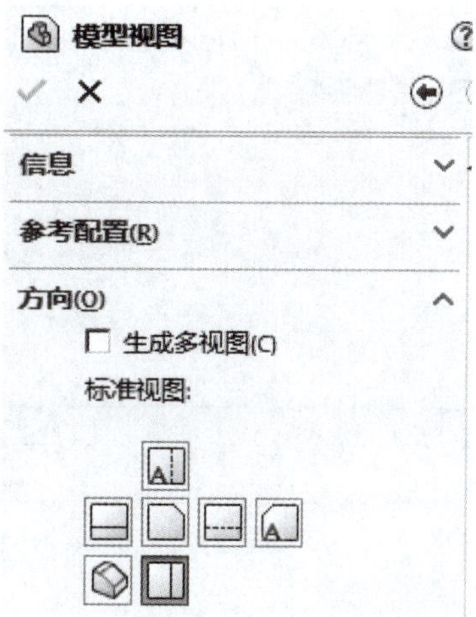

图19-5　设置【方向】选项

④ 在【比例】选项组中，如图19-6所示，单击 使用自定义比例(C) 按钮，在下拉菜单中选择比例【1 ∶ 1】。

⑤ 在图纸的合适位置添加上视图，添加完成后的上视图如图19-7所示。

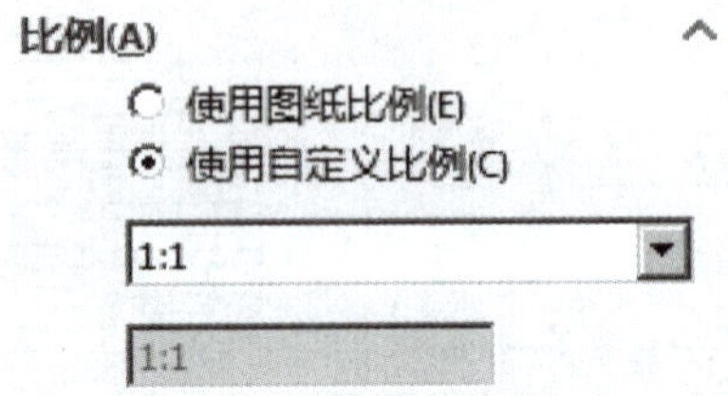

图19-6 设置【比例】选项

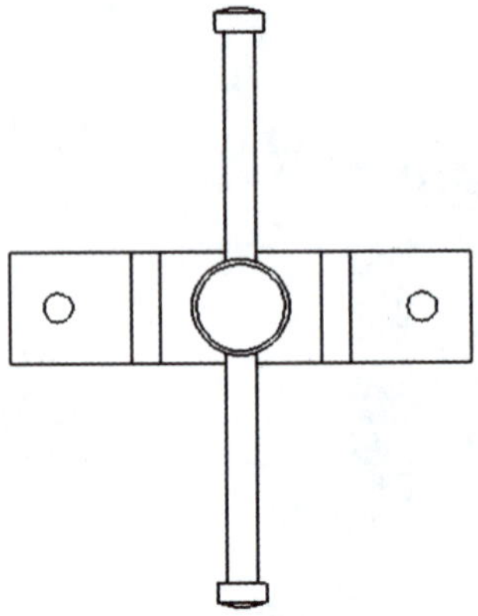

图19-7 生成上视图

（2）生成主视图

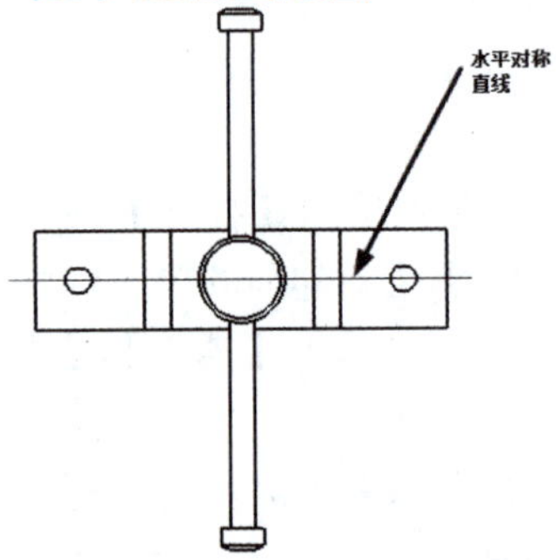

图19-8 绘制水平对称直线

① 单击视图布局工具栏中的【剖面视图】按钮，弹出【剖面视图】属性管理器。根据提示内容，在上视图的水平对称线处放置直线，如图19-8所示。

② 单击确定剖切线位置，单击✓【确定】按钮，弹出【剖面视图】窗口。勾选【自动打剖面线】和【反转方向】选项，如图19-9所示。

③ 单击【剖面视图】窗口中的【确定】按钮。在【剖面视图】属性管理器中，将剖切线的显示文字设为【A】，并勾选【自动加剖面线】选项，如图19-10所示。

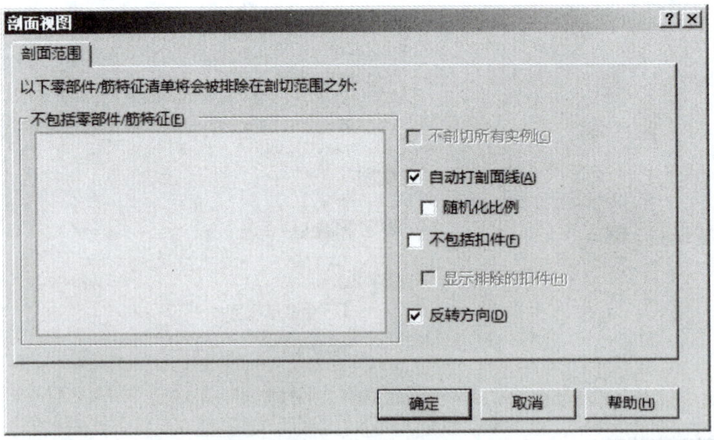

图19-9 【剖面视图】窗口

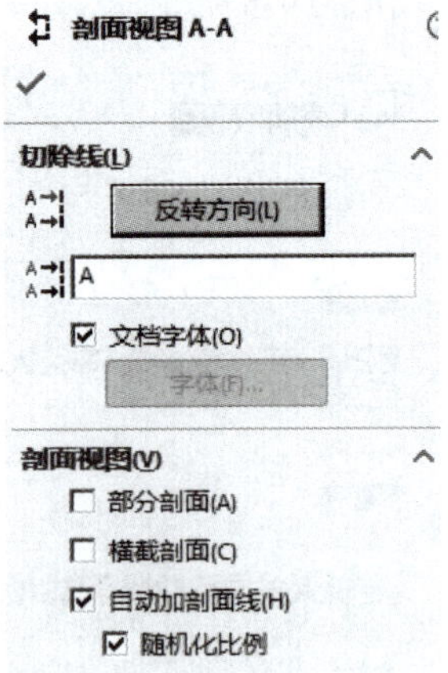

图19-10 【剖面视图】属性管理器

④ 在【比例】选项组中，勾选【使用父关系比例】选项，将主视图的比例设为【1 ∶ 1】，如图19-11所示。

⑤ 在图纸合适位置处单击鼠标左键，然后单击【剖面视图】属性管理器中的【确认】按钮完成主视图的添加，结果如图19-12所示。

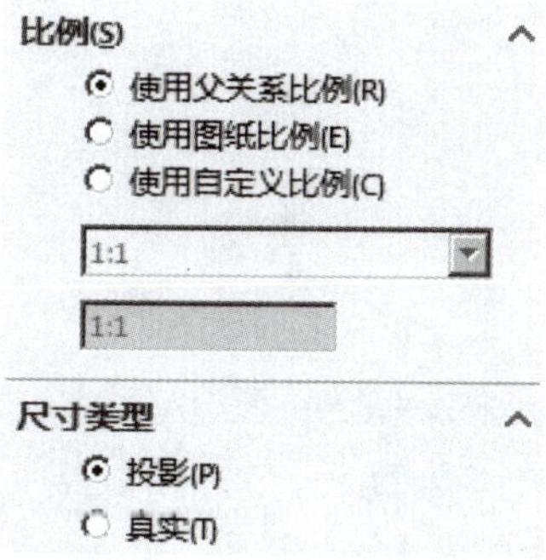

图19-11　比例/尺寸类型设置

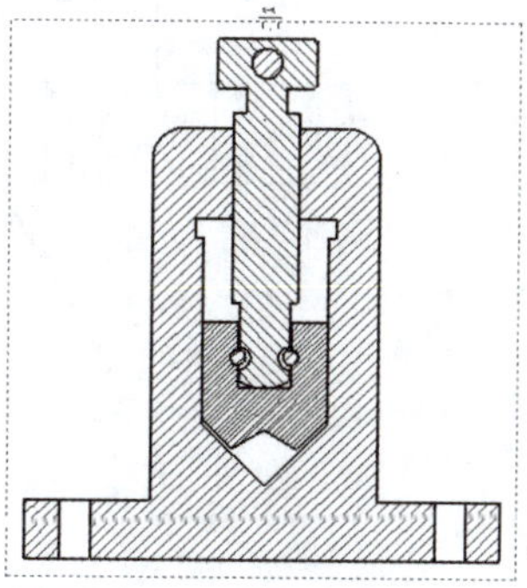
图19-12　生成主视图

技术要点：当生成一个新的投影视图、剖面视图或辅助视图时，其默认状态是对正于它的主视图。

（3）生成左视图

① 采用同样的方法生成左视图。单击视图布局工具栏中的【剖面视图】按钮，根据提示在主视图的竖直对称线上确定剖切位置，如图19-13所示。

② 在图纸合适位置处添加左视图，结果如图19-14所示。

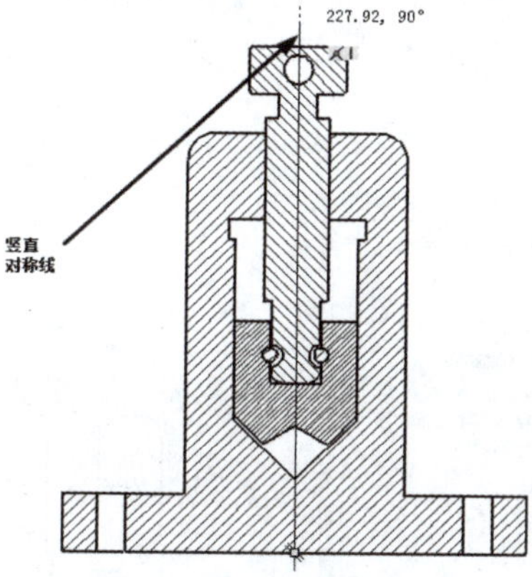

图19-13　绘制竖直对称线

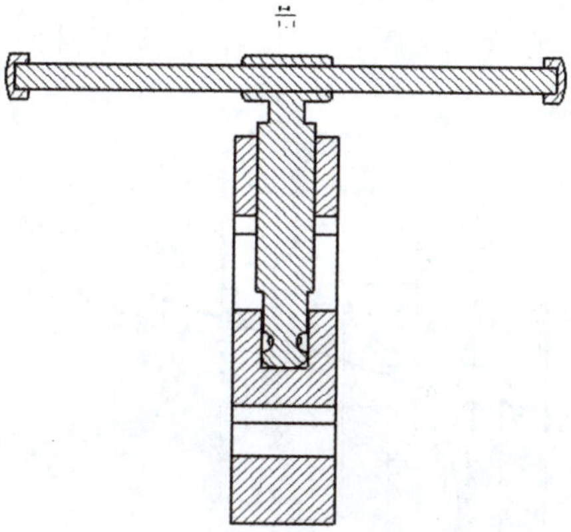
图19-14　生成左视图

（4）修改上视图

① 单击选中上视图，剖面左侧弹出【工程视图】属性管理器。单击【更多属性】按钮，弹出【工程视图属性】窗口。在【工程视图属性】窗口中选择【隐藏/显示零部件】选项，依次选中俯视图中的两个挡圈和手柄，如图19-15所示。

② 单击【工程视图属性】窗口中的【确定】，此时俯视图如图19-16所示。

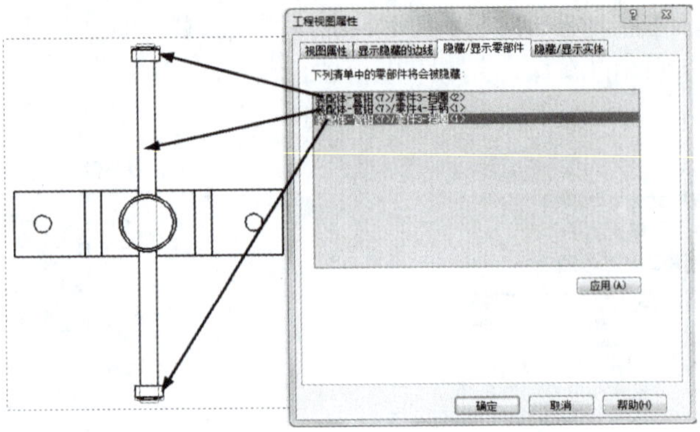

图19-15 【工程视图属性】窗口

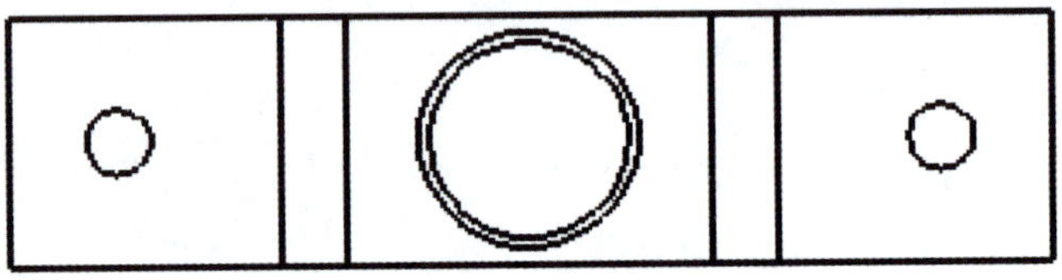

图19-16 修改后的俯视图

（5）修改主视图

① 单击选中主视图，弹出【剖面视图】属性管理器。单击【更多属性】按钮，弹出【工程视图属性】窗口。在【工程视图属性】窗口中选择【剖面范围】选项，并在手柄内部单击鼠标左键，如图19-17所示，单击【确定】按钮。

② 单击【工程视图】属性管理器中的【确定】按钮后，主视图如图19-18所示。

③ 在主视图中单击钳座的剖面线，如图19-19所示，弹出【区域剖面线/填充】属性管理器。在属性管理器中将【材质剖面线】设置为非选中状态，并将剖面线改为【无】。

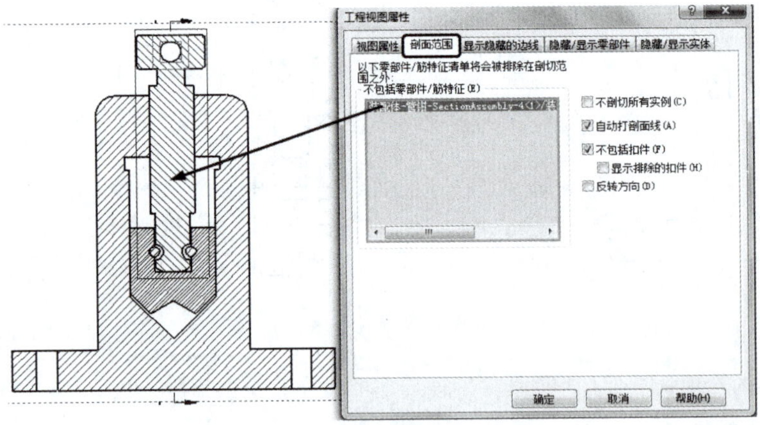

图19-17 【工程视图属性】窗口

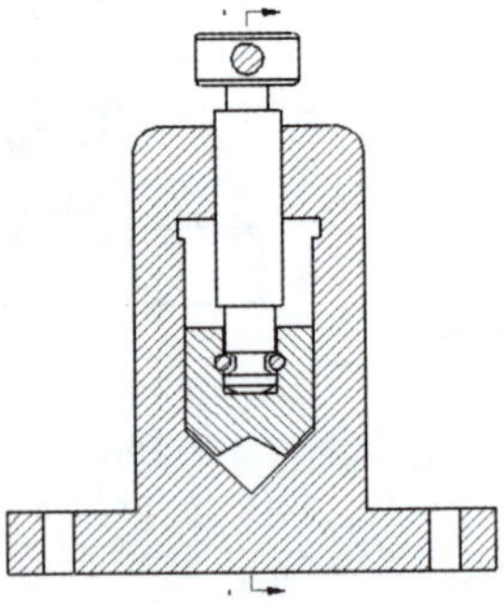

图19-18 修改后的主视图

④ 修改之后的主视图如图19-20所示。

⑤ 用同样的方法去掉活动钳口内部的剖面线，结果如图19-21所示。

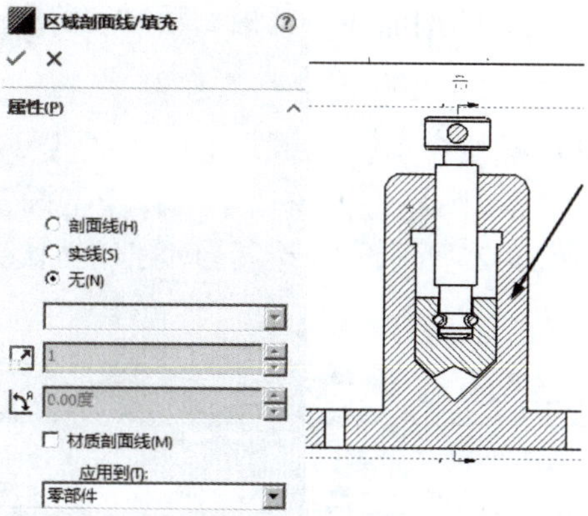

图19-19　设置区域剖面线

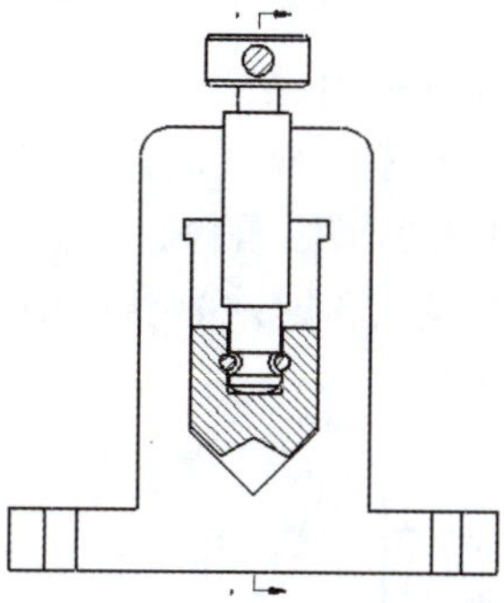

图19-20　修改之后的主视图

⑥ 单击草图工具栏中的按钮，在主视图的合适位置处画两条样条曲线，如图19-22所示。

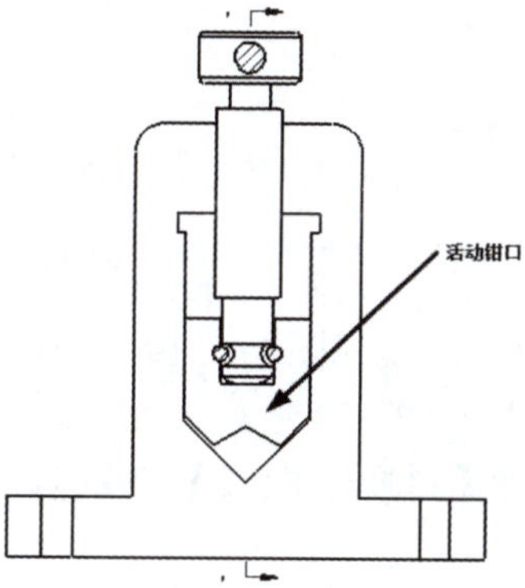

图19-21　去掉剖面线

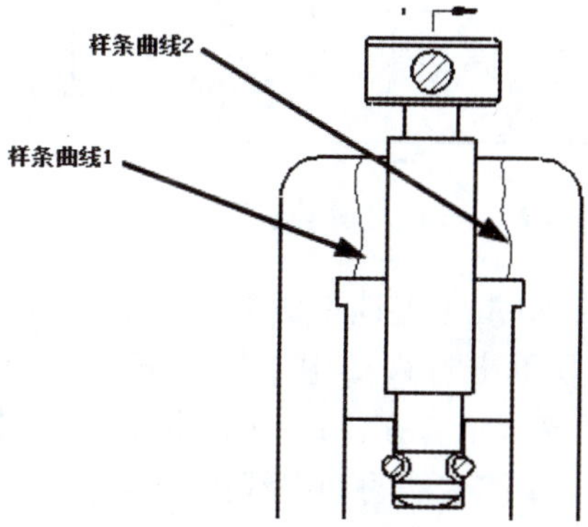

图19-22　绘制样条曲线

⑦ 单击注解工具栏中的【区域剖面线】按钮，弹出【区域剖面线/填充】属性管理器。在两条曲线与螺杆所围的内部分别单击鼠标左键，单击【区域剖面线/填充】属性管理器中的按钮，结果如图19-23所示。

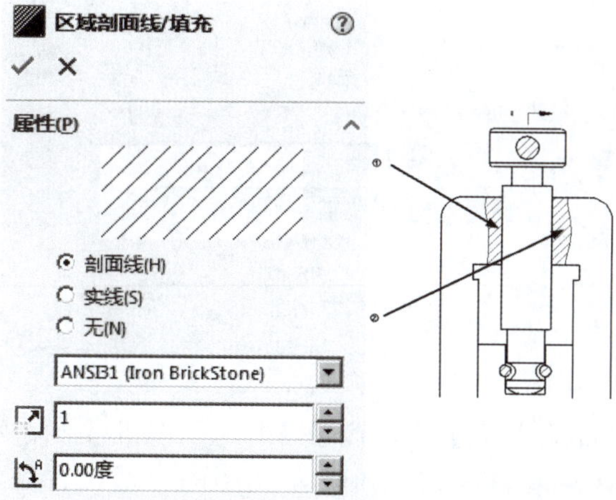

图19-23　修改之后的主视图

⑧ 采用同样的方法在主视图中添加其他三处的剖面线，结果如图19-24所示。

(6) 修改左视图

① 单击选中左视图，弹出【剖面视图】属性管理器，单击最下方的【更多属性】按钮，弹出【工程视图属性】窗口。在【工程视图属性】窗口中选择【剖面范围】选项，选中左视图中的螺杆和一个挡圈，如图19-25所示，勾选【自动打剖面线】选项。单击【工程视图属性】窗口中的【确定】按钮。

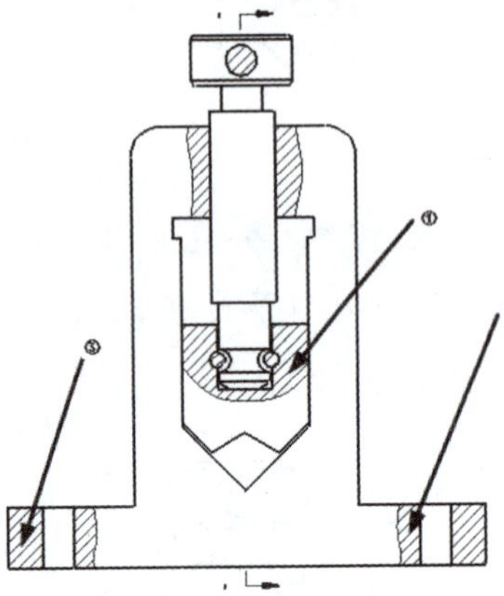

图19-24 修改之后的主视图

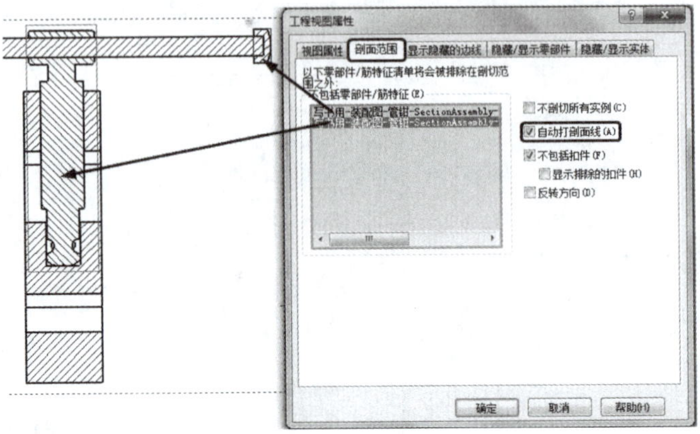

图19-25 【工程视图属性】窗口

② 单击【工程视图】属性管理器中的【确定】按钮后，左视图如图19-26所示。

③ 单击左视图中手柄内部的剖面线，弹出【区域剖面线/填充】属性管理器，如图19-27所示。在【区域剖面线/填充】属性管理器中将【材质剖面线】设置为非选中状态，并将手柄的剖面线改为【无】。

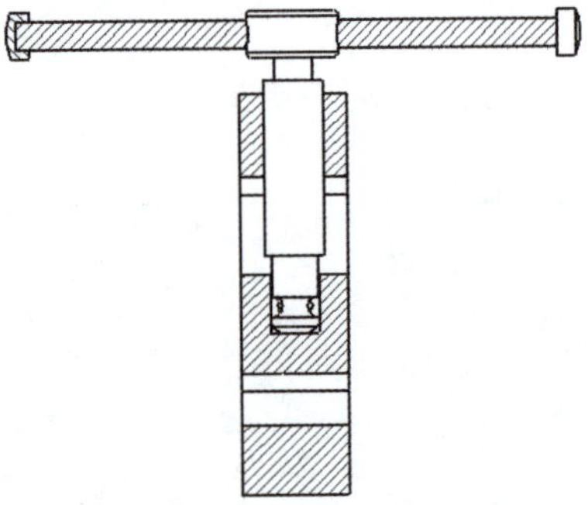

图19-26 修改后的左视图

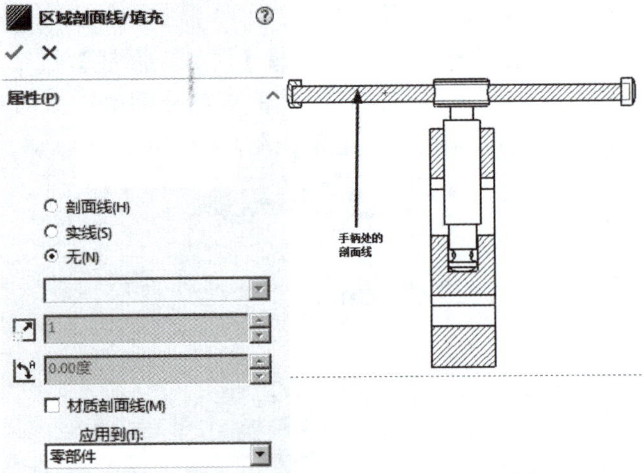

图19-27 设置区域剖面线

④ 单击【区域剖面线/填充】属性管理器中的✓按钮后，左视图如图19-28所示。

⑤ 单击草图工具栏中的样条曲线按钮，在左视图的合适位置处画一条样条曲线，如图19-29所示。

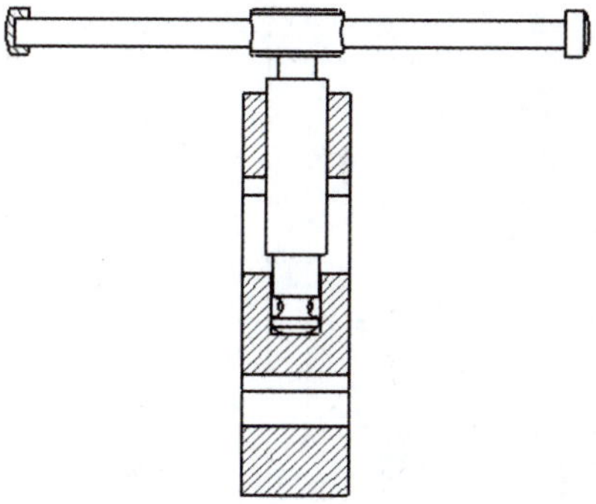

图19-28　修改之后的左视图

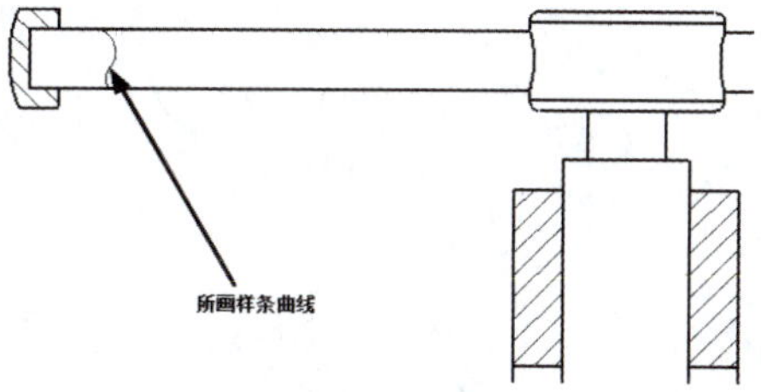

图19-29　绘制样条曲线

⑥ 单击注解工具栏中的【区域剖面线】按钮，弹出【区域剖面线/填充】属性管理器。在对话框中勾选【剖面线】选项，并在样条曲线左侧单击鼠标左键，此时便在其内部添加了剖面线，如图19-30所示。

⑦ 此时，修改之后的左视图整体效果如图19-31所示。

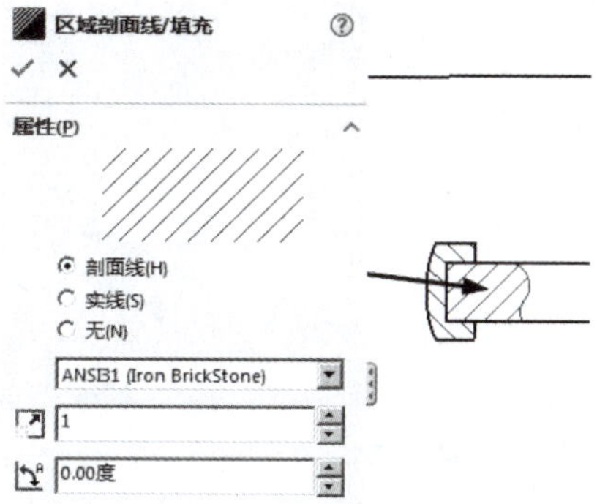

图19-30　【区域剖面线/填充】属性管理器

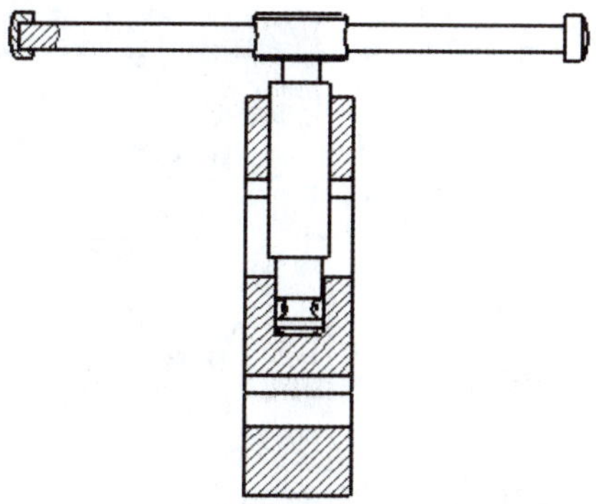

图19-31　修改之后的左视图

（7）添加上视图的剖面视图

① 单击视图布局工具栏中的【断开的剖视图】按钮，根据提示在上视图的合适位置处画一条样条曲线，如图19-32所示。

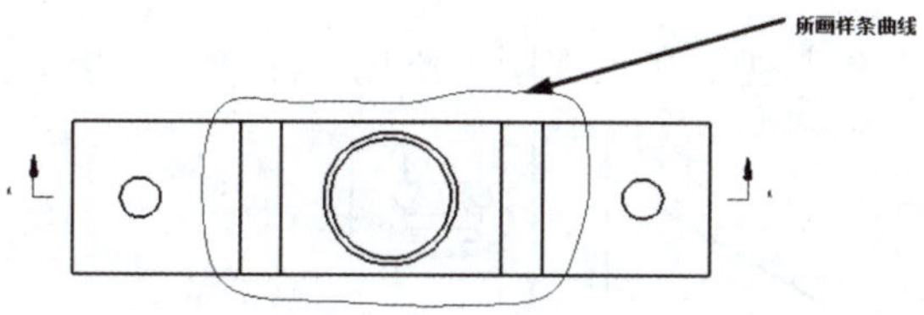

图19-32　绘制样条曲线

② 画好样条曲线后弹出【剖面视图】窗口，勾选窗口中的【自动打剖面线】选项，如图19-33所示。

③ 单击【剖面视图】窗口中的【确定】按钮，弹出【断开的剖视图】属性管理器。在属性管理器的【深度】选项设置中，选择主视图中圆柱销的外圆轮廓，如图19-34所示。

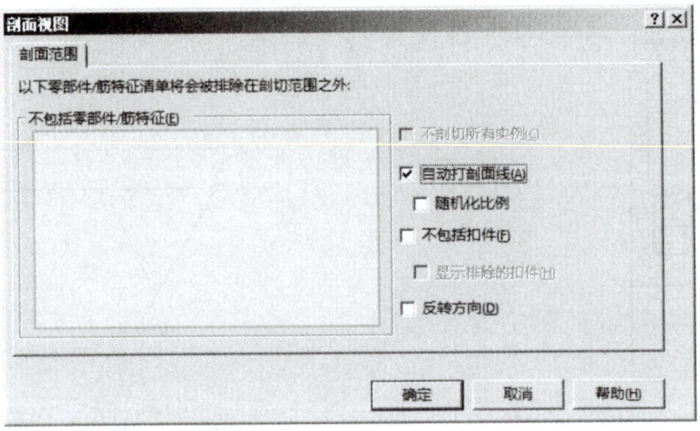

图19-33 【剖面视图】窗口

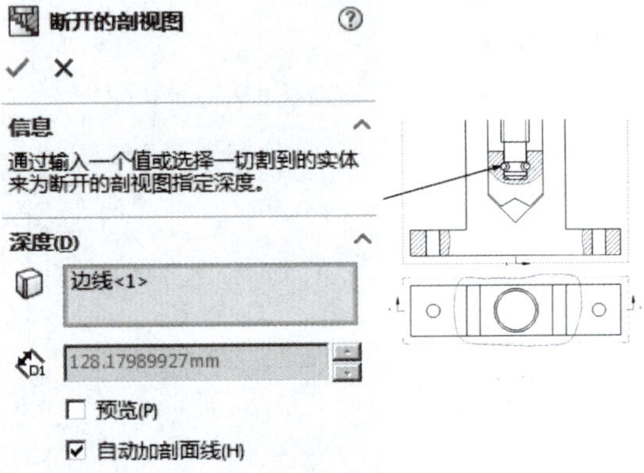

图19-34 【断开的剖视图】属性管理器

④ 单击【断开的剖视图】属性管理器中的✔按钮后，上视图如图19-35所示。

图19-35 断开的剖视图

⑤ 为了表达清楚，在上视图和主视图中添加一注释，结果如图19-36所示。

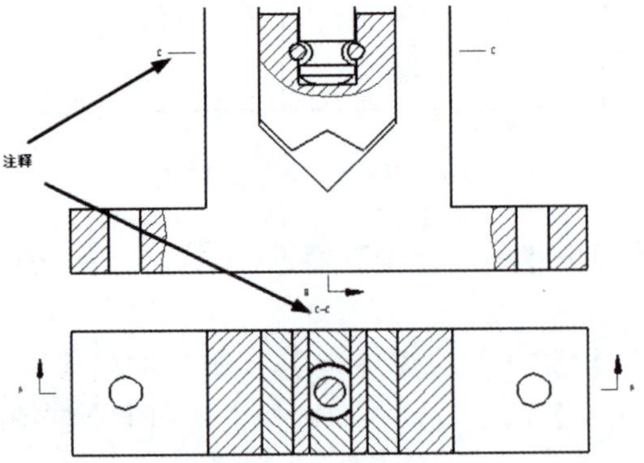

图19-36 添加注释

（8）添加主视图的局部视图

① 单击视图布局工具栏中的【局部视图】按钮，弹出【局部视图】属性管理器。根据提示在主视图的合适位置处画一个圆，如图19-37所示。在【局部视图】属性管理器的【视图图标】选项组中，将图标设为【带引线】，显示文字为【I】。

② 在【局部视图】属性管理器的【比例】选项组中选择【使用自定义比例】选项，并将比例设为【2 ∶ 1】。在视图合适位置处单击鼠标左键便可添加一局部视图。由于生成的局部视图还不完善，需要手工添加螺杆的齿形，利用草图工具栏中的直线命令进一步完善此局部视图，结果如图19-38所示。

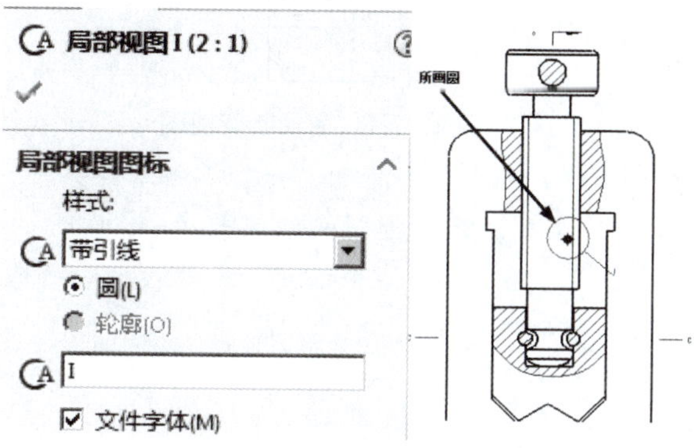

图19-37 【局部视图】属性管理器

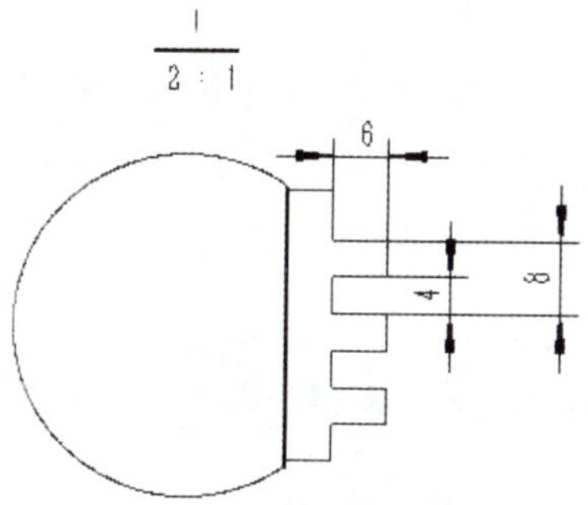

图19-38 局部视图 I

③ 单击注解工具栏中的【区域剖面线】按钮，弹出【区域剖面线/填充】属性管理器。勾选【剖面线】选项，并将比例设置为【1】，如图19-39所示。然后在局部视图的合适位置处单击鼠标左键，添加局部视图的剖面线。

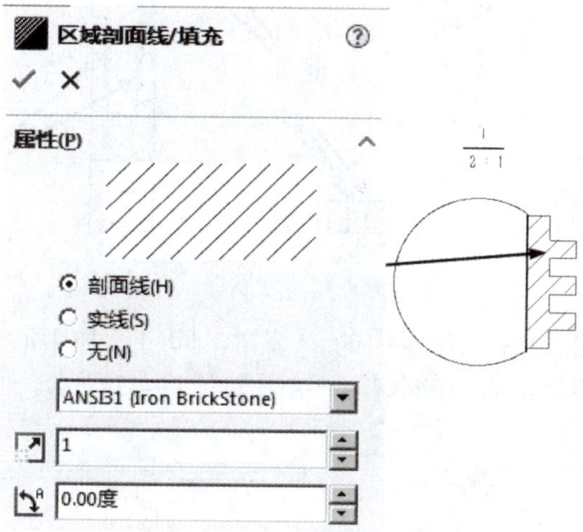

图19-39 添加剖面线

（9）添加左视图的断裂视图

① 单击选中左视图，然后单击视图布局工具栏中的【断裂视图】按钮，弹出【断裂视图】属性管理器。在【断裂视图】属性管理器中将缝隙大小设置为【5.00mm】，折断线样式为【曲线折断】，如图19-40所示。

② 在左视图的合适位置处单击鼠标左键两次，然后单击【断裂视图】属性管理器中的✓按钮，完成断裂视图的添加，结果如图19-41所示。

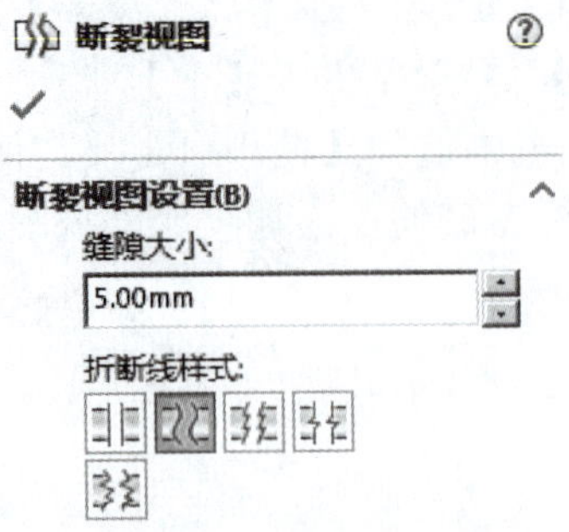

图19-40 【断裂视图】属性管理器

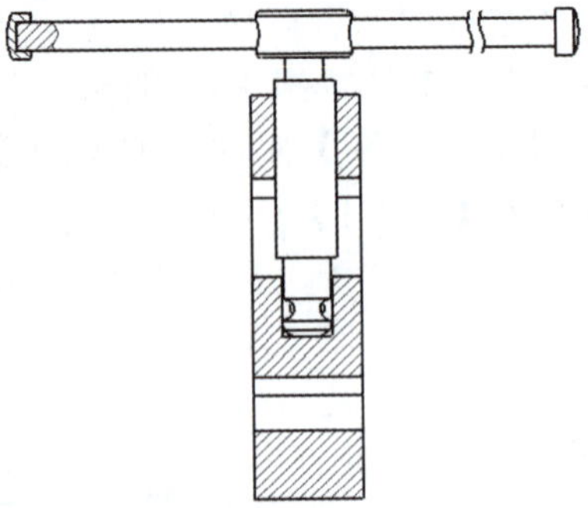

图19-41 生成断裂视图

技术要点：可以在工程图中拖动折断线，以改变断裂视图的断裂长度。

19.3.2 标注尺寸

(1) 添加中心线

① 单击注解工具栏中的中心线按钮，弹出【中心线】属性管理器，根据提示依次选中圆柱母线，如图19-42所示。

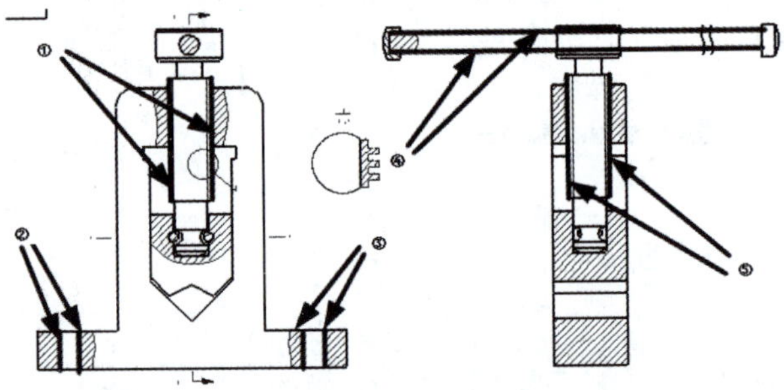

图19-42 选取母线

② 单击【中心线】属性管理器中的✓按钮，即可添加中心线。选中中心线后在其断点处移动鼠标可以调整中心线的长度，结果如图19-43所示。

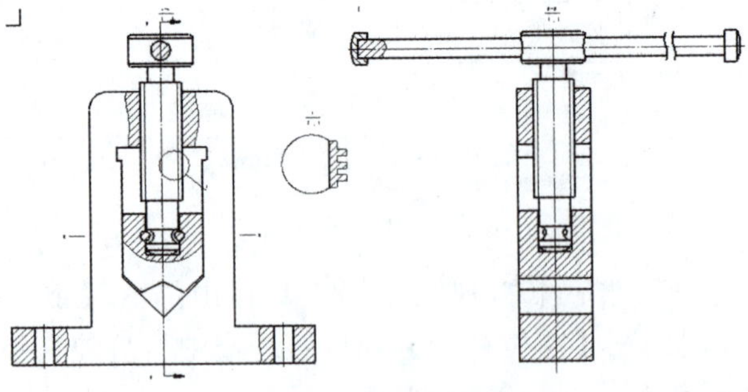

图19-43 添加中心线

（2）添加中心符号线

① 单击注解工具栏中的 中心符号线 按钮，弹出【中心符号线】属性管理器。根据提示，依次选中主视图和俯视图中四处的圆弧，如图19-44所示。

② 单击【中心符号线】属性管理器中的按钮，即可添加中心符号线，结果如图19-45所示。

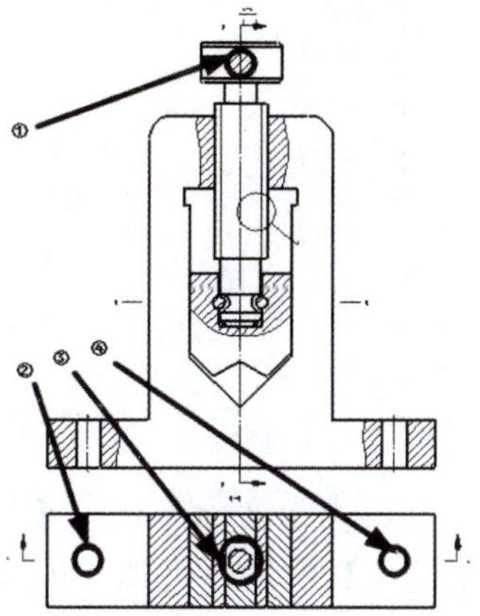

图19-44　选取圆弧

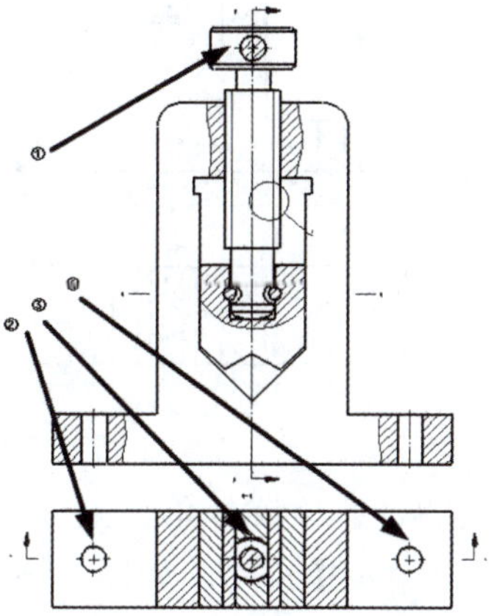

图19-45　添加中心符号线

（3）手工标注简单尺寸

① 单击注解工具栏中的【智能尺寸】按钮，弹出【尺寸】属性管理器，根据提示选中主视图中的两条边线，如图19-46所示。

② 在主视图的合适位置处单击鼠标左键，然后单击【尺寸】属性管理器中的按钮，完成第一个尺寸的添加，结果如图19-47所示。

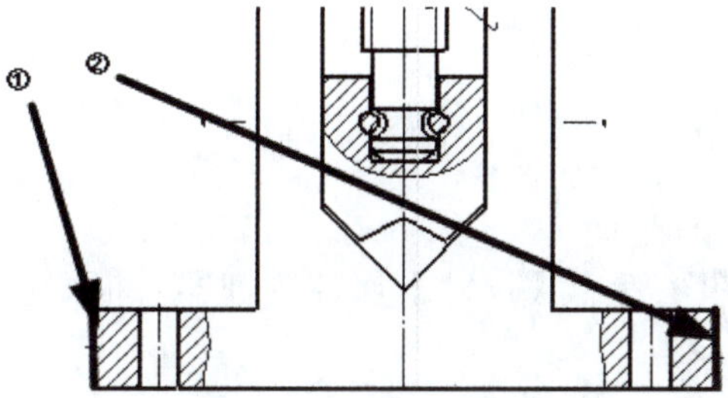

图19-46　选取两条边线

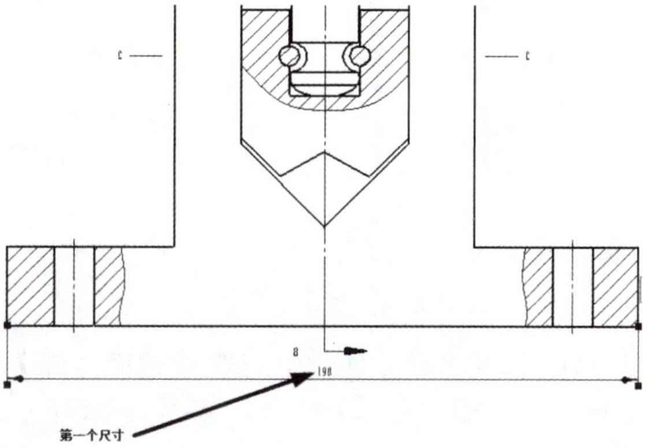

图19-47　添加尺寸

③ 采用同样的方法在视图中添加其他简单尺寸，结果如图19-48所示。

（4）标注孔尺寸

① 单击注解工具栏中的【智能尺寸】按钮，选中主视图中孔的两条边线，如图19-49所示。

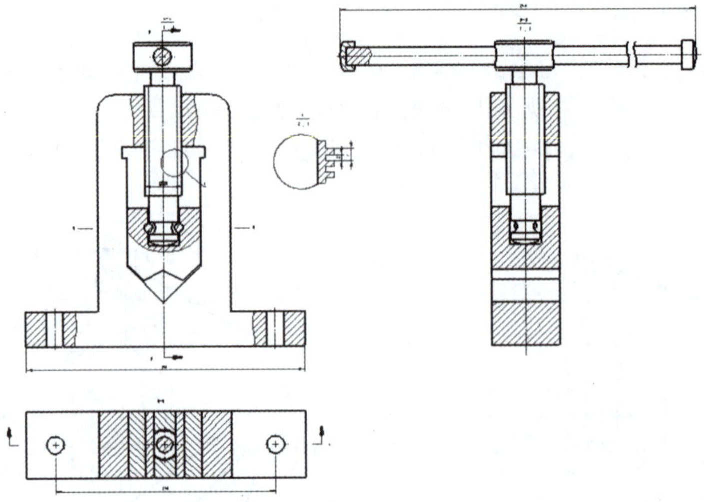

图19-48 添加其他简单尺寸

② 在视图合适位置处单击鼠标左键，弹出【尺寸】属性管理器。在【标注尺寸文字】选项组中输入【2×】，如图19-50所示，单击【尺寸】属性管理器中的✔按钮完成孔尺寸的添加。

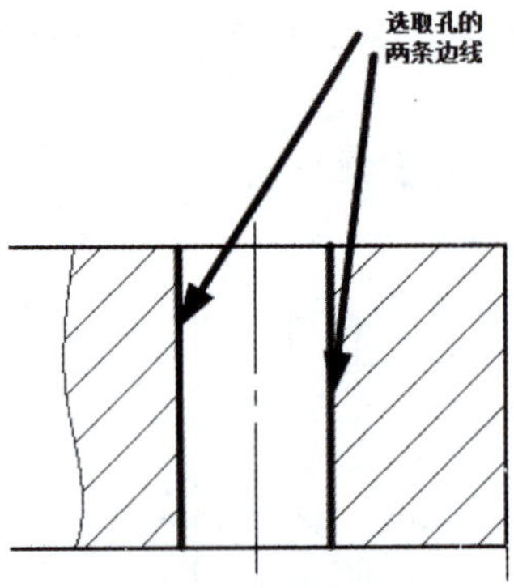

图19-49 选取两条边线

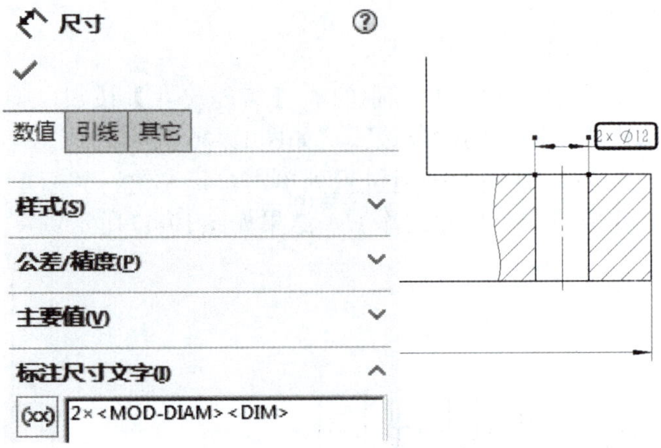

图19-50 孔尺寸的添加

（5）标注孔轴配合处的尺寸

① 单击注解工具栏中的【智能尺寸】按钮，弹出【尺寸】属性管理器，根据提示选取左视图中的两条边线，如图19-51所示。

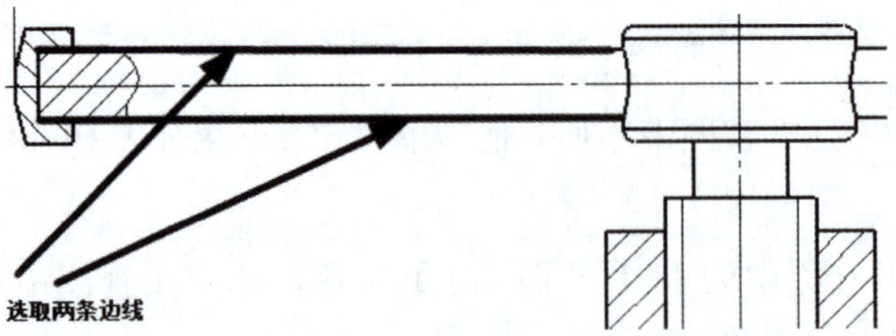

图19-51 选取两条边线

② 在视图合适位置处单击鼠标左键添加尺寸，并弹出【尺寸】属性管理器。在属性管理器的【公差/精度】选项组中，公差类型选择【与公差套合】选项，分类选择【用户定义】选项，并将孔的公差带代号设为【H7】，轴的公差带代号设为【js6】，然后单击【以直线显示层叠】按钮，如图19-52所示。

③ 单击【尺寸】属性管理器中的按钮后，在视图中便添加了一个孔轴配合的尺寸，如图19-53所示。

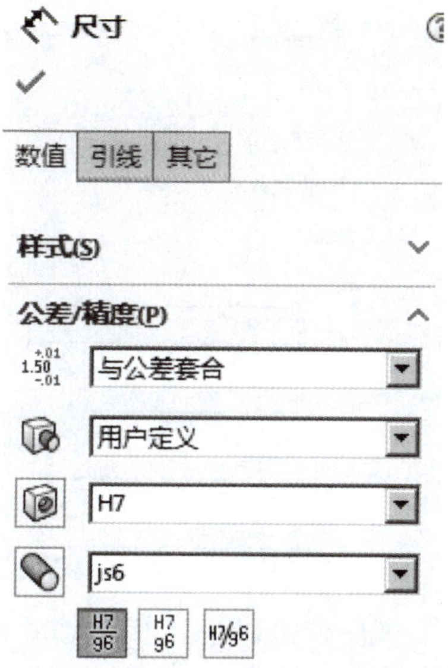

图19-52 【尺寸】属性管理器

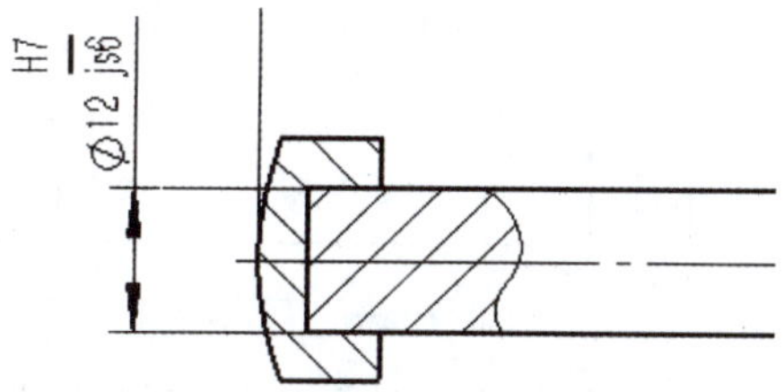

图19-53 孔轴配合处的尺寸

（6）标注螺杆的移动范围

① 单击注解工具栏中的【智能尺寸】按钮，弹出【尺寸】属性管理器，根据提示选取主视图中的两条边线，如图19-54所示。

② 在视图合适位置处单击鼠标左键添加尺寸，并弹出【尺寸】属性管理器。在属性管理器的【标注尺寸文字】选项中输入尺寸范围【210-258】，如图19-55所示。

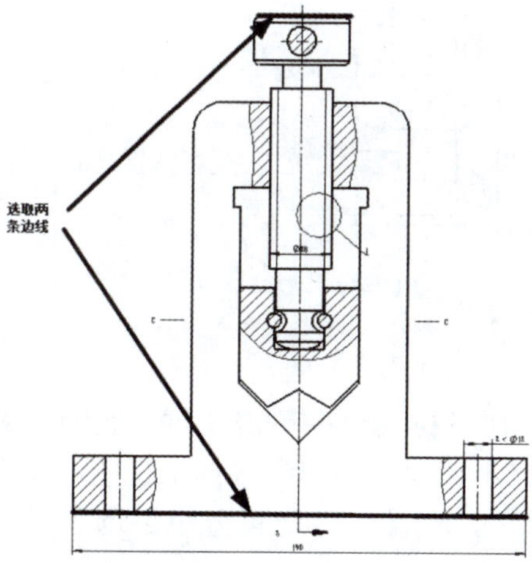

图19-54 选取两条边线

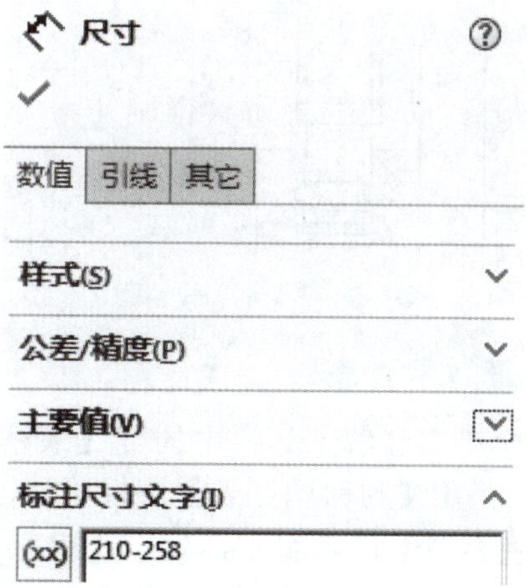

图19-55 【尺寸】属性管理器

③ 单击【尺寸】属性管理器中的✓按钮，完成尺寸的添加，结果如图19-56所示。

19.3.3 生成零件序号和零件表

（1）生成零件序号

① 单击注解工具栏中的零件序号按钮，弹出【零件序号】属性管理器，在【设定】选项组中将【零件序号文字】选项设为【项目数】，如图19-57所示。

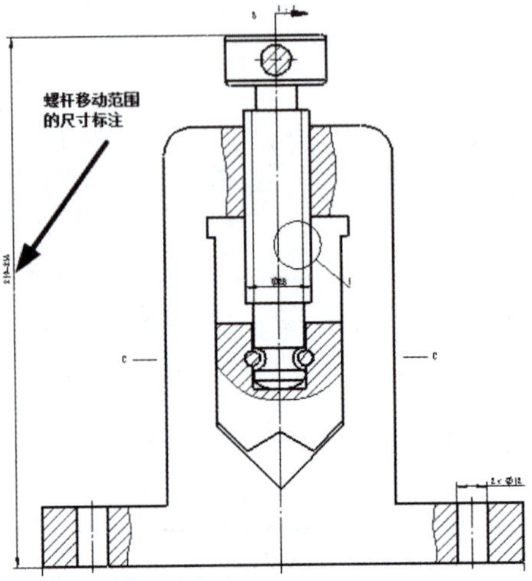

图19-56 尺寸标注

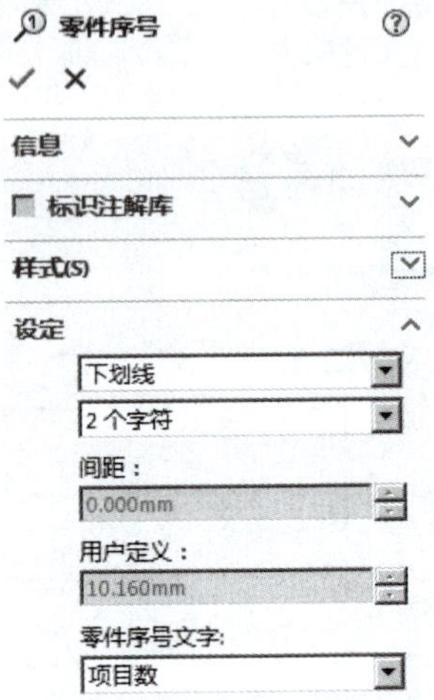

图19-57 【零件序号】属性管理器

② 根据【零件序号】属性管理器中的提示单击主视图中需要标注的零件，出现零件序号，单击鼠标左键放置在合适的位置，如图19-58所示。

③ 采用同样的方法在视图中添加其他零件序号，结果如图19-59所示。

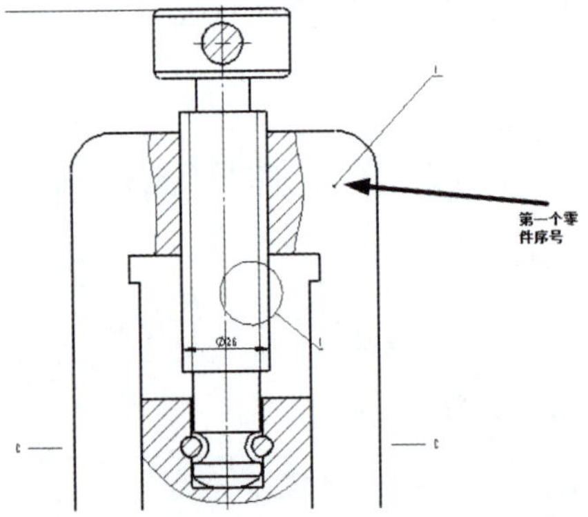

图19-58 零件序号的添加

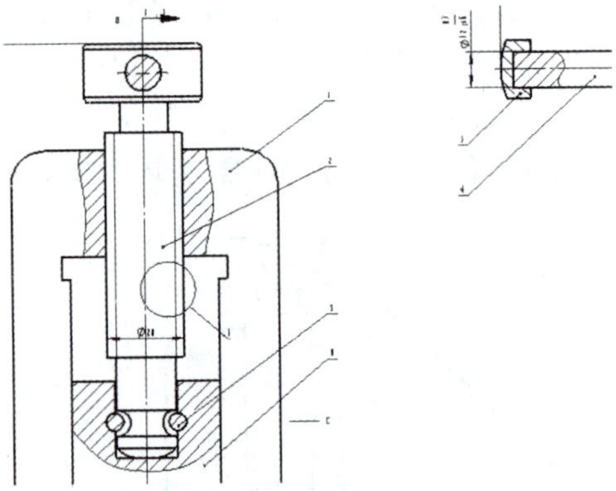

图19-59 零件序号的标注

（2）添加零件表

① 单击注解工具栏中的【表格】按钮，在下拉菜单中单击【材料明细表】菜单命令，弹出【材料明细表】属性管理器。根据提示在视图中单击选择主视图，在【材料明细表类型】选项组中，勾选【仅限零件】选项，在【零件配置分组】选项组中勾选【显示为一个项目号】选项，如图19-60所示。

② 单击【材料明细表】属性管理器中的✓按钮，此时在图纸中移动鼠标便可预览一个材料明细表，在合适位置处单击鼠标左键完成材料明细表的添加，如图19-61所示。

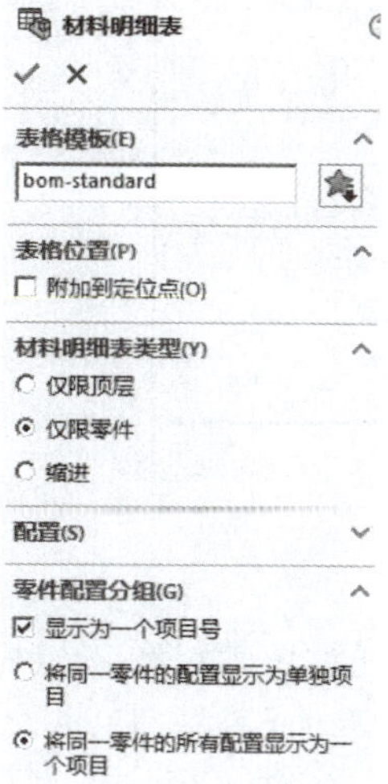

图19-60 【材料明细表】属性管理器

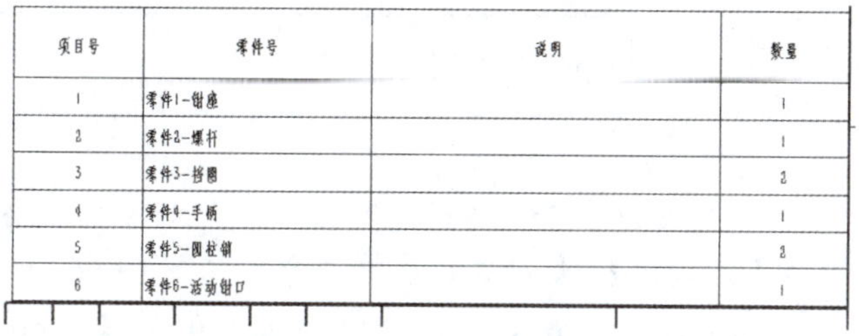

项目号	零件号	说明	数量
1	零件1-钳座		1
2	零件2-螺杆		1
3	零件3-挡圈		2
4	零件4-手柄		1
5	零件5-圆柱销		2
6	零件6-活动钳口		1

图19-61 生成材料明细表

③ 生成的表在图纸外，需要稍加改动。将鼠标移动到刚生成的表格上，便可出现如图19-62所示的边框。

④ 单击图中的✥图标，弹出【材料明细表】属性管理器，如图19-63所示。在此对话框的【表格位置】中设置【恒定边角】为▦【右下点】。

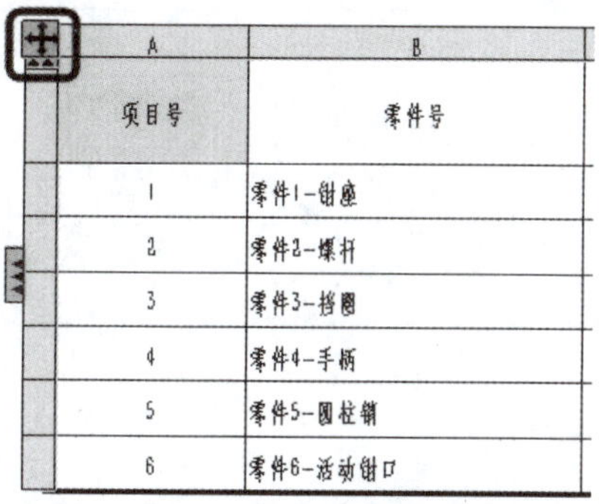

A	B
项目号	零件号
1	零件1-钳座
2	零件2-螺杆
3	零件3-挡圈
4	零件4-手柄
5	零件5-圆柱销
6	零件6-活动钳口

图19-62 显示边框

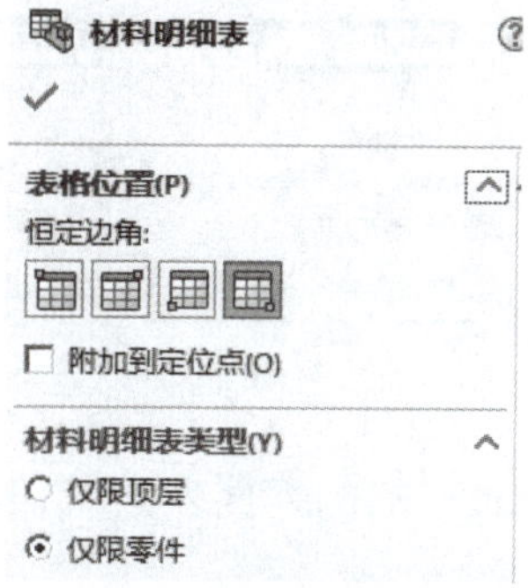

图19-63 【材料明细表】属性管理器

⑤ 单击属性管理器中的✓按钮继续，生成的表格即可和图纸外边框对齐，结果如图19-64所示。

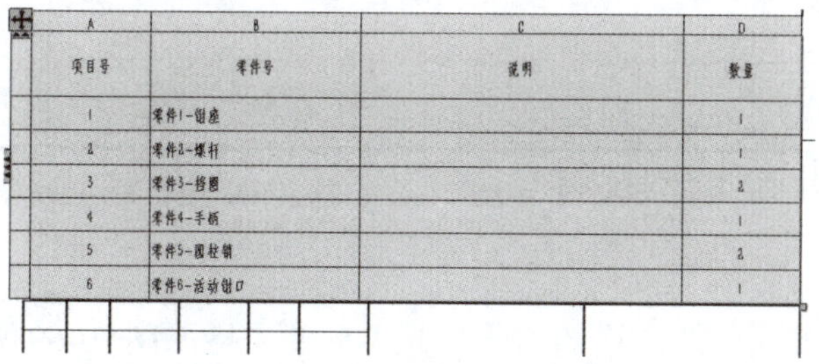

A	B	C	D
项目号	零件号	说明	数量
1	零件1-钳座		1
2	零件2-螺杆		1
3	零件3-挡圈		2
4	零件4-手柄		1
5	零件5-圆柱销		2
6	零件6-活动钳口		1

图19-64 生成的零件表

⑥ 将鼠标移动到此表格任意位置单击，弹出表格工具栏，单击▦【表格标题在下】按钮，便可出现如图19-65所示的零件表，符合国标的排序。

6	零件6-活动钳口		1
5	零件5-圆柱销		2
4	零件4-手柄		1
3	零件3-垫圈		2
2	零件2-螺杆		1
1	零件1-钳座		1
项目号	零件号	说明	数量

图19-65　排序后的零件表

⑦ 生成的零件表格式需要做一些改动。在表格的第一列任意位置处单击鼠标右键，选择【格式化】|【列宽】菜单命令，如图19-66所示。

⑧ 弹出【列宽】窗口，修改列宽值为【21mm】，如图19-67所示。单击 确定 按钮。

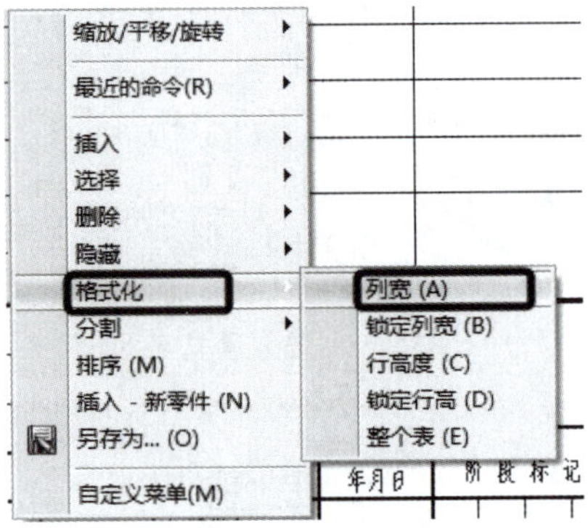

图19-66　选取列宽

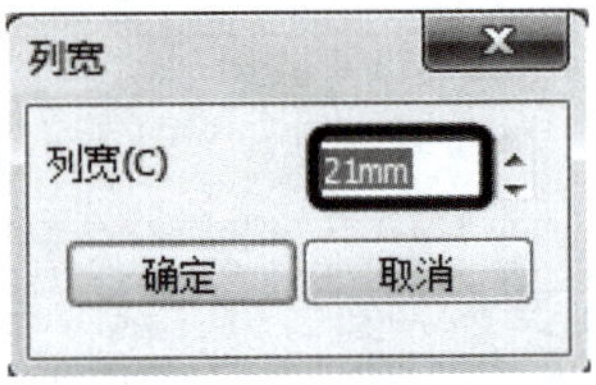

图19-67　修改列宽值

⑨ 修改之后的零件表如图19-68所示。

6	零件6-活动钳口		1
5	零件5-圆柱销		2
4	零件4-手柄		1
3	零件3-垫圈		2
2	零件2-螺杆		1
1	零件1-钳座		1
项目号	零件号	说明	数量

图19-68　修改之后的零件表

⑩ 采用类似的方法修改表格的格式，完善后的表格如图19-69所示。

6	活动钳口	Q235-A	1	
5	圆柱销B6×40	Q45	2	
4	手柄	Q235-A	1	
3	挡圈	Q235-A	2	
2	螺杆	Q275	1	
1	钳座	HT250	1	
序号	名称	材料	数量	备注

图19-69　完善后的零件表

⑪ 单击注解工具栏中的A【注释】按钮，在左侧弹出【注释】属性管理器。在属性管理器的【文字格式】选项组中，将【使用文档字体】选项设置为非选中状态，单击【字体】按钮弹出【选择字体】窗口，将文字高度设为“5mm”，如图19-70所示。

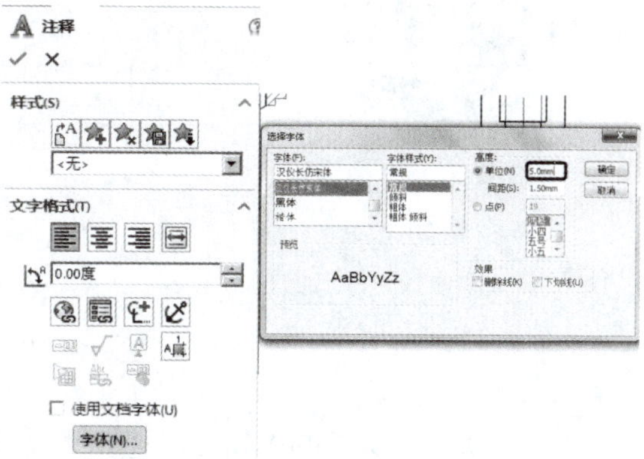

图19-70　设置文字

⑫ 在【注释】属性管理器的【引线】选项组中单击【无引线】按钮，如图19-71所示。

⑬ 在图纸合适位置处单击鼠标左键，输入技术要求。单击【注释】属性管理器中的✓按钮，结果如图19-72所示。

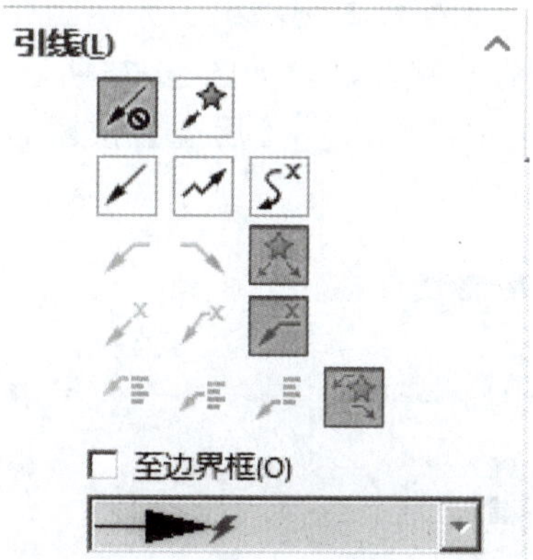

图19-71　引线设置

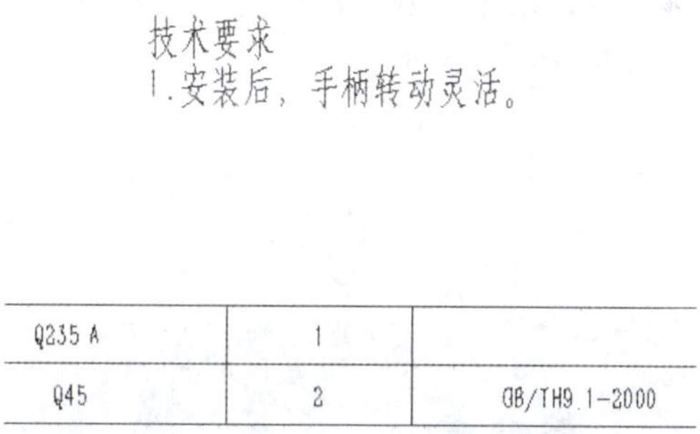

图19-72　输入技术要求

19.4　手柄装配图实例

扫码看视频

本例生成一个手柄模型（如图19-73所示）的装配图，如图19-74所示。

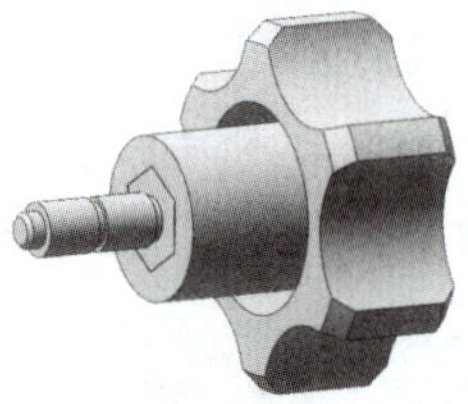

图19-73　手柄模型

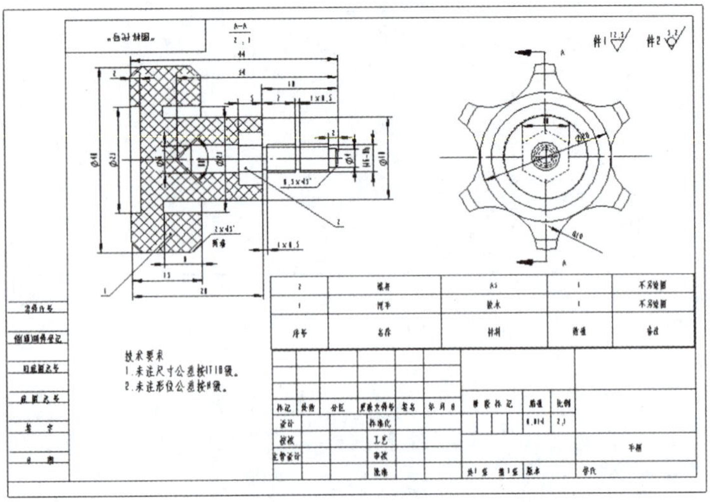

图19-74　手柄装配图

具体步骤如下。

19.4.1　插入视图

（1）插入主视图

① 启动中文版SolidWorks，选择【文件】|【打开】命令，在弹出的【打开】对话框中选择要生成工程图的零件文件。选择【文件】|【新建】，弹出【新建SolidWorks文件】对话框，选择“工程图”，创建一个新的A1（GB）工程图文件。单击【插入】|【工程图视图】|【模型】按钮，属性管理器位置会弹出【模型视图】属性管理器。

② 在【模型视图】属性管理器的【要插入的零件/装配体】选项组中显示已经打开的装配体，单击【信息】上方的【下一步】按钮进行直接添加，如图19-75所示。

③ 在【模型视图】属性管理器的【方向】选项组中，单击【后视】按钮添加后视图，如图19-76所示。

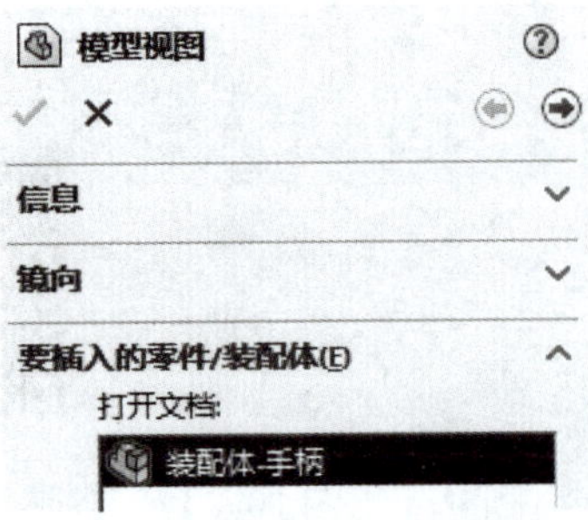

图19-75　【模型视图】属性管理器

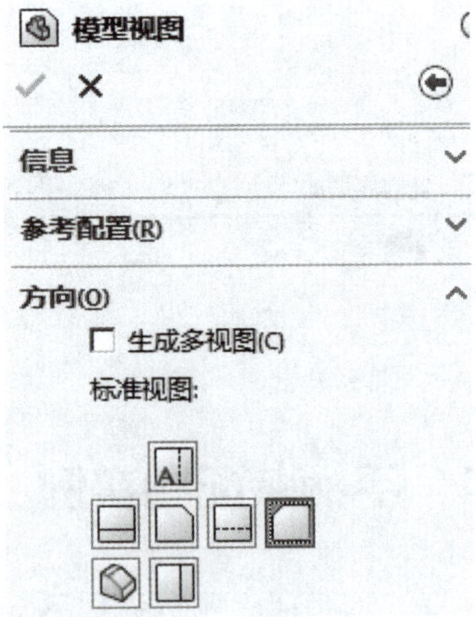

图19-76　设置【方向】选项

④ 在【模型视图】属性管理器的【选项（N）】选项中，勾选击 ☑自动开始投影视图(A) 选项，在【显示样式】选项组中，单击【隐藏线可见】按钮，在【比例】选项组中，勾选 ◉ 使用自定义比例(C) 选项，在下拉菜单中选择比例【2 ∶ 1】，如图19-77所示。

⑤ 在图纸的合适位置添加后视图，添加完成后的后视图如图19-78所示。

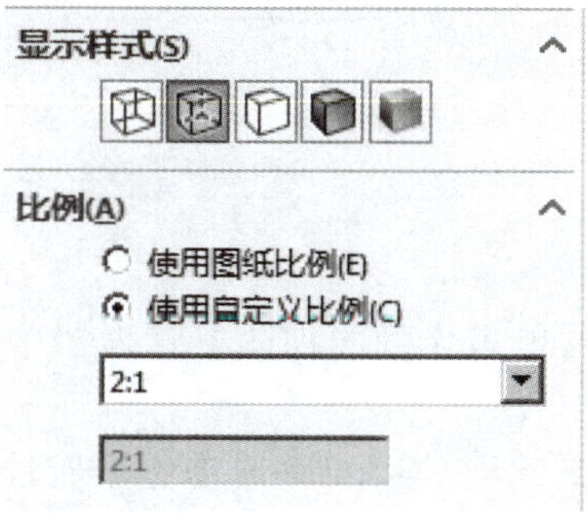

图19-77　设置【比例】选项

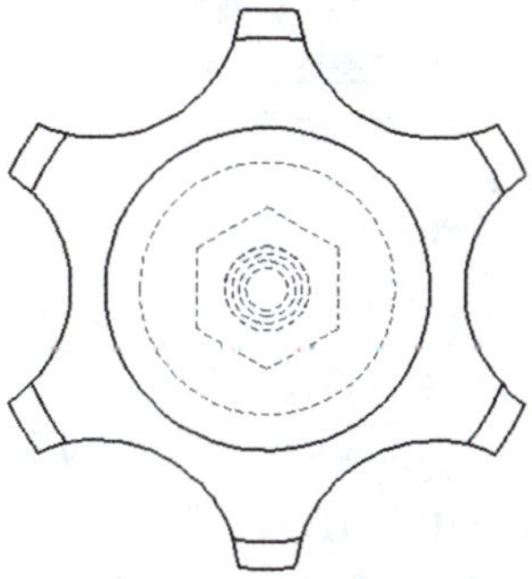

图19-78　生成后视图

（2）插入剖视图

① 单击视图布局工具栏中的【剖面视图】按钮，弹出【剖面视图】窗口。根据提示内容，在后视图的竖直对称线处画一条直线，如图19-79所示。

② 竖直对称线画好后，弹出【剖面视图】窗口。勾选【自动打剖面线】选项，如图19-80所示。

③ 单击【剖面视图】窗口中的【确定】按钮，此时在图纸中移动鼠标便可在图纸中预览剖面视图。在左侧【剖面视图】属性管理器中，将【剖切线】的显示文字设为【A】，并勾选【自动加剖面线】选项，如图19-81所示。

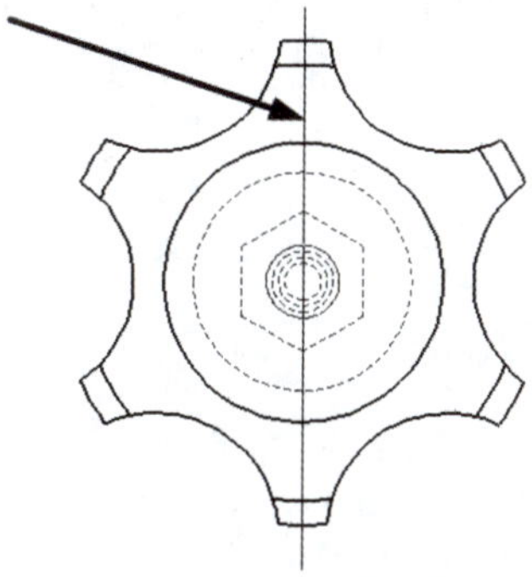

图19-79　绘制竖直对称直线

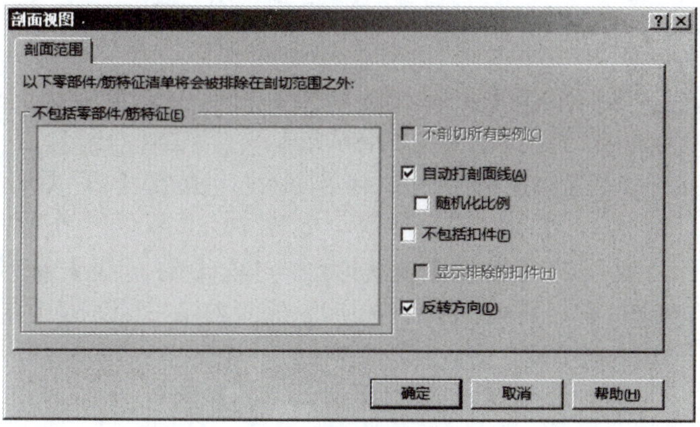

图19-80　【剖面视图】窗口

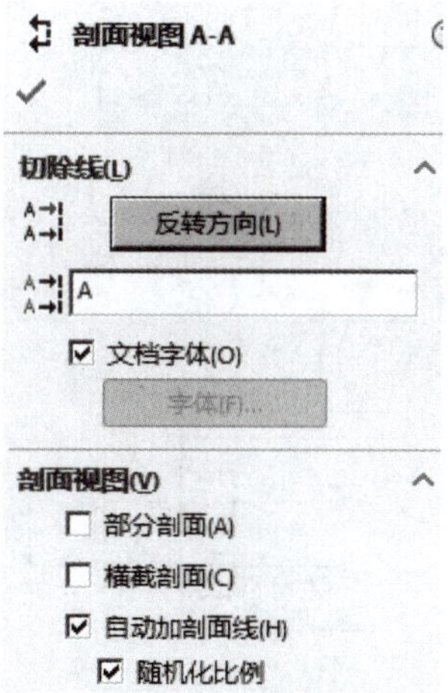

图19-81　【剖面视图】属性管理器

④ 在【显示样式】选项组中，单击【消除隐藏线】按钮，如图19-82所示。

⑤ 在【比例】选项组中，勾选【使用父关系比例】选项，如图19-83所示。

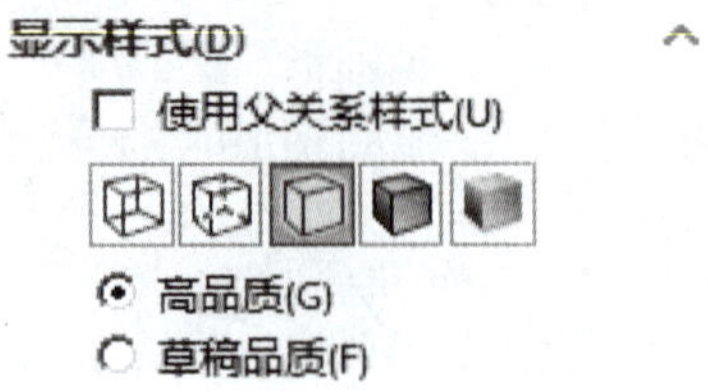

图19-82 设置显示样式

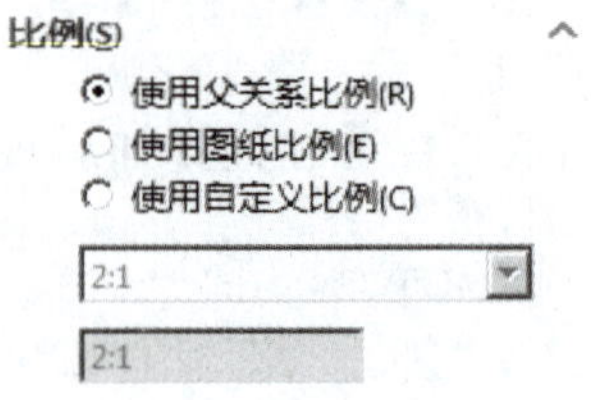

图19-83 设置比例/尺寸类型

⑥ 在图纸合适位置处单击鼠标左键，然后单击【剖面视图】管理器中的✔按钮完成剖视图的添加，结果如图19-84所示。

⑦ 单击选中剖视图，弹出【剖面视图】属性管理器。单击【更多属性】按钮，弹出【工程视图属性】窗口。在【工程视图属性】窗口中选择【剖面范围】选项卡，选中剖视图中的螺杆，如图19-85所示。

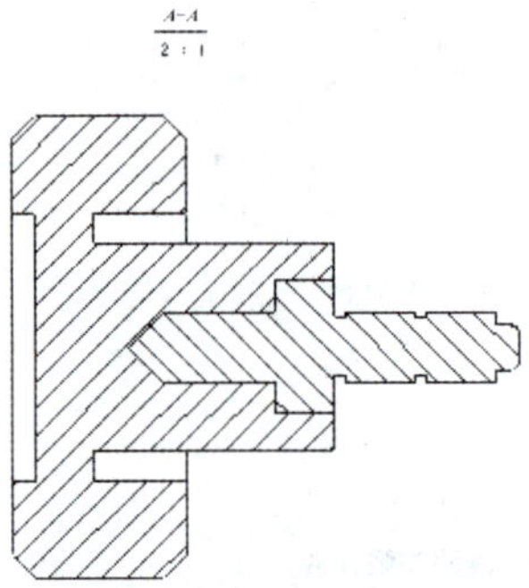

图19-84 生成剖视图

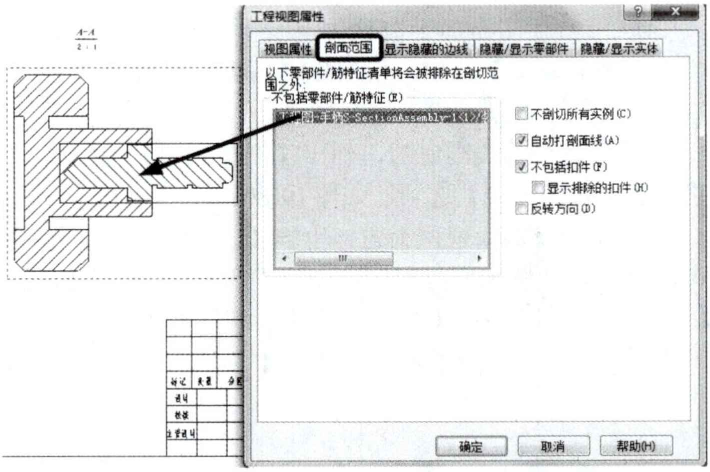

图19-85 【工程视图属性】窗口

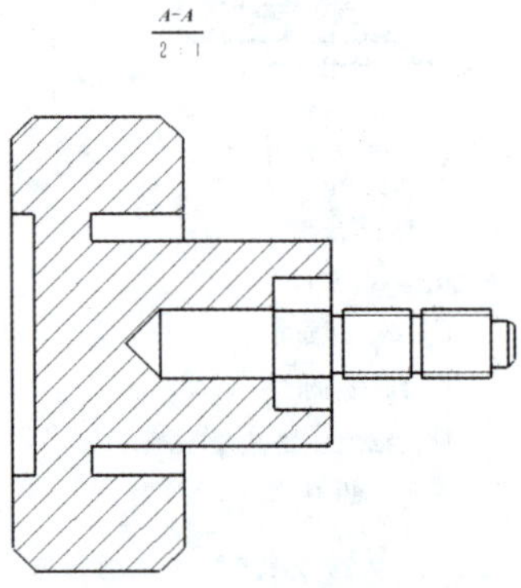

图19-86 修改后的剖视图

⑧ 单击【工程视图属性】窗口中的【确定】按钮，此时剖视图如图19-86所示。

⑨ 在剖视图中单击剖面线，弹出【区域剖面线/填充】属性管理器，如图19-87所示。在属性管理器的【属性】选项组中勾选【剖面线】选项，单击【剖面线】按钮，将剖面线图样设为【ISO (Plastic)】。

⑩ 单击【区域剖面线/填充】属性管理器中的✔按钮，完成手柄剖面线的修改，结果如图19-88所示。

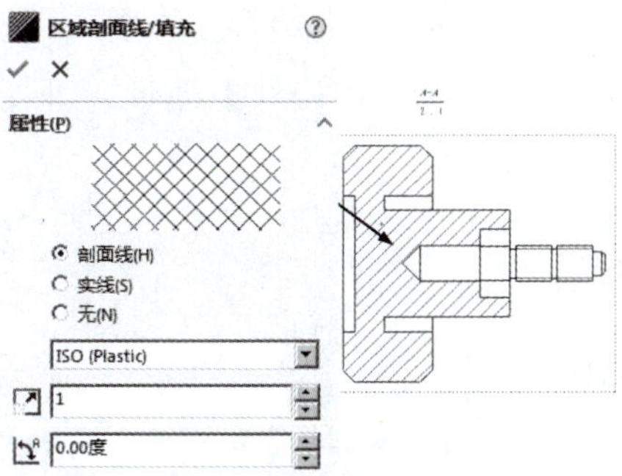

图19-87 【区域剖面线/填充】属性管理器

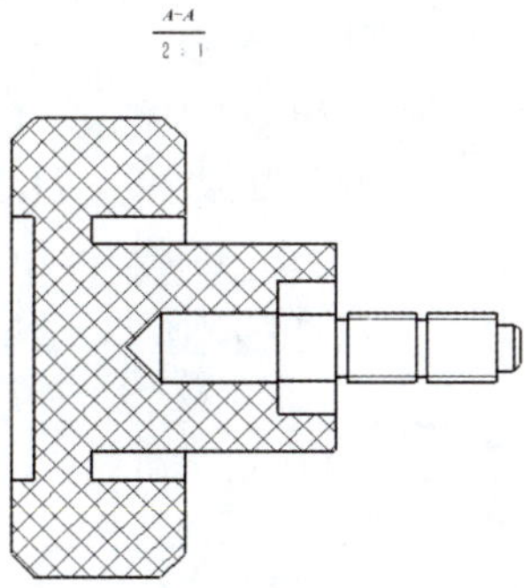

图19-88 修改之后的剖视图

19.4.2 标注尺寸

（1）添加中心线

① 单击注解工具栏中的按钮，弹出【中心线】属性管理器，根据提示依次选中圆柱母线，如图19-89所示。

② 单击【中心线】属性管理器中的按钮，在视图中添加中心线。选中中心线后，在其端点处移动鼠标可以调整中心线的长度，结果如图19-90所示。

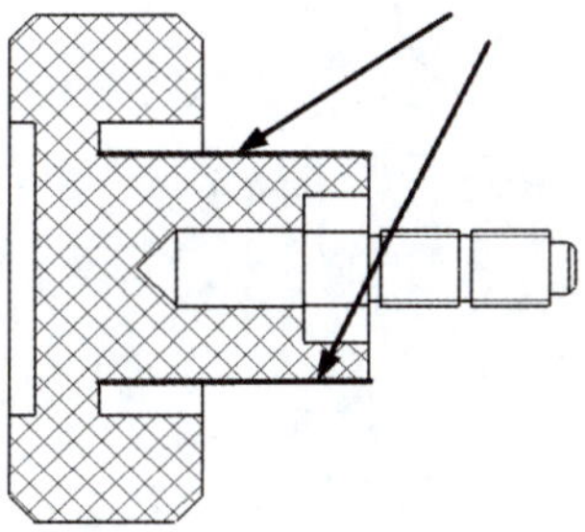

图19-89 选取母线

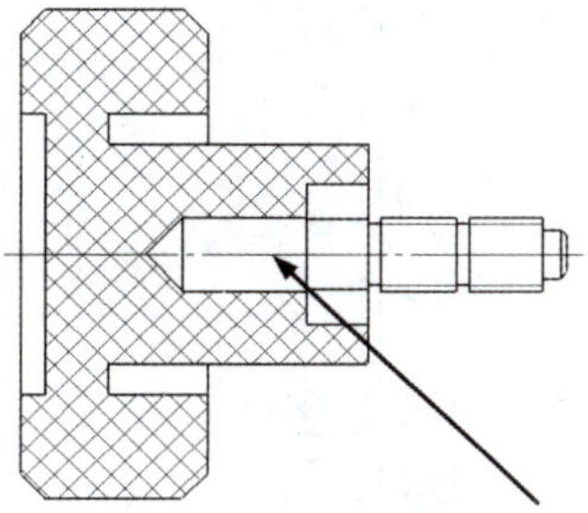

图19-90 中心线的添加

（2）添加中心符号线

① 单击注解工具栏中的按钮，弹出【中心符号线】属性管理器，根据提示，单击选中后视图中的外圆轮廓，如图19-91所示。

② 单击【中心符号线】属性管理器中的按钮，在视图中添加中心符号线，选中中心符号线后在其端点处移动鼠标可以调整中心符号线的长度，结果如图19-92所示。

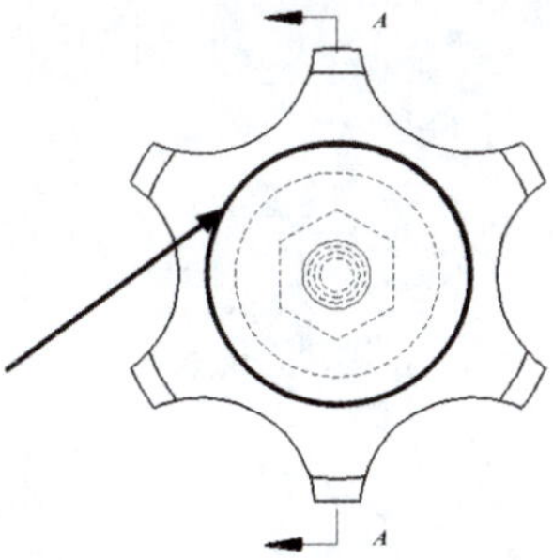

图19-91 选取圆弧

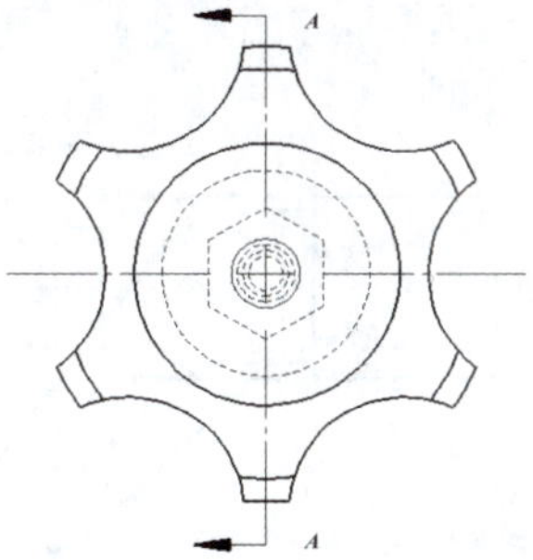

图19-92 中心符号线的添加

（3）手工标注简单尺寸

① 单击注解工具栏中的【智能尺寸】按钮，弹出【尺寸】属性管理器，根据提示选中剖视图中的两条边线，如图19-93所示。

② 在剖视图的合适位置处单击鼠标左键，然后单击【尺寸】属性管理器中的按钮，完成第一个尺寸的添加，结果如图19-94所示。

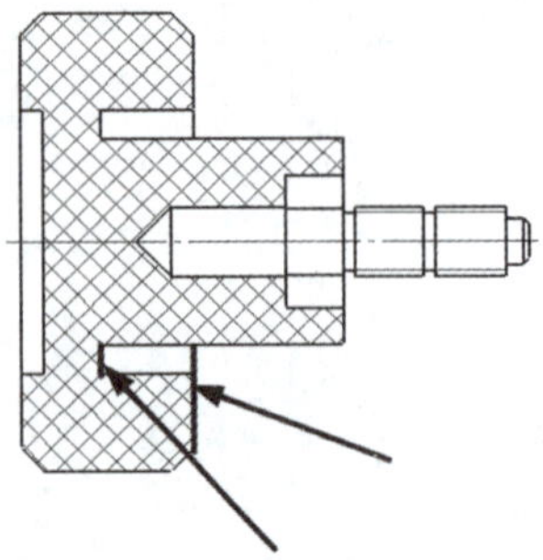

图19-93　选取两条边线

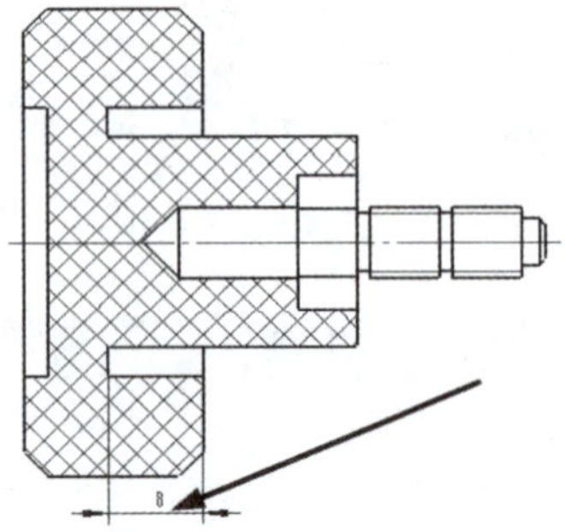

图19-94　添加尺寸

③ 采用同样的方法在视图中添加其他简单尺寸，结果如图19-95所示。

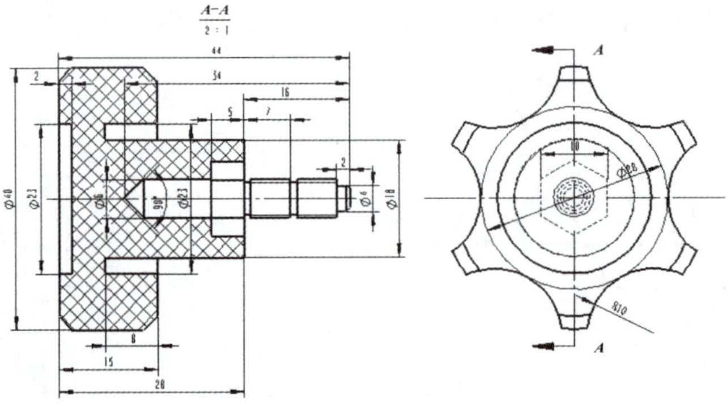

图19-95　添加其他简单尺寸

（4）标注外螺纹尺寸

① 单击注解工具栏中的【智能尺寸】按钮，选中剖视图中螺杆的两条外螺纹边线，如图19-96所示。

② 在视图合适位置处单击鼠标左键，弹出【尺寸】属性管理器，在属性管理器的【标注尺寸文字】中输入【M6-8h】，如图19-97所示。

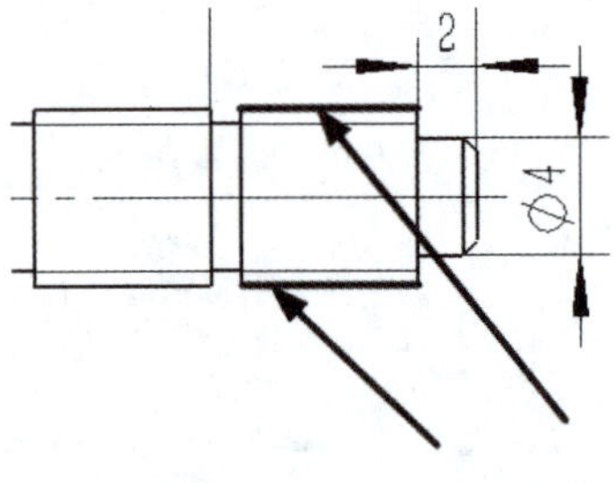

图19-96　选取两条边线

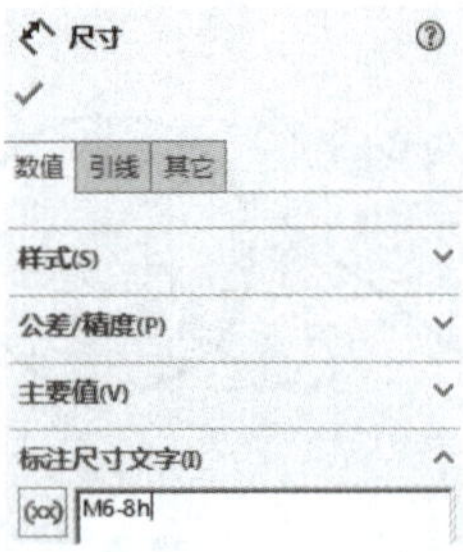

图19-97　【尺寸】属性管理器

③ 单击【尺寸】属性管理器中的✔按钮完成外螺纹的尺寸添加，结果如图19-98所示。

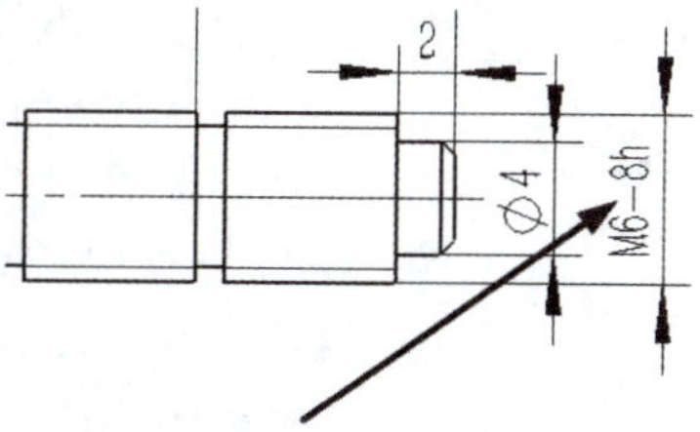

图19-98　标注外螺纹尺寸

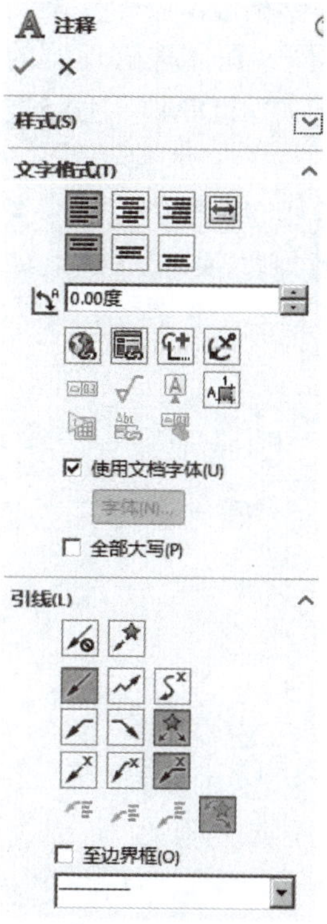

图19-99　【注释】属性管理器

（5）标注倒角处的尺寸

① 单击注解工具栏中的A【注释】按钮，弹出【注释】属性管理器，在属性管理器的引线设置中单击【引线】和【下划线引线】按钮，并将引线的箭头样式设置为无箭头，如图19-99所示。

② 在视图合适位置处单击鼠标左键，在文字输入框中输入【0.5×45°】，单击【注释】属性管理器中的✔按钮完成倒角处尺寸的添加，结果如图19-100所示。

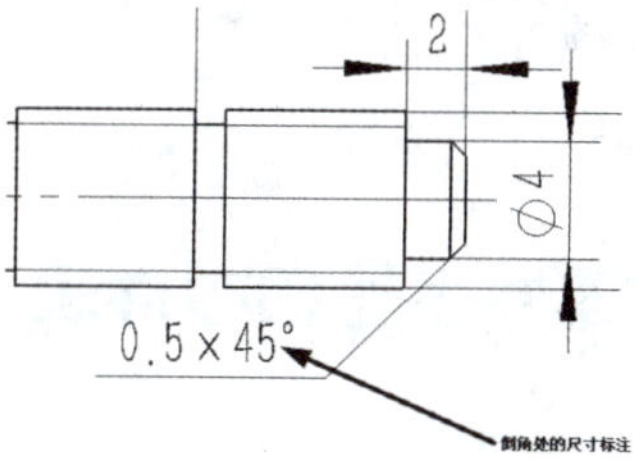

图19-100　倒角尺寸标注

技术要点：当添加尺寸时，右键单击可锁定尺寸的方向（角度向内/向外，或水平/垂直/平行），然后可拖动数字将文字放置在您需要的地方而不改变方向。

③ 采用同样的方法标注另一处的倒角，结果如图19-101所示。

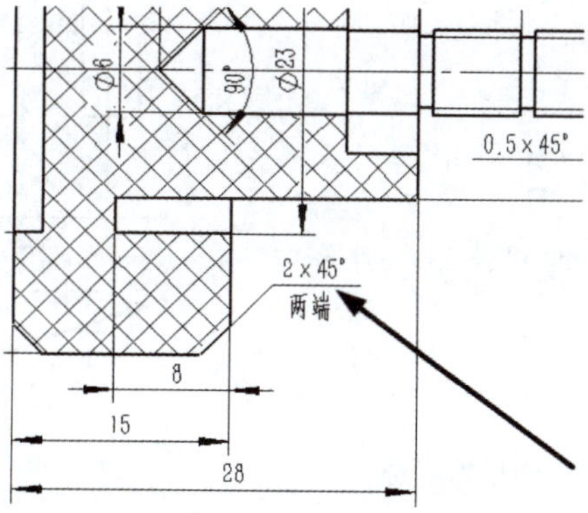

图19-101　倒角尺寸标注

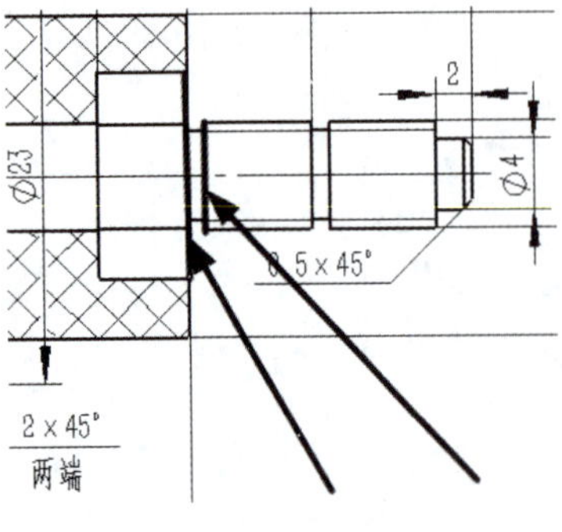

图19-102　选取边线

(6) 标注螺纹退刀槽处的尺寸

① 单击注解工具栏中的【智能尺寸】按钮，选中剖视图中螺杆的两条边线，如图19-102所示。

② 在剖视图合适位置处单击鼠标左键，添加一个简单尺寸，并弹出【尺寸】属性管理器。在属性管理器的【标注尺寸文字】中重新输入尺寸值为“＜DIM＞×0.5”，如图19-103所示。

③ 单击【尺寸】属性管理器中的✔按钮后，在视图中便添加了一个螺纹退刀槽处的尺寸，结果如图19-104所示。

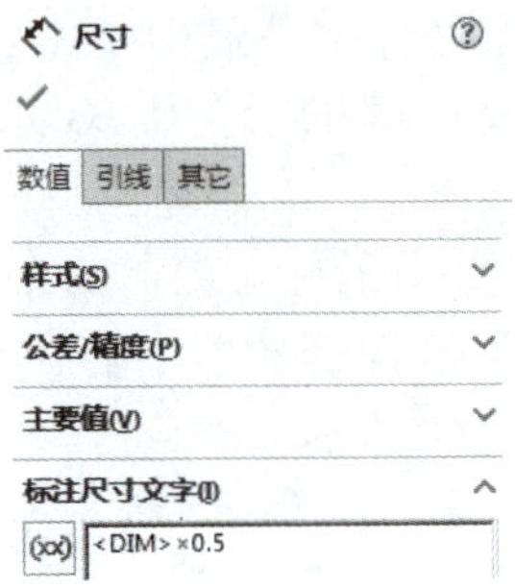

图19-103　【尺寸】属性管理器

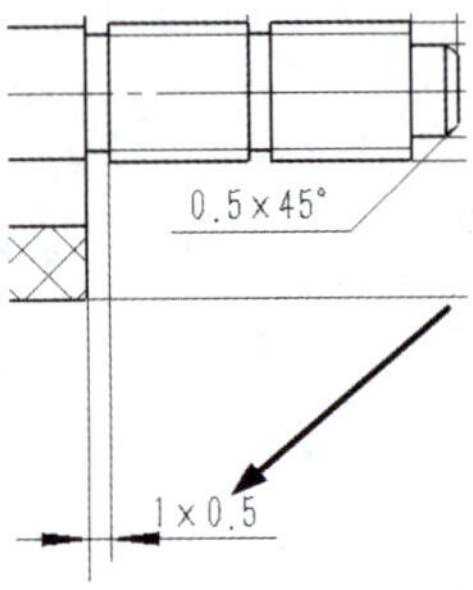

图19-104　螺纹退刀槽处的尺寸

19.4.3　生成零件序号和零件表

(1) 生成零件序号

① 单击注解工具栏中的【零件序号】按钮，选中剖视图中要标注的零件，弹出【零件序号】属性管理器，如图19-105所示。在【设定】选项组中将【零件序号文字】设为【项目数】。

② 根据【零件序号】属性管理器中的提示单击主视图中需要标注的零件，出现零件序号，放置在合适的位置，如图19-106所示。

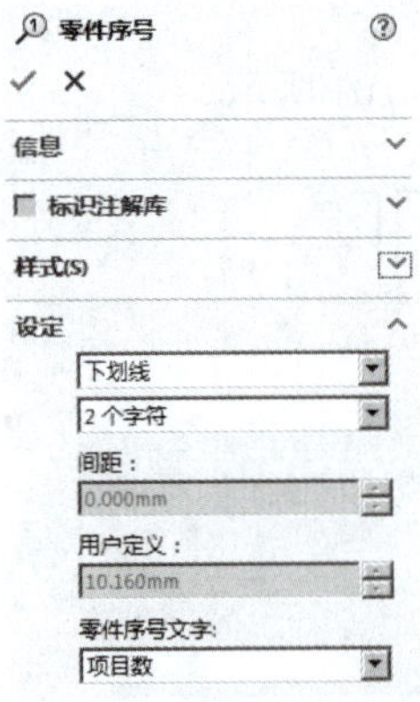

图19-105　【零件序号】属性管理器

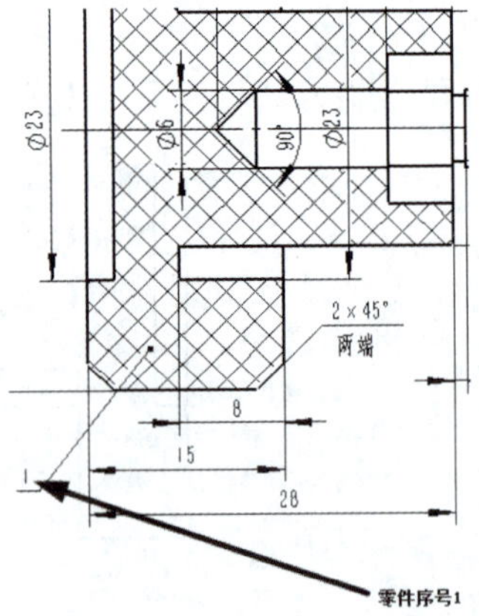

图19-106　添加零件序号

③ 采用同样的方法在视图中添加其他零件序号，结果如图19-107所示。

（2）添加零件表

① 单击注解工具栏中的▦【表格】按钮，在下拉菜单中单击【材料明细表】菜单命令，弹出【材料明细表】属性管理器。根据提示在视图中单击选择剖视图，弹出【材料明细表】属性管理器，如图19-108所示。在【材料明细表类型】选项组中，勾选【仅限零件】选项。在零件配置分组中勾选【显示为一个项目号】选项。

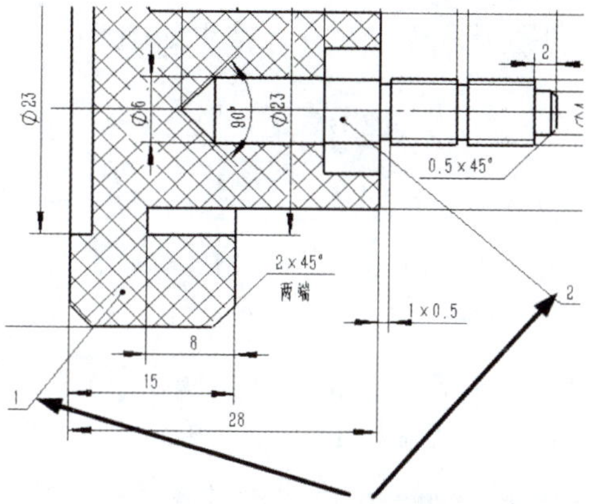

图19-107　标注其他零件序号

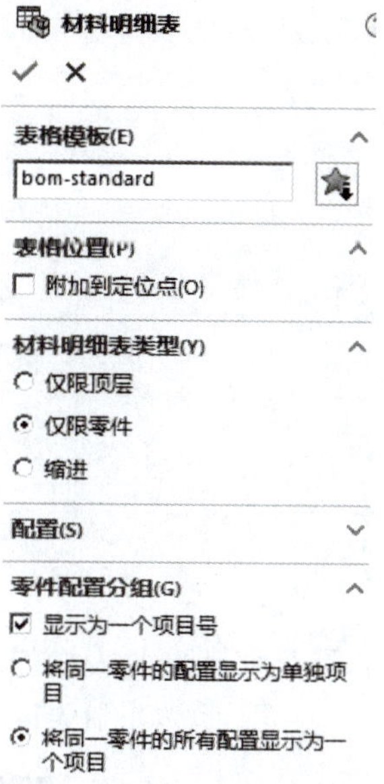

图19-108　【材料明细表】属性管理器

② 单击【材料明细表】属性管理器中的✔按钮，此时在图纸中移动鼠标便可预览一个材料明细表，在合适位置处单击鼠标左键完成材料明细表的添加，如图19-109所示。

项目号	零件号	说明	数量
1	零件1-捏手		1
2	零件2-螺杆		1

图19-109　生成材料明细表

③ 生成的表在图纸外，需要稍加改动，将鼠标移动到刚生成的表格上，便可出现如图19-110所示的边框。

	A	B	C	D
1	项目号	零件号	说明	数量
2	1	零件1-捏手		1
3	2	零件2-螺杆		1

图19-110　显示边框

④ 单击图中的✥图标，弹出【材料明细表】属性管理器，如图19-111所示。在【表格位置】选项组中设置【恒定边角】为▦【右下点】。

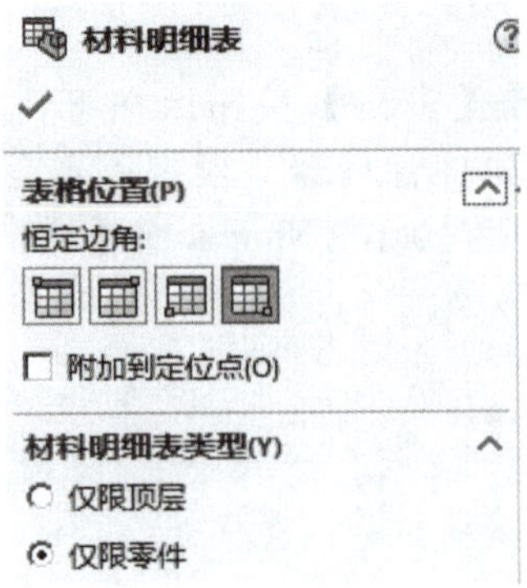

图19-111 【材料明细表】属性管理器

⑤ 单击✓按钮继续，生成的表格即可和图纸外边框对齐，结果如图19-112所示。

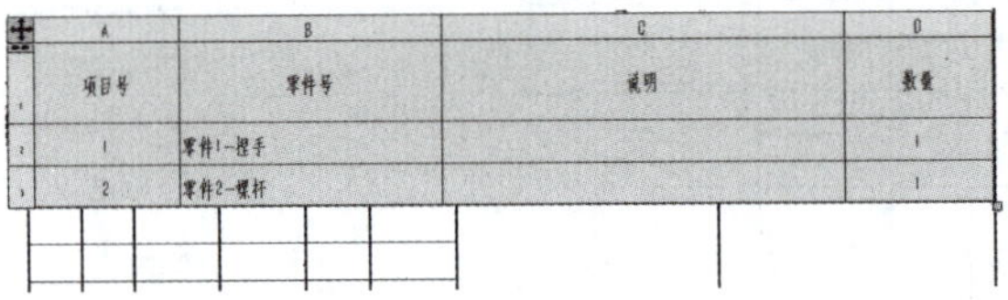

图19-112 生成的零件表

⑥ 将鼠标移动到此表格任意位置然后单击，弹出【表格工具】，单击▦【表格标题在下】按钮，便可出现如图19-113所示的零件表，符合国标的排序。

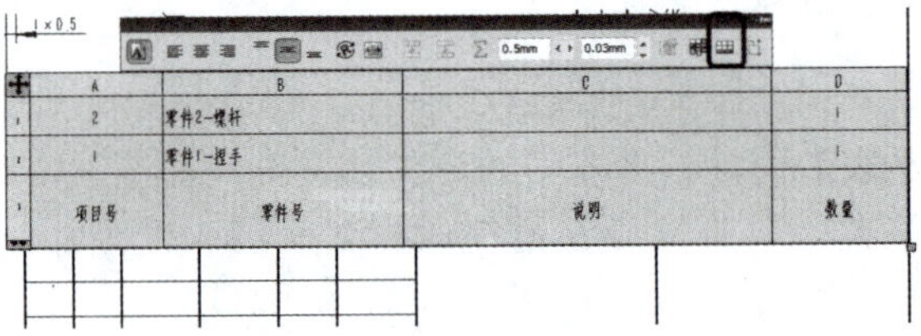

图19-113 排序后的零件表

⑦ 在表格的第一列任意位置处单击鼠标右键，选择【格式化】|【列宽】菜单命令，如图19-114所示。

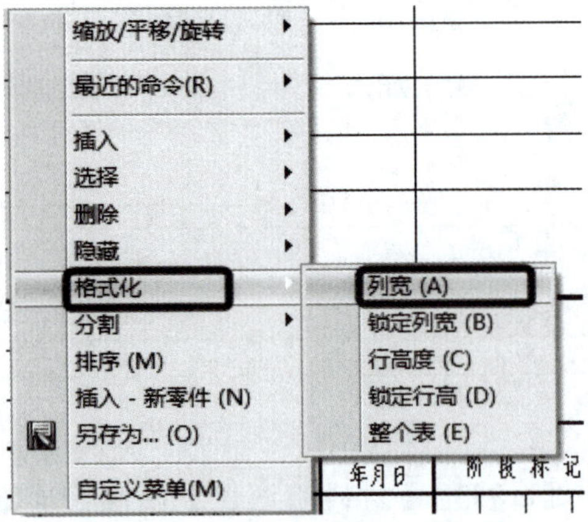

图19-114 选取【列宽】菜单命令

⑧ 弹出【列宽】对话框，修改列宽值为“24”，如图19-115所示。然后单击【确定】按钮即可。

⑨ 修改之后的零件表如图19-116所示。

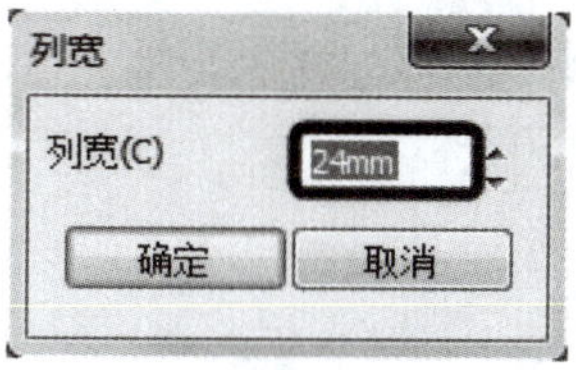

图19-115　修改列宽值

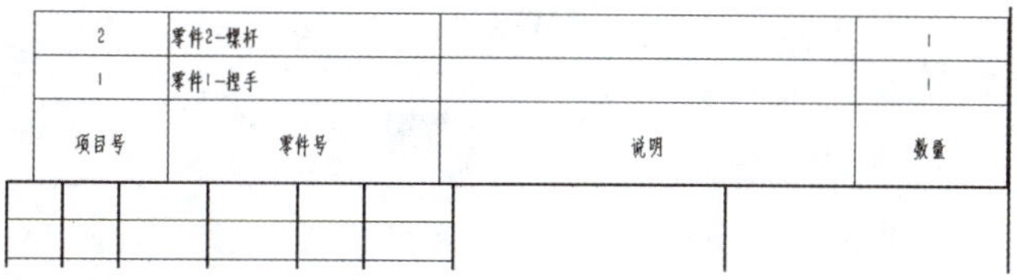

2	零件2-螺杆		1
1	零件1-把手		1
项目号	零件号	说明	数量

图19-116　修改之后的零件表

⑩ 采用类似的方法修改表格的格式和内容，完善后的表格如图19-117所示。

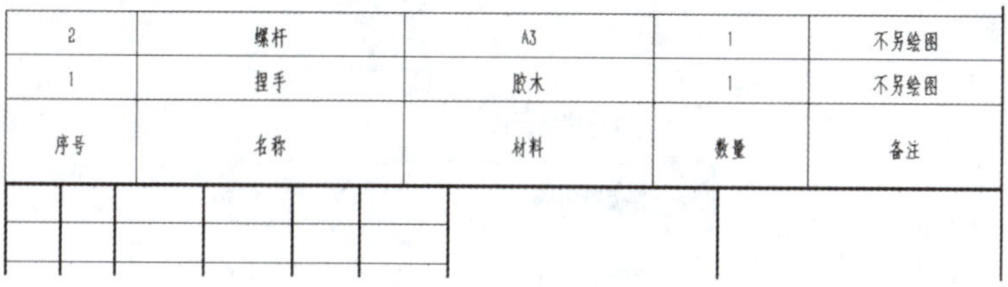

2	螺杆	A3	1	不另绘图
1	捏手	胶木	1	不另绘图
序号	名称	材料	数量	备注

图19-117　完善后的零件表

（3）添加技术要求

① 单击注解工具栏中的A【注释】按钮，在左侧弹出【注释】属性管理器。在属性管理器的【文字格式】选项组中，将【使用文档字体】设置为非选中状态，单击【字体】按钮弹出【选择字体】窗口，将文字高度设为“5mm”，如图19-118所示。

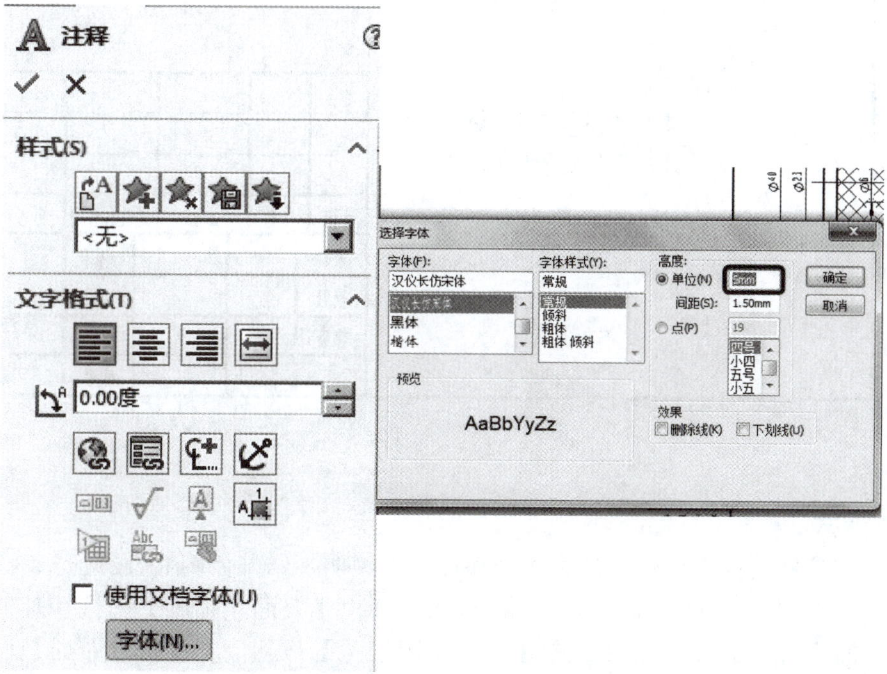

图19-118　设置文字

② 在【注释】属性管理器的引线设置中单击【无引线】按钮，如图19-119所示。

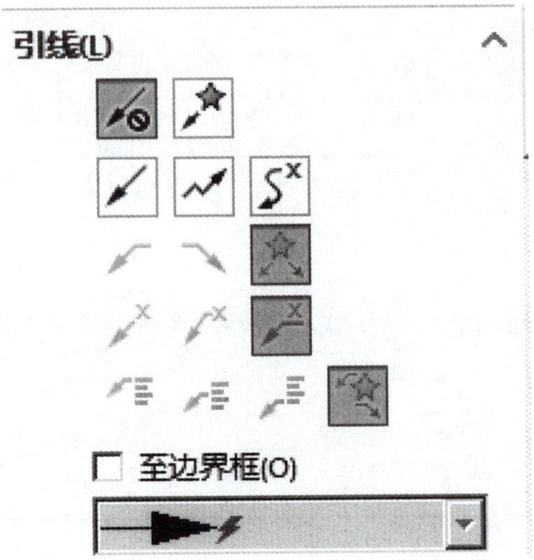

图19-119　引线设置

③ 在图纸合适位置处单击鼠标左键，输入技术要求。然后单击【注释】属性管理器中的，结果如图19-120所示。

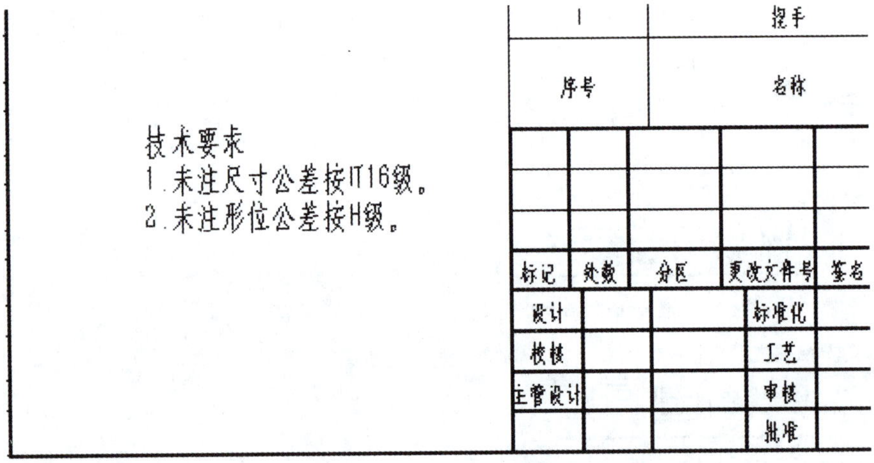

图19-120　输入技术要求

（4）添加表面粗糙度

① 使用注释功能在图纸合适位置处添加文字说明，结果如图19-121所示。

② 单击注解工具栏中的 表面粗糙度符号 按钮，弹出【表面粗糙度】属性管理器。在属性管理器的【符号】设置中单击【要求切削加工】按钮，在【符号布局】设置中输入最大粗糙度值为“12.5”，如图19-122所示。

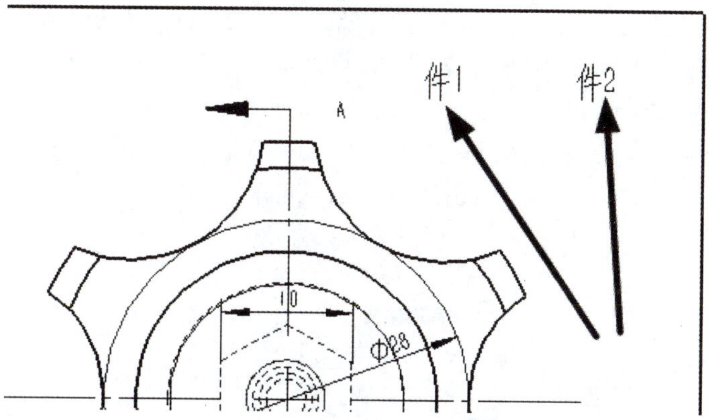

图19-121　添加文字说明

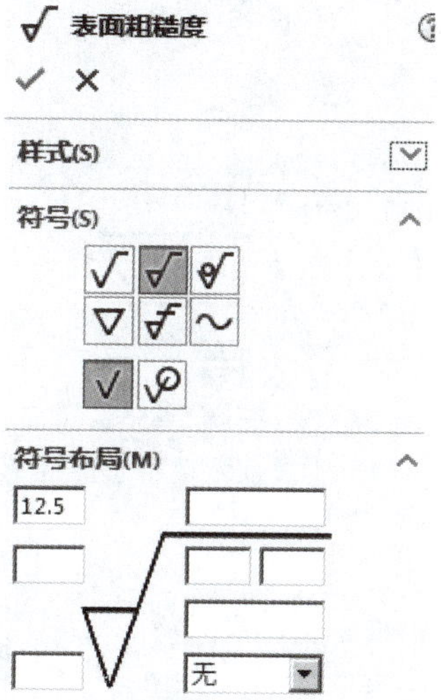

图19-122　【表面粗糙度】属性管理器

③ 在图纸合适位置处单击鼠标左键，然后单击【表面粗糙度】属性管理器中的✓按钮，添加第一个表面粗糙度的说明，结果如图19-123所示。

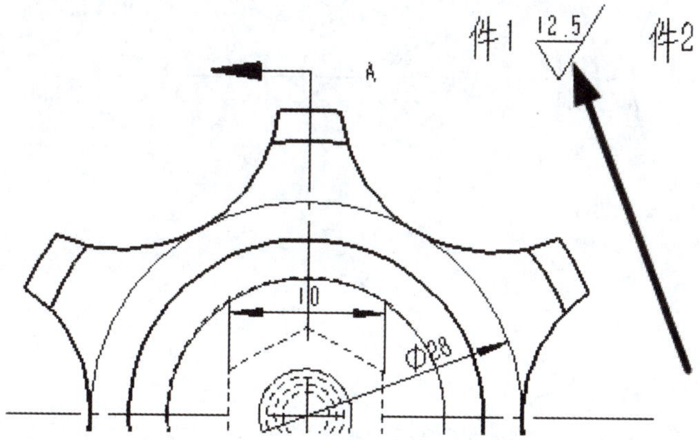

图19-123　添加表面粗糙度

④ 采用同样的方法添加另一个表面粗糙度，在【表面粗糙度】属性管理器的【符号】设置中单击【禁止切削加工】按钮，在【符号布局】设置中输入最大粗糙度值为“3.2”，如图19-124所示。

⑤ 在图纸合适位置处单击鼠标左键，然后单击【表面粗糙度】属性管理器中的按钮，添加第二个表面粗度，结果如图19-125所示。

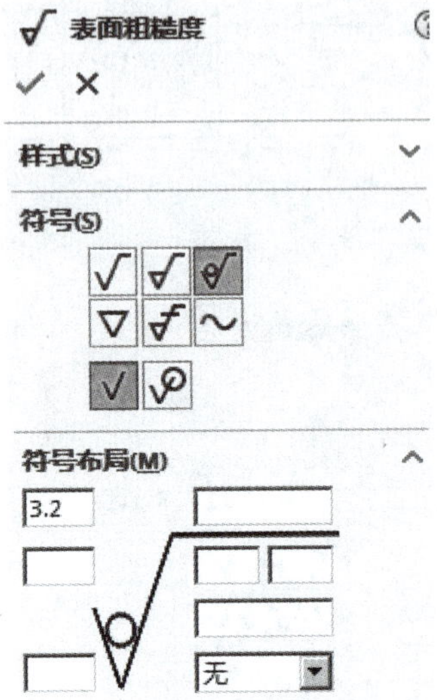

图19-124 【表面粗糙度】属性管理器

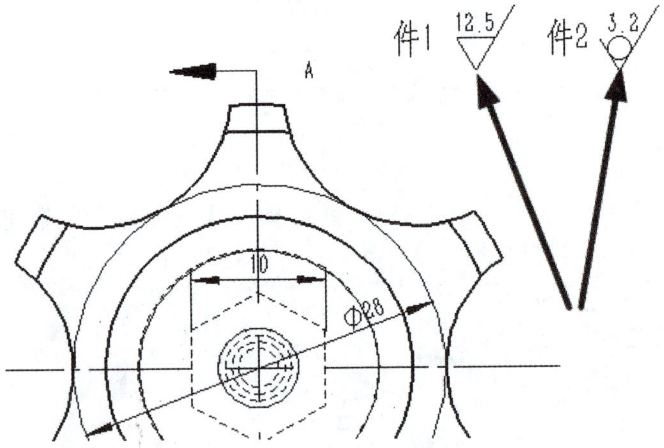

图19-125 添加表面粗糙度